SPSS를 이용한 통계데이터분석

Statistical Data Analysis with SPSS

곽기영

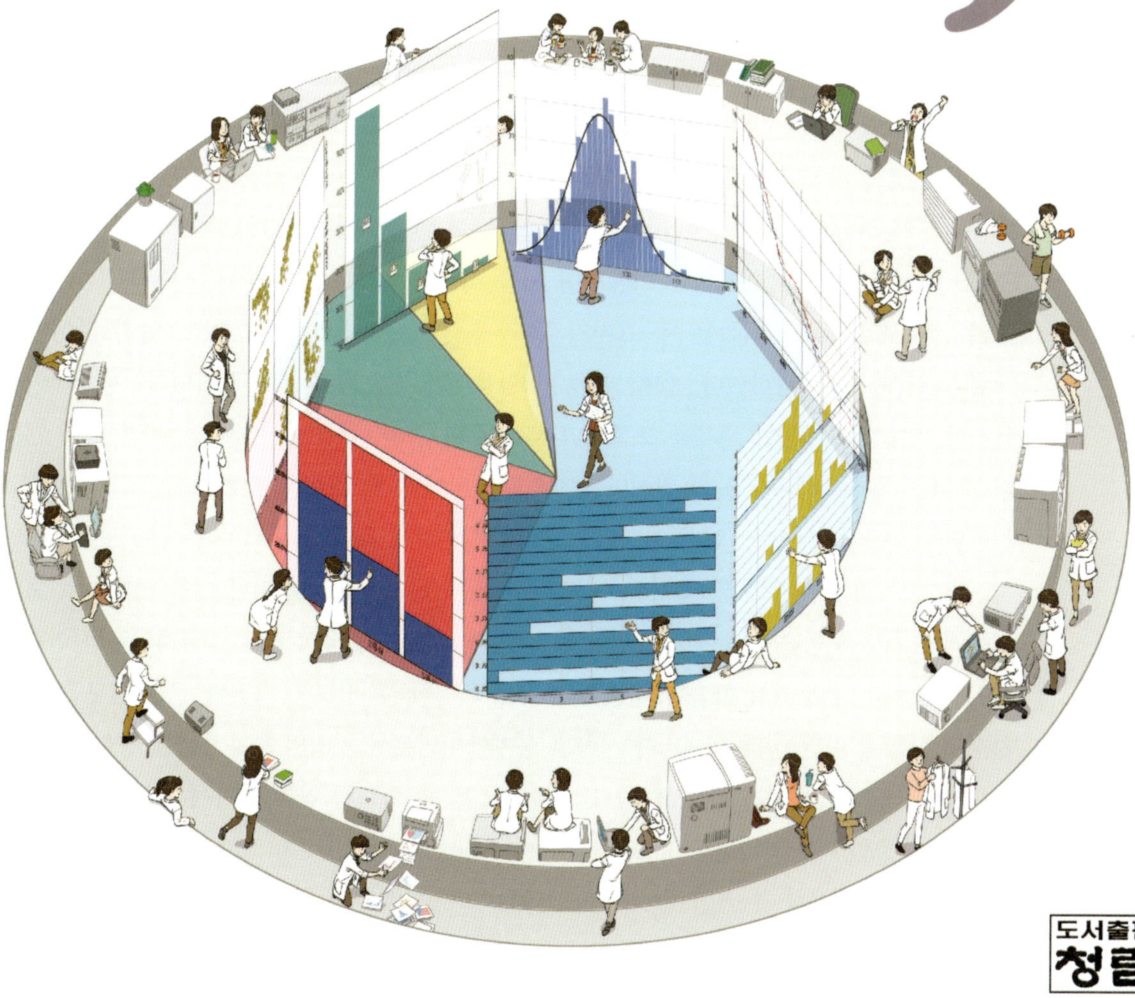

도서출판 청람

머리말

돌이켜 보건대 데이터가 중요하지 않은 때는 없었다. 조금 과장해서 말하면 데이터는 어디에나 있으며 모든 것을 설명한다. 데이터를 기반으로 한 합리적 의사결정 및 예측의 필요성은 경영, 경제 분야뿐만 아니라 사회, 문화예술, 체육, 의료, 엔지니어링 등 거의 모든 분야에서 통계데이터분석에 대한 중요성을 새삼 일깨워주고 있다. 따라서 통계데이터분석에 대한 이해는 다양한 데이터와 함께 현시대를 살아가는 모든 사람에게 있어서 반드시 필요한 일이라고 믿는다.

이 책은 다음과 같은 특징을 갖는다. 첫째, 통계학의 이론적 개념을 가능한 쉽게 설명하려고 노력하였다. 이를 위해 꼭 필요한 경우 이외에는 복잡한 수식의 사용을 배제하였으며 일상생활에서 접할 수 있는 친숙한 예제를 바탕으로 기술하였다. 예제를 보여줄 수 없는 설명은 가능한 언급을 피하였다. 둘째, 통계학적 이론과 실무적 응용이 서로 균형을 이룰 수 있도록 내용을 구성하였다. 통계학적 이론을 바탕으로 통계데이터분석 기법을 설명함과 동시에, SPSS Statistics 통계패키지를 이용하여 이를 실무적으로 활용할 수 있도록 하였다. 통계패키지의 사용법을 알려주는 데 그치지 않고 출력된 결과물이 담고 있는 의미를 이론적 개념과 연계하여 설명하였다. 셋째, 가능한 활용도가 높은 주제를 선택하였다. 통계데이터분석은 방대하고 다양한 주제를 포함하기 때문에 한 권의 책에 모든 내용을 빠짐 없이 담는다는 것은 애초부터 불가능한 일이다. 책에 포함되어야 할 내용은 활용도라는 관점에서 선정하였다. 이러한 관점에 의해 선택된 주제는 여러 가지 다른 기준으로 보아도 보편적이면서 중요한 내용인 경우가 많으므로 독자들이 자신의 문제를 해결하거나 이를 바탕으로 보다 전문적인 기법을 학습할 때에도 도움이 될 것이다. 넷째, 각 장의 끝에는 사례연구와 연습문제를 수록하여 본문에서 학습한 내용을 스스로 점검할 수 있도록 하였다. 사례연구를 통해 가상의 상황이 아닌 실제 데이터를 사용한 통계데이터분석 기법의 응용사례를 경험할 수 있도록 하였다. 연습문제 풀이는 또 하나의 본문이 될 수 있도록 가능한 자세히 풀이과정을 기술하였다. 또한 각 장의 끝에 SPSS Statistics 활용방법을 상세히 소개하여 학습자 스스로 통계패키지를 활용할 수 있도록 하였다.

이 책을 집필하고 출간하기까지는 많은 사람들의 도움이 있었다. 도서출판 청람의 이수영 대표는 이 책이 출판될 수 있도록 아낌 없는 지원을 하였으며, 편집부는 편집과 관련된 전문적 의견을 제시하여 필자가 내용을 가다듬는 데 보다 집중할 수 있도록 도움을 주었다. 집필 과정에서 의지할 수 있는 가족이 없었다면 이 책의 출간은 더욱 오랜 시간이 걸렸을지도 모른다. 끝으로 아내와 아들, 딸에게 고마움을 전한다.

2019년 2월

곽기영

차례

평균검정 Chapter 04

일원분산분석 Chapter 05

이원분산분석 Chapter 06

Contents

다중회귀분석

Chapter 10

요인분석

Chapter 11

Contents

Chapter 15 군집분석

Chapter 16 다차원척도법

Chapter 17 비모수검정

Contents

Appendix 부록

데이터의 수집과 신뢰도분석

Chapter 01

Chapter 01

데이터의 수집과 신뢰도분석

데이터(data)란 일반적으로 분석을 목적으로 수집한 사실(facts)의 집합을 말하며 자료라고도 한다. 적절한 데이터분석을 위해서는 우선 수집하고자 하는 데이터를 무엇으로부터 어떻게 수집할 것이며 그 데이터를 어떻게 측정할지를 결정해야 한다.

1.1 데이터 수집의 원천

우선 데이터의 수집 원천(source)에 대해 살펴보자. 데이터는 다음과 같은 원천으로부터 수집할 수 있다.

- 출판물
- 실험
- 관찰
- 서베이

우리가 관심을 가지고 분석하고자 하는 데이터는 이미 **출판물(publication)**의 형태로 존재하기도 한다. 각종 잡지, 신문, 책, 웹사이트 등을 통해 발표된 데이터는 이러한 공개된 출판물에 해당한다. 예를 들어, 국가별로 각종 데이터(출생률, 기대수명, GDP 등)를 비교하고자 한다면 NationMaster(www.nationmaster.com)를 방문하여 자료를 얻을 수 있다. 우리나라의 각종 통계자료는 통계청의 웹사이트(www.kostat.go.kr)를 통해서 수집할 수 있다. 환경부에서 발간하는 환경통계연감을 활용하면 환경관련 데이터를 수집할 수 있다.

우리가 필요로 하는 데이터는 사전에 설계된 **실험(experiment)**을 통해 수집되기도 한다. 연구자는 실험대상(사람, 사물, 사건 등)에 대해 엄격한 통제를 하여 연구목적에 적합한 데이터를 수집한다. 예를 들어, 청국장의 특정 성분이 고혈압 예방에 효과가 있는지를 연구하기 위하여 실험을 통해 데이터를 수집하는 경우를 생각해볼 수 있다. 이 경우 원하는 데이터를 수집하기 위한 실험설계방법은 다음과 같다. 우선 실험 대상자를 처치그룹(treatment group)과 통제그룹(control group)의 두 개의 그룹으로 나눈다. 처치그룹에는 청국장 성분이 들어 있는 캡슐을 일정기간 동안 섭취하게 하고, 통제그룹에는 청국장 성분과 무관한 성분이 들어 있는 동일한 모양의 캡슐을 제공한다. 연구자만이 실험 대상자 중 누가 처치그룹에 속하는지 누가 통제그룹에 속하는지를 알 수 있으며 일정 시간이 경과된 후에 그룹별로 혈압 관련 데이터를 수집한다.

관찰(observation)을 통해서도 데이터를 수집한다. 연구자는 실험대상을 자연스러운 환경에서 관찰하여 관심사항을 기록한다. 예를 들어, 지하철이나 버스에서 노인이나 임산부에게 자리를 양보하는 젊은이의 수를 기록하거나, 공장의 조립라인에서 작업자의 특정 행동양식을 기록하는 식으로 데이터를 수집한다. 실험과 달리 관찰은 실험대상에 대한 특별한 별도의 통제를 하지 않는다.

마지막으로 **서베이(survey)**를 통해 데이터를 수집할 수 있다. 서베이는 우리 주변에서 가장 흔히 볼 수 있는 데이터 수집방법 중의 하나이다. 선거철에 전화를 통해 특정 후보자나 정당에 대한 의견을 묻는다거나, 설문서를 배포하여 신제품에 대한 소비자의 선호도를 조사하는 것 등이 예가 될 수 있다.

1.2 표본과 모집단

우리는 어떤 현상을 이해하기 위해 데이터를 수집하고 이를 통계적으로 분석하여 그 데이터로부터 유추할 수 있는 결론을 도출한다. 만약 서베이를 통해 데이터를 수집하였다면 그 데이터에 대한 분석결과를 서베이 참여자에게만 적용하기보다는 더 큰 집단에 대한 결론을 도출하기 위하여 사용하는 것이 일반적이다. 인터넷쇼핑몰을 이용하는 사람들의 구매결정 요인을 조사하기 위해 300명의 인터넷쇼핑몰 이용자를 분석할 때 우리는 이들 특정 300명의 사람들이 어떤 이유로 인터넷쇼핑몰에서의 구매를 결정하는지에만 관심이 있다기보다는 인터넷쇼핑몰 이용자들이 구매의사결정을 할 때 일반적으로 어떤 요인을 고려하는지에 관심을 갖는다. 즉 서베이에 참여한 300명의 사람들이 인터넷쇼핑몰의 모든 잠재이용자를 대표할 수 있기를 희망하며 서베이를 수행하고 수집된 데이터를 분석한다. 이때 서베이에 포함된 참여자의 집단을 **표본(sample)**이라 부르고, 우리가 궁극적으로 결론을 도출하고자 하는 대상이 되는 전체 집단을 **모집단(population)**이라 한다. 즉 관심의 대상이 되는 모든 개체의 관측값이나 측정값의 집합이 모집단이며, 이러한 모집단으로부터 추출된 관측값이나 측정값의 집합이 표본이다. 앞의 예에서는 서베이 참여자 300명이 표본이 되고, 인터넷쇼핑몰의 모든 잠재이용자가 모집단이 된다.

동일한 모집단에 대해 서로 다른 수많은 표본을 선정할 수 있다. 인터넷쇼핑몰 이용자 가운데 300명을 선택하는 가능한 방법을 생각해보자. 이들 300명을 조사주제(연구주제)에 대한 이해도가 높을 것으로 예상되는 인터넷쇼핑몰 이용경험이 풍부한 사람 가운데서 선택할 수 있다. 이처럼 특정 분야에 관한 지식이나 경험이 풍부하여 모집단의 특성을 효과적으로 반영할 수 있을 것으로 생각되는 표본을 **판단표본(judgment sample)**이라 한다. 이는 조사자(연구자)가 조사(연구)목적에 가장 적합하다고 판단하는 대상을 선정하거나 표본의 선정기준을 미리 정해놓고 표본에 대한 자료를 검토하여 가장 적합한 대상을 선별하는 방법이다. 판단표본을 결정하는 기준은 사람에 따라 다를 수 있으며, 따라서 이것이 모집단을 정확히 대표할 수 있을 것인지에 대해서는 의문의 여지가 있다. 모집단을 어떻게 생각하느냐에 따라서 동일한 모집단을 대상으로 하더라도 서로 다른 특성을 갖는 표본이 선정될 수 있다.

지하철 역이나 버스 정류장 앞에서 지나가는 행인 중 설문에 응하는 사람 가운데서 선택할 수도 있다. 이처럼 임의로 조사자의 편의에 따라 선정한 표본을 **편의표본(convenience sample)**이라 한다. 이는 조사자가 편리한 장소와 시간에 접근하기 쉬운 대상을 표본으로 선정하는 방법이다. 특정 장소에서 특정 시간대에 설문에 기꺼이 응하고자 한 사람들이 모집단을 대표한다고 볼 수 없기 때문에 편의표본도 판단표본과 마찬가지로 모집단을 정확히 대표한다고 보기에는 무리가 있다.

그렇다면 어떤 표본이 바람직한 표본이라고 할 수 있을까? 바람직한 표본을 선정하는 열쇠는 **대표성(representativeness)**에 있다. 표본의 특성이 모집단의 특성을 정확히 반영하도록 참여자를 선택하는 것이 중요하다. 대표성을 갖춘 표본은 통계적 데이터분석을 위해 반드시 필요하다. 왜냐하면 통계적 검정기법을 통해 표본으로부터 나온 결과를 모집단으로 일반화시키기 위해서는 특정 대상이 표본에 포함될 확률을 사전에 알 수 있어야 하기 때문이다. 대표성을 보장하는 유일한 방법은 모집단 내의 모든 구성요소를 포함하고 있는 목록(이를 표본프레임(sample frame)이라고 한다)으로부터 **무작위표본(random sample)**을 선정하는 것이다. 모집단의 각 구성요소는 모두 동일한 확률로 표본에 포함될 수 있기에 이러한 방식으로 선정된 표본은 모집단을 대표한다고 볼 수 있다. 그러나 무작위표본이 신뢰성 있는 통계적 데이터분석을 위해 필요하긴 하지만 모집단과 정확히 일치하는 표본프레임을 얻는다는 것이 현실적으로 힘들고 설사 가능하다 하더라도 시간과 비용 측면에서 바람직하지 않을 수 있다는 한계가 있다.

1.3 측정척도

실제 데이터를 수집하기 위해서는 필요한 데이터 항목별로 적절한 **측정척도(scale of measurement)**를 결정해야 한다. 측정이란 데이터 항목의 속성에 숫자를 부여하는 과정을 의미하며, 척도란 측정을 위하여 사용하는 도구를 말한다. 척도는 일반적으로 명목척도, 서열척도, 간격척도, 비율척도로 분류할 수 있다. 사용하는 척도에 따라 데이터에 포함되는 정보의 양이 달라진다.

명목척도(nominal scale)는 데이터 항목의 속성을 단지 숫자로 식별하기 위한 목적으로만 사용된다. 명목척도로 측정된 데이터가 갖고 있는 숫자는 그 크기가 의미가 없으며 값에 따라 서열화시킬 수 없고 단지 특정 범주(category)만을 가리킨다. 예를 들어, 성별을 남자는 1, 여자는 2로 표현한다든가 산업분류를 제조업은 1, 농수산광업은 2, 서비스업은 3, 기타산업은 4 등으로 표현하는 것이 이에 해당한다. 명목척도는 서로 다른 속성을 구별하기 위해 부여되는 '이름표'일 뿐이다. 명목척도로 수집된 데이터는 범주형 자료이기 때문에 덧셈, 뺄셈, 곱셈, 나눗셈과 같은 사칙연산이나 로그함수와 같은 수학함수의 적용이 불가능하다.

서열척도(ordinal scale)로 측정된 값은 명목척도 데이터의 특성을 갖고 있을 뿐만 아니라 크기 순서대로 서열화가 가능하다. 하지만 서열 간의 구체적인 차이 정도에 관한 정보는 포함하고 있지 않으며 단지 순서에 관한 정보만을 나타낸다. 예를 들어, 통계데이터분석 과목 수강생들의 성적등급(A, B, C, D, F)을 서열척도를 사용하여 측정할 수 있다. 즉 40명 수강생의 시험점수에 따라 A부터 F까지 순위를 매겨 측정한다. 이렇게 수집된 데이터는 속성별 식별이 가능하기 때문에(즉 A, B, C 등으로 이름표를 붙여 식별) 명목척도 데이터의 특성을 갖는다. 또한 A에서부터 뒤로 갈수록 시험점수가 낮아지므로 이렇게 수집한 데이터는 서열화할 수 있는 특성도 갖고 있다. 하지만 서열척도로 측정된 이러한 데이터를 가지고는 학생들의 실제 시험점수는 알 수 없다. 또한 등급이 A인 학생과 B인 학생의 시험점수 차이가 B인 학생과 C인 학생의 시험점수 차이와 동일하다고는 말할 수 없다. 단지 이들 수강생들 시험점수의 상대적 순위만을 알 수 있을 뿐이다. 광물의 강도를 나타내는 모스 경도(Mohs hardness)는 대표적인 서열척도이다. 모스 경도는 다른 광물의 표면을 긁어서 흠집을 낼 수 있는 정도에 의해 광물의 단단함 정도를 10개의 등급으로 구분한다. 다이아몬드는 지구상의 어떤 광물에도 흠집을 남길 수 있기 때문에 가장 단단한 광물인 10등급으로 분류되며, 가장 약한 광물은 활석으로서 1등급이다. 그런데 이러한 10개의 등급은 단단함의 절대적 수준을 보여주는 것은 아니며 광물 간의 상대적인 강도를 나타낼 뿐이다. 즉 모스 경도는 다이아몬드가 활석에 비해 10배 더 단단하다는 것을 의미하지는 않는다. 서열척도는 또한 '매우 불만족', '약간 불만족', '보통', '약간 만족', '매우 만족'과 같은 속성을 측정할 수 있다. 이 경우 '매우 만족'인 응답자는 '약간 만족'인 응답자에 비해 만족도가 더 높은 것은 알 수 있으나 이들의 만족도 수준을 구체적으로 계량할 수는 없다. 서열척도로 수집된 데이터는 명목척도 데이터와 마찬가지로 범주형 자료이기 때문에 사칙연산이나 수학함수의 적용이 불가능하다. 서열척도 데이터는 순위정보를 무시한다면 명목척도로 변환하여 사용할 수 있다.

서열척도와 달리 **간격척도(interval scale)**로 측정된 값은 서열척도 데이터의 특성을 갖고 있을 뿐만 아니라 값 간의 간격이 고정된 측정단위로 표현되며 그 값 간의 차이가 의미가 있다. 따라서 값 간의 덧셈 및 뺄셈이 가능하다. 하지만 값 간의 비율을 계산하는 것이 의미가 없기 때문에 특정 값이 다른 값에 비해 몇 배나 더 큰지 또는 작은지에 대해서는 말할 수 없다. 즉 간격척도로 측정된 데이터 간에는 곱셈과 나눗셈이 적용될 수 없다. 예를 들어, 온도는 대표적인 간격척도이다. 섭씨 40도와 30도 간의 차이는 섭씨 30도와 20도 간의 차이와 동일한 10도 간격을 갖는다. 이 10도의 차이는 본질적으로 동일하다. 하지만 섭씨 40도가 섭씨 20도에 비해서 두 배 더 덥다고 말할 수는 없다. 또 다른 온도의 단위인 화씨 단위로 변환해보면 그 의미는 좀 더 명확해진다. 섭씨 40도는 화씨 104도이며, 섭씨 20도는 화씨 68도로서 화씨로 표현된 온도는 두 배가 아니다(화씨온도=1.8×섭씨온도+32). 우리는 간격척도를 통해서 어떤 속성이 상대적으로 얼마나 더 많은가 혹은 더 큰가를 알 수 있을 뿐이다. 앞서 살펴본 만족도 척도에서 '매우 만족'과 '약간 만족' 간의 차이는 '약간 만족'과 '보통' 간의 차이나 '약간 불만족'과 '매우 불만족' 간의 차이와 동일하다고 말할 수 없기 때문에 만족도 척도와 같이 임의로 설정된 간격을 갖는 척도는 엄밀히 말하면 간격척도는 아니다. 하지만 많은 사회과학 연구자들은 간격척도로 측정한 데이터가 가지고 있는 통계분석기법 적용의 유연성으로 인하여 이러한 유형의 데이터를 속성 구간 간의 차이가 모두 동일하다고 가정하여 종종 간격척도로 측정된 데이터인 것처럼 분석에 활용한다. 간격척도로 측정된 데이터는 명목척도나 서열척도 데이터와 달리 연속형 자료이기 때문에 평균, 분산 등을 계산할 수 있다. 간격척도는 서열척도나 명목척도로 변환하여 사용할 수 있다.

비율척도(ratio scale)로 측정된 값은 간격척도 데이터의 특성을 모두 갖고 있다. 또한 서로 크기의 비교가 가능하여 값 간의 차이가 의미가 있을 뿐만 아니라 한 값이 다른 값에 비해 몇 배나 큰지 또는 작은지를 정확히 알 수 있다. 예를 들어, 연간 가계소득을 비율척도를 이용하여 측정할 경우 3,000만원과 4,000만원 간의 소득의 차이는 5,000만원과 6,000만원 간의 소득차이와 동일할 뿐만 아니라 두 값 간의 비율의 계산이 가능하다. 소득 6,000만원인 가구는 3,000만원인 가구에 비해 두 배 더 소득이 많다고 말할 수 있다. 길이, 무게, 거리, 전하, 각도 등과 같은 자연과학/

공학 분야에서의 변수나 사회과학 분야에서 종종 사용되는 나이, 직장경력기간, 기업의 규모(종업원 수나 매출액으로 측정) 등은 모두 비율척도로 측정할 수 있는 데이터 항목의 예가 된다. 비율척도에는 절대적인 0값이 존재하여 0값으로 아무것도 존재하지 않음을 나타낼 수 있다. 앞에 예로 든 소득을 비롯하여 길이, 무게, 직장경력기간, 기업규모 등에 있어서 0은 값이 없음을 분명하게 나타낸다. 간격척도인 온도에서의 0의 의미와 비교해보면 그 의미는 좀 더 명확해진다. 섭씨 0도는 온도가 없는 상태인가? 물론 아니다. 물이 어는 점을 섭씨 0도로 정의한 것이며 이를 화씨로 표현하면 32도가 된다. 비율척도로 수집된 데이터는 연속형 자료이기 때문에 평균, 분산 등을 계산할 수 있으며 사칙연산 및 수학함수의 적용이 가능하다. 비율척도는 간격척도, 서열척도, 명목척도 등으로 변환하여 사용할 수 있다.

1.4 타당도와 신뢰도

사회과학 분야에서 어떤 개념을 측정하는 것은 결코 쉬운 일은 아니다. 예를 들어, 내가 지금 '사랑'이라는 개념을 측정한 것이지, '호감'이라는 개념을 측정한 것은 아니라는 것을 어떻게 알 수 있을까? 이러한 의문은 두 개의 개념이 의미상 유사하거나 혼동될 수 있기 때문에 나타날 수 있는 문제이다. 게다가 사회과학에서 다루는 많은 변수들은 상상 속의 추상적 개념이며(즉 실제로 만지거나 볼 수 있는 존재가 아님) 종종 다차원적 성격을 갖기 때문에(예를 들어, 지능은 계산력, 어휘력, 기억력 등 여러 차원으로 측정됨) 측정에 더욱 큰 어려움을 제공한다. 따라서 우리가 어떤 개념을 측정하기 위하여 선정한 측정척도를 다음과 같은 관점에서 점검해볼 필요가 있다.

- 측정척도가 우리가 측정하고자 하는 개념을 실제로 측정하고 있는가?
- 측정척도가 우리가 측정하고자 하는 개념을 일관되게 측정하고 있는가?

첫 번째를 **타당도(validity)**라고 하며 측정척도가 측정하려고 의도하는 것을 얼마나 충실하게 측정하고 있는지를 나타낸다. 이것은 '무엇을' 측정하고 있는지와 밀접한 관련을 갖는다. 두 번째를 **신뢰도(reliability)**라고 하며 측정척도가 측정하려고 의도하는 것을 얼마나 정확하게 오차 없이 측정하고 있는지를 나타낸다. 이것은 '어떻게' 측정하고 있는지와 밀접한 관련을 갖는다.

측정척도는 신뢰할 수는 있으나 타당하지 않을 수 있다. 즉 그 측정척도가 측정하고자 하는 개

그림 1-1 타당도와 신뢰도의 비교

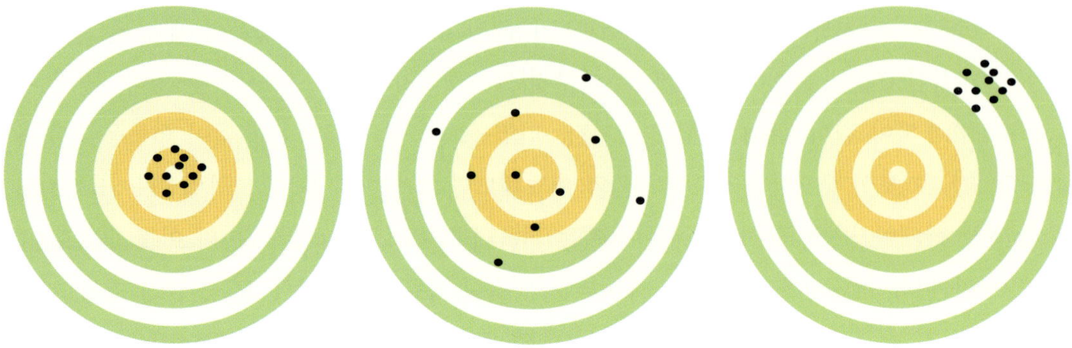

념을 매우 일관되게 측정하고 있으나 의도한 개념이 아닌 다른 개념을 일관되게 측정하는 경우이다. 마찬가지로 측정척도는 타당할 수는 있으나 신뢰할 수 없을 수 있다. 즉 그 측정척도가 측정하고자 의도한 개념을 제대로 측정하고 있으나 일관되게 측정하지는 못하는 경우이다. 어떤 개념에 대한 적합한 측정척도가 되기 위해서는 타당도와 신뢰도가 모두 충족될 필요가 있다. 이를 [그림 1-1]과 같은 사격 표적지 그림을 이용하여 설명해보자. 첫 번째 그림은 타당도와 신뢰도를 모두 갖춘 경우이다. 탄착점들이 하나의 개념을 측정하기 위한 측정척도를 구성하는 복수개의 측정항목들이라 했을 때 점들이 중앙의 목표지점 부근의 좁은 범위 내에 모여 있다. 두 번째 그림은 타당하나 신뢰할 수 없는 측정척도를 나타낸다. 목표물 주변으로 점들이 분포하고는 있으나 좁은 범위 내에 모여 있지는 않으며 중앙의 목표지점 부근에 넓게 퍼져 있다. 마지막 그림은 신뢰할 수 있으나 타당하지 않은 측정척도를 보여준다. 점들이 좁은 범위 안에 모여 있으나 중앙의 목표지점으로부터는 멀리 떨어져 있다. 측정척도의 타당도 충족 정도에 대한 분석 및 평가는 이 책의 '제10장 요인분석'에서 알아보기로 하고, 여기에서는 우선 측정척도의 신뢰도 정도를 분석하는 신뢰도분석에 대해 살펴본다.

1.5 신뢰도분석

다양한 측정척도를 통해 수집한 데이터는 분석에 들어가기 전에 **신뢰도분석(reliability analysis)**을 통해 정확하게 측정된 것인지 점검해볼 필요가 있다. 신뢰할 수 없는 데이터를 이용한 분석결과는 잘못된 결론을 유도할 수 있기 때문이다. 측정척도의 신뢰도란 동일한 개념(또는 대상)을 유사한 척도로 측정할 경우 일관된 결과를 산출하는 정도를 나타낸다. 신뢰도가 높다는 것은 동일한 개념을 측정하기 위해 고안된 서로 다른 측정도구가 같은 결과를 산출한다는 것을 의미한다. 또는 동일한 측정도구를 이용하여 시간간격을 두고 측정하였을 때 두 결과의 일치도가 높다는 의미로 해석할 수도 있다. 예를 들어, '산업화'라는 개념을 측정하기 위하여 '일인당 전기사용량', '국민총생산에서 차지하는 제조업비율', '도시인구비율'이라는 측정도구를 이용한다면 이 세 척도는 특정 국가의 산업화 정도에 대해 일치된 결과를 보여줄 가능성이 크다. 즉 하나의 척도로부터 높은 산업화 정도로 나타난 국가는 또 다른 척도로 측정하더라도 유사한 수준의 산업화 정도를 나타내게 된다. 이럴 경우 우리는 이 '산업화' 척도들이 신뢰할만하다고 판단할 수 있다. 반면에 '쌀 수확량'이나 '일인당 맥주 소비량'은 앞서 살펴본 산업화 척도와 일치하는 일관된 결과를 나타낼 가능성이 작기 때문에 '산업화'에 대한 신뢰할만한 척도로 보기는 어렵다.

척도의 신뢰도를 평가하는 지표로서 가장 많이 사용하는 것이 **Cronbach 알파계수(Cronbach's coefficient α, 크론바흐 알파계수)**이다. Cronbach 알파계수는 하나의 개념(예를 들면, '산업화')을 여러 측정항목(예를 들면, '일인당 전기사용량', '국민총생산에서 차지하는 제조업비율', '도시인구비율')으로 측정할 경우에 나타나는 항목 간의 일관성이나 동질성의 정도를 평가하며 이를 내적일관성(internal consistency)이라고 한다. Cronbach 알파계수는 0에서 1 사이의 값을 가지며 클수록 측정항목의 신뢰도가 높은 것으로 평가한다. 명확한 기준은 없으나 보통 0.8~0.9 이상이면 바람직하고 0.6~0.7 정도면 수용할만한 수준으로 여겨진다. 0.6보다 작으면 신뢰도가 결

그림 1-2 ▌ 설문서: ERP시스템 사용용이성

다음은 귀하가 사용하고 있는(또는 사용을 계획하고 있는) ERP시스템(enterprise resource planning system: 전사적 자원관리시스템)의 **사용용이성**에 대한 귀하의 생각을 묻는 질문입니다. 아래의 질문항목에 대하여 귀하가 생각하는 수준에 가장 가까운 해당란에 표시(√)하여 주시기 바랍니다.

ERP시스템 사용용이성							
질문	전혀 아니다						매우 그렇다
	1	2	3	4	5	6	7
1) ERP시스템의 사용법은 비교적 쉽게 배울 수 있다.							
2) ERP시스템의 사용법은 기억하기 쉽다.							
3) 나는 ERP시스템을 통해 내가 원하는 것을 쉽게 수행할 수 있다.							
4) ERP시스템의 사용법은 이해하기 쉽고 분명하다.							
5) ERP시스템은 비교적 쉽게 능숙하게 사용할 수 있게 된다.							
6) 나는 ERP시스템이 사용하기 쉽다고 느낀다.							

그림 1-3 Cronbach 알파계수

Cronbach의 알파	항목 수
.936	6

	항목이 삭제된 경우 척도 평균	항목이 삭제된 경우 척도 분산	수정된 항목-전체 상관관계	항목이 삭제된 경우 Cronbach 알파
PEOU1	20.44	34.515	.829	.922
PEOU2	20.52	34.635	.860	.918
PEOU3	20.16	37.638	.646	.944
PEOU4	20.52	35.096	.828	.922
PEOU5	20.31	34.571	.868	.917
PEOU6	20.50	33.969	.837	.921

SPSS 메뉴에서 『분석 > 척도분석 > 신뢰도 분석』을 선택한다. 신뢰도분석 대상 변수(PEOU1~PEOU6)를 『항목』 영역으로 옮기고 『모형』에 『알파』를 선택한 후 『확인』을 클릭한다(erp.sav 데이터 파일). 위의 두 번째와 같은 표를 얻기 위해서는 『통계량』을 클릭한 후 나타나는 『신뢰도 분석: 통계량』 대화상자에서 『항목제거시 척도』를 선택한다(erp.sav 데이터 파일).

여된 것으로 판단하며 신뢰도를 저해하는 항목을 제거함으로써 Cronbach 알파계수를 증가시킬 수 있다.

신뢰도분석에 대해 다음과 같은 예를 이용하여 좀 더 살펴보자. 정보시스템(information systems)에 대한 '사용용이성(perceived ease of use)'이라는 개념을 측정하기 위하여 [그림 1-2]와 같은 여섯 개의 항목으로 구성된 측정도구를 개발하였다(erp.sav 데이터 파일; Kwahk and Lee 2008). 이들 여섯 개 항목의 신뢰도를 평가해보자.

이들 여섯 개 변수의 신뢰도수준은 [그림 1-3]과 같다. Cronbach 알파계수는 0.936으로서 만족할만한 신뢰도수준을 나타내고 있다. [그림 1-3] 두 번째 표의 '항목이 삭제된 경우 Cronbach 알파' 열은 특정 항목이 제거될 경우의 신뢰도 개선 정도를 나타낸다. PEOU3 변수 행을 보면 항목이 삭제된 경우 Cronbach 알파계수는 0.944이다. 이는 이 변수가 제거될 경우 Cronbach 알파계수가 0.936에서 0.944로 증가함을 의미한다.

[그림 1-4]를 보면 PEOU3 변수를 제거한 후의 Cronbach 알파계수가 0.944로 제거 전의 0.936보다 개선되었다. 다시 '항목이 삭제된 경우 Cronbach 알파' 열을 보면 나머지 다섯 개의 변수 중 어느 것을 제거해도 현재의 신뢰도수준보다 더 높은 Cronbach 알파계수를 갖지 못한다.

그림 1-4 | Cronbach 알파계수: 개선 후

Cronbach의 알파	항목 수
.944	5

	항목이 삭제된 경우 척도 평균	항목이 삭제된 경우 척도 분산	수정된 항목-전체 상관관계	항목이 삭제된 경우 Cronbach 알파
PEOU1	16.11	24.315	.839	.933
PEOU2	16.19	24.373	.875	.926
PEOU4	16.19	25.214	.801	.939
PEOU5	15.98	24.415	.875	.926
PEOU6	16.17	23.810	.850	.931

따라서 여기에서 신뢰도 개선작업을 멈추고 남은 다섯 개의 변수로 후속 분석작업을 수행한다.[1)]

1) 여기에서는 신뢰도 개선에 대한 설명을 위해 변수를 제거하였지만 앞서 살펴보았듯이 여섯 개의 항목으로 이루어진 이 측정척도는 변수 제거 전에도 충분히 높은 수준의 신뢰도를 보이고 있어서 실제로 변수의 제거작업은 불필요하다.

SPSS 활용

1 신뢰도 계산하기

- 『분석 > 척도분석 > 신뢰도 분석』을 선택한다.
- 『신뢰도 분석』 대화상자에서 신뢰도분석을 위한 변수를 『항목』으로 옮긴다.
- 『확인』을 클릭한다.

그림 1-5 ❚ 신뢰도 분석 대화상자

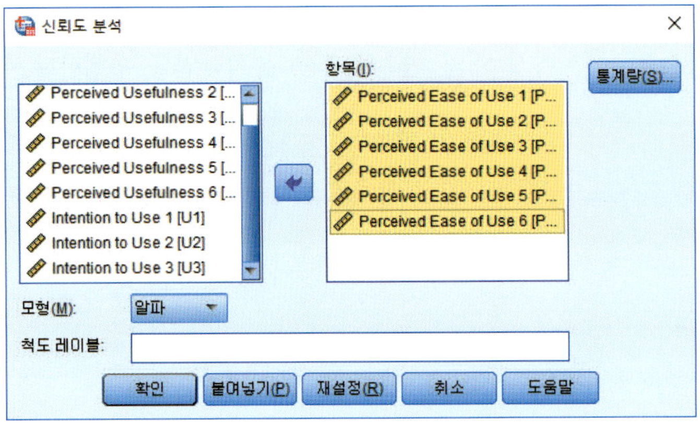

2 신뢰도 개선하기

- 『신뢰도 분석: 통계량』 대화상자에서 『항목제거시 척도』를 선택한다.
- 『항목이 삭제된 경우 Cronbach 알파』 열을 참조하여 신뢰도를 저하시키는 항목을 제거한 후 신뢰도분석을 다시 수행한다.

그림 1-6 ▌ 신뢰도 분석: 통계량 대화상자

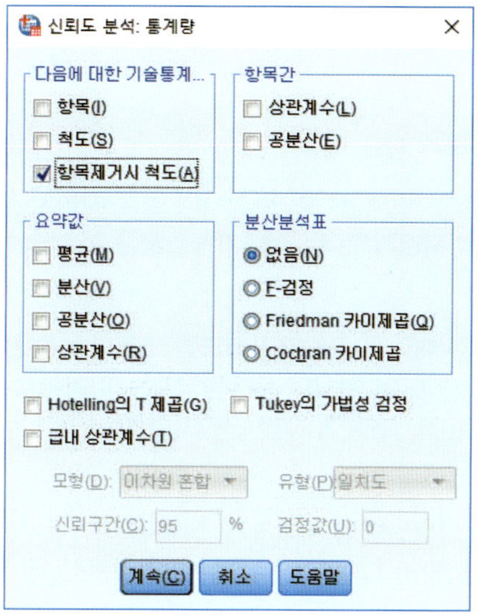

연습문제

01 아래의 각각의 상황에 있어서 모집단과 표본은 무엇인지 설명하시오.

① 국내의 한 자동차 제조회사는 베스트셀러 모델인 A자동차의 최근 판매실적이 타회사의 동급 자동차에 비해 떨어지고 있는 데 주목하여 A자동차를 소유하고 있는 소비자들의 만족도에 대한 조사를 실시하려고 한다.

② 국내의 한 프린터 제조업체는 최근 소비자들로부터 자사의 컬러 레이저 프린터인 B모델의 토너의 수명이 제품설명서에 기재된 것보다 현저히 짧다는 불만을 접수하였다. 이 회사의 품질담당자는 이러한 소비자들의 문제제기가 사실인지를 조사하기 위하여 문제가 된 프린터 모델 30대를 선정하여 토너의 수명을 테스트하기로 하였다.

③ 국내 한 대형은행의 정보시스템 담당 최고임원은 최근 자사의 모바일뱅킹 서비스가 소비자들로부터 외면받고 있다는 보고를 받았다. 이 임원은 이에 대한 원인이 무엇인지 파악하기 위하여 모바일뱅킹 서비스 이용자 200명을 대상으로 설문조사를 하기로 하였다.

02 다음 각 변수에 대해 가장 적절한 측정척도를 기술하시오.

① 월별 생산량

② 성별

③ 군대계급

④ 학력

⑤ 서비스 만족도

⑥ 대금지불방법(현금, 신용카드, 직불카드)

03 erp.sav 데이터 파일을 이용하여 정보시스템의 '유용성(perceived usefulness)'을 측정하기 위하여 도입된 여섯 개 변수(PU1~PU6)에 대한 신뢰도를 분석한다. 다음 질문에 답하시오.

① 신뢰도를 분석한 다음 표를 완성하시오.

Cronbach의 알파	항목 수
	6

	항목이 삭제된 경우 척도 평균	항목이 삭제된 경우 척도 분산	수정된 항목-전체 상관관계	항목이 삭제된 경우 Cronbach 알파
PU1	25.96	27.102	.771	
PU2	26.01	25.615	.877	
PU3	25.96	25.201	.883	
PU4	26.05	25.190	.857	
PU5	26.02	25.941	.852	
PU6	26.26	26.882	.754	

② 신뢰도를 증가시키기 위해서는 어느 변수를 제거해야 하는가?

04 erp.sav 데이터 파일을 이용하여 정보시스템의 '사용의도(intention to use)'를 측정하기 위하여 도입된 세 개 변수(U1~U3)에 대한 신뢰도를 분석한다. 다음 질문에 답하시오.

① 신뢰도를 분석한 다음 표를 완성하시오.

Cronbach의 알파	항목 수
	3

	항목이 삭제된 경우 척도 평균	항목이 삭제된 경우 척도 분산	수정된 항목-전체 상관관계	항목이 삭제된 경우 Cronbach 알파
U1	10.92	5.506	.839	
U2	10.95	5.355	.856	
U3	11.20	4.870	.662	

② 신뢰도를 증가시키기 위해서는 어느 변수를 제거해야 하는가?

05 온라인 브랜드 커뮤니티에 대한 충성도를 증가시키는 요인을 파악하고자 온라인 브랜드 웹사이트 회원을 대상으로 설문조사를 실시하였다. brandwebsite.sav 데이터 파일을 이용하여 '브랜드충성도'를 측정하기 위한 여섯 개 변수에 대한 신뢰도를 분석한다. 다음 질문에 답하시오.

① 신뢰도를 분석한 다음 표를 완성하시오.

Cronbach의 알파	항목 수
	6

	항목이 삭제된 경우 척도 평균	항목이 삭제된 경우 척도 분산	수정된 항목-전체 상관계수	항목이 삭제된 경우 Cronbach 알파
브랜드충성도1	28.87	24.945	.749	
브랜드충성도2	28.94	24.429	.793	
브랜드충성도3	28.81	25.813	.767	
브랜드충성도4	28.85	25.015	.747	
브랜드충성도5	28.90	25.114	.696	
브랜드충성도6	28.76	25.239	.775	

② 신뢰도를 증가시키기 위해서는 어느 변수를 제거해야 하는가?

표본의 이해와 기술통계

2.1 응답빈도 및 비율을 통한 이해
2.2 그래프를 통한 이해
2.3 요약지표를 통한 이해
2.4 집단 간 비교

Chapter 02

Chapter 02

표본의 이해와 기술통계

표본 데이터를 이용하여 모집단에 대한 분석을 수행하기에 앞서 수집한 데이터를 살펴보고 표본 데이터의 특성에 대해 전반적으로 이해할 필요가 있다. 이를 위한 방법으로는 ① 응답자의 응답빈도 및 비율을 파악하거나, ② 다양한 도표(그래프)를 통하여 데이터의 분포모양을 살펴보거나, ③ 전체 데이터를 요약할 수 있는 지표를 검토하는 방법 등이 있다. 이처럼 주어진 표본 데이터의 특성을 그대로 기술하는 것을 **기술통계(descriptive statistics)**라고 한다. 반면에 주어진 데이터의 표본특성으로부터 수학적 확률이론을 토대로 그 데이터가 속해 있을 것으로 예상되는 전체 모집단의 특성을 추론하는 것을 **추론통계(inferential statistics)**라고 한다.[1] 여기에서는 기술통계의 관점에서 다양한 방식으로 표본 데이터를 이해하는 방법을 살펴본다.

2.1 응답빈도 및 비율을 통한 이해

[그림 2-1]은 인터넷쇼핑몰 이용에 관한 데이터로부터 도출한 응답자들의 성별 **빈도표(frequency table)**이다(ishop.sav 데이터 파일; 곽기영 · 지소영 2008). 빈도표를 이용하면 사람들의 응답빈도를 쉽게 파악할 수 있다. 첫 번째 행은 남자(숫자 1로 코딩)라고 응답한 빈도수를 나타내며, 두 번째 행은 여자(숫자 2로 코딩)라고 응답한 빈도수를 보여준다. '빈도' 열을 보면 총 473명의 사람들 가운데 남자는 326명이고 여자는 147명이다. 빈도표에는 응답자가 실제로 응답한 내용만이 나타난다. 만일 여자라고 응답한 사람이 없다면 빈도표에는 여자를 나타내는 행이 포함되지 않는다. 마찬가지로 유효하지 않은 응답에 대응되는 코드값이 실수로 입력되면(예를 들어, 숫자 0) 잘못 입력된 값은 빈도표의 행에 나타나고 이를 통해 데이터에 이상이 있다는 사실을 쉽게 알 수 있다. 따라서 빈도표를 이용하여 데이터의 이상유무를 점검할 수 있다.

1) 추론통계는 '제3장 모집단의 이해와 추론통계'에서 다룬다.

그림 2-1 ▌빈도표: 성별

		빈도	퍼센트	유효 퍼센트	누적 퍼센트
유효	1 남자	326	68.9	68.9	68.9
	2 여자	147	31.1	31.1	100.0
	전체	473	100.0	100.0	

SPSS 메뉴에서 『분석 > 기술통계량 > 빈도분석』을 선택한 후 성별 변수를 『변수』 영역에 옮기고 『확인』을 클릭한다(ishop.sav 데이터 파일).
코딩값과 그에 대한 설명을 동시에 출력하려면 SPSS 메뉴의 『편집 > 옵션 > 출력결과』 탭을 선택한다. 『피벗표 레이블 붙이기』 그룹의 『변수값의 레이블 표시는 다음과 같이 나타남』 리스트 박스에서 『값과 레이블』을 선택한다.

[그림 2-2]는 일간 인터넷 이용시간에 대해 빈도표를 작성한 것이다('인터넷이용시간_범주' 변수 이용). '퍼센트' 열은 서베이에 참여한 사람들의 범주별 응답비율이다. 예를 들어, 하루에 인터넷을 이용하는 시간이 2시간 이하인 사람은 56.4%이고 10시간 초과인 사람은 1.9%이다. 이 빈도표는 앞서의 성별 빈도표와 달리 **결측값(missing value)**을 갖고 있다. 결측값이란 데이터 수집 과정에서 누락된 응답값 또는 관측되지 못한 측정값을 말한다. 누락된 응답값을 공란으로 비워두는 경우 실제 응답이 존재하지만 코딩과정에서 실수로 자료를 입력하지 않은 경우와 구분이 되지 않으므로 혼란의 여지가 있다. 따라서 일반적으로 응답에서 얻을 수 없는 특정한 값(예를 들면, '9', '99', '999' 등)을 결측값으로 설정한다.

결측값은 여기의 예처럼 분석에 포함되어서는 안 되는 잘못 응답된 값 또는 잘못 관측된 값을 나타내는 데도 이용될 수 있다. 여기에서는 24시간 이상의 인터넷 이용을 응답한 응답자를 결측으로 처리하고 숫자 9를 코드값으로 부여하였다.[2] 이러한 결측값이 포함될 경우 퍼센트와 유효 퍼센

그림 2-2 ▌빈도표: 인터넷 이용시간

		빈도	퍼센트	유효 퍼센트	누적 퍼센트
유효	1 2시간 이하	267	56.4	56.6	56.6
	2 2+~4시간	118	24.9	25.0	81.6
	3 4+~6시간	45	9.5	9.5	91.1
	4 6+~10시간	33	7.0	7.0	98.1
	5 10시간 초과	9	1.9	1.9	100.0
	전체	472	99.8	100.0	
결측	9 24시간 이상	1	.2		
전체		473	100.0		

트는 서로 다른 값을 갖게 된다. 유효 퍼센트는 결측값을 제외한 유효한 데이터만을 가지고 계산된 응답비율을 나타낸다.

수집한 데이터에 결측값이 다수 포함되어 있을 때는 해석상에 주의가 요구된다. 결측값이 응답자나 조사원의 실수가 아닌 응답자의 응답거부로 발생했을 때는 특히 해석상에 주의를 기울일 필요가 있다. 예를 들어, 구내식당에 대한 만족도 조사에서 100명의 이용자 가운데 60명이 만족한다고 응답을 했고, 5명이 불만족을 표시했으며, 나머지 35명은 응답을 하지 않은 결과를 얻었다고 하자. 이 경우 유효 응답자만을 대상으로 하게 되면 92%$(=\frac{60}{65}\times 100)$가 구내식당에 만족한다고 결론을 내릴 수 있다. 하지만 조사대상자 전체의 관점에서 본다면 60%$(=\frac{60}{100}\times 100)$만이 구내식당에 만족하는 것으로 볼 수도 있다. 이처럼 응답거부로 인해 데이터에 많은 결측값이 포함되면 적절한 결론에 도달하기가 쉽지 않을 수 있다. 따라서 유효한 데이터만을 가지고 응답비율을 제시할 때는 응답을 거부한 응답자의 비율도 함께 제시할 필요가 있다.

빈도표에서 특정 행의 누적 퍼센트는 그 행과 그 행 이전까지의 응답비율의 합을 나타낸다. 예를 들어, [그림 2-2]의 빈도표에서 두 번째 행의 누적 퍼센트 81.6%는 하루 인터넷 이용시간이 4시간 이하인 사람의 비율이 81.6%라는 의미이다. 약 80% 정도의 대부분의 사람들이 하루에 인터넷을 4시간 이하로 사용하고 있다. 누적 퍼센트는 할당된 코드값의 순서에 의미가 있을 때만 유용하다. 예를 들어, 음악장르(팝송, 클래식, 가요, 재즈 등)의 선호도를 빈도표로 만들어 가요에 대한 누적 퍼센트가 55%라고 말하는 것은 적절하지 않다.

빈도표를 만들 때 SPSS는 달리 지정을 하지 않는 한 할당된 코드값을 기준으로 작은 값에서 큰 값의 순서로 각 행의 응답별 빈도 및 비율을 출력한다. 첫 번째 행은 가장 작은 코드값, 마지막 행은 가장 큰 코드값에 해당하는 응답의 빈도 및 비율을 출력하고 결측값으로 할당된 코드값에 해당되는 응답은 표의 가장 마지막 행에 출력된다. 하지만 경우에 따라서는 빈도표를 재배열할 필요도 있다. 코드값의 순서가 아니라 빈도값을 기준으로 행의 순서를 결정하는 것이 유용한 경우도 있다. [그림 2-3]은 월간 인터넷쇼핑몰 방문횟수를 빈도값을 기준으로 내림차순으로 정렬한 것이다('쇼핑몰방문횟수_범주' 변수 이용). 월간 2회에서 5회 인터넷쇼핑몰을 방문한다고 응답한 응답자가 159명으로 가장 많으며, 그 결과가 빈도표의 첫 번째 행에 나타난다.

---

2) 이는 응답자의 실수이거나 불성실한 응답의 결과일 수 있다. 이런 실수 또는 불성실한 응답은 조사과정에서 종종 발생하며 이와 같은 유효하지 않은 데이터는 분석에 들어가기 전에 파악되어야 한다.

▶ 그림 2-3 ▮ 빈도표: 인터넷쇼핑몰 월간 방문횟수

		빈도	퍼센트	유효 퍼센트	누적 퍼센트
유효	2 2~5회	159	33.6	33.6	33.6
	1 1회 이하	110	23.3	23.3	56.9
	3 6~10회	105	22.2	22.2	79.1
	4 11~20회	54	11.4	11.4	90.5
	5 21~30회	27	5.7	5.7	96.2
	6 31회 이상	18	3.8	3.8	100.0
	전체	473	100.0	100.0	

빈도값을 기준으로 정렬하기 위해서는 SPSS 메뉴에서 『분석 > 기술통계량 > 빈도분석』을 선택한 후 『형식』을 클릭하고 『출력순서』 그룹에서 『빈도값 내림차순』을 선택한다(ishop.sav 데이터 파일).

2.2 그래프를 통한 이해

빈도표에 나타난 정보는 도표의 형태로 표현하여 시각화된 정보로 변환할 수 있다. [그림 2-4]는 인터넷 이용시간을 **원도표(pie chart)** 형태로 나타낸 것이다. 빈도표의 각 행이 원도표의 한 조각에 해당하며 가장 큰 조각은 인터넷 이용시간이 '2시간 이하'에 해당하는 영역으로 전체의 56.6%를 차지한다.

그림 2-4 원도표: 인터넷 이용시간

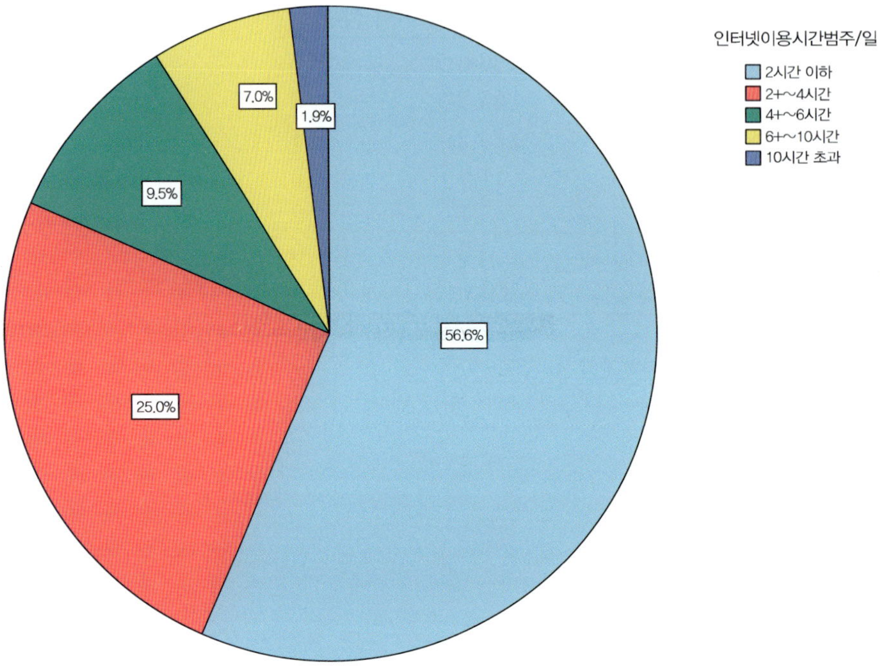

SPSS 메뉴에서 『그래프 > 레거시 대화상자 > 원형 차트』를 선택한다. 『원형 차트』 대화상자에서 『케이스 집단들의 요약값』을 선택한 후 『정의』를 클릭한다. 『조각표시』 그룹에서 『케이스 중 %』를 선택하고 『조각기준변수』에 인터넷 이용시간_범주 변수를 할당한 후 『확인』을 클릭한다(ishop.sav 데이터 파일).
각 조각에 퍼센트를 표시하기 위해서는 원도표를 더블클릭하여 나타나는 도표편집기에서 『요소 > 데이터 레이블 표시』를 선택한다. 퍼센트의 소수점 이하 자리수를 조정하기 위해서는 임의의 퍼센트 상자를 클릭하여 도표상의 모든 퍼센트 상자가 선택되게 한 후 『편집 > 특성』 메뉴의 『숫자형식』 탭에서 자리수를 지정한다. 원도표는 『빈도분석』 메뉴를 통해서도 그릴 수 있다.
SPSS 차트 템플릿을 적용하면 좀 더 세련된 색상의 그래프를 생성할 수 있다. 도표편집기에서 『파일 > 도표양식 적용』을 선택하여 SPSS에서 제공하는 템플릿 파일('.sgt' 확장자)을 선택한다.

동일한 정보를 **막대도표(bar chart)**를 이용하여 표현할 수 있다. 각 범주에 속하는 케이스(case, 사례라고도 하며 응답 하나 하나를 의미함)의 수가 원도표에서의 각 조각의 크기를 결정한다면 막대도표에서는 막대의 높이를 결정한다. [그림 2-5]에서 보는 것처럼 인터넷 이용시간이 '2시간 이하'에 해당하는 막대의 높이가 가장 길다.

빈도표는 응답의 경우의 수(즉 응답의 범주수)가 증가하면 유용성이 떨어진다. 예를 들어, 학생의 성적분포에 대한 빈도표를 [그림 2-6]과 같이 작성할 수 있다(grade.sav 데이터 파일). 앞서 인터넷 이용시간을 범주화하여 나타낸 빈도표와 달리 [그림 2-6]은 서로 다른 개별 학생의 성적이

그림 2-5 ▌막대도표: 인터넷 이용시간

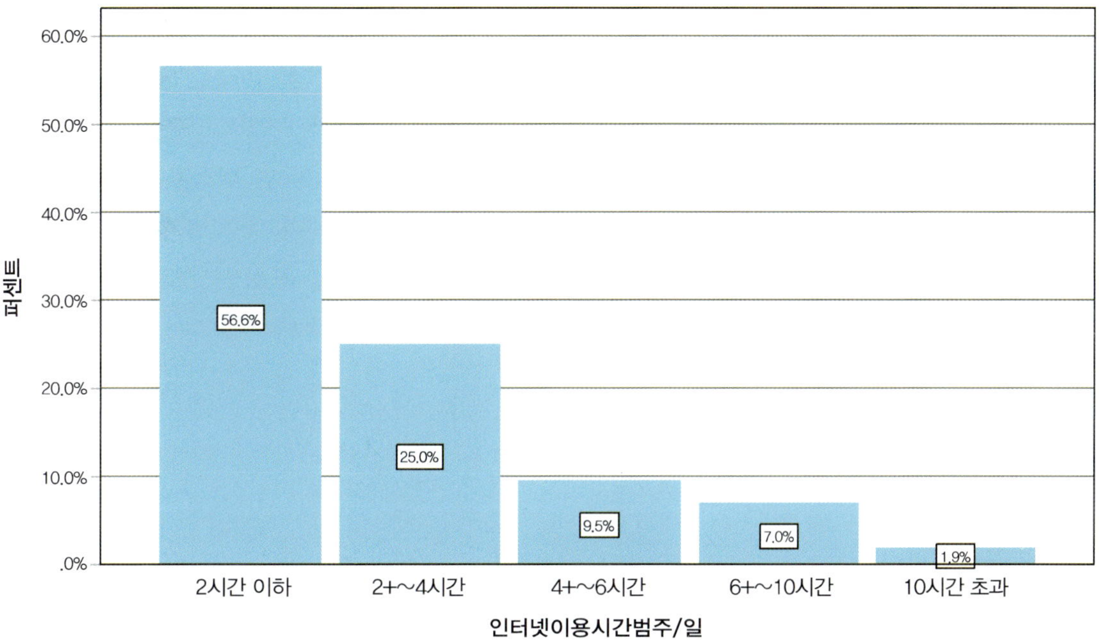

SPSS 메뉴에서 『그래프 > 레거시 대화상자 > 막대형 차트』를 선택한다. 『막대형 차트』 대화상자에서 막대도표의 유형으로 『단순』과 도표에 표시할 데이터로 『케이스 집단들의 요약값』을 선택한 후 『정의』를 클릭한다. 『막대표시』 그룹에서 『케이스 중 %』를 선택하고 『범주축』에 인터넷이용시간_범주 변수를 할당한 후 『확인』을 클릭한다(ishop.sav 데이터 파일). 막대도표는 『빈도분석』 메뉴를 통해서도 그릴 수 있다.

빈도표의 행에 나타나게 되어 정보를 요약해 보여주는 빈도표로서의 효용이 현저히 떨어진다. 만일 점수가 개별 학생마다 모두 다르면 학생수만큼의 행이 생길 수도 있다.

이처럼 응답의 범주수가 증가하면 빈도표를 기반으로 도표화하는 원도표나 막대도표는 데이터의 시각화에 취약하다. 원도표나 막대도표의 조각 및 막대의 수는 응답자가 응답하는 서로 다른 응답값만큼 늘어나게 되어 그 수가 많을 때 그래프를 통한 시각화의 효과를 기대하기 어렵다. 또한 원도표나 막대도표는 특정 응답값이 존재하지 않을 때 그 값에 해당하는 조각이나 막대를 그릴 수 없다는 단점을 갖고 있다. 예를 들어, [그림 2-6]의 빈도표를 보면 12점과 33점 사이에 해당하는 점수는 존재하지 않기에 이 빈도표를 토대로 막대도표를 그리면 12점 막대와 33점 막대가 나란히 붙어 있는 부자연스러운 모습을 초래한다.

그림 2-6 빈도표 및 원도표/막대도표: 성적

		빈도	퍼센트	유효 퍼센트	누적 퍼센트
유효	12	1	1.2	1.2	1.2
	33	1	1.2	1.2	2.5
	36	1	1.2	1.2	3.7
	37	1	1.2	1.2	4.9
	38	1	1.2	1.2	6.2
	41	1	1.2	1.2	7.4
	42	1	1.2	1.2	8.6
	44	1	1.2	1.2	9.9
	46	2	2.5	2.5	12.3
	47	1	1.2	1.2	13.6
	49	2	2.5	2.5	16.0
	51	1	1.2	1.2	17.3
	52	1	1.2	1.2	18.5
	54	3	3.7	3.7	22.2
	55	2	2.5	2.5	24.7
	56	1	1.2	1.2	25.9
	58	3	3.7	3.7	29.6
	59	6	7.4	7.4	37.0
	60	1	1.2	1.2	38.3
	61	3	3.7	3.7	42.0
	63	2	2.5	2.5	44.4
	64	3	3.7	3.7	48.1
	65	1	1.2	1.2	49.4
	66	3	3.7	3.7	53.1
	67	3	3.7	3.7	56.8
	68	3	3.7	3.7	60.5
	69	1	1.2	1.2	61.7
	70	3	3.7	3.7	65.4
	71	4	4.9	4.9	70.4
	72	3	3.7	3.7	74.1
	73	2	2.5	2.5	76.5
	74	3	3.7	3.7	80.2
	77	1	1.2	1.2	81.5
	78	3	3.7	3.7	85.2
	79	1	1.2	1.2	86.4
	83	1	1.2	1.2	87.7
	84	1	1.2	1.2	88.9
	85	4	4.9	4.9	93.8
	86	1	1.2	1.2	95.1
	87	2	2.5	2.5	97.5
	90	1	1.2	1.2	98.8
	94	1	1.2	1.2	100.0
	전체	81	100.0	100.0	

그림 2-6 **빈도표 및 원도표/막대도표: 성적(계속)**

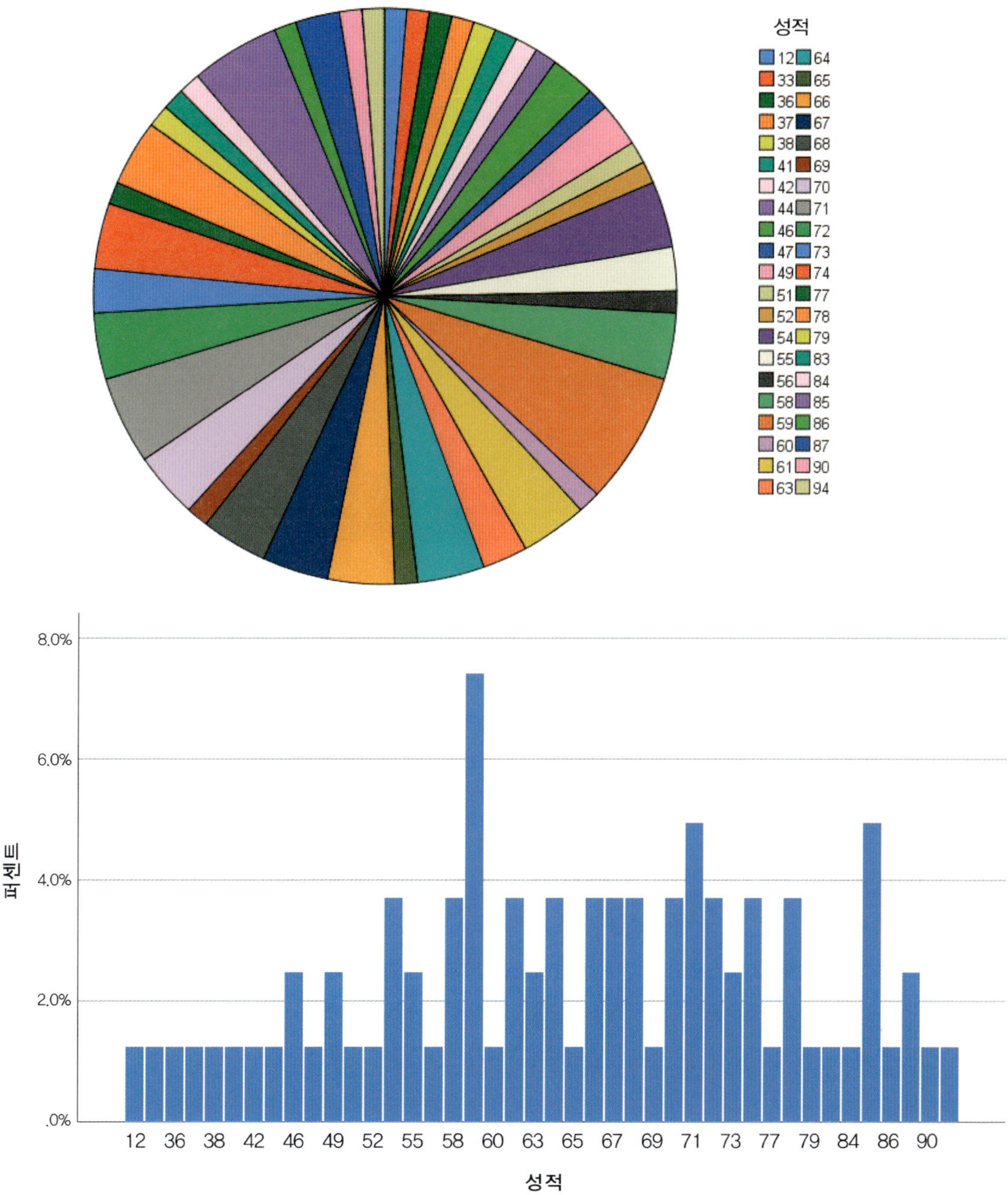

grade.sav 데이터 파일을 이용한다.

그림 2-7 ▎히스토그램: 성적

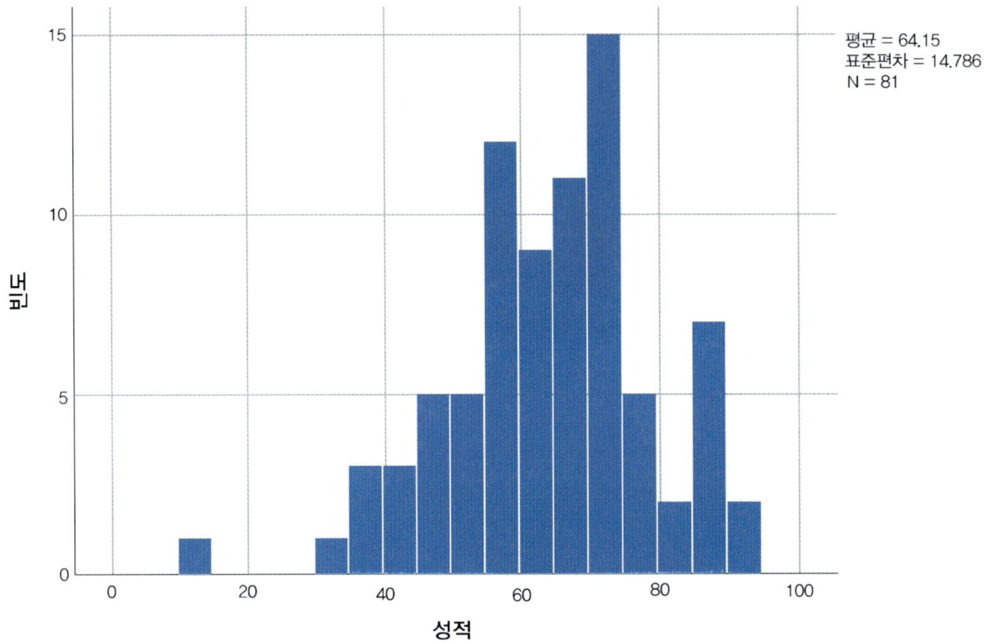

SPSS 메뉴에서 『그래프 > 레거시 대화상자 > 히스토그램』을 선택한다. 히스토그램 대화상자에서 성적 변수를 『변수』로 할당하고 『확인』을 클릭한다(grade.sav 데이터 파일). 히스토그램은 기술통계량 분석의 『빈도분석』 및 『데이터 탐색』을 통해서도 그릴 수 있다.

히스토그램(histogram)은 이와 같은 상황에서 데이터를 보다 더 잘 표현할 수 있다. 히스토그램은 얼핏 보면 막대도표와 유사해보인다. 하지만 막대도표에서의 막대는 특정 값에 대응되는 케이스의 빈도 또는 퍼센트를 나타내지만, 히스토그램에서의 막대는 특정 값이 아니라 값들의 범위에 대응되는 케이스의 빈도 또는 퍼센트를 나타낸다. [그림 2-7]은 학생들의 성적분포에 대한 히스토그램이다. 점수는 X축에 나타나 있고, Y축에는 빈도가 표현되어 있다. 첫 번째 막대는 10점 부근(대략 10점에서 15점 사이)에 한 명이 분포되어 있음을 나타낸다. 이는 빈도표에서 확인해볼 수 있다. 두 번째와 세 번째 막대는 20점에서 40점 사이에 네 명이 분포되어 있음을 나타낸다. 두 번째 막대에 한 명, 세 번째 막대에 세 명이 분포되어 있다. 역시 빈도표에서 확인해볼 수 있다.

히스토그램을 통해 데이터의 분포를 파악할 수 있다. 예를 들어, 데이터의 응답값이 가운데를 중심으로 주변에 몰려있는지를 확인할 수 있으며 작은 값과 큰 값이 유사한 빈도로 분포하고 있는지를 알 수 있다. 또한 극단적으로 크거나 작은 값이 존재하는지 알 수 있다. 이를 통해 데이터를 입력하는 과정에서 비정상적 값이 발생하였는지 여부를 파악할 수 있다. 이러한 분포에 대한 이해는 수집한 데이터 자체를 파악하는 데뿐만 아니라 데이터분석을 위한 적절한 통계기법을 선택하는 데도 중요한 역할을 한다.

히스토그램은 관측값이 일정 구간별로 어떻게 분포하고 있는지를 알려주지만 실제 데이터값에 대해서는 알 수가 없다. [그림 2-8]의 성적분포에 대한 **줄기잎도표(stem-and-leaf plot)**는 실제 데이터의 정확한 값을 알려준다. 점(.)을 중심으로 왼쪽을 줄기(stem)라 하고 오른쪽을 잎(leaf)이라고 부른다. 줄기 3이 있는 행을 보면 네 개의 잎(즉 3, 6, 7, 8)이 있다. 줄기와 잎의 숫자를 실제 데이터값으로 해석하기 위해서는 그림의 하단에 있는 줄기폭(stem width)을 살펴보아야 한다. 줄기폭에 줄기값을 곱하면 줄기에 해당되는 실제 데이터값을 얻을 수 있다. 따라서 줄기값 3에 줄기폭 10을 곱하면 줄기 3에 해당되는 실제 데이터값은 30(=3×10)이다. 잎의 단위는 줄기폭의 10분의 1값으로 표현되며, 따라서 두 번째 잎 6의 실제 데이터값은 그대로 6 ($=6\times10\times\frac{1}{10}$)이 된다. 이를 종합해보면 줄기 3행의 실제 데이터값은 33, 36, 37, 38이다. 만약 줄기폭이 100이라면 줄기 3행의 실제 데이터값은 330($=3\times100+3\times100\times\frac{1}{10}$), 360, 370, 380이 된다.

그림 2-8 ▌ 줄기잎도표: 성적

```
Frequency    Stem & Leaf

    1.00 Extremes    (=<12)
    4.00        3 .  3678
    8.00        4 .  12466799
   17.00        5 .  12444556888999999
   20.00        6 .  01113344456667778889
   20.00        7 .  00011112223344478889
    9.00        8 .  345555677
    2.00        9 .  04

Stem width:     10
Each leaf:      1 case(s)
```

SPSS 메뉴에서 『분석 > 기술통계량 > 데이터 탐색』을 선택한 후 『데이터 탐색』 대화상자에서 대상이 되는 변수인 성적 변수를 『종속변수』로 옮기고 『도표』를 클릭한 후 『데이터 탐색: 도표』 대화상자에서 『줄기와 잎그림』을 선택한다(grade.sav 데이터 파일).

2.3 요약지표를 통한 이해

지금까지 빈도표나 도표를 이용하여 표본 데이터의 전체적인 모습을 이해할 수 있었다. 이 밖에 전체 데이터를 요약하는 **중심경향지표**(measures of central tendency)와 **변동성지표**(measures of variability)를 이용하여 수집한 데이터 표본의 특성을 파악해볼 수 있다. 중심경향이란 데이터가 특정 값을 중심으로 집중되어 있는 정도를 말하며, 변동성이란 데이터가 퍼져있는 정도를 의미한다. 중심경향지표에는 최빈값, 중위수, 백분위수, 사분위수, 평균 등이 있으며, 변동성지표에는 범위, 사분위 범위, 분산, 표준편차 등이 있다. [그림 2-9]는 성적분포에 대한 중심경향지표와 변동성지표이다.

우선 중심경향지표에 대해 살펴보자. **최빈값**(mode)은 수집한 데이터 가운데 가장 빈도수가 높은 값을 의미한다. [그림 2-6]의 성적 빈도표에서 59점의 점수가 가장 많이 등장하고 있고, 따라서 이 점수가 최빈값이 된다.[3] 최빈값은 비교적 간단하게 사용할 수 있는 중심경향지표이긴 하

그림 2-9 ❙ 중심경향지표 및 변동성지표: 성적

N	유효	81
	결측	0
평균		64.15
중위수		66.00
최빈값		59
표준편차		14.786
분산		218.628
범위		82
최소값		12
최대값		94
백분위수	25	55.50
	50	66.00
	75	73.00

이 표에 있는 통계량은 SPSS의 『분석 > 기술통계량 > 빈도분석』 메뉴를 통해 구할 수 있다(grade.sav 데이터 파일). 또한 『분석 > 기술통계량 > 기술통계』 메뉴에서도 일부 지표는 구할 수 있다. 그러나 중위수, 최빈값, 백분위수는 『빈도분석』 메뉴에서만 가능하다.

3) 총 여섯 명, 7.4%의 학생이 59점의 점수를 받았다.

지만 다양한 값을 가질 수 있는 변수에 대해서는 전체 데이터를 대표하여 요약해주는 지표로 적합하지 않을 수 있다.4) 왜냐하면 여러 값들이 동일한 크기의 최고 빈도수를 가질 수 있고, 또한 그에 해당하는 빈도수가 전체에서 차지하는 비중이 크지 않을 수 있기 때문이다. 만일 여섯 명의 빈도수를 갖는 다른 점수가 존재한다고 가정하면 59점과 이 점수 가운데 어느 점수를 전체 데이터를 요약해주는 지표로서 선정할 것인가 하는 선택의 문제가 발생한다. 어느 점수를 선택하든 그 점수가 전체를 대표한다고 보기는 어렵다. 이런 이유로 최빈값은 대체로 명목척도로 측정된 변수에 대해 사용된다. 그리고 최빈값만 제시되는 경우는 흔치 않으며 빈도표나 막대도표를 함께 제시하는 것이 일반적이다.

작은 값에서 큰 값의 순서로 데이터값을 의미 있게 정렬할 수 있으면 순서에 대한 추가정보를 이용하여 최빈값보다는 더 많은 정보를 담고 있는 중심경향지표를 도출할 수 있다. **중위수(median)**는 크기 순으로 데이터값을 정렬했을 때 중앙에 위치하는 값을 의미한다. 다시 말해 중위수는 데이터값들의 절반보다는 크고 동시에 나머지 절반보다는 작은 값으로 정의할 수 있다. 케이스의 개수가 홀수라면 단순히 중간에 위치한 값이 중위수가 된다. 짝수의 경우라면 중간에 위치한 값이 두 개가 존재하게 되고 중위수는 이 두 개 중간값의 평균이 된다. 예를 들어, 185cm, 189cm, 191cm, 199cm, 202cm의 키로 구성된 농구팀의 중위수는 세 번째 값인 191cm가 된다. 158cm, 161cm, 162cm, 164cm, 167cm, 169cm의 키로 구성된 여성 6인조 밴드의 경우 세 번째와 네 번째 값의 평균인 163cm가 중위수가 된다. 빈도표가 있다면 간편하게 중위수를 구할 수 있다. 누적 퍼센트가 50%보다 크거나 같은 첫 번째 값에서 중위수가 결정된다. [그림 2-6]의 성적 빈도표를 보면 누적 퍼센트가 50%보다 크거나 같은 첫 번째 값은 66점이므로 이 점수가 중위수가 된다. 즉 수강생 중 절반은 66점보다 작거나 같은 성적을 받았다는 의미이다.

중위수는 최빈값보다 더 많은 정보를 담고 있기는 하지만 다른 유용한 정보를 고려하지 않는 문제점을 갖고 있다. 예를 들어, 10, 11, 12, 13, 14에 대한 중위수는 12이고, 10, 11, 12, 99, 150의 경우에도 12라는 동일한 중위수를 갖는다. 중위수의 위 또는 아래에 있는 값은 그 값의 크고 작음이 중위수를 도출하는 데 고려되지 않으며 앞의 예에서 본 것처럼 극단적으로 높은 값들이 있다 하더라도 이들 값이 중위수의 결정에 아무런 영향을 미치지 못한다. 따라서 중위수는 관측값 가운데 포함된 극단적인 값의 영향을 덜 받는 반면, 순서정보만 이용하고 구체적인 값에 대한 정보는 무시하기 때문에 정보의 손실을 가져오는 경향이 있다.

중위수는 데이터 표본을 절반으로 분할하는 값이다. 이와 유사한 방식으로 데이터 표본을 백분

4) 이 예의 경우 성적은 0점에서 100점까지 다양한 값을 가질 수 있다.

위의 비율로 분할하는 값을 구할 수 있는데 이를 **백분위수(percentile)**라고 한다. 예를 들어, 전체 케이스의 25%보다는 크고 나머지 75%보다는 작은 위치에 있는 값은 25번째 백분위수(25th percentile)가 된다. 다시 말해 전체 케이스의 25%는 25번째 백분위수보다 작고 나머지 75%는 25번째 백분위수보다 크다. 전체 케이스의 50%는 중위수보다 작고 50%는 중위수보다 크기 때문에 중위수는 50번째 백분위수가 된다. 25번째, 50번째, 75번째 백분위수는 전체 케이스를 네 등분하기 때문에 별도로 **사분위수(quartile)**라고 부르기도 한다.

가장 널리 사용되는 중심경향지표는 **평균(mean)**이다. 평균은 모든 케이스값을 활용하여 계산한다. 평균은 모든 관측값을 이용하여 계산되기 때문에 정보의 손실이 적지만 극단적인 값이 존재할 경우 왜곡되기 쉽다. 평균을 계산하기 위해서는 데이터 표본에 포함된 케이스의 값을 모두 더한 다음 케이스의 개수(즉 표본의 크기)로 나눈다.

$$\overline{X} = \frac{\sum_{i=1}^{n} x_i}{n}$$

여기에서, $\overline{X}$는 표본평균, x_i는 i번째 케이스의 값, n은 표본크기

예를 들어, 185cm, 189cm, 191cm, 199cm, 202cm의 키로 구성된 농구팀의 평균은 다음과 같이 계산된다.

$$\text{평균} = \frac{185 + 189 + 191 + 199 + 202}{5} = 193.2$$

평균이나 중위수 같은 중심경향지표만으로는 표본 데이터값들이 서로 얼마나 다른지 알 수 없다. 예를 들어, 30, 30, 30, 30, 30으로 구성된 데이터 표본과 10, 20, 30, 40, 50으로 구성된 데이터 표본은 모두 30이라는 평균과 중위수를 갖지만 두 표본의 데이터 분포는 서로 현저하게 다르다. 따라서 데이터의 변동성(산포도)을 반영한 변동성지표까지 고려해야만 데이터의 특성에 대한 올바른 이해가 가능하다.

범위(range)는 가장 단순한 형태의 변동성지표로서 가장 큰 값과 가장 작은 값의 차이를 나타낸다. [그림 2-9]를 보면 최대값은 94이고 최소값은 12로서 범위는 그 차이인 82가 된다. 75번째 백분위수와 25번째 백분위수 간의 차이로 범위를 계산하면 극단적인 값에 대한 영향을 줄일 수 있다. 앞의 예에서 75번째 백분위수는 73.0이고 25번째 백분위수는 55.5이므로 그 차이인 17.5가

범위가 되며 이러한 범위를 **사분위 범위(interquartile range)**라고 한다. 범위값이 크다는 것은 단순히 최대값과 최소값 간의 차이가 크다는 사실을 나타낸다. 따라서 범위값만으로는 그 사이에 있는 값들에 대한 구체적인 산포 정도는 알 수 없다.

가장 널리 사용되는 변동성척도는 **분산(variance)**이다. 데이터 표본의 분산은 평균처럼 모든 케이스의 값을 활용하여 계산한다. 분산은 각 케이스가 평균으로부터 떨어져 있는 정도를 말하며, 각 케이스의 값에서 평균을 뺀 편차를 구하고 이를 제곱한 다음 모두 더해서 <케이스 개수−1>, 즉 <표본크기−1>로 나눈다. 표본분산이 표본평균으로부터의 편차제곱 평균이 되도록 하려면 표본에 포함된 모든 케이스의 개수인 표본크기로 나누어주는 것이 좀 더 논리적이라는 생각이 들지도 모른다. 하지만 표본크기 n을 사용하게 되면 표본의 분산이 모집단분산을 과소 추정하게 되는 문제가 있고, 이러한 문제를 해결하기 위한 해결책으로 <$n-1$>로 보정하는 방법이 제안되었다. 표본분산과 같은 표본통계량은 주로 모집단의 특성을 추정하기 위하여 사용되기 때문에 표본분산을 정의할 때 모집단분산을 적절히 추정하기 위하여 n 대신에 <$n-1$>이 주로 사용된다.[5)]

$$s^2 = \frac{\sum_{i=1}^{n}(x_i - \overline{X})^2}{n-1}$$

여기에서, s^2는 표본분산, x_i는 i번째 케이스의 값, $\overline{X}$는 표본평균, n은 표본크기

예를 들어, 185cm, 189cm, 191cm, 199cm, 202cm의 키로 구성된 농구팀의 분산은 다음과 같이 계산된다.

$$\begin{aligned}\text{분산} &= \frac{(185-193.2)^2+(189-193.2)^2+(191-193.2)^2+(199-193.2)^2+(202-193.2)^2}{5-1}\\ &= 50.2\end{aligned}$$

만일 분산이 0이라면 모든 케이스가 같은 값을 갖고 있다는 뜻이다. 분산이 크면 클수록 데이터 값들은 서로 널리 퍼져 있고 분산이 작으면 작을수록 데이터값들의 산포 정도는 작다는 것을 의미한다. [그림 2-9]를 보면 시험점수의 분산은 218.628제곱점(즉 점수를 제곱한 단위)이다. 실제 점수

5) 모집단의 특성을 모수라고 하며 모집단의 평균이나 분산 등을 말한다. 표본의 분산을 구하려면 우선 각 관측값에서 표본의 평균을 빼서 이를 제곱하여 합산한다. 그런데 표본의 각 관측값은 대체로 미지의 모집단평균보다는 표본평균에 더 근접할 것이므로(왜냐하면 표본평균은 각 관측값으로부터 계산되므로) 표본평균과의 편차제곱합은 모집단평균과의 편차제곱합에 비해 작아지게 된다. 이는 결과적으로 모집단분산에 비해 표본분산을 작게 만든다(즉 모집단분산을 과소 추정한다).

와 단위를 맞추기 위해서는 분산의 제곱근값을 구하면 되고 이를 **표준편차(standard deviation)**라고 한다. 따라서 시험점수의 표준편차는 14.786점이 된다. 이처럼 표준편차는 분산과 달리 원래의 측정단위 그대로 표현할 수 있다.

시험을 보고 나면 나의 점수가 다른 사람들과 비교해서 전체에서 어느 정도의 위치에 있는지가 궁금해진다. 그러면 대개 담당교수에게 평균 점수가 얼마나 되는지를 물어보곤 한다. 그렇다면 과연 평균 점수를 안다고 해서 내 점수의 상대적 위치를 알 수 있을까? 평균 점수를 알고 있다고 해도 내 점수가 평균보다 작은지, 큰지, 같은지만 알 수 있을 뿐이다. 즉 평균만 알아서는 나의 점수가 다른 사람에 비해 평균으로부터 얼마나 멀리 떨어져 있으며 전체에서의 상대적 위치는 어떠한지 알 수 없다. 이를 알기 위해서는 점수들의 산포 정도를 나타내는 표준편차를 알아야만 한다. 60점이라는 점수가 얼핏 보기에는 그다지 만족스럽지 못한 점수인 것처럼 보이지만 의외로 그 점수가 높은 점수일 수도 있다. 반대로 85점의 점수가 상위권의 점수라고 생각했지만 실제로는 중위그룹의 점수일 수도 있는 일이다. 예를 들어, 평균이 70점이고 표준편차가 5점인 경우 나의 점수가 80점이면 평균보다 상당히 높은 점수라고 볼 수 있다. 80점이란 점수는 평균에서 두 개의 표준편차만큼 높은 점수이다. 하지만 평균은 70점으로 동일하더라도 표준편차가 20점이라면 나의 점수 80점은 그다지 높은 점수라고 볼 수 없다. 평균으로부터 불과 0.5개의 표준편차만큼만 떨어져 있을 뿐이다. 이처럼 관측값의 분포에서 특정 케이스값(즉 특정 관측값)의 상대적 위치를 나타내주는 지표를 **표준점수(standard score, Z score, Z값)**라고 한다. 표준점수를 계산하기 위해서는 다음과 같이 먼저 특정 관측값과 평균의 차이를 구한 후 이 차이를 표준편차로 나눈다.

$$\text{표준점수(Z)} = \frac{\text{관측값} - \text{평균}}{\text{표준편차}}$$

표준점수는 특정 관측값이 평균으로부터 몇 개의 표준편차만큼 위 또는 아래로 떨어져 있는지를 보여준다. 어떤 관측값의 표준점수가 0이면 그 관측값은 평균과 동일한 값이라는 것을 의미한다. 어떤 관측값의 표준점수가 1이면 그 관측값은 평균보다 한 개의 표준편차만큼 큰 값을 갖고 있다는 것을 뜻하며, −1이면 그 관측값은 평균보다 한 개의 표준편차만큼 작은 값을 갖고 있다는 것을 의미한다. 표준점수의 평균은 항상 0이고 표준편차는 1인 특성을 갖는다. SPSS를 이용하면 각 데이터값에 대한 표준점수를 쉽게 구할 수 있다.

SPSS는 표준점수를 계산하여 새로운 변수로 저장하는 기능을 제공한다. [그림 2-10]은 새로운 변수 'Z성적'으로 표준점수가 저장된 예이다. 그림에 보이는 첫 번째(70번) 케이스 94점은 평균에 비해 약 두 개의 표준편차만큼 높은 점수(2.02)이다. 반면, 네 번째(73번) 케이스 47점은 평균으로부터 대략 한 개 표준편차만큼 낮은 점수(−1.16)이다.

표준점수는 여러 다른 변수 간의 상대적 위치를 비교하는 데 유용하게 활용될 수 있다. 예를 들어, 어떤 학생이 통계데이터분석의 표준점수는 2이고 경영학원론의 표준점수는 −1이라면, 이 학생은 통계데이터분석 과목에서는 대부분의 학생보다 우수한 성적을 거두었으나 경영학원론 과목에서는 비교적 낮은 점수를 받았음을 나타낸다. 또 다른 예로서 글로벌 기업에서 전 세계 지사의 경영성과를 영업이익과 시장점유율의 관점에서 비교한다고 했을 때 우리 지사의 영업이익 표준점수는 1이고 시장점유율 표준점수는 −2라면 영업이익은 상대적으로 우수한 반면 시장점유율은 비교적 저조한 실적을 거둔 것으로 이해할 수 있다. 이처럼 표준점수를 이용하면 서로 다른 성격을 갖는 변수 간의 상대적 위치를 비교할 수 있는 장점이 있다. 하지만 표준화되기 전의 원래 값에 대해서는 의미 있는 비교를 하는 것이 불가능하다. 왜냐하면 각 변수는 서로 다른 측정단위, 평균, 표준편차를 갖고 있기 때문이다.

그림 2-10 ▌ 표준점수가 생성된 데이터 파일

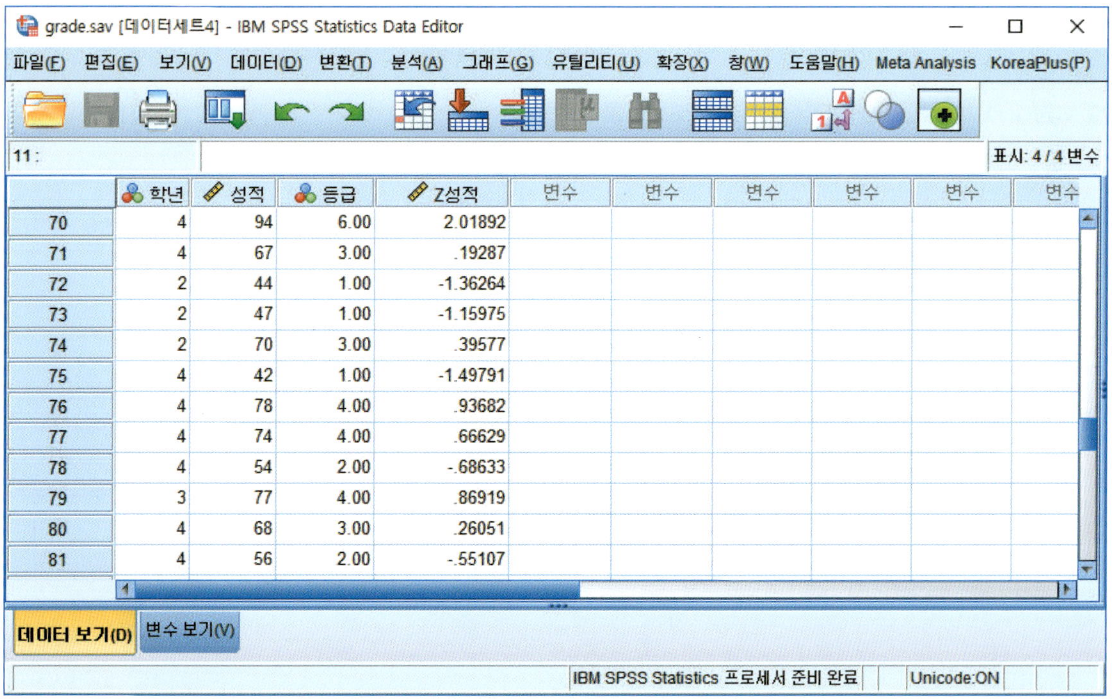

표준점수를 별도의 변수로 생성하기 위해서는 SPSS 메뉴에서 『분석 > 기술통계량 > 기술통계』를 선택한다. 대상 변수를 『변수』로 옮기고 『표준화 값을 변수로 저장』을 체크한 후 『확인』을 클릭한다(grade.sav 데이터 파일).

2.4 집단 간 비교

개별 변수에 대한 이해는 앞서 살펴본 빈도분석이나 기술통계분석을 통해 쉽게 접근할 수 있다. 남녀 성별의 비율은 어떻게 이루어져 있는지, 응답자들의 학력분포는 어떠한지, 월간 인터넷쇼핑몰 방문횟수는 얼마나 되는지 등을 파악하여 개별 변수별 특성을 파악할 수 있다. 하지만 이것만으로는 남녀 간의 인터넷쇼핑몰 방문횟수의 차이나 교육 정도에 따른 인터넷쇼핑몰 방문횟수의 차이를 알 수는 없다. 이러한 정보를 알기 위해서는 서로 다른 집단(예를 들면, 남자 또는 여자 집단)에 속하는 케이스를 비교할 수 있어야 한다. 여기에서는 집단 간의 차이를 비교할 수 있는 다양한 방법을 알아본다.

[그림 2-11]은 남녀별 월간 인터넷쇼핑몰 방문횟수에 대한 평균과 중위수이다(ishop.sav 데이터 파일; 곽기영 · 지소영 2008). 평균적으로 한 달에 10.18회 인터넷쇼핑몰을 방문한다. 남자는 평균보다 더 작은 빈도로 인터넷쇼핑몰을 방문하며, 여자는 평균보다 더 자주 인터넷쇼핑몰을 방문한다. 서로 다른 그룹 간의 비교는 [그림 2-12]의 막대도표와 같은 도표를 통해서도 수행할 수 있다.

그림 2-11 ▌집단 간 비교: 성별 인터넷쇼핑몰 방문횟수

쇼핑몰방문횟수

성별	평균	중위수	N
1 남자	8.94	4.00	326
2 여자	12.91	10.00	147
전체	10.18	5.00	473

SPSS 메뉴에서 『분석 > 평균비교 > 평균분석』을 선택한 후 『종속변수』에 쇼핑몰 방문횟수 변수를, 『레이어』에 성별 변수를 옮긴 후 『확인』을 클릭한다(ishop.sav 데이터 파일). 출력할 통계량을 지정하기 위해서는 『옵션』을 클릭한다. 『평균분석: 옵션』 대화상자에서 평균, 중위수, 케이스 수를 선택하여 『셀 통계량』 영역으로 옮긴다.
변수명은 이름 또는 레이블로 출력할 수 있다. SPSS 메뉴의 『편집 > 옵션 > 출력결과』 탭을 선택한다. 『피벗표 레이블 붙이기』 그룹의 『변수의 레이블 표시는 다음과 같이 나타남』 리스트 박스에서 『레이블』, 『이름』, 『이름과 레이블』을 선택할 수 있다. 『이름』을 선택하면 지금처럼 변수명이 레이블(쇼핑몰방문횟수/월)이 아닌 이름(쇼핑몰방문횟수)으로 나타난다.

그림 2-12 ▌ 막대도표: 성별 인터넷쇼핑몰 방문횟수

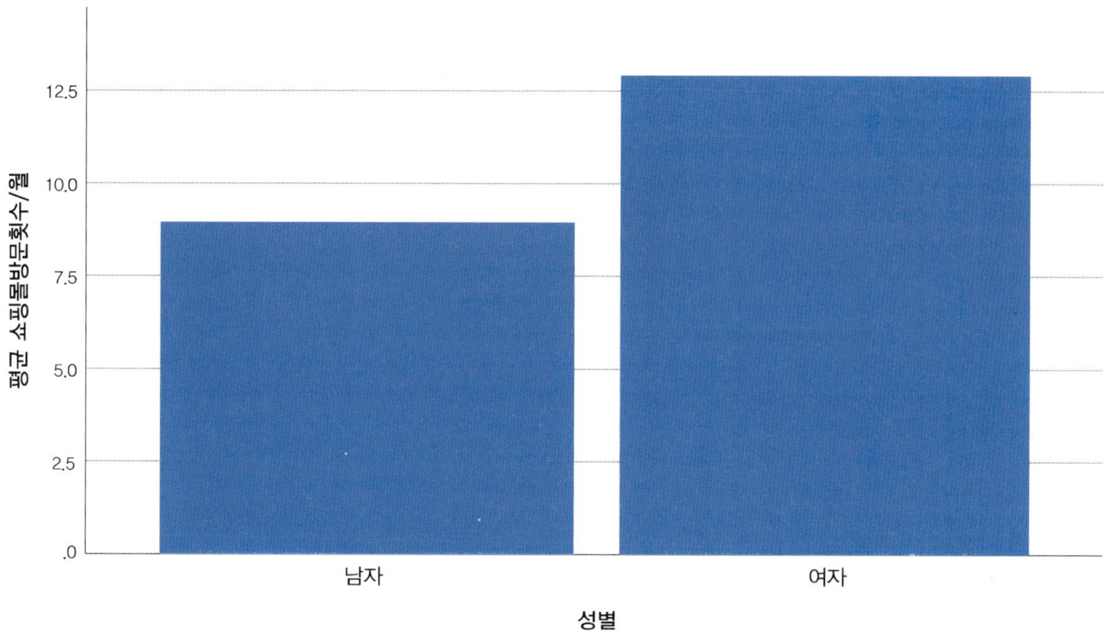

SPSS 메뉴에서 『그래프 > 레거시 대화상자 > 막대형 차트』를 선택한다. 『막대형 차트』 대화상자에서 막대도표의 유형으로 『단순』과 도표에 표시할 데이터로 『케이스 집단들의 요약값』을 선택한 후 『정의』를 클릭한다. 『막대표시』 그룹에서 『기타 통계량(예: 평균)』을 선택하고 『변수』에 쇼핑몰방문횟수, 『범주축』에 성별 변수를 선택하여 옮긴 후 『확인』을 클릭한다(ishop.sav 데이터 파일).

마찬가지로 [그림 2-13]의 학력수준별 인터넷쇼핑몰 방문횟수의 차이를 [그림 2-14]와 같이 시각적으로 보여줄 수 있다. 학력수준이 증가할수록 인터넷쇼핑몰을 더 빈번하게 방문한다.

그림 2-13 ▌ 집단 간 비교: 학력수준별 인터넷쇼핑몰 방문횟수

쇼핑몰방문횟수

학력	평균	중위수	N
1 대학	8.77	4.00	388
2 대학원	16.03	6.00	64
3 대학원 이상	18.29	10.00	21
전체	10.18	5.00	473

그림 2-14 ❙ 막대도표: 학력수준별 인터넷쇼핑몰 방문횟수

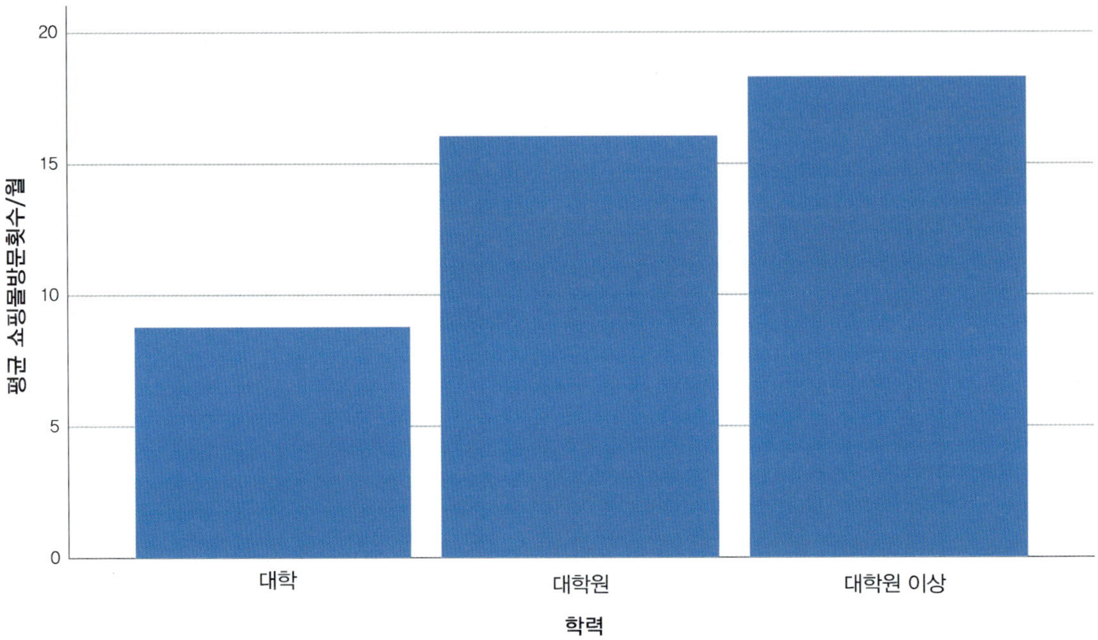

지금까지의 분석결과를 볼 때 성별과 학력수준은 각각 인터넷쇼핑몰 방문횟수와 관련이 있어 보인다. 여기에서 한 발 더 나아가 인터넷쇼핑몰 방문횟수에 대한 성별과 학력수준의 영향을 동시에 함께 고려하면 이러한 관계를 [그림 2-15] 또는 [그림 2-16]과 같이 표현할 수 있다.[6)]

6) [그림 2-15]와 [그림 2-16]은 동일한 내용을 다른 형식으로 표현한 것이다.

그림 2-15 | 집단 간 비교: 성별 및 학력수준별 인터넷쇼핑몰 방문횟수

쇼핑몰방문횟수

성별	학력	평균	N
1 남자	1 대학	8.41	271
	2 대학원	12.28	39
	3 대학원 이상	9.88	16
	전체	8.94	326
2 여자	1 대학	9.62	117
	2 대학원	21.88	25
	3 대학원 이상	45.20	5
	전체	12.91	147
전체	1 대학	8.77	388
	2 대학원	16.03	64
	3 대학원 이상	18.29	21
	전체	10.18	473

SPSS 메뉴에서 『분석 > 평균비교 > 평균분석』을 선택한 후 『종속변수』에 쇼핑몰 방문횟수 변수를, 『레이어』의 레이어1과 레이어2 각각에 성별 및 학력 변수를 지정한다(ishop.sav 데이터 파일).

그림 2-16 | 집단 간 비교: 성별 및 학력수준별 인터넷쇼핑몰 방문횟수(피벗표 편집 후)

쇼핑몰방문횟수

성별		학력			
		1 대학	2 대학원	3 대학원 이상	전체
1 남자	평균	8.41	12.28	9.88	8.94
	N	271	39	16	326
2 여자	평균	9.62	21.88	45.20	12.91
	N	117	25	5	147
전체	평균	8.77	16.03	18.29	10.18
	N	388	64	21	473

이와 같은 표를 얻으려면 앞서의 출력결과표에서 오른쪽 마우스 클릭한 후 『내용편집 > 별도의 창에서』를 선택하고 『피벗 > 피벗 트레이』 메뉴를 이용하여 편집한다.

[그림 2-16]을 보면 여자의 경우에는 학력수준이 증가할수록 인터넷쇼핑몰 방문횟수가 증가하나 남자의 경우는 그렇지 않다. 또한 어느 학력수준에서나 여자는 남자보다 더 자주 인터넷쇼핑

몰을 방문한다. 이러한 분석은 도표를 이용하면 더욱 분명하게 파악할 수 있다.

[그림 2-17]과 [그림 2-18]은 각각 성별 및 학력수준별 인터넷쇼핑몰 방문횟수를 막대도표로 표현한 것이다. [그림 2-17]에서는 남자 및 여자의 각 범주하에서 학력수준의 영향을 볼 수 있으며, [그림 2-18]에서는 각 학력수준의 범주하에서 성별의 영향을 파악할 수 있다.

그림 2-17 | 수평배열 막대도표: 성별 및 학력수준별 인터넷쇼핑몰 방문횟수

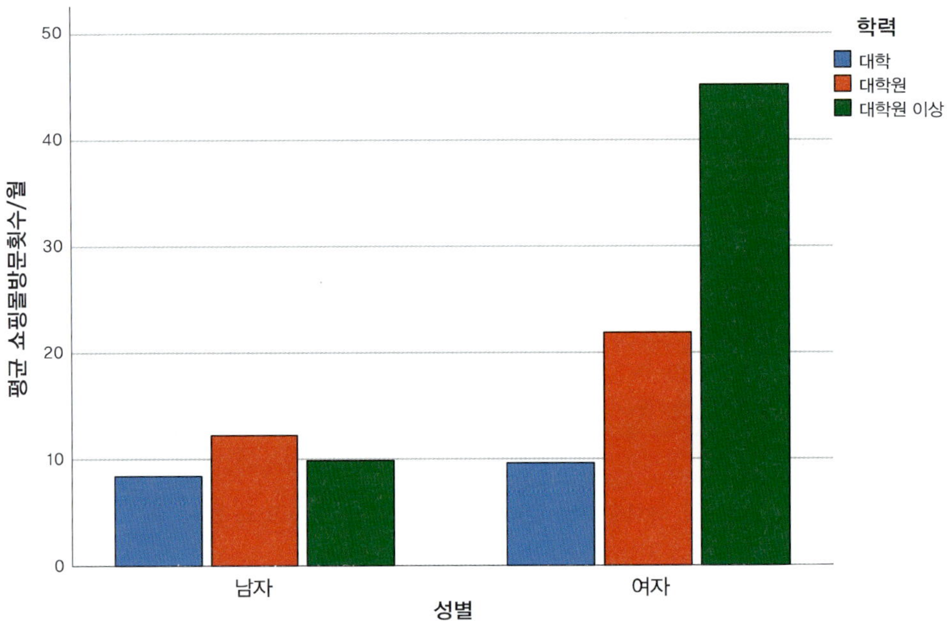

SPSS 메뉴에서 『그래프 > 레거시 대화상자 > 막대형 차트』를 선택한다. 『막대형 차트』 대화상자에서 막대도표의 유형으로 『수평배열』과 도표에 표시할 데이터로 『케이스 집단들의 요약값』을 선택한 후 『정의』를 클릭한다. 『막대표시』 그룹에서 『기타 통계량(예: 평균)』을 선택하고 『변수』에 쇼핑몰방문횟수 변수, 『범주축』에 성별 변수, 『수평배열 정의 기준』에 학력 변수를 선택하여 옮긴 후 『확인』을 클릭한다(ishop.sav 데이터 파일).

▶ 그림 2-18 ▌ 수평배열 막대도표: 학력수준별 및 성별 인터넷쇼핑몰 방문횟수

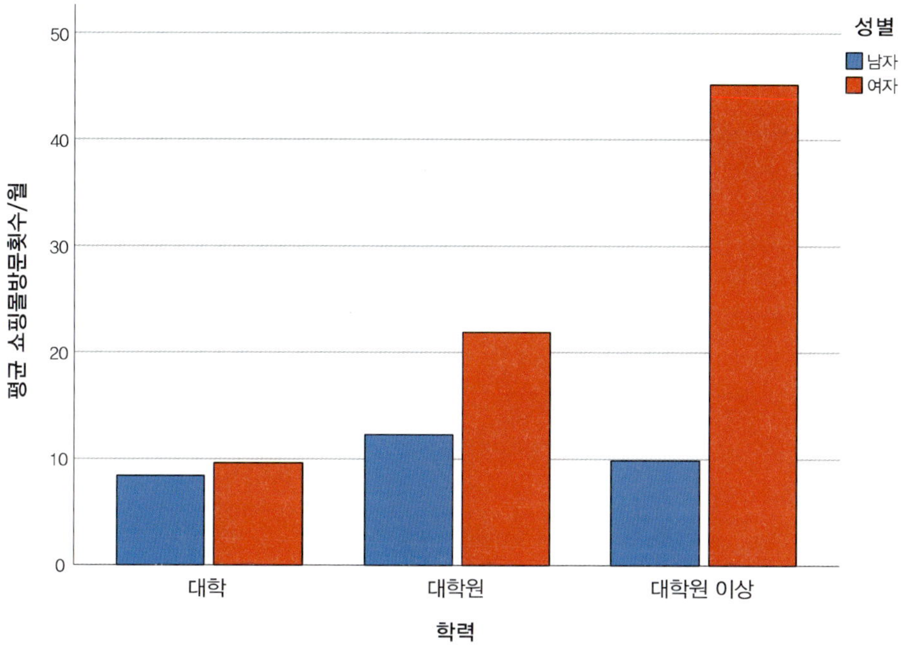

막대도표를 통해 각 학력수준의 범주별로 남녀 간 인터넷쇼핑몰 방문횟수의 차이를 알 수는 있지만 각 범주별 값의 분포는 알 수가 없다. **상자도표(boxplot)**를 이용하면 변수의 범주별 분포를 시각적으로 파악할 수 있다. 범주별로 중위수, 사분위 범위, 최대값, 최소값 등을 동시에 나타낼 수 있다. [그림 2-19]는 [그림 2-18]의 학력수준별 및 성별 인터넷쇼핑몰 방문횟수를 상자도표를 이용하여 표현한 것이다. 각 상자의 하단부는 25번째 백분위수를 나타내며 상단부는 75번째 백분위수를 나타낸다. 따라서 상자의 길이는 사분위 범위를 나타낸다. 각 범주별로 가운데 50%의 응답값들이 상자에 포함된다. 상자 가운데의 수평선은 중위수를 나타낸다. 수평선의 넓이는 아무런 의미가 없으며 수평선의 높이가 중위수를 나타낸다. [그림 2-19]의 상자도표를 보면 °과 *로 표시된 값이 있다. 상자도표는 두 종류의 비정상적인 응답값을 식별해준다. 상자의 상단 또는 하단으로부터 상자 길이의 1.5배에서 3배 길이만큼 떨어져 있는 값을 이상값(outlier)이라 부르고 이를 도표상에 °로 표시한다. 또한 상자의 상단 또는 하단으로부터 상자 길이의 3배 길이 이상 떨어져 있는 값을 극단값(extreme value)이라 부르고 이를 도표상에 *로 표시한다. ° 및 * 옆의 숫자는 그 값을 응답한 케이스의 번호를 나타낸다. 상자의 상단과 하단으로부터 뻗어 나온 선은 상자 길이의 1.5배 안에 포함되는 최소값과 최대값까지 연장되어 있어 각 선의 끝은 상자 길이 1.5배 범위 내에서의 최소값과 최대값을 나타낸다.[7]

▶ 그림 2-19 ▌ 상자도표: 학력수준별 및 성별 인터넷쇼핑몰 방문횟수

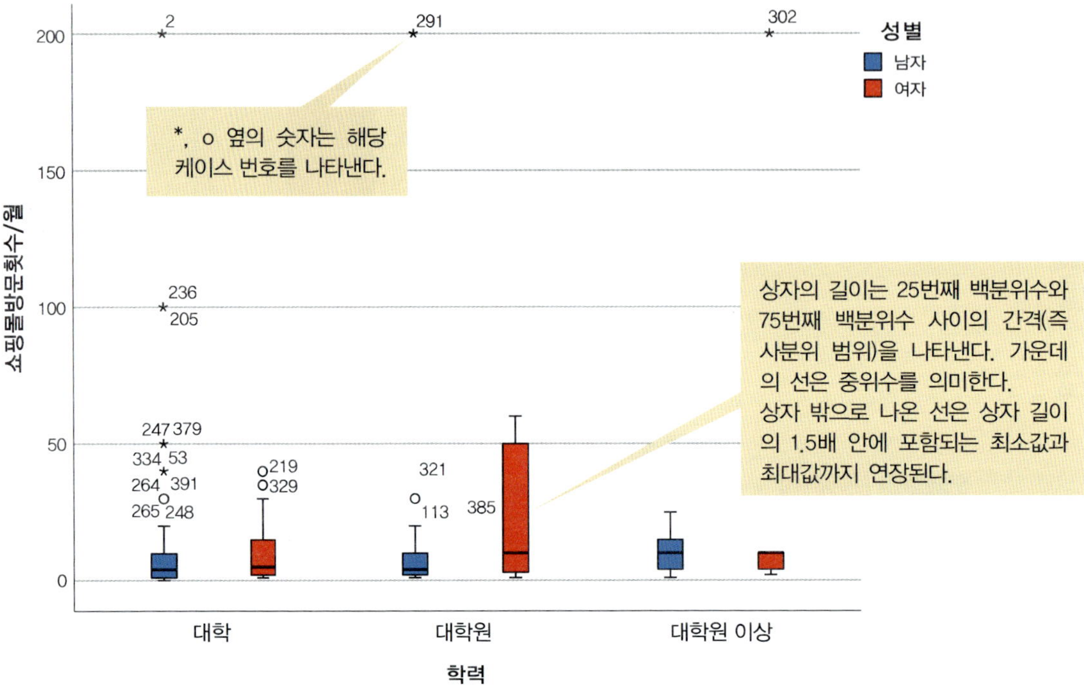

SPSS 메뉴에서 『그래프 > 레거시 대화상자 > 상자도표』를 선택한다. 상자도표 대화상자에서 막대도표의 유형으로 『수평배열』과 도표에 표시할 데이터로 『케이스 집단들의 요약값』을 선택한 후 『정의』를 클릭한다. 『수평배열 상자도표 정의』 대화상자에서 『변수』에 쇼핑몰방문횟수 변수를, 『범주축』에 학력 변수를, 『수평배열 정의 기준』에 성별 변수를 지정한다(ishop.sav 데이터 파일).

7) 이 선을 whisker(수염)라고 부르며, 이런 이유로 이 도표를 상자수염도표(box-and-whisker plot)라고도 부른다.

SPSS 활용

1 빈도표 작성하기

- 『분석 > 기술통계량 > 빈도분석』을 선택한다.
- 빈도분석 대상 변수를 왼쪽의 변수리스트 박스에서 선택하여 오른쪽의 『변수』 박스로 옮긴다. 『빈도표 표시』를 체크한 후 『확인』을 클릭한다.

그림 2-20 ❙ 빈도분석 대화상자

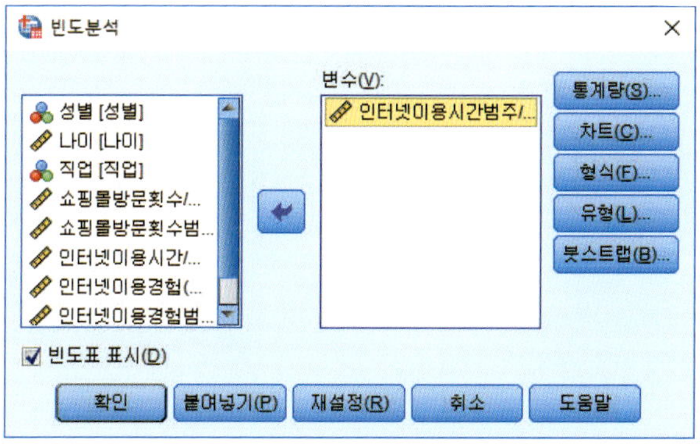

- 빈도표의 출력 형식을 변경하고자 하면 『형식』을 클릭한다. 『출력순서』 그룹에서 데이터값의 출력순서를 조정할 수 있다. 예를 들어, 출력순서를 『빈도값 내림차순』으로 선택하면 빈도수가 높은 순으로 출력되는 빈도표를 얻을 수 있다.

그림 2-21 ❙ 빈도분석: 형식 대화상자

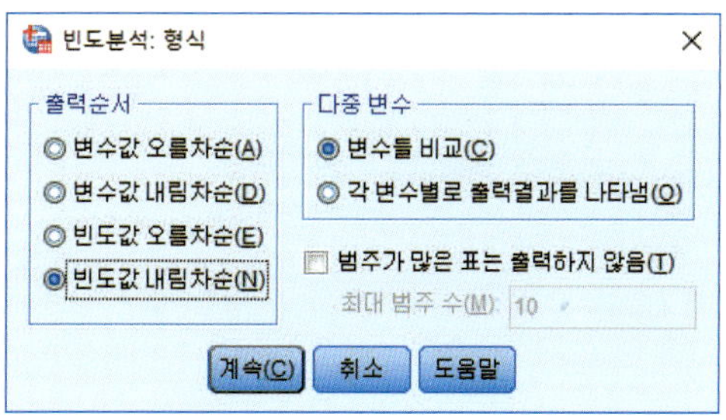

2 빈도분석에서 도표 작성하기

- 『빈도분석』 대화상자에서 『차트』를 클릭한다.
- 원하는 도표 및 도표화 대상값을 선택하고 『계속』을 클릭한다.
- 작성된 도표는 SPSS 뷰어의 출력결과에 나타나며 출력된 도표를 더블클릭하면 도표편집기를 통해 도표를 편집할 수 있다.
- 히스토그램을 선택하면 히스토그램상에 정규분포곡선을 표시할 수 있고(『히스토그램에 정규곡선 표시』에 체크), 이를 통해 변수의 분포가 정규분포를 따르는지 비교해볼 수 있다.

그림 2-22 ▌빈도분석: 차트 대화상자

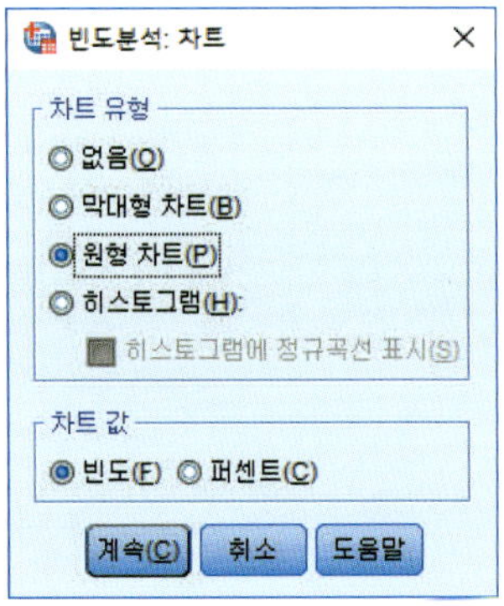

3 빈도분석에서 통계량 계산하기

- 『빈도분석』 대화상자에서 『통계량』을 클릭한다.
- 원하는 통계량을 선택하고 『계속』을 클릭한다.
- 『백분위수』에서는 임의의 N번째 백분위수를 구할 수 있다.

▶ 그림 2-23 ▌ 빈도분석: 통계량 대화상자

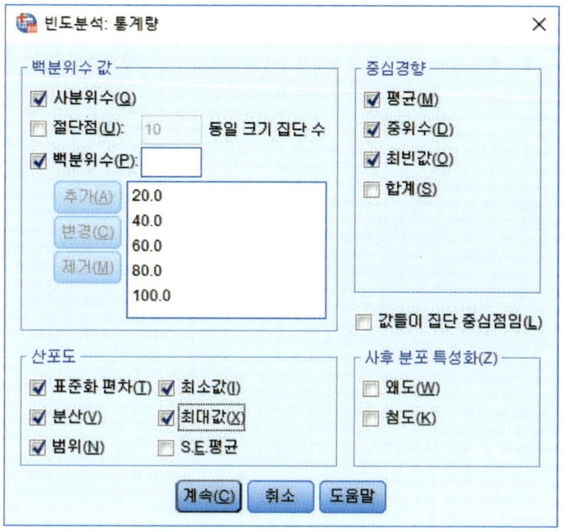

4 표준점수 및 통계량 계산하기

- 『분석 > 기술통계량 > 기술통계』를 선택한다.
- 표준점수를 계산하고자 하는 변수를 왼쪽의 변수리스트 박스에서 선택하여 오른쪽의 변수 박스로 옮긴다. 『표준화 값을 변수로 저장』을 체크한 후 『확인』을 클릭한다.

▶ 그림 2-24 ▌ 기술통계 대화상자

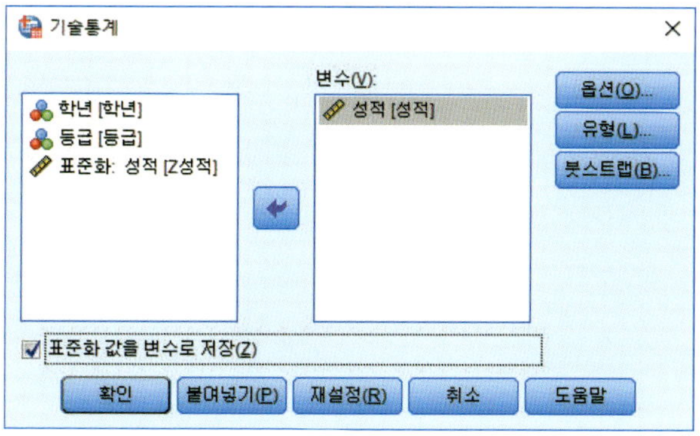

- 『옵션』을 클릭하면 원하는 통계량 및 출력순서를 지정할 수 있다.

그림 2-25 ▌ 기술통계: 옵션 대화상자

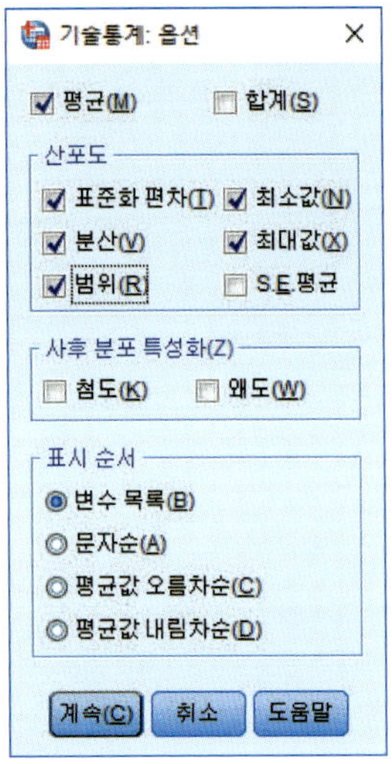

5 원도표 그리기

- 『그래프 > 레거시 대화상자 > 원형 차트』를 선택한다.
- 『원형 차트』 대화상자의 『차트에 표시할 데이터』 그룹에서 『케이스 집단들의 요약값』을 선택하고 『정의』를 클릭한다.

그림 2-26 ▌ 원형 차트 대화상자

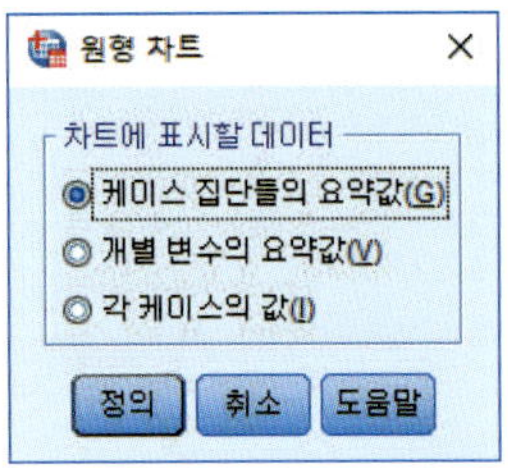

- 『원형 차트 정의』 대화상자에서 『조각표시』 및 『조각기준변수』를 지정한다.
- 『확인』을 클릭한다.

▶ 그림 2-27 ▌ 원형 차트 정의 대화상자

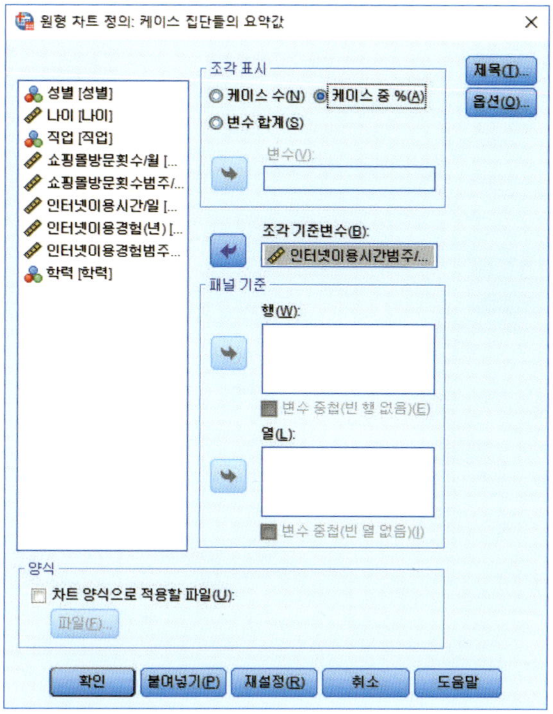

6 막대도표 그리기

▶ 『그래프 > 레거시 대화상자 > 막대형 차트』를 선택한다.

▶ 『막대형 차트』 대화상자에서 『단순』을 선택한다.

▶ 그림 2-28 ▌ 막대형 차트 대화상자

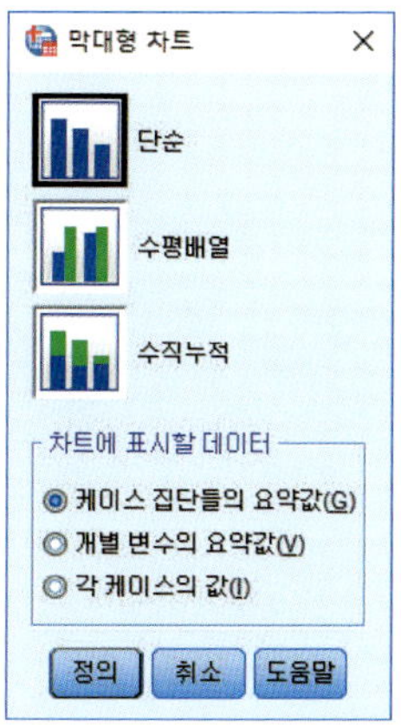

▶ 『단순 막대 정의』 대화상자에서 『막대 표시』에 막대로 표시할 통계량을 선택하고 『범주축』에 표현하고자 하는 집단변수를 지정한다.

▶ 『확인』을 클릭한다.

그림 2-29 ▌ 단순 막대 정의 대화상자

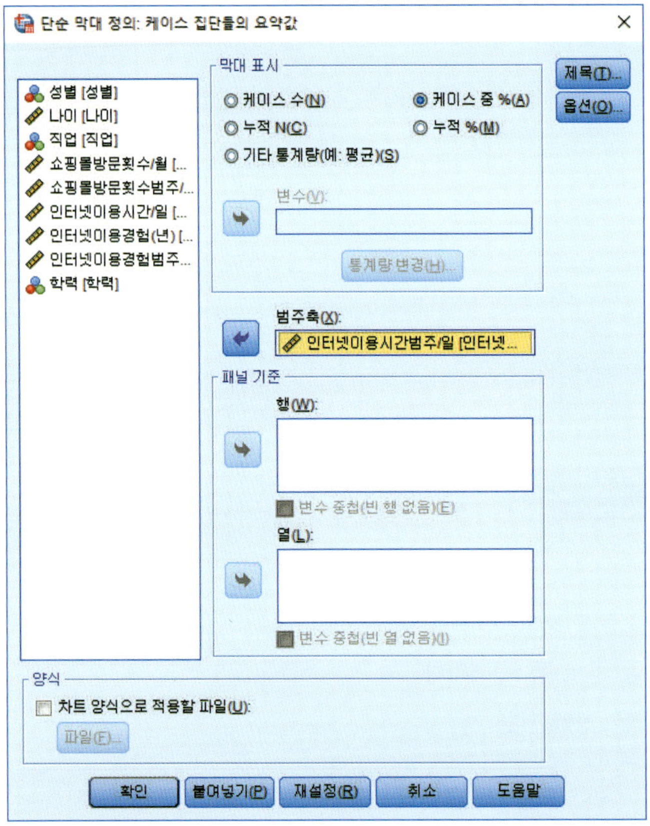

7 히스토그램 그리기

▶ 『그래프 > 레거시 대화상자 > 히스토그램』을 선택한다.

▶ 『히스토그램』 대화상자에서 『변수』에 도표로 표현하고자 하는 대상변수를 지정하고 『확인』을 클릭한다.

▶ 그림 2-30 ▌히스토그램 대화상자

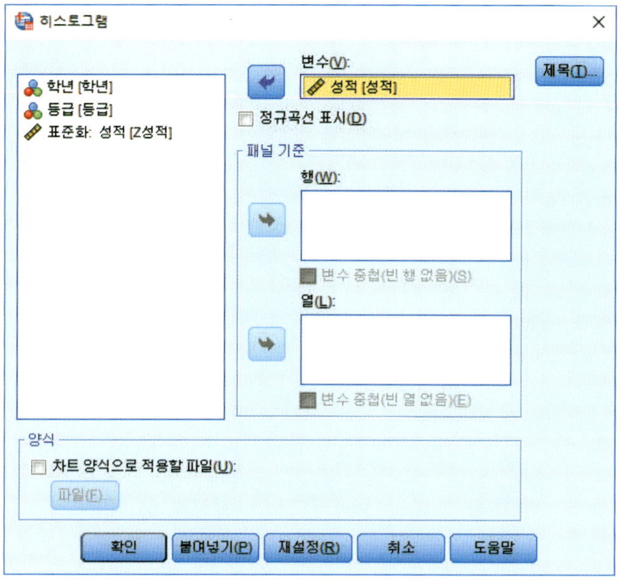

8 줄기잎도표 그리기

- 『분석 > 기술통계량 > 데이터 탐색』을 선택한다.
- 『데이터 탐색』 대화상자에서 대상이 되는 변수를 『종속변수』로 옮기고 『도표』를 클릭한다. 비교할 그룹이 있을 경우 그룹 변수를 『요인』으로 옮긴 후 작업을 수행하면 그룹 변수의 범주별로 도표를 출력한다.

▶ 그림 2-31 ▌데이터 탐색 대화상자

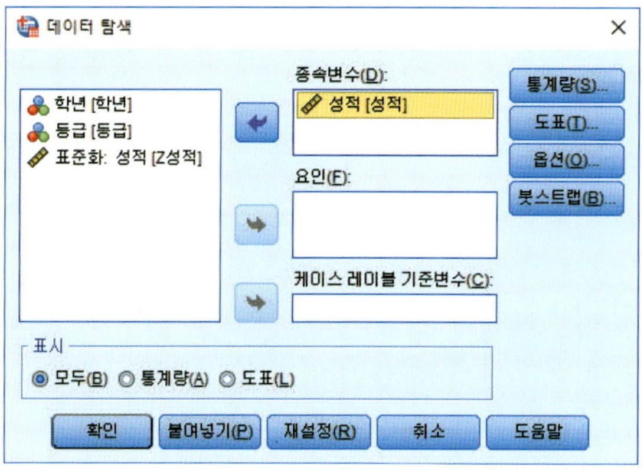

- 『데이터 탐색: 도표』 대화상자에서 『줄기와 잎그림』을 선택하고 『계속』을 클릭한 후 『데이터 탐색』 대화상자로 돌아와 『확인』을 클릭한다.

그림 2-32 ▌데이터 탐색: 도표 대화상자

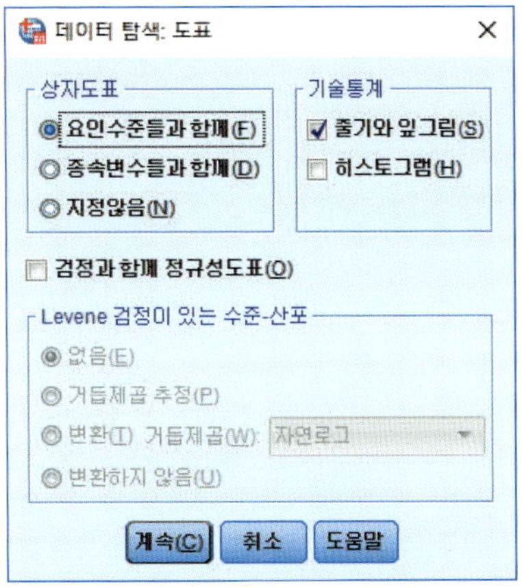

9 집단별 평균분석하기

- 『분석 > 평균비교 > 평균분석』을 선택한다.
- 집난별로 통계량을 집계하고자 하는 대상변수를 왼쪽의 변수 리스트 박스에서 선택하여 오른쪽의 『종속변수』 박스로 옮긴다.
- 집단변수를 『레이어』 박스로 옮긴다. 이 변수는 범주형 변수(명목변수)이어야 한다.

그림 2-33 ▌집단별 평균분석 대화상자(하나의 변수인 경우)

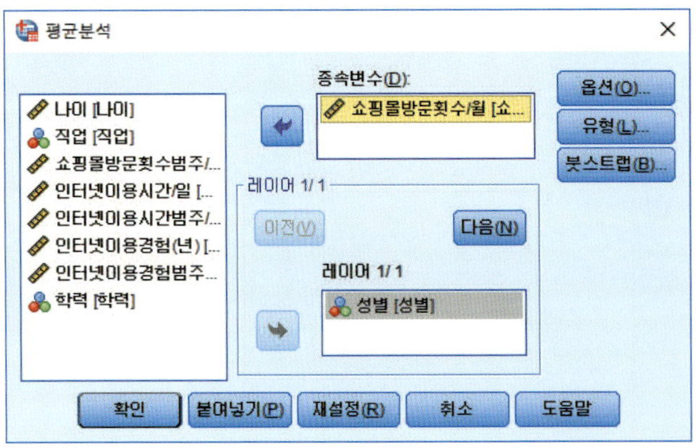

▶ 『옵션』을 클릭하면 집단 간 비교표에 나타날 『셀 통계량』을 선택할 수 있다.

그림 2-34 ▌ 집단별 평균분석: 옵션 대화상자

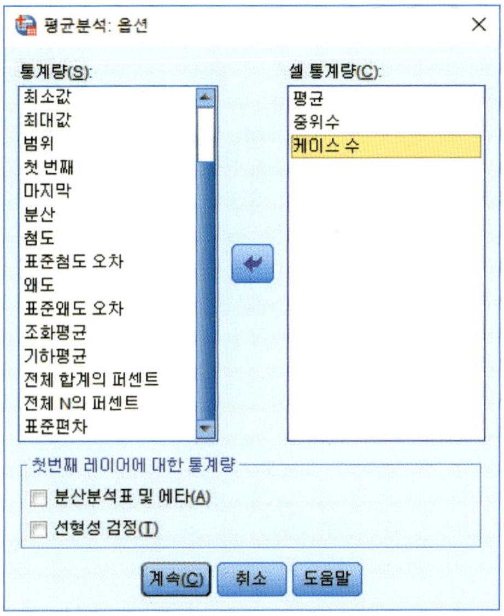

▶ 집단변수가 복수개인 경우 레이어를 정의하여 이 변수들을 『레이어』 박스로 옮긴다.

그림 2-35 ▌ 집단별 평균분석 대화상자(복수개의 변수인 경우)

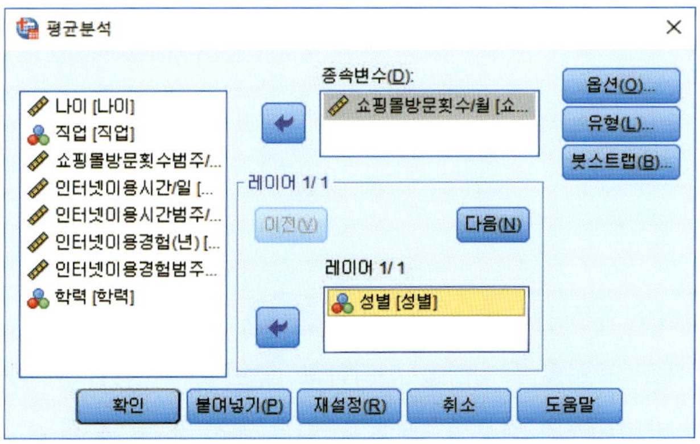

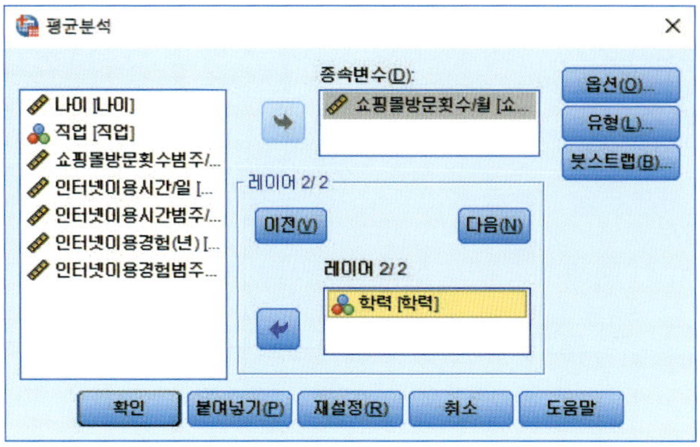

10 집단별 막대도표 그리기

▶ 『그래프 > 레거시 대화상자 > 막대형 차트』를 선택한다.

그림 2-36 ▌막대형 차트 대화상자

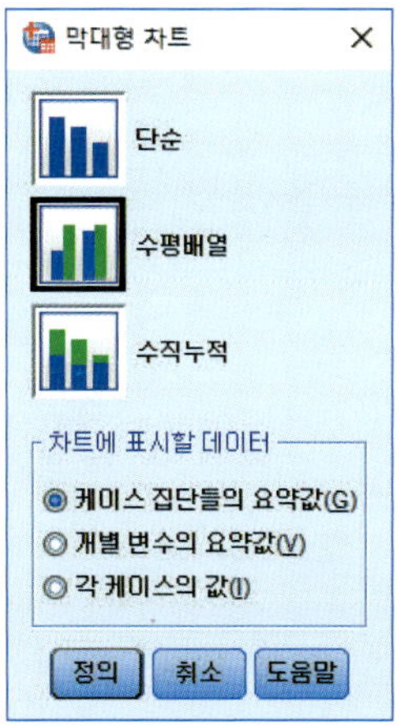

▶ 막대도표의 유형 및 도표에 표시할 데이터의 형식을 선택하고 『정의』를 클릭한다.

▶ 단순 막대도표의 경우 『막대 표시』에 막대로 표시할 통계량을 선택하고 『범주축』에 집단변수를 지정한다. 수평배열 막대도표와 수직누적 막대도표의 경우 『수평배열 정의 기준』 또는 『수직누적 기준변수』에 추가로 변수를 지정한다.

▶ 그림 2-37 ▌ 막대 정의 대화상자

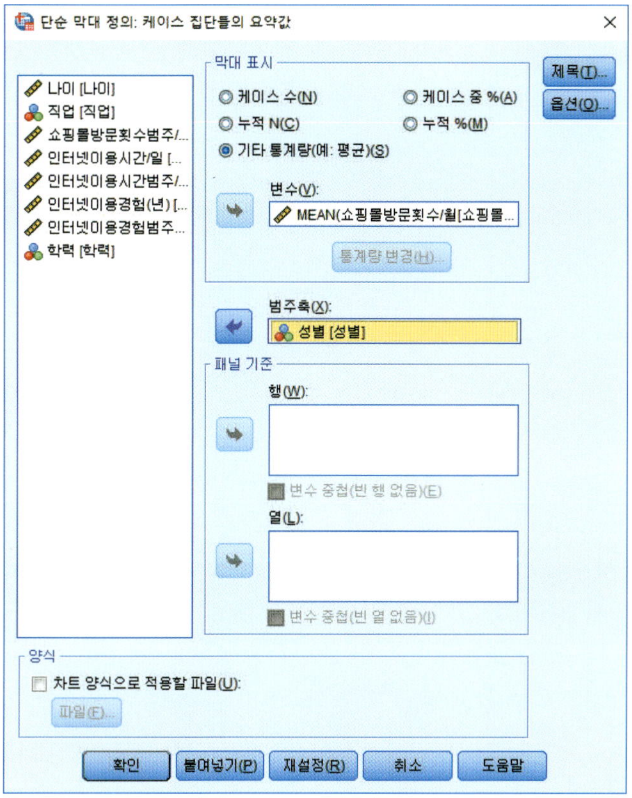

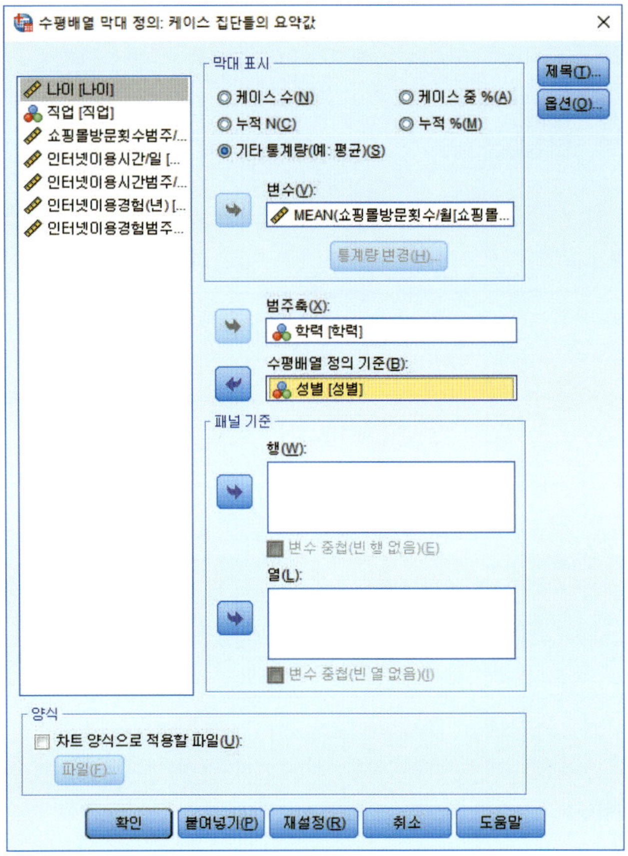

11 집단별 상자도표 그리기

- 『그래프 > 레거시 대화상자 > 상자도표』를 선택한다.
- 상자도표의 유형 및 도표에 표시할 데이터의 형식을 선택하고 『정의』를 클릭한다.

그림 2-38 ▌상자도표 대화상자

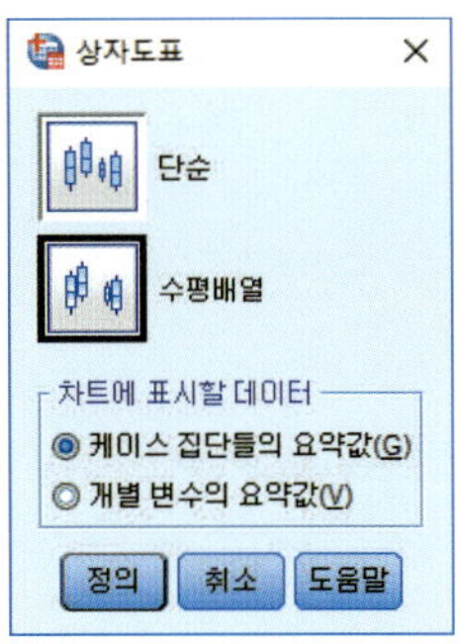

▶ 단순 상자도표의 경우 『변수』에 상자의 길이를 표시할 대상변수와 『범주축』에 범주로 사용될 기준변수를 지정하고, 수평배열 상자도표의 경우 『수평배열 정의 기준』에 변수를 추가로 지정한다.

그림 2-39 ▍상자도표 정의 대화상자

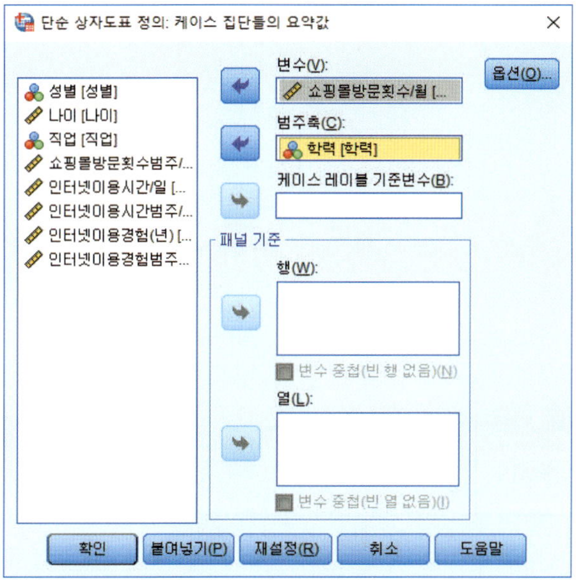

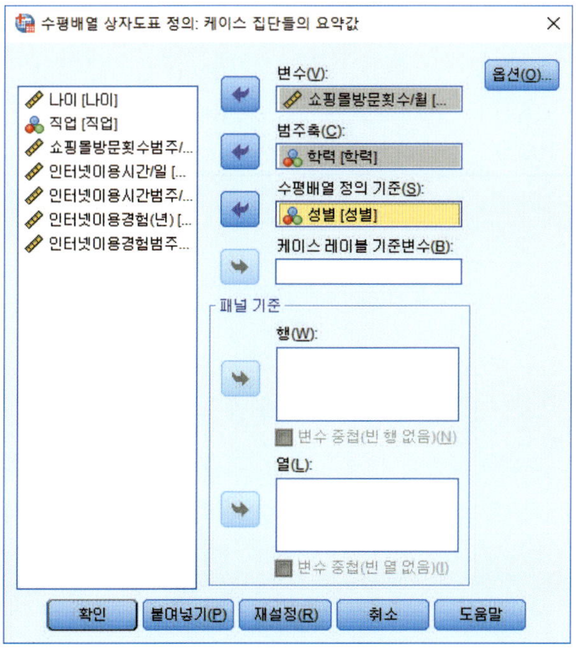

연습문제

01 다음 중 누적 퍼센트가 의미가 있는 것을 모두 고르시오.

① 가구당 자녀수

② 소유하고 있는 텔레비전 브랜드

③ 대학 전공

④ 지난 일년 간의 병원 방문횟수

⑤ 좋아하는 음악 장르

⑥ 월간 인터넷쇼핑몰 이용횟수

02 인터넷쇼핑몰 이용현황 데이터 파일인 ishop.sav를 이용하여 다음에 답하시오.

① 인터넷 이용경험에 대한 다음의 빈도표를 완성하시오.

		빈도	퍼센트	유효 퍼센트	누적 퍼센트
유효	1 3년 이하	4	.8	.8	
	2 4~6년	114		24.1	
	3 7~9년				82.0
	4 10년 이상		18.0		100.0
	전체	473	100.0	100.0	

② 인터넷 이용경험에 대한 다음의 막대도표를 완성하시오.

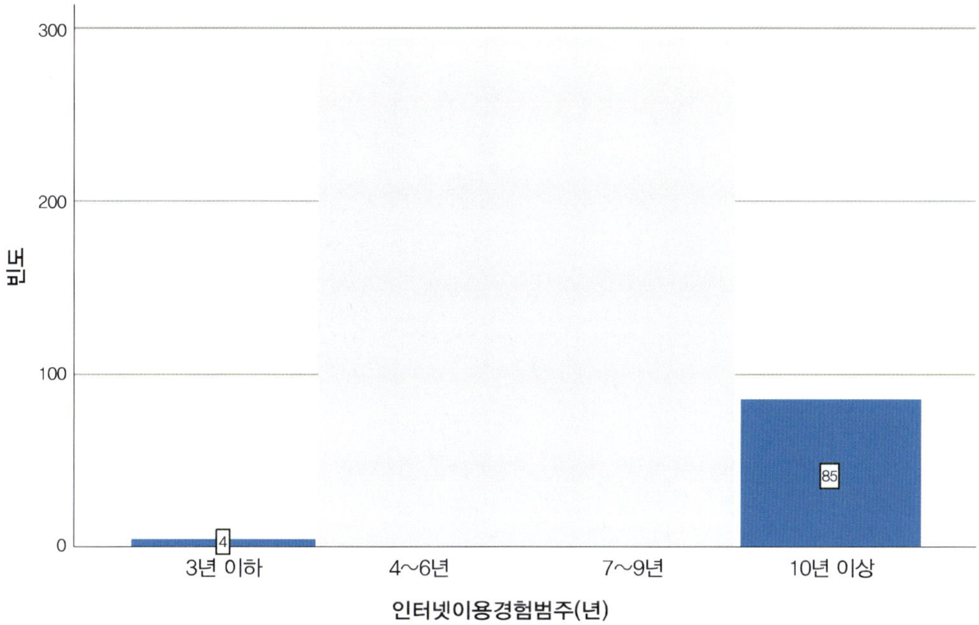

③ 인터넷 이용경험에 대한 다음의 원도표를 완성하시오.

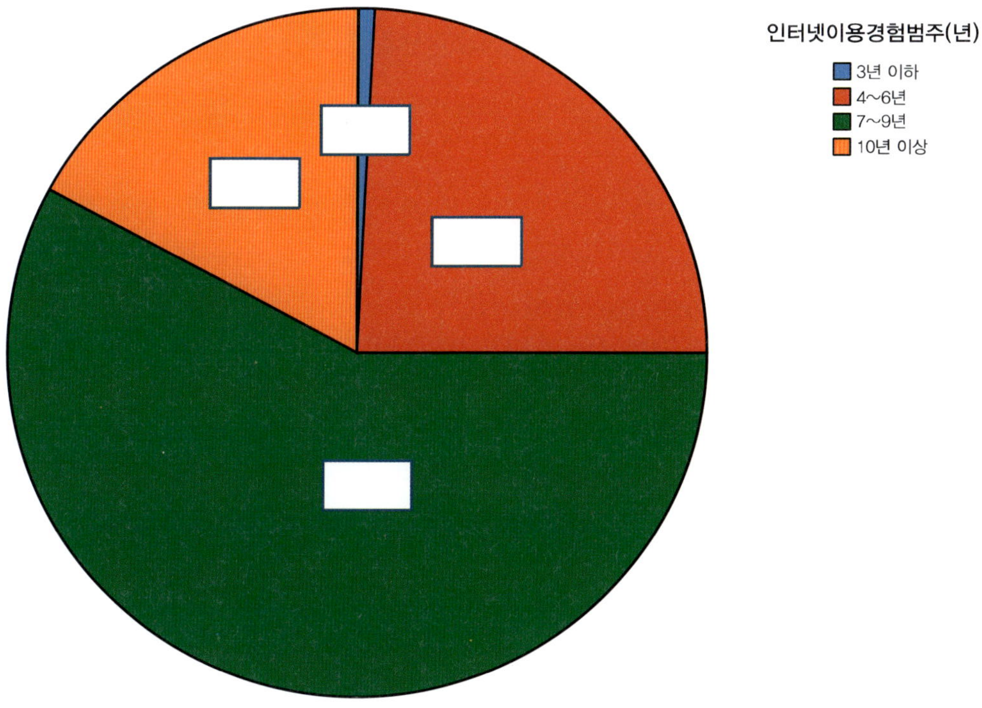

④ 인터넷 이용경험에 대한 다음의 히스토그램을 완성하시오.

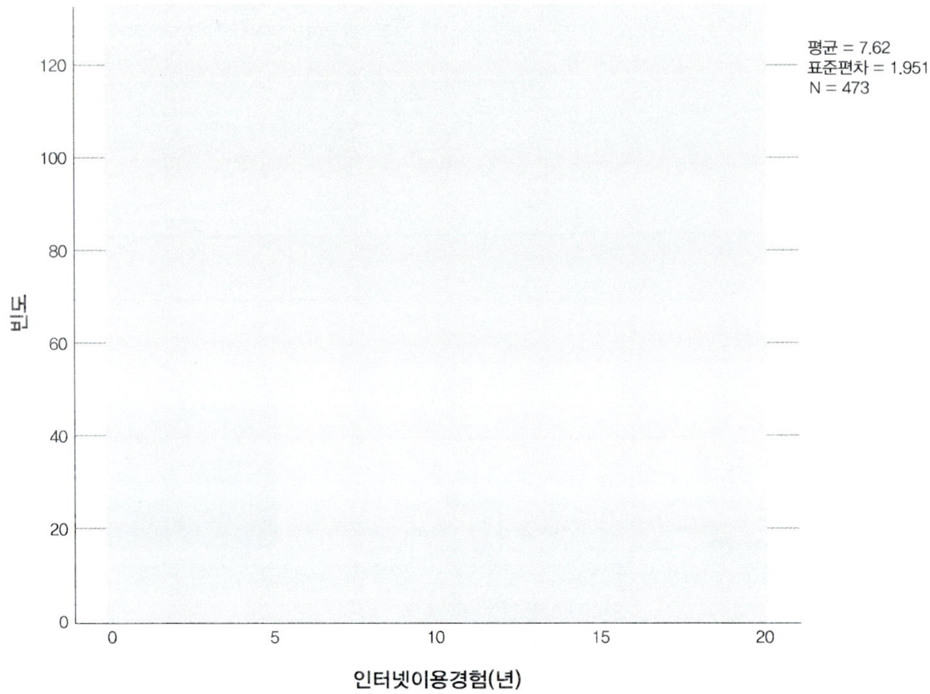

⑤ 인터넷 이용경험에 대한 다음의 줄기잎도표를 완성하시오.

```
인터넷이용경험(년) Stem-and-Leaf Plot

 Frequency    Stem &  Leaf

    63.00 Extremes    (=<5.0)
                      000000000000000000000000000
   125.00        7 .  000000000000000000000000000000000000000000000000000000000000000
                      000000000000000000000000000000000000000000000000000000000
    33.00        9 .  0000000000000000
    85.00 Extremes    (>=10.0)

 Stem width:          1
 Each leaf:       2 case(s)
```

⑥ 인터넷 이용경험에 대한 다음의 기술통계량표를 완성하시오.

인터넷이용경험

N	유효	473
	결측	0
평균		
중위수		
최빈값		7
표준편차		
분산		3.808
최소값		2
최대값		15
백분위수	25	
	50	7.00
	75	8.50

03 ㈜정글상사에서는 아주 소수의 사람만이 높은 수준의 고액연봉을 받고 있으며, 나머지 대부분의 직원은 낮은 연봉을 받고 있다고 한다. ① 당신이 만약 연봉협상을 하는 노조의 책임자라면 직원의 낮은 연봉수준을 보여주기 위하여 중위수 또는 평균 가운데 어떠한 요약통계량을 사용할 것인가? 그리고 왜 그 통계량을 사용하는지 이유를 설명하시오. ② 당신이 만약 회사측의 책임자로서 연봉협상에 참여한다면 직원의 높은 연봉수준을 보여주기 위하여 중위수 또는 평균 가운데 어떠한 요약통계량을 사용할 것인가? 그리고 왜 그 통계량을 사용하는지 이유를 설명하시오.

04 다음 표는 우리나라 주요 도시의 황산화물(SO_X) 배출량을 나타낸 것이다(환경부 2009). 이 데이터를 보고 환경단체는 오염도 수준이 높다고 주장하고 있으며, 반면 정부는 오염도 수준이 낮다고 환경단체와 상반된 주장을 하고 있다. 중위수와 평균의 개념을 바탕으로 환경단체 주장과 정부 주장의 근거를 제시하시오.

(단위: 톤)

도시	광주	대구	대전	부산	서울	울산	인천
황산화물배출량	1,072	5,465	2,382	32,879	7,835	63,110	17,300

05 다음과 같은 데이터 표본을 수집하였다.

5 7 4 5 20 6 2

① 중위수를 구하시오.

② 마지막 데이터인 '2'를 제거할 경우의 중위수를 구하시오.

06 다음 데이터 표본의 최빈값, 중위수, 평균을 구하시오.

18 10 15 13 17 15 12 15 18 16 11

07 다음 각 데이터 표본의 범위, 분산, 표준편차를 구하시오.

① 4 2 1 0 1

② 1 6 2 2 3 0 3

08 우리나라의 가구소득을 조사한 데이터 파일 household.sav를 이용하여 가구소득에 대한 평균, 중위수, 최빈값, 표준편차, 최소값, 최대값, 사분위수를 구하시오.

09 인터넷쇼핑몰 이용현황 데이터 파일인 ishop.sav를 이용하여 다음 질문에 답하시오.

① 성별 및 학력수준별 평균 인터넷 이용시간에 대한 다음의 집단비교표를 완성하시오.

인터넷이용시간

		학력			
성별		1 대학	2 대학원	3 대학원 이상	전체
1 남자	평균			5.50	3.14
	N	271	39	16	326
	표준편차	2.430	3.017	3.225	2.621
2 여자	평균	2.58			2.98
	N	116	25	5	146
	표준편차	1.842	3.880	2.828	2.476
전체	평균	2.79	4.33	4.90	3.09
	N	387	64	21	472
	표준편차	2.271	3.376	3.254	2.576

② 성별 및 학력수준별 평균 인터넷 이용시간에 대한 다음의 막대도표를 완성하시오.

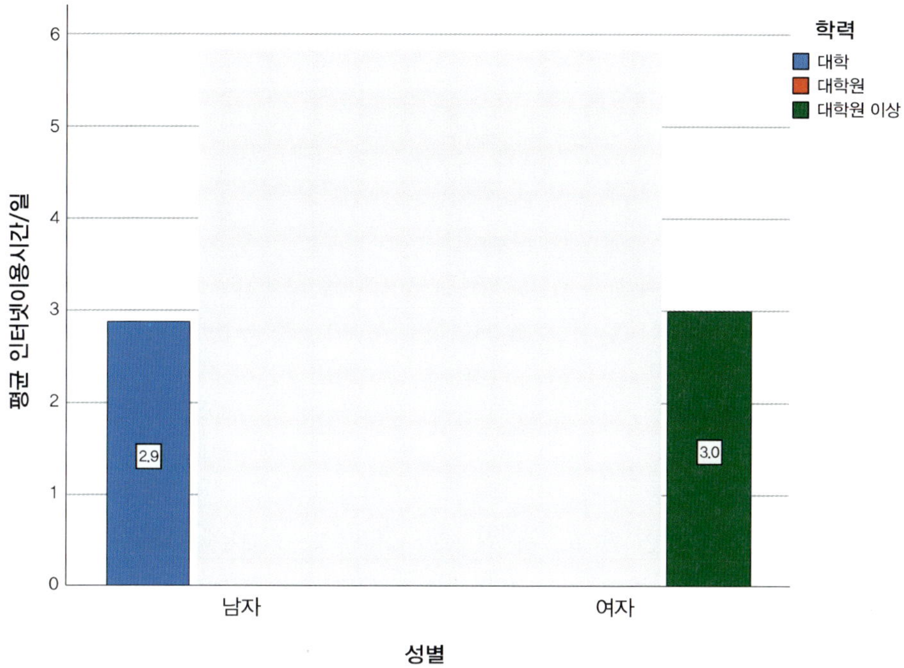

③ 학력수준별 및 성별 평균 인터넷 이용시간에 대한 다음의 막대도표를 완성하시오.

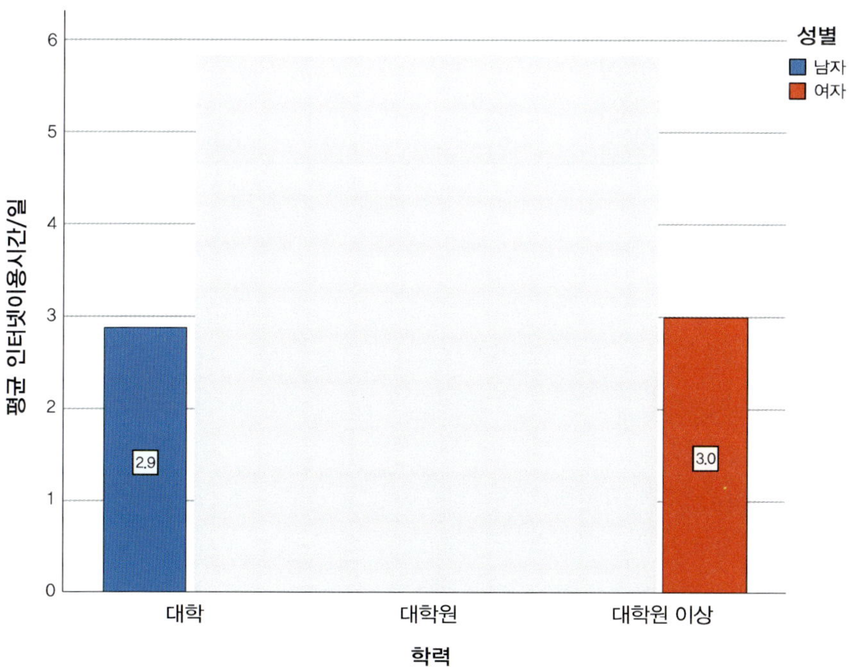

10 인터넷쇼핑몰 이용현황 데이터 파일인 ishop.sav를 이용하여 다음 질문에 답하시오.

① 직업별 및 성별 평균 인터넷 이용시간에 대한 다음의 집단비교표를 완성하시오.

인터넷이용시간

직업		성별: 1 남자	2 여자	전체
1 대학생	평균			2.74
	N	280	111	391
	표준편차	2.398	1.456	2.180
2 대학원생	평균	5.63	7.60	6.31
	N	19	10	29
	표준편차	3.700	3.134	3.587
3 회사원	평균			3.87
	N	23	24	47
	표준편차	2.997	3.409	3.228
4 전문직	평균	3.67	10.00	5.25
	N	3	1	4
	표준편차	.577		3.202
6 자영업	평균	1.00		1.00
	N	1		1
	표준편차			
전체	평균			3.09
	N	326	146	472
	표준편차	2.621	2.476	2.576

② 직업별 및 성별 평균 인터넷 이용시간에 대한 다음의 막대도표를 완성하시오.

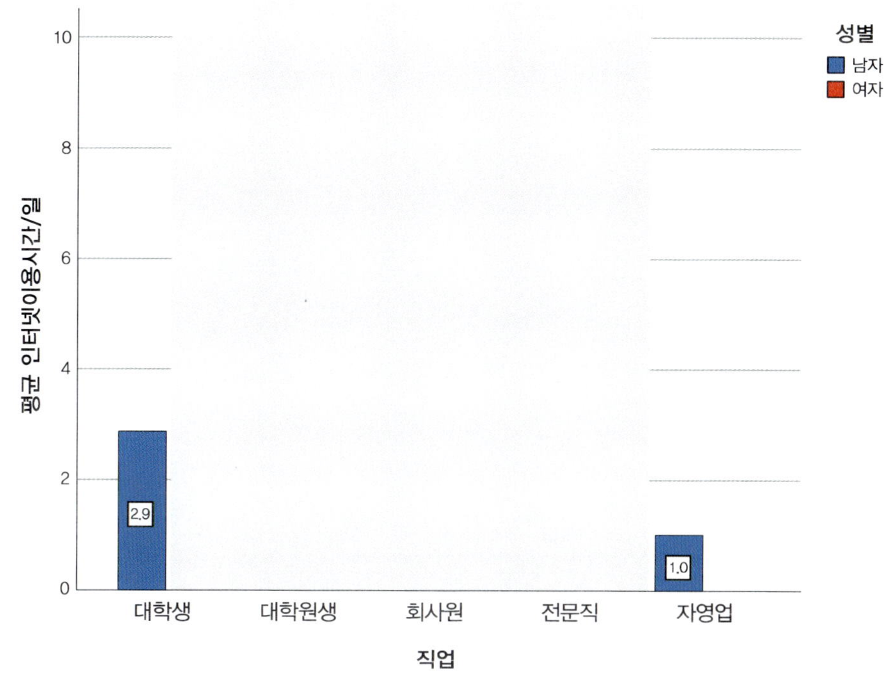

③ 성별 및 직업별 평균 인터넷 이용시간에 대한 다음의 막대도표를 완성하시오.

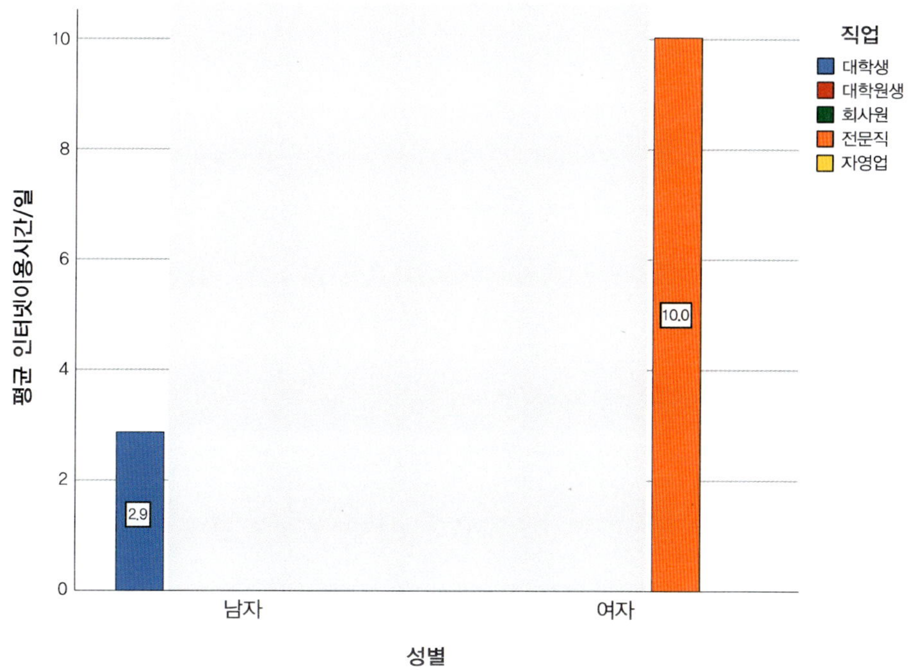

모집단의 이해와 추론통계

Chapter 03

Chapter 03

모집단의 이해와 추론통계

각종 데이터 원천을 통해 표본 데이터를 수집하는 이유 중의 하나는 표본을 통해 전체 모집단의 특성을 유추해보는 데 있다. 이처럼 표본 데이터의 특성으로부터 그 데이터가 속해 있을 것으로 예상되는 전체 모집단의 특성을 추론하는 것을 **추론통계(inferential statistics)**라고 한다.

3.1 표집분포

선정된 하나의 표본이 모집단을 완벽하게 설명해준다고는 볼 수 없기 때문에 우리는 하나의 표본을 통해 나온 수치만으로 모집단의 특성을 완전히 이해할 수는 없다. 예를 들어, 대학생의 하루 인터넷 이용시간이 평균 3시간이라는 한 표본에 대한 조사결과를 토대로 모든 대학생의 인터넷 이용시간에 대해 그렇다고 일반화시켜 단정적으로 얘기할 수는 없는 일이다. 왜냐하면 이 수치는 수집하는 데이터 표본마다 차이가 있을 것이기 때문이다. 반복적으로 표본을 추출하여 이들 표본으로부터 평균 3시간이라는 수치를 얻었다 하더라도 경우에 따라서는 이러한 대부분의 표본과는 동떨어진 표본이 있을 수 있다. 대부분의 표본은 평균 3시간을 중심으로 분포할 것으로 기대되지만 어떤 대학생 표본에서는 평균 인터넷 이용시간이 30분으로 집계될 수도 있고 또 다른 대학생 표본에서는 6시간이라고 하는 결과가 나올 수도 있다. 따라서 표본을 토대로 모집단에 대해 설명하려면 선정하는 표본마다 차이가 있을 수 있다는 이러한 가능성, 즉 각 표본이 가질 수 있는 값들의 분포를 고려해야 한다. 이는 다시 말해 표본으로부터 얻은 수치를 모집단으로 일반화시킬 때 확률적 개념이 반영되어야 한다는 것을 의미한다. 이처럼 하나의 모집단으로부터 동일한 크기의 표본을 반복하여 추출했을 때 이들 표본이 가질 수 있는 값의 분포를 **확률분포(probability distribution)**라고 한다. 확률분포를 이용하면 표본으로부터 도출된 값을 토대로 모집단의 특성을 유추할 때 그러한 값이 모집단을 얼마나 정확히 반영하는 것인지를 확률적으로 설명할 수 있다.

표본으로부터 모집단을 이해하는 과정을 설명하기 위하여 여기에서는 가상의 무작위표본 데이터를 사용한다(pass.sav 데이터 파일). 무작위표본이란 모집단에 포함된 모든 구성요소가 표본에 포함될 확률이 동일하도록 추출된 표본을 말한다. 성별과 연령대별 분포가 균등한 모집단에서 여자가 남자보다 표본에 포함될 가능성이 더 높다거나, 20대인 사람이 그렇지 않은 사람보다 표본에 포함될 확률이 더 높다면, 이러한 방식으로 추출한 표본은 무작위표본이 아니다. 이러한 표본을 이용하여 모집단에 대한 결론을 도출하는 것은 바람직하지 않다. 왜냐하면 그러한 표본은 모집단에 대한 대표성을 지닐 수 없기 때문이다.

여기에서 사용하는 가상의 무작위표본은 다음과 같은 상황을 가정한 것이다. 반도체 생산회사의 한 연구원은 고집적도를 갖는 차세대 반도체를 생산하는 데 있어서 품질을 획기적으로 개선할 수 있는 새로운 공정을 개발하였다고 주장하고 있다. 10개의 제품에 이 공정을 적용한 실험결과 일곱 개의 제품이 품질검사를 무사히 통과하였다. 차세대 반도체는 기존의 공정하에서는 불과 50% 정도의 품질검사 합격률을 보이고 있는 데 비해 연구원이 주장하는 새로운 공정을 적용하면 품질검사 합격률이 70%로 향상된다는 것이다. 이 연구원의 실험을 토대로 새로운 공정이 반도체 제조공정의 품질을 증대시킨다고 말할 수 있을 것인가? 즉 하나의 표본으로부터 도출한 결론을 모집단 전체로 일반화할 수 있을 것인가?[1)]

이러한 질문에 답하기 위해서는 연구원이 개발한 새로운 공정의 품질검사 합격률이 기존 공정의 품질검사 합격률 50%와 다를 바 없다는 가정하에서 연구원의 실험결과(10개 가운데 일곱 개가 합격)가 얼마나 나오기 힘든 경우인지를 생각해보아야 한다. 기존 공정하에서도 연구원이 주장하는 합격률 70%가 충분히 발생할 가능성이 있다면 우리는 연구원의 신공정 개발 주장을 받아들이기 어려울 것이다. 그러나 만약 기존 공정하에서 합격률 70%가 발생할 가능성이 매우 희박하다면 품질을 획기적으로 개선시킨 새로운 공정을 개발하였다는 연구원의 주장은 설득력을 가질 수 있다. 기존 공정하에서 10개의 제품을 생산하는 과정을 반복 수행하여 품질검사 합격률의 분포를 살펴보면 연구원의 실험결과가 기존 공정하에서도 충분히 발생할 가능성이 있는 것인지 아니면 나올 가능성이 희박한 것인지를 알 수 있고, 이를 통해 연구원의 주장을 평가할 수 있다.

Excel의 난수발생 함수를 이용하여 10개의 난수를 발생시킨 후 0.5보다 크거나 같은 값을 합격, 0.5보다 작은 값을 불합격으로 가정하고 합격의 개수를 세면 기존 공정의 합격률 50%라는 가정하에서의 가상의 합격률 표본 데이터를 얻을 수 있다.[2)] 이러한 과정을 500회 반복하여 그 데이터를 기록하면 표본크기가 10인 표본을 500개 얻게 된다. Excel의 『데이터 분석』 메뉴의 난수생성

1) 연구원의 실험은 표본크기가 10인 하나의 표본으로 볼 수 있다.
2) Excel의 난수발생 함수는 0과 1 사이의 값을 무작위로 생성한다.

그림 3-1 ▌ 히스토그램 및 줄기잎도표: 품질검사 합격률(표본크기 10)

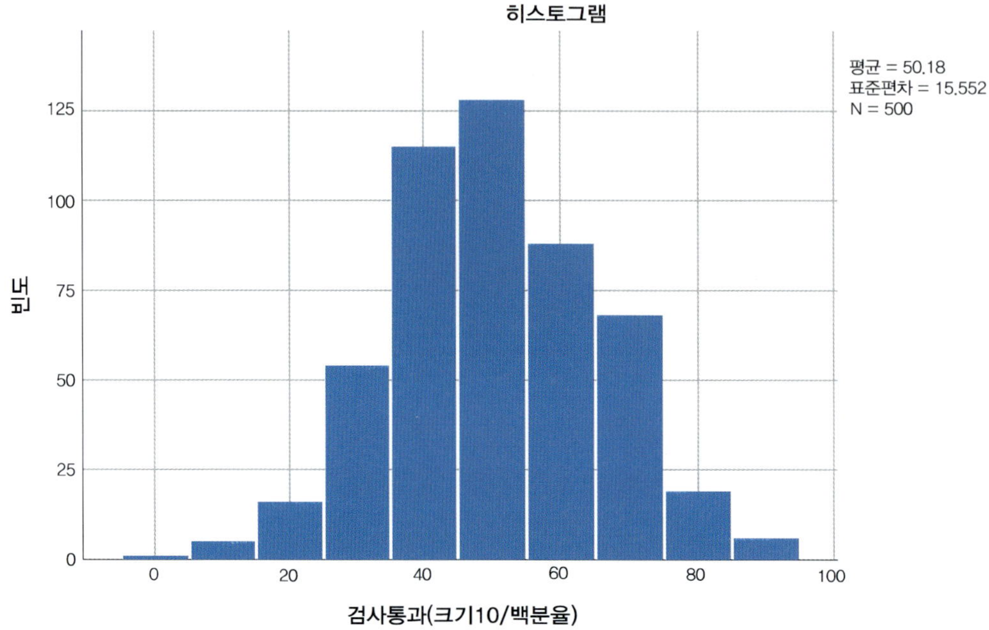

검사통과(크기10/백분율) Stem-and-Leaf Plot

```
 Frequency    Stem &  Leaf

     1.00 Extremes    (=<0)
     5.00        1 .  00
    16.00        2 .  00000000
    54.00        3 .  000000000000000000000000000
   115.00        4 .  000000000000000000000000000000000000000000000000000000000
   128.00        5 .  0000000000000000000000000000000000000000000000000000000000000000
    88.00        6 .  00000000000000000000000000000000000000000000
    68.00        7 .  0000000000000000000000000000000000
    19.00        8 .  000000000
     6.00        9 .  000

 Stem width:     10
 Each leaf:      2 case(s)
```

SPSS 메뉴에서 『분석 > 기술통계량 > 데이터 탐색』을 선택한 후 『데이터 탐색』 대화상자에서 『종속변수』에 pass10 변수를 옮기고 『도표』를 클릭한 후 『데이터 탐색: 도표』 대화상자에서 『줄기와 잎그림』 및 『히스토그램』을 선택한다(pass.sav 데이터 파일).

기능을 이용하면 더욱 쉽게 이러한 가상 데이터를 생성할 수 있다.[3] 이렇게 함으로써 연구원의 실험표본(70%의 합격률을 나타낸 표본)이 500개의 다른 표본(500개의 새로운 실험결과)에 비추어 볼 때 얼마나 특별한 경우인지를 파악할 수 있다. [그림 3-1]과 같이 500개의 실험결과를 히스토그램이나 줄기잎도표로 표현하면 분포를 보다 쉽게 이해할 수 있다(pass.sav 데이터 파일의 pass10 변수). 히스토그램 및 줄기잎도표를 보면 대부분의 표본이 합격률 50% 부근에 몰려 있다.

이와 같이 표본으로부터 도출한 **표본통계량(sample statistic)**으로 구성된 분포를 **표집분포(sampling distribution)**라고 한다. 표본통계량 또는 간단히 **통계량(statistic)**이란 표본의 특성을 나타내는 값을 말하며, 표본의 평균이나 분산이 통계량의 예가 될 수 있다. 여기 예에서는 표본의 품질검사 합격률이 통계량이 된다. 표본이 아닌 모집단의 특성을 나타내는 값은 **모수(parameter)**라고 부른다. 대한민국 모든 대학교 1학년 남학생의 몸무게 평균은 모수가 되며, 대학교 1학년 남학생의 표본을 추출하여 몸무게 평균을 구하게 되면 이는 통계량이 된다. 표본추출 과정을 반복적으로 수행하여 얻어진 각 표본의 평균으로 분포를 구성하게 되면 이는 대학교 1학년 남학생의 몸무게에 대한 표집분포가 된다. 대부분의 경우 모수를 알 수 없기 때문에 통계량을 통해 모수를 추정한다. 이런 의미에서 통계량을 **추정치(estimate)**라고도 한다.

3.2 빈도표를 이용한 모집단의 이해

품질검사 합격률의 표집분포로부터 [그림 3-2]와 같은 빈도표를 생성할 수 있다. [그림 3-2]의 빈도표를 통해 우리는 표본크기 10인 표본들에서 나타날 수 있는 다양한 품질검사 합격률이 각각 어느 정도의 확률로 발생하는지를 추정해볼 수 있다. 따라서 이 빈도표는 품질검사 합격률의 확률분포로 볼 수 있다. 대부분의 표본이 합격률 40%, 50%, 60%에 몰려 있으며 이들 세 개 합격률이 전체의 66.2%(=23.0%+25.6%+17.6%)를 차지하고 있다. 그 빈도수가 극히 작기는 하지만 합격률이 0%인 경우도 한 건이 있으며, 90%인 경우도 여섯 건이 존재한다.

---

3) Excel을 이용한 데이터 생성 과정은 이 장 후반부의 'SPSS 활용'을 참고한다.

그림 3-2 | 빈도표: 품질검사 합격률(표본크기 10)

		빈도	퍼센트	유효 퍼센트	누적 퍼센트
유효	0	1	.2	.2	.2
	10	5	1.0	1.0	1.2
	20	16	3.2	3.2	4.4
	30	54	10.8	10.8	15.2
	40	115	23.0	23.0	38.2
	50	128	25.6	25.6	63.8
	60	88	17.6	17.6	81.4
	70	68	13.6	13.6	95.0
	80	19	3.8	3.8	98.8
	90	6	1.2	1.2	100.0
	전체	500	100.0	100.0	

그림 3-3 | 기술통계량: 품질검사 합격률(표본크기 10)

	N	최소값	최대값	평균	표준편차
pass10	500	0	90	50.18	15.552
유효 N(목록별)	500				

이 표집분포의 기술통계량을 구해보면 [그림 3-3]과 같다. 최소값이 0%이고 최대값이 90%이며 평균이 50.18%, 표준편차가 15.552%로 나타났다. 평균값이 기존 공정의 합격률인 50%에 매우 근접함을 확인할 수 있다.

이제 빈도표를 이용하여 연구원이 수행한 실험결과(합격률 70%)가 기존 공정하에서도 나타날 수 있는 평범한 합격률인지 아니면 기존 공정하에서는 나타날 가능성이 작은 예외적인 경우인지를 평가해볼 수 있다. 빈도표를 보면 70% 이상의 합격률을 보인 경우가 18.6%이다. 즉 합격률이 50%라는 기존 공정하에서 500회의 실험을 반복할 때 70% 이상의 합격률이 나오는 경우가 93회(=68+19+6), 비율로는 18.6%$\left(=\frac{93}{500}\times 100\right)$라는 것이다. 다시 말해 500회의 품질검사를 수행하면 기존 공정하에서도 18.6% 정도는 70% 이상의 합격률을 보일 수 있으며, 이는 연구원이 제시한 실험결과가 그리 드문 경우는 아니라는 것을 의미한다.

여기에서 한발 더 나아가 만약 신공정이 기존 공정과 다르다는(우수하다가 아닌) 주장을 검정하고자 한다면 한쪽 방향만이 아닌 양방향에서 신공정이 기존공정과 다르다고 할만한 결과가 나타날 확률을 고려해야 한다. 여기에서 기존 공정과 다르다는 주장을 합격률 70% 이상과 30% 이하

(상위 합격률 70%와 대칭되는 하위 합격률 30%)를 기준으로 한다면 70% 이상의 합격률뿐만 아니라 30% 이하의 합격률이 나타날 가능성도 함께 고려해야 한다. 따라서 이 두 가지 경우가 나타날 확률 33.8%(=15.2%+18.6%)가 기존 공정하에서도(즉 신공정의 실제 합격률이 50%라는 가정하에서도) 나타날 수 있는 평범하지 않은 품질검사 합격률의 확률이 된다. 이 확률에 비추어보면 신공정이 기존 공정과 다르다고 주장하기에는 설득력이 더욱 떨어진다. 기존 공정하에서도 세 번 중에 한 번은 이런 평범하지 않은 합격률을 보이는 경우의 수가 발생하기 때문에 특별히 신공정이 기존 공정과 다르다고 할 수는 없다.

앞의 예에서 살펴본 표집분포에서는 나타날 가능성이 있는 합격률 대부분이 실제 발생하였다. 각 합격률마다 발생확률은 차이가 있지만 제품의 합격률이 0%에서 90%까지 나타나 합격률 100%를 제외하고는 모두 발생하였다. 이처럼 발생 가능한 합격률의 분포가 넓게 퍼져 있으면 신공정이 기존 공정과 다르다는 것을 주장하기가 쉽지 않다. 왜냐하면 이럴 경우 앞서 본 것처럼 10개의 제품 중 일곱 개가 품질검사를 통과하는 70%라는 합격률(기존 공정에 비해 20%나 향상되었음에도 불구하고)도 기존의 실제 합격률 50%하에서 얼마든지 나타날 가능성이 있기 때문이다. 80%나 90%의 높은 합격률조차 그 발생확률이 작기는 하지만 실제 발생하고 있다. 이처럼 표본통계량의 분포가 넓게 퍼져 있는 경우에는 아주 극단적인 통계량만 아니라면 작은 확률으로나마 대부분의 통계량은 실제 발생한다. 따라서 관측된 표본통계량이 일반적으로 흔하게 나타나는 것인지 아니면 매우 드물게 발생하는 것인지를 판단하기가 쉽지 않다. 표본크기가 작으면 일반적으로 표본평균의 변동성이 커지는 경향이 있기 때문에 표집분포는 넓게 퍼져 있는 분포모양을 갖게 된다.

그렇다면 여기에서 표본의 크기가 신공정과 기존 공정은 다르다는 연구원의 주장에 대한 평가에 어떠한 영향을 미치는지 살펴보자. 예를 들어, 연구원이 10개가 아닌 50개의 제품에 신공정을 적용하고 신공정을 적용한 제품의 합격률이 70% 이상이라고 주장한다면 우리는 앞서의 10개의 표본크기로부터의 실험결과를 토대로 한 주장에 대한 평가와 다른 결론을 도출할 수 있는지 살펴본다.

[그림 3-4]와 [그림 3-5]에 표본크기 50일 경우의 500개 표본들로 이루어진 표집분포의 히스토그램 및 줄기잎도표와 빈도표를 제시하였다(pass.sav 데이터 파일의 pass50 변수). 표본크기 10인 경우와 비교해보자. 우선 히스토그램과 줄기잎도표를 보면 표본크기 10인 경우보다 50% 주변에 더 많은 표본이 몰려 있다.[4] 즉 분포의 모양이 표본크기 10인 경우와 비교하여 더 좁아진 것을 알 수 있다. 빈도표를 보면 합격률이 70% 이상 또는 30% 이하인 표본이 500개의 표본 중에

4) 여기의 줄기잎도표에서는 줄기가 한 줄이 아니라 세 줄 이상으로 되어 있음에 유의하자.

그림 3-4 히스토그램 및 줄기잎도표: 품질검사 합격률(표본크기 50)

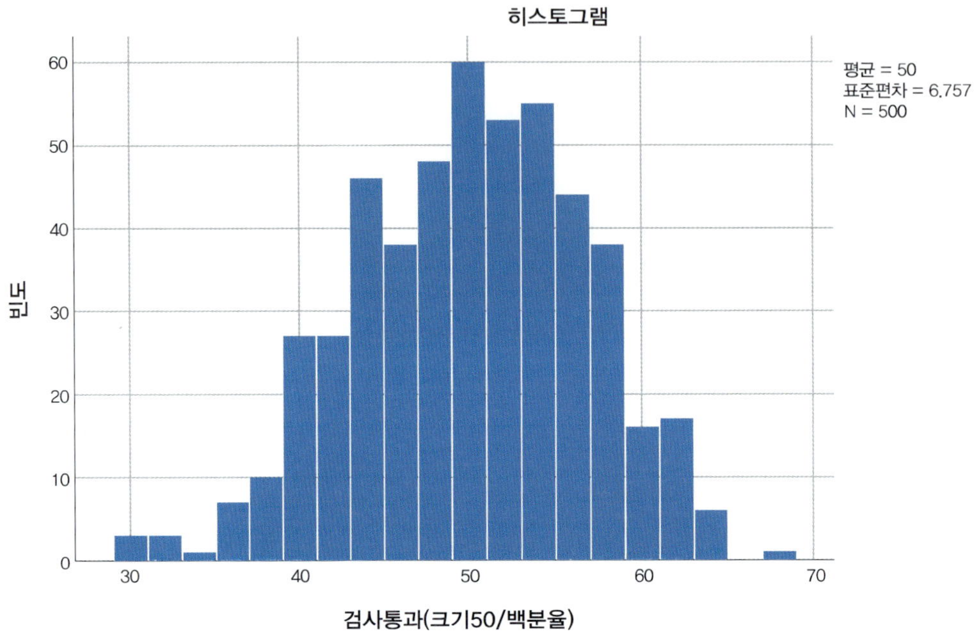

검사통과(크기50/백분율) Stem-and-Leaf Plot

```
Frequency    Stem & Leaf

    6.00 Extremes    (=<32)
     .00        3 .
    1.00        3 .  4
    7.00        3 .  6666666
   10.00        3 .  8888888888
   27.00        4 .  000000000000000000000000000
   27.00        4 .  222222222222222222222222222
   46.00        4 .  4444444444444444444444444444444444444444444444
   38.00        4 .  66666666666666666666666666666666666666
   48.00        4 .  888888888888888888888888888888888888888888888888
   60.00        5 .  000000000000000000000000000000000000000000000000000000000000
   53.00        5 .  22222222222222222222222222222222222222222222222222222
   55.00        5 .  4444444444444444444444444444444444444444444444444444444
   44.00        5 .  66666666666666666666666666666666666666666666
   38.00        5 .  88888888888888888888888888888888888888
   16.00        6 .  0000000000000000
   17.00        6 .  22222222222222222
    6.00        6 .  444444
    1.00 Extremes    (>=68)

Stem width:     10
Each leaf:      1 case(s)
```

SPSS 메뉴에서 『분석 > 기술통계량 > 데이터 탐색』을 선택한다. 『데이터 탐색』 대화상자에서 『종속변수』에 pass50 변수를 옮기고 『도표』를 클릭한 후 『데이터 탐색: 도표』 대화상자에서 『줄기와 잎그림』 및 『히스토그램』을 선택한다(pass.sav 데이터 파일).

그림 3-5 ▌ 빈도표: 품질검사 합격률(표본크기 50)

		빈도	퍼센트	유효 퍼센트	누적 퍼센트
유효	30	3	.6	.6	.6
	32	3	.6	.6	1.2
	34	1	.2	.2	1.4
	36	7	1.4	1.4	2.8
	38	10	2.0	2.0	4.8
	40	27	5.4	5.4	10.2
	42	27	5.4	5.4	15.6
	44	46	9.2	9.2	24.8
	46	38	7.6	7.6	32.4
	48	48	9.6	9.6	42.0
	50	60	12.0	12.0	54.0
	52	53	10.6	10.6	64.6
	54	55	11.0	11.0	75.6
	56	44	8.8	8.8	84.4
	58	38	7.6	7.6	92.0
	60	16	3.2	3.2	95.2
	62	17	3.4	3.4	98.6
	64	6	1.2	1.2	99.8
	68	1	.2	.2	100.0
	전체	500	100.0	100.0	

세 개에 불과하다. 70% 이상인 경우는 전혀 발생하지 않았다. 이는 신공정이 기존 공정과 차이가 없을 경우에 이러한 품질검사 합격률이 나타날 가능성은 $0.6\%\left(=\frac{3}{500}\times 100\right)$밖에 안 된다는 의미이다. 다시 말해 실제 품질검사 합격률이 50%라고 가정할 때 50개로 구성된 제품표본에서 합격률이 70% 이상 또는 30% 이하가 나타날 가능성은 극히 희박하다. 따라서 연구원이 개발한 신공정이 70%의 합격률을 보였다면 이는 신공정이 기존 공정과 다를 가능성 매우 높다는 것을 의미한다. 연구원이 개발한 신공정은 기존 공정과 분명한 차이가 존재한다고 말할 수 있다.

여기에서 우리는 표본으로부터 계산된 통계량의 실제 발생 가능성이 어느 정도 드문 경우이어

그림 3-6 | 기술통계량: 품질검사 합격률(표본크기 50)

	N	최소값	최대값	평균	표준편차
pass50	500	30	68	50.00	6.757
유효 N(목록별)	500				

야 기존의 주장과 다르다는 결론을 얘기할 수 있는지에 대한 판단의 기준을 제시할 필요가 있다. 일반적으로 이러한 판단의 기준으로 5% 또는 1%를 이용한다. 기존의 주장이 옳다는 가정하에서 표본으로부터 계산된 관측결과가 나타날 가능성이 5% 미만 또는 1% 미만이 되면 기존의 주장하에서는 이러한 관측결과가 발생할 가능성이 매우 희박하다고 판단한다. 이럴 경우 관측결과는 기존의 주장과 다르다고 할 수 있으며, 이를 **통계적으로 유의하다(statistically significant)**라고 표현한다. 이때 표본으로부터 얻은 관측확률을 **유의확률(significance probability)** 또는 **p-값(p-value)**이라고 하며, 판단의 기준으로 사용하는 5% 또는 1%의 확률을 **유의수준(significance level)**이라고 한다.

앞의 예에서 본 것처럼 표본크기가 증가하면 상대적으로 크거나 작은 합격률에 대해서 기존 합격률과의 유의한 차이를 용이하게 판별해낼 수 있다. 이는 표본크기가 증가하면 표본통계량(여기에서는 합격률)의 변동성이 작아지고 이로 인해 예외적인 표본통계량이 관측되었을 때 이를 쉽게 식별해낼 수 있기 때문이다. [그림 3-6]의 기술통계량을 보면 표준편차가 6.757%로서 표본크기 10일 때의 15.552%에 비해 절반 정도 작아졌다.

3.3 이항분포를 이용한 모집단의 이해

지금까지는 가상의 표집분포를 구성하여 빈도표를 작성한 후 신공정에 의한 품질검사 합격률 향상 여부를 평가하였다. 하지만 매번 이렇게 난수를 이용한 가상분포를 이용하여 모집단에 대한 결론을 도출해야 한다면 여간 귀찮은 일이 아닐 것이다. 다행히도 앞의 예와 같은 경우 가상의 표집분포를 만들지 않고 하나의 표본만으로(즉 연구원의 한 차례의 실험만으로) 검정할 수 있는 방법이 통계학적으로 제시되어 있다. 이를 **이항검정(binomial test)**이라고 하며, 앞의 예와 같이 어떤 실험의 결과가 오직 두 가지만 존재하는 경우에 한해서 이용할 수 있다. 예를 들어, 합격/불합격, 성공/실패, 구매/비구매, 흡연/금연 등의 결과가 나올 수 있는 실험이 이항검정을 수행할 수 있는 대상이 되며, 이러한 실험을 반복하여 시행했을 때 나타날 수 있는 결과값들의 확률분포를 **이항분포(binomial distribution)**라고 한다. 이항검정을 이용하기 위해서는 모든 관측값이 서로 독립(independent)이어야 한다. 서로 독립이라는 의미는 하나의 결과가 다른 결과에 영향을 미쳐서는 안 된다는 뜻이다. 예를 들어, 동전을 던지는 각 개별 행위는 서로 독립이다. 동전을 던져서 나오는 결과값(숫자 또는 그림)은 앞서의 행위에 영향을 받지 않기 때문이다.

[그림 3-7]은 연구원이 수행한 10번의 품질검사 결과를 토대로 이항검정을 수행한 결과이다(pass.sav 데이터 파일의 pass10bn 변수). 표본크기는 10이며, 합격은 1로 불합격은 0으로 코딩되어 있다. '관측비율' 열을 보면 10번 중 일곱 번이 합격이었고 세 번이 불합격이었다. '검정비율' 열에는 우리가 검정하고자 하는 비율이 나타난다. 우리는 신공정의 합격률이 기존 공정과 다를 바 없는 50%인지 여부를 알고자 하는 것이기에 0.5가 검정비율이 된다. 연구원이 실험한 표본의 결과값과 같거나 더 예외적인 값을 얻을 확률은 마지막 열인 '정확 유의확률(양측)'에 나타난다.

실제 합격률이 50%일 때 합격률이 70%보다 크거나 같거나 또는 30%보다 작거나 같은 표본을 얻을 확률은 34.4%이다. 앞서의 표본크기 10인 500개 표본의 평균들로 구성된 표집분포로부터 구한 33.8%와 유사하다. 차이가 나는 이유는 이항검정의 경우 500개가 아닌 무수히 많은 표본으로부터 도출되는 이론적 표집분포를 기반으로 하기 때문이다. 일반적 판단기준인 5% 또는 1%에 비하면 34.4%는 상당히 큰 값이고, 따라서 연구원이 개발한 신공정이 기존 공정의 합격률 50%와 다르다고 주장할만한 충분한 근거가 없다고 결론을 내릴 수 있다. 다시 말해 합격률 50%인 모집단으로부터 임의로 추출한 표본의 34.4%는 연구원의 실험처럼 평범하지 않은 품질검사 합격률을 나타낸다.

[그림 3-8]은 표본크기를 50으로 했을 경우의 이항검정 결과이다(pass.sav 데이터 파일의 pass50bn 변수). 유의확률은 0.7%로서 실제 합격률이 50%일 때 합격률이 70%보다 크거나 같거나 또는 30%보다 작거나 같은 표본을 얻을 확률을 의미한다. 앞서의 표본크기 50인 500개 표본의

그림 3-7 ▌이항검정: 품질검사 합격률(표본크기 10)

		범주	N	관측비율	검정비율	정확 유의확률(양측)
pass10bn	집단 1	1 합격	7	.70	.50	.344
	집단 2	0 불합격	3	.30		
	전체		10	1.00		

SPSS 메뉴에서 『분석 > 비모수검정 > 레거시 대화상자 > 이항』을 선택한 후 『이항검정』 대화상자에서 『검정변수』에 pass10bn 변수를 옮기고 『검정비율』에 0.5를 입력한다(pass.sav 데이터 파일).

그림 3-8 ▌ 이항검정: 품질검사 합격률(표본크기 50)

		범주	N	관측비율	검정비율	정확 유의확률(양측)
Pass50bn	집단 1	1 합격	35	.70	.50	.007
	집단 2	0 불합격	15	.30		
	전체		50	1.00		

『검정변수』로서 pass50bn 변수를 사용한다(pass.sav 데이터 파일).

평균들로 구성된 표집분포로부터 구한 0.6%와 유사하다. 이는 일반적 판단기준인 5% 또는 1% 유의수준에 비하면 작은 값이고, 따라서 연구원이 개발한 신공정이 기존 공정의 합격률 50%와 다르다고 주장할만한 충분한 근거가 있다고 결론을 내릴 수 있다. 다시 말해 합격률 50%인 모집단으로부터 임의로 추출한 표본의 불과 0.7%만이 연구원의 실험과 같은 평범하지 않은 품질검사 합격률을 보인다.

3.4 중심극한정리

[그림 3-9]는 앞서 사용했던 표본크기 10과 50인 500개 무작위 표본의 평균들로 구성된 표집분포이다. 대부분의 값들이 중앙에 몰려 있으며 대칭인 모습을 하고 있고, 중앙에서 멀어질수록 그 빈도수가 점점 작아진다. 이러한 특징을 보이는 분포를 **정규분포(normal distribution)**라고 한다.

그림 3-9 ▌품질검사 합격률 분포: 표본크기 10 및 50

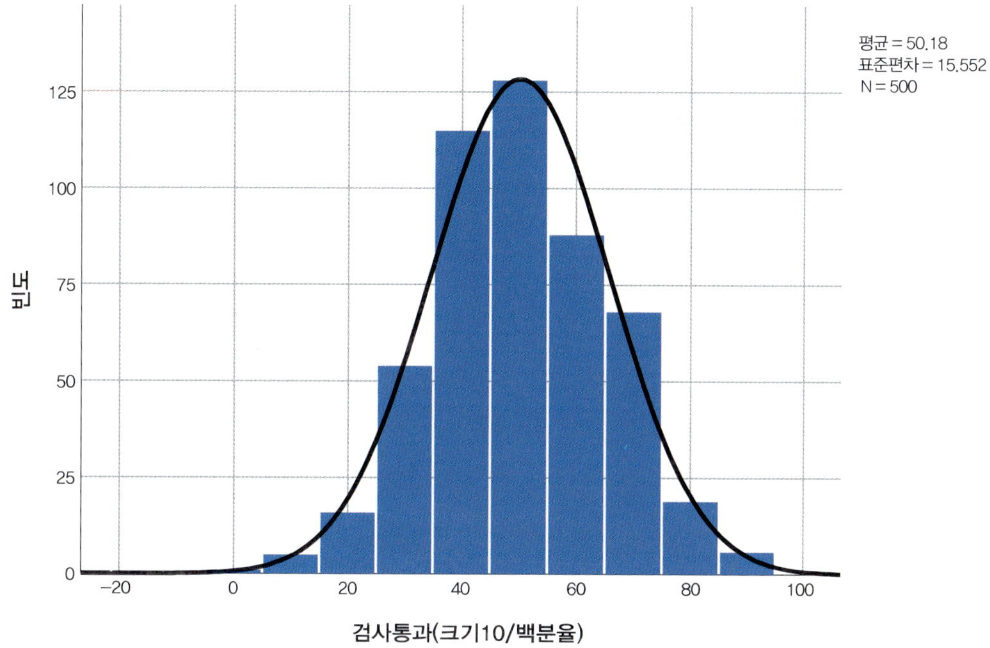

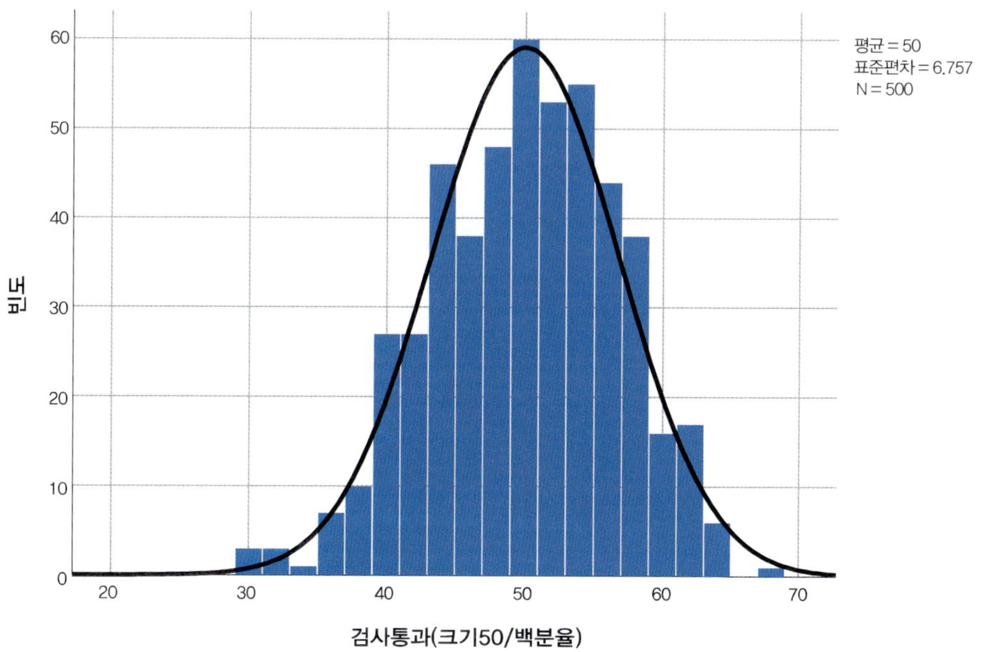

SPSS 메뉴에서 『그래프 > 레거시 대화상자 > 히스토그램』을 선택한 후 『히스토그램』 대화상자에서 『변수』에 pass10 또는 pass50 변수를 옮기고 『정규곡선 표시』를 체크한다(pass.sav 데이터 파일).

우리 주변에서 관찰할 수 있는 많은 연속형 변수들이 이와 같은 형태의 분포를 한다. 예를 들어, [그림 3-10]은 81명의 학생으로부터 수집한 성적의 분포를 이론적인 정규분포곡선과 함께 히스토그램으로 표현한 것이다(grade.sav 데이터 파일). 일부 예외가 있기는 하지만 대부분의 점수들이 중앙에 몰려 있으며 대칭인 모습을 하고 있고, 중앙에서 멀어질수록 그 빈도수가 점점 작아진다. 이는 정규분포의 전형적인 특징이다.

그런데 성적의 분포와 같이 정규분포를 따를 가능성이 높은 모집단으로부터 도출된 표본의 분포 또는 표본평균의 분포가 정규분포를 따른다는 것은 그리 놀라운 일이 아니다. 하지만 합격률 분포가 정규분포의 특성을 갖는다는 것은 의외의 결과일 수 있다. 왜냐하면 합격률은 정규분포를 갖는 변수로부터 산출된 것이 아니기 때문이다. 합격률은 불합격은 0, 합격은 1로 표현된 품질검사 통과 여부를 나타내는 변수를 평균하여 계산된다. 여기에서 불합격 또는 합격의 발생 가능성은 동일하며 이 변수는 정규분포와는 거리가 먼 분포의 모양을 갖는다. 따라서 이는 모집단의 분포특성과 관계없이 표본추출 작업만으로 정규분포를 도출할 수 있다는 의미이며, 중심극한정리가 이러한 과정에 대한 이론적 기반을 제공한다.

그림 3-10 | 성적분포

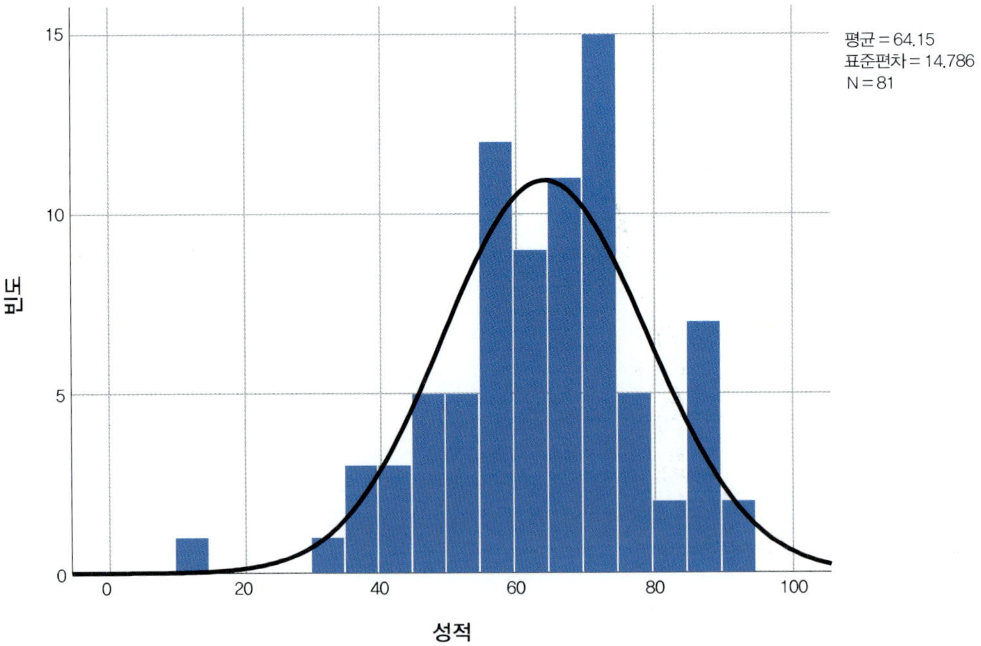

SPSS 메뉴에서 『그래프 > 레거시 대화상자 > 히스토그램』을 선택한 후 『히스토그램』 대화상자에서 『변수』에 성적 변수를 옮기고 『정규곡선 표시』를 체크한다(grade.sav 데이터 파일).

중심극한정리(central limit theorem)에 따르면, 표본의 크기가 충분히 클 때 표본평균으로 구성된 표집분포는 모집단의 분포와 관계없이 정규분포가 되며, 이 정규분포의 평균은 모집단의 평균과 동일하고 표준편차는 모집단의 표준편차를 표본크기의 제곱근으로 나눈 것과 같다. 표집분포에서의 표본평균의 표준편차를 특히 **표준오차(standard error)**라고 부른다. 표준오차는 동일한 모집단으로부터 추출한 표본평균들이 얼마나 다양한 값들을 갖는가(즉 분산되어 있는가)를 보여주는 지표이다. 임의의 모집단으로부터 추출한 표본크기 n의 표집분포는 다음과 같은 특성을 갖는다.

$$\mu_{\overline{X}} = E(\overline{X}) = \mu$$

여기에서, $\mu_{\overline{X}}$ 또는 $E(\overline{X})$는 표본평균의 평균(표본평균의 기대값), μ는 모집단의 평균

$$\sigma_{\overline{X}} = \frac{\sigma}{\sqrt{n}}$$

여기에서, $\sigma_{\overline{X}}$는 표본평균의 표준편차(즉 표준오차), σ는 모집단의 표준편차, n은 표본크기

여기에서 표본평균의 분포가 정규분포가 되기 위해 필요한 표본크기는 변수의 원래 값이 갖는 분포에 따라 달라진다. 정규분포와 크게 다르지 않은 분포를 갖는 변수의 경우에는 표본크기가 작더라도 표본평균은 정규분포를 따르게 될 가능성이 높다. 반면에 변수의 분포가 정규분포와는 상당한 차이가 있을 경우에 표본평균이 정규분포를 따르기 위해서는 말 그대로 충분히 큰 표본크기가 필요하다. 따라서 표본평균의 분포가 정규분포가 되기 위한 절대적 기준의 표본크기를 규정하기는 어렵다. 하지만 통계학자들은 표본크기와 표집분포 간의 관계에 대한 연구를 토대로 실무적 편의를 위해 표본크기가 30 이상이 되면 표본평균의 분포는 정규분포로 가정할 수 있다는 가이드라인을 제시하고 있다. 중심극한정리에서 중요하게 이야기하고자 하는 것은 표본크기가 커지면 커질수록 표본평균의 분포는 원래 변수의 분포가 어떤 모양이든 관계없이 정규분포에 가까워진다는 것이다.

다음과 같은 예를 통해 중심극한정리에 대해 좀 더 살펴보자. 혈압의 분포가 **일양분포(uniform distribution,** 일정 구간 내에서 어느 값이나 발생할 확률이 동일한 분포)를 따른다고 가정해보자. 100에서 150 사이의 총 10,000개의 혈압값이 [그림 3-11]의 히스토그램과 같이 일양분포를 하고 있다(bloodpu.sav 데이터 파일의 bloodpu 변수).[5] 100에서 150 사이의 값들이 크게 작거나 크지 않은 거의 균일한 빈도를 보이고 있어 정규분포와는 거리가 있는 모습이다. 하지만

5) Excel을 이용하여 일양분포로부터 무작위표본을 생성하는 과정은 이 장 후반부의 'SPSS 활용'을 참고한다.

이러한 분포에서 30개의 표본크기를 갖는 표본을 500번 추출하여 각 표본의 평균으로 구성된 표본평균의 분포를 그려보면 [그림 3-12]와 같이 정규분포에 근사한다(bloodpn.sav 데이터 파일의 bloodpu 변수).[6] 앞서 일양분포로 가정한 10,000개 혈압값의 히스토그램과는 전혀 다른 종모양의 정규분포 모양이 그려진다. 즉 개별 변수값의 분포는 일양분포이지만 표본평균의 분포는 정규분포가 된다.

이처럼 중심극한정리의 개념을 이용하면 표본크기가 충분히 클 경우 실제 변수값이 어떤 형태의 분포를 갖든지 우리는 표본평균의 분포를 정규분포로 가정할 수 있게 된다. 이는 모집단의 분포에 관계없이 표본으로부터 얻어진 결과를 토대로 모집단의 평균에 대한 가설검정을 수행할 때 정규분포의 유용한 특성을 이용할 수 있다는 의미이기도 하다.

그림 3-11 ▌10,000개 표본의 일양분포: 일양분포로부터 표본크기 1의 표본 10,000개 추출

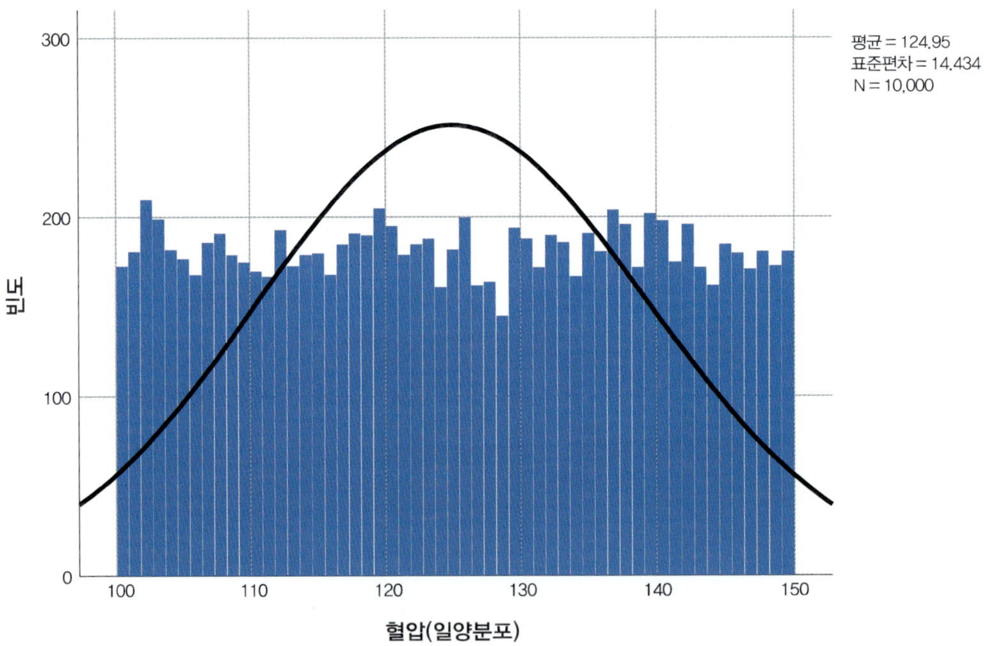

SPSS 메뉴에서 『그래프 > 레거시 대화상자 > 히스토그램』을 선택한 후 『히스토그램』 대화상자에서 『변수』에 bloodpu 변수를 옮기고 『정규곡선 표시』를 체크한다(bloodpu.sav 데이터 파일).

6) Excel을 이용하여 일양분포로부터 무작위표본을 생성하고 이로부터 표본평균을 구하는 과정은 이 장 후반부의 'SPSS 활용'을 참고한다.

▶ 그림 3-12 ▌500개 일양분포 표본의 표본평균 분포: 일양분포로부터 표본크기 30인 표본평균 500개 추출

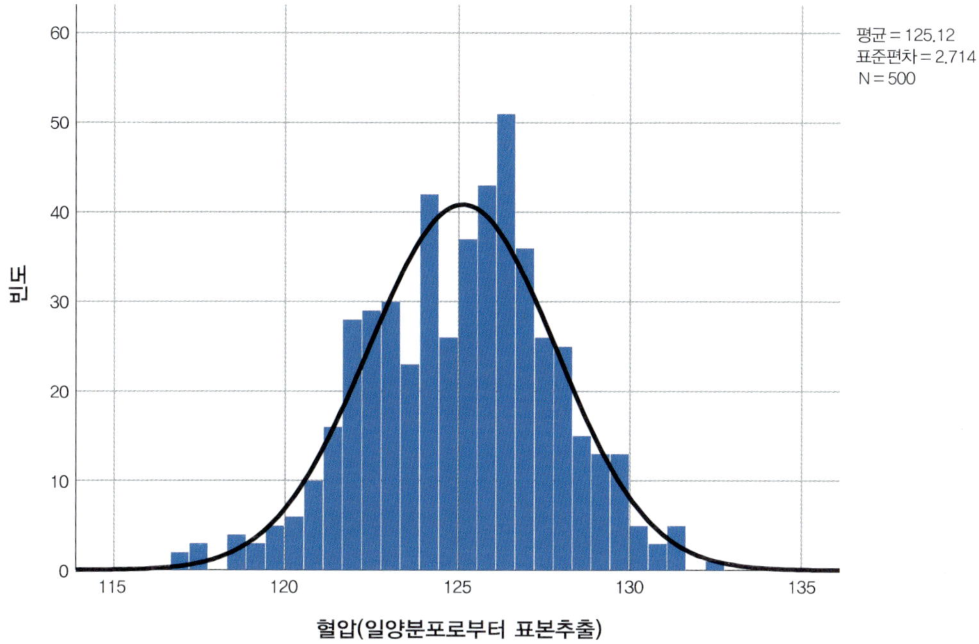

SPSS 메뉴에서 『그래프 > 레거시 대화상자 > 히스토그램』을 선택한 후 『히스토그램』 대화상자에서 『변수』에 bloodpu 변수를 옮기고 『정규곡선 표시』를 체크한다(bloodpn.sav 데이터 파일).

3.5 정규분포

표본의 크기가 충분히 클 때 중심극한정리에 의해 표본평균으로 구성된 표집분포는 모집단의 분포와 관계없이 정규분포를 가정할 수 있으므로 이제 우리는 표집분포의 확률분포를 정규분포로 가정하여 모집단의 평균에 대한 새로운 주장을 평가할 수 있다. 즉 이는 정규분포의 특성만 이해하면 이를 이용하여 하나의 표본으로부터 얻은 값을 모집단으로 일반화시킬 수 있는지 여부를 평가할 수 있다는 것을 의미한다.

정규분포가 가지고 있는 유용한 특성 중의 하나는 평균과 표준편차를 알고 있으면 관측값이 일정 구간 내에 포함될 확률을 구할 수 있다는 점이다. 정규분포하에서는 평균을 중심으로 한 개의 표준편차 이내에 전체 관측값의 약 68.26%가 존재하며, 두 개의 표준편차 내에는 약 95.44%가 존재하고, 세 개의 표준편차 내에는 약 99.74%의 관측값이 존재한다([그림 3-13]).

그림 3-13 ▌ 정규분포

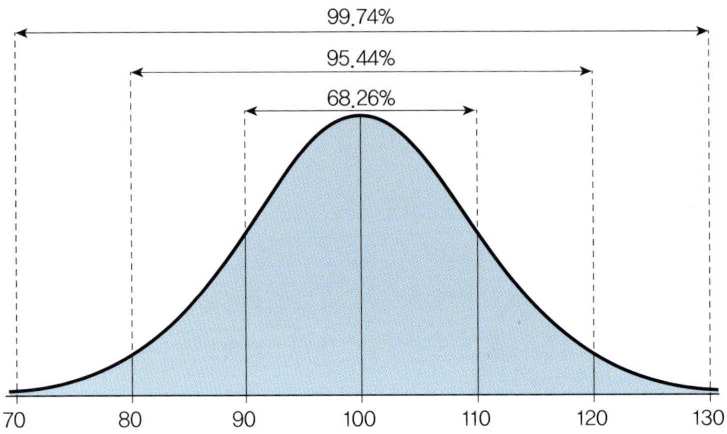

예를 들어, IQ 테스트 점수가 평균 100, 표준편차 10의 정규분포를 한다고 가정하자. 그렇다면 전체 모집단에서 IQ 테스트 점수가 90점(평균에서 아래로 하나의 표준편차만큼 떨어진 점수)에서 110점(평균에서 위로 하나의 표준편차만큼 떨어진 점수) 사이에 속하는 사람은 약 68%가 존재한다. 마찬가지 방식으로, 80점과 120점 사이에는 약 95%의 사람이 포함되고, 70점과 130점 사이에는 99% 이상의 거의 대부분의 사람이 포함된다.

평균과 표준편차가 다르기 때문에 모든 정규분포가 동일한 분포의 형태를 가질 수는 없지만 어느 정규분포이든 평균을 중심으로 일정 범위 내의 비율은 동일하다는 특성을 갖는다. 평균과 표준편차가 다른 다양한 형태의 정규분포를 비교 가능한 통일된 하나의 분포로 변환시킨 것을 **표준정규분포(standard normal distribution)**라고 한다([그림 3-14]).

그림 3-14 ▌ 표준정규분포

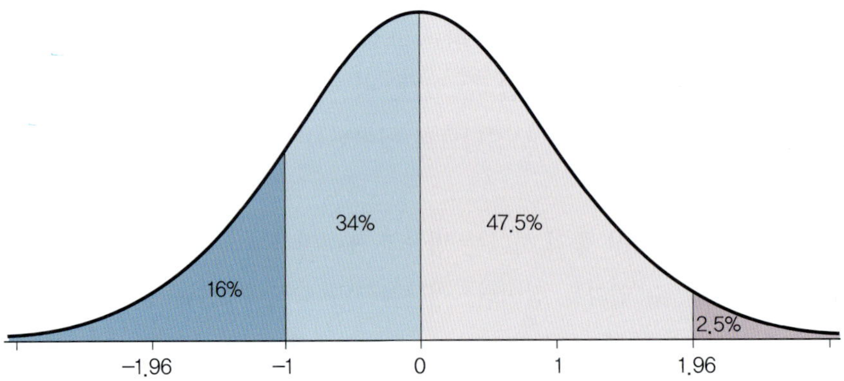

표준정규분포는 표준점수로 이루어진 분포를 말하며, 평균은 0이고 표준편차는 1이다. 표준정규분포는 표준점수, 즉 Z값(Z score)으로 이루어졌다고 하여 **Z분포(Z distribution)**라고도 한다. 표준점수는 다음과 같이 관측값과 평균의 차이를 표준편차로 나누어서 구한다.

$$표준점수(Z) = \frac{관측값 - 평균}{표준편차}$$

예를 들어, IQ 100은 표준점수 0으로 환산할 수 있으며, IQ 110은 표준점수 1로, IQ 120은 표준점수 2로, IQ 70은 표준점수 −3으로 환산할 수 있다. 표준점수가 0이라는 것은 원래의 관측값이 평균과 동일하다는 의미이며, 표준점수가 1이라는 것은 관측값이 평균으로부터 하나의 표준편차만큼 위에 있다는 의미이다. 마찬가지로 표준점수가 2라는 것과 −3이라는 것은 각각 관측값이 평균으로부터 두 개의 표준편차만큼 위에 있다는 것과 세 개의 표준편차만큼 아래에 있다는 것을 나타낸다. 정규분포의 특성에 따라 표준점수 −1과 1 사이에는 전체 관측값의 약 68.26%가 존재하며, −2와 2 사이에는 전체 관측값의 약 95.44%가 존재하고, −3과 3 사이에는 전체 관측값의 약 99.74%가 존재하여 거의 대부분의 관측값이 포함된다.

표준정규분포는 대칭형이기 때문에 평균인 0을 중심으로 오른쪽에 전체 관측값의 절반이 존재하며, 왼쪽에 나머지 절반이 존재한다. 이런 특성을 이용하면 좀 더 다양한 구간의 비율을 구할 수 있다. 예를 들면, 0과 −1 사이에는 약 34%($=68\% \times \frac{1}{2}$)의 관측값이 존재하며, 0과 2 사이에는 약 47.5%($=95\% \times \frac{1}{2}$)의 관측값이 존재한다. 또한 동일한 원리에 의해 1과 2 사이에는 약 13.5%(=47.5%−34%)의 관측값이 존재한다. 특정 음(−)의 표준점수보다 왼쪽에 있는 영역은 대응되는 양(+)의 표준점수의 오른쪽에 있는 영역과 그 크기가 동일하다. 따라서 −1보다 작은 값의 영역에 약 16%(=50%−34%)의 관측값이 존재하면, 동시에 1보다 큰 값의 영역에도 동일한 약 16%의 관측값이 존재한다.

그렇다면 여기 소개된 표준점수 1, 2, 3 이외의 다른 값을 기준으로 한 영역의 크기는 어떻게 알 수 있을까? 예를 들면, 표준점수를 계산하였더니 1.96이 나왔다면 이보다 오른쪽에 있는 영역의 크기는 얼마일까? 이를 위해 통계학자들은 다양한 표준점수에 대한 영역의 크기를 미리 계산하여 표로 정리하였다. 이를 표준정규분포표 또는 Z분포표라고 한다.[7] 부록의 Z분포표를 보면 1.96보다 큰 범위의 영역의 크기는 2.5%이다. Excel은 다양한 통계함수를 제공한다.[8] Excel의

7) Z분포표는 '부록 A 통계표'를 참고한다.
8) Excel을 이용한 통계함수의 사용은 이 장 후반부의 'SPSS 활용'을 참고한다.

NORM.S.DIST() 함수를 이용하면 표준정규분포에서의 Z값까지의 누적확률을 구할 수 있다. NORM.S.DIST(1.96, TRUE)=0.975002이므로 1.96보다 큰 범위의 영역의 크기는 0.025, 즉 2.5%가 된다. 이를 IQ 테스트의 예에 적용해보면, 예를 들어, IQ 119.6은 표준점수로 1.96 $\left(=\frac{119.6-100}{10}\right)$이고, 따라서 IQ 119.6 이상인 사람은 전체의 모집단에서 상위 2.5% 범위 안에 드는 지능지수를 가진 사람이다.

3.6 정규분포를 이용한 모집단의 이해

일상에서 관찰할 수 있는 많은 변수들이 정규분포의 형태를 보이고 설사 그렇지 않은 변수라 하더라도 중심극한정리에 의해 표본평균의 분포를 정규분포로 가정할 수 있기 때문에 정규분포의 특성을 이용하면 표본으로부터 모집단평균에 관한 새로운 주장을 쉽게 검정할 수 있다.

예를 들어, 벤처기업을 경영하는 30대 및 40대 경영자의 평균혈압이 같은 연령대의 일반 사람과 비교하여 상대적으로 높은지 혹은 낮은지를 알고 싶다면 이때의 새로운 주장은 "벤처기업 경영자의 혈압은 일반 사람과 다르다"가 될 것이다. 이러한 주장을 검정하기 위하여 무작위로 선정한 20명의 벤처기업 경영자의 혈압을 측정한 결과 평균 135mmHg로 조사되었다. 30대 및 40대 연령층 사람의 혈압이 평균 125이고 표준편차 25인 정규분포를 따르는 것으로 알려져 있을 때 벤처기업 경영자의 혈압이 일반 사람과 다르다는 주장을 어떻게 판정할 수 있는지 정규분포의 특성을 이용하여 살펴보자.

이를 위해 실제 표본들의 분포를 구하여 혈압 135라는 수치가 평균혈압 125라는 가정하에서 얼마나 발생하기 어려운 수치인지를 평가해보고자 한다. 이는 앞서 연구원의 신공정 가설을 검정하는 방법과 동일하다. 여기에서는 합격/불합격의 두 가지 가능성을 갖는 모집단이 아니라 혈압 수치가 정규분포하는 모집단으로부터 표본이 추출된다는 것이 차이가 있을 뿐이다.

Excel을 이용하여 평균 125, 표준편차 25인 정규분포로부터 표본크기 20인 표본 500개를 추출한다.[9] 이들 500개 표본평균의 분포를 히스토그램으로 그려보면 [그림 3-15]와 같다(bloodpn.sav 데이터 파일의 bloodpn 변수). 정규분포와 매우 유사한 형태를 보이고 있으며 표본평균들의 평균은 모집단평균인 125에 매우 근접한 값을 나타냈다. 중심극한정리에 의해 이론상으

9) Excel을 이용하여 정규분포로부터 무작위표본을 생성하는 과정은 이 장 후반부의 'SPSS 활용'을 참고한다.

그림 3-15 ▌ 500개 표본평균의 분포

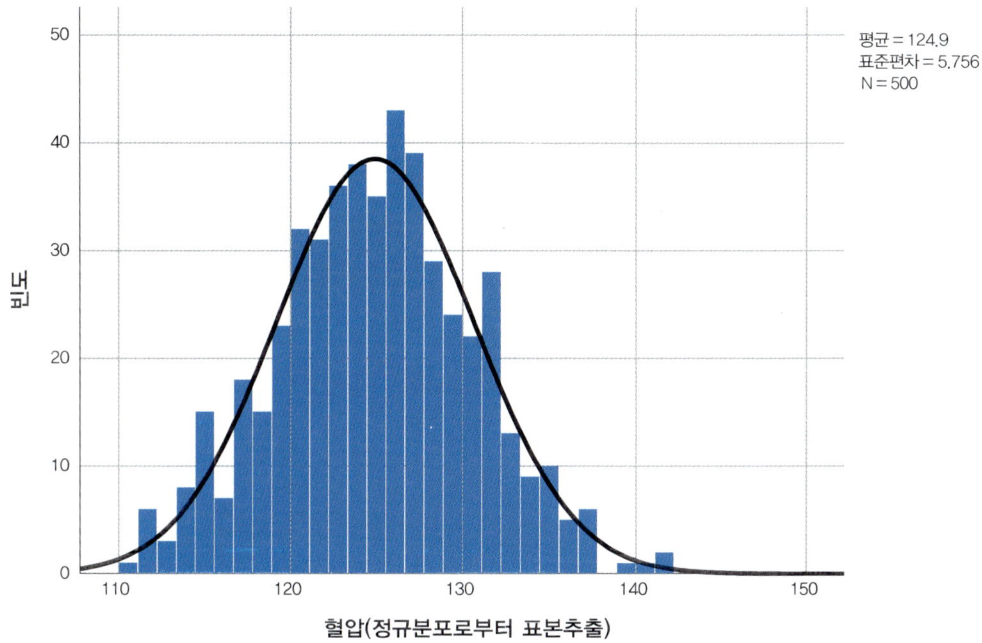

SPSS 메뉴에서 『그래프 > 레거시 대화상자 > 히스토그램』을 선택한 후 『히스토그램』 대화상자에서 『변수』에 bloodpn 변수를 옮기고 『정규곡선 표시』를 체크한다(bloodpn.sav 데이터 파일).

로 표본평균들의 평균은 모집단평균과 일치한다. 표준편차는 5.756으로 산출되었다. 표본평균들의 표준편차이므로 여기에서는 표준오차이며, 표준오차는 중심극한정리에 의해 모집단의 표준편차를 표본크기의 제곱근으로 나누어서 구할 수 있다. 이 히스토그램을 보면 135라는 혈압은 그다지 예외적인 경우는 아닌 것처럼 보인다. 하지만 히스토그램만으로 판단하기에는 아직 이르다. 좀 더 정확한 판단을 하고자 한다면 앞서의 신공정 개발 예에서처럼 빈도표를 이용하여 표본의 평균이 135 이상 또는 115 이하의 혈압을 가질 가능성을 조사한다. 그 확률을 일반적인 기준인 5% 또는 1%와 비교하여 5% 또는 1%보다 작으면 평범하지 않은 예외적인 것이어서 벤처기업 경영자의 혈압은 일반 사람과 다르다고 판단 내린다. 만약 그 확률이 5% 또는 1%보다 크다면 벤처기업 경영자의 혈압은 일반 사람에게도 충분히 나타날 가능성이 있는 정도의 혈압 수치라고 결론 내린다.

물론 이와 같은 절차에 따라 가설검정을 수행할 수도 있다. 하지만 여기에서는 동일한 가설에 대해 정규분포의 특성을 이용하여 검정한다. 직접 [그림 3-15]와 같은 표집분포를 만들어내지 않고도 135라는 혈압이 평균 125, 표준편차 25인 정규분포로부터 도출된 이론적 표집분포상에서 어디에 위치하는지를 파악하여 검정을 수행할 수 있다. 이를 위해서는 135라는 벤처기업 경영자의 혈압 평균을 표준점수로 변환하고 이 표준점수가 5% 또는 1%의 범위에 포함되는지를 살펴본다. 표본평균을 표준점수로 변환하기 위해서는 표본평균의 평균과 표본평균의 표준편차, 즉 표준오차를 알아야 한다.

앞서 표집분포의 특성에서 살펴보았듯이 중심극한정리에 의해 표본평균의 평균은 모집단의 평균과 동일하며 표준오차는 다음과 같은 두 가지 요소에 의해 결정된다. 하나는 표본크기이고 또 다른 하나는 모집단의 분산이다. 작은 표본크기를 갖는 표본들로부터 도출된 표본평균은 큰 표본크기를 갖는 표본들로부터 계산된 표본평균보다 변동성이 더 클 것이다. 또한 큰 분산을 갖는 모집단으로부터 도출된 표본평균은 그렇지 않은 모집단으로부터 도출된 표본평균보다 더 큰 변동성을 가질 것으로 예상할 수 있다. 표준오차는 이 두 요소로부터 다음과 같이 계산한다.

$$\text{표준오차} = \frac{\text{모집단의 표준편차}}{\sqrt{\text{표본크기}}}$$

우리의 예에서는 모집단의 표준편차가 25이고 표본크기가 20이므로 표본평균의 표준오차는 다음과 같이 계산된다.

$$\text{표준오차} = \frac{25}{\sqrt{20}} = 5.59$$

중심극한정리에 의해 이론적으로 계산된 이 수치는 앞서 500개 표본평균으로부터 계산된 표준오차(5.756, [그림 3-15])와 정확히 일치하지는 않지만 상당히 유사하다.[10] 이처럼 20개의 표본크기를 갖는 표본의 평균들로 구성된 표집분포는 평균 125, 표준편차(즉 표준오차) 5.59인 정규분포를 따른다. 따라서 135라는 혈압은 모집단의 평균보다 한 개 표준편차만큼 높은 혈압 수치인 130.6(=125+5.6)과 두 개 표준편차만큼 높은 혈압 수치인 136.2(=125+5.6×2) 사이에 있음을 알 수 있다. 이 분포하에서 135라는 혈압은 다음과 같이 표준점수 Z로 변환될 수 있다.

$$\text{표준점수(Z)} = \frac{\overline{X} - \mu_{\overline{X}}}{\sigma_{\overline{X}}} = \frac{\text{표본평균} - \text{모집단의 평균(표본평균의 평균)}}{\text{표준오차(표본평균의 표준편차)}}$$

$$Z = \frac{135 - 125}{5.59} = 1.79$$

10) 모집단으로부터 모든 가능한 표본을 추출한 것은 아니기에 이론적으로 계산된 수치와 차이가 발생한다.

그림 3-16 ▌표본평균 135에 대한 가설검정

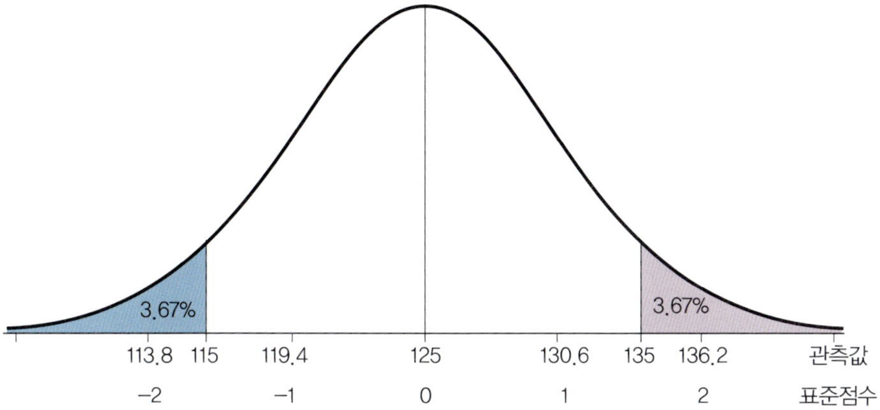

혈압 135 및 이에 대응되는 표준점수 1.79와 대칭되는 위치에 있는 낮은 혈압 115 및 이에 대응되는 표준점수 −1.79는 [그림 3-16]과 같은 정규분포에서 그 상대적 위치를 확인할 수 있다. 표준정규분포표를 참조하면 표준점수 Z값이 +1.79 이상이거나 −1.79 이하인 면적의 크기는 7.34%(=2×3.67%)이다. 이 면적의 크기는 표준정규분포에서 Z값까지의 누적확률을 구해주는 Excel의 NORM.S.DIST() 함수를 이용하여 구할 수도 있다: 2×(1−NORM.S.DIST(1.79, TRUE))=2×(1−0.9633)=7.34%. 따라서 일반적인 기준 5%에 비추어볼 때 135 이상 또는 115 이하라는 혈압은 보통 사람들 사이에서도 심심치 않게 나타날 수 있는 평범한 수치라고 볼 수 있으며, 벤처기업 경영자의 혈압이 일반 사람과 크게 다르다고 할만한 충분한 증거가 없다고 결론 내릴 수 있다. 여기에서 만일 "벤처기업 경영자의 혈압이 일반 사람보다 높다"라는 주장을 평가한다면 표준점수 +1.79 이상인 영역만을 고려한다(즉 1.79 이상인 면적 3.67%). 따라서 1% 기준에서는 이 주장을 받아들일 수 없으나, 5%의 기준에서는 벤처기업 경영자의 혈압이 높다는 주장을 받아들이게 된다.

이와 같은 가설검정 절차는 다음과 같이 정리해볼 수 있다.

- 먼저 검정하고자 하는 가설을 수립하고 일정 크기의 표본을 추출한다. 앞의 예에서는 "벤처기업 경영자의 혈압이 일반 사람과 다르다"를 새로운 주장에 대한 가설로 수립하였다. 이를 검정하기 위하여 벤처기업 경영자 20명을 표본으로 선정하였다.
- 표본으로부터 검정하고자 하는 표본통계량을 구한다. 20명의 벤처기업 경영자의 평균혈압은 135로 계산되었다.

- 표준정규분포를 이용하기 위하여 표본통계량을 표준점수로 변환한다. 모집단의 평균과 표준편차로부터 표본평균의 평균과 표준편차를 도출하고 이를 이용하여 검정하고자 하는 표본통계량의 표준점수를 계산한다. 모집단의 평균 125, 표준편차 25하에서 표본평균의 평균은 모집단의 평균과 동일한 125가 되고, 표본평균의 표준편차(즉 표준오차)는 표본크기를 반영하여 5.59로 계산되었다. 135에 대한 표준점수는 1.79로 계산되었다.
- 표본통계량의 표준점수가 예외적인 경우인지의 여부를 표준정규분포표를 참조하여 판단한다. 임의로 추출된 표본평균의 표준점수가 +1.79 이상과 −1.79 이하일 가능성이 7.34%로 나타났고, 이는 일반적 판단기준인 5%보다 큰 값이기에 벤처기업 경영자의 혈압이 일반 사람과 다르다고 판단할 증거가 부족하다고 결론을 내렸다.

SPSS 활용

1 50%의 품질검사 합격률을 갖는 무작위 가상표본 만들기

▶ Excel의 난수발생함수 RAND()를 이용하여 필요한 표본크기만큼 난수를 발생시킨다.

그림 3-17 ▌난수발생

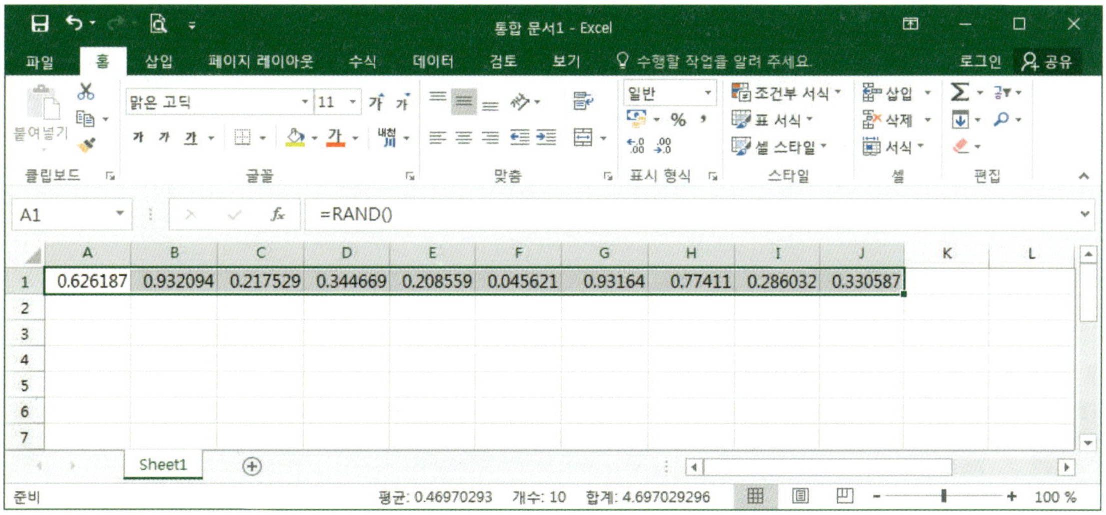

▶ Excel의 COUNTIF() 함수를 이용하여 난수값 중 0.5보다 크거나 같은 값(합격품으로 간주)의 개수를 센다.

그림 3-18 ▌ 합격품의 개수 세기

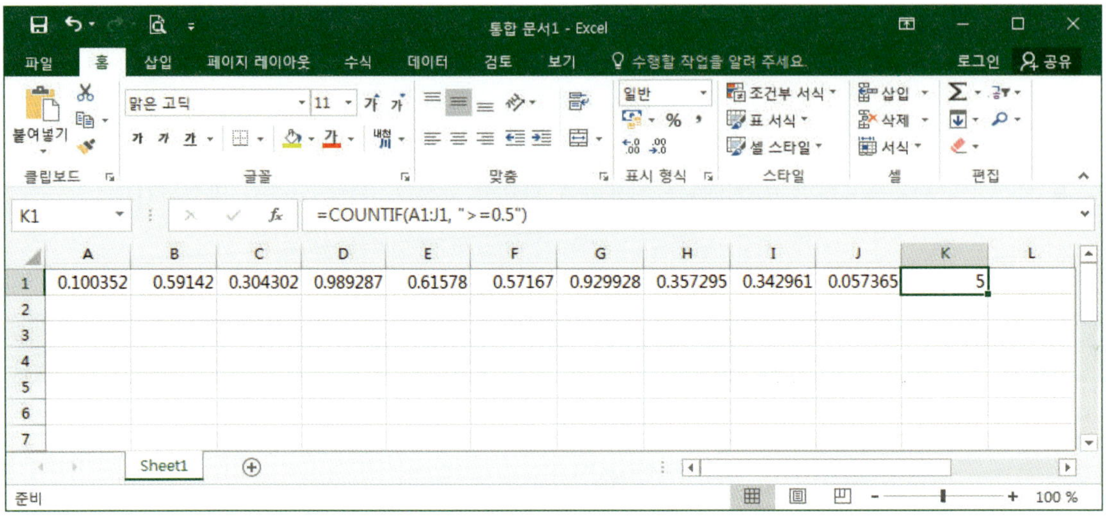

▶ 완성된 한 개의 표본을 복사하여 500개의 표본을 완성한다.

그림 3-19 ▌ 500개의 표본 만들기

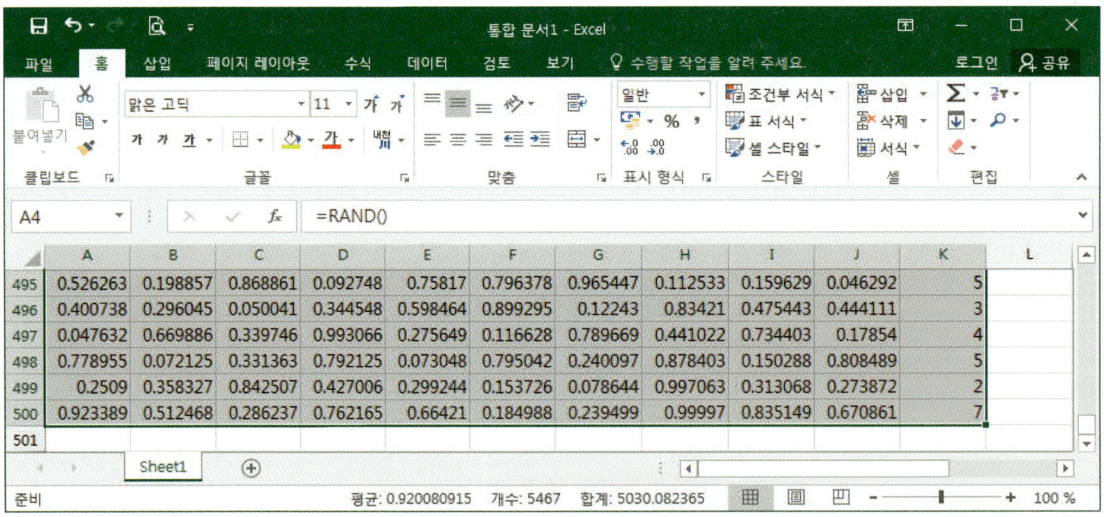

▶ Excel의 『데이터 > 데이터 분석』 메뉴를 선택하여 더욱 쉽게 500개의 표본을 생성할 수 있다. 『데이터 분석』 메뉴가 없으면 『파일 > 옵션 > 추가 기능』에서 『분석 도구』를 선택하고 『이동』 버튼을 클릭하여 데이터분석 기능을 설치한다.

▶ 『통계 데이터 분석』 대화상자에서 『난수 생성』을 선택한 후 『확인』을 클릭한다.

▶ 그림 3-20 ▌ 통계 데이터 분석 대화상자

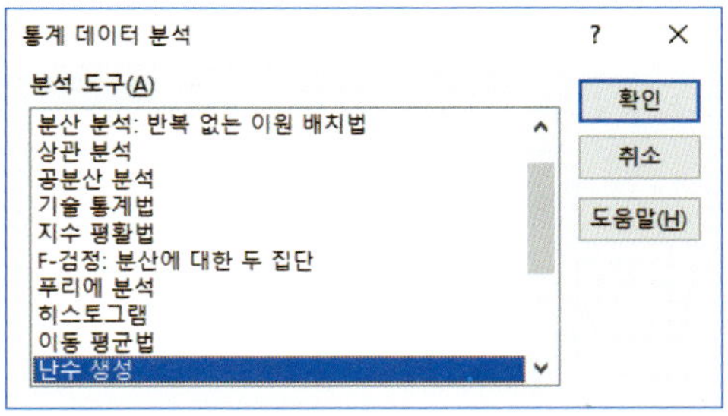

▶ 『난수 생성』 대화상자에서 『변수의 개수』에 생성이 필요한 열의 수를, 『난수의 개수』에는 필요한 표본의 개수를 입력하고 『분포』에는 난수를 추출하고자 하는 분포를 선택한다. 여기에서는 이항 분포를 선택한다. 『성공률』에는 검정하고자 하는 비율을 입력하고 『시행 횟수』에는 개별 실험에서의 시행 횟수(즉 개별 실험의 표본크기)를 입력한 후 『확인』을 클릭한다.

▶ 그림 3-21 ▌ 난수 생성 대화상자: 이항분포

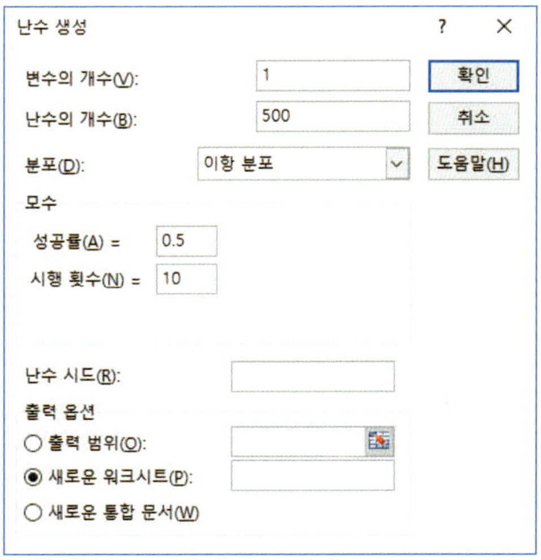

▶ SPSS의 『파일 > 열기 > 데이터』 메뉴를 선택하여 Excel 데이터 파일을 SPSS 데이터 파일로 변환한다. 이때 『데이터 첫 행에서 변수 이름 읽어오기』의 선택을 해제한다.

그림 3-22 ▌엑셀 데이터 파일 읽어 들이기

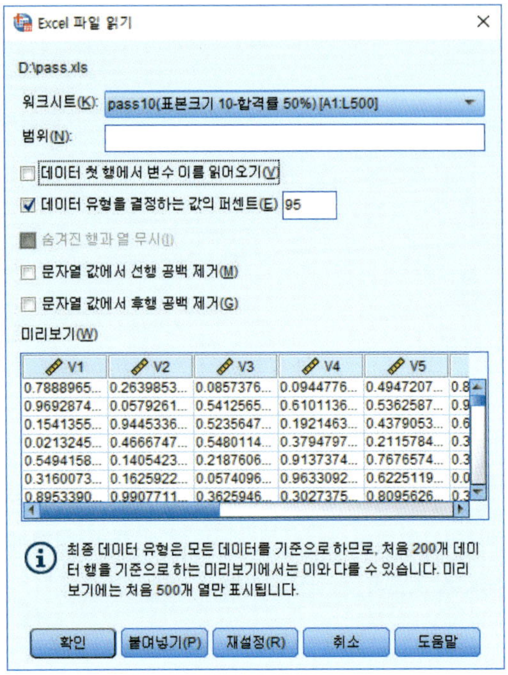

2 이항검정 수행하기

- 『분석 > 비모수검정 > 레거시 대화상자 > 이항』을 선택한다.
- 『이항검정』 대화상자에서 『검정변수』 박스에 검정대상 변수를 옮기고 검정비율을 입력한 후 『확인』을 클릭한다.

그림 3-23 ▌이항검정 대화상자

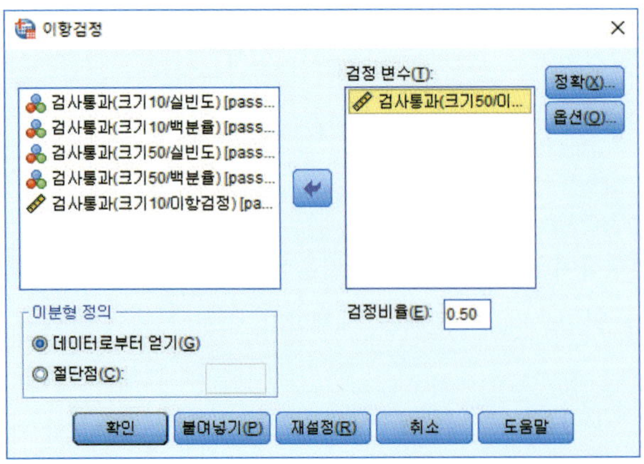

3 정규분포로부터 무작위 가상표본 만들기

- Excel의 『데이터 > 데이터 분석』 메뉴를 선택하고 『통계 데이터 분석』 대화상자에서 『난수 생성』을 선택한 후 『확인』을 클릭한다.
- 『난수 생성』 대화상자에서 『변수의 개수』에 생성이 필요한 열의 수(즉 표본크기)를 입력하고, 『난수의 개수』에는 필요한 표본의 개수(즉 추출횟수)를 입력한다. 『분포』에는 정규분포를 선택한다. 『평균』과 『표준편차』를 입력하고 『확인』을 클릭한다.

그림 3-24 ▌ 난수 생성 대화상자: 정규분포

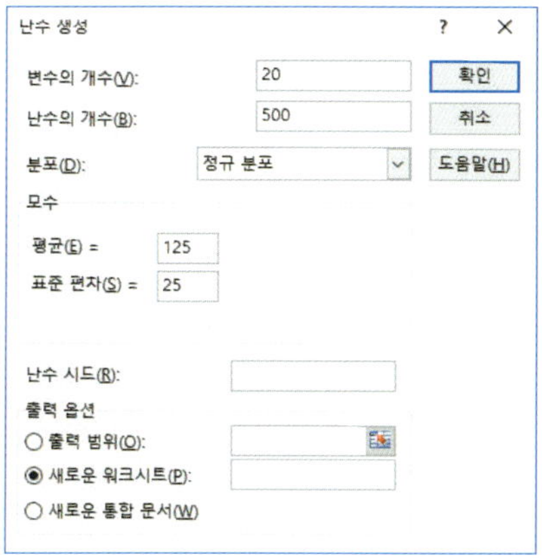

- Excel의 AVERAGE() 함수를 이용하여 표본평균을 구한다.

그림 3-25 ▌ 표본평균 구하기: 정규분포

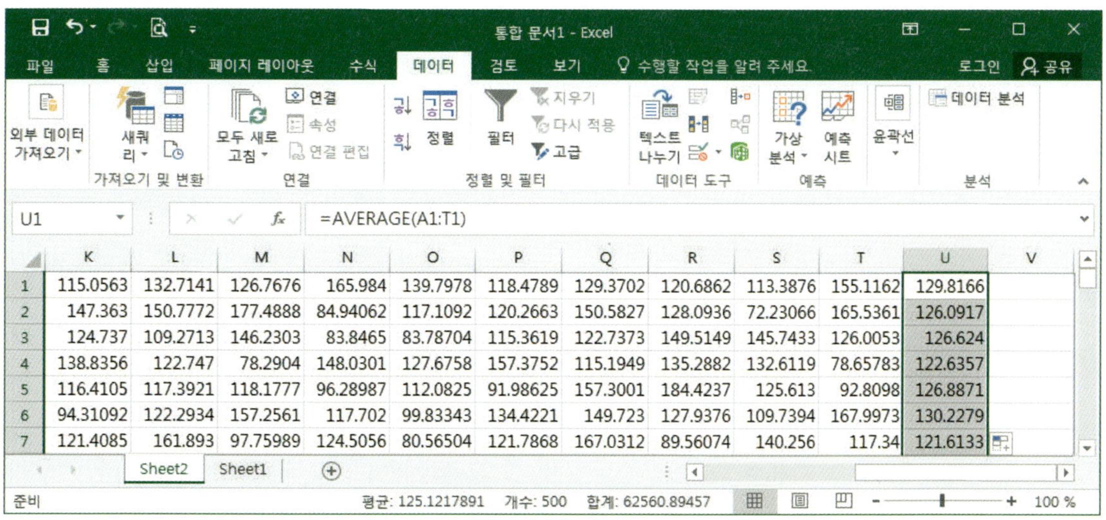

4 일양분포로부터 무작위 가상표본 만들기

- Excel의 『데이터 > 데이터 분석』 메뉴를 선택하고 『통계 데이터 분석』 대화상자에서 『난수 생성』을 선택한 후 『확인』을 클릭한다.
- 『난수 생성』 대화상자에서 『변수의 개수』에 생성이 필요한 열의 수(즉 표본크기)를 입력하고, 『난수의 개수』에는 필요한 표본의 개수(즉 추출횟수)를 입력한다. 『분포』에는 일양분포를 선택한다. 『시작』과 『종료』에 범위를 입력하고 『확인』을 클릭한다.

그림 3-26 ▌난수 생성 대화상자: 일양분포

- Excel의 AVERAGE() 함수를 이용하여 표본평균을 구한다.

그림 3-27 ▌표본평균 구하기: 일양분포

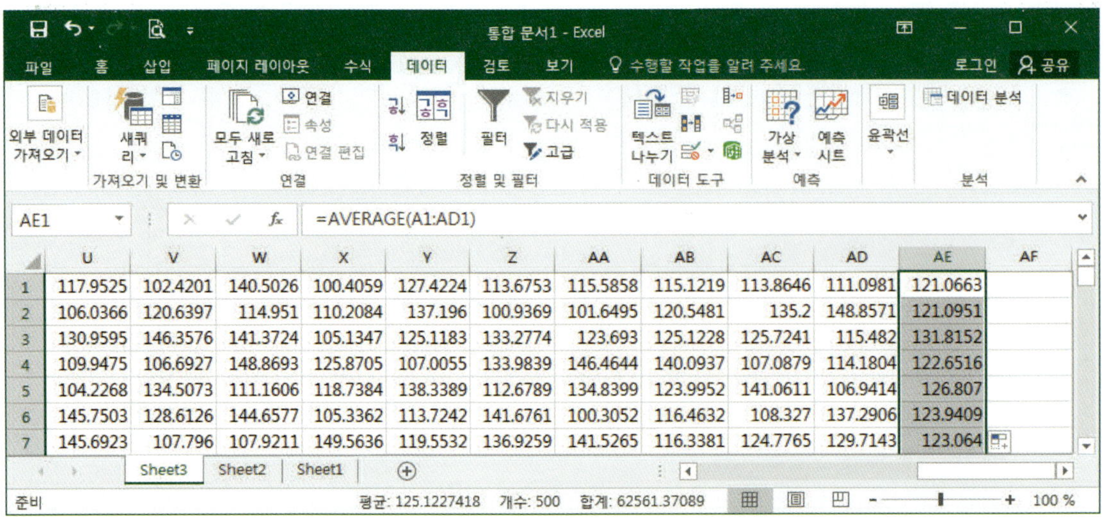

5 Excel을 이용하여 정규분포의 누적확률 및 표준점수 구하기

▶ NORM.DIST(Z, 평균, 표준편차, 누적분포함수를 구할 경우 TRUE) 함수나 NORM.S.DIST(Z, 누적분포함수를 구할 경우 TRUE) 함수를 이용하면 정규분포 또는 표준정규분포에서의 Z값까지의 누적확률을 구할 수 있다.

그림 3-28 ❙ Excel의 NORM.DIST() 함수와 NORM.S.DIST() 함수

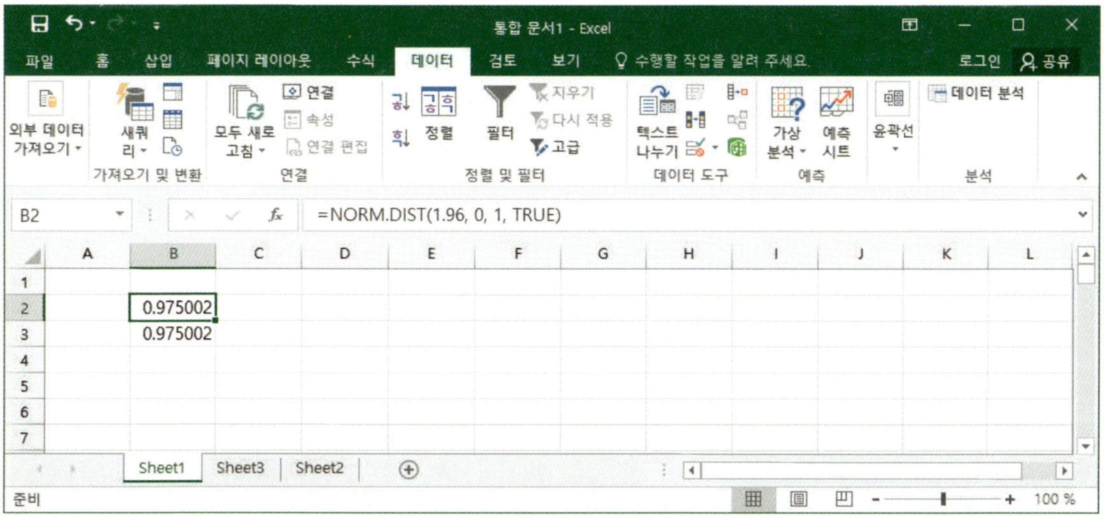

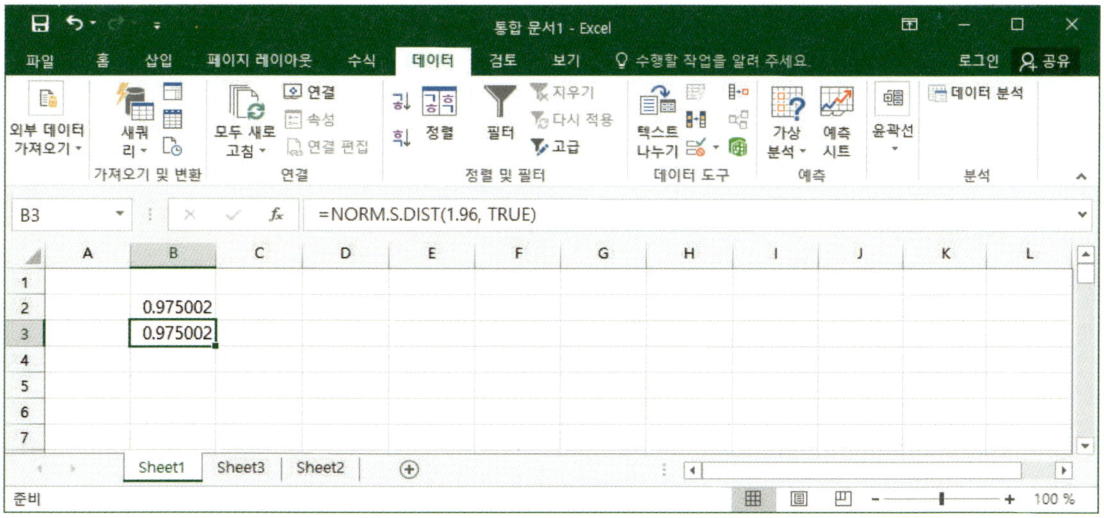

▶ NORM.INV(누적확률, 평균, 표준편차) 또는 NORM.S.INV(누적확률) 함수를 이용하여 누적확률까지의 표준점수를 구할 수 있다. (1−누적확률)×2가 유의확률이 된다.

그림 3-29 ▌ Excel의 NORM.INV() 함수와 NORM.S.INV() 함수

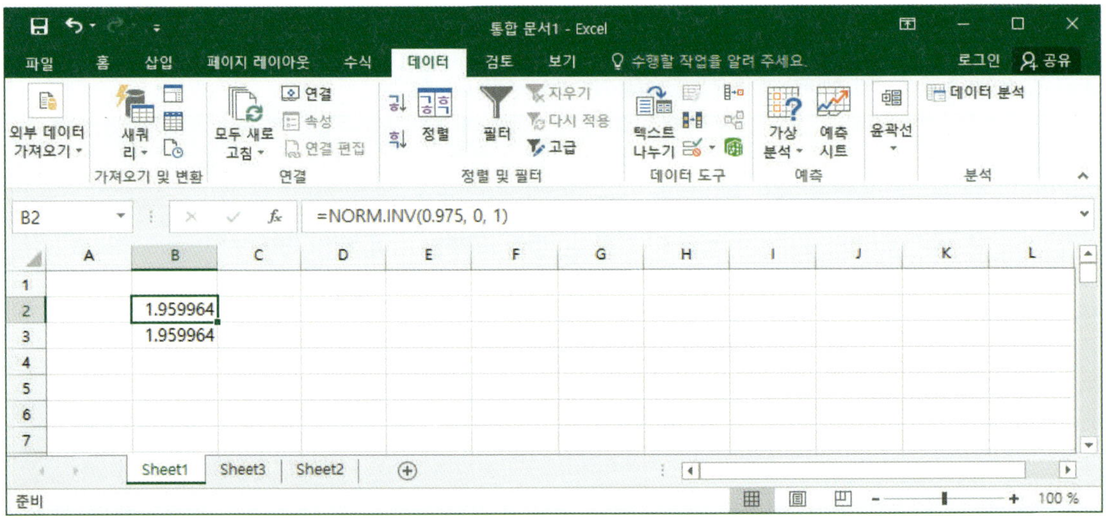

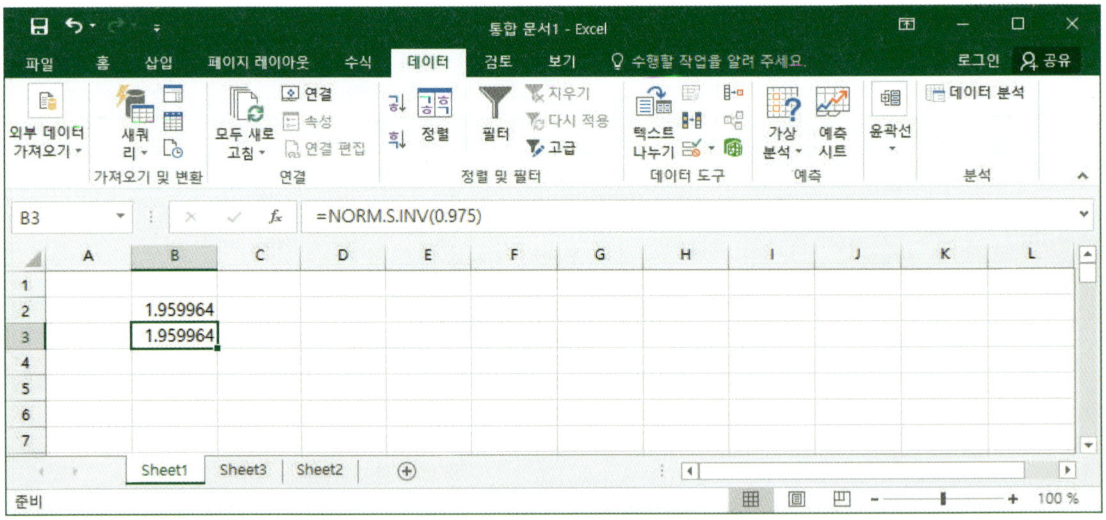

연습문제

01 한 제약회사가 감기에 탁월한 효과가 있는 신약을 개발하였다고 발표하였다. 총 10번의 임상실험 결과 80%의 치료율을 보였다고 주장하고 있다. 기존의 감기약 치료율은 60%로 알려져 있다.

① 500개의 무작위 표본을 생성하고 이를 토대로 제약회사의 주장에 대한 의견을 제시하시오(유의수준 5%).

② 이항검정을 이용하여 제약회사의 주장을 검정하고 앞서의 결과와 비교하시오(유의수준 5%).

③ 만일 제약회사가 30번의 임상실험을 통해 위와 같은 주장을 하였다면 검정결과는 어떻게 달라지는지 결과를 제시하시오(유의수준 5%).

02 반도체 생산회사의 한 연구원은 고집적도를 갖는 차세대 반도체를 생산하는 데 있어서 품질을 획기적으로 개선할 수 있는 새로운 공정을 개발하였다고 주장하고 있다. 50개의 제품에 이 공정을 적용한 실험결과 35개의 제품이 품질검사를 무사히 통과하였다. 기존공정의 품질검사 합격률이 60%라고 가정할 때 연구원의 주장이 타당한지를 검정하시오(유의수준 5%, pass.sav 데이터 파일의 pass50bn 변수 이용).

03 중심극한정리(central limit theorem)가 무엇인지 설명하시오.

04 한 연구보고서에 평균의 표준오차가 20이라고 적혀 있었다. 그 연구의 대상이 된 모집단의 표준편차는 500으로 알려져 있다. 이 연구에 사용된 표본의 표본크기는 얼마인가?

05 통계데이터분석 시험성적이 평균 70점, 표준편차 10점의 정규분포를 따른다고 한다.

① 70점보다 더 낮은 점수를 받은 학생의 비율은 얼마인가?

② 85점 이상을 받은 학생의 비율은 얼마인가?

③ 상위 5%에 속하려면 최소 몇 점을 받아야 하는가?

06 한 형광등 제조업체가 형광등을 홍보하면서 자신들이 만든 형광등은 평균수명이 54개월이고 표준편차 6개월인 수명분포를 갖는다고 주장하고 있다. 하지만 최근 들어 많은 소비자들이 이 형광등의 수명이 기대에 못 미친다는 불만을 제기하고 있다. 이에 따라 소비자단체에서는 시중에 나와 있는 형광등 50개를 수거하여 이 형광등의 평균수명을 조사하기로 하였다.

① 제조업체의 주장이 사실이라고 할 때 50개 형광등 표본의 평균수명에 대한 표집분포의 평균과 표준오차

를 구하시오.

② 소비자단체가 수거한 50개 형광등 표본의 평균수명이 52개월로 계산되었다. 이를 근거로 우리는 제조업체의 주장에 대해 어떠한 결론을 도출할 수 있는가?

07 대한민국 성인의 평균 TV시청시간은 일주일에 21시간으로 알려져 있다. 주당 시청시간에 대한 모집단의 표준편차는 5시간이라고 가정한다.

① 성인 40명으로 구성된 표본의 평균 TV시청시간에 대한 표집분포의 평균과 표준오차를 구하시오.

② 표본크기 40인 일반 성인의 평균 TV시청시간이 19시간보다 작거나 같을 확률은 얼마인가?

③ 직장인 40명의 평균 TV시청시간이 19시간이라면 일반 성인의 평균 TV시청시간보다 짧다고 할 수 있는가?

08 가구당 월평균 지출액이 2,864,000원으로 알려져 있다. 가구당 지출에 대한 추가적인 조사를 위해 모집단으로부터 50가구를 무작위로 추출하였다. 모집단의 표준편차는 775,000원이라고 가정한다.

① 표본평균이 3,000,000원보다 크거나 같을 확률은 얼마인가?

② 표본평균이 모집단평균을 중심으로 100,000원 이내에 있을 확률은 얼마인가?

③ 표본크기가 100으로 증가한다면 ②의 경우의 확률은 어떻게 변화하는가?

09 남성 골퍼들의 평균타수는 95타이고, 여성 골퍼의 경우에는 106타로 알려져 있다. 남녀 골퍼에 대한 추가적인 조사를 위해 30명의 남성 골퍼와 45명의 여성 골퍼를 무작위로 선정하였다. 모집단의 표준편차를 남녀 모두 14타로 가정한다.

① 남성 골퍼 30명으로 구성된 표본의 평균타수에 대한 표집분포의 평균과 표준오차를 구하시오.

② 여성 골퍼 45명으로 구성된 표본의 평균타수에 대한 표집분포의 평균과 표준오차를 구하시오.

③ 남성 골퍼의 표본평균이 모집단평균을 중심으로 3타 이내에 있을 확률은 얼마인가?

④ 여성 골퍼의 표본평균이 모집단평균을 중심으로 3타 이내에 있을 확률은 얼마인가?

⑤ 표본평균이 모집단평균을 중심으로 3타 이내에 있을 확률은 남성 골퍼와 여성 골퍼 중 어느 쪽이 더 높은가? 그리고 왜 그런가?

10 보통사람의 IQ가 평균 100, 표준편차 10으로 알려져 있다. 다음 질문에 답하시오.

① 모집단에서 표본크기 4, 25, 50, 100, 500, 1,000명을 각각 반복 추출하여 만든 각 표집분포의 평균과 표준오차를 구하시오.

② 표본의 크기가 증가함에 따라 표준오차는 어떻게 변화하는가?

③ 25명을 추출하여 모집단의 평균을 추정하는 경우와 500명을 추출하여 모집단의 평균을 추정하는 경우 둘 중 어느 경우가 모집단의 평균을 보다 근접하게 추정하겠는가? 표집분포의 특성을 이용하여 설명하시오.

평균검정

Chapter 04

Chapter 04

평균검정

앞 장에서 우리는 정규분포의 특성을 이용하여 평균에 대한 가설검정을 수행하는 절차를 살펴보았다. 평균에 대한 가설검정이란 선정한 표본이 특정 평균값을 갖는 모집단에 속하는지의 여부(즉 모집단의 평균과 표본의 평균이 동일한지의 여부)를 검정하는 것이다. 표본의 크기가 충분히 클 경우에는 중심극한정리에 의해 모집단의 분포에 관계없이 표본평균의 분포는 정규분포를 따르기 때문에 우리는 쉽게 정규분포의 특성을 이용할 수 있다. 하지만 이러한 정규분포의 특성을 이용하기 위해서는 모집단의 평균과 표준편차를 알고 있어야만 하는 조건이 따른다.

예를 들어, 벤처기업 경영자의 혈압이 일반 사람과 다른지 여부를 검정하기 위해서는 모집단에 해당하는 일반인들 혈압의 평균과 표준편차를 알고 있어야 한다. 그래야만 표집분포의 평균과 표준오차를 이용하여 관측값에 대한 표준점수를 계산하고 이를 통해 가설검정을 수행할 수 있기 때문이다. 하지만 일반적으로 모집단의 평균에 대해서 알려져 있는 경우는 있지만 표준편차에 대해서는 알고 있는 경우가 흔치 않다. 따라서 이런 경우에는 부득이하게 모집단의 표준편차를 표본으로부터 추정해야만 한다. 즉 우리가 알지 못하는 모집단의 표준편차 대신에 표본의 표준편차를 사용한다. 수집한 표본 이외에는 모집단에 대해 유추할만한 다른 정보를 갖고 있지 않은 상황에서는 이것이 최선이라고 할 수 있다.

수집한 표본의 크기가 충분히 클 경우에는 표본의 표준편차가 모집단의 표준편차에 근사할 가능성이 크기 때문에 이를 토대로 계산한 표준점수는 모집단의 표준편차로 계산한 표준점수와 별 차이가 없고, 따라서 표준정규분포를 이용하는 데 큰 문제는 없다. 하지만 표본의 크기가 작을 경우에는 표본의 표준편차는 모집단의 표준편차와 다를 가능성이 크며, 그렇다면 이를 토대로 계산한 표준점수는 모집단의 표준편차로 계산한 표준점수와 상이할 가능성이 높다. 표준점수가 달라지면 가설검정의 결과도 달라질 수 있다. 이번 장에서는 이러한 경우에 어떠한 방법으로 평균에 대한 가설검정을 수행할 수 있는지 살펴본다.

4.1 일표본 평균검정

먼저 하나의 표본평균을 이용하여 모집단의 평균에 대한 가설검정을 수행하는 일표본 평균검정 절차를 살펴본다. 정부는 현재 가구당 소득 250만원을 기준으로 각종 복지정책 및 제도를 수립하고 있다고 가정하자. 복지정책에 관심을 갖고 있는 한 국회의원이 현재 우리나라 가구당 소득은 월 250만원 수준은 아니라고 주장하면서, 가구소득 수준에 맞는 새로운 복지정책을 수립해야 한다며 관련 입법을 추진하고 있다. 이 국회의원의 주장을 검정하기 위하여 통계청이 전국의 449개 가구로부터 조사한 가구당 월평균 소득 데이터를 확보하였다(household.sav 데이터 파일; 통계청 2010). [그림 4-1]은 이 데이터의 분포를 히스토그램으로 그린 것이다. 정부의 주장대로 250만원 전후로 대부분의 가구가 몰려있는 것처럼 보이기는 하지만 일반적 정규분포보다 오른쪽으로 긴 꼬리를 가진 형태인 것을 확인할 수 있다. 대체로 정규분포의 형태인 종 모양을 하고 있고 표본크기

그림 4-1 ▌ 히스토그램: 가구당 월평균 소득

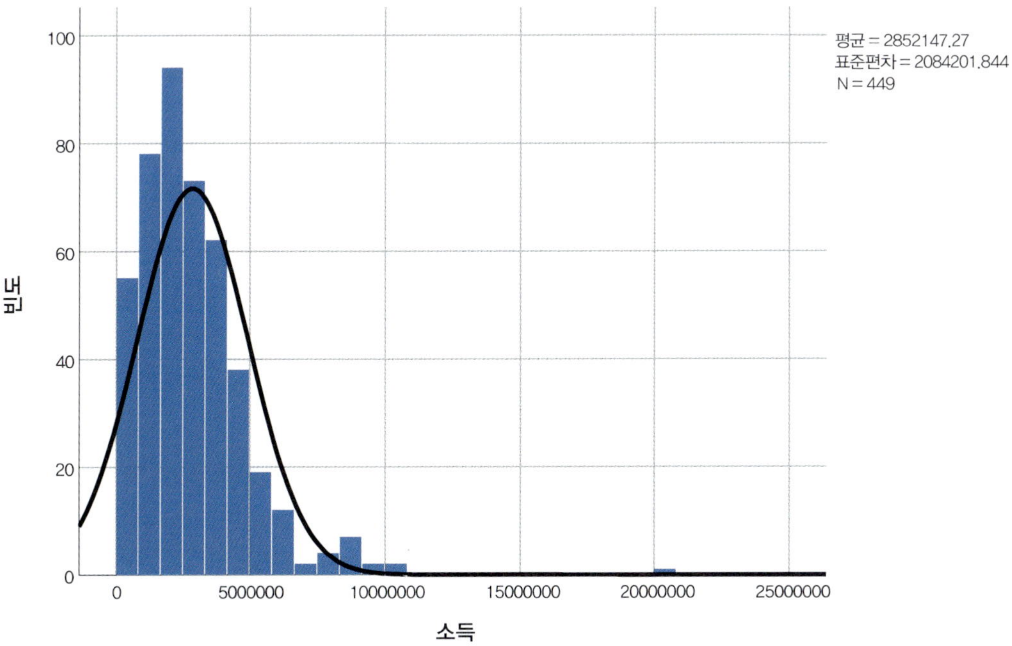

SPSS 메뉴에서 『그래프 > 레거시 대화상자 > 히스토그램』을 선택한다. 히스토그램 대화상자에서 소득 변수를 『변수』로 지정하고 『정규곡선 표시』를 체크한 후 『확인』을 클릭한다(household.sav 데이터 파일).

그림 4-2 ▌기술통계량: 가구당 월평균 소득

	N	평균		표준편차
	통계량	통계량	표준오차	통계량
소득	449	2852147.27	98359.566	2084201.844
유효 N(목록별)	449			

또한 충분히 크기 때문에 중심극한정리에 의해 가구소득의 표본평균의 표집분포는 정규분포를 따른다고 가정할 수 있다.

[그림 4-2]의 기술통계량을 보면 평균은 약 285만원이고 표준편차는 약 208만원이다. 만약 모집단의 표준편차를 알고 있다면 표준정규분포의 특성을 이용하여 앞 장에서 설명한 방식으로 국회의원의 주장을 검정할 수 있다. 이는 다시 말해 우리나라 국민의 가구당 소득이 250만원이라는 가정하에서 통계청으로부터 수집한 표본에 속한 국민의 가구당 소득이 약 285만원(정확히는 2,852,147.27원)으로 나타날 가능성이 얼마나 낮은지(또는 얼마나 높은지)를 파악하여 우리나라 국민의 가구당 소득이 250만원인지를 검정하는 것이다.

이를 위해 먼저 표본평균의 표준오차를 구해보면 표준오차는 모집단의 표준편차를 표본크기의 제곱근으로 나누어서 산출하므로 다음과 같이 계산할 수 있다. 여기에서 모집단의 표준편차는 209만원으로 알려져 있다고 가정한다.

$$\sigma_{\bar{x}} = \frac{\sigma}{\sqrt{n}}$$

여기에서, $\sigma_{\bar{x}}$는 표본평균의 표준편차(즉 표준오차), σ는 모집단의 표준편차, n은 표본크기

$$\text{표준오차} = \frac{2,090,000}{\sqrt{449}} = 98,633.20$$

다음으로 관측값인 표본평균 2,852,147.27원을 다음과 같이 표준점수 Z로 변환한다.

$$\text{표준점수(Z)} = \frac{\overline{X} - \mu_{\bar{x}}}{\sigma_{\bar{x}}} = \frac{\text{표본평균} - \text{모집단의 평균(표본평균의 평균)}}{\text{표준오차(표본평균의 표준편차)}}$$

$$Z = \frac{2,852,147.27 - 2,500,000}{98,633.20} = \frac{352,147.27}{98,633.20} = 3.57$$

표준정규분포표를 참조하면 관측된 표준점수 Z값이 3.57보다 크거나 −3.57보다 작은 범위에 포함될 가능성은 0.04%(=0.0002×2)에 불과하다. Excel에서 Z값까지의 누적확률을 계산하는 NORM.S.DIST() 함수를 이용하여 좀 더 정확한 값을 계산할 수도 있다: 2×(1−NORM.S.DIST(3.57, TRUE))=2×(1−0.999822)=0.000356=0.0356%. [그림 4-3]을 보면 일반적인 판단기준인 유의수준 0.05에 해당되는 Z값 ±1.96에 비하여 관측된 Z값은 상당히 크다. 따라서 통계청의 표본으로부터 계산된 표본평균에 대응되는 표준점수 3.57은 예외적인 값이고 모집단의 평균이 250만원이라는 가정하에서는 발생할 가능성이 상당히 작은 수치이다. 이를 토대로 우리는 일반 국민의 가구당 평균소득이 250만원이라는 주장은 받아들이기 힘들다고 결론 내린다.

우리가 모집단의 표준편차를 알고 있는 경우에는 이와 같은 절차에 따라 표준정규분포를 이용하여 모집단의 평균에 대한 가설검정을 수행할 수 있다. 하지만 실제 현실에서는 모집단의 표준편차에 대해서 알지 못하는 것이 일반적이며, 이 경우에 표준점수를 구할 때 알지 못하는 모집단 표준편차 대신 표본으로부터 계산된 표준편차를 대체하여 사용한다. 따라서 모집단의 표준편차를 모를 경우의 표준오차를 다시 구해보면 다음과 같다.

$$\sigma_{\bar{\mathrm{x}}} = \frac{s}{\sqrt{n}}$$

여기에서, $\sigma_{\bar{\mathrm{x}}}$는 표본평균의 표준편차(즉 표준오차), s는 표본의 표준편차, n은 표본크기

$$\text{표준오차} = \frac{2,084,201.844}{\sqrt{449}} = 98,359.566$$

그림 4-3 | 표준정규분포 검정: Z=+3.57 또는 Z=−3.57

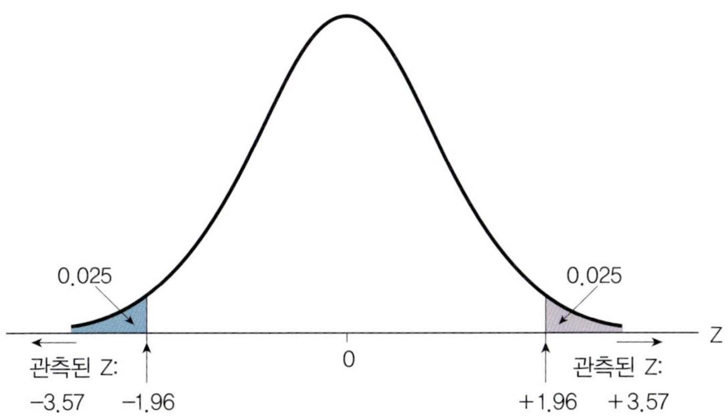

표본크기가 충분히 크기 때문에 표본의 표준편차는 앞서 가정한 모집단의 표준편차에 근접한 값을 가진다. 물론 여기에서 모집단의 표준편차는 가상의 가정된 값이긴 하지만 표본의 크기가 충분히 크다면 실제 상황에서도 이처럼 모집단의 표준편차와 표본의 표준편차가 유사한 값을 가진다고 가정해도 무방하다.

이어서 새롭게 계산된 표준오차를 이용하여 관측값인 표본평균 2,852,147.27원을 다음과 같이 표준점수 Z로 변환한다.

$$Z = \frac{2,852,147.27 - 2,500,000}{98,359.566} = \frac{352,147.27}{98,359.566} = 3.58$$

표준정규분포표를 참조하면 표준점수가 3.58보다 크거나 −3.58보다 작은 범위에 포함될 가능성은 0.04%(=0.0002×2)에 불과하다. Excel을 이용한 보다 정확한 값은 0.0344%이다: 2×(1−NORM.S.DIST(3.58, TRUE))=2×(1−0.999828)=0.000344=0.0344%. 따라서 통계청의 표본으로부터 계산된 표본평균에 대응되는 표준점수 3.58은 비교적 예외적인 값이고 모집단의 평균이 250만원이라는 가정하에서는 발생할 가능성이 상당히 작은 수치라 할 수 있다. 이를 토대로 우리는 일반 국민의 가구당 평균소득이 250만원이라는 주장은 받아들이기 힘들다는 앞서와 동일한 결론에 도달할 수 있다([그림 4-4]).

지금까지 살펴본 바와 같이 표본크기가 충분히 클 경우에는 표본의 표준편차가 모집단의 표준편차에 근사할 가능성이 높기 때문에 표본의 표준편차를 모집단의 표준편차에 대체하여 정규분포를 이용한 가설검정을 수행해도 큰 문제가 없다. 하지만 표본크기가 작을 경우에는 상황이 달라진다. 표본의 크기가 충분히 크지 못하면 표본의 표준편차와 모집단의 표준편차가 서로 유사할 가능

그림 4-4 ▌표준정규분포 검정: Z = +3.58 또는 Z = −3.58

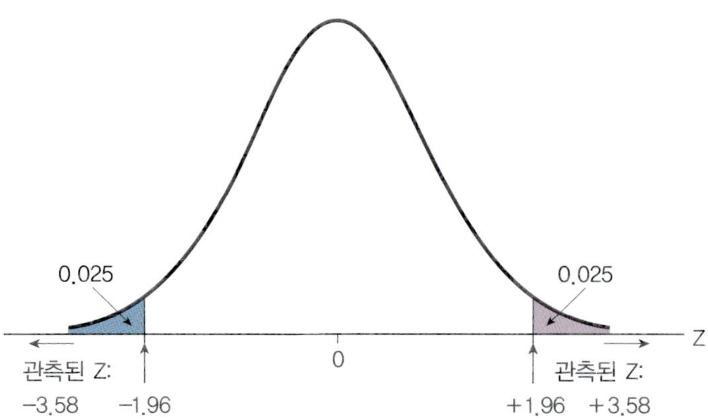

성은 상대적으로 희박하게 되며, 따라서 표본의 표준편차를 모집단의 표준편차에 대체하여 가설검정을 수행할 경우에는 문제가 발생할 수 있다.

작은 표본으로부터 계산된 표준편차는 모집단의 표준편차에 비해 작은 값을 가질 가능성이 크다.[1] 따라서 표본크기가 작은 표본의 표준편차를 이용하여 표준점수를 계산할 경우 표본평균과 모집단평균이 동일하다 하더라도 모집단의 표준편차로부터 계산된 표준점수보다 더 큰 표준점수를 갖게 된다. 단지 표본크기가 작다는 이유만으로 표준점수가 커져서 관측된 값이 발생할 확률이 작아지게 되면 잘못된 가설검정 결과를 가져올 수 있다. 따라서 이처럼 표준점수가 커짐으로 인해 관측된 유의확률이 축소되는 것을 보정하기 위해서는 표본크기가 작은 경우 표준점수가 갖는 분포는 특정 표준점수 이상이 발생할 확률이 정규분포에 비해 더 커지는 확률분포 형태를 가질 필요가 있다. 즉 꼬리 부분의 면적이 더 두터워질 필요가 있다. 이러한 분포를 정규분포인 Z분포와 구별하여 **t분포(t distribution)**라고 부른다.

t분포는 종 모양의 형태를 가지며 표본크기에 따라 모양이 달라지는 특성을 갖는다. 표본크기가 작은 경우가 큰 경우보다 변동성이 더 큰 분포의 모습을 나타내어 상대적으로 정점이 낮고 양쪽 꼬리부분이 더 두터우면서 퍼져 있는 모습을 보이게 된다. [그림 4-5]는 표본크기에 따라서 t분포의 종 모양이 어떻게 변화하는지를 보여준다(자유도(degree of freedom) = 표본크기 − 1). 표본크기가 클수록 t분포의 종 모양이 뾰족해지는 것을 볼 수 있으며, 표본크기가 작아질수록 정점이 낮아지면서 꼬리 부분의 면적이 더 커진다. 표본크기가 충분히 커지면 t분포와 정규분포(Z분포)는 거의 구별이 되지 않는다.

그림 4-5 | 표본크기에 따른 t분포의 변화

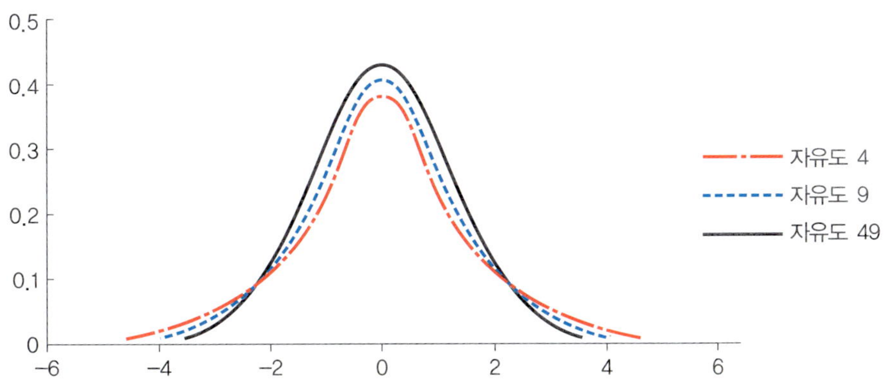

1) 표본의 표준편차는 일반적으로 모집단 표준편차를 과소 추정한다.

t분포는 정규분포인 Z분포와 유사한 종 모양의 형태를 갖지만 정규분포에 비해 양쪽 꼬리 부분의 면적이 더 두터운 모습을 갖는다. 이는 큰 값의 표준점수가 나타날 가능성이 정규분포에 비해 더 큰 분포라는 의미이다. 큰 값의 표준점수는 표본의 평균과 모집단의 평균 간의 큰 차이(표준점수 계산식의 분자에 해당)에서뿐만 아니라 모집단 표준편차를 실제보다 과소추정한 결과(표준점수 계산식의 분모에 해당)로도 나타난다.

예를 들어, 20개의 가구로부터 수집한 표본의 경우 표준점수 1.96 이상의 면적은 Z분포에서는 2.5%인 반면, t분포에서는 3.2%가 되어 Z분포에서보다 t분포에서 더 크다. 또한 동일한 면적 2.5%에 해당하는 표준점수는 Z분포에서는 1.96인 반면, t분포에서는 2.09로서 Z분포에서보다 t분포에서 더 큰 값을 갖는다([그림 4-6]; 1−T.DIST(1.96, 19, TRUE)=0.032, T.INV(0.975, 19)=2.09).[2] 따라서 작은 표본으로부터 계산된 표준점수가 1.96과 2.09 사이의 값이라면 가설검정을 위해 사용한 분포가 무엇이냐에 따라 검정결과가 달라지게 된다. 이때 작은 표본의 경우 과소추정된 표준편차로 인해 표준점수값이 커진다는 점을 고려할 필요가 있으며, t분포가 그러한 가능성을 반영한다.

큰 표본으로부터 추정된 표본의 표준편차는 실제 모집단의 표준편차에 근접한 값을 가질 가능성이 높기 때문에 큰 표본을 이용할 경우에는 작은 표본에 비해 모집단 표준편차를 모른다는 것이 크게 중요하지 않다. 또한 t분포는 표본의 크기가 증가할수록 Z분포와 유사한 분포를 갖는다. 따라서 충분히 큰 표본을 사용할 경우에는 Z분포를 사용하든 t분포를 사용하든 크게 문제가 되지 않는다. 하지만 작은 표본을 사용할 경우에는 표본으로부터 계산된 표준편차를 모집단의 표준편차로 대

그림 4-6 | 정규분포와 t분포의 비교

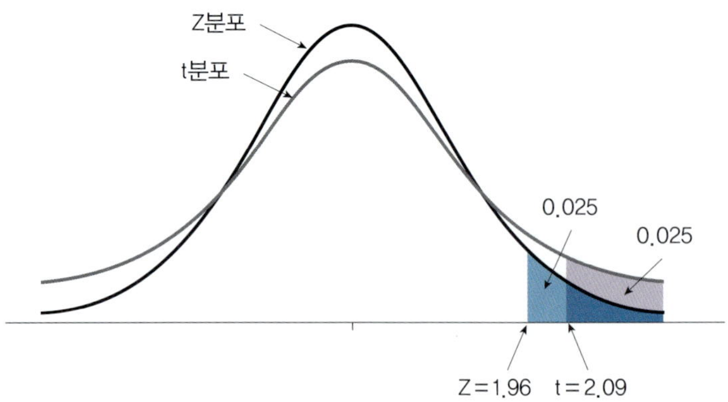

2) t분포표는 '부록 A 통계표'를 참고한다. Excel을 이용한 통계함수의 사용은 이 장 후반부의 'SPSS 활용'을 참고한다.

체를 하는 데 있어서 표본의 표준편차가 모집단 표준편차보다 작아질 가능성을 고려해야 하며, 이런 이유로 이러한 가능성이 반영된 t분포를 이용하여 가설검정을 수행해야 한다. 따라서 앞서와 같은 내용을 종합해볼 때 표준오차 계산 시 모집단의 표준편차 대신 표본의 표준편차를 사용할 경우 표본크기에 관계없이 이용할 수 있는 분포는 t분포이다.

모집단의 평균은 알고 있으나 표준편차를 모를 경우의 평균에 대한 가설검정을 위해서는 t분포에서 사용할 수 있는 **t통계량(t statistic, t-value, t값)**을 계산해야 한다. t값은 표준점수 Z값을 계산하는 방법과 동일하다. 다만 표준오차를 계산할 때 모집단의 표준편차를 모르기 때문에 그 대신에 표본의 표준편차를 이용한다. 앞의 예에 적용해보면 다음과 같다.

$$\text{표준오차} = \frac{2,084,201.844}{\sqrt{449}} = 98,359.566$$

$$t = \frac{2,852,147.27 - 2,500,000}{98,359.566} = \frac{352,147.27}{98,359.566} = 3.58$$

앞서의 표준점수 Z 계산 방법과 동일하다. 계산한 t값 역시 표준점수 Z값과 같다. 다른 점은 이렇게 구해진 t값을 표준정규분포표인 Z분포표 대신에 t분포표를 참조하여 가설검정을 수행한다는 점이다. 일반적인 판단기준인 유의수준 0.05에 해당되는 자유도 448(부록 A 통계표의 t분포표에서는 자유도 ∞에 해당)에서의 t값 1.96에 비하여 관측된 t값은 상당히 크다([그림 4-7]). t분포표를 보면 자유도 ∞에서 t값이 2.58 이상 −2.58 이하의 범위에 속할 확률이 1%임에 비추어 볼 때 t값이 3.58보다 크거나 −3.58보다 작은 범위에 포함될 확률은 매우 작다는 것을 알 수 있다. Excel의 T.DIST.2T() 함수를 이용하여 3.58 이상 −3.58 이하의 범위에 속할 확률을 구해보면

그림 4-7 | t분포 검정

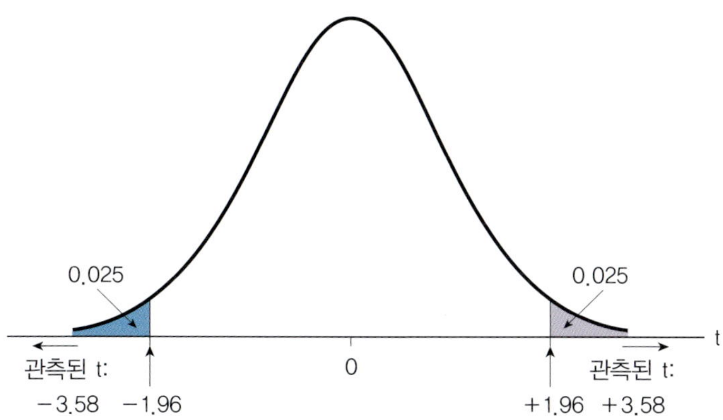

T.DIST.2T(3.58, 448)=0.000381로서 실제로 매우 작다.[3] 따라서 이를 토대로 우리는 일반 국민의 가구당 평균소득이 250만원이라는 주장은 받아들이기 어렵다는 앞서와 동일한 결론에 도달한다.

SPSS를 이용하면 이러한 가설검정 절차를 간단히 수행할 수 있다. [그림 4-8]과 같은 검정 결과를 얻기 위해서는 SPSS의 **일표본 t검정(one-sample t test)**을 이용한다. 검정값은 가설검정의 대상이 되는 평균값을 말하며 이 값과 표본으로부터 얻은 표본평균의 차이가 '평균차이' 열에 나타난다. 표본의 평균소득이 가설에서 주장하는 소득보다 약 352,147원 더 많다. 't' 열에는 앞에서와 같은 방식으로 계산된 t통계량, 즉 t값이 나타난다. '유의확률(양측)' 열에는 3.58보다 크거나 −3.58보다 작은 t값을 표본으로부터 얻게 될 확률이 나타난다. SPSS에서는 소수점 아래 세 자리까지 그 값을 보여주며 0.000이라는 것은 그 확률이 0.0005보다 작다는 의미이다. 즉 0.000은 0이라는 뜻이 아니며, 앞에서 본 것처럼 이 값은 실제 0.000381이다. 0이 아니긴 하지만 매우 작은 확률이다. 따라서 449가구의 표본으로부터 얻은 평균 가구소득(약 285만원)은 가구소득 250만원이라는 가정하에서는 상당히 나오기 어려운 수치이므로 평균 가구소득이 검정값 250만원이라고 보기에는 근거가 충분하지 않다고 결론 내릴 수 있다.

그림 4-8 ❚ 일표본 t검정

	검정값=2500000					
					차이의 95% 신뢰구간	
	t	자유도	유의확률(양측)	평균차이	하한	상한
소득	3.580	448	.000	352147.269	158843.84	545450.70

일표본 t검정은 SPSS의 『분석 > 평균비교 > 일표본 t검정』 메뉴에서 수행할 수 있다. 『검정변수』에 소득 변수를, 『검정값』에 '2500000'을 입력한다(household.sav 데이터 파일).

3) 표준정규분포에서의 이 범위의 확률 0.000344와 비교해보자. 지금 다루고 있는 예는 표본크기가 449로서 충분히 크기 때문에 두 분포에서의 확률값이 유사하게 나타난다. 하지만 t분포에서의 확률이 약간 더 크다는 사실에 주목하자. 이는 앞서 설명했던 것처럼 t분포의 꼬리 부분이 Z분포에 비해 더 두텁다는 것을 의미한다.

4.2 신뢰구간

앞서의 일표본 t검정 결과에 비추어 볼 때 평균 가구소득이 250만원이라고 판단할만한 통계적 근거가 없다는 것을 알았다. 그렇다고 해서 우리의 표본에 의해 계산된 평균 가구소득 약 285만원이 모집단의 평균과 일치하리라고 판단하는 것 역시 무리가 있다. 이 평균값은 표본마다 차이가 있을 것이기 때문이다. 그렇다면 대한민국의 모든 가구, 즉 모집단의 실제 가구소득 평균은 얼마일까? 모집단의 실제 평균을 정확히 알 수는 없지만 정규분포의 특성을 이용하면 모집단평균의 가능한 범위를 예측해볼 수 있다.

정규분포가 가지고 있는 유용한 특성 중의 하나는 평균과 표준편차를 알고 있으면 관측값이 일정 구간 내에 포함될 확률을 구할 수 있다는 점이다. 정규분포에서는 평균을 중심으로 한 개의 표준편차 이내에 전체 관측값의 약 68.26%가 존재하며, 두 개의 표준편차 내에는 약 95.44%, 세 개의 표준편차 내에는 약 99.74%의 관측값이 존재한다. 모집단으로부터 임의의 449가구를 선정하는 작업을 반복하여 가구소득의 평균값들을 구하면 이렇게 구해진 평균값 가운데 95%는 미지의 모집단의 평균(즉 표본평균의 평균)을 중심으로 약 두 배(정확히는 1.96배)의 표준오차 범위 내에 존재하게 된다. 나머지 5%는 이 범위를 벗어나 양쪽 꼬리 끝 부분에 포함된다. 즉 임의의 표본평균 가운데 95%는 다음과 같은 범위에 속한다고 할 수 있다.

$$\mu - \mathrm{Z}_{\alpha=0.05}(=1.96) \times \sigma_{\bar{x}}\left(=\frac{\sigma}{\sqrt{n}}\right) \leq \bar{X} \leq \mu + \mathrm{Z}_{\alpha=0.05}(=1.96) \times \sigma_{\bar{x}}\left(=\frac{\sigma}{\sqrt{n}}\right)$$

여기에서, μ는 모집단의 평균, $\mathrm{Z}_{\alpha=0.05}$는 $\alpha=0.05$에 대응되는 Z값,
$\sigma_{\bar{x}}$는 표본평균의 표준편차(즉 표준오차), σ는 모집단의 표준편차, n은 표본크기,
$\bar{X}$는 표본평균

위의 식을 모집단평균에 대해 정리하면 모집단평균은 다음과 같은 범위에 속하게 된다. 이때 표준오차 계산 시 모집단의 표준편차를 모르기 때문에 그 대신 표본의 표준편차를 이용한다.

$$\bar{X} - \mathrm{Z}_{\alpha=0.05}(=1.96) \times \sigma_{\bar{x}}\left(=\frac{s}{\sqrt{n}}\right) \leq \mu \leq \bar{X} + \mathrm{Z}_{\alpha=0.05}(=1.96) \times \sigma_{\bar{x}}\left(=\frac{s}{\sqrt{n}}\right)$$

여기에서, s는 표본의 표준편차

이 식을 이용하여 우리는 95%의 믿음하에서 임의의 표본으로부터 산출된 표본평균과 표준오차

정보를 바탕으로 모집단평균이 포함되는 범위를 계산할 수 있다. 하한값은 표본평균에서 1.96배의 표준오차만큼 뺀 값이 되고, 상한값은 반대로 표본평균에 1.96배의 표준오차만큼 더한 값이 된다. 이와 같은 범위를 모집단평균의 95% **신뢰구간(confidence interval)**이라고 하며, 다음과 같이 계산된다. 따라서 모집단의 가구당 평균소득은 2,659,362.521원에서 3,044,932.019원인 범위를 갖는다.

$$\overline{X}-Z_{\alpha=0.05}(=1.96)\times\sigma_{\overline{x}}\left(=\frac{s}{\sqrt{n}}\right)\leq\mu\leq\overline{X}+Z_{\alpha=0.05}(=1.96)\times\sigma_{\overline{x}}\left(=\frac{s}{\sqrt{n}}\right)$$

$$2,852,147.270-1.96\times98,359.566\leq\mu\leq2,852,147.270+1.96\times98,359.566$$

$$2,659,362.521\leq\mu\leq3,044,932.019$$

[그림 4-9]는 449가구의 표본크기를 갖는 표본의 평균들로 구성된 이론상의 모집단 분포에서 모집단평균이 포함되는 95% 신뢰구간을 그려본 것이다. 모집단평균을 중심으로 약 2배의 표준편차(실제로는 1.96배의 표준편차)의 범위가 95% 신뢰구간으로 표시되어 있다.

현재 우리의 예에서는 표본의 크기가 충분히 크기 때문에($n=449$) 모집단의 표준편차와 표본의 표준편차가 유사할 것이라고 가정할 수 있다. 따라서 앞의 95% 신뢰구간에서는 정규분포를 그대로 이용하였다. 하지만 표준오차 계산 시 미지의 모집단 표준편차 대신에 표본의 표준편차를 사용했기 때문에 이 경우에는 다음과 같이 t분포를 이용하여 신뢰구간을 구하는 것이 보다 바람직하다.

그림 4-9 | 표집분포와 95% 신뢰구간: 가구당 월평균 소득

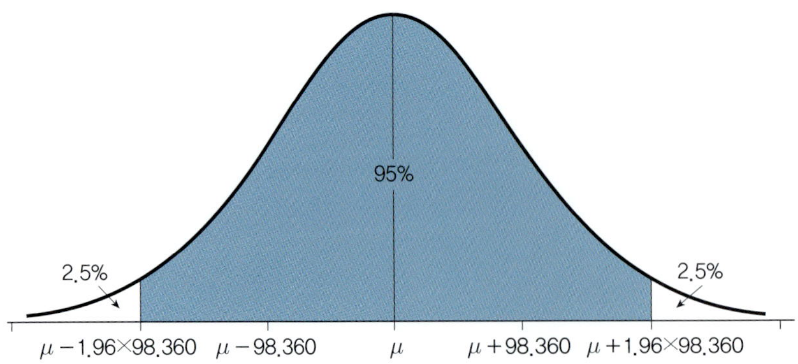

$$\overline{X} - t_{0.05,\ 448}(=1.96) \times \sigma_{\overline{x}}\left(= \frac{s}{\sqrt{n}}\right) \le \mu \le \overline{X} + t_{0.05,\ 448}(=1.96) \times \sigma_{\overline{x}}\left(= \frac{s}{\sqrt{n}}\right)$$

여기에서, $t_{0.05,\ 448}$는 α =0.05, 자유도 448에 대응되는 t값

t분포표를 보면 자유도 ∞에서 유의수준 0.05인 t값은 1.96으로서 앞서 계산한 Z분포(표준정규분포)에서의 Z값과 일치한다. 따라서 표본크기가 충분히 크다면 Z분포를 이용하든 t분포를 이용하든 결과에 있어서 큰 차이는 없음을 확인할 수 있다. 하지만 Excel을 이용하여 좀 더 엄밀히 계산한다면 두 값 간에는 차이가 존재한다. $Z_{\alpha=0.05}$ =1.959964(=NORM.S.INV(0.975))이고 $t_{0.05,448}$ =1.965273(=T.INV(0.975, 448))로서 t값이 Z값에 비해 약간 더 큰 값을 갖는다. 따라서 실제로 Z분포를 이용한 신뢰구간과 t분포를 이용한 신뢰구간은 차이가 존재한다. t분포를 이용하여 구한 정확한 95% 신뢰구간은 [그림 4-12]의 SPSS 실행결과에서 확인할 수 있다.

만약 모집단의 표준편차를 상대적으로 작은 크기의 표본으로부터 추정해야 한다면 모집단평균의 신뢰구간은 앞서 살펴본 것처럼 표준정규분포인 Z분포 대신에 t분포를 이용하여 계산해야 한다. 예를 들어, 20가구로부터 수집한 표본을 사용하였다면 95% 신뢰구간을 구하기 위해서는 Z분포의 Z값 1.96 대신에 자유도 19를 갖는 t분포의 t값 2.09를 사용한다. Excel의 T.INV.2T() 함수를 이용하여 t값을 구해보면 T.INV.2T(0.05, 19)=2.09이다. 자유도 19를 갖는 t분포에서 관측된 t값의 95%는 −2.09와 2.09 사이에 존재하며, 따라서 신뢰구간은 다음과 같은 식으로 표현할 수 있다.

$$\overline{X} - t_{0.05,19}(=2.09) \times \sigma_{\overline{x}}\left(= \frac{s}{\sqrt{n}}\right) \le \mu \le \overline{X} + t_{0.05,19}(=2.09) \times \sigma_{\overline{x}}\left(= \frac{s}{\sqrt{n}}\right)$$

여기에서, $t_{0.05,19}$는 α =0.05, 자유도 19에 대응되는 t값

신뢰구간 내에 모집단평균이 포함되는 경우와 그렇지 않은 경우를 다음과 같은 예를 통해 좀 더 살펴보자. 추출된 표본의 평균값이 모집단평균보다 1.5배 표준오차만큼 크다고 가정해보자. [그림 4-10]은 이에 대한 모집단평균의 95% 신뢰구간을 그려본 것이다. 모집단의 평균은 표본평균으로부터 1.5배 표준오차만큼 떨어져 있는 반면, 신뢰구간은 그보다 더 긴 2배(정확히는 1.96배) 표준오차만큼 연장되어 있기 때문에 그림에서 보는 것처럼 신뢰구간은 미지의 모집단평균을 포함한다. 모집단평균에 대한 95% 신뢰구간 내에 모집단의 평균이 포함되지 않는 경우는 [그림 4-11]과 같이 추출된 표본의 표본평균이 모집단평균에서 2배(정확히는 1.96배)의 표준오차를 초과하는 거리만큼 떨어져 있는 경우이다. 우리는 사실 선택된 표본의 평균이 미지의 모집단평균과 얼마만큼

그림 4-10 ▌95% 신뢰구간 내에 모집단평균이 포함되는 경우

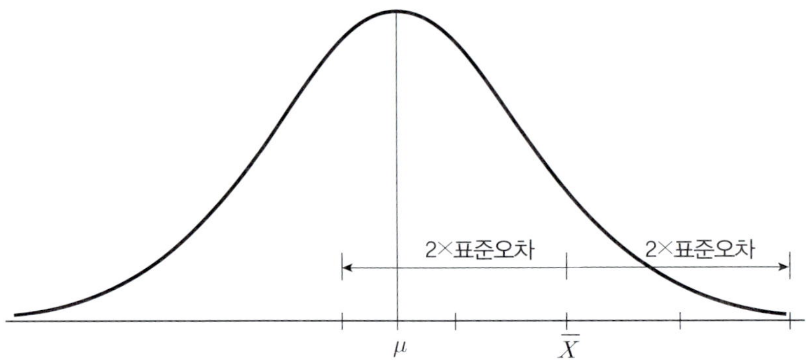

그림 4-11 ▌95% 신뢰구간 내에 모집단평균이 포함되지 않는 경우

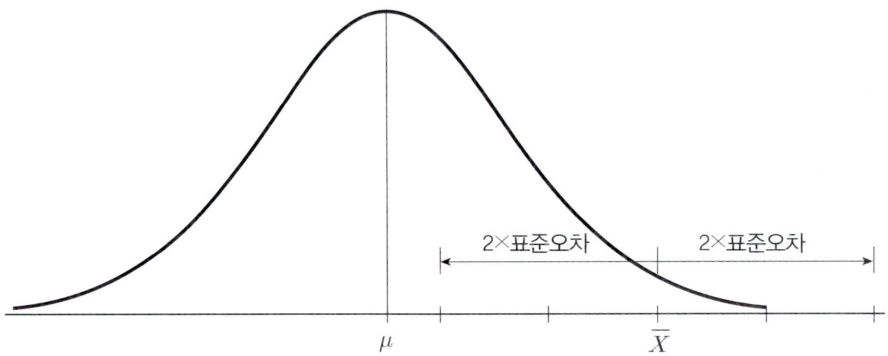

차이가 나는지는 알 수 없기 때문에 우리가 계산한 신뢰구간이 모집단평균을 실제로 포함하는지의 여부는 알 수 없다(실제 모집단의 평균을 알 수 없으니 당연한 일이다). 하지만 우리는 선택된 표본으로부터 계산한 모집단평균에 대한 95%의 신뢰구간을 이용하여 95%의 신뢰구간이 모집단의 평균을 포함할 가능성은 100개 표본 가운데 95개일 것이라고 추론해보는 것은 가능하다. 이는 다시 말해 100개의 표본으로부터 구한 신뢰구간 중 95개는 [그림 4-10]의 경우처럼 모집단의 평균을 포함하게 된다는 의미이기도 하다. 이는 또한 100개의 표본 가운데 5개의 표본은 [그림 4-11]의 경우처럼 실제로 신뢰구간 내에 모집단의 평균을 포함하지 않게 된다는 것을 의미하기도 한다.

SPSS를 이용하면 쉽게 신뢰구간을 구할 수 있다. [그림 4-12]는 지금까지 예로 사용한 가구당 평균소득에 대한 95% 신뢰구간을 t분포를 이용하여 구한 결과이다. Excel의 T.INV.2T() 함수를 이용하면 신뢰구간은 2,852,147.270±1.965273(=T.INV.2T(0.05, 448))×98,359.566, 즉 하한값은 2,658,844원, 상한값은 3,045,451원으로 계산되어 동일한 결과를 얻을 수 있다.

그림 4-12 ▌95% 신뢰구간: 가구당 월평균 소득

			통계량	표준오차
소득	평균		2852147.27	98359.566
	평균의 95% 신뢰구간	하한	2658843.84	
		상한	3045450.70	
	표준편차		2084201.84	

SPSS 메뉴에서 『분석 > 기술통계량 > 데이터 탐색』을 선택하여 신뢰구간을 포함한 다양한 통계량을 구할 수 있다 (household.sav 데이터 파일).

95% 신뢰구간이 많이 사용되기는 하지만 이 밖에도 다양한 신뢰구간을 구할 수 있다. 정규분포를 가정해도 큰 문제가 없는 대표본의 경우 99% 신뢰구간을 구하기 위해서는 95% 신뢰구간 계산 시 사용했던 1.96 대신에 2.58을 이용한다. 이는 표준정규분포표를 참조하여 구할 수 있으며, 또한 표준정규분포에서 누적확률에 해당되는 Z값을 구해주는 Excel의 NORM.S.INV() 함수를 이용하여 구할 수 있다. Excel을 이용하여 99% 신뢰구간에 대응되는 Z값을 구해보면 NORM.S.INV(0.995) =2.575829이다. 이는 표본평균들의 99%가 미지의 모집단의 평균을 중심으로 2.58배의 표준오차 범위 내에 존재한다는 의미이고, 100개의 표본 가운데 99개는 이 범위의 신뢰구간 내에 모집단 평균을 포함한다는 것을 나타낸다.

t분포를 이용한 99% 신뢰구간의 결과는 [그림 4-13]과 같이 구할 수 있다. Excel의 T.INV.2T() 함수를 이용하면 신뢰구간은 2,852,147.270±2.586848(=T.INV.2T(0.01,448)) ×98,359.566으로 계산되어 동일한 결과를 얻을 수 있다.

99%의 신뢰구간은 95% 신뢰구간에 비해 더 넓은 범위를 갖는다. 구간 내에 모집단의 평균이 포함될 것이라는 '믿음'은 더 증가하였지만 그 대신 구간은 더 넓어졌다. 이처럼 구간 내에 모집단의 평균이 있을 것이라는 확신의 정도를 높이기 위해서는 그 구간의 폭을 넓히는 것이 하나의 방법이 될 수 있다. 하지만 일반적으로 좁은 구간이 넓은 구간에 비해 더 의미 있는 정보를 제공한다.

그림 4-13 ▌99% 신뢰구간: 가구당 월평균 소득

			통계량	표준오차
소득	평균		2852147.27	98359.566
	평균의 99% 신뢰구간	하한	2597706.03	
		상한	3106588.51	
	표준편차		2084201.84	

형광등의 평균수명이 7,500시간에서 8,000시간 사이라고 알고 있는 것이 6,000시간에서 10,000시간 사이라고 알고 있는 것보다 의사결정 시 훨씬 유용하다. 따라서 신뢰구간을 계산할 때는 항상 확신의 정도와 구간의 폭 간의 트레이드오프(trade-off) 관계를 고려해야 한다. 즉 확신의 정도를 크게 할수록 구간의 폭은 넓어지며, 반면에 확신의 정도를 작게 할수록 구간의 폭은 좁아진다.

모집단의 평균과 검정값 간의 차이에 대한 신뢰구간도 구할 수 있다. 모집단의 평균에 대한 신뢰구간의 상한값과 하한값에서 검정값을 빼면 차이에 대한 신뢰구간이 계산된다. 가구소득 95% 신뢰구간의 상한값 3,045,450.70원과 하한값 2,658,843.84원에서 각각 검정값 2,500,000원을 빼면 차이에 대한 95% 신뢰구간인 158,843.84원~545,450.70원이 계산된다. 이 결과로 볼 때 95%의 확신을 가지고 정부가 주장하는 가구당 소득과 실제 국민들의 가구당 소득(미지의 모집단 평균)은 최소 약 16만원에서 최대 약 55만원의 차이가 있음을 추정해볼 수 있다.

SPSS를 이용하여 일표본 t검정을 수행하면 차이에 대한 신뢰구간도 쉽게 구할 수 있다. 그 결과는 [그림 4-8]의 일표본 t검정 '차이의 95% 신뢰구간' 열에 나타난다. 모집단평균에 대한 신뢰구간과 마찬가지로 차이에 대한 신뢰구간도 다양한 신뢰수준에서 계산이 가능하다. [그림 4-14]에 나타난 차이의 99% 신뢰구간은 앞서의 95% 신뢰구간에 비해 구간의 폭이 더 넓어졌음을 확인할 수 있다.

이렇게 구한 신뢰구간은 가설검정에 이용할 수 있다. 실제의 가구소득과 검정값 250만원과의 차이에 대한 95% 및 99% 신뢰구간을 보면 0값이 구간 내에 포함되어 있지 않다. 즉 5% 또는 1%의 유의수준에서 두 값의 차이가 0일 가능성이 희박하다는 뜻이며, 이는 실제 가구소득과 주장하는 가구소득이 같을 가능성이 매우 작다는 의미이다. 차이의 99% 신뢰구간은 실제 가구소득과 검정하고자 하는 가구소득의 차이가 97,706원 이하이거나 606,588원 이상일 가능성이 1% 미만이라는 것을 보여준다. 따라서 주장하고자 하는 가구소득을 2,597,706원(=2,500,000+97,706) 이하로 하거나 또는 3,106,588원(=2,500,000+606,588) 이상으로 설정하여 검정한다면 유의확률은 0.01 미만이 되어 주장하는 가구소득이 우리나라 국민의 가구당 소득이라고 말하기 어렵게 된다. 반대로 2,597,706원과 3,106,588원 사이의 값으로 검정값을 설정하여 가설검정을 한다면 유의확

그림 4-14 ▌일표본 t검정: 차이의 99% 신뢰구간 포함

	검정값=2500000					
					차이의 99% 신뢰구간	
	t	자유도	유의확률(양측)	평균차이	하한	상한
소득	3.580	448	.000	352147.269	97706.03	606588.51

률은 0.01 이상이 될 것이고 주장하는 가구소득은 우리나라 국민의 가구당 소득이 아니라고 말하기 어렵게 된다. 이처럼 가설검정과 신뢰구간은 밀접한 관계를 갖는다.

4.3 독립표본 평균검정

두 개의 독립 표본평균을 이용하여 각각 대응되는 두 개의 모집단평균이 서로 동일한지 여부를 검정하는 가설검정 절차를 독립표본 평균검정이라고 한다. 두 독립표본의 평균이 동일한지 여부의 검정은 두 독립표본 평균의 차이가 존재하는지를 검정하는 것과 같은 의미를 갖는다. 이러한 두 개 독립표본의 평균차이 검정의 예는 우리 주위에서 흔히 찾아볼 수 있다. 남녀 간의 영어시험 점수에 차이가 있는지, 흡연자와 비흡연자 간의 폐질환 발생률은 서로 차이가 있는지, 고학력자와 저학력자 간의 텔레비전 시청시간에 차이가 있는지 등이 독립표본 평균검정을 수행할 수 있는 예가 된다.

그림 4-15 ▌ 히스토그램: 인터넷쇼핑몰 방문횟수

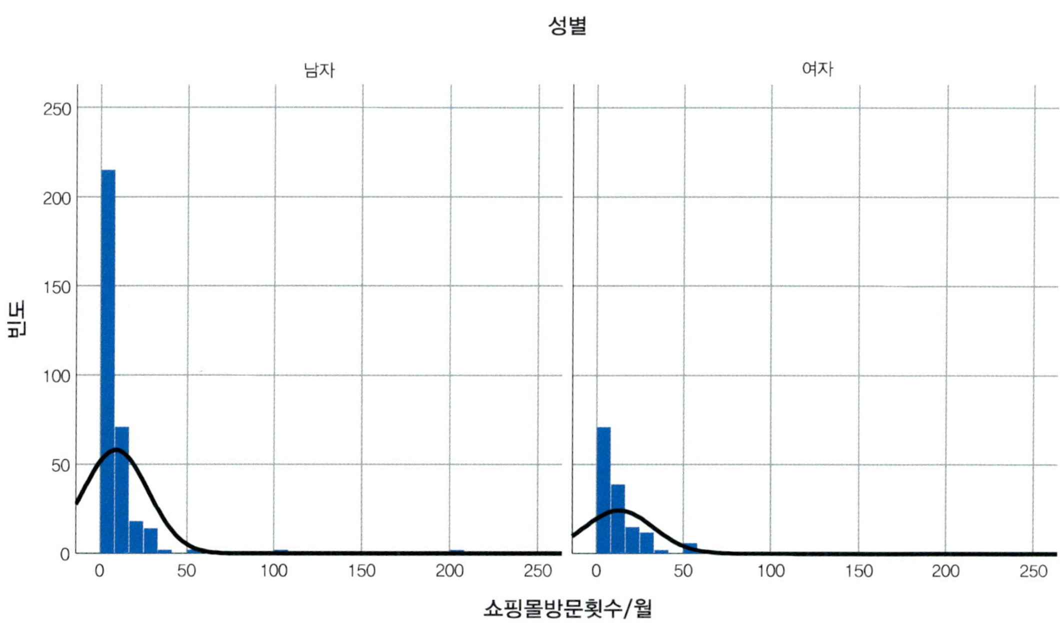

SPSS 메뉴에서 『그래프 > 레거시 대화상자 > 히스토그램』을 선택한다. 『히스토그램』 대화상자에서 『변수』에 쇼핑몰방문횟수 변수를, 『패널 기준』의 『열』에 성별 변수를 옮기고 『정규곡선 표시』를 체크한 후 『확인』을 클릭한다 (ishop.sav 데이터 파일).

여기에서는 남자와 여자 간의 월간 인터넷쇼핑몰 방문횟수에 차이가 있는지를 검정하기 위해 독립표본 평균검정을 수행한다(ishop.sav 데이터 파일; 곽기영·지소영 2008).

먼저 남녀별 데이터의 대체적인 분포를 파악하고 이상 데이터의 포함 여부를 살펴보기 위하여 [그림 4-15]와 같이 남녀별 인터넷쇼핑몰 방문횟수의 히스토그램을 그린다. 대체로 오른쪽으로 긴 꼬리를 가진 분포임을 알 수 있다. [그림 4-16]의 기술통계량을 보면 남녀별 인터넷쇼핑몰 방문횟수의 분포특성을 좀 더 정확히 알 수 있다. 전체 473개의 케이스로 이루어진 표본은 남자 326명, 여자 147명으로 구성되어 있다. 남자는 한 달에 평균 8.94회, 여자는 평균 12.91회 인터넷쇼핑몰

그림 4-16 ▌기술통계량: 인터넷쇼핑몰 방문횟수

		케이스					
		유효		결측		전체	
	성별	N	퍼센트	N	퍼센트	N	퍼센트
쇼핑몰방문횟수	1 남자	326	100.0%	0	.0%	326	100.0%
	2 여자	147	100.0%	0	.0%	147	100.0%

			통계량		표준오차	
			성별		성별	
			1 남자	2 여자	1 남자	2 여자
쇼핑몰방문횟수	평균		8.94	12.91	1.032	1.655
	평균의 95% 신뢰구간	하한	6.91	9.64		
		상한	10.97	16.18		
	5% 절사평균		6.38	10.30		
	중위수		4.00	10.00		
	분산		347.427	402.533		
	표준편차		18.639	20.063		
	최소값		0	1		
	최대값		200	200		
	범위		200	199		
	사분위수 범위		9	18		
	왜도		7.527	5.988	.135	.200
	첨도		70.026	51.731	.269	.397

SPSS의 『분석 > 기술통계량 > 데이터 탐색』 메뉴에서 기술통계량을 구할 수 있다. 『데이터 탐색』 대화상자에서 『종속변수』에 쇼핑몰방문횟수 변수를, 『요인』에 성별 변수를 선택한다. 위와 같은 표를 얻으려면 출력결과의 표를 더블클릭한 후 『피벗 > 피벗 트레이』 메뉴를 이용하여 편집한다(ishop.sav 데이터 파일).

을 방문한다고 응답하였다. 5% 절사평균(상위 5%와 하위 5%의 값을 빼고 중간 90%의 값들로 계산한 평균)을 보면 남자는 6.38회, 여자는 10.30회로 모든 값을 포함한 산술평균에 비해 약 2.6회 정도 평균 방문횟수가 작아진 것을 확인할 수 있다. 평균을 계산할 때 예외적으로 큰 값(예를 들면, 200회)을 제거한 결과이다.

평균의 95% 신뢰구간을 도표로 그려보면 [그림 4-17]과 같다. 남자가 여자에 비해 그 폭이 좁고 두 집단의 신뢰구간의 상당부분은 서로 겹치지 않는다. 이는 남자집단에서는 받아들여질 수 있는 값이 여자집단에서는 타당하지 않을 수 있으며, 그 반대로 여자집단에서는 있을 수 있는 값이 남자집단에서는 예외적인 값이 될 수 있다는 의미로 해석할 수 있다.

기술통계량을 보면 남자와 여자 간의 인터넷쇼핑몰 방문횟수의 차이는 3.97로 나타났으며 이를 통해 여자가 남자보다 평균적으로 약 4회 정도 인터넷쇼핑몰을 더 자주 방문하는 것으로 생각할 수 있다. 하지만 이 차이는 표본의 차이일 뿐이며 전체 남자 모집단과 여자 모집단의 차이라고 볼 수는 없다. 따라서 우리가 관찰한 표본평균의 차이가 전체 모집단평균의 차이를 반영하고 있는지를

그림 4-17 ▌95% 신뢰구간 오차막대도표: 인터넷쇼핑몰 방문횟수

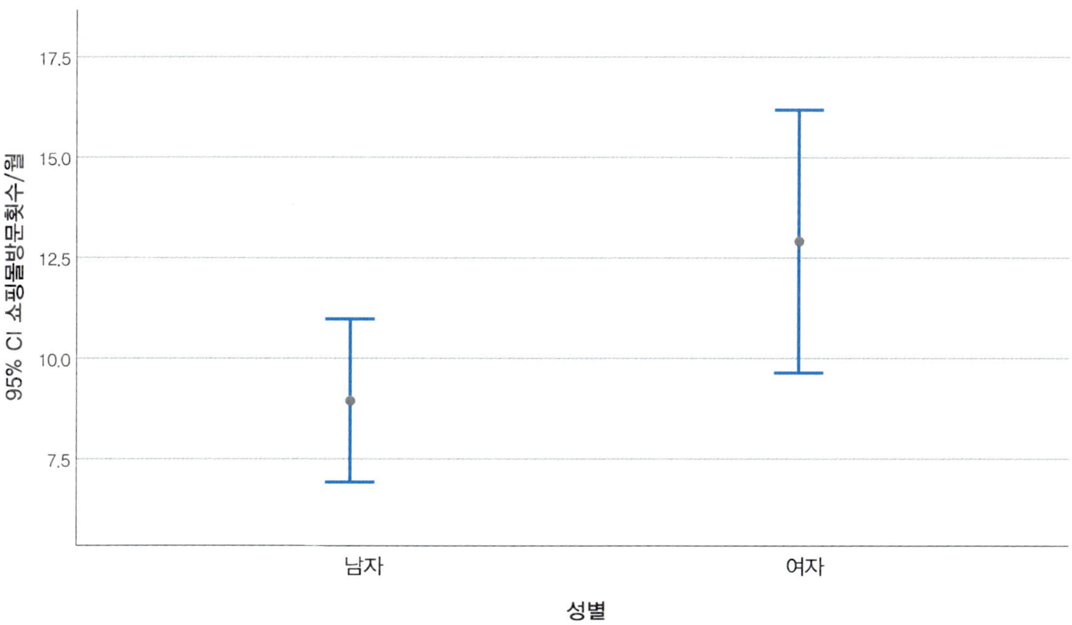

SPSS 메뉴에서 『그래프 > 레거시 대화상자 > 오차막대형 차트』를 선택한다. 『오차막대』 대화상자에서 오차막대의 유형으로 『단순』과 도표에 표시할 데이터로 『케이스 집단들의 요약값』을 선택한 후 『정의』를 클릭한다. 『변수』에 쇼핑몰방문횟수 변수를, 『범주축』에 성별 변수를 선택하고 『확인』을 클릭한다(ishop.sav 데이터 파일).

알고자 한다면 두 모집단의 평균이 동일하다는 가정하에서(즉 남녀 모집단평균의 차이가 0회) 표본평균의 차이(여기의 예에서는 3.97회)가 얼마나 나타나기 어려운 예외적인 차이인지를 알 수 있어야 한다. 이는 앞에서 설명한 일표본 t검정을 이용한 가설검정 절차와 유사하다. 차이가 있다면 한 개의 표본이 아니라 두 개의 독립표본으로부터 추출된 평균이 있고, 이를 토대로 두 개의 모집단 평균이 동일하다는 가설을 검정해야 한다는 사실이다. 또한 평균차이의 표준오차를 계산하기 위해서는 두 개 표본평균의 변동성(분산)이 고려되어야 한다는 것이다. 평균차이의 표준오차는 두 개의 독립표본의 분산과 표본크기로부터 추정된다.

두 개의 모집단평균에 대한 가설검정을 위해서는 단일 모집단평균에 대한 가설검정에서 표본평균들로 이루어진 분포를 살펴보았던 것과 마찬가지로 두 개의 독립 표본평균 간의 차이로 이루어진 분포를 살펴보아야 한다. 이 차이의 분포 역시 표본평균의 분포에 적용된 중심극한정리가 적용된다. 따라서 현재 분석 중인 데이터가 정규분포(또는 정규분포로 추정되는 분포)로부터 수집되었거나 표본크기가 충분히 크다면 중심극한정리에 의해 두 표본평균 차이의 분포는 대체적으로 정규분포를 따른다고 가정할 수 있다. 이는 Z분포(표준정규분포) 또는 t분포를 이용하여 가설검정을 수행할 수 있다는 것을 뜻한다. 표본크기가 충분히 크다면 Z분포를 이용하고 표본크기가 작다면 t분포를 이용한다. 표본크기가 커지면 t분포는 정규분포에 근접하기 때문에 t분포를 이용한다면 표본크기에 크게 제약받지 않고 가설검정을 수행할 수 있다.

가설검정을 수행하기 위한 Z값이나 t값을 계산하기 위해서는 모집단의 평균 및 표준편차를 알고 있어야 한다. 하지만 일반적으로 모집단의 평균에 대해서 알려져 있는 경우는 있지만 표준편차에 대해서는 알고 있는 경우가 흔치 않다. 따라서 이런 경우에는 부득이하게 모집단의 표준편차를 표본으로부터 추정해야만 한다. 두 표본이 동일한 평균을 갖는 모집단으로부터 선정되었다고 가정하면 두 표본평균의 차이로 구성된 차이의 분포는 평균 0이 된다. 모집단평균차이의 표준편차는 알 수 없기 때문에 우리는 일표본 t검정에서처럼 표본으로부터 평균차이의 표준편차, 즉 평균차이의 표준오차를 추정해야 한다. 두 개의 독립표본이 있을 때 평균차이의 표준오차는 두 표본의 분산과 표본크기를 이용하여 다음과 같이 계산한다.

$$s_{\overline{X}_1 - \overline{X}_2} = \sqrt{\frac{s_1^2}{n_1} + \frac{s_2^2}{n_2}}$$

여기에서, $s_{\overline{X}_1 - \overline{X}_2}$는 표본평균차이의 표준오차, s_1^2 및 s_2^2은 표본의 분산, n_1 및 n_2는 표본의 표본크기

즉 평균차이의 표준오차는 두 표본의 표준오차를 이용하여 계산된다. 각 표본평균의 표준오차

를 제곱하고 그 둘을 더한 후 제곱근값을 구하여 계산할 수 있다. 이제 평균차이의 표준오차를 알고 있으므로 t값은 다음과 같이 계산된다.

$$\mathrm{t} = \frac{(\overline{X}_1 - \overline{X}_2) - 0}{s_{\overline{X}_1 - \overline{X}_2}}$$

여기에서, $\overline{X}_1$ 및 $\overline{X}_2$는 표본의 평균, $s_{\overline{X}_1 - \overline{X}_2}$는 표본평균차이의 표준오차

이때의 자유도는 표본의 분산과 표본크기에 의해 다음과 같이 계산된다. 이 값은 대개 정수가 아니며, 따라서 근사값을 이용한다.

$$df = \frac{\left(\frac{s_1^2}{n_1} + \frac{s_2^2}{n_2}\right)^2}{\frac{1}{n_1 - 1}\left(\frac{s_1^2}{n_1}\right)^2 + \frac{1}{n_2 - 1}\left(\frac{s_2^2}{n_2}\right)^2}$$

여기에서, df는 자유도, s_1^2 및 s_2^2은 표본의 분산, n_1 및 n_2는 표본의 표본크기

이렇게 계산된 t값이 모집단의 평균차이가 0이라는 가정하에서 나오기 힘든 예외적인 값을 갖는다면 우리는 "모집단의 평균차이가 0이다"라는 주장을 기각할 수 있으며 두 표본은 서로 다른 모집단으로부터 선정된 것이라고 결론 내릴 수 있다. 이는 다시 말해 두 집단의 평균은 서로 다르다는 것을 의미한다. [그림 4-16]의 기술통계량을 토대로 t값을 계산하면 다음과 같다.

$$s_{\overline{X}_1 - \overline{X}_2} = \sqrt{\frac{18.639^2}{326} + \frac{20.063^2}{147}} = 1.950369$$

$$\mathrm{t} = \frac{(8.94 - 12.91) - 0}{1.950369} = -2.03551$$

자유도는 다음과 같이 계산된다.

$$df = \frac{\left(\frac{18.639^2}{326} + \frac{20.063^2}{147}\right)^2}{\frac{1}{326 - 1}\left(\frac{18.639^2}{326}\right)^2 + \frac{1}{147 - 1}\left(\frac{20.063^2}{147}\right)^2} = 263.807$$

관측된 t값은 일반적인 판단기준인 유의수준 0.05에 해당되는 자유도 263에서의 t값 −1.96에 비하여 작다. 또한 자유도 263의 t분포에서 $t \le -2.03551$이거나 $t \ge 2.03551$인 범위의 확률은 T.DIST.2T(2.03551, 263)=0.042802로서 0.05보다 작다. 따라서 유의수준 0.05에서 남자와 여자의 월간 인터넷쇼핑몰 방문횟수는 동일하다는 주장을 기각한다.

SPSS의 **독립표본 t검정(two-independent samples t test)**을 이용하면 쉽게 가설검정을 수행할 수 있다. [그림 4-18]의 집단통계량으로부터 집단별(여기에서는 성별) 표본크기, 평균, 표준편차, 표준오차 등을 알 수 있으며, 이를 토대로 t값을 계산한다. [그림 4-19]의 독립표본 t검정 결과를 보면 등분산을 가정하는 경우(두 모집단의 분산이 동일함)와 등분산을 가정하지 않는 경우(두 모집단의 분산이 동일하지 않음)의 두 종류의 t검정 결과가 제시되어 있다.

등분산을 가정하지 않는 경우의 결과를 살펴보자. 평균차이는 −3.970이고 t값은 −2.035 $\left(= \frac{-3.970 - 0}{1.950}\right)$로서 유의확률이 0.043으로 나타났다. 즉 두 모집단의 평균이 동일하다는 가정

그림 4-18 ▌ 집단통계량: 인터넷쇼핑몰 방문횟수

성별		N	평균	표준편차	평균의 표준오차
쇼핑몰방문횟수/월	1 남자	326	8.94	18.639	1.032
	2 여자	147	12.91	20.063	1.655

그림 4-19 ▌ 독립표본 t검정

			쇼핑몰방문횟수	
			등분산을 가정함	등분산을 가정하지 않음
Levene의 등분산 검정	F		3.186	
	유의확률		.075	
평균의 동일성에 대한 t검정	t		−2.093	−2.035
	자유도		471	263.807
	유의확률(양측)		.037	.043
	평균차이		−3.970	−3.970
	차이의 표준오차		1.897	1.950
	차이의 95% 신뢰구간	하한	−7.697	−7.810
		상한	−.243	−.130

독립표본 t검정은 SPSS의 『분석 > 평균비교 > 독립표본 t검정』 메뉴를 통해 수행할 수 있다. 『검정변수』에 쇼핑몰 방문횟수 변수를 『집단변수』에 성별 변수를 선택하고 집단을 정의한 후 『확인』을 클릭한다. 위와 같은 표를 얻으려면 출력결과의 표를 더블클릭한 후 『피벗 > 피벗 트레이』 메뉴를 이용하여 편집한다(ishop.sav 데이터 파일).

하에서 두 표본 간 평균차이의 절대값이 이 값 이상 나타날 가능성이 1,000번에 43번 정도 된다는 뜻이다. 일반적 기준인 1,000번에 50번(유의수준 0.05)보다 작기 때문에 남자와 여자의 월별 인터넷쇼핑몰 방문횟수가 동일하다는 귀무가설을 기각한다. 모집단의 평균 간 차이가 없다는 가정하에서는 나오기 힘든 상당히 예외적인 결과가 표본으로부터 관찰된 것이라 할 수 있다. 차이의 95% 신뢰구간을 통해서도 동일한 결론을 도출할 수 있다. 등분산을 가정하지 않는 경우의 차이의 95% 신뢰구간을 보면 구간 내에 0이 포함되어 있지 않다. 두 모집단의 평균차이에 대한 신뢰구간에 0이 포함될 것이라는 '믿음'이 5% 미만이기 때문에 우리는 두 모집단의 평균차이가 0이라는, 즉 두 모집단의 평균이 동일하다는 가설을 유의수준 0.05에서 기각한다.

등분산을 가정하는 경우와 가정하지 않는 경우의 두 가지 조건하에서 t검정 결과를 제시하는 이유는 평균차이의 표준오차를 추정하는 방식이 서로 다르기 때문이다. 앞서 소개한 표준오차 계산 방식은 두 모집단의 분산이 서로 다르다는 가정하에서(즉 모집단의 등분산을 가정하지 않는 경우) 표준오차를 추정하는 방식이다. 만일 두 모집단의 분산이 같다면 두 표본의 분산을 각각 사용하는 것보다 두 표본으로부터 얻은 분산의 대표값을 모집단분산의 추정치로 사용하는 것이 보다 합리적일 것이다. 따라서 두 표본의 분산을 통합하여 계산한 분산을 이용하여 표준오차를 계산한다. 앞서 소개한 표준오차 계산식에서 s_1^2 및 s_2^2 대신 통합분산(pooled variance) s_p^2으로 대체하여 표준오차를 계산한다.

$$s_{\overline{X}_1 - \overline{X}_2} = \sqrt{s_p^2\left(\frac{1}{n_1} + \frac{1}{n_2}\right)}$$

여기에서, $s_{\overline{X}_1 - \overline{X}_2}$는 표본평균차이의 표준오차, s_p^2은 두 표본의 통합분산, n_1 및 n_2는 표본의 표본크기

통합분산은 각 표본의 분산과 표본크기를 이용하여 다음과 같이 계산된다.

$$s_p^2 = \frac{(n_1 - 1)s_1^2 + (n_2 - 1)s_2^2}{(n_1 - 1) + (n_2 - 1)}$$

지금 우리는 두 표본으로부터 얻어진 모집단의 분산에 관한 정보를 통합했기 때문에 이렇게 도출된 통합분산과 관련된 자유도는 두 표본에 대한 자유도의 합과 같다. 따라서 통합분산을 이용하여(즉 모집단의 등분산을 가정하는 경우) 계산한 t값을 검정하기 위해서는 자유도 $<n_1 + n_2 - 2>$의 t분포를 이용한다.

통합분산을 계산하여 등분산을 가정하는 경우의 t검정을 수행해보자.

$$s_p^2 = \frac{(326-1)18.639^2 + (147-1)20.063^2}{(326-1)+(147-1)} = 364.4958$$

$$s_{\overline{X}_1 - \overline{X}_2} = \sqrt{364.4958\left(\frac{1}{326} + \frac{1}{147}\right)} = 1.896747$$

$$t = \frac{(8.94 - 12.91) - 0}{1.896747} = -2.09306$$

관측된 t값은 일반적인 판단기준인 유의수준 0.05에 해당되는 자유도 471(=326+147−2)에서의 t값 −1.96에 비하여 작다. 또한 자유도 471의 t분포에서 t≤−2.09306이거나 t≥2.09306인 범위의 확률은 T.DIST.2T(2.09306, 471)=0.036878이다. 따라서 유의수준 0.05에서 남자와 여자의 월간 인터넷쇼핑몰 방문횟수가 동일하다는 주장을 기각한다. 즉 남자와 여자의 월간 인터넷쇼핑몰 방문횟수는 동일하지 않다. [그림 4-19]의 SPSS를 이용한 독립표본 t검정(등분산을 가정하는 경우)에서도 이와 동일한 검정결과를 확인할 수 있다.

이처럼 t값을 계산하기 위한 표준오차가 등분산 가정에 따라 달라질 수 있기 때문에 Levene의 등분산검정을 통해 두 개의 표본이 동일한 분산을 갖는 모집단으로부터 선정되었는지를 검정한다. 이때 귀무가설은 "두 모집단의 분산은 동일하다"이고, 이와 반대되는 대립가설은 "두 모집단의 분산은 동일하지 않다"이다. [그림 4-19]를 보면 Levene의 등분산검정 결과 유의확률이 0.075로서 일반적 기준 0.05를 초과하므로 귀무가설을 기각할 수 없으며 두 모집단의 분산은 동일하다고 판단한다. 따라서 모집단평균의 동일성을 검정하기 위해서는 두 모집단의 분산이 동일하다는 가정하에서 도출된 t값을 이용하는 것이 바람직할 것이다.

4.4 대응표본 평균검정

앞서 살펴본 두 개의 모집단평균이 동일한지 여부를 검정하는 독립표본 평균검정은 두 개의 표본이 서로 독립인 모집단으로부터 추출되었다는 가정을 전제로 한다. 그러나 두 표본의 값들이 짝(pair)을 이루고 있는 경우에 짝을 이룬 값들은 서로 독립이 아니다. 따라서 이처럼 검정하려고 하는 두 개의 표본이 서로 독립이 아닌 모집단으로부터 추출되었다면 독립표본 t검정을 이용할 수 없다. 이런 경우 적용할 수 있는 평균검정 방법을 대응표본 평균검정이라고 한다.

대응표본 평균검정은 짝을 이룬 값들이 동일한지 여부를 검정한다. 이는 짝을 이룬 값들의 모집단에서의 차이가 0인지를 검정하는 것과 같은 의미를 갖는다. 따라서 대응표본 평균검정은 짝을 이룬 값들의 차이를 하나의 표본으로 하여 이 차이의 모집단평균이 0인지를 검정하는 일표본 평균검정과 동일하다고 볼 수 있다. 짝을 이룬 값들의 차이가 존재하는지를 검정하는 예는 우리 주위에서 종종 볼 수 있다. 환자에게 신약 투여 전과 투여 후의 효과를 측정하여 신약의 효과가 있는지를 검정하거나, 영업사원들에게 새로운 판매기법을 교육한 후 교육 이수 이전과 이수 이후의 판매성과를 비교하여 새로운 판매기법의 효과를 검정하는 등이 그러한 예가 될 수 있다. 여기에서는 새로운 다이어트 프로그램에 참가한 15명의 고객들을 대상으로 다이어트 프로그램 참가 전과 참가 후의 몸무게에 있어서 변화가 있는지를 검정한다(weight.sav 데이터 파일).

SPSS의 **대응표본 t검정(paired-samples t test)**을 이용하여 대응표본 평균검정을 수행할 수 있다. [그림 4-20]의 기술통계량을 보면 다이어트 프로그램 참가 전의 몸무게 평균이 91.5kg이고 참가 후의 몸무게 평균이 87.9kg으로 그 차이는 약 3.6kg이다. [그림 4-21]의 검정결과를 보면 몸무게의 차이가 없다는 귀무가설이 사실이라는 가정하에서 이러한 약 3.6kg의 차이가 나타날 확률은 0.000(즉 0.0005 미만)이다. 이는 모집단에서 다이어트 프로그램 참가 전과 후의 몸무게 차이가 없다는 가정하에서 3.6kg이라는 관측된 차이가 나타날 가능성이 매우 작다는 것을 의미한다.

그림 4-20 ▌ 기술통계량: 몸무게

		평균	N	표준편차	평균의 표준오차
대응 1	최초몸무게	91.496	15	14.5663	3.7610
	최종몸무게	87.925	15	14.4290	3.7256

그림 4-21 ▌ 대응표본 t검정

		대응차					t	자유도	유의확률 (양측)
		평균	표준편차	평균의 표준오차	차이의 95% 신뢰구간				
					하한	상한			
대응 1	최초몸무게 - 최종몸무게	3.5715	1.3053	.3370	2.8486	4.2943	10.597	14	.000

대응표본 t검정은 SPSS의 『분석 > 평균비교 > 대응표본 t검정』 메뉴를 통해 수행할 수 있다. 『대응표본 t검정』 대화상자에서 검정대상 변수를 선택하여 『대응 변수』로 옮긴 후 『확인』을 클릭한다(weight.sav 데이터 파일).

그림 4-22 상관관계: 최초 몸무게와 최종 몸무게

		N	상관관계	유의확률
대응 1	최초몸무게 & 최종몸무게	15	.996	.000

따라서 몸무게 차이가 없다는 귀무가설을 기각한다. 즉 다이어트 프로그램은 효과가 있다.

대응표본 평균검정은 비교 대상인 짝들이 서로 밀접한 관련을 가질 경우에만 효과적인 검정이 가능하다. 짝을 이룬 값들이 적어도 0.5에 근접하는 상관계수를 갖지 않으면 대응표본 평균검정을 사용하는 것은 적절하지 않을 수 있다. 상관계수란 두 변수 간의 관계의 강도를 나타내는 지표로서 관계의 강도에 따라 −1에서 1 사이의 값을 갖는다. [그림 4-22]의 다이어트 프로그램 참가 전과 참가 후 몸무게 간의 상관계수를 보면 0.996으로서 두 변수 간에는 매우 높은 상관관계가 존재한다. 따라서 대응표본 평균검정은 적절한 것으로 판단된다.

4.5 가설검정과 검정력

가설은 **귀무가설(null hypothesis)**과 **대립가설(alternative hypothesis)**로 구분할 수 있다.[4] 귀무가설은 보편적으로 사실로 받아들여지는 기존의 주장(즉 기존과 다를 바 없다는 주장)을 말하며, 대립가설은 귀무가설이 사실이 아니라는 새로운 주장을 말한다. 일반적으로 새로운 주장은 분명하게 입증되지 않으면 받아들여지기가 쉽지 않다. 따라서 대립가설을 새로운 사실로 받아들이기 위해서는 기존의 주장이 명백하게 잘못되었음을 입증해야 한다. 이러한 입증과정을 **가설검정(hypothesis test)**이라 한다. 가설검정은 귀무가설이 현 상황을 제대로 설명하고 있다는 가정하에서 수행된다. 그러나 표본으로부터 얻은 통계량(예를 들면, 평균)이 귀무가설이 옳다는 전제하에서는 좀처럼 나타나기 어려운 극단적이고 예외적인 값이 나올 때는 계속해서 귀무가설이 옳다고 주장할 수는 없다. 이럴 경우 귀무가설을 기각하고 대립가설을 채택하게 된다.

우리는 지금까지 다양한 가설검정을 수행하였다. 신공정의 품질검사 합격률이 기존 공정과 같은지를 검정하였고(이항검정), 벤처기업 경영자의 혈압이 일반 사람들과 동일한지를 검정하였으며(정규분포를 이용한 평균검정), 가구당 평균소득이 250만원인지 여부를 검정하였다(t분포를 이용

4) 대립가설은 연구가설(research hypothesis)이라고도 한다.

한 평균검정). 앞의 예에서 "신공정의 품질검사 합격률이 기존 공정과 동일하다", "벤처기업 경영자의 혈압은 일반 사람과 동일하다", "가구당 평균소득은 250만원이다" 등이 일반적으로 사실로 받아들여지는 기존의 주장이라 할 수 있으며, 따라서 이러한 가설이 귀무가설이 된다. 반면 대립가설은 앞의 귀무가설이 사실이 아니라는 새로운 주장을 담게 된다. 즉 "신공정의 품질검사 합격률이 기존 공정과 다르다", "벤처기업 경영자의 혈압은 일반 사람과 같지 않다", "가구당 평균소득은 250만원이 아니다" 등이 대립가설이 된다. 이러한 대립가설은 귀무가설이 옳다는 가정하에서 예외적인(예를 들면, 가구당 평균소득이 250만원이라는 전제하에서는 좀처럼 나오기 어려운) 표본통계량이 도출되었을 경우에만 채택된다.

우리는 가설검정 시 일정 유의수준을 기준으로(예를 들면, 0.05) 관측된 유의확률이 이 값보다 작을 때 두 모집단의 평균이 같다는 귀무가설을 기각하고 두 모집단의 평균이 다르다는 대립가설의 주장을 받아들인다. 하지만 이러한 판단이 틀릴 가능성은 항상 존재한다. 사실은 귀무가설의 주장이 옳은데도 불구하고 선정한 표본이 우연히도 예외적인 것이어서 귀무가설을 기각하는 판단의 오류를 범할 수도 있다. 이러한 판단의 오류를 **1종오류(type Ⅰ error)**라 하고 유의수준을 표현하는 기호인 α로 표현한다. 1종오류를 범할 확률은 α가 된다. 마찬가지 논리로 관측된 유의확률이 커서 귀무가설을 기각하지 못할 때도 이러한 판단의 오류 가능성이 존재한다. 사실은 귀무가설의 주장이 틀려서 두 모집단 간에 분명한 차이가 있는데도 불구하고 수집한 표본을 통해 이를 발견하지 못할 수도 있다. 이러한 판단의 오류를 **2종오류(type Ⅱ error)**라 하고 β로 표현한다. 2종오류를 범할 확률은 β가 된다.

2종오류와 반대로 귀무가설이 틀릴 때 잘못된 귀무가설을 기각할 수 있는 확률을 **검정력(power)**이라고 하며 이 값은 $<1-\beta>$가 된다. 검정력이 클수록 잘못된 귀무가설을 기각할 가능성이 커진다. 다양한 요소가 검정력의 수준에 영향을 미친다. 평균차이, 표본크기, 평균차이의 분산, 귀무가설을 기각할 유의수준 등이 이러한 요소에 해당한다. 귀무가설을 기각하기 위해서는 t값이 커야 하고, t값 계산공식을 볼 때 큰 분자와 작은 분모는 큰 t값을 가져온다. 분자를 구성하는 요소는 두 표본평균의 차이이고, 따라서 이 차이가 클수록 큰 분자값을 얻게 된다. 분모는 각 표본의 분산과 표본의 크기에 의해 결정되며, 따라서 표본분산이 작을수록 그리고 표본크기가 클수록 작은 분모값을 얻게 된다. 즉 표본평균의 차이가 클수록, 표본분산이 작을수록, 표본크기가 클수록 잘못된 귀무가설을 기각할 수 있는 검정력이 커진다.

그림 4-23 ▌1종 · 2종오류와 검정력

		귀무가설에 대한 판단: 참	귀무가설에 대한 판단: 거짓
귀무가설에 대한 진실	참	–	1종오류(α)
	거짓	2종오류(β)	검정력(1−β)

만일 대립가설에 대한 충분한 이론적·경험적·문헌적 근거가 있음에도 불구하고 귀무가설을 기각하지 못할 때는 결론을 내리는 데 있어서 신중을 기해야 한다. 표본크기가 작다면 표본평균의 차이가 크더라도 기각하지 못할 수가 있기 때문이다. 따라서 새로운 주장을 입증하기 위하여 서베이나 실험을 설계할 때는 충분한 표본크기를 확보해야 할 필요가 있다. 충분한 표본크기는 표본평균의 의미 있는 차이를 찾아낼 수 있는 적정수준의 검정력을 확보하게 해준다. 하지만 표본크기의 관점에서만 본다면 표본크기를 증가시키면 증가시킬수록 아주 작은 표본평균의 차이도 '의미 있는' 차이로 나타날 수 있기 때문에 이 또한 해석상의 주의가 필요하다. 대규모 표본에서는 작은 차이도 쉽게 귀무가설을 기각시킬 수 있다. 따라서 새로운 주장을 입증했다는 사실에 만족하기 전에 실제 그 차이가 어떠한 의미를 갖는지 생각해보아야 한다. 남자와 여자 간의 시험점수 차이 0.5점이 통계적으로 유의한 차이를 보인다는 것이 정말 의미 있는 발견일까? 혹은 새로운 다이어트 프로그램이 통계적으로 유의한 0.01kg의 차이를 보인다는 것이 진정 유용한 시사점을 제공하는 것일까? 최종 결론을 내리기 전에 이러한 질문을 한 번 던져보아 분석결과의 실제적인 의미를 생각해보는 것도 가치 있는 일일 것이다.

SPSS 활용

1 일표본 t검정 수행하기

- 『분석 > 평균비교 > 일표본 t검정』을 선택한다.
- 『일표본 t검정』 대화상자에서 검정대상 변수를 선택하여 『검정변수』로 옮기고 『검정값』에는 검정변수의 검정하고자 하는 값(모집단평균: 귀무가설에서 주장하는 값)을 입력한 후 『확인』을 클릭한다.

▶ 그림 4-24 ▌일표본 t검정 대화상자

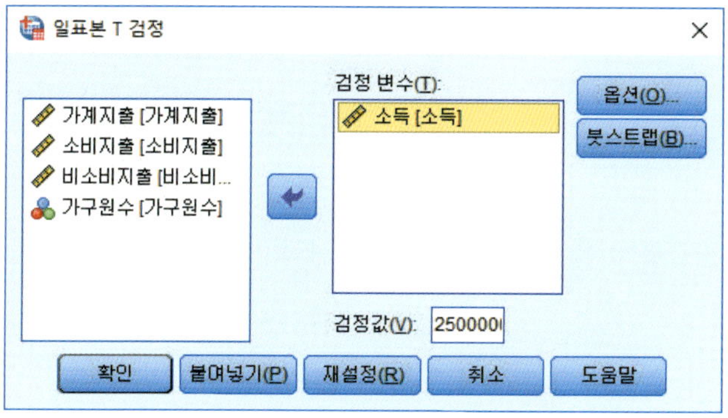

- 『일표본 t검정』 대화상자에서 『옵션』을 선택하면 모집단평균과 검정값 간 차이의 신뢰구간 비율을 지정할 수 있다.

▶ 그림 4-25 ▌일표본 t검정: 옵션 대화상자

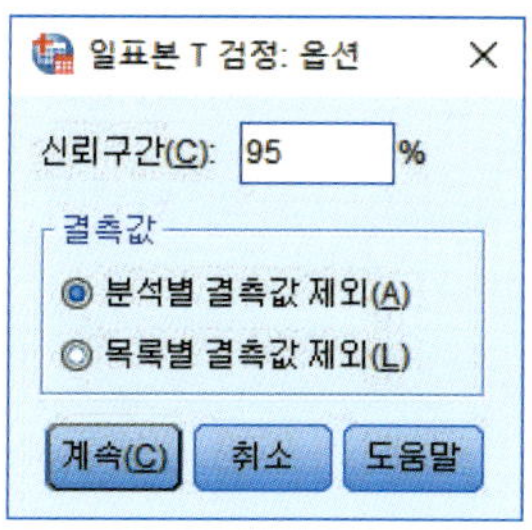

2 모집단평균의 신뢰구간 구하기

▶ 『분석 > 기술통계량 > 데이터 탐색』을 선택한다.

▶ 그림 4-26 ▌데이터 탐색 대화상자

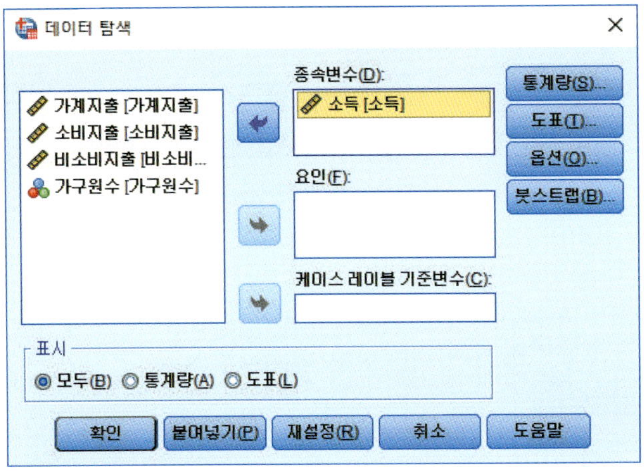

▶ 『데이터 탐색: 통계량』 대화상자에서 『기술통계』를 체크하고 원하는 신뢰구간의 비율을 지정할 수 있다.

▶ 그림 4-27 ▌데이터 탐색: 통계량 대화상자

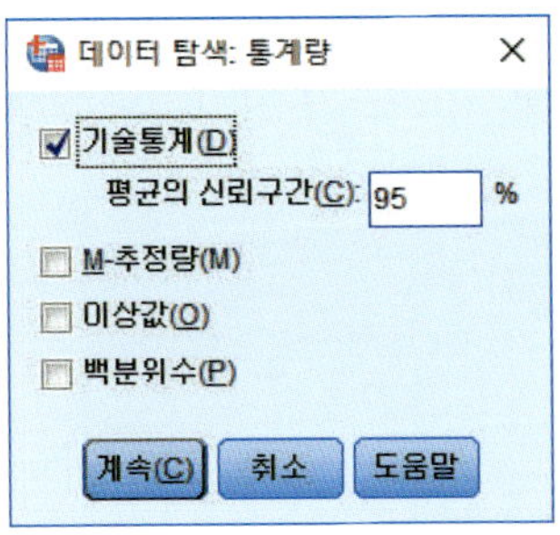

3 Excel을 이용하여 t분포의 유의확률 및 t값(t-value) 구하기

▶ T.DIST(t값, 자유도, TRUE) 함수를 이용하여 t값에 대응되는 누적확률을 구할 수 있다.

그림 4-28 | Excel의 T.DIST() 함수

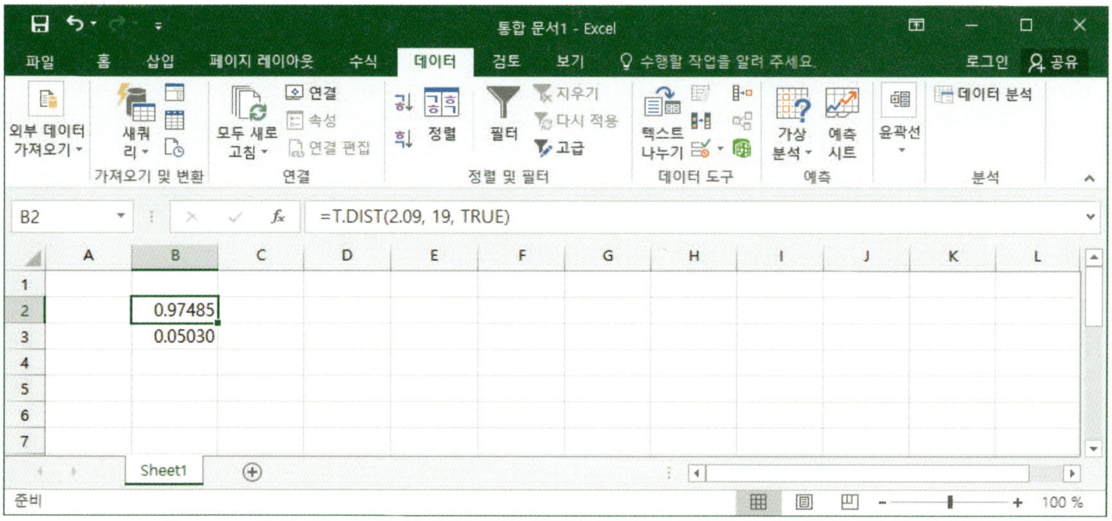

▶ T.DIST.2T(t값, 자유도) 함수를 이용하여 t값에 대응되는 유의확률(양측)을 구할 수 있다.

그림 4-29 | Excel의 T.DIST.2T() 함수

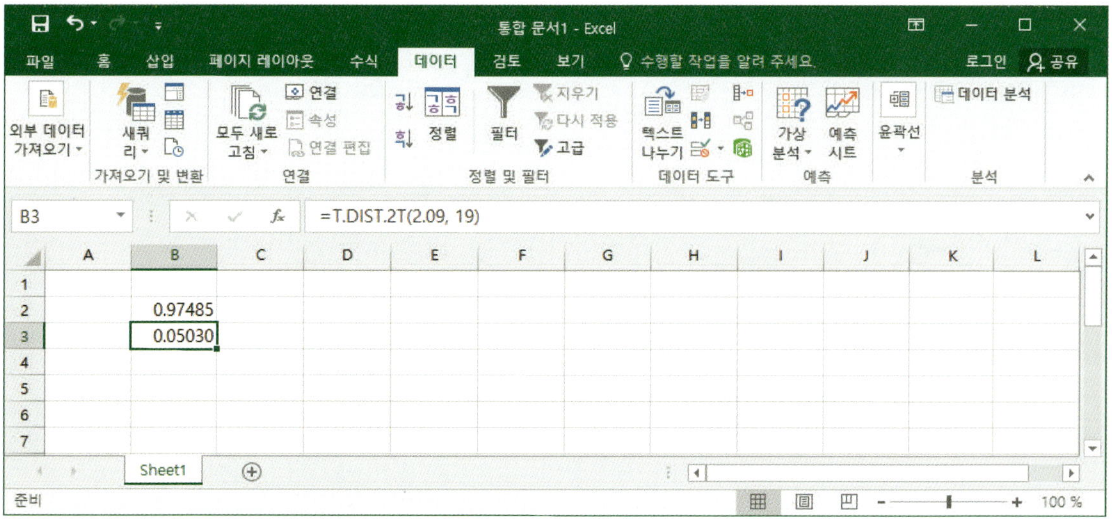

▶ T.INV(누적확률, 자유도) 함수를 이용하여 누적확률에 대응되는 t값을 구할 수 있다.

그림 4-30 ▌ Excel의 T.INV() 함수

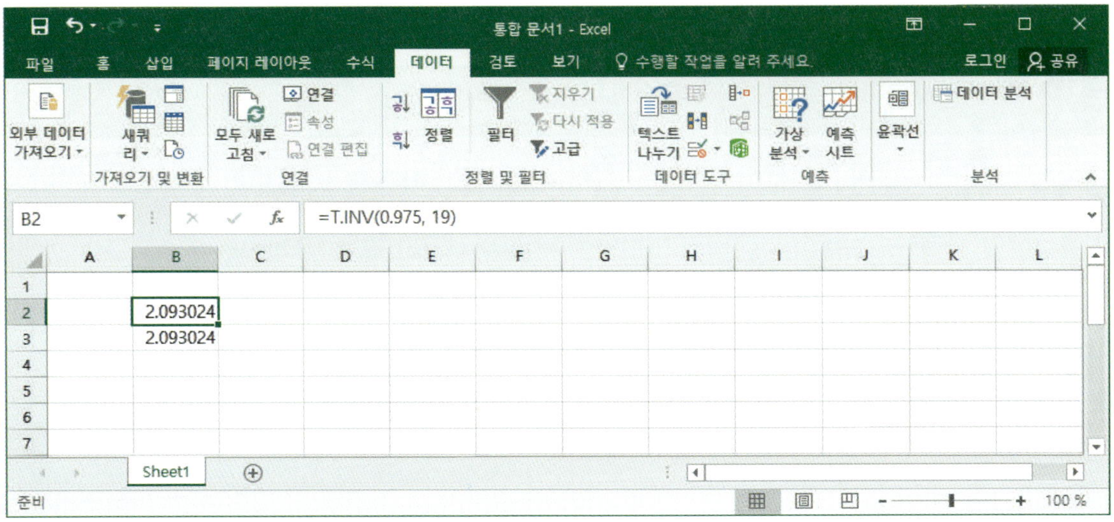

▶ T.INV.2T(유의확률, 자유도) 함수를 이용하여 유의확률(양측)에 대응되는 t값을 구할 수 있다.

그림 4-31 ▌ Excel의 T.INV.2T() 함수

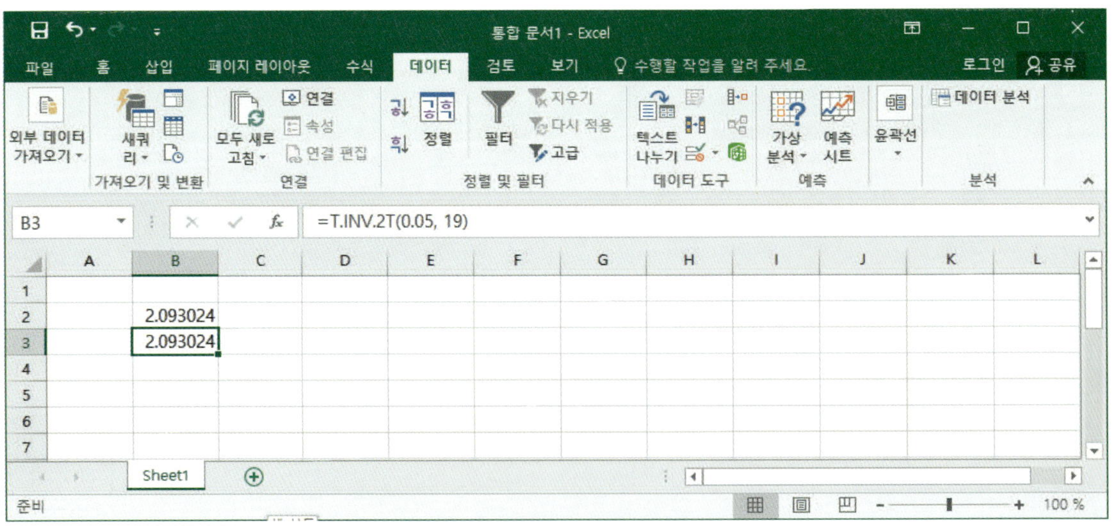

4 집단별 히스토그램 그리기

▶ 『그래프 > 레거시 대화상자 > 히스토그램』을 선택하고 『히스토그램』 대화상자에서 『변수』에 히스토그램 대상 변수를, 『패널 기준』의 『열』에 집단변수를 지정한다.

▶ 그림 4-32 ▌ 히스토그램 대화상자

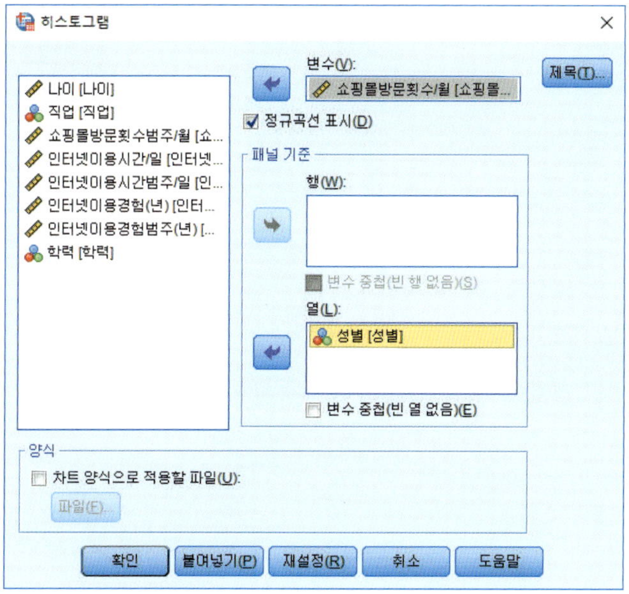

5 95% 신뢰구간 오차막대도표 그리기

▶ 『그래프 > 레거시 대화상자 > 오차막대형 차트』를 지정하고 『오차막대』 대화상자에서 『단순』을 선택한 후 『정의』를 클릭한다.

▶ 그림 4-33 ▌ 오차막대 대화상자

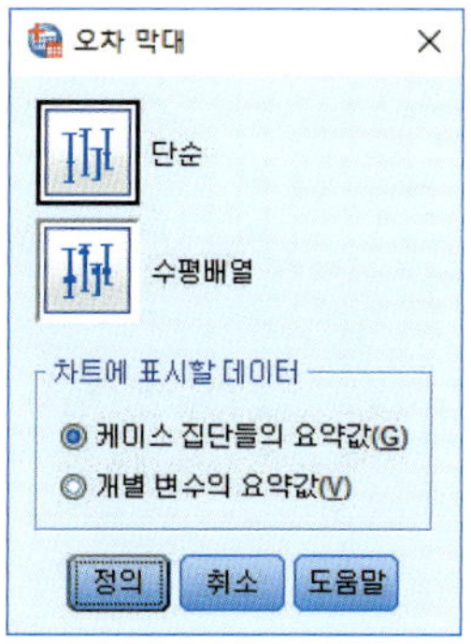

- 『단순 오차막대 정의』 대화상자에서 『변수』 및 『범주축』에 오차막대로 표시할 대상 변수와 범주를 나타내는 집단변수를 지정한다.
- 『막대표시』 그룹에 『평균의 신뢰구간』 및 『수준 95%』를 선택하고 『확인』을 클릭한다.

그림 4-34 ▌ 단순 오차막대 정의 대화상자

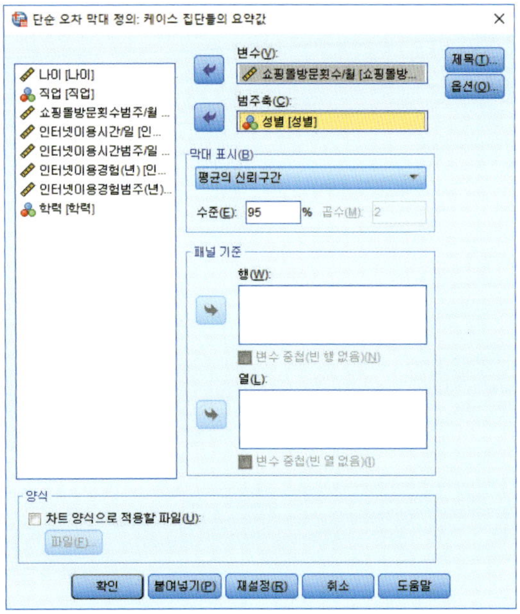

6 집단별 기술통계량 구하기

- 『분석 > 기술통계량 > 데이터 탐색』을 선택한다. 『종속변수』에 기술통계량 대상 변수를 지정하고, 『요인』에 구분하고자 하는 집단에 해당하는 변수를 할당한다.

그림 4-35 ▌ 데이터 탐색 대화상자

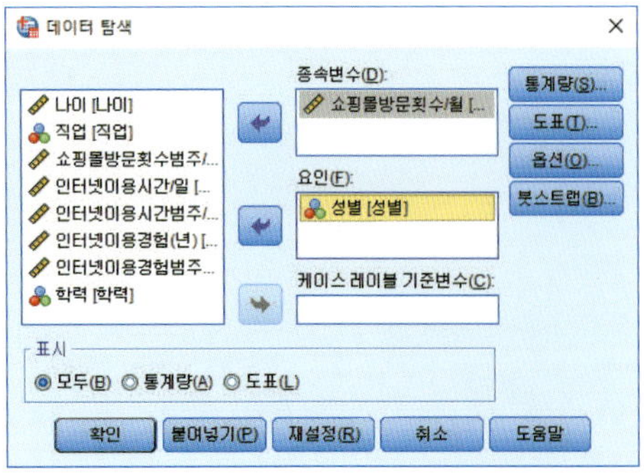

7 독립표본 t검정 수행하기

- 『분석 > 평균비교 > 독립표본 t검정』을 선택한다.
- 『독립표본 t검정』 대화상자에서 검정대상 변수를 선택하여 『검정변수』로 옮기고 『집단변수』에는 구분하고자 하는 집단에 해당되는 변수를 지정한다.

그림 4-36 ▌ 독립표본 t검정 대화상자

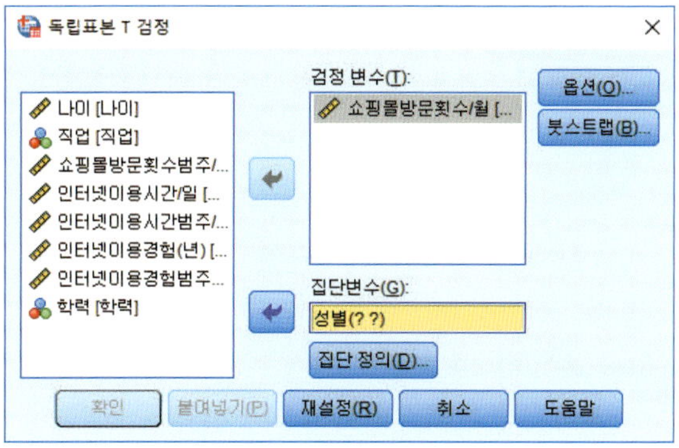

- 『집단정의』 대화상자에서 집단을 구분하는 코딩값을 입력한다.

그림 4-37 ▌ 집단정의 대화상자

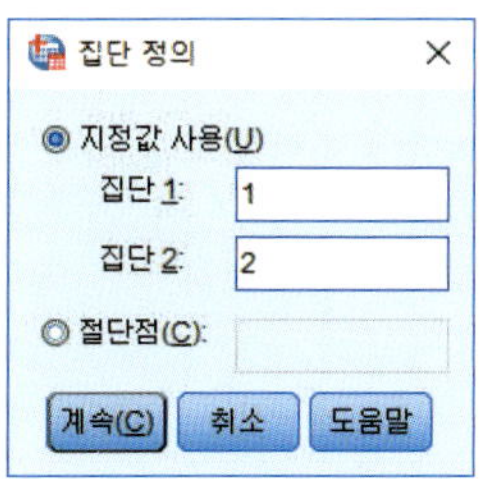

- 『독립표본 t검정』 대화상자에서 『옵션』을 선택하면 신뢰구간을 지정할 수 있다.

그림 4-38 ▌ 독립표본 t검정: 옵션 대화상자

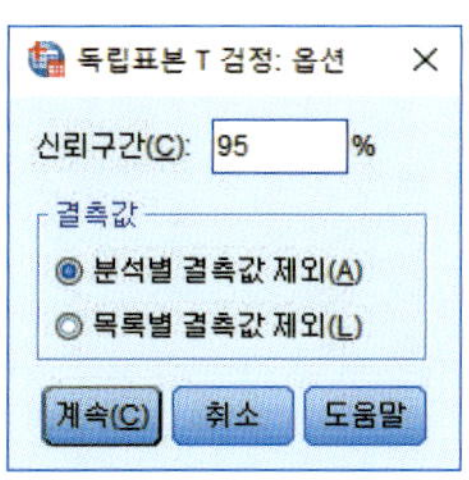

8 대응표본 t검정 수행하기

- 『분석 > 평균비교 > 대응표본 t검정』을 선택한다.
- 『대응표본 t검정』 대화상자에서 검정대상 변수를 선택하여 『대응 변수』로 옮긴다.

그림 4-39 ▌ 대응표본 t검정 대화상자

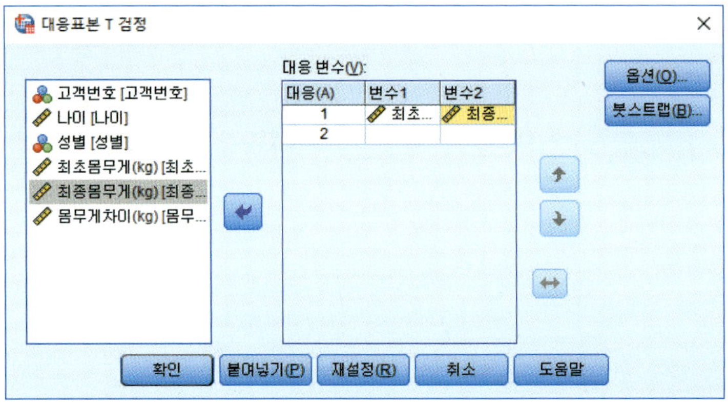

- 『대응표본 t검정』 대화상자에서 『옵션』을 선택하면 신뢰구간을 지정할 수 있다.

그림 4-40 ▌ 대응표본 t검정: 옵션 대화상자

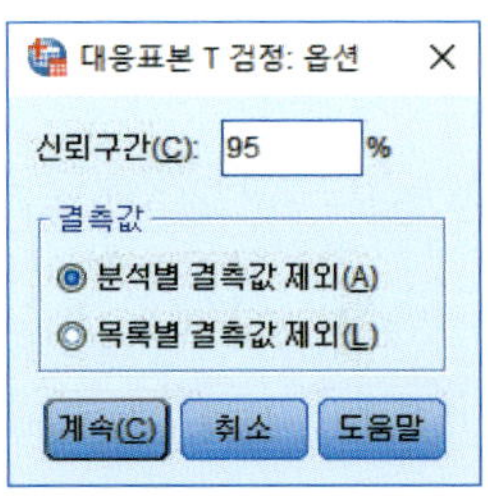

사례연구

㈜아침영양은 바쁜 현대인들을 위해 아침식사를 전문적으로 배달하는 기업이다. 이 회사는 아침식사 시간이 부족한 직장인을 위한 새로운 메뉴를 개발하여 시장을 확대하려 하고 있다. 이를 위한 기초 데이터를 확보하기 위해 직장인의 아침식사 실태를 파악하고자 한다. 특히 남녀별로 아침식사횟수에 차이가 있는지를 파악하여 남녀별 시장세분화 전략에 반영할 계획이다. 이를 위해 ㈜아침영양의 기획팀에서는 [그림 4-41]과 같은 설문항목을 개발하여 아침에 출근하는 직장인을 대상으로 설문조사를 수행하였다. 총 595개의 응답 데이터가 수집되었으며 이 중 남자는 315명, 여자는 280명으로 집계되었다(fooddelivery.sav 데이터 파일).

여기에서 검정하고자 하는 가설은 다음과 같다.

- 귀무가설: 성별에 따른 일주일 평균 아침식사횟수에는 차이가 없다.
- 대립가설: 성별에 따른 일주일 평균 아침식사횟수에는 차이가 있다.

남녀별 아침식사횟수 히스토그램을 보면 남자가 여자에 비해 아침을 거르는 빈도가 더 많은 것을 확인할 수 있다([그림 4-42]). 좀 더 구체적으로 살펴보면 남녀 간의 표본평균의 차이는 1.02회(남자 3.63회, 여자 4.65회)로서 남자가 여자에 비해 일주일에 하루 정도 더 아침을 거른다([그림 4-43]).

그림 4-41 ▌설문서: 아침식사

1. 귀하의 일주일 평균 아침식사횟수는 몇 회입니까?
   일주일 평균 (   )회
2. 귀하의 평균 식사시간은 몇 분입니까?
   평균 (   )분
3. 귀하의 성별에 해당하는 난에 표시(√)하여 주시기 바랍니다.
   남(   ) 여(   )
4. 귀하의 나이는 몇 세입니까?
   만 (   )세

그림 4-42 히스토그램: 남녀별 아침식사횟수

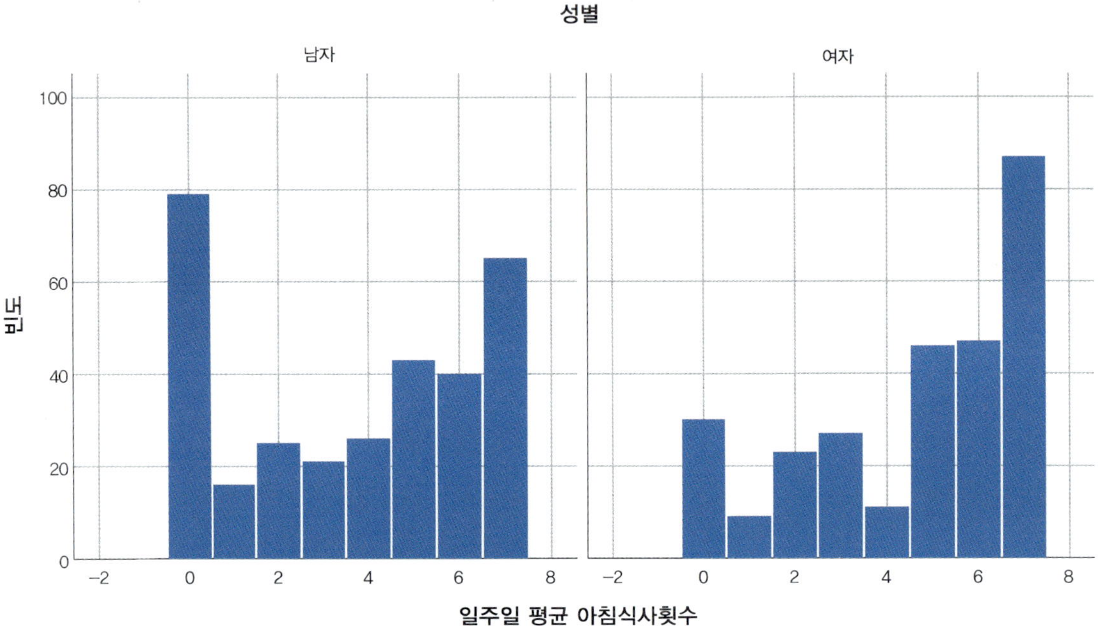

그림 4-43 기술통계량: 남녀별 아침식사횟수

성별		N	평균	표준편차	평균의 표준오차
아침식사횟수	1 남자	315	3.63	2.691	.152
	2 여자	280	4.65	2.380	.142

남녀별 아침식사횟수 95% 신뢰구간 오차막대도표를 그려보면 [그림 4-44]와 같다. 남자와 여자의 신뢰구간이 전혀 겹치지 않는 것을 확인할 수 있다. 이는 남자 집단에서는 받아들여지는 값이 여자 집단에서는 타당하지 않을 수 있으며, 반대로 여자집단에는 있을 수 있는 값이 남자집단에서는 받아들이기 어려운 예외적인 값이 될 수 있다는 의미이다.

▶ 그림 4-44 ▌95% 신뢰구간 오차막대도표: 남녀별 아침식사횟수

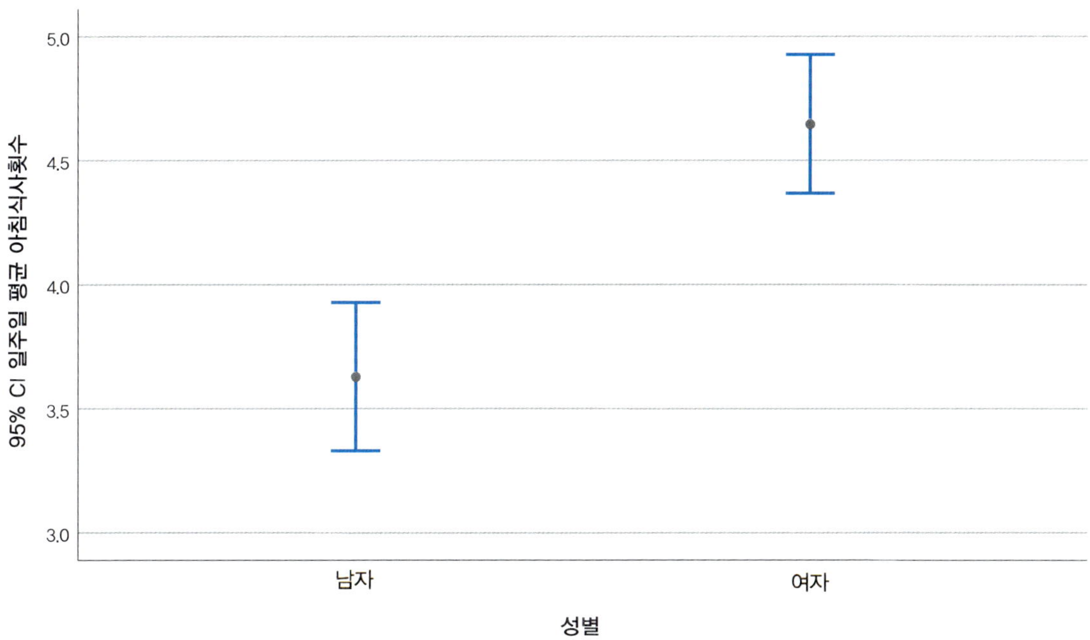

이러한 남녀 간의 차이를 전체 남자 및 여자 모집단의 차이로 일반화할 수 있는지 검정하기 위하여 독립표본 t검정을 수행하였다. 검정결과 두 표본의 평균이 동일하다는 가정(즉 평균차이가 0)하에서 표본평균의 차이가 1.018로 나타날 유의확률이 0.000으로서 일반적인 검정기준인 0.05 또는 0.01에 비해 현저히 낮으므로 여기에서 우리는 귀무가설을 기각할 수 있다([그림 4-45]). Levene의 등분산검정 결과 등분산 가정이 기각되었다. 여기에서는 등분산이 가정되는 경우와 가정되지 않는 경우 모두 평균의 동일성에 대한 t검정 결과가 일치하며, 동일하게 귀무가설을 기각시킨다. 즉 유의수준 0.01에서 성별에 따른 아침식사횟수에는 차이가 없다는 귀무가설을 기각한다.

그림 4-45 | 독립표본 t검정: 남녀별 아침식사횟수

			아침식사횟수	
			등분산을 가정함	등분산을 가정하지 않음
Levene의 등분산 검정	F		16.488	
	유의확률		.000	
평균의 동일성에 대한 t검정	t		-4.861	-4.897
	자유도		593	592.986
	유의확률(양측)		.000	.000
	평균차이		-1.018	-1.018
	차이의 표준오차		.209	.208
	차이의 95% 신뢰구간	하한	-1.429	-1.426
		상한	-.607	-.610

이러한 분석결과를 토대로 ㈜아침영양에서는 상대적으로 아침식사를 많이 거르는 남성들을 위한 할인이나 우대 이벤트를 제공하고 회원의 성별에 따라서 가격과 제공서비스를 차별화하는 전략을 검토하기로 하였다.

연습문제

01 학교 근처에 새로 문을 연 음식점은 배달시간을 정확히 지킨다고 광고하면서 음식 배달시간은 평균 30분에 표준편차 10분인 정규분포를 따른다고 주장하고 있다.

① 주문 후 42분만에 음식이 도착하였다. 음식점의 광고에 대한 의견을 근거와 함께 제시하시오.

② 20명의 친구들이 동일한 방식으로 주문을 하여 배달시간을 기록한 결과 평균 42분의 배달시간이 소요되는 것을 알았다. 음식점의 광고에 대한 의견을 근거와 함께 제시하시오.

③ 앞의 결과(②번)를 토대로 평균 배달시간에 대한 95% 신뢰구간을 구하고 이를 근거로 음식점의 주장에 대한 의견을 제시하시오.

02 항공사에서 항공편당 평균 공석수를 추정하려고 한다. 이를 위해 225개의 항공편을 임의로 선정하여 각 항공편당 공석수를 기록하였다. 그 결과 평균 11.6석, 표준편차 4.1석으로 나타났다. 항공편당 평균 공석수의 90%, 95%, 99% 신뢰구간을 구하시오(표본의 크기가 충분히 크므로 정규분포 이용).

03 프린터 제조업체에서 프린터 토너당 평균 문자 출력수를 추정하려고 한다. 이를 위해 15개의 프린터를 임의로 선정하여 각 프린터 토너의 수명이 다할 때까지의 문자 출력수를 기록하였다. 그 결과 평균 1.239, 표준편차 0.193으로 나타났다(백만 단위). 프린터 토너당 평균 문자 출력수의 90%, 95%, 99% 신뢰구간을 구하시오(표본의 크기가 상대적으로 작으므로 t분포 이용).

04 grade.sav 데이터 파일을 이용하여 다음 표를 완성하고 학생들의 평균성적이 65점이라는 가설을 검정하시오(유의수준 0.05).

	검정값=65					
					차이의 95% 신뢰구간	
	t	자유도	유의확률 (양측)	평균차이	하한	상한
성적				-.852	-4.12	2.42

05 grade.sav 데이터 파일을 이용하여 다음 표를 완성하고 학생들의 평균성적이 70점이라는 가설을 검정하시오(유의수준 0.05).

	검정값=70					
	t	자유도	유의확률 (양측)	평균차이	차이의 95% 신뢰구간	
					하한	상한
성적				−5.852	−9.12	−2.58

06 귀무가설과 대립가설이 무엇인지 설명하고, 가설검정이란 무엇인지 귀무가설과 대립가설의 관점에서 설명하시오.

07 ishop.sav 데이터 파일을 이용하여 ① 다음 표를 완성하시오. ② 그리고 남녀 간에 인터넷 이용시간에 차이가 있는지를 검정하시오(Levene의 등분산검정 결과를 반영하여 검정).

	성별	N	평균	표준편차	평균의 표준오차
인터넷이용시간	1 남자	326		2.621	.145
	2 여자	146		2.476	.205

			인터넷이용시간	
			등분산을 가정함	등분산을 가정하지 않음
Levene의 등분산 검정	F			
	유의확률			
평균의 동일성에 대한 t검정	t			
	자유도			
	유의확률(양측)			
	평균차이		.159	.159
	차이의 표준오차		.257	.251
	차이의 95% 신뢰구간	하한	−.346	−.336
		상한	.663	.653

08 ishop.sav 데이터 파일을 이용하여 ① 다음 표를 완성하시오. ② 그리고 남녀 간에 인터넷 이용경험에 차이가 있는지를 검정하시오(Levene의 등분산검정 결과를 반영하여 검정).

	성별	N	평균	표준편차	평균의 표준오차
인터넷이용경험	1 남자	326		2.007	.111
	2 여자	147		1.828	.151

			인터넷이용경험	
			등분산을 가정함	등분산을 가정하지 않음
Levene의 등분산 검정	F 유의확률			
평균의 동일성에 대한 t검정	t			
	자유도			
	유의확률(양측)			
	평균차이		.070	.070
	차이의 표준오차		.194	.187
	차이의 95% 신뢰구간	하한	-.312	-.299
		상한	.451	.438

09 오프라인쇼핑몰을 주로 이용하는 사람과 온라인쇼핑몰을 주로 이용하는 사람의 연령에 있어서 차이가 있는지 분석하고자 한다. 이를 위해 다음과 같은 표본을 수집하였다. 유의수준 5%에서 두 모집단의 평균이 차이가 있는지 검정하시오(두 모집단의 분산은 같다고 가정).

	오프라인 이용자	온라인 이용자
표본크기	150	175
평균	39.3세	35.4세
표준편차	16.8세	15.2세

① 귀무가설과 대립가설을 기술하시오.

② 검정통계량 t값 및 유의확률을 제시하고 가설검정 결과를 기술하시오.

10 사례연구에서 살펴본 ㈜아침영양의 데이터를 이용하여 유의수준 5%에서 남녀 간에 식사시간의 차이가 존재하는지 검정하시오(fooddelivery.sav 데이터 파일).

일원분산분석

Chapter 05

Chapter 05

일원분산분석

앞 장의 평균검정에서 우리는 두 개의 독립표본이나 대응표본을 이용하여 각각의 모집단평균이 서로 동일한지 여부를 검정하는 가설검정 절차를 살펴보았다. 여기에서 다루게 될 **분산분석(analysis of variance, ANOVA)**은 두 개가 아닌 여러 모집단 간의 평균의 동일성 여부를 검정한다.

5.1 일원분산분석

일원분산분석(one-way ANOVA)을 이용하여 세 개 이동통신회사 간에 고객들의 월간 모바일뱅킹 이용횟수에 있어서 차이가 존재하는지 검정해보자(mbanking.sav 데이터 파일; 곽기영·이유진 2005). 일원분산분석에서 '일원(one-way)'이란 집단을 구분하는 독립변수가 한 개인 경우를 의미한다. 여기에서 집단을 구분하는 독립변수는 이동통신회사이다.

이동통신회사별로 고객들의 모바일뱅킹 이용횟수에 차이가 있는지를 보기 위해 우선 [그림 5-1]과 같은 기술통계량을 살펴보았다. 평균은 2.17이며, SKT가 2.49로서 가장 높은 이용수준을 보이고 있고 KT가 1.61로서 가장 낮은 이용수준을 나타내고 있다.[1] 평균값 간에 다소 차이가 있으며, 특히 SKT와 KT 간에는 의미 있는 평균차이가 존재하는 것처럼 보인다. 표준오차는 LGU+가 가장 큰 것으로 나타났다.[2]

---

1) 여기에서의 모바일뱅킹 이용횟수는 실제 이용횟수를 다섯 개의 범주로 구분하여 기록한 1에서 5 사이의 이용횟수 수준을 나타낸다.

2) 표준오차는 표본의 표준편차를 표본크기의 제곱근으로 나누어서 구한다. LGU+의 표본크기가 가장 작다는 점을 주목하자.

그림 5-1 ▌ 기술통계량: 모바일뱅킹 이용횟수

이용횟수

	N	평균	표준편차	표준오차	평균에 대한 95% 신뢰구간		최소값	최대값
					하한	상한		
1 SKT	170	2.49	1.307	.100	2.30	2.69	1	5
2 KT	100	1.61	.973	.097	1.42	1.80	1	5
3 LGU+	12	2.25	1.422	.411	1.35	3.15	1	5
전체	282	2.17	1.271	.076	2.02	2.32	1	5

일원분산분석을 수행하기 위해서는 SPSS 메뉴에서 『분석 > 평균비교 > 일원배치 분산분석』을 선택한 후 『종속변수』에 이용횟수 변수를, 『요인』에 이동통신회사 변수를 선택하고 『확인』을 클릭한다(mbanking.sav 데이터 파일). 기술통계량은 『일원배치 분산분석: 옵션』 대화상자에서 『기술통계』를 선택하여 구할 수 있다.

그림 5-2 ▌ 95% 신뢰구간 오차막대도표: 모바일뱅킹 이용횟수

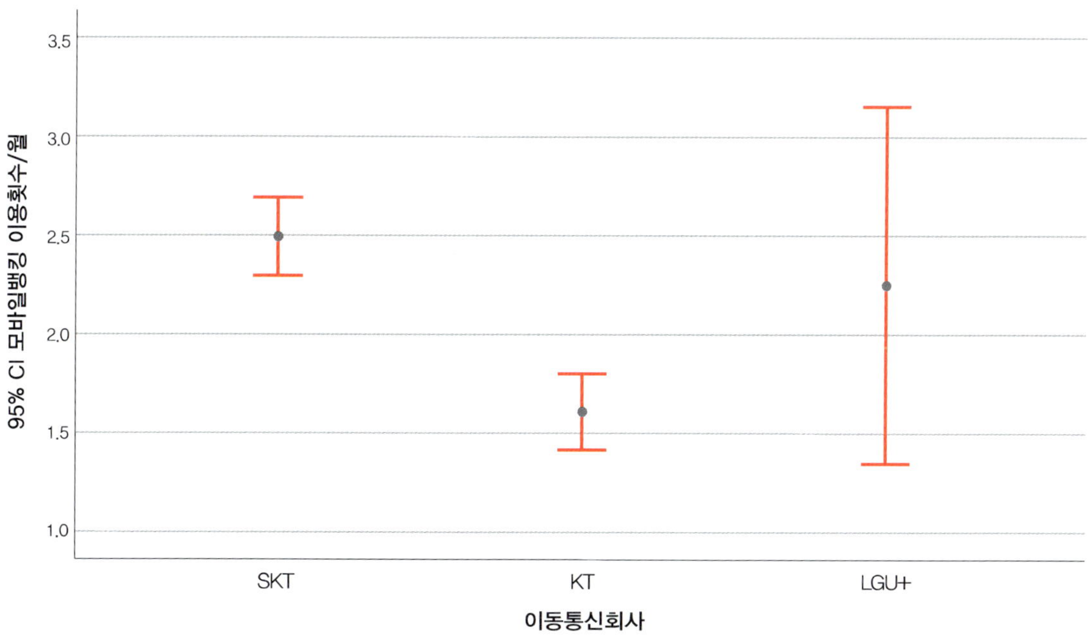

SPSS 메뉴에서 『그래프 > 레거시 대화상자 > 오차막대형 차트』를 선택하여 평균의 95% 신뢰구간을 도표로 그릴 수 있다(mbanking.sav 데이터 파일).

평균에 대한 95% 신뢰구간을 도표로 그려보면 [그림 5-2]와 같다. 예상대로 LGU+의 신뢰구간 폭이 가장 크며(표준오차가 커지면 신뢰구간의 폭이 커짐), LGU+를 제외한 두 이동통신회사

SKT와 KT 간에는 신뢰구간이 서로 겹치지 않는다. 이는 SKT에서는 받아들여질 수 있는 값이 KT에서는 타당하지 않을 수 있으며, 그 반대로 KT에서는 있을 수 있는 값이 SKT에서는 예외적인 값이 될 수 있다는 의미로 해석할 수 있다.

기술통계량을 보면 이동통신회사 간의 모바일뱅킹 이용횟수 수준에 차이가 있는 것처럼 보인다. 하지만 이는 이 표본에 한정된 것일 뿐이며 모집단으로 일반화시켜 통계적으로 검정한 것은 아니다. 따라서 이를 체계적 절차에 따라 통계적으로 검정할 필요가 있다. 즉 지금까지 살펴본 통계적 검정절차와 마찬가지로 세 개 이동통신회사의 고객으로부터 수집한 표본평균의 차이가 이동통신회사 간의 모집단평균이 동일하다는 가정하에서 흔히 나타날 수 있는 평범한 차이인지 아니면 모집단의 명백한 차이에 기인한 것인지를 검정해야 한다. 검정을 위한 귀무가설은 "세 이동통신회사 간의 모바일뱅킹 이용횟수 수준은 차이가 없다(동일하다)"이며, 대립가설은 "세 이동통신회사 간의 모바일뱅킹 이용횟수 수준은 차이가 있다(동일하지 않다)"이다. 대립가설은 귀무가설에 대한 반대의 주장이므로 '차이가 있다'를 주장할 뿐 어느 집단과 어느 집단이 차이가 있는지는 주장하지 않는다. 따라서 어느 한 집단이라도 다른 집단과 통계적으로 유의한 차이를 보인다면 귀무가설은 기각된다.

분산분석에서는 다음 세 가지 전제조건이 충족되는 것으로 가정한다.

- 독립성: 각 모집단으로부터 무작위 표본이 독립적으로 선정된다.
- 정규성: 모집단은 정규분포를 한다.
- 분산동일성: 모집단분산은 모두 동일하다.

독립성(independence) 가정이 의미하는 것은 한 집단으로부터의 관측값은 다른 집단으로부터의 관측값과 서로 관련이 없어야 한다는 것이다. 예를 들어, 동일한 사람에게 세 개의 서로 다른 실험조건을 부여하여 얻어진 데이터를 이용하여 집단 간의 차이를 분석하려고 할 경우 일반적인 분산분석을 이용할 수 없다.[3] 동일한 사람으로부터 얻어진 세 개 관측값이 각 실험집단에 나타나고 이 값들은 서로 영향을 미치기 때문에 이 데이터는 서로 독립적으로 선정되었다고 할 수 없다. 시간이 지남에 따라 실험조건이 변화하는 경우에도 집단 내의 관측값이 독립적이지 않기 때문에 분산분석을 이용할 수 없다. 예를 들어, 실험을 수행하기 위하여 복잡한 과업을 피실험자에게 설명하는 경우 시간이 지날수록 요령이 생겨 설명의 숙련도가 증가한다. 따라서 실험 초기에 설명을 들은 피

3) 동일한 사람에 대해 처치 조건을 달리하여 여러 번 반복 측정한 후 집단(즉 측정 차수) 간 차이가 존재하는지 검정하려면 분산분석의 한 특수한 형태인 반복측정 분산분석(repeated measures ANOVA)을 이용한다.

실험자는 시간이 좀 지난 후 설명을 들은 피실험자만큼 주어진 과업을 잘하지 못할 수도 있다. 피실험자의 성과는 실험에 참여하는 시점에 영향을 받게 되며 연속된 두 피실험자는 서로 유사한 성과를 보인다. 분산분석에 있어서 **정규성(normality)** 가정은 집단별로 히스토그램을 그려보면 확인할 수 있다. 분산분석은 정규성 가정에 크게 제한을 받지는 않는다. 따라서 데이터 분포가 극단적으로 비정규성을 보이지 않는 한 그다지 걱정할 필요는 없다. 다만 집단을 구성하는 표본의 크기가 작을 경우에는 비정상적인 관측값들이 미칠 수 있는 영향을 주의 깊게 살펴볼 필요가 있다. 이들 비정상적 관측값들은 평균과 표준편차에 큰 영향을 미칠 수 있기 때문에 이들을 제거한 후 분산분석을 수행하는 것이 바람직하다. **분산동일성(equality of variance)** 가정은 상자도표상에서 관측값들의 퍼져 있는 정도를 살펴봄으로써 확인할 수 있다. 이는 Levene의 등분산검정을 통해서도 확인할 수 있다. 각 집단의 표본크기가 유사하다면 분산동일성 가정은 그다지 중요하지는 않다.

그런데 집단 간의 평균의 차이를 검정하는 데 왜 분산을 분석하는 것일까? 그 이유를 다음과 같이 생각해볼 수 있다. 집단의 평균이 서로 다르다는 것은 기본적으로 각 집단의 평균이 서로 멀리 떨어져 있다는 뜻이고, 이는 집단평균의 퍼져 있는 정도를 나타내는 집단평균의 분산이 크다는 의미이다. 따라서 집단평균의 분산이 클수록 집단 간의 평균은 서로 다를 가능성이 커진다([그림 5-3]의 ①). 하지만 집단평균의 분산이 크더라도 각 집단 내의 분산 또한 크다면(즉 분포가 넓게 퍼져 있다면) 집단 간의 분포가 서로 겹쳐지는 영역이 커진다([그림 5-3]의 ②). 다시 말해 각 집단의 분포가 서로 명확히 구분되지 않게 되어 집단 간의 평균이 다르다고 주장하기 힘들어진다. 즉 한 집단에서 나타날 수 있는 값이 다른 집단에서도 나타날 가능성이 커지며, 이렇게 되면 집단 간의 평균이 다르다고 주장하기가 어려워진다.

반대로 각 집단 내의 분산이 상대적으로 작다면(즉 분포가 뾰족하고 좁은 형태라면) 집단 간의 분포는 명확히 구분이 되고 서로 겹치는 영역이 작아진다([그림 5-3]의 ③). 즉 한 집단에서 나타난 값이 다른 집단에서도 나타날 가능성이 작아지며, 이렇게 되면 집단 간에 서로 다른 평균을 가지고 있다고 주장하기가 쉬워진다. 하지만 집단 내의 분산이 작더라도 집단평균의 분산 역시 작다면(즉 집단평균들이 서로 가까운 거리에 모여 있다면) 각 집단의 분포가 서로 겹쳐지는 영역이 존재하게 된다([그림 5-3]의 ④). 다시 말해 각 집단의 분포가 서로 명확히 구분되지 않게 되어 집단 간의 평균이 다르다고 주장하기 힘들어진다.

그림 5-3 ▌ 집단 간 분산과 집단 내 분산의 비교

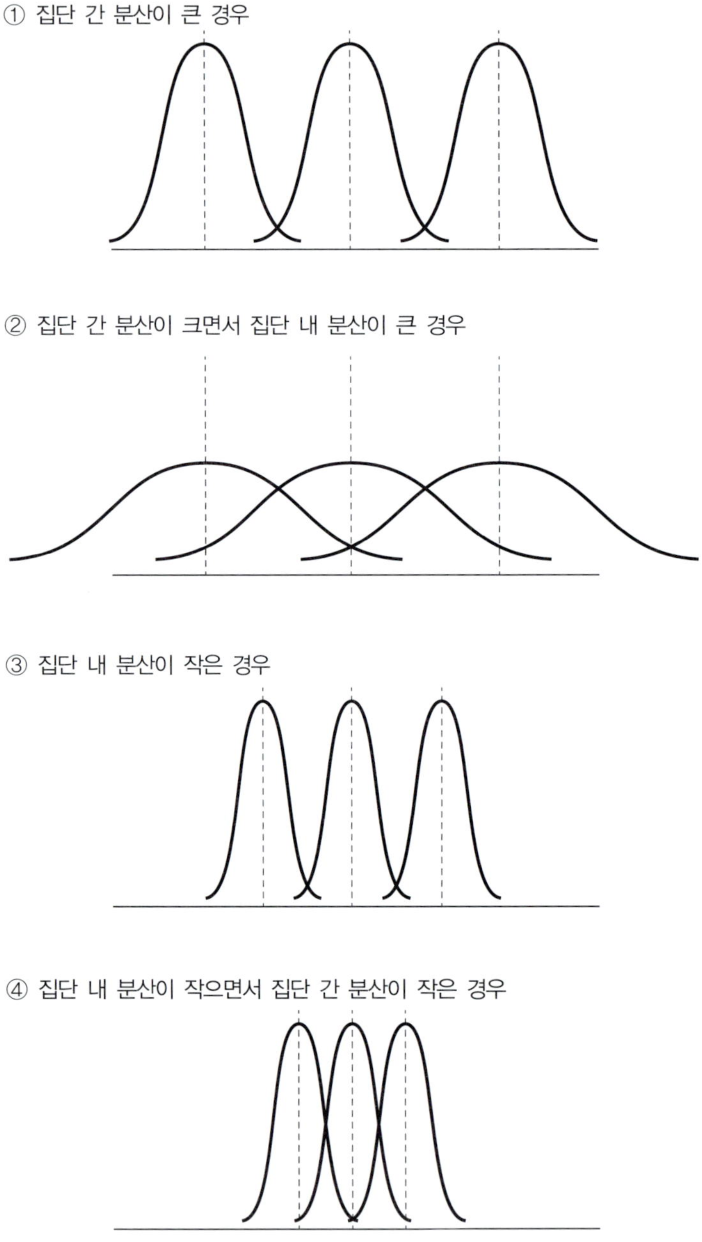

이상의 내용을 종합해보면 **집단 간 분산**(between-groups variability)이 클수록, 그리고 **집단 내 분산**(within-groups variability)이 작을수록 집단평균이 다를 가능성이 증가한다. 따라서 이 두 종류의 분산이 갖는 값의 상대적 크기에 의해 집단 간 평균의 동일성 여부가 결정된다고 할

수 있다. 이처럼 집단평균의 동일성 유무(즉 각 집단이 동일 모집단에 속하는지 여부)는 집단 간 분산 및 집단 내 분산을 검토함으로써 판단 내릴 수 있다. 이와 같이 집단 간 분산 및 집단 내 분산 두 종류의 분산을 분석함으로써 모집단평균의 동일성에 대한 검정을 수행한다 하여 이를 분산분석이라고 부른다. 다시 말해 분산분석이란 각 집단의 표본평균의 분산정도(집단 간 분산)가 집단 내의 관측값의 분산정도(집단 내 분산)에 비해 어느 정도 더 변동성이 큰가를 분석하여 모집단평균의 동일성 여부에 대한 추론을 하는 절차라 할 수 있다. 그렇다면 여기에서 우리가 관심을 가져야 할 부분은 집단 간 분산과 집단 내 분산의 비율이 어느 정도 커야만 집단 간 평균이 서로 다르다고 주장할 수 있는가이다. 집단 간 분산과 집단 내 분산의 비는 **F통계량(F statistic, F-value, F값)**이라 하며 <집단개수−1> 및 <표본크기−집단개수>를 자유도로 갖는 **F분포(F distribution)**를 따른다. 지금까지 제시된 가설검정 절차와 마찬가지로 모집단평균이 동일하다는 가정하에서 표본으로부터 관측된 F값이 예외적으로 큰 값을 나타낸다면(예를 들면, F분포상에서 유의확률 5% 미만에 속하는 값) 모집단의 평균이 동일하다는 귀무가설을 기각하게 된다. F값은 분산의 비율로 계산되기 때문에 항상 양수값을 갖게 되고, 따라서 F분포 역시 양(+)의 영역에서 분포가 이루어진다.[4] F분포는 두 개의 자유도에 의해 분포의 모양이 결정되며 대체로 [그림 5-4]와 같이 오른쪽으로 긴 꼬리를 갖는다.

그림 5-4 ▌F분포

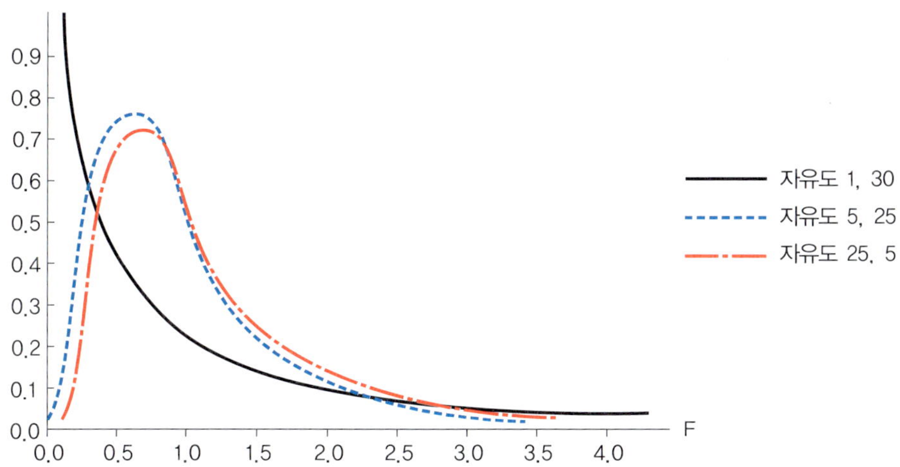

4) Z값과 t값은 양수뿐만 아니라 음수도 취할 수 있었다는 점을 상기하자.

집단 간 분산과 집단 내 분산을 이용한 분산분석 절차를 좀 더 자세히 살펴보자. 집단 간 분산이란 집단의 표본평균들이 전체표본의 평균으로부터 떨어져 있는 정도를 나타낸 값으로 표본평균들이 집단 간에 변동하는 정도이다. 이는 **집단 간 제곱합(between-groups sum of squares)**을 자유도로 나누어 다음과 같이 구할 수 있다. 자유도는 집단의 개수에 의해 결정된다.

$$\text{집단 간 분산} = \frac{\text{집단 간 제곱합}}{\text{자유도}}$$

$$\text{집단 간 분산} = \frac{\sum_g \left[(\overline{X}_g - \overline{X})^2 \times n_g\right]}{g-1}$$

여기에서, g는 집단의 개수, $\overline{X}_g$는 g집단의 표본평균, $\overline{X}$는 전체표본의 평균,
n_g는 g집단의 표본크기

[그림 5-1]의 기술통계량을 이용하여 계산해보면 다음과 같다.

$$\text{집단 간 분산} = \frac{(2.49-2.17)^2 \times 170 + (1.61-2.17)^2 \times 100 + (2.25-2.17)^2 \times 12}{3-1} = 24.4224$$

집단 내 분산이란 집단 내의 관측값이 그 집단의 평균으로부터 떨어져 있는 정도를 나타낸 값으로 관측값이 집단 내에서 변동하는 정도이다. 분산분석에서는 모집단의 등분산을 가정하기 때문에 각 집단의 분산을 평균(집단의 표본크기를 고려한 가중평균)하여 하나의 집단 내 분산값을 도출하는 것이 가능하다. 집단 내 분산은 **집단 내 제곱합(within-groups sum of squares)**을 자유도로 나누어 다음과 같이 계산한다. 자유도는 전체 표본크기와 집단의 개수에 의해 결정된다.

$$\text{집단 내 분산} = \frac{\text{집단 내 제곱합}}{\text{자유도}}$$

$$\text{집단 내 분산} = \frac{\sum_g \sum_i (X_{ig} - \overline{X}_g)^2}{\sum_g (n_g - 1)} = \frac{\sum_g \left[s_g^2 \times (n_g - 1)\right]}{\sum_g (n_g - 1)} = \frac{\sum_g \left[s_g^2 \times (n_g - 1)\right]}{n-g}$$

여기에서, g는 집단의 개수, s_g는 g집단의 표준편차, n_g는 g집단의 표본크기,
X_{ig}는 g집단의 i번째 관측값, $\overline{X}_g$는 g집단의 표본평균, n은 전체 표본크기

[그림 5-1]의 기술통계량을 이용하여 계산해보면 다음과 같다.

$$\text{집단 내 분산} = \frac{1.307^2 \times 169 + 0.973^2 \times 99 + 1.422^2 \times 11}{169 + 99 + 11} = 1.4504$$

이와 같이 구해진 집단 간 분산과 집단 내 분산을 이용하여 다음과 같이 F값을 계산한다.

$$\text{F} = \frac{\text{집단 간 분산}}{\text{집단 내 분산}}$$

$$\text{F} = \frac{24.4224}{1.4504} = 16.8383$$

가설검정을 위해서는 귀무가설이 사실이라는 전제하에 표본으로부터 얻은 F값이 얼마나 흔히 관찰될 수 있는 것인지 혹은 얼마나 드물게 관찰될 수 있는 것인지를 아는 것이 필요하다. 이를 위해 F분포표를 이용하여 일반적 유의수준 0.05 또는 0.01에서의 F값을 구한 후 관측된 F값과 비교한다. 부록 A 통계표의 F분포표를 이용할 때는 먼저 적용하고자 하는 유의수준(0.05 또는 0.01)을 결정한 후 각 유의수준별 F분포표에서 분자의 자유도 <집단개수−1> 및 분모의 자유도 <표본크기−집단개수>에 대응되는 F값을 구한다. 표본으로부터 구한 F값 16.8383은 F분포표에 의하면 유의수준 0.05에서의 F값(자유도 2, 자유도 279)인 3.00보다 매우 크기 때문에(즉 매우 드물게 관찰될 수 있는 경우이기에) 우리는 모집단의 평균이 동일하다는 가설을 기각한다([그림 5-5]). Excel의 F.INV.RT(확률, 분자의 자유도, 분모의 자유도) 함수를 이용하여 계산한 유의수준 0.05에서의 정확한 F값은 F.INV.RT(0.05, 2, 279)=3.0281이다. Excel을 이용하면 관측된 F값 이상의 값이 나타날 확률을 구할 수 있다. F.DIST.RT(F값, 분자의 자유도, 분모의 자유도) 함수를

그림 5-5 ❙ F분포 검정: 모바일뱅킹 이용횟수

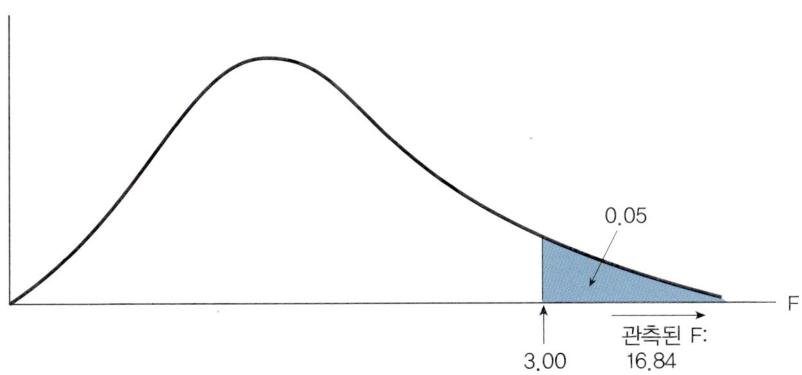

그림 5-6 ▍ 일원분산분석표: 모바일뱅킹 이용횟수

이용횟수

	제곱합	자유도	평균제곱	F	유의확률
집단-간	49.296	2	24.648	16.999	.000
집단-내	404.534	279	1.450		
전체	453.830	281			

SPSS 메뉴에서 『분석 > 평균비교 > 일원배치 분산분석』을 선택하여 검정결과를 얻을 수 있다. 『종속변수』에 이용횟수 변수를, 『요인』에 이동통신회사 변수를 선택하고 『확인』을 클릭한다(mbanking.sav 데이터 파일).

이용하여 Excel에 의해 계산한 F값 16.8383 이상이 나타날 확률은 F.DIST.RT(16.8383, 2, 279)$=1.247\times10^{-7}$으로서 일반적 유의수준 0.05나 0.01에 비하여 매우 작은 확률이며, 따라서 이를 통해서도 모집단의 평균이 동일하다는 가설을 기각할 수 있다.

SPSS의 **일원배치 분산분석(one-way ANOVA)**을 이용하면 더욱 쉽게 가설검정을 수행할 수 있다. [그림 5-6]은 이동통신회사별로 모바일뱅킹 이용횟수 수준이 동일하다는 귀무가설의 검정결과를 보여주는 일원분산분석표이다. 집단 간 분산 및 집단 내 분산은 '평균제곱' 열에 나타나고 그 두 값의 비율이 'F' 열에 제시된다. F값은 16.999이고 이 값 이상을 얻게 될 유의확률은 0.000(즉 0.0005 미만)으로서, 이는 귀무가설을 기각할 수 있을 만큼 예외적인 결과를 표본으로부터 얻었다는 것을 나타낸다.[5)]

분산분석을 통해 우리는 "세 이동통신회사 간의 모바일뱅킹 이용횟수 수준은 차이가 없다(동일하다)"는 귀무가설을 기각할 수 있었다. 하지만 이것은 모집단평균이 모두 동일하다는 주장을 기각하였을 뿐이며, 어느 집단과 어느 집단이 서로 달라서 이러한 결과가 나왔는지는 제시하지 못한다. 여러 가능성이 있을 것이다. 세 회사의 고객이 모두 서로 다른 모바일뱅킹 이용횟수 수준을 보일 수도 있으며, 어느 한 회사만이 나머지 두 회사와 다른 특성의 고객집단을 가지고 있는지도 모른다. 따라서 집단 간의 평균이 차이가 없다는 귀무가설을 기각할 경우에는 어느 집단에서 차이가 나는지를 살펴볼 필요가 있다. 이를 **사후분석(post hoc)**이라고 하며 **다중비교(multiple comparison)**를 통해 집단 간의 차이를 검정한다. SPSS는 다양한 다중비교 기법을 제시하고 있으며, 각 집단분산의 동일성 여부에 따라 선택할 수 있는 기법이 달라진다. 따라서 다중비교 기법을 선택하기 위해서는 먼저 모든 집단의 분산이 동일한지를 검정할 필요가 있다. [그림 5-7]은

5) F값이 앞에서 계산한 결과와 약간 다른 것은 계산상의 오차 때문이다.

▶ 그림 5-7 ▌ Levene의 등분산검정: 모바일뱅킹 이용횟수

		Levene 통계량	자유도1	자유도2	유의확률
이용횟수	평균을 기준으로 합니다.	12.296	2	279	.000
	중위수를 기준으로 합니다.	11.137	2	279	.000
	자유도를 수정한 상태에서 중위수를 기준으로 합니다.	11.137	2	271.151	.000
	절삭평균을 기준으로 합니다.	13.117	2	279	.000

『일원배치 분산분석: 옵션』 대화상자에서 『분산 동질성 검정』을 선택한다(mbanking.sav 데이터 파일).

Levene의 등분산검정 결과이다. 귀무가설은 "각 집단의 분산은 동일하다"이므로 귀무가설을 기각하고 "각 집단의 분산은 서로 동일하지 않다"라고 결론 내린다(유의확률 0.000, 즉 0.0005 미만).6)

[그림 5-8]은 사후검정으로 다중비교를 수행한 것이다. 제공되는 여러 다중비교 기법 중 Scheffe, Bonferroni, Tamhane 세 가지를 비교하였다. Scheffe와 Bonferroni는 각 집단의 등분산이 가정될 경우에 사용하는 기법이며, Tamhane은 등분산 가정이 충족되지 않을 경우에 적용하는 기법이다. Levene의 등분산검정 결과가 등분산을 지지하지 않았으므로 각 집단의 등분산을 가정할 수 없을 때 사용할 수 있는 Tamhane을 통한 다중비교 결과를 살펴보자.

각 행은 집단 간의 비교를 나타낸다. 예를 들어, Tamhane 블록의 첫 번째 및 두 번째 행은 SKT와 KT 및 LGU+와의 비교 결과이다. 총 여섯 번의 비교 결과가 제시되었지만 실제 비교횟수는 세 번으로 볼 수 있다. 나머지 세 번은 부호만 바뀐 동일한 비교결과이다. * 표시는 유의한 차이가 있음을 나타낸다. SKT와 KT 간의 평균차이는 유의확률 0.000으로 유의한 것으로 나타난 반면, LGU+는 나머지 두 회사 SKT(유의확률 0.923) 및 KT(유의확률 0.396)와는 유의한 차이를 보이지 않는 것으로 나타났다. SKT와 KT 간의 평균차이의 95% 신뢰구간은 0.55에서 1.22이고 이 구간 내에는 0이 포함되어 있지 않다. 반면에 LGU+와 SKT 및 KT의 신뢰구간에는 0이 포함되어 있다. 따라서 95% 신뢰구간을 통해서도 동일한 결론을 내릴 수 있다. 등분산을 가정할 경우의 두 기법 Scheffe 및 Bonferroni와 비교해보면 유의확률에 있어서 다소 차이가 있기는 하지만

6) 분산은 관측값과 평균 간의 편차를 바탕으로 계산된다. Levene의 등분산검정은 관측값과 평균 간의 편차 절대값(absolute difference)을 계산하여 그 편차 절대값의 평균이 집단 간에 동일한지 검정한다. 따라서 Levene의 등분산검정은 편차 절대값에 대해 분산분석을 수행하는 것과 같다. 여기의 검정결과표에서 볼 수 있듯이 평균 대신에 중위수, 절삭평균 등의 다른 중심경향지표가 사용되기도 한다.

그림 5-8 ▌사후검정-다중비교: 모바일뱅킹 이용횟수

종속변수: 이용횟수

	(I) 이동통신회사	(J) 이동통신회사	평균차이(I-J)	표준오차	유의확률	95% 신뢰구간 하한	95% 신뢰구간 상한
Scheffe	1 SKT	2 KT	.884*	.152	.000	.51	1.26
		3 LGU+	.244	.360	.794	-.64	1.13
	2 KT	1 SKT	-.884*	.152	.000	-1.26	-.51
		3 LGU+	-.640	.368	.222	-1.55	.27
	3 LGU+	1 SKT	-.244	.360	.794	-1.13	.64
		2 KT	.640	.368	.222	-.27	1.55
Bonferroni	1 SKT	2 KT	.884*	.152	.000	.52	1.25
		3 LGU+	.244	.360	1.000	-.62	1.11
	2 KT	1 SKT	-.884*	.152	.000	-1.25	-.52
		3 LGU+	-.640	.368	.249	-1.53	.25
	3 LGU+	1 SKT	-.244	.360	1.000	-1.11	.62
		2 KT	.640	.368	.249	-.25	1.53
Tamhane	1 SKT	2 KT	.884*	.140	.000	.55	1.22
		3 LGU+	.244	.423	.923	-.92	1.41
	2 KT	1 SKT	-.884*	.140	.000	-1.22	-.55
		3 LGU+	-.640	.422	.396	-1.80	.52
	3 LGU+	1 SKT	-.244	.423	.923	-1.41	.92
		2 KT	.640	.422	.396	-.52	1.80

*. 평균차이는 0.05 수준에서 유의합니다.

『일원배치 분산분석: 사후분석-다중비교』 대화상자에서 다중비교 기법을 선택한다(mbanking.sav 데이터 파일).

그림 5-9 ▌Scheffe 사후검정-동질적 부분집합 분석: 모바일뱅킹 이용횟수

	이동통신회사	N	유의수준=0.05에 대한 부분집합 1	유의수준=0.05에 대한 부분집합 2
Scheffe	2 KT	100	1.61	
	3 LGU+	12	2.25	2.25
	1 SKT	170		2.49
	유의확률		.120	.733

동질적 부분집합에 있는 집단에 대한 평균이 표시됩니다.

역시 동일한 결론을 내릴 수 있다. Scheffe 기법을 사용할 경우에는 [그림 5-9]와 같은 동일 집단군에 대한 분석결과도 제시해준다. SKT와 KT는 유의수준 0.05에서 서로 명확히 다른 집단에 속하는 것으로 나타났으며, 반면에 LGU+의 경우는 집단 구분이 명확하지 않다.

5.2 공분산분석

분산분석은 집단 간의 차이를 검정한다. 예를 들어, 일원분산분석을 이용하여 세 종류의 비만치료제의 효과가 차이가 있는지 검정할 수 있다. 그런데 비만은 스트레스와 밀접한 관련이 있다고 알려져 있으며, 세 치료제 집단에 포함된 참여자들의 스트레스 수준은 다를 수 있다. 따라서 비만치료 효과의 차이가 있다면 그 이유는 치료제 때문이 아니라 스트레스 수준의 차이에 기인한 것일지도 모른다. 참여자의 스트레스 수준을 사전에 측정하여 그 데이터를 갖고 있다면 참여자의 스트레스 수준을 통제하여 치료제로 인한 순수한 차이를 검정할 수 있다. 즉 스트레스 수준의 영향을 배제한 상태에서(스트레스 수준이 일정하다는 가정하에서) 치료제 간의 차이가 존재하는지 검정한다. 이때 스트레스 변수를 **공변량(covariate)**이라고 하며, 이러한 분석을 **공분산분석(analysis of covariance, ANCOVA)**이라고 한다. 공변량은 연속형 변수를 가정한다.

앞서 일원분산분석을 통해 우리는 "세 이동통신회사 간의 모바일뱅킹 이용횟수 수준은 차이가 없다(동일하다)"는 귀무가설을 기각할 수 있었다. 즉 이동통신회사 간의 모바일뱅킹 이용횟수 수준은 차이가 있다. 그런데 모바일뱅킹 이용횟수 수준은 나이에 영향을 받을 수 있다. 새로운 기술에 좀 더 빨리 반응하는 젊은 세대가 그렇지 않은 중장년의 세대에 비해 모바일뱅킹을 좀 더 많이 사용할 가능성이 있다. 따라서 이동통신회사 간의 진정한 차이를 확인하기 위해서는 가입자의 연령을 통제할 필요가 있다. 여기에서 나이는 공변량으로서의 역할을 수행한다. [그림 5-10]과 같은 일원공분산분석을 통해 이러한 검정을 수행할 수 있다.

[그림 5-10]의 분석결과를 보면 예상한대로 나이는 모바일뱅킹 이용횟수와 유의한 관계를 갖는다(유의확률 0.003). 또한 나이의 영향을 통제한 상태에서도 이동통신회사는 여전히 모바일뱅킹 이용횟수에 유의한 영향을 미친다(유의확률 0.0005 미만). 따라서 나이의 영향을 고려하더라도 이동통신회사에 따라 모바일뱅킹 이용횟수 수준은 다르다.

[그림 5-11]의 추정주변평균(estimated marginal mean)은 공변량인 나이를 통제한 상태에서의 각 이동통신회사의 모바일뱅킹 이용횟수 평균이다. 추정주변평균은 공변량을 평균값으로 고

그림 5-10 | 일원공분산분석표: 모바일뱅킹 이용횟수

종속변수: 이용횟수

소스	제 Ⅲ 유형 제곱합	자유도	평균제곱	F	유의확률
수정된 모형	61.653[a]	3	20.551	14.568	.000
절편	175.494	1	175.494	124.401	.000
나이	12.358	1	12.358	8.760	.003
이동통신회사	50.043	2	25.021	17.737	.000
오차	392.176	278	1.411		
전체	1782.000	282			
수정된 합계	453.830	281			

a. R제곱=.136(수정된 R제곱=.127)

SPSS 메뉴에서 『분석 > 일반선형모형 > 일변량』을 선택한다. 『일변량 분석』 대화상자에서 『종속변수』에 이용횟수 변수를, 『고정요인』에 이동통신회사 변수를, 『공변량』에 나이 변수를 선택하고 『확인』을 클릭한다(mbanking.sav 데이터 파일). 추정주변평균을 계산하기 위해서는 『일변량 분석』 대화상자에서 『EM 평균』을 클릭한다. 이어서 『일변량: 추정 주변 평균』 대화상자에서 이동통신회사 변수를 『평균 표시 기준』으로 옮긴다.

그림 5-11 | 추정주변평균: 모바일뱅킹 이용횟수

종속변수: 이용횟수

이동통신회사	평균	표준오차	95% 신뢰구간	
			하한	상한
1 SKT	2.492[a]	.091	2.313	2.671
2 KT	1.603[a]	.119	1.370	1.837
3 LGU+	2.335[a]	.344	1.658	3.012

a. 모형에 나타나는 공변량은 다음 값에 대해 계산됩니다: 나이=2.92.

정한 상태에서 각 범주의 종속변수 평균을 계산하여 산출한다. 여기에서는 나이의 평균값 2.92일 때의 각 이동통신회사의 모바일뱅킹 이용횟수 평균을 나타낸다. 이는 이동통신회사와 모바일뱅킹 이용횟수 간의 관계를 분석할 때 나이의 영향을 제거했다는 것을 의미한다. 나이의 영향을 통제하더라도 세 이동통신회사 가운데 SKT의 모바일뱅킹 이용횟수 수준이 여전히 가장 높다.

5.3 실험설계

분산분석은 **실험설계(experimental design)**를 통해 수집한 데이터를 분석할 때 유용하다. 서베이를 통해 수집한 데이터는 변수에 대한 통제를 거의 할 수 없는 반면, 실험을 통해서는 연구자가 변수에 대한 통제를 할 수 있다. 실험설계를 통해 특정 변수의 수준을 연구자의 의도대로 통제하여 이들 변수가 관심대상인 변수에 미치는 영향을 분석할 수 있다. 다음과 같은 예를 생각해보자.

> 한 컴퓨터 제조업체에서는 컴퓨터 조립생산성을 증대시키기 위하여 세 가지 서로 다른 조립방법(방법 A, 방법 B, 방법 C)을 고안하였다. 이 회사의 생산책임자는 작업자의 주당 생산량을 조사하여 조립방법에 따라 생산성의 차이가 존재하는지 분석하고자 한다.

이 예를 실험설계에서 사용하는 용어를 이용하여 설명해보자. 여기에서 조립방법은 독립변수 또는 **요인(factor)**이라 불린다. 이 컴퓨터 제조업체의 예는 하나의 요인(즉 조립방법)만이 존재하기 때문에 **단일요인실험(single-factor experiment)**에 해당한다. 세 가지 서로 다른 조립방법이 사용되고 있기 때문에 우리는 이 실험에 세 가지 수준의 **처치(treatment)**가 존재한다고 이야기한다. 세 가지 수준의 처치별로 세 가지 모집단이 정의될 수 있다. 첫 번째 모집단은 방법 A를 사용하는 작업자들의 집단이 될 것이고, 두 번째 모집단은 방법 B를 사용하는 작업자들의 집단이 되고, 세 번째 모집단은 방법 C를 사용하는 작업자들의 집단으로 정의될 수 있다. 이 실험에서 각 모집단의 주당 생산량이 종속변수 또는 **반응변수(response variable)**가 된다. 따라서 이 실험의 목적은 이 반응변수의 평균(즉 주당 생산량의 평균)이 세 개 모집단(즉 세 개 조립방법 사용집단)에 대해 동일한지 여부를 검정하는 것이다. 이러한 목적을 달성하기 위하여 이 컴퓨터 제조업체의 작업자 가운데 15명을 무작위로 선정하여 세 가지 조립방법에 각각 다섯 명씩 무작위로 할당하기로 한다. 이때 선정된 15명의 작업자를 **실험단위(experimental unit)**라고 하며, 이러한 방식으로 설계된 실험을 **완전무작위설계(completely randomized design)**라고 한다. 검정을 위한 귀무가설은 "세 가지 조립방법 간에 생산성의 차이가 존재하지 않는다(즉 조립방법별 주당 생산량은 동일하다)"이고, 대립가설은 "세 가지 조립방법 간에 생산성의 차이가 존재한다(즉 조립방법별 주당 생산량은 동일하지 않다)"이다. 이러한 가설을 검정하기 위하여 실험을 수행한 후 각 조립방법별 생산량을 [그림 5-12]의 표와 같이 집계하였다.

그림 5-12 ▌실험설계: 단일요인실험

	조립방법			
	방법 A	방법 B	방법 C	전체
1	57	59	49	
2	65	68	55	
3	53	72	58	
4	67	65	47	
5	66	66	48	
표본평균	61.6	66.0	51.4	59.67
표준편차	6.229	4.743	4.827	8.015

분산분석을 이용하여 앞의 가설을 검정해보자. 집단 간 분산은 앞과 같은 실험설계에서는 **처치평균제곱(mean square due to treatments, MSTR)**이라고 부른다(처치별로 집단이 구분됨). MSTR은 집단 간 제곱합에 대응되는 **처치제곱합(sum of squares due to treatments, SSTR)**을 자유도로 나누어서 구한다. 자유도는 처치수준의 개수에 의해 결정된다.

$$\text{MSTR} = \frac{\text{SSTR}}{\text{자유도}} = \frac{\sum_g\left[(\bar{X}_g - \bar{X})^2 \times n_g\right]}{g-1}$$

여기에서, g는 처치수준의 개수, $\bar{X}_g$는 g처치의 표본평균, $\bar{X}$는 전체표본의 평균, n_g는 g처치의 표본크기

앞의 실험 데이터를 이용하여 MSTR을 구해보면 다음과 같다.

$$\text{MSTR} = \frac{(61.6-59.67)^2 \times 5 + (66.0-59.67)^2 \times 5 + (51.4-59.67)^2 \times 5}{3-1} = \frac{560.933}{2} = 280.467$$

집단 내 분산은 실험설계에서는 **오차평균제곱(mean square due to error, MSE)**이라고 부른다(관측값과 처치평균의 차이가 오차). MSE는 집단 내 제곱합에 대응되는 **오차제곱합(sum of squares due to error, SSE)**을 자유도로 나누어 구한다. 자유도는 전체 표본크기와 처치수준의 개수에 의해 결정된다.

$$\text{MSE} = \frac{\text{SSE}}{\text{자유도}} = \frac{\sum_g \sum_i (X_{ig} - \overline{X}_g)^2}{\sum_g (n_g - 1)} = \frac{\sum_g \left[s_g^2 \times (n_g - 1)\right]}{\sum_g (n_g - 1)} = \frac{\sum_g \left[s_g^2 \times (n_g - 1)\right]}{n - g}$$

여기에서, g는 처치수준의 개수, s_g는 g처치의 표준편차, n_g는 g처치의 표본크기,
X_{ig}는 g처치의 i번째 관측값, $\overline{X}_g$는 g처치의 표본평균, n은 전체 표본크기

실험 데이터를 이용하여 MSE를 구해보면 다음과 같다.

$$\begin{aligned}\text{MSE} = &\{(57-61.6)^2 + (65-61.6)^2 + (53-61.6)^{2+} (67-61.6)^2 + (66-61.6)^2 \\ &+ (59-66.0)^2 + (68-66.0)^2 + (72-66.0)^2 + (65-66.0)^2 + (66-66.0)^2 \\ &+ (49-51.4)^2 + (55-51.4)^2 + (58-51.4)^2 + (47-51.4)^2 + (48-51.4)^2\}/(4+4+4) \\ = &\frac{6.229^2 \times 4 + 4.743^2 \times 4 + 4.827^2 \times 4}{4+4+4} = \frac{338.400}{12} = 28.200\end{aligned}$$

따라서 F값은 다음과 같이 계산된다.

$$F = \frac{\text{MSTR}}{\text{MSE}}$$

$$F = \frac{280.467}{28.200} = 9.946$$

표본으로부터 구한 F값 9.946은 F분포표에 의하면 유의수준 0.05에서의 F값(자유도 2, 자유도 12)인 3.89보다 매우 크기 때문에(매우 드물게 관찰될 수 있는 경우이기에) 우리는 모집단의

그림 5-13 ❙ F분포 검정: 주당생산량

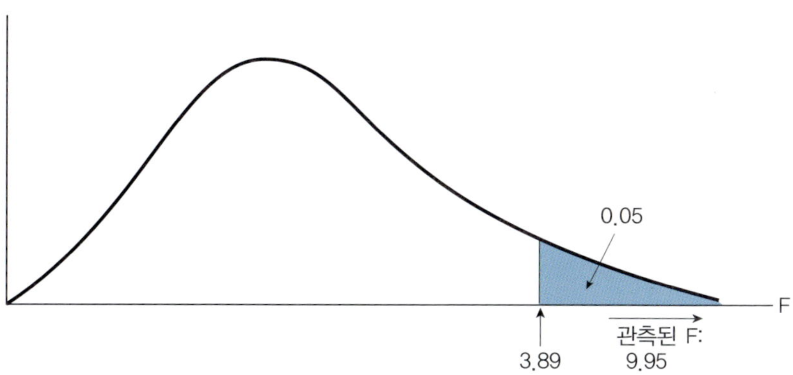

그림 5-14 ▎단일요인실험 ANOVA 테이블

	제곱합	자유도	평균제곱	F	유의확률
처치	SSTR	$g-1$	$\text{MSTR}=\dfrac{\text{SSTR}}{g-1}$	$\dfrac{\text{MSTR}}{\text{MSE}}$	
오차	SSE	$n-g$	$\text{MSE}=\dfrac{\text{SSE}}{n-g}$		
전체	SST	$n-1$			

평균이 동일하다는 귀무가설을 기각한다([그림 5-13]). Excel에 의해 계산된 유의수준 0.05에서의 정확한 F값은 F.INV.RT(0.05, 2, 12)=3.8853이다. 관측된 F값 9.946 이상이 발생할 확률은 Excel에 의하면 F.DIST.RT(9.946, 2, 12)=0.002838로 유의수준 0.05보다 작으므로 역시 모집단평균이 동일하다는 귀무가설을 기각할 수 있다.

앞의 계산결과는 종종 [그림 5-14]와 같은 ANOVA 테이블의 형태로 요약하여 제시된다. [그림 5-14]는 단일요인실험에 대한 ANOVA 테이블이다. 이 테이블은 SPSS로부터 출력된 [그림 5-6]의 일원분산분석표와 형식이 동일하다. **SST는 총제곱합(sum of squares total)**으로서, 'SST=SSTR+SSE'의 관계를 갖는다. 자유도는 SSTR과 SSE 자유도의 합으로 계산되며, 이는 전체 표본크기에서 1을 뺀 값과 같다. 총제곱합은 관측값과 전체표본평균의 편차를 제곱하여 합한 것으로 다음과 같이 계산된다.

$$\text{SST}=\sum_{g}\sum_{i}(X_{ig}-\overline{X})^2$$

여기에서, g는 처치수준의 개수, X_{ig}는 g처치의 i번째 관측값, $\overline{X}$는 전체표본의 평균

다시 말해 총제곱합(SST)은 처치제곱합(SSTR)과 오차제곱합(SSE)으로 분할할 수 있으며, SST의 자유도 또한 SSTR의 자유도와 SSE의 자유도로 분할된다. 실험설계에 있어서 분산분석은 이처럼 총제곱합과 자유도를 편차의 원인이 되는 처치와 오차로 분할하는 과정이다. 제곱합을 자유도로 나눈 평균제곱을 이용하여 F값이 계산되고, 이 F값에 대응되는 유의확률이 산출되어 각 처치의 평균이 동일한지 여부(즉 동일 모집단에 속하는지 여부)에 대한 가설검정을 수행한다.

컴퓨터 제조업체의 실험사례를 SPSS를 이용하여 분석하면 [그림 5-15] 및 [그림 5-16]과 같다(pcproduction.sav 데이터 파일). 분석결과 F값 9.946, 유의확률 0.003으로 위와 동일한 결론이 도출되었다.

그림 5-15 ▌ 기술통계량: 주당생산량

생산량

	N	평균	표준편차	표준오차	평균에 대한 95% 신뢰구간		최소값	최대값
					하한	상한		
1 방법 A	5	61.60	6.229	2.786	53.87	69.33	53	67
2 방법 B	5	66.00	4.743	2.121	60.11	71.89	59	72
3 방법 C	5	51.40	4.827	2.159	45.41	57.39	47	58
전체	15	59.67	8.015	2.069	55.23	64.11	47	72

그림 5-16 ▌ 일원분산분석표: 주당생산량

생산량

	제곱합	자유도	평균제곱	F	유의확률
집단-간	560.933	2	280.467	9.946	.003
집단-내	338.400	12	28.200		
전체	899.333	14			

사후분석을 위하여 Levene의 등분산검정을 수행하였고 [그림 5-17]에서 보듯이 유의수준 0.05에서 등분산을 가정할 수 있다. 등분산을 가정하는 경우의 다중비교 분석기법인 Scheffe와 Bonferroni의 분석결과를 보면 방법 A 및 방법 B는 방법 C와 조립생산성에 있어서 차이가 존재한다([그림 5-18]). [그림 5-19]의 Scheffe의 동일 집단군 분석에서도 유의수준 0.05에서 방법 A 및 방법 B를 방법 C와 구별되는 별개의 집단으로 분류하고 있다.

그림 5-17 ▌ Levene의 등분산검정: 주당생산량

		Levene 통계량	자유도1	자유도2	유의확률
생산량	평균을 기준으로 합니다.	1.013	2	12	.392
	중위수를 기준으로 합니다.	.154	2	12	.859
	자유도를 수정한 상태에서 중위수를 기준으로 합니다.	.154	2	10.152	.860
	절삭평균을 기준으로 합니다.	.930	2	12	.421

그림 5-18 ▌사후검정-다중비교: 주당생산량

종속변수: 생산량

	(I) 작업방법	(J) 작업방법	평균차이(I-J)	표준오차	유의확률	95% 신뢰구간	
						하한	상한
Scheffe	1 방법 A	2 방법 B	-4.400	3.359	.448	-13.76	4.96
		3 방법 C	10.200*	3.359	.033	.84	19.56
	2 방법 B	1 방법 A	4.400	3.359	.448	-4.96	13.76
		3 방법 C	14.600*	3.359	.003	5.24	23.96
	3 방법 C	1 방법 A	-10.200*	3.359	.033	-19.56	-.84
		2 방법 B	-14.600*	3.359	.003	-23.96	-5.24
Bonferroni	1 방법 A	2 방법 B	-4.400	3.359	.644	-13.74	4.94
		3 방법 C	10.200*	3.359	.031	.86	19.54
	2 방법 B	1 방법 A	4.400	3.359	.644	-4.94	13.74
		3 방법 C	14.600*	3.359	.003	5.26	23.94
	3 방법 C	1 방법 A	-10.200*	3.359	.031	-19.54	-.86
		2 방법 B	-14.600*	3.359	.003	-23.94	-5.26
Tamhane	1 방법 A	2 방법 B	-4.400	3.501	.573	-15.11	6.31
		3 방법 C	10.200	3.524	.063	-.56	20.96
	2 방법 B	1 방법 A	4.400	3.501	.573	-6.31	15.11
		3 방법 C	14.600*	3.027	.004	5.51	23.69
	3 방법 C	1 방법 A	-10.200	3.524	.063	-20.96	.56
		2 방법 B	-14.600*	3.027	.004	-23.69	-5.51

*. 평균차이는 0.05 수준에서 유의합니다.

그림 5-19 ▌Scheffe 사후검정-동질적 부분집합 분석: 주당생산량

	작업방법	N	유의수준=0.05에 대한 부분집합	
			1	2
Scheffe	3 방법 C	5	51.40	
	1 방법 A	5		61.60
	2 방법 B	5		66.00
	유의확률		1.000	.448

동질적 부분집합에 있는 집단에 대한 평균이 표시됩니다.

SPSS 활용

1 일원분산분석 수행하기

- 『분석 > 평균비교 > 일원배치 분산분석』을 선택한다.
- 『일원배치 분산분석』 대화상자에서 검정대상 변수를 선택하여 『종속변수』 영역으로 옮기고 『요인』에는 구분하고자 하는 집단에 해당되는 변수를 지정한다.

그림 5-20 ▎일원배치 분산분석 대화상자

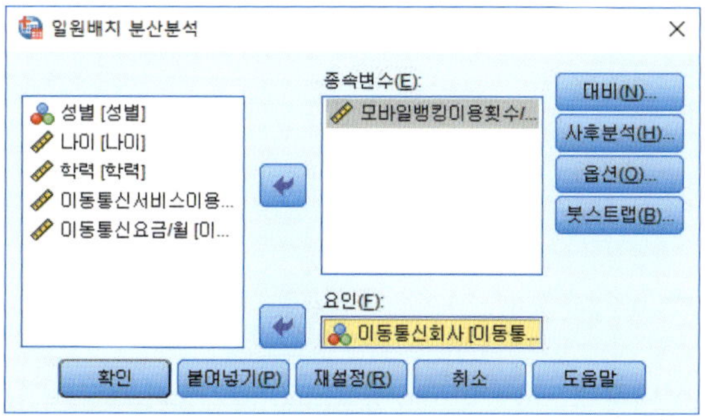

- 『일원배치 분산분석: 옵션』 대화상자에서 기술통계량 산출 및 Levene의 등분산검정을 수행할 수 있다.

그림 5-21 ▎일원배치 분산분석: 옵션 대화상자

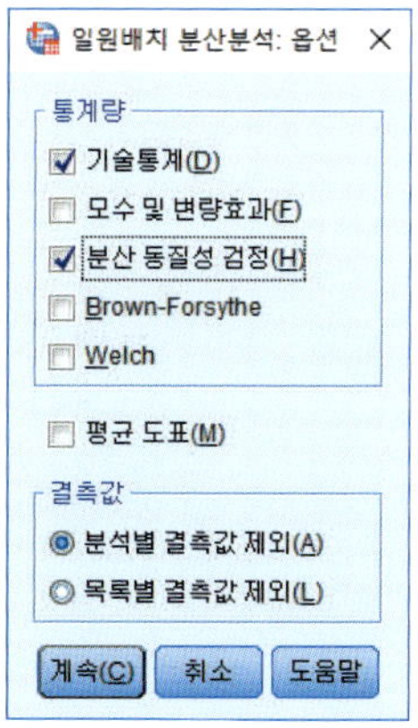

▶ 『일원배치 분산분석: 사후분석-다중비교』 대화상자에서 다양한 다중비교 검정을 수행할 수 있다.

그림 5-22 ▌ 일원배치 분산분석: 사후분석-다중비교 대화상자

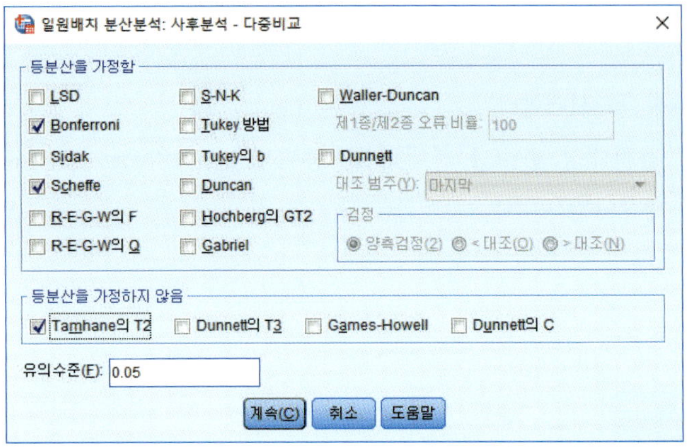

2 공분산분석 수행하기

▶ 『분석 > 일반선형모형 > 일변량』을 선택한다.

▶ 『일변량 분석』 대화상자에서 검정대상 변수를 선택하여 『종속변수』 영역으로 옮기고 『고정요인』에는 집단변수를 선택한다. 『공변량』에 공변량에 대응되는 연속형 변수를 지정하고 『확인』을 클릭한다.

그림 5-23 ▌ 일변량분석 대화상자

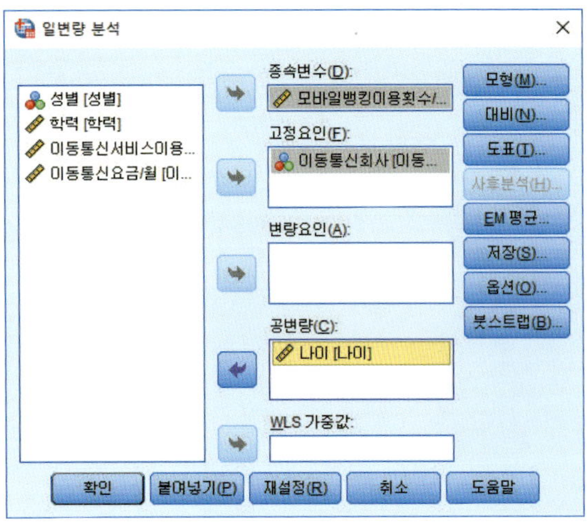

▶ 추정주변평균을 계산하기 위해서는 『일변량 분석』 대화상자에서 『EM 평균』을 선택한다. 이어서 『일변량: 추정 주변 평균』 대화상자에서 집단변수를 『평균 표시 기준』 영역으로 옮긴다.

그림 5-24 ▌ 일변량: 추정주변평균 대화상자

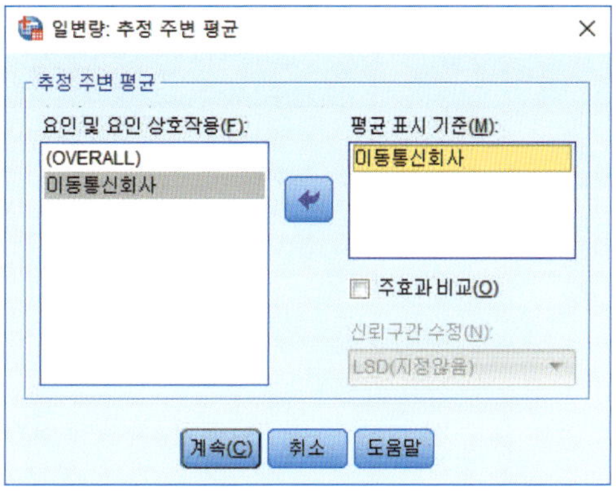

3 Excel을 이용하여 F분포의 확률 및 F값 구하기

▶ F.DIST.RT(F값, 분자의 자유도, 분모의 자유도) 함수를 이용하여 주어진 F값 이상의 값이 나타날 확률을 구할 수 있다.

그림 5-25 ▌ Excel의 F.DIST.RT() 함수

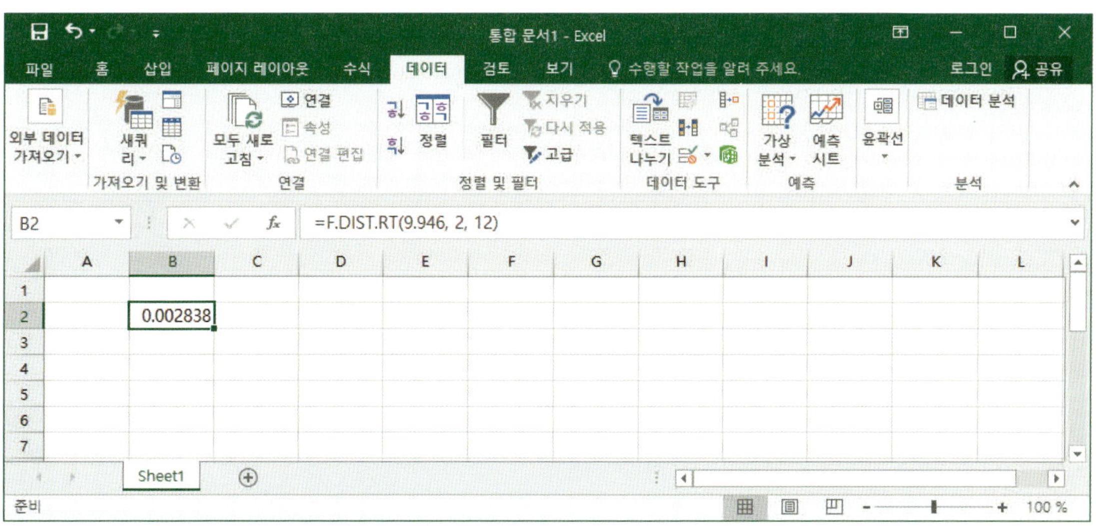

▶ F.INV.RT(확률, 분자의 자유도, 분모의 자유도) 함수를 이용하여 주어진 유의확률에 대응되는 F값을 구할 수 있다.

▶ 그림 5-26 ▌Excel의 F.INV.RT() 함수

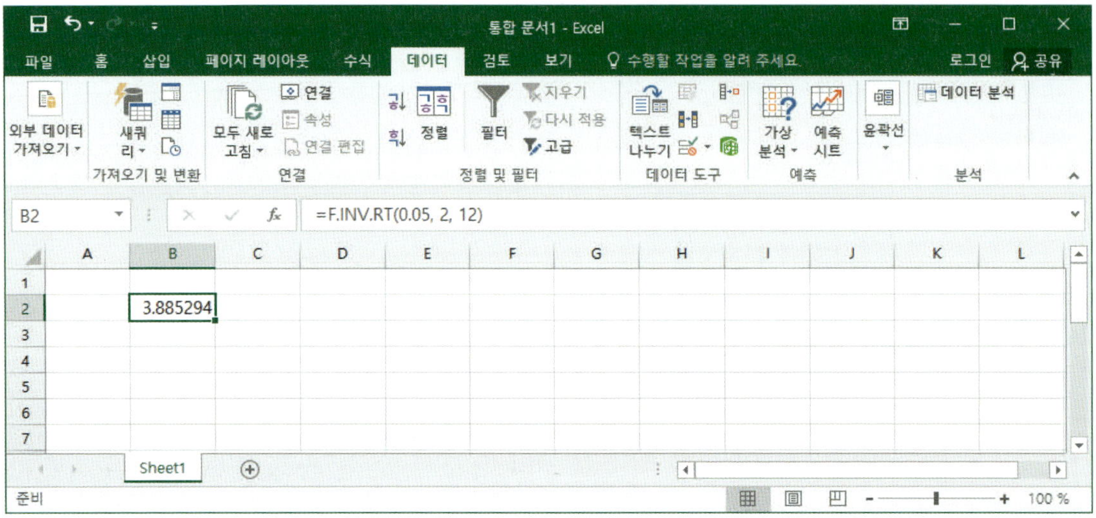

사례연구

국방부에서는 군복무기간 단축을 위한 정책을 검토하면서 군복무기간 단축에 대한 인식에 있어서 세대별로 차이가 존재하는지 조사하고자 한다. 이를 위해 [그림 5-27]과 같은 설문항목을 개발하여 네 개 연령층의 일반국민들을 대상으로 설문조사를 수행하였다. 연령층은 다음과 같이 구분하였다: ① 15~24세(군대에 관해 체감적으로 생각이 가능하며 군복무 단축을 경험한 또는 경험할 연령층), ② 25~34세(군복무 단축을 경험하지 못한 연령층으로 2년 2개월의 군생활을 체험한 연령층), ③ 35~44세(2년 2개월에서 3년의 군생활을 경험하였으며 사회의 경제주체로서 현실적 국방관을 보유했을 것으로 예상되는 연령층), ④ 45세 이상(3년의 군생활을 경험하였으며 보수적 국방관을 보유했을 것으로 예상되는 연령층). 설문은 군복무의무가 있는 남성들로 응답자를 제한했으며 총 132개의 응답 데이터가 수집되었다(military.sav 데이터 파일).

여기에서 검정하고자 하는 가설은 다음과 같다.

- 귀무가설: 연령층에 따라 군복무기간 단축에 대한 인식에는 차이가 없다.
- 대립가설: 연령층에 따라 군복무기간 단축에 대한 인식에는 차이가 있다.

그림 5-27 | 설문서: 군복무기간 단축

1. 다음은 군복무기간 단축에 대한 귀하의 인식을 조사하기 위한 설문입니다. 기존의 군복무기간은 2년이었으며 단계별로 군복무기간을 줄여 장기적으로 1년 6개월로 축소될 예정입니다. 아래의 질문항목에 대하여 귀하가 생각하는 수준에 가장 가까운 해당란에 표시(√)하여 주시기 바랍니다.

군복무기간 단축					
질문	부정적				긍정적
	1	2	3	4	5
나는 군복무기간 단축에 대해서 ______________.					

① 너무 짧다고 느낀다. 과거 3년에서 2년으로 단축된 것도 부정적인 입장이다.
② 짧다고 느낀다. 최소 2년 이상은 군생활을 해야 국방력 유지가 가능하다.
③ 조금 짧다고 느낀다. 하지만 현대사회의 추세라면 어쩔 수 없다.
④ 좋은 현상이다. 1년 6개월은 적정한 기간이다.
⑤ 매우 좋은 현상이다. 더 줄여야 한다.

2. 귀하의 연령대에 해당하는 난에 표시(√)하여 주시기 바랍니다.
15~24세(　) 25~34세(　) 35~44세(　) 45세 이상(　)

그림 5-28 ▌ 기술통계량: 복무기간단축태도

복무기간단축태도

	N	평균	표준편차	표준오차	평균에 대한 95% 신뢰구간 하한	평균에 대한 95% 신뢰구간 상한	최소값	최대값
1 15~24세	33	3.85	1.523	.265	3.31	4.39	1	5
2 25~34세	36	2.67	1.146	.191	2.28	3.05	1	5
3 35~44	32	2.34	.865	.153	2.03	2.66	1	4
4 45세 이상	31	2.52	1.313	.236	2.03	3.00	1	5
전체	132	2.85	1.356	.118	2.61	3.08	1	5

연령대별로 군복무기간 단축에 대한 인식에 있어서 차이가 있는지를 확인하기 위해 우선 [그림 5-28]과 같이 기술통계량을 살펴보았다. 평균은 2.85이며 15~24세 연령대가 3.85로서 가장 호의적인 태도를 보였고 나머지 연령대는 서로 유사한 태도를 나타냈다. 연령대 간에 인식의 차이가 있는지를 보기 위하여 [그림 5-29]와 같이 일원분산분석을 수행하였다. F값 10.003(유의확률 0.000)으로서 유의수준 0.05에서 귀무가설을 기각하고 연령대 간에 군복무기간 단축에 대한 태도에 차이가 있음을 알 수 있었다.

다음 단계로 [그림 5-31]과 같은 사후분석을 통하여 어느 연령대 간에 군복무기간에 대한 태도에 있어서 차이가 나는지 살펴보았다. 다중비교를 이용하여 연령대 간의 차이를 검정하였다. 평균을 기준으로 할 경우 Levene의 등분산검정 결과가 등분산을 지지하지 않았으므로([그림 5-30]) 각 집단의 등분산을 가정할 수 없을 경우에 사용할 수 있는 Tamhane을 통한 다중비교 결과를 살펴보았다.

그림 5-29 ▌ 일원분산분석표: 복무기간단축태도

복무기간단축태도

	제곱합	자유도	평균제곱	F	유의확률
집단-간	45.767	3	15.256	10.003	.000
집단-내	195.203	128	1.525		
전체	240.970	131			

그림 5-30 ▌Levene의 등분산검정: 복무기간단축태도

		Levene 통계량	자유도1	자유도2	유의확률
복무기간단축태도	평균을 기준으로 합니다.	5.712	3	128	.001
	중위수를 기준으로 합니다.	1.273	3	128	.286
	자유도를 수정한 상태에서 중위수를 기준으로 합니다.	1.273	3	84.854	.289
	절삭평균을 기준으로 합니다.	4.917	3	128	.003

그림 5-31 ▌사후검정-다중비교: 복무기간단축태도

종속변수: 복무기간단축태도

	(I) 나이	(J) 나이	평균차이(I-J)	표준오차	유의확률	95% 신뢰구간 하한	95% 신뢰구간 상한
Scheffe	1 15~24세	2 25~34세	1.182*	.298	.002	.34	2.02
		3 35~44	1.505*	.306	.000	.64	2.37
		4 45세 이상	1.332*	.309	.001	.46	2.21
	2 25~34세	1 15~24세	-1.182*	.298	.002	-2.02	-.34
		3 35~44	.323	.300	.763	-.53	1.17
		4 45세 이상	.151	.303	.969	-.71	1.01
	3 35~44	1 15~24세	-1.505*	.306	.000	-2.37	-.64
		2 25~34세	-.323	.300	.763	-1.17	.53
		4 45세 이상	-.172	.311	.959	-1.05	.71
	4 45세 이상	1 15~24세	-1.332*	.309	.001	-2.21	-.46
		2 25~34세	-.151	.303	.969	-1.01	.71
		3 35~44	.172	.311	.959	-.71	1.05
Bonferroni	1 15~24세	2 25~34세	1.182*	.298	.001	.38	1.98
		3 35~44	1.505*	.306	.000	.68	2.33
		4 45세 이상	1.332*	.309	.000	.50	2.16
	2 25~34세	1 15~24세	-1.182*	.298	.001	-1.98	-.38
		3 35~44	.323	.300	1.000	-.48	1.13
		4 45세 이상	.151	.303	1.000	-.66	.96
	3 35~44	1 15~24세	-1.505*	.306	.000	-2.33	-.68
		2 25~34세	-.323	.300	1.000	-1.13	.48
		4 45세 이상	-.172	.311	1.000	-1.01	.66
	4 45세 이상	1 15~24세	-1.332*	.309	.000	-2.16	-.50
		2 25~34세	-.151	.303	1.000	-.96	.66

		3 35~44	.172	.311	1.000	-.66	1.01
Tamhane	1 15~24세	2 25~34세	1.182*	.327	.004	.29	2.07
		3 35~44	1.505*	.306	.000	.67	2.34
		4 45세 이상	1.332*	.355	.002	.37	2.30
	2 25~34세	1 15~24세	-1.182*	.327	.004	-2.07	-.29
		3 35~44	.323	.245	.721	-.34	.99
		4 45세 이상	.151	.304	.997	-.68	.98
	3 35~44	1 15~24세	-1.505*	.306	.000	-2.34	-.67
		2 25~34세	-.323	.245	.721	-.99	.34
		4 45세 이상	-.172	.281	.991	-.94	.60
	4 45세 이상	1 15~24세	-1.332*	.355	.002	-2.30	-.37
		2 25~34세	-.151	.304	.997	-.98	.68
		3 35~44	.172	.281	.991	-.60	.94

*. 평균차이는 0.05 수준에서 유의합니다.

15~24세의 연령대가 다른 연령대와 확연히 다른 태도를 보인다. 등분산을 가정할 경우의 두 기법 Scheffe 및 Bonferroni의 경우에도 유의확률에 있어서 다소 차이가 있기는 하지만 역시 동일한 결론에 도달한다. [그림 5-32]의 Scheffe의 동일 집단군 분석에서도 동일한 분석결과를 얻을 수 있다. 15~24세의 연령대는 나머지 연령대와 유의수준 0.05에서 서로 다른 집단에 속한다. 국방부에서는 이러한 분석결과를 군복무기간 단축에 대한 장기정책 수립에 활용하기로 하였다.

그림 5-32 ▌Scheffe 사후검정-동질적 부분집합 분석: 복무기간단축태도

나이		N	유의수준=0.05에 대한 부분집합 1	2
Scheffe	3 35~44	32	2.34	
	4 45세 이상	31	2.52	
	2 25~34세	36	2.67	
	1 15~24세	33		3.85
	유의확률		.771	1.000

동질적 부분집합에 있는 집단에 대한 평균이 표시됩니다.

연습문제

01 학년별로 통계데이터분석 시험성적에 있어서 차이가 존재하는지를 조사하기 위하여 A대학교 2, 3, 4학년 각 학년별로 다섯 명의 표본을 추출하여 학년별 평균이 각각 64, 74, 84인 다음과 같은 데이터를 확보하였다. 이 데이터를 이용하여 학년별로 시험성적에 있어서 차이가 존재하는지 검정하시오.

	학년			
	2학년	3학년	4학년	전체
1	62	72	82	
2	63	73	83	
3	64	74	84	
4	65	75	85	
5	66	76	86	
합계	320	370	420	1,110
평균	64	74	84	74

① 집단 간 분산, 집단 내 분산, F값을 차례로 계산하고 이를 토대로 검정결과를 제시하시오.

② SPSS에 앞의 데이터를 입력하고 학년별로 시험성적에 있어서 차이가 존재하는지 검정결과를 제시하시오.

02 학년별로 통계데이터분석 시험성적에 있어서 차이가 존재하는지를 조사하기 위하여 B대학교 2, 3, 4학년 각 학년별로 다섯 명의 표본을 추출하여 학년별 평균이 각각 64, 74, 84인 다음과 같은 데이터를 확보하였다. 이 데이터를 이용하여 학년별로 시험성적에 있어서 차이가 존재하는지 검정하시오.

	학년			
	2학년	3학년	4학년	전체
1	48	58	68	
2	56	66	76	
3	64	74	84	
4	72	82	92	
5	80	90	100	
합계	320	370	420	1,110
평균	64	74	84	74

① 집단 간 분산, 집단 내 분산, F값을 차례로 계산하고 이를 토대로 검정결과를 제시하시오.

② SPSS에 앞의 데이터를 입력하고 학년별로 시험성적에 있어서 차이가 존재하는지 검정결과를 제시하시오.

03 앞의 두 문제를 비교해보고 학년별 평균이 동일함에도 불구하고 왜 서로 다른 검정결과가 도출되었는지 설명하시오.

04 휘발유 브랜드가 자동차 연비에 미치는 영향을 분석하고자 한다. 이를 위해 다음과 같은 연비(km/리터) 데이터를 수집하였다. 휘발유 브랜드별로 평균연비에 차이가 있는지 검정하시오.

휘발유 브랜드		
X	Y	Z
9.0	10.5	10.0
12.0	13.0	13.5
15.0	14.5	17.0
11.0	12.5	12.0
10.0	11.5	12.0

① 집단 간 분산, 집단 내 분산, F값을 차례로 계산하고 이를 토대로 검정결과를 제시하시오.

② SPSS에 앞의 데이터를 입력하고 브랜드별로 연비에 있어서 차이가 존재하는지 검정결과를 제시하시오.

05 암기방법이 단기기억력에 미치는 영향을 조사하기 위하여 다음과 같은 실험을 설계하였다(memory.sav 데이터 파일).

> 피실험자 60명을 암기방법에 따라 구분된 세 개의 집단으로 나누고 연관 없는 단어 30개를 2분 동안 암기하게 하였다. 첫 번째 집단은 '말하면서 외우기' 방법을, 두 번째 집단은 '쓰면서 외우기' 방법을, 세 번째 집단은 '읽으면서 외우기' 방법을 이용하여 주어진 단어를 암기하도록 요구하였다. 그리고 30초 후 암기력 테스트를 실시하여 그 결과를 기록하였다.

① 이 실험에서 귀무가설과 대립가설은 무엇인지 설명하시오.

② 암기방법에 따른 단기기억력의 효과를 검정하시오.

③ 암기방법이 단기기억력에 미치는 영향에 대한 다중비교를 수행하시오.

06 학년이 시험성적에 미치는 영향을 분석하고자 한다. 이를 위해 학년별 시험성적 데이터를 수집하였다(grade.sav 데이터 파일).

① 귀무가설과 대립가설은 무엇인지 설명하시오.

② 학년별 성적에 대한 평균, 표준편차, 평균에 대한 95% 신뢰구간을 제시하시오.

③ 학년별로 시험성적에 있어서 차이가 있는지 검정하시오.

07 학력수준에 따라 인터넷쇼핑몰 방문횟수에 차이가 존재하는지 분석하고자 한다. 이를 위해 인터넷쇼핑몰 방문 데이터를 수집하였다(ishop.sav 데이터 파일).

① 귀무가설과 대립가설은 무엇인지 설명하시오.

② 학력수준별 인터넷쇼핑몰 방문횟수에 대한 평균, 표준편차, 평균에 대한 95% 신뢰구간을 제시하시오.

③ 학력수준에 따라 인터넷쇼핑몰 방문횟수의 차이가 존재하는지 검정하시오.

08 연령대에 따라 혼전순결에 대한 인식에 있어서 차이가 존재하는지 분석하고자 한다. 다음 질문에 답하시오(chastity.sav 데이터 파일).

① 귀무가설과 대립가설은 무엇인지 설명하시오.

② 연령대별 혼전순결 인식에 대한 평균, 표준편차, 평균에 대한 95% 신뢰구간을 제시하시오.

③ 연령대에 따라 혼전순결에 대한 인식에 있어서 차이가 존재하는지 검정하시오.

④ 연령대가 혼전순결 인식에 미치는 영향에 대한 다중비교를 수행하시오.

09 소속 단과대학에 따라 공간지각능력의 차이가 존재하는지 조사하기 위하여 대학생을 대상으로 다음과 같은 실험을 설계하였다(space.sav 데이터 파일).

> 문과대학, 공과대학, 경영대학, 조형대학 소속 대학생을 각 단과대학별로 20명씩 총 80명을 무작위 선정하여 공간지각능력 테스트를 실시하였다. 공간지각능력 테스트는 총 18문제로 구성되었으며 피험자들에게는 10분간 문제를 풀 수 있는 시간이 주어졌다. 각 문항당 1점씩 점수를 계산하여 테스트 결과를 기록하였다.

① 이 실험에서 귀무가설과 대립가설은 무엇인지 설명하시오.

② 소속 단과대학이 공간지각능력에 미치는 영향을 검정하시오.

③ 소속 단과대학이 공간지각능력에 미치는 영향에 대한 다중비교를 수행하시오.

10 DSLR 카메라의 제조사별로 사용자 인터페이스의 편의성에 있어서 차이가 존재하는지 조사하기 위하여 잠재소비자를 대상으로 다음과 같은 실험을 설계하였다(camera.sav 데이터 파일).

대표적인 DSLR 카메라 제조사 3개 회사(C사, N사, S사)를 선정하여 각 제조사로부터 대중적으로 인기가 있는 60만원대의 카메라 세 종류를 선정하였다. 평소 DSLR 카메라를 다루어본 적이 없는 20대를 무작위로 선정하여 세 종류의 카메라에 20명씩 할당하였다. 피험자들에게는 타이머 기능을 '10초'로 설정하고, 연속촬영 기능을 '5장'으로 바꾼 뒤 촬영하도록 하는 과제가 주어졌다. 전원을 켠 순간부터 과제조건을 적용하여 셔터를 누른 순간까지의 시간을 스톱워치로 측정하여 그 결과를 기록하였다.

---

① 이 실험에서 귀무가설과 대립가설은 무엇인지 설명하시오.

② 카메라의 종류에 따라 사용자 인터페이스의 편의성에 차이가 존재하는지 검정하시오.

③ 카메라의 종류가 사용자 인터페이스 편의성의 차이에 미치는 영향에 대한 다중비교를 수행하시오.

11 실험 참여자에게 패밀리 카(family car) 자동차 광고를 보여주고 광고의 호감도를 평가하게 하였다. 성별에 따라 광고 호감도에 있어서 차이가 있는지 검정하시오. 그리고 연봉 수준의 영향을 배제한 상태에서 성별과 광고 호감도 간의 관계가 달라지는지 검정하시오(adratings.sav 데이터 파일).

이원분산분석

Chapter 06

Chapter 06

이원분산분석

앞 장에서 우리는 일원분산분석을 이용하여 여러 모집단 간의 평균의 동일성 여부를 검정하는 절차를 살펴보았다. 일원분산분석은 집단을 구분하는 독립변수가 하나일 때 사용할 수 있다. 집단을 구분하는 독립변수, 즉 요인이 두 개 있을 경우에는 **이원분산분석(two-way ANOVA)**을 이용하여 여러 모집단 간의 평균의 동일성 여부를 검정한다.

6.1 이원분산분석

이원분산분석에서 '이원(two-way)'이란 집단을 구분하는 독립변수가 두 개인 경우를 의미한다. 예를 들어, 이동통신회사 간뿐만 아니라 남녀 간 월간 모바일뱅킹 이용횟수의 동일성 여부에 관심이 있다면 여기에서 집단을 구분하는 독립변수는 이동통신회사와 성별이 되며 모집단 간 평균의 동일성 여부를 검정하기 위하여 이원분산분석을 적용할 수 있다. 이 장에서는 일원분산분석 설명 시 사용했던 동일한 데이터(mbanking.sav 데이터 파일; 곽기영·이유진 2005)를 이용하여 이동통신회사 및 남녀 간 월간 모바일뱅킹 이용횟수 차이에 대한 이원분산분석을 수행한다.

일원분산분석을 통해 이동통신회사 간 모바일뱅킹 이용횟수에 차이가 있음을 알 수 있었다. 하지만 여기에 성별의 영향은 고려되지 않았다. 이동통신회사와 성별을 모두 고려하여 집단 간 모바일뱅킹 이용횟수의 차이 여부를 알고자 한다면 이 두 요인을 동시에 고려한 기준으로 집단을 구분할 필요가 있다. 이동통신회사에는 세 개의 범주(SKT, KT, LGU+)가 있고 성별에는 두 개의 범주(남자, 여자)가 있으므로 [그림 6-1]과 같이 총 여섯 개의 집단으로 구분할 수 있다(SKT-남자, SKT-여자, KT-남자, KT-여자, LGU+-남자, LGU+-여자). 이원분산분석은 이들 여섯 개 집단의 평균과 표준편차를 바탕으로 ① 이동통신회사 간 및 남녀 간의 모바일뱅킹 이용횟수에 차이가 존재하는지를 검정할 수 있으며, ② 이동통신회사와 모바일뱅킹 이용횟수 간의 관계패턴이 남녀 간에도 동일하게 유지된다고 말할 수 있는지를 검정할 수 있다. 다시 말해 이동통신회사와 모바일뱅킹

그림 6-1 | 기술통계량: 모바일뱅킹 이용횟수

종속변수: 이용횟수

이동통신회사	성별	평균	표준편차	N
1 SKT	1 남자	2.01	1.006	79
	2 여자	2.91	1.396	91
	전체	2.49	1.307	170
2 KT	1 남자	1.62	.995	65
	2 여자	1.60	.946	35
	전체	1.61	.973	100
3 LGU+	1 남자	1.83	1.169	6
	2 여자	2.67	1.633	6
	전체	2.25	1.422	12
전체	1 남자	1.83	1.019	150
	2 여자	2.55	1.416	132
	전체	2.17	1.271	282

SPSS 메뉴에서 『분석 > 일반선형모형 > 일변량』을 선택한다. 『일변량 분석』 대화상자에서 이용횟수 변수를 선택하여 『종속변수』 영역으로 옮기고 『고정요인』에는 이동통신회사 및 성별 변수를 옮긴다. 『옵션』을 클릭한 후 나타나는 『일변량: 옵션』 대화상자에서 『기술통계량』을 체크한다(mbanking.sav 데이터 파일).

이용횟수 간의 관계패턴은 성별에 따라 달라지는지를 통계적으로 검정한다.

이동통신회사 간 및 남녀 간 모바일뱅킹 이용횟수의 차이에 대한 검정은 집단을 구분하는 두 변수가 각각 모바일뱅킹 이용횟수에 미치는 영향을 검정하는 것이고(나머지 다른 변수의 영향은 고려하지 않은 채), 이동통신회사와 모바일뱅킹 이용횟수 간의 관계패턴이 남녀 간에도 일관되게 유지되는지의 여부에 대한 검정은 두 변수가 동시에 함께 만들어 내는 모바일뱅킹 이용횟수에 대한 영향을 검정하는 것이다. 전자를 **주효과(main effect)**라고 하며, 후자를 **상호작용효과(interaction effect)**라고 한다. 여기에서 첫 번째 주효과는 이동통신회사가 모바일뱅킹 이용횟수에 미치는 영향이며, 두 번째 주효과는 성별이 모바일뱅킹 이용횟수에 미치는 영향이다. 상호작용효과는 이동통신회사와 성별의 두 요인이 동시에 고려되어 모바일뱅킹 이용횟수에 미치는 영향이다. 다시 말해 이동통신회사와 성별의 상호작용효과가 존재할 경우 이동통신회사가 모바일뱅킹 이용횟수에 미치는 영향은 성별에 따라서 달라지게 된다. 또는 성별이 모바일뱅킹 이용횟수에 미치는 영향은 이동통신회사에 따라서 달라지게 된다.

이동통신회사와 성별 간의 상호작용효과가 존재하지 않을 경우에는 A이동통신회사 가입자의 남녀 간 모바일뱅킹 이용횟수의 차이 정도는 나머지 B, C이동통신회사에도 유사하게 유지된다. 예를 들어, A이동통신회사 남자 고객이 여자 고객보다 모바일뱅킹을 더 많이 사용한다면 이러한 패턴은 나머지 두 이동통신회사에도 적용될 것이다. 반면에 상호작용효과가 존재할 경우에는 A이동통신회사 가입자의 남녀 간 모바일뱅킹 이용횟수의 차이 정도는 B이동통신회사의 남녀 간 차이나 C이동통신회사의 남녀 간 차이와 서로 다른 패턴을 보이게 된다. 예를 들어, A이동통신회사 가입자는 남자 고객이 여자 고객에 비해 모바일뱅킹 이용횟수가 더 많은 반면, B이동통신회사의 가입자는 여자 고객이 남자 고객에 비해 모바일뱅킹 이용횟수가 더 많게 되는 패턴을 보일 수도 있다. 주효과에 대한 분석은 집단 간 차이 여부를 각 변수별로 독립적으로 판단할 수 있게 해주며, 상호작용효과는 각 변수의 주효과들이 서로 영향을 미쳐서 나타나는 효과를 이해할 수 있게 해준다.

예를 들어, 학력수준과 소득수준이 인터넷쇼핑몰 이용횟수에 미치는 상호작용효과가 존재한다고 가정해보자. 두 변수 간에 상호작용효과가 존재하면 학력수준과 인터넷쇼핑몰 이용횟수 간의 관계패턴은 소득수준에 따라서 달라지며, 소득수준과 인터넷쇼핑몰 이용횟수 간의 관계패턴 역시 학력수준에 따라서 달라진다. 만일 상호작용효과가 존재하지 않는다면 이러한 관계패턴에는 변화가 없게 된다. 이를 도표를 통해 살펴보면 [그림 6-2] 및 [그림 6-3]과 같다.

[그림 6-2]를 소득수준의 관점에서 보면 학력수준에 관계없이 소득수준이 상인 집단이 가장 높은 인터넷쇼핑몰 이용횟수를 보이며, 소득수준이 하인 집단이 가장 낮은 인터넷쇼핑몰 이용횟수를 나타낸다. 학력수준의 관점에서 보면 소득수준에 관계없이 대학교 학력의 집단이 가장 높은 인

그림 6-2 ▌상호작용효과가 존재하지 않는 경우

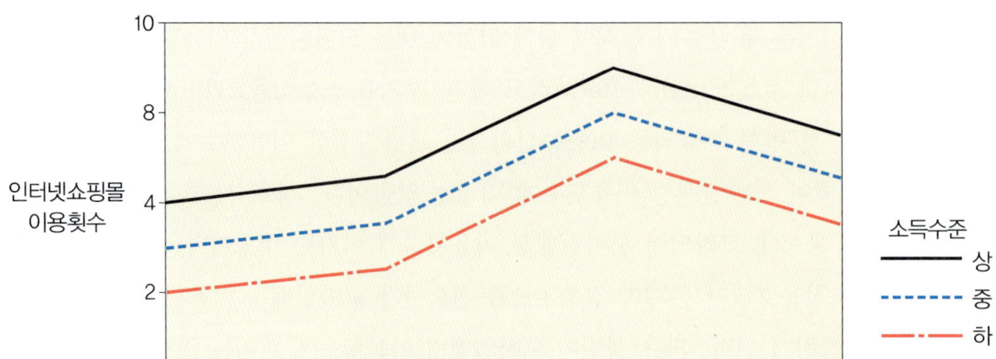

▶ 그림 6-3 ▌상호작용효과가 존재하는 경우

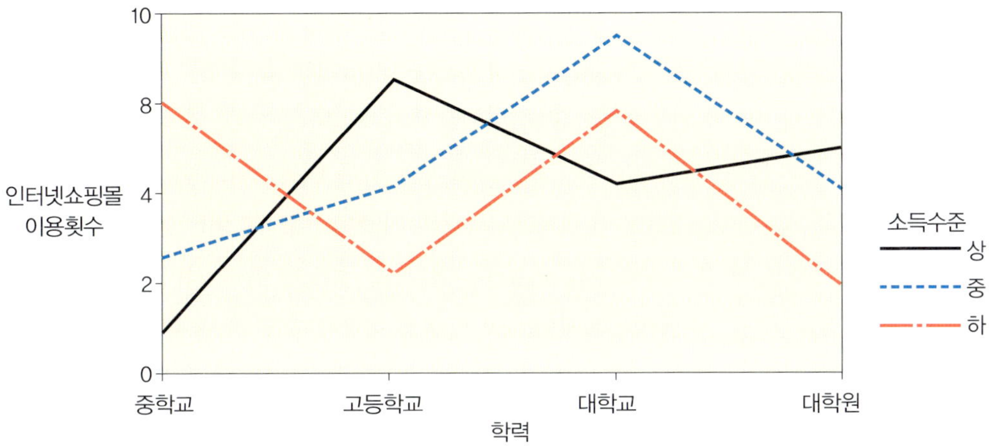

터넷쇼핑몰 이용횟수를 보이며, 중학교 학력의 집단이 가장 낮은 인터넷쇼핑몰 이용횟수를 나타낸다. 도표상에서 보면 소득수준을 나타내는 세 개 선의 모양이 모두 유사한 패턴을 보이며 임의의 두 선 간의 간격도 일정하다. 이러한 패턴이 나타날 때 학력수준과 소득수준 간에 상호작용효과가 없다고 판단한다. 이처럼 상호작용효과가 없을 때 주효과만으로 상황을 설명하는 것이 가능하다. 즉 대학교 학력수준을 가진 집단이 가장 자주 인터넷쇼핑몰을 이용하며(학력수준의 주효과), 소득수준이 상인 집단이 가장 빈번히 인터넷쇼핑몰을 이용한다(소득수준의 주효과).

상호작용효과가 있을 경우에는 [그림 6-3]과 같은 패턴을 관찰할 수 있다. 앞의 도표와 달리 선들이 서로 교차하며 임의의 두 선 간의 간격이 일정하지 않다. 중학교 학력집단에서는 소득수준이 하인 집단이 가장 높은 수준의 인터넷쇼핑몰 이용빈도를 보이며, 고등학교 학력집단에서는 소득수준이 상인 집단이, 대학교 학력집단에서는 소득수준이 중인 집단이, 대학원 학력집단에서는 소득수준이 상인 집단이 각각 가장 인터넷쇼핑몰을 자주 이용한다. 이런 상황에서는 특정 학력집단(소득수준에 대한 고려 없이)이나 특정 소득집단(학력수준에 대한 고려 없이)의 인터넷쇼핑몰 이용횟수가 가장 높다고 얘기할 수는 없다. 왜냐하면 인터넷쇼핑몰 이용횟수는 학력수준과 소득수준 모두에 의존해서 결정되기 때문이다.

다시 모바일뱅킹 이용횟수의 예로 돌아가보자. [그림 6-4]는 SPSS를 이용하여 모바일뱅킹 이용횟수에 관한 이원분산분석을 수행한 결과이다. 일원분산분석표와 유사하지만 모두 세 개의 귀무가설을 검정하기 위한 F값과 유의확률이 제시된다. 여기에서 세 개의 귀무가설이란 "모집단에서 이동통신회사의 주효과가 존재하지 않는다", "모집단에서 성별의 주효과가 존재하지 않는다", "모집단에서 이동통신회사와 성별의 상호작용효과가 존재하지 않는다"이다. 이들 각 귀무가설이 사실이라는 가정하에서 표본으로부터 관측된 유의확률은 '이동통신회사', '성별', '이동통신회사 * 성별 행'의 '유의확률' 열에 각각 나타난다. 세 값 모두 유의수준 0.05에서 유의하기 때문에 세 개의 귀무가설은 모두 기각되었다. 부록 A 통계표의 F분포표를 보면 유의수준 0.05에 대응되는 F값은 이동통신회사 주효과의 경우 F(2, 276)=3.00, 성별 주효과의 경우 F(1, 276)=3.84, 이동통신회사×성별 상호작용효과의 경우 F(2, 276)=3.00으로 각각의 관측된 F값 16.23, 5.51, 4.71보다 작다([그림 6-5]).[1)]즉 모바일뱅킹 이용횟수는 이동통신회사 및 성별에 따라 차이가 있으며(이동통신회사 및 성별의 주효과 존재), 이동통신회사와 모바일뱅킹 이용횟수 간의 관계는 성별에 따라 다른 패턴을 보인다(이동통신회사 및 성별의 상호작용효과 존재).

그림 6-4 ▌ 이원분산분석표: 모바일뱅킹 이용횟수

종속변수: 이용횟수

소스	제 Ⅲ 유형 제곱합	자유도	평균제곱	F	유의확률
수정된 모형	85.594[a]	5	17.119	12.831	.000
절편	398.499	1	398.499	298.683	.000
이동통신회사	43.308	2	21.654	16.230	.000
성별	7.356	1	7.356	5.514	.020
이동통신회사 * 성별	12.564	2	6.282	4.709	.010
오차	368.235	276	1.334		
전체	1782.000	282			
수정된 합계	453.830	281			

a. R제곱=.189(수정된 R제곱=.174)

SPSS 메뉴에서 『분석 > 일반선형모형 > 일변량』을 선택한다. 『일변량 분석』 대화상자에서 이용횟수 변수를 선택하여 『종속변수』 영역으로 옮기고 『고정요인』에는 이동통신회사 및 성별 변수를 옮긴다(mbanking.sav 데이터 파일).

1) 주효과 및 상호작용효과를 검정하기 위한 F분포에서의 자유도는 집단의 개수와 표본크기에 의해 결정되며 '실험설계' 부분에서 자세히 다룬다.

그림 6-5 | F분포 검정: 모바일뱅킹 이용횟수

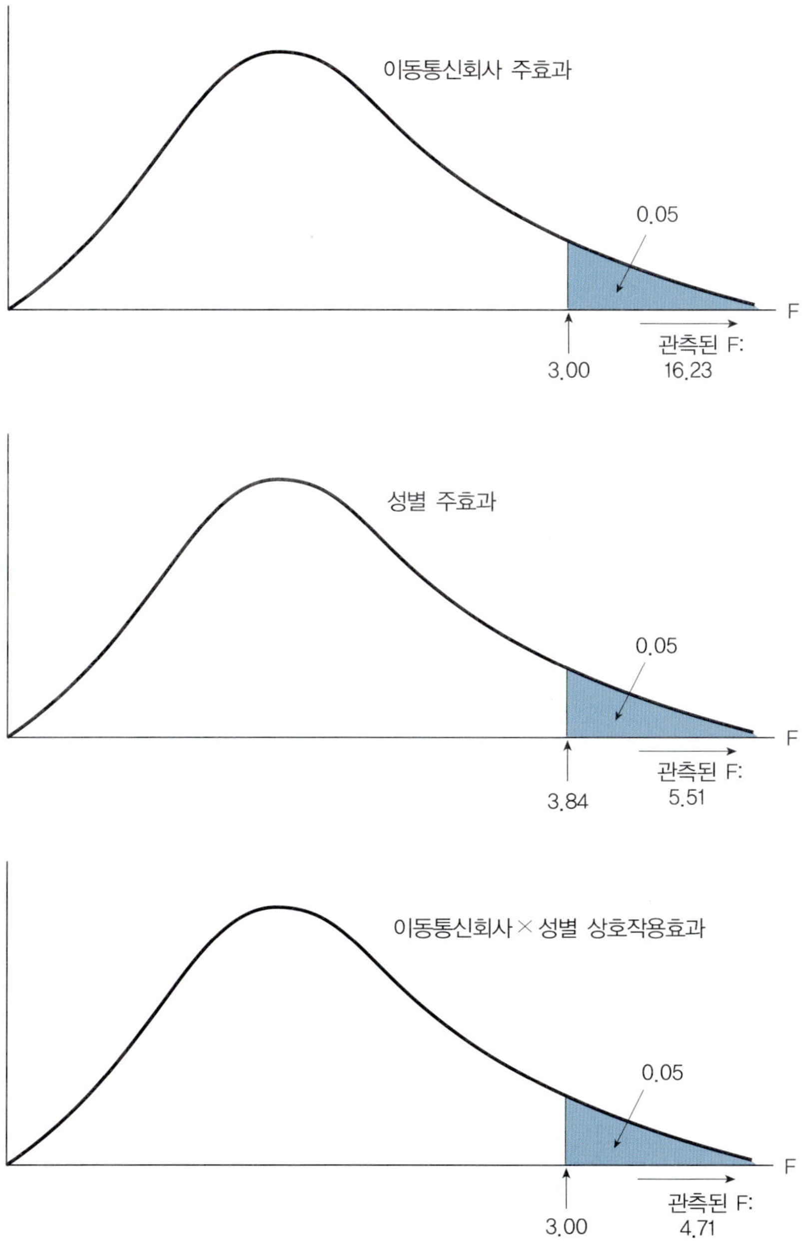

이를 도표로 표현하면 [그림 6-6]의 프로파일도표와 같다. 선들의 간격이 일정하지 않고 일부 영역에서는 약간 교차하는 것을 볼 수 있다. SKT와 LGU+의 경우 여자의 평균 모바일뱅킹 이용횟수가 남자보다 더 많은 반면, KT의 경우에는 남자가 약간 더 많은 패턴을 보인다. 즉 성별과 이동

그림 6-6 | 프로파일도표: 모바일뱅킹 이용횟수

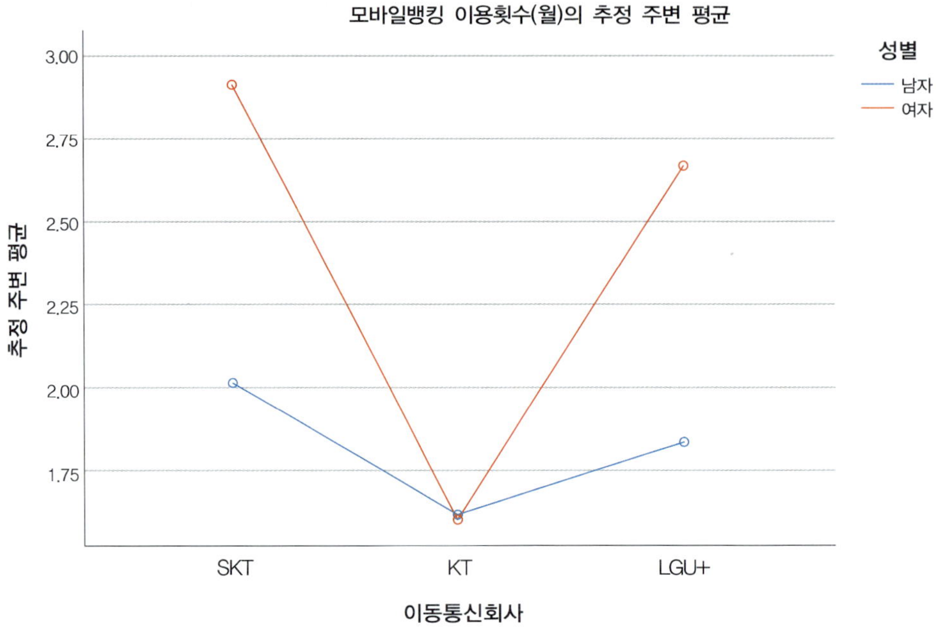

『일변량 분석』 대화상자에서 『도표』를 클릭한다. 『일변량: 프로파일도표』 대화상자에서 『수평축 변수』에 이동통신회사 변수를, 『선구분 변수』에 성별 변수를 옮긴 후, 『추가』를 클릭하여 『도표』 박스로 옮긴다(mbanking.sav 데이터 파일).

통신회사 간의 조합에 따라 모바일뱅킹 이용횟수가 결정되며 이동통신회사와 모바일뱅킹 이용횟수 간의 관계패턴은 성별에 의해 영향을 받는다. 요인 간 상호작용이 있을 때 두 직선은 평행하지 않으며 상호작용이 클수록 두 직선은 교차하는 경향이 있다.

6.2 반복측정 분산분석

반복측정 분산분석(repeated measures ANOVA)은 동일한 대상에 대해 여러 번 반복측정하여 반복측정 집단 간에 차이가 존재하는지 검정한다. 앞서 평균검정에서 다루었던 대응표본 평균검정은 동일한 대상에 대해 두 차례 측정하여 두 집단(즉 두 개의 대응표본) 간의 차이를 검정하는 반면, 반복측정 분산분석은 이러한 반복측정 횟수를 세 번 이상으로 확장하여 세 개 이상 집단 간의 차이를 검정한다. 앞서 다룬 일반적 형태의 분산분석이 다른 집단에 속한 대상들 간의 집단 간 차이를 분석하는 것이라면, 반복측정 분산분석은 동일 집단에 속한 대상들 간의 집단 내 차이를 규명하는 데 관심을 갖는다. 반복측정 분산분석에 대상을 구분하는 집단변수가 포함될 경우 이원분산분석의 형태로 집단 간 효과와 집단 내 효과를 동시에 검정할 수 있다.

여기에서는 반복측정 분산분석을 이용하여 불안감의 정도가 시험성적에 미치는 영향을 검정한다(anxiety.sav 데이터 파일). 이를 위해 먼저 12명의 대상자를 선발하여 불안감 수준을 측정한 후 이들을 불안감 수준이 낮은 집단과 불안감 수준이 높은 집단으로 분할하였다. 그런 다음 네 차례의 시험을 치른 후 오답의 개수를 기록하였다. 반복측정 분산분석에서는 이처럼 하나의 대상에 대해 두 번 이상 반복측정된다.

반복측정 이원분산분석을 수행하기 위해서는 분석모델에 포함된 집단변수를 두 개의 요인, 즉 **집단 간 요인(between-groups factor)**과 **집단 내 요인(within-groups factor)**으로 구분할 필요가 있다.[2] 집단 간 요인은 대상(즉 개별 케이스)을 서로 구분되는 집단으로 분할하는 변수이다. 각 대상은 분할되는 집단 가운데 하나에만 할당된다. 예를 들어, 불안감의 수준을 나타내는 불안수준 변수는 집단 간 요인이다. 왜냐하면 이 변수는 12명의 대상자를 불안감이 낮은 집단과 높은 집단으로 분할하기 때문이다. 집단 내 요인은 동일한 대상에 대해 반복측정한 결과를 구분하는 변수이다. 각 대상은 측정 차수에 따라 구분되는 집단 모두에 할당된다. 예를 들어, 시험은 집단 내 요인이다. 왜냐하면 이 변수는 12명 대상자 각각에 대한 네 차례의 시험 성적을 구분하기 때문이다. 여기에서는 집단 간 요인과 집단 내 요인이 각각 한 개씩인 반복측정 이원분산분석을 수행한다. 집단 간 요인과 집단 내 요인 모두 집단변수로서의 역할을 수행하며 집단 내 요인의 각 범주별로 반복측정된 값이 저장된다.

반복측정 이원분산분석은 집단 간 요인의 효과를 분석하는 집단 간 분석과 집단 내 요인의 효과를 분석하는 집단 내 분석으로 구성된다. 예를 들어, 집단 간 분석은 집단 간 요인인 불안수준의 높고 낮음이 시험성적에 미치는 영향을 분석하며, 집단 내 분석은 집단 내 요인인 시험의 차수와 시험 차수 및 불안수준의 상호작용에 따라 시험성적이 달라지는지 검정한다.

집단 간 요인 효과를 검정하기 위해서는 우선 집단 내 변수를 합산하고 집단 내 변수 개수의 제곱근으로 나누어 단일의 결과변수를 생성한다. 이렇게 생성한 결과변수를 종속변수로 사용하여 분산분석을 수행한다. 여기에서는 집단 간 요인(불안수준)이 한 개이기 때문에 다음과 같이 새로운

2) 집단 간 요인과 집단 내 요인은 각각 개체 간 요인(between-subjects factor)과 개체 내 요인(within-subjects factor)이라고도 한다.

그림 6-7 | 집단 간 요인 효과검정: 시험

소스	제 Ⅲ 유형 제곱합	자유도	평균제곱	F	유의확률
절편	4800.000	1	4800.000	280.839	.000
불안수준	10.083	1	10.083	.590	.460
오차	170.917	10	17.092		

반복측정 분산분석을 수행하기 위해서는 SPSS 메뉴에서 『분석 > 일반선형모형 > 반복측도』를 선택한다. 『반복측도 요인 정의』 대화상자에서 『개체-내 요인이름』에 집단 내 요인 이름을 입력한다. 여기에서는 '시험'으로 입력한다. 이어서 『수준 수』에 집단 내 요인의 범주 개수를 지정한다. 네 차례 시험을 측정하였으므로 여기에서는 '4'를 지정한다. 『추가』와 『정의』를 클릭하여 집단 내 요인을 정의한다. 『반복측도』 대화상자에서 집단 내 요인의 범주별 변수를 『개체-내 변수』 박스로 차례대로 옮긴다. 『개체-간 요인』 박스에는 집단 간 요인인 불안수준 변수를 선택 지정한다(anxiety.sav 데이터 파일).

종속변수(테스트평균)를 생성한 후 일원분산분석으로 집단 간 요인의 효과를 검정할 수 있다.

$$\text{테스트평균} = \frac{\text{테스트1} + \text{테스트2} + \text{테스트3} + \text{테스트4}}{\sqrt{4}}$$

검정결과는 [그림 6-7]과 같다. 유의확률은 0.460으로서 유의수준 0.05에서 불안수준의 주효과는 통계적으로 유의하지 않다. 즉 불안감을 느끼는 정도는 시험성적에 영향을 미치지 않는다.

집단 내 요인의 효과를 검정하기 위해서는 먼저 반복측정 분산분석을 위한 가정을 점검해볼 필요가 있다. 앞 장에서 살펴본대로 분산분석의 가정인 독립성, 정규성, 분산동일성 가정을 점검한다. 이 가운데 분산동일성 가정은 **Mauchly의 구형성검정(Mauchly's sphericity test)**을 통해 점검할 수 있다. 구형성검정은 집단 내 변수(여기에서는 네 차례의 시험성적) 간 차이의 분산/공분산이 동일한지 검정한다. 이는 비록 동일한 대상에 대해 시점을 달리하여 반복적으로 측정된 데이터이지만 모든 반복 차수 간의 관련성의 정도는 일정해야 한다는 의미이다. 구형성검정은 측정값 간 차이의 분산/공분산이 동일하다는 귀무가설을 검정한다. 따라서 검정결과 계산된 유의확률이 유의수준(예를 들면, 0.05)보다 클 경우 구형성 가정이 충족된 것으로 판단한다. 구형성검정 결과는 [그림 6-8]과 같다. 유의확률은 0.053으로서 유의수준 0.05를 약간 상회한다. 따라서 집단 내 변수 간 차이의 분산/공분산동일성 가정은 충족되었다.

그림 6-8 ▌ Mauchly의 구형성검정: 시험[a]

개체-내 효과	Mauchly의 W	근사 카이제곱	자유도	유의확률	엡실런[b]		
					Greenhouse-Geisser	Huynh-Feldt	하한
시험	.283	11.011	5	.053	.544	.701	.333

정규화된 변형 종속변수의 오차 공분산 행렬이 항등 행렬에 비례하는 영가설을 검정합니다.

a. 설계: 절편+불안수준
개체-내 설계: 시험

b. 유의성 평균검정의 자유도를 조절할 때 사용할 수 있습니다. 수정된 검정은 개체-내 효과검정 표에 나타납니다.

> 구형성검정을 위해서는 『옵션』을 클릭하고 『반복측도: 옵션』 대화상자에서 『동질성 검정』을 선택한다(anxiety.sav 데이터 파일).

만약 Mauchly의 구형성검정 결과가 귀무가설을 기각하면(즉 유의확률이 유의수준보다 작으면) 구형성은 가정될 수 없다. 그럴 경우 엡실론(epsilon)이라는 조정값이 필요하게 된다. 집단 내 효과를 검정할 때 자유도에 엡실론을 곱해서 자유도를 보정한다. 집단 내 효과를 검정하는 F검정은 엡실론에 의해 조정된 새로운 자유도를 이용하여 수행된다. [그림 6-8]의 마지막 세 열은 세 가지 서로 다른 기준에 따라 산출된 엡실론값이다.

반복측정 분산분석의 주목적인 집단 내 요인에 대한 효과검정 결과는 [그림 6-9]와 같다.

그림 6-9 ▌ 집단 내 요인 효과검정: 시험

소스		제 Ⅲ 유형 제곱합	자유도	평균제곱	F	유의확률
시험	구형성 가정	991.500	3	330.500	128.627	.000
	Greenhouse-Geisser	991.500	1.632	607.468	128.627	.000
	Huynh-Feldt	991.500	2.102	471.773	128.627	.000
	하한	991.500	1.000	991.500	128.627	.000
시험 * 불안수준	구형성 가정	8.417	3	2.806	1.092	.368
	Greenhouse-Geisser	8.417	1.632	5.157	1.092	.346
	Huynh-Feldt	8.417	2.102	4.005	1.092	.357
	하한	8.417	1.000	8.417	1.092	.321
오차(시험)	구형성 가정	77.083	30	2.569		
	Greenhouse-Geisser	77.083	16.322	4.723		
	Huynh-Feldt	77.083	21.016	3.668		
	하한	77.083	10.000	7.708		

집단 내 요인인 시험 변수에 대한 검정결과와 집단 간 요인 및 집단 내 요인의 상호작용항인 시험×불안수준에 대한 검정결과가 네 가지 기준에 따라 출력된다. 예를 들어, '구형성 가정' 행은 분산/공분산의 동일성 가정이 충족되고, 따라서 F검정의 유의성은 원래의 자유도로 평가된다는 것을 나타낸다. 'Greenhouse-Geisser' 행은 Greenhouse-Geisser 엡실론이 사용되고 F검정의 유의성은 Greenhouse-Geisser 엡실론에 의해 조정된 자유도로 평가된다는 것을 나타낸다. 여기에서는 Mauchly의 구형성검정 결과에 의해 분산/공분산동일성 가정이 충족되었기 때문에 '구형성 가정' 행을 바탕으로 가설검정을 수행한다. 시험의 효과는 유의확률 0.0005 미만으로 통계적으로 유의하며, 따라서 시험 차수에 따라 성적은 다르다. 반면에 시험×불안수준의 상호작용효과는 유의확률 0.368로서 통계적으로 유의하지 않다.

반복측정 분산분석의 검정결과는 일반적으로 다음과 같은 순서에 따라 선택한다(Field 2013, Howell 2002). Mauchly의 구형성검정 결과의 유의확률이 0.05보다 크면 구형성 가정의 결과를 이용한다. 유의확률이 0.05보다 작으면 Greenhouse-Geisser 엡실론의 값을 살펴본다. Greenhouse-Geisser 엡실론의 값이 0.75보다 크면 Huynh-Feldt의 결과를 이용하고, 그렇지 않으면 Greenhouse-Geisser의 결과를 이용하거나 다변량검정 결과를 이용한다. 다변량검정 결과는 [그림 6-10]과 같다. 다변량검정 결과는 집단 내 요인 효과검정과 일치한다. 시험의 효과는 통계적으로 유의하며(유의확률 0.0005 미만), 시험×불안수준 상호작용은 유의하지 않다(유의확률 0.138). 즉 네 차례의 시험은 유의한 점수 차이가 존재하며, 불안감을 많이 느끼는 사람의 네 차례 시험점수 패턴은 불안감을 적게 느끼는 사람의 시험점수 패턴과 다르지 않다.

그림 6-10 ▌다변량검정: 시험[a]

효과		값	F	가설 자유도	오차 자유도	유의확률
시험	Pillai의 트레이스	.961	64.854[b]	3.000	8.000	.000
	Wilks의 람다	.039	64.854[b]	3.000	8.000	.000
	Hotelling의 트레이스	24.320	64.854[b]	3.000	8.000	.000
	Roy의 최대근	24.320	64.854[b]	3.000	8.000	.000
시험 * 불안수준	Pillai의 트레이스	.479	2.451[b]	3.000	8.000	.138
	Wilks의 람다	.521	2.451[b]	3.000	8.000	.138
	Hotelling의 트레이스	.919	2.451[b]	3.000	8.000	.138
	Roy의 최대근	.919	2.451[b]	3.000	8.000	.138

a. 설계: 절편+불안수준
개체-내 설계: 시험
b. 정확한 통계량

끝으로 프로파일도표를 통해 가설검정의 결과를 다시 검토해보자. [그림 6-11]의 프로파일도표를 보면 테스트1의 오답 개수가 가장 많으며 테스트4의 오답 개수가 가장 적다. 시험점수 간에는 의미 있는 차이가 있어 보인다. 또한 시험이 반복됨에 따라 오답 개수는 점차 작아지는 패턴을 갖고 있다. 이러한 패턴은 불안감을 크게 느끼는 집단과 그렇지 않은 집단 간에 크게 다르지 않다. 프로파일도표상에서 평행한 두 선은 이러한 두 집단 간 시험점수 패턴의 유사성을 보여준다. 따라서 불안감의 정도와 시험 간의 상호작용효과는 존재하지 않는다. 프로파일도표는 비록 표본 데이터에 한정된 것이긴 하지만 대체로 가설검정의 결과와 일치하는 정보를 제공하고 있다.

그림 6-11 ▌ 프로파일도표: 시험

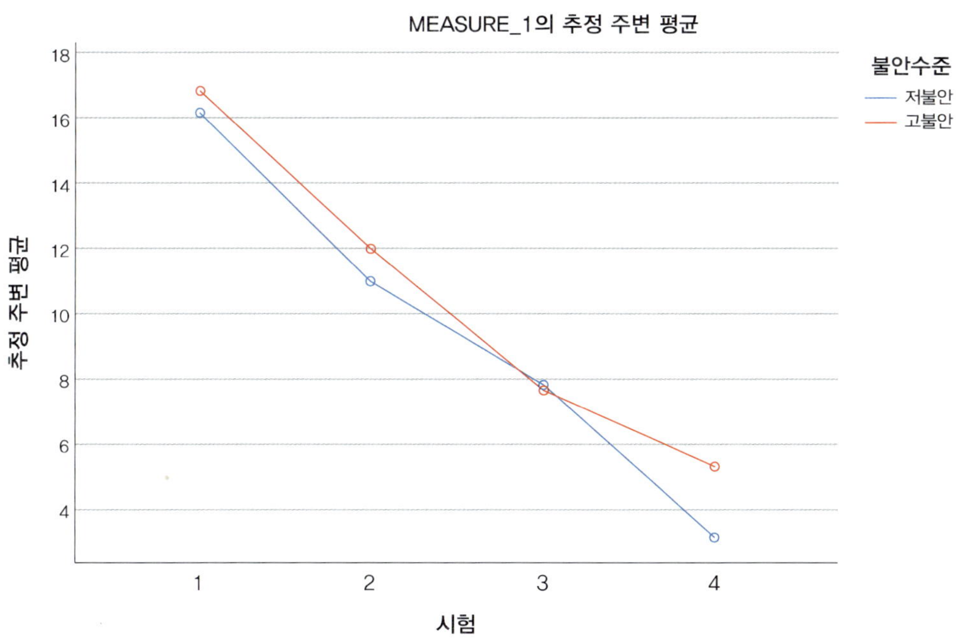

『반복측도』 대화상자에서 『도표』를 클릭한다. 『반복측도: 프로파일도표』 대화상자에서 『수평축 변수』에 시험 변수를, 『선구분 변수』에 불안수준 변수를 옮긴 후, 『추가』를 클릭하여 『도표』 박스로 옮긴다(anxiety.sav 데이터 파일).

6.3 실험설계

분산분석은 실험설계를 통해 수집한 데이터를 분석할 때 유용하다. 두 개 또는 그 이상의 요인을 포함하는 실험설계를 총칭하여 **팩토리얼실험(factorial experiment)**이라고 하며 요인들의 모든 가능한 조합이 실험에 포함된다. 예를 들어, 요인 A와 요인 B가 포함된 **2요인팩토리얼실험(two-factor factorial experiment)**이라면 요인 A의 a개 수준과 요인 B의 b개 수준에 대해 a×b 처치조합(treatment combinations)의 데이터가 실험을 통해 수집된다. 다음과 같은 예를 생각해보자.

> 한 놀이공원에서 롤러코스터, 바이킹, 풀룸라이더의 세 가지 인기 놀이시설의 대기시간을 줄이기 위해 두 가지 서로 다른 탑승객 승하차시스템(시스템 X와 시스템 Y)을 개발하였다. 이 놀이공원의 책임자는 놀이시설 유형, 승하차시스템 유형, 그리고 놀이시설 유형과 승하차시스템 유형 간의 관계가 탑승 대기시간에 미치는 영향을 분석하려고 한다.

이러한 목적을 달성하기 위하여 이 놀이공원의 이용객 가운데 12명을 무작위로 선정하여 세 가지 놀이시설에 네 명씩 할당한다. 그리고 나서 두 명씩 각 승하차시스템에 역시 무작위로 할당한다. 이 실험은 승하차시스템 요인의 두 처치수준과 놀이시설 요인의 세 처치수준의 조합으로 총 2×3 처치조합을 갖게 된다. 이러한 과정을 통해 실험을 수행한 후 각 놀이시설 및 승하차시스템별로 대기시간(분)을 기록한다. 그 결과 대기시간이 [그림 6-12]의 표와 같이 조사되었다. 이 실험결과에 대한 기술통계량을 구해보면 [그림 6-13]과 같다(amusepark.sav 데이터 파일).

그림 6-12 ▌ 실험설계: 2요인팩토리얼실험

		놀이시설		
		롤러코스터	바이킹	풀룸라이더
승하차시스템	시스템 X	40 42	47 45	46 47
	시스템 Y	48 51	51 47	47 45

▶ 그림 6-13 ▌기술통계량: 대기시간

종속변수: 대기시간

승하차시스템	놀이시설	평균	표준편차	N
1 시스템 X	1 롤러코스터	41.00	1.414	2
	2 바이킹	46.00	1.414	2
	3 풀룸라이더	46.50	.707	2
	전체	44.50	2.881	6
2 시스템 Y	1 롤러코스터	49.50	2.121	2
	2 바이킹	49.00	2.828	2
	3 풀룸라이더	46.00	1.414	2
	전체	48.17	2.401	6
전체	1 롤러코스터	45.25	5.123	4
	2 바이킹	47.50	2.517	4
	3 풀룸라이더	46.25	.957	4
	전체	46.33	3.172	12

여기에서 분산분석의 목적은 다음과 같은 질문에 대한 답을 얻고자 하는 것이다.

- 주효과 1(승하차시스템): 승하차시스템의 유형은 대기시간에 영향을 미치는가?
- 주효과 2(놀이시설): 놀이시설의 유형은 대기시간에 영향을 미치는가?
- 상호작용효과(승하차시스템과 놀이시설): 승하차시스템(놀이시설)이 대기시간에 미치는 영향은 놀이시설(승하차시스템)에 따라 달라지는가? 또는 놀이시설과 승하차시스템의 조합은 대기시간에 영향을 미치는가? 즉 어떤 놀이시설은 특정 승하차시스템이 적용되었을 경우 대기시간이 개선되는 반면, 또 다른 놀이시설은 다른 승하차시스템이 적용되었을 경우 대기시간이 개선되는가?

분산분석을 이용하여 앞의 데이터를 분석해보자. 이와 같은 실험설계에서는 처치에 따른 효과별로 세 가지 형태의 집단 간 분산이 존재한다. 첫 번째 집단 간 분산은 승하차시스템 요인에 의한 분산인 **요인A평균제곱(mean square due to factor A, MSA)**이다. MSA는 **요인A제곱합(sum of squares due to factor A, SSA)**을 자유도로 나누어서 구한다. 자유도는 요인 A 수준의 개수에 의해 결정된다.

$$\text{MSA} = \frac{\text{SSA}}{\text{자유도}} = \frac{\Sigma_a \left[(\overline{X}_a - \overline{X})^2 \times n_a \right]}{a-1}$$

여기에서, a는 요인 A 수준의 개수, $\overline{X}_a$는 요인 A의 수준별 표본평균, $\overline{X}$는 전체표본의 평균, n_a는 요인 A의 수준별 표본크기

$$\text{MSA} = \frac{(44.5-46.33)^2 \times 6 + (48.17-46.33)^2 \times 6}{2-1} = \frac{40.407}{1} = 40.407$$

두 번째 집단 간 분산은 놀이시설 요인에 의한 분산인 **요인B평균제곱(mean square due to factor B, MSB)**이다. MSB는 **요인B제곱합(sum of squares due to factor B, SSB)**을 자유도로 나누어서 구한다. 자유도는 요인 B 수준의 개수에 의해 결정된다.

$$\text{MSB} = \frac{\text{SSB}}{\text{자유도}} = \frac{\Sigma_b \left[(\overline{X}_b - \overline{X})^2 \times n_b \right]}{b-1}$$

여기에서, b는 요인 B 수준의 개수, $\overline{X}_b$는 요인 B의 수준별 표본평균, $\overline{X}$는 전체표본의 평균, n_b는 요인 B의 수준별 표본크기

$$\text{MSB} = \frac{(45.25-46.33)^2 \times 4 + (47.5-46.33)^2 \times 4 + (46.25-46.33)^2 \times 4}{3-1} = \frac{10.1668}{2} = 5.0834$$

세 번째 집단 간 분산은 상호작용 요인에 의한 분산인 **요인AB평균제곱(mean square due to factor A and B, MSAB)**이다. MSAB는 **요인AB제곱합(sum of squares due to factor A and B, SSAB)**을 자유도로 나누어서 구한다. 자유도는 요인 A 수준의 개수와 요인 B 수준의 개수에 의해 결정된다.

$$\text{MSAB} = \frac{\text{SSAB}}{\text{자유도}} = \frac{\Sigma_{ab} \left[(\overline{X}_{ab} - \overline{X}_a - \overline{X}_b + \overline{X})^2 \times n_{ab} \right]}{(a-1) \times (b-1)}$$

여기에서, ab는 요인 A 수준의 개수×요인 B 수준의 개수,
$\overline{X}_{ab}$는 요인 A 및 요인 B 교차셀의 표본평균, $\overline{X}_a$는 요인 A의 수준별 표본평균,
$\overline{X}_b$는 요인 B의 수준별 표본평균, $\overline{X}$는 전체표본의 평균,
n_{ab}는 요인 A 및 요인 B 교차셀의 표본크기

$$\begin{aligned}\text{MSAB} = \{&(41.0-44.5-45.25+46.33)^2\times 2+(46.0-44.5-47.5+46.33)^2\times 2\\&+(46.5-44.5-46.25+46.33)^2\times 2+(49.5-48.17-45.25+46.33)^2\times 2\\&+(49.0-48.17-47.5+46.33)^2\times 2+(46.0-48.17-46.25+46.33)^2\times 2\}\\&/\{(2-1)\times(3-1)\}\\=&\frac{41.167}{2}=20.5835\end{aligned}$$

집단 내 분산에 해당되는 **오차평균제곱(mean square due to error, MSE)**은 집단 내 제곱합에 대응되는 **오차제곱합(sum of squares due to error, SSE)**을 자유도로 나누어서 구한다. 자유도는 전체 표본크기와 요인 A 및 요인 B 수준의 개수에 의해 결정된다.

$$\text{MSE}=\frac{\text{SSE}}{\text{자유도}}=\frac{\Sigma_{ab}\left[s_{ab}^2\times(n_{ab}-1)\right]}{\Sigma_{ab}(n_{ab}-1)}=\frac{\Sigma_{ab}\left[s_{ab}^2\times(n_{ab}-1)\right]}{n-ab}$$

여기에서, ab는 요인 A 수준의 개수×요인 B 수준의 개수, n은 전체 표본크기,
s_{ab}는 요인 A 및 요인 B 교차셀의 표준편차, n_{ab}는 요인 A 및 요인 B 교차셀의 표본크기

$$\text{MSE}=\frac{1.414^2\times1+1.414^2\times1+0.707^2\times1+2.121^2\times1+2.828^2\times1+1.414^2\times1}{1+1+1+1+1+1}=3.1657$$

MSA, MSB, MSAB, MSE가 모두 구해졌으므로 각 효과별 F값은 다음과 같이 구할 수 있다.

$$\text{F(승하차시스템)}=\frac{\text{MSA}}{\text{MSE}}=\frac{40.407}{3.1657}=12.764$$

$$\text{F(놀이시설)}=\frac{\text{MSB}}{\text{MSE}}=\frac{5.0834}{3.1657}=1.6058$$

$$\text{F(승하차시스템×놀이시설)}=\frac{\text{MSAB}}{\text{MSE}}=\frac{20.5835}{3.1657}=6.5020$$

부록 A 통계표의 F분포표를 참조하면 유의수준 0.05에 대응되는 효과별 F값은 각각 승하차시스템 5.99, 놀이시설 5.14, 승하차시스템 및 놀이시설의 상호작용 5.14이다. Excel을 통해서도 동일한 값을 구할 수 있다: 승하차시스템 F.INV.RT(0.05, 1, 6)=5.987, 놀이시설 F.INV.RT(0.05, 2, 6)=5.143, 승하차시스템 및 놀이시설의 상호작용 F.INV.RT(0.05, 2, 6)=5.143. 따라서 유의수준 0.05에서 승하차시스템은 대기시간에 영향을 미치나 놀이시설은 대기시간에 영향을

그림 6-14 | F분포 검정: 대기시간

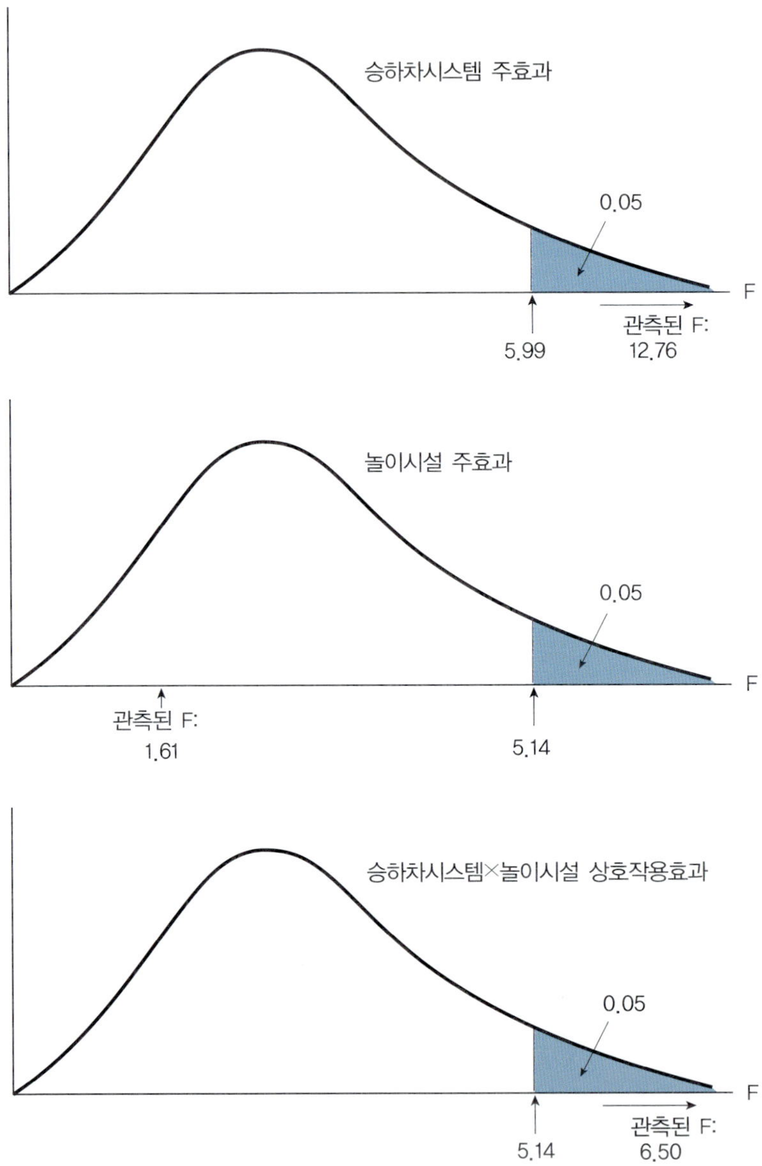

미치지 않으며, 승하차시스템 및 놀이시설이 대기시간에 미치는 상호작용효과는 존재한다([그림 6-14]).

앞의 계산결과를 [그림 6-15]와 같은 ANOVA 테이블로 요약할 수 있다. [그림 6-15]는 2요인팩토리얼실험에 대한 ANOVA 테이블이다.

▶ 그림 6-15 ▎2요인팩토리얼실험 ANOVA 테이블

	제곱합	자유도	평균제곱	F	유의확률
요인 A	SSA	$a-1$	$MSA=\frac{SSA}{a-1}$	$\frac{MSA}{MSE}$	
요인 B	SSB	$b-1$	$MSB=\frac{SSB}{b-1}$	$\frac{MSB}{MSE}$	
상호작용	SSAB	$(a-1)\times(b-1)$	$MSAB=\frac{SSAB}{(a-1)\times(b-1)}$	$\frac{MSAB}{MSE}$	
오차	SSE	$n-ab$	$MSE=\frac{SSE}{n-ab}$		
전체	SST	$n-1$			

SST는 **총제곱합(sum of squares total)**으로서 'SST=SSA+SSB+SSAB+SSE'의 관계를 갖는다. 자유도는 SSA, SSB, SSAB, SSE 자유도의 합으로 계산되며 이는 전체 표본크기에서 1을 뺀 값과 일치한다.

[그림 6-16]은 SPSS를 이용하여 앞의 예에 대한 이원분산분석을 수행한 결과이다. 앞서 계산한 F값과 동일한 값들이 도출되었다. 유의수준 0.05에서 승하차시스템의 주효과와 승하차시스템 및 놀이시설 간의 상호작용효과는 유의하며, 놀이시설의 주효과는 유의하지 않다. 즉 승하차시스템에 따라 대기시간의 차이가 존재하는 반면, 놀이시설에 따라서는 대기시간의 차이가 존재하지 않는다. 또한 승하차시스템(놀이시설)이 대기시간에 미치는 영향은 놀이시설(승하차시스템)에 따라 달라진다. 유의한 차이를 보여준 승하차시스템은 집단이 두 개이므로 여기에서는 승하차시스템에 대

▶ 그림 6-16 ▎이원분산분석표: 대기시간

종속변수: 대기시간

소스	제 Ⅲ 유형 제곱합	자유도	평균제곱	F	유의확률
수정된 모형	91.667[a]	5	18.333	5.789	.027
절편	25761.333	1	25761.333	8135.158	.000
승하차시스템	40.333	1	40.333	12.737	.012
놀이시설	10.167	2	5.083	1.605	.276
승하차시스템 * 놀이시설	41.167	2	20.583	6.500	.031
오차	19.000	6	3.167		
전체	25872.000	12			
수정된 합계	110.667	11			

a. R제곱=.828(수정된 R제곱=.685)

한 별도의 사후검정은 불필요하다.

[그림 6-17]의 프로파일도표를 보면 선들의 간격이 일정하지 않고 일부 영역에서 겹치는 것을 확인할 수 있으며 이를 통해서도 두 요인 간의 상호작용효과가 존재한다고 판단할 수 있다. 시스템 X에서는 가장 짧은 대기시간을 나타내는 롤러코스터가 시스템 Y를 사용할 경우에는 가장 긴 대기시간을 보여주고 있어, 승하차시스템과 대기시간 간의 관계패턴이 놀이시설에 따라 달라지는 상호작용효과를 확인할 수 있다.

그림 6-17 ▌프로파일도표: 대기시간

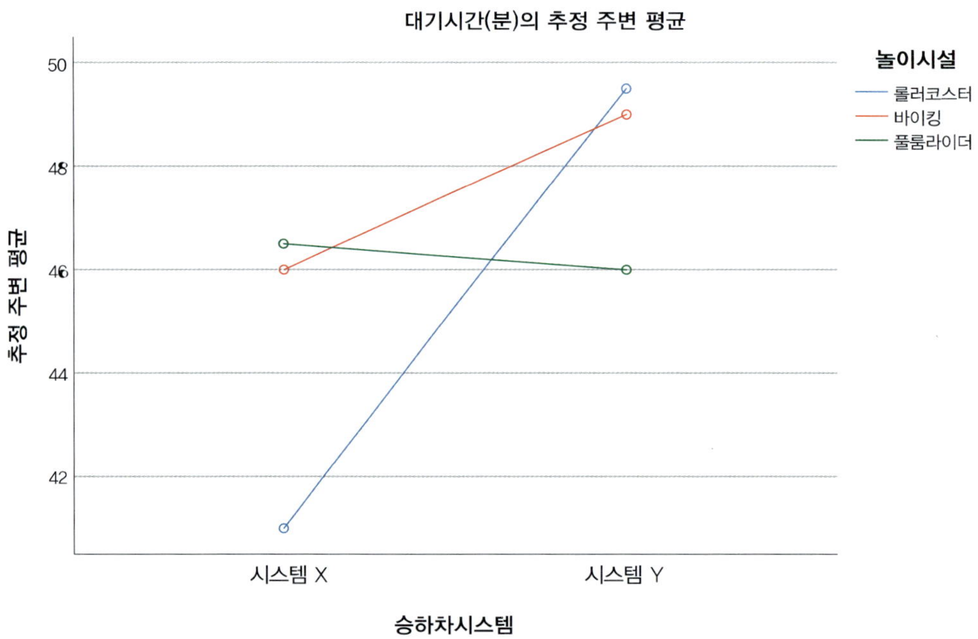

『일변량 분석』 대화상자에서 『도표』를 클릭한다. 『일변량: 프로파일 도표』 대화상자에서 『수평축 변수』에 승하차시스템 변수를, 『선구분 변수』에 놀이시설 변수를 옮긴 후, 『추가』를 클릭하여 『도표』 박스로 옮긴다(amusepark.sav 데이터 파일).

SPSS 활용

1 이원분산분석 수행하기

- 『분석 > 일반선형모형 > 일변량』을 선택한다.
- 『일변량 분석』 대화상자에서 검정대상 변수를 선택하여 『종속변수』로 옮기고 『고정요인』에는 분석하고자 하는 집단에 해당되는 두 변수를 지정한다.

그림 6-18 ▌ 일변량 대화상자

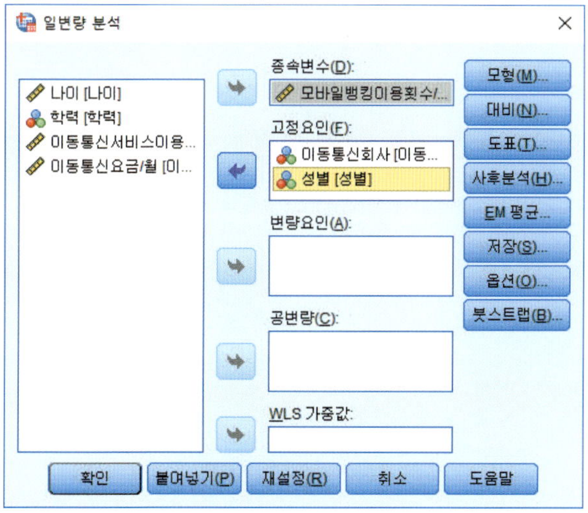

▶ 『옵션』을 클릭하여 나타나는 『일변량: 옵션』 대화상자에서 필요한 옵션을 선택한다.

▶ 그림 6-19 ▌일변량: 옵션 대화상자

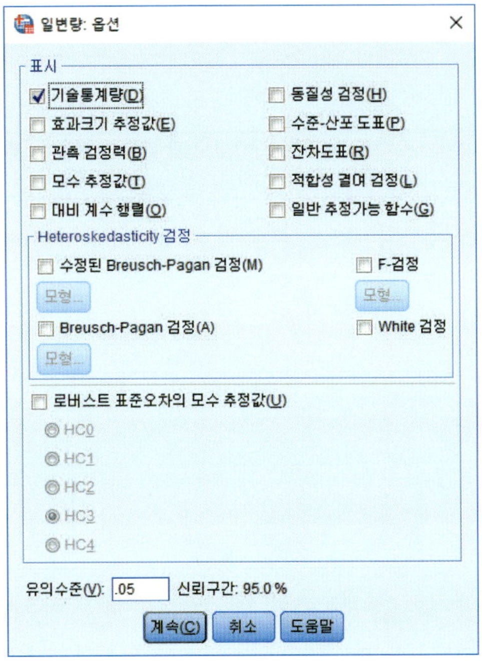

2 프로파일도표 그리기

- 『일변량 분석』 대화상자에서 『도표』를 선택한다.
- 『일변량: 프로파일 도표』 대화상자에서 『수평축 변수』와 『선구분 변수』에 해당되는 요인 변수를 옮긴다.
- 『추가』를 클릭하여 『도표』로 옮긴다.

그림 6-20 ▌ 일변량: 프로파일 도표 대화상자

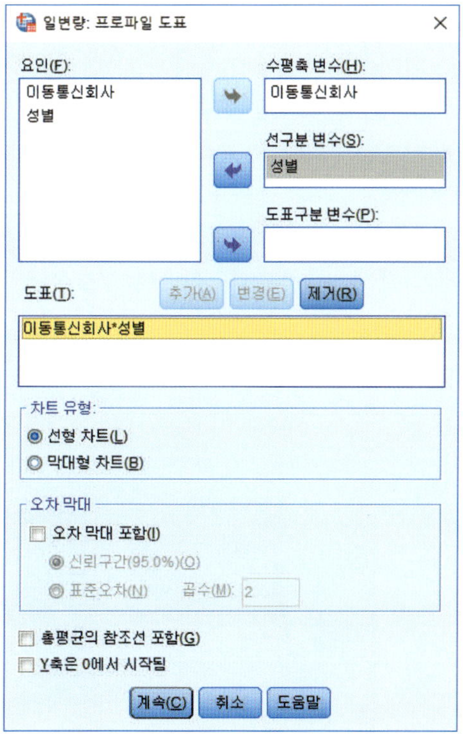

3 반복측정 분산분석 수행하기

- 『분석 > 일반선형모형 > 반복측도』를 선택한다.
- 『반복측도 요인 정의』 대화상자에서 『개체-내 요인이름』에 집단 내 요인 이름을 입력한다. 이어서 『수준 수』에 집단 내 요인의 범주 개수를 지정한다. 『추가』와 『정의』를 클릭하여 집단 내 요인을 정의한다.

그림 6-21 ▌반복측도 요인 정의 대화상자

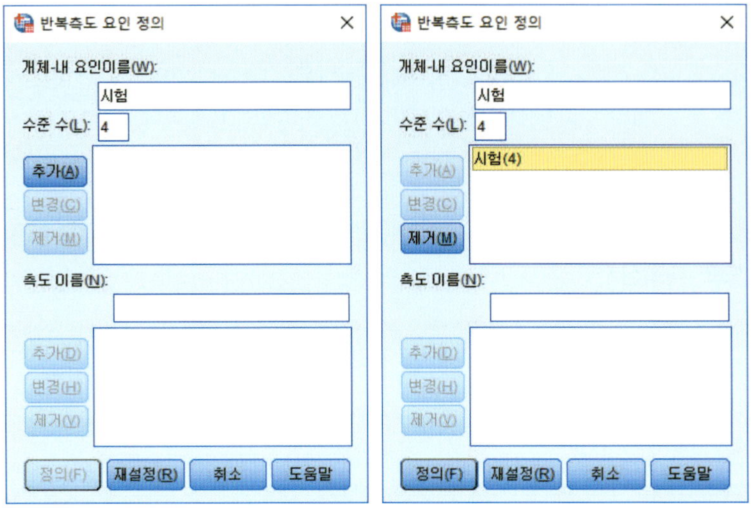

▶ 『반복측도』 대화상자에서 집단 내 요인의 범주별 변수를 『개체-내 변수』로 차례대로 옮긴다. 『개체-간 요인』 박스에는 집단 간 요인 변수를 선택 지정한다.

그림 6-22 ▌반복측도 대화상자

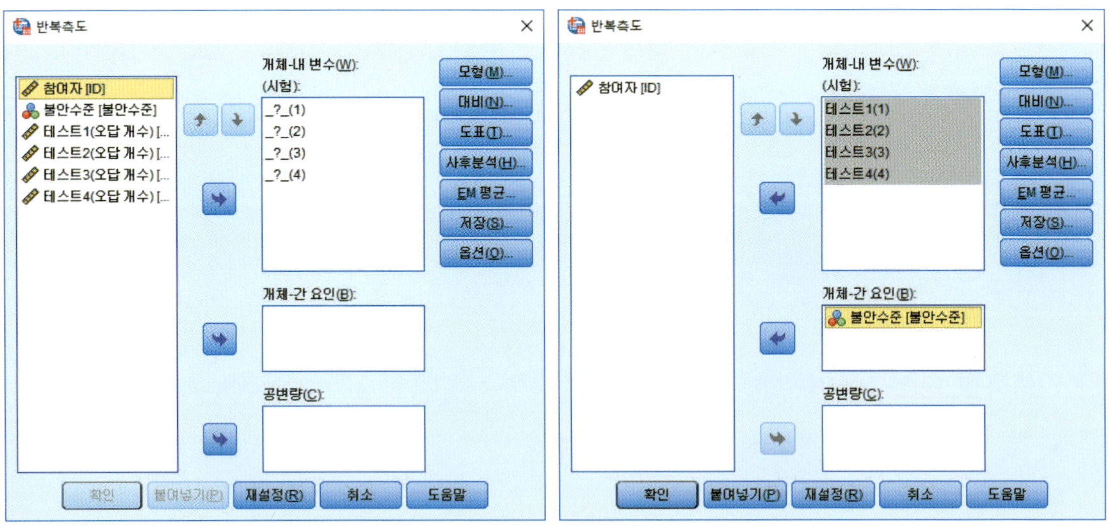

사례연구

㈜놀이동산은 전국에 세 개의 놀이공원을 운영하는 전문 레저업체이다. 이 회사의 경영진은 종업원의 만족도가 고객만족도로 이어진다는 믿음을 갖고 있으며 종업원만족도를 증대시키기 위하여 다양한 사원복지정책을 시행하고 있다. ㈜놀이동산의 경영진은 매년 사업장별로 복지정책만족도를 조사하여 이를 사원복지정책 수립을 위한 기초자료로 활용한다. 이를 위해 각 사업장 소속 종업원들의 사업장별, 남녀별 복지정책만족도에 있어서 차이가 존재하는지 파악하고자 한다. ㈜놀이동산의 인사팀에서는 다음과 같은 설문항목을 개발하여 각 사업장의 종업원들을 대상으로 설문조사를 수행하였다. 총 세 개 사업장으로부터 370개의 응답 데이터가 수집되었다(satisfaction.sav 데이터 파일).

여기에서 검정하고자 하는 가설은 다음과 같다.

- 귀무가설 1: 소속사업장에 따른 사원복지정책의 만족도에는 차이가 없다.
- 귀무가설 2: 성별에 따른 사원복지정책의 만족도에는 차이가 없다.
- 귀무가설 3: 소속사업장과 성별은 사원복지정책의 만족도에 있어서 상호작용효과가 없다.

- 대립가설 1: 소속사업장에 따른 사원복지정책의 만족도에는 차이가 있다.
- 대립가설 2: 성별에 따른 사원복지정책의 만족도에는 차이가 있다.
- 대립가설 3: 소속사업장과 성별은 사원복지정책의 만족도에 있어서 상호작용효과가 있다.

그림 6-23 설문서: 복지정책만족도

1. 다음은 귀하가 소속되어 있는 사업장의 사원복지정책만족도 조사를 위한 설문입니다. 아래의 질문항목에 대하여 귀하가 생각하는 수준에 가장 가까운 해당란에 표시(√)하여 주시기 바랍니다.

사원복지정책만족도										
질문	전혀 아니다									매우 그렇다
	1	2	3	4	5	6	7	8	9	10
나는 사원복지정책에 만족한다.										

2. 귀하의 성별에 해당하는 난에 표시(√)하여 주시기 바랍니다.
   남( ) 여( )
3. 귀하가 소속된 사업장에 해당하는 난에 표시(√)하여 주시기 바랍니다.
   광주사업장( ) 원주사업장( ) 대구사업장( )

그림 6-24 | 기술통계량: 만족도

종속변수: 만족도

소속사업장	성별	평균	표준편차	N
1 광주사업장	1 남자	7.48	1.972	95
	2 여자	7.18	1.518	66
	전체	7.36	1.801	161
2 원주사업장	1 남자	6.03	2.750	74
	2 여자	6.46	2.263	54
	전체	6.21	2.555	128
3 대구사업장	1 남자	5.58	2.680	48
	2 여자	5.18	2.200	33
	전체	5.42	2.489	81
전체	1 남자	6.57	2.549	217
	2 여자	6.50	2.090	153
	전체	6.54	2.367	370

각 사업장별, 남녀별 응답에 대한 [그림 6-24]의 기술통계량을 보면 광주사업장의 만족도가 가장 높고(평균 7.36) 대구사업장의 만족도가 가장 낮다(평균 5.42). 하지만 남녀 간의 만족도에 있어서는 그다지 큰 차이를 보이지 않고 있다(남자 6.57, 여자 6.50). 표본에서의 이러한 차이를 모집단의 차이로 일반화할 수 있는지 검정하기 위하여 [그림 6-25]와 같이 이원분산분석을 수행하였다. 소속사업장의 경우 F값에 대응되는 유의확률이 0.000으로서 유의수준 0.05에서 소속사업장은 사원복지정책의 만족도에 유의한 영향을 미친다(귀무가설 1 기각). 하지만 성별과 소속사업장 및 성별의 상호작용의 경우

그림 6-25 | 이원분산분석표: 만족도

종속변수: 만족도

소스	제 Ⅲ 유형 제곱합	자유도	평균제곱	F	유의확률
수정된 모형	236.478[a]	5	47.296	9.400	.000
절편	13211.438	1	13211.438	2625.708	.000
소속사업장	213.579	2	106.789	21.224	.000
성별	.660	1	.660	.131	.717
소속사업장 * 성별	12.243	2	6.121	1.217	.297
오차	1831.492	364	5.032		
전체	17883.000	370			
수정된 합계	2067.970	369			

a. R제곱=.114(수정된 R제곱=.102)

는 유의수준 0.05에서 사원복지정책의 만족도에 영향을 미친다고 볼 수 없다(귀무가설 2, 3 지지).

소속사업장에 따라 만족도에 있어서 차이가 존재하므로 [그림 6-26]과 같이 사후분석을 통해 세 개 사업장의 만족도를 다중비교하였다. 세 개 사업장은 만족도에 있어서 서로 유의적인 차이를 보였다. [그림 6-27]의 Scheffe의 동일집단군 분석 역시 세 개 사업장이 모두 서로 다른 집단군에 속하고 있음을 보여주었다. 이러한 분석결과를 토대로 ㈜놀이동산에서는 가장 낮은 만족도를 보이고 있는 대구사업장에 대한 사원복지정책을 재점검하고 사업장별로 맞춤형 복지정책을 시행하는 방안을 검토하기로 하였다.

그림 6-26 ▌사후검정-다중비교: 만족도

종속변수: 만족도

	(I) 소속사업장	(J) 소속사업장	평균차이(I-J)	표준오차	유의확률	95% 신뢰구간 하한	95% 신뢰구간 상한
Scheffe	1 광주사업장	2 원주사업장	1.15*	.266	.000	.50	1.80
		3 대구사업장	1.94*	.306	.000	1.19	2.69
	2 원주사업장	1 광주사업장	-1.15*	.266	.000	-1.80	-.50
		3 대구사업장	.79*	.318	.047	.01	1.57
	3 대구사업장	1 광주사업장	-1.94*	.306	.000	-2.69	-1.19
		2 원주사업장	-.79*	.318	.047	-1.57	-.01
Bonferroni	1 광주사업장	2 원주사업장	1.15*	.266	.000	.51	1.79
		3 대구사업장	1.94*	.306	.000	1.21	2.68
	2 원주사업장	1 광주사업장	-1.15*	.266	.000	-1.79	-.51
		3 대구사업장	.79*	.318	.040	.03	1.56
	3 대구사업장	1 광주사업장	-1.94*	.306	.000	-2.68	-1.21
		2 원주사업장	-.79*	.318	.040	-1.56	-.03

*. 평균차이는 0.05 수준에서 유의합니다.

그림 6-27 ▌Scheffe 사후검정-동질적 부분집합 분석: 만족도

	소속사업장	N	부분집합 1	부분집합 2	부분집합 3
Scheffe	3 대구사업장	81	5.42		
	2 원주사업장	128		6.21	
	1 광주사업장	161			7.36
	유의확률		1.000	1.000	1.000

동질적 부분집합에 있는 집단에 대한 평균이 표시됩니다.

연습문제

01 핸드폰 디자인과 브랜드가 핸드폰 판매량에 미치는 영향을 분석하고자 한다. 이를 위해 디자인은 세 가지 유형(A, B, C)으로 구분하였고, 브랜드는 두 가지(X, Y)를 선택하였다. 각 유형별로 지난 일주일간 판매된 핸드폰 판매량을 다음 표와 같이 집계하였다. 아래 데이터를 이용하여 디자인, 브랜드, 그리고 디자인 및 브랜드의 상호작용효과를 검정하시오.

		브랜드	
		X	Y
디자인	A	41 43	32 35
	B	52 56	45 47
	C	48 45	51 55

디자인	브랜드	평균	표준편차	N
1 디자인 A	1 브랜드 X	42.00	1.414	2
	2 브랜드 Y	33.50	2.121	2
	전체	37.75	5.123	4
2 디자인 B	1 브랜드 X	54.00	2.828	2
	2 브랜드 Y	46.00	1.414	2
	전체	50.00	4.967	4
3 디자인 C	1 브랜드 X	46.50	2.121	2
	2 브랜드 Y	53.00	2.828	2
	전체	49.75	4.272	4
전체	1 브랜드 X	47.50	5.683	6
	2 브랜드 Y	44.17	8.998	6
	전체	45.83	7.383	12

① MSA(디자인), MSB(브랜드), MSAB, MSE, F값을 차례로 계산하고 이를 토대로 검정결과를 제시하시오.

② SPSS에 앞의 데이터를 입력하고 디자인, 브랜드, 디자인 및 브랜드의 상호작용이 핸드폰 판매에 미치는 효과가 존재하는지 검정결과를 제시하시오.

02 영어, 불어, 스페인어 등 3개 외국어를 우리말로 번역해주는 두 종류의 자동번역 소프트웨어의 성능(번역 생산성)을 테스트하고자 한다. 각 유형별로 번역시간(초)을 다음 표와 같이 집계하였다. 아래 데이터를 이용하여 자동번역 소프트웨어, 번역대상 언어, 그리고 자동번역 소프트웨어 및 번역대상 언어의 상호작용효과를 검정하시오.

		자동번역 소프트웨어	
		시스템 A	시스템 B
언어	영어	8 9	12 17
	불어	13 18	22 26
	스페인어	25 29	28 30

언어	번역기	평균	표준편차	N
1 영어	1 시스템 A	8.50	.707	2
	2 시스템 B	14.50	3.536	2
	전체	11.50	4.041	4
2 불어	1 시스템 A	15.50	3.536	2
	2 시스템 B	24.00	2.828	2
	전체	19.75	5.560	4
3 스페인어	1 시스템 A	27.00	2.828	2
	2 시스템 B	29.00	1.414	2
	전체	28.00	2.160	4
전체	1 시스템 A	17.00	8.602	6
	2 시스템 B	22.50	6.921	6
	전체	19.75	7.979	12

① MSA(언어), MSB(번역기), MSAB, MSE, F값을 차례로 계산하고 이를 토대로 검정결과를 제시하시오.

② SPSS에 앞의 데이터를 입력하고 번역대상 언어, 자동번역 소프트웨어, 그리고 번역대상 언어 및 자동번역 소프트웨어의 상호작용이 번역 생산성에 미치는 효과가 존재하는지 검정결과를 제시하시오.

03 암기방법과 성별이 단기기억력에 미치는 영향을 조사하기 위하여 다음과 같은 실험을 설계하였다(memory.sav 데이터 파일).

> 남자 30명, 여자 30명으로 구성된 피실험자 60명을 암기방법에 따라 구분된 세 개의 집단으로 나누고 연관 없는 단어 30개를 2분 동안 암기하게 하였다. 첫 번째 집단은 '말하면서 외우기' 방법을, 두 번째 집단은 '쓰면서 외우기' 방법을, 세 번째 집단은 '읽으면서 외우기' 방법을 이용하여 주어진 단어를 암기하도록 요구하였다. 그리고 30초 후 암기력 테스트를 실시하여 그 결과를 기록하였다.

① 이 실험에서 귀무가설은 무엇인지 설명하시오.

② 암기방법 및 성별이 단기기억력에 미치는 효과를 검정하시오.

③ 프로파일도표를 그리고 암기방법 및 성별 간의 상호작용효과를 설명하시오.

④ 단기기억력에 미치는 영향에 대한 다중비교를 수행하시오.

04 학력수준 및 성별에 따라 인터넷쇼핑몰 방문횟수에 차이가 존재하는지 분석하고자 한다. 이를 위해 인터넷쇼핑몰 방문 데이터를 수집하였다(ishop.sav 데이터 파일).

① 검정하고자 하는 귀무가설은 무엇인지 설명하시오.

② 학력수준 및 성별에 따라 인터넷쇼핑몰 방문횟수의 차이가 존재하는지 검정하시오.

③ 프로파일도표를 그리고 학력수준 및 성별 간의 상호작용효과를 설명하시오.

05 다음의 이원분산분석표를 완성하시오.

종속변수: 인터넷이용시간

소스	제 Ⅲ 유형 제곱합	자유도	평균제곱	F	유의확률
수정된 모형	13.742[a]	11	1.249	1.106	.357
절편	1533.602	1	1533.602	1357.813	.000
성별	1.628	1			.231
학력	5.652	5			.418
성별 * 학력	7.582	5			.247
오차	250.741	222			
전체	3921.000	234			
수정된 합계	264.483	233			

a. R제곱=.052(수정된 R제곱=.005)

06 의류쇼핑몰에서 직원의 인구통계학적 특성(20대 초반의 남자/여자, 20대 후반의 남자/여자)과 구매권유 여부에 따라 판매실적에 있어서 차이가 존재하는지 분석하고자 한다. 이를 위해 다음과 같은 실험설계를 수행하여 판매실적 데이터를 수집하였다(clothessales.sav 데이터 파일).

20대 초반의 남자직원, 20대 초반의 여자직원, 20대 후반의 남자직원, 20대 후반의 여자직원 등 총 네 명의 직원에게 임의로 각각 12명의 고객을 할당하였다. 12명의 고객 중 여섯 명의 고객에 대해서는 구매권유를 하도록 하고 나머지 여섯 명의 고객에 대해서는 구매권유를 하지 않도록 각 직원에게 요구하였다. 그리고 각 고객의 구매 여부를 기록하였다.

---

① 검정하고자 하는 귀무가설은 무엇인지 설명하시오.

② 직원의 인구통계학적 특성과 구매권유 여부가 판매실적에 미치는 효과를 검정하시오.

③ 판매실적에 미치는 영향에 대한 다중비교를 수행하시오.

07 입시전형종류(정시/수시) 및 학과만족도(불만족/보통/만족)에 따라 성적평점에 차이가 존재하는지 분석하고자 한다(achievement.sav 데이터 파일).

① 검정하고자 하는 귀무가설은 무엇인지 설명하시오.

② 입시전형종류 및 학과만족도에 따라 성적평점의 차이가 존재하는지 검정하시오.

③ 성적평점에 미치는 영향에 대한 다중비교를 수행하시오.

08 여성의 키 및 몸매만족도에 따라 선호하는 하이힐 높이에 차이가 존재하는지 분석하고자 한다(highheels.sav 데이터 파일).

① 검정하고자 하는 귀무가설은 무엇인지 설명하시오.

② 여성의 키 및 몸매만족도에 따라 선호하는 하이힐 높이에 차이가 존재하는지 검정하시오.

③ 여성의 하이힐 높이에 미치는 영향에 대한 다중비교를 수행하시오.

09 난이도 사전인지 및 성별에 따라 문제해결 성과에 차이가 존재하는지 분석하고자 한다. 이를 위해 다음과 같은 실험을 설계하였다(difficulty.sav 데이터 파일).

> 피험자에게 다른 그림 찾기 문제를 출제한다. 피험자를 24명씩 네 개의 그룹으로 나누고, 각 그룹에게는 문제가 주어지기 전에 네 가지 서로 다른 문제 난이도 정보를 제시한다. 첫 번째 그룹에게는 주어진 문제가 초등학생의 90%가 정답을 맞춘 문제라고 알려주고, 두 번째 그룹에게는 일반인의 90%가 맞춘 문제, 세 번째 그룹에게는 일반인의 7%만이 맞춘 문제, 그리고 마지막 그룹에게는 멘사 IQ테스트용 문제로서 난이도가 상당히 높은 문제라고 알려준다. 남녀 각각 48명씩 포함되도록 실험을 설계하였다. 난이도에 대한 정보만 다를 뿐 모든 피험자에게 동일한 문제가 주어진다. 각 문제에는 모두 아홉 개의 다른 그림이 있으며 맞춘 개수만큼 점수가 주어진다.

① 검정하고자 하는 귀무가설은 무엇인지 설명하시오.

② 난이도 사전인지 및 성별이 문제해결 성과에 미치는 효과를 검정하시오.

③ 문제해결 성과에 미치는 영향에 대한 다중비교를 수행하시오.

10 성별 및 학년에 따라 월간 도서관 이용횟수에 있어서 차이가 존재하는지 분석하고자 한다(libraryvisit.sav 데이터 파일).

① 검정하고자 하는 귀무가설은 무엇인지 설명하시오.

② 성별 및 학년에 따라 월간 도서관 이용횟수에 있어서 차이가 존재하는지 검정하시오.

③ 월간 도서관 이용횟수에 미치는 영향에 대한 다중비교를 수행하시오.

11 실험 참여자에게 세 종류의 자동차 광고를 차례대로 보여주고 호감도를 평가하게 하였다. 성별과 광고 종류에 따라 호감도에 있어서 차이가 있는지 분석한다(adratings.sav 데이터 파일).

① 검정하고자 하는 귀무가설은 무엇인지 설명하시오.

② 성별과 광고 종류에 따라 호감도에 있어서 차이가 있는지 검정하시오.

독립성검정

Chapter 07

Chapter 07

독립성검정

빈도표를 이용하여 변수의 범주별 빈도를 파악하면 개별 변수의 범주별 분포에 대해 보다 잘 이해할 수 있다. 그러나 하나의 변수가 아닌 두 변수의 범주 조합에 따른 조합별 빈도수(counts)를 살펴보면 개별 변수의 빈도분포에 대한 이해를 넘어서서 두 변수 간의 관계를 파악할 수 있다. **교차표(crosstabulation)**는 이처럼 범주형 변수(categorical variable, 범주유형을 값으로 갖는 변수, 명목변수) 간의 관계를 파악하고자 할 때 유용하다. 또한 교차표를 이용한 **독립성검정(independence test)**을 통해 이들 범주형 변수 간의 관계에 대한 가설검정을 수행할 수 있다.

7.1 교차표

교차표란 두 변수의 범주별 조합 빈도수를 조사하여 작성한 표이다. 예를 들어, 연령대(10대, 20대, 30대, 40대, 50대 이상)별 선호하는 음식 종류(한식, 양식, 일식, 중식)를 교차표로 만들 수 있다. 이러한 교차표의 각 셀에는 연령대와 선호하는 음식 종류의 조합별 빈도수가 기록된다. 예를 들면, 10대이면서 한식을 좋아하는 사람수가 21명, 40대이면서 양식을 좋아하는 사람수가 12명 등과 같이 두 변수의 조합별 빈도수가 나타난다.

교차표는 수집한 데이터에 오류가 있는지를 파악하는 데 활용될 수도 있다. 두 변수를 조합했을 때 발생할 가능성이 없거나 희박한 경우가 교차표에 나타난다면 이는 데이터에 오류가 있을 수도 있음을 의미하며 신뢰성 있는 데이터분석을 위해서는 데이터 파일에 대한 검토가 필요할 수 있다. 예를 들어, 성별과 암 발병 간의 교차표를 만들었는데, 남성에 유방암 발병자가 10명 있는 것으로 나타났다면 혹시 데이터에 문제가 없는지 점검할 필요가 있다. 물론 이런 일이 의학적으로 가능하지만 드물기 때문에 데이터에 오류가 있는지 살펴볼 필요는 있다.

여기에서는 1912년 사고로 침몰한 타이타닉호의 승객 데이터를 이용하여 교차표를 작성해보자(titanic.sav 데이터 파일). [그림 7-1]의 첫 번째 표는 타이타닉호에 탑승한 승객의 등급(1등실,

그림 7-1 ▌빈도표: 승객등급 및 생존여부

		빈도	퍼센트	유효 퍼센트	누적 퍼센트
유효	1 1등실	323	24.7	24.7	24.7
	2 2등실	277	21.2	21.2	45.8
	3 3등실	709	54.2	54.2	100.0
	전체	1309	100.0	100.0	

		빈도	퍼센트	유효 퍼센트	누적 퍼센트
유효	0 사망	809	61.8	61.8	61.8
	1 생존	500	38.2	38.2	100.0
	전체	1309	100.0	100.0	

2등실, 3등실)에 대한 빈도수를 집계한 빈도표이고, 두 번째 표는 승객의 생존여부(사망, 생존)에 대한 빈도수를 집계한 빈도표이다. 모두 1,309명의 탑승객에 대한 승객등급과 생존여부의 분포를 확인할 수 있다.

[그림 7-1]과 같은 개별 변수에 대한 빈도수가 아니라 각 승객등급별 생존여부의 빈도수가 궁금하다면(또는 같은 얘기지만 생존여부별로 승객등급의 빈도수가 궁금하다면) [그림 7-2]와 같이 승객등급과 생존여부 간의 교차표를 작성할 수 있다. 행은 생존여부를 나타내며 열은 승객등급을 나타낸다. 행과 열에는 두 변수의 범주가 모두 열거되어 있으며 두 변수의 범주가 만나는 셀에는 해당되는 빈도수가 나타난다. 예를 들어, 첫 번째 행과 세번 째 열이 만나는 셀의 528은 3등실 승객이면서 사망한 사람의 수를 의미한다. 각 행과 각 열의 마지막 셀에는 각 행 및 각 열의 합계가 표시되며 오른쪽 하단의 가장 구석의 셀에는 교차표에 포함된 총빈도수가 나타난다. 여기에서는

그림 7-2 ▌교차표: 승객등급과 생존여부

빈도

		승객등급			전체
		1 1등실	2 2등실	3 3등실	
생존여부	0 사망	123	158	528	809
	1 생존	200	119	181	500
전체		323	277	709	1309

SPSS 메뉴에서 『분석 > 기술통계량 > 교차분석』을 선택한 후 『행』에 생존여부 변수를, 『열』에 승객등급 변수를 이동시킨다(titanic.sav 데이터 파일).

1,309로서 [그림 7-1]의 빈도표와 일치한다.

교차표를 보면 승객등급이 낮아질수록 사망자수는 증가하지만 생존자수는 그렇지 않다. 따라서 승객등급과 생존여부 둘 간의 명확한 관계를 파악할 수는 없다. 이처럼 교차표를 통해 두 변수 간의 대략적인 관계를 파악할 수는 있지만 교차표상의 빈도수만으로는 두 변수 간의 관계를 정확히 유추할 수 없다. 왜냐하면 1등실, 2등실, 3등실 승객등급별 빈도수가 상이하고, 사망자와 생존자 생존여부별 빈도수도 동일하지 않기 때문이다. 따라서 승객등급 간의 직접적 비교는 불가능하다. 교차표상에 단순히 빈도수만을 나타내는 것보다 비율을 함께 제시한다면 두 변수 간의 관계에 대해 좀 더 이해가 용이할 수 있다.

[그림 7-3]은 행(여기에서는 생존여부)을 기준으로 행의 합계가 100%일 때의 각 셀값의 비율을 함께 표시한 교차표이다. 첫 번째 행(사망)을 보면 사망자 809명 가운데 15.2%인 123명이 1등실 승객이었고, 19.5%인 158명은 2등석 승객이었다. 나머지 65.3% 528명은 3등실 승객이었다. 유사한 방식으로 [그림 7-4]와 같이 열(여기에서는 승객등급)을 기준으로 한 비율을 교차표에 표시할 수 있다. 1등실 승객 323명 가운데 38.1%인 123명이 사망하였으며, 277명의 2등실 승객 가운데는 57.0%인 158명이 사망하였다. 3등실 승객은 709명의 74.5%인 528명이 사망하였다. 또한 [그림 7-5]와 같이 전체 빈도수를 기준으로 비율을 계산한 교차표를 작성할 수도 있다.

타이타닉호 승객의 생존율을 승객등급 간에 비교하고자 할 때는, 즉 사망자의 비중을 세 승객등급 간에 비교하고자 한다면 열비율의 교차표를 사용하는 것이 바람직하다. 행비율을 통해서는 특정 승객등급에 비해 다른 승객등급의 사망률이 더 높은지 여부를 판단하기는 어렵다. 왜냐하면 이 수

그림 7-3 ▌교차표-행의 비율: 승객등급과 생존여부

			승객등급			전체
			1 1등실	2 2등실	3 3등실	
생존여부	0 사망	빈도	123	158	528	809
		생존 중 %	15.2%	19.5%	65.3%	100.0%
	1 생존	빈도	200	119	181	500
		생존 중 %	40.0%	23.8%	36.2%	100.0%
전체		빈도	323	277	709	1309
		생존 중 %	24.7%	21.2%	54.2%	100.0%

SPSS 메뉴에서 『분석 > 기술통계량 > 교차분석』을 선택한 후 『행』에 생존여부 변수를, 『열』에 승객등급 변수를 옮겨 선택한다. 『셀』을 클릭하면 나타나는 『교차분석: 셀 표시』 대화상자의 『퍼센트』 그룹에서 『행』을 선택한다 (titanic.sav 데이터 파일). [그림 7-4] 및 [그림 7-5]에서는 각각 『열』 및 『전체』를 선택한다.

그림 7-4 ▌교차표-열의 비율: 승객등급과 생존여부

			승객등급			전체
			1 1등실	2 2등실	3 3등실	
생존여부	0 사망	빈도	123	158	528	809
		승객등급 중 %	38.1%	57.0%	74.5%	61.8%
	1 생존	빈도	200	119	181	500
		승객등급 중 %	61.9%	43.0%	25.5%	38.2%
전체		빈도	323	277	709	1309
		승객등급 중 %	100.0%	100.0%	100.0%	100.0%

그림 7-5 ▌교차표-전체의 비율: 승객등급과 생존여부

			승객등급			전체
			1 1등실	2 2등실	3 3등실	
생존여부	0 사망	빈도	123	158	528	809
		전체 중 %	9.4%	12.1%	40.3%	61.8%
	1 생존	빈도	200	119	181	500
		전체 중 %	15.3%	9.1%	13.8%	38.2%
전체		빈도	323	277	709	1309
		전체 중 %	24.7%	21.2%	54.2%	100.0%

치는 단지 사망자와 생존자 가운데 각 승객등급이 차지하는 비율을 나타내고 있을 뿐이기 때문이다. 각 승객등급의 빈도수가 상이하므로 이 수치만으로 어느 승객등급의 사망률이 더 높은지는 알 수 없다. 반면에 열비율 형식의 교차표는 각 승객등급의 빈도수를 100%로 표준화한 후 동일한 기준하에서 생존여부에 대한 비율을 보여주기 때문에 승객등급 간의 사망률에 대한 직접적 비교가 가능하다. 열비율 교차표를 보면 3등실 승객 가운데 74.5%는 사망한 반면, 1등실 승객의 경우는 38.1%만이 사망하였다. 따라서 이 데이터에 의하면 3등실 승객이 1등실 승객에 비해 두 배 가까이 더 높은 사망률을 보였다는 것을 알 수 있다. 이처럼 행비율의 교차표와 열비율의 교차표는 필요로 하는 정보에 따라 적절히 선택하여 활용하는 것이 바람직하다.

비교하고자 하는 변수를 **독립변수(independent variable)**와 **종속변수(dependent variable)**로 나누어보면 이러한 선택을 비교적 용이하게 할 수 있다. 독립변수란 다른 변수에 영향을 주는 변수를 말하며, 종속변수란 독립변수로부터 영향을 받는 변수를 의미한다.[1] 예를 들어, 텔레비전

1) 독립변수는 다른 변수(즉 종속변수)를 설명해준다는 의미에서 설명변수(explanatory variable)라고도 하며, 종속변수는 독립변수의 변화에 따라 어떻게 변화하는지 알고 싶은 관심있는 결과값을 나타내기 때문에 결과변수

시청시간과 비만도 간의 관계를 연구한다면 텔레비전 시청시간(상, 중, 하)을 독립변수로, 비만도(과체중, 정상, 저체중)를 종속변수로 생각하는 것이 보다 자연스럽다. 일단 독립변수와 종속변수를 선택하고 나면 독립변수의 각 범주 비율이 100%로 나타나도록 교차표를 구성한다. 이렇게 하면 종속변수의 각 범주에서의 독립변수의 각 범주별 비율을 알 수 있다. 즉 텔레비전 시청시간에 따라 분류된 세 그룹에서의 과체중인 사람의 비율을 파악할 수 있고 텔레비전 시청시간에 따른 비만도 세 그룹 간의 직접적 비교가 가능하게 된다. 앞서의 타이타닉 데이터의 예에서는 승객등급을 독립변수로 볼 수 있고 생존여부를 종속변수로 볼 수 있다. 따라서 각 승객등급(열)이 100%로 나타나도록 교차표를 구성한 열비율 교차표를 작성하면 각 승객등급별로 사망자와 생존자의 분포를 쉽게 비교할 수 있다.

그림 7-6 ▌ 수평배열 막대도표: 승객등급별 생존여부

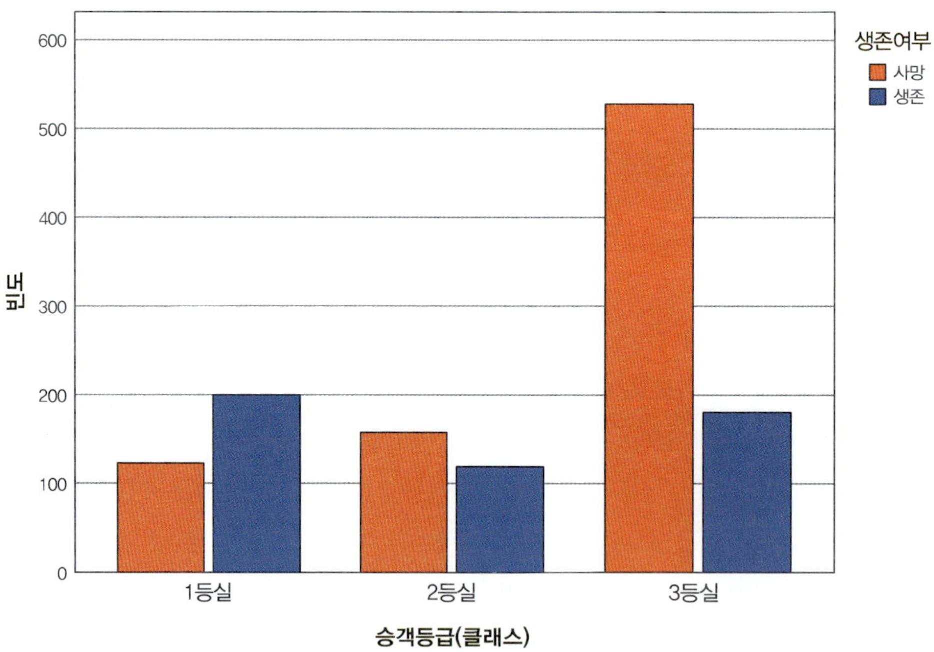

SPSS 메뉴에서 『그래프 > 레거시 대화상자 > 막대형 차트』를 선택한다. 『막대형 차트』 대화상자에서 막대도표의 유형으로 『수평배열』과 도표에 표시할 데이터로 『케이스 집단들의 요약값』을 선택한 후 『정의』를 클릭한다. 『수평배열 막대 정의』 대화상자의 『막대표시』 그룹에서 『케이스 수』를 선택하고 『범주축』에 승객등급 변수를, 『수평배열 정의 기준』에 생존여부 변수를 선택하여 옮긴 후 『확인』을 클릭한다(titanic.sav 데이터 파일).

(outcome variable)라고도 한다.

교차표는 수평배열 막대도표를 이용하여 [그림 7-6]과 같이 시각적으로 표현할 수도 있다. 막대의 높이는 각 범주별 빈도수를 나타낸다. 세 개의 승객등급별로 생존여부의 두 범주가 나타난다. [그림 7-7]과 같은 수직누적 막대도표를 이용하면 승객등급별로 사망자와 생존자의 비율을 좀 더 쉽게 파악할 수 있다. 하지만 각 승객등급별로 막대의 높이가 다르기 때문에(즉 총빈도수가 다르기 때문에) 이 도표로 승객등급 간의 직접적인 비교를 수행하기는 쉽지 않다.

승객등급별 생존여부의 수직누적 막대도표에서 승객등급별(즉 막대별) 비교를 위해서는 각 승객등급별로 동일 기준으로 봤을 때(즉 각 막대의 높이가 동일한 상태에서)의 승객등급의 비율을 파악해야 한다. 이는 앞서의 열비율 교차표에서 각 열(즉 각 승객등급)의 비율을 그림으로 표현한 것과 동일하다([그림 7-8]). 이제 각 막대의 길이가 동일하기 때문에 승객등급별로 생존여부의 분포를 비교하는 것이 가능하다. [그림 7-8]을 보면 승객등급이 낮아질수록 사망자 비율은 증가하는 것을 확인할 수 있다.

그림 7-7 ▎수직누적 막대도표: 승객등급별 생존여부

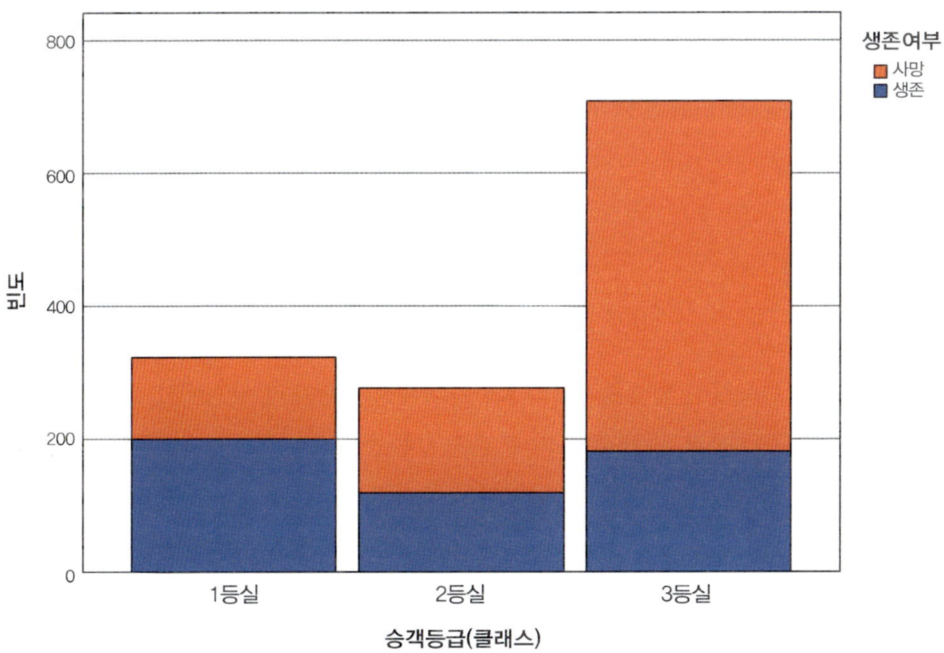

SPSS 메뉴에서 『그래프 > 레거시 대화상자 > 막대형 차트』를 선택한다. 『막대형 차트』 대화상자에서 막대도표의 유형으로 『수직누적』과 도표에 표시할 데이터로 『케이스 집단들의 요약값』을 선택한 후 『정의』를 클릭한다. 『수직누적 막대 정의』 대화상자의 『막대표시』 그룹에서 『케이스 수』를 선택하고 『범주축』에 승객등급 변수를, 『수직누적 기준변수』에 생존여부 변수를 선택하여 옮긴 후 『확인』을 클릭한다(titanic.sav 데이터 파일).

그림 7-8 | 수직누적 막대도표-100%로 척도화: 승객등급별 생존여부

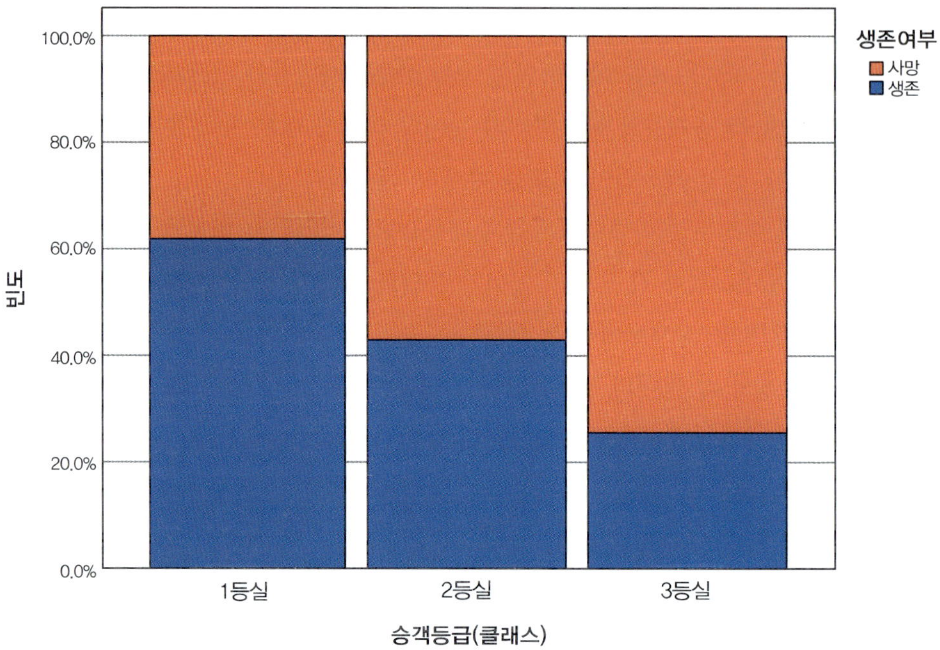

SPSS 뷰어에 출력된 수직누적 막대도표를 더블클릭한다. 『도표편집기』에서 『옵션 > 100%로 척도화』를 선택한다 (titanic.sav 데이터 파일).

7.2 독립성검정

우리는 지금까지 교차표를 이용하여 범주형 변수 간의 관계를 기술통계적 관점에서 분석하였다. 지금부터는 이처럼 범주형으로 수집된 두 변수 간의 관계를 추론통계적 관점에서 검정하는 절차를 살펴본다. 즉 두 변수 간의 관련성이 모집단에서 존재하는지 여부를 검정하며, 이를 독립성검정이라고 한다.

다음과 같은 예를 생각해보자. 대학에는 많은 교양과목이 개설된다. 이러한 교양과목은 문학/언어, 역사/철학, 정치/경제/사회/세계, 과학/기술/자연, 예체능, 전인교육 등의 여섯 가지 카테고리(범주)로 분류될 수 있으며 학생들은 자신의 선호도에 따라 이들 카테고리에 속하는 과목을 수강한다. 이때 우리는 다음과 같은 질문을 던질 수 있다. 남녀 간에는 교양과목의 선호도에 있어서 차이가 존재하는가? 소속대학에 따라 교양과목의 선호도에 차이가 존재하는가? 남녀 간에 있어서 선호하는 교양과목의 차이가 없을 때 우리는 성별과 교양과목 선호도는 서로 독립적이라고 얘기한다. 즉 이는 두 변수 간에 서로 관련이 없다는 것을 나타낸다. 마찬가지로 소속대학에 따라서 교양과목 선호도에 차이가 존재하지 않는다면 역시 소속대학과 교양과목 선호도는 서로 독립적이라고 얘기할 수 있다. 독립성검정에 있어서 귀무가설은 "두 변수 간의 관계는 독립적이다"가 되며 대립가설은 "두 변수 간의 관계는 독립적이지 않다"가 된다.

이러한 독립성검정을 위해서는 앞서 살펴보았던 교차표상의 응답 빈도수를 이용하여 **카이제곱 검정(chi-square test)**을 수행한다. 여기에서는 범주형 변수인 성별과 선호교양계열 데이터를 이용하여 이들 변수 간의 관계에 대한 독립성검정을 수행하는 절차를 살펴본다(subject.sav 데이터 파일).

대학 캠퍼스에서 학생들에게 현재 수강 중인 교양과목이 어느 교양계열에 속하는지 질문하였다. 이 질문에 대한 대답을 [그림 7-9]와 같은 선호교양계열과 성별의 교차표로 표현할 수 있다. 이 교차표를 보면 '문학/언어' 교양계열을 선호하는 여학생의 비율이 21.3%로 남학생의 9.6%에

그림 7-9 ▌ 교차표-관측빈도: 선호교양계열과 성별

			성별		전체
			1 남자	2 여자	
선호교양계열	1 문학/언어	빈도	19	35	54
		성별 중 %	9.6%	21.3%	15.0%
	2 역사/철학	빈도	16	9	25
		성별 중 %	8.1%	5.5%	6.9%
	3 정치/경제/사회/세계	빈도	57	24	81
		성별 중 %	28.9%	14.6%	22.4%
	4 과학/기술/자연	빈도	45	24	69
		성별 중 %	22.8%	14.6%	19.1%
	5 예체능	빈도	51	36	87
		성별 중 %	25.9%	22.0%	24.1%
	6 전인교육	빈도	9	36	45
		성별 중 %	4.6%	22.0%	12.5%
전체		빈도	197	164	361
		성별 중 %	100.0%	100.0%	100.0%

SPSS 메뉴에서 『분석 > 기술통계량 > 교차분석』을 선택한 후 『행』에 선호교양계열 변수를, 『열』에 성별 변수를 옮겨놓는다. 『셀』을 클릭하면 나타나는 『교차분석: 셀 표시』 대화상자의 『빈도』 그룹에서 『관측빈도』를, 『퍼센트』 그룹에서 『열』을 선택한다(subject.sav 데이터 파일).

비해 두 배 이상 크다. 반면에 '정치/경제/사회/세계' 교양계열을 선호하는 남학생의 비율은 28.9%로 여학생의 14.6%에 비해 두 배 정도 크다. 다른 교양계열에 있어서도 정도의 차이는 있지만 남학생과 여학생 간에 선호도에 있어서 차이를 보이는 것을 알 수 있다. 그렇다면 이러한 결과를 근거로 하여 대한민국의 남자 대학생과 여자 대학생의 교양과목에 대한 선호도가 다르다고 말할 수 있을까? 이에 답하기 위해서는 수집한 표본 데이터의 결과를 토대로 모집단에 대한 결과를 추론할 수 있는 통계적 검정 절차가 필요하다. 즉 전국의 대학생으로 구성된 모집단에서 "남자 및 여자 대학생의 교양과목계열에 대한 선호도는 동일하다"는 귀무가설을 기각할 수 있는 충분한 증거를 표본으로부터 도출하는 가설검정 절차가 요구된다.

이러한 가설검정 절차는 **기대빈도(expected counts)**와 **관측빈도(observed counts)**를 비교함으로써 수행된다. [그림 7-9]의 교차표에는 관측빈도만이 나타나 있다. 기대빈도란 귀무가설이 사실이라는 가정하에서 우리가 기대할 수 있는 빈도수를 의미한다. 귀무가설이 사실이라면(즉 남학생과 여학생의 교양계열에 대한 선호도가 동일하다면) 남학생과 여학생은 교양계열에 대해 동일한 선호패턴을 보이게 될 것이다. 이는 특정 교양계열에 대한 선호빈도의 비율이 남학생과 여학생 간에 동일하다는 의미이다. 하지만 조사에 참여한 남학생과 여학생의 수가 다를 수 있기 때문에 선호빈도 자체는 다를 수 있다. 여기에서 우리는 기대빈도를 다음과 같이 구할 수 있다.

우선 각 교양계열별 선호비율을 파악한다. [그림 7-9]의 교차표를 보면, 문학/언어는 15.0%, 역사/철학은 6.9%, 정치/경제/사회/세계는 22.4%, 과학/기술/자연은 19.1%, 예체능은 24.1%, 전인교육은 12.5%이다('전체' 열에 나타난 비율). 귀무가설이 사실이라면 이러한 교양계열별 선호비율은 남학생 집단과 여학생 집단 모두 동일하게 나타날 것으로 기대할 수 있다. 따라서 이 선호비율을 빈도수로 변환한 기대빈도는 각 교양계열별 선호비율에 남학생 및 여학생의 수를 곱하여 구할 수 있다. 예를 들어, A라는 교양계열을 선택하는 남학생 및 여학생의 기대빈도는 다음과 같다.

▶ A교양계열을 선택하는 남학생의 기대빈도=A교양계열 선호비율×남학생수
▶ A교양계열을 선택하는 여학생의 기대빈도=A교양계열 선호비율×여학생수

이러한 방식으로 각 교양계열별로 기대빈도를 구해보면 다음과 같다.

▶ 문학/언어 교양계열을 선택하는 남학생의 기대빈도=15.0%×197=29.5
▶ 문학/언어 교양계열을 선택하는 여학생의 기대빈도=15.0%×164=24.5

- 역사/철학 교양계열을 선택하는 남학생의 기대빈도=6.9%×197=13.6
- 역사/철학 교양계열을 선택하는 여학생의 기대빈도=6.9%×164=11.4

- 정치/경제/사회/세계 교양계열을 선택하는 남학생의 기대빈도=22.4%×197=44.2
- 정치/경제/사회/세계 교양계열을 선택하는 여학생의 기대빈도=22.4%×164=36.8

- 과학/기술/자연 교양계열을 선택하는 남학생의 기대빈도=19.1%×197=37.7
- 과학/기술/자연 교양계열을 선택하는 여학생의 기대빈도=19.1%×164=31.3

- 예체능 교양계열을 선택하는 남학생의 기대빈도=24.1%×197=47.5
- 예체능 교양계열을 선택하는 여학생의 기대빈도=24.1%×164=39.5

- 전인교육 교양계열을 선택하는 남학생의 기대빈도=12.5%×197=24.6
- 전인교육 교양계열을 선택하는 여학생의 기대빈도=12.5%×164=20.4

여기에서 각 교양계열의 선호비율은 각 교양계열의 빈도합을 총빈도로 나누어 구할 수 있기 때문에 교차표의 각 셀에 들어갈 기대빈도는 각 셀이 속한 행의 빈도합(각 교양계열의 빈도합)을 총빈도(설문에 참여한 학생의 수, 즉 남학생 및 여학생의 수의 합)로 나누고 여기에 열의 빈도합(남학생 또는 여학생의 수)을 곱하여 구할 수 있다. 이는 다음과 같은 식으로 표현할 수 있다.

$$e_{ij} = \frac{i\text{행의 빈도합} \times j\text{열의 빈도합}}{\text{총빈도}}$$

여기에서, e_{ij}는 i행과 j열이 만나는 셀의 기대빈도

예를 들어, 문학/언어 교양계열을 선택하는 남학생의 기대빈도는 다음과 같이 계산된다.

$$\text{문학/언어 교양계열을 선택하는 남학생의 기대빈도} = 15.0\% \times 197 = \frac{54}{361} \times 197$$

$$= \frac{54 \times 197}{361} = 29.5$$

[그림 7-10]의 교차표에는 기대빈도가 함께 나타나 있다. 여기에서 잔차는 관측빈도와 기대빈도의 차이를 나타낸다. 0보다 큰 잔차는 관측빈도가 기대빈도보다 크다는 뜻이며, 이는 귀무가설이 사실일 때 기대할 수 있는 빈도수보다 많은 빈도수가 실제로 관측되었다는 의미이다. 반면에 0보다 작은 잔차는 관측빈도가 기대빈도보다 작다는 뜻이며, 이는 귀무가설이 사실일 때 기대할 수 있는 빈도수보다 작은 빈도수가 실제로 관측되었다는 것을 나타낸다. 관측빈도와 기대빈도의 합은 동일하며, 따라서 관측빈도와 기대빈도의 차이를 나타내는 잔차의 합은 0이 된다.

그림 7-10 교차표-관측빈도, 기대빈도, 잔차: 선호교양계열과 성별

			성별		전체
			1 남자	2 여자	
선호 교양 계열	1 문학/언어	빈도	19	35	54
		기대빈도	29.5	24.5	54.0
		잔차	-10.5	10.5	
	2 역사/철학	빈도	16	9	25
		기대빈도	13.6	11.4	25.0
		잔차	2.4	-2.4	
	3 정치/경제/사회/세계	빈도	57	24	81
		기대빈도	44.2	36.8	81.0
		잔차	12.8	-12.8	
	4 과학/기술/자연	빈도	45	24	69
		기대빈도	37.7	31.3	69.0
		잔차	7.3	-7.3	
	5 예체능	빈도	51	36	87
		기대빈도	47.5	39.5	87.0
		잔차	3.5	-3.5	
	6 전인교육	빈도	9	36	45
		기대빈도	24.6	20.4	45.0
		잔차	-15.6	15.6	
전체		빈도	197	164	361
		기대빈도	197.0	164.0	361.0

SPSS 메뉴에서 『분석 > 기술통계량 > 교차분석』을 선택한 후 『행』에 선호교양계열 변수를, 『열』에 성별 변수를 옮겨놓는다. 『셀』을 클릭하면 나타나는 『교차분석: 셀 표시』 대화상자의 『빈도』 그룹에서 『관측빈도』 및 『기대빈도』를, 『잔차』 그룹에서 『비표준화』를 선택한다(subject.sav 데이터 파일).

카이제곱검정 절차는 기대빈도와 관측빈도의 비교를 통해 계산되는 **카이제곱통계량 (chi-square statistic, χ^2-value, χ^2값)**을 이용하여 수행된다. 표본으로부터 산출된 χ^2값이 귀무가설이 사실이라는 가정하에 **χ^2분포(χ^2 distribution, 카이제곱분포)**상에서 얼마나 나타나기 어려운 희박한 경우인지 혹은 흔하게 관찰될 수 있는 경우인지를 판단하게 된다.

χ^2분포는 자유도에 따라 분포의 모양이 달라지며, 대체로 [그림 7-11]과 같이 오른쪽으로 긴 꼬리를 갖는 분포모양을 갖는다. χ^2분포의 자유도는 교차표를 구성하는 두 변수의 범주의 개수에 의해 결정되며, (행변수의 범주의 개수−1)×(열변수의 범주의 개수−1)의 산식에 의해 계산된다. 행변수와 열변수의 범주의 개수는 교차표상의 행의 개수와 열의 개수를 나타내기 때문에 이는 (교차표의 행의 개수−1)×(교차표의 열의 개수−1)과 동일하다.

χ^2값은 다음과 같은 산식에 의해서 계산된다.

$$\chi^2 = \sum_{ij} \frac{(o_{ij} - e_{ij})^2}{e_{ij}}$$

여기에서, χ^2는 χ^2값, o_{ij}는 관측빈도, e_{ij}는 기대빈도, i는 행, j는 열

따라서 여기 예에서의 χ^2값은 다음과 같다.

$$\chi^2 = \frac{(19.0-29.5)^2}{29.5} + \frac{(35.0-24.5)^2}{24.5} + \frac{(16.0-13.6)^2}{13.6} + \frac{(9.0-11.4)^2}{11.4} + \frac{(57.0-44.2)^2}{44.2}$$
$$+ \frac{(24.0-36.8)^2}{36.8} + \frac{(45.0-37.7)^2}{37.7} + \frac{(24.0-31.3)^2}{31.3} + \frac{(51.0-47.5)^2}{47.5}$$

그림 7-11 ▌ χ^2분포

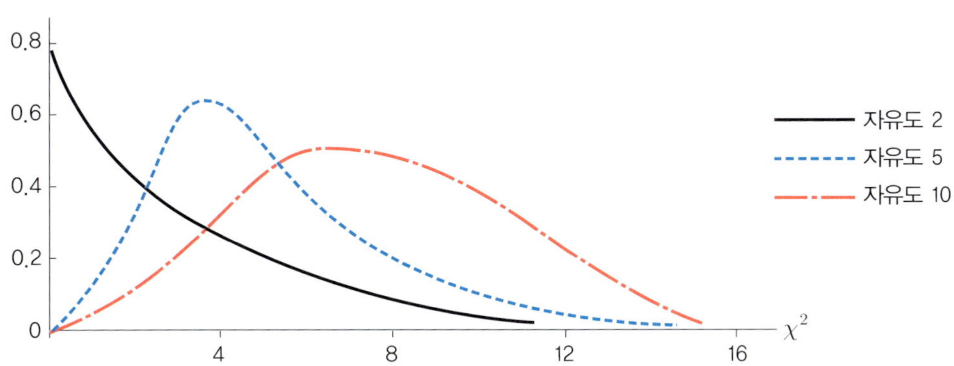

$$+\frac{(36.0-39.5)^2}{39.5}+\frac{(9.0-24.6)^2}{24.6}+\frac{(36.0-20.4)^2}{20.4}$$

$$=42.663$$

귀무가설이 사실이면 χ^2값은 0에 가까운 작은 값을 가져야 한다. 왜냐하면 귀무가설이 사실일 경우 선호교양계열은 성별의 영향을 받지 않으므로 관측빈도는 기대빈도와 유사한 값을 가질 것으로 예상할 수 있기 때문이다. 그렇다면 얼마나 작은 값을 가져야 귀무가설이 사실이라고 판단할 수 있을 것인가? 즉 우리의 예에서 계산된 χ^2값 42.663이 귀무가설이 사실이라는 가정하에서 얼마나 흔하게 또는 드물게 나타나는 수치인지를 평가할 필요가 있다.

이를 위해 앞에서 계산한 χ^2값을 토대로 χ^2분포표 또는 Excel의 χ^2 함수를 이용하여 검정을 수행한다. 여기에서 자유도는 5(=(6−1)×(2−1))이다. 부록 A 통계표의 χ^2분포표를 참조하면 유의수준 0.05, 자유도 5에 대응되는 χ^2값은 11.0705이다. 따라서 앞에서 계산한 관측된 χ^2값 42.663에 대응되는 유의확률은 0.05보다 상당히 작다는 것을 알 수 있다([그림 7-12]). Excel을 사용할 경우 주어진 χ^2값에 대응되는 유의확률을 구해주는 CHISQ.DIST.RT(χ^2값, 자유도) 함수나 주어진 유의확률에 대응되는 χ^2값을 구해주는 CHISQ.INV.RT(확률, 자유도) 함수를 이용할 수 있다. 유의확률이 0.05일 때의 χ^2값이 CHISQ.INV.RT(0.05, 5)=11.0705이므로 귀무가설이 사실이라고 가정할 때 우리의 예에서 구한 42.663 이상이 나타날 확률은 0.05보다 훨씬 작게 되고, 이는 매우 나타나기 힘든 경우라 할 수 있다. χ^2값 42.663 이상이 나타날 확률은 실제로 CHISQ.DIST.RT(42.663, 5)=4.3×10^{-8}으로서 매우 작은 확률이다. 따라서 남학생과 여학생 간

그림 7-12 ▌ χ^2분포 검정: 선호교양계열과 성별

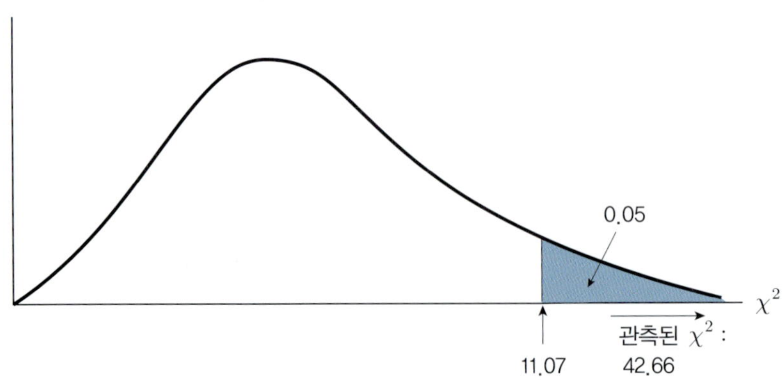

그림 7-13 ▌카이제곱검정: 선호교양계열과 성별

	값	자유도	근사 유의확률 (양측검정)
Pearson 카이제곱	42.663[a]	5	.000
우도비	44.062	5	.000
선형 대 선형결합	.842	1	.359
유효 케이스 수	361		

a. 0셀(0.0%)은(는) 5보다 작은 기대빈도를 가지는 셀입니다. 최소 기대빈도는 11.36입니다.

SPSS 메뉴에서 『분석 > 기술통계량 > 교차분석』을 선택한 후 『행』에 선호교양계열 변수를, 『열』에 성별 변수를 옮겨놓는다. 『통계량』을 클릭한 후 나타나는 『교차분석: 통계량』 대화상자에서 『카이제곱』을 선택한다(subject.sav 데이터 파일).

에는 교양계열에 대한 선호도의 차이가 없다는 귀무가설을 기각하고 선호도에 있어서 차이가 존재한다고 말할 수 있다.

[그림 7-13]은 SPSS를 이용한 카이제곱검정 결과이다. 카이제곱값은 42.663(자유도 5)이고 유의확률은 0.000(즉 0.0005 미만)이다. 이는 귀무가설이 사실이라는 가정하에서 χ^2값이 42.663보다 크거나 같은 값이 나타날 가능성이 극히 희박함을 의미한다. 따라서 표본으로부터 관측한 유의확률이 이처럼 낮기 때문에 우리는 귀무가설을 기각할 수 있다. 다시 말해 남학생과 여학생 간에는 교양계열에 대한 선호도의 차이가 존재한다.

두 범주형 변수가 독립적이라는 귀무가설이 기각되면 두 변수가 어느 정도로 강한 연관성을 갖는지 궁금할 수 있다. 여기에서는 범주형 변수 간의 연관성의 정도를 측정하는 지표 가운데 χ^2값을 기반으로 한 Phi계수(phi coefficient)와 Cramer의 V(Cramer's V)를 소개한다([그림 7-14]).[2)] 두 범주형 변수가 이진형 변수이면(즉 2×2 교차표 생성) Phi계수를 사용할 수 있으나, 이 경우 Phi계수와 Cramer의 V는 동일하기 때문에 범주형 변수 간의 연관성 정도는 일반적으로 Cramer의 V를 사용하여 평가한다. Cramer의 V는 0과 1 사이의 값을 가지며 1에 가까울수록 연관성이 강하다는 것을 나타낸다.

SPSS를 이용하여 카이제곱검정을 수행하면 5보다 작은 기대빈도를 갖는 셀의 개수와 교차표상에 나타나는 가장 작은 기대빈도를 알려준다. [그림 7-13]의 하단 주석을 보면 여기의 예에서는

2) Phi계수와 Cramer의 V는 각각 다음과 같이 계산한다: $\phi=\sqrt{\chi^2/n}$, $V=\sqrt{\chi^2/n(k-1)}$, 여기에서 n은 표본 크기, k는 행과 열의 개수 중 작은 개수. 2×2 교차표를 만들어내는 이진형 변수의 경우 $k=2$이기 때문에 Phi계수와 Cramer의 V는 사실 같다. χ^2값이 클수록 변수 간 연관성은 커진다.

그림 7-14 ▎연관성 지표: 선호교양계열과 성별

		값	근사 유의확률
명목척도 대 명목척도	파이	.344	.000
	Cramer의 V	.344	.000
유효 케이스 수		361	

『교차분석: 통계량』 대화상자에서 『파이 및 크레이머의 V』를 선택한다(subject.sav 데이터 파일).

5보다 작은 기대빈도를 갖는 셀은 없으며 최소 기대빈도는 11.36이다. 카이제곱검정에 있어서 이러한 정보는 중요하다. 왜냐하면 5보다 작은 기대빈도를 갖는 셀이 너무 많으면 관측된 χ^2값의 유의확률은 타당하지 않을 수 있기 때문이다. 일반적으로 전체 셀의 20% 이상이 5보다 작은 기대빈도를 갖거나 최소 기대빈도가 1보다 작으면 카이제곱검정 결과의 해석 시 주의를 기울일 필요가 있다.

평균에 대한 가설검정을 수행하는 t검정에서 살펴보았듯이 귀무가설이 거짓일 때 이를 기각할 수 있는 정도(즉 검정력)는 관측값이 귀무가설이 주장하는 값과 얼마나 차이가 있는지뿐만 아니라 표본크기에 따라서도 달라진다. 이는 카이제곱검정에서도 마찬가지이다. χ^2값은 앞서 살펴본 것처럼 관측빈도와 기대빈도의 차이에 의해서 계산된다. χ^2값은 이뿐만이 아니라 표본의 크기에도 영향을 받는다. 예를 들어, 지금까지 살펴본 선호교양계열 예와 같은 조사를 수행할 때 만일 표본의 크기를 10배로 증가시켜 총 3,610명의 대학생을 대상으로 조사하였다면(이 경우 각 셀의 관측빈도가 10배로 증가하여 기대빈도를 결정하는 비율에 있어서는 변화가 없다고 가정) χ^2값은 그에 비례해서 10배로 증가하게 될 것이다. 따라서 이로 인해 관측된 χ^2값에 대응되는 유의확률은 더 낮아지고 귀무가설이 기각될 가능성은 더욱 커진다. 즉 표본크기가 클 경우 귀무가설을 기각할 가능성이 커지게 된다. 반면에 표본크기가 작을 경우에는 귀무가설을 기각할 가능성이 상대적으로 작아지게 된다. 이는 표본크기가 상대적으로 클 경우에는 관측빈도와 기대빈도의 차이가 아주 작고 그 차이가 실질적으로 큰 의미가 없을지라도 두 변수가 독립적이라는 귀무가설을 기각하게 될 수 있다는 것을 의미한다. 또한 이는 표본크기가 상대적으로 작을 경우에는 귀무가설이 거짓일 때조차 귀무가설을 제대로 기각하지 못할 수도 있다는 것을 뜻한다. 따라서 표본크기가 상대적으로 매우 크거나 작을 경우에는 검정결과의 해석에 주의를 기울일 필요가 있다.

지금까지 우리는 두 가지 기준(앞의 예에서는 성별과 선호교양계열)에 따라 분류된 데이터에 대해 두 범주형 변수 간의 독립성을 분석하는 방법을 살펴보았다. 범주형 변수가 하나일 경우에도 이와 유사한 분석을 수행할 수 있다. 다음과 같은 예를 생각해보자.

> 한 대형 컴퓨터 유통업체에서는 소비자들을 대상으로 자신들이 취급하는 세 컴퓨터 제조업체의 브랜드에 대한 선호도를 조사하였다. 150명의 소비자를 대상으로 동일 조건의 컴퓨터에 대한 선호도를 조사한 결과 삼성 컴퓨터를 선호하는 소비자는 60명, LG 컴퓨터를 선호하는 소비자는 55명, 델 컴퓨터를 선호하는 소비자는 35명으로 집계되었다.

이 데이터를 이용하여 컴퓨터를 구입하는 소비자의 브랜드에 대한 선호도의 차이가 존재하는지 검정하려고 한다. 즉 소비자의 구매의사결정은 브랜드와 독립적인지 여부를 알고자 한다. 따라서 여기에서의 귀무가설은 "소비자의 컴퓨터 브랜드에 대한 선호도는 동일하다"가 될 것이다. 만일 소비자의 선호도가 동일하다면 세 컴퓨터 브랜드별로 기대할 수 있는 기대빈도는 세 브랜드 모두 각각 50이 될 것이다. 각 브랜드를 선택할 확률은 $\frac{1}{3}$로 동일하기 때문에 $150 \times \frac{1}{3}$에 의해 기대빈도는 세 브랜드 모두 50으로 계산된다. 관측빈도와 기대빈도를 이용하여 χ^2값을 계산하면 다음과 같다.

$$\chi^2 = \frac{(60-50)^2}{50} + \frac{(55-50)^2}{50} + \frac{(35-50)^2}{50} = 7$$

범주형 변수가 하나밖에 없기 때문에 자유도는 <범주의 개수−1>, 즉 2가 된다. 이제 앞의 예에서와 마찬가지로 χ^2분포표 또는 Excel의 CHISQ.DIST.RT(χ^2값, 자유도) 함수나 CHISQ.INV.RT(확률, 자유도) 함수를 이용하여 검정을 수행할 수 있다. CHISQ.DIST.RT(7, 2)=0.030 < 0.05, CHISQ.INV.RT(0.05, 2)=5.991 < 7이므로 소비자의 브랜드별 선호도가 존재하지 않는다는 귀무가설을 기각하고 컴퓨터 브랜드별로 선호도의 차이가 존재한다고 말할 수 있다.

SPSS를 이용한 검정결과는 [그림 7-15]와 같다(pcbrand.sav 데이터 파일). 앞에서 계산한 결과와 동일하다. 범주형 변수가 하나 있을 경우에는 비모수검정의 카이제곱검정을 이용한다.

그림 7-15 ▌ 카이제곱검정: PC 브랜드

	관측빈도	기대빈도	잔차
1 삼성	60	50.0	10.0
2 LG	55	50.0	5.0
3 델	35	50.0	−15.0
합계	150		

	PCbrand
카이제곱	7.000[a]
자유도	2
근사 유의확률	.030

a. 0개의 셀(0.0%)은(는) 5보다 작은 기대빈도를 가집니다. 기대빈도 셀 값 중 최소값은 50.0입니다.

SPSS 메뉴에서 『분석 > 비모수검정 > 레거시 대화상자 > 카이제곱』을 선택한 후 『검정변수』에 PCbrand 변수를 옮겨놓는다. 『기대값』에는 『모든 범주가 동일』을 체크하고 『확인』을 클릭한다(pcbrand.sav 데이터 파일).

SPSS 활용

1 교차표 작성하기

- 『분석 > 기술통계량 > 교차분석』을 선택한다.
- 『교차분석』 대화상자에서 『행』과 『열』에 비교하고자 하는 범주형 변수를 옮긴다. 『행』에 옮겨진 변수는 교차표의 왼쪽에 나타나고 『열』에 옮겨진 변수는 교차표의 상단에 나타난다.

그림 7-16 ▌ 교차분석 대화상자

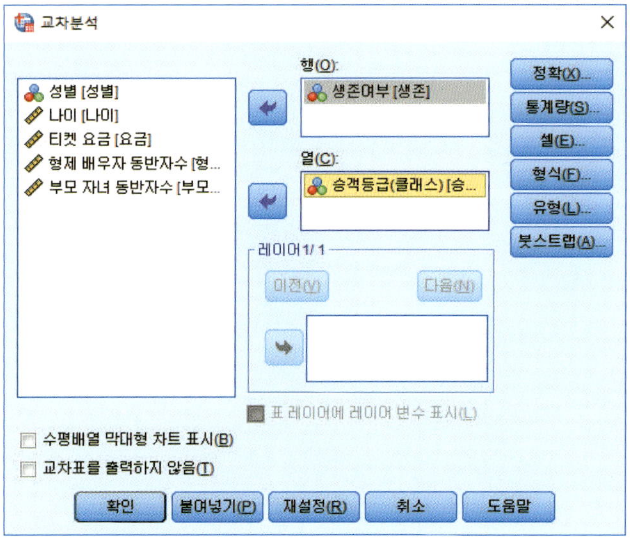

▶ 『셀』을 클릭하여 나타나는 『교차분석: 셀 표시』 대화상자에서 셀값의 표시방법을 지정한다. 비율을 함께 나타내고자 한다면 『퍼센트』 그룹에서 나타내고자 하는 비율기준을 선택한다. 『행』을 선택하면 교차표의 행을 기준으로 합이 100%인 비율이 나타나며, 『열』을 선택하면 교차표의 열을 기준으로 합이 100%인 비율이 나타난다. 『전체』를 선택하면 전체 빈도수를 기준으로 합이 100%인 비율을 보여준다.

그림 7-17 ▌교차분석: 셀 표시 대화상자

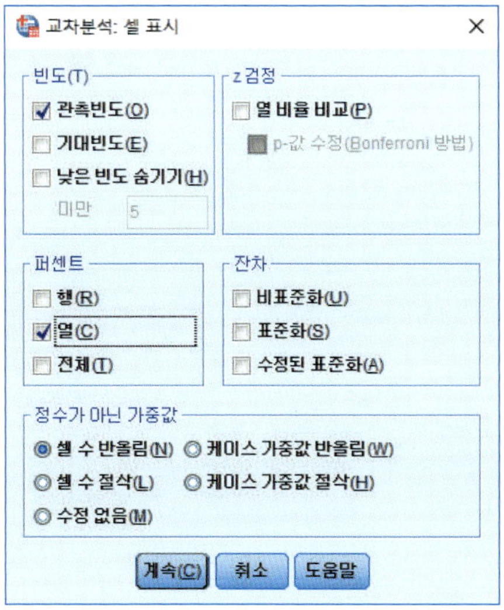

2 100%로 척도가 조정된 수직누적 막대도표 작성하기

▶ 『그래프 > 레거시 대화상자 > 막대형 차트』를 선택한 후 『막대형 차트』 대화상자에서 막대도표의 유형으로 『수직누적』과 차트에 표시할 데이터로 『케이스 집단들의 요약값』을 선택한 후 『정의』를 클릭한다. 『막대표시』 그룹에서 『케이스 수』를 선택하고 『범주축』 및 『수직누적기준변수』에 각각 X축에 표시할 변수와 누적 막대로 표시할 변수를 선택하여 옮긴 후 『확인』을 클릭한다.

▶ 『도표편집기』의 『옵션』 메뉴에서 『100%로 척도화』를 선택한다.

그림 7-18 | 100% 척도조정 수직누적 막대도표

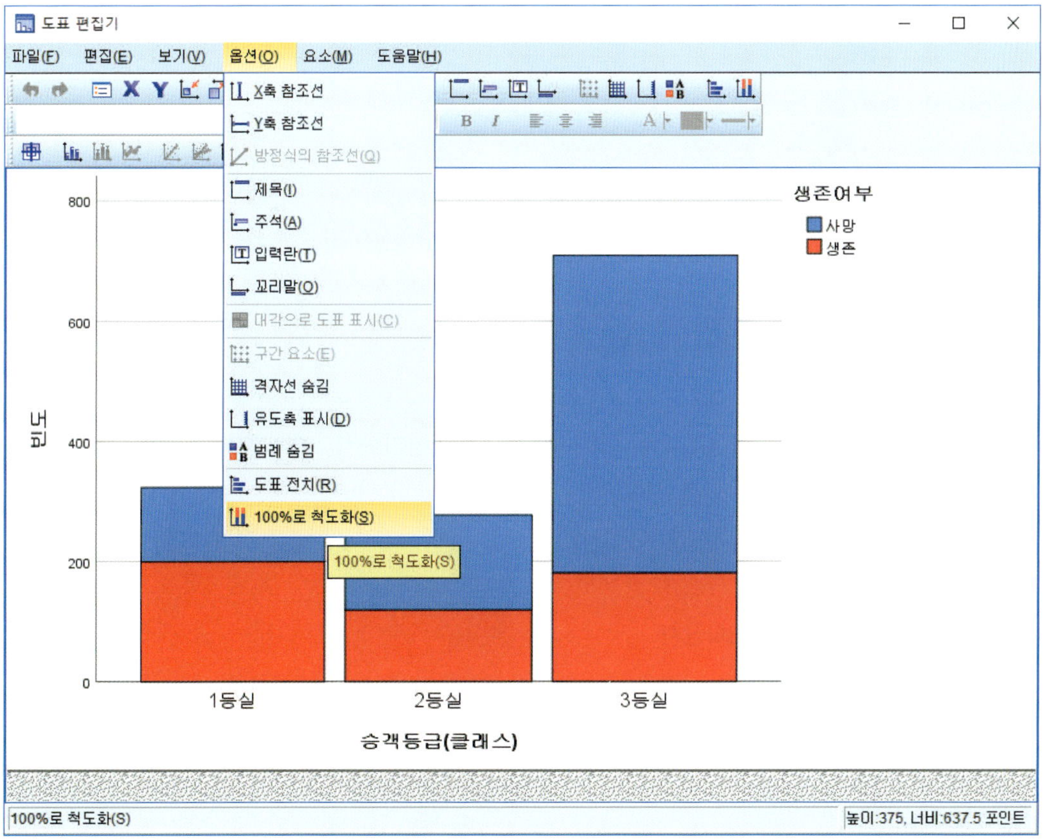

3 카이제곱검정 수행하기

▶ 『분석 > 기술통계량 > 교차분석』을 선택한다.

▶ 『행』과 『열』에 검정하려는 범주형 변수를 할당한다.

그림 7-19 ▎교차분석 대화상자

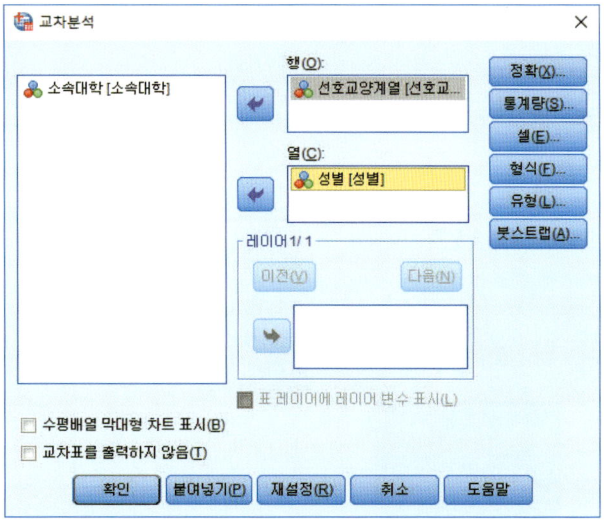

▶ 『통계량』을 클릭한 후 나타나는 『교차분석: 통계량』 대화상자에서 『카이제곱』과 『파이 및 크레이머의 V』를 선택하고 『계속』을 클릭한다.

▶ 『교차분석』 대화상자에서 『확인』을 클릭한다.

그림 7-20 ▎교차분석: 통계량 대화상자

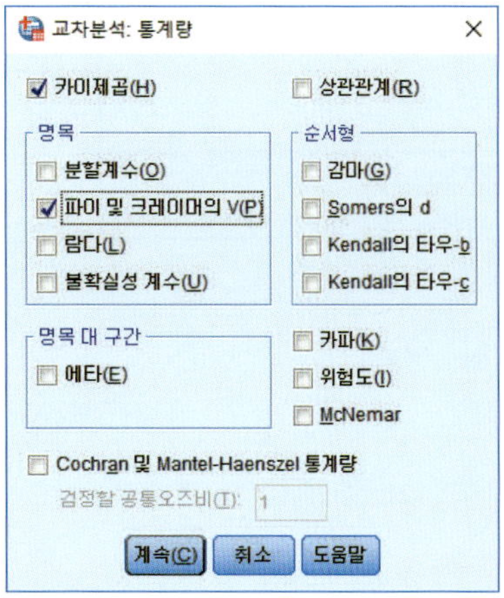

4 비모수검정에서의 카이제곱검정 수행하기

- 『분석 > 비모수검정 > 레거시 대화상자 > 카이제곱』을 선택한다.
- 『카이제곱검정』 대화상자에서 『검정변수』에 검정대상 변수를 옮기고 『확인』을 클릭한다.
- 『기대값』에 모든 범주가 동일 확률로 나타나는 것을 가정하면 『모든 범주가 동일』을 선택하고 그렇지 않고 범주의 각 경우에 나타날 비율이 다른 것으로 가정하면 『값』에 각 경우별 발생비율을 입력한다.
- 『확인』을 클릭한다.

그림 7-21 카이제곱검정 대화상자(비모수검정)

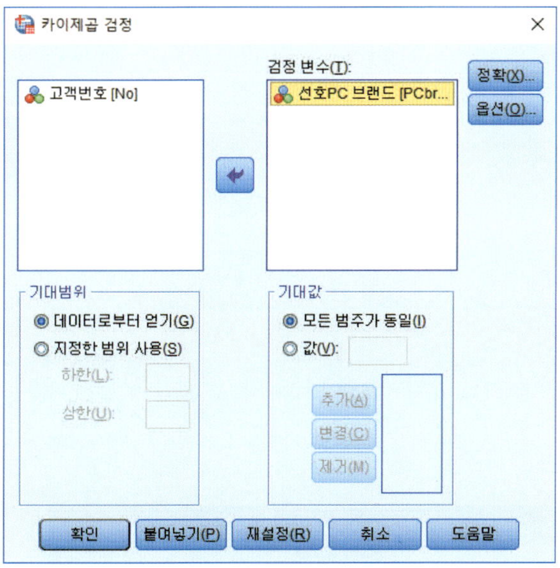

5 Excel을 이용하여 χ^2분포의 확률 및 χ^2값 구하기

▶ CHISQ.DIST.RT(χ^2값, 자유도) 함수를 이용하여 주어진 χ^2값에 대응되는 유의확률을 구할 수 있다.

그림 7-22 ▌Excel의 CHISQ.INV.RT() 함수

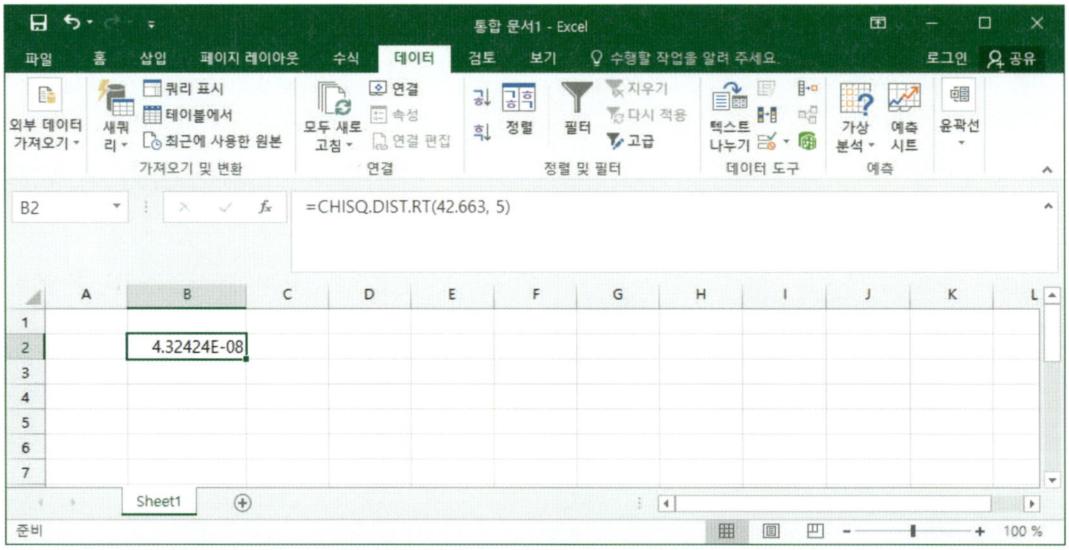

▶ CHISQ.INV.RT(확률, 자유도) 함수를 이용하여 주어진 유의확률에 대응되는 χ^2값을 구할 수 있다.

그림 7-23 ▌Excel의 CHIISQ.INV.RT() 함수

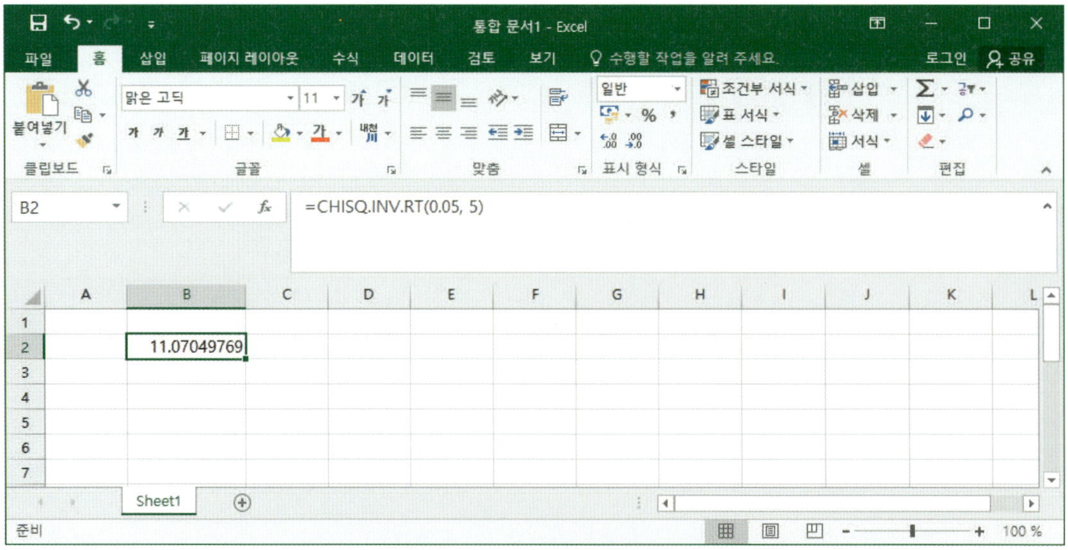

사례연구

은하수대학교의 도서관에서는 도서예산의 효과적 집행을 위하여 전공계열과 선호하는 도서장르 간의 관계를 조사하고자 한다. 이를 위해 [그림 7-24]와 같은 설문항목을 개발하여 학생들을 대상으로 설문조사를 수행하였다. 총 309개의 응답 데이터가 수집되었다(library.sav 데이터 파일).

여기에서 검정하고자 하는 가설은 다음과 같다.

- 귀무가설: 소속대학의 전공계열과 선호하는 도서장르는 서로 독립적이다(소속대학의 전공계열에 따라 선호하는 도서장르에는 차이가 없다).
- 대립가설: 소속대학의 전공계열과 선호하는 도서장르는 서로 독립적이지 않다(소속대학의 전공계열에 따라 선호하는 도서장르에는 차이가 있다).

소속대학의 전공계열과 선호도서장르 간의 [그림 7-25]와 같은 교차표를 도출하였다. 교차표에 의하면 문과계열의 경우에는 문학/언어의 도서장르가 가장 선호되고(43.3%), 이과계열의 경우에는 과학/기술/자연의 도서장르(25.6%)가, 예체능계열에는 예체능의 도서장르(25.0%)가 문학/언어 도서장르

그림 7-24 ▌설문서: 선호도서장르

다음은 전공계열과 선호하는 도서장르 간의 관계를 조사하기 위한 설문입니다.

1. 귀하가 속한 대학의 계열에 해당하는 난에 표시(√)하여 주시기 바랍니다.
   ① 문과계열(경영, 경상, 사회과학, 법, 문과) ( )
   ② 이과계열(공학, 자연과학, 삼림과학, 건축, 전자정보통신) ( )
   ③ 예체능계열(조형, 예술, 체육) ( )

2. 귀하가 선호하는 도서장르에 해당하는 난에 표시(√)하여 주시기 바랍니다.
   ① 문학/언어(소설, 시, 인문, 에세이 등) ( )
   ② 역사/철학(종교, 역사, 문화 등) ( )
   ③ 정치/경제/사회/세계 ( )
   ④ 과학/기술/자연(IT, 컴퓨터, 건축 등) ( )
   ⑤ 예체능(음악, 미술, 디자인, 스포츠 등) ( )
   ⑥ 자기계발(요리, 외국어 등) ( )
   ⑦ 기타(잡지, 만화, 여행 등) ( )

3. 귀하의 성별에 해당하는 난에 표시(√)하여 주시기 바랍니다.
   남( ) 여( )

다음으로 높은 선호도를 보인다. 카이제곱검정을 수행하기 전에 추가로 관측빈도와 기대빈도를 함께 볼 수 있는 [그림 7-26]과 같은 교차표를 도출하였다.

그림 7-25 ▌ 교차표-관측빈도: 선호도서장르와 소속대학

			소속대학			
			1 문과계열	2 이과계열	3 예체능계열	전체
선호장르	1 문학/언어	빈도	74	28	20	122
		소속대학 중 %	43.3%	32.6%	38.5%	39.5%
	2 역사/철학	빈도	20	2	1	23
		소속대학 중 %	11.7%	2.3%	1.9%	7.4%
	3 정치/경제/사회/세계	빈도	34	6	2	42
		소속대학 중 %	19.9%	7.0%	3.8%	13.6%
	4 과학/기술/자연	빈도	3	22	1	26
		소속대학 중 %	1.8%	25.6%	1.9%	8.4%
	5 예체능	빈도	7	5	13	25
		소속대학 중 %	4.1%	5.8%	25.0%	8.1%
	6 자기계발	빈도	19	10	9	38
		소속대학 중 %	11.1%	11.6%	17.3%	12.3%
	7 기타	빈도	14	13	6	33
		소속대학 중 %	8.2%	15.1%	11.5%	10.7%
전체		빈도	171	86	52	309
		소속대학 중 %	100.0%	100.0%	100.0%	100.0%

그림 7-26 ▌ 교차표-관측빈도, 기대빈도, 잔차: 선호도서장르와 소속대학

			소속대학			
			1 문과계열	2 이과계열	3 예체능계열	전체
선호장르	1 문학/언어	빈도	74	28	20	122
		기대빈도	67.5	34.0	20.5	122.0
		잔차	6.5	-6.0	-.5	
	2 역사/철학	빈도	20	2	1	23
		기대빈도	12.7	6.4	3.9	23.0
		잔차	7.3	-4.4	-2.9	
	3 정치/경제/사회/세계	빈도	34	6	2	42
		기대빈도	23.2	11.7	7.1	42.0
		잔차	10.8	-5.7	-5.1	

	4 과학/기술/자연	빈도	3	22	1	26
		기대빈도	14.4	7.2	4.4	26.0
		잔차	-11.4	14.8	-3.4	
	5 예체능	빈도	7	5	13	25
		기대빈도	13.8	7.0	4.2	25.0
		잔차	-6.8	-2.0	8.8	
	6 자기계발	빈도	19	10	9	38
		기대빈도	21.0	10.6	6.4	38.0
		잔차	-2.0	-.6	2.6	
	7 기타	빈도	14	13	6	33
		기대빈도	18.3	9.2	5.6	33.0
		잔차	-4.3	3.8	.4	
전체		빈도	171	86	52	309
		기대빈도	171.0	86.0	52.0	309.0

카이제곱검정을 이용한 소속대학과 선호도서장르 간의 가설검정 결과는 [그림 7-27]과 같다. 카이제곱값에 대한 유의확률이 0.000으로서 0.05의 유의수준에서 귀무가설을 기각할 수 있다. 분석결과를 통해 학생들의 전공계열과 선호하는 도서장르 간에는 서로 밀접한 관계가 있음을 알 수 있었다. 은하수대학교의 도서관에서는 효과적 도서예산 집행을 위하여 도서예산에 대한 배정계획을 수립할 때 이러한 조사결과를 반영하기로 하였다.

그림 7-27 ▌카이제곱검정: 선호도서장르와 소속대학

	값	자유도	근사 유의확률 (양측검정)
Pearson 카이제곱	90.321[a]	12	.000
우도비	82.010	12	.000
선형 대 선형결합	10.741	1	.001
유효 케이스 수	309		

a. 3셀(14.3%)은(는) 5보다 작은 기대빈도를 가지는 셀입니다. 최소 기대빈도는 3.87입니다.

연습문제

01 한국미디어연구소에서는 성별과 선호정당 간의 관련성을 조사하였다(media.sav 데이터 파일). 다음 질문에 답하시오.

① 성별과 선호정당 간의 열의 교차표를 완성하시오.

선호정당 * 성별 교차표

			성별		전체
			1 남자	2 여자	
선호정당	1 한나라당	빈도			
		성별 중 %			
	2 민주당	빈도	6	30	36
		성별 중 %	12.0%	60.0%	36.0%
	3 국민참여당	빈도	0	4	4
		성별 중 %	0.0%	8.0%	4.0%
	4 진보신당	빈도	0	2	2
		성별 중 %	0.0%	4.0%	2.0%
	5 민주노동당	빈도			
		성별 중 %			
전체		빈도	50	50	100
		성별 중 %	100.0%	100.0%	100.0%

① 성별 선호정당의 수평배열 막대도표를 작성하시오.

② 성별 선호정당의 수직누적 막대도표를 100%로 척도조정하여 작성하시오.

02 다음 중 교차표를 작성하기에 알맞은 변수쌍을 모두 고르시오.

① 고객등급과 최종학력

② 몸무게와 일일 칼로리 섭취량

③ 혈압과 몸무게

④ 시험점수와 학년

⑤ 성적등급과 성별

03 다음 표는 20명의 사람을 대상으로 결혼여부(1 = 기혼, 2 = 미혼)와 생활만족도(1 = 불만족, 2 = 만족, 3 = 매우 만족)를 조사한 것이다.

ID	결혼여부	생활만족도
1	1	1
2	1	1
3	1	1
4	1	1
5	1	1
6	1	2
7	1	3
8	1	3
9	2	2
10	2	2
11	2	3
12	2	3
13	2	3
14	2	3
15	2	3
16	2	3
17	2	3
18	2	3
19	2	3
20	2	3

① SPSS에 앞의 데이터를 입력하고 다음 교차표를 완성하시오.

결혼여부 * 생활만족도 교차표

			생활만족도			전체
			1 불만족	2 만족	3 매우만족	
결혼여부	1 기혼	빈도	5			8
		결혼여부 중 %	62.5%			100.0%
		생활만족도 중 %	100.0%	33.3%	16.7%	40.0%
	2 미혼	빈도	0			12
		결혼여부 중 %	.0%			100.0%
		생활만족도 중 %	.0%	66.7%	83.3%	60.0%
전체		빈도	5	3	12	20
		결혼여부 중 %	25.0%	15.0%	60.0%	100.0%
		생활만족도 중 %	100.0%	100.0%	100.0%	100.0%

② 기혼자의 몇 퍼센트가 '매우 만족'인 생활만족도 수준을 나타내는가?

③ 미혼자의 몇 퍼센트가 '만족'인 생활만족도 수준을 나타내는가?

04 mbanking.sav 데이터 파일을 이용하여 다음 질문에 답하시오.

① 성별과 이동통신회사의 다음 교차표를 완성하시오.

성별 * 이동통신회사 교차표

			이동통신회사			전체
			1 SKT	2 KT	3 LGU+	
성별	1 남자	빈도		65		150
		기대빈도		53.2		150.0
		이동통신회사 중 %		65.0%		53.2%
	2 여자	빈도		35		132
		기대빈도		46.8		132.0
		이동통신회사 중 %		35.0%		46.8%
전체		빈도	170	100	12	282
		기대빈도	170.0	100.0	12.0	282.0
		이동통신회사 중 %	100.0%	100.0%	100.0%	100.0%

② 성별과 이동통신회사에 대한 독립성검정을 수행하여 카이제곱검정 결과표를 제시하고 검정결과를 설명하시오.

05 SKT, KT, LGU+ 이동통신 3사는 각각 50%, 30%, 20%의 시장점유율을 유지하고 있다. 그런데 LGU+는 최근 새로운 개념의 서비스와 혁신적인 요금제를 출시하면서 소비자들로부터 좋은 반응을 얻고 있다. 이에 LGU+는 전문가에게 의뢰하여 시장점유율에 있어서 변화가 있었는지 여부를 조사하기로 하였다. 총 200명의 소비자를 대상으로 하여 사용하고 있는 이동통신회사를 조사한 결과, SKT 98명, KT 48명, LGU+ 54명인 것으로 나타났다.

① 귀무가설과 대립가설을 설명하시오.

② 기존의 시장점유율에 있어서 변화가 있었는지를 검정하시오.

06 삼양식품은 새로운 라면을 출시하기에 앞서 라면맛의 매운 정도와 남녀 성별 간의 관련성을 조사하였다. 총 150명을 대상으로 하여 조사한 결과 다음과 같은 데이터를 얻었다.

관측빈도		라면맛 선호도			
		순한 맛	보통 맛	매운 맛	합계
성별	남성	20	40	20	80
	여성	30	30	10	70
	합계	50	70	30	150

① 귀무가설과 대립가설을 설명하시오.

② 라면맛 선호도와 성별 간의 독립성을 검정하시오.

07 한국사회문화연구소에서는 혈액형과 선호하는 영화장르 간의 관계를 조사하고 있다(bloodtype.sav 데이터 파일). 다음 질문에 답하시오.

① 귀무가설과 대립가설을 설명하시오.

② 혈액형과 선호하는 영화장르 간의 독립성을 검정하시오.

08 한국미디어연구소에서는 연령대와 뉴스를 접하는 선호매체 간의 관련성을 조사하고 있다(media.sav 데이터 파일). 다음 질문에 답하시오.

① 귀무가설과 대립가설을 설명하시오.

② 선호매체와 연령대 간의 열의 교차표를 작성하고 둘 간의 관련성을 설명하시오.

③ 연령대별 선호매체의 수평배열 막대도표를 작성하시오.

④ 연령대별 선호매체의 수직누적 막대도표를 100%로 척도조정하여 작성하시오.

⑤ 연령대와 선호매체 간의 독립성을 검정하시오.

09 대학교육연구소에서는 아버지의 대학 전공과 자녀의 대학 전공 간의 관련성을 조사하고 있다(major.sav 데이터 파일). 다음 질문에 답하시오.

① 귀무가설과 대립가설을 설명하시오.

② 자녀의 대학 전공과 아버지의 대학 전공 간의 열의 교차표를 작성하고 둘 간의 관계를 설명하시오.

③ 아버지의 대학 전공별 자녀의 대학 전공의 수평배열 막대도표를 작성하시오.

④ 아버지의 대학 전공별 자녀의 대학 전공의 수직누적 막대도표를 100%로 척도조정하여 작성하시오.

⑤ 아버지의 대학 전공과 자녀의 대학 전공 간의 독립성을 검정하시오.

10 건전음주문화연구소에서는 연령대 및 성별과 선호하는 주류 간의 관련성을 조사하고 있다(liquor.sav 데이터 파일). 다음 질문에 답하시오.

① 100% 척도조정된 수직누적 막대도표를 이용하여 연령대와 선호주류 간의 관련성을 설명하고 두 변수 간의 독립성을 검정하시오.

② 100% 척도조정된 수직누적 막대도표를 이용하여 성별과 선호주류 간의 관련성을 설명하고 두 변수 간의 독립성을 검정하시오.

상관분석

Chapter 08

Chapter 08

상관분석

우리는 종종 어떤 두 사건 간의 연관성을 분석해야 할 때가 있다. 기업의 연구개발 투자와 신제품 출시 비율 간의 관계, 광고비와 매출액 간의 관계, 한 나라의 일인당 GDP와 국민의 기대수명 간의 관계 등이 그러한 예이다. 여기에서 두 사건, 즉 두 변수 간의 선형적 관계를 **상관(correlation)**이라고 하며, 이러한 관계에 대한 분석을 **상관분석(correlation analysis)**이라고 한다.

8.1 산점도

대기 중 미세먼지농도는 우리의 건강에 중요한 영향을 미친다. 미세먼지농도와 기온, 습도, 풍속 간의 연관성을 상관분석을 통해 살펴보자(dust.sav 데이터 파일; 서울시 기후대기환경정보 2011). 변수 간의 관계패턴을 살펴보는 가장 좋은 방법은 **산점도(scatterplot)**를 그려보는 것이다. [그림 8-1]은 X축에 섭씨(℃)로 나타낸 평균기온과 Y축에 $\mu g/m^3$로 나타낸 미세먼지농도를 표현한 산점도이다. 산점도상의 각 점은 특정 일의 미세먼지농도와 평균기온을 나타낸다.

여기에서 우리는 산점도로부터 두 변수 간에 어떠한 관계패턴이 존재하는지 유추해볼 수 있으며, 또한 대부분의 데이터와는 다른 평범하지 않은 이상한 관측값은 없는지 살펴볼 수 있다. 예를 들면, [그림 8-1] 산점도 상단에 있는 케이스 번호 12번에 해당하는 관측값은 다른 데이터와는 다소 동떨어져 있다. 이 관측값은 미세먼지농도가 무려 137$\mu g/m^3$이며, 다른 데이터들이 보여주는 미세먼지농도와 온도 간 관계패턴과는 현저히 다른 모습이다. 반대로 산점도 하단에는 미세먼지농도가 상대적으로 낮은 날도 있는 것을 관찰할 수 있다. 케이스 12와 같은 이상값(outlier)은 주의 깊게 다룰 필요가 있다. 왜냐하면 다른 데이터 패턴과 매우 동떨어진 이러한 이상값은 두 변수 간의 선형관계의 강도, 즉 상관의 정도를 나타내는 **상관계수(correlation coefficient)**의 크기에 큰 영향을 미칠 수 있기 때문이다.

[그림 8-1]의 산점도를 보면 뚜렷하지는 않지만 대체적으로 기온이 올라가면 미세먼지농도는

▶ 그림 8-1 ▌산점도: 미세먼지농도와 평균기온

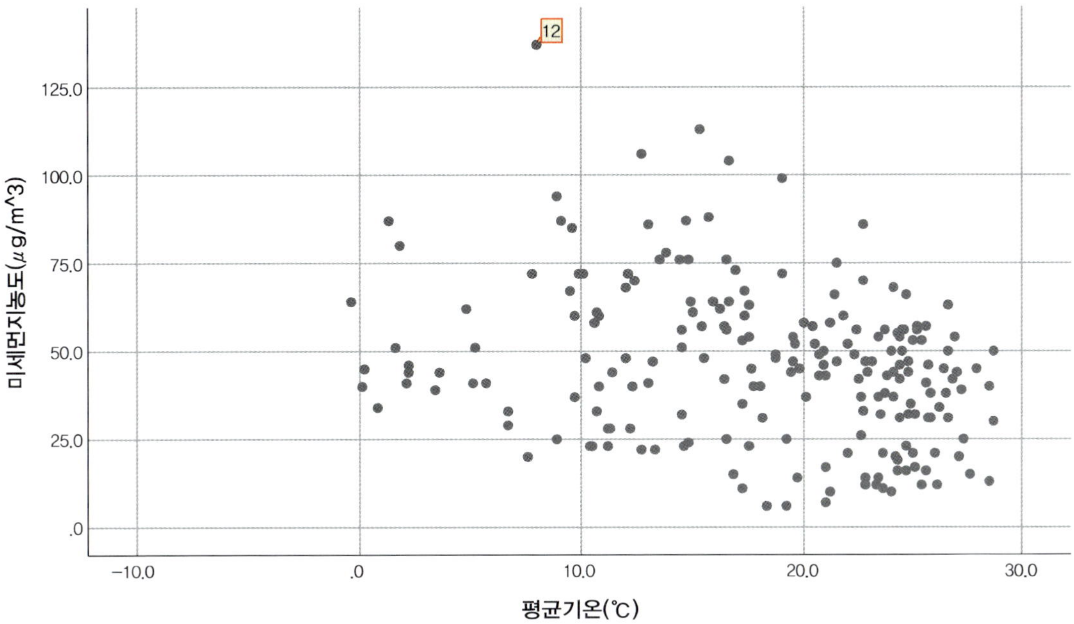

SPSS 메뉴에서 『그래프 > 레거시 대화상자 > 산점도/점도표』를 선택한다. 『산점도/점도표』 대화상자에서 『단순 산점도』를 선택하고 『정의』를 클릭한다. 『단순 산점도』 대화상자에서 『Y축』에 미세먼지 변수를, 『X축』에 기온 변수를 지정한다(dust.sav 데이터 파일). 출력된 산점도를 더블클릭하면 실행되는 도표편집기를 이용하여 그래프를 편집할 수 있다. 여기에서처럼 산점도상에 관측값의 레이블을 표시하기 위해서는 먼저 해당 관측값을 특정한 후 『요소 > 데이터 레이블 표시』를 선택한다. 도표편집기의 『편집 > 특성』을 선택한 후 『특성』 대화상자에서 『채움 및 경계』 탭을 이용하여 레이블 박스의 내부 및 경계의 색상을 지정할 수 있다.

떨어지는 경향이 있다. 두 변수값을 통과하는 가상의 직선을 그어 이러한 관계를 유추할 수 있으면 우리는 두 변수 간에 선형적 관계가 존재한다고 말한다. 두 변수값이 동일한 방향으로 움직이면, 즉 한 변수값이 증가할 때 다른 변수값 역시 증가하면 두 변수는 **정의 선형관계(positive linear relationship)**를 갖는다고 한다. 반면에 두 변수값이 서로 반대방향으로 움직이면, 즉 한 변수값이 증가할 때 다른 변수값이 감소하면 두 변수는 **부의 선형관계(negative linear relationship)**를 갖는다고 한다. 따라서 [그림 8-1]의 산점도는 부의 선형관계를 나타낸다고 볼 수 있다.

[그림 8-2]는 X축에 퍼센트(%)로 나타낸 상대습도와 Y축에 $\mu g/m^3$로 나타낸 미세먼지농도를 표현한 산점도이다. 산점도상의 각 점은 특정 일의 미세먼지농도와 상대습도를 나타낸다. [그림 8-3]은 X축에 m/s로 나타낸 평균풍속과 Y축에 $\mu g/m^3$로 나타낸 미세먼지농도를 표현한 산점도이다. 산점도상의 각 점은 특정 일의 미세먼지농도와 평균풍속을 나타낸다. [그림 8-2]의 산점도

그림 8-2 ▌산점도: 미세먼지농도와 상대습도

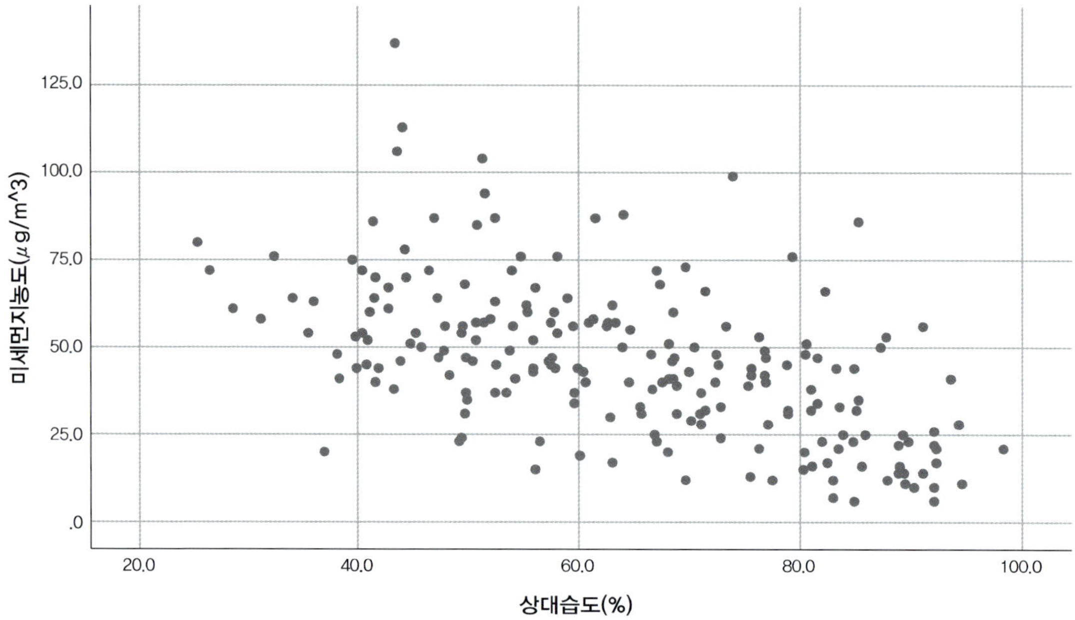

그림 8-3 ▌산점도: 미세먼지농도와 평균풍속

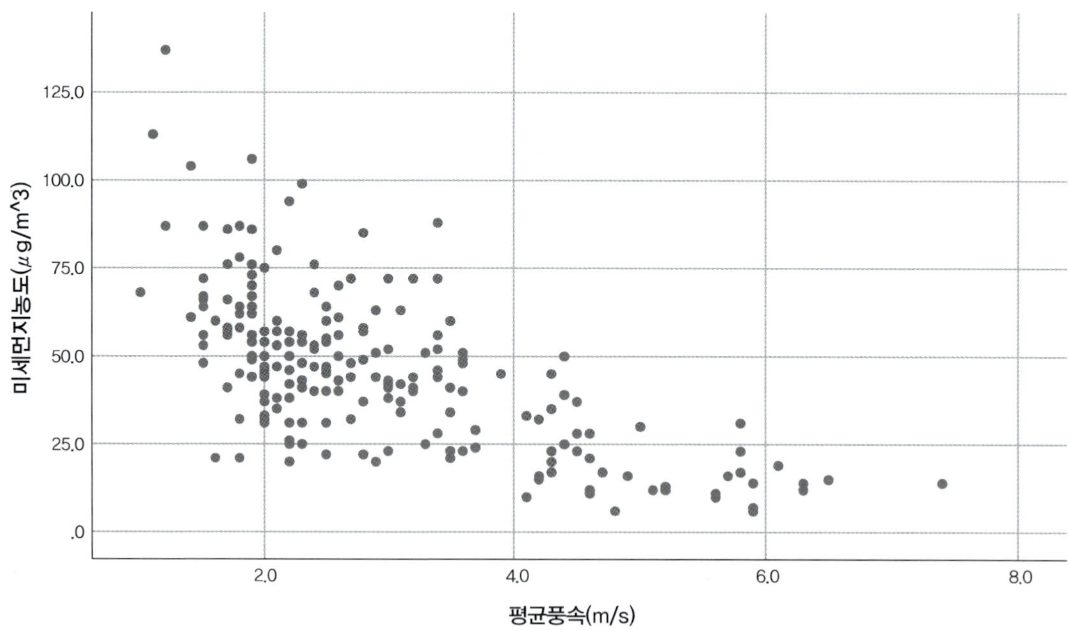

그림 8-4 ▌ **산점도 행렬: 미세먼지농도, 평균기온, 상대습도, 평균풍속**

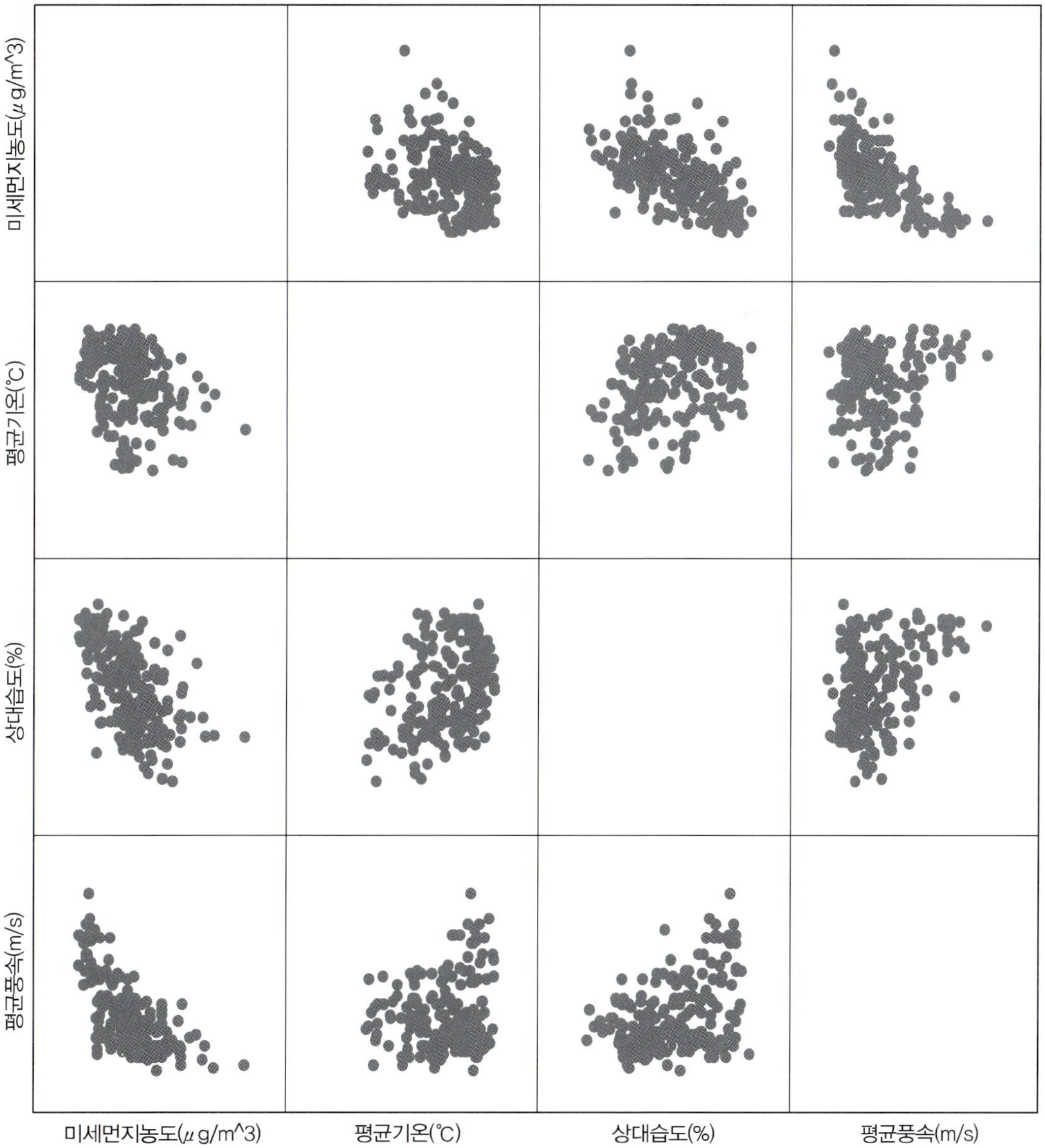

SPSS 메뉴에서 『그래프 > 레거시 대화상자 > 산점도/점도표』를 선택한다. 『산점도/점도표』 대화상자에서 『행렬 산점도』를 선택하고 『정의』를 클릭한다. 『산점도 행렬』 대화상자에서 『행렬 변수』에 변수들을 차례대로 옮긴 후 『확인』을 클릭한다(dust.sav 데이터 파일). 필요할 경우 도표편집기를 이용하여 편집한다. 도표편집기의 『편집 > 특성』을 선택한 후 『특성』 대화상자에서 『도표 크기』 탭을 이용하여 그래프의 크기를 조정할 수 있다.

와 [그림 8-3]의 산점도 모두 부의 선형관계를 보여준다. 지금까지 살펴본 세 산점도는 이처럼 모두 부의 선형관계를 보여주지만 데이터 점들을 통과하는 가상의 직선상에 몰려 있는 정도는 서로 차이가 있다. [그림 8-3] 산점도상의 관측값들은 [그림 8-1] 산점도상의 관측값들이나 [그림 8-2] 산점도상의 관측값들에 비해 데이터 점들이 더 가까이 몰려 있으며, 따라서 관계패턴이 더 명확히 드러난다. 즉 미세먼지농도는 풍속과 가장 강한 상관관계를 가지며, 기온과는 가장 약한 상관관계를 갖는다.

지금까지 살펴본 세 개의 개별 산점도를 **산점도 행렬(scatterplot matrix)**을 이용하여 한꺼번에 나타낼 수 있다. [그림 8-4]는 미세먼지농도, 평균기온, 상대습도, 평균풍속 간의 관계패턴을 동시에 나타낸 산점도 행렬이다. 산점도 행렬 하단의 변수들은 개별 산점도상에서 X축을 구성하는 변수들을 나타내고 좌측의 변수들은 개별 산점도상에서 Y축을 구성하는 변수들을 나타낸다. 예를 들어, [그림 8-4] 산점도 행렬의 첫 번째 행은 미세먼지농도를 Y축으로 갖는 세 개 산점도를 보여준다. 첫 번째 산점도는 평균기온이 X축을 구성하고, 두 번째 산점도는 상대습도가 X축을 구성하며, 세 번째 산점도는 평균풍속이 X축을 구성한다. 이처럼 [그림 8-1], [그림 8-2], [그림 8-3]의 산점도를 모두 [그림 8-4]의 산점도 행렬의 첫 번째 행에 나타낼 수 있다. 변수들은 산점도 행렬에 각각 두 번씩 나타나며, 한 번은 X축을 또 한 번은 Y축을 구성한다.

8.2 상관분석

산점도를 이용하면 변수 간의 관계패턴을 쉽게 이해할 수 있다. 하지만 선형관계의 강도를 객관적으로 파악할 수는 없다. 예를 들면, [그림 8-3] 산점도에서의 미세먼지농도와 평균풍속 간의 관계는 [그림 8-1] 산점도에서의 미세먼지농도와 평균기온 간의 관계에 비해서 얼마나 강한 선형관계를 갖고 있는지 산점도만으로는 객관적으로 알 수 없다. 따라서 이를 위해서는 관계의 강도를 객관적으로 측정할 수 있는 척도가 필요하다.

Pearson 상관계수(Pearson correlation coefficient)는 두 변수 간의 선형관계의 강도를 측정할 수 있는 대표적 척도이다. 흔히 상관계수라고 하면 Pearson 상관계수를 의미하며 r로 나타낸다. 상관계수는 −1에서 +1 사이의 값을 가지며 0일 경우에는 두 변수 간의 선형관계가 전혀 없다는 것을 뜻한다. − 상관계수는 부의 선형관계를 나타내며 + 상관계수는 정의 선형관계를 나타낸다. −1은 완전한 부의 선형관계를 의미하고 +1은 완전한 정의 선형관계를 의미한다. 만일 두 변수 간의 상관계수가 −1 또는 +1이라면 하나의 변수로부터 나머지 하나의 변수를 완벽하게 예측할 수 있다는 것을 의미한다. 상관계수는 대칭이어서 x와 y의 상관계수는 y와 x의 상관계수와 일치한다. 또한 상관계수는 선형변환에 의해 영향을 받지 않는다. 즉 변수값에 일정 상수를 더하거나, 빼거나, 곱하거나, 나누어도 상관계수는 변하지 않는다. 이는 관측값이 어떤 단위로 측정되었든 간에 변수 사이의 상관계수값은 항상 일정하다는 것을 의미한다. 예를 들어, 키와 몸무게 간의 상관계수를 구할 때 인치(inch)와 파운드(pound)로 측정된 키와 몸무게 간의 상관계수나 센티미터(cm)와 킬로그램(kg)으로 측정된 두 변수 간의 상관계수는 서로 일치한다.

[그림 8-5]는 앞서 살펴본 네 변수 간의 상관계수를 SPSS를 통해 계산한 결과이다. 미세먼지와 기온, 습도, 풍속 간의 상관계수는 각각 −0.287, −0.555, −0.656이다. 기온과 습도 및 풍속 간의 상관계수는 각각 0.374, 0.081이며, 습도와 풍속 간의 상관계수는 0.365이다. 대각선은 자기 자신과의 상관관계를 나타내기 때문에 상관계수 1을 갖는다. 상관계수는 대칭이기 때문에 대각선을 중심으로 위쪽 삼각형 영역과 아래쪽 삼각형 영역은 동일한 상관계수값을 갖는다. 즉 미세먼지와 기온 간의 상관계수는 기온과 미세먼지 간의 상관계수와 동일하다.

그림 8-5 ▌상관관계: 미세먼지농도, 평균기온, 상대습도, 평균풍속

		미세먼지	기온	습도	풍속
미세먼지	Pearson 상관	1	−.287**	−.555**	−.656**
	유의확률(양측)		.000	.000	.000
	N	209	209	209	209
기온	Pearson 상관	−.287**	1	.374**	.081
	유의확률(양측)	.000		.000	.241
	N	209	209	209	209
습도	Pearson 상관	−.555**	.374**	1	.365**
	유의확률(양측)	.000	.000		.000
	N	209	209	209	209
풍속	Pearson 상관	−.656**	.081	.365**	1
	유의확률(양측)	.000	.241	.000	
	N	209	209	209	209

**. 상관관계가 0.01 수준에서 유의합니다(양측).

SPSS 메뉴에서 『분석 > 상관분석 > 이변량 상관』을 선택한 후 『이변량 상관계수』 대화상자에서 상관계수를 구하고자 하는 대상 변수를 『변수』 박스에 옮긴다. 『상관계수』에서 『Pearson』을, 『유의성 검정』에서 『양쪽』을, 그리고 『유의한 상관계수 플래그』를 차례대로 선택하고 『확인』을 클릭한다(dust.sav 데이터 파일).

이렇게 구해진 상관계수는 수집한 표본에서의 두 변수 간의 관계를 기술통계적 관점에서 계산한 결과이다. 데이터가 모집단으로부터의 무작위 표본이라면 모집단에서의 변수들의 관계에 대해 추론통계적 관점에서 가설검정을 수행할 수 있다. 즉 모집단에서 두 변수 간의 상관계수가 0이라는 귀무가설을 검정한다. [그림 8-5]의 '유의확률(양측)'은 주어진 두 변수 간의 모집단 상관계수가 0이라는 귀무가설이 사실이라는 가정하에서 표본으로부터 관측된 유의확률을 나타낸다. 관측된 유의확률이 기준으로 하는 유의수준(예를 들면, 0.05 또는 0.01)보다 작다면 현재 표본으로부터 도출된 0이 아닌 상관계수는 귀무가설이 사실이라는 가정하에서 매우 드물게 나타나는 수치라는 것을 의미한다. 따라서 우리는 모집단에서 두 변수 간에 아무런 관련이 없다는 귀무가설을 기각할 수 있다.

그림 8-6 비선형관계와 Pearson 상관계수

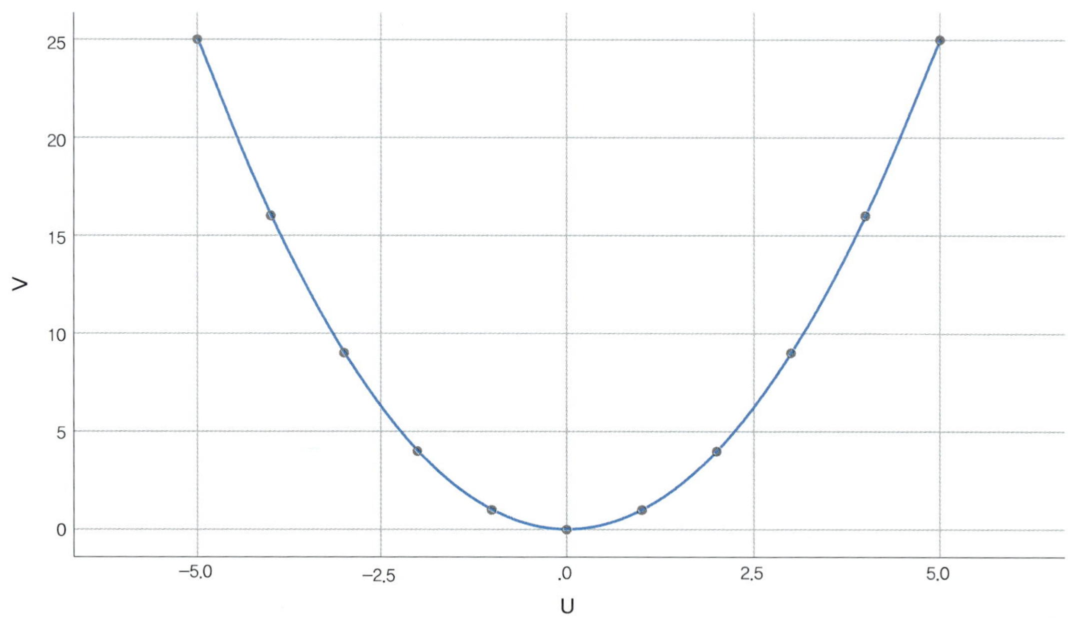

		U	V
U	Pearson 상관	1	.000
	유의확률(양측)		1.000
	N	11	11
V	Pearson 상관	.000	1
	유의확률(양측)	1.000	
	N	11	11

**. 상관관계가 0.01 수준에서 유의합니다(양측).

SPSS에서는 관측된 유의확률이 0.05보다 작은 상관계수에 대해 *로 표시하고, 관측된 유의확률이 0.01보다 작은 상관계수에 대해서는 **로 나타낸다. [그림 8-5]의 상관계수 행렬을 보면 기온과 풍속 간의 상관계수를 제외한 모든 변수 간의 상관계수는 모집단에서 0이라는 귀무가설을 기각할 수 있다. 상관분석을 할 때 우리는 관측된 유의확률과 함께 상관계수의 크기도 주의 깊게 볼 필요가 있다. 상관계수에 대한 가설검정도 지금까지 살펴보았던 다른 종류의 가설검정에서와 마찬가지로 표본크기가 상대적으로 매우 크게 되면 관측된 유의확률은 작아지게 된다. 즉 매우 작은 상관계수라 하더라도 관측된 유의확률은 상대적으로 작은 값을 갖게 되어 모집단에서의 상관계수가 0이라는 귀무가설을 기각하게 된다. 통계적으로 유의하다는(significant) 것이 항상 실질적으로 의미 있다거나 중요하다는 것은 아닐 수 있다.

상관계수는 선형관계만을 측정하며 비선형적인 관계패턴은 포착하지 못한다. 따라서 상관계수가 0이라는 것이 두 변수 간에 아무런 관계도 없다는 것을 의미하지는 않는다. 예를 들어, [그림 8-6]과 같이 두 변수가 완벽한 U자 형태의 비선형관계를 보이면 두 변수 간 상관계수는 0이지만 분명 두 변수 간에는 강한 관계패턴이 존재한다(u-curve.sav 데이터 파일).

상관계수는 −1과 +1 사이의 숫자 하나로 두 변수 간의 관계를 파악할 수 있게 해준다는 점에서 매우 유용하고 매력적인 지표이다. 하지만 상관계수만으로 두 변수 간 관계의 본질을 파악하고자 할 때는 주의를 기울일 필요가 있다. 왜냐하면 동일한 상관계수를 갖더라도 두 변수 간의 관계는 실제로 매우 다를 수 있기 때문이다. [그림 8-7]의 네 개 산점도를 비교해보면 두 변수 간의 관계패턴은 서로 매우 다르다. 그러나 두 변수 간의 상관계수는 실제로 모두 동일하게 0.816이다(anscombe.sav 데이터 파일; Anscombe 1973).

첫 번째 산점도에서는 하나의 직선이 두 변수 간의 관계를 비교적 잘 설명해주고 있다. 따라서 첫 번째 산점도에 대해서는 상관계수가 두 변수 간의 관계를 적절히 나타내고 있는 것으로 판단된다. 하지만 나머지 산점도에서는 그렇지 못하다. 두 번째 산점도를 보면 두 변수 간의 관계는 선형이 아니다. 따라서 데이터 점들이 직선 주위에 얼마나 가깝게 분포하고 있는지를 따지는 것은 무의미하다. 세 번째 산점도에서는 두 변수 간의 거의 완벽한 선형관계가 매우 동떨어진 하나의 값에 의해 왜곡되어 있고 이러한 왜곡된 관계가 상관계수에 반영되었다. 네 번째 산점도는 세 번째 산점도와 달리 두 변수 간의 선형관계가 전혀 없는데도 불구하고 매우 동떨어진 하나의 값에 의해 왜곡된 상관계수가 도출되었으며 이로 인해 마치 선형관계가 존재하는 것처럼 보인다. 따라서 여기에서 우리가 알 수 있는 것은 데이터를 산점도상에 그려보지 않으면 상관계수가 두 변수 간의 관계를 적절히 잘 반영하고 있는지 정확히 알 수 없다는 것이다.

그림 8-7 | 동일한 상관계수를 갖는 산점도

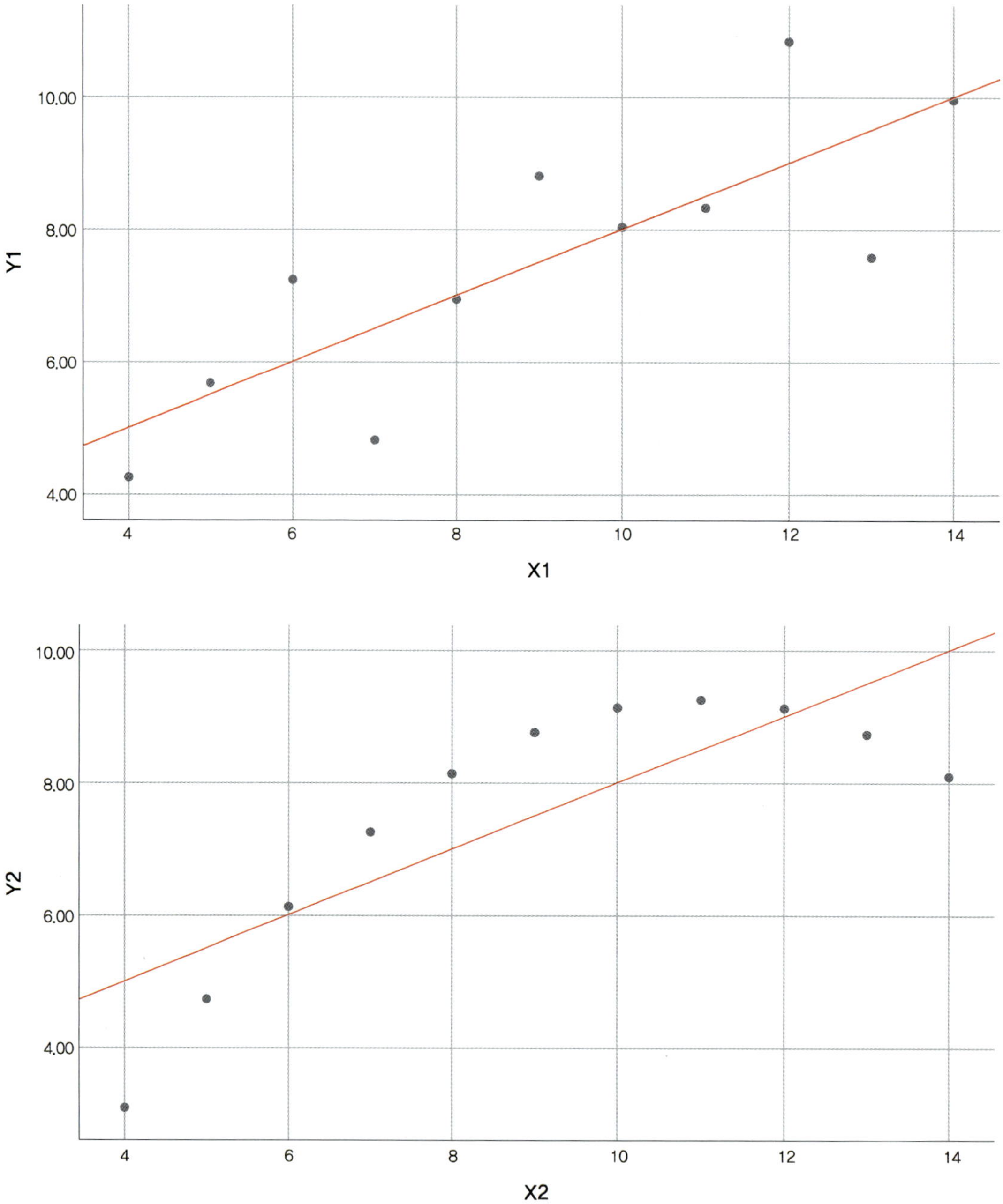

그림 8-7 | 동일한 상관계수를 갖는 산점도(계속)

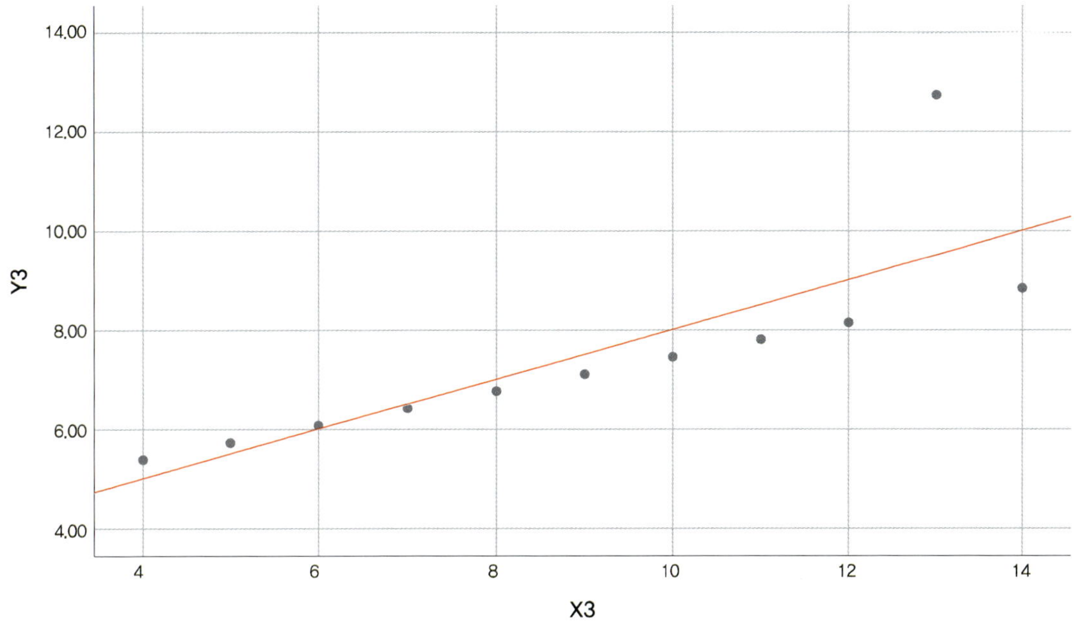

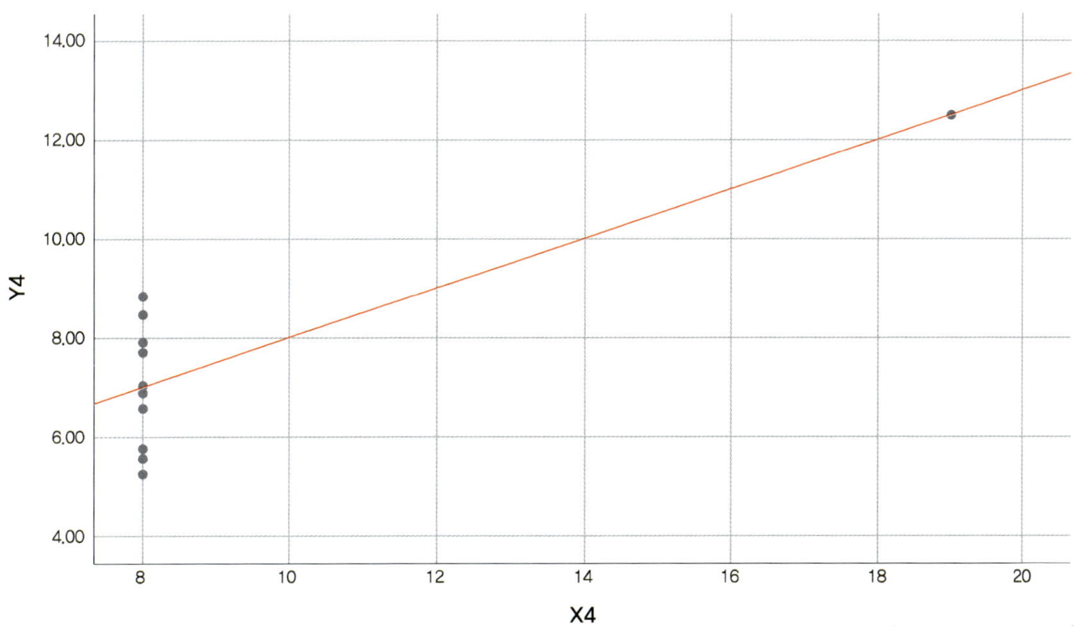

도표편집기를 이용하여 산점도상에 데이터를 가장 잘 적합시키는 직선을 그릴 수 있다. 도표편집기에서 『요소 > 전체 회귀선 적합』을 선택하고 『회귀선 적합』 탭에서 『선형』을 체크한다(anscombe.sav 데이터 파일).

상관계수는 또한 두 변수 간의 인과관계를 말해주지는 않는다. 두 변수가 서로 '상관'되어 있다는 것이 한 변수가 다른 변수의 원인이 된다는 것을 의미하지는 않는다. 즉 상관관계는 두 변수 간의 관련성을 의미할 뿐, 원인과 결과의 방향을 알려주지는 못한다. 예를 들어, 어린아이의 바지 길이와 어휘력 간에 상관관계가 높다고 하자. 그렇다고 해서 키가 어린아이의 어휘력에 영향을 미친다고 할 수는 없다. 키가 큰 어린아이는 그렇지 않은 아이에 비해 나이가 많을 가능성이 크고 그래서 어휘력이 상대적으로 좋았을 수 있다. 키와 어휘력은 서로 관련이 있을 뿐이지 한 변수가 다른 변수를 설명하는 인과관계는 아니다. 수학점수와 영어점수 간에 상관관계가 높다고 해서 두 과목의 점수 간에 인과관계가 있다고 보기는 어렵다. 공부 잘하는 학생은 보통 두 과목을 모두 잘한다. 상관관계만으로 두 변수 간의 인과관계를 추론할 수는 없지만 두 변수가 인과관계를 가지려면 기본적으로 두 변수 간 상관관계가 존재해야 한다. 또한 인과관계를 확인하기 위해서는 원인이 되는 변수가 결과가 되는 변수에 시간적으로 선행해야 한다. 그 밖에 인과관계를 설명하기 위한 추가적인 요건으로는 원인은 결과가 되는 사건을 일으키는 직접적이고 결정적인 이유가 되어야 하며 결과를 설명할 수 있는 다른 변수가 없어야 한다. 즉 원인변수 이외의 제3의 변수가 결과변수에 미치는 영향이 제거되어야 한다.

Pearson 상관계수는 정규성의 가정을 필요로 한다. 정규성의 가정을 충족하지 못할 경우에는 데이터값을 순위(rank)로 대체하여 상관계수를 계산할 수 있다. Spearman 상관계수(Spearman correlation coefficient)는 정규성 가정을 충족하지 못하는 서열척도의 데이터를 바탕으로 계산된다([그림 8-8]). Pearson 상관계수와 마찬가지로 Spearman 상관계수는 −1과 +1 사이의 값

그림 8-8 ❚ Spearman 상관계수

			X1	Y1
Spearman의 rho	X1	상관계수	1.000	.818**
		유의확률(양측)	.	.002
		N	11	11
	Y1	상관계수	.818**	1.000
		유의확률(양측)	.002	.
		N	11	11

**. 상관관계가 0.01 수준에서 유의합니다(양측).

SPSS 메뉴에서『분석 > 상관분석 > 이변량 상관』을 선택한 후『이변량 상관계수』대화상자에서 상관계수를 구하고자 하는 대상 변수를『변수』박스에 옮긴다.『상관계수』에서『Spearman』을 선택하고『확인』을 클릭한다(anscombe.sav 데이터 파일).

을 갖는다. −1과 +1은 각각 두 변수의 순위들 간의 완벽한 부의 선형관계와 완벽한 정의 선형관계를 의미한다.

Spearman 상관계수는 순위 데이터를 바탕으로 계산되기 때문에 이상값에 덜 민감하다. 따라서 Pearson 상관계수에 영향을 미칠 것으로 예상되는 이상값이 데이터에 포함되어 있을 때는 Spearman 상관계수가 대안으로 고려될 수 있다. 만일 Pearson 상관계수와 Spearman 상관계수가 많이 다르다면 Pearson 상관계수에 큰 영향을 미치는 이상값이 데이터에 포함되어 있을 가능성이 있다. 예를 들어, [그림 8−9]의 Spearman 상관계수는 [그림 8−7]의 세 번째 산점도에서와 같은 이상값의 영향이 제거된 변수 간 관계 강도를 보여준다.

분석대상 데이터에 결측값이 포함되어 있을 때 SPSS에서는 목록별 결측값제외(listwise deletion)와 대응별 결측값제외(pairwise deletion)라는 두 가지 방식으로 결측값을 처리할 수 있다. 목록별 결측값제외를 적용할 경우 어느 변수에서건 결측값이 하나라도 존재하면 해당 케이스는 분석에서 제외된다. 예를 들어, 10개 변수 간의 상관계수를 산출하고 있다면 10개 변수 가운데 하

그림 8−9 ▌이상값이 포함된 경우의 Pearson 상관계수와 Spearman 상관계수

		X3	Y3
X3	Pearson 상관	1	.816**
	유의확률(양측)		.002
	N	11	11
Y3	Pearson 상관	.816**	1
	유의확률(양측)	.002	
	N	11	11

**. 상관관계가 0.01 수준에서 유의합니다(양측).

			X3	Y3
Spearman의 rho	X3	상관계수	1.000	.991**
		유의확률(양측)	.	.000
		N	11	11
	Y3	상관계수	.991**	1.000
		유의확률(양측)	.000	.
		N	11	11

**. 상관관계가 0.01 수준에서 유의합니다(양측).

anscombe.sav 데이터 파일을 이용한다.

그림 8-10 ▌상관관계: 목록별 결측값제외[c]

		우울증	불안증	사회기능	웰빙
우울증	Pearson 상관	1	.232*	−.337**	−.807**
	유의확률(양측)		.018	.000	.000
불안증	Pearson 상관	.232*	1	−.387**	−.240*
	유의확률(양측)	.018		.000	.015
사회기능	Pearson 상관	−.337**	−.387**	1	.326**
	유의확률(양측)	.000	.000		.001
웰빙	Pearson 상관	−.807**	−.240*	.326**	1
	유의확률(양측)	.000	.015	.001	

*. 상관관계가 0.05 수준에서 유의합니다(양측).
**. 상관관계가 0.01 수준에서 유의합니다(양측).
c. 목록별 N=103

SPSS 메뉴에서 『분석 > 상관분석 > 이변량 상관』을 선택한 후 『이변량 상관계수』 대화상자에서 상관계수를 구하고자 하는 대상 변수를 『변수』 박스에 옮긴다. 『옵션』을 클릭한 후 『이변량 상관계수: 옵션』 대화상자에서 『목록별 결측값 제외』를 선택한다(psychology.sav 데이터 파일).

나라도 결측값을 포함하고 있으면 해당 케이스는 상관계수 계산 시 제외된다. 목록별 결측값제외 방법은 모든 변수쌍 간의 상관계수가 모두 동일한 케이스를 바탕으로 계산된다는 장점이 있다. 하지만 결측값이 다수의 변수에 걸쳐 불규칙적으로 산재해 있으면 많은 케이스가 분석에서 제외되기 때문에 이 방법은 표본크기를 크게 축소시키는 결과를 가져올 수도 있다. [그림 8-10]은 초등학생을 대상으로 심리검사를 수행한 후 심리검사 지표 간의 상관계수를 구한 상관계수 행렬이다(psychology.sav 데이터 파일). 이 데이터에는 결측값이 다수 포함되어 있으며 여기에서는 목록별 결측값제외 방법이 적용되어 상관계수 계산 시 결측값이 포함된 케이스는 모두 제외되었다. 결과적으로 전체 128개 케이스 가운데 결측값이 없는 103개의 케이스만이 분석에 사용되었다.

대응별 결측값제외 방법을 적용하면 상관계수 계산 시 다른 변수는 고려하지 않고 해당되는 두 변수에 포함된 결측값만이 제외된다. 따라서 상관계수를 계산하는 변수쌍마다 사용되는 케이스 개수는 다를 수 있다. 예를 들어, 어떤 케이스가 변수 A, B, C에만 데이터값을 갖고 나머지 변수는 결측값일 때 그 케이스는 A와 B, A와 C, B와 C 간의 상관계수를 계산할 때만 사용된다. [그림 8-11]은 대응별 결측값제외 방법으로 산출한 상관계수 행렬이다. 목록별 결측값제외 방법과 달리 각 상관계수별로 사용된 표본크기가 다르다.

그림 8-11 ▎상관관계: 대응별 결측값제외

		우울증	불안증	사회기능	웰빙
우울증	Pearson 상관	1	.222*	-.328**	-.801**
	유의확률(양측)		.018	.000	.000
	N	122	113	116	117
불안증	Pearson 상관	.222*	1	-.405**	-.226*
	유의확률(양측)	.018		.000	.016
	N	113	118	112	114
사회기능	Pearson 상관	-.328**	-.405**	1	.333**
	유의확률(양측)	.000	.000		.000
	N	116	112	122	117
웰빙	Pearson 상관	-.801**	-.226*	.333**	1
	유의확률(양측)	.000	.016	.000	
	N	117	114	117	123

*. 상관관계가 0.05 수준에서 유의합니다(양측).
**. 상관관계가 0.01 수준에서 유의합니다(양측).

대응별 결측값제외 방법을 사용할 때는 주의가 필요하다. 대응별 결측값제외 방법을 적용하면 상관계수를 계산하는 변수쌍마다 분석에 포함되는 케이스가 다를 수 있기 때문에 결측값이 많을 경우 예기치 않은 문제가 발생할 수 있다. 서로 다른 케이스를 사용하여 상관계수가 산출되면 이들 상관계수 간에는 상식적으로 가능하지 않은 관계가 생기기도 한다. 예를 들어, 나이와 혈압 그리고 나이와 몸무게가 모두 큰 정의 상관관계를 가지면 동일한 데이터 내에서 혈압과 몸무게가 큰 부의 상관관계를 갖는 것은 불가능하다. 그러나 이들 세 상관계수를 계산할 때 동일한 케이스가 사용되지 않으면 이러한 이상한 일은 충분히 발생할 수 있다.

8.3 편상관분석

두 변수 간의 관계를 분석할 때는 다른 변수가 그 관계에 영향을 미치는지 주의 깊게 살펴볼 필요가 있다. 예를 들어, 직장인 연봉과 혈압 간에는 대개 정의 상관관계가 존재한다. 이런 다소 이해하기 어려운 결과가 나오는 이유는 이 두 변수가 모두 제3의 변수인 나이와 상관관계를 갖기 때문이다. 일반적으로 나이가 많은 직장인은 젊은 직장인에 비해 연봉도 많고 혈압도 높기 때문에 마치 혈압 높은 직장인이 연봉도 많이 받는 것처럼 보이는 것이다. 따라서 만일 연봉과 혈압 간의 순수한 관계를 분석하고자 한다면 나이의 영향을 배제해야 한다. 이를 통계학 용어로 나이 변수를 '통제(control)'한다고 한다. 나이를 일정하게 유지한 채 연봉과 혈압 간의 관계를 분석해야 두 변수 간의 진정한 상관관계를 알 수 있다. **편상관계수(partial correlation coefficient)**를 통해 두 변수 간의 이러한 순수한 상관관계를 파악할 수 있다. 편상관계수는 하나 이상의 다른 변수의 영향을 통제한 상태에서 관심의 대상인 두 변수 간의 선형적 관련성을 측정한다.

초등학생을 대상으로 심리검사를 수행한 후 심리검사 지표 간의 상관계수를 구하였다(psychology.sav 데이터 파일). 그 결과 [그림 8-12]의 상관계수 행렬에서 볼 수 있는 것처럼 우울증과 불안증은 정의 선형관계를 갖고 있는 것으로 나타났다. 두 변수 간의 상관계수는 0.222로서 높지는 않지만 유의수준 0.05에서 통계적으로 유의하다(유의확률 0.018). 두 변수는 대표적인 심리적 장애를 나타내기 때문에 이들 간 상관관계는 충분히 예상할 수 있다.

그런데 평균적으로 사회기능(social functioning) 수행도가 높은 어린이는 우울증과 불안증 정도가 작고 사회기능 수행도가 낮은 어린이는 우울증과 불안증 정도가 크기 때문에 우울증과 불안증 간의 상관관계는 제3의 변수인 사회기능 수행도의 영향을 받았을 가능성이 있다. 이를 확인하기 위해서는 사회기능 수행도의 영향을 배제한 상태에서, 즉 사회기능 수행도를 일정하게 유지한 채 우울증과 불안증 간의 순수한 상관관계를 파악해야 한다. 사회기능 수행도가 동일하다는 가정하에서 우울증과 불안증 간의 상관관계를 보여주는 편상관계수를 통해 이러한 순수한 상관관계를 측정할 수 있다.

[그림 8-13]은 사회기능 수행도를 통제한 상태에서의 우울증과 불안증 간의 편상관계수이다. 사회기능 수행도의 영향을 배제한 상태에서의 우울증과 불안증 간의 순수한 상관계수는 0.107, 유의확률은 0.274로서 통계적으로 유의하지 않다. 사회기능 변수를 통제하지 않은 상관계수 0.222

그림 8-12 ▌상관관계: 우울증과 불안증

		우울증	불안증
우울증	Pearson 상관	1	.222*
	유의확률(양측)		.018
	N	122	113
불안증	Pearson 상관	.222*	1
	유의확률(양측)	.018	
	N	113	118

*. 상관관계가 0.05 수준에서 유의합니다(양측).

그림 8-13 ▌ 편상관관계: 사회기능 수행도 통제

대조변수			우울증	불안증
사회기능	우울증	상관관계	1.000	.107
		유의확률(양측)	.	.274
		자유도	0	104
	불안증	상관관계	.107	1.000
		유의확률(양측)	.274	.
		자유도	104	0

SPSS 메뉴에서 『분석 > 상관분석 > 편상관』을 선택한 후 『편상관계수』 대화상자에서 편상관계수를 구하고자 하는 대상 변수인 우울증 변수와 불안증 변수를 『변수』에 옮기고 『제어변수』에 통제하고자 하는 변수인 사회기능 변수를 옮긴다. 『유의성 검정』에서 『양측』을 선택하고, 『관측 유의수준 표시』를 선택한 후 『확인』을 클릭한다(psychology.sav 데이터 파일). Pearson 상관계수와 편상관계수를 하나의 표에 나타내고자 하면 『옵션』을 클릭한 후 나타나는 『편상관계수: 옵션』 대화상자에서 『0차 상관』을 선택한다. 한 개의 변수를 통제한 후 계산한 편상관계수를 1차계수(first-order coefficient)라 하고, 두 개의 변수를 통제하면 2차계수(second-order coefficient)라 한다. 이런 의미에서 통제변수가 없는 일반적인 상관관계는 0차상관(zero-order correlation)이라 한다.

에 비하여 낮을뿐만 아니라 모집단에서 둘 간의 상관계수가 0일 가능성을 배제할 수 없다. 따라서 두 변수 간의 상관관계는 상당 부분 사회기능 수행도에 있어서의 차이로 인한 것이라고 해석할 수 있다. 우울증과 불안증 간의 관측된 편상관계수는 사실 통계적으로 유의하지 않기 때문에 만약 어린이의 사회기능 수행도가 동일하면 우울증의 정도를 아는 것이 불안증의 정도를 설명하는 데 도움이 되지는 않는다. 마찬가지로 불안증의 정도를 측정하는 것이 우울증의 정도에 대해서 얘기해주지는 않는다.

편상관계수는 변수 간에 개입된 제3의 변수를 식별하여 가짜 상관관계를 찾아내거나 또는 숨겨진 새로운 관계를 탐지하는 데 도움을 줄 수 있다. 편상관계수는 두 변수 간에 상관이 존재하는 듯이 보이지만 사실은 상관관계가 없는 가짜 상관을 찾아내는 데 유용하게 활용될 수 있다. 두 변수 간의 상관이 사실은 두 변수가 진짜 상관을 갖는 제3의 다른 변수와 상관관계를 갖기 때문에 발생하는 경우 두 변수 간에는 가짜 상관이 관찰될 수 있다. 예를 들어, 연봉과 혈압 간의 관계는 가짜 상관으로서 나이를 통제할 경우 두 변수 간의 상관관계는 사라질 것이다.

편상관계수를 이용하여 숨겨진 관계를 찾을 수 있다. 두 변수 간에 기대되는 상관을 발견할 수 없다면 다른 변수들이 이 관계를 억제하고 있을 가능성이 있다. 변수 A와 변수 B 간에 기대되는 상관이 나타나지 않으면 변수 A는 다른 변수 C와 정의 상관관계를 갖고 이와 동시에 이 변수 C가 변수 B와 부의 상관관계를 갖고 있기 때문일 수 있다. 예를 들어, 와인냉장고에 대한 '구매필요성'

과 '구매의향' 간에 상관관계가 거의 나타나지 않았다고 하자. 이때 새로운 변수 '소득'을 고려할 경우 소득과 구매필요성 간에는 부의 상관관계가 나타나고 소득과 구매의향 간에는 정의 상관관계가 나타난다. 편상관분석을 이용하여 소득의 영향을 통제하면, 즉 소득을 통제한 구매필요성과 구매의향 간의 편상관계수를 구하면 처음과 달리 정의 선형관계를 확인할 수 있다. 결국 소득이라는 제3의 변수로 인해 구매필요성과 구매의향 간의 관계가 드러나지 않았다고 볼 수 있다.

SPSS 활용

1 산점도 그리기

- 『그래프 > 레거시 대화상자 > 산점도/점도표』를 선택한다.
- 『산점도/점도표』 대화상자에서 『단순 산점도』를 선택하고 『정의』를 클릭한다.

그림 8-14 산점도/점도표 대화상자-단순 산점도

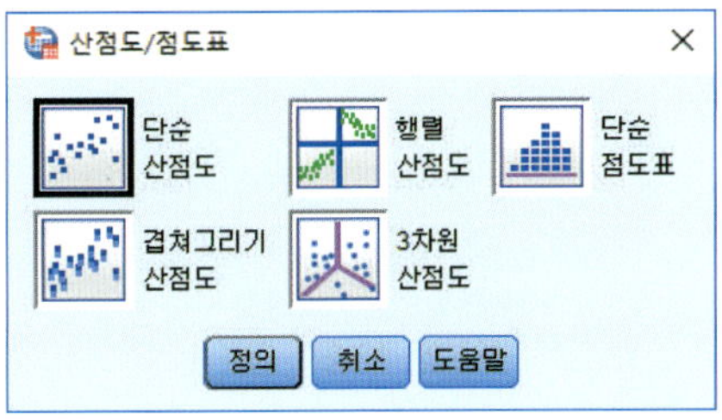

- 『단순 산점도』 대화상자에서 『Y축』과 『X축』에 대상 변수를 지정하고 『확인』을 클릭한다.
- 『표식 기준』에는 산점도상의 점을 색상으로 구분하기 위해 사용할 기준 변수를 지정한다(일반적으로 집단을 구분하는 범주형 변수 지정).
- 『케이스 레이블 기준』에는 산점도상의 점에 레이블을 부여하기 위해 사용할 기준 변수를 지정한다. 이렇게 지정한 변수로 레이블을 표시하기 위해서는 도표편집기에서 『요소 > 데이터 레이블 표시』를 선택한다.

그림 8-15 ▎단순 산점도 대화상자

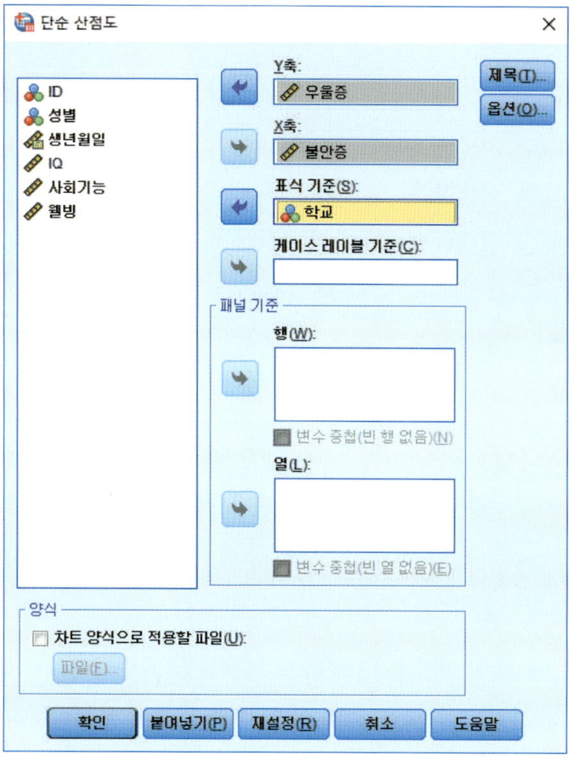

▶ 출력된 산점도를 더블클릭하여 도표편집기를 이용하여 편집할 수 있다. 도표편집기에서 『편집 > 특성』을 선택한다.

▶ 그림 8-16 ▌도표 편집기

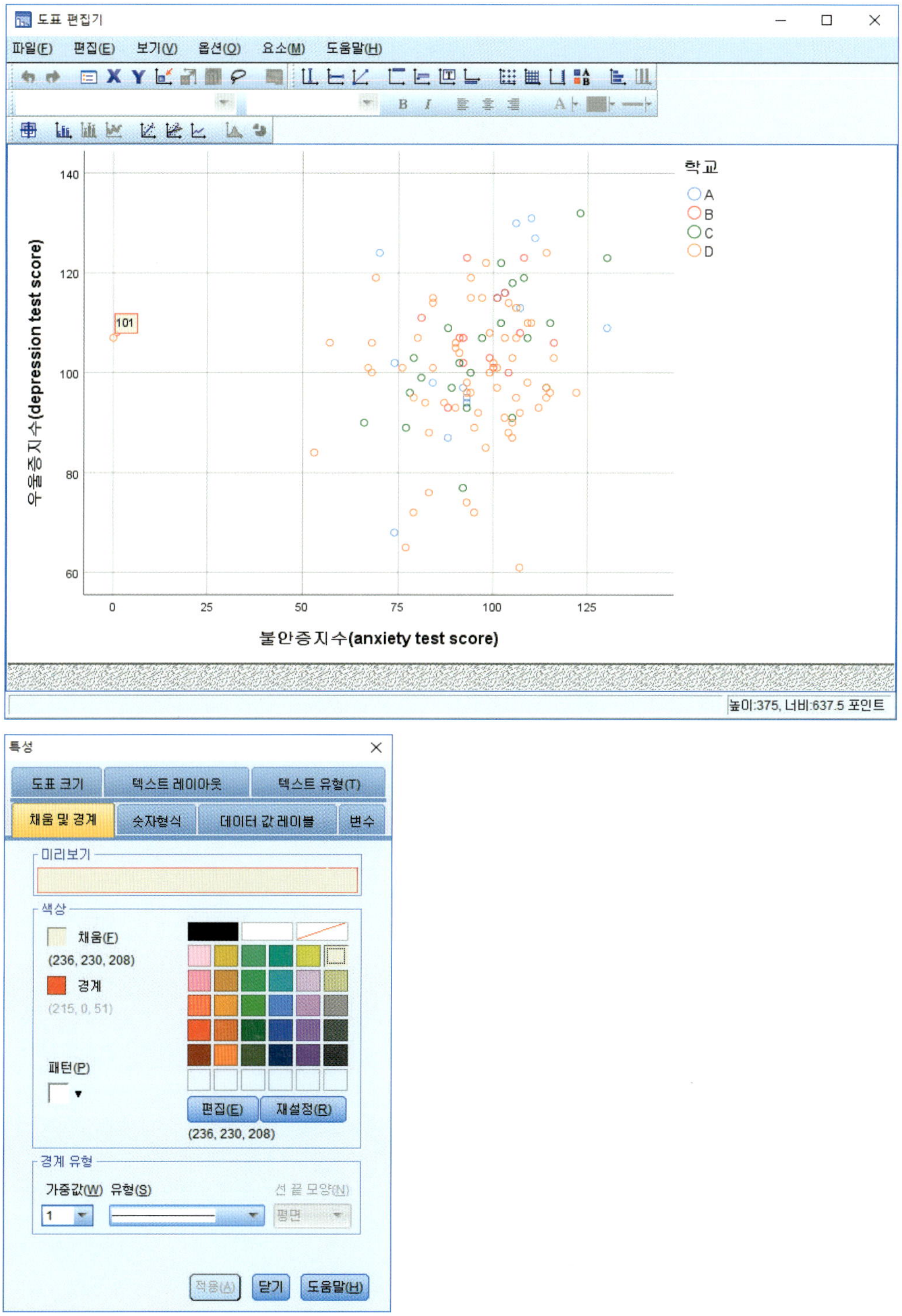
도표 편집기
파일(F) 편집(E) 보기(V) 옵션(O) 요소(M) 도움말(H)
학교
A
B
C
D
101
140
120
100
80
60
0
25
50
75
100
125
우울증지수(depression test score)
불안증지수(anxiety test score)
높이:375, 너비:637.5 포인트
특성
도표 크기
텍스트 레이아웃
텍스트 유형(T)
채움 및 경계
숫자형식
데이터 값 레이블
변수
미리보기
색상
채움(F)
(236, 230, 208)
경계
(215, 0, 51)
패턴(P)
편집(E)
재설정(R)
(236, 230, 208)
경계 유형
가중값(W)
유형(S)
선 끝 모양(N)
1
평면
적용(A)
닫기
도움말(H)

2 산점도 행렬 그리기

▶ 『그래프 > 레거시 대화상자 > 산점도/점도표』를 선택한다.

▶ 『산점도/점도표』 대화상자에서 『행렬 산점도』를 선택하고 『정의』를 클릭한다.

그림 8-17 ▎산점도/점도표 대화상자-행렬 산점도

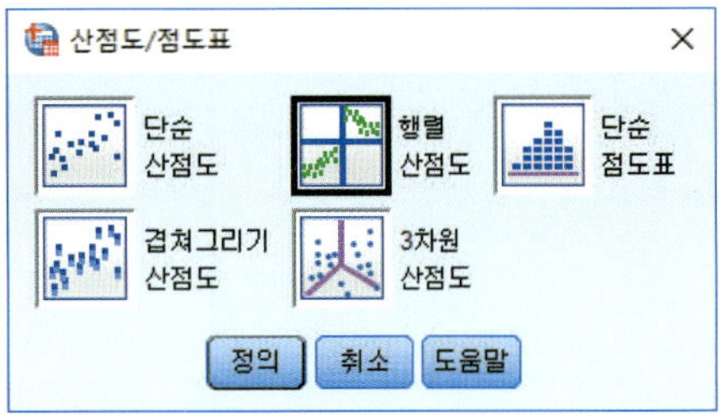

▶ 『산점도 행렬』 대화상자에서 『행렬 변수』에 대상 변수를 지정하고 『확인』을 클릭한다.

그림 8-18 ▎산점도 행렬 대화상자

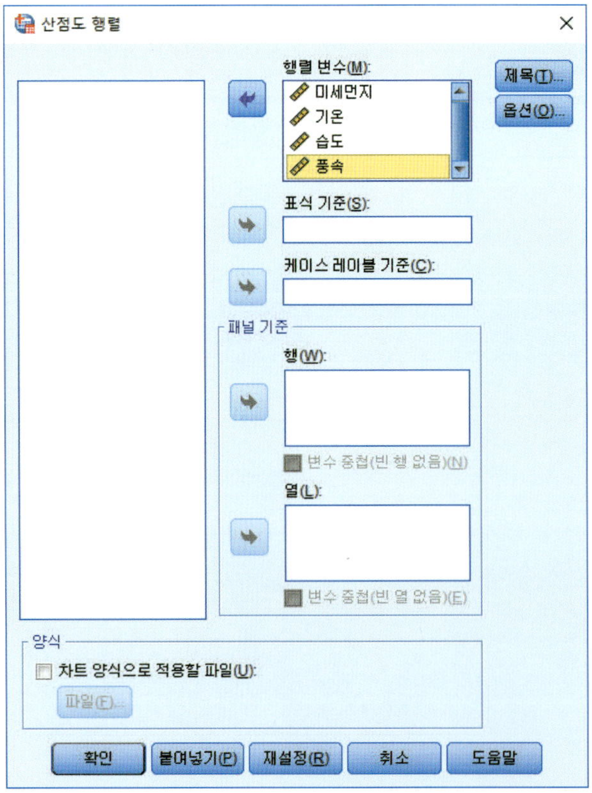

3 상관분석 수행하기

- 『분석 > 상관분석 > 이변량 상관』을 선택한다.
- 『이변량 상관계수』 대화상자에서 상관계수를 구하고자 하는 대상 변수를 『변수』에 옮긴다.
- 『상관계수』에서 『Pearson』을, 『유의성 검정』에서 『양측』을, 그리고 『유의한 상관계수 플래그』를 차례대로 선택하고 『확인』을 클릭한다.
- 결측값 처리 방법을 지정하기 위해서는 『옵션』을 클릭한 후 『이변량 상관계수: 옵션』 대화상자에서 처리 방법을 선택한다.

그림 8-19 ▎이변량 상관계수 대화상자

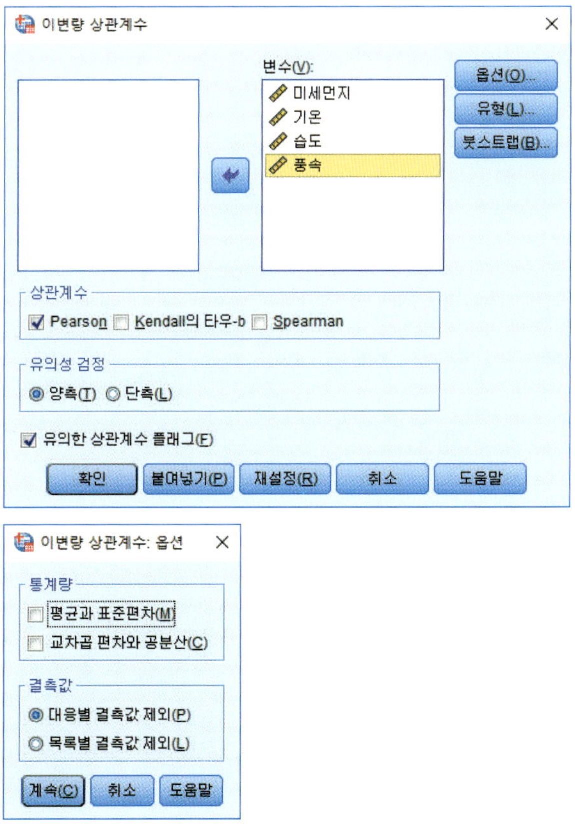

- 편상관계수를 구하기 위해서는 『분석 > 상관분석 > 편상관』을 선택한다.
- 『편상관계수』 대화상자에서 편상관계수를 구하고자 하는 대상 변수를 『변수』에 옮기고 『제어변수』에 통제하고자 하는 변수를 지정한다.
- 『유의성 검정』과 『관측 유의수준 표시』를 차례대로 선택하고 『확인』을 클릭한다.
- Pearson 상관계수와 편상관계수를 하나의 표에 나타내고자 하면 『옵션』을 클릭한 후 나타나는 『편상관계수: 옵션』 대화상자에서 『0차 상관』을 선택한다.

그림 8-20 ▌편상관계수 대화상자

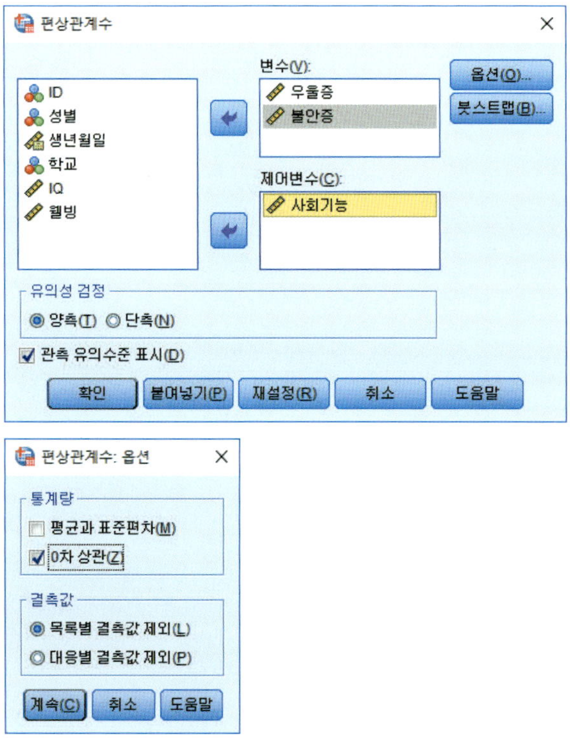

사례연구

올림픽 무대에서의 메달 획득개수는 국가의 규모 및 경제력과 밀접한 관련을 갖는다. 이러한 연관성을 분석하기 위하여 국가별 올림픽 메달 획득개수, 인구, GDP 데이터를 수집하였다(olympic.sav 데이터 파일). 이들 변수 간의 관련성을 시각적으로 파악하기 위하여 우선 [그림 8-21]과 같은 산점도 행렬을 그려보았다.

그림 8-21 | 산점도 행렬: 메달개수, 인구, GDP

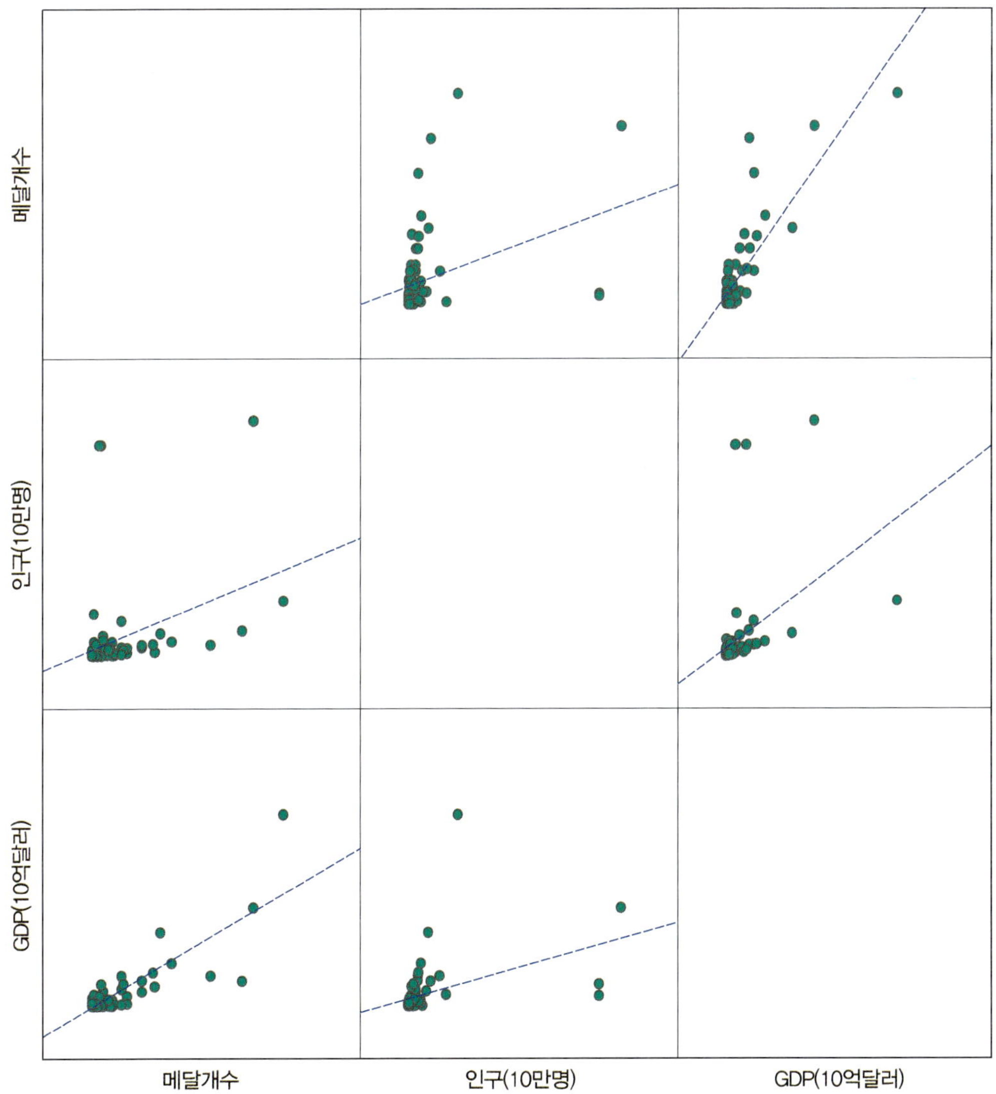

▶ 그림 8-22 ▌상관관계: 메달개수, 인구, GDP

		메달	인구	GDP
메달	Pearson 상관	1	.359**	.832**
	유의확률 (양측)		.001	.000
	N	78	78	78
인구	Pearson 상관	.359**	1	.417**
	유의확률 (양측)	.001		.000
	N	78	78	78
GDP	Pearson 상관	.832**	.417**	1
	유의확률 (양측)	.000	.000	
	N	78	78	78

**. 상관관계가 0.01 수준에서 유의합니다(양측).

산점도상에서 메달개수와 GDP 간의 관계는 비교적 명확히 관찰할 수 있으나, 메달개수와 인구 간의 관계는 그 연관성이 강하게 드러나지 않는다. 이들 간의 관계에 대한 좀 더 상세한 분석을 위해 [그림 8-22]와 같은 상관분석을 수행하였다. 메달 획득개수는 GDP와 높은 상관관계(상관계수 0.832)를 가지며 통계적으로 유의하다(유의확률 0.000). 메달 획득개수와 인구와의 관계 또한 통계적으로 유의한 상관관계를 갖는다(상관계수 0.359, 유의확률 0.001).

그런데 평균적으로 GDP가 큰 국가는 스포츠에 대한 투자도 많고 인구규모도 큰 반면, GDP가 작은 국가는 스포츠에 대한 투자여력도 적고 인구규모도 작다. 따라서 GDP는 메달 획득개수와 인구 간의 관계에 영향을 미칠 수 있다. 메달개수와 인구 간 관계에 대한 보다 정확한 이해를 위해서 GDP 규모에 대한 통제를 한다. [그림 8-23]은 GDP가 동일할 때의 메달 획득개수와 인구 간의 순수한 상관관계이다.

▶ 그림 8-23 ▌편상관관계: GDP 통제

대조변수			메달	인구
GDP	메달	상관관계	1.000	.024
		유의확률(양측)	.	.839
		자유도	0	75
	인구	상관관계	.024	1.000
		유의확률(양측)	.839	.
		자유도	75	0

GDP의 영향을 배제하자 메달 획득개수와 인구 간의 상관관계 강도는 거의 0에 근접할 정도로 급격히 축소되었다(상관계수 0.024). 또한 상관계수에 대한 가설검정 결과를 보면 모집단에서 메달 획득개수와 인구 간의 상관계수가 0이라는 귀무가설을 기각할 수 없다(유의확률 0.839). 이는 GDP가 동일할 경우 인구만으로 메달 획득개수를 유추할 수 없다는 것을 의미한다. 즉 메달 획득개수와 인구 간의 상관관계 대부분은 GDP의 차이에 기인한다고 할 수 있다.

이번에는 인구를 통제하고 메달 획득개수와 GDP 간의 편상관계수를 구해보자. [그림 8-24]는 인구의 영향을 배제한 상태에서의 메달 획득개수와 GDP 간의 순수한 상관관계이다. 편상관계수가 인구를 통제하지 않은 일반적인 상관계수와 크게 다르지 않으며(상관계수 0.805) 여전히 통계적으로 유의하다. 즉 메달 획득개수와 GDP 간의 상관관계는 인구규모에 영향을 받지 않는다.

그림 8-24 ▌편상관관계: 인구 통제

대조변수			메달	GDP
인구	메달	상관관계	1.000	.805
		유의확률(양측)	.	.000
		자유도	0	75
	GDP	상관관계	.805	1.000
		유의확률(양측)	.000	.
		자유도	75	0

연습문제

01 생활건강연구소에서는 대학생 본인의 키와 부모의 키를 조사하였다(height.sav 데이터 파일). 다음 질문에 답하시오.

① 본인의 키를 Y축으로 하고 부모의 평균키를 X축으로 하는 산점도를 그리시오. 산점도상의 관측값을 성별에 따라 색상으로 구분하시오.

② 상관분석을 수행하고 결과를 설명하시오.

02 와플전자에서는 직원들의 직무성과 향상 방안을 연구하고 있다. 이를 위해 직원들의 직무성과, IQ, 직무동기, 사회적지지 등을 평가하였다(job.sav 데이터 파일). 다음 질문에 답하시오.

① 산점도 행렬을 그리시오. 산점도상의 점의 기본 색상을 변경하고 점들을 통과하는 직선(적합선)을 그리시오.

② 상관분석을 수행하고 결과를 설명하시오.

03 가우스병원에서는 환자만족도 향상 방안을 연구하고 있다. 이를 위해 환자들에게 의사, 간호사, 병실, 음식, 시설 등에 대해 평가하도록 하였다(hospital.sav 데이터 파일). 다음 질문에 답하시오.

① 상관분석을 수행하고 결과를 설명하시오.

② 병실에 대한 평가를 통제변수로 사용하여 편상관분석을 수행하고 결과를 설명하시오.

단순회귀분석

Chapter 09

Chapter 09

단순회귀분석

두 변수의 관측값을 이용하여 이 둘 간의 관계를 그래프로 표현하면 두 변수 간의 대체적인 관계패턴을 파악할 수 있다. 즉 산점도로부터 두 변수 간에 존재하는 일정한 모양의 패턴을 관찰할 수 있다. 이러한 패턴을 수리적 모델로 표현할 수 있다면 두 변수 간의 관계를 설명하는 적절한 도구로 활용할 수 있으며 이를 이용하여 한 변수의 값을 알고 있을 때 다른 변수의 값을 예측하는 것도 가능하다. 예를 들어, 광고비와 매출액의 관측값을 산점도상에 표현하였더니 하나의 직선을 따라서 주변에 분포하는 패턴을 보인다면 우리는 그 직선을 표현하는 하나의 방정식을 도출하여 두 변수 간의 관계를 설명하는 데 활용할 수 있다. 이러한 직선을 나타내는 방정식을 **선형회귀모델(linear regression model)** 또는 **선형회귀식(linear regression equation)**이라고 한다. 이처럼 선형회귀식을 도출하여 변수(독립변수 및 종속변수) 간의 연관성을 분석하는 통계기법을 **회귀분석(regression analysis)**이라고 한다. 독립변수가 한 개인 경우를 **단순회귀분석(simple regression analysis)**이라 하고 두 개 이상인 경우를 **다중회귀분석(multiple regression analysis)**이라 한다. 회귀분석을 위해서는 일반적으로 변수들은 모두 간격척도나 비율척도로 측정된 연속형 변수이어야 한다.

9.1 회귀식의 도출

상관분석을 통해 도출한 상관계수는 가상의 직선상에 데이터 점들이 얼마나 가까이 모여 있는지를 알려준다. 하지만 그 직선이 어떻게 생겼는지는 알 수 없다. 한 변수값으로부터 다른 변수값을 예측하고자 한다면 그 직선에 대한 좀 더 많은 정보(직선의 기울기와 절편)가 필요하다. 회귀분석을 통해 이러한 직선의 방정식을 구할 수 있다. 여기에서는 우선 하나의 독립변수를 갖는 단순회귀분석을 살펴본다.

한 국가의 기대수명에 영향을 미치는 요인으로 그 국가의 도시인구비율을 선정하고 이들 간의 관련성을 선형회귀모델을 이용하여 분석해보자. 여기에서 기대수명은 종속변수로서의 역할을 하게 되고, 도시인구비율은 종속변수를 설명하는 독립변수로서의 역할을 수행하게 된다. 독립변수 및 종속변수의 설정과 이들 간의 관계는 이론적 · 문헌적 · 경험적 타당성을 토대로 해야 한다. 임의로 설정된 두 변수 간의 관계를 회귀분석하여 유의한 관계가 나왔다 하더라도 이론적 · 문헌적 · 경험적 타당성이 없다면 의미 있는 해석을 하기가 어렵다. 우선 [그림 9-1]과 같은 산점도를 통해 19개 나라의 도시인구비율과 기대수명 간의 대략적인 선형관계를 살펴보았다(country19.sav 데이터 파일; NationMaster.com 2010).

그래프에서 보듯이 산점도상의 점들은 일정한 패턴을 갖고 있다. 도시인구비율이 높은 국가는 그렇지 않은 국가에 비해 대체적으로 기대수명이 더 길다. 즉 도시인구비율의 증가에 따라 기대수명은 증가하는 경향을 보인다. 각 변수값을 나타내는 점들은 하나의 가상의 직선을 따라 주변에 분포하고 있는 것처럼 보이며, 따라서 두 변수는 선형관계를 가지고 있다고 얘기할 수 있다. 도시인구비율이 증가함에 따라 기대수명 역시 증가하는 모양을 보이기 때문에 두 변수는 정의 선형관계를 갖는다.

그림 9-1 ▎산점도: 기대수명과 도시인구비율

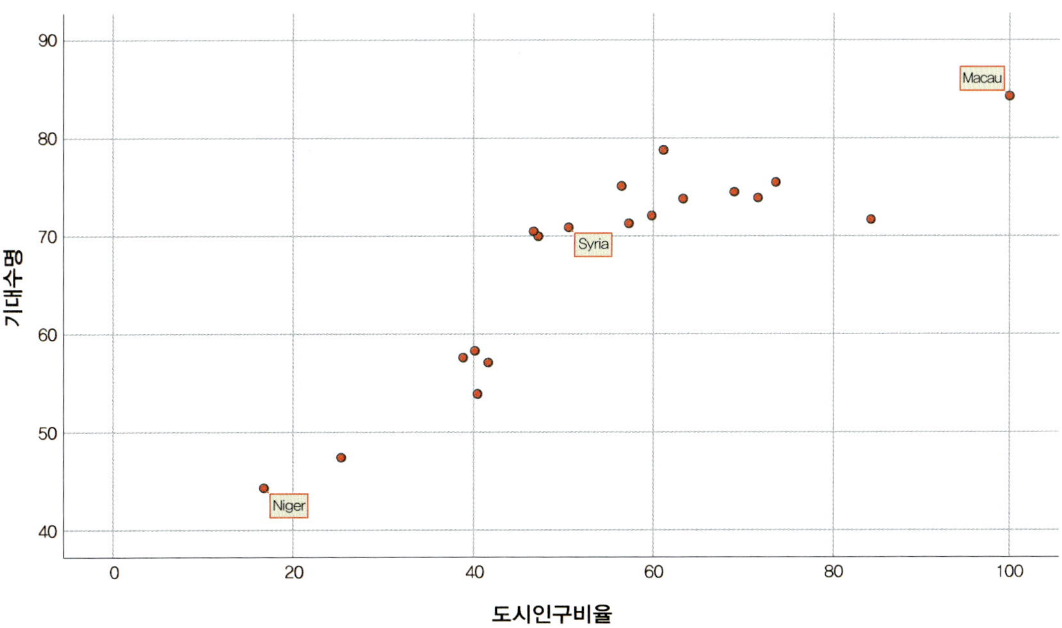

SPSS 메뉴에서 『그래프 > 레거시 대화상자 > 산점도/점도표』를 선택한 후 『산점도/점도표』 대화상자에서 『단순 산점도』를 선택하고 『정의』를 클릭한다. 『Y축』에 기대수명 변수를, 『X축』에 도시인구비율 변수를, 그리고 『케이스 레이블 기준』에 국가 변수를 선택한다(country19.sav 데이터 파일). 출력된 산점도를 더블클릭하면 실행되는 도표편집기를 이용하여 그래프를 편집한다.

그림 9-2 ▎산점도상의 직선

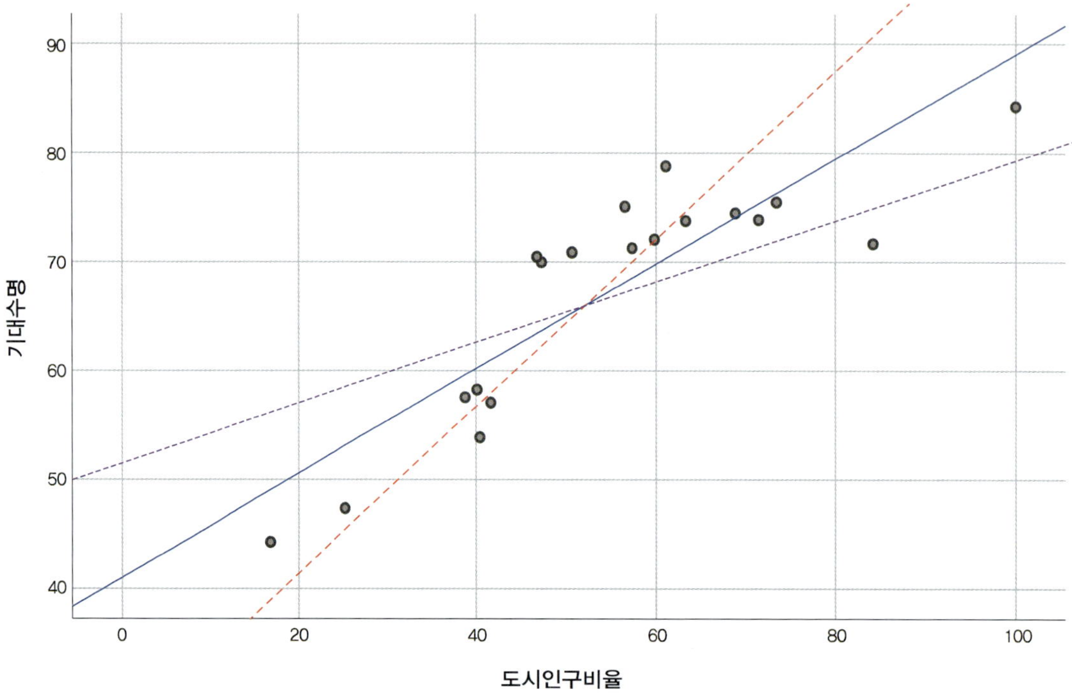

물론 모든 관측값이 직선과 정확히 일치하지는 않는다. 직선과의 정확한 일치는 불가능한 것은 아니지만 발생할 가능성은 상당히 희박하다. 만일 모든 점이 직선상에 정확히 놓여질 수 있다면 우리는 그 직선을 이용하여 두 변수 간의 관계를 완벽하게 설명할 수 있다. 하지만 [그림 9-1]에서 유추할 수 있듯이 관측값들은 가상의 직선 주변에 분포되어 있는 것으로 가정할 수 있을 뿐 정확히 직선상에 놓여지지는 않는다. 더군다나 [그림 9-2]에서 보듯이 관측값들 사이를 통과하여 그려질 수 있는 직선은 하나만 있는 것이 아니며 여러 개의 직선이 존재할 수 있다. 따라서 두 변수 간의 관계를 적절히 설명 또는 예측하기 위해서는 관측값들 간의 관계를 가장 잘 설명해줄 수 있는 단 하나의 직선을 구하는 체계적인 방법이 요구된다.

최소자승법(least-squares method)은 이러한 직선을 구하는 방법으로서 가장 많이 사용되는 **회귀식(regression equation)** 도출방법이다. 최소자승법은 산점도상의 관측된 각 좌표점과 임의의 직선 사이의 수직거리를 제곱하여 합한 값이 가장 작게 되는 직선을 찾는 방법이다. 최소자승법에 의하여 구해진 직선을 **최소자승회귀선(least-squares regression line)** 또는 **회귀선(regression line)**이라고 한다. [그림 9-3]에서 볼 수 있는 것처럼 각 관측점과 회귀선 간에 수직선을 그리고 그 거리를 측정하여 관측점과 회귀선 간의 거리를 계산한다. 그런 다음 각 관측점과 회귀선 간의

▶ 그림 9-3 ▎최소자승회귀선 도출방법

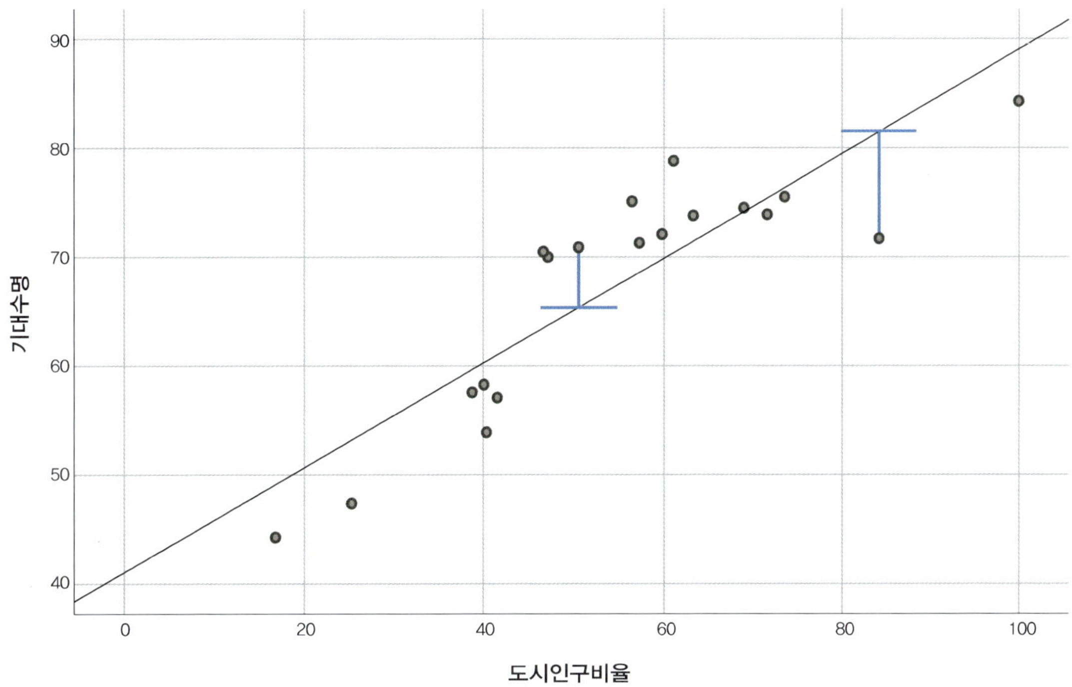

도표편집기를 이용하여 산점도상에 회귀선을 그릴 수 있다. 도표편집기에서 『요소 > 전체 회귀선 적합』을 선택하고 『회귀선 적합』 탭에서 『선형』을 체크한다(country19.sav 데이터 파일).

거리를 각각 제곱하고 모두 더하여 거리제곱의 합을 구한다. 최소자승회귀선은 이렇게 구해진 거리제곱의 합이 그 밖의 다른 어떤 직선에 대해서 구해진 거리제곱의 합보다 작게 되는 직선을 말한다.

최소자승회귀선은 다음과 같은 직선의 방정식(회귀식)으로 나타낼 수 있다.

$$y = b_0 + b_1 x$$

y는 수직축상의 변수를 나타내며 종속변수라 하고, x는 수평축상의 변수를 의미하며 독립변수라 한다. b_0는 절편(intercept)이며 $x = 0$일 때의 y값을 나타낸다. b_1은 기울기(slope)이고 x의 한 단위 변화량에 대한 y의 변화량을 나타낸다. 여기에서 기대수명은 종속변수이고, 도시인구비율은 독립변수이다. 종속변수는 독립변수에 의해 예측되기 때문에 독립변수인 도시인구비율을 이용하여 종속변수인 기대수명을 예측할 수 있다. 예를 들어, 다음과 같은 회귀식이 도출된다.

그림 9-4 ▌ 선형회귀선

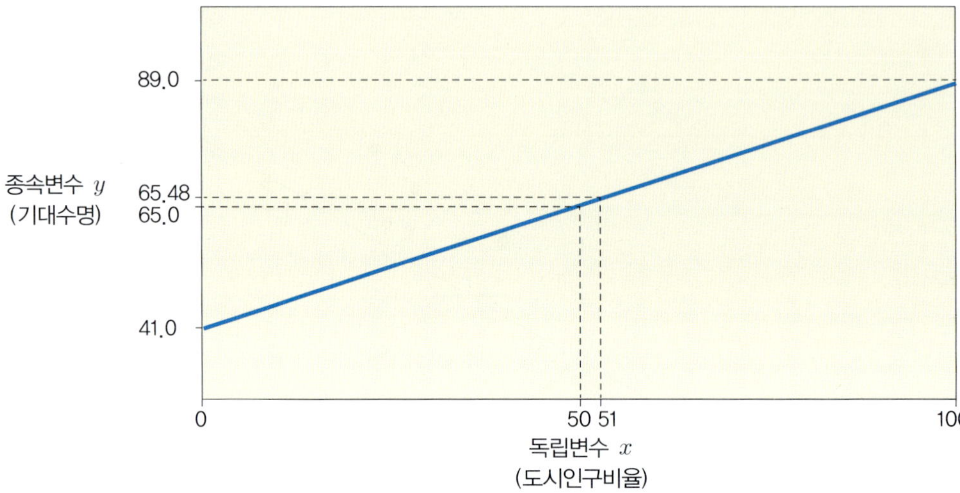

기대수명=41.0+0.48×도시인구비율

이 회귀식을 그래프로 표현하면 [그림 9-4]와 같은 회귀선을 그릴 수 있다. 기울기가 0.48이므로 도시인구비율 한 단위의 증가(즉 1%의 증가)는 기대수명 0.48년의 증가를 가져오는 것으로 이해할 수 있다. 따라서 앞의 회귀식을 이용하면 도시인구비율이 50%인 나라는 기대수명이 65세(=41.0+0.48×50)라고 예측할 수 있으며, 도시인구비율이 51%인 경우는 65.48세(=41.0+0.48×51)가 예상 기대수명이 된다. 65.48과 65의 차이는 0.48로서 회귀식의 기울기와 일치한다. 기울기가 양수이면 독립변수의 증가는 종속변수의 증가를 가져오며, 반대로 기울기가 음수이면 독립변수의 증가는 종속변수의 감소를 가져온다. 기울기의 값이 크면(양수이든 음수이든 절대값 기준으로) 그 변화의 폭은 커지며, 반대로 기울기의 값이 작으면 그 변화의 폭은 작아진다. 기울기가 0이라면 독립변수가 종속변수에 아무런 영향을 미치지 않음을 의미하며, 이는 두 변수 간에 어떠한 선형관계도 존재하지 않음을 뜻한다. 이럴 경우 그래프는 [그림 9-5]와 같이 수평선으로 그려지게 된다.

독립변수와 종속변수가 서로의 역할을 바꾸게 되면 기울기와 절편의 값은 달라진다. 서로 대칭인 특성을 갖는 상관계수와 달리 회귀선의 기울기와 절편은 비대칭적 특성을 갖는다. 따라서 어떤 변수가 독립변수이고 어떤 변수가 종속변수인지는 회귀식의 도출에 있어서 중요한 고려사항이다. 또한 절편에 어떤 의미를 부여할 때는 주의를 기울일 필요가 있다. 절편은 독립변수의 값이 0일 때의 종속변수의 값을 의미하므로 독립변수의 값이 0이라는 것이 의미 있는 숫자가 아닌 한 절편이

그림 9-5 ▎기울기 0인 직선

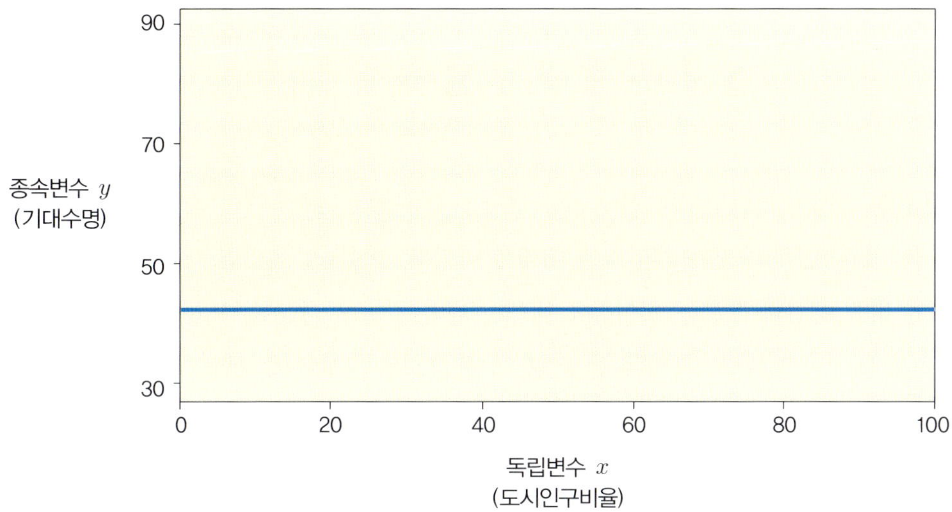

갖는 의미는 제한적일 수밖에 없다. 예를 들어, 기대수명을 산출할 수 있는 국가 중에서 도시인구비율이 0인 나라는 실제로 존재할 가능성이 매우 작기 때문에 도시인구비율이 0인 가상의 국가에 대한 기대수명에 실질적 의미를 부여하기는 힘들다.

회귀선은 SPSS를 이용하여 쉽게 구할 수 있다. [그림 9-6]은 도시인구비율과 기대수명 간의 회귀선을 도출한 결과이다. 'B' 열의 '(상수)' 및 '도시인구비율' 행에 대응되는 값은 각각 회귀선의 절편과 기울기를 나타낸다. 따라서 회귀선은 다음과 같은 방정식으로 표현할 수 있다.

$$\text{기대수명} = 41.048 + 0.480 \times \text{도시인구비율}$$

그림 9-6 ▎선형회귀모델: 기대수명[a]

모형		비표준화계수		표준화계수		
		B	표준오차	베타	t	유의확률
1	(상수)	41.048	3.733		10.995	.000
	도시인구비율	.480	.064	.876	7.494	.000

a. 종속변수: 기대수명

SPSS 메뉴에서 『분석 > 회귀분석 > 선형』을 선택한 후 『선형 회귀』 대화상자에서 『종속변수』에 기대수명 변수를, 『독립변수』에 도시인구비율 변수를 지정한다(country19.sav 데이터 파일).

회귀선의 기울기는 실제로 다음과 같은 산식에 의하여 계산된다.

$$b_1 = \sum_{i=1}^{n} \frac{(x_i - \overline{x})(y_i - \overline{y})}{(x_i - \overline{x})^2} = \sum_{i=1}^{n} \frac{(x_i - \overline{x})(y_i - \overline{y})}{(n-1)s_x^2}$$

각 독립변수값 x_i에서 독립변수의 평균 $\overline{x}$를 뺀다. 각 종속변수값 y_i에서 종속변수의 평균 $\overline{y}$를 뺀다. 이 두 개의 값을 곱하고 모든 케이스에 대해서 더한다. 이를 각 독립변수값 x_i에서 독립변수의 평균 $\overline{x}$를 뺀 값을 제곱하여 모든 케이스에 대해서 더한 값으로 나눈다. 또는 이를 케이스의 개수에서 1을 뺀 값 $(n-1)$과 독립변수의 분산 s_x^2을 곱한 값으로 나누어서 구할 수도 있다. 최소자승 회귀선은 독립변수의 평균과 종속변수의 평균인 $(\overline{x}, \overline{y})$를 통과하기 때문에 절편은 다음 산식에 의해 계산된다.

$$b_0 = \overline{y} - b_1\overline{x}$$

한 국가의 도시인구비율을 알고 있으면 도출된 회귀선으로부터 그 나라의 기대수명을 예측할 수 있다. 예를 들어, Algeria의 도시인구비율은 63.3%이고, 이 수치를 회귀식에 대입해 얻은 예상 기대수명은 71.4세이다.

$$\text{기대수명} = 41.048 + 0.480 \times 63.3 = 71.4$$

Algeria의 실제 기대수명은 73.8세이므로(country19.sav 데이터 파일 참고) 예측된 값과 2세 정도 차이가 난다. 일반적으로 실제 관측값과 예측값이 정확히 일치하기는 어려우며, 따라서 두 값 사이에는 이처럼 대부분 차이가 발생한다. 이러한 차이를 **잔차(residual)**라고 한다. [그림 9-7]은 여기에서 사용된 19개 국가의 도시인구비율, 기대수명, 회귀식에 의해 예측된 기대수명, 그리고 잔차이다. 가장 큰 잔차를 보이는 나라는 Brazil로서 약 −9.8이다. 가장 작은 잔차를 보이는 나라는 Macedonia로서 약 0.4이다. Macedonia의 기대수명은 회귀식에 의해 거의 정확히 예측되고 있다.

양의 값을 갖는 잔차는 관측값이 예측값보다 크다는 의미이며, 음의 값을 갖는 잔차는 그 반대로 예측값이 관측값에 비해 크다는 것을 뜻한다. 그래프상에서 살펴본다면 잔차는 관측값과 회귀선 간의 수직거리를 의미한다. 그 거리가 양의 값(즉 양의 잔차)을 가지면 관측값이 직선 위쪽에 존재하는 것이며, 반대로 그 거리가 음의 값(즉 음의 잔차)을 가지면 관측값이 직선 아래쪽에 존재하는 것이다. 앞서 최소자승회귀선은 관측값으로부터의 거리제곱의 합이 다른 어떤 직선에 대해서 구해진 거리제곱의 합보다 작은 직선을 의미한다고 설명한 바 있다. 이를 잔차의 관점에서 다시 설명한다면 최소자승회귀선은 가장 작은 잔차제곱의 합을 갖는 직선이다.

그림 9-7 ▌회귀식에 의한 기대수명 예측

	국가	도시인구비율	기대수명	PRE_1	RES_1
1	Algeria	63.3	73.8	71.44174	2.35826
2	Brazil	84.2	71.7	81.47703	-9.77703
3	Brunei	73.5	75.5	76.33934	-.83934
4	Cape Verde	57.3	71.3	68.56079	2.73921
5	Chad	25.3	47.4	53.19576	-5.79576
6	Croatia	56.5	75.1	68.17667	6.92333
7	El Salvador	59.8	72.1	69.76119	2.33881
8	Finland	61.1	78.8	70.38539	8.41461
9	Guatemala	47.2	70.0	63.71121	6.28879
10	Haiti	38.8	57.6	59.67788	-2.07788
11	Macau	100.0	84.3	89.06351	-4.76351
12	Macedonia, Republic of	68.9	74.5	74.13062	.36938
13	Mauritania	40.4	53.9	60.44614	-6.54614
14	Moldova	46.7	70.5	63.47113	7.02887
15	Niger	16.8	44.3	49.11442	-4.81442
16	Oman	71.5	73.9	75.37903	-1.47903
17	Senegal	41.6	57.1	61.02232	-3.92232
18	Syria	50.6	70.9	65.34374	5.55626
19	Togo	40.1	58.3	60.30209	-2.00209
전체 N	19	19	19	19	19

『선형회귀: 저장』 대화상자에서 예측값과 잔차 그룹의 『비표준화』를 선택하여 예측값과 잔차를 저장한다. SPSS 메뉴에서 『분석 > 보고서 > 케이스 요약』을 선택한 후 필요한 변수를 선택하여 케이스 요약보고서를 작성한다. PRE_1은 예측값이며, RES_1은 잔차이다(country19.sav 데이터 파일).

9.2 회귀식의 설명력

우리는 지금까지 최소자승회귀선을 이용하여 특정 독립변수값에 대응되는 종속변수값을 예측할 수 있다는 것을 알았다. 그렇다면 최소자승회귀선만 구할 수 있다면 두 변수 간의 관계를 적절히 설명할 수 있을까? 물론 그렇지는 않다. 앞서 살펴보았듯이 최소자승회귀선은 잔차제곱의 합을 최소화시키는 직선을 의미할 뿐이며 개별 관측값이 회귀선에 의해 얼마나 잘 예측되는지는 별개의 문제이다. [그림 9-7]의 회귀식에 의해 예측된 국가별 기대수명에서 보듯이 도출된 회귀선은 Macedonia와 Brazil에 대해서 서로 다른 정확도로 기대수명을 예측하고 있다. 즉 데이터를 통해 회귀선을 도출하였다고 해서 그 회귀선이 데이터에 대한 설명력을 보장해주지는 않는다. 따라서 두 변수 간의 선형관계를 올바르게 이해하기 위해서는 회귀선이 전체적으로 어느 정도의 설명력을 보이는지를 알아야 할 필요가 있다. 도출된 회귀선이 두 변수 간의 관계를 얼마나 잘 설명하는지 혹은 한 변수를 통해 다른 변수를 얼마나 정확히 예측하는지는 그 직선과 데이터와의 적합도(goodness of fit) 수준을 이용하여 평가할 수 있다. 도출한 회귀선과 데이터 간의 적합도가 좋지 않다면 그 회귀선을 이용한 예측은 신뢰하기가 어려울 것이다.

도출한 회귀선이 적절한 수준의 데이터 적합도 또는 설명력을 가지고 있는지를 판단하기 위해서는 이를 위한 적절한 지표가 필요하다. 단순회귀분석의 경우 Pearson 상관계수가 이러한 설명력의 지표로서 널리 사용된다. Pearson 상관계수는 r로 나타내며 일반적으로 상관계수라고 하면 Pearson 상관계수를 의미한다. 상관계수는 두 변수 간의 관련성의 정도를 나타내는 지표로서 −1에서 +1 사이의 값을 갖는다. 어떤 회귀선이 +의 기울기를 갖고 모든 관측값이 회귀선상에 정확히 놓여질 수 있다면 그 회귀선은 +1의 상관계수를 갖는다. 반대로 어떤 회귀선이 −의 기울기를 갖고 모든 관측값이 그 회귀선상에 정확히 놓여질 수 있다면 그 회귀선은 −1의 상관계수를 갖는다. 따라서 기울기가 +이든 −이든 관계없이 상관계수가 절대값 1에 가까울수록 관측값들은 회귀선 주변에 가까이 분포한다. 다시 말해서 절대값 1에 가까운 상관계수는 회귀식을 구성하는 두 변수가 강한 선형관계를 갖고 있음을 의미한다.

회귀선의 기울기 또한 두 변수 간의 선형관계를 보여준다. 회귀선의 기울기는 한 변수(즉 독립변수)의 변화량에 따른 다른 변수(즉 종속변수)의 변화량을 나타낸다. 따라서 회귀선의 기울기는 두 변수 간의 선형적 관련성을 나타낸다고 말할 수 있다. 하지만 회귀선의 기울기 자체는 선형관계의 정도를 나타내는 지표로서 적절하지 않다. 그 이유는 기울기는 두 변수가 얼마나 관련성이 깊은가에 따라 값이 달라지기도 하지만 두 변수의 측정단위에 따라서도 값이 달라지기 때문이다. 예를 들어, 도시인구비율을 퍼센트가 아닌 소수로 나타내어 기대수명과의 회귀선을 구하면 기울기는 퍼센트를 사용한 경우(0.48)보다 100배 큰 값(48)이 된다. 기울기가 이렇게 100배가 되었다고 해서 두 변수 간의 선형관계가 갑자기 100배 강해진 것은 물론 아니다. 단순히 $\frac{1}{100}$로 줄어든 독립변수 도시인구비율에 100배 더 큰 회귀계수(즉 기울기)가 곱해져야 종전과 동일한 종속변수 기대수명을 예측할 수 있기 때문이다. 따라서 단순히 회귀선의 기울기가 크다고 해서 두 변수가 강한 선형관계를 가지고 있다고는 말할 수 없다. 이러한 이유로 회귀선의 기울기를 두 변수 간의 선형관계를 나타내는 지표로 그대로 사용할 수는 없다. 선형관계의 지표로 사용하기 위해서는 이러한 측정단위의 효과가 제거되어야 한다.

회귀선의 기울기와 상관계수는 다음과 같은 관계를 갖는다.

$$r = b_1 \times \left(\frac{s_x}{s_y}\right)$$

여기에서, r은 상관계수, b_1은 회귀선의 기울기, s_x는 독립변수의 표준편차, s_y는 종속변수의 표준편차

여기에서 독립변수와 종속변수를 표준화시켜 독립변수의 표준편차와 종속변수의 표준편차가 1이 되면(즉 표준화를 통해 측정단위가 통일되면) 상관계수와 회귀식의 기울기는 일치한다. 따라서 측정단위의 효과가 제거되면 상관계수는 결국 회귀식의 기울기가 된다. 이렇게 관측값을 표준화하여 산출한 회귀계수를 **표준화계수(standardized coefficient)**인 **베타(beta)**라고 한다([그림 9-6]의 회귀계수표 참고).

SPSS를 이용하면 회귀식에 포함된 두 변수의 상관계수를 쉽게 구할 수 있다. [그림 9-8]의 R은 절대값으로 나타낸 상관계수를 의미하며 그 값은 0.876이다. 여기에서는 도시인구비율과 기대수명 간의 기울기가 +이기 때문에 실제 상관계수와 그 절대값인 R은 동일하다. 이 값은 또한 표준화계수 베타의 절대값과 일치한다. R을 제곱한 **R제곱(R^2, R square)**은 종속변수의 분산(변동성) 가운데 회귀식에 의해 설명되는 비율을 나타내며 **결정계수(determination coefficient)**라고 한다.

그림 9-8 | 모델적합도: 기대수명[b]

모형	R	R제곱	수정된 R제곱	추정값의 표준오차
1	.876[a]	.768	.754	5.4327

a. 예측자: (상수), 도시인구비율
b. 종속변수: 기대수명

여기 예에서 R제곱은 0.768로서 기대수명 분산의 76.8%가 도시인구비율에 의해 설명된다는 것을 의미한다. **수정된 R제곱(adjusted R square)**은 동일한 모집단으로부터 수집된 다른 표본의 데이터를 현재의 회귀식으로 설명할 수 있는 설명력 정도를 나타낸다. 현재의 회귀식은 실제 수집된 표본의 데이터로부터 도출된 것이기에 다른 어떤 가상의 표본 데이터에 적용된 것보다도 더 나은 설명력을 가질 수밖에 없다. 수정된 R제곱은 이처럼 과적합된 설명력을 보정하는 역할을 한다. 따라서 수정된 R제곱(0.754)은 항상 R제곱(0.768)에 비해 작은 값을 갖게 된다.

여기에서 종속변수인 기대수명의 분산을 독립변수인 도시인구비율이 설명한다는 것이 어떤 의미인지 좀 더 살펴보자. 당연한 얘기지만 모든 국가가 동일한 기대수명을 갖고 있는 것은 아니다. 여기에서 살펴본 19개 나라만 해도 국가 간 상당한 편차, 즉 변동성이 존재한다. 이러한 변동성은 여러 가지 이유로 인해 발생한다. 예를 들면, 국민소득이라든가 병원시설 등이 기대수명에 영향을 미칠 수 있다. 우리가 독립변수로 사용한 도시인구비율도 그러한 영향요인 중의 하나이다. 만약 도시인구비율과 기대수명이 완전한 선형관계를 갖는다면 국가 간 도시인구비율의 차이는 국가 간 기대수명의 차이를 결정한다고 단정지을 수 있다. 즉 도시인구비율이 기대수명의 모든 변동성(즉 분산)을 100% 설명할 수 있다. 물론 이렇게 되면 두 변수 간의 R과 R제곱은 모두 1이 된다. 하지만 복잡한 사회현상을 단 하나의 변수로 모두 설명할 수는 없다. 여기에서처럼 R제곱은 보통 1보다 작은 값을 가지며 이 값이 독립변수에 의해 설명되는 종속변수 분산의 비율이 된다. 따라서 설명되는 분산 76.8%를 제외한 나머지 23.2%는 도시인구비율에 의해 설명되지 않는 기대수명의 변동성이 된다.

이러한 회귀식의 설명력 R제곱이 갖는 의미를 이해하기 위하여 다음과 같은 예를 생각해보자. 지금 우리는 한 반 30명 학생들의 키를 예측하려고 한다. 우리는 현재 30명 학생들의 키 데이터를 가지고 있으나 키 데이터에는 이름표가 붙어 있지 않아 개별 학생의 키는 알지 못한다. 이 데이터만을 가지고 학생 30명 중에서 임의로 한 사람을 선택하여 그 학생의 키를 예측하려면 어떻게 하는 것이 좋겠는가? 정확도는 떨어지겠지만 가장 기본적으로 생각할 수 있는 방법은 학생들의 키를 평균하여 그 값으로 특정 학생의 키를 추정하는 것이다. 이 경우 사실 모든 학생의 키는 모두 동일하게 그 반 학생들 키의 평균값으로 예측하게 되는 셈이다. 이렇게 학생들의 키를 예측할 경우 실제 키와 예측값 간의 총편차는 개별 학생의 키와 평균값 간의 차이를 모든 학생에 대해서 더하면 구할 수 있다(평균에 의한 예측값의 편차). 이때 더 정확한 예측을 위해 학생들의 키 이외에 몸무게 데이터가 추가적으로 주어진다고 가정해보자. 그러면 우리는 앞서 배운 최소자승법을 이용하여 몸무게를 독립변수로, 키를 종속변수로 한 회귀식을 도출할 수 있다. 일반적으로 키는 몸무게와 밀접한 관련이 있기 때문에 이렇게 도출된 회귀식은 단순히 평균으로 예측한 것보다 더 정확하게 키를 예측할 수 있다. 이렇게 회귀식을 이용하여 학생들의 키를 예측할 경우 증가되는 예측정확도는 회귀식에 의한 예측값과 평균에 의한 예측값 간의 차이를 모든 학생에 대해서 더하면 구할 수 있다(회귀식에 의한 예측값의 편차). 이때 증가되는 예측정확도를 회귀식에 의한 설명력으로 볼 수 있으며 이는 앞서 구한 평균에 의한 예측값의 편차에서 조금 전에 구한 회귀식에 의한 예측값의 편차가 차지하는 비율로 나타낼 수 있다. 이 비율이 곧 앞서 설명한 R제곱에 해당된다. 정확히 말하면 이 비율은 단순히 편차가 아닌 편차들을 제곱한 편차제곱을 이용하여 계산된다. 그렇지 않으면 편차들의 양수값과 음수값이 서로 상쇄되어 정확한 차이를 도출할 수 없다.

이러한 설명을 도시인구비율을 이용한 국가의 기대수명 예측 예에 적용해보자. 개별 관측값만을 가지고 기대수명을 예측할 수 있는 최선의 방법은 기대수명의 평균을 이용하는 것이다. 따라서 평균을 이용하여 표본에 포함된 국가의 기대수명을 예측할 경우에 나타날 수 있는 편차제곱, 즉 총분산은 기대수명 평균과 개별 관측값 간의 차이로 표현할 수 있으며 이 차이를 제곱하여 모두 더한 제곱합으로 총분산의 정도를 나타낸다. 도시인구비율을 독립변수로 하여 도출한 회귀식을 이용할 경우 단순히 평균으로 기대수명을 예측하는 것보다 나은 예측결과를 가져오며, 이는 회귀식에 의해 추가적으로 설명되는 부분이 있음을 의미한다. 회귀식에 의해 설명되는 부분은 이처럼 회귀식 예측값과 기대수명 평균 간의 차이로 표현할 수 있으며 이 차이를 제곱하여 모두 더한 제곱합으로 회귀식에 의해 설명되는 분산의 정도를 나타낸다. 회귀식에 의해 설명되지 않는 부분은 앞서 설명한 잔차(즉 관측값과 회귀식에 의한 예측값과의 차이)에 해당하며 잔차를 제곱하여 모두 더한 값으로 그 분산의 정도를 나타낸다. 여기에서 총분산 가운데 회귀식에 의해 설명되는 분산이 차지하는 비율이

그림 9-9 ▌총분산, 회귀식에 의해 설명되는 분산, 회귀식에 의해 설명되지 않는 분산

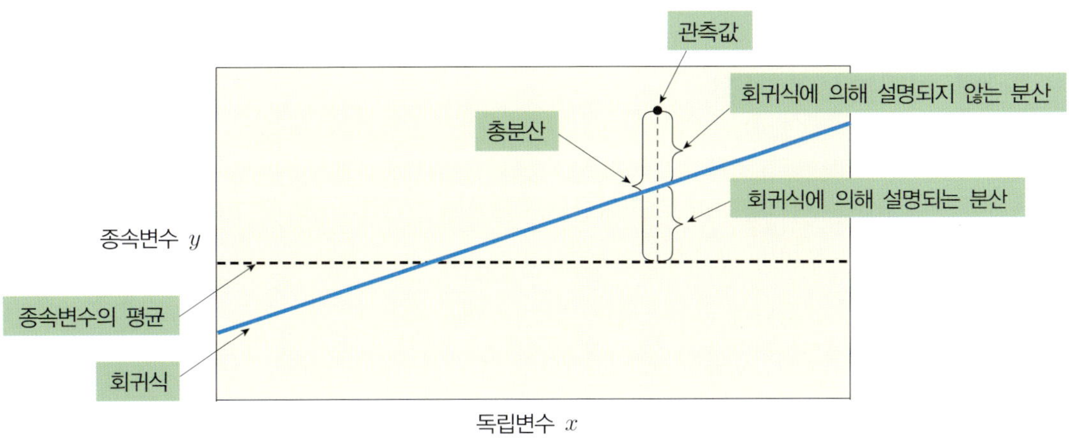

그림 9-10 ▌ 분산분석표: 기대수명[a]

모형		제곱합	자유도	평균제곱	F	유의확률
1	회귀	1657.551	1	1657.551	56.161	.000[b]
	잔차	501.741	17	29.514		
	전체	2159.292	18			

a. 종속변수: 기대수명
b. 예측자: (상수), 도시인구비율

회귀식의 설명력 R제곱에 해당된다. 총분산, 회귀식에 의해 설명되는 분산, 그리고 회귀식에 의해 설명되지 않는 분산 간의 관계를 그림으로 표현하면 [그림 9-9]와 같다.

설명력 R제곱의 도출과정은 [그림 9-10]의 분산분석표를 통해서 구체적으로 확인할 수 있다. [그림 9-10]의 분산분석표는 종속변수인 기대수명의 총분산(즉 기대수명 평균과 개별 관측값 간의 차이: 분산분석표에서 '전체' 행의 '제곱합' 열에 나타남)을 회귀식에 의해 설명되는 부분(즉 회귀식 예측값과 기대수명 평균 간의 차이: 분산분석표에서 '회귀' 행의 '제곱합' 열에 나타남)과 설명되지 않는 부분(즉 개별 관측값과 회귀식 예측값 간의 차이: 분산분석표에서 '잔차' 행의 '제곱합' 열에 나타남)으로 나누어서 보여준다. 회귀식의 설명력은 총분산 가운데 회귀식에 의해 설명되는 부분의 비율로 계산할 수 있으며 이는 다음과 같은 식으로 표현된다. 이렇게 계산된 R제곱은 앞에서 구한 R제곱 0.768과 일치한다.

$$R^2 = \frac{\text{회귀 제곱합}}{\text{전체 제곱합}} = \frac{1657.551}{2159.292} = 0.768$$

9.3 회귀분석의 가정

우리는 지금까지 표본 데이터를 토대로 회귀선을 도출하여 두 변수 간의 선형관계를 확인하는 절차를 살펴보았다. 하지만 우리가 궁극적으로 알고 싶은 것은 그 선형관계가 표본에만 적용되는 것이 아니라 그 표본이 속한 모집단에도 적용될 수 있는지 여부이다. 즉 도시인구비율과 기대수명 간의 선형관계가 표본으로 선정한 19개 국가뿐만 아니라 전 세계 모든 국가에도 동일하게 적용될 수 있는지가 중요한 관심사가 된다.

모집단 회귀선에 대한 가설검정은 표본 데이터가 다음과 같은 몇 가지 조건을 충족한다는 가정 하에서 수행된다. 이들 조건이 충족되어야 기울기의 표집분포가 정규분포를 따른다고 가정할 수 있다. 기울기의 표집분포가 정규분포라는 가정을 바탕으로 우리는 관측된(즉 표본으로부터 도출한) 기울기가 귀무가설인 "모집단 회귀선의 기울기는 0이다"라는 전제하에서 얼마나 흔하게 또는 드물게 관찰될 수 있는 것인지의 여부를 판단할 수 있다. 모집단 회귀선에 대한 가설검정을 위해서 표본은 다음과 같은 조건이 충족되는 모집단으로부터의 무작위표본임을 가정한다.

- 모든 관측값은 서로 독립이어야 한다. 즉 하나의 관측값은 다른 관측값에 영향을 미쳐서는 안 된다. 동일한 대상으로부터 여러 개의 값을 수집하여 표본에 포함시키면 이는 독립성의 가정을 위배하는 것이다. 예를 들어, 도시인구비율과 기대수명 간의 관계를 조사하고자 할 때 동일한 국가로부터 2010년, 2015년, 2020년의 도시인구비율을 측정한다면 이렇게 구해진 관측값들은 서로 독립적이지 않다.
- 각 독립변수값에 대해 대응되는 종속변수값들의 분포는 정규분포이어야 한다. 예를 들어, 도시인구비율이 50%인 국가는 다수가 존재할 수 있고 이들 국가의 기대수명은 당연히 모두 서로 같지는 않을 것이다. 이때 각 도시인구비율에 대응되는 기대수명의 분포는 정규분포를 따라야 한다.
- 종속변수 분포의 분산은 모든 독립변수값에 대해 동일한 분산을 가져야 한다. 예를 들어, 기대수명 분포의 분산은 모든 도시인구비율에 대해 동일해야 한다.
- 종속변수와 독립변수 간의 관계는 모집단에서 선형이어야 한다. 다시 말해 종속변수인 기대수명 분포의 평균값들은 모두 하나의 직선 위에 놓여질 수 있어야 한다.

회귀분석을 위한 가정을 그래프로 표현하면 [그림 9-11]과 같다. 독립변수 각 값에 대한 종속변수값들이 정규분포를 하고 있으며 모두 동일한 분산을 갖고 있다. 예를 들어, 도시인구비율 x_1에 대응되는 개별 국가의 실제 기대수명은 모두 동일하지는 않으며 같은 도시인구비율하에서도 나라마다 다양한 기대수명을 갖는다. 이들 기대수명은 일정한 분포를 갖게 되는데 이 분포는 정규분포를 따른다. 분포의 분산은 독립변수값 x_2, x_3, x_4에 대응되는 기대수명 분포의 분산과 같다. 또한 종속변수의 각 분포의 평균값들을 연결하면 직선을 이루게 된다. 이는 종속변수 분포의 평균값들이 모집단 회귀선의 직선상에 존재한다는 것을 뜻하며 종속변수와 독립변수 두 변수 간의 관계는 모집단에서 선형이라는 의미이다.

그림 9-11 ▌회귀분석을 위한 가정

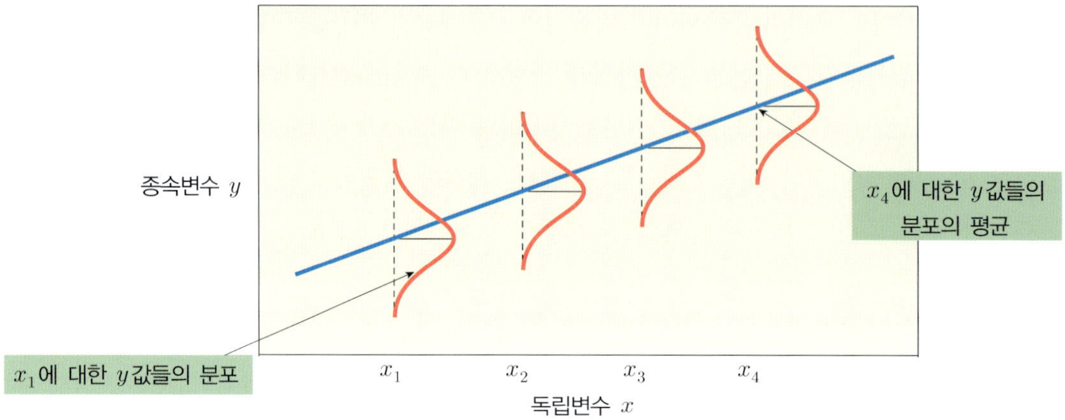

회귀식의 활용과 관련하여 다음과 같은 점을 주의해야 한다. 첫째, 독립변수의 값이 관측된 데이터 범위를 벗어날 때는 회귀식을 이용하여 종속변수의 값을 예측해서는 안 된다. 예를 들어, 판촉비 지출과 매출액 간의 관계를 회귀식으로 나타냈다고 하자. 이때 독립변수인 판촉비는 그 범위가 500만원에서 2,000만원 사이였다. 이 경우 도출된 선형회귀식이 판촉비 500만원과 2,000만원 사이에서 매출액을 잘 설명해준다고 해서 동일한 선형관계가 그 범위 밖의 판촉비에 대해서도 유지된다고 믿을만한 합리적 근거는 없다. 오히려 2,000만원 이상의 판촉비 수준에서는 매출액의 증가폭이 감소되어 매출액이 선형적이 아닌 비선형적으로 증가할 가능성이 충분히 존재한다. 따라서 보유한 데이터와 같은 범위의 판촉비 수준에 대해서 매출액을 예측하는 것이 보다 합리적인 예측을 가능하게 한다. 그렇지 않으면 회귀식을 이용한 예측이 현실과 동떨어진 결과를 가져올 가능성이 있다.

둘째, 두 변수 간의 관계가 독립변수값의 전체 범위에 걸쳐 선형이 아니면 회귀식을 도출해서는 안 된다. 예를 들어, 도시인구비율과 기대수명 간의 관계가 [그림 9-12]와 같이 관찰되었다고 하자. 데이터에 포함된 국가들은 크게 두 개의 그룹으로 나누어져 있다. 각 그룹 내에서는 두 변수 간에 선형적 관계가 전혀 존재하지 않는다. 하지만 두 그룹의 데이터를 모두 이용하면 그림처럼 하나의 선형회귀식을 도출할 수 있으며 이를 통해 두 변수 간에 선형적 관계가 존재하는 것으로 결론 내릴 수 있다. 그러나 그 선형적 관계는 두 그룹이 두 변수에 대해 서로 다른 평균값을 갖는다는 사실로부터 도출되었을 뿐 실제로 존재하는 관계는 아니다.

셋째, 하나의 데이터에 지나치게 의존하는 관계를 주의할 필요가 있다. 예를 들어, [그림 9-13]을 보자. 하나의 점이 동떨어져 있으며 이 점을 제외한다면 두 변수 간에는 어떠한 선형관계

▶ 그림 9-12 ▌ 선형관계의 왜곡: 전체 범위에 있어서의 비선형 관계

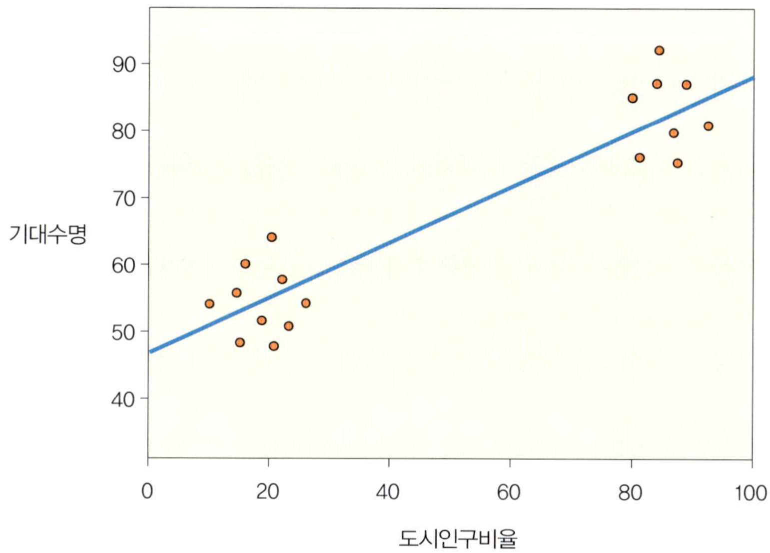

▶ 그림 9-13 ▌ 선형관계의 왜곡: 두 변수의 비선형 관계

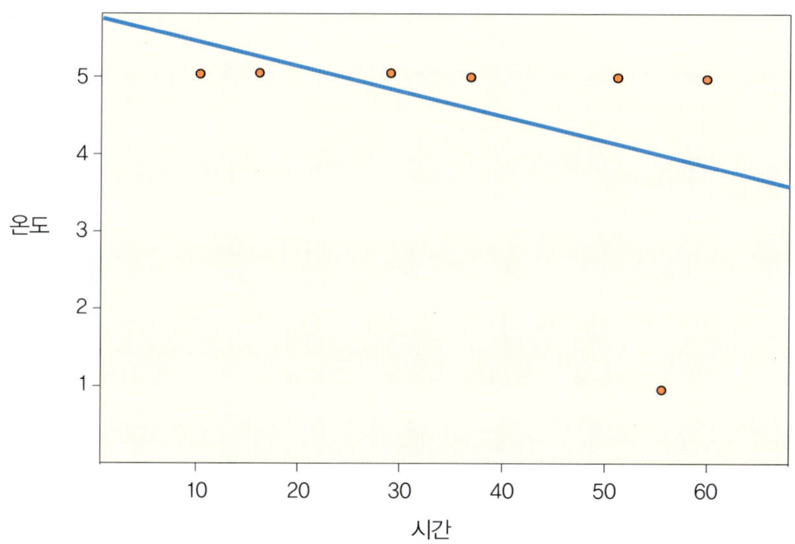

도 존재하지 않는다. 하지만 이 점이 회귀분석에 포함되면 도출된 최소자승회귀선은 더 이상 기울기 0을 갖지 않으며 미미하나마 작은 기울기를 갖게 된다. 따라서 하나의 강력한 이상 데이터에 의해 전체 관계가 이처럼 왜곡될 수 있음에 주의를 기울여야 한다.

9.4 회귀식 및 회귀계수의 가설검정

회귀분석을 위한 가정이 충족되면 모집단 회귀선에 대한 가설검정을 수행하는 것이 가능하다. 지금까지 살펴본 가설검정이 주로 모집단의 평균에 대한 검정이었다면, 여기에서 살펴볼 가설검정은 모집단의 회귀선에 대한 검정이다. 검정의 대상만 다를 뿐 가설검정 절차는 유사하다. 표본으로부터 관측된 결과를 토대로 모집단에서의 두 변수 간의 선형관계에 대한 결론을 도출한다.

회귀식의 유의성검정은 "회귀식에 포함된 독립변수의 회귀계수는 모두 0이다"라는 귀무가설을 검정한다. 이는 독립변수의 개수가 하나인 단순회귀분석의 경우에는 회귀계수에 대한 유의성검정과 동일한 의미를 가지나, 다음 장에서 살펴볼 다중회귀분석의 경우에는 독립변수의 개수가 두 개 이상이기 때문에 개별 회귀계수에 대한 검정결과와는 다른 의미를 갖는다. 회귀모델에 포함된 독립변수들의 모든 회귀계수가 0인지를 검정하여(즉 하나 이상의 독립변수가 0이 아닌 회귀계수를 갖는지를 검정) 회귀식 자체가 의미 있는지를 평가하게 된다. 회귀식의 유의성(즉 회귀식이 일정한 기울기를 가짐)은 [그림 9-10]의 분산분석표를 이용하여 검정할 수 있다. 분산분석은 표현은 다르지만 동일한 의미를 갖는 다음과 같은 귀무가설을 검정하는 데 이용될 수 있다.

- ▶ 모집단에서 종속변수와 독립변수(들) 간에 선형관계가 없다.
- ▶ 모집단 회귀계수(들)는(은) 0이다.
- ▶ 모집단 R^2은 0이다.

분산분석은 두 개 이상의 집단 간의 평균의 차이를 검정하는 방법이다. 회귀식의 유의성검정과 분산분석의 관련성은 다음과 같은 관점에서 생각해볼 수 있다. 독립변수 각 값에 대해 종속변수값들이 갖는 분포 각각은 하나의 집단으로 생각할 수 있으며 회귀선을 따라 각 독립변수에 대응되는 수많은 집단이 형성되어 있는 것으로 이해할 수 있다. 회귀분석을 위해 충족되어야 할 가정에 의하면 이 집단들의 평균값들은 회귀선의 직선상에 존재한다. 따라서 앞의 귀무가설들이 사실이라면 집단 간의 평균값에는 차이가 없게 된다. 즉 회귀선의 기울기가 0이 된다. 반대로 앞의 귀무가설들이 사실이 아니라면 집단 간의 평균값에는 차이가 존재하며 이는 일정한 기울기를 갖는 회귀선으로 표현될 수 있다. 분산분석을 통해 이러한 종속변수 분포 집단의 평균들의 차이 여부를 검정할 수 있다. 집단 간 평균의 차이는 집단 간 분산과 집단 내 분산의 비율인 F값으로 검정한다. 회귀분석 결과 얻을 수 있는 분산분석표에서 회귀의 제곱합이 집단 간 분산에 대응되며 잔차의 제곱합이 집단 내 분산에 대응된다.

회귀의 제곱합은 회귀선에 의해 설명되는 분산을 나타내며 이는 각 집단의 평균(특정 독립변수값에 대응되는 종속변수값들의 분포의 평균, 즉 회귀식에 의한 예측값)과 종속변수의 모집단평균(관측된 종속변수의 평균)의 차이의 제곱합으로 표현되기에 분산분석에서의 집단 간 분산과 유사한 의미를 갖는다. 잔차의 제곱합은 회귀선에 의해 설명되지 않는 분산을 나타내며 이는 각 집단에 속한 특정 관측값(관측된 종속변수값)과 그 집단의 평균(특정 독립변수값에 대응되는 종속변수값들의 분포의 평균, 즉 회귀식에 의한 예측값)의 차이의 제곱합으로 표현되기에 분산분석에서의 집단 내 분산과 유사한 의미를 갖는다. F값은 회귀의 제곱합을 자유도로 나눈 회귀의 평균제곱과 잔차의 제곱합을 자유도로 나눈 잔차의 평균제곱의 비율로 구한다. [그림 9-10]의 분산분석표를 보면 F값이 56.161로서 유의확률은 0.000이다. 관측된 F값의 유의확률이 0.0005 미만이므로 종속변수인 기대수명과 독립변수인 도시인구비율 간에 선형관계가 없다는 귀무가설을 기각하고 두 변수 간에 선형관계가 존재하며 회귀계수는 0이 아니라고 결론 내릴 수 있다.

다음으로 회귀계수의 유의성에 대한 가설검정을 살펴보자. 우리는 모집단으로부터 추출한 표본만을 가지고 있기 때문에 모집단에서의 회귀선이 정확히 어떠한 모양을 가질지는 알 수 없다. 다시 말해 모집단 회귀선 기울기의 정확한 값을 알지 못한다. 따라서 표본으로부터 도출된 회귀선을 토대로 모집단 회귀선의 기울기를 추정한다. [그림 9-14]는 SPSS를 이용하여 작성한 회귀계수표로서 회귀식을 구성하는 기울기와 절편이 나타나 있으며, 이는 'B에 대한 95% 신뢰구간' 열이 포함되어 있는 것을 제외하고는 [그림 9-6]의 회귀계수표와 동일하다.

표본 데이터로부터 추정한 기울기와 절편은 미지의 모집단 회귀선의 기울기와 절편에 대한 추정치로 사용된다. 따라서 이 추정치를 출발점으로 모집단 회귀선의 기울기와 절편에 대한 가설검정을 수행한다. 이 추정치는 우리가 현재 사용하고 있는 표본으로부터 계산된 값이다. 동일한 모집단으로부터 다른 표본을 추출하여 회귀선을 구하면 우리가 현재 알고 있는 값과는 다른 기울기와 절편을 얻게 된다. 이러한 방식으로 수많은 가능한 표본으로부터 기울기와 절편을 추정하면 이 값들은 표집분포를 구성하게 되며 이 분포는 정규분포를 따른다. 표집분포는 표본통계량들의 분포를 말하며 기울기와 절편도 표본으로부터 계산된 일종의 표본통계량이다. 기울기 표집분포에서의 표준편차는 기울기의 표준오차라고 부르며, 절편 표집분포에서의 표준편차는 절편의 표준오차라고 부른다. [그림 9-14]의 '표준오차' 열에서 기울기와 절편에 대한 표준오차를 확인할 수 있다.

회귀계수의 유의성검정을 위한 귀무가설은 "회귀선의 기울기는 0이다"이며, 이는 다시 말해서 "두 변수 간에 선형관계가 없다"는 것과 동일한 의미이다. 이는 또한 앞서 설명했듯이 단순회귀분석

그림 9-14 선형회귀모델-신뢰구간 포함: 기대수명[a]

모형		비표준화계수		표준화계수	t	유의확률	B에 대한 95% 신뢰구간	
		B	표준오차	베타			하한	상한
1	(상수)	41.048	3.733		10.995	.000	33.171	48.925
	도시인구비율	.480	.064	.876	7.494	.000	.345	.615

a. 종속변수: 기대수명

SPSS 메뉴에서『분석 > 회귀분석 > 선형』을 선택한 후『선형 회귀』대화상자에서『종속변수』에 기대수명 변수를, 『독립변수』에 도시인구비율 변수를 지정한다. 『선형 회귀: 통계량』 대화상자에서 『신뢰구간』을 체크한다 (country19.sav 데이터 파일).

의 경우 회귀식 자체의 유의성검정과 동일한 의미를 갖는다. [그림 9-14]의 회귀계수에 대한 가설검정은 다음과 같은 절차로 수행할 수 있다. 우선 "회귀선의 기울기는 0이다"라는 귀무가설하에서 표본으로부터 계산한 회귀선 기울기의 검정통계량(절대값으로 표시된) t값 이상이 나타날 확률을 계산한다. 이 확률(즉 관측된 유의확률)이 판단의 기준으로 삼는 확률(예를 들면, 유의수준 0.05)보다 작으면, 즉 귀무가설인 "회귀선의 기울기는 0이다"라는 가정하에서 상당히 드물게 나타나는 경우라면 우리는 귀무가설을 기각하게 되며, 그렇지 않으면 귀무가설을 기각하지 못한다(이러한 절차는 지금까지 살펴본 가설검정 방식과 동일하다).

[그림 9-14]를 보면 기울기는 0.480이고 t값은 7.494($\cong \frac{0.480-0}{0.064}$)이며, 이 t값에 해당되는 유의확률은 0.000으로서 0.0005 미만이다.[1)] 이 유의확률은 일반적인 판단의 기준으로 사용되는 0.05 또는 0.01에 비해 상당히 작은 수치이므로 귀무가설을 기각할 수 있다. 가설검정 결과 모집단 회귀선의 기울기는 0이 아니고, 따라서 모집단에서도 두 변수 간의 선형관계를 나타내는 회귀선이 존재한다고 결론 내린다. 모집단 회귀선의 기울기가 0이라는 귀무가설이 기각되면 단순회귀분석의 경우 모집단에서의 두 변수 간의 상관계수가 0이라는 귀무가설도 기각할 수 있다. 앞서 살펴본 것처럼 상관계수는 독립변수와 종속변수가 표준화(표준편차가 1)되면 기울기와 같은 값을 갖기 때문이다. 절편에 대한 가설검정도 동일한 절차로 수행할 수 있다. 하지만 절편에 대한 가설검정은 단지 두 변수가 원점을 통과하는지의 여부에 대한 검정이기에 기울기의 가설검정에 비해 그다지 중요한 의미를 갖지는 않는다. 우리의 주요 관심은 두 변수가 선형관계를 갖는지의 여부이기에 이는 기울기에 대한 가설검정으로 충분하다.

가설검정을 통해 모집단 회귀식의 기울기, 즉 회귀계수가 0이 아니라는 결론을 도출하였고, 따

1) 검정하고자 하는 모집단의 기울기가 0이므로 t값은 기울기를 표준오차로 나누어서 구할 수 있다.

라서 표본으로부터 도출한 회귀식을 모집단 회귀식에 대한 최선의 추정치로 사용할 수 있게 되었다. 하지만 표본마다 서로 다른 회귀계수를 갖기 때문에 특정 회귀계수값이 모집단을 완전히 대표한다고는 할 수 없다. 따라서 평균에 대한 추정에서와 마찬가지로 회귀계수에 대한 신뢰구간을 구하는 것이 모집단에 대한 회귀계수를 이해할 때 도움이 될 수 있다. [그림 9-14]의 'B에 대한 95% 신뢰구간' 열을 보면 회귀계수에 대한 95% 신뢰구간은 0.345에서 0.615 사이이다. 회귀계수에 대한 95% 신뢰구간은 평균에 대한 95% 신뢰구간을 구하는 절차와 동일하다. 다만 평균과 평균의 표준오차 대신에 기울기와 기울기의 표준오차를 사용하는 것이 다를 뿐이다. 따라서 다음과 같이 구할 수 있다.

$$\text{회귀계수의 95\% 신뢰구간} = \text{회귀계수} \pm t_{0.05,\ 17} \times \text{표준오차} = 0.480 \pm 2.11 \times 0.064$$

여기에서, $t_{0.05,\ 17}$는 $\alpha=0.05$, 자유도 17에 대응되는 t값
자유도 = 표본크기(n) − 추정될 모수의 개수(기울기, 절편) = 19 − 2 = 17

이렇게 구해진 도시인구비율 회귀계수의 95% 신뢰구간은 하한값 0.345, 상한값 0.615이다. 95% 신뢰구간을 구하면 그 구간 내에 0이 포함되는지 여부를 살펴보아 회귀선의 기울기가 0이라는 귀무가설을 검정할 수 있다. 여기에서는 구간 내에 0이 포함되어 있지 않으므로 0.05의 유의수준에서 회귀계수는 0이 아님을 알 수 있으며 이는 앞서 가설검정의 결과와 일치한다. 회귀선의 기울기가 0인 귀무가설을 기각할 수 없는 경우에는 95% 신뢰구간 내에 0이 포함된다.

9.5 다항회귀분석

도시인구비율과 기대수명 간의 관계를 좀 더 자세히 살펴보자. [그림 9-15]의 산점도를 보면 직선의 회귀선보다는 한 차례 굴곡이 있는 곡선이 두 변수 간의 관계를 더 잘 설명하는 것처럼 보인다. 도시인구비율이 증가하면 기대수명은 그에 비례하여 증가하지만 어느 지점부터는 그 증가폭이 둔화된다. 이는 2차항(quadratic term, x^2)을 갖는 회귀모델을 이용하면 데이터를 좀 더 잘 설명할 수 있는 회귀선을 구할 가능성이 있다는 것을 의미한다. 2차항을 갖는 회귀선은 다음과 같은 방정식으로 나타낼 수 있다.

그림 9-15 ▌2차 회귀선: 기대수명

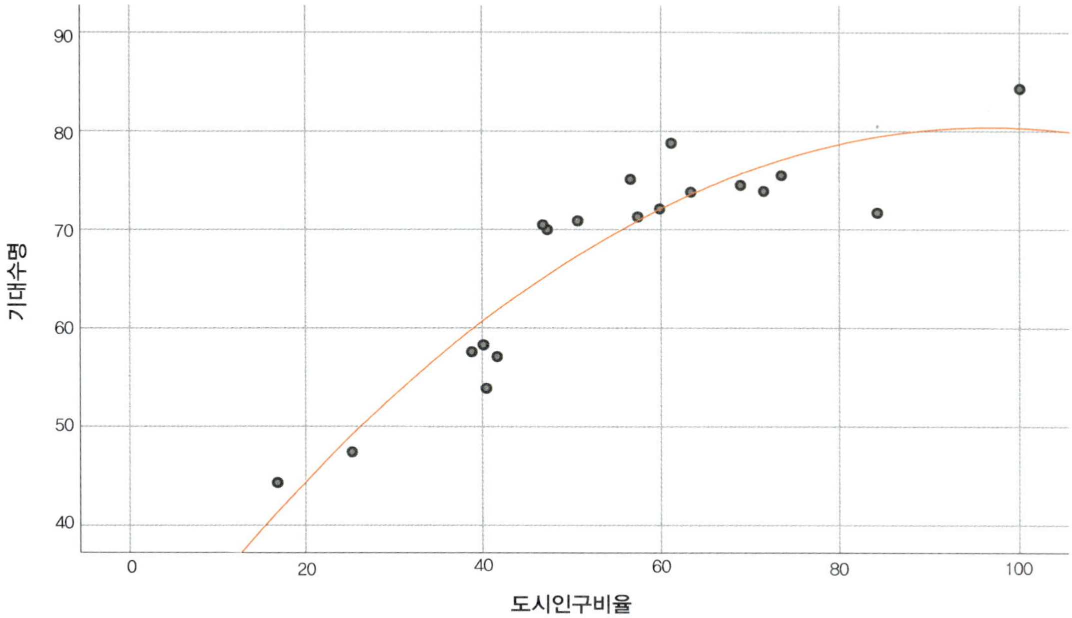

도표편집기를 이용하여 산점도상에 2차 회귀선을 그릴 수 있다. 도표편집기에서 『요소 > 전체 회귀선 적합』을 선택하고 『회귀선 적합』 탭에서 『2차』를 체크한다(country19.sav 데이터 파일).

$$y = b_0 + b_1 x + b_2 x^2$$

다항회귀분석(polynomial regression analysis)은 단순회귀분석에서처럼 한 개의 연속형 독립변수를 이용하여 한 개의 연속형 종속변수를 예측한다. 그러나 단순회귀분석과 달리 선형관계는 독립변수의 n차 다항식(nth order polynomial)으로 모델링된다.[2] 따라서 비록 한 개의 독립변수를 사용하고 있지만 실제로는 그 한 개의 독립변수로 n차항의 새로운 독립변수를 생성하여 여러 개의 독립변수(예를 들면, x, x^2)를 회귀모델에 투입하므로 다항회귀분석은 다음 장에서 살펴볼 다중회귀분석의 한 특수한 경우로도 볼 수 있다.

도시인구비율을 제곱한 새로운 독립변수(도시인구비율_제곱)를 생성하여 기대수명을 예측하기

2) 다항회귀모델은 선형회귀분석의 범주에 속한다. 왜냐하면 회귀선은 비록 곡선으로 표현되기는 하지만 회귀방정식은 예측변수들의 가중합(weighted sum)으로 표현되기 때문이다(여기에서는 도시인구비율과 도시인구비율 제곱의 가중합). 예를 들면, 예측변수들의 가중합으로 표현된 $y = b_0 + b_1 \log x_1 + b_2 \sin x_2$도 선형모델이다(모수, 즉 회귀계수의 관점에서 선형). 비선형모델(nonlinear model)은 $y = b_0 + b_1 e^{-b_2 x}$와 같은 형태를 갖는다.

위한 다항회귀분석을 수행한다.3) [그림 9-16]의 회귀계수를 바탕으로 기대수명을 예측하기 위한 회귀식은 다음과 같이 나타낼 수 있다. 두 회귀계수는 유의수준 0.01에서 모두 통계적으로 유의하다(유의확률 0.000, 0.005).

$$\text{기대수명} = 23.252 + 1.182 \times \text{도시인구비율} - 0.006 \times \text{도시인구비율\_제곱}$$

[그림 9-17]의 모델적합도를 보면 R제곱은 0.859로서 도시인구비율만 투입한 단순회귀모델의 R제곱 0.768에 비해 비교적 큰 폭으로 증가하였다. [그림 9-18]의 분산분석 결과에 따르면 회귀식 또한 통계적으로 유의하다(F값 48.743, 유의확률 0.000). 2차항을 포함한 다항회귀모델은 데이터를 좀 더 잘 설명하고 있는 것으로 판단된다.

그림 9-16 | 다항회귀모델: 기대수명[a]

모형		비표준화계수		표준화계수		
		B	표준오차	베타	t	유의확률
1	(상수)	23.252	6.287		3.698	.002
	도시인구비율	1.182	.224	2.157	5.279	.000
	도시인구비율_제곱	-.006	.002	-1.316	-3.220	.005

a. 종속변수: 기대수명

그림 9-17 | 모델적합도-다항회귀모델: 기대수명[b]

모형	R	R제곱	수정된 R제곱	추정값의 표준오차
1	.927[a]	.859	.841	4.3620

a. 예측자: (상수), 도시인구비율_제곱, 도시인구비율
b. 종속변수: 기대수명

그림 9-18 | 분산분석표-다항회귀모델: 기대수명[a]

모형		제곱합	자유도	평균제곱	F	유의확률
1	회귀	1854.862	2	927.431	48.743	.000[b]
	잔차	304.430	16	19.027		
	전체	2159.292	18			

a. 종속변수: 기대수명
b. 예측자: (상수), 도시인구비율_제곱, 도시인구비율

3) 변수 변환을 통한 새로운 변수 생성 방법은 이 장 후반부의 'SPSS 활용'을 참고한다.

관측값들을 통과하는 추세선을 그렸을 때 <$n-1$>개의 굴절이 관찰되면 일반적으로 이를 n차 다항식으로 모델링할 수 있다. 예를 들면, 3차항(cubic term, x^3)을 갖는 회귀모델은 다음과 같이 표현된다.

$$y = b_0 + b_1 x + b_2 x^2 + b_3 x^3$$

이론적으로는 3차항을 초과하는 고차항을 갖는 다항회귀분석도 가능하지만 3차항을 초과하는 고차항의 다항회귀모델을 분석하는 경우는 일반적으로 흔하지 않다.

SPSS 활용

1 회귀분석 수행하기

▶ 『분석 > 회귀분석 > 선형』을 선택한다.

▶ 『선형 회귀』 대화상자에서 『종속변수』 및 『독립변수』에 대상 변수를 옮긴다.

▶ 그림 9-19 ▌ 선형 회귀 대화상자

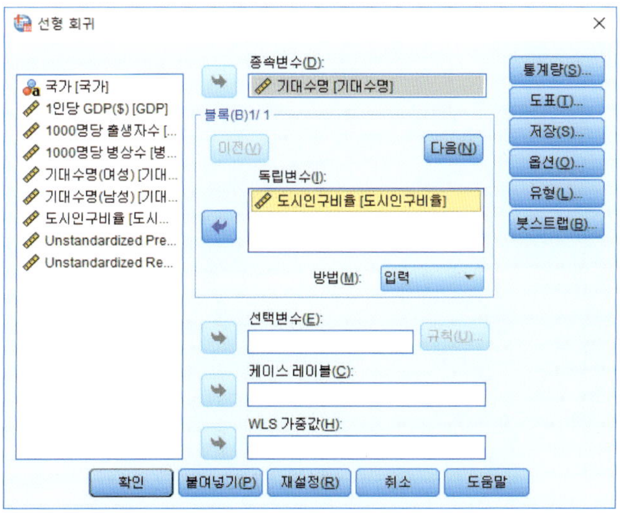

▶ 『선형 회귀: 통계량』 대화상자에서 필요한 통계량을 선택한 후 『계속』을 클릭한다.

▶ 그림 9-20 ▌ 선형 회귀: 통계량 대화상자

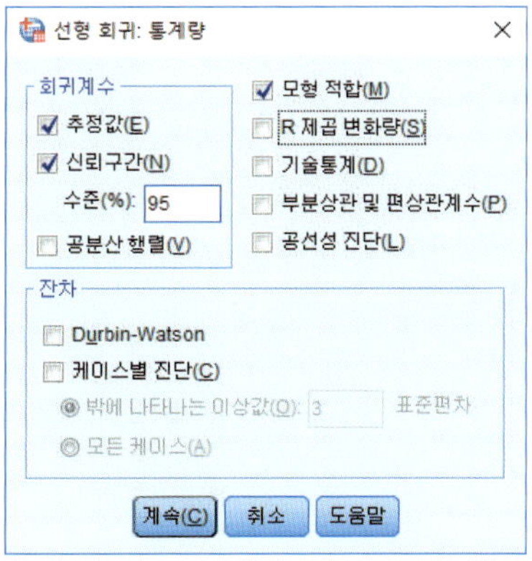

▶ 『선형 회귀: 저장』 대화상자에서 필요한 저장항목을 선택한 후 『계속』을 클릭한다. 예측값과 잔차의 비표준화값을 선택하여 이에 대한 케이스 요약보고서를 작성하는 데 활용할 수 있다.

그림 9-21 ▌선형 회귀: 저장 대화상자

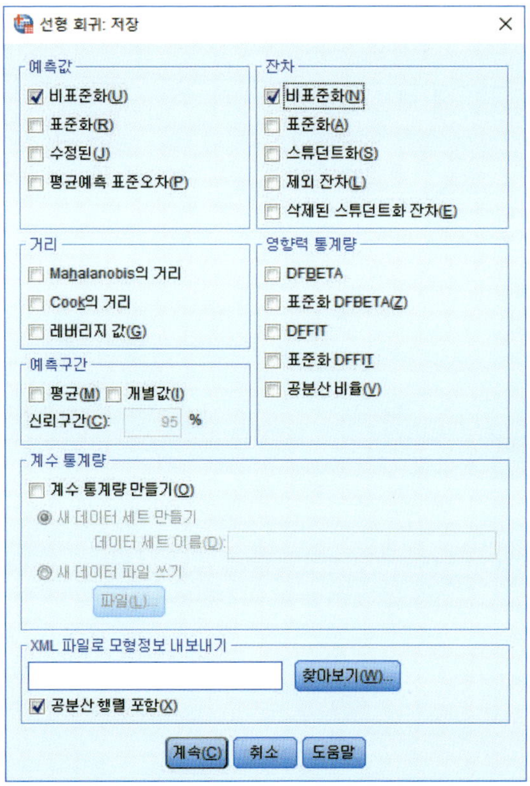

▶ 필요 항목들을 모두 선택하였으면 『선형 회귀』 대화상자에서 『확인』을 클릭한다.

2 케이스 요약보고서 작성하기

▶ 『분석 > 보고서 > 케이스 요약』을 선택한다.

▶ 보고서에 들어갈 변수를 선택하여 『변수』 항목으로 옮긴 후 『확인』을 클릭한다.

▶ 그림 9-22 ▌ 케이스 요약 대화상자

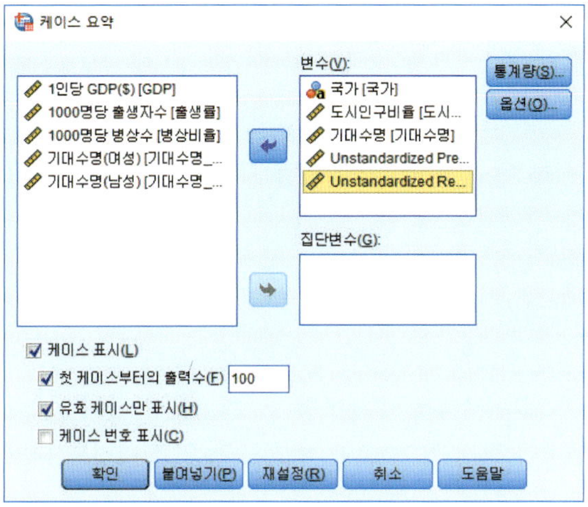

3 변수의 변환: 2차항 생성하기

- 『변환 > 변수 계산』을 선택한다.
- 『변수 계산』 대화상자에서 『목표변수』를 지정하고 『숫자표현식』을 정의한 후 『확인』을 클릭한다. 여기에서는 도시인구비율 변수를 제곱하여 도시인구비율_제곱 변수를 생성한다.

▶ 그림 9-23 ▌ 변수 계산 대화상자

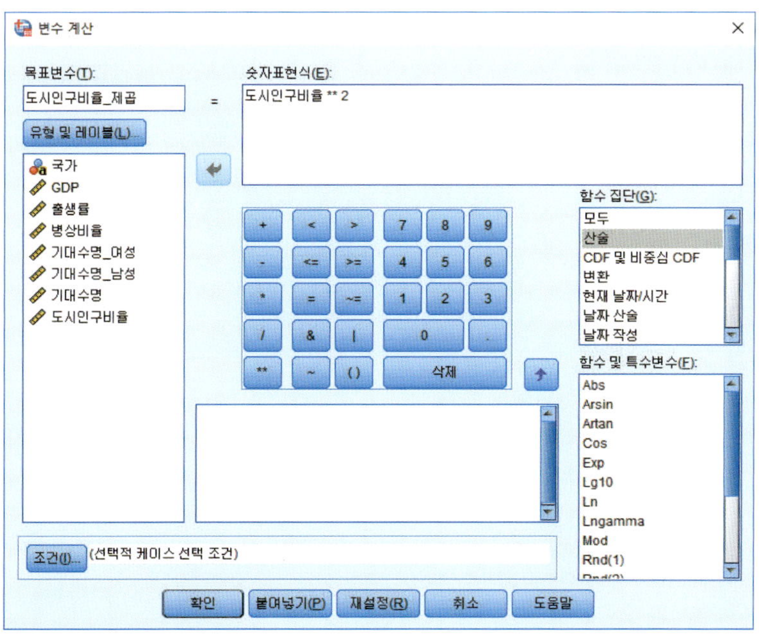

사례연구

던킨도너츠 상계점에서는 냉음료에 대한 보다 정확한 수요예측을 위해 냉음료판매량과 기온 간의 관계를 분석하려고 한다. 이를 위해 던킨도너츠 상계점에서는 일일 냉음료판매량과 그날의 기온을 45일간 기록하였다(iceddrink.sav 데이터 파일).

냉음료판매량과 기온 간의 관계를 파악하기 위하여 회귀분석을 이용하고자 한다. 냉음료판매량을 종속변수로 하고 기온을 독립변수로 한 회귀분석을 수행하기 전에 우선 두 변수 간의 선형관계 존재 유무를 시각적으로 파악하기 위하여 [그림 9-24]와 같은 산점도를 그려보았다. 산점도로부터 종속변수와 독립변수 간에 대략적인 선형관계가 있음을 확인한 후 회귀분석을 수행하였다. 회귀분석 결과 [그림 9-25]와 같은 회귀계수표를 얻었다. 모델의 설명력 R제곱은 0.733으로서 비교적 높은 설명력을 나타냈으며([그림 9-26]), 회귀식에 대한 F값은 118.217(유의확률 0.000)로서 회귀식은 통계적으로 유의하였다([그림 9-27]).

그림 9-24 | 산점도: 냉음료판매량과 기온

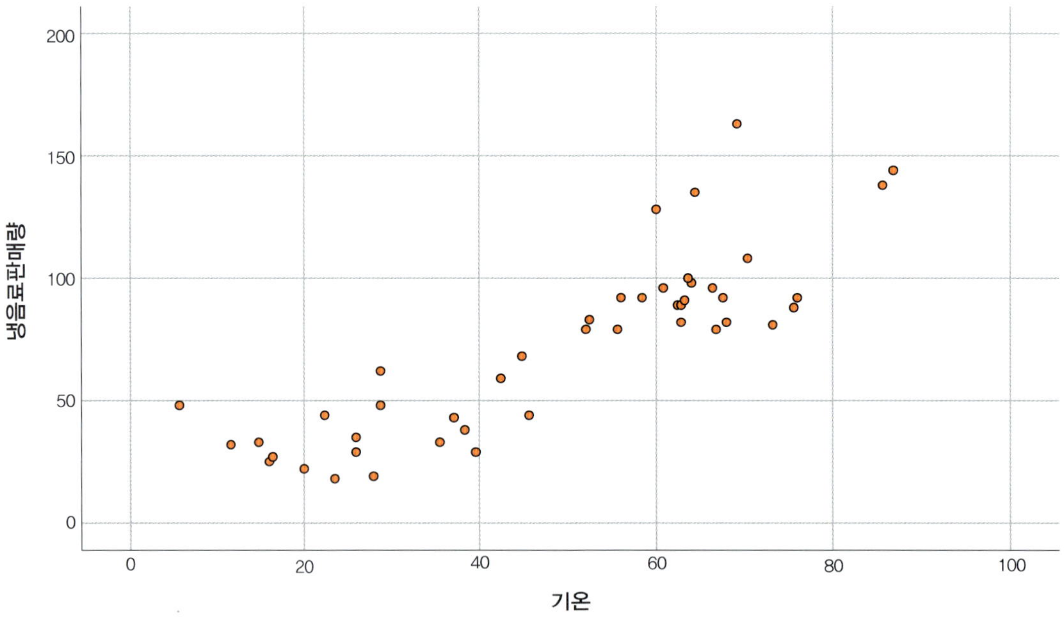

그림 9-25 ▌ 선형회귀모델: 냉음료판매량[a]

모형		비표준화계수		표준화계수	t	유의확률
		B	표준오차	베타		
1	(상수)	1.327	7.124		.186	.853
	기온	5.816	.535	.856	10.873	.000

a. 종속변수: 냉음료판매량

그림 9-26 ▌ 모델적합도: 냉음료판매량[b]

모형	R	R제곱	수정된 R제곱	추정값의 표준오차
1	.856[a]	.733	.727	19.186

a. 예측자: (상수), 기온
b. 종속변수: 냉음료판매량

그림 9-27 ▌ 분산분석표: 냉음료판매량[a]

모형		제곱합	자유도	평균제곱	F	유의확률
1	회귀	43516.263	1	43516.263	118.217	.000[b]
	잔차	15828.537	43	368.106		
	전체	59344.800	44			

a. 종속변수: 냉음료판매량
b. 예측자: (상수), 기온

앞의 결과를 바탕으로 추정한 회귀식은 다음과 같으며, 이를 이용하여 기온으로부터 냉음료판매량을 예측해볼 수 있다. 기온이 1도 올라갈 때마다 냉음료판매량은 5.8개 증가한다.

$$냉음료판매량=1.327+5.816\times 기온$$

던킨도너츠 상계점에서는 이러한 분석을 토대로 냉음료 판매수요를 예측하기 위한 구체적 방안을 연구하기 시작하였다.

연습문제

01 대학졸업생 10명의 표본을 추출하여 평점과 초임연봉(만원)을 조사하였다. 다음 데이터를 이용하여 질문에 답하시오.

평점	초임연봉
2.6	2,900
3.5	3,500
3.6	4,000
3.3	3,200
3.4	3,400
2.9	3,000
2.0	2,500
4.1	4,500
4.2	4,300
3.0	3,600

① 데이터를 SPSS에 입력한 후 평점을 X축으로 하고 초임연봉을 Y축으로 하는 산점도를 그리시오.

② 회귀분석을 수행하여 회귀식의 설명력을 제시하시오.

③ 회귀분석을 수행하여 회귀식을 도출하고 독립변수의 회귀계수 및 회귀식에 대한 유의성을 검정하시오.

02 한 제조업체에서 생산량(개)과 그에 대응되는 총원가(만원)를 조사하였다. 다음 데이터를 이용하여 질문에 답하시오.

생산량	총원가
400	4,000
450	5,000
550	5,400
600	5,900
700	6,400
750	7,000
800	7,300
900	7,500
950	8,200
1,000	8,500

① 데이터를 SPSS에 입력한 후 생산량을 X축으로 하고 총원가를 Y축으로 하는 산점도를 그리시오.

② 회귀분석을 수행하여 회귀식의 설명력을 제시하시오.

③ 회귀분석을 수행하여 회귀식을 도출하고 독립변수의 회귀계수 및 회귀식에 대한 유의성을 검정하시오.

03 기대수명과 출생률 간의 관계를 분석하고자 한다. 데이터 파일 country19.sav를 이용하여 다음 질문에 답하시오.

① 출생률을 X축으로 하고 기대수명을 Y축으로 하는 산점도를 그리시오.

② 회귀분석을 수행하여 회귀식의 설명력을 제시하시오.

③ 회귀분석을 수행하여 회귀식을 도출하고 독립변수의 회귀계수 및 회귀식에 대한 유의성을 검정하시오.

04 스포츠과학연구소에서는 GDP와 올림픽에서의 메달 획득개수 간의 관계를 조사하고 있다. 이를 위해 2012년 런던 올림픽에서의 국가별 메달 획득개수와 해당 국가의 GDP 데이터를 수집하였다(olympic.sav 데이터 파일). 다음 질문에 답하시오.

① 회귀분석을 수행하여 회귀식의 설명력을 제시하시오.

② 회귀분석을 수행하여 회귀식을 도출하고 독립변수의 회귀계수 및 회귀식에 대한 유의성을 검정하시오.

05 던킨도너츠 상계점에서는 냉음료판매량과 습도 간의 관계를 분석하고자 한다. 이를 위해 매장을 방문한 소비자들을 대상으로 냉음료판매량과 습도에 관한 데이터를 수집하였다(iceddrink.sav 데이터 파일). 다음 질문에 답하시오.

① 회귀분석을 수행하여 회귀식의 설명력을 제시하시오.

② 회귀분석을 수행하여 회귀식을 도출하고 독립변수의 회귀계수 및 회귀식에 대한 유의성을 검정하시오.

다중회귀분석

Chapter 10

Chapter 10

다중회귀분석

단순회귀분석을 통해 우리는 종속변수와 선형관계를 갖는 독립변수가 하나인 경우를 살펴보았다. 하지만 일반적으로 하나의 독립변수만으로 종속변수를 설명하는 경우는 드물다. 예를 들어, 쌀 수확량에는 온도, 습도, 강수량 등 다양한 요인이 영향을 미친다. 온라인쇼핑몰의 구매행위에 영향을 미치는 요인에는 가격만 있는 것은 아니다. 품질, 서비스 등 전통적 상거래 행위와 관련된 요인이 영향을 미치며 이 밖에도 온라인쇼핑몰 디자인, 시스템 반응속도, 사업자에 대한 신뢰 등 다양한 요인이 추가로 포함될 수 있다. 이처럼 종속변수와 두 개 이상의 독립변수 간의 선형관계를 도출하는 통계분석기법을 **다중회귀분석(multiple regression analysis)**이라고 한다.

10.1 회귀식의 도출

우리는 앞 장에서 도시인구비율을 이용하여 한 국가의 기대수명을 예측하였다. 여기에서는 다중회귀분석 절차에 따라 도시인구비율 이외의 추가적인 독립변수를 이용하여 기대수명을 예측한다(country.sav 데이터 파일; NationMaster.com 2010). 사용할 독립변수로는 기존에 사용했던 도시인구비율(백분율) 이외에 GDP(1인당), 출생률(1,000명당), 병상비율(1,000명당) 등을 추가로 이용한다. 이들 독립변수를 이용한 다중회귀방정식은 다음과 같은 회귀모델로 표현할 수 있다.

$$\text{기대수명} = b_0 + b_1 \times \text{도시인구비율} + b_2 \times \text{GDP} + b_3 \times \text{출생률} + b_4 \times \text{병상비율}$$

독립변수가 하나인 단순회귀분석에서와 마찬가지로 최소자승법을 이용하여 회귀계수를 추정한다. 최소자승법을 이용하면 관측값과 예측값 간의 차이의 제곱합을 최소화하는 회귀모델을 도출할 수 있으며 이렇게 도출된 b_i가 회귀모델의 회귀계수가 된다.

회귀계수를 추정하기 전에 독립변수들이 종속변수에 대해 선형관계를 갖는지 살펴볼 필요가

▶ 그림 10-1 ▌산점도 행렬: 기대수명, 도시인구비율, GDP, 출생률, 병상비율

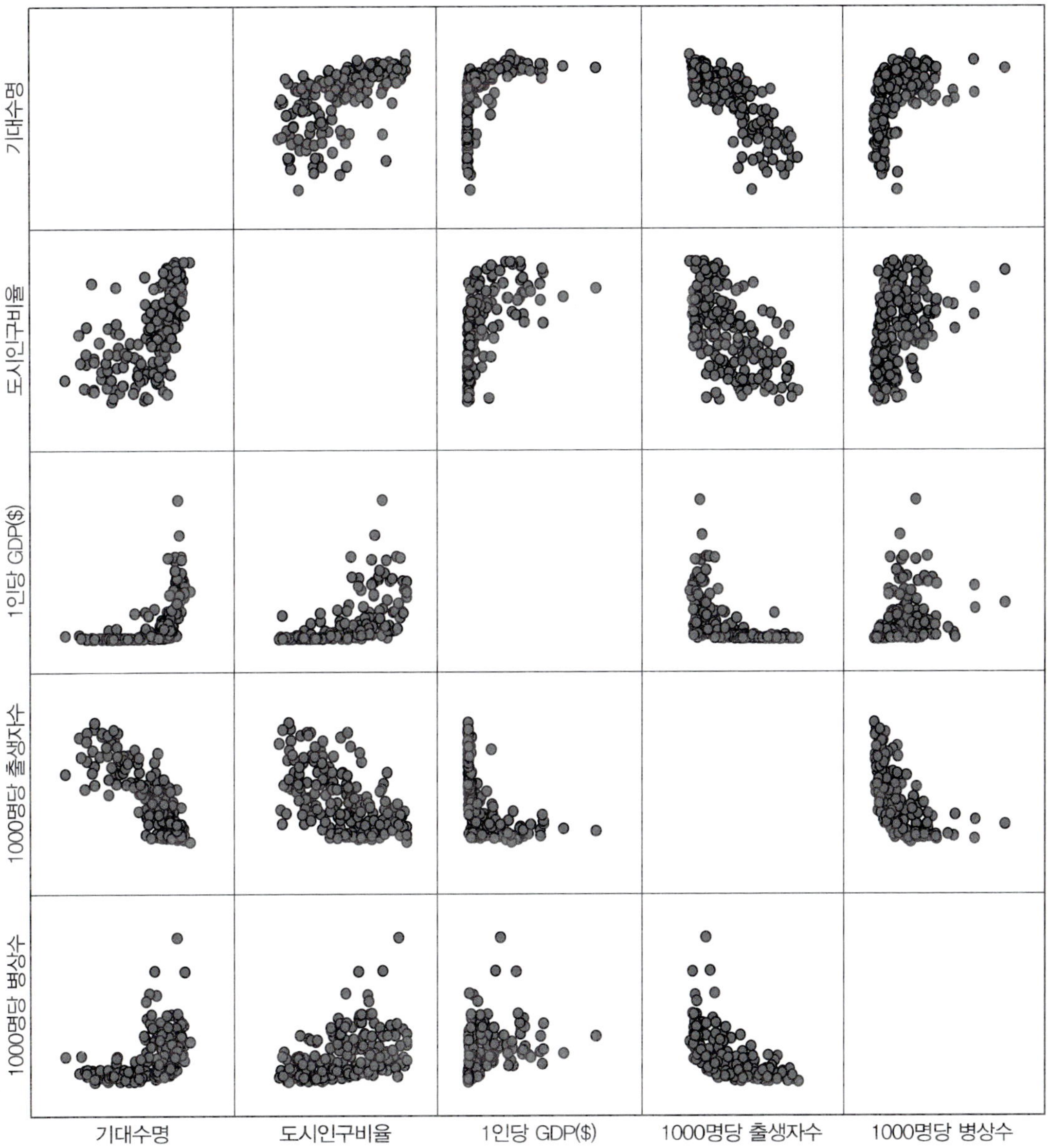

SPSS 메뉴에서 『그래프 > 레거시 대화상자 > 산점도/점도표』를 선택한 후 『산점도/점도표』 대화상자에서 『행렬 산점도』를 선택하고 『정의』를 클릭한다. 『행렬 변수』에 대상 변수를 옮긴 후 『확인』을 클릭한다(country.sav 데이터 파일). 필요할 경우 도표편집기를 이용하여 편집한다. 『편집 > 특성』 메뉴를 선택한 후 『특성』 대화상자에서 『도표 크기』 탭을 이용하여 크기를 조정할 수 있다.

그림 10-2 ▎산점도 행렬: 자연로그 변환 후

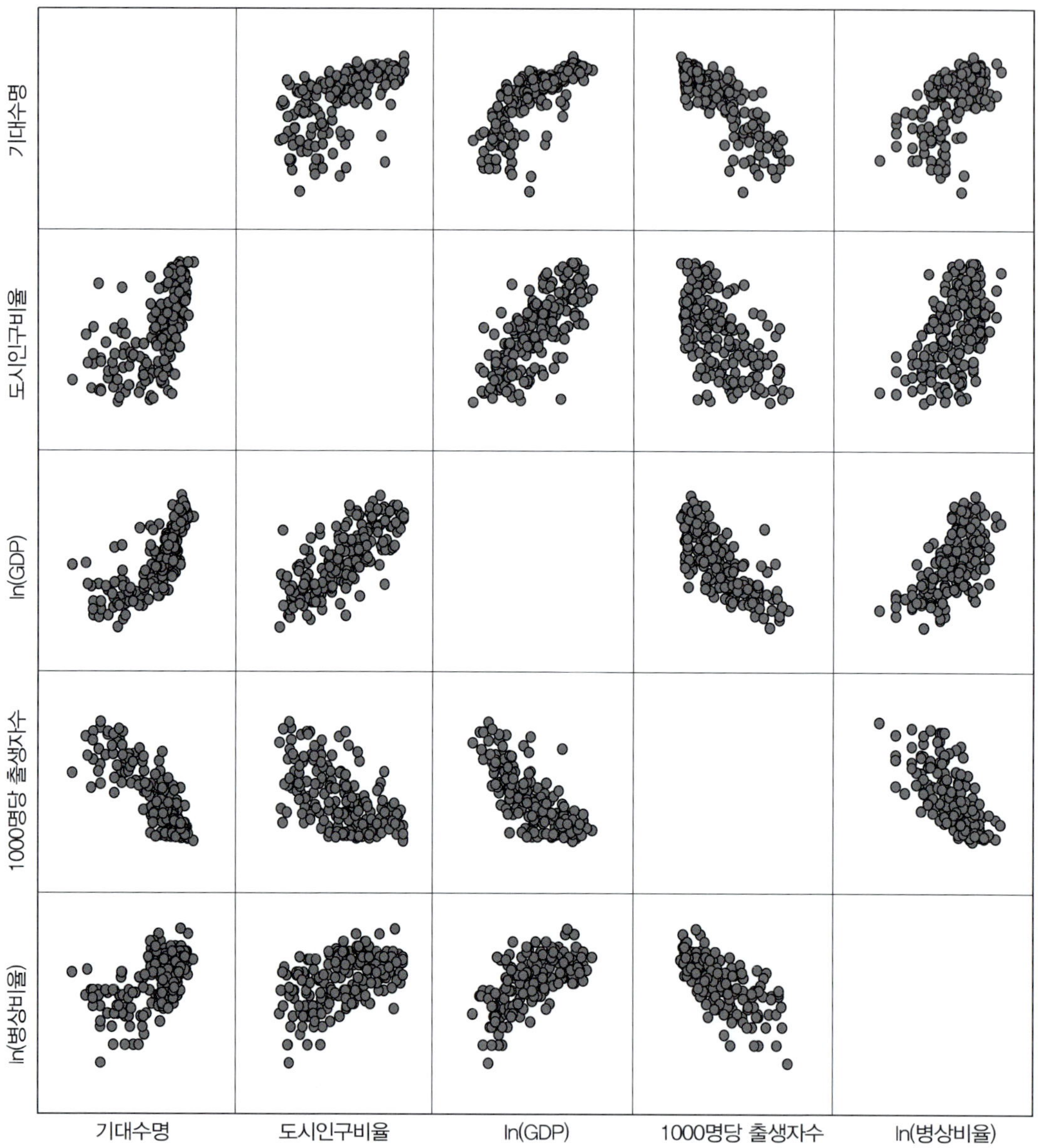

SPSS의 『변환 > 변수 계산』 메뉴를 이용하여 기존 변수값을 자연로그를 취한 값으로 변환한다(country.sav 데이터 파일).

있다. 앞 장에서 살펴보았듯이 이는 모집단에 대한 회귀식을 추정하기 위한 가정 중의 하나이다. 만약 선형관계가 아니라면 변수들 간에 선형관계를 갖도록 데이터를 변환시켜야 한다. 변수값에 로그나 제곱근을 취함으로써 비선형적 관계를 선형적 관계로 변환시키는 것이 가능하다. 독립변수인 도시인구비율, GDP, 출생률, 병상비율 변수가 종속변수인 기대수명과 선형관계를 갖는지 파악하기 위해 [그림 10-1]과 같은 산점도 행렬을 그려보았다. 산점도 행렬의 첫 번째 행은 종속변수인 기대수명과 네 개 독립변수 간의 관계를 보여준다.

기대수명과 도시인구비율은 대체적으로 정의 선형관계를 갖고 있는 것처럼 보이며 기대수명과 출생률은 음의 선형관계를 갖고 있는 것처럼 보인다. 나머지 두 변수 GDP와 병상비율은 기대수명과 관련은 있어 보이나 선형관계처럼 보이지는 않는다. 따라서 이들 변수로 다중회귀분석을 수행하기 위해서는 이들 비선형관계 변수들을 종속변수와 선형관계를 갖도록 변환할 필요가 있다. 여기에서는 이들 두 변수에 자연로그를 취하여 종속변수와 선형관계를 갖도록 변환한다.[1)]

[그림 10-2]는 GDP와 병상비율의 관측값을 자연로그로 변환한 후의 산점도 행렬이다. [그림 10-2]의 첫 번째 행을 보면 변환 전과는 달리 독립변수인 GDP와 병상비율도 종속변수인 기대수명과 확연한 정의 선형관계를 나타내고 있다. 이제 모든 독립변수가 종속변수와 선형관계가 있음을 확인하였으므로 모집단의 회귀모델을 추정하기 위하여 이들 선형관계를 확인한 독립변수를 이용하여 다중회귀분석을 수행한다. 다중회귀분석을 수행한 결과로 [그림 10-3]과 같은 회귀계수표를 얻을 수 있다. 회귀계수는 [그림 10-3] 회귀계수표의 'B'열에서 확인할 수 있다.

그림 10-3 | 다중회귀모델: 기대수명[a]

모형		비표준화계수		표준화계수		
		B	표준오차	베타	t	유의확률
1	(상수)	68.223	4.759		14.335	.000
	도시인구비율	.041	.028	.087	1.479	.141
	GDP_로그	1.683	.536	.238	3.138	.002
	출생률	−.640	.065	−.669	−9.800	.000
	병상비율_로그	−1.327	.690	−.110	−1.924	.056

a. 종속변수: 기대수명

SPSS 메뉴에서 『분석 > 회귀분석 > 선형』을 선택한 후 『선형 회귀』 대화상자에서 『종속변수』에 기대수명 변수를, 『독립변수』에 도시인구비율, GDP_로그, 출생률, 병상비율_로그 변수를 지정한다(country.sav 데이터 파일).

1) 변수의 변환 방법은 이 장 후반부의 'SPSS 활용'을 참고한다.

[그림 10-3]의 회귀계수를 바탕으로 회귀식은 다음과 같이 표현된다.

$$기대수명=68.223+0.041\times 도시인구비율+1.683\times GDP\_로그-0.640\times 출생률 -1.327\times 병상비율\_로그$$

다중회귀식에서 특정 독립변수의 회귀계수는 다른 독립변수의 변화가 없다는 가정하에서 그 변수가 한 단위만큼 변화할 때의 종속변수의 변화량을 나타낸다. +의 회귀계수는 독립변수의 값이 증가할 때 종속변수의 값 역시 증가함을 뜻하며, −의 회귀계수는 독립변수의 값이 증가할 때 종속변수의 값은 감소함을 의미한다. 각 독립변수의 회귀계수는 모델에 포함된 다른 독립변수의 영향을 받기 때문에 모델에 함께 포함된 독립변수에 따라서 회귀계수의 값이 변화될 수 있고 그 회귀계수의 유의성이 달라지기도 한다. 즉 각 독립변수의 회귀계수 및 유의성은 불변이 아니며 모델에 함께 투입된 독립변수가 무엇이냐에 따라서 달라질 수 있다.

여기에서 자연로그로 표현된 회귀계수의 의미에 대해 좀 더 살펴보자. 독립변수 GDP_로그의 회귀계수가 의미하는 바는 GDP_로그 1단위의 증가는 기대수명 1.683년의 증가를 가져온다는 것이다. 이 회귀식에서 GDP_로그는 GDP에 자연로그를 취한 값으로 변환되어 있으므로 여기에서 말하는 GDP_로그 1단위의 증가는 자연로그로 표현된 1단위의 증가를 의미한다. 예를 들어, 자연로그로 표현된 GDP가 1에서 2로 1단위 증가한다는 것은 실제 GDP는 2.718에서 7.389로 증가한다는 것을 의미한다($\ln(GDP)=1$, $GDP=e^1=2.718$; $\ln(GDP)=2$, $GDP=e^2=7.389$). 따라서 이렇게 원래값으로부터 변환된 값으로 회귀분석을 수행한 경우에는 회귀계수에 대한 해석 시 주의를 필요로 한다.

회귀계수의 크기는 변수의 설명력 정도와 큰 관련이 없다. 왜나하면 회귀계수의 크기는 대개 변수의 측정단위와 관계가 있기 때문이다. 따라서 회귀계수의 크기만을 보고 어느 변수의 예측력이 더 큰지를 얘기할 수는 없다. 예를 들어, 센티미터(cm)로 측정된 키, 킬로그램(kg)으로 측정된 몸무게, 인치(inch)로 측정된 허리둘레로 구성된 회귀식으로 종속변수인 비만 정도를 예측하고자 할 때 회귀계수만을 보고 어느 변수가 비만 정도의 예측에 더 큰 기여를 하는지 얘기하기는 어렵다. 왜냐하면 이들 변수의 단위가 서로 달라서 직접적 비교가 불가능하기 때문이다. 게다가 측정단위를 무엇으로 사용하느냐에 따라서도 회귀계수의 크기는 달라진다. 예를 들어, 센티미터로 측정된 변수에 대한 회귀계수는 밀리미터(mm)로 측정된 경우에 비해 10배 더 클 것이고, 따라서 키를 밀리미터로 측정하면 결과가 달라진다. 이럴 경우 변수 간의 비교를 위해 사용할 수 있는 것이 표준화계수인 베타이다. 표준화계수 베타는 독립변수와 종속변수를 평균 0, 표준편차 1로 표준화한 후 회귀분석을 하여 얻은 계수이다. [그림 10-3] 회귀계수표의 '표준화계수' 열에서 확인할 수 있는 베타는 종속변수에 대한 독립변수의 영향력을 비교하는 데 유용하게 이용될 수 있다. 독립변수가 하나일 때는 단순회귀분석에서 살펴본 것처럼 표준화계수와 상관계수가 일치한다. 하지만 두 개 이상의 독립변수가 있을 때는 표준화계수는 더이상 상관계수와 동일하지 않으며, 그 크기 또한 −1과 +1 사이의 값으로 한정되지 않는다.

10.2 회귀식의 설명력

회귀분석을 수행한 후 먼저 살펴보아야 할 분석결과 중의 하나는 회귀모델의 설명력, 즉 관측된 데이터와 도출된 회귀모델 간의 적합도 수준이다. 왜냐하면 만일 데이터와 회귀모델 간의 적합도가 만족스럽지 못하다면 도출된 회귀식의 유용성 또한 예측력(설명력)의 관점에서 만족스럽지 못할 것이기 때문이다. [그림 10-4]는 회귀모델의 설명력을 보여준다.

[그림 10-4]의 R제곱 0.718은 종속변수 기대수명의 관측된 분산의 71.8%가 네 개 독립변수에 의해 설명되고 있음을 나타낸다. R은 종속변수인 기대수명의 실제 관측된 값과 회귀식에 의해 예측된 값 간의 상관계수를 나타낸다. 1에 가까울수록 독립변수들에 의해 종속변수가 잘 설명되고 있음을 의미하며, 0에 가까울수록 그렇지 않음을 나타낸다. 여기의 예에서는 R이 0.847로서 독립변수들이 종속변수를 잘 설명하고 있음을 보여준다. 회귀식은 추정에 사용된 표본 데이터에 최적화되어 있기 때문에 다른 어떤 표본 데이터보다도 현재의 표본 데이터에 대해서 항상 더 나은 설명력을 보여준다. 수정된 R제곱은 이처럼 과적합된 현재의 설명력 R제곱을 보정하여 R제곱을 낮춰준다.

두 개의 회귀모델 간의 설명력을 비교하기 위해서는 **R제곱 변화량(R^2 change)**을 계산한다. R제곱 변화량은 기준이 되는 회귀모델에 독립변수를 추가로 포함시킬 경우 증가되는 설명력을 나타낸다. 예를 들어, 출생률과 병상비율이 기대수명의 예측에 기여하는 정도를 보기 위해서는 이들 두 변수가 포함되지 않은 모델의 설명력과 추가로 포함시킨 모델의 설명력을 비교하여 그 설명력의

그림 10-4 ▌ 모델적합도: 기대수명[b]

모형	R	R제곱	수정된 R제곱	추정값의 표준오차
1	.847[a]	.718	.711	6.1321

a. 예측자: (상수), 병상비율_로그, 도시인구비율, 출생률, GDP_로그
b. 종속변수: 기대수명

그림 10-5 ▌R제곱 변화량

모형	R	R제곱	수정된 R제곱	추정값의 표준오차	통계량 변화량				
					R제곱 변화량	F 변화량	자유도1	자유도2	유의확률 F 변화량
1	.746[a]	.557	.552	7.6366	.557	115.139	2	183	.000
2	.847[b]	.718	.711	6.1321	.160	51.406	2	181	.000

a. 예측자: (상수), GDP_로그, 도시인구비율
b. 예측자: (상수), GDP_로그, 도시인구비율, 병상비율_로그, 출생률

SPSS 메뉴에서 『분석 > 회귀분석 > 선형』을 선택한 후 『선형 회귀』 대화상자에서 『종속변수』에 기대수명 변수를, 『독립변수』의 블록 1에 도시인구비율과 GDP_로그 변수를, 블록 2에 출생률과 병상비율_로그 변수를 지정한다. 그리고 『선형 회귀: 통계량』 대화상자에서 『R제곱 변화량』을 선택한다(country.sav 데이터 파일).

증가분을 살펴볼 필요가 있다. [그림 10-5]를 보면 GDP와 도시인구비율을 독립변수로 하는 모델 1의 R제곱은 0.557이고, 모델 1에 추가로 출생률과 병상비율을 포함시킨 모델 2의 R제곱은 0.718이다. 출생률과 병상비율을 모델에 포함시킴으로써 늘어난 설명력인 R제곱 변화량은 0.160으로 나타났다. '유의확률 F 변화량' 열에는 "모집단에서의 R제곱 변화량은 0이다"라는 귀무가설을 검정하기 위한 F 변화량에 대한 유의확률이 제시된다.

첫 번째 모델에 대한 F 변화량 유의확률은 0.000으로서 "GDP와 도시인구비율의 투입이 R제곱을 변화시키지 않는다(즉 R제곱 변화량=0)"는 귀무가설을 유의수준 0.01에서 기각한다. 이는 아무런 독립변수도 포함되지 않은 모델과 GDP 및 도시인구비율이 포함된 첫 번째 모델 간에 유의적인 설명력의 변화가 있음을 나타낸다. 두 번째 모델에 대한 F 변화량 유의확률은 0.000으로서 "첫 번째 모델에 추가로 출생률과 병상비율을 포함시키는 것이 R제곱을 변화시키지 않는다(즉 R제곱 변화량=0)"는 귀무가설을 유의수준 0.01에서 기각한다. 다시 말해 추가로 모델에 투입된 출생률과 병상비율은 기대수명의 예측에 유의한 추가적 설명력을 제공한다.

10.3 회귀식 및 회귀계수의 가설검정

[그림 10-6]의 분산분석표를 이용하여 회귀식의 유의성을 검정할 수 있다. F값은 114.986으로서 유의확률이 0.000이므로 "종속변수인 기대수명과 네 개 독립변수 간에 선형관계가 없다"는 귀무가설을 기각한다. 다시 말해 독립변수 가운데 적어도 하나는 0이 아닌 회귀계수를 갖는다. 분산분석표의 제곱합을 이용하면 회귀식의 설명력 R제곱을 구하는 것이 가능하다. 회귀 제곱합을 전체 제곱합으로 나누면 $\left(\frac{17,295.149}{24,101.217}\right)$ [그림 10-4]에 나타난 R제곱 0.718을 구할 수 있다.

[그림 10-3]의 회귀계수표를 통해 각 회귀계수에 대한 유의성검정을 수행할 수 있다. 이는 t값과 유의확률을 이용하여 "모집단에서의 각 회귀계수는 0이다"라는 귀무가설을 검정하는 것으로 앞 장에서 다룬 단순회귀분석에서의 검정절차와 동일하다. [그림 10-3]을 보면 유의수준 0.05에서 GDP와 출생률의 회귀계수가 0이라는 귀무가설은 기각되었다. GDP와 출생률의 회귀계수에 대한 관측된 유의확률은 각각 0.002와 0.000으로서 유의수준 0.05보다 작다. 반면에 도시인구비율과 병상비율의 회귀계수가 0이라는 귀무가설은 기각하지 못하였다. 도시인구비율과 병상비율의 회귀계수에 대한 관측된 유의확률은 각각 0.141과 0.056으로서 유의수준 0.05보다 크다.

그러나 다중회귀분석 결과 도출된 도시인구비율과 병상비율의 회귀계수가 이처럼 유의적이지 않다고 해서 이들 두 변수가 기대수명을 예측할 때 전혀 유용하지 않다는 것은 아니다. 우리는 앞 장의 단순회귀분석에서 도시인구비율과 기대수명 간에 유의적인 선형관계가 있음을 이미 확인한 바 있다. 이처럼 다중회귀분석에서 유의적인 결과가 나오지 않았다고 하더라도 그 독립변수 단독으로 혹은 다른 변수와의 조합으로 종속변수와 회귀분석을 수행했을 때는 유의한 결과가 나올 수도 있다. 왜냐하면 이들 변수는 우리가 현재 다루고 있는 회귀모델에 포함된 더욱 강력한 다른 독립변수로 인해 회귀모델을 유의하게 설명하지 못하고 있을 가능성이 있기 때문이다. 이처럼 하나의 독립변수만 포함되는 단순회귀분석과 달리 여러 독립변수가 포함되는 다중회귀분석에 있어서의 특정

그림 10-6 **분산분석표: 기대수명[a]**

모형		제곱합	자유도	평균제곱	F	유의확률
1	회귀	17295.149	4	4323.787	114.986	.000[b]
	잔차	6806.068	181	37.603		
	전체	24101.217	185			

a. 종속변수: 기대수명
b. 예측자: (상수), 병상비율_로그, 도시인구비율, 출생률, GDP_로그

그림 10-7 ▌상관관계: 기대수명, 도시인구비율, GDP, 출생률, 병상비율

		기대수명	도시인구비율	GDP_로그	출생률	병상비율_로그
Pearson 상관계수	기대수명	1	.595**	.743**	-.823**	.558**
	도시인구비율	.595**	1	.737**	-.576**	.475**
	GDP_로그	.743**	.737**	1	-.766**	.645**
	출생률	-.823**	-.576**	-.766**	1	-.708**
	병상비율_로그	.558**	.475**	.645**	-.708**	1
유의확률 (양측)	기대수명		.000	.000	.000	.000
	도시인구비율	.000		.000	.000	.000
	GDP_로그	.000	.000		.000	.000
	출생률	.000	.000	.000		.000
	병상비율_로그	.000	.000	.000	.000	
N	기대수명	186	186	186	186	186
	도시인구비율	186	186	186	186	186
	GDP_로그	186	186	186	186	186
	출생률	186	186	186	186	186
	병상비율_로그	186	186	186	186	186

**. 상관관계가 0.01 수준에서 유의합니다(양측).

SPSS 메뉴에서 『분석 > 상관분석 > 이변량 상관』을 선택한 후 『변수』에 상관관계를 파악하고자 하는 대상 변수를 옮겨 선택하고 『확인』을 클릭하면 상관관계분석을 수행할 수 있다(country.sav 데이터 파일). 출력결과를 더블클릭하여 나타나는 『피벗 트레이』를 이용하여 상관계수표를 편집할 수 있다. 상관계수 행렬은 『분석 > 회귀분석 > 선형』 메뉴의 『선형 회귀: 통계량』 대화상자에서 『기술통계』를 선택하여 구할 수도 있다.

독립변수의 유의성은 다른 독립변수와의 관계에 의해서도 영향을 받는다. [그림 10-7]의 상관계수 행렬을 통해 이를 좀 더 살펴보자. [그림 10-7]의 상관계수 행렬은 회귀모델에 포함된 모든 변수 간의 상관계수를 보여준다. 'Pearson 상관계수' 행에는 변수 간의 상관계수가 나타나며, '유의확률(양측)' 행에서는 이들 상관계수의 유의성을 확인할 수 있다. 'N' 행은 표본의 개수를 나타낸다.

다중회귀분석 결과 "모집단 회귀계수는 0이다"라는 귀무가설을 기각할 수 없었던 두 독립변수 도시인구비율 및 병상비율과 종속변수인 기대수명과의 상관계수를 살펴보자. 각각 0.595와 0.558이고 유의확률은 모두 0.000으로서 "모집단에서의 상관계수는 0이다"라는 귀무가설을 기각할 수 있다. 따라서 두 독립변수와 종속변수를 개별적으로 살펴보았을 때 두 변수는 종속변수와 관련성이 있다. 다중회귀분석에서는 두 독립변수의 회귀계수가 0이 아니라고 주장할 수 없다는 결론이 도출된 반면(즉 두변수 간에 선형관계가 존재하지 않음), 상관관계분석에서는 두 독립변수의 종속변수에 대한 상관계수가 0이라고 주장할 수 없다는 결론이 도출되었다(즉 두 변수 간에 선형관계가 존재함). 그렇다면 왜 이런 서로 상반된 결과가 나왔을까? 그 이유는 다중회귀분석에서는 다른 독립변수와의 관계도 고려되는 반면, 상관관계분석에서는 종속변수와의 개별적인 관계에만 주목하기 때문이다.

[그림 10-7]의 상관계수 행렬을 다시 한 번 보자. 각 독립변수들은 종속변수와 유의한 상관관계를 갖고 있을 뿐만 아니라 독립변수들끼리도 서로 유의한 상관관계를 갖고 있다. 예를 들어, 도시인구비율과 GDP의 상관계수는 0.737이고, 병상비율과 GDP의 상관계수는 0.645로서 비교적 높은 수준의 상관관계를 갖고 있다. 따라서 GDP가 회귀모델에 포함된다면 GDP와 높은 상관관계를 갖고 있는 도시인구비율과 병상비율은 기대수명에 대한 추가적인 설명을 제공할 여력이 작아지게 된다. 왜냐하면 이 두 변수가 기대수명을 설명하기 위해 갖고 있는 정보는 이미 GDP에 의해 상당부분 설명될 수 있기 때문이다. 이 두 변수는 GDP가 이미 회귀모델에 포함되어 있는 상황에서는 중복의 의미를 갖게 된다.

그렇다면 두 변수와 공통적으로 높은 상관계수를 갖는 GDP를 회귀모델에서 제외해보자. [그림 10-8]은 GDP를 제거한 상태에서 다중회귀분석을 수행한 결과이다. GDP를 모델의 독립변수에서 제거하자 다른 독립변수의 회귀계수 및 유의성이 변화되었다. 도시인구비율의 회귀계수는 0.041에서 0.089로 두 배 이상 증가하였으며 비유의적이었던 회귀계수가 유의적인 것으로 바뀌었다(하지만 병상비율의 회귀계수는 여전히 비유의적으로 남아 있다).

도시인구비율과 병상비율은 GDP뿐만 아니라 출생률과도 높은 상관관계를 갖고 있다(각각 −0.576과 −0.708). 이번에는 출생률을 회귀모델에서 제거하고 다중회귀분석을 수행할 경우 어떠한 변화가 일어나는지 살펴보자. [그림 10-9]는 출생률이 독립변수에서 제거된 후의 다중회귀분석 결과이다. 병상비율의 회귀계수가 −에서 +로 바뀌었고 비유의적이었던 회귀계수는 통계적으로

그림 10-8 ▌다중회귀모델: GDP 제거[a]

모형		비표준화계수		표준화계수		
		B	표준오차	베타	t	유의확률
1	(상수)	80.979	2.534		31.956	.000
	도시인구비율	.089	.024	.188	3.783	.000
	출생률	-.734	.059	-.768	-12.372	.000
	병상비율_로그	-.904	.693	-.075	-1.305	.194

a. 종속변수: 기대수명

그림 10-9 | 다중회귀모델: 출생률 제거[a]

모형		비표준화계수		표준화계수	t	유의확률
		B	표준오차	베타		
1	(상수)	30.751	3.496		8.795	.000
	도시인구비율	.049	.034	.103	1.431	.154
	병상비율_로그	1.615	.766	.134	2.108	.036
	GDP_로그	4.103	.587	.580	6.986	.000

a. 종속변수: 기대수명

0이 아니라는 유의성을 갖게 되었다(하지만 도시인구비율의 회귀계수는 여전히 비유의적으로 남아 있다).

회귀모델에 어떤 변수들이 포함되느냐에 따라 동일한 독립변수일지라도 유의성에 있어서 차이가 나타난다. GDP가 제거되었을 경우에는 도시인구비율이 유의적으로 바뀐 반면, 출생률이 제거되었을 경우에는 병상비율이 유의적으로 변화하였다. 이처럼 독립변수들이 서로 높은 관련성을 가질 경우 회귀계수의 유의성은 회귀모델에 포함된 다른 독립변수의 영향을 받게 된다. 따라서 다중회귀분석의 결과만을 가지고 특정 독립변수의 유의성 여부를 말하고자 할 때는 주의를 기울일 필요가 있다.

회귀모델에 포함된 독립변수들 간의 관련성 정도(즉 선형관계의 강도)는 회귀모델을 해석하는 데 있어서 중요한 의미를 갖는다. 독립변수들 간의 선형관계의 강도는 **공차한계(tolerance)**라는 통계량을 통해 측정할 수 있다. 공차한계는 각 독립변수별로 측정한다. 독립변수의 총분산 가운데 나머지 독립변수에 의해서 설명되지 않는 분산의 비율이 공차한계이다. 공차한계는 각 독립변수를 새로운 종속변수로 가정하고 나머지 독립변수를 새로운 독립변수로 가정하여 회귀분석을 수행하여 나온 R제곱(대상이 된 독립변수를 나머지 독립변수들이 설명하는 비율)을 1에서 차감(대상이 된 독립변수를 나머지 독립변수들이 설명하지 못하는 비율, 즉 이것이 공차한계)하여 계산한다. 공차한계는 0에서 1 사이의 값을 가지며 공차한계가 1에 가까울수록 다른 독립변수들이 그 독립변수의 분산을 설명하지 못한다는 뜻이고, 이는 그 독립변수와 다른 독립변수들 간에는 선형관계가 약하다는 의미로 해석할 수 있다. 반면에 공차한계가 0에 가까울수록 다른 독립변수들이 그 독립변수의 분산을 잘 설명해주고 있다는 뜻이고, 이는 그 독립변수와 다른 독립변수들 간에는 상당한 선형관계가 있다는 의미로 해석할 수 있다.

공차한계가 0에 가까운 독립변수가 회귀모델에 포함되는 경우 우리는 독립변수 간에 강한 선형관계가 있다고 판단할 수 있으며 이러한 특성을 갖는 데이터를 **다중공선성(multicollinearity)**이 존재한다고 말한다. 일반적으로 공차한계 0.1 이하일 경우 다중공선성이 존재하는 것으로 판단한다. 공차한계의 역수를 **분산팽창지수(variance inflation factor, VIF)**라고 하며 공차한계와 함께 다중공선성을 진단하는 통계량으로 사용한다. 분산팽창지수는 공차한계의 역수이기 때문에 일반적으로 VIF 10 이상일 경우 다중공선성이 존재하는 것으로 판단한다. 다중공선성이 존재하는 데이터로 다중회귀분석을 수행할 때는 앞서 설명한 대로 해석상에 주의를 기울일 필요가 있다. 다중공선성이 존재할 경우에는 분산분석의 F통계량에 의해 회귀식의 전반적인 유의성이 확인되더라도(즉 모집단 회귀계수가 모두 0이라는 귀무가설이 기각) t값에 의한 개별 회귀계수에 대한 유의성이 나타나지 않거나(즉 개별 회귀계수가 0이라는 귀무가설을 기각하지 못함) 또는 회귀계수가 상식에 반하는 부호를 갖기도 한다. [그림 10-10]은 다중공선성 통계량이 포함된 회귀계수표이다. 전반적으로 심각한 다중공선성은 존재하지 않는 것으로 보여지나(공차한계 > 0.1, VIF < 10), GDP와 출생률의 공차한계가 다른 독립변수에 비해 상대적으로 낮다. 이들과 높은 상관관계를 갖는 병상비율의 회귀계수가 −의 부호를 나타내는 것이 이러한 다중공선성의 영향일지도 모른다.[2)]

그림 10-10 ▌다중회귀모델: 다중공선성 통계량[a]

모형		비표준화계수		표준화계수	t	유의확률	공선성 통계량	
		B	표준오차	베타			공차	VIF
1	(상수)	68.223	4.759		14.335	.000		
	도시인구비율	.041	.028	.087	1.479	.141	.456	2.194
	GDP_로그	1.683	.536	.238	3.138	.002	.271	3.688
	출생률	−.640	.065	−.669	−9.800	.000	.335	2.988
	병상비율_로그	−1.327	.690	−.110	−1.924	.056	.474	2.112

a. 종속변수: 기대수명

SPSS 메뉴에서 『분석 > 회귀분석 > 선형』을 선택한 후 『선형 회귀: 통계량』 대화상자에서 『공선성 진단』을 선택한다(country.sav 데이터 파일).

2) 병상비율은 기대수명과 +의 관계를 갖는다고 생각하는 것이 보다 합리적이다.

10.4 회귀모델의 변수선택

다중회귀분석 수행 시 독립변수의 개수가 많을 경우 이들 독립변수 중 종속변수의 예측에 별 도움이 안 되는 변수를 제거한 좀 더 간결한 회귀모델을 구축하는 것이 유용할 수 있다. 통계패키지를 이용하여 종속변수를 설명하는 데 기여하지 못하는 변수들을 제거하고 종속변수의 예측에 도움이 되는 변수들로 구성된 회귀모델을 구축할 수 있다. SPSS에서는 전진선택법, 후진선택법, 단계선택법 등의 기본적인 세 가지 모델구축 방식을 제공한다.

이들 방법은 모두 특정 독립변수가 회귀모델에 진입(entry)되거나 제거(removal)될 때의 R제곱 변화량을 바탕으로 변수선택을 수행한다. SPSS에서 제공하는 변수선택 방법을 이용하기 위해서는 변수의 진입 및 제거를 위한 기준을 설정할 필요가 있다. 독립변수의 진입 및 제거 기준으로는 유의확률이나 F값 변화량을 주로 사용한다.

전진선택법(forward selection)은 상수항만을 갖는 모델부터 시작하여 단계별로 독립변수를 모델에 포함시켜가는 방법이다. 진입기준을 충족시키면서 R제곱을 가장 크게 증가시키는 변수가 우선적으로 선택된다. 각 단계마다 모델에 포함되지 않은 나머지 변수 중에서 진입기준을 충족시키면서 R제곱을 가장 크게 증가시키는 변수를 선택하여 모델에 포함시킨다. 진입기준을 충족시키는 변수가 더 이상 존재하지 않을 때까지 이러한 과정을 반복한다.

후진선택법(backward selection)은 전진선택법과는 반대로 모든 독립변수가 포함된 모델부터 시작하여 단계별로 독립변수를 모델에서 제거해가는 방법이다. 우선 제거기준을 충족시키면서 R제곱 변화량에 있어서 가장 작은 변화를 가져오는 변수를 제거한다. 각 단계마다 모델에 포함된 변수 중에서 제거기준을 충족시키면서 가장 작은 R제곱 변화량을 가져오는 변수를 모델에서 제거한다. 제거기준을 충족시키는 변수가 더 이상 존재하지 않을 때까지 이러한 과정을 반복한다.

단계선택법(stepwise selection)은 가장 널리 사용되는 모델구축 방식으로서 전진선택법과 후진선택법을 혼합한 방식으로 수행된다. 전진선택법에서처럼 각 단계별로 진입기준을 충족시키면서 R제곱을 가장 크게 증가시키는 변수가 선택된다. 하지만 전진선택법과는 달리 각 단계에서 모델에 포함된 독립변수들을 평가하여 제거기준을 충족하는 변수를 제거한다. 따라서 이미 모델에 포함된 변수가 이후 단계에서 제거될 가능성도 있다.[3] 이런 식으로 새로이 진입되거나 제거되는 변수가 더 이상 존재하지 않을 때까지 동일한 과정을 반복한다.

---

3) 독립변수 간의 상관관계가 강하면 이런 일이 발생할 수 있다.

앞서 살펴보았던 종속변수 기대수명을 예측하기 위한 다중회귀분석을 단계선택법을 이용하여 수행해보자. 진입기준으로는 유의확률 0.05, 제거기준으로는 유의확률 0.10을 이용한다. 단계선택법을 사용할 때 진입기준은 제거기준보다 더 엄격한 기준을 사용해야 한다. 그렇지 않으면 동일변수가 진입되고 제거되는 과정이 무한히 반복될 수 있다.

여기에서 독립변수들은 다음과 같은 과정을 거쳐 모델에 포함된다.

- 우선 첫 번째 단계에서는 종속변수인 기대수명과 가장 큰 상관계수(절대값으로)를 갖는 변수를 찾아 모델에 진입시킨다. 여기에서는 출생률이 기대수명과 가장 높은 상관관계를 갖고 있으며 관측된 유의확률은 0.05보다 작다(진입기준 충족). 따라서 출생률 변수가 모델에 진입한다. [그림 10-11]의 '모형 1'에서 출생률이 모델에 진입되었음을 확인할 수 있다.
- 두 번째 단계에서는 모델에 포함되지 않은 변수 가운데 종속변수와 가장 높은 상관관계를 가지면서 진입조건을 충족하는 변수를 찾아 추가로 모델에 진입시킨다. 전 단계에서 모델에 포함되지 않은 변수들은 [그림 10-12]의 '모형 1'에서 확인할 수 있다. GDP의 상관계수가 가장 크며, 따라서 GDP가 모델에 추가로 진입된다. GDP가 진입기준을 충족하여 모델에 추가로 포함되었음을 [그림 10-11]의 '모형 2'에서 확인할 수 있다.
- 세 번째 단계에서는 모델에 포함된 변수 가운데 제거기준(유의확률 0.10 이상)을 충족하는 변수가 있는지를 점검하여 제거기준을 충족하는 변수가 있으면 제거한다. 제거기준을 충족하는 변수가 더 이상 없을 때까지 이 단계를 반복한다. 현재 우리의 모델에 포함된 두 변수는 이러한 기준을 충족하지 않는다. 따라서 현 단계에서 모델로부터 제거될 변수는 없다.

그림 10-11 ▌입력/제거된 변수[a]

모형	입력된 변수	제거된 변수	방법
1	출생률	.	단계선택 (기준: 입력에 대한 F의 확률 <= .050, 제거에 대한 F의 확률 >= .100).
2	GDP_로그	.	단계선택 (기준: 입력에 대한 F의 확률 <= .050, 제거에 대한 F의 확률 >= .100).

a. 종속변수: 기대수명

SPSS 메뉴에서 『분석 > 회귀분석 > 선형』을 선택한 후 『선형 회귀』 대화상자에서 『종속변수』에 기대수명 변수를, 『독립변수』에 도시인구비율, GDP_로그, 출생률, 병상비율_로그 변수를 지정한다. 『방법』 리스트 박스에서 『단계선택』을 선택한 후 『선형 회귀: 옵션』 대화상자에서 진입기준 0.05, 제거기준 0.10을 입력한다(country.sav 데이터 파일).

그림 10-12 | 제외된 변수[a]

모형		베타 입력	t	유의확률	편상관계수	공선성 통계량
						공차
1	도시인구비율	.181[b]	3.649	.000	.260	.668
	GDP_로그	.273[b]	4.388	.000	.309	.413
	병상비율_로그	−.050[b]	−.840	.402	−.062	.499
2	도시인구비율	.088[c]	1.494	.137	.110	.456
	병상비율_로그	−.112[c]	−1.938	.054	−.142	.474

a. 종속변수: 기대수명
b. 모형 내의 예측자: (상수), 출생률
c. 모형 내의 예측자: (상수), 출생률, GDP_로그

그림 10-13 | 모델별 R제곱

모형	R	R제곱	수정된 R제곱	추정값의 표준오차	통계량 변화량				
					R제곱 변화량	F 변화량	자유도1	자유도2	유의확률 F 변화량
1	.823[a]	.678	.676	6.4985	.678	386.713	1	184	.000
2	.842[b]	.708	.705	6.1982	.031	19.257	1	183	.000

a. 예측자: (상수), 출생률
b. 예측자: (상수), 출생률, GDP_로그

▶ 두 번째와 세 번째 단계를 반복한다. 진입 및 제거기준을 충족하는 변수가 더 이상 존재하지 않으면 변수선택 과정은 종료된다. 그렇지 않으면 진입 및 제거기준을 충족하는 변수가 없을 때까지 진입 및 제거과정을 반복한다. [그림 10-11] 및 [그림 10-12]의 '모형 1' 및 '모형 2'에서 현재 모델에 최종 포함된 변수와 제외된 변수를 확인할 수 있다. 진입 및 제거기준을 충족하는 변수가 더 이상 없으며, 따라서 여기에서 변수선택 과정을 종료한다.

[그림 10-13]에서 각 단계별 R제곱 변화량을 확인할 수 있다. 출생률만 포함된 '모형 1'의 R제곱은 67.8%로 나타났으며, GDP를 추가로 모델에 포함시킨 '모형 2'에서의 R제곱은 70.8%로 증가하였다. '모형 1'과 '모형 2'의 R제곱 변화량은 유의수준 0.01에서 모두 통계적으로 유의하다.

[그림 10-14]에서 각 단계별로 도출된 회귀모델의 회귀계수를 확인할 수 있다. '모형 1'에서의 출생률의 회귀계수 −0.787은 '모형 2'에서 −0.588로 변화되었다. 다중회귀분석에서의 회귀계수는 함께 포함된 독립변수들 간에 상관관계가 존재할 경우 이처럼 변화할 수 있다.

▶ 그림 10-14 ▌ 모델별 회귀계수[a]

모형		비표준화계수		표준화계수	t	유의확률
		B	표준오차	베타		
1	(상수)	86.366	1.042		82.887	.000
	출생률	-.787	.040	-.823	-19.665	.000
2	(상수)	66.133	4.717		14.021	.000
	출생률	-.588	.059	-.614	-9.891	.000
	GDP_로그	1.927	.439	.273	4.388	.000

a. 종속변수: 기대수명

▶ 그림 10-15 ▌ 모델별 회귀식의 유의성[a]

모형		제곱합	자유도	평균제곱	F	유의확률
1	회귀	16330.897	1	16330.897	386.713	.000[b]
	잔차	7770.321	184	42.230		
	전체	24101.217	185			
2	회귀	17070.727	2	8535.364	222.171	.000[c]
	잔차	7030.490	183	38.418		
	전체	24101.217	185			

a. 종속변수: 기대수명
b. 예측자 (상수), 출생률
c. 예측자: (상수), 출생률, GDP_로그

[그림 10-15]는 각 단계별로 도출된 회귀모델의 유의성검정 결과이다. 출생률만이 투입된 '모형 1'과 출생률 및 GDP가 포함된 '모형 2'는 모두 통계적으로 유의하다(유의확률 0.000).

10.5 더미변수를 이용한 회귀분석

회귀분석을 위해서는 변수들이 모두 간격척도나 비율척도로 측정된 연속형 변수이어야 한다. 하지만 독립변수의 경우에는 명목척도나 서열척도와 같은 범주형 변수로 측정되었다 하더라도 이들 변수를 **더미변수(dummy variable)**로 변환하면 회귀분석이 가능하다. 더미변수란 어떤 속성(또는 사건)이 존재할 경우 그 값을 1로, 존재하지 않을 경우 그 값을 0으로 코딩한 인위적 변수를 말한다. 더미변수를 이용한 회귀분석을 통해 얻게 되는 회귀계수는 1로 코딩된 범주가 종속변수에 미치는 영향(또는 효과)을 나타낸다.

예를 들어, 성별과 같은 명목변수는 남자는 1, 여자는 0으로 코딩한 하나의 더미변수로 변환이 가능하다. 이 성별 더미변수를 독립변수로 하고 소득을 종속변수로 하여 회귀분석을 하여 얻게 되는 회귀계수는 코드값이 1인 범주, 즉 남자 범주의 소득에 대한 영향을 나타낸다. 이 회귀모델에서 성별 더미변수의 회귀계수는 다른 독립변수들이 일정하다고 가정할 때(다른 독립변수가 포함되어 있을 경우), 1로 코딩된 범주와 0으로 코딩된 범주 간의 종속변수 예측값의 차이를 나타낸다. 만일 이 더미변수가 통계적으로 유의하다면 성별은 소득과 관련이 있다고 결론 내릴 수 있다.

성별과 같이 더미변수로 변환될 독립변수의 범주가 두 가지뿐일 때는 기존 변수가 그대로 하나의 더미변수로 변환된다. 하지만 독립변수 범주의 개수가 두 개를 초과하여 세 개 이상일 때는 더미변수가 추가로 필요하다. 예를 들어, 계절이라는 명목변수는 네 개의 범주(봄=1, 여름=2, 가을=3, 겨울=4)를 갖고 있으며, 이 계절 변수를 이용하여 회귀분석을 하려면 [그림 10-16]과 같은 세 개의 더미변수가 필요하다. 더미변수의 개수는 범주의 개수보다 하나 작은 값을 갖는다.

이렇게 정의된 더미변수를 독립변수로 이용하여 계절요인이 종속변수인 매출액에 미치는 영향을 분석하려면 다음과 같이 회귀식을 정의한다.

$$\text{매출액} = b_0 + b_1 \times D1 + b_2 \times D2 + b_3 \times D3$$

더미변수의 값이 모두 0인 범주를 **기준범주(reference category)**라고 한다. 따라서 여기에서는 봄이 기준범주가 된다. 기준범주는 회귀분석의 결과로 도출된 회귀계수의 해석 시 기준이 되는 역할을 한다. 앞의 회귀식에서 b_1, b_2, b_3는 각각 더미변수 $D1$, $D2$, $D3$의 회귀계수를 나타내며, 이 회귀계수값은 각 더미변수에 대응되는 범주(즉 더미변수값이 1인 범주)와 기준범주(즉 봄) 간의 종속변수값의 평균차이를 의미한다. 따라서 여기에서 b_1은 여름과 봄 간의 평균 매출액의 차이를 나타내고, b_2는 가을과 봄 간의 평균 매출액 차이를, 그리고 b_3는 겨울과 봄 간의 평균 매출액 차이

그림 10-16 ▌계절 변수(명목변수)의 더미변수 변환

계절 변수	변수값	D1	D2	D3
봄	1	0	0	0
여름	2	1	0	0
가을	3	0	1	0
겨울	4	0	0	1

를 나타낸다. 이처럼 기준범주는 해석상의 기준이 되는 범주이므로 연구자가 해석상의 편의를 고려하여 결정한다.

회귀분석을 위해서는 범주를 나타내는 세 개의 더미변수를 동시에 모델에 포함시킨다. 더미변수의 개수는 세 개이지만 이들은 전체로서 하나의 범주형 변수를 나타낸다. 따라서 이들 더미변수의 유의성을 검정하기 위해서는 개별 회귀계수의 유의성을 살펴보기보다는 세 더미변수를 하나의 단일 변수로 바라볼 때의 유의성을 검정할 필요가 있다. 이와 같은 다중 범주를 갖는 범주형 변수의 전반적 유의성 검정은 두 개의 회귀모델 간의 설명력을 비교하기 위해 사용하는 R제곱 변화량을 계산하여 수행할 수 있다. 앞서 살펴본 것처럼 R제곱 변화량은 기준이 되는 회귀모델에 독립변수를 추가로 포함시킬 경우 증가되는 설명력을 나타낸다. 따라서 개별 범주를 나타내기 위해 사용한 더미변수가 모두 포함된 모델과 그 변수들이 모두 제거된 모델 간의 설명력 차이(즉 R제곱 변화량)를 살펴보아 그 차이가 유의적이면 더미변수가 나타내는 범주형 변수는 종속변수에 유의한 영향을 미치는 것으로 판단할 수 있다.

대학구내 학생식당에 대한 만족도와 학년 간의 관계를 더미변수를 이용하여 분석해보자(cafeteria.sav 데이터 파일). 이를 위해 학년 변수를 [그림 10-17]과 같이 더미변수로 변환한다.[4] 학년 변수는 네 개의 범주를 갖고 있으므로 세 개의 더미변수가 필요하다. 기준범주는 1학년으로 정하였다. 세 개의 더미변수를 독립변수로, 학생식당만족도를 종속변수로 하여 다중회귀분석을 수행하면 [그림 10-18]과 같은 회귀계수를 얻을 수 있다.

그림 10-17 ▌학년 변수(명목변수)의 더미변수 변환: 기준범주 1학년

학년 변수	변수값	학년더미1	학년더미2	학년더미3
1	1	0	0	0
2	2	1	0	0
3	3	0	1	0
4	4	0	0	1

SPSS의 『변환 > 변수 계산』 메뉴를 이용하여 기존 변수를 더미변수로 변환한다(cafeteria.sav 데이터 파일).

4) 더미변수의 변환 방법은 이 장 후반부의 'SPSS 활용'을 참고한다.

그림 10-18 ▌다중회귀모델: 기준범주 1학년[a]

모형		비표준화계수 B	비표준화계수 표준오차	표준화계수 베타	t	유의확률
1	(상수)	6.071	.147		41.182	.000
	학년더미1	−1.571	.208	−.336	−7.537	.000
	학년더미2	−3.200	.208	−.684	−15.348	.000
	학년더미3	−4.243	.208	−.907	−20.350	.000

a. 종속변수: 학생식당만족도

세 개 더미변수와 종속변수 간의 회귀분석 결과는 다음과 같은 회귀식으로 표현된다.

학생식당만족도=6.071−1.571×학년더미1−3.200×학년더미2−4.243×학년더미3

회귀식에서 학년더미1, 학년더미2, 학년더미3의 회귀계수는 기준범주인 1학년과 각각 2학년, 3학년, 4학년 간의 평균 학생식당만족도 차이를 의미한다. 따라서 각 범주별 학생식당만족도는 다음과 같이 계산할 수 있다.

학생식당만족도(1학년)=6.07
학생식당만족도(2학년)=6.071−1.571×학년더미1(=1)=4.50
학생식당만족도(3학년)=6.071−3.200×학년더미2(=1)=2.87
학생식당만족도(4학년)=6.071−4.243×학년더미3(=1)=1.83

세 개 더미변수로 표현된 범주형 변수 학년의 통계적 유의성은 [그림 10-19]와 같은 R제곱 변화량의 유의확률을 통해 확인할 수 있다. 모델에 대한 F 변화량 유의확률은 0.000으로서 "세 더미변수의 투입이 R제곱을 변화시키지 않는다(즉 R제곱 변화량=0)"는 귀무가설을 유의수준 0.01에서 기각한다. 이는 아무런 독립변수도 포함되지 않은 모델과 더미변수가 포함된 모델 간에 유의

그림 10-19 ▌더미변수의 R제곱 변화량

모형	R	R제곱	수정된 R제곱	추정값의 표준오차	통계량 변화량 R제곱 변화량	통계량 변화량 F 변화량	통계량 변화량 자유도1	통계량 변화량 자유도2	통계량 변화량 유의확률 F 변화량
1	.796[a]	.634	.630	1.233	.634	159.446	3	276	.000

a. 예측자: (상수), 학년더미3, 학년더미2, 학년더미1

그림 10-20 ▌ 학년 변수(명목변수)의 더미변수 변환: 기준범주 4학년

학년 변수	변수값	학년더미1	학년더미2	학년더미3
1	1	1	0	0
2	2	0	1	0
3	3	0	0	1
4	4	0	0	0

그림 10-21 ▌ 다중회귀모델: 기준범주 4학년[a]

모형		비표준화계수		표준화계수	t	유의확률
		B	표준오차	베타		
1	(상수)	1.829	.147		12.403	.000
	학년더미1	4.243	.208	.907	20.350	.000
	학년더미2	2.671	.208	.571	12.813	.000
	학년더미3	1.043	.208	.223	5.002	.000

a. 종속변수: 학생식당만족도

적인 설명력의 변화가 있음을 나타낸다. 다시 말해 모델에 투입된 더미변수는 학생식당만족도의 예측에 유의한 추가적 설명력을 제공한다.

여기에서 기준범주를 4학년으로 변경해보자. 그러면 학년 변수는 [그림 10-20]과 같이 변환된다. 수정된 더미변수를 독립변수로, 학생식당만족도를 종속변수로 하여 다중회귀분석을 수행하면 [그림 10-21]과 같은 회귀계수를 얻을 수 있다(cafeteria2.sav 데이터 파일). 회귀분석 결과는 다음과 같은 회귀식으로 표현된다.

$$\text{학생식당만족도} = 1.829 + 4.243 \times \text{학년더미1} + 2.671 \times \text{학년더미2} + 1.043 \times \text{학년더미3}$$

회귀식에서 학년더미1, 학년더미2, 학년더미3의 회귀계수는 기준범주인 4학년과 각각 1학년, 2학년, 3학년 간의 평균 학생식당만족도 차이를 의미한다. 4학년을 기준범주로 하여 도출한 회귀식을 토대로 각 범주별 학생식당만족도를 계산하면 다음과 같다.

$$\text{학생식당만족도(4학년)} = 1.83$$

$$\text{학생식당만족도(1학년)} = 1.829 + 4.243 \times \text{학년더미1}(=1) = 6.07$$

$$\text{학생식당만족도(2학년)} = 1.829 + 2.671 \times \text{학년더미2}(=1) = 4.50$$

$$학생식당만족도(3학년)=1.829+1.043\times 학년더미3(=1)=2.87$$

기준범주에 따라 회귀계수가 달라지기는 하지만 각 범주별 평균값은 동일하다.

10.6 매개효과분석

매개효과분석(mediation effect analysis)은 첫 번째 변수 X가 두 번째 변수 M에 영향을 미치고, 이어서 차례로 그 변수가 다시 세 번째 변수 Y에 영향을 미치는 연쇄적인 영향관계를 검정한다. 이때 두 변수 X와 Y 사이에서 일련의 영향관계가 어떠한 과정을 거쳐 발생하는지 설명하는 변수 M을 **매개변수(mediator)**라고 한다. 매개변수는 두 변수 간 영향관계가 발생하는 이유, 즉 두 변수 간의 관계에 내재된 간접적인 영향관계 프로세스를 설명한다. 이런 의미에서 매개효과는 **간접효과(indirect effect)**라고도 불린다. 예를 들어, 소득이 높은 사람은 기대수명이 높다. 그러나 이러한 영향관계는 보다 나은 의료환경의 혜택을 매개로 더 잘 설명될 수 있다.

매개효과분석을 위한 모델은 [그림 10-22]와 같다. 매개효과분석은 X(독립변수)가 Y(종속변수)에 미치는 영향이 제3의 변수 M(매개변수)을 통해 작동하는지 여부를 검정한다. 매개변수는 독립변수와 종속변수 간 영향관계의 작동 메커니즘을 설명한다.

그림 10-22 ▌ 총효과모델과 매개효과모델

(a) 총효과모델

(b) 매개효과모델

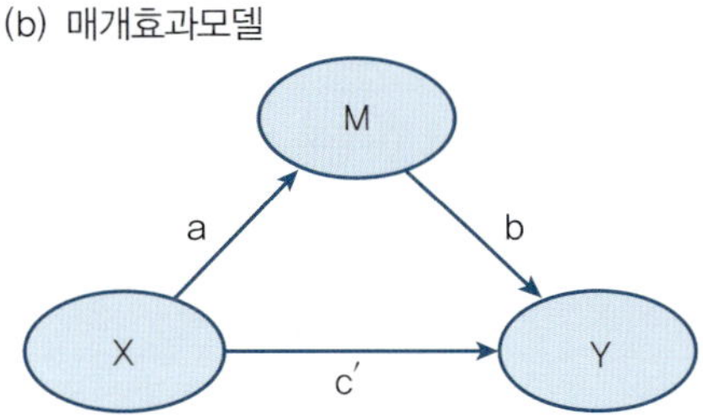

▶ 그림 10-23 ▌ Baron & Kenny 매개효과분석

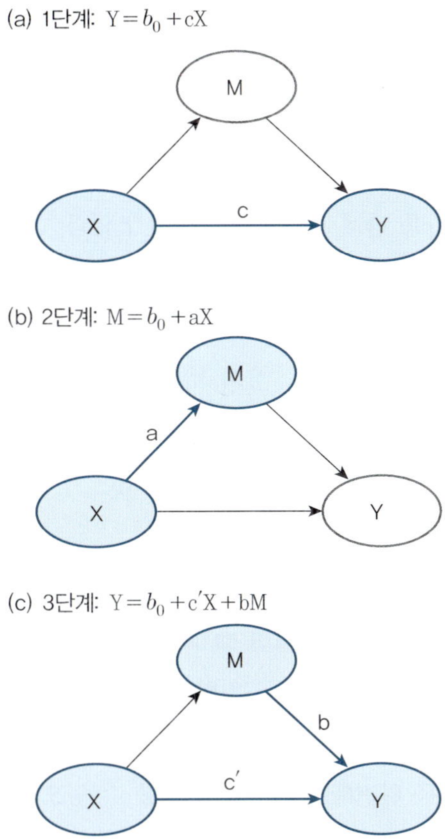

[그림 10-22]의 (a)는 총효과모델로서 회귀계수 c는 Y에 대한 X의 **총효과(total effect)**를 나타낸다. (b)는 매개효과모델로서 회귀계수 c′은 M을 통제한 상태에서의 Y에 대한 X의 **직접효과(direct effect)**를 나타낸다. 회귀계수 a와 b의 곱인 ab는 Y에 대한 X의 **간접효과(indirect effect)**를 나타내며, 매개효과분석은 이러한 간접효과가 존재하는지 여부를 검정한다. 총효과는 직접효과와 간접효과의 합으로 나타낼 수 있다(즉 $c = c' + ab$). 매개변수 M이 포함된 매개효과모델에서 Y에 대한 X의 직접효과가 매개변수 M이 포함되지 않은 총효과모델에서의 총효과보다 작으면 매개효과가 존재한다고 이야기한다(즉 $c > c'$). 매개변수 M이 포함된 매개효과모델에서 Y에 대한 X의 직접효과가 0이면 **완전매개(perfect mediation)**라고 하며, 0은 아니더라도 직접효과가 총효과에 비해 의미 있는 수준으로 작아지면 **부분매개(partial mediaton)**라고 한다.

매개효과분석은 일반적으로 Baron & Kenny가 제시한 절차에 따라 수행한다(Baron and Kenny 1986). **Baron & Kenny의 매개효과분석** 절차는 간접효과에 대한 통계적 검정결과를 제시하지는 않으므로 매개효과의 존재 여부를 확인한 후 **Sobel검정(Sobel test)**을 이용하여 간접효과에 대한 통계적 유의성 검정을 수행한다. [그림 10-23]은 Baron & Kenny가 제시한 매개효과분석 절차로서 단계별로 세 번에 걸쳐 회귀분석을 수행한다.

우선 1단계에서 회귀모델 $Y = b_0 + cX$(즉 X → Y)를 생성한다. 독립변수 X의 회귀계수 c는 통계적으로 유의해야 한다. Baron & Kenny가 당초 제시한 방법에 따르면 독립변수 X와 종속변수 Y 간에 유의한 관계가 없으면 매개할 것도 없기 때문에 다음 단계로의 진행은 의미가 없다. 그러나 이 단계는 논쟁의 여지가 있으며 실제로 많은 경우 X와 Y 사이에 유의적 영향관계가 없더라도 매개변수의 존재를 검정하는 다음 단계로 진행할 수 있는 것으로 알려져 있다.

2단계에서 회귀모델 $M = b_0 + aX$(즉 X → M)를 생성하여 독립변수 X의 회귀계수 a의 통계적 유의성을 검정한다. 회귀계수 a는 통계적으로 유의해야 한다. X와 M 간에 어떠한 유의적 관계도 없으면 M은 매개변수가 아니라 Y에 대한 제3의 독립변수일뿐이기 때문이다. X가 M에 영향을 미칠 때만 M의 매개는 의미가 있다.

마자막 3단계에서 회귀모델 $Y = b_0 + c'X + bM$(즉 X+M → Y)을 생성한다. 즉 X를 통제한 후 매개변수 M과 종속변수 Y 간의 관계를 검정한다. 매개효과가 존재하려면 매개변수 M의 회귀계수 b는 통계적으로 유의해야 하며, 반면에 종속변수 Y에 대한 독립변수 X의 영향 c'은 사라지거나 적어도 약화되어야 한다. 이 단계에서 종속변수 Y에 대한 독립변수 X의 영향이 없어지면(즉 더 이상 통계적으로 유의하지 않으면) 매개변수 M은 X와 Y 사이를 완전매개하는 것으로 볼 수 있으며, 영향이 종전에 비해 작아지면 부분매개하는 것으로 이해할 수 있다.

자동차 연비에 미치는 영향요인에 대해 매개효과분석을 수행해보자(car.sav 데이터 파일). 배기량이 커지면 연비는 감소한다. 그런데 배기량은 연비가 감소하는 진짜 이유가 아닐 수도 있다. 배기량이 커지면 그에 따라 자동차의 무게도 증가하고 그러면 증가된 무게는 연비를 저하시킨다는 새로운 가설을 검정해보자. 즉 '배기량 → 무게 → 연비'로 이어지는 영향관계를 분석한다. 이때 자동차의 무게가 배기량과 연비 간의 영향관계를 설명하는 매개변수로의 역할을 수행한다.

Baron & Kenny의 매개효과분석 절차에 따라 먼저 [그림 10-24]와 같이 1단계 작업으로서 독립변수와 종속변수 간의 관계, 즉 배기량(X)과 연비(Y) 간의 영향관계를 분석한다. 1단계 분석결과에 따르면 배기량은 연비에 유의한 영향을 미친다(유의확률 0.000). 배기량이 연비에 미치는 총효과는 −0.041이다. 독립변수와 종속변수 간의 총효과를 확인하였으므로 2단계로 진행한다.

2단계에서는 독립변수와 매개변수 간의 관계를 검정한다. [그림 10-25]와 같이 배기량(X)과 무게(M) 간의 영향관계를 분석한다. 2단계 분석결과를 보면 배기량은 무게와 유의한 영향관계를 갖는다(유의확률 0.000). 따라서 독립변수와 매개변수 간 관계의 유의성 조건을 충족하므로 다음 단계로 이동한다.

마지막 3단계에서는 독립변수를 통제한 상태에서 매개변수와 종속변수 간의 영향관계를 검정한다. 즉 배기량(X)과 무게(M)가 연비(Y)에 미치는 영향관계를 분석한다. 3단계 분석결과에 따르면 매개변수인 무게는 통계적으로 유의한 반면(유의확률 0.007), 배기량은 유의수준 0.05에서 더 이상 통계적으로 유의하지 않다(유의확률 0.064). 따라서 여기에서 자동차 무게는 배기량과 연비 간의 관계를 완전매개한다고 볼 수 있다. 배기량과 연비 간의 간접효과는 −0.0235(=0.007× −3.351)이다. 그러나 이 방법은 매개변수에 의한 간접효과의 통계적 유의성을 검정하지는 않으므로 이러한 영향관계 변화가 유의한지는 알 수 없다. 간접효과의 통계적 유의성을 검정하는 데는 Sobel검정이 일반적으로 많이 사용된다.

그림 10-24 ▌회귀모델: Baron & Kenny 매개효과분석 1단계[a]

모형		비표준화계수		표준화계수		
		B	표준오차	베타	t	유의확률
1	(상수)	29.600	1.230		24.070	.000
	배기량	−.041	.005	−.848	−8.747	.000

a. 종속변수: 연비

그림 10-25 ▌회귀모델: Baron & Kenny 매개효과분석 2단계[a]

모형		비표준화계수		표준화계수		
		B	표준오차	베타	t	유의확률
1	(상수)	1.600	.173		9.248	.000
	배기량	.007	.001	.888	10.576	.000

a. 종속변수: 무게

그림 10-26 ▌회귀모델: Baron & Kenny 매개효과분석 3단계[a]

모형		비표준화계수		표준화계수		
		B	표준오차	베타	t	유의확률
1	(상수)	34.961	2.165		16.151	.000
	배기량	−.018	.009	−.364	−1.929	.064
	무게	−3.351	1.164	−.544	−2.878	.007

a. 종속변수: 연비

Sobel검정을 위해서는 독립변수와 매개변수 간의 회귀계수(a) 및 표준오차(SE_a)와 매개변수와 종속변수 간의 회귀계수(b) 및 표준오차(SE_b)가 필요하다([그림 10-27] 참고). 간접효과의 유의성을 검정하기 위한 검정통계량은 다음과 같이 계산되며 이를 Z값으로 간주하여 표준정규분포상에서 유의성을 검정한다. 따라서 이 값이 절대값으로 1.96보다 크면 간접효과는 통계적으로 유의하다(유의수준 0.05).

$$Z = \frac{a \times b}{\sqrt{a^2 \times SE_b^2 + b^2 \times SE_a^2}}$$

앞서 수행한 회귀분석의 결과로부터 Sobel검정을 위한 검정통계량은 다음과 같이 계산할 수 있다.

$$Z = \frac{0.007 \times -3.351}{\sqrt{0.007^2 \times 1.164^2 + (-3.351)^2 \times 0.001^2}} = -2.66$$

Z값이 절대값으로 1.96보다 크므로 유의수준 0.05에서 간접효과는 통계적으로 유의하다.[5] 따라서 배기량과 연비 간의 관계는 자동차 무게에 의해 유의하게 매개된다는 간접효과를 확인할 수 있다.

그림 10-27 Sobel검정모델

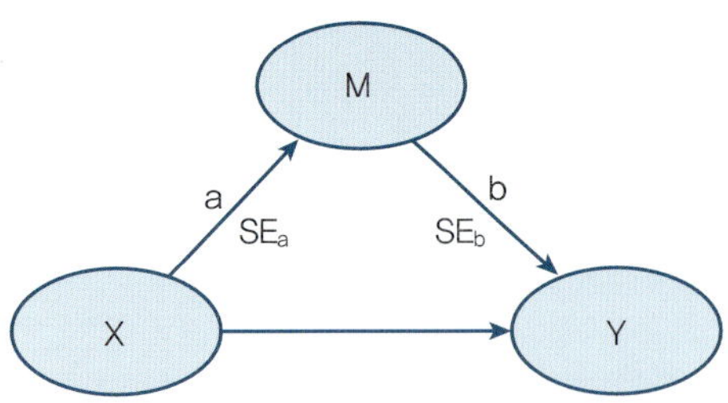

5) Excel의 NORM.S.DIST() 함수를 이용하여 Z값이 +2.66 이상이거나 −2.66 이하일 확률은 다음과 같이 구할 수 있다: 2×(1−NORM.S.DIST(2.66, TRUE))=2×(1−0.996093)=0.007814. 유의확률이 유의수준 0.05에 비해 매우 작으므로 간접효과는 통계적으로 유의하다.

10.7 조절효과분석

조절효과분석(moderation effect analysis) 또한 매개효과분석에서와 유사하게 변수 X와 변수 Y 간 관계에 대한 제3의 변수 Z의 영향을 검정한다. 그러나 두 변수 간 영향관계를 검정하는 것이 아니라 제3의 변수가 언제, 즉 어떤 조건하에서 두 변수 간 관계에 영향을 미치는지 검정한다. 이때 두 변수 간의 관계에 영향을 미치는 변수 Z를 **조절변수(moderator)**라고 한다. 조절변수는 두 변수 간의 관계를 강화시킬 수도 있고, 약화시킬 수도 있으며, 때로는 관계의 방향을 바꿀 수도 있다. 예를 들어, 자신감은 시험의 중요도와 시험에 따른 불안감 간의 관계를 조절한다. 시험의 중요도가 클수록 불안감은 증가한다. 그러나 중요도가 낮은 시험에 대해서는 자신감이 높은 수험생과 그렇지 않은 수험생 모두 동일하게 낮은 수준의 불안감을 느끼는 반면, 중요도가 높은 시험에 대해서는 자신감이 높은 수험생은 그렇지 않은 수험생보다 불안감을 덜 느낀다. 이때 자신감은 조절변수로서 시험의 중요도와 상호작용하며, 이를 통해 시험의 중요도 수준에 따라 시험 불안감에 미치는 영향은 달라지게 된다. 이런 의미에서 조절효과를 **상호작용효과(interaction effect)**라고도 부른다.

두 개 이상의 예측변수가 있을 경우 개별 독립변수가 결과변수에 미치는 영향과 함께 이들 간의 상호작용을 살펴보는 것도 흥미롭다. 조절효과모델은 [그림 10-28]과 같다. 독립변수 X와 조절변수 Z 간의 상호작용(독립변수와 조절변수의 곱으로 표현, 즉 X×Z)이 종속변수 Y에 미치는 영향이 유의

그림 10-28 | 조절효과모델

(a) 개념모델

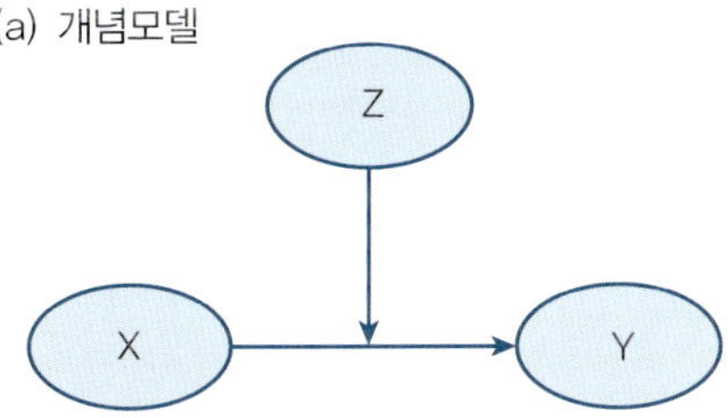

(b) 분석모델

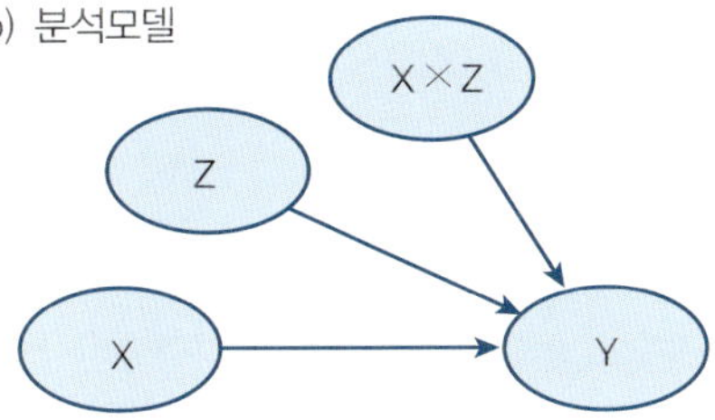

그림 10-29 회귀모델: 조절효과분석[a]

모형		비표준화계수		표준화계수		
		B	표준오차	베타	t	유의확률
1	(상수)	49.808	3.605		13.816	.000
	마력	-.120	.025	-1.366	-4.863	.000
	무게	-8.217	1.270	-1.334	-6.471	.000
	마력_무게	.028	.007	1.580	3.753	.001

a. 종속변수: 연비

한지 검정한다. (a)의 개념모델은 조절효과분석을 위해 (b)의 분석모델과 같은 형태로 모델링된다. 회귀모델에는 기존의 두 독립변수와 함께 두 독립변수의 곱으로 이루어진 상호작용항이 추가된다.

마력과 무게가 자동차 연비에 미치는 영향에 대해 조절효과분석을 수행해보자(car.sav 데이터 파일). 마력과 무게 간의 상호작용효과가 포함된 다중회귀모델의 분석결과는 [그림 10-29]와 같다.[6] 마력과 무게 간의 상호작용(마력_무게 변수, 마력과 무게를 곱하여 생성)은 유의수준 0.01에서 통계적으로 유의하다(유의확률 0.001). 연비를 예측하기 위한 회귀식은 다음과 같다.

$$\text{연비} = 49.808 - 0.120 \times \text{마력} - 8.217 \times \text{무게} + 0.028 \times \text{마력} \times \text{무게}$$

두 독립변수 간에 상호작용이 존재한다는 것은 결과변수와 한 독립변수 간의 관계패턴은 다른 독립변수(즉 조절변수)의 수준에 따라 달라진다는 것을 의미한다. 즉 연비와 마력 간의 관계패턴은 무게에 따라 변동된다. 자동차 무게에 따라 연비와 마력 간의 관계패턴이 어떻게 변하는지 보기 위하여 임의로 세 개의 자동차 무게 데이터를 회귀식에 대입해보자. 예를 들어, 자동차 무게의 평균(3.2)과 평균을 중심으로 위와 아래로 대략 한 개의 표준편차(1)만큼 떨이진 데이터(각각 2.2, 4.2)를 회귀식에 대입하여 자동차 무게의 세 수준에 따른 연비와 마력 간의 회귀식 세 개를 생성한다.

$$\begin{aligned} \text{무게}=2.2:\ \text{연비}_1 &= 49.808 - 0.120 \times \text{마력} - 8.217 \times 2.2 + 0.028 \times \text{마력} \times 2.2 \\ &= 31.731 - 0.058 \times \text{마력} \end{aligned}$$

6) 조절효과분석을 위한 상호작용항은 모델에 투입되는 기존 변수의 곱으로 만들어지기 때문에 다중공선성의 문제에 취약하다. 독립변수와 조절변수에 대해 평균중심화(mean centering) 과정을 거치면 다중공선성의 문제를 어느 정도 피해갈 수 있다. 평균중심화는 각 관측값에서 평균을 빼는 방식으로 수행한다.

무게=3.2: $연비_2$=49.808−0.120×마력−8.217×3.2+0.028×마력×3.2
=23.514−0.030×마력
무게=4.2: $연비_3$=49.808−0.120×마력−8.217×4.2+0.028×마력×4.2
=15.297−0.002×마력

자동차 무게가 2.2, 3.2, 4.2로 증가함에 따라 마력 1단위의 증가는 연비를 0.058, 0.030, 0.002만큼 감소시킨다. 무게가 커짐에 따라 마력의 증가가 연비의 감소에 미치는 영향은 점차 작아진다. 이러한 상호작용효과를 그래프로 나타내면 [그림 10-30]과 같다.[7)] 자동차의 무게가 증가할수록 마력과 연비 간의 관계는 약해진다.

그림 10-30 ▌ 상호작용도표

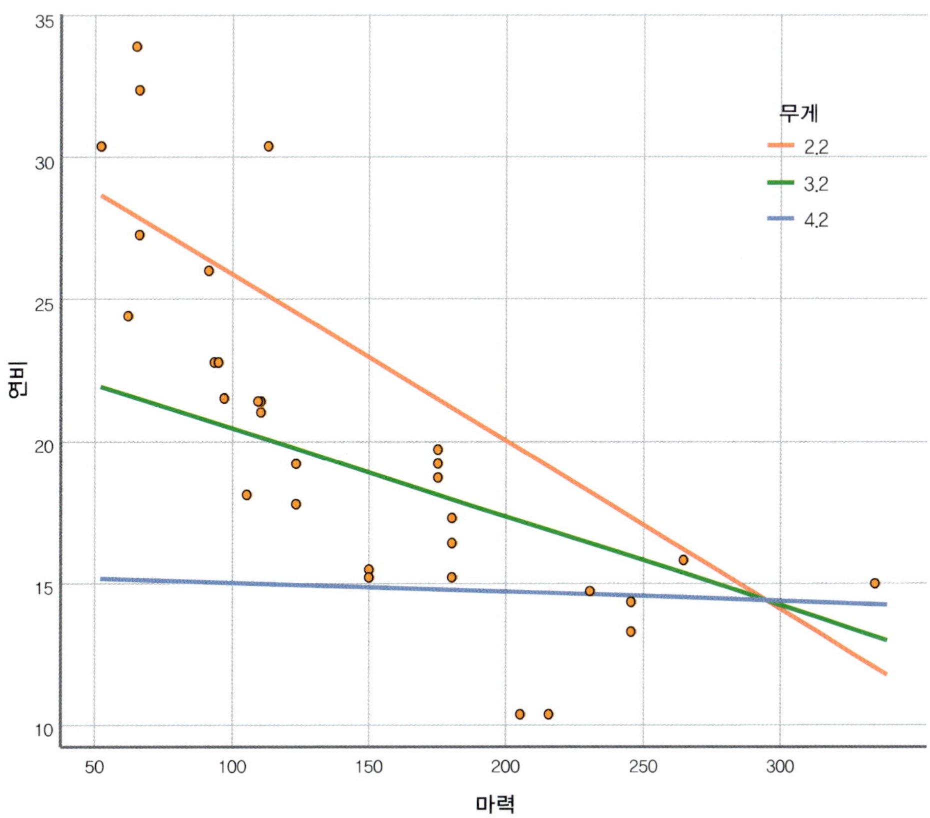

7) 여기의 상호작용도표는 SPSS를 이용하여 생성한 것은 아니며, 독자들의 이해를 돕기 위해 통계 및 데이터분석 프로그래밍 언어인 R을 이용하여 작성하였다.

SPSS 활용

1 변수의 변환: 자연로그로 변환하기

- 『변환 > 변수 계산』을 선택한다.
- 『변수 계산』 대화상자에서 『목표변수』를 지정하고 『숫자표현식』을 정의한 후 『확인』을 클릭한다. 여기에서는 GDP 변수를 자연로그로 변환한 후(LN 함수) 소수점 첫째 자리로 반올림하여(RND 함수) GDP_로그 변수를 생성한다.

그림 10-31 ▌변수 계산 대화상자

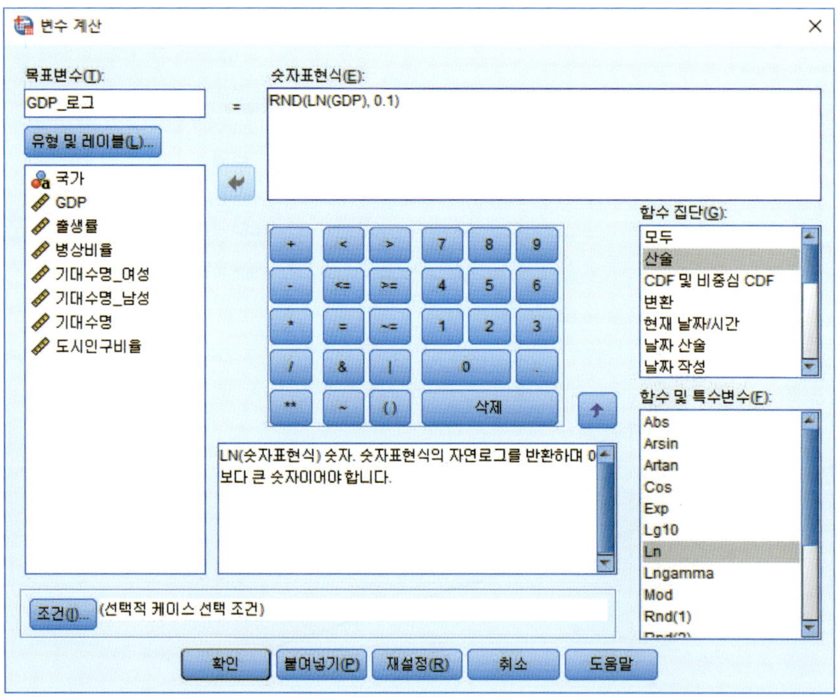

2 회귀분석 수행하기

- 『분석 > 회귀분석 > 선형』을 선택한다.
- 『선형 회귀』 대화상자에서 『종속변수』 및 『독립변수』에 대상 변수를 지정한다.

그림 10-32 ▌선형 회귀 대화상자

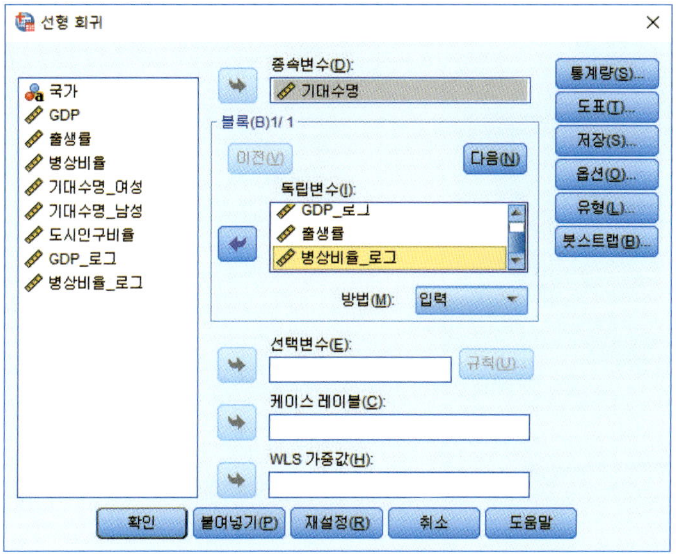

3 블록 지정하여 회귀분석 수행하기

- 『분석 > 회귀분석 > 선형』을 선택한다.
- 『선형 회귀』 대화상자에서 『종속변수』를 지정한다.
- 『독립변수』에 블록별로 대상 변수를 지정한다.

그림 10-33 ❙ 선형 회귀 대화상자-블록 지정

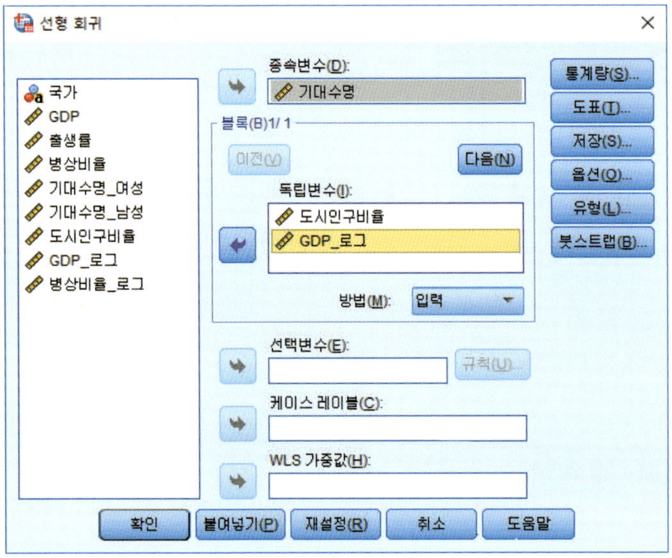

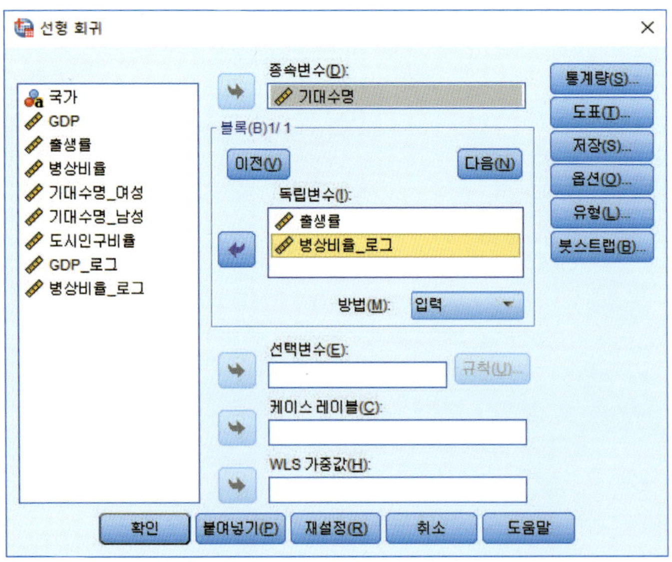

▶ 『선형 회귀: 통계량』 대화상자에서 『R제곱 변화량』을 선택한다.

그림 10-34 ▌선형 회귀: 통계량 대화상자

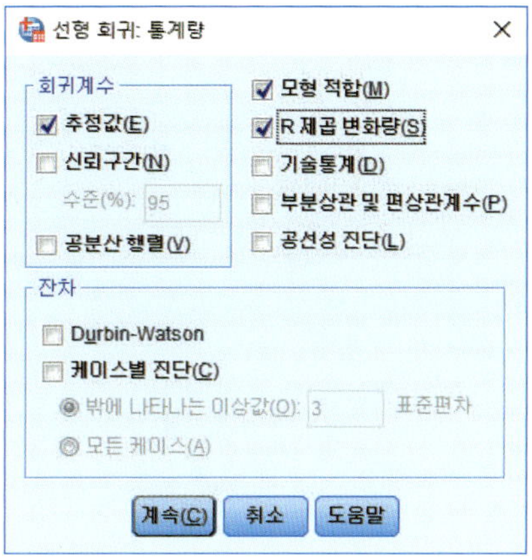

4 단계선택법 수행하기

▶ 『분석 > 회귀분석 > 선형』을 선택한다.

▶ 『선형 회귀』 대화상자에서 『종속변수』 및 『독립변수』를 지정한다.

▶ 『방법』 리스트 박스에서 『단계 선택』을 선택한다.

그림 10-35 ▌선형 회귀 대화상자-단계선택법

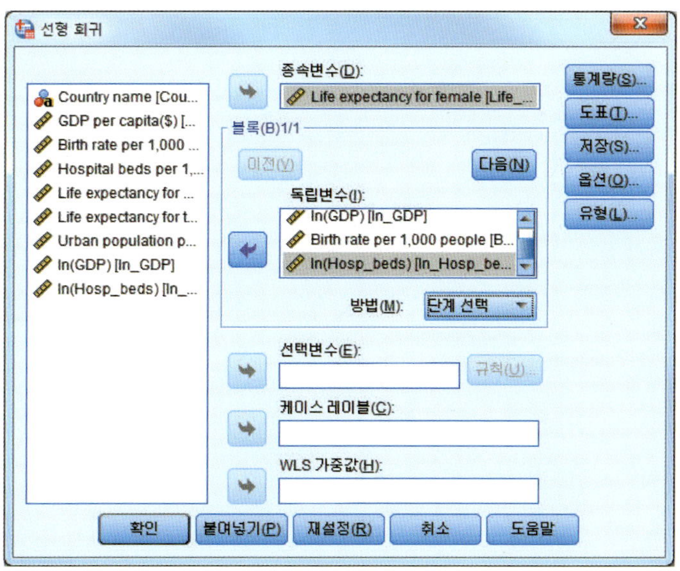

▶ 『선형 회귀: 옵션』 대화상자에서 독립변수 진입기준 및 제거기준을 선택한다.

그림 10-36 ▌ 선형 회귀: 옵션 대화상자

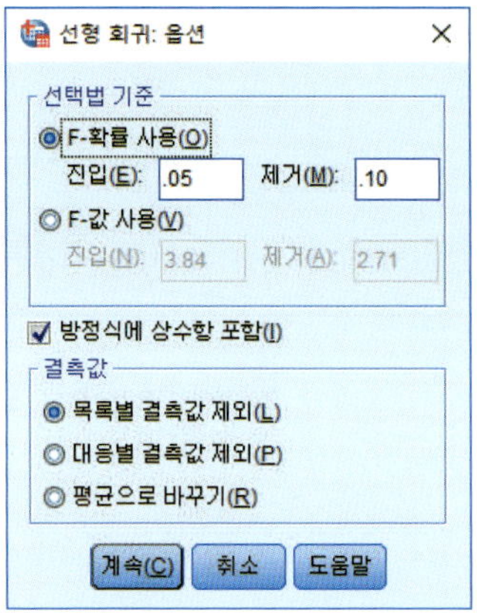

5 더미변수 변환하기

▶ 『변환 > 변수 계산』을 선택한다.

▶ 『변수 계산』 대화상자에서 『목표변수』 및 『숫자표현식』에 더미변수명과 값(0 또는 1)을 입력한다.

▶ 『조건』을 클릭하여 변환조건을 지정한다. 여기에서 학년더미1은 2학년일 경우 1이 할당되며 나머지 학년(1학년 또는 3학년 또는 4학년)일 경우 0이 할당된다.

그림 10-37 ▌변수 계산 대화상자: 학년더미1=1 지정

▶ 그림 10-38 ▌변수 계산 대화상자: 학년더미1=0 지정

사례연구

북극곰연구소에서는 지구온난화를 일으키는 원인에 관한 연구를 수행하고 있다. 이 연구소에서는 우선 지구온난화의 원인 중 CO_2배출량에 주목하여 CO_2배출량에 영향을 미치는 요인을 파악하려고 한다. 이를 위해 통계청 웹사이트(http://www.kostat.go.kr)를 방문하여 [그림 10-39]와 같은 국가별 자료를 수집하였다(co2.sav 데이터 파일; 통계청 2010).

다중회귀분석을 이용하여 CO_2배출량과 여섯 개 독립변수 간의 관계를 분석한다. 우선 변수들 간의 선형관계를 확인하기 위하여 [그림 10-40]과 같이 산점도 행렬을 그려보았으나 명확한 선형관계가 드러나지 않았다. 그러나 변수들에 자연로그를 취하여 변수 변환을 한 후 그린 산점도에서는 [그림 10-41]과 같이 명확한 선형관계를 확인할 수 있었다.

그림 10-39 ▌지구온난화 관련 변수

1. 종속변수
   CO_2배출량(백만톤)

2. 독립변수
   ① 석탄소비량(백만톤)
   ② 석유소비량(백만톤)
   ③ 천연가스소비량(백만톤)
   ④ 화물철도수송량(백만톤-km)
   ⑤ 원목생산량(m^3)
   ⑥ 산림면적($1,000km^2$)

그림 10-40 산점도 행렬: CO_2배출량, 석탄소비량, 석유소비량, 천연가스소비량, 화물철도수송량, 원목생산량, 산림면적

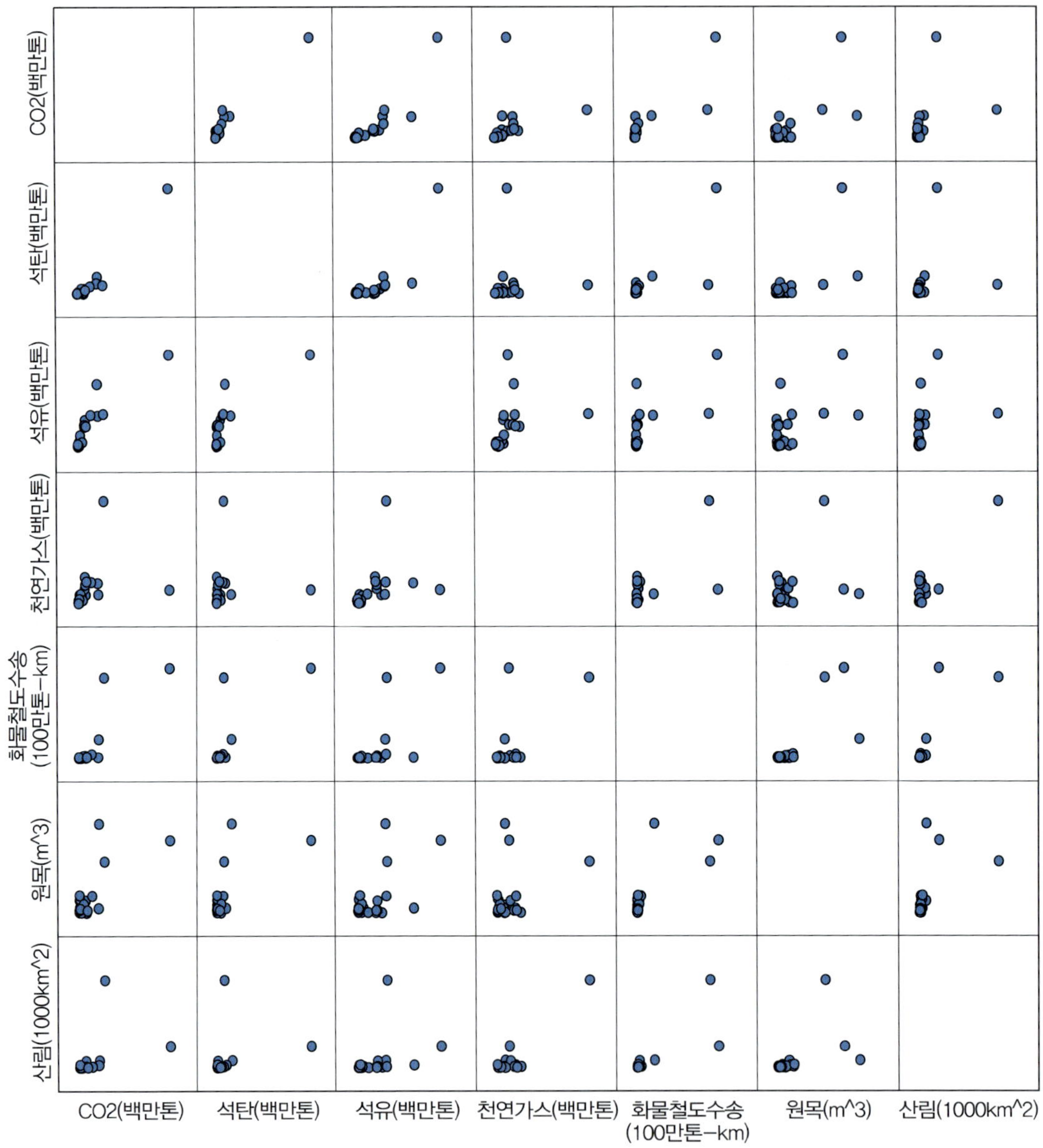

▶ 그림 10-41 ▌산점도 행렬: 자연로그 변환 후

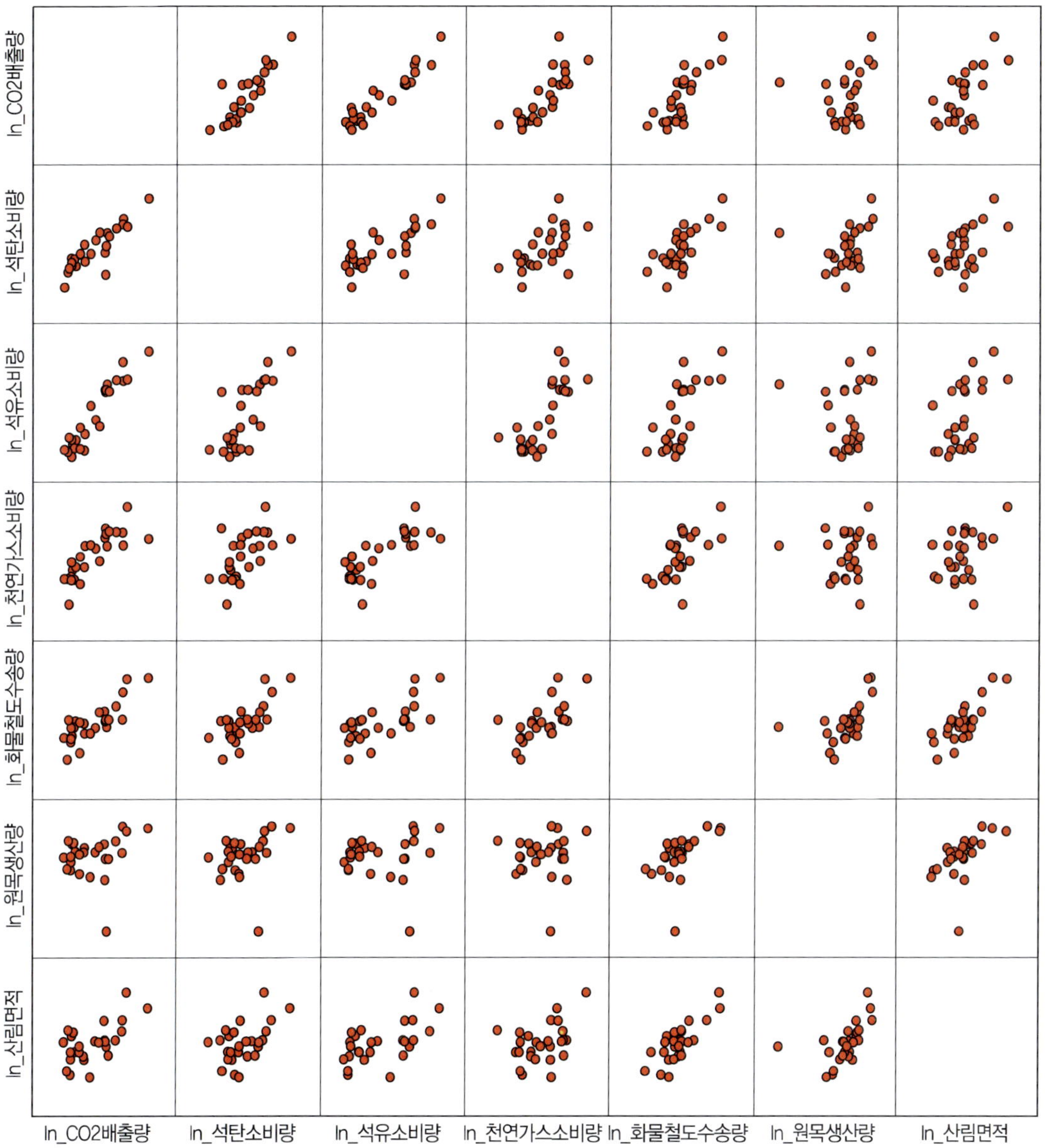

자연로그를 취한 데이터를 이용하여 다중회귀분석을 수행하여 [그림 10-42]와 같은 회귀계수표를 얻을 수 있었다. 석탄소비량, 석유소비량, 천연가스소비량은 CO_2배출량에 유의한 영향을 미쳤으나 나머지 독립변수(화물철도수송량, 원목생산량, 산림면적)는 CO_2배출량과 유의적인 관계를 보여주지 못하였다. 다중공선성을 측정한 결과, 모든 독립변수의 공차한계가 0.1보다 크고 VIF(분산팽창지수)가 10보다 작으므로 심각한 다중공선성은 존재하지 않는 것으로 보여진다.

그림 10-42 ▌회귀모델: CO_2배출량[a]

모형		비표준화계수		표준화계수	t	유의확률	공선성 통계량	
		B	표준오차	베타			공차	VIF
1	(상수)	1.395	.402		3.470	.003		
	ln_석탄소비량	.223	.041	.303	5.493	.000	.297	3.372
	ln_석유소비량	.548	.080	.478	6.855	.000	.186	5.388
	ln_천연가스소비량	.168	.050	.179	3.342	.003	.313	3.192
	ln_화물철도수송량	.084	.049	.130	1.712	.103	.157	6.357
	ln_원목생산량	.006	.024	.011	.250	.805	.503	1.987
	ln_산림면적	.013	.044	.017	.297	.770	.274	3.655

a. 종속변수: ln_CO_2배출량

[그림 10-43]의 모델적합도 지표에 따르면 종속변수인 CO_2배출량의 관측된 분산의 98.3%(R제곱)가 여섯 개의 독립변수에 의해 설명되고 있다. 따라서 회귀식의 설명력은 매우 우수한 것으로 판단된다. 또한 [그림 10-44]의 회귀모델에 대한 분산분석 결과를 보면 회귀식의 기울기가 모두 0이라는 귀무가설은 기각되었다. 따라서 종속변수와 독립변수 간에는 선형관계가 있음을 확인할 수 있으며 도출된 회귀식은 통계적으로 유의하다.

그림 10-43 ▌모델적합도: CO_2배출량[b]

모형	R	R제곱	수정된 R제곱	추정값의 표준오차
1	.991[a]	.983	.977	.20126

a. 예측자: (상수), ln_산림면적, ln_천연가스소비량, ln_원목생산량, ln_석탄소비량, ln_석유소비량, ln_화물철도수송량
b. 종속변수: ln_CO_2배출량

그림 10-44 ▌분산분석표: CO_2배출량[a]

모형		제곱합	자유도	평균제곱	F	유의확률
1	회귀	44.208	6	7.368	181.908	.000[b]
	잔차	.770	19	.041		
	전체	44.977	25			

a. 종속변수: ln_CO_2배출량
b. 예측자: (상수), ln_산림면적, ln_천연가스소비량, ln_원목생산량, ln_석탄소비량, ln_석유소비량, ln_화물철도수송량

북극곰연구소에서는 이러한 다중회귀분석 결과를 토대로 석탄소비량, 석유소비량, 천연가스소비량이 CO_2배출량의 중요한 결정인자임을 알 수 있었고, 이를 토대로 이러한 화석연료 사용을 줄이기 위한 후속연구를 진행하기로 하였다.

연습문제

01 매출액(백만원)과 TV광고비(백만원) 및 신문광고비(백만원) 간의 관계를 조사하기 위하여 지난 12개월 동안의 데이터를 수집하였다. 다음 데이터를 이용하여 질문에 답하시오.

매출액	TV광고비	신문광고비
96	5.0	2.1
90	2.0	2.0
95	4.0	3.0
92	2.5	2.5
95	3.0	3.3
94	3.5	2.3
94	2.5	4.2
94	3.0	2.5
98	5.5	3.1
99	3.8	3.3
91	2.5	2.6
93	3.0	2.7

① 데이터를 SPSS에 입력한 후 산점도 행렬을 그리시오.

② 회귀분석을 수행하여 회귀식의 설명력을 제시하시오.

③ 회귀분석을 수행하여 회귀식을 도출하고 독립변수의 회귀계수 및 회귀식에 대한 유의성을 검정하시오.

02 나이와 혈압이 향후 5년간의 뇌졸중 발생확률과 어떠한 관련이 있는지를 조사하기 위하여 데이터를 수집하였다. 다음 데이터를 이용하여 질문에 답하시오.

뇌졸중위험(확률)	나이	혈압
13	58	155
23	66	163
14	58	156
56	86	177
28	59	196
51	76	189
18	56	155
31	78	120
37	80	135
16	79	99

① 데이터를 SPSS에 입력한 후 산점도 행렬을 그리시오.

② 회귀분석을 수행하여 회귀식의 설명력을 제시하시오.

③ 회귀분석을 수행하여 회귀식을 도출하고 독립변수의 회귀계수 및 회귀식에 대한 유의성을 검정하시오.

03 기대수명(여성)과 출생률 및 도시인구비율 간의 관계를 분석하고자 한다(country.sav 데이터 파일). 다음 질문에 답하시오.

① 기대수명(여성), 출생률, 도시인구비율 간의 산점도 행렬을 그리시오.

② 회귀분석을 수행하여 회귀식의 설명력을 제시하시오.

③ 회귀분석을 수행하여 회귀식을 도출하고 독립변수의 회귀계수 및 회귀식에 대한 유의성을 검정하시오.

④ 독립변수의 다중공선성을 평가하시오.

04 던킨도너츠 상계점에서는 냉음료판매량과 기온, 습도, 도너츠판매량 간의 관계를 분석하고자 한다. 이를 위해 매장을 방문한 소비자들을 대상으로 냉음료판매량과 기온, 습도, 도너츠판매량에 관한 데이터를 수집하였다(iceddrink.sav 데이터 파일). 다음 질문에 답하시오.

① 냉음료판매량, 기온, 습도, 도너츠판매량 간의 산점도 행렬을 그리시오.

② 회귀분석을 수행하여 회귀식의 설명력을 제시하시오.

③ 회귀분석을 수행하여 회귀식을 도출하고 독립변수의 회귀계수 및 회귀식에 대한 유의성을 검정하시오.

④ 독립변수의 다중공선성을 평가하시오.

05 가구소득과 가구구성원수 간의 관계를 분석하고자 한다(household-dummy.sav 데이터 파일; 가구구성원의 수가 네 명 이하인 가구만 포함). 다음 질문에 답하시오.

① 명목변수인 가구원수를 더미변수로 변환하여 회귀분석을 수행한다. 가구원수가 1인 범주를 기준범주로 하여 더미변수를 정의하시오.

② 회귀분석을 수행하여 회귀식의 설명력을 제시하고 더미변수의 유의성을 검정하시오.

③ 회귀분석을 수행하여 회귀식을 도출하고 회귀계수의 의미를 설명하시오.

④ 가구원수가 4인 범주를 기준범주로 하여 회귀분석을 수행하고 가구원수 1인 범주와 비교하시오.

요인분석

Chapter 11

Chapter 11

요인분석

요인분석(factor analysis)은 관측 가능한 여러 변수로부터 소수의 잠재요인을 추출하여 이들 요인을 통해 변수 간의 관련성을 설명하려는 통계기법이다. 사랑, 지능, 사회성 등과 같은 개념을 변수화하여 측정하고자 한다고 생각해보자. 이들 추상적 개념은 몸무게, 키, 혈압, 온도처럼 저울, 자, 혈압계, 온도계와 같은 객관적 측정도구를 이용하여 직접적으로 측정할 수는 없다. 대신에 이들 개념과 관련된 행위패턴을 관찰하거나 그에 대한 설문응답을 통해 그러한 개념의 존재를 추론한다. 예를 들어, '나를 잘 이해해준다', '나의 기념일을 잘 챙겨준다', '나와 가능한 오래 있고 싶어한다', '나의 사소한 농담에도 잘 웃어준다' 등의 질문에 대해 '매우 동의한다'라는 동일한 긍정적 응답을 하는 경우 이들 응답 간의 상관관계로부터 우리는 '사랑'이라는 공통의 잠재요인이 존재한다고 가정할 수 있다. 이처럼 사랑은 단일 항목으로 측정되기보다는 직접적으로 관측 가능한 다른 변수의 측정을 통해 간접적으로 도출된다. 이러한 잠재요인을 확인함으로써 우리는 사회과학에서 다루는 복잡한 사회현상에 대한 설명 및 이해를 크게 단순화할 수 있다.

다양한 상황에 대한 응답들이 서로 상관관계를 갖고 있다는 것은 이들 응답의 저변에 어떤 공통의 개념이 존재한다는 것을 의미한다. 상관관계가 존재하는 변수들은 이들 변수에 잠재된 요인의 함수로서 표현할 수 있다. 예를 들면, 제품에 대한 소비자 평가를 위한 평가 설문항목들은 제품품질, 제품서비스, 제품가치 등과 같은 세 요인의 함수로서 표현할 수 있다. 마찬가지로 지능검사를 위한 일련의 테스트 항목들은 언어능력, 수리능력, 공간능력을 나타내는 세 요인의 선형결합으로 표현할 수 있다. 요인분석은 이처럼 직접적으로 관측 가능하지 않은 공통의 요인들을 추출하여 변수들에 내재된 잠재적인 구성개념(construct)을 확인할 수 있게 한다. 요인분석은 또한 다수의 상호 연관된 변수들을 좀 더 관리 가능한 소수의 요인으로 축약할 수 있다. 도출된 소수의 요인들은 원래의 변수를 대신하여 후속 분석(예를 들면, 회귀분석)에서 사용할 수 있다. 예를 들어, 20개의 변수가 포함된 데이터를 수집하였다면 이들 20개의 변수를 좀 더 작은 개수의 새로운 변수(즉 요인)로 대체하여 분석을 크게 단순화할 수 있다.

11.1 상관관계

소비자들이 대형 할인마트 이용 시 중요하게 고려하는 요인이 무엇인지 도출해보자. 이를 위하여 [그림 11-1]과 같은 아홉 개의 설문항목(즉 변수)에 대해 소비자들이 느끼는 중요성의 정도를 평가하였다(mart.sav 데이터 파일). 평가를 위한 척도는 '1=전혀 아니다, 2=아니다, 3=약간 아니다, 4=보통이다, 5=약간 그렇다, 6=그렇다, 7=매우 그렇다'를 사용하였다. 요인분석을 통해 해야 할 일은 소비자들의 응답을 토대로 소비자들이 생각하는 대형 할인마트 이용과 관련된 잠재요인들을 도출하는 것이다. 특정 변수들 간의 높은 상관관계는 그 변수들과 관련된 잠재요인의 존재를 통해 설명될 수 있다. 가능한 작은 수의 요인으로 그러한 상관관계를 설명해주는 요인을 찾아내고 이들 요인에 적절한 의미를 부여한다. 요인분석 결과 도출된 요인들은 될 수 있는 대로 간결하고 해석 가능해야 한다. 이렇게 도출된 요인은 후속 분석에서 다양하게 활용될 수 있다. 예를 들어, 구매 정도를 종속변수로 하여 회귀분석을 하는 경우 원래의 아홉 개의 변수를 모두 독립변수로 사용하는 것보다는 축약된 더 작은 수의 요인을 이용하여 분석하는 것이 보다 다루기 쉬울 뿐만 아니라 더욱 의미 있는 해석이 가능하다.

요인분석은 변수 간의 관련성을 바탕으로 공통요인을 추출하기 때문에 서로 유의미한 상관관계를 갖는 변수 집합이 존재해야 한다. [그림 11-2]의 상관계수 행렬을 보면 변수 간의 다양한 상관관계 정도를 볼 수 있으며 이들 상관계수는 대부분 통계적으로 유의하다. 상관계수는 0.046~0.627의 범위를 가지며 가장 큰 상관계수는 환불 용이성과 서비스 우수성 간에 나타났다. 그러나 이 정도 개수의 변수만으로도 상관계수 행렬로부터 서로 관련성을 갖는 변수들의 그룹을 찾기는 쉽지 않다.

그림 11-1 ▎할인마트 이용 관련 변수

변수	설문항목
품질	대형 할인마트의 제품은 품질이 높다.
가치	대형 할인마트의 제품은 값어치가 있다.
브랜드	대형 할인마트에는 알려진 브랜드 제품이 많다.
환불	대형 할인마트에서는 환불 및 교환이 용이하다.
서비스	대형 할인마트의 고객서비스는 우수하다.
정확	대형 할인마트에서는 계산과정에 실수가 없다.
가격	대형 할인마트의 제품가격은 저렴하다.
원스톱쇼핑	대형 할인마트에서는 원하는 물건을 한 번에 구매할 수 있다.
포인트	대형 할인마트에서는 여러 가지 제휴카드 사용이 가능하며, 이를 이용하여 할인받을 수 있다.

그림 11-2 ▌ 상관관계: 할인마트

		품질	가치	브랜드	환불	서비스	정확	가격	원스톱 쇼핑	포인트
상관관계	품질	1.000	.566	.249	.391	.265	.385	.314	.261	.272
	가치	.566	1.000	.430	.256	.166	.261	.279	.280	.292
	브랜드	.249	.430	1.000	.322	.273	.214	.046	.085	.162
	환불	.391	.256	.322	1.000	.627	.617	.217	.270	.451
	서비스	.265	.166	.273	.627	1.000	.526	.109	.133	.331
	정확	.385	.261	.214	.617	.526	1.000	.259	.363	.262
	가격	.314	.279	.046	.217	.109	.259	1.000	.463	.400
	원스톱쇼핑	.261	.280	.085	.270	.133	.363	.463	1.000	.401
	포인트	.272	.292	.162	.451	.331	.262	.400	.401	1.000
유의확률	품질		.000	.009	.000	.006	.000	.001	.007	.005
	가치	.000		.000	.007	.058	.006	.004	.004	.003
	브랜드	.009	.000		.001	.005	.021	.333	.214	.063
	환불	.000	.007	.001		.000	.000	.020	.005	.000
	서비스	.006	.058	.005	.000		.000	.153	.106	.001
	정확	.000	.006	.021	.000	.000		.007	.000	.006
	가격	.001	.004	.333	.020	.153	.007		.000	.000
	원스톱쇼핑	.007	.004	.214	.005	.106	.000	.000		.000
	포인트	.005	.003	.063	.000	.001	.006	.000	.000	

SPSS 메뉴에서 『분석 > 차원축소 > 요인분석』을 선택한다. 『변수』에 요인을 추출하고자 하는 대상 변수를 옮겨 선택한 후 『확인』을 클릭하면 요인분석을 수행할 수 있다(mart.sav 데이터 파일). 위와 같은 상관계수 행렬을 얻기 위해서는 『요인분석: 기술통계』 대화상자에서 『상관행렬』의 『계수』와 『유의수준』을 선택한다.

요인분석은 관련성을 갖는 변수들의 집합이 존재해야 효과적으로 수행될 수 있다. 그러한 변수 집합이 존재하면 변수쌍 간의 상관계수는 다른 변수들을 통제할 경우(즉 다른 변수들의 영향을 배제하면) 감소할 것으로 예상할 수 있다. 이는 두 변수 간의 편상관계수는 다른 변수들의 영향을 통제할 때 상관계수에 비해 작아져야 한다는 것을 의미한다.[1)]

KMO 표본적합도(Kaiser-Meyer-Olkin measure of sampling adequacy)는 상관계수의 크기와 편상관계수의 크기를 비교하는 지표로서 다음과 같은 산식에 의해 구할 수 있다.

1) 편상관계수에 대한 보다 자세한 설명은 '제8장 상관분석'을 참고한다.

$$\text{KMO} = \frac{\sum r_{ij}^2}{\sum r_{ij}^2 + \sum a_{ij}^2} = \frac{\text{상관계수제곱의 합}}{\text{상관계수제곱의 합} + \text{편상관계수제곱의 합}}$$

KMO값이 1에 가깝다는 것은 편상관계수값들이 상관계수값들에 비해 상대적으로 작다는 의미이다. 두 변수 간의 편상관계수는 두 변수에 동시에 영향을 미칠 수 있는 다른 변수의 영향을 통제한(즉 배제한) 상태에서의 순수한 상관계수를 의미한다. 따라서 어떤 두 변수의 편상관계수가 상관계수에 비해 상대적으로 작다는 것은 이들 두 변수 간의 상관관계는 둘 간의 순수한 관계에 의해서보다는 다른 변수들과의 관계를 통해서 좀 더 잘 설명되고 있음을 나타낸다. 이는 분석에 포함된 변수들이 서로 많이 관련되어 있음을 의미한다. 이처럼 변수들 간에 관련성이 존재할 경우 우리는 요인분석을 통해 변수들 간의 공통요인을 도출할 수 있다. 반대로 변수 간 편상관계수가 상대적으로 커서 KMO값이 작아지면 변수들에 대한 요인분석이 적절치 않다는 것으로 해석할 수 있다. 왜냐하면 이는 두 변수 간의 관련성이 둘 간의 순수한 상관관계에 의해 주로 설명되며 다른 변수들과의 관계에 의해서는 적절히 설명되지 않음을 나타내기 때문이다. 이는 다시 말해 분석에 포함된 변수들의 관련성이 적음을 의미한다.

[그림 11-3]은 할인마트 예에서 사용된 변수들에 대한 KMO 표본적합도값이다. 이 지표를 제안한 Kaiser는 0.9 이상을 매우 높음(marvelous), 0.8 이상 0.9 미만을 다소 높음(meritorious), 0.7 이상 0.8 미만을 보통(middling), 0.6 이상 0.7 미만을 다소 낮음(mediocre), 0.5 이상 0.6 미만을 매우 낮음(miserable), 0.5 미만을 수용불가(unacceptable) 수준으로 정의하였다(Hair et al. 2005). 여기에서 KMO 표본적합도값은 0.767로서 요인분석을 진행하기에 무리가 없는 보통 수준의 적합도를 나타냈다.

변수들의 관련성 정도를 평가하기 위한 또 다른 방법으로 **Bartlett의 구형성검정(Bartlett's test of sphericity)**을 이용할 수 있다. Bartlett의 구형성검정은 "변수들 간의 모든 상관계수는

그림 11-3 | KMO와 Bartlett의 검정: 할인마트

표본 적절성의 Kaiser-Meyer-Olkin 측도		.767
Bartlett의 구형성 검정	근사 카이제곱	245.115
	자유도	36
	유의확률	.000

KMO와 Bartlett의 구형성검정은 『요인분석: 기술통계』 대화상자에서 『KMO와 Bartlett의 구형성 검정』을 선택하여 수행한다(mart.sav 데이터 파일).

0이다”라는 귀무가설을 검정한다. 검정결과 모든 상관계수가 0이라면 이후 요인분석을 수행하는 것은 무의미하다. 왜냐하면 앞서 설명하였듯이 요인분석은 변수들 간의 상관관계를 바탕으로 공통요인을 도출하기 때문이다. [그림 11-3]의 검정결과를 보면 유의확률 0.000으로서 변수들 간의 모든 상관계수가 0이라는 귀무가설을 기각할 수 있으며, 따라서 요인분석을 수행하기 적합한 변수 간 상관관계가 확인되었다.

11.2 요인추출

상관관계분석, KMO 표본적합도, Bartlett의 구형성검정 등을 통해 변수들 간 관련성이 존재한다는 사실을 일단 확인하고 나면 이제 변수들 간의 관련성을 설명해줄 수 있는 공통의 요인들을 찾을 준비는 끝난 셈이다. 할인마트 방문 시 고려하는 변수들 간에 나타나는 상관은 이들 변수가 미지의 공통요인들을 공유한 결과라고 설명할 수 있다. 따라서 요인분석의 주요 목표는 이들 요인을 확인하고 추출하는 것이다. 해석이 용이한 가능한 작은 개수의 요인을 추출한다.

요인분석을 위한 개념적 모델은 [그림 11-4]와 같다. 요인 F_1과 F_2는 변수 x_1, x_2, x_3, x_4, x_5의 기저에 내재되어 있으며, 따라서 잠재된 요인은 관측된 변수를 설명하는(영향을 미치는) 것으로 가정한다. 오차 U_1, U_2, U_3, U_4, U_5는 요인에 의해서 설명되지 않는 관측변수의 분산을 나타낸다. 요인과 오차는 직접적으로 측정할 수 없으며 변수 간의 상관관계를 통해서 간접적으로 추론된다. 여기에서 요인 간의 곡선은 두 요인이 상관관계를 갖는다는 것을 나타낸다. 요인을 추출하는

그림 11-4 ❙ 요인분석모델

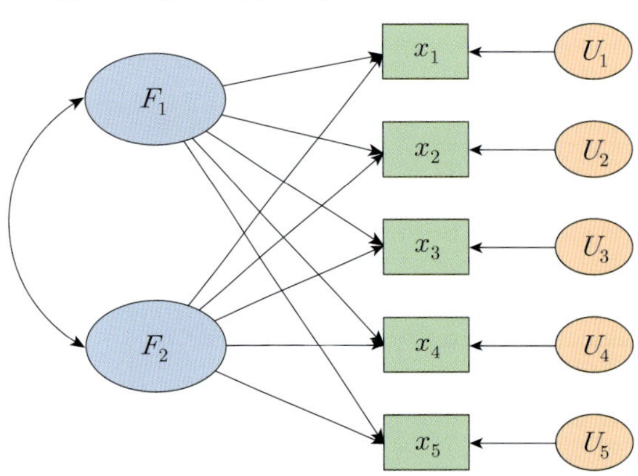

방법에 따라 요인 간의 상관관계를 허용할 수도 있고 그렇지 않을 수도 있다.

요인분석을 위한 수학적 모델은 외견상 다중회귀모델과 유사해보인다. 각 변수는 요인들의 선형결합으로 표현된다. 예를 들어, x_1 변수는 추출된 두 요인에 의해 다음과 같이 표현된다.

$$x_1 = \alpha_1 \times F_1 + \alpha_2 \times F_2 + U_1$$

이 방정식은 보통의 다중회귀모델처럼 보이지만 두 요인 F_1과 F_2는 단일 독립변수가 아니기 때문에 다중회귀모델과는 다르다. 두 요인은 각 요인의 특성을 정의하는 변수 집합을 나타낸다(그리고 그 변수 집합에 대해 부여된 이름이다). 요인분석을 하기 전에는 이들 요인을 미리 알 수는 없으며 요인분석을 수행한 결과로 도출된다.2) 이 방정식에 나타난 요인은 크게 두 종류이다. 하나는 **공통요인(common factor)**으로서 요인 F_1과 F_2가 이에 해당되며 모든 변수는 이 두 요인의 함수로서 표현될 수 있다. U_1은 **고유요인(unique factor)**을 말하며 이는 공통요인에 의해서 설명될 수 없는 변수 고유의 성분과 오차를 나타낸다. 이 방정식을 i번째 표준화된 변수에 대해 일반화하면 다음과 같이 나타낼 수 있다.

$$x_i = a_{i1}F_1 + a_{i2}F_2 + \cdots + a_{ik}F_k + U_i$$

여기에서, x_i는 i번째 변수, F_k는 k번째 공통요인, U_i는 i번째 변수의 고유요인,
a_{ik}는 i번째 변수 선형결합의 k번째 요인에 대한 가중치

여기에서 요인들을 결합하기 위해 사용된 계수(a_{ik})를 **요인적재값(factor loading)**이라고 하며 각 요인에 할당된 가중치로서의 역할을 수행한다.

요인은 직접적으로 측정할 수 없기 때문에 관측된 변수로부터 추론되며 변수들의 선형결합으로서 추정된다. 예를 들어, F_1 요인은 다섯 개 변수에 의해 다음과 같이 표현된다.

$$F_1 = \beta_1 \times x_1 + \beta_2 \times x_2 + \beta_3 \times x_3 + \beta_4 \times x_4 + \beta_5 \times x_5$$

---

2) 요인분석은 크게 탐색적 요인분석(exploratory factor analysis, EFA)과 확인적 요인분석(confirmatory factor analysis, CFA)으로 구분한다. 여기에서 다루는 요인분석은 탐색적 요인분석이다. 탐색적 요인분석에서는 요인을 사전에 알 수 없으며 분석결과로서 도출된다. 반면에 확인적 요인분석은 사전에 이론을 통해 제시된 요인이 있으며 데이터를 통해 이들 요인의 존재를 검정한다. 확인적 요인분석은 일반적으로 이론 정립을 위해 많이 활용되며 구조방정식모델링(structural eqation modeling, SEM)에서 측정모델의 검증에 주로 사용된다.

다섯 개 변수 모두가 F_1 요인의 추정에 기여할 수 있다. 그러나 요인의 특성이 명확히 드러나기 위해서는 해당 요인과 밀접한 관련을 갖는 일부 변수만이 높은 가중치를 갖는 것이 바람직하다. 이 방정식을 j번째 요인에 대해 일반화하면 다음과 같이 나타낼 수 있다.

$$F_j = w_{j1}x_1 + w_{j2}x_2 + \cdots + w_{jp}x_p$$

여기에서, F_j는 j번째 요인, x_p는 p번째 변수,
w_{jp}는 j번째 요인 선형결합의 p번째 변수에 대한 가중치

여기에서 변수들을 결합하기 위해 사용된 계수(w_{jp})를 **요인점수계수(factor score coefficient)** 라고 한다. 각 케이스에 대한 **요인점수(factor score)**는 이 산식을 바탕으로 변수의 관측값과 요인점수계수를 이용하여 계산된다. 이렇게 산출된 요인점수는 다수의 변수를 소수의 요인으로 축약할 때 실제 관측값을 대신하여 각종 분석에 사용할 수 있다.

다양한 통계기법을 이용하여 상관계수 행렬로부터 요인을 추출할 수 있다. 그 중 가장 간단하고 널리 쓰이는 방법이 **주성분분석(principal components analysis, PCA)** 방법이다. 주성분분석의 목적은 상관관계를 갖는 다수의 변수에 포함된 정보를 가능한 많이 포착하면서 이 다수의 변수를 상관관계를 갖지 않는 그보다 더 적은 개수의 새로운 변수로 대체하는 것이다. 이렇게 도출된 새로운 변수를 주성분이라고 하며, 주성분은 기존 변수들의 선형결합으로 표현된다.[3] 첫 번째 주성분은 변수들이 가지고 있는 총분산을 가장 많이 설명해주는 변수들의 결합이고, 두 번째 주성분은 그 다음으로 많은 양의 분산을 설명해주는 변수들의 결합이면서 동시에 앞서의 첫 번째 주성분과 상관관계를 갖지 않는다. 세 번째 주성분은 그 다음으로 많은 양의 분산을 설명해주는 변수들의 결합이면서 동시에 앞서의 첫 번째 및 두 번째 주성분과 상관관계를 갖지 않는다. 주성분분석 방법은 이런 방식으로 변수들이 가지고 있는 총표본분산을 많이 설명해주는 순서대로 주성분들을 순차적으로 추출한다. 주성분은 다음과 같이 나타낼 수 있다.

$$PC_i = b_{i1}x_1 + b_{i2}x_2 + \cdots + b_{ip}x_p$$

여기에서, PC_i는 i번째 주성분, x_p는 p번째 변수,
b_{ip}는 i번째 주성분 선형결합의 p번째 변수에 대한 가중치

3) SPSS에서 요인분석을 수행할 때 주성분분석 방법으로 요인을 추출하면 이후의 분석결과에는 요인이라는 용어 대신에 성분이라는 용어가 사용된다. 주성분분석과 요인분석은 서로 다른 분석 방법이기 때문에 두 용어는 기본적으로 다른 의미이긴 하지만 여기에서는 편의상 구분 없이 함께 사용한다.

주성분분석 방법으로 요인을 추출하면 변수들을 선형결합하기 위한 가중치(b_{ip})를 추정이 아닌 정확한 값으로 산출할 수 있으며, 이 가중치가 요인점수계수로서 요인점수 계산 시 사용된다.

주성분분석에서는 변수 개수만큼의 주성분을 추출할 수 있다. 일반적으로 n개의 변수가 가지고 있는 총분산을 모두 설명하기 위해서는 n개의 주성분이 필요하다. 추출된 주성분을 모두 사용하게 되면 각 변수를 정확히 재생해낼 수 있다. 하지만 그렇게 되면 요인분석을 하는 주된 이유인 관리 가능한 소수의 변수로의 축약이라는 목적을 달성할 수 없다. 왜냐하면 이는 원래의 각 변수를 동일한 숫자의 요인으로 대체한 것에 불과하기 때문이다. 따라서 요인분석에서는 추출된 주성분을 모두 사용하지 않고 가장 많은 양의 총분산을 설명해주는 최소한의 주성분만을 추출하여 사용하게 된다.[4)]

11.3 요인개수

변수 개수만큼의 요인을 추출할 수 있기 때문에 우선 요인의 개수를 몇 개로 하는 것이 바람직할 것인지를 결정해야 한다. 요인의 개수는 다음 세 가지 방법을 기초로 결정할 수 있다.

- 설명되는 분산의 비율 검토
- 고유값 검토
- 스크리도표 검토

요인의 개수를 결정하는 첫 번째 방법은 총분산 가운데 각 요인에 의해 설명되는 분산의 비율을 살펴보는 것이다. 여기에서 다루고 있는 변수의 개수는 모두 아홉 개이기 때문에 설명될 수 있는 총분산은 9이다.[5)] [그림 11-5]의 '초기 고유값' 부분의 '전체' 열을 보면 각 요인(여기에서는

4) 요인분석과 주성분분석은 기본적으로 다른 통계모델이다. 요인분석은 변수들 간의 공유된 분산을 분석하는 데 관심이 있는 반면(즉 변수는 요인들의 선형결합으로 표현된다), 주성분분석은 변수들의 선형결합을 통해 총분산의 구조를 재조정한다(즉 주성분은 변수들의 선형결합으로 표현된다). 이처럼 두 분석 방법이 서로 다른 기법임에도 불구하고 많은 사람들은 두 방법에 대해 혼동하는 경향이 있다. 그 혼동의 이면에는 'Little Jiffy'라는 통계 프로그램이 있다. Little Jiffy는 인기 있는 요인분석 프로그램의 하나였으며, 기본 수행 방식으로 주성분분석을 이용하여 고유값 1을 초과하는 요인을 추출하고 베리맥스(varimax) 방식으로 요인을 회전한다. 이후에 많은 연구자가 이러한 Little Jiffy의 기본 수행 방식을 요인분석과 동일시하였고, SPSS를 비롯한 다수의 통계패키지가 요인분석 모듈에서 이를 따라함으로써 두 기법 간의 혼동이 가중되었다.

그림 11-5 ▌설명된 총분산: 할인마트

성분	초기 고유값			추출 제곱합 적재량		
	전체	% 분산	누적 %	전체	% 분산	누적 %
1	3.544	39.373	39.373	3.544	39.373	39.373
2	1.327	14.749	54.122	1.327	14.749	54.122
3	1.169	12.988	67.110	1.169	12.988	67.110
4	.757	8.409	75.519			
5	.646	7.174	82.693			
6	.524	5.823	88.516			
7	.386	4.289	92.806			
8	.360	4.005	96.811			
9	.287	3.189	100.000			

추출방법: 주성분분석

『요인분석: 요인추출』 대화상자에서 『방법』으로 『주성분』을 선택한다(mart.sav 데이터 파일).

성분으로 표현되어 있음)에 의해 설명되는 분산을 볼 수 있다.

[그림 11-5]의 표에서 요인은 설명되는 분산의 양이 많은 순서로 정렬되어 있다. 요인 1이 가장 많은 분산(3.544)을 설명하고 요인 9가 가장 적은 분산(0.287)을 설명한다. '% 분산' 열은 총분산 가운데 각 요인에 의해 설명되는 분산의 비율을 나타낸다. 요인 1은 총분산 9 가운데 39.373%인 3.544를 설명한다. '누적 %' 열은 해당 요인과 그 이전 요인들에 의해 설명되는 분산비율의 합이다. '누적 %' 열을 보면 상위 세 개의 요인이 총분산의 67.110%를 설명한다. 설명되는 누적분산의 비율과 그에 대응되는 요인의 개수를 검토하여 가능한 작은 수의 요인으로 될 수 있는 대로 많은 분산을 설명하는 적정 요인의 개수를 결정한다. 일반적으로 추출된 요인들이 총분산의 60% 이상을 설명할 수 있으면 적절한 것으로 판단한다. 이 기준을 따르면 여기에서는 총 세 개의 요인을 추출할 수 있다.

요인의 개수를 결정할 때 활용할 수 있는 두 번째 방법은 **고유값(eigenvalue)**을 이용하는 것이다. 이는 1보다 큰 고유값을 갖는 요인의 개수만큼 요인을 추출하는 방법이다. 여기에서 고유값은 요인이 설명하는 분산의 양을 나타낸다. 1보다 작은 고유값을 갖는 요인은 원래의 개별 변수가 갖고 있는 분산 1보다도 작기 때문에 요인으로 추출하는 것이 무의미하다. 왜냐하면 새로 추출된

5) 요인분석에서 모든 변수와 요인은 평균 0, 분산 1을 갖는 표준화 형태로 표현되기 때문에 아홉 개 변수의 분산을 모두 합하면 9가 된다.

그림 11-6 ▎스크리도표: 할인마트

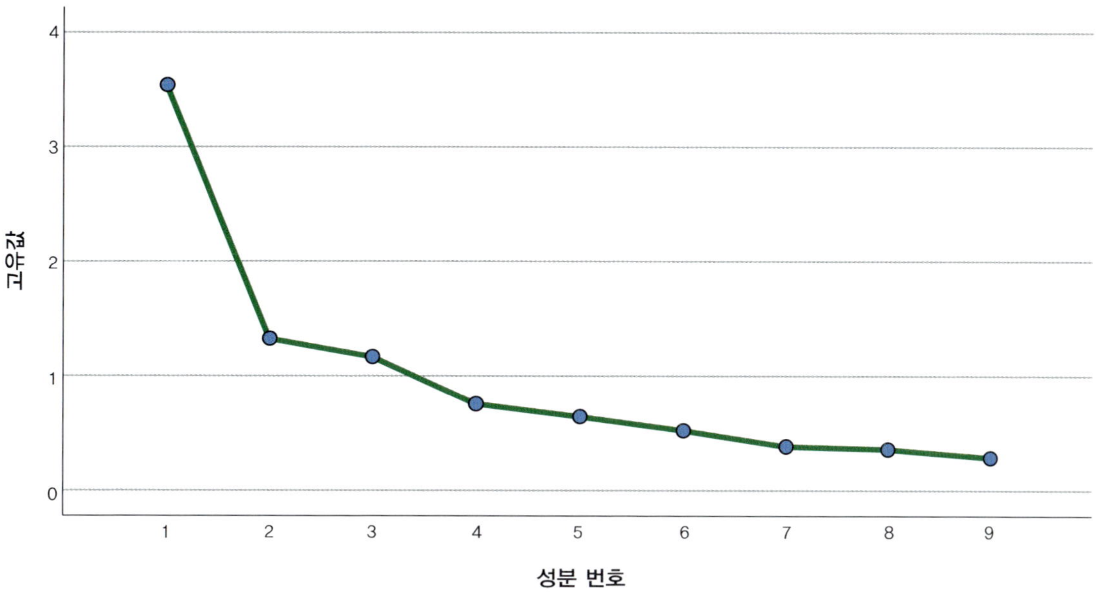

『요인분석: 요인추출』 대화상자에서 『스크리 도표』를 선택한다(mart.sav 데이터 파일).

요인에 의해 설명되는 분산이 기존 변수 한 개의 분산에도 못 미치기 때문이다. [그림 11-5]를 보면 세 개의 요인이 1보다 큰 고유값을 갖고 있다. 따라서 고유값 기준을 적용하면 총 세 개의 요인을 추출할 수 있다.

[그림 11-6]과 같은 **스크리도표(scree plot)**를 이용하여 요인의 개수를 결정하기도 한다. 스크리도표는 X축에 요인을 표시하고 Y축에 고유값을 표시하여 요인과 관련된 고유값(즉 그 요인에 의해 설명되는 분산)을 좌표상에 나타낸 도표이다. 요인의 개수가 증가함에 따라서 설명력이 큰 요인에 의한 급경사가 나타나고 나머지 설명력이 크지 않은 요인에 의한 완만한 경사가 이어지는 것을 발견할 수 있다. 그러면 완만한 경사가 나타나기 시작하는 곳 주변에서 요인의 개수를 결정한다. 요인의 개수는 일반적으로 앞에서 살펴본 세 가지 방법을 모두 고려하여 결정한다. 여기 예에서는 앞의 세 가지 방법을 모두 종합해볼 때 세 개의 요인을 추출하는 것이 적절해보인다.

11.4 요인적재값

필요로 하는 요인의 개수를 결정하고 나면 [그림 11-7]과 같은 성분행렬을 도출하고 성분행렬의 계수를 이용하여 변수들을 요인의 선형함수로 표현할 수 있다. 여기에서는 주성분분석을 이용하여 1보다 큰 고유값을 갖는 요인을 추출하도록 하였다. 요인분석 수행결과 세 개의 요인이 추출되었다.

예를 들어, 품질 변수와 가치 변수는 추출된 세 요인에 의해 다음과 같이 표현된다.

$$\text{품질} = 0.665 \times \text{요인 } 1 + 0.110 \times \text{요인 } 2 + 0.370 \times \text{요인 } 3 + U_{\text{품질}}$$
$$\text{가치} = 0.612 \times \text{요인 } 1 + 0.190 \times \text{요인 } 2 + 0.624 \times \text{요인 } 3 + U_{\text{가치}}$$

여기에서 요인들을 결합하기 위해 사용된 성분행렬의 계수가 요인적재값이며 각 변수에 대해 각 요인이 갖는 가중치를 나타낸다. 요인들이 서로 직교상태이면(orthogonal, 즉 서로 상관관계가 없다면) 요인적재값은 요인과 변수 간의 상관계수와 일치한다. 주성분분석을 통해 추출된 요인들은 서로 상관관계를 갖지 않는 방식으로 추출되므로 요인적재값은 요인과 변수 간의 상관계수와 동일

그림 11-7 ▌성분행렬: 할인마트

	성분		
	1	2	3
품질	.665	.110	.370
가치	.612	.190	.624
브랜드	.463	-.310	.566
환불	.770	-.373	-.228
서비스	.632	-.538	-.266
정확	.720	-.247	-.250
가격	.526	.612	-.164
원스톱쇼핑	.565	.516	-.231
포인트	.636	.230	-.236

추출방법: 주성분분석

『요인분석: 요인추출』 대화상자에서 『방법』으로 『주성분』을 선택하고, 『추출』 기준으로 『고유값 기준』을 선택한다 (mart.sav 데이터 파일).

한 값을 갖는다. 예를 들어, 0.665는 품질과 요인 1 간의 상관계수이며, 0.110은 품질과 요인 2 간의 상관계수, 그리고 0.370은 품질과 요인 3 간의 상관계수이다. 품질은 요인 1과 높은 상관관계를 갖는 반면, 요인 2와는 낮은 상관관계를 갖는다.

추출된 요인들이 총분산을 설명하는 정도를 알기 위해서는 [그림 11-5] 설명된 총분산 표의 '추출 제곱합 적재량' 부분을 확인한다. '% 분산' 열을 보면 총분산 가운데 각 요인에 의해 설명되는 분산의 비율을 알 수 있으며, '누적 %' 열을 보면 추출된 요인들이 전체적으로 총분산을 어느 정도 설명해주는지를 단계적으로 파악할 수 있다.[6)]

추출된 세 요인이 각 변수를 얼마나 잘 설명하는지를 평가하기 위해서는 이들 공통요인에 의해 설명되는 각 변수의 분산비율을 파악한다. 여기에서 요인적재값은 요인과 변수 간의 상관계수이므로 각 요인에 의해 설명되는 분산비율의 합은 이들 요인적재값의 제곱합으로 구할 수 있다.[7)] 예를 들어, 품질 변수의 분산은 요인 1에 의해 44.2%(=0.665^2) 설명되고, 요인 2에 의해 1.2%(=0.110^2) 설명되며, 요인 3에 의해 13.7%(=0.370^2) 설명된다([그림 11-7] 성분행렬 참고). 이를 모두 합한 59.2%는 세 요인에 의해 설명되는 품질 변수의 분산비율을 나타내며, 이를 품질 변수의 **공통성(communality)**이라고 한다. 즉 공통성은 공통요인에 의해 설명되는 분산의 비율이다. [그림 11-8]의 '추출' 열은 이런 방식으로 계산된 각 변수의 공통성을 나타낸다.

그림 11-8 ▌공통성: 할인마트

	초기	추출
품질	1.000	.592
가치	1.000	.801
브랜드	1.000	.631
환불	1.000	.785
서비스	1.000	.760
정확	1.000	.642
가격	1.000	.678
원스톱쇼핑	1.000	.638
포인트	1.000	.513

추출방법: 주성분분석

6) 요인추출 시 주성분분석을 사용하면 '초기 고유값' 부분에서 보여준 초기값과 동일한 값을 얻게 된다. 하지만 다른 기법을 사용하게 되면 – 예를 들면, 최대우도법(maximum likelihood) – 설명되는 총분산 비율은 일반적으로 초기값에 비해 감소한다.

7) 두 변수 간 상관계수의 제곱은 한 변수가 다른 변수의 분산을 설명하는 정도를 나타낸다.

공통성은 0에서 1 사이의 값을 갖는다. 공통성이 0이라는 것은 공통요인이 변수의 분산을 전혀 설명하지 못한다는 의미이며, 반대로 공통성이 1이라는 것은 공통요인이 변수의 분산을 100% 완전히 설명한다는 뜻이다. 공통요인에 의해 설명되지 않는 분산은 고유요인에 의해 설명되는 것으로 가정한다. 주성분분석 방법을 이용할 때 공통성의 초기값이 모두 1인 이유는 최초에 변수 개수와 동일한 개수의 요인들로 분석을 시작하고, 그래서 이 요인들이 각 변수의 총분산을 모두 설명해 주기 때문이다. 최종적으로 추출된 요인이 세 개로 감소함으로써 [그림 11-8]의 '추출' 열에서 볼 수 있는 것처럼 공통성 또한 줄어들게 된다.[8]

각 변수에 대한 공통성이 크면 클수록 요인추출이 성공적으로 이루어진 것으로 볼 수 있다. 공통성이 작은 변수는 공통요인에 의해 적절히 설명될 수 없음을 의미하기 때문에 만일 공통성의 값이 지나치게 작다면 해당 변수를 분석에서 제외할 필요가 있다. 왜냐하면 이러한 변수는 나머지 다른 변수들과 관련성이 작기 때문이다. 이러한 공통성의 특성은 설문서의 설문항목 가운데서 다른 항목들과 관련성이 작은 항목을 찾아내는 데 효과적으로 활용할 수 있다.

요인분석에서 변수 간 상관관계는 공통요인을 공유하기 때문이라고 가정한다. 따라서 요인분석으로부터 추출한 공통요인을 바탕으로 변수 간 상관관계를 재현할 수 있다면 재현된 상관관계와 실제 관측된 상관관계를 비교함으로써 요인분석의 적정성을 평가할 수 있다. 요인과 변수 간의 추정된 상관관계를 이용하여 변수 간의 상관관계를 재현할 수 있다. 두 변수 간의 재현된 상관계수는 두 변수와 요인 간 상관계수의 곱을 모든 요인에 대해 합산하여 산출한다. 재현된 상관계수는 다음과 같은 산식으로 계산할 수 있다.

$$r'_{ij} = a_{i1} \times a_{j1} + a_{i2} \times a_{j2} + \cdots + a_{ik} \times a_{jk}$$

여기에서, r'_{ij}은 변수 i와 j 간의 재현된 상관계수,
a_{ik}는 i번째 변수와 k번째 요인 간의 상관계수(요인적재값),
a_{jk}는 j번째 변수와 k번째 요인 간의 상관계수(요인적재값)

예를 들어, 품질과 가치 간의 추정된 상관계수는 다음과 같다.

$$r'_{\text{품질, 가치}} = 0.665 \times 0.612 + 0.110 \times 0.190 + 0.370 \times 0.624 = 0.659 \cong 0.660$$

잔차는 관측된 상관계수와 재현된 상관계수 간의 차이로 계산한다. 품질과 가치 간의 관측된

8) 요인추출 시 주성분분석이 아닌 다른 방법을 사용하면 공통성의 초기값은 1이 아니다.

실제 상관계수는 0.566이므로 잔차는 −0.093(=0.566−0.659)이다. 잔차가 크면 추출한 요인과 데이터 간의 적합도가 좋지 않다는 것을 나타낸다.

[그림 11−19]는 재현된 상관계수 행렬이다. 상단은 재현된 상관계수이고 하단은 관측된 상관계수와의 차이인 잔차이다. 재현된 상관계수 행렬의 대각선은 공통성을 나타낸다. 절대값으로 0.05보다 큰 잔차의 개수와 비율을 주석에서 확인할 수 있다. 큰 잔차의 비율이 작을수록 요인분석은 성공적으로 수행되었다는 것을 의미한다.

그림 11−9 ▌재현된 상관관계: 할인마트

		품질	가치	브랜드	환불	서비스	정확	가격	원스톱 쇼핑	포인트
재현된 상관계수	품질	.592[a]	.660	.484	.387	.263	.359	.357	.347	.361
	가치	.660	.801[a]	.578	.258	.119	.238	.336	.300	.285
	브랜드	.484	.578	.631[a]	.343	.309	.269	−.039	−.029	.090
	환불	.387	.258	.343	.785[a]	.749	.704	.215	.295	.458
	서비스	.263	.119	.309	.749	.760[a]	.655	.047	.141	.341
	정확	.359	.238	.269	.704	.655	.642[a]	.269	.336	.460
	가격	.357	.336	−.039	.215	.047	.269	.678[a]	.651	.514
	원스톱쇼핑	.347	.300	−.029	.295	.141	.336	.651	.638[a]	.532
	포인트	.361	.285	.090	.458	.341	.460	.514	.532	.513[a]
잔차[b]	품질		−.093	−.235	.004	.002	.026	−.043	−.086	−.089
	가치	−.093		−.148	−.002	.048	.023	−.057	−.019	.007
	브랜드	−.235	−.148		−.021	−.037	−.054	.085	.114	.072
	환불	.004	−.002	−.021		−.122	−.087	.002	−.025	−.007
	서비스	.002	.048	−.037	−.122		−.129	.061	−.008	−.010
	정확	.026	.023	−.054	−.087	−.129		−.009	.027	−.198
	가격	−.043	−.057	.085	.002	.061	−.009		−.188	−.114
	원스톱쇼핑	−.086	−.019	.114	−.025	−.008	.027	−.188		−.131
	포인트	−.089	.007	.072	−.007	−.010	−.198	−.114	−.131	

추출방법: 주성분분석

a. 재현된 공통성

b. 관측된 상관계수와 재현된 상관계수 간의 잔차가 계산되었습니다. 절대값이 0.05보다 큰 18(50.0%) 비중복 잔차가 있습니다.

『요인분석: 기술통계』 대화상자에서 『재현된 상관행렬』을 선택한다(mart.sav 데이터 파일).

11.5 요인회전

추출된 요인들이 원래의 변수들을 얼마나 잘 설명해주는지를 평가한 후에는 이 요인들을 좀 더 해석하기 용이하도록 만드는 작업이 필요하다. [그림 11-7]의 성분행렬을 보면 대체로 특정 변수들은 특정 요인하고만 밀접한 관련이 있고 다른 요인과는 그다지 높은 상관을 보이지 않는다. 예를 들면, 품질 변수는 요인 1과 높은 상관관계(0.665)를 갖는 반면, 나머지 요인 2 및 요인 3과는 낮은 관련성(각각 0.110, 0.370)을 갖는다. 모든 변수가 요인과 이와 같은 명확한 관계패턴을 보일 경우 요인에 대한 의미 부여는 비교적 쉬워진다. 변수들로부터 요인을 공통적으로 설명할 수 있는 개념을 추출하여 이것으로 요인에 의미를 부여하면 된다. 하지만 [그림 11-7]의 성분행렬을 보면 변수들이 모두 이러한 명확한 관계패턴을 갖고 있는 것은 아니며 어떤 변수는 두 요인과 동시에 관련성을 보이기도 한다. 예를 들면, 가치 변수는 요인 1 및 요인 3과 비슷한 상관관계를 갖는다(각각 0.612와 0.624). 이럴 경우에는 그 두 요인에 대해 명확한 의미를 부여하기가 쉽지 않다. 왜냐하면 특정 변수가 어느 요인에 의해 설명되는지 명확하게 판단하기 어렵기 때문이다.

이처럼 요인과 변수 간의 상관관계 패턴은 요인분석에 있어서 매우 중요하다. 왜냐하면 이를 통해 요인을 의미 있게 해석할 수 있기 때문이다. 유사한 성격의 변수들이 하나의 요인과 높은 상관관계를 보이고 다른 요인과는 낮은 상관관계를 갖는다면 그 유사성에 의미를 부여함으로써 요인에 대한 해석을 시도할 수 있다. 따라서 요인과 변수 간의 상관관계가 명확히 드러나도록 할 필요가 있으며 이를 위해 요인분석에서는 요인의 축을 회전(rotation)시키는 방법을 사용한다. 회전의 목적은 [그림 11-7]과 같은 성분행렬을 해석이 용이한 좀 더 단순한 구조의 성분행렬로 변환시키는 것이다. 여기에서 단순한 구조란 각 요인은 몇 개 변수에 대해서만 높은 요인적재값을 갖고, 동시에 각 변수는 하나의 요인에 대해서만 높은 요인적재값을 갖는 구조를 말한다. 이와 같은 구조에서는 각 요인을 고유의 관련된 변수들에 의해 서로 쉽게 구별할 수 있다.

회전방법 중 가장 널리 쓰이는 **직교회전법(orthogonal rotation)**은 변수들이 요인들과 높은 상관관계를 갖도록 요인축을 직각으로 회전시킨다. 이렇게 요인축을 회전시키면 큰 요인적재값은 더욱 커지게 되고 작은 요인적재값은 더욱 작아지게 되어 변수와 요인 간의 관련성이 더욱 분명해지고 요인들은 더욱 뚜렷이 서로 구별된다. 직교회전을 설명하기 위해 [그림 11-10]과 같은 예를 생각해보자. [그림 11-10]은 식당평가 시 중요하게 생각하는 네 가지 변수(맛, 재료, 청결, 서비스)에 대한 중요성을 평가하게 하여 얻은 요인적재값을 추출된 두 요인을 축으로 하여 그린 것이다.

그림 11-10 ▌ 성분행렬: 회전 전

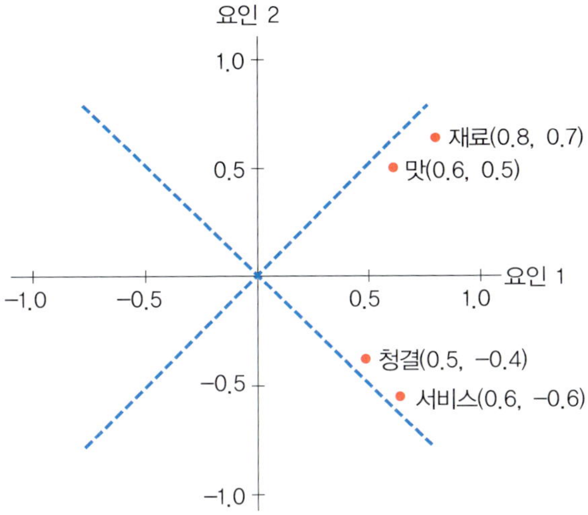

	요인 1	요인 2
맛	0.6	0.5
재료	0.8	0.7
청결	0.5	-0.4
서비스	0.6	-0.6

예를 들어, 맛에 대한 좌표는 요인 1 0.6, 요인 2 0.5, 재료에 대한 좌표는 요인 1 0.8, 요인 2 0.7, 청결에 대한 좌표는 요인 1 0.5, 요인 2 -0.4, 서비스에 대한 좌표는 요인 1 0.6, 요인 2 -0.6이다. 이 도표를 봐서는 요인들에 서로 구별되는 특별한 의미를 부여하기가 쉽지 않다. 왜냐하면 네 변수 모두 두 요인과 어느 정도의 관련성을 보여주고 있어 요인의 특성을 도출하기 쉽지 않기 때문이다.

이제 두 요인축을 오른쪽으로 회전시켜서 [그림 11-11]과 같은 형태로 변환시켜보자.[9] 앞서와 달리 변수와 요인 간의 관련성이 뚜렷이 드러난 것을 알 수 있다. 청결과 서비스는 요인 1과 높은 상관관계를 보이며, 맛과 재료는 요인 2와 높은 관련성을 갖는다. 둘씩 묶여 있는 두 쌍의 변수들의 특성을 고려해볼 때 우리는 요인 1을 환경요인으로 요인 2를 품질요인으로 명명하는 것이 가능하다. 이처럼 요인축을 회전함으로써 우리는 요인과 변수 간의 명확한 관계를 확인할 수 있고 이를 토대로 요인에 쉽게 의미를 부여할 수 있다.

9) 이처럼 두 축이 직각의 상태를 유지하기 때문에 직교회전이라고 한다.

▶ 그림 11-11 ▎ 성분행렬: 회전 후

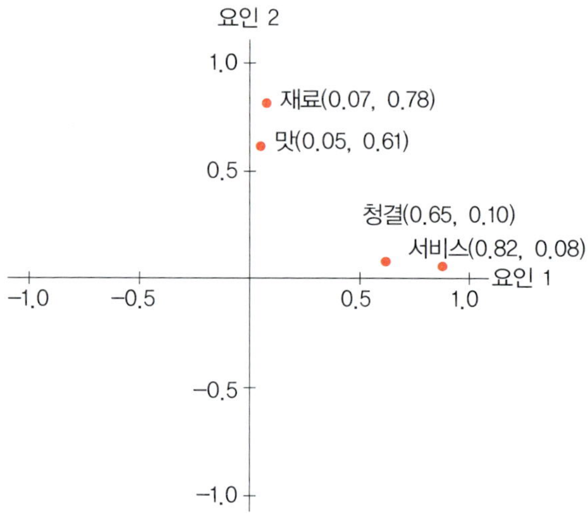

	요인 1	요인 2
맛	0.05	0.61
재료	0.07	0.78
청결	0.65	0.10
서비스	0.82	0.08

▶ 그림 11-12 ▎ 회전된 성분행렬: 할인마트

	성분		
	1	2	3
품질	.216	.331	.660
가치	.026	.285	.848
브랜드	.265	−.167	.730
환불	.837	.200	.212
서비스	.865	.008	.111
정확	.733	.277	.165
가격	.032	.814	.122
원스톱쇼핑	.144	.781	.087
포인트	.373	.598	.124

추출방법: 주성분분석
회전방법: Kaiser 정규화가 있는 베리멕스

> 회전된 성분행렬은 『요인분석: 요인회전』 대화상자의 『방법』에서 회전방법을 선택함으로써 얻을 수 있다(여기에서는 베리멕스 선택, mart.sav 데이터 파일).

[그림 11-12]는 회전된 성분행렬이다. 여기에서는 가장 널리 사용되는 베리맥스(varimax) 직교회전법을 사용하였다. 요인식별을 좀 더 용이하게 하기 위하여 일정값 이하의 작은 요인적재값을 성분행렬표에서 보이지 않도록 할 수 있다. [그림 11-13]에서 볼 수 있는 것처럼 0.4보다 작은

그림 11-13 ▌회전된 성분행렬-낮은 요인적재값 제거: 할인마트

	성분		
	1	2	3
품질			.660
가치			.848
브랜드			.730
환불	.837		
서비스	.865		
정확	.733		
가격		.814	
원스톱쇼핑		.781	
포인트		.598	

추출방법: 주성분분석
회전방법: Kaiser 정규화가 있는 베리멕스

『요인분석: 옵션』 대화상자에서 『작은 계수 표시 안 함』을 선택하고 기준이 되는 값을 입력하면 입력된 값보다 작은 요인적재값은 성분행렬에 나타나지 않는다(여기에서는 0.4를 기준값으로 입력, mart.sav 데이터 파일).

요인적재값을 표에서 제거하면 요인과 변수의 관계가 좀 더 명확히 드러난다. 여기에서 우리는 세 요인과 밀접한 관련을 갖는 세 종류의 변수를 쉽게 확인할 수 있다. 환불, 서비스, 정확은 요인 1과 밀접한 관련이 있으며, 가격, 원스톱쇼핑, 포인트는 요인 2와 연관성을 갖는다. 품질, 가치, 브랜드는 요인 3과 높은 상관관계를 갖는다. 함께 묶여 있는 변수들의 공통된 특성을 감안하여 여기에서 우리는 요인 1을 신뢰성으로, 요인 2를 실용성으로, 요인 3을 효용성으로 명명한다.

[그림 11-14]에서 보듯이 요인이 회전된 후에도 총분산 중 세 요인에 의해 설명되는 총분산비율에는 변함이 없다. 하지만 개별 요인에 의해 설명되는 비율은 회전 전과 차이가 있다. 예를 들어, 요인 1의 경우 회전 전에는 39.4%의 분산을 설명하였으나 회전 후에는 25.2%로 그 설명 정도가 변화하였다.

직교회전을 통해 요인이 잘 추출되었는지 확인하는 방법 가운데 하나는 요인을 축으로 한 그래프상에 요인적재값을 좌표로 사용하여 변수들을 표시해보는 것이다. [그림 11-15]는 이렇게 생성한 3차원 성분도표이다. 요인분석의 결과 세 개 이상의 요인이 추출되면 SPSS는 처음 세 개의 요인에 대해 3차원 성분도표를 생성한다.[10] 세 요인별로 관련된 변수들의 군집이 잘 형성되어 있는 것을 확인할 수 있다.

10) 요인이 두 개일 경우에는 2차원의 성분도표가 생성된다.

그림 11-14 ▌ 설명된 총분산-회전 후: 할인마트

성분	초기 고유값			추출 제곱합 적재량			회전 제곱합 적재량		
	전체	% 분산	누적 %	전체	% 분산	누적 %	전체	% 분산	누적 %
1	3.544	39.373	39.373	3.544	39.373	39.373	2.264	25.157	25.157
2	1.327	14.749	54.122	1.327	14.749	54.122	1.966	21.844	47.001
3	1.169	12.988	67.110	1.169	12.988	67.110	1.810	20.108	67.110
4	.757	8.409	75.519						
5	.646	7.174	82.693						
6	.524	5.823	88.516						
7	.386	4.289	92.806						
8	.360	4.005	96.811						
9	.287	3.189	100.000						

추출방법: 주성분분석

그림 11-15 ▌ 회전공간의 성분도표: 할인마트

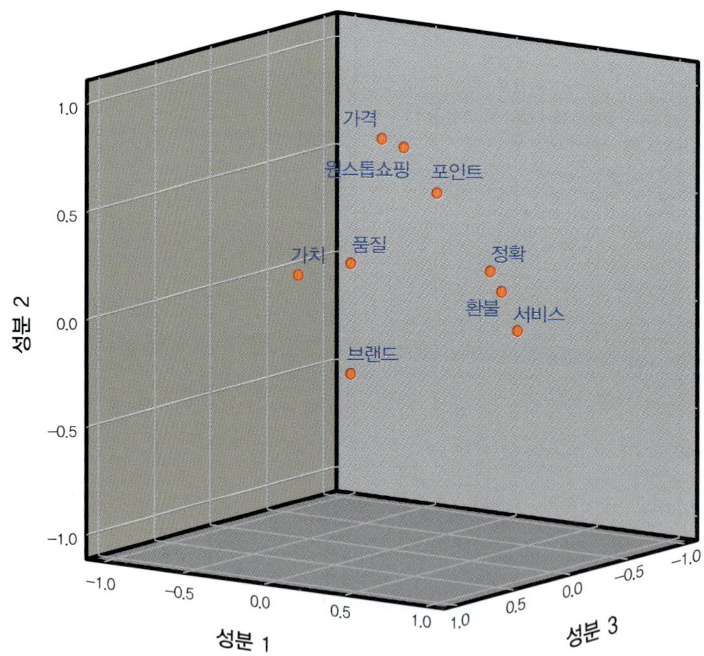

『요인분석: 요인회전』 대화상자에서 『적재량 도표』를 선택한다(mart.sav 데이터 파일). 도표편집기에서 『편집 > 특성』을 선택하여 점의 색상, 레이블 등의 그래프 요소를 수정할 수 있다. 또한 도표편집기에서 『편집 > 3차원 회전』을 선택한 후 『3차원 회전』 대화상자를 이용하여 3차원 구조를 탐색할 수 있다.

3차원 그래프가 좀 복잡하게 느껴진다면 [그림 11-16]과 같이 두 개의 요인만을 이용하여 2차원상에 변수를 표시해볼 수 있다. 대략 세 개의 군집을 확인할 수 있다. 요인이 완벽하게 잘 추출되면 변수들은 두 축의 양끝 부근과 원점 부근에서 군집을 형성하게 된다. 두 요인과 각각 높은 상관관계를 갖는 변수들은 +1과 −1 좌표 부근에서 군집을 형성한다. 두 개를 초과하는 요인이 있을 경우 현재 그래프상에 표시된 두 요인과는 낮은 상관관계를 갖는 변수들이 있을 수 있다. 이러한 변수들은 원점 부근에서 군집을 형성한다. 이 변수들은 그래프상에 축으로 표시되지는 않지만 분석에 포함된 다른 요인들 가운데 하나와 높은 상관관계를 갖는다.

그림 11-16 ▌회전공간의 성분도표-2차원: 할인마트

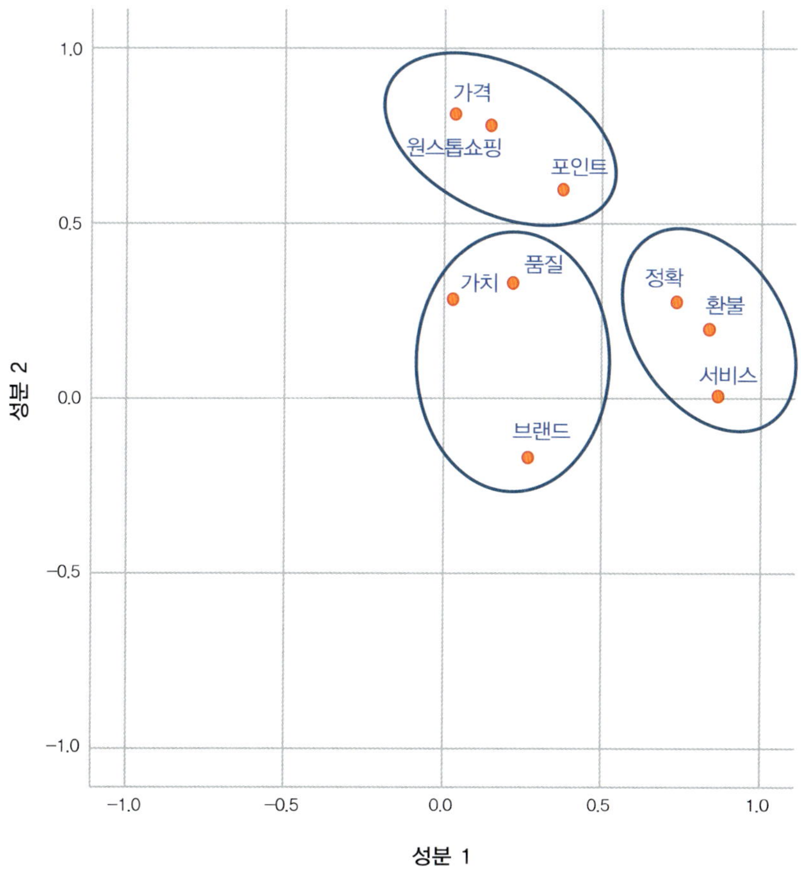

3차원 성분도표를 생성한 후 더블클릭하여 도표편집기의 『편집 > 3차원 회전』을 선택한다. 『3차원 회전』 대화상자에서 수직과 수평에 0을 지정한다(도표상의 타원은 SPSS를 통해 출력된 것은 아니며 설명의 편의를 위해 별도로 추가한 것이다).

11.6 요인점수

추출한 요인들이 기존 변수들을 대신할만큼 충분히 유용하다고 판단되면 각 응답 케이스에 대해 요인점수를 계산할 수 있다. 요인점수는 개별 케이스가 각 요인의 특성을 얼마만큼의 비중으로 갖고 있는지를 나타낸다. 따라서 요인점수를 이용하면 응답 케이스별로 기존의 다수 변수에 대한 응답을 소수의 요인으로 축약하여 나타내는 것이 가능하다.

주성분분석 방법으로 요인을 추출할 때는 요인점수의 정확한 값을 계산할 수 있으나 그 밖의 경우에는 추정을 통해서만 구할 수 있다.[11] 요인점수는 변수들에 대한 가중치인 요인점수계수를 이용하여 각 요인을 변수들의 선형결합으로 나타냄으로써 계산된다. 다양한 방법으로 요인점수계수를 추정할 수 있다. SPSS에서는 회귀, Anderson-Rubin, Bartlett 등 세 가지 방법을 제공하며, 세 방법 모두 평균이 0인 요인점수를 산출한다. 세 가지 방법은 각각 고유의 특징을 갖고 있지만 주성분분석 방법으로 요인을 추출하면 세 방법 모두 동일한 요인점수를 산출하며, 이때는 추정값이 아닌 정확한 값이 계산된다. 회귀 방법을 이용하여 산출한 요인점수계수 행렬은 [그림 11-17]과

그림 11-17 ❚ 성분점수계수 행렬: 할인마트

	성분		
	1	2	3
품질	-.060	.067	.367
가치	-.197	.038	.544
브랜드	.032	-.263	.486
환불	.401	-.039	-.049
서비스	.466	-.147	-.094
정확	.339	.032	-.074
가격	-.133	.484	-.051
원스톱쇼핑	-.057	.451	-.093
포인트	.094	.296	-.083

추출방법: 주성분분석
회전방법: Kaiser 정규화가 있는 베리멕스

『요인분석: 요인점수』 대화상자에서 『요인점수 계수행렬 표시』를 선택하면 위와 같은 성분점수계수 행렬을 얻을 수 있다(mart.sav 데이터 파일). 『변수로 저장』을 선택하면 데이터 파일에 요인점수가 변수로 저장된다.

11) 이런 이유로 요인점수를 분석에 사용할 때는 주성분분석 방법을 이용한 요인추출이 종종 권장된다.

같다.[12)]

일단 요인점수계수를 산출하면 요인점수는 개별 변수의 선형결합으로 표현할 수 있다. 예를 들어, 요인 1의 요인점수는 다음과 같이 계산한다.

요인 1의 요인점수$=w_1\times$품질$+w_2\times$가치$+w_3\times$브랜드$+w_4\times$환불$+w_5\times$서비스$+w_6\times$정확
$+w_7\times$가격$+w_8\times$원스톱쇼핑$+w_9\times$포인트

여기에서, w_i는 i번째 변수에 대한 요인점수계수

이를 일반화하면 요인 k에 대한 응답 케이스 j의 요인점수 f_{jk}는 다음과 같이 계산된다.

$$f_{jk}=\sum_{i=1}^{p} w_{ki}x_{ij}$$

여기에서, f_{jk}는 응답 케이스 j의 k번째 요인점수,
w_{ki}는 요인 k의 i번째 변수에 대한 요인점수계수, p는 변수의 개수,
x_{ij}는 응답 케이스 j의 i번째 변수에 대한 응답의 표준화값

여기 할인마트 예에서는 원래 아홉 개의 변수를 세 개의 요인으로 축약하였으므로 각 응답 케이스별로 세 개의 요인점수가 계산된다. 예를 들어, [그림 11-17]의 요인점수계수 행렬을 바탕으로 요인 1(앞서 신뢰성으로 명명하였음)의 요인점수를 계산하면 다음과 같다.

요인 1$=(-0.060)\times$품질에 대한 응답의 표준화값$+(-0.197)\times$가치에 대한 응답의 표준화값
$+(0.032)\times$브랜드에 대한 응답의 표준화값$+(0.401)\times$환불에 대한 응답의 표준화값
$+(0.466)\times$서비스에 대한 응답의 표준화값$+(0.339)\times$정확에 대한 응답의 표준화값
$+(-0.133)\times$가격에 대한 응답의 표준화값$+(-0.057)\times$원스톱쇼핑에 대한 응답의 표준화값
$+(0.094)\times$포인트에 대한 응답의 표준화값

이렇게 계산된 요인점수는 후속분석에 이용할 수 있다. 예를 들면, 세 요인(신뢰성, 실용성, 효용성)이 할인마트에서의 구매에 미치는 영향을 다중회귀분석을 이용하여 검정할 수 있다. [그림 11-18]은 구매의향을 종속변수로 하고 세 요인, 즉 신뢰성, 실용성, 효용성을 독립변수로 하여 분

12) 여기에서는 주성분분석 방법을 이용하여 요인을 추출했기 때문에 Anderson-Rubin 방법이나 Bartlett 방법을 사용해도 결과는 같다.

▶ 그림 11-18 ▌ 다중회귀분석: 할인마트[a]

모형		비표준화계수		표준화계수	t	유의확률
		B	표준오차	베타		
1	(상수)	4.467	.144		31.033	.000
	신뢰성	.141	.145	.090	.974	.333
	실용성	.716	.145	.459	4.949	.000
	효용성	.311	.145	.200	2.151	.034

a. 종속변수: 구매의향

▶ 그림 11-19 ▌ 평균검정: 할인마트

			신뢰성		실용성		효용성	
			등분산을 가정함	등분산을 가정하지 않음	등분산을 가정함	등분산을 가정하지 않음	등분산을 가정함	등분산을 가정하지 않음
Levene의 등분산 검정	F		.284		.410		.292	
	유의확률		.595		.524		.590	
평균의 동일성에 대한 T 검정	t		-.693	-.693	-4.962	-4.962	2.578	2.578
	자유도		88	85.505	88	87.714	88	87.693
	유의확률(양측)		.490	.490	.000	.000	.012	.012
	평균차이		-.14656	-.14656	-.92986	-.92986	.52697	.52697
	표준오차 차이		.21143	.21143	.18741	.18741	.20443	.20443
	차이의 95% 신뢰구간	하한	-.56674	-.56692	-1.30231	-1.30232	.12069	.12067
		상한	.27362	.27379	-.55741	-.55740	.93324	.93326

석한 다중회귀분석의 결과이다. 실용성 및 효용성은 구매의향에 유의한 영향을 미친 반면, 신뢰성은 구매의향에 유의한 영향을 미치지 않는다(유의수준 0.05). 이처럼 요인분석을 통해 추출한 요인을 독립변수로 사용하여 회귀분석을 하면 원래의 변수를 모두 이용하는 경우와 비교해볼 때 변수들의 의미 있는 조합에 대한 분석이 가능하고 소수의 요인을 이용하여 분석을 단순화할 수 있는 장점이 있다.

이번에는 성별에 따라 세 요인의 평균값이 차이가 있는지 검정해보자. [그림 11-19]는 성별에 따른 신뢰성, 실용성, 효용성의 평균검정 결과이다. 신뢰성에 대해서는 유의수준 0.05에서 남녀 간에 차이가 없다(유의확률 0.490). 그러나 남자와 여자는 실용성과 효용성에 대해서는 유의수준 0.05에서 통계적으로 유의한 차이가 있는 것으로 나타났다(각각 유의확률 0.000, 0.012). 남녀 간 평균차이가 양수이면 남자가 여자보다 해당 요인에 대해 더 중요하게 고려한다는 것을 의미하고, 평균차이가 음수이면 여자가 남자보다 해당 요인에 대해 더 중요하게 생각한다는 것을 나타낸다. 따라서 독립표본 평균검정 결과에 따르면 할인마트 이용 시 여자는 실용성을 더 중요하게 고려하는 반면, 남자는 효용성을 더 중요하게 평가한다.

11.7 타당도분석

요인분석을 이용하여 측정척도의 타당도를 평가 및 분석할 수 있다. 타당도는 측정척도가 측정하기로 되어 있는 개념을 그 척도가 적절히 측정하고 있는 정도를 의미한다('제1장 데이터 수집과 신뢰도분석' 참고). 예를 들어, '사랑'이라는 변수를 측정하기 위한 측정척도는 '호감'을 측정하고 있는 것이 아니라 실제로 사랑을 측정하고 있어야 사랑에 대한 측정척도로서 적절한 타당도를 가지고 있다고 말할 수 있다. 어떤 변수를 측정하기 위한 측정척도는 두 종류의 타당도 관점에서 평가한다. **집중타당도(convergent validity)**는 측정척도가 측정하기로 되어 있는 변수와 관련을 갖는 정도를 말하며, **판별타당도(discriminant validity)**는 그 측정척도가 측정하지 않기로 되어 있는 다른 변수와는 관련을 갖지 않는 정도를 의미한다.

집중타당도와 판별타당도는 대개 여러 연관된 변수들을 대상으로 하여 동시에 평가한다. 즉 어떤 변수를 측정하기 위하여 개발된 측정척도가 타당하려면 그 측정척도는 그 변수와 높은 관련성을 가져야 하며(높은 집중타당도), 동시에 그 측정척도는 그 변수 이외의 다른 변수와는 관련성을 가져서는 안 된다(높은 판별타당도). 예를 들어, 새로 출시된 스마트폰의 품질만족도와 가격만족도를 평가하기 위하여 각각 다섯 개의 측정항목(즉 측정척도)을 개발했을 때 품질만족도 변수를 측정하기 위한 측정항목은 품질만족도 변수와 밀접한 관련이 있어야 하며(즉 높은 집중타당도), 또한 이들 측정항목은 가격만족도 변수와는 관련성이 매우 작아야 한다(즉 높은 판별타당도). 가격만족도 변수에 대해서도 동일한 얘기를 할 수 있다.

요인분석을 이용하여 특정 변수와 그 변수를 측정하기 위한 측정항목 간의 이러한 집중타당도와 판별타당도를 평가할 수 있다. 측정항목들을 이용하여 요인분석을 수행한 후 하나의 공통요인에 속하는 측정항목들이 그 요인에 대해 0.6 이상의 요인적재값을 가질 때 적절한 수준의 집중타당도를 갖는다고 얘기한다. 여기에서 측정항목들과 높은 상관관계(즉 높은 요인적재값)를 갖는 공통요인은 그 측정항목들이 측정하고자 하는 개념, 즉 측정하고자 하는 변수가 된다. 이 측정항목들이 다른 요인들에 대해서는 0.3 이하의 요인적재값을 보일 때 적절한 수준의 판별타당도를 갖는다고 얘기한다.

정보시스템(information systems)에 대한 '유용성(perceived usefulness)'과 '사용용이성(perceived ease of use)'이라는 개념을 측정하기 위하여 [그림 11-20]과 같은 각각 여섯 개의 항목으로 구성된 측정도구를 개발하였다(erp.sav 데이터 파일; Kwahk and Lee 2008). 이들 측정척도에 대한 타당도를 평가하기 위하여 요인분석을 수행하면 [그림 11-21]과 같다. 유용성을 측정하기 위한 측정항목들은 유용성 요인(요인 1)과는 0.6 이상의 요인적재값을 가지며, 동시에 사용용이성 요인(요인 2)과는 0.3 이하의 요인적재값을 갖는다. 사용용이성을 측정하기 위한 측정항목들 역시 사용용이성 요인과는 높은 요인적재값을 가지면서, 동시에 유용성 요인과는 낮은 요인적재값을 갖는다. 그러나 사용용이성의 세 번째 측정항목 PEOU3는 유용성 요인과도 다소 높은 요인적

그림 11-20 ▎측정항목: 유용성과 사용용이성

ERP시스템 유용성							
질문	전혀 아니다						매우 그렇다
	1	2	3	4	5	6	7
1) ERP시스템은 나에게 좀 더 정확한 정보를 갖게 해준다.							
2) ERP시스템은 나에게 업무수행의 효율성을 개선시켜준다.							
3) ERP시스템은 나의 업무수행에 유용하다.							
4) ERP시스템은 나에게 업무수행의 생산성을 증가시켜준다.							
5) ERP시스템은 나에게 좀 더 적절한 정보에 접근할 수 있게 해준다.							
6) ERP시스템은 나에게 고품질의 정보를 획득할 수 있게 해준다.							
ERP시스템 사용용이성							
질문	전혀 아니다						매우 그렇다
	1	2	3	4	5	6	7
1) ERP시스템의 사용법은 비교적 쉽게 배울 수 있다.							
2) ERP시스템의 사용법은 기억하기 쉽다.							
3) 나는 ERP시스템을 통해 내가 원하는 것을 쉽게 수행할 수 있다.							
4) ERP시스템의 사용법은 이해하기 쉽고 분명하다.							
5) ERP시스템은 비교적 쉽게 능숙하게 사용할 수 있게 된다.							
6) 나는 ERP시스템이 사용하기 쉽다고 느낀다.							

그림 11-21 ▎성분행렬: 유용성과 사용용이성

	성분	
	1	2
PU1	.829	.106
PU2	.908	.131
PU3	.920	.087
PU4	.895	.118
PU5	.883	.163
PU6	.813	.153
PEOU1	.128	.881
PEOU2	.057	.916
PEOU3	.442	.658
PEOU4	.173	.864
PEOU5	.077	.917
PEOU6	.089	.894

추출방법: 주성분분석
회전방법: Kaiser 정규화가 있는 베리멕스

그림 11-22 ▎성분도표: 유용성과 사용용이성

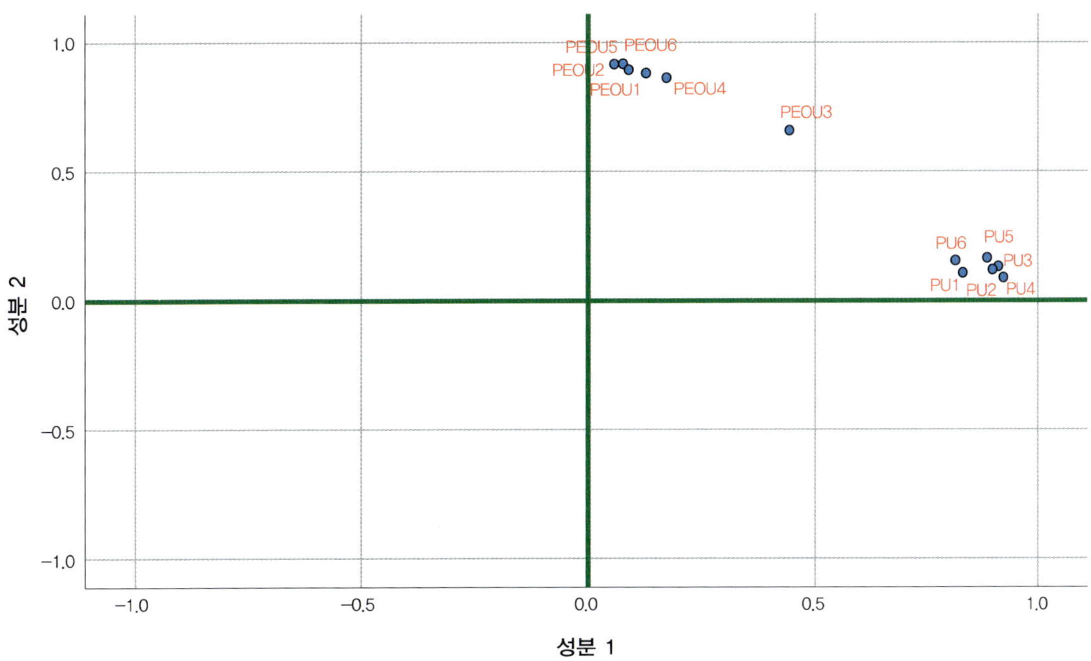

재값을 갖는다. 따라서 이들 측정척도는 PEOU3가 약간의 문제가 있기는 하지만 대체로 적절한 수준의 집중타당도 및 판별타당도를 갖는다. [그림 11-22]의 성분도표를 보면 PEOU3를 제외한 모든 변수가 각각 대응되는 요인과 높은 상관관계를 가지면서 동시에 상대 요인에는 낮은 상관관계를 갖는 것을 확인할 수 있다.

SPSS 활용

1 요인분석 수행하기

▶ 『분석 > 차원축소 > 요인분석』을 선택한다.

▶ 요인추출을 위한 대상 변수를 『변수』 박스로 옮긴다.

▶ 그림 11-23 ▌ 요인분석 대화상자

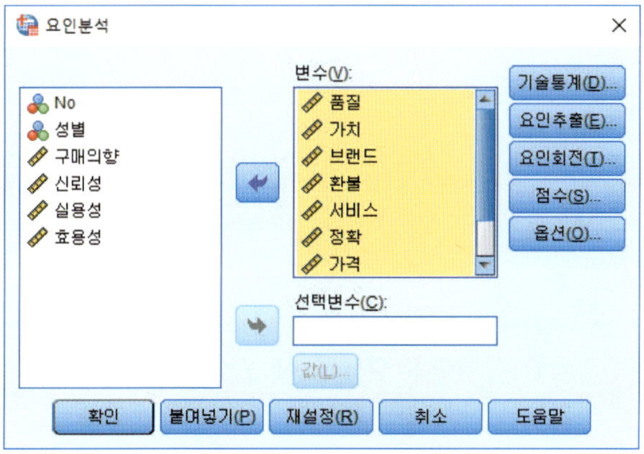

▶ 『요인분석: 기술통계』 대화상자에서 필요로 하는 항목에 체크한다.

▶ 그림 11-24 ▌ 요인분석: 기술통계 대화상자

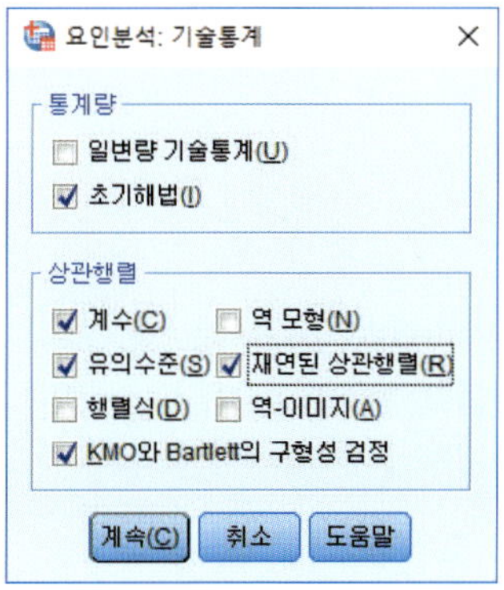

▶ 『요인분석: 요인추출』 대화상자에서 요인추출 방법 및 추출기준을 선택하고 분석 시 이용하는 기준행렬과 필요로 하는 출력물을 선택한다.

그림 11-25 ❚ 요인분석: 요인추출 대화상자

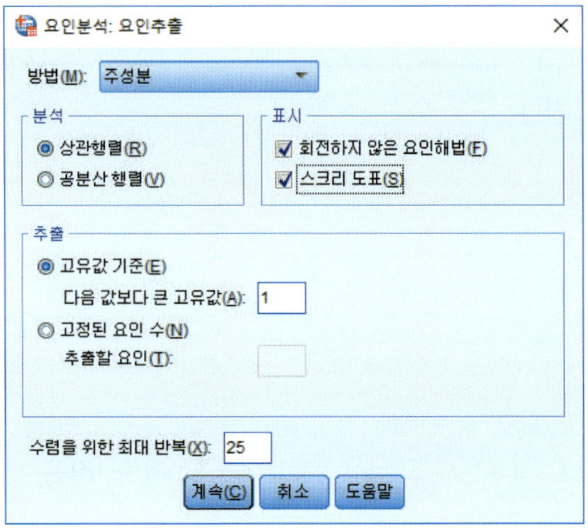

▶ 『요인분석: 요인회전』 대화상자에서 요인회전 방법을 선택하고 필요로 하는 출력물을 선택한다.

그림 11-26 ❚ 요인분석: 요인회전 대화상자

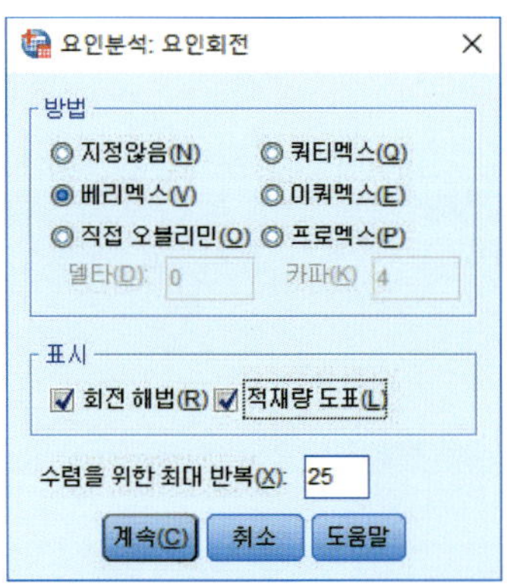

▶ 『요인분석: 요인점수』 대화상자에서 『요인점수 계수행렬 표시』를 선택하면 성분점수계수 행렬을 얻을 수 있다. 요인점수를 후속분석을 위해 저장할 필요가 있을 때는 『변수로 저장』을 선택하고 요인점수추정 방법을 지정한다.

▶ 그림 11-27 ▌ 요인분석: 요인점수 대화상자

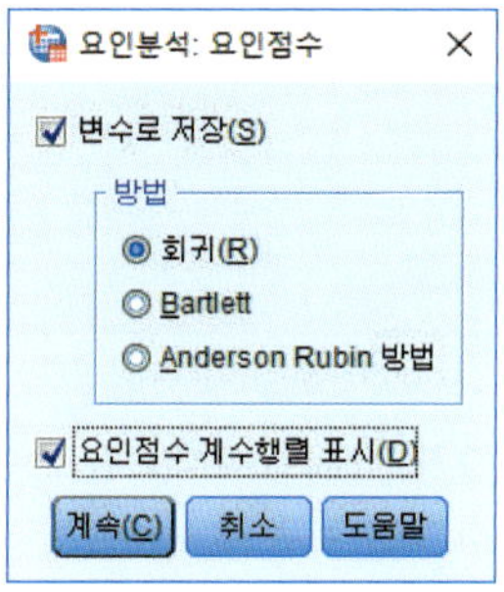

▶ 『요인분석: 옵션』 대화상자에서 낮은 요인적재값을 성분행렬표에서 제거하고자 할 때는 『작은 계수 표시 안함』을 선택하고 기준이 되는 숫자를 입력한다.

▶ 그림 11-28 ▌ 요인분석: 옵션 대화상자

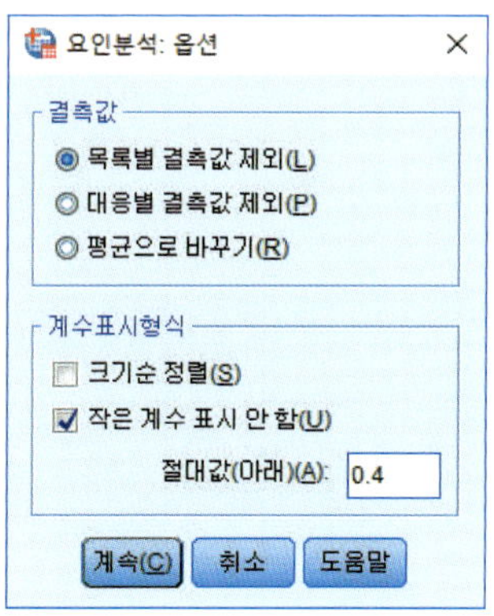

사례연구

㈜소리유통에서는 소비자들이 핸드폰을 구매할 때 어떠한 요소를 중요시하는지 조사하여 마케팅 전략에 반영하려고 한다. 이를 위해 [그림 11-29]와 같은 설문항목을 개발하여 설문조사를 수행하였다. 핸드폰을 구매하려는 잠재소비자를 대상으로 468개의 응답 데이터가 수집되었다(cellphonepurchase.sav 데이터 파일).

그림 11-29 ▌설문서: 핸드폰 구매

다음은 핸드폰을 구매할 때 중요하게 고려하는 요소가 무엇인지 조사하기 위한 설문입니다. 아래의 질문항목에 대하여 귀하가 생각하는 수준에 가장 가까운 해당란에 표시(√)하여 주시기 바랍니다.

질문		그렇다				아니다
		1	2	3	4	5
1	나는 핸드폰을 구매할 때 가격에 영향을 많이 받는다.					
2	나는 핸드폰을 구매할 때 디자인을 중요시 여긴다.					
3	나는 핸드폰을 구매할 때 구매조건(약정)을 고려한다.					
4	나는 튼튼한 핸드폰을 구매하기를 원한다.					
5	나는 핸드폰을 구매할 때 배터리의 내구성을 고려한다.					
6	나는 핸드폰을 구매할 때 통화품질을 중요하게 생각한다.					
7	나는 핸드폰을 구매할 때 각종 이벤트 여부를 알아보고 구매한다.					
8	나는 핸드폰을 구매할 때 A/S를 잘 받을 수 있는지를 알아보고 구매한다.					
9	나는 핸드폰을 구매할 때 충전기/케이스 등의 사은품이 제공되는지 여부를 알아보고 구매한다.					

① 매우 그렇다.
② 그렇다
③ 보통이다.
④ 그렇지 않다.
⑤ 전혀 그렇지 않다.

▶ 그림 11-30 ▌KMO와 Bartlett의 검정: 핸드폰 구매

표본적절성의 Kaiser-Meyer-Olkin 측도		.640
Bartlett의 구형성 검정	근사 카이제곱	594.011
	자유도	36
	유의확률	.000

총 아홉 개의 설문항목으로부터 이들 항목을 대표할 수 있는 중요한 몇 가지 요인을 추출하고자 한다. 이를 위해 우선 변수들이 요인분석이 가능한 정도의 관련성을 갖고 있는지 판단하기 위하여 KMO 표본적합도 측정과 Bartlett의 구형성검정을 수행하였다([그림 11-30]). KMO 표본적합도값은 0.640이고 Bartlett의 구형성검정 결과는 유의확률 0.000으로 나타났다. KMO값은 1에 가까울수록 분석에 포함된 변수들이 선형적으로 서로 관련되어 있음을 나타낸다. KMO값 0.640은 다소 낮기는 하나 보통에 가까운 수준의 선형적 관련성이라고 볼 수 있다. Bartlett의 구형성검정은 변수들 간의 모든 상관계수가 0이라는 귀무가설을 검정한다. 검정결과를 보면 유의확률 0.000으로서 변수들 간의 모든 상관계수가 0이라는 귀무가설을 기각한다. 이처럼 변수들 간에 관련성이 존재할 경우 우리는 요인분석을 통해 변수들 간의 공통요인을 도출할 수 있다.

고유값 1 이상을 기준으로 요인을 추출하여 총 세 개의 요인이 추출되었다. 세 개의 요인이 전체 분산의 약 60%(58.986%) 정도를 설명한다([그림 11-31]). 추출된 요인과 변수들 간의 관계를 좀 더 명확히 하기 위하여 요인의 축을 회전시켜 회전된 성분행렬을 도출하였다([그림 11-32]). 추출된 세 요인별로 변수들의 군집이 잘 형성되어 있는 것을 확인할 수 있다([그림 11-33]).

▶ 그림 11-31 ▌설명된 총분산: 핸드폰 구매

	초기 고유값			추출 제곱합 적재량			회전 제곱합 적재량		
성분	전체	% 분산	누적 %	전체	% 분산	누적 %	전체	% 분산	누적 %
1	1.926	21.399	21.399	1.926	21.399	21.399	1.916	21.286	21.286
2	1.821	20.231	41.630	1.821	20.231	41.630	1.772	19.688	40.974
3	1.562	17.356	58.986	1.562	17.356	58.986	1.621	18.012	58.986
4	.751	8.346	67.332						
5	.704	7.823	75.155						
6	.646	7.178	82.332						
7	.570	6.336	88.669						
8	.521	5.784	94.452						
9	.499	5.548	100.000						

추출방법: 주성분분석

그림 11-32 ▌ 회전된 성분행렬: 핸드폰 구매

	성분		
	1	2	3
가격	.810	.013	.027
디자인	.766	-.003	.071
구매조건	.729	.043	-.069
튼튼함	.089	-.030	.778
배터리내구성	.119	-.002	.720
통화품질	-.344	.133	.689
이벤트	.016	.751	.017
AS	.013	.814	-.055
사은품	.014	.724	.092

추출방법: 주성분분석
회전방법: Kaiser 정규화가 있는 베리멕스

그림 11-33 ▌ 회전공간의 성분도표: 핸드폰 구매

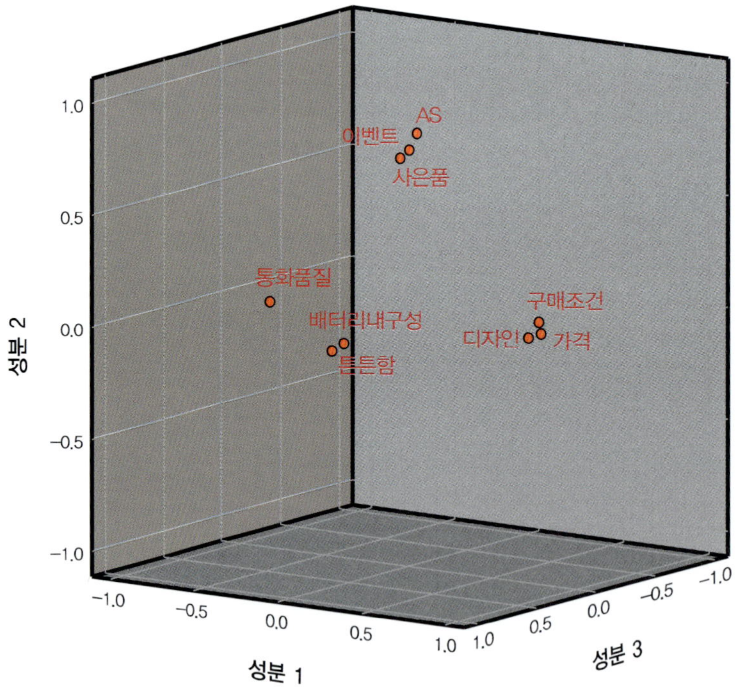

가격, 디자인, 구매조건 변수가 첫 번째 요인으로 묶였으며, 이벤트, AS, 사은품 변수가 두 번째 요인으로, 그리고 튼튼함, 배터리내구성, 통화품질 변수가 마지막 요인으로 분류되었다. ㈜소리유통에서는 첫 번째 요인을 '가치'로, 두 번째 요인을 '서비스'로, 세 번째 요인을 '품질'로 명명하고, 도출된 이들 세 가지 요인을 토대로 핸드폰 판매제고를 위한 마케팅 전략수립에 착수하였다.

연습문제

01 erp.sav 데이터 파일에 포함된 15개의 변수에 대하여 요인분석을 수행하였다. 다음 질문에 답하시오.

① KMO 표본적합도와 Bartlett의 구형성검정을 수행한 다음 표를 완성하고 검정결과를 설명하시오.

표본적절성의 Kaiser-Meyer-Olkin 측도		
Bartlett의 구형성 검정	근사 카이제곱	4313.671
	자유도	105
	유의확률	

② '고유값 1 이상'을 기준으로 요인을 추출한 다음 표를 완성하고 상위 세 개의 요인으로 설명되는 누적분산의 비율을 제시하시오.

	초기 고유값			추출 제곱합 적재량			회전 제곱합 적재량		
성분	전체	% 분산	누적 %	전체	% 분산	누적 %	전체	% 분산	누적 %
1									
2	3.479	23.192	72.292	3.479	23.192	72.292	4.564	30.425	63.104
3	1.086	7.239		1.086	7.239		2.464	16.427	
4	.494	3.293	82.824						
5	.456	3.040	85.865						
6	.422	2.813	88.677						
7	.355	2.367	91.044						
8	.335	2.231	93.275						
9	.221	1.471	94.746						
10	.195	1.298	96.044						
11	.146	.975	97.018						
12	.136	.908	97.926						
13	.127	.847	98.773						
14	.116	.773	99.546						
15	.068	.454	100.000						

추출방법: 주성분분석

③ 다음 '회전된 성분행렬'을 완성하고 각 요인별로 어떤 변수들이 밀접한 관련을 갖는지 기술하시오.

	성분		
	1	2	3
PU1		.097	.279
PU2		.121	.310
PU3		.078	.304
PU4		.110	.280
PU5		.161	.197
PU6		.154	.126
PEOU1	.102	.877	.119
PEOU2	.035	.912	.097
PEOU3	.407	.651	.202
PEOU4	.199	.869	-.024
PEOU5	.055	.913	.099
PEOU6	.073	.891	.092
U1	.423	.160	
U2	.435	.187	
U3	.283	.064	

추출방법: 주성분분석
회전방법: Kaiser 정규화가 있는 베리멕스

02 결혼정보회사에서 배우자 선택 시 중요하게 고려하는 요소를 파악하고자 미혼남녀를 대상으로 설문조사를 실시하였다. spouse.sav 데이터 파일의 설문조사 결과를 이용하여 요인분석을 실시하고 결과를 기술하시오.

03 온라인 브랜드 커뮤니티에 대한 충성도(즉 몰입)를 증가시키는 요인을 파악하고자 온라인 브랜드 웹사이트 회원을 대상으로 설문조사를 실시하였다. 기존의 연구문헌을 토대로 상호작용성, 목적성, 즐거움, 활동보상 등 네 요인이 온라인 브랜드 커뮤니티에 영향을 미칠 것으로 예상하였다. brandwebsite.sav 데이터 파일의 설문조사 결과를 이용하여 요인분석을 실시하고 예상대로 요인들이 추출되었는지 결과를 기술하시오(INT1~INT4, PUR1~PUR3, PLF1~PLF4, REW1~REW3 변수 이용).

04 대학생들이 대학구내 학생식당을 이용할 때 중요하게 고려하는 요소를 파악하고자 학생식당을 이용하는 대학생들을 대상으로 설문조사를 실시하였다. cafeteriafactor.sav 데이터 파일의 설문조사 결과를 이용하여 요인분석을 실시하고 결과를 기술하시오.

05 부동산 구입 시 중요하게 고려하는 요소를 파악하고자 설문조사를 실시하였다. realestate.sav 데이터 파일의 설문조사 결과를 이용하여 요인분석을 실시하고 결과를 기술하시오.

판별분석

Chapter 12

Chapter 12

판별분석[1)]

판별분석(discriminant analysis)은 데이터의 변수값을 토대로 서로 구분되는 두 개 이상의 집단에 대한 판별규칙을 도출하는 통계기법이다. 집단이 두 개인 경우의 판별분석을 **두 집단 판별분석(two-group discriminant analysis)**이라 하고, 집단이 세 개 이상인 경우를 **다중판별분석(multiple discriminant analysis)**이라 한다. 판별규칙은 집단을 나타내는 종속변수에 대한 독립변수들의 선형결합으로 표현된다. 이렇게 도출된 판별규칙은 새로운 케이스의 변수값이 주어졌을 때 이 케이스가 속할 집단을 예측하는 데 유용하게 활용될 수 있다. 예를 들어, 대출심사업무를 담당하는 금융회사의 직원은 과거의 대출실적에 대한 자료를 토대로 판별분석을 활용하여 우량고객과 비우량고객을 구분하는 판별규칙을 도출할 수 있고, 이를 이용하여 신규대출을 신청한 잠재고객의 우량고객 가능성 또는 비우량고객 가능성을 사전에 예측해볼 수 있다.

예측에 사용되는 독립변수(예를 들면, 소득, 나이, 직업, 주택보유 여부, 자동차보유 여부, 결혼 여부 등)가 예측변수의 역할을 하게 되며 이 변수들의 선형결합이 종속변수인 고객집단을 구분하는 하나의 규칙으로서의 역할을 수행하게 된다. 이러한 규칙을 **판별함수(discriminant function)**라고 부른다. 독립변수가 명목변수이면 더미변수로 변환하여 사용한다. 판별분석을 이용하기 위해서는 데이터의 각 개별 케이스가 어느 집단으로 분류되는지를 사전에 알고 있어야 한다. 예를 들어, 기존의 대출실적 데이터로부터 우량고객과 비우량고객을 식별할 수 있어야 한다. 또한 판별분석을 위한 종속변수는 집단을 구분하는 명목변수이어야 한다. 예를 들어, 종속변수인 고객집단은 명목변수로서 우량고객을 나타내는 1과 비우량고객을 나타내는 0으로 표현될 수 있다.

서로 구분되는 두 개 이상의 집단에 대한 데이터가 준비되었다면 판별분석은 다음과 같은 절차로 수행된다. 우선 집단을 잘 구별해줄 것으로 예상되는 독립변수들을 예측변수로 선정한다. 그런 다음 선택된 예측변수를 이용하여 판별함수를 도출한다. 이렇게 도출한 판별함수는 선택된 예측변수들의 선형결합의 형태로 나타난다. 판별함수와 각 케이스의 예측변수값을 이용하여 케이스별

---

1) '제12장 판별분석'과 '제13장 로지스틱회귀분석'의 본문에서 예제로 사용한 데이터는 국민대학교 경영대학의 안현철 교수로부터 제공받았다. 보다 현실감 있는 데이터분석을 소개할 수 있도록 자신의 연구에 사용된 데이터를 아낌 없이 제공한 안 교수의 도움에 감사드린다.

판별점수(discriminant scores)를 계산한다. 판별함수는 같은 집단에 속하는 케이스들은 서로 유사한 판별점수를 갖게 하고, 다른 집단에 속하는 케이스들은 서로 유사하지 않은 판별점수를 갖도록 한다. 판별함수의 이러한 특성을 이용하여 특정 케이스가 어느 집단에 속하는지 예측한다. 예를 들어, 우량고객집단에 속하는 케이스들은 서로 유사한 판별점수를 가지며 비우량고객집단에 속하는 케이스들 또한 서로 유사한 판별점수를 갖는다. 반면에 우량고객집단의 케이스와 비우량고객집단의 케이스는 서로 상이한 판별점수를 갖는다. 판별점수에 따라 각 케이스는 소속집단이 결정(예측)된다. 예측된 소속집단을 실제 소속집단과 비교해보면 판별함수에 의해서 올바르게 분류되는 비율을 알 수 있으며, 이는 판별함수를 이용하여 새로운 케이스의 소속집단을 예측할 때 분류정확도의 지표로 활용될 수 있다.

12.1 집단 간 차이분석

국내의 한 다이어트식품 인터넷쇼핑몰의 데이터를 이용하여 판별분석을 수행해보자(onlinepurchase.sav 데이터 파일; 안현철 등 2005). 인터넷쇼핑몰 업체로부터 구매 및 비구매 고객이 1:1의 비율로 혼합된 980건의 데이터를 수집하였다. 종속변수는 다이어트식품의 구매 변수로서 구매한 고객의 경우 1, 구매하지 않은 고객의 경우 0으로 값을 부여하였다. 종속변수를 예측하기 위해 활용한 독립변수로는 회원가입 시 입력되는 성별, 나이, 키 등 인구통계학적 변수와 다이어트 목적 및 경험과 관련된 변수를 선정하였다. 판별분석을 위해 예측변수로 사용된 변수에

그림 12-1 ▌다이어트식품 구매 예측변수

변수명	설명	척도
나이	나이	년
대도시거주	거주지가 대도시인지의 여부	0=아니다, 1=그렇다
성별	성별	0=남성, 1=여성
키	키	cm
BMI	비만도(body mass index)*	kg/m^2
얼굴부위희망	얼굴부위희망 여부	0=아니다, 1=그렇다
식사대용식품경험	식사대용식품경험 여부	0=아니다, 1=그렇다
기능성식품경험	기능성식품경험 여부	0=아니다, 1=그렇다

* $BMI(kg/m^2) = \dfrac{weight(kg)}{height(m)^2}$

그림 12-2 ▌분석 케이스 처리요약: 다이어트식품 구매

가중되지 않은 케이스		N	퍼센트
유효		980	100.0
제외	결측되었거나 범위를 벗어난 집단코드	0	.0
	적어도 하나 이상의 결측 판별변수	0	.0
	결측되었거나 범위를 벗어난 집단코드와 적어도 하나 이상의 결측 판별변수	0	.0
	전체	0	.0
전체		980	100.0

SPSS 메뉴에서 『분석 > 분류분석 > 판별분석』을 선택한 후 『집단변수』에 집단의 기준이 되는 종속변수인 구매 변수를 옮기고, 『독립변수』에는 예측에 사용할 변수를 지정한다. 선택한 독립변수를 모두 사용할 수도 있고 단계선택법을 통해 기준(예를 들면, F값 3.84 또는 F확률 0.05)을 만족하는 독립변수를 단계별로 선택적으로 사용할 수도 있다. 『범위지정』을 클릭하여 『집단변수』에 옮겨진 집단기준 변수의 범위를 최소값과 최대값으로 지정한다. 여기에서는 최소값 0, 최대값 1을 지정한다(onlinepurchase.sav 데이터 파일).
'결측되었거나 범위를 벗어난 집단코드'는 집단변수에서 발생한 결측 케이스를 나타내며, '적어도 하나 이상의 결측 판별변수'는 예측변수에서 발생한 결측 케이스를 나타낸다. '결측되었거나 범위를 벗어난 집단코드와 적어도 하나 이상의 결측 판별변수'는 집단변수 및 예측변수 모두에서 발생한 결측 케이스를 나타낸다.

대한 설명을 [그림 12-1]과 같이 요약 정리하였다.

판별분석을 수행하기 전에 분석대상의 데이터에 결측값이 존재하는지 살펴본다. 과다한 결측값은 분석결과에 영향을 미칠 수 있기 때문이다. [그림 12-2]의 분석 케이스 처리요약을 보면 현재 사용하고 있는 데이터에는 결측값이 전혀 포함되어 있지 않다.

여기에서 사용하고 있는 인터넷쇼핑몰 데이터는 개별 케이스들이 두 개의 집단(구매집단과 비구매집단)으로 분류되어 있다. 두 집단별로 예측변수들의 기술통계량을 살펴보면 [그림 12-3]과 같다. 구매집단 소속의 490명과 비구매집단 소속의 490명에 대한 예측변수별 평균과 표준편차를 볼 수 있다. 구매자는 비구매자에 비해 나이가 많고, 대도시에 거주하는 비율이 작으며, 여성의 비율이 높고, 키가 작으며, BMI 지수는 높고, 얼굴부위에 대한 다이어트 욕구가 약하며, 다이어트를 위해 식사대용식품과 기능성식품을 경험한 비율이 높다. 0과 1로 코딩된 명목변수의 평균값은 1의 값을 갖는 케이스의 비율을 의미한다. 예를 들어, [그림 12-3]에서 대도시거주 변수의 0.26과 0.19의 평균값이 의미하는 바는 각각 비구매자(구매=0)의 26%, 구매자(구매=1)의 19%가 대도시에 거주(대도시거주=1)하고 있음을 나타낸다. 마찬가지로 성별의 경우에는 비구매자의 93%, 구매자의 99%가 여성(여성=1)임을 나타낸다. 여기에서 집단 간에 예측변수의 평균차이가 크면 그

그림 12-3 | 집단 통계량: 다이어트식품 구매

			구매 0 No	구매 1 Yes	구매 전체
나이	평균		24.53	26.04	25.29
	표준편차		5.956	5.210	5.643
	유효 N(목록별)	가중되지 않음	490	490	980
		가중됨	490.000	490.000	980.000
대도시거주	평균		.26	.19	.23
	표준편차		.440	.396	.419
	유효 N(목록별)	가중되지 않음	490	490	980
		가중됨	490.000	490.000	980.000
성별	평균		.93	.99	.96
	표준편차		.247	.119	.196
	유효 N(목록별)	가중되지 않음	490	490	980
		가중됨	490.000	490.000	980.000
키	평균		162.93	161.62	162.28
	표준편차		5.397	4.855	5.172
	유효 N(목록별)	가중되지 않음	490	490	980
		가중됨	490.000	490.000	980.000
BMI	평균		30.96	31.96	31.46
	표준편차		7.009	6.708	6.875
	유효 N(목록별)	가중되지 않음	490	490	980
		가중됨	490.000	490.000	980.000
얼굴부위희망	평균		.46	.30	.38
	표준편차		.499	.457	.486
	유효 N(목록별)	가중되지 않음	490	490	980
		가중됨	490.000	490.000	980.000
식사대용식품경험	평균		.19	.36	.28
	표준편차		.396	.480	.447
	유효 N(목록별)	가중되지 않음	490	490	980
		가중됨	490.000	490.000	980.000
기능성식품경험	평균		.17	.29	.23
	표준편차		.375	.455	.421
	유효 N(목록별)	가중되지 않음	490	490	980
		가중됨	490.000	490.000	980.000

『판별분석』 대화상자에서 『통계량』을 클릭한다. 『판별분석: 통계량』 대화상자에서 『기술통계』 그룹의 『평균』을 선택한다(onlinepurchase.sav 데이터 파일). 이와 같은 표를 얻으려면 출력결과표에서 오른쪽 마우스를 클릭한 후 『내용편집 > 별도의 창에서』를 선택하고 『피벗 > 피벗 트레이』 메뉴를 이용하여 편집한다.

예측변수는 케이스들의 소속집단을 보다 명확히 구별한다는 의미로 해석할 수 있다.

앞에서 살펴본 예측변수들의 집단 간 평균의 차이가 모집단에 있어서도 유의한 차이를 보이는지는 가설검정을 통해 확인할 수 있다. 즉 "각 예측변수의 모집단평균은 구매집단과 비구매집단에 대해 모두 동일하다"는 귀무가설을 검정한다. [그림 12-4] 집단평균 동질성에 대한 검정결과의 '유의확률' 열을 보면 각 변수의 집단평균이 모집단에서 동일한지 여부를 확인할 수 있다. 유의수준 0.05에서 모든 예측변수가 집단평균에 있어서 통계적으로 유의한 차이를 보인다. 이는 각 예측변수가 집단을 판별하는 데 적절히 기여하고 있음을 나타낸다. 구매를 집단변수로 사용하여 각 예측변수에 대한 일원분분석을 수행하면 여기에 제시된 F값 및 유의확률을 얻을 수 있다. 분산분석의 F값은 집단 간 분산을 집단 내 분산으로 나눈 값$\left(=\frac{\text{집단 간 분산}}{\text{집단 내 분산}}\right)$으로 정의되므로 집단 간 평균의 차이가 클수록 F값은 커지게 되고, 집단 간 평균이 유사할수록 F값은 작아지게 된다.[2)]

여기에서 **Wilks의 람다(Wilks' lambda)**는 집단 내 제곱합을 총제곱합으로 나눈 값$\left(=\frac{\text{집단 내 제곱합}}{\text{총제곱합}}=\frac{\text{집단 내 제곱합}}{\text{집단 내 제곱합}+\text{집단 간 제곱합}}\right)$으로 정의되며 집단 간의 차이에 의해서 설명되지 않는 변동성의 비율을 나타낸다. 관측된 집단평균이 모두 같으면 Wilks의 람다는 1이다. 관측된 변동성의 많은 부분이 집단 간의 차이에 의해 설명되면 Wilks의 람다는 작은 값을 갖게 된다. 여기에서는 식사대용식품경험 변수가 가장 작은 Wilks의 람다값을, BMI 변수가 가장 큰 Wilks의 람다값을 갖는다.

그림 12-4 | 집단평균의 동질성에 대한 검정: 다이어트식품 구매

	Wilks의 람다	F	자유도1	자유도2	유의확률
나이	.982	17.896	1	978	.000
대도시거주	.994	6.350	1	978	.012
성별	.983	16.944	1	978	.000
키	.984	15.813	1	978	.000
BMI	.995	5.206	1	978	.023
얼굴부위희망	.970	29.966	1	978	.000
식사대용식품경험	.967	33.779	1	978	.000
기능성식품경험	.979	21.107	1	978	.000

『판별분석: 통계량』 대화상자에서 『기술통계』 그룹의 『일변량분산분석』을 선택한다(onlinepurchase.sav 데이터 파일).

2) 이진값으로 코딩된 명목변수에 대한 F검정은 집단 간 비율을 비교하는 적절한 검정방법은 아니다. 이진변수 각각에 대해 χ^2검정을 하면 예측변수의 비율이 두 집단 간에 동일하다는 귀무가설을 기각할 수 있다.

▶ 그림 12-5 ❙ 집단-내 상관행렬: 다이어트식품 구매

		나이	대도시 거주	성별	키	BMI	얼굴부위 희망	식사대용 식품경험	기능성식품 경험
상관관계	나이	1.000	-.010	.001	-.090	.103	-.135	.091	.126
	대도시거주	-.010	1.000	-.004	-.009	-.045	-.048	.024	-.032
	성별	.001	-.004	1.000	-.376	-.104	.032	.008	.018
	키	-.090	-.009	-.376	1.000	.077	-.016	.003	.022
	BMI	.103	-.045	-.104	.077	1.000	-.018	.167	.069
	얼굴부위희망	-.135	-.048	.032	-.016	-.018	1.000	.045	.052
	식사대용식품경험	.091	.024	.008	.003	.167	.045	1.000	.194
	기능성식품경험	.126	-.032	.018	.022	.069	.052	.194	1.000

『판별분석: 통계량』 대화상자에서 『행렬』 그룹의 『집단-내 상관행렬』을 선택한다(onlinepurchase.sav 데이터 파일).

집단 간의 예측변수의 평균차이를 확인하였다 하더라도 만일 예측변수 간의 연관성이 크다면 도출된 판별함수에서 이들 상관관계가 높은 예측변수들의 집단판별 기여도가 불분명해진다.[3] 만일 서로 높은 상관관계를 갖는 두 예측변수가 그렇지 않은 다른 변수들과 함께 판별함수에 포함된다면 집단을 판별할 때 이들 두 예측변수의 역할은 상당부분 중복된다. 이는 이 두 예측변수의 판별 기여도를 분리해내기 어렵다는 의미로 해석할 수 있다. [그림 12-5]의 집단-내 상관행렬(pooled within-groups correlation matrix)은 예측변수들의 상관계수 행렬을 나타낸다. 이 상관계수 행렬을 보면 예측변수 간의 상관계수가 그다지 높지 않다는 것을 알 수 있으며, 따라서 이들 예측변수를 이용한 판별함수는 예측변수 고유의 판별 기여도를 분리하는 데 큰 문제가 없을 것으로 판단된다.

12.2 판별함수의 도출

이상과 같은 사전분석을 통해 예측변수들의 평균차이 및 적절성을 점검한 후 도출된 판별함수를 살펴본다. 앞서 설명하였듯이 판별함수는 집단을 적절히 구별해내는 예측변수들의 선형결합을 나타

3) 이는 회귀분석 수행 시 독립변수 간의 높은 상관관계로부터 나타나는 다중공선성에 대한 우려와 동일한 맥락에서 이해할 수 있다.

낸다. 즉 우리의 예에서는 다이어트식품을 구매하는 집단과 그렇지 않은 집단을 적절히 구별해내는 변수들의 선형결합을 의미한다. 판별분석에 있어서 판별함수의 개수는 '구별하고자 하는 집단의 개수보다 하나 작은 개수'와 '예측변수의 개수' 중에서 작은 개수만큼 만들어진다. 여기에서는 집단의 개수가 두 개이기 때문에 판별함수는 한 개가 도출된다. 판별점수는 판별함수를 통해 계산되며 집단 간에 점수 차이가 크게 나타날수록 보다 쉽게 집단을 구별할 수 있다. 따라서 집단 간 판별점수 평균의 차이가 최대로 되도록 판별함수의 계수가 결정된다.

[그림 12-6]은 표준화하지 않은 **정준판별함수계수(canonical discriminant function coefficient)**이다. 이 판별함수를 이용하여 '나이 31살에 대도시에 거주하지 않는 여성으로서 키가 155cm이고, BMI 지수가 32이며, 얼굴부위에 대한 다이어트를 희망하지 않고, 식사대용식품을 이용한 다이어트 경험은 있으나, 기능성식품을 이용한 다이어트 경험이 없는 사람'의 경우의 판별점수를 계산하면 다음과 같다.

$$\begin{aligned}\text{판별점수} &= 31\times(0.034)+0\times(-0.596)+1\times(1.517)+155\times(-0.051)+32\times(0.017)\\&\quad+0\times(-1.112)+1\times(1.041)+0\times(0.759)+5.508\\&=1.759\end{aligned}$$

이렇게 계산된 점수는 이 여성이 다이어트식품을 구매할지 여부를 예측하는 데 활용된다. 이를

그림 12-6 ❚ 비표준화 정준판별함수계수: 다이어트식품 구매

	함수
	1
나이	.034
대도시거주	-.596
성별	1.517
키	-.051
BMI	.017
얼굴부위희망	-1.112
식사대용식품경험	1.041
기능성식품경험	.759
(상수)	5.508

비표준화계수

『판별분석: 통계량』 대화상자에서 『함수의 계수』 그룹의 『비표준화』를 선택한다(onlinepurchase.sav 데이터 파일).

▶ 그림 12-7 ▮ 함수의 집단중심값: 다이어트식품 구매

	함수
구매	1
0 No	−.351
1 Yes	.351

표준화하지 않은 정준판별함수가 집단 평균에 대해 계산되었습니다.

위해 우선 알아야 할 것이 집단별 판별점수 평균이다. 집단별로 계산된 판별점수의 평균을 **집단 중심값(group centroid)**이라고 한다. [그림 12-7]은 두 집단(구매집단과 비구매집단)에 대한 집단중심값이다. 비구매집단에 대한 판별점수 평균은 −0.351이고 구매집단에 대한 판별점수 평균은 0.351이다.

판별점수의 히스토그램 도표를 그려서 집단 간의 분포 차이를 시각적으로 확인할 수 있다. [그림 12-8]의 첫 번째 도표는 비구매집단의 판별점수 히스토그램이며 두 번째 도표는 구매집단의 판별점수 히스토그램이다. [그림 12-7]의 집단별 판별점수 평균에서 알 수 있듯이 구매집단의 구성원들이 비구매집단의 구성원들에 비해 대체적으로 더 큰 판별점수를 갖고 있다. 하지만 히스토그램 도표에서 보듯이 두 집단의 판별점수는 상당부분 겹치며, 따라서 집단을 구분하기 위한 기준점이 필요하다. 이를 위해 앞서 구한 두 집단의 판별점수 평균의 중앙 위치를 기준점으로 사용한다. 두 판별점수 평균의 중앙 위치는 $0\left(=\frac{-0.351+0.351}{2}\right)$이므로 0을 중심으로 오른쪽에 위치한 케이스는 구매집단으로 분류하고 왼쪽에 위치한 케이스는 비구매집단으로 분류한다. 물론 이는 각 케이스의 실제 소속집단하고는 차이가 있을 수 있으며 판별함수에 의해서 그렇게 '예측'된다는 의미이다. 이러한 기준을 적용하면 앞에서 계산한 판별점수 1.759인 31세 여성은 구매집단으로 분류된다.

집단별로 표본크기가 다를 경우에는 표본크기가 큰 집단에 더 많은 케이스들이 소속되도록 분류기준을 조정할 수 있다. 즉 집단의 표본크기에 따라 특정 집단에 소속될 가능성을 조정한다. 예를 들어, 관측값의 70%가 첫 번째 집단에, 나머지 30%가 두 번째 집단에 속하는 데이터를 이용하여 판별분석을 수행할 경우 첫 번째 집단의 소속 가능성이 두 번째 집단에 비해 더 커지도록 분류기준을 조정하는 것이 가능하다.[4]

4) 표본크기에 따른 분류기준의 조정은 이 장 후반부의 'SPSS 활용'을 참고한다.

그림 12-8 ▌판별점수의 히스토그램 도표-개별 집단 그래프: 다이어트식품 구매

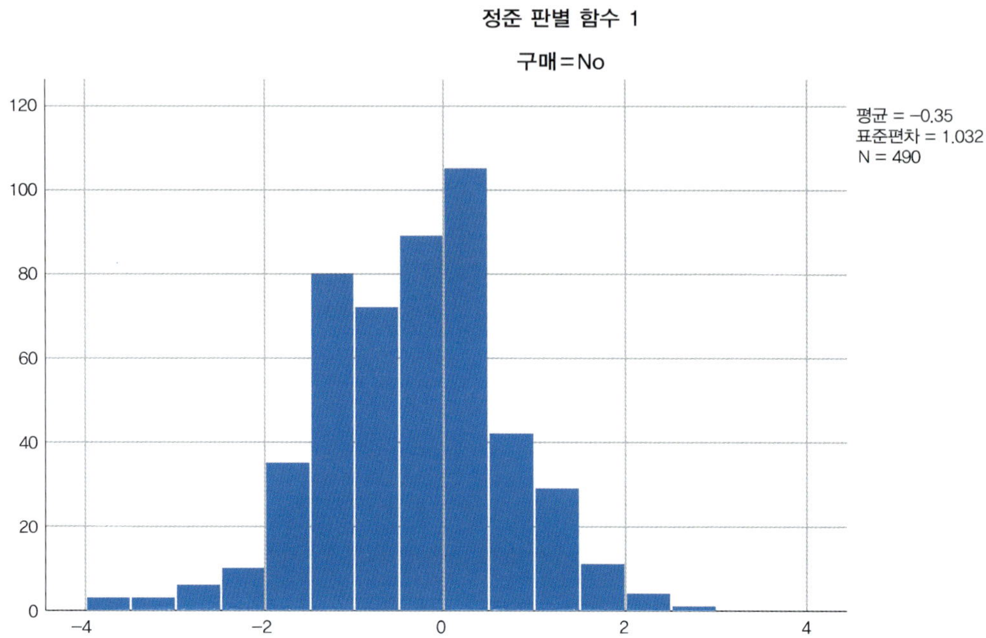

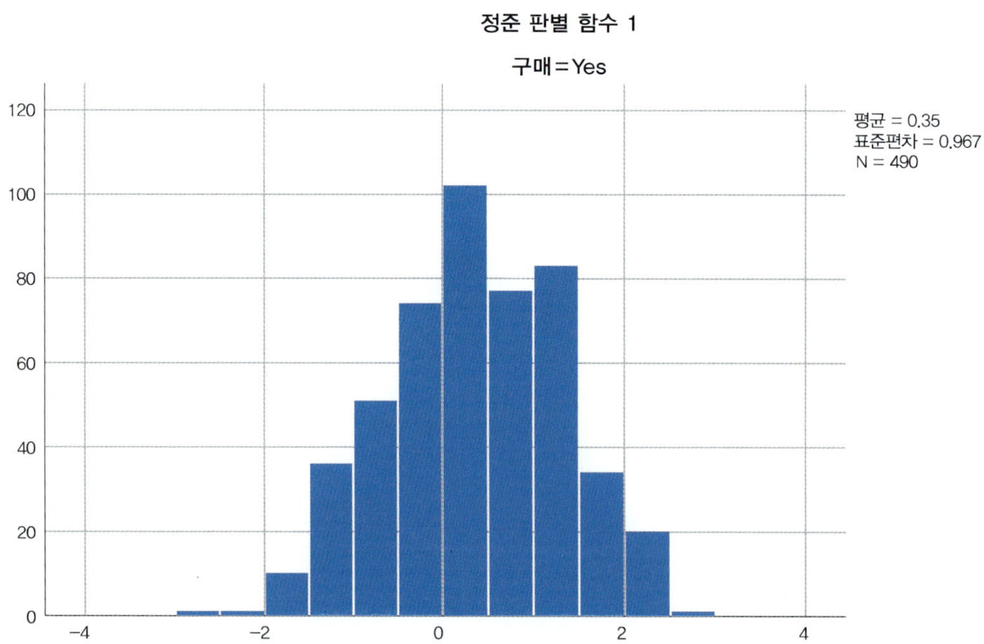

『판별분석』 대화상자에서 『분류』를 클릭한다. 『판별분석: 분류』 대화상자에서 『도표』 그룹의 『개별-집단』을 선택한다(onlinepurchase.sav 데이터 파일).

그림 12-9 | 분류결과: 다이어트식품 구매[a]

		구매	예측 소속집단 0 No	예측 소속집단 1 Yes	전체
원래값	빈도	0 No	298	192	490
		1 Yes	173	317	490
	%	0 No	60.8	39.2	100.0
		1 Yes	35.3	64.7	100.0

a. 원래의 집단 케이스 중 62.8%이(가) 올바로 분류되었습니다.

『판별분석: 분류』 대화상자에서 『표시』 그룹의 『요약표』를 선택한다(onlinepurchase.sav 데이터 파일).

판별함수의 실질적인 예측정확도는 각 케이스에 대해 계산된 판별점수를 이용하여 케이스가 속할 집단을 예측한 후 이를 실제 소속집단과 비교하는 과정을 통해 파악할 수 있다. [그림 12-9]는 이러한 방식으로 표본에 포함된 케이스를 분류한 결과이다. [그림 12-9]의 분류결과표는 총 980개의 케이스 가운데 62.8%가 올바르게 분류되었음을 보여준다. '원래값' 행은 케이스가 실제로 소속되어 있는 집단을 나타내며, '예측 소속집단' 열은 판별함수에 의해 예측된 각 케이스의 소속집단을 나타낸다. 대각선을 따라서 보면 490명의 실제 비구매자 가운데 60.8%인 298명이 비구매자집단으로 올바르게 분류되었고, 490명의 실제 구매자 가운데 64.7%인 317명이 구매자집단으로 올바르게 예측되었다.

집단의 개수가 많아질 경우에는 판별점수를 이용한 케이스의 분류는 다소 복잡한 계산절차를 요구한다. [그림 12-10]과 같은 **분류함수계수(classification function coefficient)**를 이용하면 비교적 용이하게 집단분류를 수행할 수 있다. 이러한 분류함수를 **Fisher의 선형판별함수(Fisher's linear discriminant function)**라고도 부른다. 각 케이스에 대해 집단별로 도출된 Fisher의 선형판별함수계수를 이용하여 판별점수를 계산하고, 가장 큰 점수를 갖는 판별함수의 집단으로 케이스를 분류한다. 그 분류결과는 앞서 살펴본 비표준화 정준판별함수를 이용한 결과와 동일하다. 앞서 판별점수 계산을 위한 예로 사용되었던 31세 여성의 경우를 Fisher의 판별함수를 이용하여 판별점수를 계산하면 다음과 같다.

$$
\begin{aligned}
\text{비구매집단 판별점수} &= 31\times(1.485)+0\times(3.230)+1\times(103.568)+155\times(7.773) \\
&\quad +32\times(0.448)+0\times(4.904)+1\times(-2.001)+0\times(-4.843)+(-708.443) \\
&= 658.310
\end{aligned}
$$

그림 12-10 | 분류함수계수: 다이어트식품 구매

	구매	
	0 No	1 Yes
나이	1.485	1.509
대도시거주	3.230	2.811
성별	103.568	104.635
키	7.773	7.737
BMI	.448	.460
얼굴부위희망	4.904	4.122
식사대용식품경험	−2.001	−1.270
기능성식품경험	−4.843	−4.310
(상수)	−708.443	−704.572

Fisher의 선형판별함수

『판별분석: 통계량』 대화상자에서 『함수의 계수』 그룹의 『Fisher의 방법』을 선택한다(onlinepurchase.sav 데이터 파일).

$$
\begin{aligned}
\text{구매집단 판별점수} &= 31\times(1.509)+0\times(2.811)+1\times(104.635)+155\times(7.737) \\
&\quad +32\times(0.460)+0\times(4.122)+1\times(-1.270)+0\times(-4.310)+(-704.572) \\
&= 659.527
\end{aligned}
$$

구매집단에 대한 판별점수가 비구매집단보다 더 크므로 이 여성은 구매집단에 속하는 것으로 예측된다. 이는 앞서 비표준화 정준판별함수를 이용하여 예측한 결과와 동일하다.

12.3 예측변수의 기여도 평가

앞서 살펴보았던 비표준화 정준판별함수계수는 변수의 측정단위에 따라 그 크기가 달라지기 때문에 계수들 간의 직접적인 비교를 통해 어떤 변수가 더 중요한지를 판단할 수는 없다. 예를 들어, 햇수로 표현되는 나이와 센티미터(cm)로 측정된 키에 대해 어느 변수가 집단분류에 더 큰 기여를 하는지 직접적으로 비교할 수는 없는 일이다. 반면 [그림 12-11]과 같은 표준화계수는 이러한 비교를 가능하게 한다. 표준화계수는 모든 예측변수를 평균 0과 표준편차 1로 표준화하여 얻어진다.

그림 12-11 ▌표준화 정준판별함수계수: 다이어트식품 구매

	함수
	1
나이	.193
대도시거주	-.250
성별	.294
키	-.262
BMI	.119
얼굴부위희망	-.532
식사대용식품경험	.458
기능성식품경험	.317

표준화계수를 보면 판별점수를 계산할 때 어느 예측변수가 상대적으로 더 큰 기여를 하는지 알 수 있다. 하지만 분석에 함께 포함되는 다른 변수들에 따라 판별함수의 계수값은 달라질 수 있다. 예를 들면, 나이 변수의 표준화계수는 성별 변수가 분석에 포함될 경우에는 0.193이나, 성별 변수가 분석에서 제외되면 -0.192로 바뀐다.

판별함수계수의 부호 또한 임의로 바뀔 수 있다. 그러나 특정 한 변수만 바뀌는 것이 아니라 동일한 부호를 갖는 변수들은 함께 같은 방향으로 바뀐다. 따라서 예측변수들이 집단과 어떻게 관련되는지 알기 위해서는 개별 예측변수를 살펴보기보다는 같은 부호를 갖는 변수끼리 살펴볼 필요가 있다. - 부호를 갖는 변수들은 판별점수를 감소시키는 데 기여를 하며, 반대로 + 부호를 갖는 변수들은 판별점수를 증가시키는 데 기여를 한다. 그러나 판별점수가 큰 쪽이 구매집단인지 작은 쪽이 구매집단인지는 임의로 결정되는 부호에 따라 달라질 수 있다. 예를 들어, 여기에서는 대도시에 거주하고, 키가 크고, 얼굴부위에 대한 다이어트를 희망하는 경우 판별점수는 낮아진다. 반면에 나이가 많고, 여자이며, BMI 지수가 높고, 식사대용식품과 기능성식품 다이어트 경험이 있는 경우 판별점수는 높아진다. 판별점수가 높을수록 구매집단일 가능성이 커진다. 그러나 이러한 개별 예측변수가 판별점수에 미치는 영향은 함께 투입되는 변수로 인해 부호가 바뀌면 정반대로 나타날 수 있고, 이에 따라 판별기준 또한 달라질 수 있다. 왜냐하면 계수의 부호가 달라지면 집단 판별을 위한 집단중심값 또한 그에 따라 바뀌기 때문이다.

판별점수에 대한 예측변수들의 상대적인 기여도를 평가하는 방법으로 [그림 12-12]와 같은 **구조행렬(structure matrix)**을 이용할 수도 있다. 구조행렬은 각 예측변수값과 판별함수값(즉 판별점수) 간의 Pearson 상관계수를 나타낸다. 구조행렬은 상관계수의 크기(절대값 기준) 순서로 정

그림 12-12 | 구조행렬: 다이어트식품 구매

	함수
	1
식사대용식품경험	.528
얼굴부위희망	-.498
기능성식품경험	.418
나이	.385
성별	.374
키	-.362
대도시거주	-.229
BMI	.207

판별변수와 표준화 정준 판별함수 간의 집단-내 통합 상관행렬.
변수는 함수 내 상관행렬의 절대값 크기순으로 정렬되어 있습니다.

렬되어 있다. 식사대용식품경험 유무가 판별함수와 가장 큰 상관관계를 가지며, BMI 지수가 가장 낮은 상관관계를 갖는다.

각 예측변수의 상대적 판별력은 이처럼 구조행렬을 이용하거나 판별함수의 표준화계수를 이용하여 평가할 수 있다. 다중회귀분석에서처럼 다른 변수들을 함께 고려하는 상황에서의 상대적 중요도를 비교하려면 판별함수의 표준화계수를 이용하는 것이 바람직하다. 반면에 다른 변수들을 고려하지 않은 채 개별 예측변수와 판별함수 간의 관련 정도를 알고자 하면 구조행렬의 상관계수가 적절한 선택이 된다.

12.4 판별함수의 판별력 평가

판별분석의 성공 여부는 결국 판별함수가 얼마나 정확히 집단을 구분해내는지에 달려있다. 따라서 이에 대한 적절한 평가를 위해서는 예측변수의 선형결합으로 구성된 판별함수의 판별력을 살펴볼 필요가 있다. 각 집단별 판별점수의 평균이 집단 간에 유의한 차이를 보인다면 판별함수는 효과적으로 집단을 판별하고 있는 것으로 볼 수 있다. 분산분석을 이용하여 판별점수의 평균이 집단별로 유의한 차이가 있는지를 통계적으로 검정한다.

그림 12-13 ▌판별점수에 대한 분산분석: 다이어트식품 구매

	제곱합	자유도	평균제곱	F	유의확률
집단-간	120.968	1	120.968	120.968	.000
집단-내	978.000	978	1.000		
전체	1098.968	979			

SPSS를 이용한 판별분석은 분산분석 결과를 직접적으로 보여주지는 않는다. 이를 위해서는 다음과 같은 절차를 따른다. 『판별분석』 대화상자에서 『저장』을 클릭한다. 『판별분석: 저장』 대화상자에서 『판별점수』를 선택한다(onlinepurchase.sav 데이터 파일). 판별분석을 수행한 후 데이터 파일에 Dis1_1 이름으로 저장된 판별점수를 이용하여 일원분산분석을 수행한다. 『분석 > 평균비교 > 일원배치 분산분석』을 선택한다. 『종속변수』에 Dis1_1 변수를 지정하고, 『요인』에 구매 변수를 지정한다.

그림 12-14 ▌고유값과 정준상관: 다이어트식품 구매

함수	고유값	분산의 %	누적 %	정준상관
1	.124	100.0	100.0	.332

[그림 12-13]의 분산분석의 결과를 보면 판별점수는 집단 간에 유의한 차이가 있다(유의확률 0.000). 판별점수에 대한 분산분석은 판별분석의 직접적인 결과물은 아니지만 이러한 분산분석의 결과를 토대로 판별분석에서는 판별함수에 대한 평가지표를 제공한다. [그림 12-14]의 **고유값(eigenvalue)**과 **정준상관(canonical correlation)**이 판별점수와 집단 간의 관계를 보여주는 평가지표로서 이용될 수 있다.

고유값은 집단 간 제곱합 대 집단 내 제곱합의 비율$\left(=\frac{\text{집단 간 제곱합}}{\text{집단 내 제곱합}}\right)$이다. 판별력이 우수한 판별함수로부터 계산된 판별점수들은 집단 간에는 변동폭이 큰 반면, 집단 내에서는 변동폭이 작은 형태로 분포하게 된다. 따라서 판별함수의 판별력이 좋을수록 고유값은 커진다. 이런 관점에서 보면 판별분석은 판별점수들로 계산된 집단 간 분산과 집단 내 분산의 차이가 최대화되는 예측변수들의 선형결합 계수를 찾아내는 것이다. 분산분석표로부터 고유값을 계산해보면 다음과 같다.

$$\text{고유값} = \frac{\text{집단 간 제곱합}}{\text{집단 내 제곱합}} = \frac{120.968}{978.000} = 0.124$$

정준상관은 집단 간 제곱합 대 총제곱합 비율의 제곱근$\left(=\sqrt{\frac{\text{집단 간 제곱합}}{\text{총제곱합}}}\right)$으로 정의된다. 이 값은 판별점수의 변동성이 집단 간의 차이에 의해서 얼마나 설명되는지를 의미한다. 따라서 이 값이 클수록 판별점수의 변동은 집단 간의 차이에 의해서 더 많이 설명된다는 의미이고, 이는 판별함수의 집단 판별력이 우수하다는 것을 뜻한다. 두 집단 판별분석에 있어서 정준상관은 판별점수와 집단변수(즉 종속변수) 간의 Pearson 상관계수와 일치한다. 따라서 정준상관의 값이 1에 가까울수록 판별함수의 판별능력은 크다고 할 수 있다. 분산분석표로부터 정준상관을 계산해보면 다음과 같다.

$$\text{정준상관} = \sqrt{\frac{\text{집단 간 제곱합}}{\text{총제곱합}}} = \sqrt{\frac{120.968}{1,098.968}} = 0.332$$

12.5 판별분석의 가정 및 판별함수의 가설검정

판별분석이 최적으로 수행되기 위한 가정 중의 하나는 집단들의 모집단 공분산 행렬이 동일하다는 것이다. 이를 검정하기 위해 판별분석에서는 [그림 12-15]와 같은 Box의 M(Box's M) 검정결과를 제공한다. Box의 M의 검정에서는 집단들의 공분산이 모집단에서도 동일하다는 귀무가설을 검정한다. 그러나 이 검정은 다변량 정규성의 특성으로 인해 표본의 크기가 커지게 되면 공분산 행렬의 조그만 차이에도 관측된 유의확률이 작아지는 경향이 있다. 따라서 표본의 크기가 클 경우에는 Box의 M 검정결과의 해석에 주의를 기울일 필요가있다.

그림 12-15 | Box의 M 검정결과: 다이어트식품 구매

Box의 M		340.283
F	근사법	9.371
	자유도1	36
	자유도2	3218428.808
	유의확률	.000

모집단 공분산 행렬이 동일하다는 영가설을 검정합니다.

『판별분석: 통계량』 대화상자에서 『기술통계』 그룹의 『Box의 M』을 선택한다(onlinepurchase.sav 데이터 파일).

▶ 그림 12-16 ▌Wilks의 람다: 다이어트식품 구매

함수의 검정	Wilks의 람다	카이제곱	자유도	유의확률
1	.890	113.585	8	.000

여기의 예에서도 귀무가설이 기각되었다(유의확률 0.000). 하지만 이는 표본크기가 매우 크다는 점(표본크기 980)을 고려할 때 해석상 주의가 필요하다. 표본의 크기가 클 경우 분석에 영향을 미치지 않는 집단 간의 아주 작은 차이에도 유의확률이 감소되어 집단들의 공분산 행렬이 동일하다는 귀무가설을 기각시킬 수 있다. 따라서 이처럼 공분산 행렬의 동일성 가정이 기각되더라도 이 가정이 극단적으로 위배되지 않거나 표본크기가 클 때는 판별분석을 수행하는 것이 가능하다.

표본으로부터 도출된 판별함수를 모집단으로 일반화시키기 위해서 "판별점수의 평균은 모집단의 모든 집단에 대해 동일하다"는 귀무가설을 검정한다. 이 귀무가설을 기각할 경우 모집단에서 판별함수의 집단 판별력은 존재한다고 볼 수 있다. 판별함수의 검정을 위해 Wilks의 람다를 이용한다. Wilks의 람다는 집단 내 제곱합 대 총제곱합의 비율$\left(=\dfrac{\text{집단 내 제곱합}}{\text{총제곱합}}\right)$로 정의되며, 앞서의 분산분석 결과를 이용하여 다음과 같이 구할 수 있다.

$$\text{Wilks의 람다} = \frac{\text{집단 내 제곱합}}{\text{총제곱합}} = \frac{978.000}{1,098.968} = 0.890$$

이는 판별점수 변동성의 약 11%($=(1-0.89)\times 100$)가 집단 간의 차이에 의해서 설명된다는 의미이다. Wilks의 람다는 카이제곱분포를 따르는 변수로 변환될 수 있다(자유도=예측변수의 개수). [그림 12-16]의 카이제곱검정 결과를 보면 판별점수의 평균은 모집단의 구매집단과 비구매집단에 대해 동일하다는 귀무가설은 기각되었다(유의확률 0.000). 따라서 모집단에서 구매집단과 비구매집단의 판별점수의 평균의 차이는 존재한다고 할 수 있으며, 판별함수는 모집단에서도 유의한 판별력을 보여준다고 말할 수 있다.

12.6 다중판별분석

지금까지 집단이 두 개인 경우의 두 집단 판별분석에 대해 살펴보았다. 세 개 이상의 집단을 대상으로 한 다중판별분석의 경우에도 이와 유사한 방식으로 분석을 수행할 수 있다. 차이가 있다면 각 케이스에 대해 하나의 판별점수가 아닌 여러 개의 판별점수가 계산된다는 점이다. 판별함수의 개수는 '구별하고자 하는 집단의 개수보다 하나 작은 개수'와 '예측변수의 개수' 중에서 작은 개수만큼 만들어진다. 첫 번째 판별함수는 집단 간 제곱합 대 집단 내 제곱합의 비율$\left(=\frac{\text{집단 간 제곱합}}{\text{집단 내 제곱합}}\right)$이 가장 크게 되는 예측변수들의 선형결합으로 표현된다. 즉 판별점수의 집단평균들의 차이가 최대로 되도록 판별함수의 계수가 결정된다. 두 번째 판별함수는 그 다음으로 큰 비율을 갖는 예측변수들의 선형결합이 되며, 세 번째는 그 다음으로 큰 비율을 갖는 예측변수들의 선형결합으로 구성된다. 이런 식으로 모든 판별함수들이 차례대로 도출된다.

여기에서는 국내의 한 이동통신회사의 데이터를 이용하여 고객등급을 예측하는 다중판별분석을 수행한다(customergrade.sav 데이터 파일; Ahn et al. 2006). 집단을 나타내는 종속변수는 이동통신회사의 고객등급 변수로서 네 등급으로 구분되었다. VIP고객은 1, 골드고객은 2, 실버고객은 3, 그리고 일반 보통고객은 4로 값을 부여하였다. 고객집단을 예측하기 위해 활용한 예측변수로는 요금제, 핸드폰제조사, 통화시간 및 비율, 통화요금 등이 선정되었다. [그림 12-17]에 예측

그림 12-17 ▌고객등급 예측변수

변수명	설명	척도
요금제1	요금제 1	0=아니다, 1=그렇다
요금제2	요금제 2	0=아니다, 1=그렇다
요금제3	요금제 3	0=아니다, 1=그렇다
요금제4	요금제 4	0=아니다, 1=그렇다
제조사1	핸드폰제조사 1	0=아니다, 1=그렇다
제조사2	핸드폰제조사 2	0=아니다, 1=그렇다
제조사3	핸드폰제조사 3	0=아니다, 1=그렇다
주간통화시간	주간통화시간	분
국제통화시간	국제통화시간	분
평균국내통화시간	평균 국내통화시간	분
총통화시간	총통화시간	분
기본요금초과	기본요금 초과	0=아니다, 1=그렇다
주간국내통화비율	주간국내통화비율	%
국제통화비율	국제통화 대 국내통화비율	%

그림 12-18 ▎ 표준화 정준판별함수계수: 고객등급

	함수		
	1	2	3
요금제1	.220	.563	.044
요금제2	.576	−.229	−.316
요금제3	.667	−.475	.715
요금제4	.012	.604	.312
제조사1	.111	−.018	.543
제조사2	.056	−.017	.242
제조사3	−.042	.006	−.040
주간통화시간	.443	1.418	−.443
국제통화시간	.438	1.245	−.459
평균국내통화시간	.004	.029	.056
총통화시간	.469	−1.029	.068
기본요금초과	.090	−.181	.149
주간국내통화비율	−.152	−.759	.278
국제통화대국내통화비율	.409	−1.071	.338

그림 12-19 ▎ 구조행렬: 고객등급

	함수		
	1	2	3
총통화시간	.663*	.121	−.106
주간통화시간	.527*	.054	−.081
국제통화시간	.494*	.258	−.078
국제통화대국내통화비율	.123*	.008	.070
평균국내통화시간	.027*	.010	.010
요금제4	−.233	.506*	.357
주간국내통화비율	.246	−.272*	−.106
요금제1	−.083	.135*	.031
기본요금초과	−.003	−.092*	−.034
제조사2	.015	.028*	−.001
요금제2	−.050	−.345	−.659*
요금제3	.385	−.112	.603*
제조사1	.154	.033	.347*
제조사3	−.043	−.059	−.150*

판별변수와 표준화 정준판별함수 간의 집단-내 통합 상관행렬 변수는 함수 내 상관행렬의 절대값 크기순으로 정렬되어 있습니다.

*. 각 변수와 임의의 판별함수 간의 가장 큰 절대 상관행렬

변수로 사용된 변수를 요약 정리하였다.

여기에서는 집단의 개수가 네 개이므로 [그림 12-18]과 같이 세 개의 표준화 정준판별함수가 도출된다. 표준화된 판별함수계수는 각 변수가 고객들의 소속등급을 설명하는 데 있어서의 상대적 기여도를 나타낸다. 첫 번째 판별함수에서는 요금제 3의 선택 여부가, 두 번째 판별함수에서는 주간통화시간이, 세 번째 판별함수에서는 요금제 3의 선택 여부가 가장 판별력이 큰 변수로 나타났다.

[그림 12-19]의 구조행렬을 보면 각 예측변수와 세 개 판별함수 간의 상관계수를 볼 수 있다. 총통화시간, 주간통화시간, 국제통화시간, 국제통화 대 국내통화비율, 평균 국내통화시간 등은 두 번째 및 세 번째 함수에 비해 첫 번째 함수에서 가장 기여도가 크고, 요금제 4, 주간국내통화비율, 요금제 1, 기본요금 초과 여부, 핸드폰제조사 2 등은 두 번째 판별함수와 가장 강한 연관성을 갖는다. 요금제 2, 요금제 3, 핸드폰제조사 1, 핸드폰제조사 3 등은 세 번째 판별함수에서 가장 중요한 역할을 하는 변수로 나타났다.

[그림 12-20]의 비표준화 판별함수를 이용하여 각 케이스의 소속집단을 예측하기 위한 판별점수를 계산한다. 이렇게 계산된 세 가지 판별점수의 평균은 [그림 12-21]의 집단중심값 표에서 확인할 수 있다. 첫 번째 판별함수의 경우 보통고객의 판별점수 평균 −3.408, 실버고객 −0.672,

그림 12-20 | 비표준화 정준판별함수계수: 고객등급

	함수		
	1	2	3
요금제1	.966	2.471	.191
요금제2	1.567	−.622	−.858
요금제3	2.050	−1.461	2.200
요금제4	.042	2.053	1.061
제조사1	.298	−.049	1.454
제조사2	.118	−.037	.515
제조사3	−.149	.022	−.140
주간통화시간	.002	.005	−.002
국제통화시간	.005	.015	−.006
평균국내통화시간	.001	.008	.016
총통화시간	.002	−.003	.000
기본요금초과	.594	−1.198	.987
주간국내통화비율	−.855	−4.262	1.560
국제통화대국내통화비율	4.350	−11.387	3.590
(상수)	−5.443	2.737	−1.316

비표준화계수

▶ 그림 12-21 ▎함수의 집단중심값: 고객등급

고객등급	함수 1	함수 2	함수 3
1 VIP	5.649	1.657	-.431
2 Gold	2.327	-.654	.676
3 Silver	-.672	-.906	-.383
4 Normal	-3.408	1.078	.172

표준화하지 않은 정준판별함수가 집단 평균에 대해 계산되었습니다.

골드고객 2.327, VIP고객 5.649로서 고객등급 집단 간에 판별점수의 평균차이가 비교적 명확히 드러나 보인다. 반면 두 번째와 세 번째 판별함수는 첫 번째에 비해 집단 간의 판별점수의 평균차이가 분명하게 드러나지 않는다. 따라서 첫 번째 판별함수의 집단 판별력이 두 번째와 세 번째에 비해 우수하다고 얘기할 수 있다.

세 개의 판별함수를 도출했지만 이처럼 모든 판별함수가 집단의 판별에 동일하게 기여하는 것은 아니다. [그림 12-22]의 분산분석을 통해 판별함수의 판별력을 구체적으로 평가해볼 수 있다. 분산분석은 판별점수의 평균이 집단별로 유의한 차이가 있는지 통계적으로 검정한다. 분산분석의

▶ 그림 12-22 ▎판별점수에 대한 분산분석: 고객등급

		제곱합	자유도	평균제곱	F	유의확률
1 분석용 함수 1의 판별점수	집단-간	26781.967	3	8927.322	8927.322	.000
	집단-내	3196.000	3196	1.000		
	전체	29977.967	3199			
1 분석용 함수 2의 판별점수	집단-간	3378.573	3	1126.191	1126.191	.000
	집단-내	3196.000	3196	1.000		
	전체	6574.573	3199			
1 분석용 함수 3의 판별점수	집단-간	603.285	3	201.095	201.095	.000
	집단-내	3196.000	3196	1.000		
	전체	3799.285	3199			

SPSS를 이용한 판별분석은 분산분석 결과를 직접적으로 보여주지는 않는다. 이를 위해서는 다음과 같은 절차를 따른다. 『판별분석』 대화상자에서 『저장』 버튼을 클릭한 후 나타나는 『판별분석: 저장』 대화상자에서 『판별점수』를 선택한다(onlinepurchase.sav 데이터 파일). 데이터 파일에 Dis1_1, Dis2_1, Dis3_1 이름으로 저장된 판별점수를 이용하여 일원분산분석을 수행한다. 『분석 > 평균비교 > 일원배치 분산분석』을 선택한다. 『종속변수』에 Dis1_1, Dis2_1, Dis3_1 변수를 지정하고, 『요인』에 고객등급 변수를 지정한다.

그림 12-23 ▎고유값과 정준상관: 고객등급

함수	고유값	분산의 %	누적 %	정준상관
1	8.380	87.1	87.1	.945
2	1.057	11.0	98.0	.717
3	.189	2.0	100.0	.398

결과를 보면 세 판별함수의 판별점수는 모두 집단 간에 유의한 차이가 있다(유의확률 0.000). 하지만 F값은 서로 큰 차이를 보이고 있어 세 개 판별함수 간에는 판별력에 있어서 차이가 존재하는 것으로 보인다.

분산분석의 결과를 토대로 [그림 12-23]과 같이 고유값과 정준상관을 도출하여 세 판별함수 간의 판별력의 차이를 살펴보자. 우리는 고유값과 정준상관을 통해 각 판별함수의 집단 판별력을 평가할 수 있다. 앞서 두 집단 판별분석에서와 마찬가지로 고유값은 집단 간 제곱합 대 집단 내 제곱합의 비율이다. 예를 들어, 판별함수 1에 대한 고유값은 $\frac{26,781.967}{3,196.000}=8.380$으로 계산된다. 판별함수의 판별력이 좋을수록 고유값은 커진다. [그림 12-23]에서 각 판별함수의 고유값을 비교해보면 판별함수 1의 판별력이 가장 우수하다. 정준상관은 집단 간 제곱합 대 총제곱합 비율의 제곱근으로 정의된다. 예를 들어, 판별함수 1에 대한 정준상관은 $\sqrt{\frac{26,781.967}{29,977.967}}=0.945$로 계산된다. 정준상관의 값은 1에 가까울수록 판별함수의 판별능력은 커진다. [그림 12-23]에서 각 판별함수의 정준상관을 비교해보면 판별함수 1의 판별력이 또한 가장 우수하다. 사실 첫 번째 판별함수는 다른 판별함수에 비해 항상 가장 우수한 판별력을 갖는다. 이는 애초에 판별력이 우수한 순서대로(즉 집단 간 제곱합 대 집단 내 제곱합의 비율이 큰 순서대로) 판별함수가 도출되었기 때문이다. 각 판별함수가 설명하는 집단 간 분산의 비율('분산의 %' 열) 또한 각 판별함수의 판별력을 평가한다. 첫 번째 판별함수가 총집단 간 분산의 87.1%를 설명함으로써 역시 가장 판별력이 우수하다.

두 집단 판별분석에서와 마찬가지로 "도출된 판별함수들에 대한 모집단평균들은 모든 집단들에 대해 동일하다"는 귀무가설을 검정할 수 있다. 판별함수가 하나일 경우에 Wilks의 람다는 단순히 집단 내 제곱합을 총제곱합으로 나누어서 구할 수 있었으나 판별함수가 여러 개일 때는 그리 간단하지 않다. 왜냐하면 분산분석표에서 보듯이 판별함수 개수만큼의 집단 내 제곱합과 총제곱합이 존재하기 때문이다. 복수의 판별함수를 동시에 고려한 Wilks의 람다는 각 판별함수에 대한 Wilks의 람다의 곱으로 정의되며 앞서의 분산분석 결과를 이용하여 다음과 같이 구할 수 있다.

$$\text{Wilks의 람다} = \frac{3,196.000}{29,977.967} \times \frac{3,196.000}{6,574.573} \times \frac{3,196.000}{3,799.285} = 0.044$$

[그림 12-24]에서 복수의 판별함수에 대한 Wilks의 람다를 확인할 수 있다. 카이제곱검정 결과에 따라 모든 판별함수에 대해 모집단평균이 모든 집단에서 동일하다는 귀무가설을 기각한다([그림 12-24]의 첫 번째 행). 복수의 판별함수가 있을 경우 판별함수의 판별점수 평균을 순차적으로 검정할 수 있다. 우선 모든 판별함수의 평균을 동시에 검정하고, 그 다음에 한 번에 하나의 판별함수씩 검정대상에서 배제하면서 나머지 판별함수들의 평균을 검정한다. [그림 12-24]의 '1 – 3' 행은 모든 판별함수의 평균을 동시에 검정한 것이고, '2 – 3' 행은 판별함수 1을 제외한

그림 12-24 ▌Wilks의 람다: 고객등급

함수의 검정	Wilks의 람다	카이제곱	자유도	유의확률
1 – 3	.044	9993.584	42	.000
2 – 3	.409	2852.569	26	.000
3	.841	551.592	12	.000

그림 12-25 ▌분류함수계수: 고객등급

	고객등급			
	1 VIP	2 Gold	3 Silver	4 Normal
요금제1	26.817	18.107	14.387	16.754
요금제2	23.200	18.482	14.849	8.853
요금제3	18.964	17.964	9.853	2.566
요금제4	43.733	40.021	38.253	42.799
제조사1	3.961	4.694	2.274	2.169
제조사2	2.752	3.014	2.123	2.013
제조사3	1.112	1.400	1.990	2.362
주간통화시간	-.094	-.113	-.117	-.112
국제통화시간	-.100	-.158	-.172	-.160
평균국내통화시간	.335	.331	.309	.331
총통화시간	.117	.120	.116	.105
기본요금초과	-4.203	-2.316	-4.842	-8.296
주간국내통화비율	120.009	134.427	136.410	131.159
국제통화대국내통화비율	121.726	137.568	123.587	91.091
(상수)	-121.011	-96.434	-76.965	-63.066

Fisher의 선형판별함수

판별함수 2와 판별함수 3의 평균을 검정한 것이며, 마지막 행은 판별함수 3만을 검정한 결과이다. [그림 12-24]에서 확인할 수 있듯이 모든 판별함수 평균이 집단 간에 있어서 통계적으로 유의한 차이가 있는 것으로 나타났다. 판별함수 3의 경우 Wilks의 람다값이 상대적으로 큼에도 불구하고 (이는 집단 간 제곱합에 의해 설명되는 부분이 작다는 의미이고, 따라서 집단 판별력이 작다는 것을 나타냄), 집단 간 평균차이가 통계적으로 유의한 것으로 나타났다. 이는 표본크기가 크다는 사실에 일부 기인할 수도 있다.

집단의 개수가 두 개를 초과하는 경우 판별점수를 이용한 케이스의 분류는 다소 복잡한 계산절차를 필요로 한다. 다중판별분석에서는 [그림 12-25]와 같은 분류함수계수(Fisher의 선형판별함수계수)를 이용하면 비교적 용이하게 집단분류를 수행할 수 있다. 각 케이스에 대해 집단별로 도출된 Fisher의 선형판별함수계수를 이용하여 판별점수를 계산하고, 가장 큰 점수를 나타내는 판별함수의 집단에 케이스를 할당한다.

[그림 12-26]은 분류결과이다. 총 3,200개의 케이스 가운데 87.8%가 올바르게 분류되었다. 대각선을 따라서 보면 VIP고객은 89.2%, 골드고객은 92.6%, 실버고객은 84.5%, 보통고객은 87.7%가 올바르게 분류되었다.

그림 12-26 | 분류결과: 고객등급[a]

		고객등급	예측 소속집단				전체
			1 VIP	2 Gold	3 Silver	4 Normal	
원래값	빈도	1 VIP	340	41	0	0	381
		2 Gold	4	662	49	0	715
		3 Silver	0	83	1036	107	1226
		4 Normal	0	0	108	770	878
	%	1 VIP	89.2	10.8	.0	.0	100.0
		2 Gold	.6	92.6	6.9	.0	100.0
		3 Silver	.0	6.8	84.5	8.7	100.0
		4 Normal	.0	.0	12.3	87.7	100.0

a. 원래의 집단 케이스 중 87.8%이(가) 올바로 분류되었습니다.

SPSS 활용

1 판별분석 수행하기

- 『분석 > 분류분석 > 판별분석』을 선택한다.
- 『집단변수』에 예측하고자 하는 종속변수를 지정하고, 『독립변수』에 예측변수를 할당한다.

그림 12-27 ❙ 판별분석 대화상자

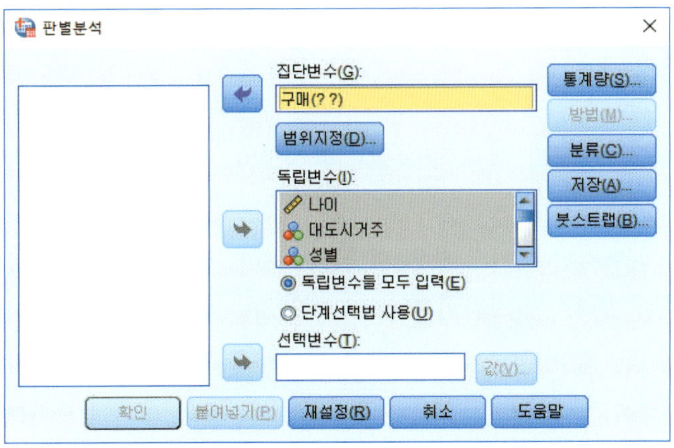

- 『판별분석: 범위지정』 대화상자에서 집단의 범위를 최소값과 최대값으로 지정한다.

그림 12-28 ❙ 판별분석: 범위지정 대화상자

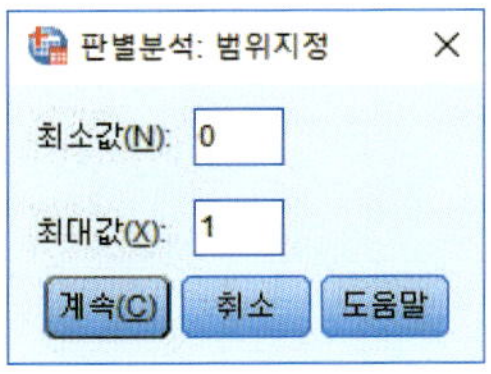

▶ 『판별분석: 통계량』 대화상자에서 기술통계, 함수의 계수, 행렬 등 필요한 통계량을 선택한다.

그림 12-29 ▌판별분석: 통계량 대화상자

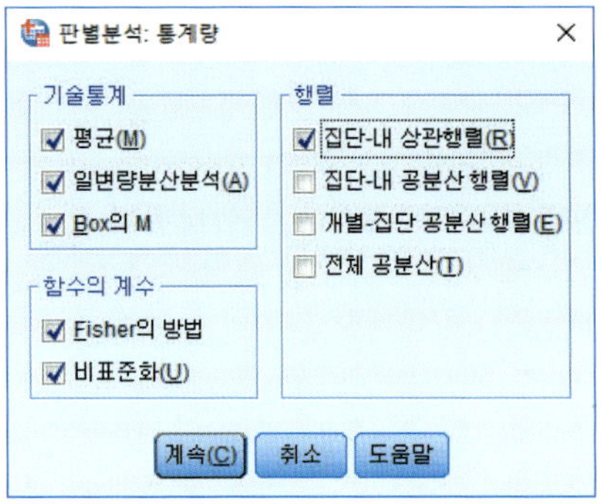

▶ 『판별분석: 분류』 대화상자에서 사전확률, 공분산 행렬, 분류결과 표시방법, 도표 등 필요한 항목을 선택한다.

▶ 『사전확률』에서 『모든 집단이 동일』을 선택하면 케이스 분류 시 집단별 표본크기를 고려하지 않으며, 『집단크기로 계산』을 선택할 경우 집단의 표본크기에 따라 특정 집단에 소속될 가능성이 조정된다. 즉 표본에서 관측된 집단크기는 집단소속의 사전확률을 결정한다. 예를 들어, 관측값의 50%가 첫 번째 집단, 25%가 두 번째 집단, 25%가 세 번째 집단에 속하는 데이터를 이용하여 판별분석을 수행할 경우 다른 두 집단에 비해 첫 번째 집단의 소속 가능성이 증가되도록 분류기준이 조정된다.

그림 12-30 ▌판별분석: 분류 대화상자

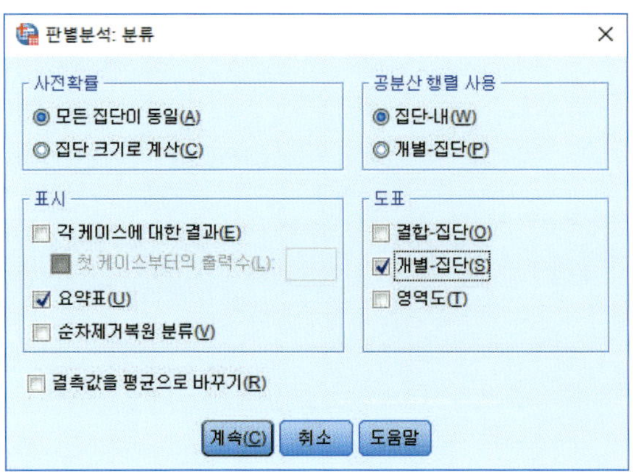

▶ 『판별분석: 저장』 대화상자에서 예측 소속집단, 판별점수, 소속집단 확률 등 데이터 파일에 저장할 항목을 선택한다.

그림 12-31 ▌ 판별분석: 저장 대화상자

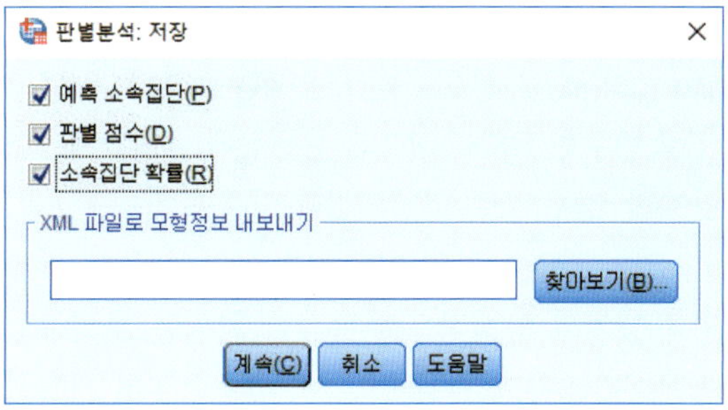

사례연구

㈜햇살신용평가에서는 금융회사에 대출을 신청하는 대출신청자의 신용상태를 평가하기 위한 신용평가 모델을 개발하려고 한다. 이를 위한 기초작업을 위해 독일의 개인신용평가 데이터를 참고하기로 하였다(germancredit.sav 데이터 파일; Bache and Lichman 2013). 사용된 독립변수 및 종속변수는 [그림 12-32]와 같다. 총 일곱 개의 독립변수를 이용하여 종속변수인 RESPONSE(신용상태) 값을 예측한다. RESPONSE 변수는 신용상태가 불량인 경우 0, 양호한 경우 1로 코딩되었다.

우선 [그림 12-33]과 같이 예측(독립)변수들에 대한 집단평균이 동일한지 여부를 분석하였다. 집단평균의 동질성검정 결과, 예측변수들은 모두 집단평균에 있어서 통계적으로 유의한 차이를 보여주었다. 이는 이들 각 예측변수가 신용상태가 양호한 집단과 그렇지 않은 집단을 판별하는 데 적절히 기여하고 있음을 나타낸다.

그림 12-32 ❚ 신용상태 예측변수 및 결과변수

변수명	설명	척도
DURATION	신용기간	개월
NEW_CAR	신용대출목적: 신규차량구입	0=아니오, 1=예
EDUCATION	신용대출목적: 교육비지출	0=아니오, 1=예
AMOUNT	신용대출금액	DM
INSTALL_RATE	가처분소득 중 할부금이 차지하는 비율	%
MALE_SINGLE	신청자가 미혼 남성임	0=아니오, 1=예
OTHER_INSTALL	신청자가 다른 할부신용이 있음	0=아니오, 1=예
RESPONSE	신용상태가 양호함	0=아니오, 1=예

그림 12-33 ❚ 집단평균의 동질성에 대한 검정: 신용상태

	Wilks의 람다	F	자유도1	자유도2	유의확률
DURATION	.954	48.334	1	998	.000
NEW_CAR	.991	9.460	1	998	.002
EDUCATION	.995	4.927	1	998	.027
AMOUNT	.976	24.482	1	998	.000
INSTALL_RATE	.995	5.259	1	998	.022
MALE_SINGLE	.993	6.538	1	998	.011
OTHER_INSTALL	.987	12.974	1	998	.000

표준화하지 않은 정준판별함수계수와 이를 토대로 계산한 집단중심값은 [그림 12-34] 및 [그림 12-35]와 같다. 신용상태가 양호한 집단의 판별점수 평균은 −0.221, 신용상태가 양호하지 않은 집단의 판별점수 평균은 0.516으로 나타났다. 즉 판별점수가 낮을수록 신용평가가 양호한 집단으로 분류된다. 두 집단의 판별점수 평균의 중앙 위치를 구하면 $0.1475\left(=\frac{-0.221+0.516}{2}\right)$가 되며, 이 값이 집단을 구분하는 기준점으로 사용된다. 즉 판별점수가 0.1475보다 작으면 신용평가가 양호한 집단으로 분류되고, 0.1475보다 크면 신용평가가 불량인 집단으로 분류된다.

[그림 12-36]의 그래프는 판별점수의 히스토그램 도표이다. 집단 간의 분포의 차이를 시각적으로 확인할 수 있다. 신용평가가 양호한 집단이 그렇지 않은 집단에 비해 대체적으로 더 작은 판별점수를 갖고 있다. 신규 대출신청자의 신용상태를 예측하기 위한 Fisher의 선형판별함수는 [그림 12-37]과 같이 도출되었다.

그림 12-34 | 비표준화 정준판별함수계수: 신용상태

	함수
	1
DURATION	.046
NEW_CAR	1.102
EDUCATION	1.244
AMOUNT	.000
INSTALL_RATE	.307
MALE_SINGLE	−.925
OTHER_INSTALL	.914
(상수)	−2.248

비표준화계수

그림 12-35 | 함수의 집단중심값: 신용상태

	함수
RESPONSE	1
0 No	.516
1 Yes	−.221

표준화하지 않은 정준판별함수가 집단 평균에 대해 계산되었습니다.

▶ 그림 12-36 ▌판별점수의 히스토그램 도표: 신용상태

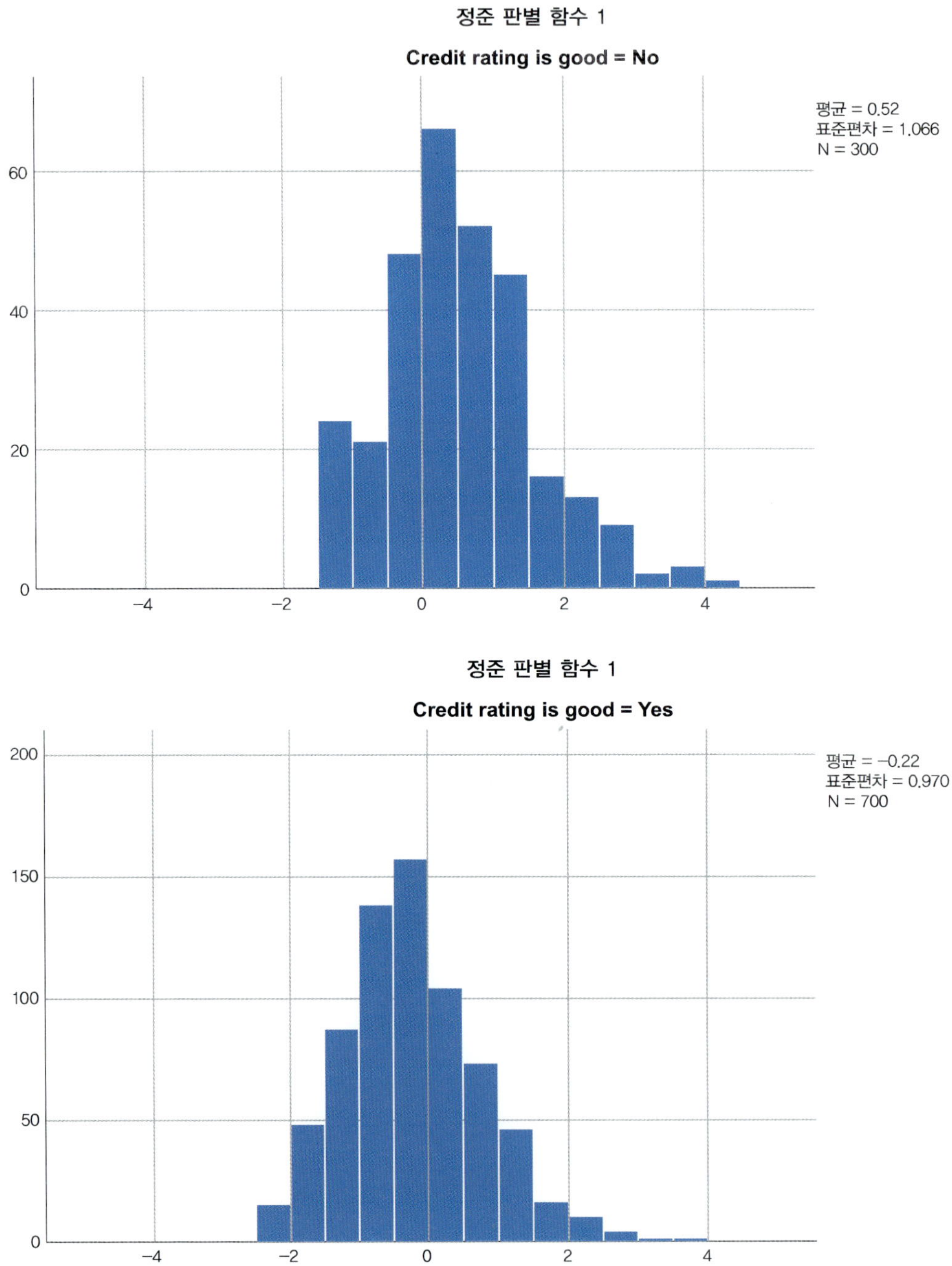

그림 12-37 | 분류함수계수: 신용상태

	RESPONSE	
	0 No	1 Yes
DURATION	.077	.043
NEW_CAR	2.803	1.991
EDUCATION	1.916	1.000
AMOUNT	.001	.001
INSTALL_RATE	2.942	2.715
MALE_SINGLE	.088	.770
OTHER_INSTALL	1.479	.806
(상수)	−8.206	−6.441

Fisher의 선형판별함수

[그림 12-38]의 표준화 정준판별함수계수를 통해 어느 예측변수가 상대적으로 더 큰 기여를 하는지 확인할 수 있다. − 부호를 갖는 MALE_SINGLE 변수는 판별점수를 낮추는 데 기여하며, 이 변수는 큰 값을 가질수록 신용상태가 양호한 집단으로 분류될 가능성이 높아진다. 반면 + 부호를 갖는 DURATION, NEW_CAR, EDUCATION, AMOUNT, INSTALL_RATE, OTHER_INSTALL 등의 변수들은 판별점수를 높이는 데 기여하며, 이들 변수들이 큰 값을 가질수록 신용상태가 양호하지 않은 집단으로 분류될 가능성이 높아진다. [그림 12-39]와 같은 구조행렬을 통해서도 예측변수들의 상대적인 기여도를 평가할 수 있다. DURATION 변수가 판별함수와 가장 큰 상관관계를 보이며(0.651), EDUCATION 변수가 가장 낮은 상관관계를 갖는다(0.208).

그림 12-38 | 표준화 정준판별함수계수: 신용상태

	함수
	1
DURATION	.548
NEW_CAR	.465
EDUCATION	.271
AMOUNT	.323
INSTALL_RATE	.343
MALE_SINGLE	−.459
OTHER_INSTALL	.354

그림 12-39 | 구조행렬: 신용상태

	함수
	1
DURATION	.651
AMOUNT	.464
OTHER_INSTALL	.337
NEW_CAR	.288
MALE_SINGLE	-.240
INSTALL_RATE	.215
EDUCATION	.208

예측변수의 선형결합으로 구성된 판별함수의 전체적인 판별력을 평가하기 위해 [그림 12-40]과 같이 판별점수에 대한 분산분석을 수행하였다. 분산분석 결과 판별점수는 집단 간에 유의한 차이를 나타내고 있음을 확인할 수 있다(유의확률 0.000). 분산분석의 결과를 토대로 [그림 12-41]과 같이 판별점수와 집단 간의 관계를 보여주는 평가지표로서 고유값과 정준상관을 계산할 수 있다. 판별함수의 판별력이 좋을수록 고유값은 커지게 되며, 정준상관의 값이 1에 가까울수록 판별함수의 판별능력은 크다고 판단한다.

표본으로부터 계산된 판별함수를 모집단으로 일반화시키기 위해서 [그림 12-42]와 같이 "판별점수의 평균은 모집단의 모든 집단들에 대해 동일하다"는 귀무가설을 검정하였다. 판별함수의 검정을 위해 Wilks의 람다를 이용하였다. 카이제곱검정 결과 판별점수의 평균은 모집단의 신용평가 양호집단과 신용평가 불량집단에 대해 동일하다는 귀무가설은 기각되었다(유의확률 0.000). 따라서 모집단에서 신용평가 양호집단과 신용평가 불량집단의 판별점수의 평균의 차이는 존재한다.

그림 12-40 | 판별점수에 대한 분산분석: 신용상태

	제곱합	자유도	평균제곱	F	유의확률
집단-간	113.945	1	113.945	113.945	.000
집단-내	998.000	998	1.000		
전체	1111.945	999			

그림 12-41 | 고유값과 정준상관: 신용상태

함수	고유값	분산의 %	누적 %	정준상관
1	.114	100.0	100.0	.320

그림 12-42 ▌ Wilks의 람다: 신용상태

함수의 검정	Wilks의 람다	카이제곱	자유도	유의확률
1	.898	107.518	7	.000

판별함수의 실질적인 예측력을 평가하기 위하여 판별점수를 바탕으로 각 케이스가 속할 집단을 예측한 후 이를 실제 소속집단과 비교하였다. [그림 12-43]은 이러한 방식으로 표본에 포함된 케이스를 분류한 결과이다. 판별분석으로부터 도출된 판별함수를 통해 총 1,000개의 케이스 가운데 65.9%가 올바르게 분류되었다.

현재 다루고 있는 개인신용평가 데이터는 신용상태 불량집단과 양호집단의 표본크기가 다르기 때문에 집단별 표본크기를 반영한 분류기준을 적용해볼 수 있다. 즉 신용상태 불량집단의 표본크기가 300이고 양호집단의 표본크기가 700이므로 표본크기가 더 큰 신용상태 양호집단으로 더 많은 케이스들이 소속되도록 집단의 표본크기로 계산된 사전확률을 이용하여 분류기준을 조정한다. 그러면 [그림 12-44]와 같이 전체적으로 71.8%가 올바르게 분류되어 집단별 표본크기를 고려하지 않은 것에 비해 분류정확도가 향상되었다. 그러나 신용상태 양호집단에 대한 예측정확도는 개선된 반면, 불량집단에 대한 분류정확도는 오히려 낮아졌다. ㈜햇살신용평가에서는 이러한 분석결과를 참고로 하여 새로운 신용평가모델을 개발하는 작업에 착수하였다.

그림 12-43 ▌ 분류결과: 신용상태[a]

			예측 소속집단		
		RESPONSE	0 No	1 Yes	전체
원래값	빈도	0 No	190	110	300
		1 Yes	231	469	700
	%	0 No	63.3	36.7	100.0
		1 Yes	33.0	67.0	100.0

a. 원래의 집단 케이스 중 65.9%이(가) 올바로 분류되었습니다.

그림 12-44 ▌ 분류결과(분류기준 조정): 신용상태[a]

		RESPONSE	예측 소속집단 0 No	예측 소속집단 1 Yes	전체
원래값	빈도	0 No	65	235	300
		1 Yes	47	653	700
	%	0 No	21.7	78.3	100.0
		1 Yes	6.7	93.3	100.0

a. 원래의 집단 케이스 중 71.8%이(가) 올바로 분류되었습니다.

연습문제

01 ㈜기업신용평가에서는 기업의 건전성과 관련된 각종 지표를 이용하여 기업의 부도 가능성을 예측하고자 한다. 이를 위해 다음 표와 같은 변수로 이루어진 데이터를 수집하였다(bankruptcy.sav 데이터 파일; 한인구 등 2009). 총 10개의 독립변수를 이용하여 종속변수인 기업의 부도 여부를 예측한다. 종속변수 Y는 기업의 상태가 건전할 경우 0, 부도일 경우 1로 코딩되었다. 판별분석을 수행하고 분석결과를 제시하시오.

변수명	설명
Y	부도 여부(0=건전, 1=부도)
X1	금융비용대부채비율
X2	자기자본비율
X3	금융비용부담률증가분
X4	매입채무회전율
X5	운전자금대매출액
X6	영업활동후현금흐름/총부채
X7	분식계수
X8	순금융비용대매출액
X9	외부자금조달전현금흐름/전기단기부채
X10	기업경상이익률

02 ㈜기업신용평가에서는 기업의 각종 재무적 지표를 이용하여 기업이 발행하는 회사채의 등급을 예측하고자 한다. 이를 위해 다음 표와 같은 변수로 이루어진 데이터를 수집하였다(bond.sav 데이터 파일; Kim and Ahn 2012). 총 14개의 독립변수를 이용하여 종속변수인 기업의 채권등급을 예측한다. 종속변수 Rate는 AAA등급의 경우 1, AA등급의 경우 2, A등급의 경우 3, 그리고 B 또는 C등급의 경우 4로 코딩되었다. 판별분석을 수행하여 분류함수계수(Fisher의 선형판별함수)를 도출하고 분류결과를 제시하시오.

변수명	설명
Rate	채권등급(1=AAA, 2=AA, 3=A, 4=B&C)
X1	자기자본
X2	매출액
X3	총부채
X4	영업이익
X5	주당순이익
X6	유보액대비율
X7	금융비용대부채비율
X8	금융비용대총비용비율

X9	이자보상배율
X10	자기자본순이익률
X11	매출액총이익률
X12	매출액경상이익률
X13	자기자본구성비율
X14	총자본투자효율

03 ㈜와인창고에서는 와인의 등급을 예측하는 모델을 개발하고자 한다. 이를 위해 다음 표와 같은 변수로 이루어진 데이터를 수집하였다(winequality-red.sav, winequality-white.sav 데이터 파일; Cortez et al. 2009). 총 11개의 독립변수를 이용하여 종속변수인 와인의 등급(Grade)을 예측한다. 품질점수가 7~10점인 와인은 A등급으로, 5~6점인 와인은 B등급, 그리고 0~4점인 와인은 C등급으로 분류하였다. A등급은 1, B등급은 2, C등급은 3으로 코딩되었다. 다음 질문에 답하시오.

변수명	설명
Grade	등급(1=A, 2=B, 3=C)
Quality	품질(0~10점)
X1	고정산(fixed acidity)
X2	휘발산(volatile acidity)
X3	구연산(citric acid)
X4	잔당(residual sugar)
X5	염화물(chlorides)
X6	유리이산화황(free sulfurdioxide)
X7	전이산화황(total sulfurdioxide)
X8	밀도(density)
X9	수소이온농도(pH)
X10	황산염(sulphates)
X11	알코올(alcohol)

① 레드 와인의 등급(winequality-red.sav 데이터 파일)에 대해 판별분석을 수행하여 분류함수계수(Fisher의 선형판별함수)를 도출하고 분류결과를 제시하시오.

② 화이트 와인의 등급(winequality-white.sav 데이터 파일)에 대해 판별분석을 수행하여 분류함수계수(Fisher의 선형판별함수)를 도출하고 분류결과를 제시하시오.

③ 와인의 등급을 판별하는 데 있어서 영향력이 큰 예측변수들을 제시하시오.

로지스틱회귀분석

Chapter 13

Chapter 13

로지스틱회귀분석

로지스틱회귀분석(logistic regression analysis)은 종속변수가 범주형 변수일 때 독립변수와 종속변수 간의 관계를 분석하는 통계기법이다. 종속변수가 두 개의 범주인 경우를 **이항 로지스틱회귀분석(binomial logistic regression analysis)** 또는 **이분형 로지스틱회귀분석(binary logistic regression analysis)**이라고 하며, 종속변수가 세 개 이상의 범주인 경우를 **다항 로지스틱회귀분석(multinomial logistic regression analysis)**이라고 한다. 일반적으로 이항 로지스틱회귀분석이 많이 사용되기 때문에 별다른 설명 없이 로지스틱회귀분석이라고 할 때는 대체로 이항 로지스틱회귀분석을 의미한다. 이분형 척도로 측정된 종속변수를 예측하는 문제는 우리 주변에서 흔히 볼 수 있기 때문에 종종 많이 활용된다. 예를 들어, 대출신청자의 신용상태가 양호한지 혹은 불량한지, 기업의 재무상태가 건전한지 혹은 부도의 위험이 있는지, 제품을 구매할지 혹은 구매하지 않을지 등을 예측하는 것이 그러한 문제의 예가 된다. 로지스틱회귀분석은 특정 사건(예를 들면, 기업부도)이 발생할지 여부를 직접 예측하는 것이 아니라 그 사건이 발생할 확률을 추정한다. 따라서 종속변수의 예측값은 항상 0과 1 사이의 확률값을 갖게 되며, 종속변수가 이분형일 경우 일반적으로 이 값이 0.5보다 크면 그 사건이 발생하는 것으로 예측하고, 0.5보다 작으면 그 사건이 발생하지 않는 것으로 예측한다.

독립변수를 이용한 종속변수의 예측은 선형회귀분석을 통해서도 가능하다. 그러나 종속변수가 범주형 변수인 경우에는 선형회귀분석을 이용하여 독립변수와 종속변수 간의 관계를 분석할 수 없다. 선형회귀분석을 적용하기 위해서는 종속변수가 정규분포를 따르는 연속형 변수이어야 하기 때문이다. 이러한 가정을 무시하고 선형회귀분석을 적용하게 되면 종속변수의 예측값은 해석상 의미를 부여하기 어려운 음수 또는 1보다 큰 값이 나올 가능성이 있다. 또한 선형회귀분석에서는 독립변수와 종속변수 간의 선형관계를 가정하지만 로지스틱회귀분석에서는 독립변수와 종속변수 간에 비선형, 즉 S곡선의 형태를 가정한다. 따라서 선형회귀분석을 통해서는 범주형 척도로 측정된 종속변수를 적절히 예측할 수 없다.

범주형으로 표현된 소속집단의 예측에 흔히 사용되는 판별분석을 통해서도 범주형 종속변수의 예측이 가능하다. 하지만 판별분석의 결과가 통계적으로 최적화되기 위해서는 독립변수들이 다변량 정규분포(multivariate normal distribution)를 따라야 하고, 종속변수에 의해 범주화되는 집단들의 모집단 공분산 행렬이 동일해야 한다는 가정이 필요하다. 따라서 다변량 정규분포나 동일 공분산 행렬의 가정을 충족시키지 못한다면 판별분석을 통해서 범주형 척도로 측정된 종속변수를 적절히 예측할 수 없다. 이에 비해 로지스틱회귀분석은 이러한 가정이 요구되지 않는다. 판별분석은 또한 로지스틱회귀분석과 달리 특정 집단에 속할(즉 특정 사건이 발생할) 확률을 직접 추정하지 못하며 확률을 알기 위해서는 판별점수를 확률로 변환해야 한다.

로지스틱회귀분석은 관측값들이 독립적이어야 한다는 가정만 충족시키면 되기 때문에 독립변수와 범주형 종속변수 간의 관계를 분석하는 데 있어서 다른 분석방법에 비해 비교적 유연하게 사용할 수 있다. 이런 이유로 로지스틱회귀분석은 실험설계를 포함한 다양한 분야에서 활용된다. 로지스틱회귀분석은 **로짓분석(logit analysis)**이라고도 불린다.

13.1 로지스틱회귀모델의 도출

로지스틱회귀분석에서는 어떤 사건이 일어날 확률을 직접 추정한다. 독립변수가 하나인 경우의 **로지스틱회귀모델(logistic regression model)**은 다음과 같다.

$$\text{Prob}(\text{사건발생}) = \frac{1}{1+e^{-(b_0+b_1x)}}$$

여기에서, Prob(사건발생)은 사건이 발생할 예측확률, b_0와 b_1은 로지스틱회귀계수, x는 독립변수, e는 자연로그의 밑수로서 $e^1=2.718$

독립변수가 하나 이상인 경우로 일반화하면 로지스틱회귀모델은 다음과 같이 표현될 수 있다.

$$\text{Prob}(\text{사건발생}) = \frac{1}{1+e^{-z}}$$

여기에서, $z = b_0 + b_1x_1 + b_2x_2 + \cdots + b_px_p$, p는 독립변수의 개수

독립변수의 선형결합인 z와 사건이 발생할 확률 간의 관계를 그래프로 표현하면 [그림 13-1]

그림 13-1 ▌ 로지스틱회귀선

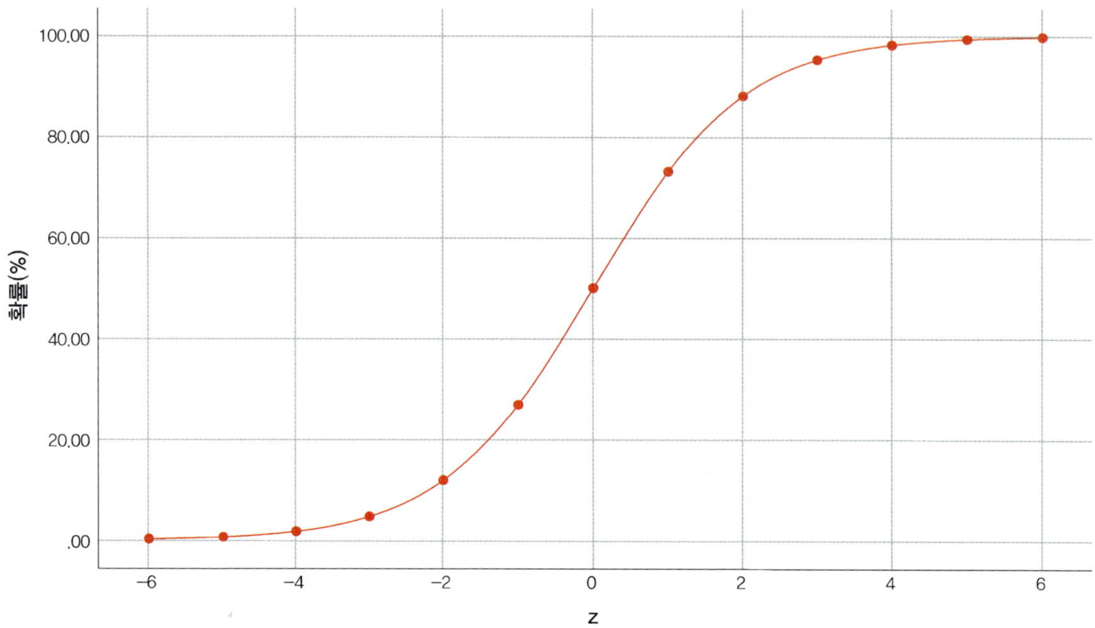

SPSS 메뉴에서 『그래프 > 레거시 대화상자 > 산점도/점도표』를 선택하여 독립변수들의 선형결합인 z값과 대응되는 확률 간의 산점도를 그린다(logisticcurve.sav 데이터 파일). 산점도를 더블클릭하여 나타나는 도표편집기에서 『요소 > 보간선』을 선택한 후 보간선의 선 유형으로 『스플라인』을 선택한다. 『편집 > X축 선택 > 척도』를 선택한 후 『범위』 그룹에서 『주눈금 증가분』을 2로 지정한다.

과 같다. 독립변수와 확률은 S자 형태의 비선형관계를 갖는다(logisticcurve.sav 데이터 파일).

국내의 한 다이어트식품 인터넷쇼핑몰의 데이터를 이용하여 로지스틱회귀분석을 수행해보자(onlinepurchase.sav 데이터 파일; 안현철 등 2005). 사용된 데이터는 총 980개의 케이스로서 490명의 구매고객과 490명의 비구매고객으로 구성되어 있다. 다이어트식품의 구매 변수가 종속변수가 되며, 구매한 고객의 경우 1, 구매하지 않은 고객의 경우 0으로 값이 부여되었다. SPSS는 로지스틱회귀분석 시 입력된 이분형 변수값 중 작은 값을 0, 큰 값을 1로 자동 변환하며, 사건미발생의 경우는 0, 사건발생의 경우는 1로 간주하여 분석을 수행한다. 따라서 여기에서는 '구매'가 사건발생을 나타낸다. 종속변수를 예측하기 위해 활용한 독립변수로는 회원가입 시 입력되는 성별, 나이, 키 등의 인구통계학적 변수와 다이어트 목적 및 경험과 관련된 변수를 선정하였다. 로지스틱회귀분석을 위해 예측변수로 사용된 변수(독립변수)에 대한 설명을 [그림 13-2]와 같이 요약 정리하였다.

그림 13-2 ▌ 다이어트식품 구매 예측변수

변수명	설명	척도
나이	나이	년
대도시거주	거주지가 대도시인지의 여부	0=아니다, 1=그렇다
성별	성별	0=남성, 1=여성
키	키	cm
BMI	비만도(body mass index)*	kg/m^2
얼굴부위희망	얼굴부위희망 여부	0=아니다, 1=그렇다
식사대용식품경험	식사대용식품경험 여부	0=아니다, 1=그렇다
기능성식품경험	기능성식품경험 여부	0=아니다, 1=그렇다

* $BMI(kg/m^2) = \frac{weight(kg)}{height(m)^2}$

그림 13-3 ▌ 로지스틱회귀모델: 다이어트식품 구매

		B	S.E.	Wald	자유도	유의확률	Exp(B)	Exp(B)에 대한 95% 신뢰구간	
								하한	상한
1 단계[a]	나이	.023	.013	3.431	1	.064	1.024	.999	1.049
	대도시거주	−.413	.163	6.408	1	.011	.661	.480	.911
	성별	1.288	.458	7.924	1	.005	3.626	1.479	8.891
	키	−.037	.015	6.474	1	.011	.964	.936	.992
	BMI	.012	.010	1.434	1	.231	1.012	.992	1.033
	얼굴부위희망	−.769	.143	28.947	1	.000	.463	.350	.613
	식사대용식품경험	.722	.159	20.474	1	.000	2.058	1.505	2.812
	기능성식품경험	.527	.168	9.848	1	.002	1.694	1.219	2.354
	상수항	3.874	2.583	2.250	1	.134	48.141		

a. 변수가 1: 나이, 대도시거주, 성별, 키, BMI, 얼굴부위희망, 식사대용식품경험, 기능성식품경험 단계에 입력되었습니다.

SPSS 메뉴에서 『분석 > 회귀분석 > 이분형 로지스틱』을 선택한다. 『종속변수』에 예측하고자 하는 이분형 종속변수인 구매 변수를 지정하고, 『공변량』에 예측변수인 독립변수들을 지정한다. 『로지스틱회귀: 옵션』 대화상자에서 『exp(B)에 대한 신뢰구간(X): 95%』를 선택한다(onlinepurchase.sav 데이터 파일).

로지스틱회귀분석을 수행하면 [그림 13-3]과 같은 로지스틱회귀모델을 구할 수 있다. 사건발생확률(여기에서는 다이어트식품 구매확률)은 로지스틱회귀모델을 토대로 다음과 같이 계산된다.

$$\text{Prob(구매)} = \frac{1}{1+e^{-z}}$$

여기에서, z=3.874+0.023×나이−0.413×대도시거주+1.288×성별−0.037×키+0.012×BMI −0.769×얼굴부위희망+0.722×식사대용식품경험+0.527×기능성식품경험

'나이 31살에 대도시에 거주하지 않는 여성으로서 키가 155cm이고, BMI 지수가 32이며, 얼굴부위에 대한 다이어트를 희망하지 않고, 식사대용식품을 이용한 다이어트 경험은 있으나, 기능성식품을 이용한 다이어트 경험이 없는 사람'의 경우 다이어트식품 구매확률을 로지스틱회귀모델을 이용하여 구해보면 다음과 같은 결과를 얻을 수 있다.

z=3.874+0.023×31(나이)−0.413×0(대도시거주)+1.288×1(성별)−0.037×155(키)
+0.012×32(BMI)−0.769×0(얼굴부위희망)+0.722×1(식사대용식품경험)
+0.527×0(기능성식품경험)
=1.246

$$\text{Prob(구매)} = \frac{1}{1+e^{-1.246}} = 0.7766$$[1)]

로지스틱회귀분석 결과 구매확률이 77.7%로 추정되어 이 여성은 다이어트식품을 구매할 가능성이 높은 것으로 예측할 수 있다.

로지스틱회귀모델의 회귀계수가 갖는 의미를 좀 더 자세히 살펴보자. 로지스틱회귀모델은 다음과 같은 형태로 바꾸어 표현할 수 있다.

$$\text{Prob(사건발생)} = \frac{1}{1+e^{-z}}$$

$$e^{-z} = \frac{1-\text{Prob(사건발생)}}{\text{Prob(사건발생)}} = \frac{\text{Prob(사건미발생)}}{\text{Prob(사건발생)}}$$

$$z = \ln\frac{\text{Prob(사건발생)}}{\text{Prob(사건미발생)}}$$

1) $e^{-1.246}$은 Excel의 EXP( ) 함수를 이용하여 구할 수 있다: EXP(−1.246)=0.287653.

즉 로지스틱회귀모델에서 독립변수의 선형결합은 다음과 같이 사건이 발생할 확률 대 발생하지 않을 확률 비율의 로그값으로 표현된다. 여기에서 '사건발생확률 대 미발생확률 비율' $\left(=\dfrac{\text{Prob(사건발생)}}{\text{Prob(사건미발생)}}\right)$을 **오즈(odds)**라고 한다.

$$\ln\frac{\text{Prob(사건발생)}}{\text{Prob(사건미발생)}}=\ln Odds=b_0+b_1x_1+b_2x_2+\cdots+b_px_p$$

이렇게 표현하고 보니 이 방정식은 다중회귀분석에서의 다중회귀식과 매우 유사하다. 차이가 있다면 왼편의 종속변수 자리에 '사건발생확률 대 미발생확률 비율의 로그값'이 있다는 점이다. 이 값은 오즈의 로그값으로서 **로그오즈(log odds)**라고 하며 이를 **로짓(logit)**이라고도 부른다. 다중회귀식에서 특정 독립변수의 회귀계수는 다른 독립변수의 변화가 없다는 가정하에서 그 변수가 한 단위만큼 변화할 때의 종속변수의 변화량을 나타낸다. 로지스틱회귀식에서도 다중회귀식에서와 마찬가지로 특정 독립변수의 회귀계수는 다른 독립변수의 변화가 없다는 가정하에서 그 변수가 한 단위만큼 변화할 때의 '사건발생확률 대 미발생확률 비율의 로그값'(즉 로짓)의 변화량을 나타낸다. +의 회귀계수는 독립변수의 값이 증가할 때 '사건발생확률 대 미발생확률 비율의 로그값' 역시 증가함을 뜻하며, 반대로 −의 회귀계수는 독립변수의 값이 증가할 때 '사건발생확률 대 미발생확률 비율의 로그값'은 감소함을 뜻한다. 예를 들어, 다이어트식품 구매를 예측하기 위한 로지스틱회귀분석의 회귀모델을 보면 성별 변수의 회귀계수는 1.288이다. 이 수치가 뜻하는 것은 다른 독립변수들의 변화가 없다는 가정하에서 성별의 값이 0에서 1로(즉 남성을 뜻하는 0에서 여성을 뜻하는 1로) 한 단위만큼 변화할 때 구매확률 대 비구매확률 비율의 로그값은 1.288만큼 증가한다는 것이다.

다음과 같은 예를 통해 이를 좀 더 자세히 살펴보자. '나이 24살에 대도시에 거주하지 않는 남성으로서 키가 172cm이고, BMI 지수가 23이며, 얼굴부위에 대한 다이어트를 희망하지 않고, 식사대용식품을 이용한 다이어트 경험과 기능성식품을 이용한 다이어트 경험이 있는 사람'의 경우의 다이어트식품 구매확률을 로지스틱회귀모델을 이용하여 구해보면 다음과 같은 결과를 얻을 수 있다.

$$\begin{aligned}z=&3.874+0.023\times24(\text{나이})-0.413\times0(\text{대도시거주})+1.288\times0(\text{성별})-0.037\times172(\text{키})\\&+0.012\times23(\text{BMI})-0.769\times0(\text{얼굴부위희망})+0.722\times1(\text{식사대용식품경험})\\&+0.527\times1(\text{기능성식품경험})\\=&-0.413\end{aligned}$$

$$\text{Prob}(\text{구매}) = \frac{1}{1+e^{0.413}} = 0.3982$$

이 남성이 다이어트식품을 구매할 확률은 0.3982이고, 이 남성이 다이어트식품을 구매하지 않을 확률은 0.6018(=1−0.3982)이다. 따라서 '사건발생확률 대 미발생확률 비율의 로그값' 로그오즈를 구하면 다음과 같다.

$$\ln\frac{\text{Prob}(\text{사건발생})}{\text{Prob}(\text{사건미발생})} = \ln\frac{0.3982}{0.6018} = \ln 0.6617 = -0.413$$

여기에서 다른 변수들은 변화가 없는 상태에서 성별만 남성에서 여성으로 변화시키면(즉 성별 변수의 값을 0에서 1로 변경) 다이어트식품 구매확률 및 종속변수의 '사건발생확률 대 미발생확률 비율의 로그값' 로그오즈는 다음과 같이 변화한다.

$$\begin{aligned} z &= 3.874 + 0.023 \times 24(\text{나이}) - 0.413 \times 0(\text{대도시거주}) + 1.288 \times 1(\text{성별}) - 0.037 \times 172(\text{키}) \\ &\quad + 0.012 \times 23(\text{BMI}) - 0.769 \times 0(\text{얼굴부위희망}) + 0.722 \times 1(\text{식사대용식품경험}) \\ &\quad + 0.527 \times 1(\text{기능성식품경험}) \\ &= 0.875 \end{aligned}$$

$$\text{Prob}(\text{구매}) = \frac{1}{1+e^{-0.875}} = 0.7058$$

$$\ln\frac{\text{Prob}(\text{사건발생})}{\text{Prob}(\text{사건미발생})} = \ln\frac{0.7058}{0.2942} = \ln 2.3989 = 0.875$$

성별 변수의 값이 0(남성)에서 1(여성)로 변화함으로써 오즈의 로그값인 로짓값은 −0.413에서 0.875로 1.288만큼 변화한 것을 알 수 있다. 이 수치는 성별 변수의 로지스틱회귀계수와 일치한다. 따라서 로지스틱회귀식에서의 특정 독립변수의 회귀계수는 그 변수가 한 단위만큼 변화할 때 '사건발생확률 대 미발생확률 비율의 로그값'(즉 로그오즈, 로짓)이 변화하는 정도를 나타낸다는 것을 확인할 수 있다.

그러나 로그오즈는 그 자체로 해석상의 어려움이 있다. 좀 더 용이한 해석을 위하여 종속변수가 로그오즈인 로지스틱회귀모델에 지수함수(expotential function)를 취하여 종속변수를 오즈로 변환한다. 그러면 독립변수의 회귀계수는 원래의 로지스틱회귀모델의 회귀계수에 지수함수를 취한 값이 된다. 이렇게 종속변수가 오즈인 회귀모델을 만들게 되면 새롭게 계산된 회귀계수를 이용하여 독립변수 한 단위의 증가에 따른 오즈의 변화비율을 살펴볼 수 있다. 오즈의 변화비율은 다른 독립변수가 동일하다는 가정하에서 특정 독립변수 한 단위 증가에 따른 사건발생확률 대 미발생확률 비율의 변화율을 의미하며 **오즈비(odds ratio)**라고 한다.

예를 들어, 앞서 살펴보았던 성별 변수의 예에서 성별 변수의 값이 0에서 1로 변화하면 오즈는 0.6617에서 2.3989로 변화하여 오즈는 3.626배$\left(=\frac{2.3989}{0.6617}\right)$ 증가한다. 오즈비는 회귀계수에 지수함수를 취하여($e^{1.288}=3.626$) 바로 구할 수도 있다. 이렇게 구한 오즈비는 다른 독립변수의 값이 동일할 때 여성이 남성에 비해 다이어트식품에 대한 구매확률 대 비구매확률의 비율이 약 3.6배 더 크다는 의미로 해석할 수 있다. 오즈비는 [그림 13-3] 로지스틱회귀모델의 'Exp(B)' 열에서 볼 수 있다. 예를 들어, 성별 변수에 대한 오즈비는 성별 변수의 Exp(B)의 값인 3.626($=e^{1.288}$)이다. Exp(B)는 회귀계수 b_i에 대한 지수함수값인 e^{bi}를 의미하며, 다음과 같은 오즈의 정의로부터 도출할 수 있다.

$$오즈=\frac{\text{Prob(사건발생)}}{\text{Prob(사건미발생)}}=e^z=e^{b_0+b_1x_1+b_2x_2+\cdots+b_px_p}=e^{b_0}e^{b_1x_1}e^{b_2x_2}\cdots e^{b_px_p}$$

예를 들어, x_1 변수의 오즈비를 구해보면 다른 독립변수는 변화가 없다는 가정하에서 $x_1=0$에서 $x_1=1$로 독립변수 한 단위가 증가할 경우 오즈의 변화율은 다음과 같이 계산된다. x_1 변수에 대한 오즈비는 회귀계수의 지수함수값 e^{b_1}이다.

$$오즈비_{x_1}=\frac{e^{b_0}e^{b_1\times 1}e^{b_2x_2}\cdots e^{b_px_p}}{e^{b_0}e^{b_1\times 0}e^{b_2x_2}\cdots e^{b_px_p}}=\frac{e^{b_1\times 1}}{e^{b_1\times 0}}=\frac{e^{b_1}}{e^0}=e^{b_1}$$

[그림 13-3] 로지스틱회귀모델을 보면 키 1cm의 증가는 오즈(구매확률 대 비구매확률 비율)를 0.964배 변화시킨다. 이는 키가 클수록 구매 가능성이 작아진다는 것을 의미한다. 반면에 BMI 지수 한 단위 증가할 때마다 오즈는 1.012배 증가한다. 즉 BMI 지수가 클수록 구매 가능성은 커진다. 로지스틱회귀모델에서 독립변수 x_i의 n 단위의 증가는 오즈를 $e^{b_i\times n}$, 즉 $(e^{b_i})^n$만큼 증가시킨다. 만일 BMI 지수가 10만큼 증가하면 구매확률 대 비구매확률의 비율은 1.127배($=e^{0.012\times 10}=1.012^{10}$) 커진다.

이처럼 오즈비는 로지스틱회귀계수와 밀접한 관련이 있다. 회귀계수가 0보다 크면 오즈비는 1보다 크고, 회귀계수가 0보다 작으면 오즈비는 1보다 작다. 회귀계수가 0이면 오즈비는 1이다. 특정 독립변수에 대한 오즈비가 1보다 크다는 의미는 그 독립변수를 한 단위 증가시키면 오즈, 즉 사건발생확률 대 미발생확률의 비율이 증가한다는 뜻이며, 이는 그 독립변수가 큰 값을 가질수록 사건이 발생할 가능성이 그렇지 않을 가능성보다 높아진다는 의미로 해석할 수 있다. 이와 반대로 특정 독립변수에 대한 오즈비가 1보다 작다는 의미는 그 독립변수를 한 단위 증가시키면 오즈, 즉 사건발생확률 대 미발생확률의 비율이 감소한다는 뜻이며, 이는 그 독립변수가 큰 값을 가질수록 사건이 발생하지 않을 가능성이 발생할 가능성보다 높아진다는 의미로 해석할 수 있다. 오즈비가 1이라는 것은 사건발생확률 대 미발생확률의 비율이 변화가 없다는 뜻이고, 이는 해당 독립변수가 사건발생확률 및 미발생확률에 아무런 기여도 하지 않는다는 의미이다. 이때는 회귀계수가 0인 경우이므로 독립변수의 변화에 대해 종속변수는 아무런 변화가 없게 된다.

[그림 13-3]의 로지스틱회귀모델을 보면 'Exp(B)에 대한 95% 신뢰구간' 열에서 오즈비가 가질 수 있는 가능한 값들에 대한 신뢰구간을 확인할 수 있다. 성별에 대한 오즈비의 95% 신뢰구간은 1.479에서 8.891로서 성별에 대한 오즈비는 유의수준 0.05에서 1보다 큰 값을 갖는다. 오즈비가 1보다 큰 값을 갖는다는 것은 모집단에서 성별 독립변수 한 단위의 증가는 오즈의 증가, 즉 구매확률 대 비구매확률 비율의 증가를 가져온다는 것을 나타낸다. 이는 다른 조건이 동일할 때 여성이 남성에 비해서 구매확률 대 비구매확률의 비율이 크다는 것을 의미한다. 오즈비에 대한 신뢰구간은 대응되는 로지스틱회귀계수의 신뢰구간과 밀접한 관련이 있기 때문에 회귀계수가 비유의적(즉 회귀계수의 신뢰구간이 0을 포함)이면 오즈비의 신뢰구간은 1값을 포함한다. [그림 13-3]의 로지스틱회귀모델에서 회귀계수가 유의하지 않은 나이 변수와 BMI 변수의 오즈비에 대한 신뢰구간은 1을 포함하고 있다.

13.2 로지스틱회귀모델의 가설검정

로지스틱회귀모델에 대한 가설검정은 선형회귀모델에서와 마찬가지로 ① 전체 로지스틱회귀모델의 유의성검정과 ② 개별 로지스틱회귀계수에 대한 유의성검정의 두 가지 측면에서 수행된다. 우선 전체 로지스틱회귀모델의 유의성을 검정하는 절차를 살펴보자. 전체 로지스틱회귀모델에 대한 유의성검정은 "회귀모델에 포함된 로지스틱회귀계수는 모두 0이다"라는 귀무가설을 검정한다.

로지스틱회귀모델의 유의성검정은 **우도비(likelihood ratio)**라는 통계량을 이용하여 수행된다.

선형회귀분석에서는 최소자승법을 이용하여 모델의 모수(선형회귀계수)를 추정한다. 즉 종속변수의 관측값과 예측값 간의 거리를 제곱하여 모두 더한 값이 가장 작게 되는 회귀모델이 우리가 찾는 회귀식이 되는 방식이다. 로지스틱회귀분석에서는 이와는 다르게 **최대우도법(maximum-likelihood method)**이라는 방법을 이용하여 모수(로지스틱회귀계수)를 추정한다. 이는 주어진 관측값들이 나타날 가능성이 가장 높게 되는 모델의 모수를 선택하는 방식이다. 로지스틱회귀모델은 비선형이기 때문에 반복적으로 알고리즘을 적용하여 모델들을 비교하고 그 중에서 관측값들이 나타날 가능성을 최대화시키는 최적의 모수를 추정한다.

여기에서 모수 추정치가 주어졌을 때 관측값이 나타날 확률을 **우도(likelihood)**라고 한다. 일반적으로 우도의 로그값에 −2배를 한 지표(−2LL, −2log−likelihood, −2로그우도)를 추정된 모델이 데이터를 얼마나 잘 적합시키는지의 척도로 사용한다. 잘 적합된 모델일수록 관측값의 우도는 증가하게 되며, 우도값이 증가할수록 −2LL값은 작아지게 된다. 즉 잘 적합된 모델일수록 −2LL값은 작아진다. 우도가 최대값인 1인 경우 −2LL값은 0이 되며, 이는 추정된 모델과 데이터가 완벽한 적합도를 보이고 있음을 나타낸다.

우도비는 모델에 변수가 추가되거나 제거될 때의 모델 적합도의 변화량을 나타내며 다음과 같이 축소모델(reduced model)과 완전모델(full model) 간의 −2LL값의 차이로 표현할 수 있다. 여기에서 완전모델은 모든 독립변수가 포함된 모델을 뜻하며, 축소모델은 완전모델에서 일부 독립변수가 제거된 모델을 말한다.

$$\text{우도비} = -2\text{LL}_{\text{축소모델}} - (-2\text{LL}_{\text{완전모델}})$$

표본크기가 충분히 클 때 우도비는 자유도 k를 갖는 카이제곱분포를 따른다(여기에서 k는 축소모델과 완전모델 간의 모수 개수의 차이). 우도비를 통계량으로 한 카이제곱검정은 "완전모델로부터 제거된 변수의 회귀계수는 0이다"라는 귀무가설을 검정한다. 예를 들어, 완전모델은 x_1, x_2, x_3, x_4, x_5의 독립변수를 갖고 있고 축소모델은 x_1과 x_2 변수가 제거된 x_3, x_4, x_5 변수를 갖고 있다면, 우도비통계량을 기반으로 한 카이제곱검정은 "x_1과 x_2의 로지스틱회귀계수는 0이다"라는 귀무가설을 검정하게 된다.

이와 같은 우도비검정을 이용하여 "회귀모델에 포함된 로지스틱회귀계수는 모두 0이다"라는 귀무가설을 검정할 수 있다. 모든 변수가 포함된 완전모델과 모든 변수가 제거된(즉 상수항만 포함된) 축소모델 간의 우도비를 검정통계량으로 한 카이제곱검정을 수행한다. 우선 모든 변수가 제거

그림 13-4 | 모든 변수가 제거된 축소모델에 대한 −2LL−반복계산과정: 다이어트식품 구매[a,b,c]

반복		−2 로그 우도	계수
			상수항
0 단계	1	1358.568	.000

a. 모형에 상수항이 있습니다.
b. 초기−2 로그 우도: 1358.568
c. 모수 추정값이 .001보다 작게 변경되어 계산반복수 1에서 추정을 종료하였습니다.

『로지스틱회귀: 옵션』 대화상자의 『통계량 및 도표』 그룹에서 『반복계산과정』을 선택한다. 출력결과 중 '블록 0: 시작 블록'에 포함된 '반복계산과정' 표에서 모든 변수가 제거된 모델의 −2LL값을 확인할 수 있다 (onlinepurchase.sav 데이터 파일).

그림 13-5 | 모든 변수가 포함된 완전모델에 대한 −2LL−모형요약: 다이어트식품 구매

단계	−2 로그 우도	Cox와 Snell의 R−제곱	Nagelkerke R−제곱
1	1243.783[a]	.111	.147

a. 모수 추정값이 .001보다 작게 변경되어 계산반복수 4에서 추정을 종료하였습니다.

출력결과 중 '블록 1: 방법=입력'에 포함된 '모형 요약' 표에서 모든 변수가 포함된 모델의 −2LL값을 확인할 수 있다 (onlinepurchase.sav 데이터 파일).

되어 상수항만 포함된 축소모델에 대한 −2LL값을 구해보면 [그림 13−4]와 같다. −2LL값은 1,358.568로 계산되었다. [그림 13−5]는 독립변수가 모두 포함된 완전모델에 대한 −2LL값을 보여준다. −2LL값은 1,243.783으로 계산되었다. [그림 13−5]에는 −2LL값 이외에 다른 요약 통계량도 제시되어 있다. 'Cox와 Snell의 R−제곱'과 'Nagelkerke R−제곱'은 선형회귀분석의 R제곱에 대응되는 개념으로서 일반적으로 선형회귀분석의 R제곱에 비해 상당히 작은 값을 가지며 선형회귀분석의 R제곱과 계산하는 방식이 다르기 때문에 해석상에 주의가 요구된다. 이 지표들은 유사 R제곱(pseudo R square)이라고 불리며 클수록 모델의 적합도가 우수하다는 것을 나타낸다.

"회귀모델에 포함된 로지스틱회귀계수는 모두 0이다"라는 귀무가설을 검정하기 위한 우도비는 앞의 두 모델 간의 −2LL값의 차이로 정의되며 다음과 같이 계산된다.

$$\text{우도비} = 1{,}358.568 - 1{,}243.783 = 114.785$$

이렇게 계산된 우도비는 [그림 13−6]의 '카이제곱' 열의 '모형' 행에서 확인할 수 있다(끝자리

▶ 그림 13-6 ▌우도비(-2LL 변화량)-모형계수의 총괄검정: 다이어트식품 구매

		카이제곱	자유도	유의확률
1 단계	단계	114.786	8	.000
	블록	114.786	8	.000
	모형	114.786	8	.000

의 불일치는 계산상의 오차). [그림 13-6]에는 단계, 블록, 모형 등 세 종류의 카이제곱값이 있으며, 이들 각각은 모델에서 변수들을 연속적으로 추가하거나 제거할 때의 −2LL 차이에 대한 가설을 검정한다. '모형'의 카이제곱은 상수만을 갖고 있는 모델과 모든 변수가 포함된 모델 간의 −2LL 차이를 나타내며 상수를 제외한 모든 계수가 0이라는 가설을 검정한다. '블록'의 카이제곱은 블록을 지정하여 모델구축작업을 수행 시 연속된 블록 간의 −2LL 변화량을 나타낸다. 몇 개의 독립변수들을 하나의 블록으로 묶어 모델에 포함시키고 또 다른 독립변수들을 추가 블록으로 지정하여 모델에 진입시켰을 경우 '블록'의 카이제곱은 이들 블록 간의 −2LL 변화량을 나타낸다. 현재 여기에서는 하나의 블록만을 사용하여 변수를 모델에 포함시켰기 때문에 '블록'의 카이제곱과 '모형'의 카이제곱이 동일한 값을 갖는다. '단계'의 카이제곱은 변수선택방법(예를 들면, '전진선택' 또는 '후진선택')을 이용하여 단계별로 모델구축작업을 수행 시 연속된 단계 간의 −2LL 변화량을 나타낸다. 이는 마지막 단계에서 추가된 변수들에 대한 계수가 0이라는 귀무가설을 검정한다. 여기에서는 '입력' 방식을 사용하여 모든 변수를 한 번에 모델에 포함시켰기 때문에 '단계'의 카이제곱과 '모형'의 카이제곱이 동일한 값을 갖는다.

여기에서 계산된 카이제곱통계량은 완전모델의 모수의 개수 아홉 개와 축소모델의 모수의 개수 한 개(상수항)의 차이인 8(=9−1)을 자유도로 갖는 카이제곱분포를 따른다. 카이제곱통계량에 대응되는 관측된 유의확률은 0.000으로서 "회귀모델에 포함된 로지스틱회귀계수는 모두 0이다"라는 귀무가설을 기각한다. 즉 독립변수 가운데 적어도 하나는 0이 아닌 로지스틱회귀계수를 가지며, 따라서 도출된 로지스틱회귀모델은 유의하다.

다음으로 개별 로지스틱회귀계수에 대한 유의성을 검정하는 절차를 살펴보자. 개별 로지스틱회귀계수가 0인지에 대한 유의성검정은 몇 가지 지표를 이용하여 수행할 수 있다. 우선 **Wald통계량(Wald statistic)**을 이용한 회귀계수에 대한 유의성검정 절차를 살펴보자. Wald통계량의 제곱값은 카이제곱분포를 따르며 자유도 1일 때 Wald통계량은 회귀계수를 표준오차로 나누어서 구할 수 있다. 예를 들어, [그림 13-3]의 로지스틱회귀모델을 보면 성별의 회귀계수('B' 열)는 1.288,

그림 13-7 ❚ 성별 변수를 블록으로 지정 시 우도비(−2LL 변화량): 다이어트식품 구매

		카이제곱	자유도	유의확률
1 단계	단계	9.256	1	.002
	블록	9.256	1	.002
	모형	114.786	8	.000

성별 변수를 별도의 블록으로 지정하기 위해서는 『이분형 로지스틱』 대화상자에서 첫 번째 블록에 성별 변수를 제외한 모든 독립변수를 할당하고 두 번째 블록에 성별 변수를 포함한 모든 독립변수를 지정한다(onlinepurchase.sav 데이터 파일).

표준오차('S.E.' 열)는 0.458이고, 이를 토대로 구한 Wald통계량의 제곱은 $7.9\left(=\left(\frac{1.288}{0.458}\right)^2\right)$이다('Wald' 열). 성별 변수의 회귀계수에 대한 Wald통계량 제곱의 유의확률은 0.005('유의확률' 열)로서 유의수준 0.05에서 성별 변수의 회귀계수는 0이라는 귀무가설을 기각할 수 있다. 여기에서는 여덟 개의 변수 중 나이(유의확률 0.064)와 BMI(유의확률 0.231)를 제외한 모든 회귀계수는 유의수준 0.05에서 0이 아니라고 말할 수 있다.

앞서 살펴본 우도비검정을 통해서도 개별 로지스틱회귀계수가 0인지에 대한 유의성검정을 수행할 수 있다. 모든 변수가 포함된 완전모델과 성별 변수가 제외된 축소모델 간의 우도비를 계산하고 이에 대한 카이제곱검정을 수행하면 성별에 대한 회귀계수가 0인지에 대한 유의성검정을 수행할 수 있다. [그림 13-7]의 단계 및 블록의 카이제곱통계량 및 유의확률을 살펴보면 우도비를 이용한 성별 변수의 회귀계수에 대한 유의성검정 결과를 확인할 수 있다.[2] 유의확률이 0.002로서 유의수준 0.05에서 성별 변수의 회귀계수는 0이 아니라고 결론 내릴 수 있다.

13.3 로지스틱회귀모델의 적합도 평가

로지스틱회귀모델의 유용성을 평가하기 위해서는 도출된 로지스틱회귀모델이 데이터를 얼마나 잘 적합시키는지 살펴볼 필요가 있다. 이는 종속변수에 대한 로지스틱회귀모델의 예측력을 평가하는 것이 되며, 로지스틱회귀모델이 사건발생의 케이스와 그렇지 않은 케이스를 얼마나 잘 구별해내는

2) 모형의 카이제곱통계량 및 유의확률은 앞서 살펴본 것처럼 모든 회귀계수가 0이라는 귀무가설에 대한 검정결과이다.

▶ 그림 13-8 ▌분류표: 다이어트식품 구매[a]

관측			예측 구매 0 No	예측 구매 1 Yes	분류정확 %
1 단계	구매	0 No	299	191	61.0
		1 Yes	173	317	64.7
	전체 퍼센트				62.9

a. 절단값은 .500입니다.

지 평가하는 것을 의미한다.

로지스틱회귀분석을 통해 도출된 예측확률을 이용하여 케이스들을 두 개 집단 가운데 하나로 분류하고 실제집단과 비교하는 과정을 수행하여 이러한 예측정확도를 평가할 수 있다. [그림 13-8]의 분류표는 예측확률이 0.5보다 크거나 같은 케이스들을 구매집단으로 분류할 때의 실제 소속집단과 예측 소속집단을 보여준다.

[그림 13-8]을 보면 실제 다이어트식품을 구매하지 않은 고객 가운데 299명이 로지스틱회귀모델에 의해서도 구매하지 않을 것으로 예측되어 61.0%의 분류정확도를 보이고 있다. 마찬가지로 실제 다이어트식품을 구매한 고객 317명은 로지스틱회귀모델에 의해서도 구매할 것으로 예측되어 64.7%의 예측정확도를 보이고 있다. 비대각선의 값은 정확한 분류에 실패한 케이스를 나타내며 총 364명(=191+173)의 고객이 실제와 차이가 있는 것으로 나타났다. 전체적으로 980명의 고객 가운데 616명의 고객이 로지스틱회귀모델에 의해 정확하게 분류되어 62.9%의 예측정확도를 보여준다.

도출된 로지스틱회귀모델의 적합도는 관측확률과 예측확률이 전체 확률분포의 범위 내에서 얼마나 일치하는지의 관점에서 평가해볼 수 있다. 이는 사건발생에 대한 관측빈도와 로지스틱회귀모델에 의한 예측빈도 간의 적합도를 평가하는 과정으로 볼 수 있으며 **Hosmer-Lemeshow검정(Hosmer-Lemeshow test)**을 통해 이러한 적합도를 평가할 수 있다. 이를 위해 우선 로지스틱회귀모델에 의한 사건발생 예측확률을 토대로 케이스들을 10개의 유사집단으로 분할한다. 그런 다음 사건발생과 사건미발생의 관측빈도와 기대빈도(즉 예측빈도)가 서로 얼마나 일치하는지를 평가한다. 관측빈도와 기대빈도의 차이에 대한 검정은 카이제곱검정을 이용한다.

[그림 13-9]는 다이어트식품 구매예측 로지스틱회귀모델에 대한 Hosmer-Lemeshow 분할표이다. 구매고객 예측확률을 이용하여 모든 케이스를 10개의 유사집단으로 분류하였다. 각 집단에

그림 13-9 Hosmer-Lemeshow검정에 대한 분할표: 다이어트식품 구매

		구매=0 No		구매=1 Yes		
		관측	예측	관측	예측	전체
1 단계	1	75	77.099	23	20.901	98
	2	67	67.511	31	30.489	98
	3	60	61.770	38	36.230	98
	4	52	55.207	46	42.793	98
	5	54	50.097	44	47.903	98
	6	54	46.267	44	51.733	98
	7	47	42.455	51	55.545	98
	8	30	36.828	68	61.172	98
	9	30	30.517	68	67.483	98
	10	21	22.250	77	75.750	98

Hosmer-Lemeshow 적합도검정을 위해서는『로지스틱회귀: 옵션』대화상자에서『통계량 및 도표』그룹의『Hosmer-Lemeshow 적합도』를 선택한다(onlinepurchase.sav 데이터 파일).

속해 있는 케이스의 수는 98개로서 '전체' 열에서 확인할 수 있다. 각 집단별로 구매고객과 비구매고객의 관측빈도와 예측빈도를 확인할 수 있다. 예를 들어, 첫 번째 집단에서는 98명 중 75명이 비구매고객이고 나머지 23명은 구매고객이다. 첫 번째 집단에 속한 98명에 대한 구매예측확률을 모두 합하여 구한 구매고객에 대한 예측빈도는 20.901이며, 이에 대응되는 실제 구매고객의 관측빈도는 23이다. 98명에서 구매고객에 대한 예측빈도 20.901을 뺀 77.099는 비구매고객에 대한 예측빈도이며, 이에 대응되는 실제 비구매고객의 관측빈도는 75이다. 여기에서 하고자 하는 것은 이런 방식으로 10개 집단에 대해 구한 구매고객과 비구매고객의 예측빈도와 관측빈도가 모집단에서 동일한지를 검정하는 것이다.

이를 위해 [그림 13-9]의 표를 바탕으로 카이제곱검정을 이용한 Hosmer-Lemeshow 적합도검정을 수행한다. Hosmer-Lemeshow 적합도검정을 위한 χ^2값은 관측빈도와 예측빈도 간의 차이에 의해 다음과 같이 계산되며 <집단개수-2>를 자유도로 갖는 카이제곱분포를 따른다.

$$\chi^2 = \sum_{ij} \frac{(o_{ij} - e_{ij})^2}{e_{ij}}$$

여기에서, χ^2는 χ^2값, o_{ij}는 관측빈도, e_{ij}는 기대빈도, i는 단계, j는 0/1(비구매, 구매)

▶ 그림 13-10 ▌ Hosmer-Lemeshow검정: 다이어트식품 구매

단계	카이제곱	자유도	유의확률
1	6.905	8	.547

[그림 13-10]은 Hosmer-Lemeshow 적합도검정 결과이다. χ^2값은 6.905이고 대응되는 유의확률은 0.547로서 관측빈도와 예측빈도 간에 차이가 없다는 귀무가설을 기각하지 못한다. 즉 관측빈도와 예측빈도 간에 차이가 없으며, 이는 로지스틱회귀모델이 구매집단과 비구매집단을 잘 분류해준다는 의미로 해석할 수 있다. 따라서 도출된 로지스틱회귀모델은 데이터를 비교적 잘 적합시키는 것으로 보여진다.

13.4 다항 로지스틱회귀분석

다항 로지스틱회귀분석은 예측변수로부터 세 개 이상의 사건(즉 범주)을 갖는 결과변수의 사건발생확률을 예측한다. g개의 가능한 결과가 있을 때 다항 로지스틱회귀모델은 다음과 같이 정의된다.

$$\ln\left(\frac{p_k}{p_1}\right) = b_{0k} + b_{1k}x_{1k} + b_{2k}x_{2k} + \cdots + b_{mk}x_{mk},\ k = 2,\ 3,\ \cdots,\ g$$

여기에서, k는 사건, p_k는 사건 k 발생확률(즉 $P[y=k]$),
p_1은 기준범주인 사건 1 발생확률(즉 $P[y=1]$),
x_{mk}는 예측변수, b_{0k}와 b_{mk}는 로지스틱회귀계수, m은 독립변수의 개수

g개의 범주가 있을 때 총 $\langle g-1 \rangle$개의 다항 로지스틱회귀모델이 생성되며, 각 범주당 하나씩 기준범주(reference category)에 대한 로그오즈(로짓)를 설명하는 회귀모델로 정의된다.[3] 여기에서는 첫 번째 범주($y=1$)가 기준범주이다. 이를 각 범주별 발생확률로 표현하면 다음과 같다.

3) 기준범주는 일반적으로 첫 번째 범주나 마지막 범주 또는 가장 빈도가 많은 범주가 사용된다. 다항 로지스틱회귀모델에서 $g=2$이면 이항 로지스틱회귀모델이 된다. 이항 로지스틱회귀모델에서는 사건발생과 사건미발생의 두 가지 범주 가운데 일반적으로 사건미발생이 기준범주로 사용된다:

$$\ln\frac{\text{Prob(사건발생)}}{\text{Prob(사건미발생)}} = b_0 + b_1x_1 + b_2x_2 + \cdots + b_px_p.$$

$$p_k = P[y=k] = \frac{e^{z_k}}{1+\sum_{h=2}^{g} e^{z_h}},\ k=2,\ 3,\ \cdots,\ g$$

여기에서, $z_k = b_{0k} + b_{1k}x_{1k} + b_{2k}x_{2k} + \cdots + b_{mk}x_{mk},\ k=2,\ 3,\ \cdots,\ g$

기준범주에 대한 발생확률은 다음과 같이 계산할 수 있다.[4)]

$$p_1 = P[y=1] = \frac{1}{1+\sum_{h=2}^{g} e^{z_h}}$$

이렇게 계산된 확률값은 새로운 케이스의 소속범주를 예측하는 데 활용한다. 새로운 케이스에 대해 각 범주별 발생확률을 예측한 후 가장 큰 확률을 나타내는 범주로 분류한다.

여기에서는 국내의 한 이동통신회사의 데이터를 이용하여 고객등급을 예측하는 다항 로지스틱 회귀분석을 수행한다(customergrade.sav 데이터 파일; Ahn et al. 2006). 집단을 나타내는 종

그림 13-11 ▮ 고객등급 예측변수

변수명	설명	척도
요금제1	요금제 1	0=아니다, 1=그렇다
요금제2	요금제 2	0=아니다, 1=그렇다
요금제3	요금제 3	0=아니다, 1=그렇다
요금제4	요금제 4	0=아니다, 1=그렇다
제조사1	핸드폰제조사 1	0=아니다, 1=그렇다
제조사2	핸드폰제조사 2	0=아니다, 1=그렇다
제조사3	핸드폰제조사 3	0=아니다, 1=그렇다
주간통화시간	주간통화시간	분
국제통화시간	국제통화시간	분
평균국내통화시간	평균 국내통화시간	분
총통화시간	총통화시간	분
기본요금초과	기본요금 초과	0=아니다, 1=그렇다
주간국내통화비율	주간국내통화비율	%
국제통화비율	국제통화 대 국내통화비율	%

4) $\ln\left(\frac{p_k}{p_1}\right)$에서 $k=1$이면 $\ln\left(\frac{p_1}{p_1}\right)=\ln 1=0=z_1$이므로 $e^{z_1}=e^0=1$이다.

따라서 $p_1 = \frac{e^{z_1}}{1+\sum_{h=2}^{g} e^{z_h}} = \frac{1}{1+\sum_{h=2}^{g} e^{z_h}}$이다.

그림 13-12 ▎케이스 처리 요약: 고객등급

		N	주변 퍼센트
고객등급	1 VIP	381	11.9%
	2 Gold	715	22.3%
	3 Silver	1226	38.3%
	4 Normal	878	27.4%
유효		3200	100.0%
결측		0	
전체		3200	
부-모집단		3197[a]	

a. 종속변수에는 3197(100.0%) 부-모집단에 관측된 값이 하나만 있습니다.

SPSS 메뉴에서 『분석 > 회귀분석 > 다항 로지스틱』을 선택한다. 『종속변수』에 예측하고자 하는 범주형 종속변수인 고객등급 변수를 지정한다. 독립변수 가운데 범주형 변수는 『요인』에 지정하고, 연속형 변수는 『공변량』에 지정한다(범주형 변수가 이진형일 경우 공변량으로 지정해도 문제가 없으며, 여기에서는 출력결과의 복잡성을 줄이고 해석상의 편의를 위해 독립변수를 모두 공변량으로 지정한다). SPSS는 기본적으로 종속변수의 기준범주를 마지막 범주로 사용한다(여기에서는 고객등급 변수의 마지막 범주인 Normal). 『참조범주』에서 기준범주를 변경할 수 있다. 『다항 로지스틱회귀: 통계량』 대화상자에서 『케이스 처리 요약』, 『유사 R-제곱』, 『모형 적합 정보』, 『분류표』, 『추정값』, 『우도비 검정』 등을 선택한다(customergrade.sav 데이터 파일).

속변수는 이동통신회사의 고객등급 변수로서 네 등급으로 구분되었다. VIP고객은 1, 골드고객은 2, 실버고객은 3, 그리고 일반 보통고객은 4로 값을 부여하였다. 고객집단을 예측하기 위해 활용한 예측변수로는 요금제, 핸드폰제조사, 통화시간 및 비율, 통화요금 등이 선정되었다. [그림 13-11]에 예측변수로 사용된 변수를 요약 정리하였다.

먼저 종속변수의 각 범주별 빈도 및 퍼센트를 [그림 13-12]와 같이 살펴본다. 독립변수 가운데 범주형 변수가 포함되어 있으면 해당 독립변수의 범주별 빈도 및 퍼센트도 함께 출력된다. 이를 통해 데이터에 포함된 결측값을 확인할 수 있다. 다항 로지스틱회귀모델은 [그림 13-13]과 같다. 다항 로지스틱회귀분석은 종속변수가 g개의 범주를 가질 경우 $\lt g-1 \gt$개의 모델을 추정한다. 여기에서 종속변수인 고객등급에는 네 개의 범주가 있다. 따라서 세 개의 회귀모델이 생성된다. 보통고객(Normal)이 기준범주이므로 추정된 세 개의 회귀모델은 다음과 같이 보통고객에 대한 나머지 세 고객 범주(VIP, Gold, Silver)의 로그오즈를 각 회귀계수('B' 열)의 선형결합으로 표현한다.

$$\ln\frac{\text{Prob(고객등급=VIP)}}{\text{Prob(고객등급=Normal)}}$$

$$\begin{aligned}&= -3944.817 + 2900.236\times\text{요금제1} + 1547.042\times\text{요금제2} + 699.073\times\text{요금제3}\\&+2135.681\times\text{요금제4} + 33.969\times\text{제조사1} + 29.690\times\text{제조사2} + 41.482\times\text{제조사3}\\&+0.586\times\text{주간통화시간} + 3.502\times\text{국제통화시간} + 1.034\times\text{평균국내통화시간}\\&+0.893\times\text{총통화시간} + 4.334\times\text{기본요금초과} - 540.124\times\text{주간국내통화비율}\\&+227.028\times\text{국제통화비율}\end{aligned}$$

$$\ln\frac{\text{Prob(고객등급=Gold)}}{\text{Prob(고객등급=Normal)}}$$

$$\begin{aligned}&= -71.442 + 21.359\times\text{요금제1} + 29.646\times\text{요금제2} + 49.862\times\text{요금제3}\\&-7.273\times\text{요금제4} + 0.632\times\text{제조사1} - 0.106\times\text{제조사2} - 0.215\times\text{제조사3}\\&+0.073\times\text{주간통화시간} + 0.285\times\text{국제통화시간} + 0.112\times\text{평균국내통화시간}\\&-0.003\times\text{총통화시간} + 9.027\times\text{기본요금초과} - 54.786\times\text{주간국내통화비율}\\&+19.677\times\text{국제통화비율}\end{aligned}$$

$$\ln\frac{\text{Prob(고객등급=Silver)}}{\text{Prob(고객등급=Normal)}}$$

$$\begin{aligned}&= -11.970 + 12.814\times\text{요금제1} + 13.299\times\text{요금제2} + 30.733\times\text{요금제3}\\&-1.031\times\text{요금제4} - 0.647\times\text{제조사1} - 0.015\times\text{제조사2} + 0.218\times\text{제조사3}\\&+0.044\times\text{주간통화시간} + 0.211\times\text{국제통화시간} + 0.023\times\text{평균국내통화시간}\\&-0.013\times\text{총통화시간} + 1.942\times\text{기본요금초과} - 25.947\times\text{주간국내통화비율}\\&-36.135\times\text{국제통화비율}\end{aligned}$$

각 독립변수의 회귀계수는 다른 독립변수들이 일정하다는 가정하에서 해당 독립변수의 한 단위의 증가가 가져오는 로그오즈의 변화량을 나타낸다. 예를 들어, Silver 대 Normal 회귀모델에서 기본요금초과 변수의 한 단위의 증가(즉 0에서 1)는 로그오즈를 1.942만큼 증가시킨다. 회귀계수에 지수함수를 취한 오즈비('Exp(B)' 열)를 보면 6.971로서 기본요금을 초과하게 되면 실버고객으로 분류될 확률이 보통고객으로 분류될 확률에 비해 약 7배 정도 증가한다. 로그오즈를 증가시키는 독립변수의 오즈비는 1보다 커지며, 로그오즈를 감소시키는 독립변수의 오즈비는 1보다 작아진

그림 13-13 ▌ 다항 로지스틱회귀모델: 고객등급

고객등급[a]		B	표준오차	Wald	자유도	유의확률	Exp(B)	Exp(B)에 대한 95% 신뢰구간	
								하한	상한
1 VIP	절편	-3944.817	88347.287	.002	1	.964			
	요금제1	2900.236	27496.255	.011	1	.916	.[b]	.000	.[b]
	요금제2	1547.042	17244.460	.008	1	.929	.[b]	.000	.[b]
	요금제3	699.073	9608.689	.005	1	.942	4.015E+303	.000	.[b]
	요금제4	2135.681	34415.647	.004	1	.951	.[b]	.000	.[b]
	제조사1	33.969	1236.349	.001	1	.978	5.659E+14	.000	.[b]
	제조사2	29.690	602.510	.002	1	.961	7.842E+12	.000	.[b]
	제조사3	41.482	.000	.	1	.	1.036E+18	1.036E+18	1.036E+18
	주간통화시간	.586	53.002	.000	1	.991	1.797	1.376E-45	2.346E+45
	국제통화시간	3.502	94.644	.001	1	.970	33.182	9.110E-80	1.209E+82
	평균국내통화시간	1.034	24.263	.002	1	.966	2.812	6.258E-21	1.263E+21
	총통화시간	.893	49.890	.000	1	.986	2.442	8.343E-43	7.147E+42
	기본요금초과	4.334	.000	.	1	.	76.248	76.248	76.248
	주간국내통화비율	-540.124	80591.775	.000	1	.995	2.674E-235	.000	.[b]
	국제통화비율	227.028	73145.571	.000	1	.998	3.954E+98	.000	.[b]
2 Gold	절편	-71.442	8.317	73.794	1	.000			
	요금제1	21.359	6795.935	.000	1	.997	1888159945	.000	.[b]
	요금제2	29.646	2.486	142.216	1	.000	7.503E+12	5.744E+10	9.802E+14
	요금제3	49.862	1865.059	.001	1	.979	4.518E+21	.000	.[b]
	요금제4	-7.273	4020.035	.000	1	.999	.001	.000	.[b]
	제조사1	.632	3.456	.033	1	.855	1.881	.002	1645.874
	제조사2	-.106	.624	.029	1	.865	.900	.265	3.058
	제조사3	-.215	.902	.057	1	.812	.807	.138	4.724
	주간통화시간	.073	.009	59.189	1	.000	1.076	1.056	1.096
	국제통화시간	.285	.029	95.648	1	.000	1.330	1.256	1.408
	평균국내통화시간	.112	.070	2.585	1	.108	1.119	.976	1.282
	총통화시간	-.003	.006	.265	1	.607	.997	.985	1.009
	기본요금초과	9.027	1.793	25.347	1	.000	8326.214	247.859	279698.894
	주간국내통화비율	-54.786	8.678	39.857	1	.000	1.610E-24	6.611E-32	3.922E-17
	국제통화비율	19.677	17.648	1.243	1	.265	351377241.1	3.341E-7	3.696E+23
3 Silver	절편	-11.970	3.039	15.511	1	.000			
	요금제1	12.814	1.512	71.826	1	.000	367462.390	18975.186	7116062.468
	요금제2	13.299	1.440	85.259	1	.000	596874.483	35470.681	10043763.99
	요금제3	30.733	1865.057	.000	1	.987	2.224E+13	.000	.[b]

	요금제4	-1.031	.751	1.884	1	.170	.357	.082	1.555
	제조사1	-.647	3.402	.036	1	.849	.524	.001	411.488
	제조사2	-.015	.345	.002	1	.964	.985	.501	1.936
	제조사3	.218	.534	.167	1	.682	1.244	.437	3.539
	주간통화시간	.044	.007	38.719	1	.000	1.044	1.030	1.059
	국제통화시간	.211	.024	76.757	1	.000	1.235	1.178	1.294
	평균국내통화시간	.023	.045	.275	1	.600	1.024	.938	1.117
	총통화시간	-.013	.004	10.623	1	.001	.987	.979	.995
	기본요금초과	1.942	1.124	2.983	1	.084	6.971	.770	63.118
	주간국내통화비율	-25.947	4.553	32.473	1	.000	5.388E-12	7.173E-16	4.047E-8
	국제통화비율	-36.135	8.408	18.468	1	.000	2.026E-16	1.410E-23	2.911E-9

a. 참조범주는\ 4 Normal입니다.
b. 이 통계량 계산 중 부동소수점 오버플로우가 발생했습니다. 따라서 그 값은 시스템 결측값으로 설정됩니다.

다. 로그오즈에 영향을 미치지 않는 독립변수의 오즈비는 1이 된다.

우도비검정을 이용하여 "회귀모델에 포함된 로지스틱회귀계수는 모두 0이다"라는 귀무가설을 검정할 수 있다. 모든 변수가 포함된 완전모델과 모든 변수가 제거된(즉 상수항만 포함된) 축소모델 간의 우도비를 검정통계량으로 한 카이제곱검정을 수행한다. [그림 13-14]의 검정결과를 보면 카이제곱통계량에 대응되는 관측된 유의확률은 0.000으로서 "회귀모델에 포함된 로지스틱회귀계수는 모두 0이다"라는 귀무가설을 기각한다. 즉 독립변수 가운데 적어도 하나는 0이 아닌 로지스틱회귀계수를 가지며, 따라서 도출된 로지스틱회귀모델은 유의하다. 로지스틱회귀모델의 설명력은 [그림 13-15]의 유사 R제곱을 통해 확인할 수 있다. 유사 R제곱은 비록 선형회귀분석에서의 R제곱과는 산출 방법이 다르지만 대략적인 설명력의 지표로서 사용할 수 있다.

그림 13-14 | 모형 적합 정보: 고객등급

모형	모형 적합 기준	우도비 검정		
	-2 로그 우도	카이제곱	자유도	유의확률
절편만	8388.047			
최종	456.319	7931.727	42	.000

그림 13-15 | 유사 R제곱: 고객등급

Cox 및 Snell	.916
Nagelkerke	.988
McFadden	.946

▶ 그림 13-16 ▌ 우도비검정: 고객등급

효과	모형 적합 기준	우도비 검정		
	축소모형의 -2 로그 우도	카이제곱	자유도	유의확률
절편	695.444	239.124	3	.000
요금제1	584.679	128.360	3	.000
요금제2	853.700	397.381	3	.000
요금제3	970.475	514.155	3	.000
요금제4	459.159	2.839	3	.417
제조사1	460.856	4.537	3	.209
제조사2	456.352	.033	3	.998
제조사3	456.847	.528	3	.913
주간통화시간	556.605	100.286	3	.000
국제통화시간	799.788	343.469	3	.000
평균국내통화시간	459.376	3.057	3	.383
총통화시간	489.796	33.477	3	.000
기본요금초과	493.049	36.730	3	.000
주간국내통화비율	518.413	62.094	3	.000
국제통화비율	491.831	35.512	3	.000

카이제곱통계량은 최종모형과 축소모형 사이의 -2 로그 우도 차이입니다. 축소모형은 최종모형에서 효과 하나를 생략하여 만든 모형입니다. 영가설은 효과의 모든 모수가 0입니다.

개별 로지스틱회귀계수가 0인지에 대한 가설검정 또한 앞서의 우도비검정을 통해서 수행할 수 있다. 모든 변수가 포함된 완전모델과 개별 변수가 제외된 축소모델 간의 우도비를 계산하고 이에 대한 카이제곱검정을 수행하여 개별 변수의 회귀계수가 0인지에 대한 유의성을 검정한다. 즉 각 독립변수가 예측모델에 의미 있는 기여를 하는지 검정한다. 개별 로지스틱회귀계수에 대한 유의성검정 결과는 [그림 13-16]과 같다. 요금제4, 제조사1, 제조사2, 제조사3, 평균국내통화시간 등의 변수를 제외한 모든 변수가 통계적으로 유의하게 0이 아니다.

다항 로지스틱회귀모델이 데이터를 얼마나 잘 적합시키는지는 [그림 13-17]의 분류표를 통해 확인해볼 수 있다. 행은 실제 데이터에서의 각 범주별 빈도를 나타내며, 열은 다항 로지스틱회귀모델에 의해 예측된 범주별 빈도이다. '정확도 퍼센트'는 회귀모델에 의해 정확히 예측된 범주별 비율을 나타낸다. 전체적인 모델의 데이터 적합도는 오른쪽 하단의 구석에서 확인할 수 있으며, 여기에서 다항 로지스틱회귀모델은 97.2%의 예측정확도를 보이고 있다.

그림 13-17 | 분류표: 고객등급

관측	예측				
	1 VIP	2 Gold	3 Silver	4 Normal	정확도 퍼센트
1 VIP	381	0	0	0	100.0%
2 Gold	0	695	20	0	97.2%
3 Silver	0	19	1182	25	96.4%
4 Normal	0	0	27	851	96.9%
전체 퍼센트	11.9%	22.3%	38.4%	27.4%	97.2%

SPSS 활용

1 이분형 로지스틱회귀분석 수행하기

- 『분석 > 회귀분석 > 이분형 로지스틱』을 선택한다.
- 『종속변수』에 예측하고자 하는 이분형 종속변수를 지정하고, 『공변량』에 예측변수인 독립변수를 지정한다.

▶ 그림 13-18 ▌ 이분형 로지스틱 대화상자

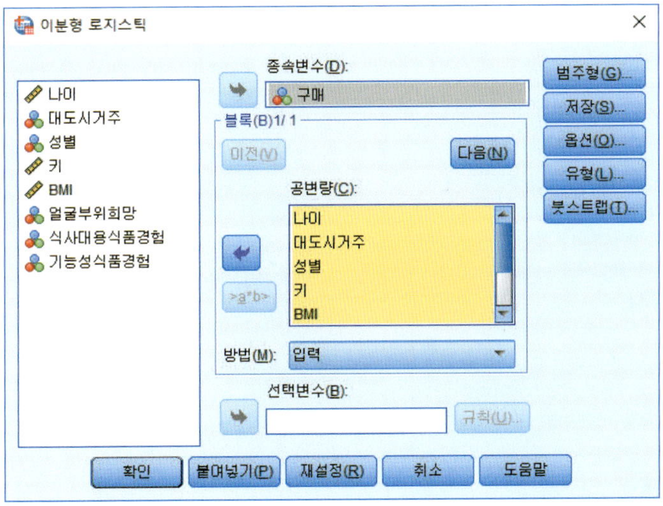

2 이분형 로지스틱회귀분석 저장 및 옵션 수행하기

- 『저장』을 클릭하여 확률, 소속집단 등 필요한 정보를 데이터 파일에 저장한다.
- 『옵션』을 클릭하여 필요한 옵션 사항을 선택한다.

그림 13-19 ▌ 로지스틱회귀: 저장 대화상자

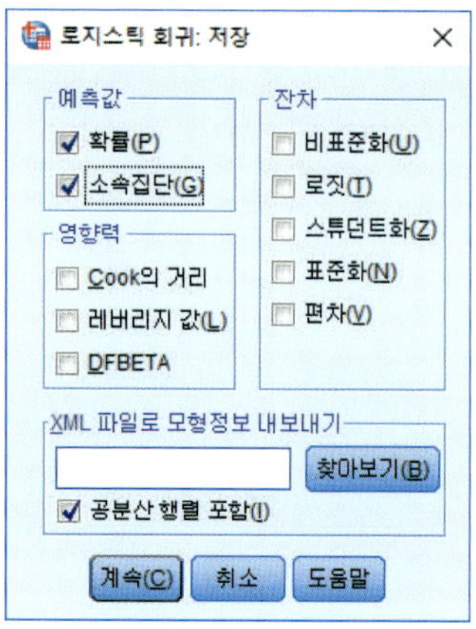

그림 13-20 ▌ 로지스틱회귀: 옵션 대화상자

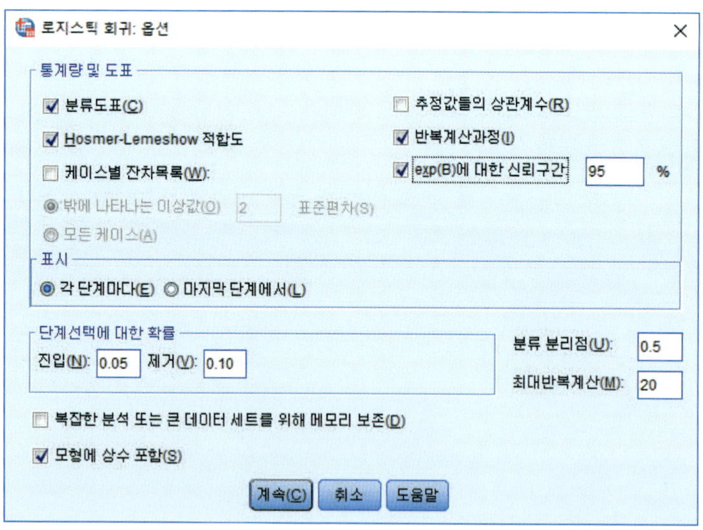

3 이분형 로지스틱회귀분석 블록 지정하기

- 독립변수들을 하나의 블록으로 묶어 모델에 포함시키고 『다음』을 클릭하여 또 다른 독립변수들을 추가 블록으로 지정하여 모델에 진입시킨다.
- 예를 들어, 성별 변수를 별도의 블록으로 지정하기 위해서는 『이분형 로지스틱』 대화상자에서 첫 번째 블록에 성별 변수를 제외한 모든 독립변수를 할당하고 두 번째 블록에 성별 변수를 포함한 모든 독립변수를 지정한다.

그림 13-21 ▌ 이분형 로지스틱 대화상자-블록지정

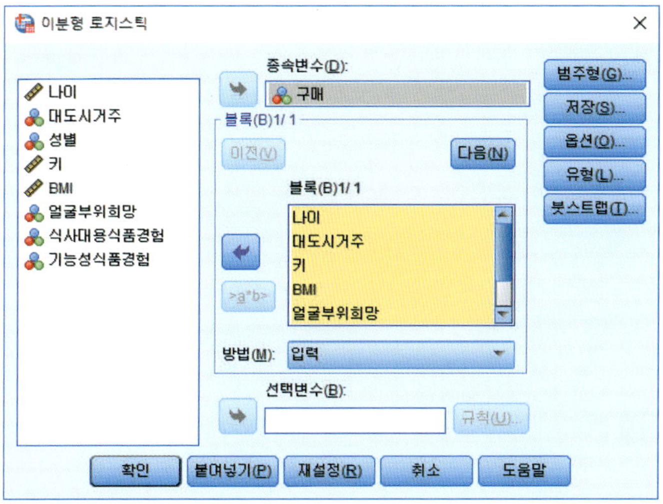

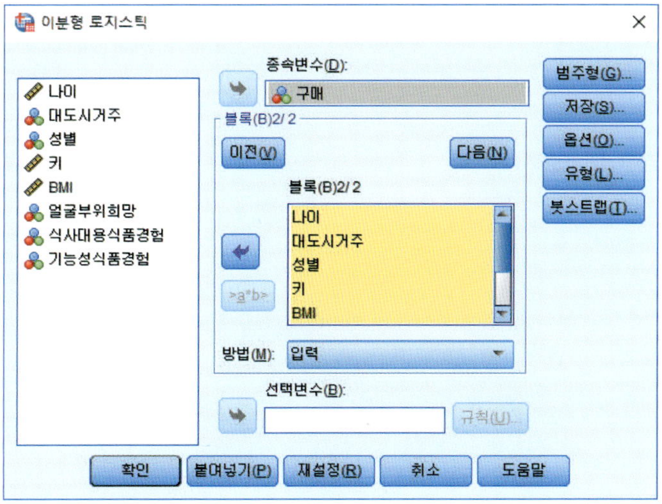

4 다항 로지스틱회귀분석 수행하기

- 『분석 > 회귀분석 > 다항 로지스틱』을 선택한다.
- 『종속변수』에 예측하고자 하는 범주형 종속변수를 지정한다. 독립변수 가운데 범주형 변수는 『요인』에 지정하고(범주형 변수가 이진형일 때는 공변량으로 지정해도 관계없음), 연속형 변수는 『공변량』에 지정한다.

그림 13-22 ▌ 다항 로지스틱회귀 대화상자

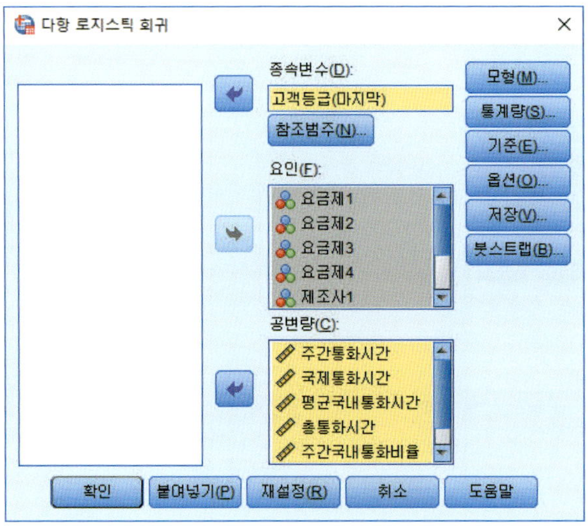

- SPSS는 기본적으로 종속변수의 마지막 범주를 기준범주로 사용한다. 『참조범주』를 선택하여 『다항 로지스틱회귀: 참조 범주』 대화상자에서 기준범주를 변경할 수 있다.

그림 13-23 ▌ 다항 로지스틱회귀: 참조 범주 대화상자

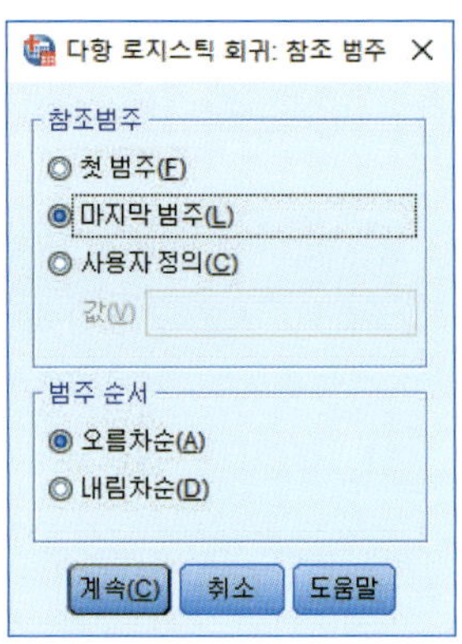

▶ 『다항 로지스틱회귀: 통계량』 대화상자에서 『케이스 처리 요약』, 『유사 R-제곱』, 『모형 적합 정보』, 『분류표』, 『추정값』, 『우도비 검정』 등을 선택한다.

그림 13-24 ▌ 다항 로지스틱회귀: 통계량 대화상자

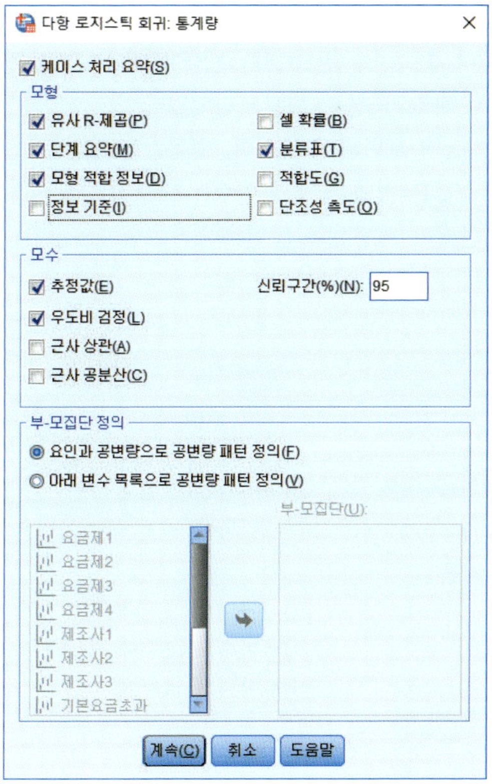

사례연구

㈜햇살신용평가에서는 금융회사에 대출을 신청하는 대출신청자의 신용상태를 평가하기 위한 신용평가 모델을 개발하려고 한다. 이를 위한 기초작업을 위해 독일의 개인신용평가 데이터를 참고하기로 하였다(germancredit.sav 데이터 파일; Bache and Lichman 2013). 사용된 독립변수 및 종속변수는 [그림 13-25]의 표와 같다. 총 일곱 개의 독립변수를 이용하여 종속변수인 RESPONSE(신용상태) 값을 예측한다. RESPONSE 변수는 신용상태가 불량인 경우 0, 양호인 경우 1로 코딩되었다.

우선 [그림 13-26]과 같이 데이터 파일에 몇 개의 케이스가 포함되어 있으며, 결측값은 없는지 조사하였다. 총 1,000개의 케이스가 분석에 포함되었으며 결측값은 없었다. 종속변수는 내부적으로 신용상태가 불량인 경우는 0, 양호인 경우는 1로 코딩되었다(원래의 코딩값과 동일하다, [그림 13-27]).

그림 13-25 ▌신용상태 예측변수 및 결과변수

변수명	설명	척도
DURATION	신용기간	개월
NEW_CAR	신용대출목적: 신규차량구입	0=아니오, 1=예
EDUCATION	신용대출목적: 교육비지출	0=아니오, 1=예
AMOUNT	신용대출금액	DM
INSTALL_RATE	가처분소득 중 할부금이 차지하는 비율	%
MALE_SINGLE	신청자가 미혼 남성임	0=아니오, 1=예
OTHER_INSTALL	신청자가 다른 할부신용이 있음	0=아니오, 1=예
RESPONSE	신용상태가 양호함	0=아니오, 1=예

그림 13-26 ▌케이스 처리 요약: 신용상태

가중되지 않은 케이스[a]		N	퍼센트
선택 케이스	분석에 포함	1000	100.0
	결측 케이스	0	.0
	합계	1000	100.0
비선택 케이스		0	.0
합계		1000	100.0

a. 가중값을 사용하는 경우에는 전체 케이스 수의 분류표를 참조하십시오.

그림 13-27 ▌종속변수 인코딩: 신용상태

원래 값	내부 값
0 No	0
1 Yes	1

로지스틱회귀분석을 수행한 결과 로지스틱회귀모델은 [그림 13-28]과 같이 도출되었다. 신용상태가 양호할 확률은 로지스틱회귀모델을 토대로 다음과 같이 구해볼 수 있다.

$$\text{Prob(신용상태양호)}\frac{1}{1+e^{-z}}$$

여기에서, $z=2.549-0.032\times\text{DURATION}-0.779\times\text{NEW\_CAR}-0.838\times\text{EDUCATION}$
$+0.000\times\text{AMOUNT}-0.237\times\text{INSTALL\_RATE}+0.680\times\text{MALE\_SINGLE}$
$-0.641\times\text{OTHER\_INSTALL}$

우도비검정을 이용하여 "회귀모델에 포함된 로지스틱회귀계수는 모두 0이다"라는 귀무가설을 검정하였다. 모든 변수가 포함된 완전모델과 모든 변수가 제거된(즉 상수항만 포함된) 축소모델 간의 우도비를 검정통계량으로 한 카이제곱검정을 수행한 결과는 [그림 13-29]와 같다. 우도비(카이제곱통계량) 104.296, 유의확률 0.000으로서 회귀모델에 포함된 로지스틱회귀계수는 모두 0이라는 귀무가설을 기각한다. 즉 독립변수 가운데 적어도 하나는 0이 아닌 로지스틱회귀계수를 갖는다고 볼 수 있으며, 따라서 도출된 로지스틱회귀모델은 유의하다.

그림 13-28 ▌로지스틱회귀모델: 신용상태

		B	S.E.	Wald	자유도	유의확률	Exp(B)
1 단계[a]	DURATION	−.032	.008	16.789	1	.000	.968
	NEW_CAR	−.779	.171	20.799	1	.000	.459
	EDUCATION	−.838	.312	7.208	1	.007	.432
	AMOUNT	.000	.000	5.255	1	.022	1.000
	INSTALL_RATE	−.237	.075	10.025	1	.002	.789
	MALE_SINGLE	.680	.153	19.801	1	.000	1.973
	OTHER_INSTALL	−.641	.179	12.883	1	.000	.527
	상수항	2.549	.286	79.359	1	.000	12.791

a. 변수가 1: DURATION, NEW_CAR, EDUCATION, AMOUNT, INSTALL_RATE, MALE_SINGLE, OTHER_INSTALL 단계에 입력되었습니다.

그림 13-29 ▌모형 계수의 총괄 검정: 신용상태

		카이제곱	자유도	유의확률
1 단계	단계	104.296	7	.000
	블록	104.296	7	.000
	모형	104.296	7	.000

도출된 로지스틱회귀모델이 데이터를 얼마나 잘 적합시키는지는 두 가지 관점에서 평가하였다. 우선 로지스틱회귀모델을 통해 도출된 예측확률을 이용하여 케이스들을 두 개 집단 가운데 하나로 분류하고 실제집단과 비교하였다. 그 결과는 [그림 13-30]의 분류표와 같다. 신용상태 불량의 경우 20.3%의 분류정확도를 보였으며, 신용상태 양호의 경우는 93.6%의 예측정확도를 보여주었다. 로지스틱회귀모델은 전체적으로 71.6%의 분류정확도를 나타냈다.

다음으로 도출된 로지스틱회귀모델의 적합도를 관측확률과 예측확률이 전체 확률분포의 범위 내에서 얼마나 일치하는지의 관점에서 평가하였다. 이는 사건발생에 대한 관측빈도와 예측빈도의 적합도를 평가하는 과정으로 볼 수 있으며 Hosmer-Lemeshow검정을 통해 이러한 적합도를 평가할 수 있다. [그림 13-31]과 같이 구매고객 예측확률을 이용하여 모든 케이스를 10개의 유사집단으로 분류하였고, 각 집단별로 구매고객과 비구매고객의 관측빈도와 예측빈도를 확인하였다.

그림 13-30 ▌분류표: 신용상태[a]

관측			예측		
			RESPONSE		분류정확 %
			0 No	1 Yes	
1 단계	RESPONSE	0 No	61	239	20.3
		1 Yes	45	655	93.6
	전체 퍼센트				71.6

a. 절단값은 .500입니다.

그림 13-31 ▌ Hosmer-Lemeshow검정에 대한 분할표: 신용상태

		RESPONSE=0 No		RESPONSE=1 Yes		전체
		관측	예측	관측	예측	
1 단계	1	58	61.196	42	38.804	100
	2	44	45.646	56	54.354	100
	3	41	38.398	59	61.602	100
	4	36	33.167	64	66.833	100
	5	37	28.934	63	71.066	100
	6	22	25.476	78	74.524	100
	7	20	22.207	80	77.793	100
	8	13	18.796	87	81.204	100
	9	17	15.185	83	84.815	100
	10	12	10.995	88	89.005	100

그림 13-32 ▌ Hosmer-Lemeshow검정: 신용상태

단계	카이제곱	자유도	유의확률
1	7.830	8	.450

구매고객과 비구매고객의 관측빈도와 예측빈도를 바탕으로 카이제곱검정을 이용한 Hosmer-Lemeshow 적합도검정을 수행하였다. [그림 13-32]의 Hosmer-Lemeshow 적합도검정 결과에 따르면 χ^2값은 7.830이고 대응되는 유의확률은 0.450으로서 관측빈도와 예측빈도 간에 차이가 없다는 귀무가설을 기각하지 못한다. 따라서 도출된 로지스틱회귀모델은 데이터를 비교적 잘 적합시킨다고 얘기할 수 있다. ㈜햇살신용평가에서는 이러한 분석결과를 참고로 하여 새로운 신용평가모델을 개발하는 작업에 착수하였다.

연습문제

01 ㈜기업신용평가에서는 기업의 건전성과 관련된 각종 지표를 이용하여 기업의 부도 가능성을 예측하고자 한다. 이를 위해 다음 표와 같은 변수로 이루어진 데이터를 수집하였다(bankruptcy.sav 데이터 파일; 한인구 등, 2009). 총 10개의 독립변수를 이용하여 종속변수인 기업의 부도 여부를 예측한다. 종속변수 Y는 기업의 상태가 건전할 경우 0, 부도일 경우 1로 코딩되었다. 로지스틱회귀분석을 수행하고 분석결과를 제시하시오.

변수명	설명
Y	부도 여부(0=건전, 1=부도)
X1	금융비용대부채비율
X2	자기자본비율
X3	금융비용부담률증가분
X4	매입채무회전율
X5	운전자금대매출액
X6	영업활동후현금흐름/총부채
X7	분식계수
X8	순금융비용대매출액
X9	외부자금조달전현금흐름/전기단기부채
X10	기업경상이익률

02 개인의 채무불이행 가능성을 예측하고자 한다. bankloan.sav 데이터 파일을 이용하여 로지스틱회귀분석을 수행하고 회귀모델, 우도비검정 결과, 그리고 분류결과를 제시하시오.

03 개인의 신용상태를 예측하고자 한다. credit.sav 데이터 파일을 이용하여 로지스틱회귀분석을 수행하고 회귀모델, 우도비검정 결과, 그리고 분류결과를 제시하시오.

04 고등학교 신입생은 입학 후 세 가지 프로그램을 선택할 수 있다: 일반적인 교양 프로그램, 기능 중심의 직업교육 프로그램, 대학 진학을 위한 학문 프로그램. 프로그램 선택과 사회경제수준(하, 중, 상) 및 학업 성적(수학, 과학, 사회 점수) 간의 관계를 분석하고자 한다. programchoice.sav 데이터 파일을 이용하여 다항 로지스틱회귀분석을 수행하고 회귀모델, 모델적합도검정 결과(우도비검정 결과), 그리고 분류결과를 제시하시오.

생존분석

Chapter 14

Chapter 14

생존분석

생존분석(survival analysis)은 어떤 사건(event)이 발생할 때까지 경과된 시간(time-to-event)을 분석하는 통계기법이다. 여기에서 사건은 분석하고자 하는 분야에 따라서 다양한 의미를 갖는다. 의학 분야라면 생존분석은 '생존'이라는 단어 그대로의 의미로 해석할 수 있다. 즉 사망에 이르기까지 걸린 시간을 분석한다. 예를 들어, 항암 치료를 시작하여 환자가 사망에 이를 때까지 경과된 시간을 분석한다. 사건을 어떻게 정의하느냐에 따라 생존분석은 여러 가지 방식으로 응용할 수 있다. 프린터가 고장날 때까지 걸린 시간, 장애 발생 후 복구할 때까지 걸린 시간, 실직 후 새로운 직업을 구할 때까지 경과된 시간, 스타트업 기업이 폐업에 이르기까지 걸린 시간, 이동통신 가입 고객이 다른 이동통신사로 서비스를 옮길 때까지 걸린 시간 등은 모두 생존분석의 대상이 될 수 있다.

한 시점으로부터 시작하여 사건이 발생할 때까지 연구대상을 추적 관찰하는 연구조사에서 사건발생률이 시간에 걸쳐 일정하다고 가정하는 것은 합리적이지 않다. 예를 들어, 심장 수술 후 사망의 위험은 수술 직후에 가장 높을 것이고 이후 환자가 회복되어감에 따라 점차 줄어든다. 금연 치료를 시작하면 처음 한동안은 재흡연율이 낮게 유지되지만 기간이 지날수록 다시 흡연하는 사람 수는 급격히 증가하게 된다. 생존분석은 이처럼 시간의 흐름에 따라 달라지는 사건발생률의 분포를 분석한다. 구체적으로 사건발생을 시간의 함수로 모델링하여 일정 시점에서의 생존확률을 추정하고, 집단 간에 사건발생까지의 시간에 있어서 차이가 있는지 비교하며, 어떠한 변수들이 사건발생까지의 시간에 영향을 미치는지 분석한다.

14.1 생명표분석

생명표분석(life table analysis)은 **생명표(life table)**를 이용하여 사건이 발생할 때까지 경과된 시간의 분포를 분석한다. 관측된 전체 기간을 좀 더 작은 구간으로 분할하고 각 구간별로 생존비율을 비롯한 다양한 지표를 계산한다. 생명표를 이용하여 집단 간 분포의 차이를 비교할 수도 있다. 백혈병 치료 실험 데이터를 이용하여 생명표를 작성해보자(leukemia.sav 데이터 파일; Anderson et al. 1993). 여기에서 사건은 백혈병 재발이며, 시간은 치료 개시 후 경과된 기간으로서 주 단위로 기록되었다. 이 실험에는 위약과 진약에 대한 두 가지 처치방법이 적용되었다.

[그림 14-1]은 백혈병 치료 실험 데이터를 바탕으로 도출한 생명표이다. 처치방법(위약, 진약)에 따른 두 집단별로 다양한 정보가 출력되었다. 생명표에 포함된 주요 항목을 살펴보자.[1)]

- '구간 시작 시간'(interval start time)은 각 구간의 시작 시간을 의미한다. 각 구간은 현 구간의 시작 시간부터 다음 구간의 시작 시간 직전까지를 나타낸다($t_i \leq t < t_{i+1}$). 예를 들어, '구간 시작 시간'이 0으로 표시된 첫 번째 구간은 0주 이상부터(즉 치료 직후부터) 4주 미만까지의 4주간의 기간을 나타낸다.
- '구간화 입력 수'(number entering interval)는 해당 구간 시작 시점에서 생존해 있는 케이스 개수를 나타낸다. 첫 번째 구간은 연구에 포함된 전체 표본크기가 된다. 이후 구간부터는 이전 구간의 '구간화 입력 수'에서 현재 구간의 '구간 중 취소 수'와 '종료 이벤트의 수'를 차감하여 계산한다.
- '구간 중 취소 수'(number withdrawing during interval)는 구간 내에 포함된 중도절단 케이스(censored case)의 개수를 나타낸다. **중도절단(censoring)**은 생존분석의 고유한 특징 가운데 하나로서 일종의 결측값으로 볼 수 있다. 관측된 기간 동안 연구대상자에게서 사건이 발생하지 않을 때 중도절단 문제가 일어난다. 중도절단은 연구대상자가 연구종료 시점 또는 추적불능 시점까지 생존했다는 것은 알고 있으나 그 이후의 생존 여부는 모를 때 발생한다.[2)] 생명표에서 진약을 투여한 집단의 두 번째 행('구간 시작 시간' 4)을 보면 한 개의 중도절단이 발생하였다. 이는 4주 이상 8주 미만의 기간 동안 치료 중인 환자 한 명이 아직 백혈병이 재발되지 않은 상태에서 더 이상 조사가 불가능한 상태가 되었다는 것을 나타낸다. 이사 등으로 인해 환자의 추적이 어려운 상태가 되었을 수 있다(loss to follow up). 환자가 더 이상 실험에 참여하지 않기로 결정했을 수도 있고 다른 병원으로 옮겼을 수도 있다(drop out). 또는 이 시점에서 연구가 종료되어 더 이상의 추적 조사가 이루어지지

1) 이해를 돕기 위하여 각 항목에 대응되는 영문(SPSS 영문 버전의 출력)을 괄호 안에 함께 표기하였다.
2) 중도절단은 크게 두 가지 종류가 있다: 우중도절단(right censoring)과 좌중도절단(left censoring). 여기에서 설명하는 것은 우중도절단으로서 대부분의 중도절단이 여기에 해당한다. 좌중도절단은 암 진단 시점을 모를 때처럼 실험의 시작 시점을 확인하기 어려울 때 발생한다.

그림 14-1 ▌생명표: 백혈병

1차 대조		구간 시작 시간	구간화 입력 수	구간 중 취소 수	위험에 노출된 수	종료 이벤트의 수	종료 비율	생존 비율	구간 끝의 누적 생존 비율	구간 끝에서 누적 생존 비율 표준오차	확률 밀도	확률 밀도 표준오차	위험률	위험률 표준오차
처치	0 위약	0	21	0	21.000	5	.24	.76	.76	.09	.060	.023	.07	.03
		4	16	0	16.000	4	.25	.75	.57	.11	.048	.021	.07	.04
		8	12	0	12.000	6	.50	.50	.29	.10	.071	.025	.17	.06
		12	6	0	6.000	3	.50	.50	.14	.08	.036	.019	.17	.09
		16	3	0	3.000	1	.33	.67	.10	.06	.012	.012	.10	.10
		20	2	0	2.000	2	1.00	.00	.00	.00	.024	.016	.50	.00
	1 진약	0	21	0	21.000	0	.00	1.00	1.00	.00	.000	.000	.00	.00
		4	21	1	20.500	4	.20	.80	.80	.09	.049	.022	.05	.03
		8	16	3	14.500	1	.07	.93	.75	.10	.014	.013	.02	.02
		12	12	0	12.000	1	.08	.92	.69	.11	.016	.015	.02	.02
		16	11	2	10.000	1	.10	.90	.62	.12	.017	.017	.03	.03
		20	8	1	7.500	2	.27	.73	.45	.13	.041	.026	.08	.05
		24	5	1	4.500	0	.00	1.00	.45	.13	.000	.000	.00	.00
		28	4	0	4.000	0	.00	1.00	.45	.13	.000	.000	.00	.00
		32	4	4	2.000	0	.00	1.00	.45	.13	.000	.000	.00	.00

SPSS 메뉴에서 『분석 > 생존분석 > 생명표』를 선택한다. 『시간』에 시간 변수를 지정한다. 『시간 간격 표시』에는 0에서 36까지를 지정하고 증가폭은 4로 지정한다(즉 전체 관측기간은 최대 36주까지이며 이를 4주 간격으로 분할한다). 『상태』에 사건을 나타내는 재발 변수를 지정하고 사건발생(여기에서는 재발)의 코딩값(여기에서는 1)을 지정한다. 『요인』에 비교하고자 하는 집단변수와 코딩값의 범위를 지정한다. 여기에서는 처치 변수를 지정하고 코딩값의 범위로 0(위약)과 1(진약)을 지정한다 (leukemia.sav 데이터).

않았을 수도 있다(termination of study). 혹은 교통사고와 같이 연구와 관련 없는 이유로 사망했을 수도 있다(death from unrelated cause).

- '위험에 노출된 수'(number exposed to risk)는 생존분석의 대상이 되는 케이스 개수를 나타낸다. 생존이 확인된 케이스 개수('구간화 입력 수')에서 중도절단 케이스 개수('구간 중 취소 수')의 절반을 빼서 계산한다. 예를 들어, 진약 투여 집단의 4주 이상 8주 미만 구간에서 중도절단이 한 건 발생했으므로 이 구간의 '위험에 노출된 수'는 '구간화 입력 수' 21에서 '구간 중 취소 수'의 절반 0.5를 차감한 20.5(=21−1×0.5)가 된다. 중도절단 케이스의 환자는 여전히 유효한 환자이긴 하지만 해당 구간을 넘어서는 기간에 대해서는 그 상태를 명확히 알 수 없기 때문에 50%만 반영하는 방식으로 생존분석 대상 케이스 개수를 조정한다. 중도절단 케이스의 효과가 반영되므로 이 수치는 '구간화 입력 수'와는 다른 값을 갖게 된다.
- '종료 이벤트의 수'(number of terminal events)는 해당 구간 동안 사건이 발생한 케이스 개수를 나타낸다. 여기에서는 백혈병이 재발한 환자의 수가 된다. '종료 비율'(proportion terminating)은 '종료 이벤트의 수'를 '위험에 노출된 수'로 나누어서 구한다. 따라서 진약 투여 집단의 4주 이상 8주 미만 구간의 경우 종료비율은 $\frac{4}{20.5} = 0.195 \cong 0.2$와 같이 계산된다. 1에서 종료비율을 빼면 '생존 비율'(proportion surviving)이 된다.
- '구간 끝의 누적 생존 비율'(cumulative proportion surviving at end of interval)은 최초 구간의 시작 시점 대비 현재 구간 말까지 생존해 있는 케이스의 비율을 나타낸다. 누적 생존비율은 다음 산식과 같이 각 구간의 생존비율을 현재 구간까지 차례대로 누적하여 곱함으로써 구할 수 있다. 이는 직전 구간까지의 누적 생존비율에 현재 단계의 생존비율을 곱한 것과 같다.

$$\mathrm{S}(t_i) = p_1 \times p_2 \times \ldots \times p_{i-1} \times p_i = \mathrm{S}(t_{i-1}) \times p_i$$

여기에서, $\mathrm{S}(t_i)$는 i번째 구간에서의 누적 생존비율, p_i는 i번째 구간에서의 생존비율

예를 들어, 진약 투여 집단의 8주 이상 12주 미만 구간(세 번째 행)에서의 누적 생존비율 0.75는 다음과 같이 계산된다.[3] 이는 처음 12주 기간 동안 전체 실험 참여자의 75%가 생존해 있다는 것을 의미한다.

---

3) SPSS로부터 출력된 생명표상의 생존비율을 이용하여 계산하면 반올림으로 인한 오차 때문에 생명표상의 누적 생존비율과 정확히 일치하지는 않는다.

$$S(t_3) = \frac{21-0}{21} \times \frac{20.5-4}{20.5} \times \frac{14.5-1}{14.5} = 1 \times 0.805 \times 0.931 = 0.749 \cong 0.75$$

▶ '확률 밀도'(probability density)는 현재 구간에서 단위 시간당 사건발생확률을 나타낸다. 여기에서는 현재 구간에서 한 주 동안 백혈병이 재발할 확률을 의미한다. 확률밀도는 다음과 같이 계산된다.

$$f(t_i) = \frac{S(t_{i-1}) - S(t_i)}{b_i}$$

여기에서, $f(t_i)$는 i번째 구간에서의 확률밀도, $S(t_i)$는 i번째 구간에서의 누적 생존비율, b_i는 $t_i - t_{i-1}$로서 구간의 폭

예를 들어, 진약 투여 집단의 세 번째 구간(8주 이상 12주 미만 구간)에서의 확률밀도는 다음과 같이 산출된다. 이 구간에서 한 주 동안 백형별이 재발할 가능성은 1.4%이다.

$$f(t_3) = \frac{0.805 - 0.749}{4} = 0.014$$

▶ '위험률'(hazard rate)은 현재 구간의 시작 시점까지 생존한 환자들 가운데 현재 구간에서 사망자가 발생할 사건발생률을 나타낸다. 즉 어떤 환자가 현재 구간까지 생존해 있을 때 이 환자가 현재 구간 종료 시까지 사망할 확률(chance)을 의미한다. 위험률은 현재 구간에서의 단위 시간당 사망자 수를 구간 중간 지점에서의 평균 생존자 수로 나누어서 구할 수 있다. 위험률은 다음과 같이 계산된다.

$$h(t_i) = \frac{d_i}{b_i\left(n_{i-} \frac{1}{2} d_i\right)}$$

여기에서, $h(t_i)$는 i번째 구간에서의 위험률, d_i는 i번째 구간에서의 종료 이벤트의 수(사망자 수), b_i는 $t_i - t_{i-1}$로서 구간의 폭, n_i는 i번째 구간에서의 위험에 노출된 수

예를 들어, 진약 투여 집단의 세 번째 구간(8주 이상 12주 미만 구간)에서의 위험률은 다음과 같이 계산된다. 이 구간까지 백혈병이 재발되지 않고 있던 환자가 이 구간 동안 재발할

가능성은 2%이다.

$$h(t_3) = \frac{1}{4 \times \left(14.5 - \frac{1}{2} \times 1\right)} = 0.0179 \cong 0.02$$

생명표를 보면 위험률이 가장 높은 구간은 위약을 투여한 집단에서 관찰할 수 있다. 20주차 이상의 구간에서 위험률이 50%까지 치솟았다. 이는 20주차까지 재발하지 않은 환자가 이 이후의 기간 동안 재발할 가능성이 50%라는 것을 의미한다. 반면에 진약을 처방받은 집단에서는 24주차 이후의 구간에서 위험률이 0이다. 즉 이는 이 기간까지 재발이 없으면 이후에는 더 이상 재발할 가능성이 없다는 것을 나타낸다.

[그림 14-2]는 위약을 투여한 집단과 진약을 투여한 집단의 평균(중위수) 생존시간이다. 진약을 투여한 집단의 환자들이 위약을 투여한 집단의 환자들에 비해 월등히 긴 평균 생존시간을 갖는다. 이러한 두 집단 간의 생존시간의 차이는 [그림 14-3]과 [그림 14-4]의 생존함수곡선과 위험함수곡선을 통해서도 시각적으로 확인할 수 있다.

생존함수곡선의 X축은 사건발생까지의 경과된 시간이며 Y축은 생존확률이다. 여기에서 X축은 위약 또는 진약을 투여한 이후 경과된 시간이며 Y축은 재발이 발생하지 않을 확률이다. 생존함수곡선은 재발이 발생하지 않는 기간에는 수평을 유지하다가 재발이 발생할 때마다 수직으로(아래로) 하락한다. 위약의 생존함수곡선이 진약의 곡선보다 아래 있다는 것은 위약의 재발 시점이 더 빠르다는 것을 나타낸다. [그림 14-3]의 생존함수곡선을 보면 24주 이후에 위약 환자의 생존확률은 0%로 하락한 반면, 진약 환자의 생존확률은 45%를 그대로 유지한다. 위험함수곡선의 X축은 사건발생까지의 경과된 시간이며 Y축은 위험률이다. 여기에서 X축은 위약 또는 진약을 투여한 이후 경과된 시간이며 Y축은 주어진 기간까지 재발이 발생하지 않았을 경우 현재 구간의 시점에서 재발이 발생할 확률이다. [그림 14-4]의 위험함수곡선을 보면 진약을 투여한 환자는 24주까지 재발하지 않으면 그 이후의 재발 확률은 0%이다.

그림 14-2 | 평균 생존시간: 백혈병

1차 대조		중위수
처치	0 위약	9.00
	1 진약	22.87

그림 14-3 ▍생존함수곡선: 백혈병

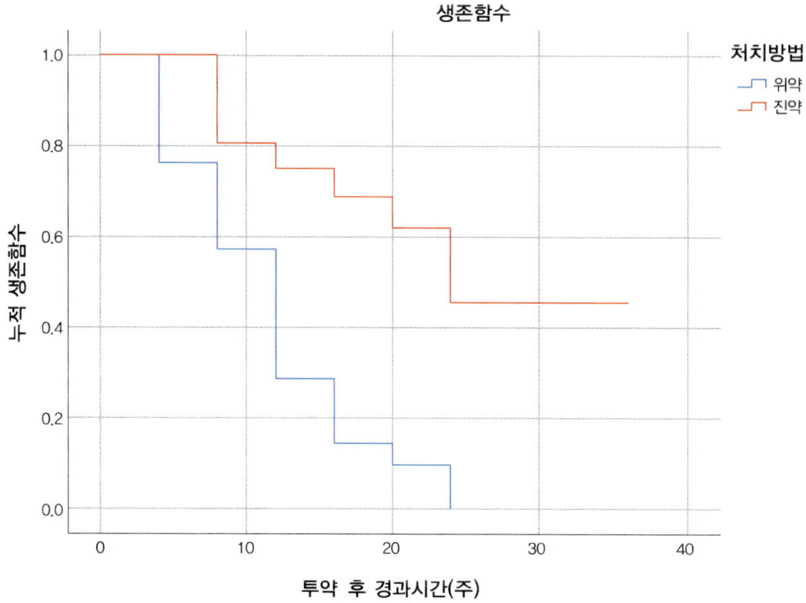

『생명표: 옵션』 대화상자의 『도표』에서 『생존함수』를 선택한다(leukemia.sav 데이터 파일).

그림 14-4 ▍위험함수곡선: 백혈병

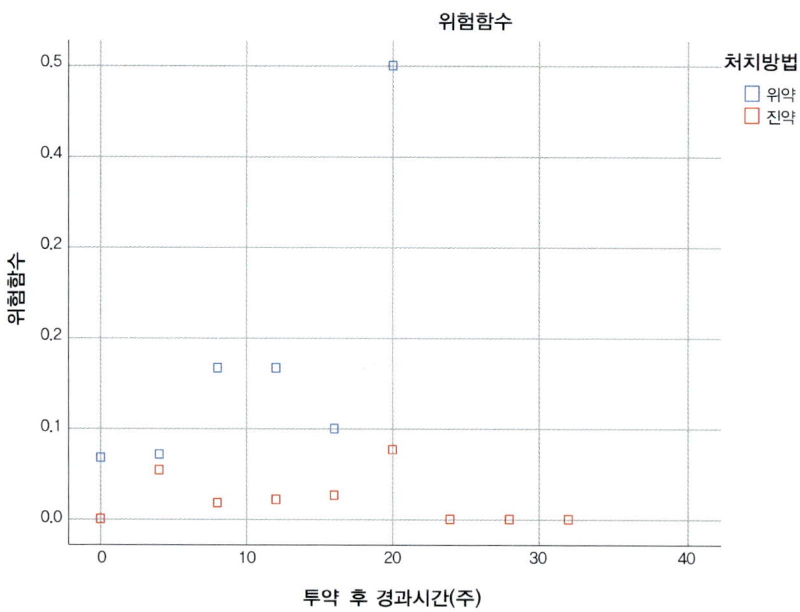

『생명표: 옵션』 대화상자의 『도표』에서 『위험함수』를 선택한다(leukemia.sav 데이터 파일).

그림 14-5 ▌ 집단 간 전체 비교: 백혈병

Wilcoxon(Gehan) 통계량	자유도	유의확률
13.011	1	.000

『생명표: 옵션』 대화상자의 『처음 요인의 수준 비교』에서 『전체』 또는 『대응별』을 선택한다(leukemia.sav 데이터 파일). 집단의 개수가 세 개 이상일 경우에 『대응별』을 선택하면 모든 집단 간 비교를 수행할 수 있다(leukemia.sav 데이터 파일).

집단 간 생존확률의 차이는 Wilcoxon검정을 통해 통계적으로 검정할 수 있다. [그림 14-5]는 검정결과이다. 유의확률 0.000으로서 위약집단과 진약집단은 생존확률에 있어서 통계적으로 유의한 차이를 갖는다. 비교대상 집단이 세 개 이상일 경우에는 추가로 어느 집단 간에 통계적으로 유의한 차이가 있는지 검정한다.

14.2 카플란-마이어분석

카플란-마이어분석(Kaplan-Meier analysis)은 앞서 살펴본 생명표분석과 유사하다. 그러나 생명표분석과 달리 임의의 시간 구간 대신에 사건이 발생한 정확한 실제 시간을 이용한다. 카플란-마이어분석은 사건발생까지 경과된 시간의 분포를 바탕으로 일정 시점 이후의 생존확률을 통계적으로 추정한다. 또한 이러한 생존함수의 분포를 두 개 이상의 집단 간에 비교할 수 있다.

일정 시점 이후의 생존확률은 **생존함수(survival function)**라고 하며, 생존함수 $S(t)$는 다음과 같이 나타낼 수 있다.

$$S(t) = P(T > t)$$

이는 t시점까지 사건이 발생하지 않을 확률로서 T를 사건발생 시점이라고 할 때 사건발생 시점이 일정 시점 t보다 클 확률을 의미한다. 생존확률은 다음과 같이 정의되는 산식에 의해 비모수적 방법으로 추정된다.[4] 각 시점의 생존확률을 현재 시점까지 차례대로 누적하여 곱함으로써 계산된다.

4) 카플란-마이어분석에 의해 추정된 생존확률을 Kaplan-Meier product-limit estimator라고 한다.

$$\hat{S}(t) = \prod_{t_i \le t} \left(1 - \frac{d_i}{n_i}\right)$$

여기에서, $\hat{S}(t)$는 t시점에서의 생존확률 추정치, d_i는 t_i시점에서의 종료 이벤트의 수(사망자 수), n_i는 t_i시점에서의 위험에 노출된 수

진통제 효능 실험 데이터를 이용하여 카플란-마이어분석을 수행해보자(painkiller.sav 데이터 파일). 여기에서 사건은 진통효과이며, 진통효과가 존재하는 경우 1로 코딩되었고 중도절단의 경우는 0으로 코딩되었다. 시간은 진통제 투약 후 경과된 시간으로 측정되었다. 이 실험에는 신약과 기존약에 대한 두 가지 처치방법이 적용되었다.

카플란-마이어분석을 통해 우선 [그림 14-6]과 같은 **생존표(survival table)**를 얻을 수 있다. 집단별로 구분되어 있으며 개별 케이스별로 생존 관련 정보가 제공된다. '시간'(time)은 사건 또는 중도절단이 발생한 시간을 나타낸다. '상태'(status)는 사건 또는 중도절단의 발생 여부를 나타낸

그림 14-6 ▌생존표: 진통제

진통제		시간	상태	시간에 누적 생존 비율		누적 이벤트 수	남아 있는 케이스 수
				추정값	표준오차		
0 신약	1	.600	1 Yes	.	.	1	103
	2	.600	1 Yes	.981	.013	2	102
	3	.700	1 Yes	.971	.016	3	101
	4	.800	1 Yes	.962	.019	4	100
	5	.900	1 Yes	.952	.021	5	99
	6	1.100	1 Yes	.	.	6	98
	7	1.100	1 Yes	.933	.025	7	97
	8	1.200	1 Yes	.	.	8	96
	9	1.200	1 Yes	.913	.028	9	95
	10	1.300	1 Yes	.	.	10	94
	11	1.300	1 Yes	.	.	11	93
	12	1.300	1 Yes	.885	.031	12	92

… (중략)

SPSS 메뉴에서 『분석 > 생존분석 > Kaplan-Meier』를 선택한다. 『시간』에 시간 변수를 지정하고, 『상태』에는 사건을 나타내는 효과 변수를 지정한다. 『이벤트 정의』를 클릭하여 사건발생(여기에서는 진통효과)의 코딩값 1을 지정한다. 『요인』에 비교하고자 하는 집단변수인 진통제를 지정한다(painkiller.sav 데이터 파일). 생존표를 출력하기 위해서는 『Kaplan-Meier: 옵션』 대화상자에서 『생존표』를 선택한다.

다. '시간에 누적 생존 비율'(cumulative proportion surviving at the time)은 시작 시점부터 현재 시점까지 생존해 있는 케이스의 비율을 나타낸다. 동일한 시점에 여러 개의 케이스가 사건을 경험하면(즉 동일한 시간에 여러 명의 환자에게서 약효가 나타나면) 추정값은 한 번 출력되고 이 값이 해당 케이스들에 모두 동일하게 적용된다. '누적 이벤트 수'(number of cumulative events)는 시작 시점부터 현재 시점까지 사건이 발생한 케이스 개수를 나타낸다. '남아 있는 케이스 수'(number of remaining cases)는 현재 시점까지 아직 사건이 발생하지 않았거나 중도절단으로 판정되지 않은 케이스 개수를 나타낸다.

약효가 발생할 때까지 걸린 시간의 평균과 중위수는 [그림 14-7]과 같다. 전체 생존시간뿐만 아니라 진통제 유형 간 생존시간의 차이를 비교할 수 있다. 평균 생존시간은 신약(4.867)이 기존약(5.185)보다 더 짧다. 즉 신약의 진통효과가 더 빨리 나타난다. 하지만 두 진통제의 95% 신뢰구간을 보면 구간이 상당 부분 겹치기 때문에 평균 생존시간에 있어서 신약과 기존약 간에 유의적인 차이가 있는지는 불명확하다.

생존함수의 집단 간 차이는 [그림 14-8]과 같은 검정통계량을 이용하여 통계적으로 검정할 수 있다. "모든 시점에서 집단 간에 생존시간의 차이가 없다"는 귀무가설을 검정한다. 여기에서 세 통계량 모두 유의확률이 일반적 유의수준 0.05를 초과하기 때문에 두 진통제 간에 생존시간에 있어서 통계적으로 유의적인 차이는 없다. **로그순위검정(log rank test)**은 모든 시점에 대해 동일한 가중치(즉 가중치 1)를 적용하여 생존함수의 동일성을 검정한다. Breslow검정은 모든 시점에 대해 각 시점에서의 위험에 노출된 케이스 개수를 가중치로 적용하여 생존함수의 동일성을 검정하며, Tarone-Ware검정은 각 시점에서의 위험에 노출된 케이스 개수의 제곱근을 가중치로 적용하여 생존함수의 동일성을 검정한다. 이렇게 함으로써 이 두 방법은 로그순위검정에 비해 초기 기간의

그림 14-7 ▌생존시간의 평균과 중위수: 진통제

진통제	평균[a]				중위수			
	추정값	표준오차	95% 신뢰구간		추정값	표준오차	95% 신뢰구간	
			하한	상한			하한	상한
0 신약	4.867	.360	4.162	5.572	3.700	.292	3.128	4.272
1 기존약	5.185	.350	4.499	5.871	4.100	1.131	1.884	6.316
전체	5.014	.252	4.520	5.507	3.900	.272	3.367	4.433

a. 중도절단된 경우 추정값은 가장 큰 생존시간으로 제한됩니다.

『Kaplan-Meier: 옵션』 대화상자에서 『생존시간의 평균과 중위수』를 선택한다(painkiller.sav 데이터 파일).

그림 14-8 ▌ 집단 간 전체 비교: 진통제

	카이제곱	자유도	유의확률
Log Rank (Mantel-Cox)	.379	1	.538
Breslow (Generalized Wilcoxon)	.748	1	.387
Tarone-Ware	.705	1	.401

다른 수준 진통제에 대한 생존분포의 동일성에 대한 검정입니다.

『Kaplan-Meier: 요인수준들 비교』 대화상자에서 『로그 순위』, 『Breslow』, 『Tarone-Ware』를 선택한다(painkiller.sav 데이터 파일).

사건발생에 더 큰 가중치를 주게 된다.

로그순위검정은 각 집단별로 사건발생의 관측빈도와 기대빈도를 계산하여 비교한다. 기대빈도를 계산하는 방식이 다르긴 하지만 이는 기본적으로 카이제곱검정을 수행하는 절차와 유사하다. 두 집단 A와 B를 비교하기 위한 검정통계량은 다음과 같이 계산된다.

$$\chi^2_{logrank} = \frac{(O_A - E_A)^2}{E_A} + \frac{(O_B - E_B)^2}{E_B}$$

여기에서, $\chi^2_{logrank}$는 로그순위 검정통계량, O_A 및 O_B는 집단 A와 B의 사건발생 관측빈도, E_A 및 E_B는 집단 A와 B의 사건발생 기대빈도

사건발생 기대빈도 E_A는 다음과 같이 계산된다. E_B 또한 유사한 방식으로 계산할 수 있다.

$$E_A = \sum \frac{d_i n_{Ai}}{n_i}$$

여기에서, E_A는 집단 A의 사건발생 기대빈도, d_i는 t_i시점에서의 종료 이벤트의 수(사망자 수), n_{Ai}는 집단 A의 t_i시점에서의 위험에 노출된 수, n_i는 t_i시점에서의 위험에 노출된 수 전체

사건발생 기대빈도는 두 집단 A와 B에 대해 동일한 사건발생률(즉 종료비율 $\frac{d_i}{n_i}$)을 바탕으로 계산되기 때문에 관측빈도와 기대빈도 간 차이(즉 검정통계량 $\chi^2_{logrank}$)가 작다는 것은 두 집단의 사건발생률이 유사하다는 것을 의미한다. 따라서 관측빈도와 기대빈도 간 차이가 작을수록 두 집단의 생존함수는 유사할 가능성이 커진다. 이렇게 계산한 검정통계량은 <집단개수 −1>을 자유도로

갖는 카이제곱분포를 따른다. 자유도 1의 카이제곱분포에서 유의수준 0.05에 대응되는 χ^2값은 3.84이므로 검정통계량이 3.84보다 크면 집단 간에 차이가 없다는 귀무가설을 기각하고 생존시간에 있어서 집단 간 유의적인 차이가 존재한다고 결론 내릴 수 있다.[5)]

[그림 14-9]의 생존함수곡선은 카플란-마이어분석 결과를 시각적으로 보여준다. X축은 사건발생까지의 경과된 시간이며 Y축은 생존확률이다. 생존함수곡선상의 임의의 지점은 그 시점을 지나서 생존할 확률을 나타낸다. 여기에서 사건발생은 진통효과가 나타나는 것을 의미하므로 생존함수곡선상의 한 지점은 해당 시점을 지나 진통효과가 발생하지 않을 확률을 나타낸다. 진통효과가 나타날 때마다 생존함수곡선은 아래로 떨어진다. 따라서 진통효과가 빨리 나타날수록 곡선은 아래쪽에 위치하게 된다. 여기에서는 신약의 진통효과가 기존약보다 조금 빨리 나타나는 듯이 보인다. 하지만 후반부를 지나면 더 이상 진통효과가 나타나지 않는 것을 볼 수 있다. 따라서 앞서 가설검

그림 14-9 ▌생존함수곡선: 진통제

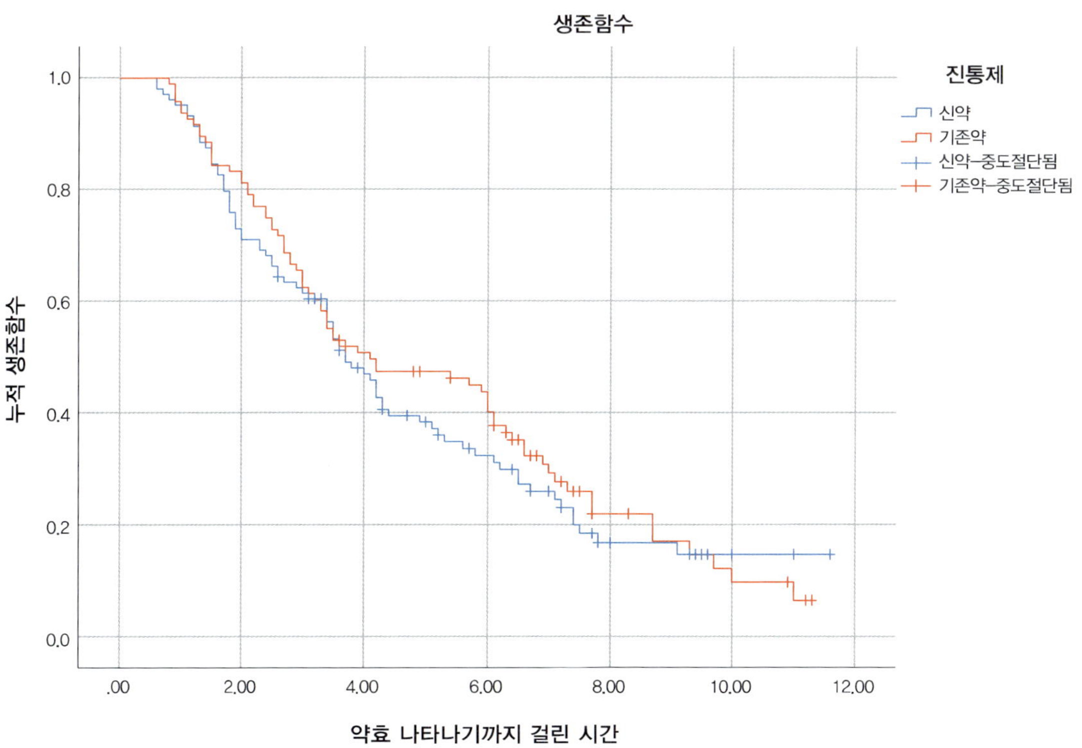

『Kaplan-Meier: 옵션』 대화상자에서 『생존함수』를 선택한다(painkiller.sav 데이터 파일).

5) Excel의 χ^2 함수를 이용하여 다음과 같이 계산할 수 있다: CHISQ.INV.RT(0.05, 1)=3.841.

정에서 확인한 것처럼 두 진통제 간에는 생존시간(진통효과가 나타날 때까지 걸린 시간)에 있어서 뚜렷한 차이가 드러나지 않는다.

14.3 콕스회귀분석

카플란-마이어분석은 집단 간 생존시간의 차이를 시각적으로 확인할 수 있는 유용한 도구를 제공한다. 또한 이러한 집단 간 차이를 통계적으로 검정할 수 있다. 그러나 사건의 발생에 영향을 미칠 수 있는 다른 변수를 분석하지 못한다. 예를 들어, 나이, 혈압, 몸무게 등과 같은 연속형 변수가 생존시간에 미치는 영향을 검정하지는 못한다. **콕스회귀분석(Cox regression analysis)**은 범주형 변수뿐만 아니라 연속형 변수가 사건이 발생할 때까지 경과된 시간, 즉 생존시간에 미치는 영향을 분석할 수 있다.

콕스회귀모델은 다음과 같은 **위험함수(hazard function)**로 표현된다.

$$h(t) = h_0(t) \times e^{b_1x_1 + b_2x_2 + \cdots + b_px_p}$$

여기에서, $h(t)$는 t시점에서의 위험률, $h_0(t)$는 t시점에서의 베이스라인 위험률,
x_1, x_2, $\cdots$, x_p는 예측변수

위험함수 $h(t)$는 **위험률(hazard rate)**로서 t시점에서의 사건발생률을 나타낸다. $h_0(t)$는 t시점에서의 베이스라인(baseline) 위험률로서 예측변수값이 모두 0일 때의 사건발생률로 정의된다. 앞의 방정식을 베이스라인 위험률로 나누고 자연로그를 취하면 예측변수들의 선형결합으로 표현된 다음과 같은 선형회귀식을 얻을 수 있다.

$$\ln\frac{h(t)}{h_0(t)} = b_1x_1 + b_2x_2 + \cdots + b_px_p$$

이 방정식에서 좌변의 $\ln\frac{h(t)}{h_0(t)}$는 콕스회귀모델의 결과변수로서의 역할을 한다. 콕스회귀분석을 통해 우변의 예측변수들에 대한 회귀계수 b_1, b_2, $\cdots$, b_p가 추정된다. 회귀계수는 다중회귀분석에서의 회귀계수와 동일한 방식으로 해석할 수 있다. 즉 다른 변수가 일정할 때 예측변수 한 단위

의 증가가 가져오는 결과변수의 변화량이다. 여기에서 결과변수는 $\ln\frac{h(t)}{h_0(t)}$ 이므로 이는 베이스라인의 위험률 대비 실제 위험률의 비에 자연로그를 취한 값이 된다. 여기서 양변에 지수함수를 취하여 자연로그 부분을 없애면 다음과 같이 좀 더 해석이 용이한 실제 위험률과 베이스라인 위험률 간의 비율을 구할 수 있으며, 이 비율을 **위험비(hazard ratio)**라고 한다.

$$\frac{h(t)}{h_0(t)} = e^{b_1x_1 + b_2x_2 + \cdots + b_px_p} = e^{b_1x_1}e^{b_2x_2}\cdots e^{b_px_p}$$

콕스회귀분석에서는 일반적으로 위험비에 관심을 갖는다. 위험비란 예측변수 한 단위가 증가할 때 변화하는 위험률을 의미한다. 예를 들어, x_1 변수값이 k에서 $k+1$로 증가하면 위험비는 다음과 같다.

$$\frac{\dfrac{h(t|x_1 = k+1)}{h_0(t)}}{\dfrac{h(t|x_1 = k)}{h_0(t)}} = \frac{e^{b_1(k+1) + b_2x_2 + \cdots + b_px_p}}{e^{b_1k + b_2x_2 + \cdots + b_px_p}}$$

$$\frac{h(t|x_1 = k+1)}{h(t|x_1 = k)} = \frac{e^{b_1(k+1)}}{e^{b_1k}} = e^{b_1}$$

위험비는 이처럼 예측변수의 회귀계수에 지수함수를 취한 값 e^{b_i}로 구할 수 있다. 예측변수가 범주형 변수이면 이는 기준범주(reference category) 대비 **상대위험도(relative risk)**를 나타낸다. 예를 들어, x_1 변수가 범주형 변수로서 성별을 나타낸다고 가정해보자. 남자는 0, 여자는 1로 코딩되어 있으며 기준범주는 남자이다. 그러면 e^{b_1}은 남자 대비 여자의 상대적 위험도를 나타낸다. 즉 여자가 남자에 비해 위험에 노출될 가능성이 몇 배 더 큰지(또는 작은지)를 나타낸다. 만일 예측변수가 연속형 변수이면 e^{b_i}는 어떤 사람의 변수값 한 단위가 증가할 때 다른 사람에 비해 상대위험도가 얼마나 변화하는지를 나타낸다. 예를 들어, x_1 변수가 연속형 변수로서 혈압을 나타낸다고 가정해보자. 그러면 e^{b_1}은 혈합이 1만큼 증가하면 그렇지 않을 때에 비해 사건발생 정도가 몇 배 증가(또는 감소)하는지를 나타낸다. 만일 혈압이 5 증가하면 사건발생 정도는 단순히 다섯 배가 증가하는 것이 아니라 $e^{b_1 \times 5} = (e^{b_1})^5$만큼 증가한다.

콕스회귀분석은 위험비가 연구기간 내내 일정하다고 가정한다. 이를 **비례위험가정(proportional hazards assumption)**이라고 한다.[6] 생존분석의 중요한 목표 가운데 하나는 집단 간 생존함수를 비교하는 것이다. 예를 들어, 두 가지 백혈병 치료제를 비교한다고 했을 때 모든 실험 참여자가 사망할 때까지 두 집단을 관찰하면 생존함수는 결국 0%에 도달할 것이다. 하지만 두 가지 치료제의 위험률은 다를 수 있다. 즉 한 집단은 다른 집단에 비해 평균적으로 더 오래살지도 모른다. 콕스회귀분석을 적용하기 위해서는 두 집단의 위험률은 이처럼 다르더라도 그 비율은 모든 시점에서 동일해야 한다. 위험비의 계산식을 보면 시간의 요소가 포함되어 있지 않은 것을 볼 수 있다. 즉 위험비는 모든 시간에 걸쳐 e^{b_i}로서 일정하다. 만약 연구기간 동안 집단 간 위험비가 일정하게 유지되지 않는다면 다른 분석방법을 고려해야 한다.[7] 왜냐하면 시간의 흐름에 따라 위험비가 달라진다는 것은 회귀계수가 단일의 추정값이 아니라 시간에 따라 다른 추정값이 존재한다는 뜻이기 때문이다. 따라서 콕스회귀모델을 추정한 후에는 비례위험가정을 위반하지 않았는지 확인할 필요가 있다.

이동통신회사의 고객이탈(churn) 데이터를 이용하여 콕스회귀분석을 수행해보자(churn.sav 데이터 파일). 여기에서 사건은 고객이탈이며, 고객이탈이 발생하는 경우 1로 코딩되었고 그 외의 경우는 0으로 코딩되었다. 시간은 고객으로서 남아 있던 기간(즉 서비스 이용기간)으로서 월 단위로 측정되었다. 이용하는 서비스 종류에 따라 고객은 네 가지 등급으로 구분되었다.

[그림 14-10]은 범주형 변수에 대한 더미코딩 결과이다. 이 표로부터 각 범주형 변수에 대한 기준범주를 확인할 수 있다. 기준범주는 모든 더미변수가 0으로 코딩된 범주이다. 예를 들어, 고객구분 변수는 세 개의 더미변수가 모두 0으로 코딩된 프리미엄 서비스 고객이 기준범주이다. 범주형 변수가 이진형일 경우에는 더미코딩값이 실제 코딩값과 달라질 수 있기 때문에 주의가 필요하다. 예를 들어, 성별 변수를 보면 실제 코딩값은 남자는 0, 여자는 1이지만 더미변수로 코딩된 결과는 남자는 1, 여자는 0이다. 따라서 성별 변수의 경우 기준범주는 더미변수에서 0으로 코딩된 여자가 된다.

콕스회귀모델은 [그림 14-11]과 같다. 예측변수의 위험비는 'Exp(B)' 열에서 확인할 수 있다. 예를 들어, 결혼 변수의 위험비는 1.393이다. 결혼 변수의 경우 기준범주가 기혼이므로 위험비

---

6) 카플란-마이어분석의 로그순위검정 또한 비례위험가정을 필요로 한다. 만일 이 가정을 위반하면 위험에 노출된 케이스 개수를 가중치로 사용하는 Breslow검정이나 Tarone-Ware검정을 이용한다.

7) 사건이 발생할 때까지 경과된 시간과 상호작용하는 변수가 분석모델에 포함될 경우 비례위험가정에 위배될 수 있다. 이럴 경우 '시간종속 콕스회귀분석'(Cox regression with time-dependent covariates)이 대안으로 검토될 수 있다(이 책에서는 현재 이 분석방법을 다루지 않으나, SPSS 메뉴의 『분석 > 생존분석 > 시간종속 Cox 회귀』를 선택하여 수행할 수 있다).

그림 14-10 ▌범주형 변수 코딩: 고객이탈[a,d,e,f,g]

		빈도	(1)[c]	(2)	(3)	(4)
결혼[b]	0=미혼	505	1			
	1=기혼	495	0			
교육[b]	1=중학교 이하	204	1	0	0	0
	2=고등학교	287	0	1	0	0
	3=전문대	209	0	0	1	0
	4=대학교	234	0	0	0	1
	5=대학원	66	0	0	0	0
은퇴[b]	0=No	953	1			
	1=Yes	47	0			
성별[b]	0=남자	483	1			
	1=여자	517	0			
고객구분[b]	1=기본 서비스	266	1	0	0	
	2=플러스 서비스	217	0	1	0	
	3=골드 서비스	281	0	0	1	
	4=프리미엄 서비스	236	0	0	0	

a. 범주변수: 결혼(결혼상태)
b. 표시자 모수 코딩
c. (0,1) 변수가 다시 코딩되어 계수가 표시자 (0,1) 코딩에 대해 동일하지 않게 됩니다.
d. 범주변수: 교육(교육수준)
e. 범주변수: 은퇴(은퇴)
f. 범주변수: 성별(성별)
g. 범주변수: 고객구분(고객구분)

SPSS 메뉴에서 『분석 > 생존분석 > Cox 회귀』를 선택한다. 『시간』에 사용기간 변수를 지정한다. 『상태』에는 사건을 나타내는 고객이탈 변수를 지정한다. 『이벤트 정의』를 클릭하여 사건발생(여기에서는 고객이탈)의 코딩값 1을 지정한다. 『공변량』에 예측변수를 지정한다. 여기에서는 나이, 결혼, 거주기간, 소득, 교육, 재직기간, 은퇴, 성별, 가구원수, 고객구분 변수를 지정한다. 예측변수에 범주형 변수가 포함되어 있으면 『범주형』을 클릭하여 범주형 변수를 정의한다. 여기에서는 결혼, 교육, 은퇴, 성별, 고객구분 변수를 범주형 변수로 정의한다. 회귀계수의 신뢰구간을 구하기 위해서는 『Cox 회귀: 옵션』 대화상자에서 『exp(B)의 CI 95%』를 선택한다(churn.sav 데이터 파일).

1.393은 미혼인 사람의 고객이탈률이 기혼인 사람에 비해 1.393배 더 높다는 것을 의미한다. 고객구분(1) 변수의 위험비는 1.342로서 이는 기본 서비스 고객이 기준범주인 프리미엄 서비스 고객에 비해 고객이탈 가능성이 1.342배 더 높다는 것을 나타낸다. 연속형 변수인 재직기간의 위험비는 0.922이다. 이는 재직기간이 1년 증가할 때마다 고객이탈률은 7.8%(=(1−0.922)×100)만큼 감소한다는 것을 나타낸다. 재직기간이 5년 더 긴 사람은 그렇지 않은 사람에 비해 고객이탈 가능

그림 14-11 콕스회귀모델: 고객이탈

	B	표준오차	Wald	자유도	TPL 유의확률	Exp(B)	95.0% Exp(B)의 CI	
							하한	상한
나이	-.005	.009	.361	1	.548	.995	.978	1.012
결혼	.331	.162	4.190	1	.041	1.393	1.014	1.913
거주기간	-.060	.010	34.308	1	.000	.942	.923	.961
소득	.001	.001	2.467	1	.116	1.001	1.000	1.003
교육			6.079	4	.193			
교육(1)	-.386	.283	1.863	1	.172	.679	.390	1.183
교육(2)	-.205	.242	.720	1	.396	.814	.507	1.308
교육(3)	-.149	.238	.393	1	.531	.861	.540	1.373
교육(4)	.116	.218	.283	1	.595	1.123	.732	1.722
재직기간	-.081	.013	38.826	1	.000	.922	.899	.946
은퇴	.200	.617	.105	1	.746	1.221	.364	4.093
성별	-.031	.122	.063	1	.802	.970	.764	1.232
가구원수	-.058	.058	.994	1	.319	.944	.843	1.057
고객구분			29.374	3	.000			
고객구분(1)	.294	.168	3.070	1	.080	1.342	.966	1.866
고객구분(2)	-.526	.171	9.401	1	.002	.591	.422	.827
고객구분(3)	-.497	.197	6.371	1	.012	.609	.414	.895

성이 33.4%($=(1-0.922^5)\times 100$) 더 낮다.

콕스회귀모델의 유의성검정은 로지스틱회귀모델과 유사한 방식으로 수행할 수 있다. [그림 14-12]와 같이 우도비통계량을 이용하여 검정한다.[8] 모수 추정치가 주어졌을 때 관측값이 나타날 확률을 우도(likelihood)라고 한다. 일반적으로 −2로그우도(−2log-likelihood)는 추정된 모델이 데이터를 얼마나 잘 적합시키는지의 척도로 사용된다. 잘 적합된 모델일수록 관측값의 우도는 증가하며, 우도값이 증가할수록 −2LL값은 작아진다. 즉 잘 적합된 모델일수록 −2LL값은 작아진다.

우도비는 모델에 변수가 추가되거나 제거될 때의 모델 적합도의 변화량을 나타내며 축소모델과 완전모델 간의 −2LL값의 차이로 산출한다. 여기에서 완전모델은 모든 예측변수가 포함된 현재의 모델을 뜻하며, 축소모델은 완전모델에서 모든 예측변수가 제거된 모델을 말한다. [그림 14-12]에서 '이전 단계와의 상대적 변화'와 '이전 블록과의 상대적 변화'는 예측변수가 모두 포함된 모델과 그렇지 않은 모델 간의 적합도 변화량(즉 −2LL 변화량)이 통계적으로 유의한지를 검정

8) 보다 자세한 내용은 '제13장 로지스틱회귀분석'을 참고한다.

▶ 그림 14-12 ▌모형계수의 총괄 검정: 고객이탈

-2 로그 우도	전체 통계량(점수)			이전 단계와의 상대적 변화			이전 블록과의 상대적 변화		
	카이제곱	자유도	TPL 유의확률	카이제곱	자유도	TPL 유의확률	카이제곱	자유도	TPL 유의확률
3240.813	237.373	15	.000	285.551	15	.000	285.551	15	.000

▶ 그림 14-13 ▌예측변수의 평균: 고객이탈

	평균	패턴(P)			
		1	2	3	4
나이	41.684	41.684	41.684	41.684	41.684
결혼	.505	.505	.505	.505	.505
거주기간	11.551	11.551	11.551	11.551	11.551
소득	77.535	77.535	77.535	77.535	77.535
교육(1)	.204	.204	.204	.204	.204
교육(2)	.287	.287	.287	.287	.287
교육(3)	.209	.209	.209	.209	.209
교육(4)	.234	.234	.234	.234	.234
재직기간	10.987	10.987	10.987	10.987	10.987
은퇴	.953	.953	.953	.953	.953
성별	.483	.483	.483	.483	.483
가구원수	2.331	2.331	2.331	2.331	2.331
고객구분(1)	.266	1.000	.000	.000	.000
고객구분(2)	.217	.000	1.000	.000	.000
고객구분(3)	.281	.000	.000	1.000	.000

한다. 이 차이가 통계적으로 유의하면 현재의 모델의 적합도가 통계적으로 유의하다는 것을 나타낸다. 여기에서 카이제곱통계량에 대응되는 관측된 유의확률은 0.000으로서 "콕스회귀모델에 포함된 회귀계수는 모두 0이다"라는 귀무가설을 기각한다. 즉 예측변수 가운데 적어도 하나는 0이 아닌 회귀계수값을 가지며, 따라서 도출된 콕스회귀모델은 유의하다.

[그림 14-13]은 예측변수의 평균값이다. 예를 들어, 나이와 재직기간의 평균은 각각 41.684세와 10.987년이다. 범주형 변수인 성별의 평균은 0.483이다. 범주형 변수의 평균은 1로 코딩된 범주의 비율을 나타낸다. 따라서 여기에서는 남자의 비중이 48.3%라는 의미이다. 이 수치들은 생존함수곡선과 위험함수곡선을 해석할 때 중요한 역할을 한다.

그림 14-14 ▌생존함수곡선-평균 공변량: 고객이탈

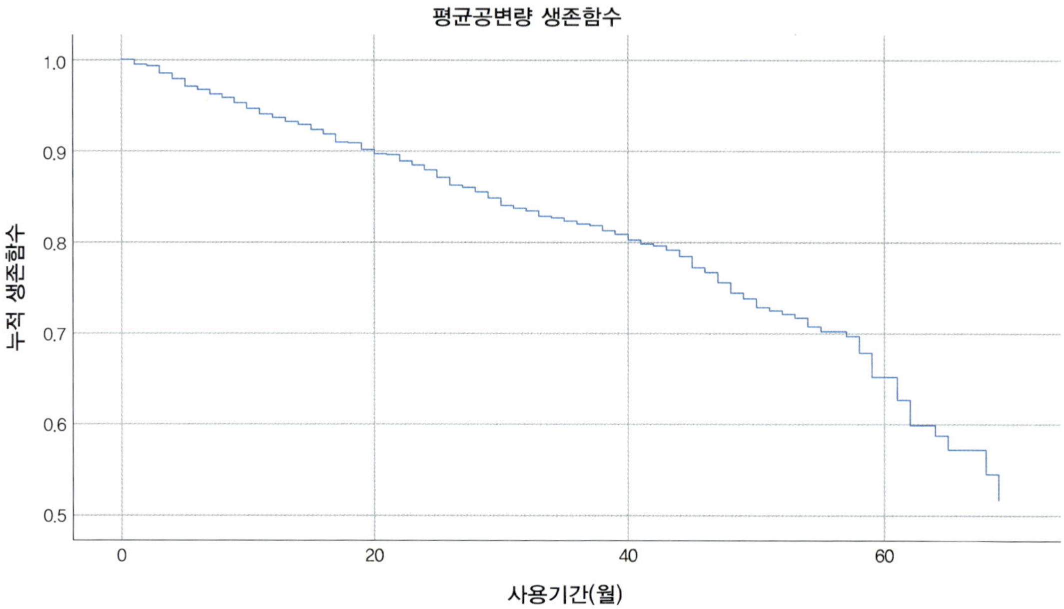

『Cox 회귀: 도표』 대화상자에서 『생존함수』를 선택한다(churn.sav 데이터 파일).

생존함수곡선은 고객이 이탈할 때까지 걸린 기간과 특정 시점에서 그 이후 고객으로 유지될 확률을 보여준다. 이때 여기에서 얘기하는 고객은 '평균' 고객으로서 모든 예측변수의 평균값을 갖는 사람을 의미한다. 예를 들어, [그림 14-14]의 생존함수곡선은 나이와 재직기간이 각각 41.684세와 10.987년인 고객을 나타내고, 성별의 영향은 절반 정도(0.483) 반영되도록 조정된다. [그림 14-15]의 집단별 생존함수곡선 또한 이러한 방식으로 예측변수 관점에서 집단 간의 불균형이 조정된다. 이렇게 함으로써 생존함수곡선의 차이는 다른 예측변수의 영향 없이 오로지 집단의 차이에 기인한 것으로 해석할 수 있다. 여기에서는 기본 서비스 고객과 프리미엄 서비스 고객의 이탈률이 다른 두 유형보다 상대적으로 더 크다. 콕스회귀분석에 의해 그려지는 생존함수곡선은 콕스회귀모델에 의해 예측된 생존함수이며 실제값은 아니다. 실제 생존함수는 [그림 14-16]과 같이 카플란-마이어분석을 이용하여 그릴 수 있다. 그래프에서 보듯이 두 생존함수곡선은 추세는 비슷하지만 서로 차이가 있다.

그림 14-15 ▌ 생존함수곡선-집단 구분: 고객이탈

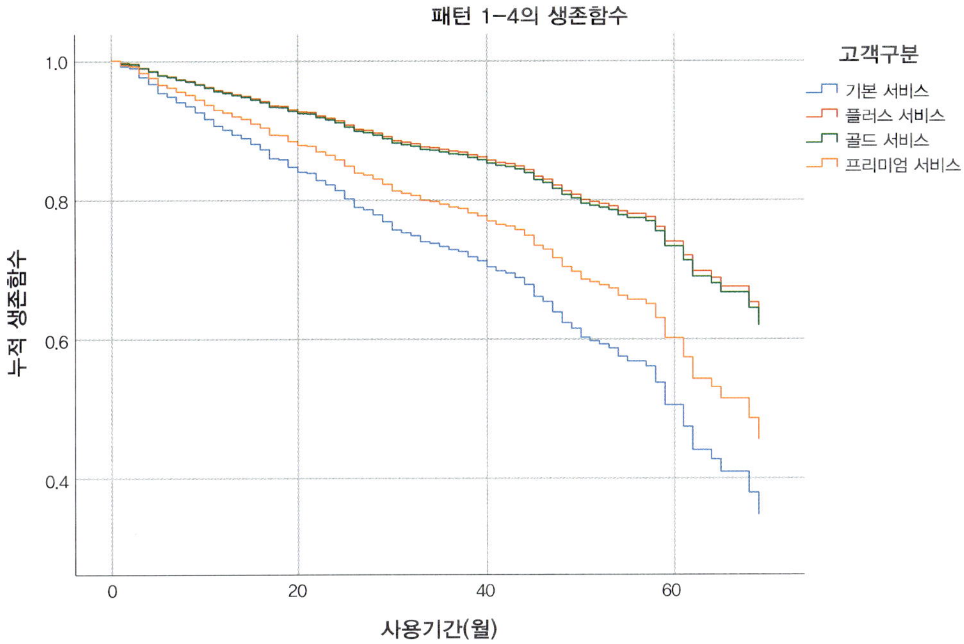

『Cox 회귀: 도표』 대화상자에서 『생존함수』를 선택한다. 『도표화되는 공변량 값』 가운데 범주형 변수를 선택하여 『선구분 집단변수』로 옮긴다. 여기에서는 고객구분 변수를 지정한다(churn.sav 데이터 파일).

그림 14-16 ▌ 생존함수곡선(카플란-마이어분석): 고객이탈

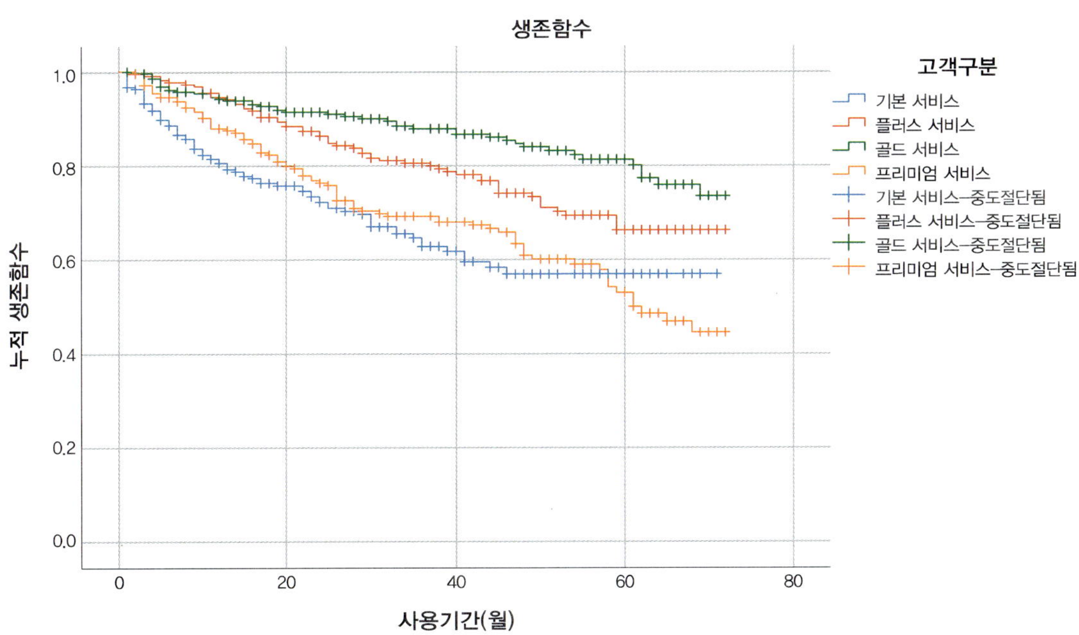

그림 14-17 ❙ 위험함수곡선-평균 공변량: 고객이탈

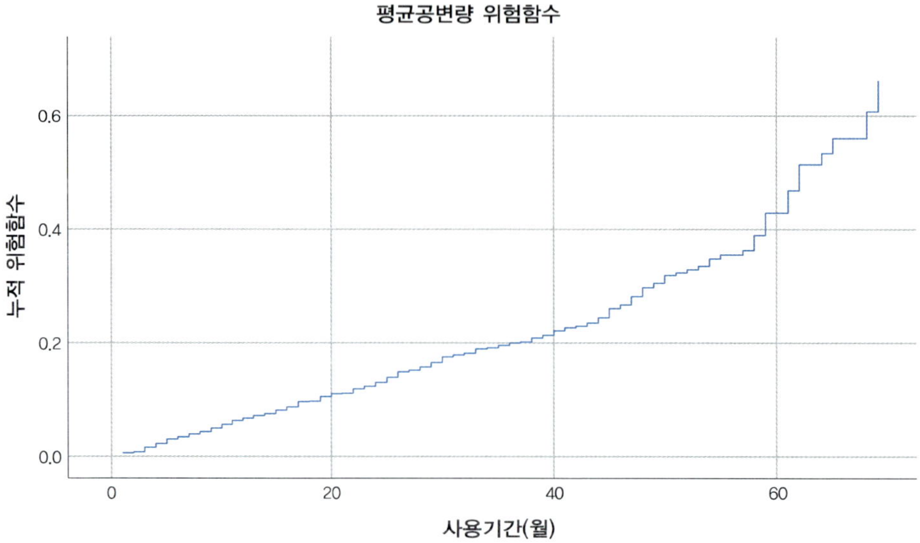

『Cox 회귀: 도표』 대화상자에서 『위험함수』를 선택한다(churn.sav 데이터 파일).

그림 14-18 ❙ 위험함수곡선-집단 구분: 고객이탈

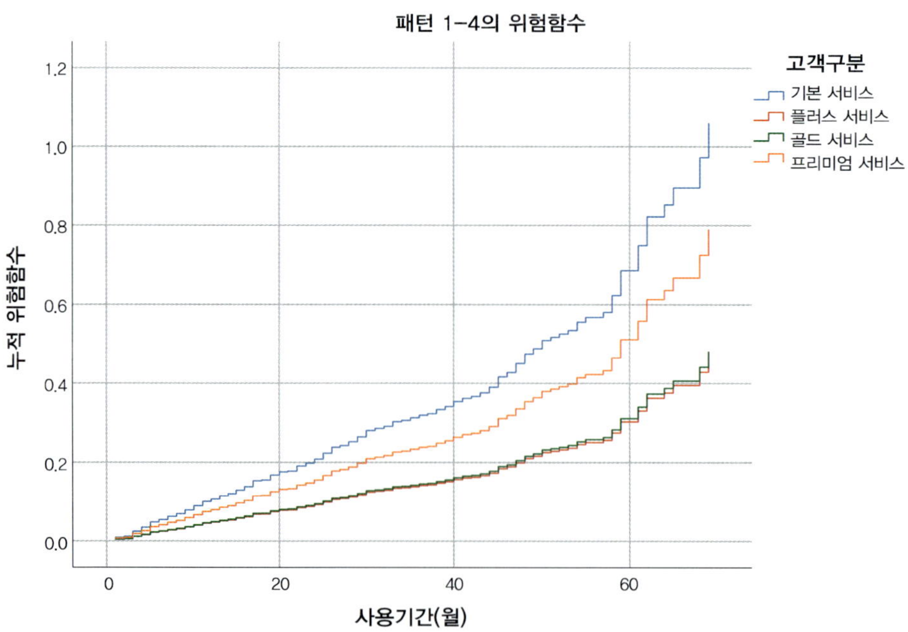

『Cox 회귀: 도표』 대화상자에서 『위험함수』를 선택한다. 『도표화되는 공변량 값』 가운데 범주형 변수를 선택하여 『선구분 집단변수』로 옮긴다. 여기에서는 고객구분 변수를 지정한다(churn.sav 데이터 파일).

위험함수곡선은 고객이 이탈할 때까지 걸린 기간과 특정 시점에서의 위험률을 보여준다. 생존함수곡선과 마찬가지로 모든 예측변수의 평균값을 갖는 '평균' 고객에 대해 생성된다. [그림 14-17]과 [그림 14-18]은 각각 전체 위험함수곡선과 집단별 위험함수곡선이다.

콕스회귀모델을 추정한 이후에는 비례위험가정을 위반하지 않았는지 검토해볼 필요가 있다. [그림 14-19]의 LML함수(log minus log function)를 이용하여 간단하게 비례위험가정 충족 여부를 확인할 수 있다. LML함수곡선은 생존함수에 log-log변환(log-log transformation)을 하여 그린다.[9] LML함수곡선에서 비교하려는 집단들의 곡선이 교차하거나 서로 만나지 않고 관측기간 동안 평행을 유지하면 비례위험가정을 위반하지 않은 것으로 판단한다. 여기에서는 골드와 플러스 고객집단 간에 유사한 패턴이 관찰되기는 하지만 네 고객집단의 LML함수곡선이 대체로 서로 만나거나 교차하지 않으며 평행한 곡선을 그리고 있으므로 집단 간 위험비는 시간의 흐름에 따라 변하지 않는다고 가정한다.

그림 14-19 | LML함수곡선-집단 구분: 고객이탈

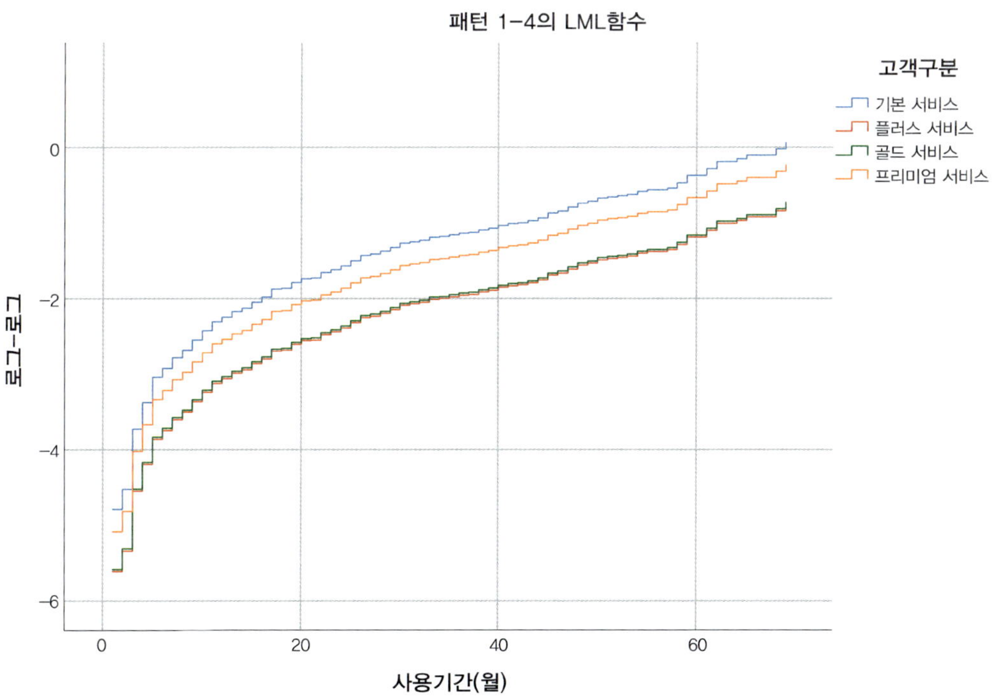

『Cox 회귀: 도표』 대화상자에서 『로그-로그』를 선택한다. 『도표화되는 공변량 값』 가운데 범주형 변수를 선택하여 『선구분 집단변수』로 옮긴다. 여기에서는 고객구분 변수를 지정한다(churn.sav 데이터 파일).

9) 생존함수에 대한 음의 로그값에 다시 로그를 취하여 Y축을 그린다.

SPSS 활용

1 생명표분석 수행하기

- 『분석 > 생존분석 > 생명표』를 선택한다.
- 『시간』에 생존기간에 해당하는 변수를 지정한다. 『시간 간격 표시』에는 전체 생존기간의 범위와 구간의 증가폭을 지정한다.

그림 14-20 ▌ 생명표 대화상자

- 『상태』에 사건을 나타내는 변수를 지정하고 『이벤트 정의』를 클릭하여 사건발생을 나타내는 코딩값을 지정한다. 사건발생을 나타내는 값이 한 개일 경우에는 『단일값』에 해당 코딩값을 지정한다. 여러 개일 경우에는 『값의 범위』에 해당 값들을 지정한다. 예를 들어, 코딩값 0, 1, 2, 3이 각각 중도절단, 치료 전 사망, 치료 중 사망, 치료 후 사망을 나타내고, 이 가운데 1, 2, 3을 사건발생으로 간주하려면 『값의 범위』에 1과 3을 지정한다.

▶ 그림 14-21 ▌ 생명표: 상태변수에 대한 이벤트 정의 대화상자

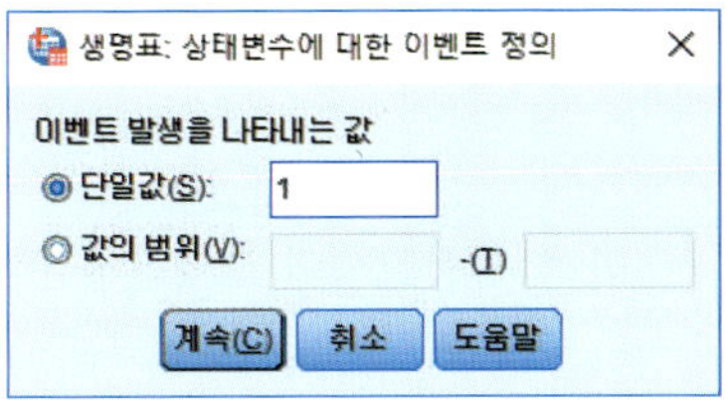

- 『요인』에 비교하고자 하는 집단변수를 지정하고 『범위지정』을 클릭하여 코딩값의 범위를 지정한다.

▶ 그림 14-22 ▌ 생명표: 요인 범위 정의 대화상자

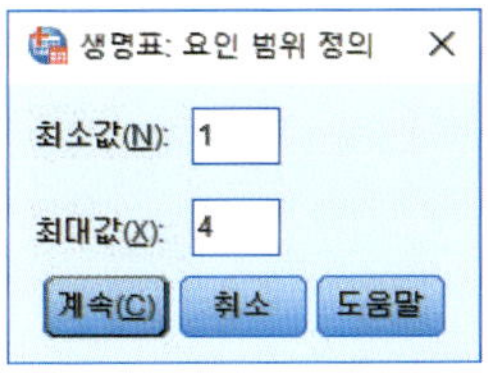

- 『생명표: 옵션』 대화상자에서 필요한 옵션을 선택할 수 있다.
- 『도표』에서 『생존함수』 및 『위험함수』를 선택하여 생존함수곡선과 위험함수곡선을 그릴 수 있다.
- 『처음 요인의 수준 비교』에서 『전체』 또는 『대응별』을 선택하여 집단 간 생존확률의 차이를 통계적으로 검정할 수 있다. 집단의 개수가 세 개 이상일 경우에 『대응별』을 선택하면 모든 집단 간 비교를 수행할 수 있다.

▶ 그림 14-23 ▌ 생명표: 옵션 대화상자

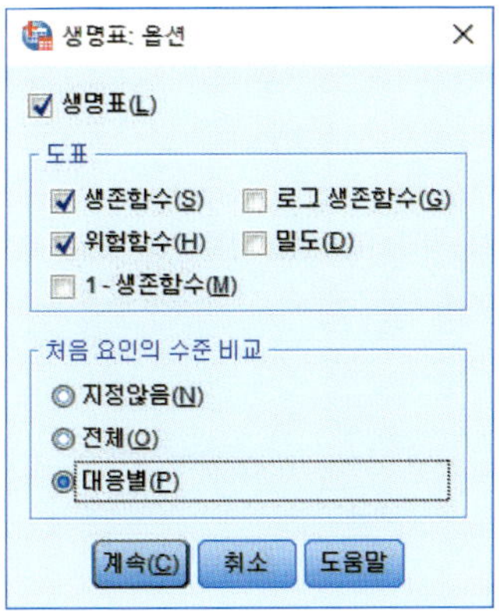

2 카플란-마이어분석 수행하기

- 『분석 > 생존분석 > Kaplan-Meier』를 선택한다.
- 『시간』에 생존기간에 해당하는 변수를 지정한다.
- 『상태』에 사건을 나타내는 변수를 지정한다. 『이벤트 정의』를 클릭하여 사건발생의 코딩값을 지정한다. 사건발생을 나타내는 값이 한 개일 경우에는 『단일값』에 해당 코딩값을 지정한다. 여러 개일 경우에는 『값의 범위』 또는 『여러 값』에 해당 값들을 지정한다.
- 『요인』에 비교하고자 하는 집단변수를 지정한다.

그림 14-24 ▌ Kaplan-Meier 대화상자

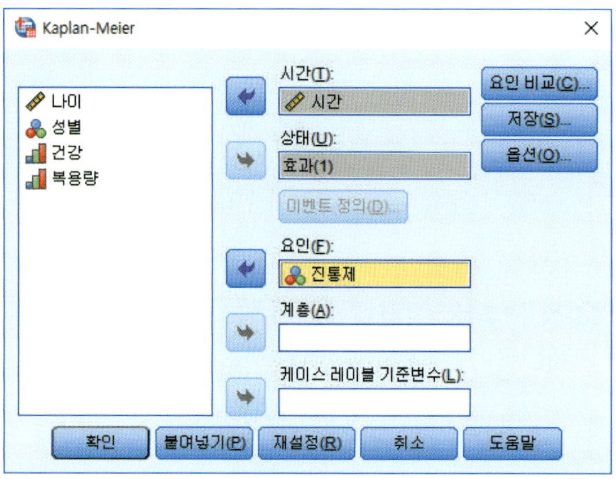

그림 14-25 ▌ Kaplan-Meier: 상태 변수에 대한 이벤트 정의 대화상자

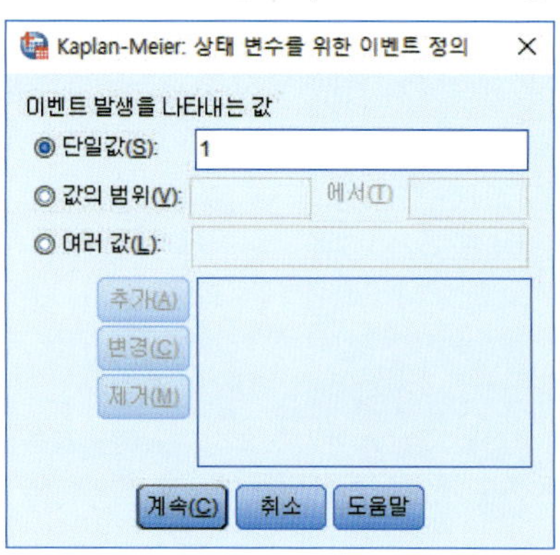

▶ 『Kaplan−Meier: 요인수준들 비교』 대화상자에서 『로그 순위』, 『Breslow』, 『Tarone−Ware』를 선택하여 생존함수의 집단 간 차이를 통계적으로 검정할 수 있다.

그림 14−26 ▌ Kaplan−Meier: 요인수준들 비교 대화상자

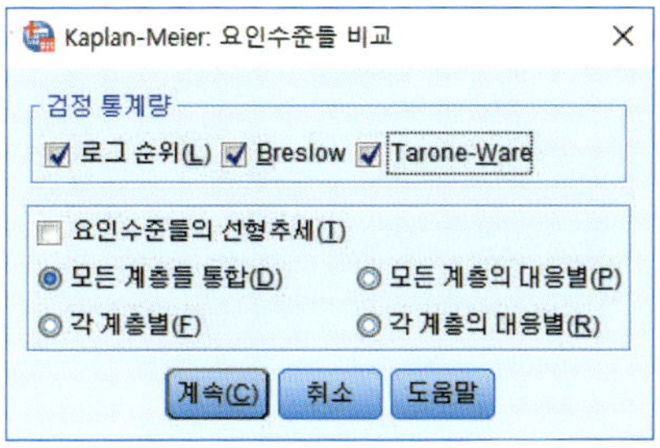

▶ 『Kaplan−Meier: 옵션』 대화상자에서 필요한 옵션을 선택할 수 있다.

▶ 『통계량』에서 『생존표』 및 『생존시간의 평균과 중위수』를 선택한다.

▶ 『도표』에서 『생존함수』 및 『위험함수』를 선택하여 생존함수곡선과 위험함수곡선을 그릴 수 있다.

그림 14−27 ▌ Kaplan−Meier: 옵션 대화상자

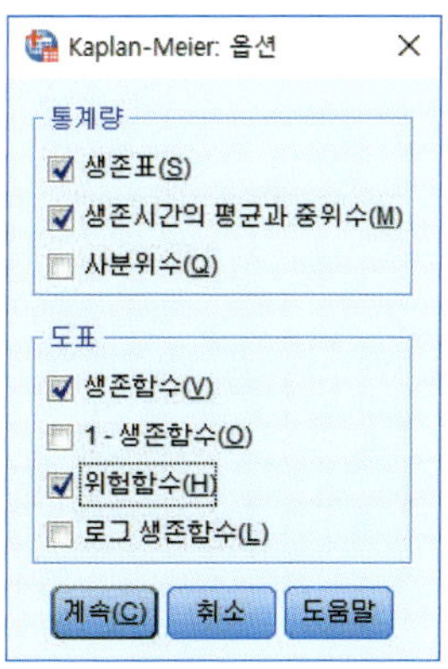

3 콕스회귀분석 수행하기

▶ 『분석 > 생존분석 > Cox 회귀』를 선택한다.

▶ 『시간』에 생존기간에 해당하는 변수를 지정한다.

▶ 『상태』에 사건을 나타내는 변수를 지정한다. 『이벤트 정의』를 클릭하여 사건발생의 코딩값을 지정한다. 사건발생을 나타내는 값이 한 개일 경우에는 『단일값』에 해당 코딩값을 지정한다. 여러 개일 경우에는 『값의 범위』 또는 『여러 값』에 해당 값들을 지정한다.

▶ 『공변량』에 예측변수를 지정한다.

그림 14-28 Cox 회귀 대화상자

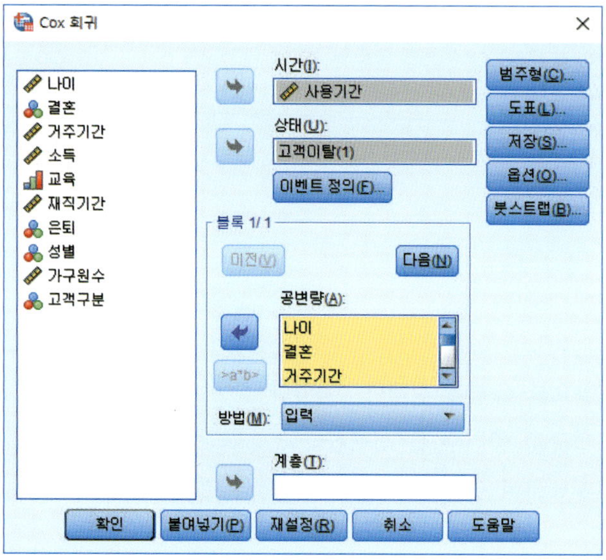

그림 14-29 Cox 회귀: 상태변수에 대한 이벤트 정의 대화상자

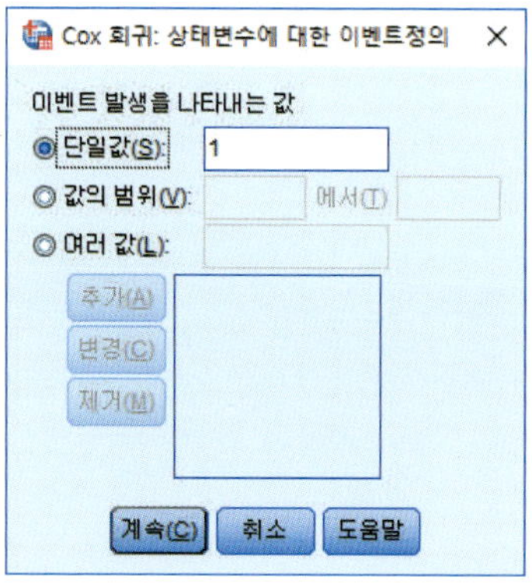

▶ 예측변수에 범주형 변수가 포함되어 있으면 『범주형』을 클릭하여 범주형 변수를 정의한다. 『대비 변경』에서 기준범주(참조범주)를 변경할 수 있다.

그림 14-30 ▌Cox 회귀: 범주형 공변량 정의 대화상자

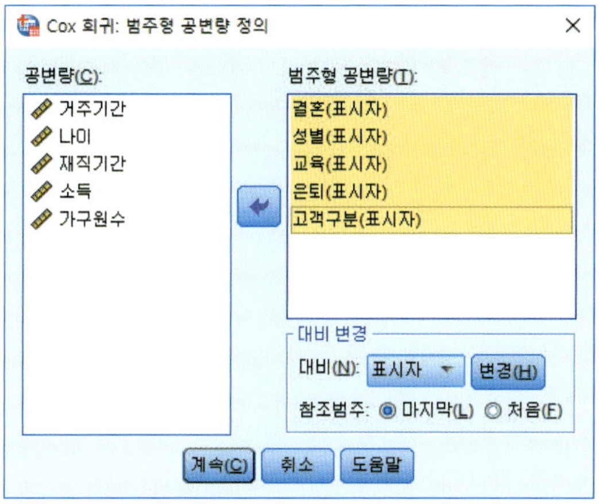

▶ 『Cox 회귀: 도표』 대화상자에서 『생존함수』 및 『위험함수』를 선택하여 생존함수곡선과 위험함수곡선을 그릴 수 있다. 이때 『선구분 집단변수』에 집단을 나타내는 범주형 변수를 지정하여 집단별 그래프를 생성할 수 있다.

그림 14-31 ▌Cox 회귀: 도표 대화상자

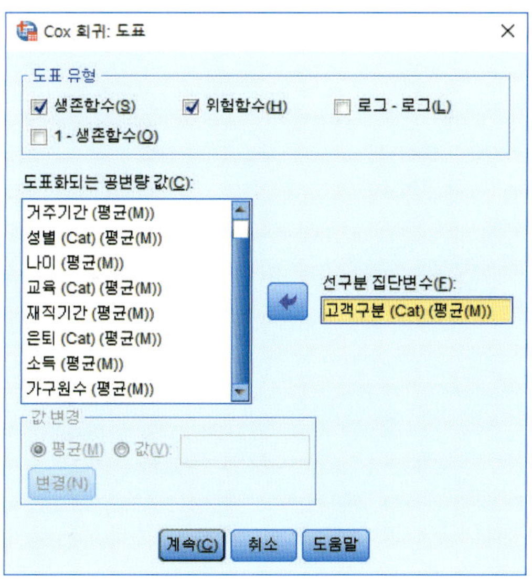

▶ 회귀계수의 신뢰구간을 구하기 위해서는 『Cox 회귀: 옵션』 대화상자에서 『exp(B)의 CI 95%』를 선택한다.

그림 14-32 Cox 회귀: 옵션 대화상자

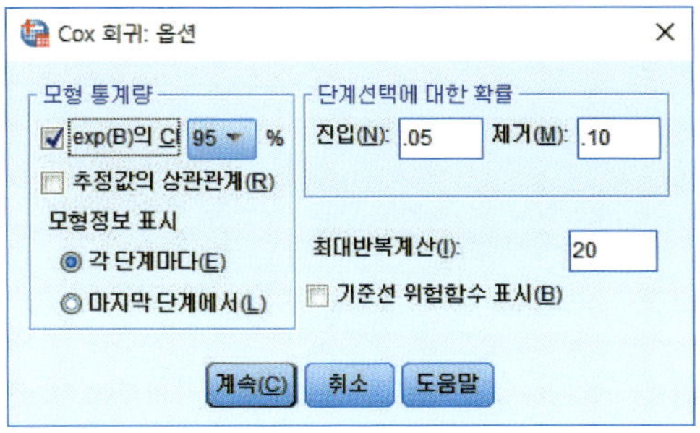

사례연구

안심사회연구소에서는 상습적 범죄가 사회의 전반적인 안전에 미치는 영향과 그 발생 원인을 연구하고 있다. 이를 위해 교정당국으로부터 범죄자의 재범 관련 데이터를 수집하여 재범에 이르기까지 걸리는 기간과 재범에 미치는 영향 요인을 분석하려고 한다(recidivism.sav 데이터 파일). 사용된 변수는 [그림 14-33]의 표와 같다.

다양한 예측변수들이 범죄자의 재범에 미치는 영향을 규명하기 위하여 콕스회귀분석을 사용하였다. 우선 [그림 14-34]와 같이 데이터 파일에 몇 개의 케이스가 포함되어 있으며, 결측값은 없는지 조사하였다. 총 1,000개의 케이스가 분석에 사용되었으며 결측값은 없었다. 재범이 발생한 케이스가 전체의 64.7%를 차지하였고, 중도절단 케이스는 35.3%였다.

그림 14-33 ▌상습범죄 관련 변수

변수명	설명	척도
나이	나이	년
결혼	결혼 상태	0=미혼, 1=기혼
사회계층	사회경제적 계층	1=하, 2=중, 3=상
교육	교육수준	1=중학교 이하, 2=고등학교, 3=대학교, 4=대학원
고용	고용 상태	0=아니오, 1=예
성별	성별	0=남자, 1=여자
재범	재범 여부	0=아니오, 1=예
시간	재범까지 걸린 시간	일

그림 14-34 ▌케이스 처리 요약: 상습범죄

		N	퍼센트
분석가능한 케이스	이벤트[a]	647	64.7%
	중도절단됨	353	35.3%
	전체	1000	100.0%
삭제 케이스	결측값이 있는 케이스	0	0.0%
	음의 시간을 갖는 케이스	0	0.0%
	계층에서 가장 빠른 이벤트 전의 중도절단된 케이스	0	0.0%
	전체	0	0.0%
전체		1000	100.0%

a. 종속변수: 시간

콕스회귀분석 결과는 [그림 14-35]와 같다. 콕스회귀모델은 [그림 14-36]의 검정결과와 같이 통계적으로 유의하다. 각 개별 회귀계수를 살펴보면 나이, 결혼, 고용 변수가 재범 시간에 유의한 영향을 미치는 것으로 나타났다. 나이가 많을수록 재범 가능성은 줄어든다. 구체적으로 나이가 한 살 증가하면 재범 가능성은 5.5%(=(1−0.945)×100) 감소한다. 결혼한 사람보다는 미혼인 사람의 재범 가능성이 더 크다. 미혼의 경우 배우자가 있는 사람보다 재범 가능성이 1.773배 증가한다([그림 14-37]의 범주형 변수 코딩값을 보면 결혼 변수의 기준범주는 '기혼'이다). 직업이 없으면 재범 가능성이 어딘가에 고용된 사람보다 1.368배 커진다(고용 변수의 기준범주는 '고용').

콕스회귀모델에 의해 예측된 생존함수곡선은 [그림 14-38]과 같다. [그림 14-39]의 집단별 생존함수곡선을 보면 직업이 없으면 다시 범죄를 저지르는 데 걸리는 시간이 직업을 갖고 있는 경우보다 더 빨라지는 것을 확인할 수 있다. 비례위험가정의 충족 여부를 [그림 14-40]의 LML함수곡선을 통해 확인하였다. 초반 시기 일부를 제외하고는 대체로 가정을 충족하고 있는 것으로 판단된다.

그림 14-35 ▌ 콕스회귀모델: 상습범죄

	B	표준오차	Wald	자유도	TPL 유의확률	Exp(B)	95.0% Exp(B)의 CI 하한	95.0% Exp(B)의 CI 상한
나이	-.057	.006	98.693	1	.000	.945	.934	.955
결혼	.573	.084	47.045	1	.000	1.773	1.506	2.089
사회계층			1.458	2	.482			
사회계층(1)	-.102	.113	.816	1	.366	.903	.723	1.127
사회계층(2)	-.139	.115	1.454	1	.228	.870	.694	1.091
교육			7.349	3	.062			
교육(1)	.115	.269	.184	1	.668	1.122	.663	1.900
교육(2)	.009	.269	.001	1	.974	1.009	.596	1.709
교육(3)	.326	.278	1.369	1	.242	1.385	.803	2.389
고용	.313	.080	15.245	1	.000	1.368	1.169	1.601
성별	.168	.112	2.276	1	.131	1.183	.951	1.473

그림 14-36 ▌ 모형계수의 총괄 검정: 상습범죄

-2 로그 우도	전체 통계량(점수)			이전 단계와의 상대적 변화			이전 블록과의 상대적 변화		
	카이제곱	자유도	TPL 유의확률	카이제곱	자유도	TPL 유의확률	카이제곱	자유도	TPL 유의확률
8199.240	172.120	9	.000	182.452	9	.000	182.452	9	.000

▶ 그림 14-37 ▎범주형 변수 코딩: 상습범죄

		빈도	(1)	(2)	(3)
결혼	0=미혼	581	1		
	1=기혼	419	0		
사회계층	1=하	443	1	0	
	2=중	395	0	1	
	3=상	162	0	0	
교육	1=중학교 이하	413	1	0	0
	2=고등학교	402	0	1	0
	3=대학교	157	0	0	1
	4=대학원	28	0	0	0
고용	0=No	390	1		
	1=Yes	610	0		
성별	0=남자	845	1		
	1=여자	155	0		

▶ 그림 14-38 ▎생존함수곡선-평균 공변량: 상습범죄

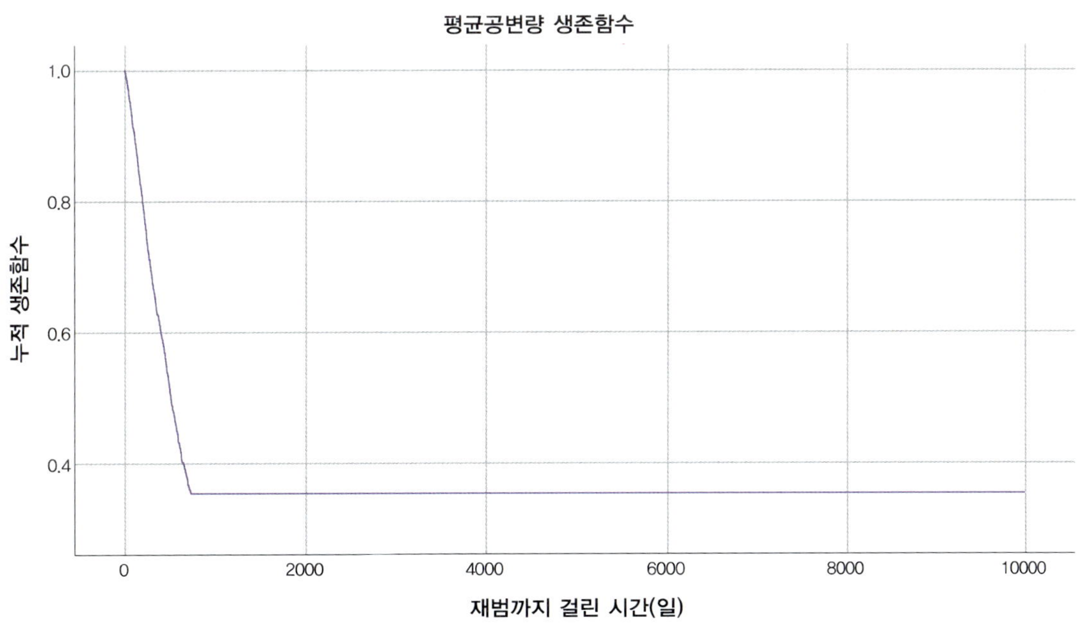

그림 14-39 ▌ 생존함수곡선-집단 구분: 상습범죄

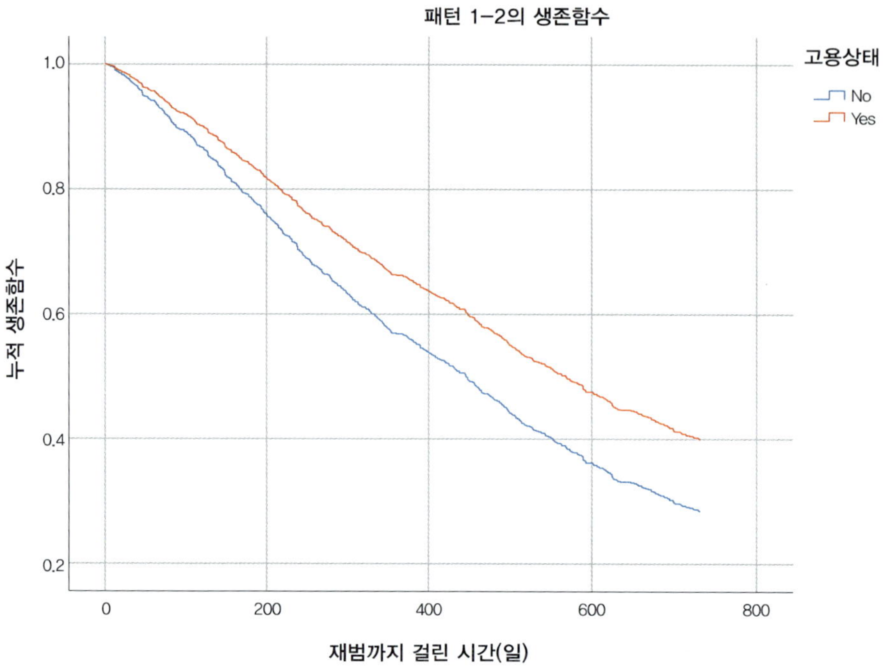

그림 14-40 ▌ LML함수곡선-집단 구분: 상습범죄

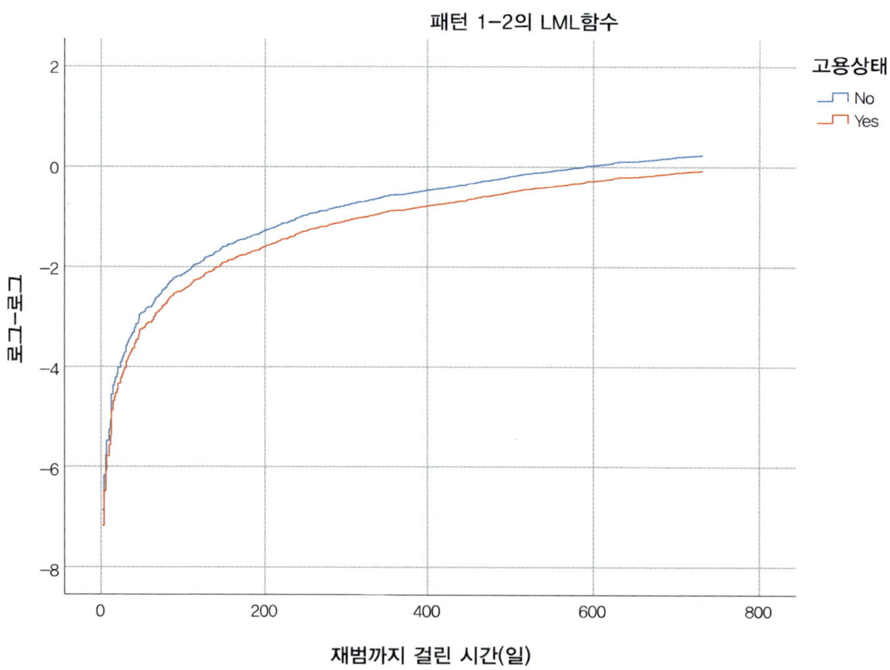

연습문제

01 심장이식 수술을 받은 환자들의 생존기간을 기록하였다. hearttransplant.sav 데이터 파일을 이용하여 생명표분석을 수행하고 결과를 제시하시오.

02 뇌종양 진단을 받은 환자들에게 방사선 치료를 시행하였다. 환자들을 두 개의 집단으로 나누고 한 집단에는 새로운 방사선증감제를 처방하였다. braincancer.sav 데이터 파일을 이용하여 카플란-마이어분석을 수행하고 두 집단 간에 치료효과의 차이가 존재하는지 검정하시오.

03 종업원들의 인사기록과 근무환경 데이터를 수집하였다(attrition.sav 데이터 파일; Watson Analytics 2018). 콕스회귀분석을 이용하여 나이, 소득, 성별, 직무만족도, 결혼상태가 근속기간에 미치는 영향을 분석하시오.

군집분석

Chapter 15

Chapter 15

군집분석

군집분석(cluster analysis)은 데이터의 개별 케이스를 서로 간의 상호 관련성을 토대로 동질적인 집단으로 묶어주는 통계기법이다. 군집분석은 관측된 특성이나 설문의 응답내용을 토대로 수행되며 서로 유사한 특징을 지니거나 유사한 답변을 한 케이스들을 동일한 집단으로 분류한다. 데이터의 분석대상들은 군집분석에 의해 두 개 이상의 집단으로 분류되며 이렇게 분류된 각 집단을 **군집(cluster)**이라고 부른다. 분석대상들에 대해 군집분석을 하고 나면 특정 군집 내의 분석대상들은 서로 동질적인 특성을 갖는 반면, 군집 간에는 서로 이질적인 모습을 보이게 된다. 예를 들어, 고객데이터를 이용하여 군집분석을 수행하면 유사한 구매습관 또는 유사한 인구통계학적 특성을 갖는 동질적인 고객집단을 식별해낼 수 있다. 그러면 이러한 유사성을 이용하여 식별된 고객집단별로 가장 성공 가능성이 높은 차별화된 판촉활동을 제공함으로써 마케팅의 효과를 높일 수 있다.

군집분석은 데이터 구조의 동질성을 파악한다는 관점에서 볼 때 요인분석과 유사한 측면이 있다. 하지만 요인분석은 변수 간의 관련성으로부터 유사변수들을 하나의 동질적인 요인으로 묶어주는 반면(즉 데이터 파일에서 열(column)을 분석의 대상으로 함), 군집분석은 응답값이나 관측값 등을 토대로 유사한 특성을 갖는 케이스들을 동질적인 집단으로 분류한다(즉 데이터 파일에서 행(row)을 분석의 대상으로 함). 또한 군집분석은 개별 케이스를 분류하여 범주화시킨다는 관점에서 볼 때 판별분석과 유사한 측면이 있다. 그러나 판별분석은 개별 케이스에 대한 귀속집단을 미리 알고 있어야 하며, 이러한 개별 케이스와 귀속집단 간의 관계를 통해 집단의 분류규칙을 도출하는 것을 목표로 한다. 반면에 군집분석은 개별 케이스가 속할 집단이 사전에 결정되어 있지 않으며, 케이스들을 통해 실제의 집단을 찾아내는 것을 목표로 한다. 예를 들어, 판별분석을 이용하여 백화점 고객의 구매성향별 집단을 구별하고 싶다면 분석에 사용하고자 하는 데이터에는 고객들이 어느 구매성향 집단에 속하는지 나타나 있어야 한다. 이러한 데이터를 기반으로 판별분석을 통해 새로운 고객에 대한 구매성향을 예측하기 위한 규칙을 도출하게 된다. 이와는 대조적으로 군집분석에서는 각 고객들이 어느 구매성향 집단에 속하는지 모르며, 몇 개의 구매성향 집단이 존재하는지도 모르는 것이 일반적이다. 군집분석은 고객데이터를 통해 실제로 존재하는 구매성향 집단을 식별한다.

여기에서는 **계층적 군집분석(hierarchical cluster analysis)**과 **k-평균 군집분석(k-means cluster analysis)** 등 사용빈도가 높은 군집분석 방법 두 가지를 소개한다. 계층적 군집분석에서는 군집의 개수를 변화시켜 가며 적절한 군집의 개수를 탐색할 수 있다. 반면에 k-평균 군집분석에서는 사전에 원하는 군집의 개수를 지정해야 하며, 이 군집의 개수에 맞게 각 케이스가 할당된다.

15.1 계층적 군집분석

계층적 군집분석은 **병합 계층적 군집분석(agglomerative hierarchical cluster analysis)**과 **분할 계층적 군집분석(divisive hierarchical cluster analysis)**으로 나누어볼 수 있다. 병합 계층적 군집분석은 모든 케이스가 각자 하나의 군집을 형성하면서 시작된다. 즉 시작 단계에서는 케이스의 개수와 군집의 개수가 동일하다. 이후 군집단계가 진행되면서 단계별로 유사한 군집끼리 서로 합쳐지게 되며, 최종 단계에서는 하나의 군집만 남게 된다. 분할 계층적 군집분석은 이와 반대로 모든 케이스들이 포함된 하나의 군집으로부터 시작하여 케이스 개수만큼의 군집을 도출하는 것으로 종료된다. 어느 군집화 방법을 적용하든 관계없이 첫 번째 단계와 마지막 단계에서는 의미 없는 군집화 결과물(한 개의 군집 또는 케이스 개수만큼의 군집)을 도출하기 때문에 군집화 과정 중 어느 단계에서 멈출 것인지를 결정해야 한다. 이는 결국 적정 군집의 개수를 결정하는 문제가 되며 이에 대한 정답은 없다. 군집의 개수는 전적으로 데이터 분석자가 도출된 군집으로 무엇을 할 것인지에 달려있다. 군집화를 단계별로 진행하면서 해석 가능한 군집의 집합에 도달하거나 합리적인 수준의 군집 개수를 얻게 될 때 군집화 과정을 멈추는 것이 적절한 군집분석을 위한 하나의 가이드라인이 될 수 있다. 계층적 군집화 과정을 통해 군집을 도출하기 위해서는 다음과 같은 점을 검토하여 결정해야 한다.

- 케이스 간의 유사성(similarity) 또는 거리(distance)/상이성(dissimilarity)을 측정하기 위한 기준
- 어느 군집과 어느 군집이 다음 단계에서 서로 결합될 것인지를 결정하는 기준
- 군집의 개수 결정 기준

병합 계층적 군집분석 과정을 2010년 밴쿠버 동계올림픽 여자 피겨스케이팅 쇼트프로그램(short program) 종목의 심판 판정점수를 이용하여 살펴보자. 쇼트프로그램에서는 아홉 명의 심판이 각자 기술분야와 예술분야에 대해 점수를 부여하게 되고, 이들 심판의 판정점수를 합산하여 우승자를 가린다. 여기에서는 여자 피겨스케이팅 종목에서 금메달을 획득한 김연아 선수의 쇼트프로그램 점수를 토대로 계층적 군집분석을 이용하여 어느 심판들이 서로 유사한 판정기준을 갖고 있는지를 분석한다(kimyunashort.sav 데이터 파일; 밴쿠버 동계올림픽 2010a). [그림 15-1]에 김연아 선수의 쇼트프로그램 점수를 아홉 명의 심판별로 정리하였다.

심판군집을 도출하기 위해서는 우선 심판들 간의 판정점수의 유사성 또는 거리를 측정하기 위해 사용되는 기준을 결정해야 한다. 유사성은 두 대상이 서로 얼마나 동질적인지를 나타내는 반면, 거리는 두 대상이 서로 얼마나 상이한가(떨어져 있는지)를 의미한다. 따라서 어느 두 대상이 서로 비슷한 특성을 보인다면 유사성 척도는 큰 값을 갖고 거리 척도는 작은 값을 갖게 된다. 군집분석에서는 유사성과 거리를 측정하는 다양한 방법이 개발되어 있으며, SPSS를 비롯한 대부분의 통계 패키지에서는 다양한 유사성/거리 척도를 제공한다.

[그림 15-1]을 보면 심판 J1과 심판 J2 사이에 기술점수에서는 2점의 차이가 있고, 예술점수에서는 0.5점의 차이가 있다. 이러한 차이는 두 심판 간의 판정성향에 대한 상이성의 정도로 이해할 수 있다. 거리 차이를 하나의 척도로 표현하는 방법 가운데 가장 흔히 사용되는 방법이 **제곱유클리드거리(squared Euclidean distance)** 방법이다. 이 방법은 비교대상이 되는 변수 간의 차이의 제곱을 합산하여 상이성의 정도를 측정한다. 두 심판 i와 j의 x 변수값과 y 변수값을 알고 있을 때 두 심판 간의 제곱유클리드거리는 다음과 같이 정의된다.

그림 15-1 | 김연아 선수 쇼트프로그램 점수

심판	기술점수*	예술점수
J1	13	41.25
J2	11	41.75
J3	11	39.75
J4	13	41.25
J5	13	42.50
J6	13	45.00
J7	13	42.50
J8	16	42.75
J9	13	43.75

*기본점수를 제외한 가산점수만 포함되어 있음.

$$d_{ij} = (x_i - x_j)^2 + (y_i - y_j)^2$$

여기에서, d_{ij}는 i와 j 간의 제곱유클리드거리, x_i 및 y_i는 i의 x 변수값 및 y 변수값,
x_j 및 y_j는 j의 x 변수값 및 y 변수값

예를 들어, 심판 J1과 J2의 제곱유클리드거리는 다음과 같이 구할 수 있다.

$$D_{12} = (\text{J1의 기술점수} - \text{J2의 기술점수})^2 + (\text{J1의 예술점수} - \text{J2의 예술점수})^2$$
$$= (13-11)^2 + (41.25-41.75)^2$$
$$= 4.25$$

모든 심판쌍에 대해 구해진 제곱유클리드거리값을 [그림 15-2]의 **근접행렬(proximity matrix)**에서 확인해볼 수 있다. 심판 J1과 J2가 만나는 부분의 셀값이 4.25로서 앞서 계산한 결과

그림 15-2 ▌근접행렬: 김연아 쇼트프로그램

케이스	제곱 유클리디안 거리								
	1:J1	2:J2	3:J3	4:J4	5:J5	6:J6	7:J7	8:J8	9:J9
1:J1	.000	4.250	6.250	.000	1.563	14.063	1.563	11.250	6.250
2:J2	4.250	.000	4.000	4.250	4.563	14.563	4.563	26.000	8.000
3:J3	6.250	4.000	.000	6.250	11.563	31.563	11.563	34.000	20.000
4:J4	.000	4.250	6.250	.000	1.563	14.063	1.563	11.250	6.250
5:J5	1.563	4.563	11.563	1.563	.000	6.250	.000	9.063	1.563
6:J6	14.063	14.563	31.563	14.063	6.250	.000	6.250	14.063	1.563
7:J7	1.563	4.563	11.563	1.563	.000	6.250	.000	9.063	1.563
8:J8	11.250	26.000	34.000	11.250	9.063	14.063	9.063	.000	10.000
9:J9	6.250	8.000	20.000	6.250	1.563	1.563	1.563	10.000	.000

이것은 비유사성 행렬입니다.

계층적 군집분석을 수행하기 위해서는 SPSS 메뉴에서 『분석 > 분류분석 > 계층적 군집』을 선택한 후 『변수』에 군집화의 기준이 되는 변수인 기술점수 변수 및 예술점수 변수를 지정한다. 『케이스 레이블 기준변수』에는 심판 변수를 지정한다. 『계층적 군집분석: 방법』 대화상자에서 군집방법으로 『집단-간 연결』을 선택하고, 측도로 『제곱 유클리디안 거리』를 선택한다. 위와 같은 근접행렬을 구하기 위해서는 『계층적 군집분석: 통계량』 대화상자에서 『근접행렬』을 선택한다(kimyunashort.sav 데이터 파일).

와 일치한다. 자기 자신과의 상이성 비교는 의미가 없기 때문에 거리는 0이 되며, 따라서 모든 대각선의 값은 0이 된다. 가장 큰 차이를 보이는 심판의 쌍은 심판 J3와 J8으로서 제곱유클리드거리는 34이다. 가장 작은 차이는 심판 J1과 J4, J5와 J7 간의 거리인 0으로서 이는 이들 심판 간에는 판정점수에 차이가 없다는 것을 의미한다. 제곱유클리드거리는 방향성을 고려하지 않고 두 대상 간의 차이에만 관심이 있기 때문에 근접행렬은 대각선을 중심으로 위와 아래가 동일한 값을 갖는 대칭행렬(symmetric matrix)의 형태를 갖는다. 즉 (J1, J2)의 값은 (J2, J1)의 값과 일치한다.

그러나 제곱유클리드거리 방법은 변수들의 척도 단위가 다를 때 왜곡된 결과를 가져올 수 있다. 서로 다른 단위를 갖는 척도가 섞여 있을 때 거리 계산 시 큰 단위를 갖는 변수가 작은 단위를 갖는 변수에 비해 더 큰 영향을 주게 되기 때문이다. 예를 들어, 소득과 성적평점을 토대로 어떤 두 사람의 거리를 측정한다고 했을 때 소득의 차이는 성적평점의 차이에 비해 현저하게 크기 때문에 두 사람 간의 유사성(또는 상이성) 정도를 제대로 판단하기 어렵다. 소득 100,000원의 차이는 제곱했을 때 10,000,000,000이 되지만, 성적평점 0.5의 차이는 제곱했을 경우 0.25에 불과하기 때문이다. 이럴 경우 변수들을 표준화하게 되면 거리 계산 시 변수들의 영향이 좀 더 균등하게 나타나게 된다. SPSS에서는 계층적 군집분석 시 Z점수를 비롯한 다양한 표준화 방법을 제시하고 있어 이를 이용하여 군집분석을 수행할 수 있다. 하지만 이렇게 표준화하는 것이 반드시 좋은 결과를 가져오는 것은 아니다. 왜냐하면 극단적인 경우를 제외하고는 때에 따라서는 척도의 변동성이 케이스들을 군집화할 때 유용한 정보를 제공할 수 있기 때문이다.

병합 계층적 군집분석은 케이스 개수만큼의 군집으로부터 시작하여 단계가 진행될수록 군집의 개수가 줄어들게 된다. 기본적인 원리는 최종 한 개의 군집이 남을 때까지 매 단계마다 거리가 가까운 군집끼리 합해가는 것이다. 매 단계마다 가장 작은 거리를 갖는 두 군집이 결합하여 하나의 새로운 군집을 형성한다. 즉 두 개의 군집이 사라지고 새로운 하나의 군집이 생성된다. 케이스 개수만큼의 군집을 형성한 최초 단계에서는 하나의 군집 내에 하나의 케이스만 포함되어 있으므로 군집 간의 거리는 곧 그 안에 포함된 두 케이스 간의 거리가 되며, 이 거리를 바탕으로 최소 거리를 갖는 군집 간의 병합이 이루어진다. 그 다음 단계에서는 나머지 케이스들 중의 하나가 전 단계에서 생성된 이미 두 개의 케이스를 포함하고 있는 군집에 포함되거나, 나머지 케이스들 중 두 개가 새로운 또 하나의 군집을 생성하게 된다. 이처럼 각 단계가 진행될 때마다 군집 간의 최소거리를 기준으로 개별 케이스들이 기존의 군집에 흡수되거나, 두 개의 케이스가 결합하여 새로운 군집을 만들어내거나, 기존의 두 군집이 결합하여 새로운 군집을 형성하는 등의 방식으로 군집의 개수가 줄어들게 된다.

군집 간의 최소거리를 파악하기 위해서는 군집 간의 거리를 측정해야 하는데, 최초 단계처럼 하나의 군집이 하나의 케이스로 구성되어 있을 때는 두 군집 간의 거리를 측정하는 데 별다른 문제가 없다. 하나의 군집에 하나의 케이스만 포함되어 있기에, 이 케이스들 간의 거리가 곧 군집 간의 거리가 된다. 하지만 하나의 군집 내에 두 개 이상의 케이스가 포함될 때는 조금 문제가 복잡해진다. 예를 들어, 군집 1에는 케이스 J1, J2, J3가 포함되어 있고 군집 2에는 케이스 J5, J6가 포함되어 있다면 군집 1과 군집 2 간의 거리는 어떻게 측정할 것인가? 군집 간의 거리를 측정하기 위해서는 우선 군집 간의 거리에 대한 정의가 필요하다. 두 개 이상의 케이스를 갖는 군집 간의 거리는 여러 다양한 방식으로 정의할 수 있다. 군집 내의 케이스들 중 가장 긴 거리를 기준으로 군집 간의 거리를 정의할 수도 있고, 반대로 가장 짧은 거리를 기준으로 거리를 정의할 수도 있다. 한 군집 내의 모든 케이스로부터 다른 군집 내의 모든 케이스까지의 거리를 측정하여 이들의 평균으로 군집

그림 15-3 ▌고드름도표-수직: 김연아 쇼트프로그램

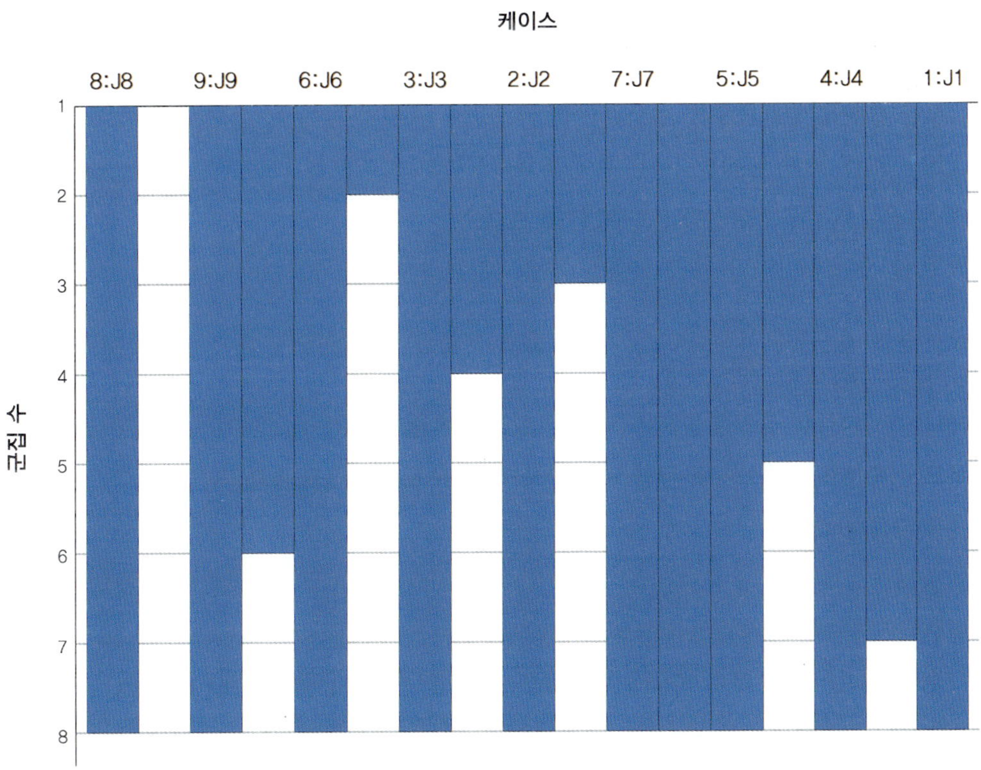

『계층적 군집분석: 도표』 대화상자에서 고드름도표의 방향을 『수직』 또는 『수평』으로 선택한다(kimyunashort.sav 데이터 파일).

간의 거리를 정의할 수도 있다. 어떠한 방법을 선택하느냐에 따라 결과에 있어서 차이가 나타날 수 있으며, 통계패키지에서는 여러 다양한 방식의 거리계산 기준을 제공한다.1)

고드름도표(icicle plot)를 통해서 계층적 군집분석의 단계별 군집화 과정을 시각적으로 파악할 수 있다. 고드름도표는 이름에서 알 수 있듯이 처마끝에 매달린 고드름 모양을 하고 있으며, 각각의 고드름은 각 단계별로 군집화가 진행 중인 군집을 나타낸다. [그림 15-3]의 고드름도표를 보자. 예를 들어, Y축의 군집의 개수 4를 가로질러 횡으로 보면, 서로 다른 두께를 갖는 네 개의 기둥이 있는 것을 볼 수 있다. 각 기둥은 군집을 나타내며, 각각 케이스 8, 케이스 9와 6, 케이스 3과 2, 그리고 나머지 케이스 7, 5, 4, 1을 포함하고 있다. [그림 15-3]의 고드름도표는 아래에서 위로 군집화가 진행되는 과정을 보여준다. 가장 아래 부분에는(그림에서는 생략되어 있지만) 군집화의 출발점으로서 케이스 개수만큼의 군집이 나타난다. 즉 여기에서는 각각 하나씩의 케이스를 갖고 있는 아홉 개의 군집이 나타난다. 그 다음 단계에서는(그림에서는 여기에서부터 나타나 있음)

그림 15-4 | 고드름도표-수평: 김연아 쇼트프로그램

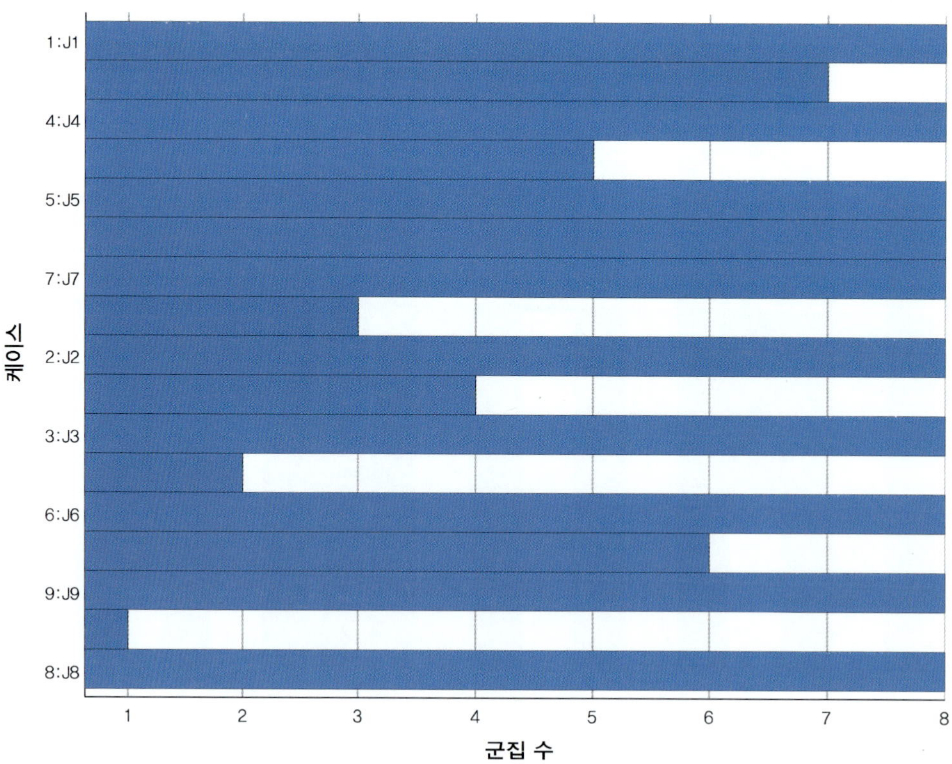

1) 군집 간의 다양한 거리 측정 방식은 이 장 후반부의 'SPSS 활용'을 참고한다.

케이스 7과 5가 합쳐져 하나의 군집을 형성한 것을 볼 수 있다. 그래서 이 단계에서는 여덟 개의 군집이 생성된다. 일곱 개의 군집은 케이스 4와 1이 합쳐짐으로써 생성된다. 이런 식으로 최종단계에 이르게 되면 한 개의 단일 군집으로 모든 케이스가 합쳐지게 된다. 케이스의 개수가 많을 경우에는 제한된 화면에 케이스를 모두 나타내기 어렵다. 이럴 경우 [그림 15-4]와 같이 고드름이 횡으로 나타나도록 고드름도표를 그릴 수 있다.

고드름도표는 단계별 군집화 과정을 시각적으로 잘 표현해주긴 하지만 각 단계에서 새로운 군집이 생성될 때 대상이 되는(즉 합쳐지는) 두 군집 간의 거리가 얼마인지는 알 수 없다. 이러한 정보는 군집의 개수를 결정하는 데 유용한 단서를 제공한다. 연속된 두 단계 사이에 군집 간의 거리가 급격히 증가하게 되면 그 단계부터 군집 간의 상이성이 크게 증가하는(즉 유사성이 크게 감소하는) 것으로 생각할 수 있고, 우리는 군집 간의 거리가 급격히 증가하기 직전 단계에서 군집화를 중단하여 군집의 개수를 확정할 수 있다. **군집화 일정표(agglomeration schedule)**는 고드름도표에서 제공해주지 못하는 이러한 정보를 추가적으로 제공한다.

[그림 15-5]의 군집화 일정표에서 볼 수 있는 '계수' 열은 군집형성의 기준이 되는 거리 측정값을 나타낸다. 이 값을 보고 결합대상의 군집들이 서로 얼마나 상이한지를 판단할 수 있다. 상대적으로 작은 계수값은 상이성 정도가 낮은(즉 유사성 정도가 높은) 군집들이 서로 결합되고 있다는 것을 나타낸다. [그림 15-5]의 군집화 일정표를 보면 5단계에서 6단계로 넘어갈 때 계수값이 크게 증가한다. 따라서 5단계에서 멈추고 그 단계까지 생성된 네 개의 군집을 군집화 결과물로서 활용할 수 있다. 여기에서 네 개의 군집은 {J1, J4, J5, J7}, {J2, J3}, {J6, J9}, {J8}으로서 군집화 일정

그림 15-5 ▌ 군집화 일정표: 김연아 쇼트프로그램

단계	결합 군집		계수	처음 나타나는 군집의 단계		다음 단계
	군집 1	군집 2		군집 1	군집 2	
1	5	7	.000	0	0	4
2	1	4	.000	0	0	4
3	6	9	1.563	0	0	7
4	1	5	1.563	2	1	6
5	2	3	4.000	0	0	6
6	1	2	6.656	4	5	7
7	1	6	10.865	6	3	8
8	1	8	15.586	7	0	0

『계층적 군집분석: 통계량』 대화상자에서 『군집화 일정표』를 선택한다(kimyunashort.sav 데이터 파일).

표의 '결합 군집' 열을 통해 확인할 수 있으며 이에 대해서는 잠시 후 살펴본다. [그림 15-5]의 경우와 달리 만일 유사성 척도를 사용하고 있다면 이 계수값들은 결합대상의 두 군집이 얼마나 유사한지를 나타내며 이를 통해 두 군집의 유사성 정도를 판단할 수 있다. 이 경우에는 계수값이 클수록 유사성 정도가 높은 군집들이 서로 결합되고 있음을 나타낸다. 이때 연속된 두 단계 사이에 군집 간의 유사성이 급격히 감소하게 되면 그 단계부터 군집 간의 상이성이 크게 증가하는 것으로 생각할 수 있고, 우리는 군집 간의 유사성이 급격히 감소하기 직전 단계에서 군집화를 중단하여 군집의 개수를 확정할 수 있다.

계수 이외의 군집화 일정표의 나머지 항목에 대해서 살펴보자. '결합 군집' 열에는 단계별로 결합되는 군집들이 케이스번호로 나타난다. 여기에서 케이스번호는 군집번호의 역할을 하며 군집에 포함된 케이스 중 가장 작은 번호가 그 군집을 대표하는 군집번호가 된다. 예를 들어, 케이스 4와 케이스 5가 결합되어 만들어진 군집은 군집번호로 4가 부여된다. 그런데 이 군집에 새로운 케이스 2가 결합되면 이 군집은 군집번호로 새로운 번호 2를 부여받게 된다. 하지만 이 군집에 케이스 2 대신 새로운 케이스 6이 결합되면 이 군집은 종전 그대로 군집번호 4를 군집번호로 사용하게 된다. 2는 그 군집에 포함된 가장 작은 케이스번호이지만 6은 그렇지 않기 때문이다.

[그림 15-5]를 보면 1단계에서 케이스 5와 7이 결합되었고 이렇게 결합되어 탄생한 군집이 군집번호 5를 부여받고 4단계에서 군집번호 1을 갖는 군집(2단계에서 케이스 1과 4가 결합하여 탄생)과 결합한다. 이렇게 탄생한 군집은 새로운 군집번호 1을 부여받고 6단계에서 군집번호 2를 갖는 군집(5단계에서 케이스 2와 3의 결합으로 탄생)과 결합한다. 따라서 만약 5단계에서 군집화 과정을 멈추게 되면 케이스 5, 7, 1, 4가 하나의 군집을 형성하고, 케이스 6과 9가 다른 군집을 형성하며, 케이스 2와 3이 또 다른 군집을 형성하고, 케이스 8이 독자적인 군집을 형성하여 총 네 개의 군집을 갖게 된다.

'처음 나타나는 군집의 단계' 열에는 결합되는 두 군집이 처음 나타나는 단계가 표시된다. 예를 들어, [그림 15-5]의 군집화 일정표의 4단계를 보면 군집 1은 2단계에서 처음으로 군집을 형성하였으며 군집 5는 1단계에서 처음으로 군집을 형성하였다.[2] '다음 단계' 열은 각 단계에서 결합된 군집이 다시 나타나는 다음 단계를 알려준다. 예를 들어, 4단계에서 '다음 단계' 열의 숫자 6은 4단계에서 형성된 군집이 6단계에 다시 나타난다는 것을 의미한다. 실제로 6단계에서는 4단계에서 형성된 군집이 군집번호 1 이름으로 나타난 것을 볼 수 있다.

군집화 일정표는 이처럼 각 단계별로 군집이 형성되는 과정을 체계적으로 보여주긴 하지만 데

2) 처음 나타나는 군집의 단계가 0이라는 얘기는 이 군집이 하나의 케이스로 구성된 군집이라는 의미이다.

이터가 그리 많지 않은 경우에는 고드름도표를 보는 것이 군집화 과정을 이해하기 더 쉽다. 따라서 군집화 일정표는 많은 경우 앞서 살펴본 것처럼 상이성(또는 유사성) 계수를 확인함으로써 어느 단계에서 군집화를 멈출지 결정하는 데 주로 활용된다.

군집화 일정표를 시각적으로 보고자 한다면 [그림 15-6]과 같은 **덴드로그램(dendrogram)**을 이용한다. 덴드로그램은 군집화 진행과정을 왼쪽 방향에서부터 오른쪽 방향으로 시각적으로 보여준다. 가장 왼쪽 수직선상에는 최초의 군집(즉 하나의 케이스로 구성된 군집)이 나열되어 있으며 이 군집들이 결합되어가는 과정이 오른쪽에 단계별로 차례로 나타난다. 상단의 수평선에는 군집이 결합될 때의 거리(군집화 일정표에서의 '계수'에 해당)가 원래의 거리값이 아닌 1~25 사이의 값으로 척도가 조정된 값으로 나타난다. 따라서 덴드로그램상에서 실제 거리는 확인할 수 없다. 하지만

그림 15-6 ▌ 덴드로그램: 김연아 쇼트프로그램

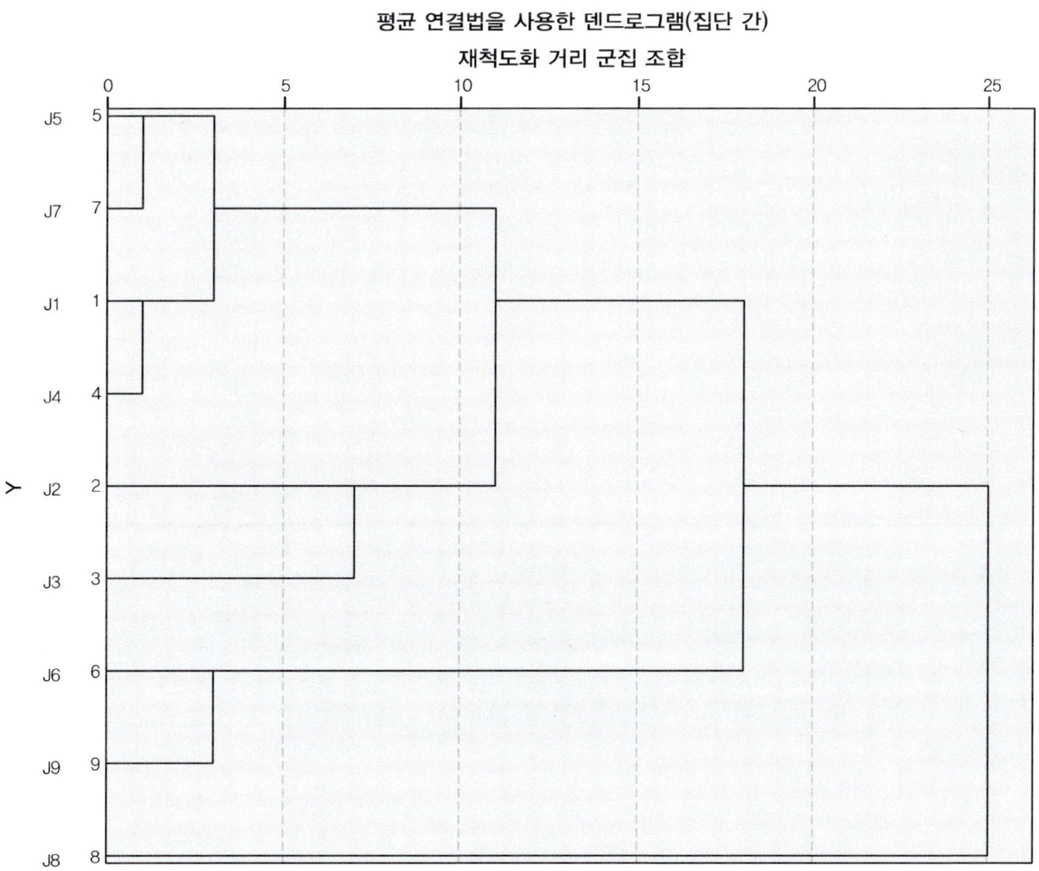

『계층적 군집분석: 도표』 대화상자에서 『덴드로그램』을 선택한다(kimyunashort.sav 데이터 파일).

조정된 척도의 비율은 실제 거리의 비율과 동일하기 때문에 군집 결합 시 기준이 된 군집 간 거리의 상대적 차이는 알 수 있다. 인접한 수직선 간의 거리가 가장 큰 단계를 찾는 것은 앞서 군집화 일정표의 계수값의 차이가 가장 큰 단계를 찾는 것과 동일하다. 여기에서는 다섯 번째와 여섯 번째 수직선 간의 거리가 이전 단계에 비해 비교적 큰 폭으로 증가한 것으로 보이며, 이는 앞서 살펴본 군집화 일정표에서도 동일하게 확인할 수 있다. 따라서 군집화 일정표에서와 마찬가지로 이러한 기준을 군집의 개수를 정하기 위한 가이드라인으로 활용할 수 있다.

이렇게 군집화 과정을 살펴보고 난 후에 전체적으로 군집의 개수를 달리하면서 각각의 군집에 포함되는 케이스를 확인하면 여러 가지로 유용한 정보를 얻을 수 있다. [그림 15-7]과 같은 요약표를 작성하면 케이스들이 군집의 개수가 변화함에 따라 어떻게 소속이 변화하는지를 파악할 수 있다. '군집 4개' 열을 보면 군집을 네 개로 하였을 경우 심판 J1, J4, J5, J7이 군집 1을, J2와 J3가 군집 2를, J6와 J9이 군집 3을, 끝으로 J8이 군집 4를 형성하고 있다.

그림 15-7 ▌소속군집 요약표: 김연아 쇼트프로그램

	심판	군집 6개	군집 5개	군집 4개	군집 3개	군집 2개
1	J1	1	1	1	1	1
2	J2	2	2	2	1	1
3	J3	3	3	2	1	1
4	J4	1	1	1	1	1
5	J5	4	1	1	1	1
6	J6	5	4	3	2	1
7	J7	4	1	1	1	1
8	J8	6	5	4	3	2
9	J9	5	4	3	2	1
전체 N	9	9	9	9	9	9

『계층적 군집분석: 저장』 대화상자에서 『해법범위』를 선택한 후 최소 군집 수와 최대 군집 수를 지정한다(여기에서는 각각 2와 6, kimyunashort.sav 데이터 파일). 그러면 군집개수별 변수가 생성되고 각 변수에 케이스별로 군집번호가 할당된다. 이렇게 생성된 데이터를 이용하여 위와 같은 소속군집 요약표를 작성하기 위해서는 SPSS 메뉴의 『분석 > 보고서 > 케이스 요약』을 선택하고 『변수』에 요약하고자 하는 변수를 할당한다. 여기에서 변수명은 지정한 군집의 개수에 따라 자동으로 생성된다. 위의 표의 변수명 '군집 6개'~'군집 2개'는 이해를 돕기 위하여 수정한 것이다.

15.2 k-평균 군집분석

k-평균 군집분석은 앞서 살펴본 계층적 군집분석과는 다음과 같은 측면에서 차이가 있다. 우선 원하는 군집의 개수를 사전에 미리 알고 있어야 한다. k-평균 군집분석에서의 'k'는 군집의 개수를 의미하며, 따라서 계층적 군집분석에서처럼 군집의 개수를 변화시켜가며 적정 군집개수를 탐색하는 것은 불가능하다. 물론 군집의 개수를 변화시켜가며 k-평균 군집분석을 여러 번 실행하면 가능하다. 하지만 한 번의 실행으로 이러한 결과를 얻을 수는 없다. 또한 케이스들은 반복적으로 군집에 재할당되므로 k-평균 군집분석이 진행되는 동안에는 케이스의 소속군집이 진행단계마다 변경될 수 있다. 반면에 계층적 군집분석에서는 한 번 특정 군집에 할당된 케이스는 군집화가 끝날 때까지 변경되지 않는다. 그리고 계층적 군집분석에서는 군집화를 위해 모든 케이스 간의 상이성(거리) 또는 유사성을 측정해야 한다. 따라서 케이스의 개수가 많을 경우 근접행렬이 상당히 커지게 되는 경향이 있다. 반면에 k-평균 군집분석은 이처럼 모든 케이스 간의 상이성 또는 유사성을 측정할 것을 요구하지 않는다.

k-평균 군집분석은 개별 케이스와 **k개 군집평균(k-중심점(k-centers), k-평균(k-means))**과의 거리를 측정하여 이 가운데 가장 가까운 거리를 갖는 군집에 개별 케이스를 할당하는 방식으로 군집화를 수행한다. 우선 해야 할 일은 최초의 k-중심점을 찾는 일이다. 이들 값은 데이터 분석자가 과거의 경험 또는 자신의 판단에 따라 임의로 지정할 수 있다. 또는 SPSS 같은 통계패키지에게 k개의 케이스를 선택하도록 하여 이들 k개 케이스의 값이 최초의 k-중심점으로서의 역할을 수행하게 할 수 있다. 최초의 중심점이 결정되면 이들 중심점과 개별 케이스 간의 거리를 바탕으로 케이스들을 분류한다. 그런 다음 각 군집에 할당된 케이스들을 이용하여 새로운 군집평균(즉 중심점)을 계산하고, 이를 토대로 모든 케이스를 다시 분류한다. 이런 식으로 군집평균에 더 이상 큰 변화가 없을 때까지 이 과정을 반복한다. 군집평균에 더 이상의 큰 변화가 없으면 마지막으로 다시 한 번 군집들의 평균을 계산하고 케이스들을 최종적으로 각 군집에 할당한다.

앞서 계층적 군집분석에서 사용했던 김연아 선수의 쇼트프로그램 점수를 이용하여 k-평균 군집분석 과정을 살펴보자(kimyunashort.sav 데이터 파일; 밴쿠버 동계올림픽 2010a). 여기에서는 k값을 2로 하여 두 개의 군집을 도출한다. [그림 15-8]은 SPSS에서 자동으로 선정한 초기 군집중심이다. J8(기술점수와 예술점수가 각각 16점, 42.75점)과 J3(각각 11점, 39.75점)가 단일 케이스로 구성된 초기 군집으로 선정되었다([그림 15-1] 김연아 선수 쇼트프로그램 점수 참고).

그림 15-8 ❙ 군집중심 초기값: 김연아 쇼트프로그램

	군집	
	1	2
기술점수	16	11
예술점수	42.75	39.75

k-평균 군집분석을 수행하기 위해서는 SPSS 메뉴에서 『분석 > 분류분석 > k-평균 군집』을 선택한 후 『변수』에 군집화의 기준이 되는 변수인 기술점수 변수와 예술점수 변수를 지정한다. 『케이스 레이블 기준변수』에는 심판 변수를 지정한다. 이어서 『군집 수』에 2를 지정한다. 『반복계산』, 『저장』, 『옵션』 대화상자에서 필요한 항목을 선택한다 (kimyunashort.sav 데이터 파일).

그림 15-9 ❙ 반복계산 과정: 김연아 쇼트프로그램

반복	군집중심의 변화량	
	1	2
1	2.462	1.601
2	.000	.000

일단 초기 군집중심이 결정되면 각 케이스들은 군집중심과의 거리를 기준으로 가장 가까운 군집에 할당된다. 이렇게 케이스들이 군집에 모두 할당되고 나면 군집에 포함된 케이스를 이용하여 군집중심이 다시 계산된다. 그러면 새로운 군집중심이 생성되고, 각 케이스는 새롭게 선정된 군집중심과의 거리를 기준으로 가장 가까운 군집에 다시 할당된다. 이러한 과정은 군집중심에 있어서 변화가 거의 없거나 미리 설정된 최대반복계산횟수(10회가 기본값)에 도달할 때까지 계속된다. [그림 15-9]의 반복계산 과정을 보면 여기에서는 두 번의 반복계산을 거쳐 군집화 과정이 종료되었다.

반복계산이 종료되고 나면 각 케이스는 군집에 최종 할당되고, 이렇게 할당된 케이스들을 이용하여 군집중심이 다시 계산된다. [그림 15-10]은 이러한 과정을 거쳐 계산된 최종 군집중심을 나타낸다. 군집 1에 속한 심판이 군집 2에 속한 심판에 비해 더 후한 점수를 준 것을 알 수 있다.

그림 15-10 ❙ 최종 군집중심: 김연아 쇼트프로그램

	군집	
	1	2
기술점수	14	12
예술점수	43.30	41.00

그림 15-11 ▌ 소속군집: 김연아 쇼트프로그램

케이스 번호	심판	군집	거리
1	J1	2	1.031
2	J2	2	1.250
3	J3	2	1.601
4	J4	2	1.031
5	J5	1	1.000
6	J6	1	1.803
7	J7	1	1.000
8	J8	1	2.462
9	J9	1	.750

그림 15-12 ▌ 각 군집의 케이스 수: 김연아 쇼트프로그램

군집	1	5.000
	2	4.000
유효		9.000
결측		.000

그림 15-13 ▌ 분산분석: 김연아 쇼트프로그램

	군집		오차		F	유의확률
	평균제곱	자유도	평균제곱	자유도		
기술점수	5.689	1	1.600	7	3.556	.101
예술점수	11.756	1	.989	7	11.883	.011

다른 군집의 여러 케이스 간 차이를 최대화하기 위해 군집을 선택했으므로 F검정은 기술통계를 목적으로만 사용되어야 합니다. 이 경우 관측유의수준은 수정되지 않으므로 군집평균이 동일하다는 가설을 검정하는 것으로 해석될 수 없습니다.

각 케이스들의 소속군집은 [그림 15-11]과 같은 소속군집표를 이용하여 확인해볼 수 있다. 군집 1에는 심판 J5, J6, J7, J8, J9이 포함되어 있으며, 군집 2에는 나머지 심판 J1, J2, J3, J4가 소속되어 있다. [그림 15-12]는 총 다섯 개의 케이스가 군집 1에 속해있으며, 나머지 네 개의 케이스가 군집 2에 할당되었음을 보여준다.

군집을 결정할 때 중요한 역할을 하는 변수가 무엇인지 이해하기 위하여 분산분석을 이용할 수 있다. [그림 15-13]은 군집 간의 차이가 존재하는지를 보여주는 전형적인 분산분석표이다. 하지만 표 하단의 주석에 적혀 있는 대로 여기에 제시된 유의확률은 집단 간의 평균이 동일하다는 가설을 검정하기 위한 목적으로 해석되어서는 안 된다. 왜냐하면 군집분석을 통해 도출된 군집들은 군집 간의 차이가 최대화되도록 의도적으로 선택된 것이기 때문이다. 그렇긴 하지만 분산분석표는 군집 간의 차이를 구별하는 데 어느 변수가 더 기여하고 있는지 판단할 수 있는 단서를 제공한다. 어떤 한 변수의 F값에 대한 유의확률이 높다면 그 변수의 평균값은 군집 간에 유사하다는 의미가 되며, 이는 결과적으로 이 변수가 군집을 구별할 때 중요한 역할을 하지 않는다는 뜻이다. 반대로 F값에 대한 유의확률이 낮다면 그 변수의 평균값은 군집 간에 차이가 존재한다는 의미가 되며, 이는 결과적으로 이 변수가 군집을 구별할 때 중요한 역할을 한다는 것을 나타낸다. [그림 15-13]에서 기술점수 변수는 예술점수 변수에 비해 유의확률이 크며, 따라서 기술점수 변수는 군집을 구별할 때 예술점수 변수에 비해 크게 중요하지 않은 변수라고 생각할 수 있다.

SPSS 활용

1 계층적 군집분석 수행하기

- 『분석 > 분류분석 > 계층적 군집』을 선택한다.
- 분류의 기준으로 사용하고자 하는 변수를 『변수』 박스로 옮긴다.
- 각 케이스를 설명해주는 변수를 『케이스 레이블 기준변수』 박스로 옮긴다.

그림 15-14 계층적 군집분석 대화상자

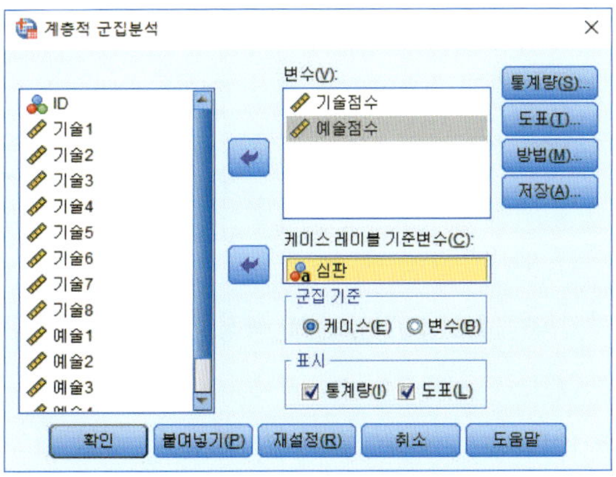

- 군집화 일정표와 근접행렬을 도출하기 위해서는 『계층적 군집분석: 통계량』 대화상자에서 해당 항목을 선택한다.

그림 15-15 계층적 군집분석: 통계량 대화상자

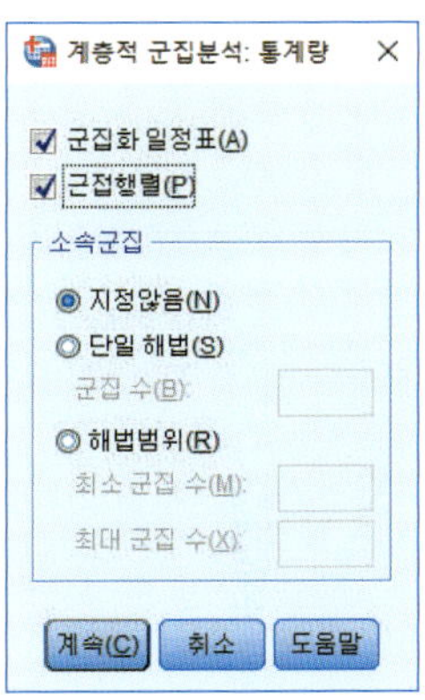

▶ 덴드로그램을 그리기 위해서는 『계층적 군집분석: 도표』 대화상자에서 해당 항목을 선택한다.

▶ 고드름도표는 군집범위나 방향을 지정하여 그릴 수 있다.

그림 15-16 ▌계층적 군집분석: 도표 대화상자

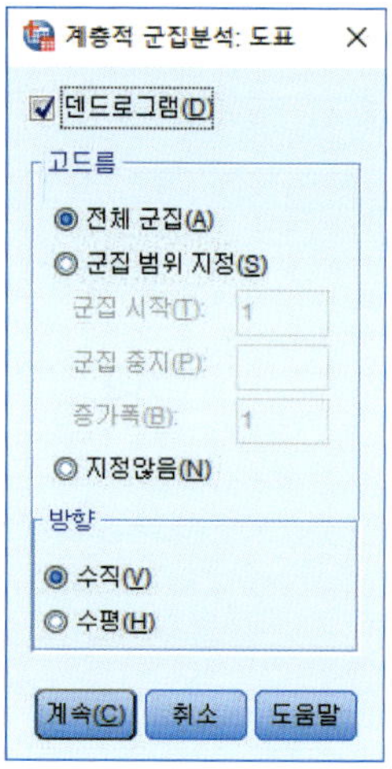

▶ 『계층적 군집분석: 방법』 대화상자에서 계층적 군집화를 위한 군집방법 및 측정방법을 선택할 수 있으며, 변수값을 다양한 방법으로 표준화할 수 있다.

▶ 군집 내의 케이스들 중 가장 긴 거리를 기준으로 군집 간의 거리를 정의하는 경우 『군집방법』에서 『가장 먼 이웃』을 선택한다. 반대로 가장 짧은 거리를 기준으로 거리를 정의하는 경우에는 『최근접 이웃』을 선택한다. 한 군집 내의 모든 케이스로부터 다른 군집 내의 모든 케이스까지의 거리를 측정하여 이들의 평균으로 군집 간의 거리를 정의하는 경우 『집단-간 연결』을 선택한다.

▶ 그림 15-17 ▌ 계층적 군집분석: 방법 대화상자

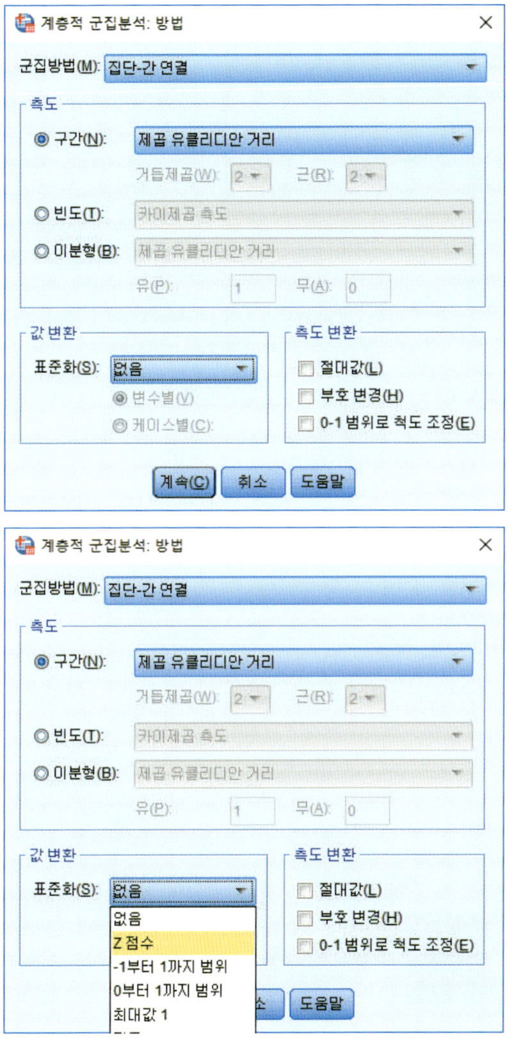

▶ 각 케이스별로 소속군집을 별도의 변수에 저장하기 위해서는 『계층적 군집분석: 저장』 대화상자에서 『단일해법』 또는 『해법범위』에 필요로 하는 군집의 개수를 입력한다.

▶ 그림 15-18 ▌계층적 군집분석: 저장 대화상자

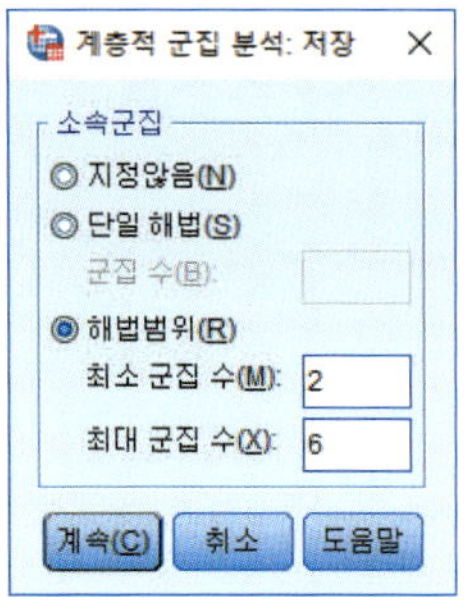

2 k-평균 군집분석 수행하기

▶ 『분석 > 분류분석 > k-평균 군집』을 선택한다.

▶ 분류의 기준으로 사용하고자 하는 변수를 『변수』 박스로 옮긴다.

▶ 각 케이스를 설명해주는 변수를 『케이스 레이블 기준변수』 박스로 옮긴다.

▶ 『군집 수』에 원하는 군집의 개수를 지정한다.

▶ 그림 15-19 ▌k-평균 군집분석 대화상자

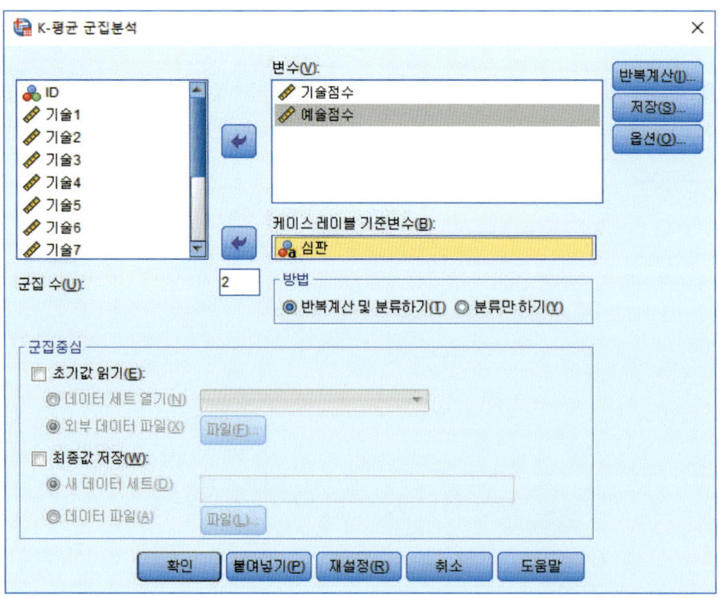

▶ 『k-평균 군집분석: 반복계산』 대화상자에서 군집화의 종료기준으로 사용할 수 있는 최대반복계산횟수를 지정할 수 있다.

그림 15-20 ▌ k-평균 군집분석: 반복계산 대화상자

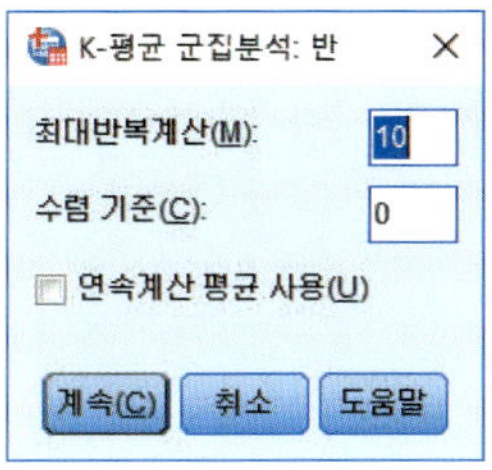

▶ 『k-평균 군집분석: 새 변수 저장』 대화상자에서 각 케이스별 소속군집 및 군집중심으로부터의 거리를 별도의 변수에 저장할 수 있다.

그림 15-21 ▌ k-평균 군집분석: 새 변수 저장 대화상자

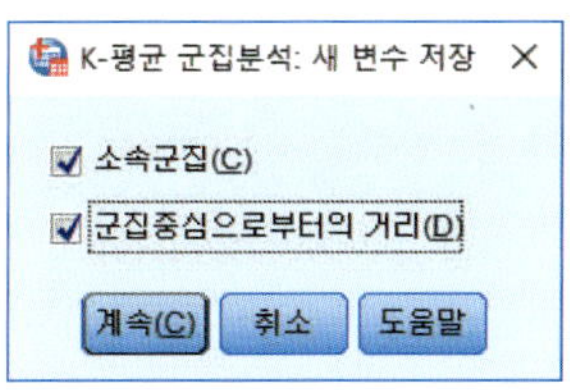

▶ 군집중심초기값, 분산분석표, 각 케이스의 군집정보(케이스별 소속군집) 등은 『k-평균 군집분석: 옵션』 대화상자를 통해 구할 수 있다.

그림 15-22 ▌ k-평균 군집분석: 옵션 대화상자

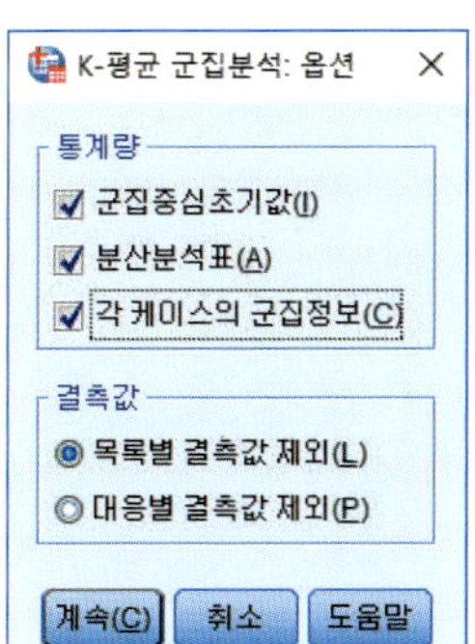

사례연구

K마트에서는 마트를 이용하는 소비자들의 소비성향을 파악하여 소비자집단을 세분화하고 이를 토대로 소비성향별 맞춤 마케팅 전략을 수립하려고 한다. 이를 위해 마트를 방문하는 잠재소비자들에게 [그림 15-23]과 같은 설문항목을 배포하여 설문조사를 수행하였다. 마트를 방문한 잠재소비자를 대상으로 총 100개의 응답 데이터가 수집되었다(martconsumer.sav 데이터 파일).

그림 15-23 ▌설문서: 소비성향

다음은 K마트의 이용 현황을 조사하기 위한 설문입니다.

1. 귀하의 성별을 해당하는 난에 표시(√)하여 주시기 바랍니다.
   ① 남성 ( )
   ② 여성 ( )
2. 귀하의 결혼유무를 해당하는 난에 표시(√)하여 주시기 바랍니다.
   ① 미혼 ( )
   ② 결혼 ( )
3. 귀하의 연령대를 해당하는 난에 표시(√)하여 주시기 바랍니다.
   ① 10대 ( )
   ② 20대 ( )
   ③ 30대 ( )
   ④ 40대 ( )
   ⑤ 50대 ( )
   ⑥ 60대 이상 ( )
4. K마트를 한 달에 몇 번 방문하는지 해당하는 난에 표시(√)하여 주시기 바랍니다.
   ① 월 3회 미만 ( )
   ② 월 3회~6회 미만 ( )
   ③ 월 6회~9회 미만 ( )
   ④ 월 9회~12회 미만 ( )
   ⑤ 월 12회 이상 ( )
5. K마트를 1회 방문 시 사용하는 금액을 해당하는 난에 표시(√)하여 주시기 바랍니다.
   ① 5만원 미만 ( )
   ② 5만원~10만원 미만 ( )
   ③ 10만원~20만원 미만 ( )
   ④ 20만원~30만원 미만 ( )
   ⑤ 30만원 이상 ( )

6. K마트를 주로 이용하는 요일을 해당하는 난에 표시(√)하여 주시기 바랍니다.
   ① 월요일~목요일 ( )
   ② 금요일 ( )
   ③ 토요일 ( )
   ④ 일요일 ( )
7. K마트를 주로 이용하는 시간대를 해당하는 난에 표시(√)하여 주시기 바랍니다.
   ① 오후 12시 이전 ( )
   ② 오후 12시~3시 ( )
   ③ 오후 3시~6시 ( )
   ④ 오후 6시~9시 ( )
   ⑤ 오후 9시 이후 ( )

K마트에서는 k-평균 군집분석을 이용하여 K마트의 잠재소비자들을 세 개의 군집으로 분류하려고 한다. 세 개의 군집을 도출하기 위한 k-평균 군집분석을 수행한 결과 [그림 15-24]와 같은 초기 군집중심으로부터 시작하여 총 네 번의 반복계산([그림 15-25]) 끝에 군집화 과정이 종료되었다.

그림 15-24 ▌군집중심 초기값: 소비성향

	군집		
	1	2	3
성별	2	2	1
결혼유무	2	1	2
나이	5	2	5
월방문횟수	5	1	2
일회사용금액	1	1	4
주이용요일	1	1	3
주이용시간	1	4	4

그림 15-25 ▌반복계산 과정: 소비성향

	군집중심의 변화량		
반복	1	2	3
1	1.718	1.822	1.896
2	.306	.290	.130
3	.089	.067	.000
4	.000	.000	.000

[그림 15-26]의 분산분석 결과를 보면 군집화의 기준으로 사용된 일곱 개의 변수(성별, 결혼유무, 나이, 월방문횟수, 일회사용금액, 주이용요일, 주이용시간) 모두 군집화의 기준변수로서 적절한 역할을 한 것으로 판단되었다. 최종 군집중심 및 각 군집별 케이스의 수는 [그림 15-27] 및 [그림 15-28]과 같이 도출되었다. 총 100개의 응답은 군집 1에 24개, 군집 2에 33개, 군집 3에 43개가 할당되었다.

그림 15-26 ▌분산분석: 소비성향

	군집		오차		F	유의확률
	평균제곱	자유도	평균제곱	자유도		
성별	1.798	2	.197	97	9.103	.000
결혼유무	7.141	2	.073	97	97.456	.000
나이	35.876	2	.503	97	71.374	.000
월방문횟수	31.529	2	.778	97	40.507	.000
일회사용금액	7.142	2	.419	97	17.053	.000
주이용요일	27.715	2	.779	97	35.593	.000
주이용시간	30.362	2	.915	97	33.197	.000

그림 15-27 ▌최종 군집중심: 소비성향

	군집		
	1	2	3
성별	2	1	2
결혼유무	2	1	2
나이	4	2	4
월방문횟수	3	1	2
일회사용금액	2	2	2
주이용요일	1	2	3
주이용시간	2	4	3

그림 15-28 ▌각 군집의 케이스 수: 소비성향

군집	1	24.000
	2	33.000
	3	43.000
유효		100.000
결측		.000

군집 1에 속하는 소비자는 성별이 여성이고, 결혼을 하였으며, 나이는 40대이고, 월방문횟수는 6회에서 9회 미만이고, 1회사용금액은 5만원에서 10만원 미만이며, 주이용요일은 월요일에서 목요일 사이의 평일이며, 주이용시간대는 오후 3시 이전까지이다. 따라서 이상의 특성을 종합해보면 군집 1에 속하는 소비자는 가정주부로서 평일에 자주 일찍 마트에 들러 알뜰하게 장을 보는 집단으로 파악된다.

군집 2에 속하는 소비자는 성별이 남성이고, 미혼이며, 나이는 20대이고, 월방문횟수는 3회 미만이고, 1회사용금액은 5만원에서 10만원 미만이며, 주이용요일은 금요일이고, 주이용시간대는 오후 6시에서 9시 이전의 저녁 시간대이다. 따라서 이러한 특성을 가진 군집 2의 소비자는 아직 결혼하지 않은 20대 남성으로서 주말을 앞둔 금요일 저녁 시간에 나와 소액의 소비를 하는 집단으로 파악된다.

마지막으로 군집 3에 속하는 소비자는 성별이 여성이고, 결혼을 하였으며, 나이는 40대이고, 월방문횟수는 3회에서 6회 미만이고, 1회사용금액은 5만원에서 10만원 미만이며, 주이용요일은 주말인 토요일이며, 주이용시간대는 오후 3시에서 6시 이전의 오후 시간대이다. 따라서 이상의 특성을 종합해보면 군집 3에 속하는 소비자는 결혼하여 맞벌이하고 있는 40대 주부로서 토요일 오후 시간대에 나와 장을 보는 집단으로 파악된다.

군집 1의 소비자들 대상으로는 평일 오전 및 오후 시간대에 부지런하고 알뜰한 가정주부를 공략하는 마케팅 활동이 유효할 것으로 판단되며, 군집 2의 소비자들에게는 주말을 앞둔 금요일 저녁에 혼자 사는 젊은 미혼 남녀들이 쉽게 조리할 수 있는 식품들을 대상으로 한 판촉활동이 필요할 것으로 보여진다. 군집 3의 소비자들은 자주 장을 보러 나오지 못하고 토요일 시간을 주로 이용하는 직장을 가진 바쁜 주부들이라는 점을 고려하여 저장이 가능한 식품소비를 촉진할 수 있는 제품에 대한 마케팅 활동이 필요할 것으로 보여진다. 이러한 군집분석 결과를 토대로 K마트에서는 세 고객집단의 성향을 반영한 구체적인 고객별 맞춤형 마케팅 캠페인 수립작업에 착수하였다.

연습문제

01 kimyunafree.sav 데이터 파일을 이용하여 계층적 군집분석을 수행하시오(2010년 밴쿠버 동계올림픽 여자 피겨스케이팅 프리스케이팅(free skating) 종목의 심판 판정점수; 밴쿠버 동계올림픽 2010b).

02 kimyunafree.sav 데이터 파일을 이용하여 k-평균 군집분석($k=3$)을 수행하시오.

03 ㈜소리유통에서는 핸드폰을 구매하는 소비자들의 성향을 파악하여 시장세분화 전략을 수립하려고 한다. 이를 위해 핸드폰 마케팅 이벤트에 관심을 보인 잠재소비자들에게 다음과 같은 설문항목을 이용하여 설문조사를 수행하였다. 핸드폰을 구매하려는 잠재소비자를 대상으로 총 300개의 응답 데이터가 수집되었다(cellphoneconsumer.sav 데이터 파일). 집단을 세 개로 한 k-평균 군집분석을 수행하고 결과를 제시하시오.

다음은 핸드폰을 구매할 때 중요하게 고려하는 요소가 무엇인지 조사하기 위한 설문입니다. 아래의 질문항목에 대하여 귀하가 생각하는 수준에 가장 가까운 해당란에 표시(√)하여 주시기 바랍니다.

질문		아니다				그렇다
		1	2	3	4	5
1	나는 핸드폰을 구매할 때 가격을 중요시한다.					
2	나는 핸드폰을 구매할 때 디자인을 중요시한다.					
3	나는 핸드폰을 구매할 때 브랜드를 중요시한다.					

① 전혀 그렇지 않다.
② 그렇지 않다.
③ 보통이다.
④ 그렇다.
⑤ 매우 그렇다.

다차원척도법

Chapter 16

Chapter 16

다차원척도법

다차원척도법(multidimensional scaling, MDS)은 대상(object)들 간의 유사성(similarity)이나 상이성(dissimilarity)/거리(distance)를 바탕으로 이들 간의 관계구조를 시각적으로 표현하는 통계기법이다. MDS분석을 위한 입력 데이터는 대상들 간의 유사성이나 상이성을 측정한 데이터가 되며, 대상들이 기하학적 공간상에 배치된 그래프가 MDS분석의 주요한 출력 결과물이 된다. 기하학적 공간상에 배치된 대상들 간의 거리는 유사성의 정도를 나타낸다. 즉 유사한 대상들은 서로 가까이 위치하도록 배치되며 상이한 대상들은 서로 멀리 떨어져 있도록 위치시킨다.

예를 들어, 다양한 브랜드의 화장품 간의 유사성을 평가한 데이터가 주어졌을 때 MDS는 서로 유사하게 인지되는 브랜드 간에는 서로 가까이 있도록 배치하고 서로 다르다고 인지되는 브랜드 간에는 서로 떨어지도록 배치한다. 이때 MDS는 대상에 대한 응답자들의 평가에 내재되어 있는 주요 속성(attribute), 즉 차원(dimension)을 규명하고 이를 기준으로 대상들을 그래프상에 배치한다. MDS는 마케팅 분야에서 제품, 서비스, 기업 등에 대한 소비자의 평가에 내재되어 있는 차원을 파악하는 데 종종 활용되고 있다.

16.1 근접 데이터 수집

MDS분석에 사용되는 데이터는 근접(proximity) 데이터라고 한다. 근접 데이터는 대상들 간의 유사성 또는 상이성을 나타내며 보통 비교 대상들을 행의 요소와 열의 요소로 갖는 **근접행렬(proximity matrix)** 형태로 수집된다. '유사성'과 '상이성'이라는 용어는 대상들 간의 차이를 나타내는 측정값을 의미하며 특별한 구분 없이 종종 서로 교환되어 사용된다. 일반적으로 MDS분석에서 유사성이라고 할 때는 유사성(큰 값이 높은 유사성을 나타냄)과 상이성(큰 값이 높은 상이성을 나타냄) 모두를 의미한다. 근접행렬 데이터는 다음과 같은 방법들을 이용하여 수집한다.

직접평가

근접행렬을 도출하기 위하여 가장 널리 사용되는 방법은 응답자들에게 대상 간의 유사성을 직접적으로 평가하도록 하는 것이다. 대상 간의 모든 가능한 쌍을 만든 후 각 쌍에 대해 숫자를 부여하여 유사성 정도를 측정한다. n개의 비교 대상이 있을 경우 대상 간의 모든 가능한 쌍은 $\frac{n(n-1)}{2}$개가 된다. 유사성 정도는 보통 7점 또는 9점 척도를 많이 사용한다. 작은 숫자가 두 대상 간의 강한 유사성을 나타내고 큰 숫자가 강한 상이성을 나타내도록 측정하였다면 이렇게 측정된 근접행렬의 셀값은 대상 간의 상이성 정도를 의미한다.

직접평가 방법의 장점은 MDS분석을 위한 데이터를 개별 응답자로부터 즉각적으로 확보할 수 있다는 점이다. 따라서 응답자별 개별적인 분석뿐만 아니라 응답자 전체를 대상으로 한 총합적 분석이 가능하다. 그러나 이 방법은 비교할 대상의 개수가 증가하게 되면 비교 대상 쌍의 개수가 기하급수적으로 급격히 증가한다는 단점이 있다. 이는 응답자들의 유사성 평가를 어렵게 만들 수 있다.

분류

응답자들에게 유사한 대상끼리 함께 묶어 분류하게 함으로써 대상 간의 유사성 정도를 평가할 수 있다. 이러한 접근법 중의 하나로 카드를 이용하는 방법이 널리 사용된다. 이를 위해 우선 비교하고자 하는 대상의 개수만큼 카드를 준비하여 각 카드에 그림이나 글씨로 대상을 표시한다. 응답자들에게 유사한 대상끼리 같은 묶음에 들어가게 카드들을 분류하도록 요청한다. 이때 정해진 묶음의 개수만큼 분류하도록 할 수도 있고 응답자가 원하는 개수만큼의 묶음으로 카드를 분류하도록 할 수도 있다. 어떤 대상들이 함께 묶이는지를 모든 응답자에 대해서 조사하여 각 대상이 동일한 묶음에 포함되는 횟수를 합산하게 되면 비교 대상들을 행과 열로 갖는 교차표와 유사한 형태의 통합된 유사성 행렬을 얻을 수 있다. 이 행렬의 셀값은 어떤 대상이 가장 빈번히 함께 등장하는지를 나타내며 이는 곧 유사성의 정도를 의미한다.

분류 방법의 장점은 매우 직관적이어서 응답자들이 이해하기 쉽다는 점이다. 그러나 이 방법은 모든 개별 응답자로부터의 응답을 합산하여 근접 데이터를 수집하기 때문에 응답자별 개별적인 분석은 가능하지 않으며 응답자 전체를 대상으로 한 총합적 분석만이 가능하다.

상관관계

대상의 특정 속성을 측정한 값을 이용하여 간접적인 방식으로 대상 간의 근접행렬을 도출할 수 있다. 이때 가장 많이 사용하는 것이 상관관계분석이다. 측정한 속성값을 이용하여 상관관계분석을 수행하면 대상 간의 상관계수 행렬을 구할 수 있으며 이를 이용하여 대상 간의 근접행렬을 도출할 수 있다. 상관계수 행렬만을 보고 상관관계의 패턴을 찾아내는 것은 쉽지 않다. 이때 MDS를 이용하게 되면 상관관계를 기반으로 그래프상에 대상들을 배치할 수 있고 시각적으로 상관관계 구조를 쉽게 파악할 수 있다.

이처럼 상관관계 데이터에 MDS를 적용하게 되면 단지 상관계수만을 보여주는 것보다 대상 간의 관계가 보다 명확히 드러난다. 그러나 이 방법은 근접행렬을 도출하기 위하여 특정 속성에 대한 추가적인 측정이 필요하다는 단점이 있다. 대상에 대한 속성이나 차원을 모르는 상태에서 이러한 미지의 차원을 규명하고자 하는 것이 MDS의 주요한 목표라는 관점에서 보면 이 접근법은 MDS분석의 본래 취지를 덜 반영하고 있다고 볼 수 있다.

16.2 전통적 MDS

주요 도시의 위치가 그려져 있는 지도가 있다. 이 지도상에서 도시 간의 거리를 측정하는 문제를 생각해보자. 두 도시 i와 j 간의 거리는 수학적으로 **유클리드거리(Euclidean distance)**를 계산하여 측정할 수 있다. 지도상에서 두 도시의 x축과 y축 좌표값을 알고 있을 때 두 도시 간의 유클리드거리는 다음과 같이 정의된다.

$$d_{ij} = \sqrt{(x_i - x_j)^2 + (y_i - y_j)^2}$$

여기에서, d_{ij}는 i와 j 간의 유클리드거리, x_i 및 y_i는 i의 x좌표 및 y좌표,
x_j 및 y_j는 j의 x좌표 및 y좌표

이번에는 도시 간 거리가 주어졌을 때 도시의 위치가 표시된 지도를 만들어내는 문제를 생각해보자. **전통적 MDS(classical MDS)**는 이처럼 도시 간 거리가 주어졌을 때 도시의 좌표값을 구하여 지도를 생성하는 문제에 대한 답을 얻고자 개발되었다. 즉 전통적 MDS는 대상 간의 거리를 알

고 있을 때 이들을 기하학적 공간상에 배치하여 지도를 생성한다. 전통적 MDS는 하나의 근접행렬만을 사용한다는 특징을 갖는다.

그림 16-1 | 도시 간 거리(km)

	서울	부산	대구	인천	광주	대전	울산	수원	춘천	창원	전주	제주
서울	0	–	–	–	–	–	–	–	–	–	–	–
부산	331	0	–	–	–	–	–	–	–	–	–	–
대구	238	95	0	–	–	–	–	–	–	–	–	–
인천	25	334	242	0	–	–	–	–	–	–	–	–
광주	269	194	171	256	0	–	–	–	–	–	–	–
대전	144	200	117	140	138	0	–	–	–	–	–	–
울산	308	54	75	315	222	192	0	–	–	–	–	–
수원	31	304	212	30	238	114	284	0	–	–	–	–
춘천	75	330	236	100	312	175	296	91	0	–	–	–
창원	302	36	72	303	161	167	67	274	307	0	–	–
전주	195	189	130	185	77	61	199	164	234	154	0	–
제주	454	292	324	439	187	324	341	423	498	276	264	0

그림 16-2 | MDS 데이터 입력: 도시

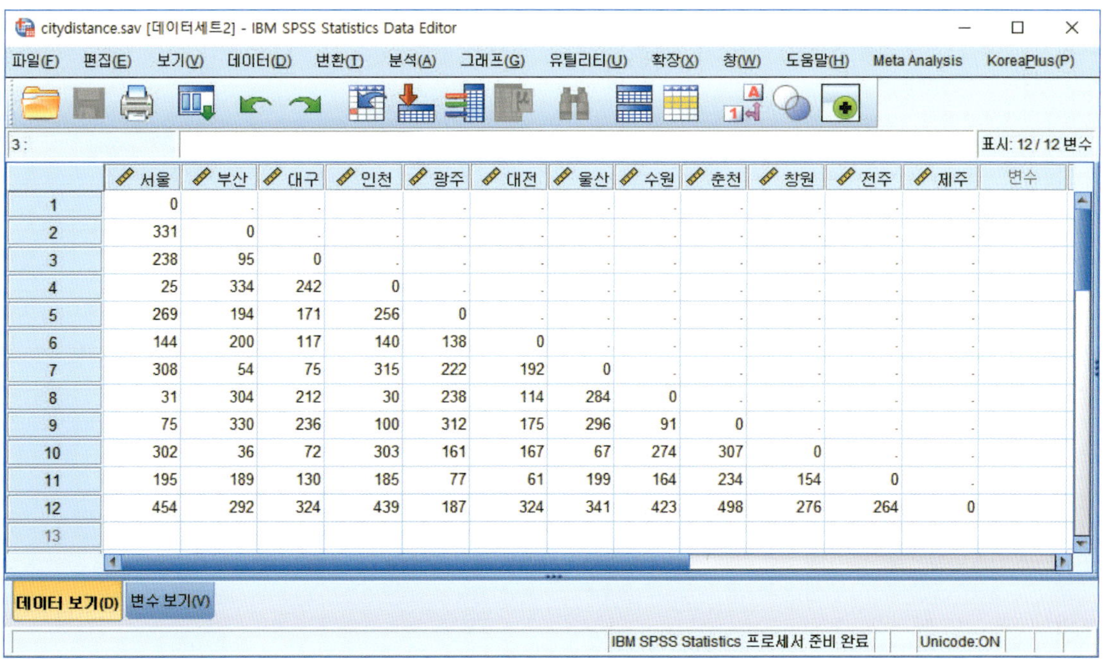

[그림 16-1]은 우리나라의 12개 도시 간의 직선 거리를 조사하여 행렬 형태로 기록한 데이터이다(http://ko.thetimenow.com/distance-calculator.php). 서울에서 부산까지의 거리와 부산에서 서울까지의 거리는 동일하기 때문에 이 행렬은 대각선을 중심으로 대칭인 형태가 되며, 따라서 대각선 아래 부분만으로 12개 도시 간 거리를 모두 나타낼 수 있다. 여기에서 도시는 '대상'을 나타내며 거리는 '유사성'을 의미한다. [그림 16-1]의 데이터는 MDS분석을 위해 [그림 16-2]와 같은 행렬 형태로 입력된다(citydistance.sav 데이터 파일). 대각선의 셀은 같은 도시 간의 비교이기 때문에 0으로 입력된다.

도시 간 거리 데이터를 토대로 MDS분석을 수행하면 [그림 16-3]과 같은 공간배치도 그래프를 얻을 수 있다. 이 공간배치도에는 도시를 나타내는 12개의 점이 2차원 공간에 배치되어 있다. 유사한(즉 거리가 가까운) 도시들은 서로 가까이 배치되며, 상이한(즉 거리가 먼) 도시들은 서로 멀리 떨어져 위치한다. MDS분석을 수행할 때는 입력된 근접 데이터가 유사성을 나타내는지 혹은 상이성을 나타내는지를 지정해야 한다. 입력 데이터를 상이성, 즉 여기의 예처럼 거리로 지정하면 값

그림 16-3 ▌공간배치도: 도시

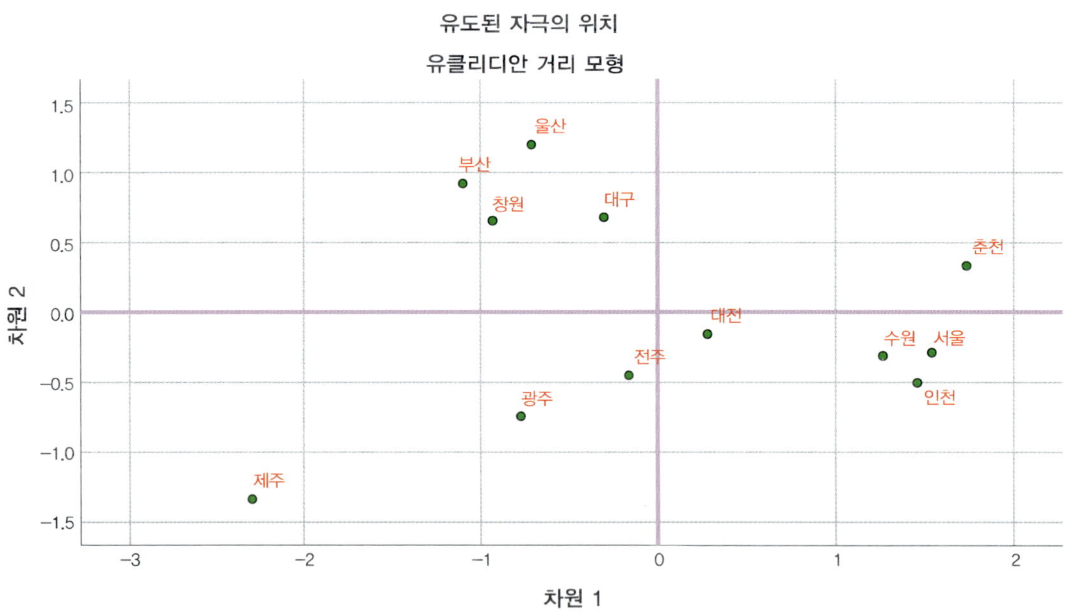

SPSS 메뉴의 『분석 > 척도분석』에서 적용하고자 하는 MDS 알고리즘을 선택한다. 여기에서는 『분석 > 척도분석 > 다차원척도법(ALSCAL)』을 선택한다. 『다차원척도법: 모형』 대화상자에서 『차원』의 최소값과 최대값을 2로 지정하여 2차원 공간배치도가 생성되도록 하고 『측정수준』은 『비율』을 선택한다. 『다차원척도법: 옵션』 대화상자에서 『집단도표』를 선택하면 위와 같은 공간배치도가 출력된다(citydistance.sav 데이터 파일).

이 작을수록 대상들은 서로 가까이 위치하게 된다. 만일 입력 데이터를 유사성으로 지정하면 큰 값을 갖는 대상들이 서로 가까이 배치된다.

MDS를 통해 생성된 공간배치도는 대상 간의 거리만을 이용하여 도출된다. 따라서 축은 그 자체로는 의미가 없으며, 그래프의 방향 역시 임의적이다. 그래서 [그림 16-3] MDS 공간배치도상의 도시들은 반드시 북쪽이 위쪽이고 동쪽이 오른쪽인 형태로 배치되지는 않는다. 사실 [그림 16-3] 공간배치도상의 도시들의 위치를 살펴보면 오른쪽이 북쪽을 나타내고 있으며 위쪽은 동쪽을 나타내고 있다.

MDS 공간배치도는 두 가지 관점에서 해석이 가능하다. 우선 그래프상에서 대상들의 군집(cluster)을 파악해볼 수 있다. 군집은 공간배치도상에서 서로 가까이 모여 있는 대상들을 의미한다. 예를 들어, [그림 16-3]의 도시 공간배치도에서 가까이 모여 있는 {서울, 수원, 인천}, {전주, 광주}, {대구, 창원, 울산, 부산}은 각각 수도권, 호남권, 영남권을 나타내는 군집을 형성한다. 이와 함께 공간배치도상에서 대상들의 배치 기준인 차원을 파악해볼 수 있다. 차원은 공간배치도상의 대상들을 연속선상에 배치하는 기준으로서 대상들이 갖고 있는 속성을 의미한다. 예를 들어, [그림 16-3]의 차원 1은 남북의 방위를 나타낸다. 왼쪽에는 남쪽의 도시들이 배치되어 있으며 오른쪽에는 북쪽의 도시들이 배치되어 있다. 12개 도시들은 남북 방위의 상대적 위치에 따라 차원 1의 연속선상에 왼쪽으로부터 오른쪽으로 차례대로 배치된다. 차원 2는 동서의 방위를 나타낸다. 위쪽에는 동쪽의 도시들이 배치되어 있으며 아래쪽에는 서쪽의 도시들이 배치되어 있다. 12개 도시들은 동서 방위의 상대적 위치에 따라 차원 2의 연속선상에 위쪽으로부터 아래쪽으로 차례대로 배치된다.

MDS는 몇 개의 차원이든 관계없이 복수개의 차원으로 대상들을 그래프상에 배치할 수 있다. 이론상으로는 n개의 대상이 있을 경우 <$n-1$>개의 차원을 갖는 그래프의 생성이 가능하다. 그러나 3차원 이상은 보통 시각적으로 해석이 어렵기 때문에 데이터를 시각화하는 목적을 위해서는 일반적으로 평면상에 표현하기 용이한 1차원 또는 2차원의 그래프를 사용한다. 물론 이렇게 그래프 생성에 필요한 차원을 제한하는 것은 그래프를 왜곡시킬 수 있다. 예를 들어, 전 세계의 도시를 대상으로 도시 간 거리를 이용하여 지도를 생성하고자 한다면 아무런 왜곡 없이 단지 두 개의 차원만으로 모든 도시를 평면상에 그리는 것은 불가능하다. 즉 둥근 지구 표면을 평면의 지도상에 옮겨야 하기 때문에 단지 두 개의 차원만으로 실제 상황을 모두 충족하는 지도를 작성할 수는 없다. 그래프상에서 나타나는 이러한 왜곡을 **스트레스(stress)**라고 하며, MDS분석에 이용되는 다양한 알고리즘은 이러한 스트레스를 최소화하는 것을 목표로 한다. 스트레스는 입력된 근접 데이터와 MDS에 의해 추정된 거리 간의 차이를 기초로 계산되며 0과 1 사이의 값을 갖는다. 스트레스값이 작을

그림 16-4 ▌반복계산 정보: 도시

Iteration history for the 2 dimensional solution (in squared distances)

Young's S-stress formula 1 is used.

Iteration	S-stress	Improvement
1	.00128	
2	.00121	.00006

Iterations stopped because
S-stress improvement is less than .000100

『다차원척도법: 옵션』 대화상자에서 『S-스트레스 수렴기준』은 0.0001, 『최소 S-스트레스 값』은 0.0001, 『최대반복계산』은 30을 지정한다(citydistance.sav 데이터 파일).

수록 생성된 공간배치도의 적합도는 높다. 일반적으로 스트레스값이 0.1보다 작으면 도출된 공간배치도는 적합한 것으로 간주된다.

[그림 16-4]는 지정된 2차원의 해를 구하기 위한 반복계산 과정을 보여준다. 두 번의 반복과정을 거쳐 스트레스 수렴기준을 충족시키면서 계산과정은 종료되었다. 최종 스트레스값은 0.00121로서 스트레스값이 0.1보다 작아야 한다는 일반적 적합도 요건을 충분히 충족하고 있다.

스트레스값이 클 경우 도출된 공간배치도는 해석상에 주의를 필요로 한다. 왜냐하면 이는 MDS를 통해 산출된 거리 중 일부는 정확하지 않다는 것을 의미하기 때문이다. 이러한 왜곡은 모든 비교 대상 간에 고르게 발생할 수도 있고 특정 몇 개 쌍으로부터 집중적으로 나타날 수도 있다. 하지만 일반적으로 대부분의 MDS 알고리즘은 입력 데이터와 추정된 거리 간 차이의 제곱을 최소화하기 때문에 긴 거리는 짧은 거리에 비해 더 정확한 경향이 있다. 따라서 스트레스가 높다 하더라도 대상 간의 큰 관계패턴은 여전히 시각적으로 의미가 있다.

MDS분석을 통해 도출된 공간배치도의 적합도는 MDS를 통해 추정된 거리와 실제 입력된 거리를 비교함으로써 시각적으로도 확인할 수 있다. [그림 16-5]의 각 점은 도시 간 거리 행렬상의 도시의 쌍들을 나타낸다. X축은 입력 데이터로 사용된 도시 간 거리이고, Y축은 MDS 알고리즘을 통해 추정된 거리이다. 도시쌍들의 실제 거리가 추정된 거리와 유사하다면 이는 MDS 알고리즘에 의해서 도시 간의 거리가 적절히 추정되었다는 것을 의미하며, 이럴 경우 스트레스는 0에 근접하게 된다. 이때 각 점별로 실제 거리와 추정 거리의 좌표를 그래프상에 표현하면 점들로 표현된 도시의

▶ 그림 16-5 ▌ 선형적합 산점도: 도시

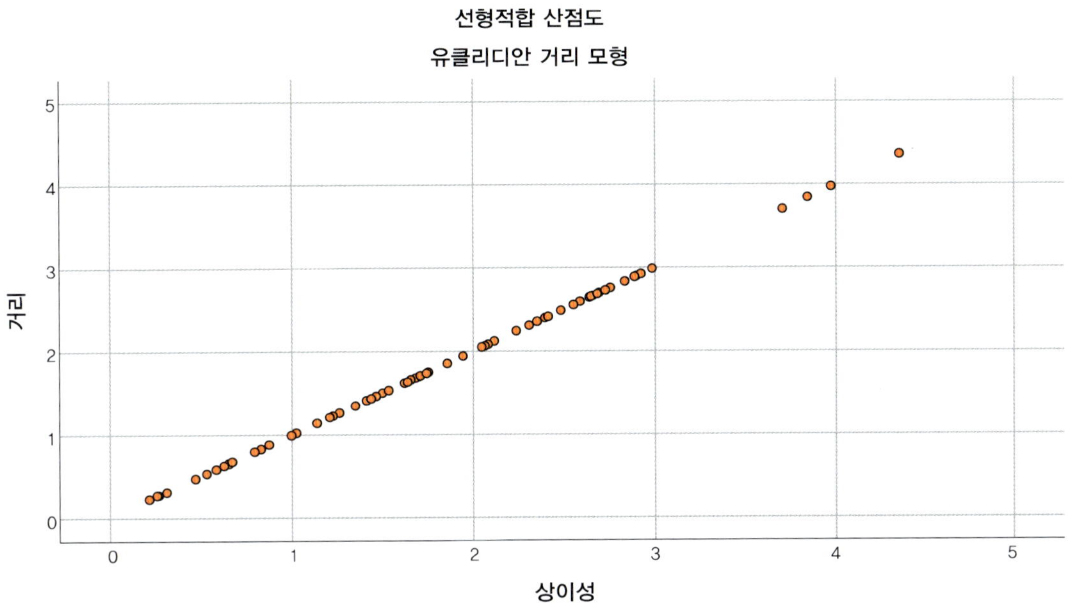

『다차원척도법: 옵션』 대화상자에서 『집단도표』를 선택하면 위와 같은 선형적합 산점도가 출력된다(citydistance.sav 데이터 파일).

쌍들은 대각선 주변에 위치하게 된다. 이처럼 산점도의 점들이 대각선 주위에 모여있을수록 적합도는 크다. 여기에서는 점들이 모두 대각선상에 위치하고 있어 거의 완벽한 적합도를 보여주고 있다.

16.3 반복 MDS

반복 MDS(replicated MDS)는 여러 개의 근접행렬을 동시에 분석한다. 여기에서는 반복 MDS분석을 이용하여 소비자들의 운동화 브랜드 평가에 내재되어 있는 기준을 규명하고 운동화 브랜드 간의 관계구조를 분석한다. 이를 위해 50명의 소비자를 대상으로 [그림 16-6]과 같은 설문서를 이용하여 여덟 개 운동화 브랜드 간의 유사성을 조사하였다.

그림 16-6 ▌설문서: 운동화 브랜드 유사성

다음에 제시되어 있는 Adidas, Nike, Puma, Asics, Skechers, Spring Court, New Balance, Converse 등 여덟 개 운동화 브랜드에 대하여 각 쌍을 이루는 브랜드들이 서로 얼마나 유사하다고 느끼는지 귀하가 생각하는 수준에 가장 가까운 해당란에 표시(√)하여 주시기 바랍니다.

유사성 비교	매우 유사함			보통			전혀 다름
	1	2	3	4	5	6	7
1. Adidas－Nike							
2. Adidas－Puma							
3. Adidas－Asics							
4. Adidas－Skechers							
5. Adidas－Spring Court							
6. Adidas－New Balance							
7. Adidas－Converse							
8. Nike－Puma							
9. Nike－Asics							
10. Nike－Skechers							
11. Nike－Spring Court							
12. Nike－New Balance							
13. Nike－Converse							
14. Puma－Asics							
15. Puma－Skechers							
16. Puma－Spring Court							
17. Puma－New Balance							
18. Puma－Converse							
19. Asics－Skechers							
20. Asics－Spring Court							
21. Asics－New Balance							
22. Asics－Converse							
23. Skechers－Spring Court							
24. Skechers－New Balance							
25. Skechers－Converse							
26. Spring Court－New Balance							
27. Spring Court－Converse							
28. New Balance－Converse							

[그림 16-6]의 설문서를 통해 수집된 데이터는 MDS분석을 위해 [그림 16-7]과 같은 행렬 형태로 입력된다(sneakers.sav 데이터 파일). [그림 16-6]의 설문서는 1에서 7 사이의 숫자를 이용하여 두 브랜드 간의 유사성 정도를 측정한다. 숫자가 작을수록 유사성이 크다는 것을 나타내고 숫자가 클수록 유사성이 작다는 것을 나타내기 때문에 이 설문서를 통해 얻은 데이터는 엄밀히 말하면 유사성 정도를 나타낸다기보다는 상이성 정도를 나타낸다고 볼 수 있다. 각 소비자에게 여덟 개 브랜드 간의 유사성을 비교하도록 요구하고 있기 때문에 여덟 개의 행과 여덟 개의 열로 구성된 하나의 행렬이 한 소비자의 응답 데이터를 나타낸다. 예를 들어, 1행에서 8행까지의 데이터가 첫 번째 소비자의 응답을 나타내고, 9행에서 16행까지의 데이터가 두 번째 소비자의 응답이 된다. 이러한 방식으로 총 50명의 소비자로부터 수집한 유사성 데이터가 모두 400개의 행에 걸쳐 입력된다. 행과 열이 만나는 각 셀은 행의 브랜드와 열의 브랜드 간의 유사성 정도를 나타낸다. 예를 들어, 3행과 2열이 만나는 셀에 입력된 값 1은 Puma와 Nike 간의 유사성 정도를 나타내며, 첫 번째 소비자에 의해 두 브랜드는 '매우 유사한' 것으로 평가되었다는 것을 의미한다. 대각선의 셀은 동일한 브랜드 간의 비교이기 때문에 실질적인 의미가 없으며 0으로 입력된다.

그림 16-7 ▌MDS 데이터 입력: 운동화

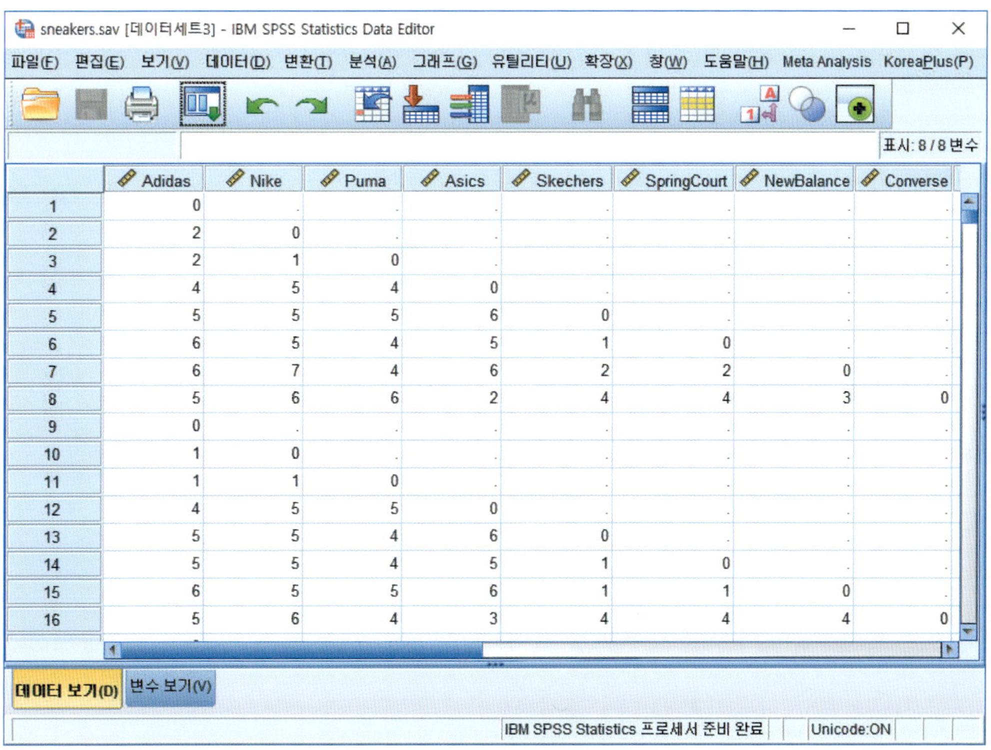

	Adidas	Nike	Puma	Asics	Skechers	SpringCourt	NewBalance	Converse
1	0	.	.	.	.	.	.	.
2	2	0	.	.	.	.	.	.
3	2	1	0	.	.	.	.	.
4	4	5	4	0	.	.	.	.
5	5	5	5	6	0	.	.	.
6	6	5	4	5	1	0	.	.
7	6	7	4	6	2	2	0	.
8	5	6	6	2	4	4	3	0
9	0	.	.	.	.	.	.	.
10	1	0	.	.	.	.	.	.
11	1	1	0	.	.	.	.	.
12	4	5	5	0	.	.	.	.
13	5	5	4	6	0	.	.	.
14	5	5	4	5	1	0	.	.
15	6	5	5	6	1	1	0	.
16	5	6	4	3	4	4	4	0

소비자로부터 수집한 유사성 데이터를 토대로 MDS분석을 수행하면 [그림 16-8]과 같은 공간배치도 그래프를 얻을 수 있다. 이 공간배치도에는 운동화 브랜드를 나타내는 여덟 개의 점이 2차원 공간에 배치되어 있다. 유사한(즉 거리가 가까운) 운동화 브랜드들은 서로 가까이 배치되며, 상이한(즉 거리가 먼) 운동화 브랜드들은 서로 멀리 떨어져 위치한다.

운동화 브랜드의 공간배치도상에서 우선 군집을 확인해보자. 좌측 하단에 Adidas, Nike, Puma 등 세 브랜드가 가까이 몰려 있으며, 우측 하단에 Spring Court, Skechers, New Balance 등 세 브랜드가 역시 가까이 위치하고 있다. 또한 상단의 두 브랜드 Asics와 Converse는 독립적으로 위치하고 있다. 따라서 운동화 브랜드의 공간배치도상에서 {Adidas, Nike, Puma},

그림 16-8 ▌공간배치도: 운동화

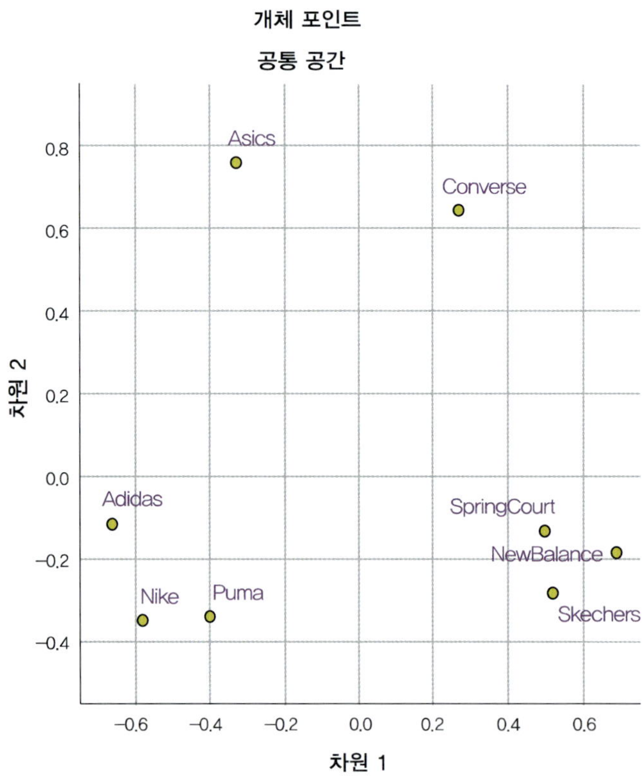

SPSS 메뉴의 『분석 > 척도분석』에서 적용하고자 하는 MDS 알고리즘을 선택한다. 여기에서는 『분석 > 척도분석 > 다차원척도법(PROXSCAL)』을 선택한다. 『다차원척도법: 데이터 형식』 대화상자에서 『데이터 형식』, 『소스 수』, 『단일 소스』 등을 정의한다(여기에서는 각각 『데이터가 근접행렬』, 『다중행렬 소스』, 『한조의 열에서의 누적 근접행렬』로 지정). 『다차원척도법: 모형』 대화상자에서 『근접도 변환』의 척도로 『구간』을 선택하고 『차원』의 최소값과 최대값을 2로 지정한다. 『다차원척도법: 도표』 대화상자에서 『공통공간』을 선택하면 위와 같은 공간배치도가 출력된다(sneakers.sav 데이터 파일).

{Spring Court, Skechers, New Balance}, {Asics}, {Converse} 등 크게 네 개의 군집이 확인되었다.

차원 1의 중앙을 중심으로 좌측에 위치한 Adidas, Nike, Puma, Asics 등의 브랜드는 종합 스포츠 브랜드로서 축구화, 농구화 등 비교적 다양한 여러 가지 종류의 운동화를 취급한다. 반면에 우측에 분포한 Spring Court, Skechers, New Balance, Converse 등의 브랜드들은 패션화 중심인 경향이 있다. 따라서 차원 1은 다양성을 나타낸다. 차원 2를 살펴보면 하단의 브랜드들은 비교적 고가 제품의 비중이 많은 반면, 상단의 브랜드들은 상대적으로 저렴한 제품군들을 많이 보유하고 있다. 따라서 차원 2는 경제성을 나타낸다.

소비자들은 Adidas, Nike, Puma 등의 브랜드를 다양한 제품군을 갖는 비교적 고가의 제품을 생산하는 브랜드로서 인식하고 있는 것으로 보여진다. Spring Court, Skechers, New Balance 등의 브랜드는 특화된 제품군을 갖는 비교적 고가의 제품을 취급하는 브랜드로서 인식되고 있다. Asics와 Converse 브랜드는 앞의 두 군집에 비해 상대적으로 저렴한 제품군이 많은 브랜드로 인식되고 있으나, Asics는 상대적으로 다양한 제품군을 갖는 반면, Converse는 상대적으로 단조로운 제품군을 보유하고 있는 것으로 인식되고 있다.

[그림 16-9]는 지정된 2차원의 해를 구하기 위한 반복계산 과정을 보여준다. 모두 여섯 번의 반복과정을 거쳐 스트레스 수렴기준을 충족시키면서 계산과정은 종료되었다. 최종 스트레스값은 0.00710으로서 스트레스값이 0.1보다 작아야 한다는 일반적 적합도 요건을 충분히 충족하고 있다

그림 16-9 ▌반복계산 과정: 운동화

반복	정규화된 원 스트레스	개선도
0	.16651[a]	
1	.01012	.15639
2	.00813	.00199
3	.00757	.00056
4	.00732	.00025
5	.00718	.00014
6	.00710	.00008[b]

a. 초기 설정의 스트레스: 심플렉스 시작
b. 개선도가 수렴기준 미만이므로 반복계산 처리가 중지됩니다.

『다차원척도법: 옵션』 대화상자에서 『스트레스 수렴』은 0.0001, 『최소 스트레스』는 0.0001, 『최대반복계산』은 100을 지정한다. 『다차원척도법: 출력결과』 대화상자에서 『반복계산과정』을 선택한다(sneakers.sav 데이터 파일).

그림 16-10 ▌ 스트레스 및 적합도: 운동화

정규화된 원 스트레스	.00710
스트레스-I	.08424[a]
스트레스-II	.20971[a]
S-스트레스	.01971[b]
설명된 산포	.99290
Turcker의 적합계수	.99645

PROXSCAL은(는) 정규화된 원 스트레스를 최소화합니다.
a. 최적척도 요인=1.007.
b. 최적척도 요인=.999.

『다차원척도법: 출력결과』 대화상자에서 『다중 스트레스 측도』를 선택한다(sneakers.sav 데이터 파일).

그림 16-11 ▌ 잔차도표: 운동화

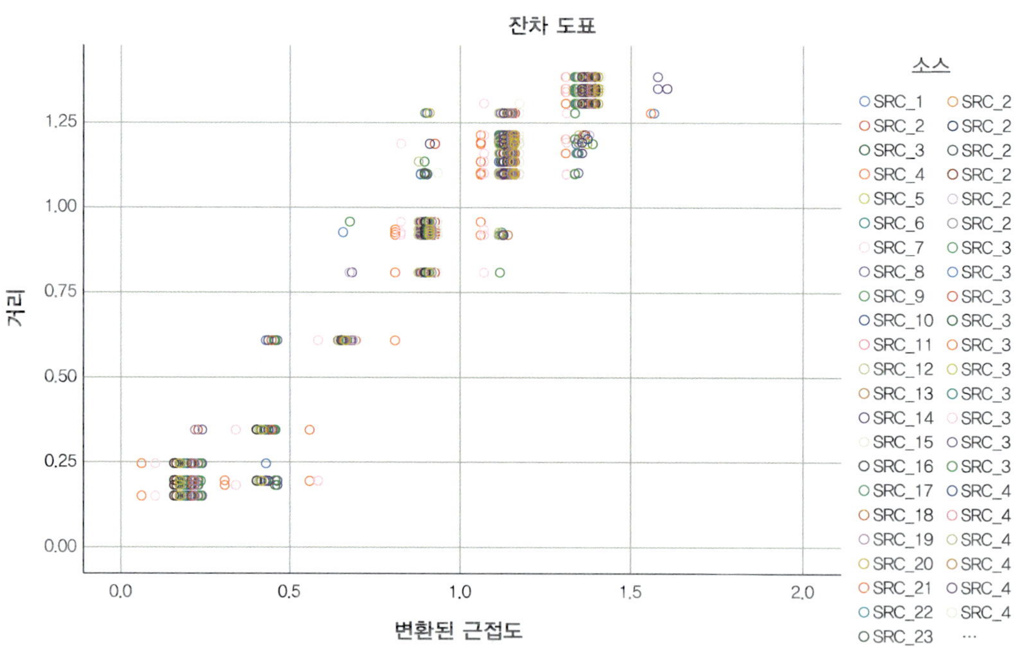

『다차원척도법: 도표』 대화상자에서 『변환된 근접도 vs. 거리』를 선택한다(sneakers.sav 데이터 파일).

([그림 16-10]).

MDS분석을 통해 도출된 공간배치도의 적합도는 MDS를 통해 추정된 거리와 실제 입력된 거리를 비교함으로써 시각적으로도 확인할 수 있다. [그림 16-11]의 잔차도표는 이러한 차이를 시각적으로 보여준다. 잔차도표상의 점들이 대각선 주위에 모여 있을수록 적합도는 크다. 여기에서는 점들이 대략적으로 대각선상에 위치하고 있으므로 수용할 만한 수준의 적합도를 보여주고 있는 것으로 보여진다.

SPSS 활용

1 다차원척도법(ALSCAL) 수행하기

▶ 『분석 > 척도분석 > 다차원척도법(ALSCAL)』을 선택한다.

▶ 분석하고자 하는 대상들을 『변수』 박스로 옮긴다.

▶ 입력 데이터가 유사성을 나타내는 행렬일 경우 『데이터 자체가 거리행렬』을 선택한다. 그렇지 않고 입력 데이터로부터 유사성을 나타내는 거리행렬을 도출해야 할 경우에는 『데이터로부터 거리행렬 계산하기』를 선택하고 사용하고자 하는 거리계산 방식을 지정한다.

그림 16-12 ▌다차원척도법 대화상자-ALSCAL

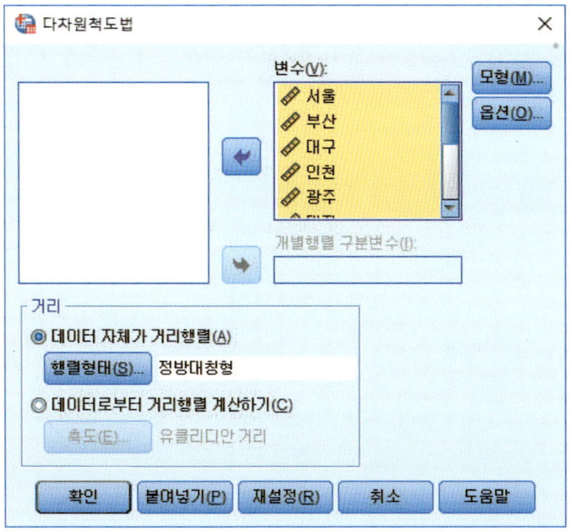

▶ 『다차원척도법: 모형』 대화상자에서 측정수준, 조건부, 차원, 척도화 모형 등을 선택할 수 있다. 입력된 데이터의 척도에 따라 『측정수준』에서 순서척도, 구간척도, 비율척도 등을 선택한다. 『차원』에는 공간배치도를 생성할 때 사용할 차원의 개수를 지정한다. 단일해를 구하기 위해서는 최소값과 최대값에 같은 값을 입력한다.

그림 16-13 ▌ 다차원척도법: 모형 대화상자-ALSCAL

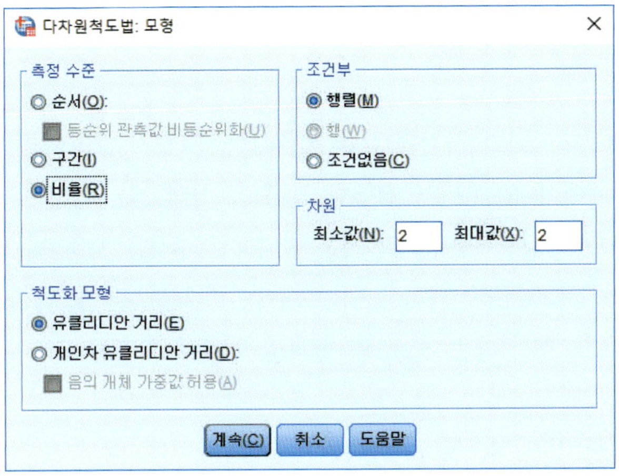

▶ 『다차원척도법: 옵션』 대화상자에서 출력결과와 반복계산 기준을 지정할 수 있다. 『집단도표』를 선택하면 대상들의 공간배치도와 선형 적합도의 산점도가 출력된다. 『S-스트레스 수렴』에 지정된 값은 스트레스 개선값으로서 반복과정을 멈추기 위한 기준값으로 사용된다. 즉 스트레스 개선값이 지정된 값보다 작으면 반복과정을 중단한다. 『최소 S-스트레스 값』은 최종 스트레스값으로서 스트레스값이 여기에 지정된 값보다 작으면 반복과정을 중단한다.

그림 16-14 ▌ 다차원척도법: 옵션 대화상자-ALSCAL

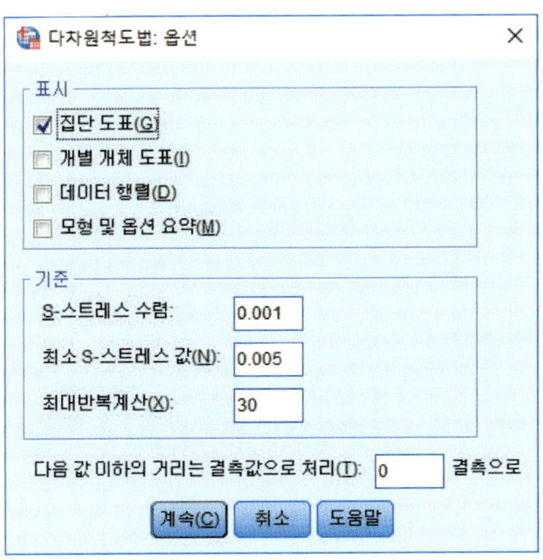

2 다차원척도법(PROXSCAL) 수행하기

- 『분석 > 척도분석 > 다차원척도법(PROXSCAL)』을 선택한다.
- 『데이터 형식』 및 『소스 수』를 지정한다.
- 입력 데이터가 유사성을 나타내는 행렬이면 『데이터가 근접행렬』을 선택한다. 그렇지 않고 입력 데이터로부터 근접행렬을 도출할 경우에는 『데이터로부터 근접행렬 작성』을 선택한다. 『데이터로부터 근접행렬 작성』을 선택한 경우 이후 단계에서 사용하고자 하는 거리계산 방식을 지정한다.
- 분석하고자 하는 행렬이 하나이면 『단일행렬 소스』를 선택하고 여러 개이면 『다중행렬 소스』를 선택한다. 선택한 소스 수에 따라 『단일 소스』 및 『다중 소스』의 형식을 추가로 지정한다.

그림 16-15 | 다차원척도법: 데이터 형식 대화상자-PROXSCAL

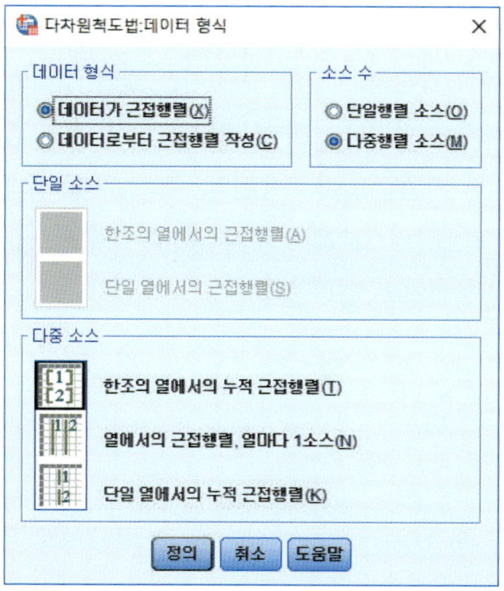

- 『다차원척도법: 데이터 형식』 대화상자에서 『데이터가 근접행렬』, 『다중행렬 소스』를 선택하고 『다중 소스』의 형식으로 『한조의 열에서의 누적 근접행렬』을 선택한다.
- 분석하고자 하는 대상들을 『근접도』 박스로 옮긴다.

▶ 그림 16-16 ▌ 다차원척도법(한조의 열에서의 근접행렬) 대화상자-PROXSCAL

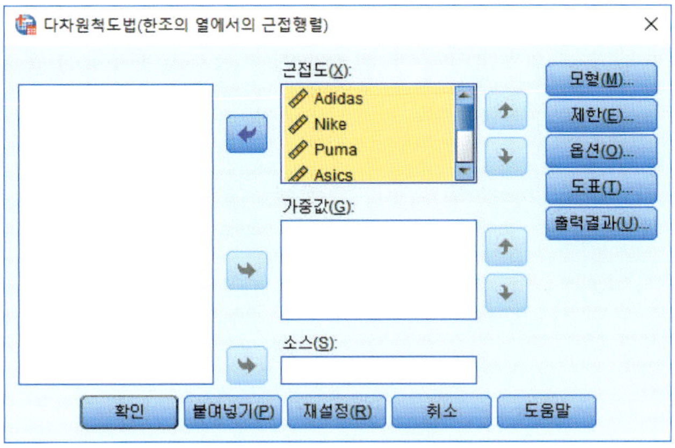

▶ 『다차원척도법: 모형』 대화상자에서 척도화 모형, 입력 행렬의 형태, 근접행렬의 종류, 근접도 변환 척도, 적용할 차원의 수 등을 지정한다.

▶ 그림 16-17 ▌ 다차원척도법: 모형 대화상자-PROXSCAL

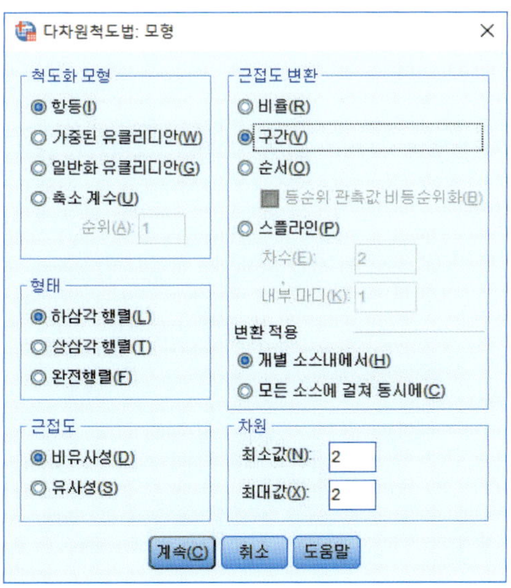

▶ 『다차원척도법: 옵션』 대화상자에서 반복계산 기준을 지정한다.

그림 16-18 ▌다차원척도법: 옵션 대화상자-PROXSCAL

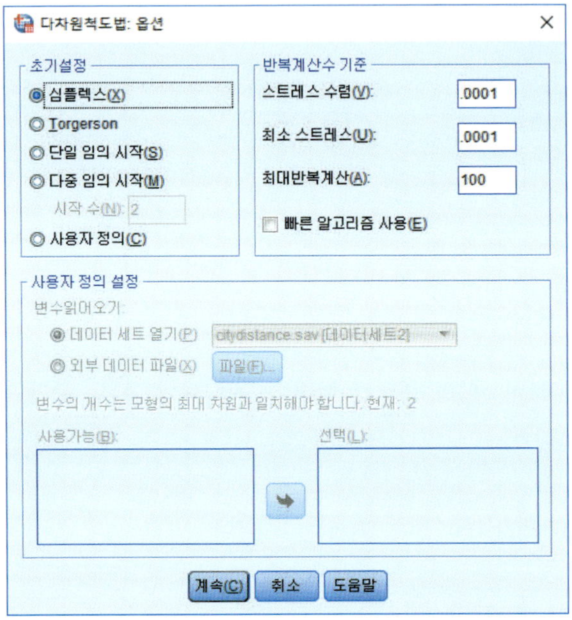

▶ 『다차원척도법: 도표』 대화상자에서 출력할 그래프로 공통공간, 원 근접도 vs. 변환된 근접도, 변환된 근접도 vs. 거리 등을 지정한다.

그림 16-19 ▌다차원척도법: 도표 대화상자-PROXSCAL

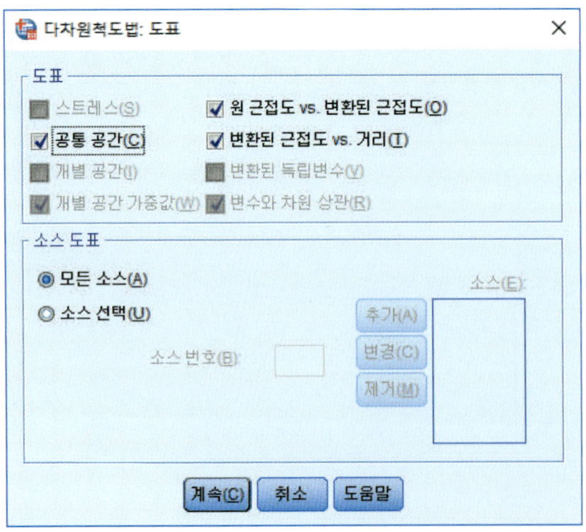

▶ 『다차원척도법: 출력결과』 대화상자에서 공통공간좌표, 반복계산과정, 다중 스트레스 측도 등의 출력결과를 지정한다.

그림 16-20 ▌ 다차원척도법: 출력결과 대화상자-PROXSCAL

사례연구

새로운 화장품 브랜드 '황진이'의 마케팅 연구소에서는 소비자들이 화장품 브랜드를 평가하는 기준을 규명하고 화장품 브랜드 간의 유사성 정도에 대한 소비자들의 인식을 분석하려고 한다. 이를 위해 20명의 화장품 소비자를 대상으로 여덟 개 화장품 브랜드에 대한 [그림 16-21]과 같은 설문조사를 수행하였다(cosmetics.sav 데이터 파일).

그림 16-21 ▎설문서: 화장품 브랜드 유사성

다음에 제시되어 있는 미샤, 에뛰드, SKⅡ, 헤라, 스킨푸드, 더페이스샵, 수려한, 설화수 등 여덟 개 화장품 브랜드에 대하여 각 쌍을 이루는 브랜드들이 서로 얼마나 유사하다고 느끼는지 귀하가 생각하는 수준에 가장 가까운 해당란에 표시(√)하여 주시기 바랍니다.

유사성 비교	매우 유사함			보통			전혀 다름
	1	2	3	4	5	6	7
1. 미샤-에뛰드							
2. 미샤-SKⅡ							
3. 미샤-헤라							
4. 미샤-스킨푸드							
5. 미샤-더페이스샵							
6. 미샤-수려한							
7. 미샤-설화수							
8. 에뛰드-SKⅡ							
9. 에뛰드-헤라							
10. 에뛰드-스킨푸드							
11. 에뛰드-더페이스샵							
12. 에뛰드-수려한							
13. 에뛰드-설화수							
14. SKⅡ-헤라							
15. SKⅡ-스킨푸드							
16. SKⅡ-더페이스샵							
17. SKⅡ-수려한							

18. SK Ⅱ – 설화수							
19. 헤라 – 스킨푸드							
20. 헤라 – 더페이스샵							
21. 헤라 – 수려한							
22. 헤라 – 설화수							
23. 스킨푸드 – 더페이스샵							
24. 스킨푸드 – 수려한							
25. 스킨푸드 – 설화수							
26. 더페이스샵 – 수려한							
27. 더페이스샵 – 설화수							
28. 수려한 – 설화수							

그림 16-22 ▎공간배치도: 화장품

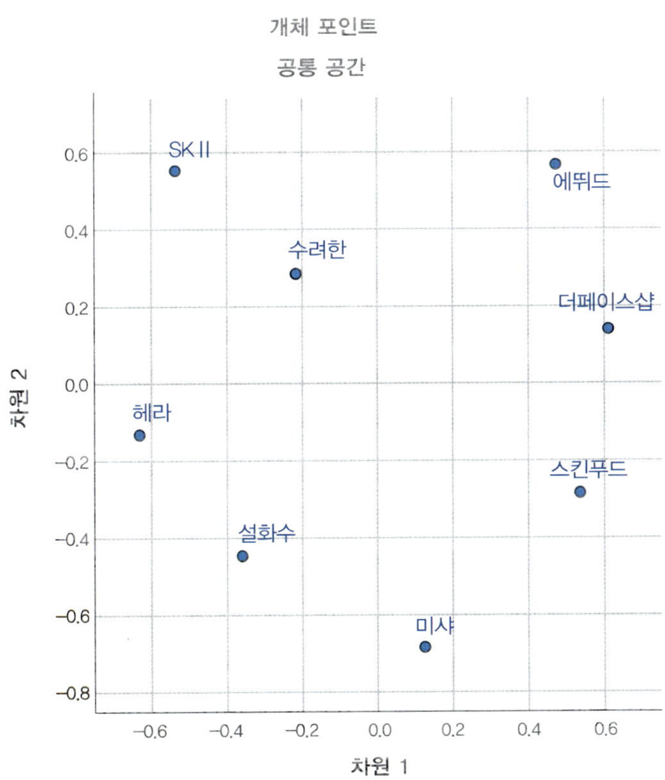

그림 16-23 | 스트레스 및 적합도: 화장품

정규화된 원 스트레스	.06980
스트레스-I	.26419[a]
스트레스-II	.82121[a]
S-스트레스	.17982[b]
설명된 산포	.93020
Turcker의 적합계수	.96447

PROXSCAL은(는) 정규화된 원 스트레스를 최소화합니다.
a. 최적척도 요인=1.075.
b. 최적척도 요인=.941.

설문조사 결과를 토대로 다차원척도법(PROXSCAL)을 이용하여 [그림 16-22]와 같이 여덟 개 화장품 브랜드에 대한 공간배치도를 작성하였다. 차원 1은 브랜드의 이미지로 추정할 수 있다. 공간배치도의 오른쪽 브랜드들은 비교적 낮은 가격대의 화장품군을 많이 보유하고 있고 쉽게 접할 수 있는 친근한 이미지를 나타낸다. 반면에 왼쪽의 브랜드는 비교적 높은 가격대의 화장품군이 많고 연령대가 상대적으로 높은 여성들이 사용하는 도시적 이미지를 나타낸다. 차원 2는 차원 1에 비하여 특성이 분명히 드러나지는 않는다. 그러나 명확하지는 않지만 공간배치도의 아래쪽과 위쪽은 한방이나 과일 등을 제품과 동일시하는 자연주의를 표방하는 제품들과 그렇지 않은 제품들로 나누어서 볼 수 있다는 점에서 차원 2는 화장품의 성분으로 추정해볼 수도 있다.

최종 스트레스값은 0.06980(<0.1)으로써 화장품 브랜드의 공간배치도는 브랜드 간의 유사성을 적절히 나타내고 있는 것으로 판단된다([그림 16-23]). 황진이 화장품은 이러한 분석결과를 토대로 새로운 화장품 브랜드로서의 마케팅 전략수립에 착수하였다.

연습문제

01 다음은 미국 50개 주에서 수집된 범죄발생률을 토대로 계산된 일곱 개 범죄 유형 간의 상관계수 행렬이다(Borg and Groenen 1997). 이 데이터를 이용하여 다차원척도법(PROXSCAL) 분석을 수행하고 공간배치도 및 적합도를 제시하시오(crimes.sav 데이터 파일).

	murder	rape	robbery	assault	burglary	larceny	autotheft
murder	1.00	0.52	0.34	0.81	0.28	0.06	0.11
rape	0.52	1.00	0.55	0.70	0.68	0.60	0.44
robbery	0.34	0.55	1.00	0.56	0.62	0.44	0.62
assault	0.81	0.70	0.56	1.00	0.52	0.32	0.33
burglary	0.28	0.68	0.62	0.52	1.00	0.80	0.70
larceny	0.06	0.60	0.44	0.32	0.80	1.00	0.55
autotheft	0.11	0.44	0.62	0.33	0.70	0.55	1.00

02 가족관계에 대한 사람들의 유사성 인식 정도를 조사하였다(Rosenberg and Kim 1975). 조사 대상인 15개 가족관계는 aunt, brother, cousin, daughter, father, granddaughter, grandfather, grandmother, grandson, mother, nephew, niece, sister, son, uncle이다. 모두 여섯 개의 그룹에게 15개 가족관계 호칭을 제시하고 이들을 유사한 정도에 따라 분류하도록 요청하였다. 여섯 개 그룹 중 두 개 그룹은 85명으로 구성되었으며, 나머지 네 개 그룹은 80명으로 구성되었다. 가족관계 간 유사성의 정도는 그룹 구성원 수에서 유사한 가족관계 유형으로 함께 분류된 횟수를 뺀 값으로 측정하였다. 예를 들어, 85명 그룹의 사람들 가운데 51명이 'father'와 'son'을 유사한 가족관계 유형으로 함께 분류했다면 유사성 행렬의 'father'와 'son'이 만나는 셀은 34가 입력된다. 즉 셀값이 작을수록 유사성이 크고 셀값이 클수록 상이성이 큰 것을 나타낸다. 가족관계 간 유사성의 정도는 각 그룹별로 평가하였으며, 따라서 하나의 입력 데이터 파일에 여섯 개의 근접행렬이 포함되었다(kinship.sav 데이터 파일). 다차원척도법(PROXSCAL) 분석을 수행하고 공간배치도 및 적합도를 제시하시오.

03 세계로 맥주연구소에서는 소비자들이 맥주 브랜드를 평가하는 기준을 파악하고 맥주 브랜드 간의 유사성 정도에 대한 소비자의 인식을 분석하려고 한다. 이를 위해 20명의 소비자를 대상으로 10개 맥주 브랜드에 대한 설문조사를 수행하였다(beer.sav 데이터 파일). 다차원척도법(PROXSCAL) 분석을 수행하고 공간배치도 및 적합도를 제시하시오.

비모수검정

Chapter 17

Chapter 17

비모수검정

지금까지 살펴본 통계적 검정 절차는 대부분 표본이 속한 모집단에 대해 여러 가지 구체적인 가정을 한다. 추론통계는 **모수통계(parametric statistics)**와 **비모수통계(nonparametric statistics)**로 나누어볼 수 있으며, 이 책에서 다루고 있는 대부분의 통계적 검정 절차는 모집단에 대한 가정을 필요로 하는 모수통계에 속한다. 예를 들어, 분산분석을 수행하기 위해서는 모집단이 정규분포를 따르며 모집단의 분산은 동일하다는 가정을 충족해야 한다. 하지만 요구하는 가정을 완벽히 충족시키지 못하더라도 대부분의 통계분석 절차는 큰 무리 없이 수행될 수 있다.

그러나 수집한 데이터가 모수통계에서 요구하는 가정을 심각하게 위배하는 경우가 있을 수 있다. 특히 표본크기가 작거나 이상값(outlier)이 존재할 경우에 종종 이러한 상황에 부딪치게 된다. 이럴 경우 엄격한 가정을 요구하지 않는 통계적 검정 절차를 검토할 필요가 있다. 이러한 종류의 검정 절차를 총칭하여 **비모수검정(nonparametric tests)**이라고 한다. 비모수검정은 데이터가 특정 분포를 가질 것을 요구하지 않는 비모수통계를 기반으로 한다. 그러나 비모수검정은 모수통계의 가정이 충족될 경우 정규분포를 가정하는 **모수검정(parametric tests)**만큼 강력하지는 못하다. 따라서 이상값을 제거하거나 적절한 데이터 변환을 통해 모수통계의 가정을 충족시킬 수 있으면 모수검정을 이용하는 것이 보다 효과적인 검정결과를 얻을 수 있다.

17.1 일표본검정

카이제곱검정

교차표상의 행과 열이 서로 독립인지 여부를 검정하기 위하여 **카이제곱검정(chi-square test)**을 이용할 수 있다. 관측빈도와 기대빈도 간의 차이를 이용하여 카이제곱통계량을 계산하고 이를 토대로 두 변수가 독립적이라는 귀무가설을 검정한다. 변수가 하나일 경우에도 카이제곱검정을 이용한 가설검정을 수행할 수 있다. 하나의 범주형 변수에 대해 데이터가 수집되었을 경우에는 행과 열의 합으로부터 기대빈도를 계산할 수 없다. 이때는 검정하고자 하는 귀무가설이 무엇이냐에 따라 기대빈도가 결정된다. 만약 변수가 갖는 모든 범주값의 발생확률이 동일한지 여부를 검정하고자 한다면 발생확률이 동일하다는 가정하에서 계산된 빈도가 기대빈도가 된다. 범주값들의 발생확률이 다르다는 것을 검정하고자 한다면 개별 범주값의 발생확률을 토대로 기대빈도를 계산한다.

880명을 대상으로 시리얼바, 오트밀, 시리얼 등 세 가지 아침식사 대용식품에 대한 선호도를 조사하였다(cereal.sav 데이터 파일). 시리얼바를 선호하는 사람이 231명, 오트밀을 선호하는 사람이 310명, 시리얼을 선호하는 사람이 339명으로 나타났다. 이 데이터를 이용하여 아침식사 대용식품에 대한 사람들의 선호도의 차이가 존재하는지 검정하려고 한다. 따라서 여기에서의 귀무가설은 "사람들의 아침식사 대용식품에 대한 선호도는 동일하다"가 될 것이다. 만일 사람들의 선호도가 동일하다면 사람들이 각 식품을 선택할 확률은 $\frac{1}{3}$로 동일하기 때문에 식품별 기대빈도는 $293.3\left(= 880 \times \frac{1}{3}\right)$이 된다. 관측빈도와 기대빈도를 이용하여 χ^2값을 계산하면 다음과 같다.

$$\chi^2 = \sum \frac{(\text{관측빈도}-\text{기대빈도})^2}{\text{기대빈도}}$$

$$\chi^2 = \sum \frac{(231 - 293.3)^2}{293.3} + \frac{(310 - 293.3)^2}{293.3} + \frac{(339 - 293.3)^2}{293.3} = 21.3$$

[그림 17-1]의 카이제곱검정 결과를 보면 유의확률 0.000으로서 사람들의 식품별 선호도가 동일하다는 귀무가설을 기각할 수 있으며, 따라서 아침식사 대용식품에 대한 선호도의 차이가 존재한다고 말할 수 있다.

만일 과거의 조사를 통해 사람들의 선호도가 시리얼바, 오트밀, 시리얼 각각 25%, 25%, 50%로 알려져 있다고 하자. 수집한 데이터를 이용하여 사람들의 선호도에 있어서 변화가 있었는지 검정하고자 한다면 이 비율을 기준으로 기대빈도를 계산하여 카이제곱통계량을 계산하고 가설검정을 수행한다. [그림 17-2]의 가설검정 결과에서 보듯이 유의확률 0.000으로서 과거의 선호비율과 동일하다는 귀무가설을 기각한다. 따라서 아침식사 대용식품에 대한 선호도에 있어서 변화가 있다.

그림 17-1 ▌ 카이제곱검정: 동일비율

	관측빈도	기대빈도	잔차
1 시리얼바	231	293.3	-62.3
2 오트밀	310	293.3	16.7
3 시리얼	339	293.3	45.7
전체	880		

	선호아침식사대용식품
카이제곱	21.302[a]
자유도	2
근사 유의확률	.000

a. 0개의 셀(0.0%)은(는) 5보다 작은 기대빈도를 가집니다. 기대빈도 셀값 중 최소값은 293.3입니다.

SPSS 메뉴에서 『분석 > 비모수검정 > 레거시 대화상자 > 카이제곱』을 선택한 후 『검정변수』에 선호아침식사대용식품 변수를 옮겨놓는다. 『기대값』에는 『모든 범주가 동일』을 체크하고 『확인』을 클릭한다(cereal.sav 데이터 파일).

그림 17-2 ▌ 카이제곱검정: 비동일비율

	관측빈도	기대빈도	잔차
1 시리얼바	231	220.0	11.0
2 오트밀	310	220.0	90.0
3 시리얼	339	440.0	-101.0
전체	880		

	선호아침식사대용식품
카이제곱	60.552[a]
자유도	2
근사 유의확률	.000

a. 0개의 셀(0.0%)은(는) 5보다 작은 기대빈도를 가집니다. 기대빈도 셀값 중 최소값은 220.0입니다.

『기대값』에는 『값』을 체크하고 범주별 순서대로 비율을 입력한다(cereal.sav 데이터 파일).

이항검정

우리 주변에서 볼 수 있는 많은 사건들은 두 개의 상호 배타적인 범주로 분류될 수 있다. 양품이거나 불량품이거나, 사망하거나 생존하거나, 합격이거나 불합격이거나, 구매하거나 구매하지 않거나 등 둘 중의 하나로 분류되는 경우를 종종 접하게 된다. **이항검정(binomial test)**은 이러한 두 개의

▶ 그림 17-3 ▌이항검정

		범주	N	관측비율	검정 비율	정확 유의확률(양측)
흡연	집단 1	0 No	1942	.80	.50	.000
	집단 2	1 Yes	479	.20		
	전체		2421	1.00		

SPSS 메뉴에서 『분석 > 비모수검정 > 레거시 대화상자 > 이항』을 선택한다. 『검정변수』 박스에 흡연 변수를 옮기고 검정비율 0.5를 입력한 후 『확인』을 클릭한다(stroke-survival.sav 데이터 파일).

범주 중 어떤 한 범주의 사건이 발생할 확률에 대한 가설검정을 수행한다. 예를 들어, 이항검정을 이용하여 반도체가 불량일 확률이 5%라거나 수술 생존율이 20%라는 귀무가설을 검정할 수 있다.

이항검정을 이용하여 뇌졸중 치료 후 생존한 환자의 몇 퍼센트가 흡연자인지를 검정할 수 있다(stroke-survival.sav 데이터 파일). 예를 들어, 뇌졸중 치료 후 생존한 환자 가운데 50%는 흡연자라는 귀무가설을 검정한다. 이는 비흡연자 역시 50%라는 의미이므로 환자의 흡연 여부가 뇌졸중 치료 후 생존과 관련성이 있는지를 검정하는 것이라고도 볼 수 있다. 이항검정 결과는 [그림 17-3]과 같다. 총 2,421명의 뇌졸중 생존 환자 가운데 80%인 1,942명이 비흡연자였으며, 나머지 20%인 479명이 흡연자였다. 이항검정 결과 유의확률은 0.000으로서 뇌졸중 생존 환자 가운데 50%가 흡연자라는 귀무가설을 기각할 수 있다. 즉 뇌졸중 치료 후 환자 상태는 환자의 흡연 여부와 관련이 있다.

런검정

'런(run)'이란 유사한 사건이 연속해서 발생하는 것을 의미한다. **런검정(run test)**은 사건의 발생 순서가 무작위(random)인지를 검정한다. 예를 들어, 라면 생산공장에서 생산되는 라면의 중량을 연속적으로 측정하여 기준 중량인 120g보다 크면 1로 기록하고 120g보다 작으면 0으로 기록한다. 그러면 생산되는 라면에 대한 1과 0의 숫자 배열을 얻을 수 있다. 이때 연속적으로 나타나는 1의 집합이나 연속적으로 나타나는 0의 집합이 너무 많으면 라면 중량의 변화는 무작위적이라고 말하기가 어려워진다. 이럴 경우 생산공정을 살펴볼 만한 충분한 이유가 있다.

런검정을 수행하기 위해서는 라면 공장의 예처럼 어떤 순서로 발생하는 두 가지 유형의 사건이 있어야 한다. 예를 들면, 연속적인 동전 던지기에서의 앞면과 뒷면, 참(True)/거짓(False) 문항으로 이루어진 시험문제 정답지의 참(T)과 거짓(F), 슬롯머신에서의 돈을 딴 게임과 잃은 게임 등을 말한다. 이러한 두 유형의 사건이 무작위적으로 발생한다는 것이 런검정에서 검정하고자 하는 귀무가설이다.

참/거짓의 문항으로 구성된 시험문제 정답지가 다음과 같다. 참은 0으로 나타냈으며 거짓은 1로 나타냈다. 총 20개 문항의 답안이 차례대로 배열되었다. 20개 문항의 답안이 무작위적으로 배열되어 있는지 검정해보자(answer.sav 데이터 파일).

00011011000100111000

런검정에서 '런'이란 연속적으로 배열된 동일한 관측값의 집합을 말하므로 여기에는 총 아홉 개의 런이 있다. 좀 더 보기 쉽도록 런별로 배열하면 다음과 같다.

000 11 0 11 000 1 00 111 000

[그림 17-4]는 런검정 결과이다. 아홉 개의 런이 관측되었으며, 정답의 참과 거짓이 무작위적으로 발생한다는 가정하에 이러한 결과가 관측될 확률은 0.598이다. 따라서 참과 거짓이 무작위적으로 배열되어 있다는 귀무가설을 기각할 수 없다. 즉 답안의 배열은 무작위적이다.

그림 17-4 ▌런검정

	정답
검정값[a]	.50
전체 케이스	20
런의 수	9
Z	−.528
근사 유의확률(양측)	.598

a. 사용자 지정

SPSS 메뉴에서 『분석 > 비모수검정 > 레거시 대화상자 > 런』을 선택한다. 『런검정』 대화상자에서 『검정변수』 박스에 정답 변수를 옮긴다. 『절단점』의 기준으로 『사용자 정의』를 선택하고 0.5를 입력한 후 『확인』을 클릭한다(answer.sav 데이터 파일). 관측값들은 절단점을 기준으로 두 개의 집단으로 구분된다.

17.2 독립표본검정

Mann-Whitney U검정

두 집단 간 평균을 비교하기 위한 독립표본 t검정을 이용하기 위해서는 분석에 사용되는 표본이 정규분포를 따르는 모집단으로부터 추출되거나 표본평균들의 분포가 정규분포에 근사하도록 표본크기가 충분히 커야 한다. 이러한 조건을 충족하지 못할 경우에는 모수통계를 기반으로 한 독립표본 t검정 대신에 비모수검정 절차를 이용한다. Mann-Whitney U검정(Mann-Whitney U test)은 모수통계의 가정을 충족시키지 못할 경우에 독립표본 t검정 대신에 사용할 수 있는 대표적인 비모수검정 절차이다.

Mann-Whitney U검정을 수행하기 위해서는 우선 두 집단의 관측값을 통합하고 작은 값에서부터 큰 값의 크기 순으로 순위를 부여한다. 동일한 관측값이 있을 때는 동일하지 않았으면 할당되었을 순위들의 평균을 동일한 관측값들에 똑같이 부여한다. 그런 다음 각 집단별로 평균순위를 계산한다. 두 집단의 평균이 동일하다는 귀무가설이 사실이라면 두 집단의 평균순위가 대체로 비슷할 것으로 기대할 수 있다.

판매사원들에게 두 가지 서로 다른 교육 프로그램을 제공한 후 성과를 측정하였다

그림 17-5 Mann-Whitney U검정

프로그램		N	평균순위	순위합
성과점수	1 프로그램 A	20	15.95	319.00
	2 프로그램 B	20	25.05	501.00
	전체	40		

	성과점수
Mann-Whitney의 U	109.000
Wilcoxon의 W	319.000
Z	−2.462
근사 유의확률(양측)	.014
정확 유의확률 [2*(단측 유의확률)]	.013

SPSS 메뉴에서 『분석 > 비모수검정 > 레거시 대화상자 > 2-독립표본』을 선택한다. 『2-독립표본 비모수검정』 대화상자에서 『검정변수』 박스에 성과점수 변수를 옮긴 후 『집단변수』로서 프로그램 변수를 선택하고 집단을 정의한다. 『검정 유형』에서 『Mann-Whitney의 U』를 선택한 후 『확인』을 클릭한다(salesperformance.sav 데이터 파일).

(salesperformance.sav 데이터 파일). Mann–Whitney U검정을 이용하여 두 교육 프로그램의 효과에 있어서 차이가 없다는 귀무가설을 검정해보자. [그림 17–5]의 검정결과를 보면 프로그램 A를 교육받은 20명의 판매사원에 대한 평균순위는 15.95이고, 프로그램 B를 교육받은 20명의 판매사원에 대한 평균순위는 25.05이다. 이러한 평균순위에 있어서의 차이에 대한 관측된 유의확률은 0.014로서 유의수준 0.05에서 모집단에서의 두 교육 프로그램 간 효과에 있어서 차이가 없다는 귀무가설을 기각할 수 있다. 따라서 두 교육 프로그램은 영업사원 교육 효과에 있어서 차이가 존재한다.

Kruskal–Wallis검정

일원분산분석이 두 집단 독립표본 t검정을 세 개 이상의 집단으로 확장한 것과 마찬가지로 **Kruskal–Wallis검정(Kruskal–Wallis test)**은 Mann–Whitney U검정을 세 개 이상의 집단으로 확장한 것이다. 따라서 Kruskal–Wallis검정은 검정 절차 역시 집단의 개수가 세 개 이상이라는 것을 제외하고는 Mann–Whitney U검정 절차와 동일하다. 모든 관측값을 통합하고 순위를 부여한 후 각 집단에 대한 평균순위를 계산한다.

앞서 살펴보았던 판매사원들을 위한 두 가지 교육 프로그램에 한 가지 교육 프로그램을 추가로 제공한 후 세 교육 프로그램에 대한 성과를 측정하였다(salesperformance2.sav 데이터 파일).

그림 17–6 ▌Kruskal–Wallis검정

프로그램		N	평균순위
성과점수	1 프로그램 A	20	19.00
	2 프로그램 B	20	31.65
	3 프로그램 C	20	40.85
	전체	60	

	성과점수
Kruskal–Wallis의 H	15.783
자유도	2
근사 유의확률	.000

SPSS 메뉴에서 『분석 > 비모수검정 > 레거시 대화상자 > K–독립표본』을 선택한다. 『K–독립표본 비모수검정』 대화상자에서 『검정변수』 박스에 성과점수 변수를 옮긴 후 『집단변수』로서 프로그램 변수를 선택하고 집단을 정의한다. 『검정 유형』에서 『Kruskal–Wallis의 H』를 선택한 후 『확인』을 클릭한다(salesperformance2.sav 데이터 파일).

Kruskal-Wallis검정을 이용하여 세 교육 프로그램의 효과에 있어서 차이가 없다는 귀무가설을 검정해보자. [그림 17-6]의 검정결과를 보면 프로그램 C를 교육받은 20명의 판매사원에 대한 평균순위가 40.85로서 가장 높고 프로그램 A를 교육받은 20명의 판매사원에 대한 평균순위는 19.00으로서 가장 낮다. 이러한 평균순위에 있어서의 차이에 대한 관측된 유의확률은 0.000으로서 유의수준 0.05에서 모집단에서의 세 교육 프로그램 간 효과에 있어서 차이가 없다는 귀무가설을 기각할 수 있다. 따라서 세 교육 프로그램은 영업사원 교육 효과에 있어서 차이가 존재한다.

17.3 대응표본검정

부호검정

표본크기가 작을 경우 대응표본 t검정을 이용하기 위해서는 표본은 정규분포를 따르는 모집단으로부터 추출되었다는 가정이 필요하다. 또한 표본에는 이상값이 포함되지 않았다고 가정해야 한다. 왜냐하면 t검정은 평균을 기반으로 하며, 평균은 이상값에 민감하게 반응하기 때문이다. 이러한 가정들을 할 수 없는 경우에는 모수통계를 기반으로 한 대응표본 t검정 대신에 비모수검정 절차를 이용한다.

대응표본 t검정이 대응표본 각 쌍의 짝을 이룬 값 간 차이의 평균이 0이라는 귀무가설을 검정하는 것이라면, **부호검정(sign test)**은 대응표본 각 쌍의 짝을 이룬 값 간 차이의 중위수가 0이라는 귀무가설을 검정한다. 평균을 기반으로 한 t검정은 대부분의 데이터와 동떨어져 있는 매우 크거나 작은 이상값에 취약하다. 따라서 이상값에 대해 엄격한 가정을 할 수 없는 경우에는 이러한 이상값의 영향을 덜 받는 중위수를 기반으로 한 차이검정이 더 적절할 수 있다.

부호검정을 위해서는 우선 각 쌍의 짝을 이룬 값 간의 차이를 계산한다. 그런 다음 그 차이가 양수인 개수와 음수인 개수를 계산한다. 여기에서 부호 이외의 다른 모든 정보는 무시하며 차이가 0인, 즉 짝을 이룬 값이 동일한 케이스는 검정통계량을 계산할 때 사용되지 않는다. 두 집단의 중위수가 같다는 귀무가설이 사실이라는 가정하에서 계산된 양수차이 개수와 음수차이 개수가 발생할 확률을 추정한다.

신혼부부의 신랑의 나이와 신부의 나이를 조사하였다(coupleage.sav 데이터 파일). 부호검정을 이용하여 신랑의 나이와 신부의 나이가 같다는 귀무가설을 검정해보자. 이를 위해 우선 각 부부

그림 17-7 | 부호검정

		N
신부나이 - 신랑나이	음수차이[a]	14
	양수차이[b]	4
	등순위[c]	2
	전체	20

a. 신부나이 < 신랑나이
b. 신부나이 > 신랑나이
c. 신부나이 = 신랑나이

	신부나이 - 신랑나이
정확 유의확률(양측)	.031

SPSS 메뉴에서 『분석 > 비모수검정 > 레거시 대화상자 > 2-대응표본』을 선택한다. 『2-대응표본 비모수검정』 대화상자에서 『검정 대응』 박스에 신랑나이 변수와 신부나이 변수를 옮기고 『검정 유형』에서 『부호』를 선택한 후 『확인』을 클릭한다(coupleage.sav 데이터 파일).

커플에 대해 신랑과 신부의 나이차이를 계산한다. [그림 17-7]을 보면 총 20쌍의 부부 가운데 신랑이 신부보다 나이가 많은 커플은 모두 14쌍이며(음수차이), 반대로 신부의 나이가 신랑보다 더 많은 커플은 네 쌍이다(양수차이). 나머지 두 커플은 신랑과 신부의 나이가 같다(등순위). 신랑과 신부의 나이가 같다는 귀무가설이 사실이라면 짝을 이룬 값 간의 양수차이 개수와 음수차이 개수는 대체로 비슷할 것으로 기대할 수 있다.

양수차이의 개수와 음수차이의 개수가 동일하게 발생할 것이라는 귀무가설이 사실이라는 가정하에서 표본과 같은 양수차이 개수와 음수차이 개수를 얻을 확률은 0.031이다. 관측된 유의확률이 유의수준 0.05보다 작으므로 신랑과 신부 나이차의 중위수가 0이라는 귀무가설을 기각할 수 있다. 즉 가설검정 결과는 남성들이 자신들보다 어린 여성들과 결혼하는 경향이 있다는 것을 보여준다.

Wilcoxon검정

부호검정은 두 변수값의 차이가 양수인지 음수인지만을 이용하여 검정한다. 그 차이의 크기에 대한 정보는 고려되지 않는다. **Wilcoxon검정(Wilcoxon test)**은 대응표본 각 쌍의 짝을 이룬 값 간 차이의 크기에 관한 정보를 이용하여 가설검정을 수행한다.

Wilcoxon검정을 위해서는 우선 각 쌍의 짝을 이룬 값 간의 차이를 계산한다. 그런 다음 그 차이가 0이 아닌 모든 케이스에 대해 절대값 기준으로 작은 값에서부터 큰 값 순으로 순위를 부여한다. 절대값으로 가장 작은 차이값을 갖는 케이스는 1로 순위가 부여되고, 그 다음 작은 차이값을 갖는 케이스는 2로, 그 다음은 3으로 순위를 부여한다. 이런 방식으로 모든 케이스에 대해 순위를 부여한다. 차이값이 동일한 케이스들이 발생하면 그 케이스들에 동일하지 않았으면 할당되었을 순위들의 평균을 똑같이 부여한다. 예를 들어, 짝을 이룬 값 간의 차이를 계산하여 {0, 2, -3, 3, -3, 5, 7, -11}과 같이 여덟 개의 차이값을 얻었다고 하자. 이 값들은 절대값 기준으로 작은 값에서 큰 값 순으로 정렬되어 있다. 순위를 부여할 때 차이가 0인 케이스는 제외되므로 순위 1은 0을 제외한 가장 작은 차이인 2에 할당된다. 동일한 값을 갖는 다음 세 개 케이스에 대해 순위를 부여하기 위해서는 다음으로 할당 가능한 순위 2, 3, 4를 부여해야 하는데, 이들 세 개 케이스가 동일한 차이값을 가지므로 순위 2, 3, 4의 평균인 3을 이들 세 개 케이스에 동일하게 부여한다. 따라서 차이값 0을 갖는 케이스를 제외한 일곱 개의 차이에 부여되는 최종 순위는 1, 3, 3, 3, 5, 6, 7이 된다.

순위를 부여하고 이 순위를 이용하여 양의 차이를 갖는 케이스와 음의 차이를 갖는 케이스에 대해 각각 평균순위를 계산한다. 대응표본 각 쌍의 짝을 이룬 값 간 차이의 중위수가 0이라는 귀무가설이 사실이라면 두 그룹의 평균순위는 대체로 비슷할 것으로 기대할 수 있다. 각 쌍의 짝을 이룬 값 간의 차이를 순위로 대체하기 때문에 이상값에 의한 큰 차이의 영향은 대응표본 t검정을 이용할 때에 비해 심각하지 않게 된다.

그림 17-8 | Wilcoxon검정

		N	평균순위	순위합
신부나이 - 신랑나이	음의 순위	14[a]	9.86	138.00
	양의 순위	4[b]	8.25	33.00
	등순위	2[c]		
	전체	20		

a. 신부나이 < 신랑나이
b. 신부나이 > 신랑나이
c. 신부나이 = 신랑나이

	신부나이 - 신랑나이
Z	-2.305
근사 유의확률(양측)	.021

SPSS 메뉴에서 『분석 > 비모수검정 > 레거시 대화상자 > 2-대응표본』을 선택한다. 『2-대응표본 비모수검정』 대화상자에서 『검정 대응』 박스에 신랑나이 변수와 신부나이 변수를 옮기고 『검정 유형』에서 『Wilcoxon』을 선택한 후 『확인』을 클릭한다(coupleage.sav 데이터 파일).

[그림 17-8]은 신혼부부의 신랑과 신부의 나이차이에 대한 Wilcoxon검정 결과이다. 음의 순위의 평균순위는 9.86으로서 양의 순위의 평균순위 8.25에 비해 크다. 이는 음의 차이(신랑의 나이가 더 많은 경우)와 양의 차이(신부의 나이가 더 많은 경우)의 크기가 같지 않다는 것을 의미한다. 관측된 유의확률은 0.021로서 유의수준 0.05에서 신랑과 신부 나이차의 중위수가 0이라는 귀무가설을 기각할 수 있다. 즉 가설검정 결과는 여성들이 자신들보다 나이 많은 남성들과 결혼하는 경향이 있다는 것을 보여준다.

Friedman검정

동일한 사람이나 동일한 대상에 대해 측정된 값들은 서로 독립이 아니기 때문에 이렇게 측정된 변수에 대한 가설검정을 위해서는 기존의 통계적 검정 절차와는 다른 방식이 필요하다. 예를 들어, 동일한 환자에 대해 평상시의 심장 박동수와 A, B, C 세 종류의 약을 처방했을 때의 심장 박동수를 비교하고자 한다면 앞서 살펴본 세 개 이상의 집단 간 평균 비교를 위한 Kruskal-Wallis검정을 이용할 수 없다. 왜냐하면 네 차례 측정된 심장 박동수는 동일한 사람으로부터 수집된 데이터이고, 이 데이터는 서로 독립이 아니기 때문이다. **Friedman검정(Friedman test)**은 이와 같이 동일한 케이스에 대해 반복된 측정이 이루어졌을 때 세 개 이상의 집단 간 비교를 위하여 사용할 수 있는 비모수검정 절차이다.

Friedman검정을 수행하기 위해서는 먼저 각 케이스별로 순위를 계산한다. 예를 들어, 첫 번째 환자의 평상시의 심장 박동수가 90이고 A, B, C 약을 복용했을 때의 심장 박동수가 각각 68, 85, 68이라면, 측정된 네 개의 값을 이용하여 순위를 부여한다. '평상시' 변수에 대한 순위는 4이고 'B' 변수에 대한 순위는 3이며 'A'와 'C' 변수에 대한 순위는 1.5(1과 2의 평균)가 된다. 이와 같은 방식으로 모든 환자에 대해 네 개 변수에 대한 순위를 부여한다. 그런 다음 각 변수에 대한 평균순위를 계산하여 변수값 간 순위에 차이가 없다는 귀무가설을 검정한다.

16명을 대상으로 다이어트 프로그램을 실시하여 프로그램 시행 기간 중 총 다섯 차례 몸무게를 측정하였다(diet.sav 데이터 파일). Friedman검정을 수행한 결과는 [그림 17-9]와 같다. 다이어트 프로그램을 처음 시작할 때의 최초 몸무게 평균순위가 가장 크며 다이어트 프로그램 종료 시의 최종 몸무게의 평균순위가 가장 작다. 다이어트 프로그램이 진행됨에 따라 평균순위는 점점 낮아지는 것을 볼 수 있다(몸무게_최초 > 몸무게_1차 > 몸무게_2차 > 몸무게_3차 > 몸무게_최종). 이는 다이어트 프로그램이 몸무게를 효과적으로 낮춰주고 있다는 것을 의미한다. 관측된 유의확률은 0.000으로서 다섯 개 변수값 간 순위가 동일하다는 귀무가설을 기각한다.

그림 17-9 ▌Friedman검정

	평균순위
몸무게_최초	4.78
몸무게_1차	3.97
몸무게_2차	2.91
몸무게_3차	2.13
몸무게_최종	1.22

N	16
카이제곱	53.411
자유도	4
근사 유의확률	.000

SPSS 메뉴에서 『분석 > 비모수검정 > 레거시 대화상자 > K-대응표본』을 선택한다. 『K-대응표본 비모수검정』 대화상자에서 『검정변수』 박스에 검정대상 변수(몸무게_최초, 몸무게_1차, 몸무게_2차, 몸무게_3차, 몸무게_최종)를 옮긴다. 『검정 유형』에서 『Friedman』을 선택한 후 『확인』을 클릭한다(diet.sav 데이터 파일).

SPSS 활용

1 카이제곱검정 수행하기

- 『분석 > 비모수검정 > 레거시 대화상자 > 카이제곱』을 선택한다.
- 『카이제곱검정』 대화상자에서 『검정변수』에 검정대상 변수를 옮기고 『확인』을 클릭한다.
- 모든 범주가 동일 확률로 나타나는 것을 가정하면 『기대값』에 『모든 범주가 동일』을 선택하고, 그렇지 않고 범주의 각 경우에 나타날 비율이 다른 것으로 가정하면 『값』을 선택한 후 각 경우별로 비율을 입력한다.

그림 17-10 ▌ 카이제곱검정 대화상자

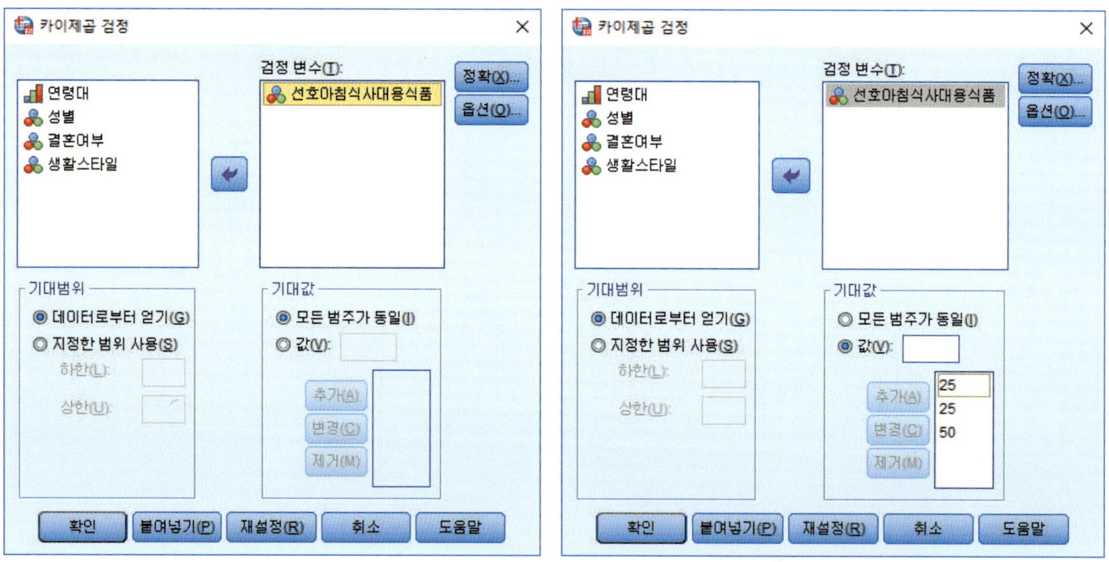

2 이항검정 수행하기

- 『분석 > 비모수검정 > 레거시 대화상자 > 이항』을 선택한다.
- 『이항검정』 대화상자에서 『검정변수』 박스에 검정대상 변수를 옮기고 검정비율을 입력한 후 『확인』을 클릭한다.

▶ 그림 17-11 ▌ 이항검정 대화상자

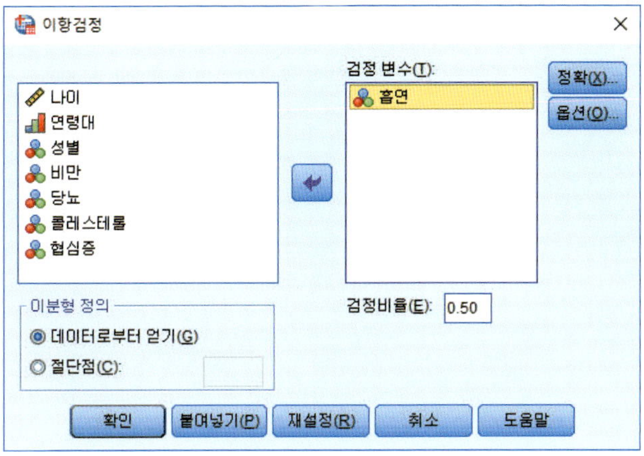

3 런검정 수행하기

▶ 『분석 > 비모수검정 > 레거시 대화상자 > 런』을 선택한다.

▶ 『런검정』 대화상자에서 『검정변수』 박스에 검정대상 변수를 옮기고 『절단점』의 기준을 선택 및 입력한 후 『확인』을 클릭한다.

▶ 그림 17-12 ▌ 런검정 대화상자

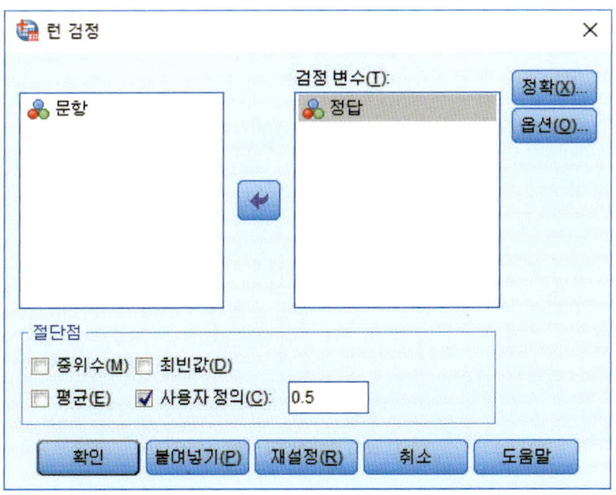

4 2-독립표본 비모수검정 수행하기

▶ 『분석 > 비모수검정 > 레거시 대화상자 > 2-독립표본』을 선택한다.

▶ 『2-독립표본 비모수검정』 대화상자에서 『검정변수』 박스에 검정대상 변수를 옮긴 후 『집단변수』

를 선택하고 집단을 정의한다. 『검정 유형』에서 검정하고자 하는 방법을 선택한 후 『확인』을 클릭한다.

그림 17-13 ▌ 2-독립표본 비모수검정 대화상자

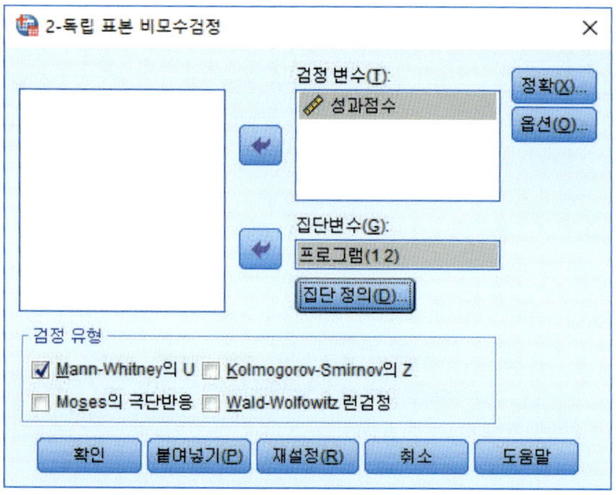

5 K-독립표본 비모수검정 수행하기

- 『분석 > 비모수검정 > 레거시 대화상자 > K-독립표본』을 선택한다.
- 『K-독립표본 비모수검정』 대화상자에서 『검정변수』 박스에 검정대상 변수를 옮긴 후 『집단변수』를 선택하고 집단을 정의한다. 『검정 유형』에서 검정하고자 하는 방법을 선택한 후 『확인』을 클릭한다.

그림 17-14 ▌ K-독립표본 비모수검정 대화상자

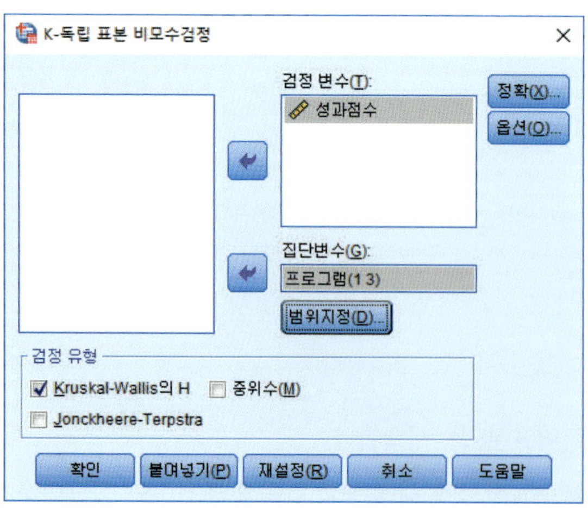

6 2-대응표본 비모수검정 수행하기

- 『분석 > 비모수검정 > 레거시 대화상자 > 2-대응표본』을 선택한다.
- 『2-대응표본 비모수검정』 대화상자에서 『검정 대응』 박스에 대응되는 검정대상 변수를 옮기고 『검정 유형』에서 검정하고자 하는 방법을 선택한 후 『확인』을 클릭한다.

그림 17-15 ▌ 2-대응표본 비모수검정 대화상자

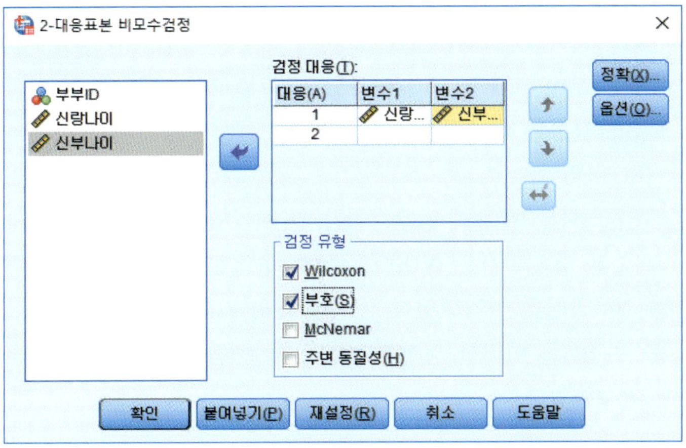

7 K-대응표본 비모수검정 수행하기

- 『분석 > 비모수검정 > 레거시 대화상자 > K-대응표본』을 선택한다.
- 『K-대응표본 비모수검정』 대화상자에서 『검정변수』 박스에 검정대상 변수를 옮긴다. 『검정 유형』에서 검정하고자 하는 방법을 선택한 후 『확인』을 클릭한다.

그림 17-16 ▌ K-대응표본 비모수검정 대화상자

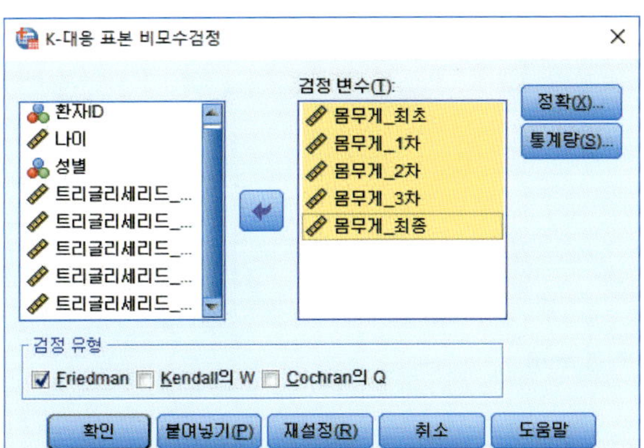

사례연구

자동차 부품회사인 ㈜미래모터스의 기술연구소에서는 고성능 자동차에 장착될 브레이크 디스크를 생산하는 장비를 개발 중에 있다. 기술연구소에서는 시제품 세 대를 생산하여 이 기계들로부터 각각 16개의 브레이크 디스크를 생산하고 이 생산된 디스크들이 각 기계별로 직경에 있어서 차이가 없는지 분석하고자 한다(brakedisk.sav 데이터 파일).

생산기계별로 브레이크 디스크 직경의 히스토그램을 그려본 결과 표본이 추출된 모집단이 정규분포를 따르는지 확신할 수 없었고, 표본의 크기도 충분히 크다고 보기 어려웠다([그림 17-17]). 따라서 기술연구소에서는 비모수검정인 Kruskal-Wallis검정을 이용하여 세 생산기계로부터 생산된 브레이크 디스크의 직경이 동일한지 여부를 검정하기로 하였다.

Kruskal-Wallis검정 결과([그림 17-18]) 생산기계 2의 평균순위가 가장 낮았으며 생산기계 1과 3은 서로 유사한 평균순위를 보여주었다. 관측된 유의확률은 0.000으로서 세 생산기계로부터 생산된 브레이크 디스크의 직경이 모두 동일하다는 귀무가설은 기각되었다. 즉 세 대의 기계로부터 생산된 브레이크 디스크의 직경은 모두 동일하다고 볼 수 없다. 이러한 검정결과를 토대로 ㈜미래모터스의 기술연구소는 문제의 원인을 찾기 위한 조사에 착수하였다.

그림 17-17 ▌ 히스토그램: 브레이크 디스크

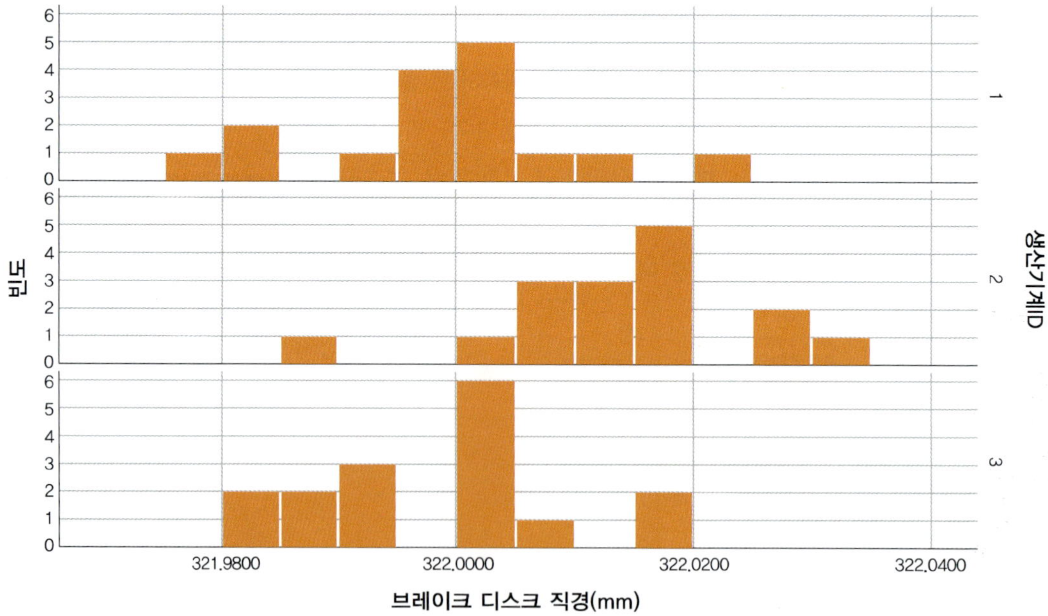

▶ 그림 17-18 ▌ Kruskal-Wallis검정: 브레이크 디스크

	생산기계ID	N	평균순위
브레이크디스크	1	16	18.75
	2	16	36.69
	3	16	18.06
	전체	48	

	브레이크디스크
Kruskal-Wallis의 H	18.207
자유도	2
근사 유의확률	.000

연습문제

01 880명을 대상으로 아침식사 대용으로 시리얼바, 오트밀, 시리얼 등 세 가지 식품에 대한 선호도를 조사하였다(cereal.sav 데이터 파일). 성별과 결혼유무에 따라 선호하는 아침식사 대용식품에 있어서 차이가 있는지 검정하시오(Mann-Whitney U검정, 유의수준 0.05).

02 CEO추천위원회에서는 새로운 CEO 후보를 이사회에 추천하고 사업운영에 대한 소견을 청취하였다. 20명의 이사회 구성원들에게 소견을 듣기 전과 들은 후 두 시점에서 CEO 후보를 평가하도록 하였다(ceoeval.sav 데이터 파일). CEO에 대한 이사회 구성원들의 평가가 소견을 듣기 전과 들은 후에 있어서 서로 다르다고 할 수 있는지 검정하시오(Wilcoxon검정, 유의수준 0.05).

03 16명을 대상으로 다이어트 프로그램을 실시하여 프로그램 시행 기간 중 총 다섯 차례 트리글리세리드(triglyceride, 혈중 지방성분) 수치를 측정하였다(diet.sav 데이터 파일). 트리글리세리드 수치에 있어서 변화가 있었는지 검정하시오(Friedman검정, 유의수준 0.05).

부록

Appendix A

통계표

통계표는 Microsoft Excel을 이용하여 작성되었다.

- Z분포표
- t분포표
- χ^2분포표
- F분포표

그림 A-1 | Z분포표*

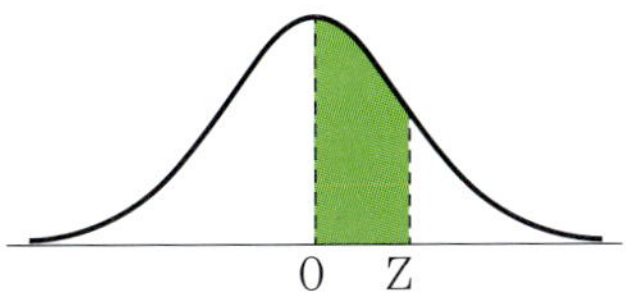

Z	0.00	0.01	0.02	0.03	0.04	0.05	0.06	0.07	0.08	0.09
0.0	0.0000	0.0040	0.0080	0.0120	0.0160	0.0199	0.0239	0.0279	0.0319	0.0359
0.1	0.0398	0.0438	0.0478	0.0517	0.0557	0.0596	0.0636	0.0675	0.0714	0.0753
0.2	0.0793	0.0832	0.0871	0.0910	0.0948	0.0987	0.1026	0.1064	0.1103	0.1141
0.3	0.1179	0.1217	0.1255	0.1293	0.1331	0.1368	0.1406	0.1443	0.1480	0.1517
0.4	0.1554	0.1591	0.1628	0.1664	0.1700	0.1736	0.1772	0.1808	0.1844	0.1879
0.5	0.1915	0.1950	0.1985	0.2019	0.2054	0.2088	0.2123	0.2157	0.2190	0.2224
0.6	0.2257	0.2291	0.2324	0.2357	0.2389	0.2422	0.2454	0.2486	0.2517	0.2549
0.7	0.2580	0.2611	0.2642	0.2673	0.2704	0.2734	0.2764	0.2794	0.2823	0.2852
0.8	0.2881	0.2910	0.2939	0.2967	0.2995	0.3023	0.3051	0.3078	0.3106	0.3133
0.9	0.3159	0.3186	0.3212	0.3238	0.3264	0.3289	0.3315	0.3340	0.3365	0.3389
1.0	0.3413	0.3438	0.3461	0.3485	0.3508	0.3531	0.3554	0.3577	0.3599	0.3621
1.1	0.3643	0.3665	0.3686	0.3708	0.3729	0.3749	0.3770	0.3790	0.3810	0.3830
1.2	0.3849	0.3869	0.3888	0.3907	0.3925	0.3944	0.3962	0.3980	0.3997	0.4015
1.3	0.4032	0.4049	0.4066	0.4082	0.4099	0.4115	0.4131	0.4147	0.4162	0.4177
1.4	0.4192	0.4207	0.4222	0.4236	0.4251	0.4265	0.4279	0.4292	0.4306	0.4319
1.5	0.4332	0.4345	0.4357	0.4370	0.4382	0.4394	0.4406	0.4418	0.4429	0.4441
1.6	0.4452	0.4463	0.4474	0.4484	0.4495	0.4505	0.4515	0.4525	0.4535	0.4545
1.7	0.4554	0.4564	0.4573	0.4582	0.4591	0.4599	0.4608	0.4616	0.4625	0.4633
1.8	0.4641	0.4649	0.4656	0.4664	0.4671	0.4678	0.4686	0.4693	0.4699	0.4706
1.9	0.4713	0.4719	0.4726	0.4732	0.4738	0.4744	0.4750	0.4756	0.4761	0.4767
2.0	0.4772	0.4778	0.4783	0.4788	0.4793	0.4798	0.4803	0.4808	0.4812	0.4817
2.1	0.4821	0.4826	0.4830	0.4834	0.4838	0.4842	0.4846	0.4850	0.4854	0.4857
2.2	0.4861	0.4864	0.4868	0.4871	0.4875	0.4878	0.4881	0.4884	0.4887	0.4890
2.3	0.4893	0.4896	0.4898	0.4901	0.4904	0.4906	0.4909	0.4911	0.4913	0.4916
2.4	0.4918	0.4920	0.4922	0.4925	0.4927	0.4929	0.4931	0.4932	0.4934	0.4936
2.5	0.4938	0.4940	0.4941	0.4943	0.4945	0.4946	0.4948	0.4949	0.4951	0.4952
2.6	0.4953	0.4955	0.4956	0.4957	0.4959	0.4960	0.4961	0.4962	0.4963	0.4964
2.7	0.4965	0.4966	0.4967	0.4968	0.4969	0.4970	0.4971	0.4972	0.4973	0.4974
2.8	0.4974	0.4975	0.4976	0.4977	0.4977	0.4978	0.4979	0.4979	0.4980	0.4981
2.9	0.4981	0.4982	0.4982	0.4983	0.4984	0.4984	0.4985	0.4985	0.4986	0.4986
3.0	0.4987	0.4987	0.4987	0.4988	0.4988	0.4989	0.4989	0.4989	0.4990	0.4990
3.1	0.4990	0.4991	0.4991	0.4991	0.4992	0.4992	0.4992	0.4992	0.4993	0.4993
3.2	0.4993	0.4993	0.4994	0.4994	0.4994	0.4994	0.4994	0.4995	0.4995	0.4995
3.3	0.4995	0.4995	0.4995	0.4996	0.4996	0.4996	0.4996	0.4996	0.4996	0.4997
3.4	0.4997	0.4997	0.4997	0.4997	0.4997	0.4997	0.4997	0.4997	0.4997	0.4998
3.5	0.4998	0.4998	0.4998	0.4998	0.4998	0.4998	0.4998	0.4998	0.4998	0.4998
3.6	0.4998	0.4998	0.4999	0.4999	0.4999	0.4999	0.4999	0.4999	0.4999	0.4999
3.7	0.4999	0.4999	0.4999	0.4999	0.4999	0.4999	0.4999	0.4999	0.4999	0.4999
3.8	0.4999	0.4999	0.4999	0.4999	0.4999	0.4999	0.4999	0.4999	0.4999	0.4999
3.9	0.5000	0.5000	0.5000	0.5000	0.5000	0.5000	0.5000	0.5000	0.5000	0.5000
4.0	0.5000	0.5000	0.5000	0.5000	0.5000	0.5000	0.5000	0.5000	0.5000	0.5000

*예: Z=1.96인 경우 색상 부분의 확률은 0.4750임.

그림 A-2 ▌ t분포표*

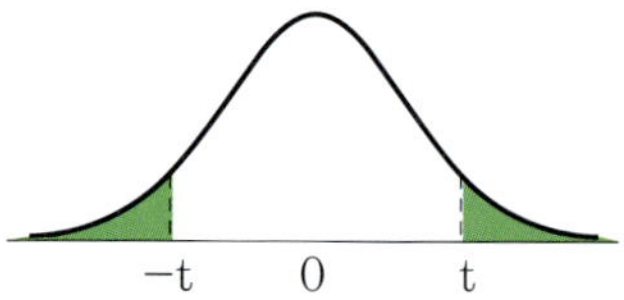

df \ α	0.1000	0.0500	0.0250	0.0100	0.0050	0.0025
1	6.3138	12.7062	25.4517	63.6567	127.3213	254.6466
2	2.9200	4.3027	6.2053	9.9248	14.0890	19.9625
3	2.3534	3.1824	4.1765	5.8409	7.4533	9.4649
4	2.1318	2.7764	3.4954	4.6041	5.5976	6.7583
5	2.0150	2.5706	3.1634	4.0321	4.7733	5.6042
6	1.9432	2.4469	2.9687	3.7074	4.3168	4.9807
7	1.8946	2.3646	2.8412	3.4995	4.0293	4.5946
8	1.8595	2.3060	2.7515	3.3554	3.8325	4.3335
9	1.8331	2.2622	2.6850	3.2498	3.6897	4.1458
10	1.8125	2.2281	2.6338	3.1693	3.5814	4.0045
11	1.7959	2.2010	2.5931	3.1058	3.4966	3.8945
12	1.7823	2.1788	2.5600	3.0545	3.4284	3.8065
13	1.7709	2.1604	2.5326	3.0123	3.3725	3.7345
14	1.7613	2.1448	2.5096	2.9768	3.3257	3.6746
15	1.7531	2.1314	2.4899	2.9467	3.2860	3.6239
16	1.7459	2.1199	2.4729	2.9208	3.2520	3.5805
17	1.7396	2.1098	2.4581	2.8982	3.2224	3.5429
18	1.7341	2.1009	2.4450	2.8784	3.1966	3.5101
19	1.7291	2.0930	2.4334	2.8609	3.1737	3.4812
20	1.7247	2.0860	2.4231	2.8453	3.1534	3.4554
21	1.7207	2.0796	2.4138	2.8314	3.1352	3.4325
22	1.7171	2.0739	2.4055	2.8188	3.1188	3.4118
23	1.7139	2.0687	2.3979	2.8073	3.1040	3.3931
24	1.7109	2.0639	2.3909	2.7969	3.0905	3.3761
25	1.7081	2.0595	2.3846	2.7874	3.0782	3.3606
26	1.7056	2.0555	2.3788	2.7787	3.0669	3.3464
27	1.7033	2.0518	2.3734	2.7707	3.0565	3.3334
28	1.7011	2.0484	2.3685	2.7633	3.0469	3.3214
29	1.6991	2.0452	2.3638	2.7564	3.0380	3.3102
30	1.6973	2.0423	2.3596	2.7500	3.0298	3.2999
35	1.6896	2.0301	2.3420	2.7238	2.9960	3.2577
40	1.6839	2.0211	2.3289	2.7045	2.9712	3.2266
45	1.6794	2.0141	2.3189	2.6896	2.9521	3.2028
50	1.6759	2.0086	2.3109	2.6778	2.9370	3.1840
55	1.6730	2.0040	2.3044	2.6682	2.9247	3.1688
60	1.6706	2.0003	2.2990	2.6603	2.9146	3.1562
120	1.6577	1.9799	2.2699	2.6174	2.8599	3.0885
∞	1.6450	1.9602	2.2417	2.5763	2.8077	3.0241

*예: 자유도 df=14이고 색상 부분의 확률이 0.05인 경우 t=2.1448임.

그림 A-3 χ^2 분포표*

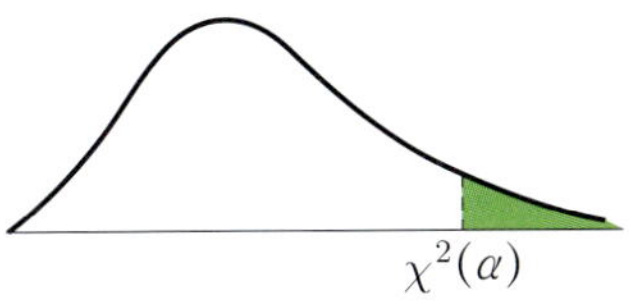

df \ α	0.100	0.050	0.025	0.010	0.005	0.001
1	2.7055	3.8415	5.0239	6.6349	7.8794	10.8276
2	4.6052	5.9915	7.3778	9.2103	10.5966	13.8155
3	6.2514	7.8147	9.3484	11.3449	12.8382	16.2662
4	7.7794	9.4877	11.1433	13.2767	14.8603	18.4668
5	9.2364	11.0705	12.8325	15.0863	16.7496	20.5150
6	10.6446	12.5916	14.4494	16.8119	18.5476	22.4577
7	12.0170	14.0671	16.0128	18.4753	20.2777	24.3219
8	13.3616	15.5073	17.5345	20.0902	21.9550	26.1245
9	14.6837	16.9190	19.0228	21.6660	23.5894	27.8772
10	15.9872	18.3070	20.4832	23.2093	25.1882	29.5883
11	17.2750	19.6751	21.9200	24.7250	26.7568	31.2641
12	18.5493	21.0261	23.3367	26.2170	28.2995	32.9095
13	19.8119	22.3620	24.7356	27.6882	29.8195	34.5282
14	21.0641	23.6848	26.1189	29.1412	31.3193	36.1233
15	22.3071	24.9958	27.4884	30.5779	32.8013	37.6973
16	23.5418	26.2962	28.8454	31.9999	34.2672	39.2524
17	24.7690	27.5871	30.1910	33.4087	35.7185	40.7902
18	25.9894	28.8693	31.5264	34.8053	37.1565	42.3124
19	27.2036	30.1435	32.8523	36.1909	38.5823	43.8202
20	28.4120	31.4104	34.1696	37.5662	39.9968	45.3147
21	29.6151	32.6706	35.4789	38.9322	41.4011	46.7970
22	30.8133	33.9244	36.7807	40.2894	42.7957	48.2679
23	32.0069	35.1725	38.0756	41.6384	44.1813	49.7282
24	33.1962	36.4150	39.3641	42.9798	45.5585	51.1786
25	34.3816	37.6525	40.6465	44.3141	46.9279	52.6197
26	35.5632	38.8851	41.9232	45.6417	48.2899	54.0520
27	36.7412	40.1133	43.1945	46.9629	49.6449	55.4760
28	37.9159	41.3371	44.4608	48.2782	50.9934	56.8923
29	39.0875	42.5570	45.7223	49.5879	52.3356	58.3012
30	40.2560	43.7730	46.9792	50.8922	53.6720	59.7031
40	51.8051	55.7585	59.3417	63.6907	66.7660	73.4020
50	63.1671	67.5048	71.4202	76.1539	79.4900	86.6608
60	74.3970	79.0819	83.2977	88.3794	91.9517	99.6072
70	85.5270	90.5312	95.0232	100.4252	104.2149	112.3169
80	96.5782	101.8795	106.6286	112.3288	116.3211	124.8392
90	107.5650	113.1453	118.1359	124.1163	128.2989	137.2084
100	118.4980	124.3421	129.5612	135.8067	140.1695	149.4493

*예: 자유도 df=5이고 색상 부분의 확률이 0.05인 경우 χ^2=11.0705임.

그림 A-4 ▌ F분포표($\alpha = 0.05$)*

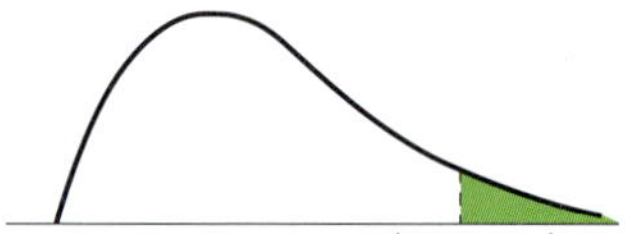

F(α=0.05)

df2 \ df1	1	2	3	4	5	6	7	8	9	10
1	161.45	199.50	215.71	224.58	230.16	233.99	236.77	238.88	240.54	241.88
2	18.51	19.00	19.16	19.25	19.30	19.33	19.35	19.37	19.38	19.40
3	10.13	9.55	9.28	9.12	9.01	8.94	8.89	8.85	8.81	8.79
4	7.71	6.94	6.59	6.39	6.26	6.16	6.09	6.04	6.00	5.96
5	6.61	5.79	5.41	5.19	5.05	4.95	4.88	4.82	4.77	4.74
6	5.99	5.14	4.76	4.53	4.39	4.28	4.21	4.15	4.10	4.06
7	5.59	4.74	4.35	4.12	3.97	3.87	3.79	3.73	3.68	3.64
8	5.32	4.46	4.07	3.84	3.69	3.58	3.50	3.44	3.39	3.35
9	5.12	4.26	3.86	3.63	3.48	3.37	3.29	3.23	3.18	3.14
10	4.96	4.10	3.71	3.48	3.33	3.22	3.14	3.07	3.02	2.98
11	4.84	3.98	3.59	3.36	3.20	3.09	3.01	2.95	2.90	2.85
12	4.75	3.89	3.49	3.26	3.11	3.00	2.91	2.85	2.80	2.75
13	4.67	3.81	3.41	3.18	3.03	2.92	2.83	2.77	2.71	2.67
14	4.60	3.74	3.34	3.11	2.96	2.85	2.76	2.70	2.65	2.60
15	4.54	3.68	3.29	3.06	2.90	2.79	2.71	2.64	2.59	2.54
16	4.49	3.63	3.24	3.01	2.85	2.74	2.66	2.59	2.54	2.49
17	4.45	3.59	3.20	2.96	2.81	2.70	2.61	2.55	2.49	2.45
18	4.41	3.55	3.16	2.93	2.77	2.66	2.58	2.51	2.46	2.41
19	4.38	3.52	3.13	2.90	2.74	2.63	2.54	2.48	2.42	2.38
20	4.35	3.49	3.10	2.87	2.71	2.60	2.51	2.45	2.39	2.35
21	4.32	3.47	3.07	2.84	2.68	2.57	2.49	2.42	2.37	2.32
22	4.30	3.44	3.05	2.82	2.66	2.55	2.46	2.40	2.34	2.30
23	4.28	3.42	3.03	2.80	2.64	2.53	2.44	2.37	2.32	2.27
24	4.26	3.40	3.01	2.78	2.62	2.51	2.42	2.36	2.30	2.25
25	4.24	3.39	2.99	2.76	2.60	2.49	2.40	2.34	2.28	2.24
26	4.23	3.37	2.98	2.74	2.59	2.47	2.39	2.32	2.27	2.22
27	4.21	3.35	2.96	2.73	2.57	2.46	2.37	2.31	2.25	2.20
28	4.20	3.34	2.95	2.71	2.56	2.45	2.36	2.29	2.24	2.19
29	4.18	3.33	2.93	2.70	2.55	2.43	2.35	2.28	2.22	2.18
30	4.17	3.32	2.92	2.69	2.53	2.42	2.33	2.27	2.21	2.16
35	4.12	3.27	2.87	2.64	2.49	2.37	2.29	2.22	2.16	2.11
40	4.08	3.23	2.84	2.61	2.45	2.34	2.25	2.18	2.12	2.08
45	4.06	3.20	2.81	2.58	2.42	2.31	2.22	2.15	2.10	2.05
50	4.03	3.18	2.79	2.56	2.40	2.29	2.20	2.13	2.07	2.03
55	4.02	3.16	2.77	2.54	2.38	2.27	2.18	2.11	2.06	2.01
60	4.00	3.15	2.76	2.53	2.37	2.25	2.17	2.10	2.04	1.99
120	3.92	3.07	2.68	2.45	2.29	2.18	2.09	2.02	1.96	1.91
∞	3.84	3.00	2.61	2.37	2.21	2.10	2.01	1.94	1.88	1.83

*예: 분자의 자유도 df1=2, 분모의 자유도 df2=12이고 색상 부분의 확률이 0.05인 경우 F=3.89임.

그림 A-4 F분포표($\alpha = 0.05$)

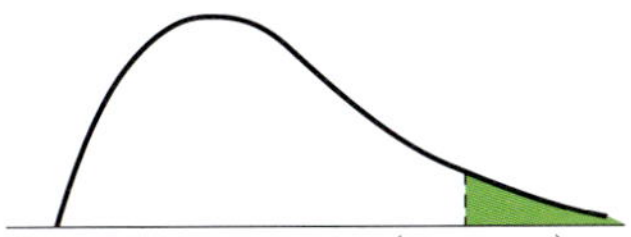

F(α=0.05)

df2 \ df1	12	15	20	24	30	40	50	60	120	∞
1	243.91	245.95	248.01	249.05	250.10	251.14	251.77	252.20	253.25	254.31
2	19.41	19.43	19.45	19.45	19.46	19.47	19.48	19.48	19.49	19.50
3	8.74	8.70	8.66	8.64	8.62	8.59	8.58	8.57	8.55	8.53
4	5.91	5.86	5.80	5.77	5.75	5.72	5.70	5.69	5.66	5.63
5	4.68	4.62	4.56	4.53	4.50	4.46	4.44	4.43	4.40	4.36
6	4.00	3.94	3.87	3.84	3.81	3.77	3.75	3.74	3.70	3.67
7	3.57	3.51	3.44	3.41	3.38	3.34	3.32	3.30	3.27	3.23
8	3.28	3.22	3.15	3.12	3.08	3.04	3.02	3.01	2.97	2.93
9	3.07	3.01	2.94	2.90	2.86	2.83	2.80	2.79	2.75	2.71
10	2.91	2.85	2.77	2.74	2.70	2.66	2.64	2.62	2.58	2.54
11	2.79	2.72	2.65	2.61	2.57	2.53	2.51	2.49	2.45	2.40
12	2.69	2.62	2.54	2.51	2.47	2.43	2.40	2.38	2.34	2.30
13	2.60	2.53	2.46	2.42	2.38	2.34	2.31	2.30	2.25	2.21
14	2.53	2.46	2.39	2.35	2.31	2.27	2.24	2.22	2.18	2.13
15	2.48	2.40	2.33	2.29	2.25	2.20	2.18	2.16	2.11	2.07
16	2.42	2.35	2.28	2.24	2.19	2.15	2.12	2.11	2.06	2.01
17	2.38	2.31	2.23	2.19	2.15	2.10	2.08	2.06	2.01	1.96
18	2.34	2.27	2.19	2.15	2.11	2.06	2.04	2.02	1.97	1.92
19	2.31	2.23	2.16	2.11	2.07	2.03	2.00	1.98	1.93	1.88
20	2.28	2.20	2.12	2.08	2.04	1.99	1.97	1.95	1.90	1.84
21	2.25	2.18	2.10	2.05	2.01	1.96	1.94	1.92	1.87	1.81
22	2.23	2.15	2.07	2.03	1.98	1.94	1.91	1.89	1.84	1.78
23	2.20	2.13	2.05	2.01	1.96	1.91	1.88	1.86	1.81	1.76
24	2.18	2.11	2.03	1.98	1.94	1.89	1.86	1.84	1.79	1.73
25	2.16	2.09	2.01	1.96	1.92	1.87	1.84	1.82	1.77	1.71
26	2.15	2.07	1.99	1.95	1.90	1.85	1.82	1.80	1.75	1.69
27	2.13	2.06	1.97	1.93	1.88	1.84	1.81	1.79	1.73	1.67
28	2.12	2.04	1.96	1.91	1.87	1.82	1.79	1.77	1.71	1.65
29	2.10	2.03	1.94	1.90	1.85	1.81	1.77	1.75	1.70	1.64
30	2.09	2.01	1.93	1.89	1.84	1.79	1.76	1.74	1.68	1.62
35	2.04	1.96	1.88	1.83	1.79	1.74	1.70	1.68	1.62	1.56
40	2.00	1.92	1.84	1.79	1.74	1.69	1.66	1.64	1.58	1.51
45	1.97	1.89	1.81	1.76	1.71	1.66	1.63	1.60	1.54	1.47
50	1.95	1.87	1.78	1.74	1.69	1.63	1.60	1.58	1.51	1.44
55	1.93	1.85	1.76	1.72	1.67	1.61	1.58	1.55	1.49	1.41
60	1.92	1.84	1.75	1.70	1.65	1.59	1.56	1.53	1.47	1.39
120	1.83	1.75	1.66	1.61	1.55	1.50	1.46	1.43	1.35	1.25
∞	1.75	1.67	1.57	1.52	1.46	1.39	1.35	1.32	1.22	1.00

그림 A-5 ▎F분포표($\alpha = 0.01$)*

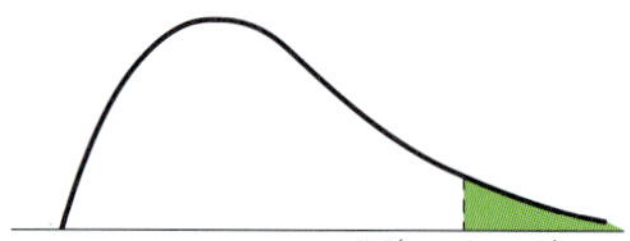

df2 \ df1	1	2	3	4	5	6	7	8	9	10
1	4052.2	4999.5	5403.4	5624.6	5763.6	5859.0	5928.4	5981.1	6022.5	6055.8
2	98.50	99.00	99.17	99.25	99.30	99.33	99.36	99.37	99.39	99.40
3	34.12	30.82	29.46	28.71	28.24	27.91	27.67	27.49	27.35	27.23
4	21.20	18.00	16.69	15.98	15.52	15.21	14.98	14.80	14.66	14.55
5	16.26	13.27	12.06	11.39	10.97	10.67	10.46	10.29	10.16	10.05
6	13.75	10.92	9.78	9.15	8.75	8.47	8.26	8.10	7.98	7.87
7	12.25	9.55	8.45	7.85	7.46	7.19	6.99	6.84	6.72	6.62
8	11.26	8.65	7.59	7.01	6.63	6.37	6.18	6.03	5.91	5.81
9	10.56	8.02	6.99	6.42	6.06	5.80	5.61	5.47	5.35	5.26
10	10.04	7.56	6.55	5.99	5.64	5.39	5.20	5.06	4.94	4.85
11	9.65	7.21	6.22	5.67	5.32	5.07	4.89	4.74	4.63	4.54
12	9.33	6.93	5.95	5.41	5.06	4.82	4.64	4.50	4.39	4.30
13	9.07	6.70	5.74	5.21	4.86	4.62	4.44	4.30	4.19	4.10
14	8.86	6.51	5.56	5.04	4.69	4.46	4.28	4.14	4.03	3.94
15	8.68	6.36	5.42	4.89	4.56	4.32	4.14	4.00	3.89	3.80
16	8.53	6.23	5.29	4.77	4.44	4.20	4.03	3.89	3.78	3.69
17	8.40	6.11	5.18	4.67	4.34	4.10	3.93	3.79	3.68	3.59
18	8.29	6.01	5.09	4.58	4.25	4.01	3.84	3.71	3.60	3.51
19	8.18	5.93	5.01	4.50	4.17	3.94	3.77	3.63	3.52	3.43
20	8.10	5.85	4.94	4.43	4.10	3.87	3.70	3.56	3.46	3.37
21	8.02	5.78	4.87	4.37	4.04	3.81	3.64	3.51	3.40	3.31
22	7.95	5.72	4.82	4.31	3.99	3.76	3.59	3.45	3.35	3.26
23	7.88	5.66	4.76	4.26	3.94	3.71	3.54	3.41	3.30	3.21
24	7.82	5.61	4.72	4.22	3.90	3.67	3.50	3.36	3.26	3.17
25	7.77	5.57	4.68	4.18	3.85	3.63	3.46	3.32	3.22	3.13
26	7.72	5.53	4.64	4.14	3.82	3.59	3.42	3.29	3.18	3.09
27	7.68	5.49	4.60	4.11	3.78	3.56	3.39	3.26	3.15	3.06
28	7.64	5.45	4.57	4.07	3.75	3.53	3.36	3.23	3.12	3.03
29	7.60	5.42	4.54	4.04	3.73	3.50	3.33	3.20	3.09	3.00
30	7.56	5.39	4.51	4.02	3.70	3.47	3.30	3.17	3.07	2.98
35	7.42	5.27	4.40	3.91	3.59	3.37	3.20	3.07	2.96	2.88
40	7.31	5.18	4.31	3.83	3.51	3.29	3.12	2.99	2.89	2.80
45	7.23	5.11	4.25	3.77	3.45	3.23	3.07	2.94	2.83	2.74
50	7.17	5.06	4.20	3.72	3.41	3.19	3.02	2.89	2.78	2.70
55	7.12	5.01	4.16	3.68	3.37	3.15	2.98	2.85	2.75	2.66
60	7.08	4.98	4.13	3.65	3.34	3.12	2.95	2.82	2.72	2.63
120	6.85	4.79	3.95	3.48	3.17	2.96	2.79	2.66	2.56	2.47
∞	6.63	4.61	3.78	3.32	3.02	2.80	2.64	2.51	2.41	2.32

* 예: 분자의 자유도 df1=2, 분모의 자유도 df2=12이고 색상 부분의 확률이 0.01인 경우 F=6.93임.

그림 A-5 | F분포표(α=0.01)

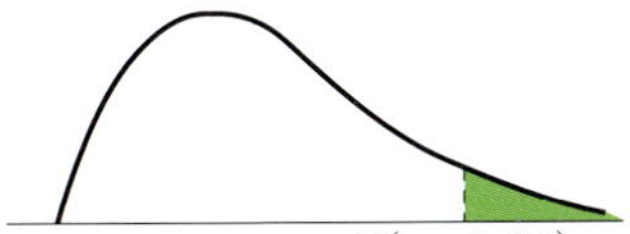

F(α=0.01)

df2 \ df1	12	15	20	24	30	40	50	60	120	∞
1	6106.3	6157.3	6208.7	6234.6	6260.6	6286.8	6302.5	6313.0	6339.4	6365.9
2	99.42	99.43	99.45	99.46	99.47	99.47	99.48	99.48	99.49	99.50
3	27.05	26.87	26.69	26.60	26.50	26.41	26.35	26.32	26.22	26.13
4	14.37	14.20	14.02	13.93	13.84	13.75	13.69	13.65	13.56	13.46
5	9.89	9.72	9.55	9.47	9.38	9.29	9.24	9.20	9.11	9.02
6	7.72	7.56	7.40	7.31	7.23	7.14	7.09	7.06	6.97	6.88
7	6.47	6.31	6.16	6.07	5.99	5.91	5.86	5.82	5.74	5.65
8	5.67	5.52	5.36	5.28	5.20	5.12	5.07	5.03	4.95	4.86
9	5.11	4.96	4.81	4.73	4.65	4.57	4.52	4.48	4.40	4.31
10	4.71	4.56	4.41	4.33	4.25	4.17	4.12	4.08	4.00	3.91
11	4.40	4.25	4.10	4.02	3.94	3.86	3.81	3.78	3.69	3.60
12	4.16	4.01	3.86	3.78	3.70	3.62	3.57	3.54	3.45	3.36
13	3.96	3.82	3.66	3.59	3.51	3.43	3.38	3.34	3.25	3.17
14	3.80	3.66	3.51	3.43	3.35	3.27	3.22	3.18	3.09	3.00
15	3.67	3.52	3.37	3.29	3.21	3.13	3.08	3.05	2.96	2.87
16	3.55	3.41	3.26	3.18	3.10	3.02	2.97	2.93	2.84	2.75
17	3.46	3.31	3.16	3.08	3.00	2.92	2.87	2.83	2.75	2.65
18	3.37	3.23	3.08	3.00	2.92	2.84	2.78	2.75	2.66	2.57
19	3.30	3.15	3.00	2.92	2.84	2.76	2.71	2.67	2.58	2.49
20	3.23	3.09	2.94	2.86	2.78	2.69	2.64	2.61	2.52	2.42
21	3.17	3.03	2.88	2.80	2.72	2.64	2.58	2.55	2.46	2.36
22	3.12	2.98	2.83	2.75	2.67	2.58	2.53	2.50	2.40	2.31
23	3.07	2.93	2.78	2.70	2.62	2.54	2.48	2.45	2.35	2.26
24	3.03	2.89	2.74	2.66	2.58	2.49	2.44	2.40	2.31	2.21
25	2.99	2.85	2.70	2.62	2.54	2.45	2.40	2.36	2.27	2.17
26	2.96	2.81	2.66	2.58	2.50	2.42	2.36	2.33	2.23	2.13
27	2.93	2.78	2.63	2.55	2.47	2.38	2.33	2.29	2.20	2.10
28	2.90	2.75	2.60	2.52	2.44	2.35	2.30	2.26	2.17	2.06
29	2.87	2.73	2.57	2.49	2.41	2.33	2.27	2.23	2.14	2.03
30	2.84	2.70	2.55	2.47	2.39	2.30	2.25	2.21	2.11	2.01
35	2.74	2.60	2.44	2.36	2.28	2.19	2.14	2.10	2.00	1.89
40	2.66	2.52	2.37	2.29	2.20	2.11	2.06	2.02	1.92	1.80
45	2.61	2.46	2.31	2.23	2.14	2.05	2.00	1.96	1.85	1.74
50	2.56	2.42	2.27	2.18	2.10	2.01	1.95	1.91	1.80	1.68
55	2.53	2.38	2.23	2.15	2.06	1.97	1.91	1.87	1.76	1.64
60	2.50	2.35	2.20	2.12	2.03	1.94	1.88	1.84	1.73	1.60
120	2.34	2.19	2.03	1.95	1.86	1.76	1.70	1.66	1.53	1.38
∞	2.18	2.04	1.88	1.79	1.70	1.59	1.52	1.47	1.32	1.00

Appendix B

SPSS 사용설명[1]

1 IBM SPSS Statistics 소개

IBM SPSS Statistics(이하 SPSS)는 분석·통계 소프트웨어 전문회사인 SPSS Inc.에서 만든 통계 소프트웨어로 Statistical Package for the Social Sciences의 앞글자를 따서 간단히 SPSS로 불린다.[2] SPSS는 사회과학 분야의 통계패키지로 만들어졌지만 자연과학 분야 및 의학 분야에서도 많이 사용된다. SPSS는 서베이, 관찰, 실험 등을 통해 수집한 방대한 데이터를 다양한 통계 기법을 이용하여 분석하고, 이를 이해하기 쉽고 활용하기 용이한 형태로 출력한다. 기업에서는 SPSS를 통해 시장조사나 마케팅 활동을 위한 데이터분석을 수행할 수 있으며, 이를 토대로 미래 트렌드를 예측할 수 있다. 또한 분석한 결과를 다양한 의사결정에 활용할 수 있다. 여기에서는 SPSS의 구성 및 메뉴에 대해 살펴본다.

1.1 SPSS의 구성

Microsoft Windows용 SPSS는 바탕화면 아이콘 또는 시작 메뉴의 프로그램 그룹을 통해 실행할 수 있고, 실행 후에는 [그림 B-1]과 같은 데이터 편집기 창(window)이 나타난다. SPSS에는 데이터 편집기, 뷰어, 피벗표 편집기, 도표 편집기, 텍스트 출력결과 편집기, 명령문 편집기, 스크립트 편집기 등 일곱 가지의 창이 있으며, 상단 메뉴의『파일 > 새 파일』항목을 통해 직접 열 수 있는 것은 데이터, 명령문, 출력결과(뷰어), 스크립트 등 네 가지이다. 피벗표 편집기와 도표 편집기는 피벗표와 도표를 편집하고자 할 때 열 수 있다.

1) 사용설명서는 Microsoft Windows 10과 IBM SPSS Statistics 25를 기준으로 작성되었다.

2) SPSS Inc.는 2009년 7월에 IBM Corp.에 인수되었다.

1.1.1 데이터 편집기

[그림 B-1]의 데이터 편집기(data editor)는 SPSS의 가장 기본이 되는 창으로 새로운 데이터 파일을 만들거나 기존의 데이터 파일을 불러들여 데이터의 입력 및 편집을 할 수 있다. 이 창은 Microsoft Excel(이하 Excel)과 같은 스프레드시트 프로그램과 구성이 유사하다. 스프레드시트 프로그램과 마찬가지로 이 창은 행(row), 열(column), 셀(cell)로 구성되며 셀에 직접 데이터를 입력할 수 있다. 여기에서 열은 변수로, 행은 케이스로 정해져 있다. 데이터 편집기에는 데이터에 대한 두 가지 형식의 보기가 있다. 하나는 '데이터 보기'로 실제 데이터를 편집하거나 볼 수 있고, 다른 하나는 '변수 보기'로 변수를 정의하거나 그 내용을 편집할 수 있다.

SPSS 데이터 편집기 창에서 행의 값은 전체 조사결과 중 한 케이스의 모든 응답내역(변수값)을 나타내고, 열의 값은 한 개의 질문에 대한 모든 케이스의 응답내역을 나타낸다. 예를 들어, 100명을 상대로 각각 10가지의 질문을 했다고 하자. 그렇다면 하나의 행에는 한 사람의 10가지 대답이 들어가고, 하나의 열에는 한 가지 질문에 대한 100명의 대답이 들어간다.

그림 B-1 | 데이터 편집기

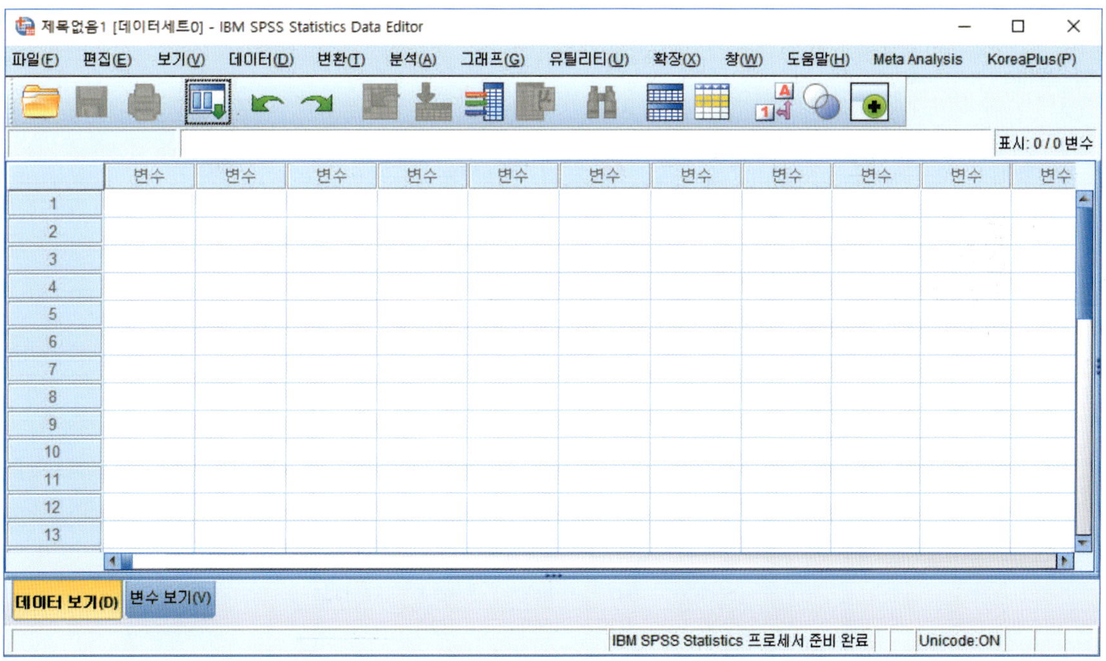

1.1.2 뷰어

SPSS 데이터 편집기에 데이터를 입력하고 분석을 실행하면 SPSS는 분석한 결과를 [그림 B-2]와 같이 새로운 창을 띄우며 보여주는데, 이를 뷰어(viewer)라고 부른다. 뷰어는 표 및 도표 등의 형태로 분석결과를 보여준다. 뷰어에서는 출력결과를 저장할 수 있으며, 피벗표 및 도표 편집기를 이용하여 표 및 도표의 구성을 변경할 수 있다. 데이터 편집기와 뷰어는 SPSS에서 가장 많이 활용되는 창이다.

1.1.3 기타

명령문 편집기(syntax editor)는 메뉴의 선택항목 및 설정을 편집기에서 작성·편집하여 이를 실행할 수 있도록 하는 창으로, 메뉴를 이용하여 실행할 수 없는 SPSS의 특수기능을 사용하여 분석할 수 있도록 도와준다([그림 B-3]). 명령문을 파일로 저장해두면 다음에 다시 사용할 수 있다.

스크립트 편집기(script editor)는 명령문 편집기처럼 사용자가 텍스트를 입력하여 명령을 실행하는 것은 유사하지만 더욱 광범위한 내용을 담고 있으며 고급기능을 사용할 수 있도록 해준다

그림 B-2 ▌뷰어

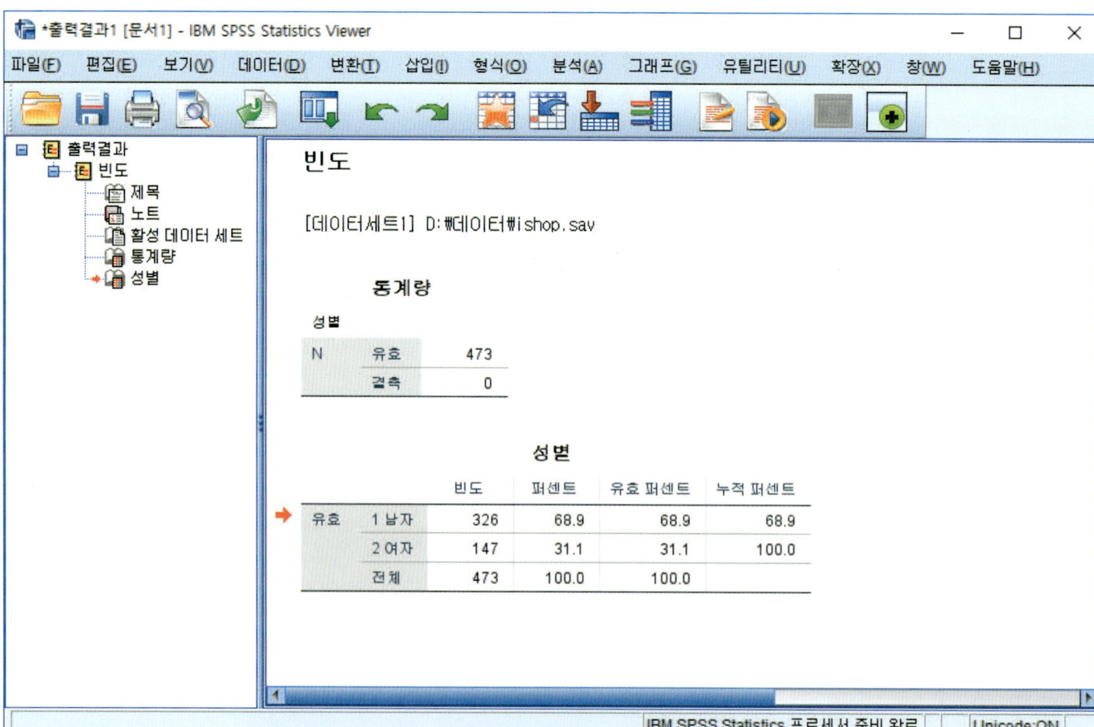

그림 B-3 ▌ 명령문 편집기

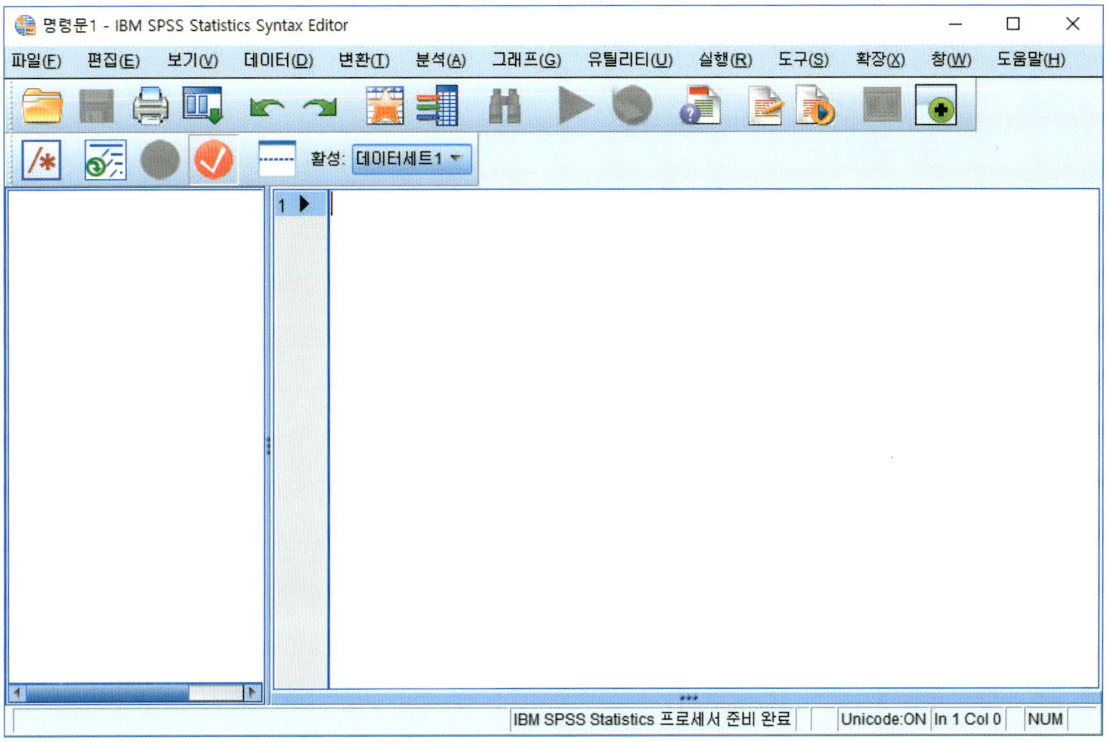

그림 B-4 ▌ 스크립트 편집기

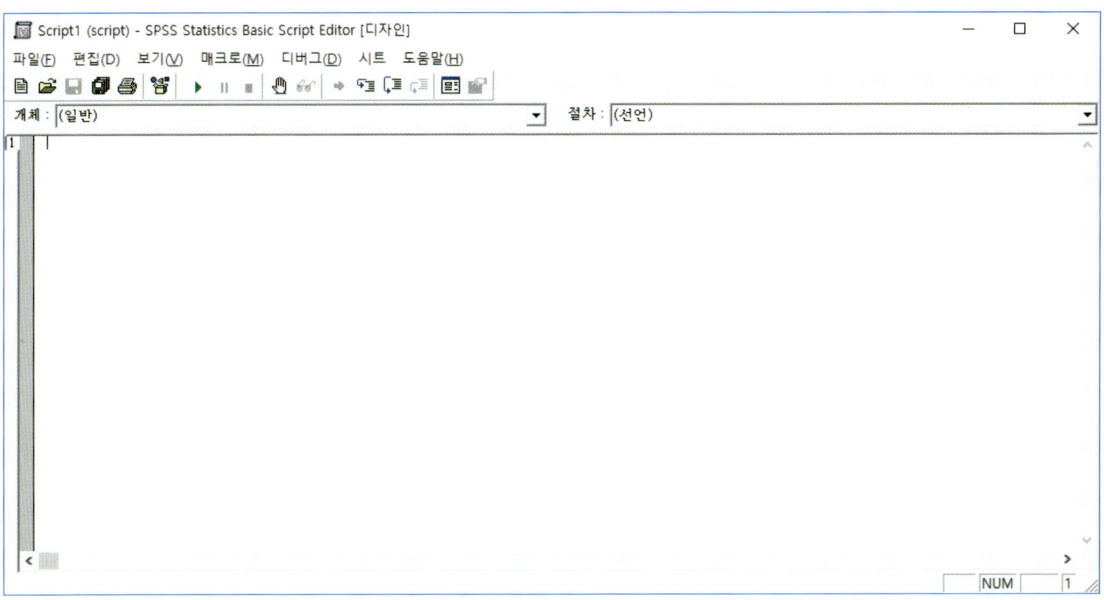

그림 B-5 ▌ 창의 이름 및 용도

데이터 편집기	데이터의 입력 및 편집, 저장, 불러오기
뷰어	분석한 결과를 출력하고 구성 요소 및 형식 편집
명령문 편집기	대화상자의 입력 내용을 저장하여 분석절차를 간단히 만들기
스크립트 편집기	분석을 자동화하는 스크립트 작성 및 편집
텍스트 출력결과 편집기	텍스트 형태로 표현된 출력물 편집
피벗표 편집기	피벗표 형태의 출력물 편집
도표 편집기	도표 형태의 출력물 편집

([그림 B-4]). 또한 이를 이용하여 여러 가지 작업을 한꺼번에 처리하거나 하나의 분석을 여러 조사 데이터에 적용할 수 있다. 스크립트는 간단한 절차를 통해 작성할 수도 있으며 프로그래밍 지식이 있으면 조금 더 복잡한 스크립트를 작성할 수 있다.

이 외에도 텍스트 형식의 출력결과를 편집할 수 있는 텍스트 출력결과 편집기(text output editor), 피벗표와 도표를 각각 수정할 수 있는 피벗표 편집기(pivot table editor)와 도표 편집기(chart editor) 등이 있다. 각 창의 이름 및 용도를 [그림 B-5]에 정리하였다.

1.2 SPSS의 메뉴

SPSS의 상단 메뉴는 데이터 편집기 창을 기준으로 파일, 편집, 보기, 데이터, 변환, 분석, 그래프, 유틸리티, 확장, 창, 도움말 등이 있으며 [그림 B-6]과 같이 배열되어 있다. 그렇지만 각 창마다 별도의 메뉴가 나타나기도 한다. 예를 들면, 뷰어 창에는 삽입과 형식 메뉴가 있고, 명령문 편집기 창에는 실행 및 도구 메뉴가 있으며, 스크립트 창에는 매크로, 디버그, 시트 메뉴가 들어가고 데이터, 변환, 분석 메뉴 등이 빠져 있다. 여기에서는 데이터 편집기 창의 상단 메뉴를 기준으로 주요 메뉴를 간략하게 살펴본다.

그림 B-6 ▌ 데이터 편집기의 상단 메뉴

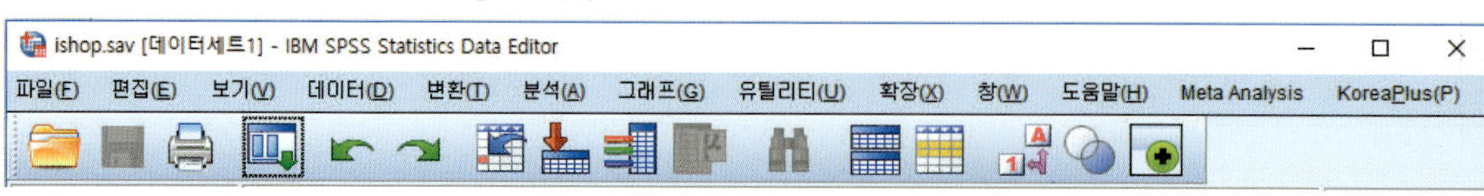

1.2.1 파일, 편집, 보기 메뉴

파일 메뉴에는 새 파일, 열기, 데이터 가져오기, 닫기, 저장, 다른 이름으로 저장, 데이터 파일 정보 표시, 데이터 캐쉬, 인쇄 등의 메뉴가 있다. 작성한 데이터나 출력결과를 저장할 수 있고 기존의 데이터 파일 또는 출력결과 파일을 불러와 열 수 있다. 또한 새로운 창을 열 수 있고 작업한 내용을 인쇄할 수 있다. 파일 메뉴를 통해 Excel 등 다른 프로그램의 데이터를 불러와 SPSS 데이터 파일로 저장할 수 있다.

편집 메뉴에는 실행 취소, 다시 실행, 잘라내기, 복사, 붙여넣기, 지우기, 변수 삽입, 케이스 삽입, 찾기, 바꾸기, 옵션 등의 메뉴가 있다. 우리가 운영체제를 사용하며 흔히 쓰는 클립보드로 내용을 복사 및 삽입하는 기능을 갖추고 있으며 찾기도 가능하다. 또한 실수로 내용을 삭제하거나 출력결과가 원치 않는 형태로 변경되었을 때 이를 원래 상태로 되돌리는 것도 가능하다. 변수 삽입 또는 케이스 이동 메뉴도 사용할 수 있다.

보기 메뉴는 창의 모양새를 담당하며 상태표시줄 및 격자선의 표시 유무를 설정하는 기능을 제공하고 메뉴 밑의 아이콘을 정리할 수 있다. 앞에서 데이터 편집기에는 데이터 보기와 변수 보기의 두 가지 시트가 있다고 했는데, 이 두 시트 간의 전환을 할 수 있는 기능이 있다. 이 기능의 단축키는 Ctrl+T이며, 매우 유용하게 활용할 수 있다. 파일, 편집, 보기 메뉴는 우리가 사용하는 많은 소프트웨어와 비슷한 기능을 한다.

1.2.2 데이터 메뉴

데이터 메뉴에는 변수특성정의, 다중반응 변수군 정의, 케이스 식별, 케이스 정렬, 파일 합치기, 파일 분할, 케이스 선택 등의 메뉴가 있다. 변수 및 케이스에 관한 다양한 기능을 담고 있으며 변수의 특성을 변경하거나 중복 케이스를 찾아내고 정렬할 수 있는 기능을 가지고 있다. 데이터 편집기 창에서 매우 유용하게 쓰인다.

1.2.3 변환 메뉴

변환 메뉴는 변수 계산, 코딩 변경, 순위변수 생성, 시계열변수 생성, 결측값 대체, 난수 생성기 등의 메뉴가 있으며 기존 변수를 이용하여 새로운 변수를 생성하거나 코딩을 변경할 때 쓰인다.

1.2.4 분석 메뉴

분석 메뉴는 보고서, 기술통계량, 평균비교, 일반선형모형, 상관분석, 회귀분석, 분류분석, 차원축소,

그림 B-7 ▌빈도분석 대화상자

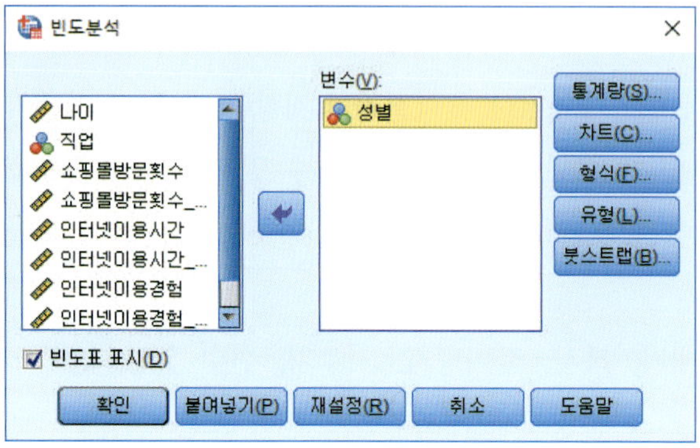

척도분석, 비모수검정 등의 메뉴가 있으며 편집한 데이터를 바탕으로 분석할 때 이용한다. 일반적으로 분석은 몇 가지 절차에 의해 이루어진다. 대개의 경우 분석 대화상자는 [그림 B-7]과 같이 전체 변수목록, 분석할 변수목록, 몇 개의 옵션 버튼, 그리고 확인, 취소 등의 실행 버튼으로 이루어져 있다. 분석을 하려면 먼저 분석방법을 선택하고 분석할 변수를 전체 변수목록에서 선택하여 화살표 버튼( )으로 분석할 변수목록으로 이동시킨다. 그런 다음 옵션을 지정하고 확인을 클릭하면 뷰어 창에 결과가 출력된다. 분석할 변수를 잘못 선택했거나 제외하려면 되돌리는 화살표 버튼( )을 클릭하여 전체 변수목록으로 다시 이동시킨다.

1.2.5 그래프 메뉴

그래프 메뉴에서는 막대도표, 선도표, 원도표 등 여러 가지 도표를 만들 수 있으며 차트 작성기와 레거시 대화상자를 통해서 원하는 도표를 작성할 수 있다. 차트 작성기의 좌상단에는 [그림 B-8]과 같이 왼쪽에 변수 목록이 있고, 오른쪽에 도표 작성을 위한 캔버스가 있다. 캔버스 아래에는 도표의 형태를 결정할 수 있는 목록이 있다. 차트 작성기로 도표를 그리기 위해서는 도표의 종류와 입력할 변수를 캔버스로 끌어넣기(drag & drop)한다. 레거시 대화상자에서도 원하는 도표를 선택하여 다양한 옵션을 갖는 도표를 작성할 수 있다.

▶ 그림 B-8 ▌ 차트 작성기

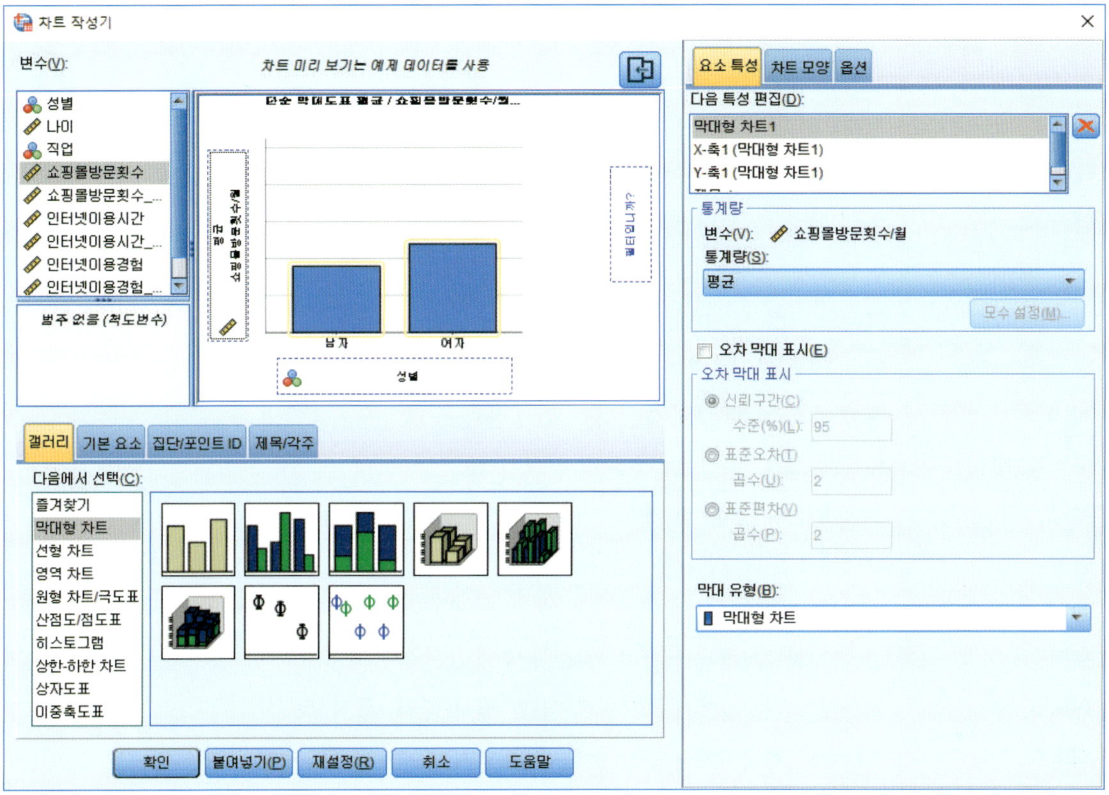

1.2.6 유틸리티, 창, 도움말 메뉴

유틸리티 메뉴에서는 변수의 세부 정보를 볼 수 있고 변수군을 정의하는 기능을 제공한다. 또한 스크립트를 실행할 수도 있다. 창 메뉴는 열려 있는 창의 정보를 보여주고 현재 보고 있는 창을 최소화 또는 최대화시킬 수 있는 기능이 있다. 끝으로 도움말 메뉴에서는 도움말을 보거나 자습서를 실행할 수 있고 SPSS에 관한 정보를 볼 수 있다. 그 밖에 별도의 창에 나오는 메뉴를 상단의 주요 메뉴와 함께 [그림 B-9]에 정리하였다.

그림 B-9 상단 메뉴 요약

파일 메뉴	파일의 저장 및 열기, 인쇄 및 프로그램 종료 등
편집 메뉴	클립보드로 복사 및 붙여넣기, 데이터 찾기 등
보기 메뉴	상태표시줄, 도구모음 보기/숨기기, 데이터/변수 시트 전환 등
데이터 메뉴	변수 특성 정의, 케이스 정렬 등
변환 메뉴	변수 생성 및 코딩변경 등
분석 메뉴	빈도분석, 상관분석, 회귀분석 등
그래프 메뉴	그래프 작성 및 편집, 막대도표, 원도표, 선도표 등
유틸리티 메뉴	변수 정보 보기, 변수군 정의 및 사용, 스크립트 실행 등
창 메뉴	창의 최소화/최대화, 다른 창으로 전환 등
도움말 메뉴	도움말 보기, 자습서, 제품 정보 보기 등
삽입	뷰어에서 쪽 구분 및 제목, 머리말 삽입, 파일 삽입 등
형식	뷰어에서 단락 정렬 등
실행	명령문 편집기에서 선택한 명령문, 또는 일부/전체 명령문 실행 등
도구	명령문 편집기에서 책갈피 기능 등
매크로	스크립트 편집기에서 스크립트 실행, 일시 중지, 종료 등
디버그	스크립트 편집기에서 구간 이동, 뛰어넘기, 나가기 등
시트	스크립트 편집기에서 시트 열기, 닫기 등
옵션	도표 편집기에서 참조선, 제목 입력, 도표 전치 등
요소	도표 편집기에서 데이터 설명 보이기/감추기 등

2 데이터의 관리

수집한 데이터 또는 다른 소프트웨어에 저장되어 있는 데이터를 분석하려면 이를 데이터 편집기 창에 직접 입력하거나 다른 저장파일로부터 불러와야 한다. 작성된 데이터를 편집하고 데이터의 무결성을 검사하는 등의 절차는 정확한 분석결과를 만들어내기 위해서 매우 중요하다. 여기에서는 데이터 편집기 창에서 데이터를 작성 및 편집하는 방법을 살펴본다.

2.1 데이터 직접 입력

데이터를 직접 입력할 때는 변수를 먼저 설정해 두고 그 이후에 각 케이스를 입력하는 것이 좋다. 데이터의 입력은 데이터 보기 시트에서 변수값을 입력하려는 셀을 선택하고 값을 입력한다. 변수명 등 변수의 설정은 데이터 보기에서는 할 수 없으며 변수 보기로 이동하여 설정할 수 있다. 시트 이동은 데이터 편집기 창 하단의 시트 이름을 선택하여 수행할 수 있다. 또한 데이터 보기 시트에 있는 경우에는 변수명을 더블클릭하면 변수 보기 시트로 이동하고, 그 반대로 변수 보기 시트 상태에서 데이터 보기 시트로 이동하려면 좌측의 일련번호를 더블클릭한다. 보기 메뉴 하단의 데이터 또는 변수를 선택하거나 단축키 Ctrl+T를 입력하여 이동할 수도 있다.

변수 보기에서는 변수의 이름, 유형, 너비, 소수점 이하 자리, 레이블, 값, 결측값, 열, 맞춤, 측도 등을 설정할 수 있다. 이름은 변수명을 나타내며, 유형에는 숫자, 날짜, 문자 등 다양한 종류가 있고 가장 많이 사용되는 것은 숫자이다. 너비와 소수점 이하 자리는 숫자의 경우 변수값의 자릿수 및 소수점 이하 자리를 말한다. 문자의 경우에는 변수값의 글자수가 되며, 이때 소수점 이하 자리는 자동으로 0이 된다. 레이블에는 변수에 대한 설명을 기술할 수 있고, 값에는 입력한 특정

그림 B-10 ▎데이터 보기 시트

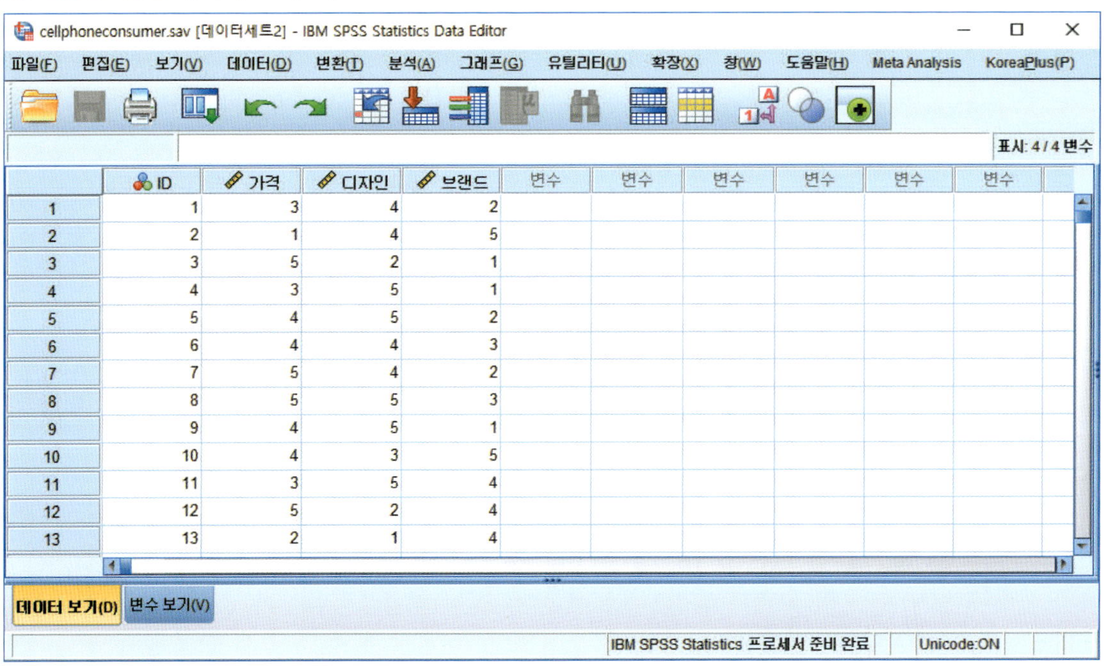

변수값이 어떠한 의미를 갖는지를 지정할 수 있다. 예를 들어, 설문조사서에 '① 전혀 그렇지 않다, ② 그렇지 않다, ③ 보통이다, ④ 그렇다, ⑤ 매우 그렇다'는 선택항목이 있을 때 변수값에는 숫자 1~5가 입력되지만 설명이 없는 경우에는 그 숫자가 무엇을 의미하는지 알 수 없다. 따라서 값에 각 숫자에 대한 의미를 지정하고 활용하는 것이 바람직하다. 이것을 지정해 두면 출력결과에 해당하는 변수값 대신에 실제 의미하는 값이 출력되게 할 수 있다. 이럴 경우 앞의 예에서는 숫자 5

그림 B-11 ▌변수 보기 시트

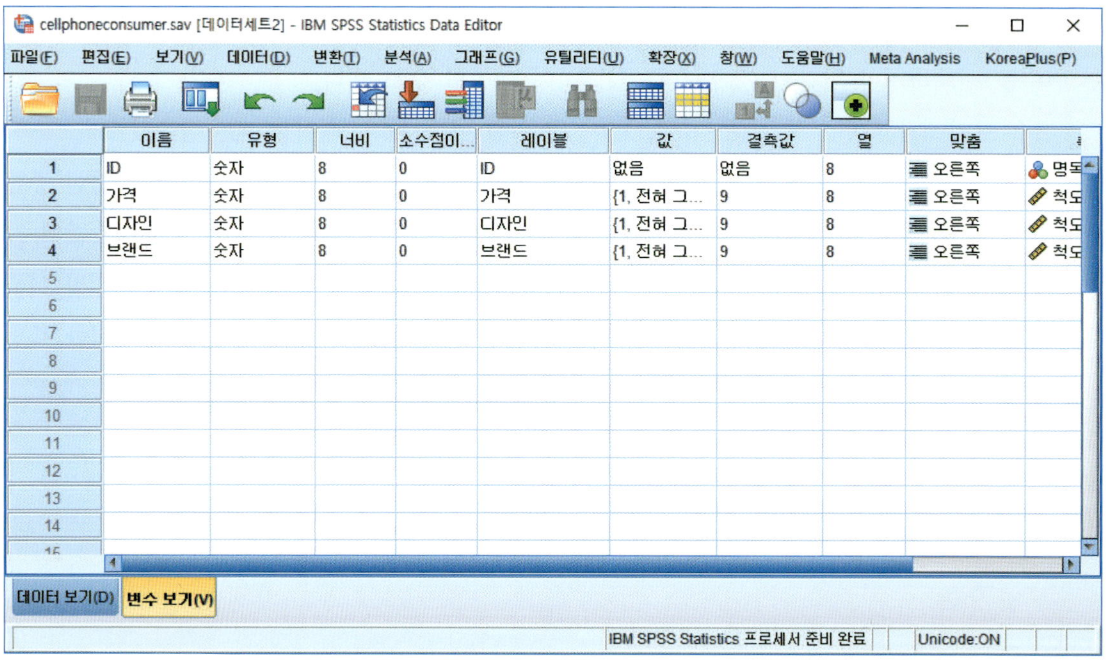

그림 B-12 ▌변수값 설명

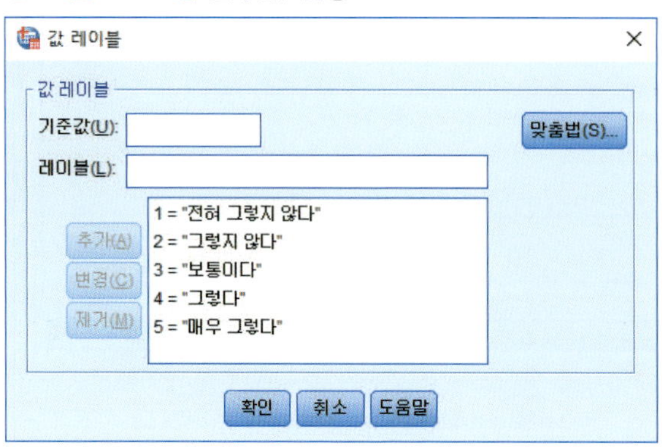

그림 B-13 ▌결측값 설정

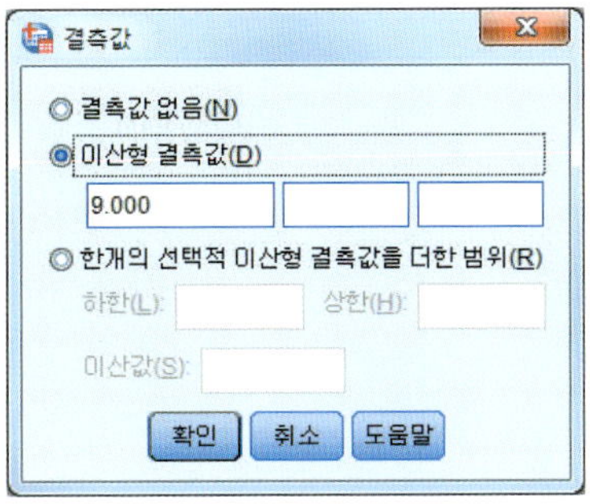

대신 '매우 그렇다'가 출력결과에 보여지게 된다.

결측값 설정은 조사에서 누락된 항목 또는 회피한 응답의 표시를 어떻게 할지 결정하는 것으로 결측값 지정이 없으면 코딩과정에서 실수로 누락된 경우와 처음부터 응답값(또는 관측값)이 없는 경우 간에 혼동이 생길 수 있다. 따라서 이를 방지하기 위하여 결측값을 지정하는 것이 좋다. 조사하는 과정에서 설정해 둔 범위를 벗어난 값을 결측값으로 지정하며 보통 9, 99, 999 등의 특정값이나 특정 범위의 값을 결측값으로 지정한다. 결측값은 실제 조사에서 나오는 값과 혼동되지 않도록 해야 한다.

맞춤은 데이터 보기에서 변수값을 어떻게 정렬할 것인지를 나타낸다. 측도에는 '척도', '순서형', '명목'이 있다. '척도'는 간격척도와 비율척도를 의미하며, '순서형'은 서열척도를 의미하고, '명목'은 명목척도를 의미한다.

2.1.1 변수특성정의

변수의 특성은 변수특성정의를 통해서도 지정할 수 있다. 이 기능을 통해 변수 보기 시트에서처럼 변수명을 변경할 수는 없지만 변수의 측정 수준을 바꾸거나 변수값의 종류, 소수점 이하 자릿수 변경, 변수값 설명 추가 등을 할 수 있다. 또한 다른 변수의 특성을 가져와 현재 변수에 적용할 수도 있다. 『데이터 > 변수특성정의』를 선택하고, 바꾸고자 하는 변수를 선택한 후 특성을 변경한다.

그림 B-14 ▎데이터 메뉴의 변수특성정의 절차

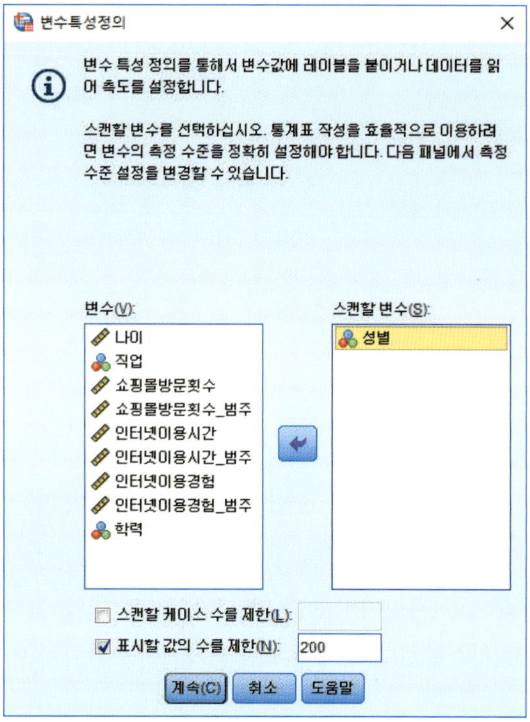

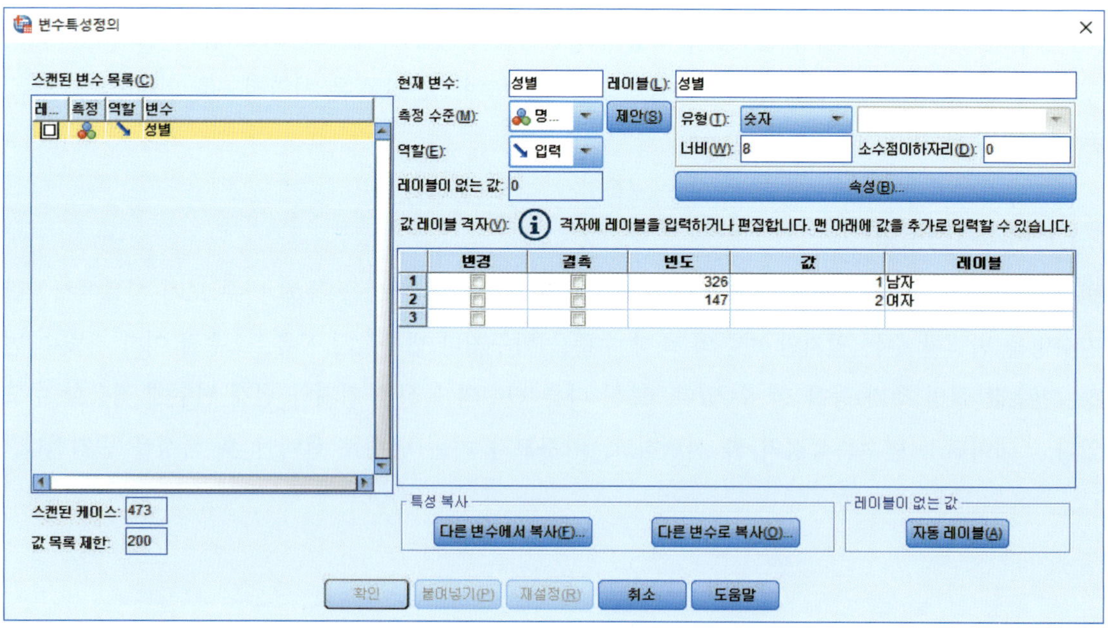

2.1.2 케이스와 변수의 삽입 및 지우기

변수값을 설정했으면 데이터 보기로 가서 각 케이스를 변수별로 입력한다. 수집한 데이터를 SPSS에 입력하는 경우에 케이스를 누락하거나 중복하여 넣는 실수를 범하기도 한다. 이러한 경우에는 누락한 케이스를 삽입하거나 중복된 케이스를 삭제하여 저장하면 되는데, 그러한 기능은 일반 스프레드시트 프로그램에서 수행하는 방식과 유사하다. 케이스를 삽입하려면 왼편의 행 번호를 눌러 선택하고, 마우스 오른쪽 버튼을 눌러 케이스 삽입 메뉴를 선택한다. 삭제하고 싶은 경우에는 컨텍스트 메뉴(마우스 오른쪽 버튼을 눌렀을 때 나타나는 메뉴) 중 지우기를 선택하여 지울 수 있다. 마찬가지로 변수를 삽입하거나 삭제하고자 할 경우 변수 보기에서 삽입하고 싶은 위치의 변수명을 클릭하여 선택하고 오른쪽 버튼을 누르면 나타나는 컨텍스트 메뉴를 이용하여 변수를 삽입하거나 삭제할 수 있다.

그림 B-15 ▌케이스 삽입 및 지우기(마우스 오른쪽 버튼 컨텍스트 메뉴)

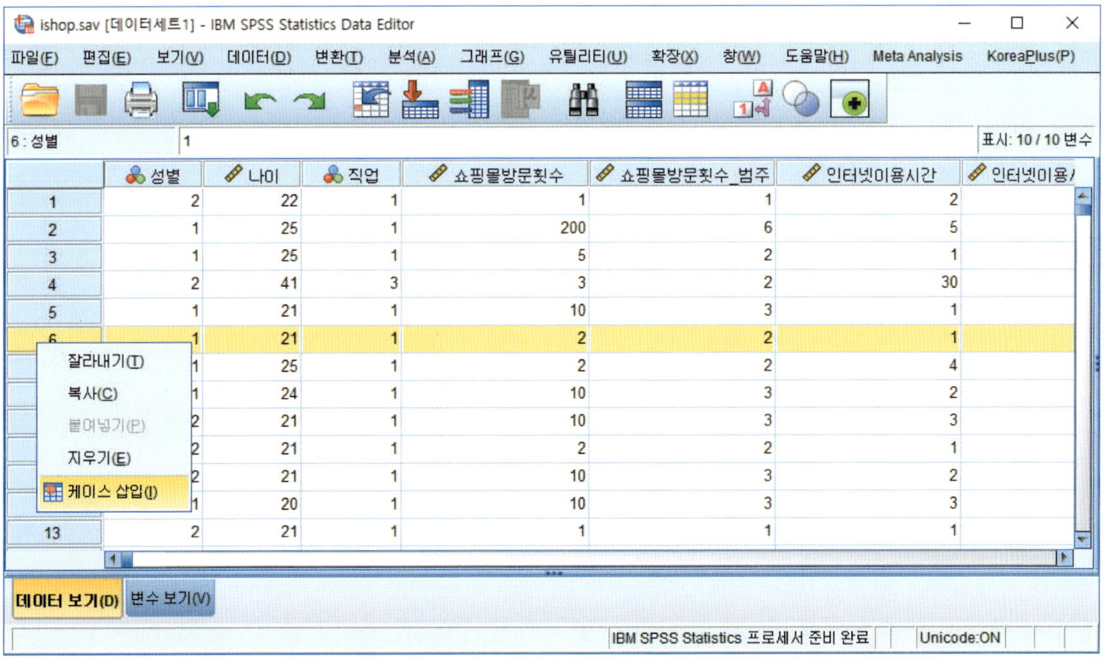

▶ 그림 B-16 ▌변수 삽입 및 지우기(마우스 오른쪽 버튼 컨텍스트 메뉴)

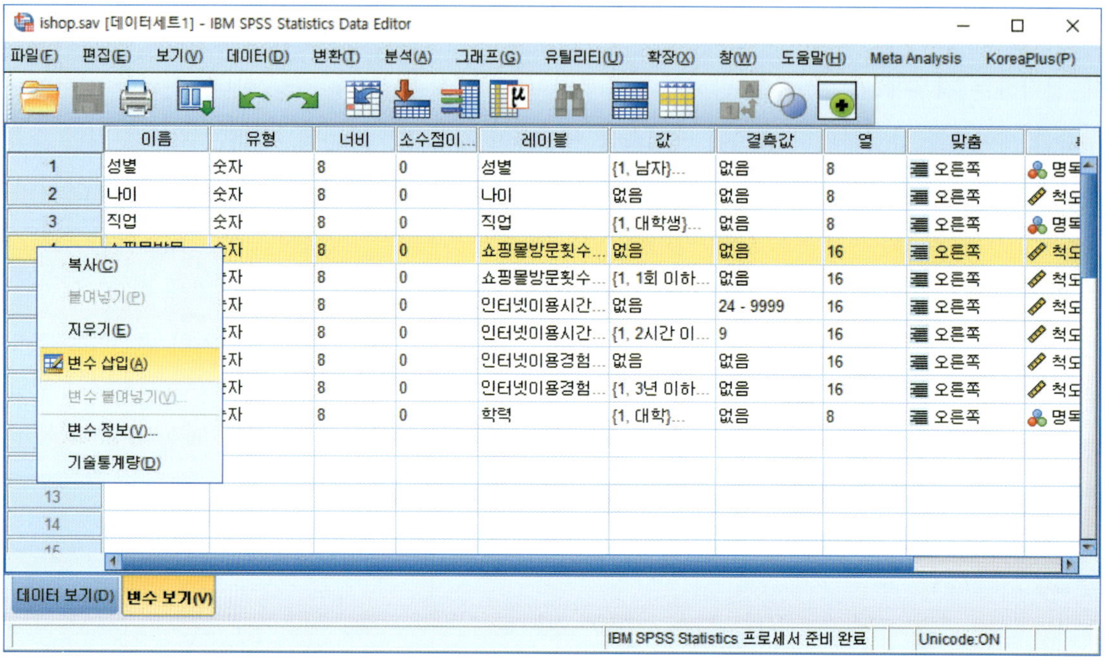

2.2 다른 형식의 데이터 열기

SPSS는 Excel이나 일반 텍스트 문서, SAS의 데이터 파일 등 다양한 형식의 데이터를 읽어올 수 있다. 데이터베이스의 자료를 직접 추출하는 것도 가능하다. 여기에서는 Excel 파일과 일반 텍스트 파일을 불러오는 방법을 살펴본다.

2.2.1 Excel 파일 불러오기

Excel 파일을 불러오는 것은 자료의 형식이 유사하기 때문에 매우 간단하다. 『파일 > 열기 > 데이터』 메뉴를 선택한다. 데이터 열기 대화상자에서 파일 유형을 Excel(*.xls, *.xlsx, *.xlsm)로 지정하면 현재 폴더에 있는 Excel 파일이 보이며 이를 선택하면 [그림 B-17]과 같은 대화상자가 나온다(nations(GDP).xls 데이터 파일). 여기에서 워크시트를 선택하고 범위를 지정하여 확인을 클릭하면 데이터를 읽어온다. 범위를 지정하지 않으면 선택한 워크시트 전체를 불러온다. 『데이터 첫 행에서 변수 이름 읽어오기』를 선택하면 Excel 파일의 제일 첫 행의 셀 내용을 변수명으로 사용한다.

▶ 그림 B-17 ▌Excel 데이터 열기

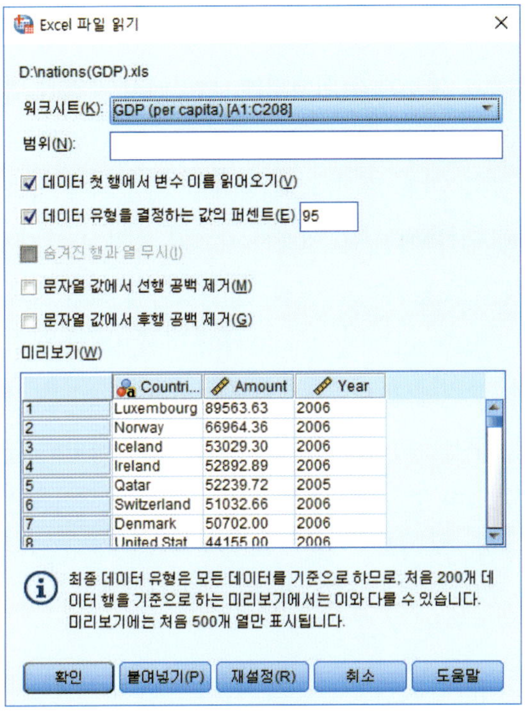

▶ 그림 B-18 ▌Excel 데이터 열기 결과

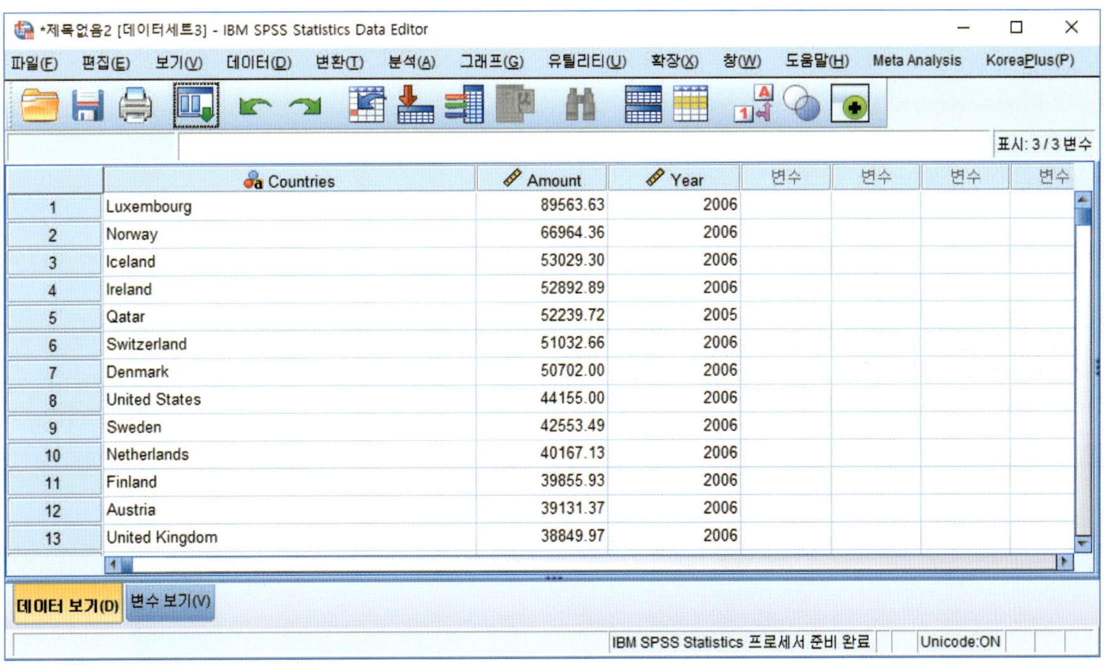

2.2.2 텍스트 파일 불러오기

텍스트 파일의 경우에는 Excel 파일의 경우보다 조금 더 복잡하며 몇 단계의 과정을 거쳐야 한다. 텍스트 파일을 선택하고 확인을 클릭하면 텍스트 가져오기 마법사가 실행되며, 여기에서 배열된 텍스트의 구분을 어떻게 할 것인지 정하게 된다(nations(GDP).txt 데이터 파일). 텍스트 파일은 줄 단위가 SPSS의 행이 되며, 세로로 일정한 단위마다 열이 된다. 마법사 2단계에서 『구분자에 의한 배열』이나 『고정 너비로 배열』을 선택한다. 『구분자에 의한 배열』을 선택하는 경우 쉼표나 탭 등 구분자가 있으면 그것의 앞뒤로 변수값을 나누게 된다. 『고정 너비로 배열』을 선택하게 되면 사용자가 임의로 수직선을 그어 변수를 구분할 수 있다. 또한 Excel 파일 불러오기와 마찬가지로 변수 이름을 파일의 처음에서 가져올 것인지 결정할 수 있다. 3단계에서는 가져올 시작위치와 개수를 선택할 수 있다. 4단계에서는 구분자로 나누는 경우에는 구분자의 종류를 결정하고, 고정 너비로 나누는 경우에는 데이터 미리보기 항목에 직접 수직선을 그어 열을 표시한다. 2단계에서 변수이름을 지정하지 않은 경우 5단계에서 변수이름을 직접 설정할 수 있다.

그림 B-19 ▌ 텍스트 가져오기 마법사 2단계

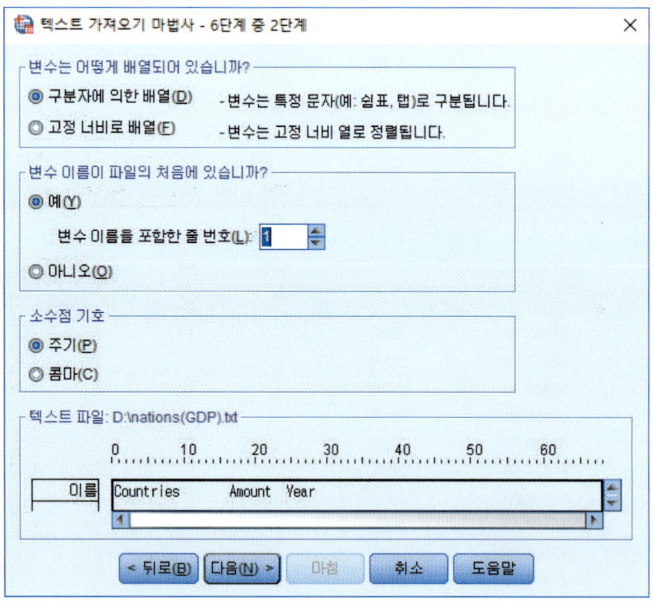

그림 B-20 ▌ 텍스트 가져오기 마법사 4단계

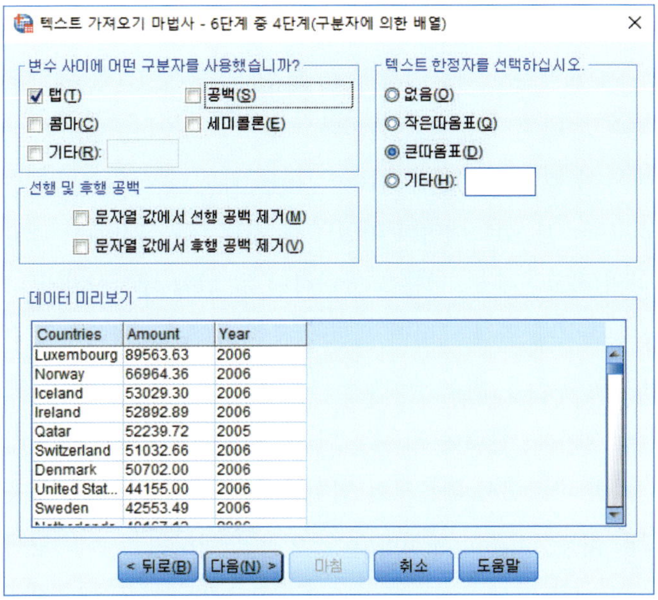

그림 B-21 ▌ 텍스트 가져오기 마법사 5단계

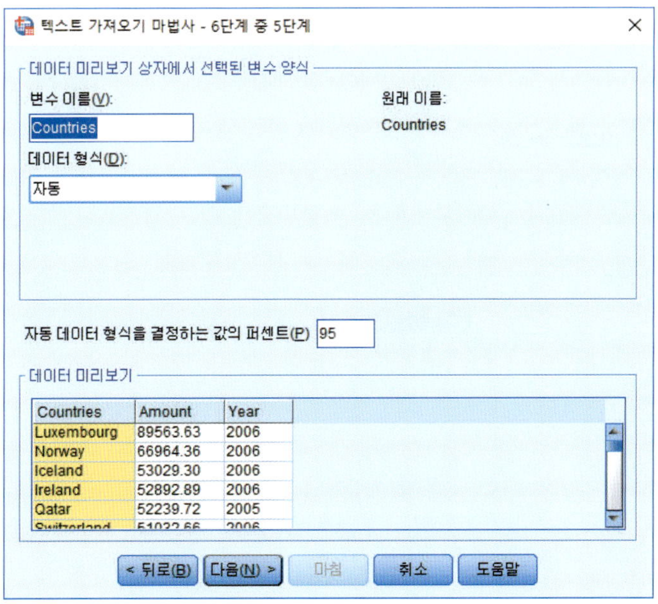

2.3 케이스 추가(별도의 파일 합치기) 및 선택

전체 케이스가 하나의 파일이 아니고 여러 개의 파일로 나누어져 있는 경우 모든 케이스를 대상으로 분석을 할 때에는 여러 개의 파일을 하나로 합쳐서 분석해야 한다. 케이스 추가는 『데이터 > 파일 합치기 > 케이스 추가』 메뉴를 통해서 수행할 수 있다. 기준이 되는 데이터 파일을 연 후 『케이스 추가』 메뉴를 실행한다(nationmaster-01.sav 데이터 파일). 첫 번째 대화상자에서 파일을 선택(nationmaster-02.sav 데이터 파일)하고 『계속』 버튼을 클릭하면 두 번째 대화상자가 나타난다. 두 파일의 변수명이 일치한다면 오른쪽 『새 활성 데이터 세트에 포함될 변수』 영역에 변수명이 나타나며, 그렇지 않은 경우에는 『대응되지 않은 변수』 영역에 (+) 표시 및 (*) 표시와 함께 대응되지 않은 모든 변수명이 나타난다. (+) 표시는 불러온 파일의 변수명에 붙고, (*) 표시는 기존의 데이터 파일의 변수명에 붙는다. 두 개의 파일에서 대응시킬 변수명 두 개를 Ctrl 키를 이용해 선택하면 가운데 화살표 버튼( ) 밑의 『대응』 버튼이 활성화되며, 이를 클릭하면 오른쪽 영역에 '기존 파일의 변수명 & 새로운 파일의 변수명' 형식으로 대응이 되어 나타난다. 모든 대응작업을 완료하고 『확인』 버튼을 클릭하면 새로운 파일의 데이터가 기존 데이터의 하단에 추가된다.

그림 B-22 ▌파일 합치기 대화상자(1/2)

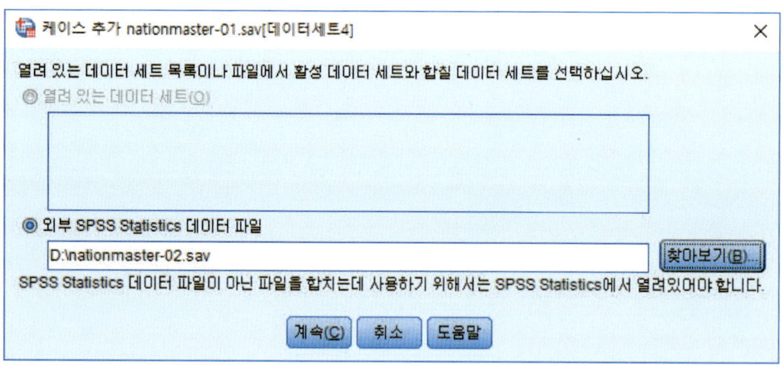

그림 B-23 ▌파일 합치기 대화상자(2/2)

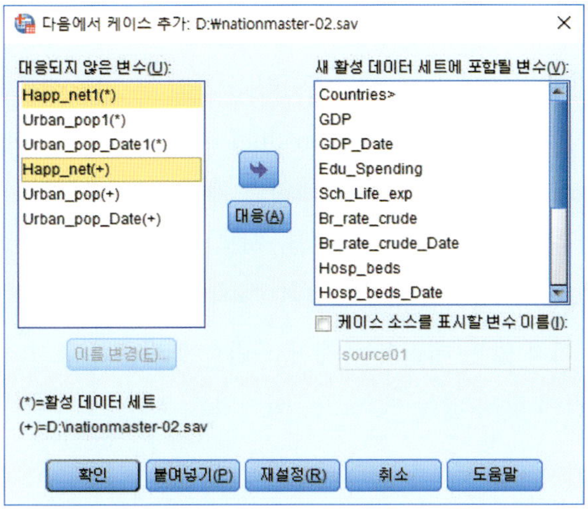

그림 B-24 ▌파일 합치기 결과

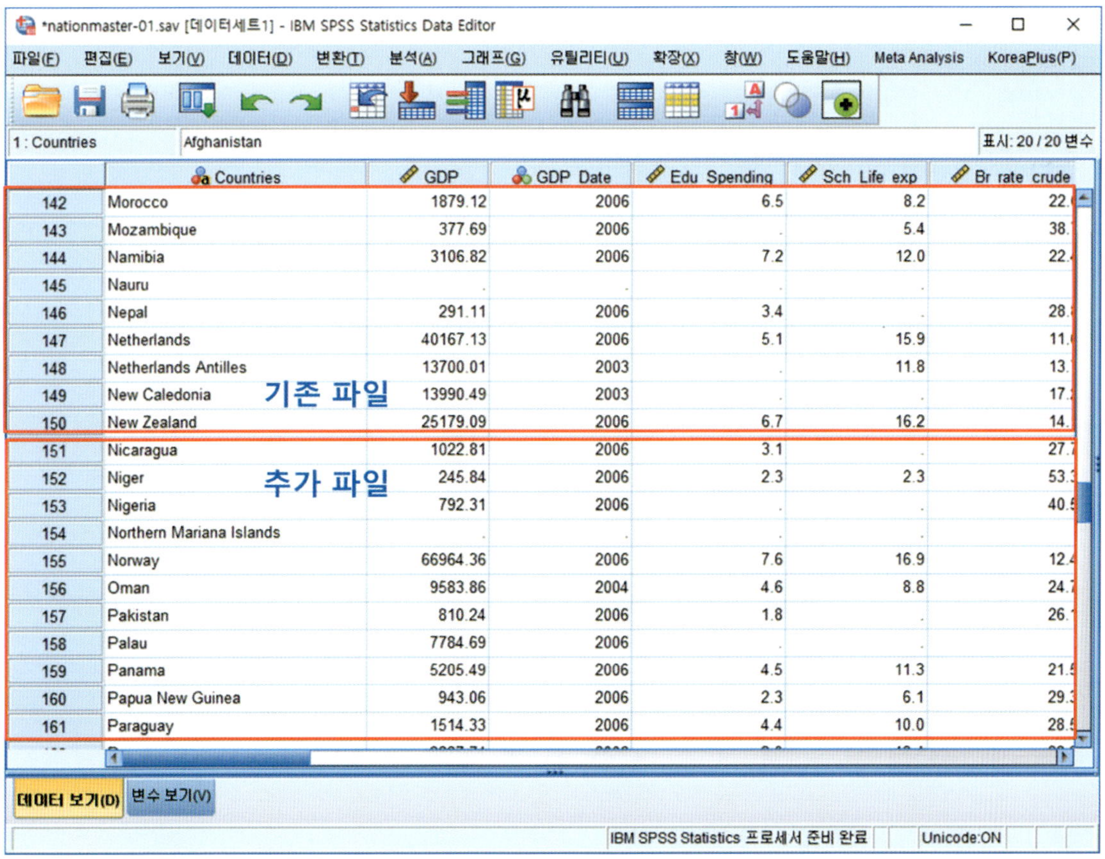

경우에 따라서는 특정 조건에 맞는 케이스만을 가지고 분석을 수행할 수도 있다. 이런 경우에 수작업으로 해당 케이스를 선택하여 제거하는 것은 데이터가 많으면 매우 힘든 일이 될 수 있다. 이때 이용할 수 있는 기능이 케이스 선택이다. 데이터 파일을 연 후 『데이터 > 케이스 선택』 메뉴를 선택하면 [그림 B-25]와 같은 케이스 선택 대화상자가 나온다(pcproduction.sav 데이터 파일). 여기에서 『조건을 만족하는 케이스』를 선택하고 『조건』 버튼을 클릭하면 계산식을 입력할 수 있는 대화상자가 나타난다([그림 B-26]). 여기에 조건을 지정한 후 『계속』 버튼을 클릭한다. 계속해서 나타나는 [그림 B-25]의 케이스 선택 대화상자의 출력결과 영역에서 『선택하지 않은 케이스 필터』를 선택하면 [그림 B-27]과 같이 분석에 쓰이지 않는 데이터는 케이스 번호에 빗금이 표시되며, 『선택하지 않은 케이스 삭제』를 선택하면 조건에 맞지 않는 케이스는 삭제되고 조건에 맞는 케이스만 나타난다.

그림 B-25 ▌케이스 선택 대화상자

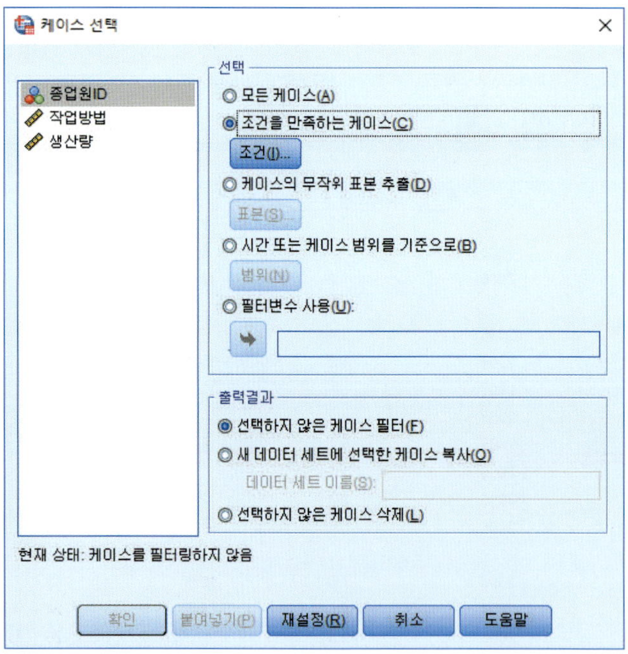

그림 B-26 ▌ 케이스 선택: 조건 대화상자

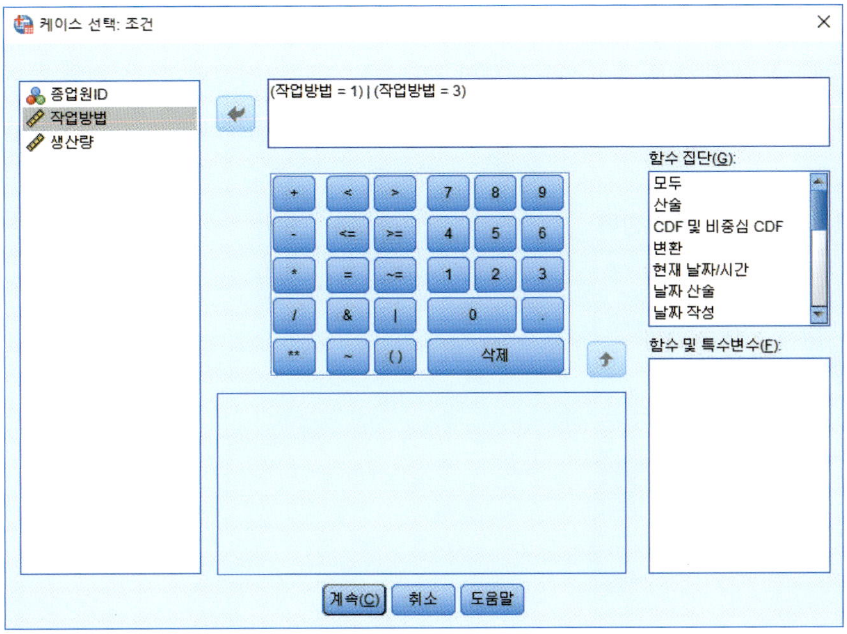

그림 B-27 ▌ 케이스 선택 결과

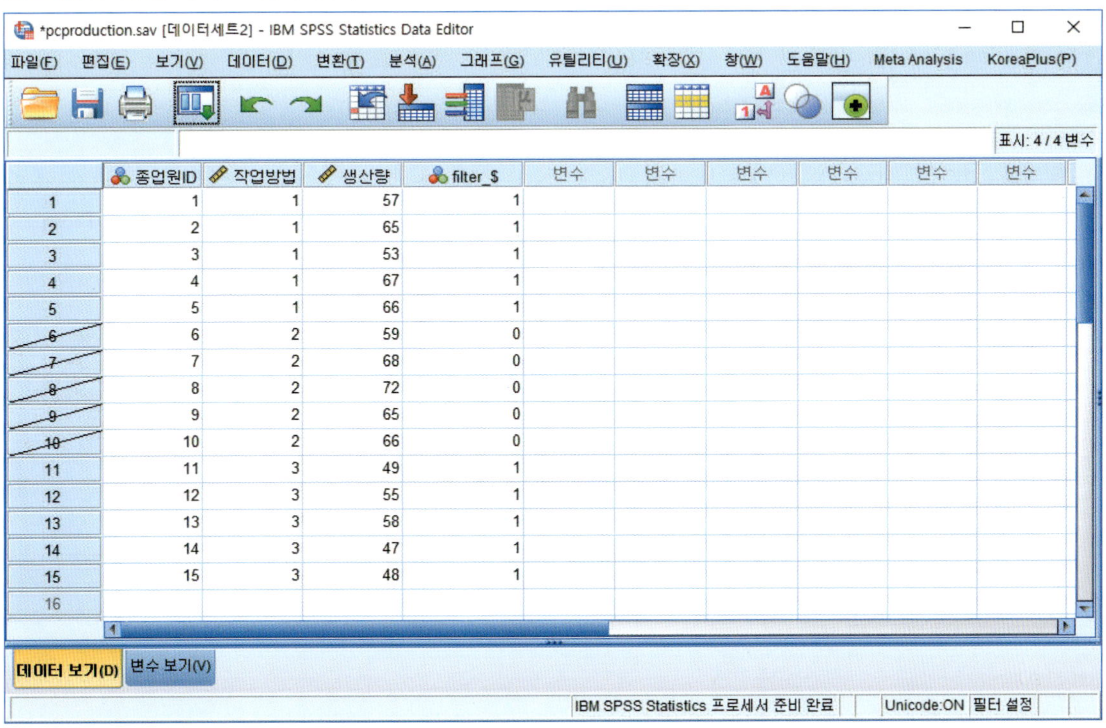

2.4 케이스 정렬

『데이터 > 케이스 정렬』 메뉴를 선택하여 케이스를 정렬할 수 있다. 정렬 기준 변수를 선택하고 오름차순으로 정렬할 것인지 내림차순으로 정렬할 것인지 선택한 후 『확인』 버튼을 클릭하면 선택한

그림 B-28 ▌데이터 메뉴의 케이스 정렬 항목

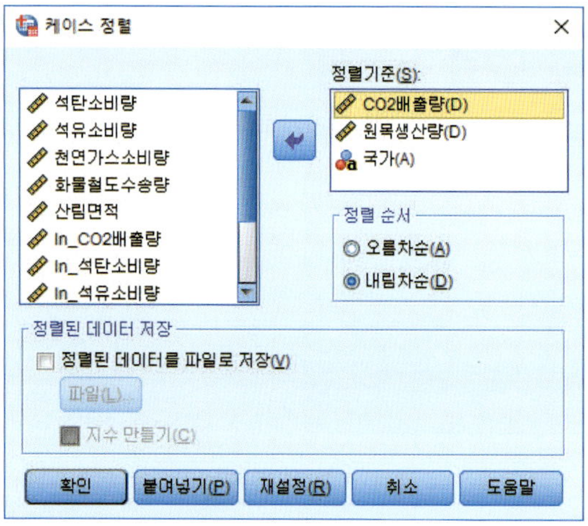

그림 B-29 ▌케이스 정렬 전

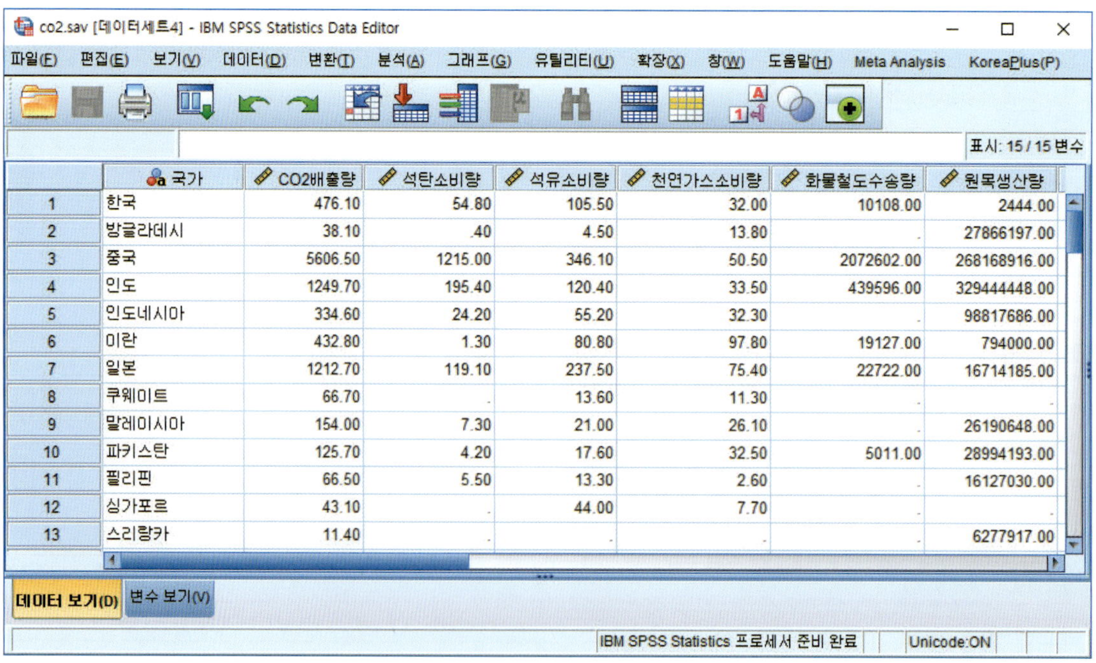

	국가	CO2배출량	석탄소비량	석유소비량	천연가스소비량	화물철도수송량	원목생산량
1	한국	476.10	54.80	105.50	32.00	10108.00	2444.00
2	방글라데시	38.10	.40	4.50	13.80	.	27866197.00
3	중국	5606.50	1215.00	346.10	50.50	2072602.00	268168916.00
4	인도	1249.70	195.40	120.40	33.50	439596.00	329444448.00
5	인도네시아	334.60	24.20	55.20	32.30	.	98817686.00
6	이란	432.80	1.30	80.80	97.80	19127.00	794000.00
7	일본	1212.70	119.10	237.50	75.40	22722.00	16714185.00
8	쿠웨이트	66.70	.	13.60	11.30	.	.
9	말레이시아	154.00	7.30	21.00	26.10	.	26190648.00
10	파키스탄	125.70	4.20	17.60	32.50	5011.00	28994193.00
11	필리핀	66.50	5.50	13.30	2.60	.	16127030.00
12	싱가포르	43.10	.	44.00	7.70	.	.
13	스리랑카	11.40	.	.	.	.	6277917.00

그림 B-30 | 케이스 정렬 후

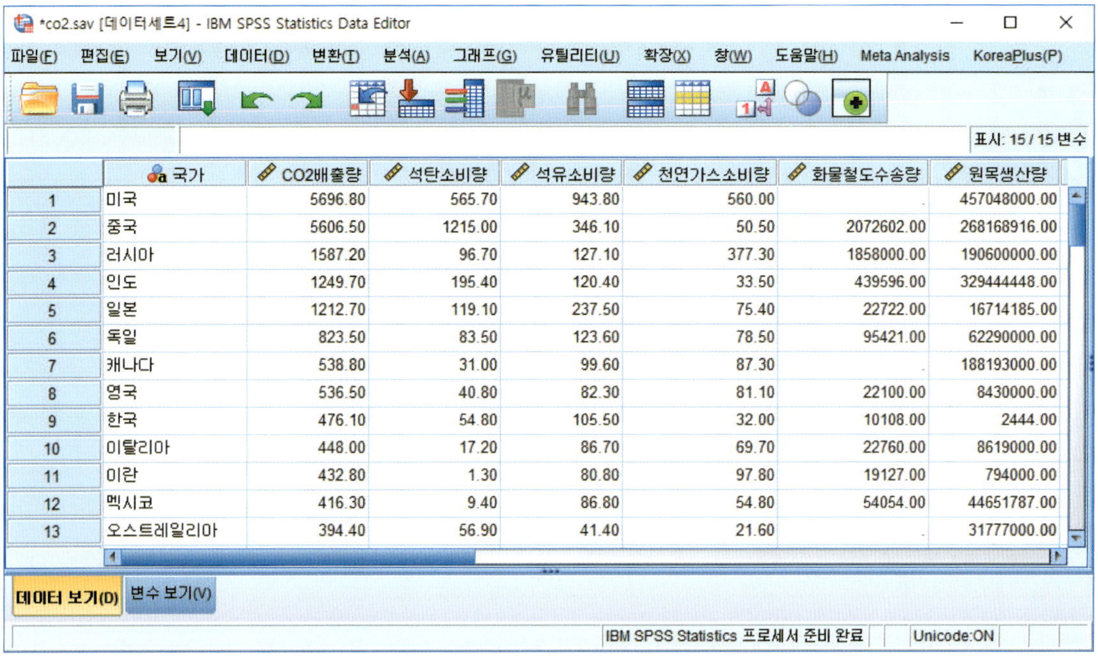

	국가	CO2배출량	석탄소비량	석유소비량	천연가스소비량	화물철도수송량	원목생산량
1	미국	5696.80	565.70	943.80	560.00	.	457048000.00
2	중국	5606.50	1215.00	346.10	50.50	2072602.00	268168916.00
3	러시아	1587.20	96.70	127.10	377.30	1858000.00	190600000.00
4	인도	1249.70	195.40	120.40	33.50	439596.00	329444448.00
5	일본	1212.70	119.10	237.50	75.40	22722.00	16714185.00
6	독일	823.50	83.50	123.60	78.50	95421.00	62290000.00
7	캐나다	538.80	31.00	99.60	87.30	.	188193000.00
8	영국	536.50	40.80	82.30	81.10	22100.00	8430000.00
9	한국	476.10	54.80	105.50	32.00	10108.00	2444.00
10	이탈리아	448.00	17.20	86.70	69.70	22760.00	8619000.00
11	이란	432.80	1.30	80.80	97.80	19127.00	794000.00
12	멕시코	416.30	9.40	86.80	54.80	54054.00	44651787.00
13	오스트레일리아	394.40	56.90	41.40	21.60	.	31777000.00

기준으로 모든 케이스를 정렬하여 보여준다. 정렬기준 변수는 두 개 이상 선택이 가능하며, 가장 위에 있는 변수를 기준으로 먼저 정렬하고, 동률이 있을 경우 이어서 그 아래 변수들을 기준으로 정렬한다([그림 B-28]). [그림 B-30]은 [그림 B-29]의 국가별 CO_2 배출량 데이터(co2.sav 데이터 파일)를 CO_2 배출량, 원목생산량에 따라 내림차순으로, 국가명에 따라 오름차순으로 정렬한 결과이다.

2.5 코딩변경 및 변수계산

코딩변경을 통하여 기존의 변수값을 일괄 변경할 수 있다. 같은 변수명으로 변경하는 방법과 새로운 변수명으로 변경하는 방법이 있다. 예를 들어, 연령대에 따른 쇼핑몰 방문횟수(ishop.sav 데이터 파일)를 알고자 할 경우 사람들의 나이를 조사한 후 이를 10대, 20대 등 연령대별 그룹으로 변환할 필요가 있다. 먼저 『변환 > 다른 변수로 코딩변경』을 선택한다. 변경을 원하는 변수(나이)를 선택한 후 출력변수 이름(연령대)을 지정하고 『변경』 버튼을 클릭하면 새로운 출력변수가 생성된다. 『기존값 및 새로운 값』 버튼을 클릭하여 기존값을 새로운 값으로 바꾸는 조건을 연령대별 조건에 맞게 설정하고 『추가』 버튼을 클릭하면 새로운 변수명으로 코딩변경이 이루어진다.

그림 B-31 ▍새로운 변수로 코딩변경(1/2)

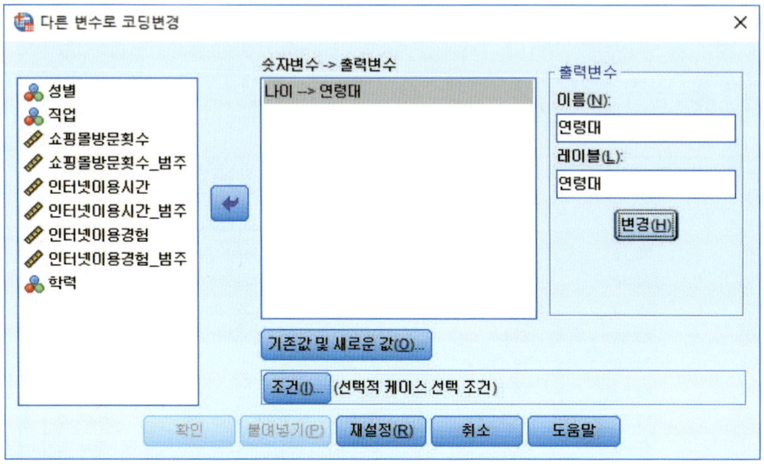

그림 B-32 ▍새로운 변수로 코딩변경(2/2)

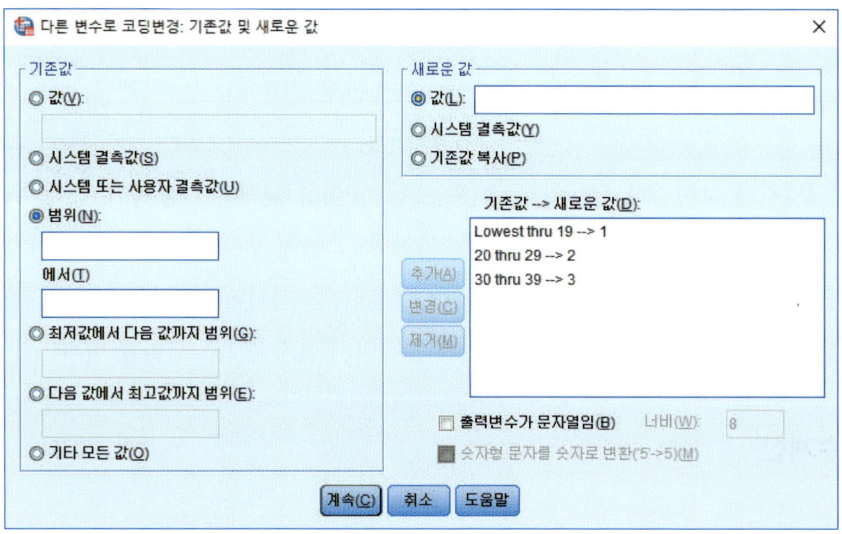

▶ 그림 B-33 ▌새로운 변수로 코딩변경 결과

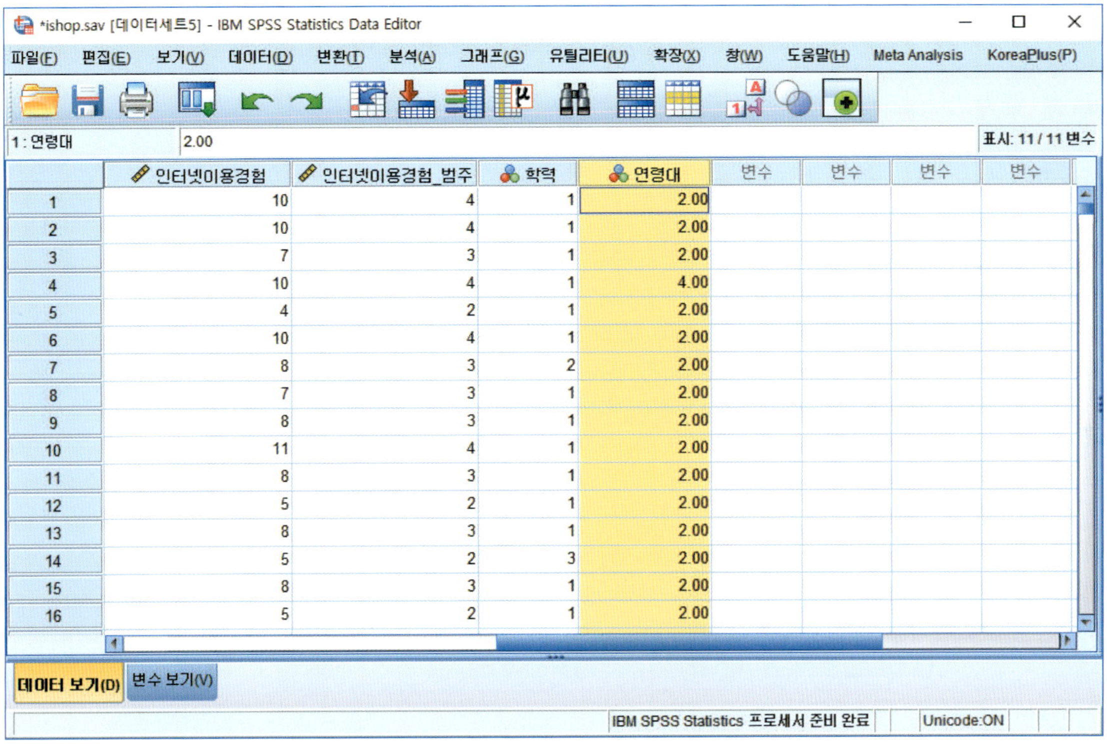

단순히 범주형 변수로 변경하는 것이 아니라 계산을 통해 새로운 변수를 생성해야 하는 경우가 있다. 이러한 경우에는 『변환 > 변수 계산』 메뉴를 통하여 새로운 변수를 만들 수 있다. [그림 B-34]는 인터넷이용시간당 쇼핑몰방문횟수를 변수로 추가하기 위한 대화상자로 일간 인터넷이용시간에 30을 곱하여 월간 인터넷이용시간으로 바꾸고, 그것으로 쇼핑몰방문횟수를 나누는 계산식을 나타낸다. 계산식은 마우스로 대상을 클릭하여 만들 수도 있고 키보드로 직접 입력하는 것도 가능하다. 오른쪽 함수 집단에서 변수계산에서 이용할 수 있는 함수를 선택할 수 있다.

그림 B-34 변수 계산 대화상자

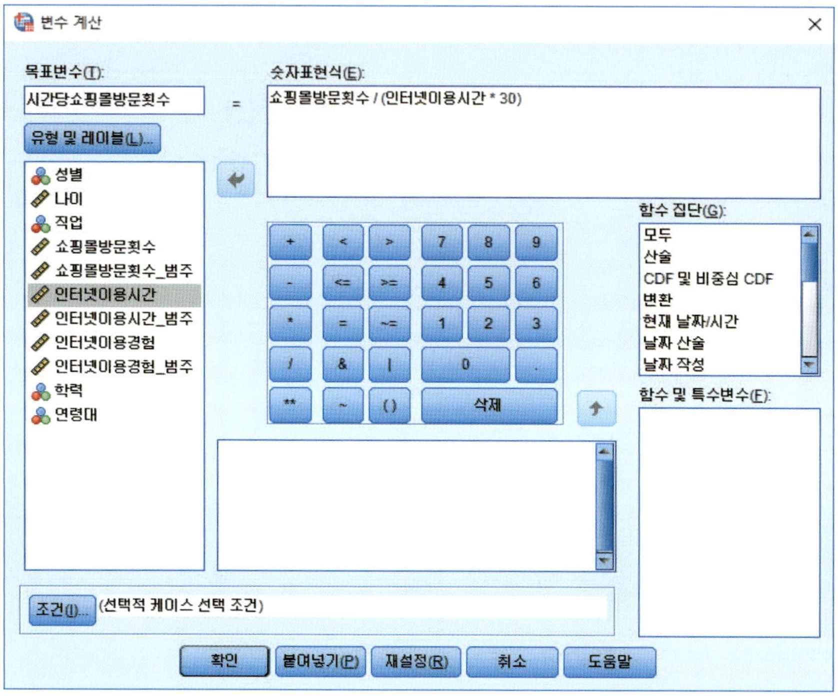

3 데이터의 분석

데이터 입력 및 수정을 모두 마쳤으면 적절한 분석 방법을 선택하여 분석을 수행한다. 일반적으로 분석결과는 뷰어에 표의 형식으로 나타나며, 그래프 메뉴 등을 이용하여 도표로도 표현할 수 있다. 여기에서는 기초적인 데이터분석 방법과 도표작성 방법을 소개한다.

3.1 분석

SPSS는 데이터에 대한 간단한 요약에서부터 복잡한 가설검정에 이르기까지 다양한 분석 방법을 제공한다. 여기에서는 기술통계, 케이스 요약, 빈도분석 등 기초적인 데이터요약 방법을 중심으로 살펴본다.

3.1.1 기술통계

기술통계에서는 데이터에 대한 평균, 표준편차, 분산, 최대값, 최소값 등의 기술통계량을 구할 수 있다. 이는 표본 데이터에 대한 기본적인 분석으로서 본격적인 데이터분석을 수행하기 전에 표본 데이터의 특성을 이해하기 위한 목적으로도 활용할 수 있다. 기술통계 분석절차를 이용하여 Z점수를 새로운 변수로 추가할 수 있고 이를 다른 분석에서 활용할 수 있다. 분석 절차는 다음과 같다. 『분석 > 기술통계량 > 기술통계』를 선택하고, 대화상자에서 통계량을 구할 변수와 옵션에서 원하는 통계량을 선택하고 『확인』 버튼을 클릭하면 뷰어 창에서 결과를 확인할 수 있다(grade.sav 데이터 파일). 또는 기술통계를 구하고자 하는 변수를 데이터 편집기 창에서 선택한 후 '기술통계량

▶ 그림 B-35 ▌ 기술통계

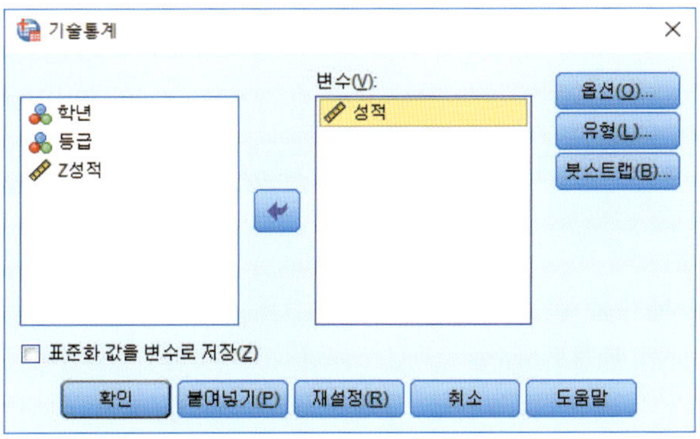

▶ 그림 B-36 ▌ 기술통계 옵션

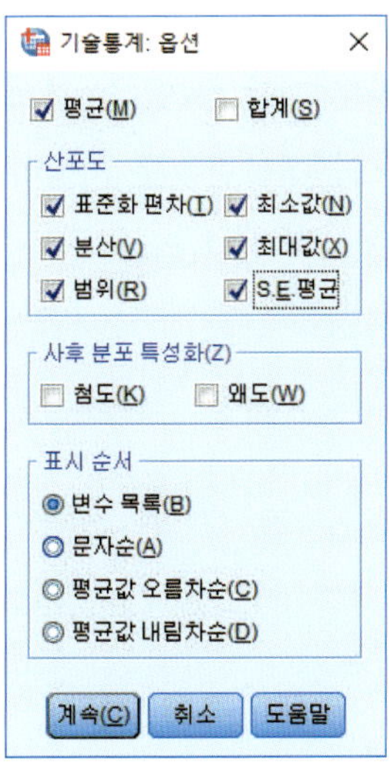

그림 B-37 기술통계 분석결과

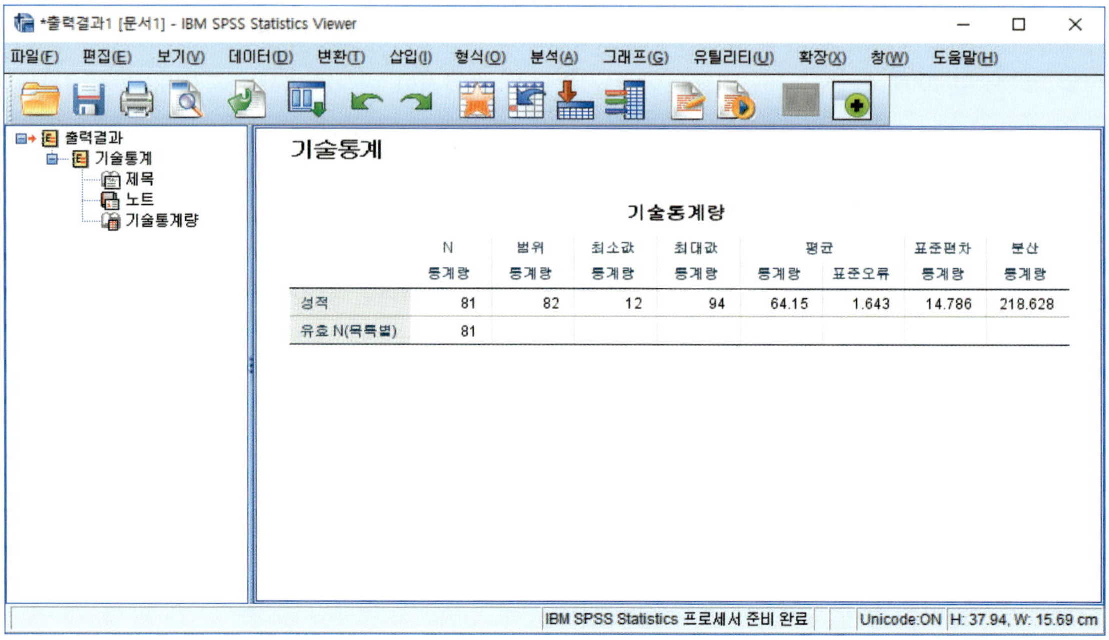

실행' 아이콘( )을 클릭하면 해당 변수의 기술통계를 출력할 수 있다. 변수를 선택한 후 오른쪽 마우스를 클릭하여 '기술통계량'을 선택해도 동일한 출력결과를 얻을 수 있다.

3.1.2 케이스 요약

케이스 요약에서는 데이터에 포함된 각 케이스를 다양한 통계량과 함께 보여준다. 집단구분이 있을 경우 집단별로 구분하여 케이스를 출력하기 때문에 집단별 케이스의 형태를 한눈에 알 수 있다. 분석 절차는 간단하다. 『분석 > 보고서 > 케이스 요약』을 선택하여 집단변수와 요약 대상변수를 지정하고 『확인』 버튼을 클릭한다. 『통계량』 버튼을 클릭하면 다양한 통계량을 구할 수 있다(grade.sav 데이터 파일).

▶ 그림 B-38 ▌ 케이스 요약

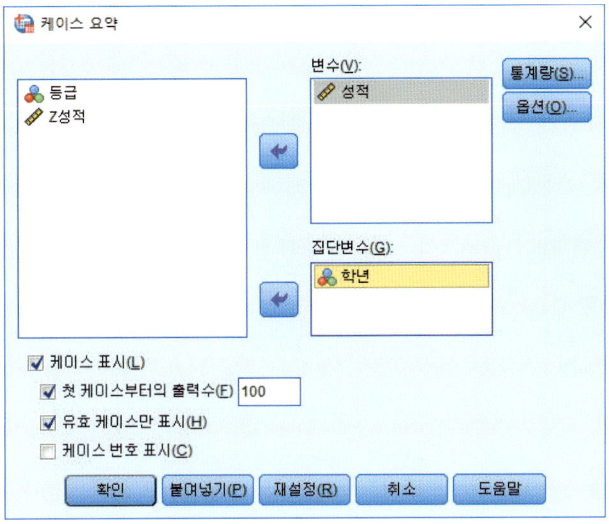

▶ 그림 B-39 ▌ 케이스 요약 결과

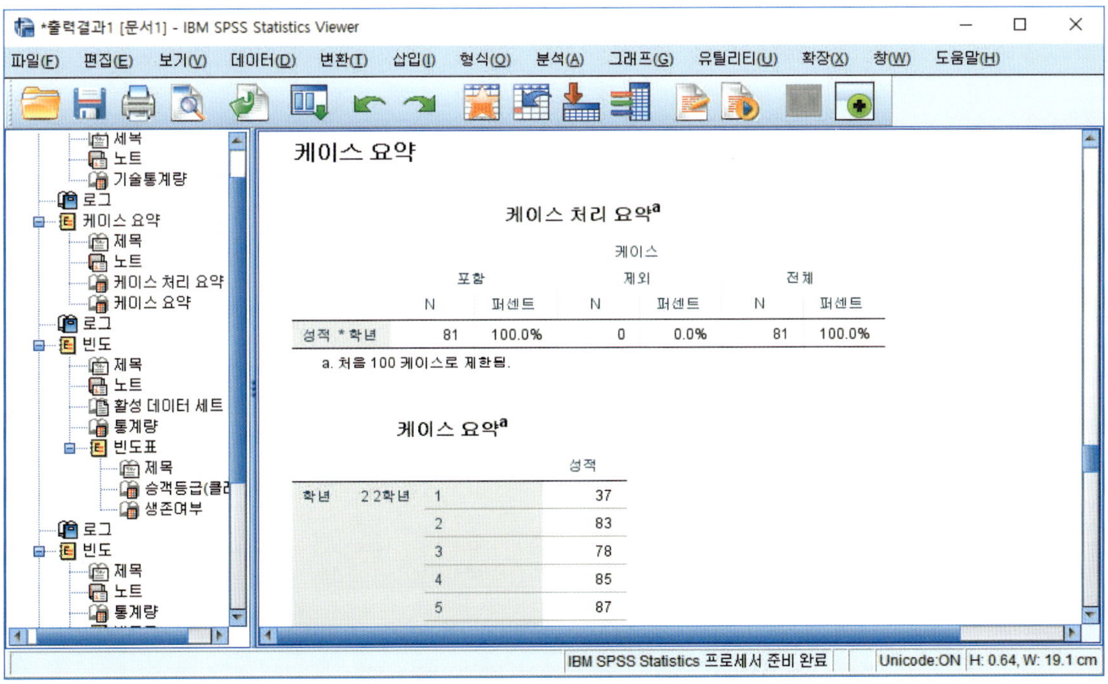

3.1.3 빈도분석

빈도분석은 가장 널리 활용되는 데이터요약 방법이다. 각 변수에 대한 다양한 통계량을 구해준다.

빈도분석은 기술통계뿐만 아니라 도표를 작성할 수 있는 옵션까지 포함하고 있다. 빈도분석을 수행하기 위해서는 『분석 > 기술통계량 > 빈도분석』 메뉴를 선택한다. 대화상자에서 원하는 변수를

그림 B-40 ▌빈도분석

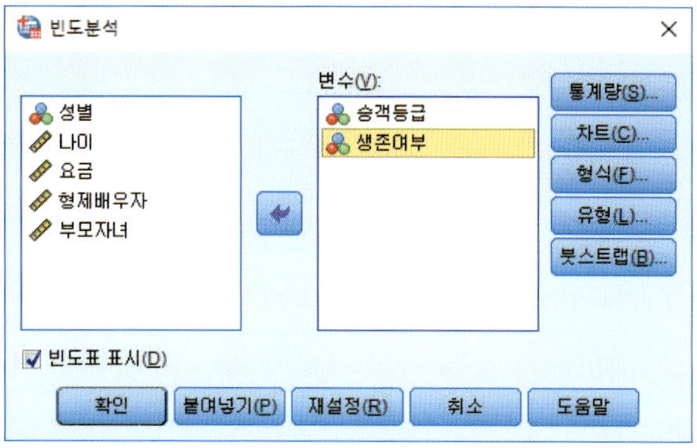

그림 B-41 ▌빈도분석 결과

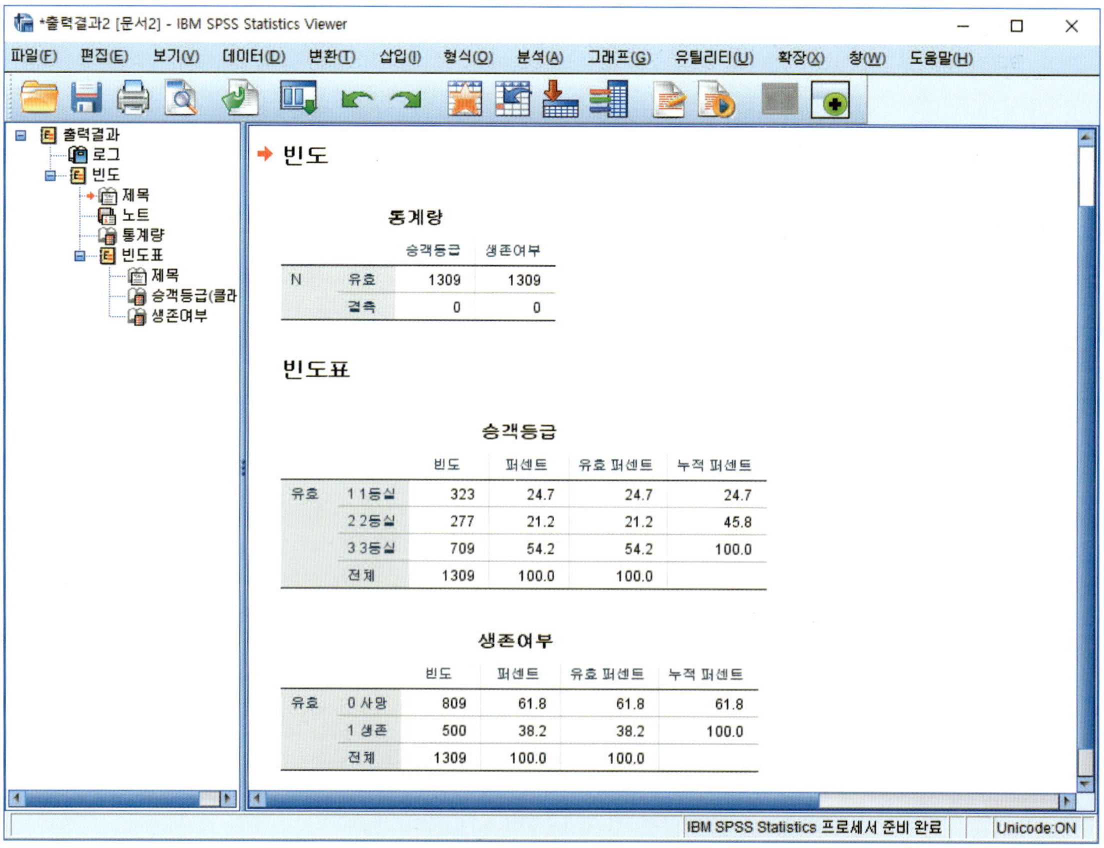

지정한 후 『통계량』 및 『도표』 옵션을 선택하고 『확인』 버튼을 클릭하면 결과를 얻을 수 있다(titanic.sav 데이터 파일). 또는 빈도분석을 수행하고자 하는 변수를 데이터 편집기 창에서 선택한 후 '기술통계량 실행' 아이콘( )을 클릭하면 해당 변수의 빈도분석 결과를 출력할 수 있다. 변수를 선택한 후 오른쪽 마우스를 클릭하여 '기술통계량'을 선택해도 동일한 출력결과를 얻을 수 있다.

3.2 도표

도표는 데이터분석 결과를 시각적으로 쉽게 이해할 수 있도록 그래프로 표현한 것이다. 일반적으로 그래프 메뉴를 이용하여 도표를 생성하지만 분석을 진행하는 도중 하나의 옵션으로 제공되기도 한다. 그래프 메뉴에서는 도표 작성기와 레거시 대화상자를 이용하는 두 가지 방법을 제공한다. 여기에서는 많이 활용되는 막대도표, 원도표, 선도표에 대한 도표작성 방법을 설명한다.

3.2.1 막대도표 그리기

막대도표는 각 막대가 도표에 표시할 변수값을 나타낸다. 막대도표는 빈도분석 결과를 도표로 표현할 때 이용할 수 있다. 다음과 같은 절차를 통해 150명이 보유한 컴퓨터 브랜드를 조사한 결과(pcbrand.sav 데이터 파일)를 막대도표로 표현할 수 있다.

차트 작성기 이용

① 『그래프 > 차트 작성기』를 선택

② 갤러리 탭에서 『막대형 차트 > 단순 막대도표』를 캔버스로 끌어놓기

③ PCbrand 변수를 X축에 끌어놓기

그림 B-42 ❙ 차트 작성기로 막대도표 그리기

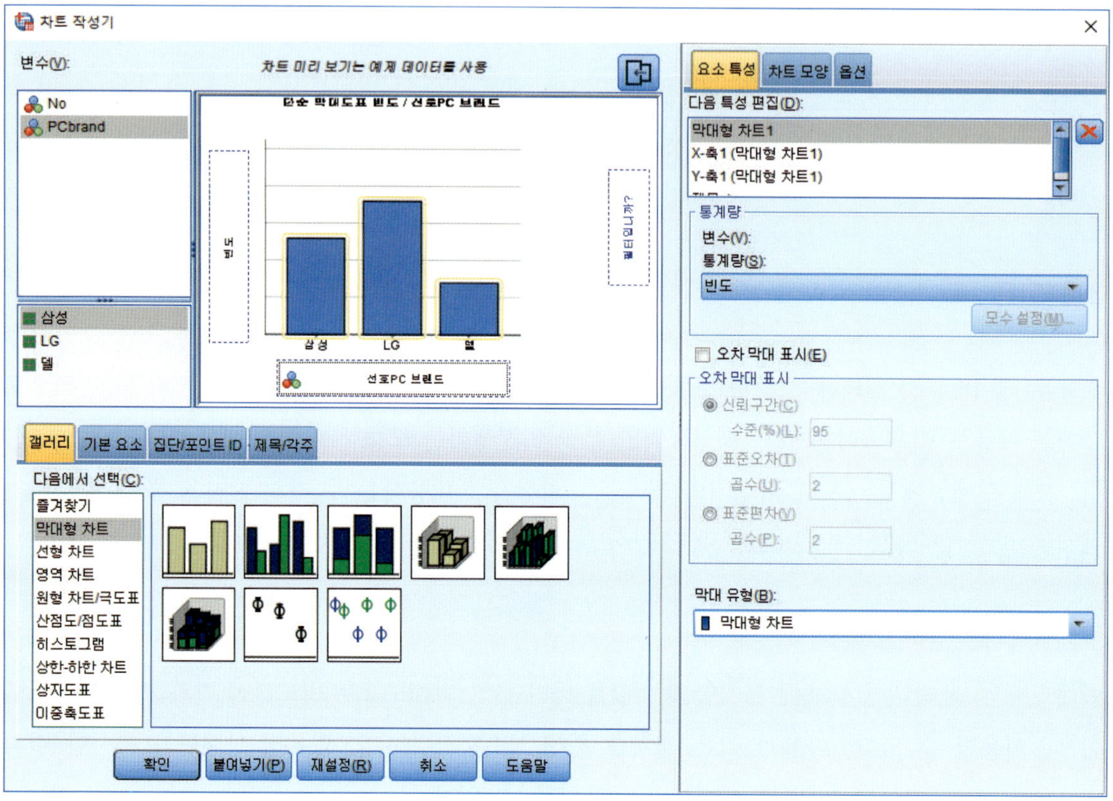

레거시 대화상자 이용

① 『그래프 > 레거시 대화상자 > 막대형 차트』를 선택

② 단순 막대도표를 선택하고, 데이터는 『케이스 집단들의 요약값』 선택

③ 다음 대화상자에서 PCbrand 변수를 『범주축』으로 설정

▶ 그림 B-43 ▌레거시 대화상자로 막대도표 그리기(1/2)

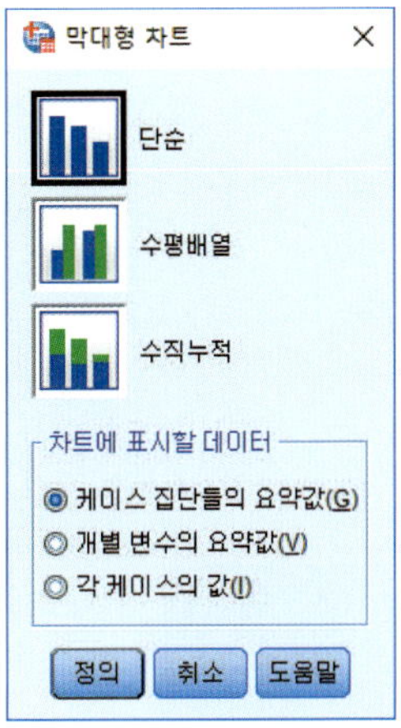

▶ 그림 B-44 ▌레거시 대화상자로 막대도표 그리기(2/2)

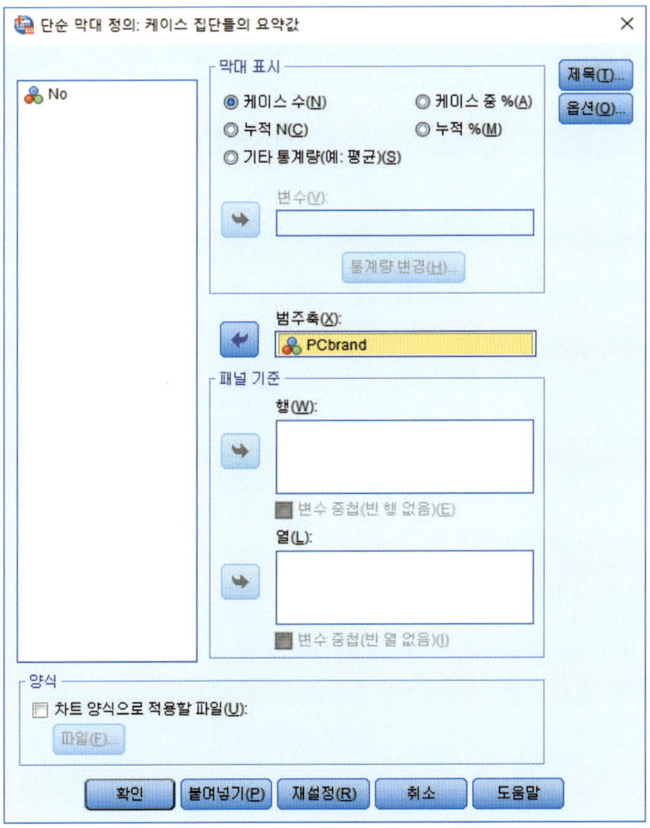

▶ 그림 B-45 ▌막대도표 그리기 결과

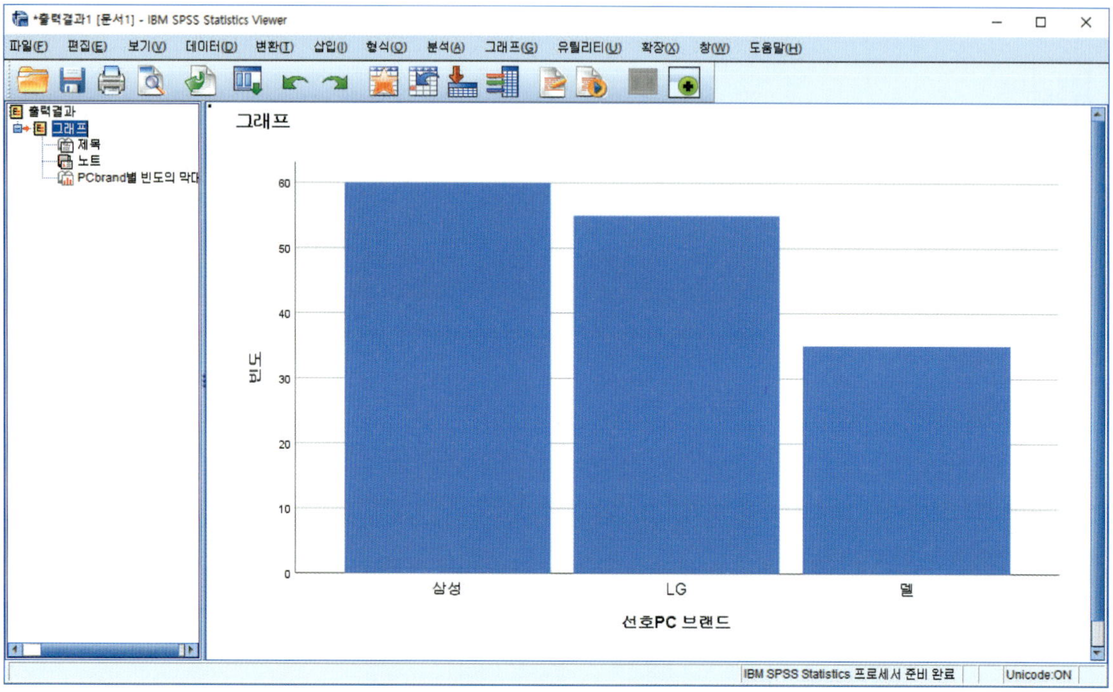

3.2.2 원도표 그리기

원도표는 각 조각이 도표에 표시할 변수값을 나타낸다. 다음과 같은 절차를 통해 학생들의 학년별 평점 데이터(grade.sav 데이터 파일)를 원도표로 표현할 수 있다.

차트 작성기 이용

① 『그래프 > 차트 작성기』를 선택

② 갤러리 탭에서 『원형 차트/극도표 > 원도표』를 캔버스로 끌어넣기

③ 집단/포인트 ID 탭에서 『열 패널 변수』를 선택

④ 학년을 '열 패널'('패널입니까?'로 표시)에, 등급을 '조각기준'에 끌어넣기

⑤ '각 변수' 부분은 빈도로 유지하며, 이때 학년 및 등급변수는 명목척도이어야 함

그림 B-46 ▌차트 작성기로 원도표 그리기(1/2)

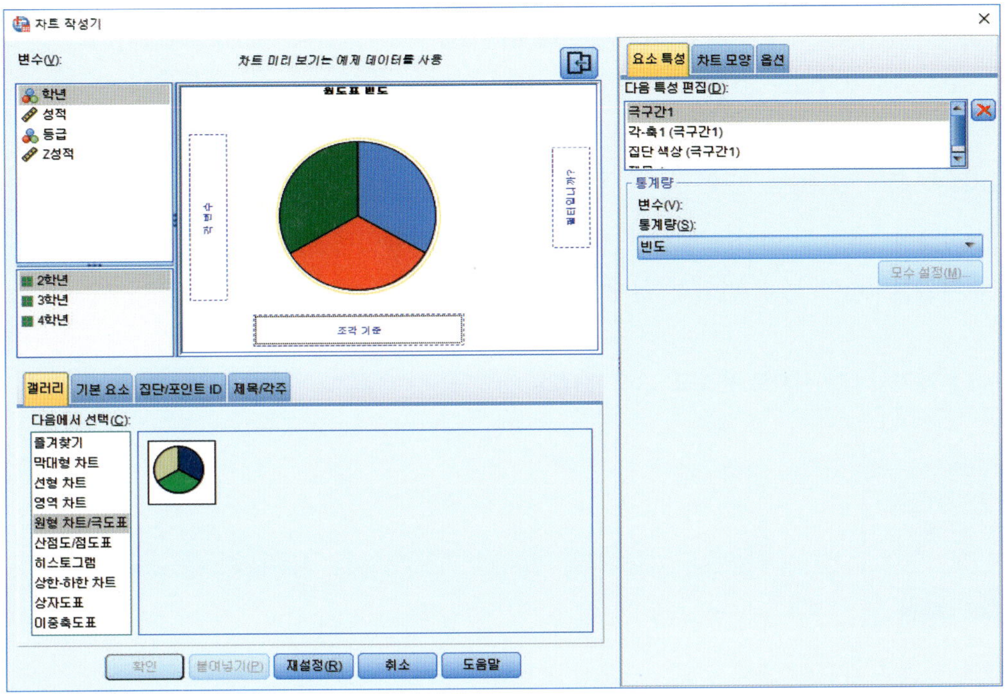

그림 B-47 ▌차트 작성기로 원도표 그리기(2/2)

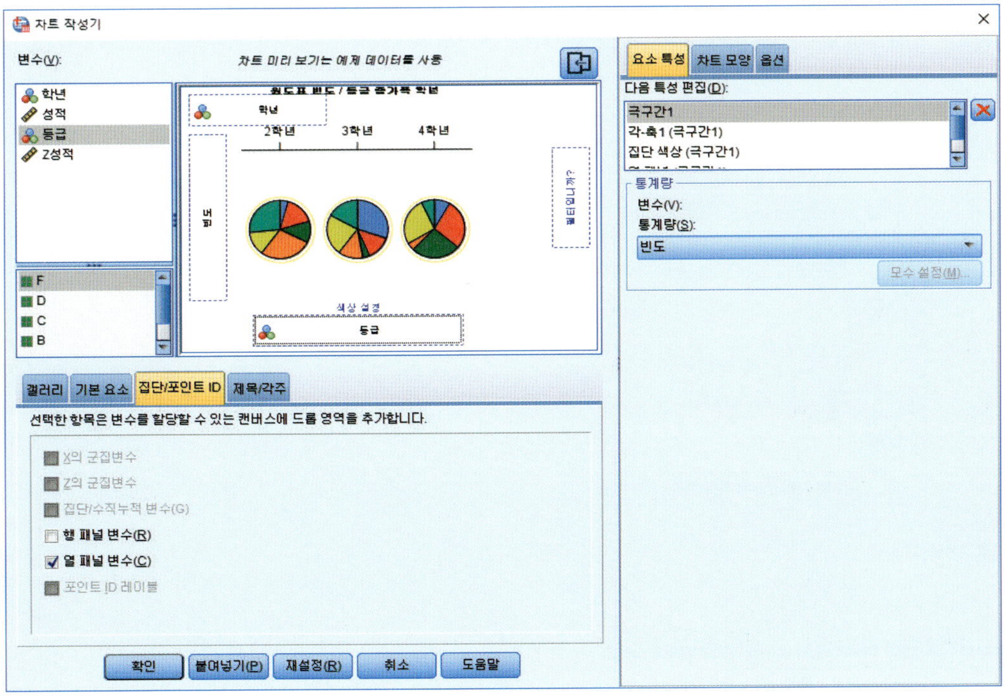

레거시 대화상자 이용

① 『그래프 > 레거시 대화상자 > 원형 차트』를 선택

② 『케이스 집단들의 요약값』 선택

③ 조각기준변수와 패널기준변수(열)를 각각 등급과 학년으로 설정

④ 조각 표시는 『케이스 수』로 지정

⑤ 도표 편집기에서 『요소 > 데이터 레이블 표시』를 선택하면 데이터 값을 표시할 수 있음(출력된 그래프를 더블클릭하여 도표 편집기 실행)

그림 B-48 ▌ 레거시 대화상자로 원도표 그리기(1/2)

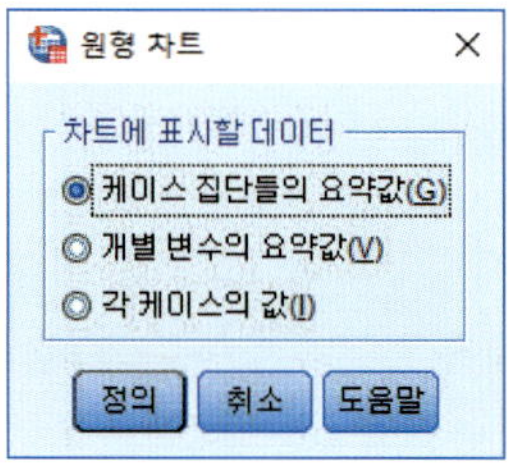

그림 B-49 ▌ 레거시 대화상자로 원도표 그리기(2/2)

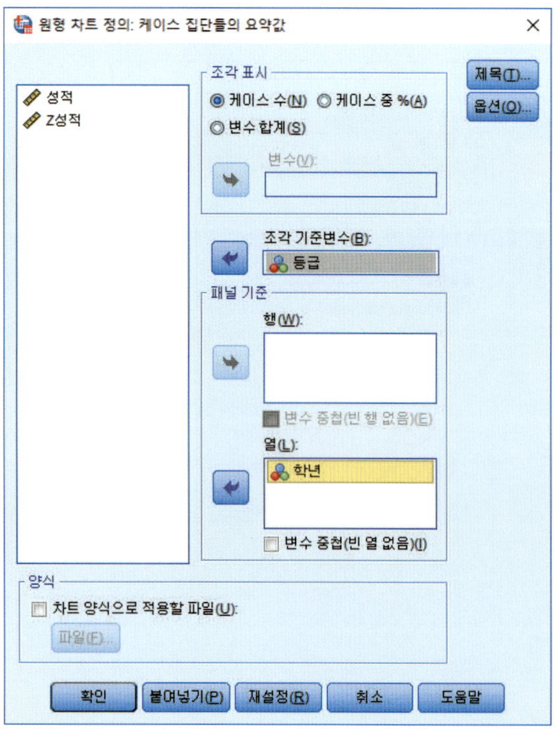

그림 B-50 ▌원도표 그리기 결과

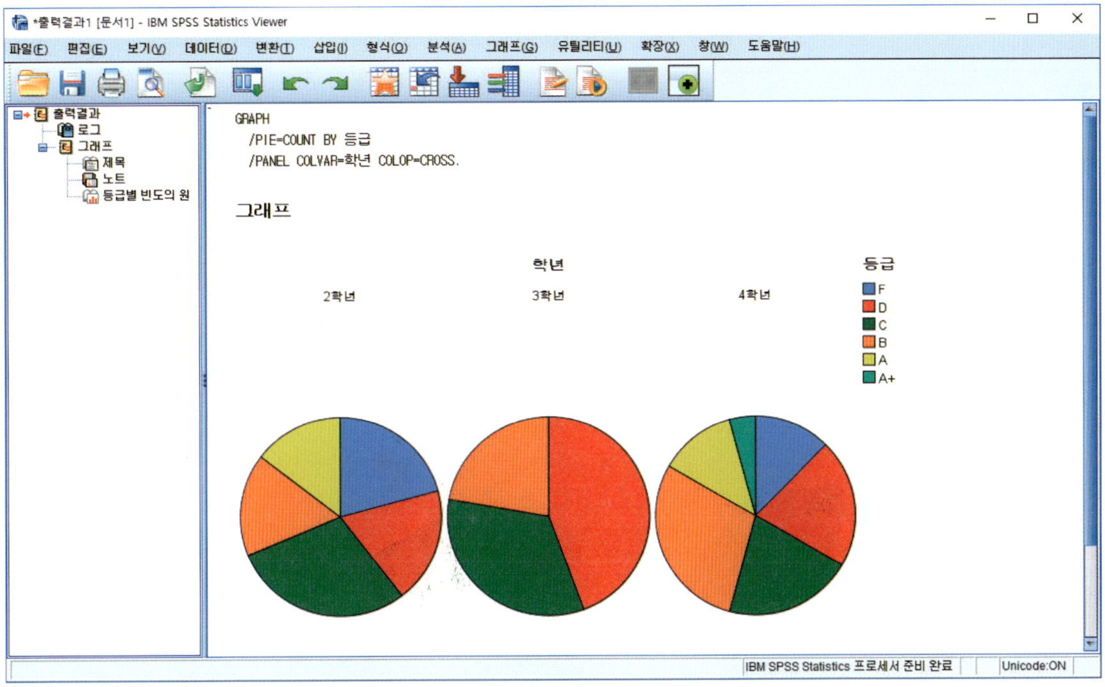

그림 B-51 ▌도표 편집기

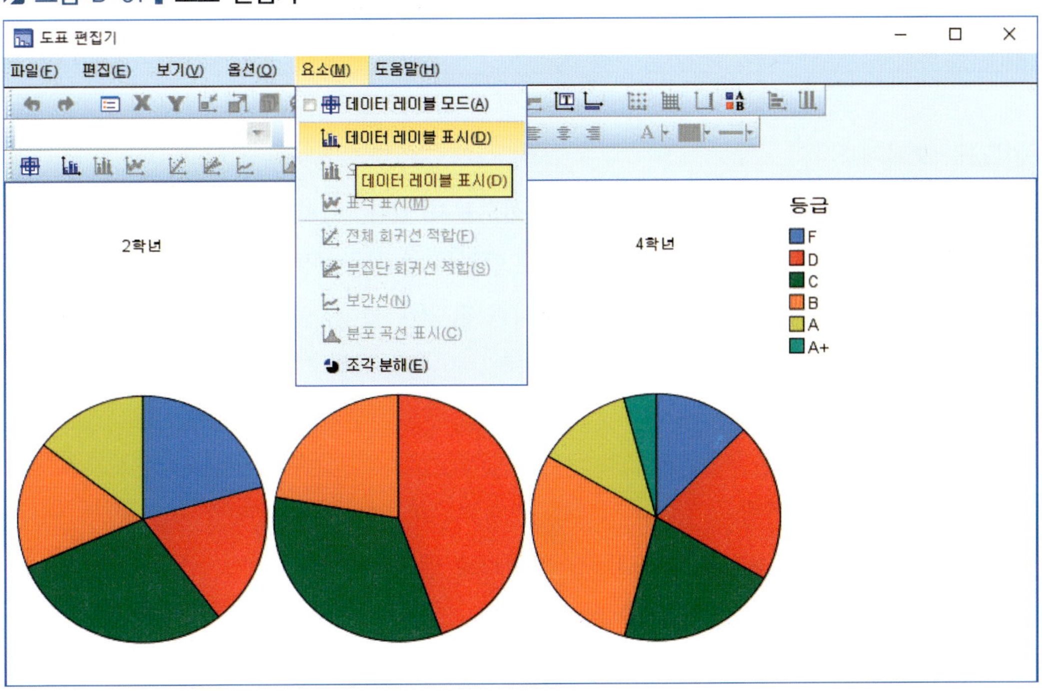

그림 B-51 ▎도표 편집기(계속)

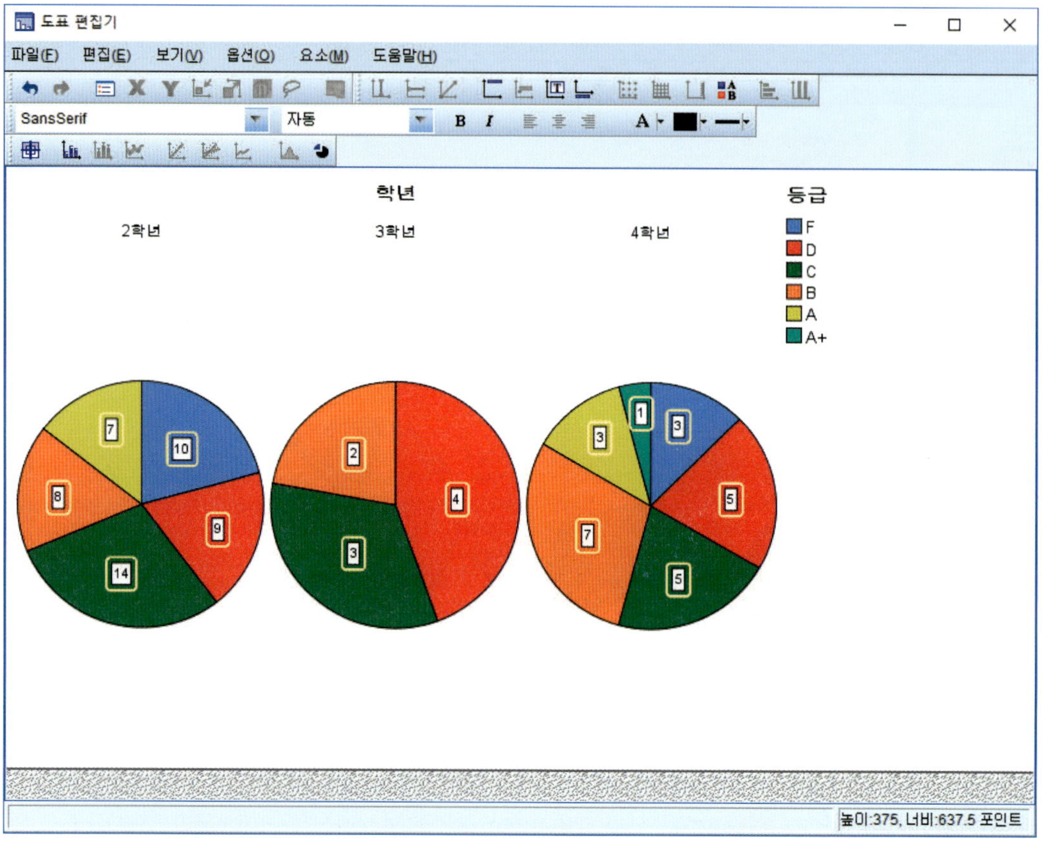

3.2.3 선도표 그리기

분석한 변수값의 변화를 알아보기 적당한 도표로는 선도표가 있다. 선의 흐름에 따라 증감을 한눈에 알아볼 수 있어서 편리하다. 흔히 시간의 흐름이나 단위의 증감에 따른 변화를 파악할 때 선도표를 많이 사용한다. 제품의 생산량과 개당 원가를 조사한 결과(productcost.sav 데이터 파일)를 이용하여 생산량이 커질수록 개당 원가는 어떻게 변화하는지 선도표를 그려본다.

차트 작성기 이용

① 『그래프 > 차트 작성기』 선택

② 갤러리 탭에서 『선형 차트 > 단순 선도표』를 캔버스로 끌어놓기

③ X축에 생산량을, Y축에 개당 원가를 끌어놓기

그림 B-52 | 차트 작성기로 선도표 그리기

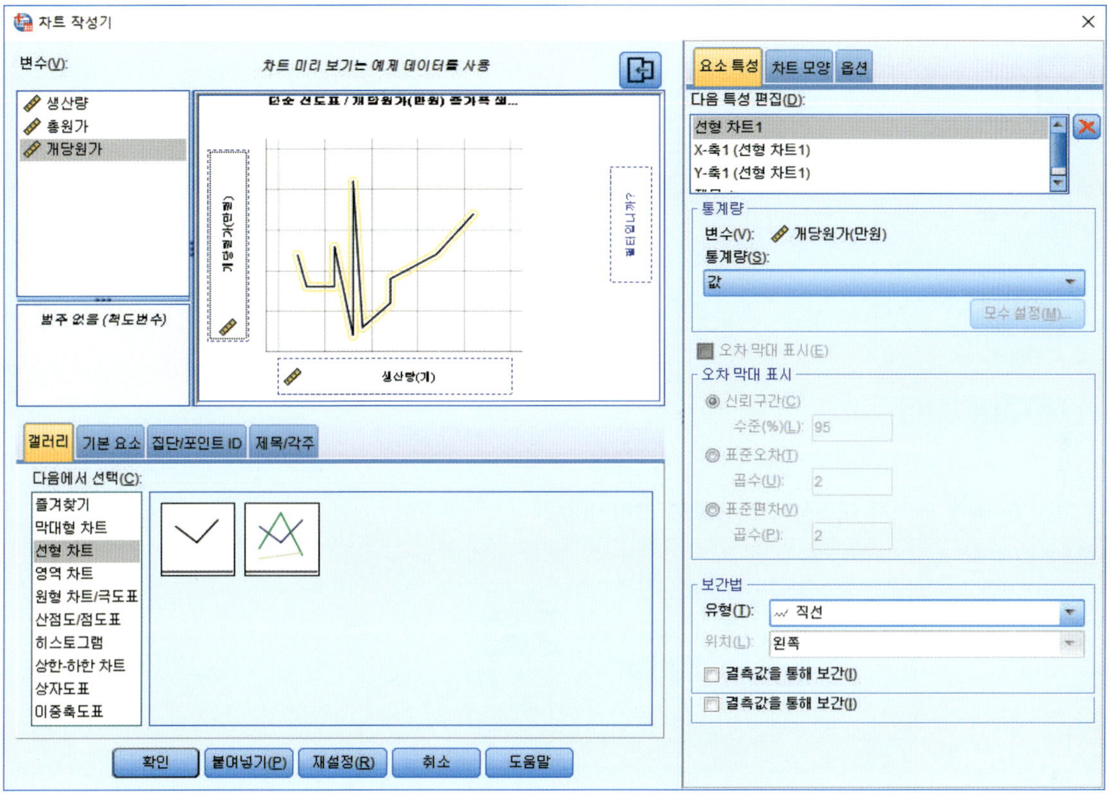

레거시 대화상자 이용

① 『그래프 > 레거시 대화상자 > 선형 차트』 선택

② 선도표 대화상자에서 단순 선도표 선택

③ 생산량을 『범주축』으로 지정하고, 선 표시는 『기타 통계량(예: 평균)』에 개당 원가를 지정

그림 B-53 ▍레거시 대화상자로 선도표 그리기(1/2)

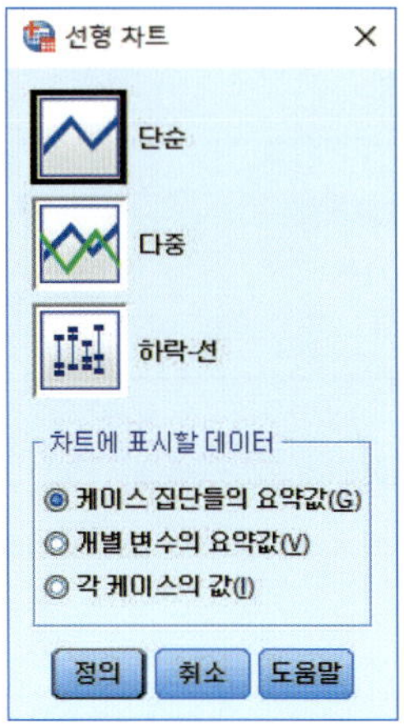

그림 B-54 ▍레거시 대화상자로 선도표 그리기(2/2)

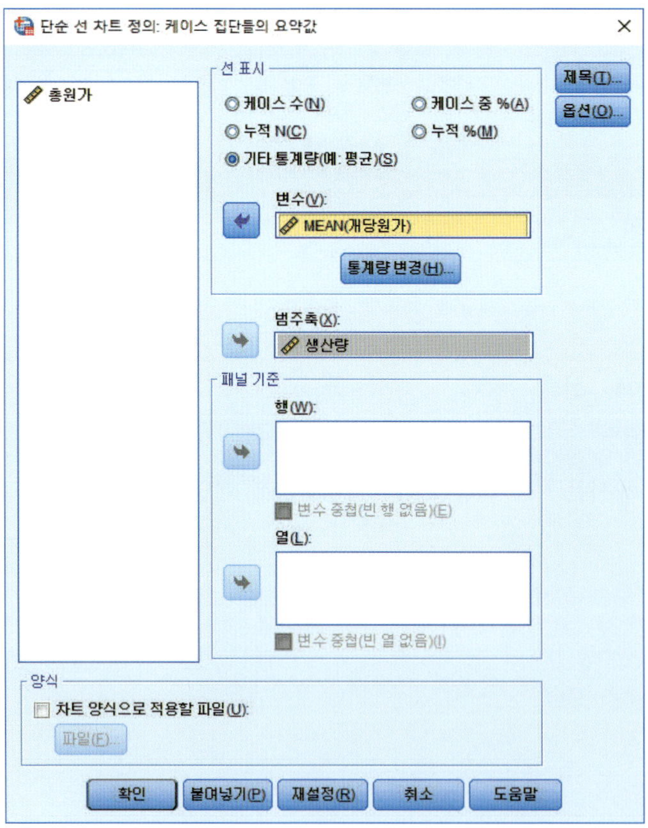

그림 B-55 ▌ 선도표 그리기 결과

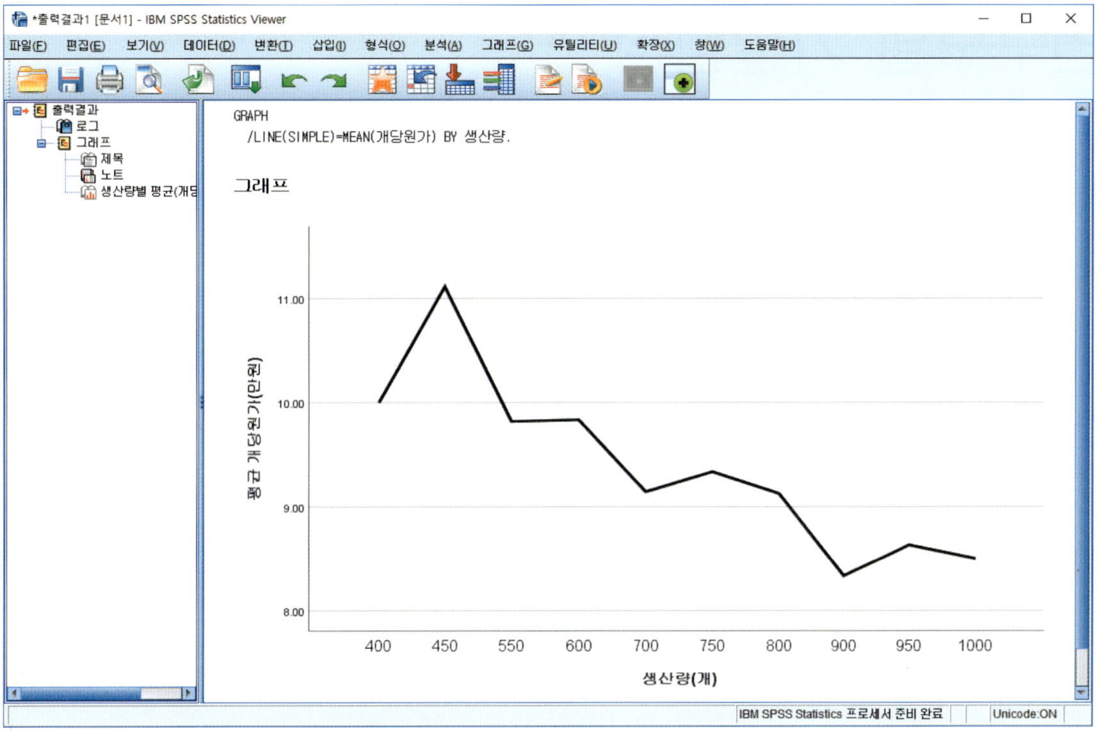

Appendix C

연구모델 가설검정[1)]

SPSS는 추상적 개념 간의 인과관계를 설명하는 연구모델을 수집한 데이터를 통해 실증적으로 검증하는 데 널리 활용되고 있다. 여기에서는 실제 연구논문을 바탕으로 SPSS를 이용하여 연구모델이 제시하는 가설을 검정하는 예를 살펴본다.

오늘날 다른 기업과 차별화되는 경쟁원천으로서 브랜드의 중요성이 점차 증대하고 있다. 인터넷을 바탕으로 한 정보통신기술이 급속히 발달함에 따라 많은 기업들은 제품 및 서비스에 대한 고객의 인지도를 강화시킬 수 있는 방법으로서 브랜드를 기반으로 한 온라인 커뮤니티의 활용에 주목하고 있다. 여기에서 소개하는 연구에서는 위와 같은 배경하에서 온라인 브랜드 커뮤니티에 대한 충성도(즉 몰입)를 증가시키는 요인으로서 상호작용성, 목적성, 즐거움, 활동보상을 제시하고, 사회정체성이론의 관점에서 온라인 커뮤니티 몰입이 브랜드충성도로 전이되는 메커니즘을 분석한다. 이를 위해 세 개 온라인 브랜드 커뮤니티 사이트로부터 234개의 데이터를 수집하였고, SPSS를 이용하여 제안된 연구모델을 실증적으로 검증하였다(brandwebsite.sav 데이터 파일; 곽기영 · 옥정봉 2011).

연구모델은 [그림 C-1]과 같다. 연구모델은 총 여섯 개 변수 간의 관계를 나타내는 다음과 같은 다섯 개의 가설을 포함한다.

H1: 상호작용성은 온라인 브랜드 커뮤니티 몰입에 정(+)의 영향을 미칠 것이다.
H2: 목적성은 온라인 브랜드 커뮤니티 몰입에 정(+)의 영향을 미칠 것이다.
H3: 즐거움은 온라인 브랜드 커뮤니티 몰입에 정(+)의 영향을 미칠 것이다.
H4: 활동보상은 온라인 브랜드 커뮤니티 몰입에 정(+)의 영향을 미칠 것이다.
H5: 온라인 브랜드 커뮤니티 몰입은 브랜드충성도에 정(+)의 영향을 미칠 것이다.

1) 여기의 분석결과는 곽기영 · 옥정봉(2011)의 논문을 바탕으로 재구성되었다.

▶ 그림 C-1 ▎연구모델

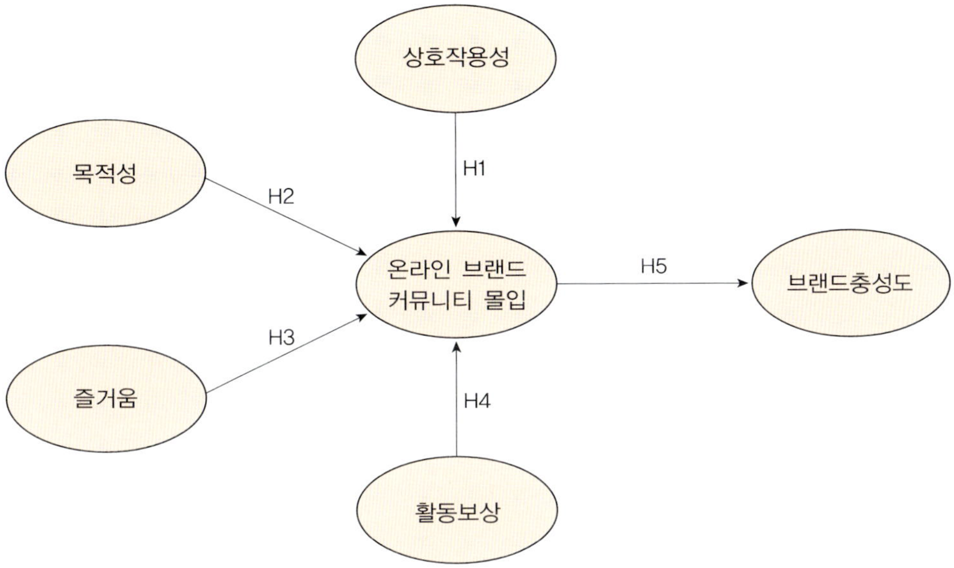

연구모델을 검증하기 위한 설문항목은 [그림 C-2]와 같다. 본 연구의 표본 데이터는 활발히 운영되고 있는 세 개 온라인 브랜드 커뮤니티(소니 매니아, 애플 아이폰·아이패드 사용자 모임, 노키아 공식 사용자 모임)의 회원들을 대상으로 수집되었다. 불성실한 응답을 제외한 총 234개의 유효한 표본을 확보하였다. 총 234개의 표본이 서로 다른 세 개 사이트(소니 매니아 63개, 애플 아이폰·아이패드 사용자 모임 102개, 노키아 공식 사용자 모임 69개)로부터 수집되었기 때문에 이 표본들을 통합하여 분석에 사용하기 위해서는 이들 세 개 사이트의 표본이 동일한 모집단에서 추출되었다는 것을 검증해야 한다. 이를 위해 연구에 사용된 변수들의 응답 평균값에 있어서 세 사이트 간에 차이가 있는지 분석하였다. [그림 C-3]은 본 연구의 자료수집에 사용된 세 개 온라인 브랜드 커뮤니티의 주요 변수 응답값에 대한 분산분석 결과이다('제5장 일원분산분석' 및 '제6장 이원분산분석' 참고).

그림 C-2 ▌ 설문항목

변수	측정항목	
상호작용성	INT1	내가 혹은 상대방이 올린 질문에 대한 응답이 빠르다.
	INT2	나는 커뮤니티에서 다른 회원들의 질문에 답변을 하기도 한다.
	INT3	나는 커뮤니티를 통하여 다른 회원들과 친목을 도모할 수 있다.
	INT4	나는 커뮤니티를 통하여 알게된 다른 회원들과 오프라인 만남을 가질 수 있다.
목적성	PUR1	내가 이용하는 커뮤니티는 커뮤니티의 목적이 무엇인지 명확하게 제시하고 있다.
	PUR2	내가 이용하는 커뮤니티는 이곳이 누구를 위한 곳인지 명확하게 전달하고 있다.
	PUR3	내가 이용하는 커뮤니티의 디자인(메뉴 배치, 운영원칙, 사용방법 등)을 보면 커뮤니티의 목적을 쉽게 이해할 수 있다.
즐거움	PLF1	나는 커뮤니티 활동을 하는 동안 즐거움을 경험한다.
	PLF2	나는 커뮤니티를 방문하는 것이 즐겁다고 생각한다.
	PLF3	나는 커뮤니티에서 제공되는 정보 및 서비스 이용에서 즐거움을 느낀다.
	PLF4	나는 즐거움을 찾기 위해 커뮤니티에 방문한다.
활동보상	REW1	내가 이용하는 커뮤니티에서는 공동구매 및 회원 간의 직거래를 통해 브랜드 제품을 저렴하게 구매할 수 있다.
	REW2	내가 이용하는 커뮤니티에서 이벤트 참여를 통해 각종 혜택을 얻을 수 있다.
	REW3	내가 이용하는 커뮤니티에서는 활동 정도에 따라 회원 등급이 상승될 수 있다.
온라인 브랜드 커뮤니티 몰입	BCC1	인터넷을 사용할 때 나의 주된 관심사는 커뮤니티 활동을 하는 것이다.
	BCC2	나는 커뮤니티에 대한 소속감을 가지고 있다.
	BCC3	나는 커뮤니티에 감정적 애착을 가지고 있다.
	BCC4	나는 커뮤니티 활동을 하는 도중에 다른 일을 잊어버리기도 한다.
브랜드 충성도	BLY1	나는 이 브랜드에 호감을 가지고 있다.
	BLY2	나는 이 브랜드를 지속적으로 사용할 것이다(구매할 것이다).
	BLY3	나는 이 브랜드 상품의 품질이 전반적으로 우수하다고 생각한다.
	BLY4	나는 이 브랜드를 다른 브랜드에 비하여 선호한다.
	BLY5	나는 다른 브랜드가 이 브랜드와 가격과 기능성이 비슷하더라도 이 브랜드를 구입할 것이다.
	BLY6	나는 이 브랜드를 다른 사람에게 추천할 것이다.

그림 C-3 | 변수 간 평균차이 검정

변수	평균			F 통계량	유의확률
	소니	애플	노키아		
상호작용성	5.34	5.57	5.75	3.145	.045
목적성	5.78	5.71	5.73	.126	.882
즐거움	5.52	5.61	5.65	.262	.770
활동보상	5.47	5.08	5.54	3.720	.026
온라인 브랜드 커뮤니티 몰입	4.44	4.30	4.43	.370	.691
브랜드충성도	5.75	5.70	5.89	.812	.445
커뮤니티 활동경험	3.40	3.28	3.35	.183	.833

그림 C-4 | 신뢰도분석

변수	크론바흐 알파	항목 수
상호작용성	.788	4
목적성	.770	3
즐거움	.867	4
활동보상	.785	3
온라인 브랜드 커뮤니티 몰입	.772	4
브랜드충성도	.912	6

분석결과 세 개 온라인 브랜드 커뮤니티 사이트 간에는 연구변수의 응답값에 있어서 통계적으로 유의한 차이가 없는 것으로 나타났다(유의수준 0.01). 따라서 세 개 사이트의 표본을 모두 통합하여 하나의 단일표본(pooled sample)으로 분석에 사용해도 통계적으로 문제가 없는 것으로 판단되었다.

구성개념(construct, 변수)을 측정하기 위해 고안된 설문항목들에 대한 신뢰도는 Cronbach 알파계수를 이용하여 평가하였다. [그림 C-4]에서 볼 수 있는 것처럼 Cronbach 알파계수는 0.770(목적성)에서 0.912(브랜드충성도)의 범위를 갖는 것으로 나타나 만족스러운 신뢰도 수준을 보이고 있다('제1장 데이터의 수집과 신뢰도분석' 참고).

구성개념 타당도(construct validity)는 측정하고자 하는 추상적인 개념이 측정도구에 의해 실제로 적절하게 측정되었는지를 나타낸다. 구성개념 타당도는 두 가지의 타당도 개념을 포함한다. 집중타당도(convergent validity)는 동일 개념을 측정하는 경우에는 상이한 측정방법을 사용하더라도 그 측정값 간에 높은 상관관계가 존재해야 한다는 것을 나타내며, 판별타당도(discriminant validity)는 상이한 개념을 측정하는 경우에는 동일한 측정방법을 사용하더라도 그 측정값 간에는 차별성이 나타나야 한다는 것을 의미한다.

구성개념 타당도를 평가하기 위하여 연구모델에 포함된 변수들에 대한 요인분석을 수행하였고 [그림 C-5]와 같은 결과를 얻었다. 요인분석 결과 여섯 개의 서로 다른 요인이 추출되었으며, 이는 연구모델에 포함된 여섯 개의 변수로 대응되었다. 모든 항목은 각각 대응되는 변수에 적절히 적재되었으며, 요인적재값은 모두 0.6 이상이었다. 또한 모든 항목은 각각의 대응되는 변수가 아닌 다

그림 C-5 | 타당도분석

항목	구성개념(변수)					
	브랜드충성도	즐거움	온라인 브랜드 커뮤니티 몰입	상호작용성	목적성	활동보상
BLY2	.834	.200	.108	.046	.115	.000
BLY6	.813	.109	.059	.227	.045	.081
BLY3	.800	.093	.087	.201	.080	.164
BLY1	.795	.172	.051	.031	.248	.051
BLY4	.792	.141	.135	.146	.025	.026
BLY5	.770	-.036	.251	.059	.024	.107
PLF2	.190	.808	.189	.222	.189	.202
PLF4	.043	.782	.302	.062	.019	.020
PLF1	.239	.761	.189	.215	.175	.229
PLF3	.299	.633	.153	.234	.311	.119
BCC3	.102	.202	.782	.093	.078	.156
BCC2	.227	.179	.753	.076	.170	.244
BCC4	.112	.091	.713	.087	-.048	-.060
BCC1	.119	.174	.666	.066	-.016	.129
INT2	.026	-.021	.222	.777	.096	.178
INT3	.187	.304	-.028	.754	.217	.016
INT4	.274	.182	.096	.699	.059	.131
INT1	.135	.140	.054	.678	.193	-.038
PUR1	.074	.120	-.015	.166	.799	.063
PUR2	.148	.168	-.014	.147	.781	.128
PUR3	.100	.096	.122	.146	.739	.172
REW1	.045	.178	.159	.052	.131	.846
REW2	.111	.126	.129	.121	.021	.841
REW3	.158	.063	.081	.064	.375	.650

른 변수에는 요인적재값 0.4 이상을 나타내지 않았다. 따라서 측정항목들에 대한 집중타당도 및 판별타당도는 확보된 것으로 판단하였다.

요인분석의 적정성을 평가하기 위하여 변수들 간의 상관관계의 정도를 평가하는 추가적인 분석을 수행하였다. Bartlett의 구형성 검정결과 유의확률이 0.000으로 도출되었으며, 따라서 변수들 간의 모든 상관관계가 0이라는 귀무가설을 기각할 수 있었다(유의수준 0.01). KMO의 표본적합도는 0.869로서 분석에 포함된 변수들 간의 선형적 관련성을 지지하여 주었다. 따라서 위의 두 가지 지표를 통해 변수들 간의 상관관계는 요인분석을 수행하기에 적정한 수준이라고 판단하였다('제11장 요인분석' 참고).

가설검정을 위하여 다중회귀분석을 수행하였으며 결과는 [그림 C-6]과 같다. 상호작용성(유의확률 0.223)과 목적성(유의확률 0.094)을 제외한 모든 독립변수는 종속변수와 유의한 선형관계를 갖고 있는 것으로 나타났다(유의수준 0.01). 온라인 브랜드 커뮤니티 몰입의 분산은 상호작용성, 목적성, 즐거움, 활동보상에 의해 28.8%(R^2=0.288)가 설명되고 있으며, 브랜드충성도의 분산은 온라인 브랜드 커뮤니티 몰입에 의해 12.9%(R^2=0.129)가 설명되고 있다. 공선성 통계량인 공차한계(0.667~0.778)와 VIF(1.285~1.500)는 독립변수들 간의 다중공선성의 가능성(공차한계<0.1, VIF>10)이 작음을 보여주고 있다('제9장 단순회귀분석' 및 '제10장 다중회귀분석' 참고).

그림 C-6 ▌연구모델 검정

모델		비표준화계수		표준화계수	t	유의확률	공선성 통계량	
		B	표준오차	베타			공차	VIF
1[a]	(상수)	.744	.505		1.473	.142		
	상호작용성	.104	.085	.081	1.222	.223	.714	1.400
	목적성	−.138	.082	−.110	−1.683	.094	.725	1.379
	즐거움	.502	.080	.430	6.299	.000	.667	1.500
	활동보상	.195	.063	.195	3.080	.002	.778	1.285
2[b]	(상수)	4.474	.230		19.477	.000		
	온라인브랜드커뮤니티몰입	.296	.051	.359	5.854	.000	1.000	1.000

a. 종속변수: 온라인브랜드커뮤니티몰입, R^2=0.288
b. 종속변수: 브랜드충성도, R^2=0.129

회귀모델에 대한 유의성 검정은 [그림 C-7]과 같이 분산분석을 통해 확인할 수 있었다. 독립변수와 종속변수 간에는 선형관계가 존재하며, 두 모델 모두 유의수준 0.01에서 유의한 회귀모델임을 알 수 있다. 가설검정 결과는 [그림 C-8]과 같이 요약할 수 있다. H1과 H2를 제외한 모든 가설이 유의수준 0.01에서 채택되었다.

그림 C-7 ▌회귀모델의 유의성 검정

모델		제곱합	자유도	평균제곱	F	유의확률
1[a,b]	회귀	96.932	4	24.233	23.137	.000[a]
	잔차	239.849	229	1.047		
	전체	336.781	233			
2[c,d]	회귀	29.579	1	29.579	34.273	.000[a]
	잔차	200.224	232	.863		
	전체	229.803	233			

a. 종속변수: 온라인브랜드커뮤니티몰입
b. 독립변수: 활동보상, 상호작용성, 목적성, 즐거움
c. 종속변수: 브랜드충성도
d. 독립변수: 온라인브랜드커뮤니티몰입

그림 C-8 ▌가설검정(p < 0.01)**

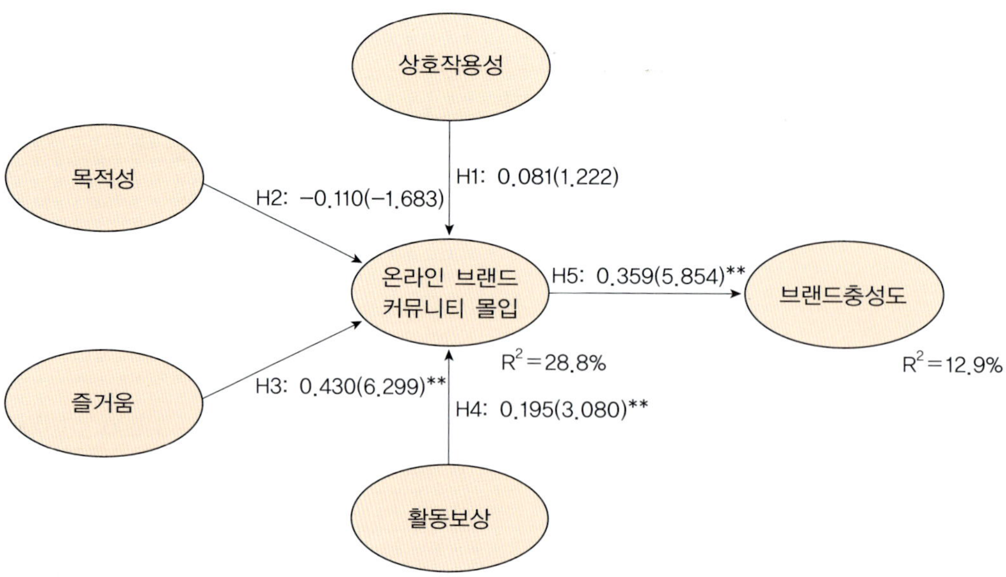

Appendix D

연습문제 풀이

제1장 데이터의 수집과 신뢰도분석

01 아래의 각각의 상황에 있어서 모집단과 표본은 무엇인지 설명하시오.

① 국내의 한 자동차 제조회사는 베스트셀러 모델인 A자동차의 최근 판매실적이 타회사의 동급 자동차에 비해 떨어지고 있는 데 주목하여 A자동차를 소유하고 있는 소비자들의 만족도에 대한 조사를 실시하려고 한다.

모집단은 모델 A 소유자 전체이고, 표본은 이 중 무작위로 선정된 모델 A 소유자이다.

② 국내의 한 프린터 제조업체는 최근 소비자들로부터 자사의 컬러 레이저 프린터인 B모델의 토너의 수명이 제품설명서에 기재된 것보다 현저히 짧다는 불만을 접수하였다. 이 회사의 품질담당자는 이러한 소비자들의 문제제기가 사실인지를 조사하기 위하여 문제가 된 프린터 모델 30대를 선정하여 토너의 수명을 테스트하기로 하였다.

모집단은 생산된 B모델 프린터 전체이고, 표본은 이 중 무작위로 선정된 30대이다.

③ 국내 한 대형은행의 정보시스템 담당 최고임원은 최근 자사의 모바일뱅킹 서비스가 소비자들로부터 외면받고 있다는 보고를 받았다. 이 임원은 이에 대한 원인이 무엇인지 파악하기 위하여 모바일뱅킹 서비스 이용자 200명을 대상으로 설문조사를 하기로 하였다.

모집단은 이 은행의 모바일뱅킹 서비스 이용자 전체이고, 표본은 이 중 무작위로 선정된 200명의 서비스 이용자이다.

02 다음 각 변수에 대해 가장 적절한 측정척도를 기술하시오.

① 월별 생산량 – 비율척도

② 성별 – 명목척도

③ 군대계급 – 서열척도

④ 학력 – 명목척도

⑤ 서비스 만족도 – 간격척도

⑥ 대금지불방법(현금, 신용카드, 직불카드) – 명목척도

03 erp.sav 데이터 파일을 이용하여 정보시스템의 '유용성(perceived usefulness)'을 측정하기 위하여 도입된 여섯 개 변수(PU1~PU6)에 대한 신뢰도를 분석한다. 다음 질문에 답하시오.

① 신뢰도를 분석한 다음 표를 완성하시오.

Cronbach의 알파	항목 수
.945	6

	항목이 삭제된 경우 척도 평균	항목이 삭제된 경우 척도 분산	수정된 항목-전체 상관관계	항목이 삭제된 경우 Cronbach 알파
PU1	25.96	27.102	.771	.941
PU2	26.01	25.615	.877	.929
PU3	25.96	25.201	.883	.928
PU4	26.05	25.190	.857	.931
PU5	26.02	25.941	.852	.932
PU6	26.26	26.882	.754	.944

② 신뢰도를 증가시키기 위해서는 어느 변수를 제거해야 하는가?

'항목이 삭제된 경우 Cronbach 알파' 열을 보면 여섯 개의 변수 가운데 어느 것을 제거하여도 현재의 신뢰도 수준보다 향상되지 않는다. 따라서 신뢰도 향상을 위해 제거할 변수는 없다.

04 erp.sav 데이터 파일을 이용하여 정보시스템의 '사용의도(intention to use)'를 측정하기 위하여 도입된 세 개 변수(U1~U3)에 대한 신뢰도를 분석한다. 다음 질문에 답하시오.

① 신뢰도를 분석한 다음 표를 완성하시오.

Cronbach의 알파	항목 수
.881	3

	항목이 삭제된 경우 척도 평균	항목이 삭제된 경우 척도 분산	수정된 항목-전체 상관관계	항목이 삭제된 경우 Cronbach 알파
U1	10.92	5.506	.839	.782
U2	10.95	5.355	.856	.765
U3	11.20	4.870	.662	.961

② 신뢰도를 증가시키기 위해서는 어느 변수를 제거해야 하는가?

'항목이 삭제된 경우 Cronbach 알파' 열을 보면 U3 변수가 제거될 경우 신뢰도 수준은 0.961로 향상된다.

05 온라인 브랜드 커뮤니티에 대한 충성도를 증가시키는 요인을 파악하고자 온라인 브랜드 웹사이트 회원을 대상으로 설문조사를 실시하였다. brandwebsite.sav 데이터 파일을 이용하여 '브랜드충성도'를 측정하기 위한 여섯 개 변수에 대한 신뢰도를 분석한다. 다음 질문에 답하시오.

① 신뢰도를 분석한 다음 표를 완성하시오.

Cronbach의 알파	항목 수
.912	6

	항목이 삭제된 경우 척도 평균	항목이 삭제된 경우 척도 분산	수정된 항목-전체 상관계수	항목이 삭제된 경우 Cronbach 알파
브랜드충성도1	28.87	24.945	.749	.896
브랜드충성도2	28.94	24.429	.793	.890
브랜드충성도3	28.81	25.813	.767	.895
브랜드충성도4	28.85	25.015	.747	.897
브랜드충성도5	28.90	25.114	.696	.905
브랜드충성도6	28.76	25.239	.775	.893

② 신뢰도를 증가시키기 위해서는 어느 변수를 제거해야 하는가?

'항목이 삭제된 경우 Cronbach 알파' 열을 보면 여섯 개의 변수 가운데 어느 것을 제거하여도 현재의 신뢰도 수준보다 향상되지 않는다. 따라서 신뢰도 향상을 위해 제거할 변수는 없다.

제2장 표본의 이해와 기술통계

01 다음 중 누적 퍼센트가 의미가 있는 것을 모두 고르시오. (①, ④, ⑥)

① 가구당 자녀수

② 소유하고 있는 텔레비전 브랜드

③ 대학 전공

④ 지난 일년 간의 병원 방문횟수

⑤ 좋아하는 음악 장르

⑥ 월간 인터넷쇼핑몰 이용횟수

02 인터넷쇼핑몰 이용현황 데이터 파일인 ishop.sav를 이용하여 다음에 답하시오.

① 인터넷 이용경험에 대한 다음의 빈도표를 완성하시오.

		빈도	퍼센트	유효 퍼센트	누적 퍼센트
유효	1 3년 이하	4	.8	.8	.8
	2 4~6년	114	24.1	24.1	24.9
	3 7~9년	270	57.1	57.1	82.0
	4 10년 이상	85	18.0	18.0	100.0
	전체	473	100.0	100.0	

② 인터넷 이용경험에 대한 다음의 막대도표를 완성하시오.

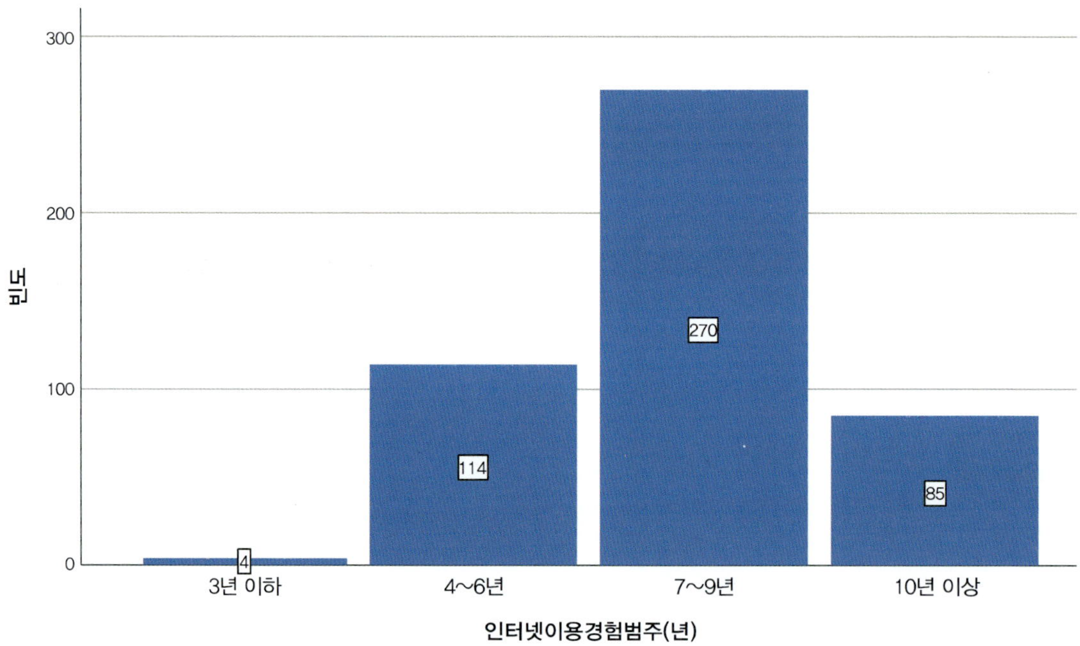

③ 인터넷 이용경험에 대한 다음의 원도표를 완성하시오.

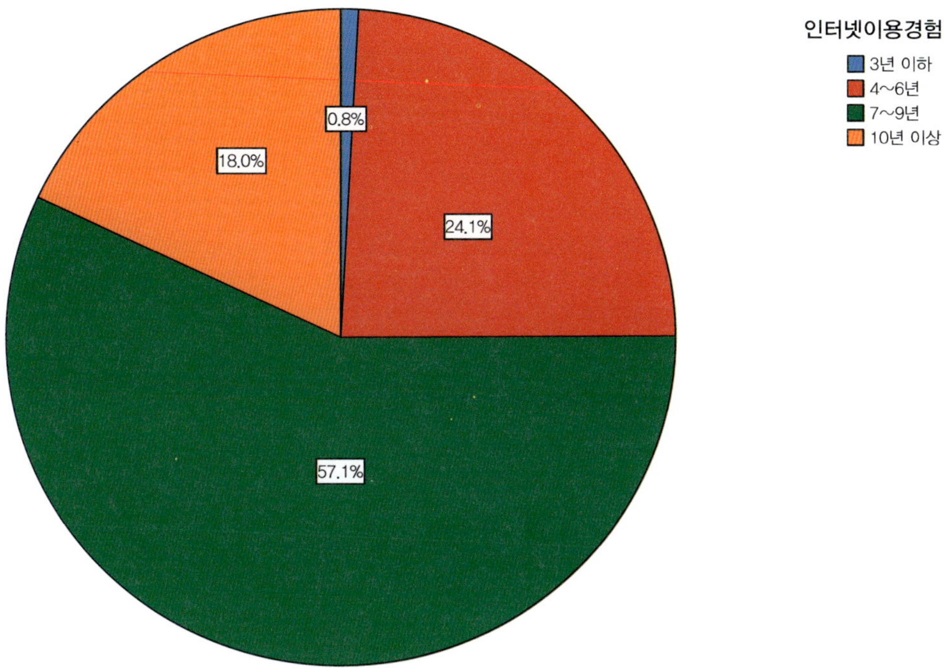

④ 인터넷 이용경험에 대한 다음의 히스토그램을 완성하시오.

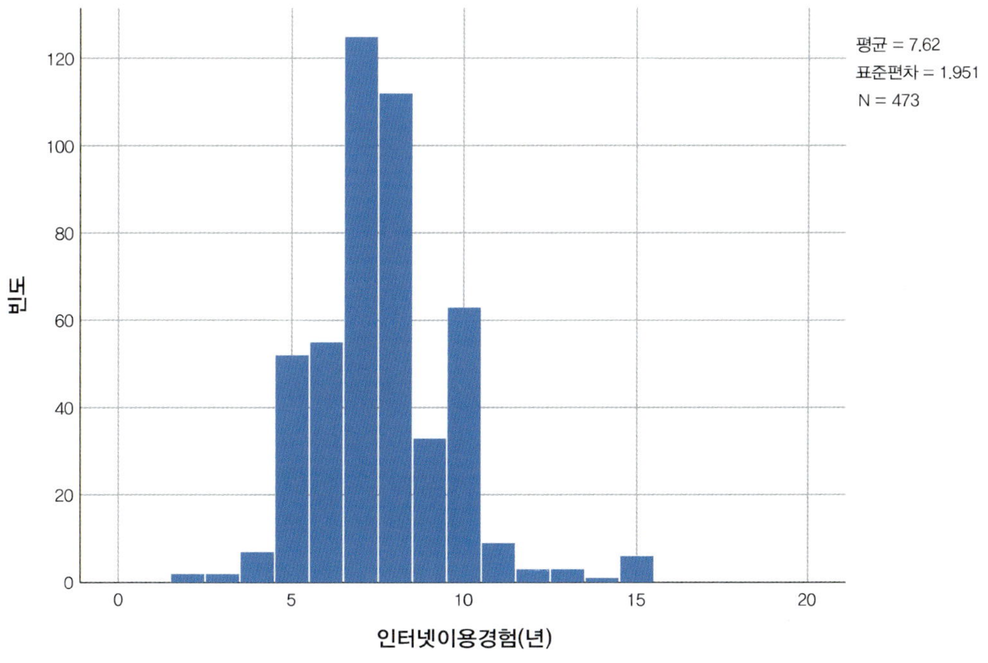

⑤ 인터넷 이용경험에 대한 다음의 줄기잎도표를 완성하시오.

```
인터넷이용경험(년) Stem-and-Leaf Plot

 Frequency    Stem &  Leaf

    63.00 Extremes    (=<5.0)
    55.00        6 .  000000000000000000000000000
   125.00        7 .  00000000000000000000000000000000000000000000000000000000000000
   112.00        8 .  00000000000000000000000000000000000000000000000000000000
    33.00        9 .  0000000000000000
    85.00 Extremes    (>=10.0)

 Stem width:          1
 Each leaf:       2 case(s)
```

⑥ 인터넷 이용경험에 대한 다음의 기술통계량표를 완성하시오.

인터넷이용경험

N	유효	473
	결측	0
평균		7.62
중위수		7.00
최빈값		7
표준편차		1.951
분산		3.808
최소값		2
최대값		15
백분위수	25	6.50
	50	7.00
	75	8.50

03 ㈜정글상사에서는 아주 소수의 사람만이 높은 수준의 고액연봉을 받고 있으며, 나머지 대부분의 직원은 낮은 연봉을 받고 있다고 한다. ① 당신이 만약 연봉협상을 하는 노조의 책임자라면 직원의 낮은 연봉수준을 보여주기 위하여 중위수 또는 평균 가운데 어떠한 요약통계량을 사용할 것인가? 그리고 왜 그 통계량을 사용하는지 이유를 설명하시오. ② 당신이 만약 회사측의 책임자로서 연봉협상에 참여한다면 직원의 높은 연봉수준을 보여주기 위하여 중위수 또는 평균 가운데 어떠한 요약통계량을 사용할 것인가? 그리고 왜 그 통계량을 사용하는지 이유를 설명하시오.

① 중위수 사용. 일부 직원이 받는 높은 연봉수준의 효과를 제거할 수 있다.
② 평균 사용. 일부 직원의 높은 연봉수준을 반영할 수 있다.

04 다음 표는 우리나라 주요 도시의 황산화물(SO_X) 배출량을 나타낸 것이다(환경부 2009). 이 데이터를 보고 환경단체는 오염도 수준이 높다고 주장하고 있으며, 반면 정부는 오염도 수준이 낮다고 환경단체와 상반된 주장을 하고 있다. 중위수와 평균의 개념을 바탕으로 환경단체 주장과 정부 주장의 근거를 제시하시오.

(단위: 톤)

도시	광주	대구	대전	부산	서울	울산	인천
황산화물배출량	1,072	5,465	2,382	32,879	7,835	63,110	17,300

주어진 데이터를 크기 순으로 정렬하면 다음과 같다.

중위수

63,110	32,879	17,300	7,835	5,465	2,382	1,072

관측값의 반은 7,835보다 크고, 나머지 반은 7,835보다 작다. 따라서 7,835가 중위수가 된다. 평균은 모든 관측값을 더해서 관측값의 개수인 7로 나누어 다음과 같이 계산된다.

$$\text{평균} = \frac{63,110 + 32,879 + 17,300 + 7,835 + 5,465 + 2,382 + 1,072}{7} = 18,578$$

환경단체의 주장과 정부의 주장이 달랐던 이유는 환경단체는 주요 도시들의 환경오염 정도를 평균의 개념을 이용하여 논리를 전개한 반면, 정부는 중위수를 이용하여 주장하였기 때문이다.

05 다음과 같은 데이터 표본을 수집하였다.

5 7 4 5 20 6 2

① 중위수를 구하시오.

순서대로 정렬을 하면 '2 4 5 5 6 7 20'이 된다. 데이터 개수가 일곱 개로 홀수이기 때문에 가운데에 위치한 네 번째 수 5가 중위수가 된다.

② 마지막 데이터인 '2'를 제거할 경우의 중위수를 구하시오.

'2'를 제외하고 순서대로 정렬을 하면 '4 5 5 6 7 20'이 된다. 데이터 개수가 여섯 개로 짝수이기 때문에 가운데에 위치한 세 번째와 네 번째 수의 평균값인 $5.5\left(=\frac{5+6}{2}=\right)$가 중위수가 된다.

06 다음 데이터 표본의 최빈값, 중위수, 평균을 구하시오.

18 10 15 13 17 15 12 15 18 16 11

① 최빈값 15
② 중위수 15
③ 평균 14.55

07 다음 각 데이터 표본의 범위, 분산, 표준편차를 구하시오.

① 4 2 1 0 1

범위 4, 분산 2.30, 표준편차 1.52

② 1 6 2 2 3 0 3

범위 6, 분산 3.62, 표준편차 1.90

08 우리나라의 가구소득을 조사한 데이터 파일 household.sav를 이용하여 가구소득에 대한 평균, 중위수, 최빈값, 표준편차, 최소값, 최대값, 사분위수를 구하시오.

소득

N	유효	449
	결측	0
평균		2852147.27
중위수		2480000.00
최빈값		2000000
표준편차		2084201.844
최소값		59000
최대값		20505210
백분위수	25	1473000.00
	50	2480000.00
	75	3807658.50

09 인터넷쇼핑몰 이용현황 데이터 파일인 ishop.sav를 이용하여 다음 질문에 답하시오.

① 성별 및 학력수준별 평균 인터넷 이용시간에 대한 다음의 집단비교표를 완성하시오.

인터넷이용시간

성별		학력			
		1 대학	2 대학원	3 대학원 이상	전체
1 남자	평균	2.87	4.00	5.50	3.14
	N	271	39	16	326
	표준편차	2.430	3.017	3.225	2.621
2 여자	평균	2.58	4.84	3.00	2.98
	N	116	25	5	146
	표준편차	1.842	3.880	2.828	2.476
전체	평균	2.79	4.33	4.90	3.09
	N	387	64	21	472
	표준편차	2.271	3.376	3.254	2.576

② 성별 및 학력수준별 평균 인터넷 이용시간에 대한 다음의 막대도표를 완성하시오.

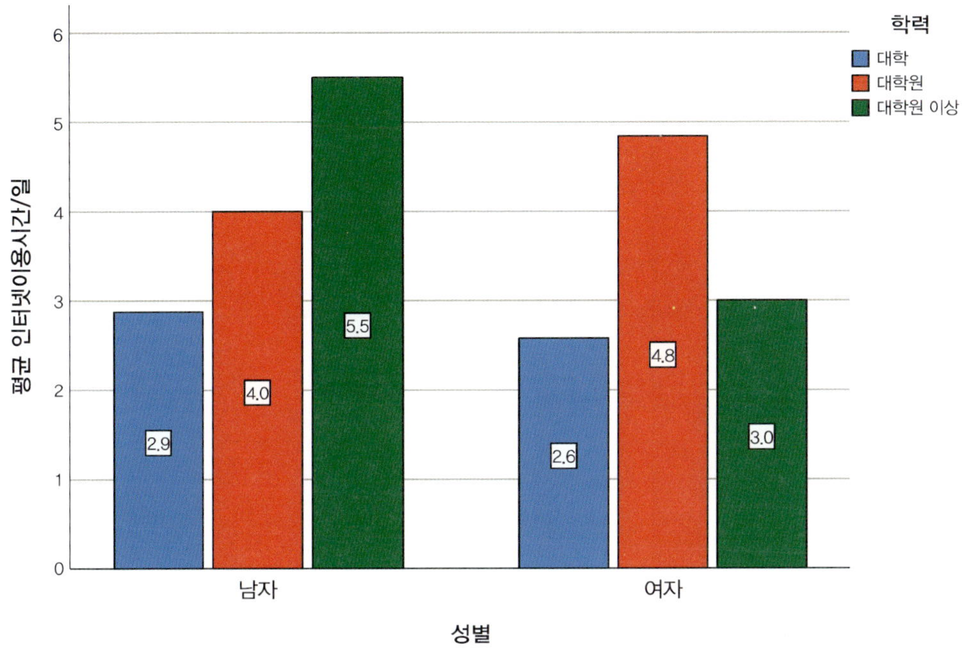

③ 학력수준별 및 성별 평균 인터넷 이용시간에 대한 다음의 막대도표를 완성하시오.

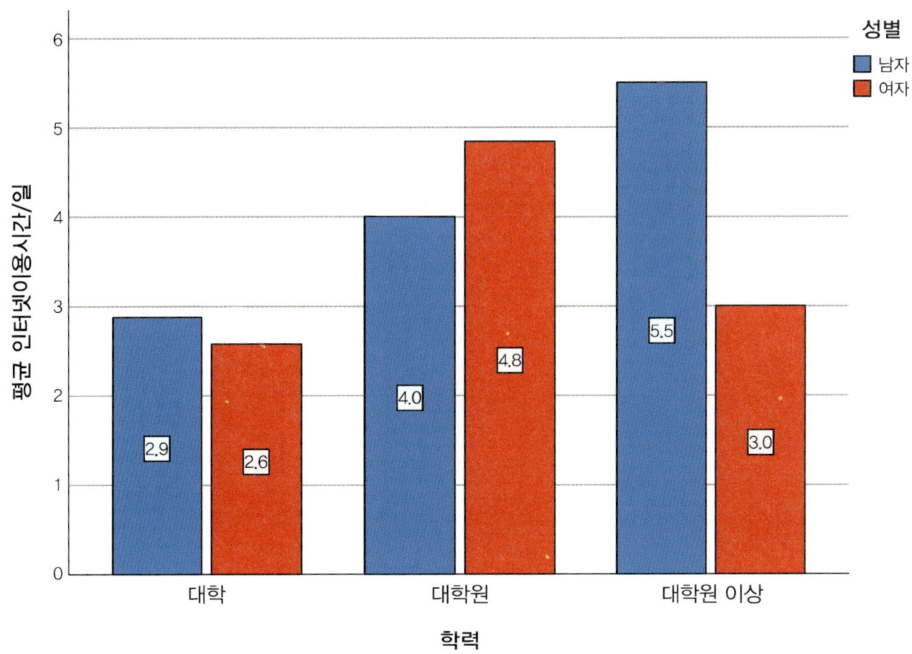

10 인터넷쇼핑몰 이용현황 데이터 파일인 ishop.sav를 이용하여 다음 질문에 답하시오.

① 직업별 및 성별 평균 인터넷 이용시간에 대한 다음의 집단비교표를 완성하시오.

인터넷이용시간

직업		성별		
		1 남자	2 여자	전체
1 대학생	평균	2.86	2.42	2.74
	N	280	111	391
	표준편차	2.398	1.456	2.180
2 대학원생	평균	5.63	7.60	6.31
	N	19	10	29
	표준편차	3.700	3.134	3.587
3 회사원	평균	4.43	3.33	3.87
	N	23	24	47
	표준편차	2.997	3.409	3.228
4 전문직	평균	3.67	10.00	5.25
	N	3	1	4
	표준편차	.577	.	3.202
6 자영업	평균	1.00		1.00
	N	1		1
	표준편차	.		.
전체	평균	3.14	2.98	3.09
	N	326	146	472
	표준편차	2.621	2.476	2.576

② 직업별 및 성별 평균 인터넷 이용시간에 대한 다음의 막대도표를 완성하시오.

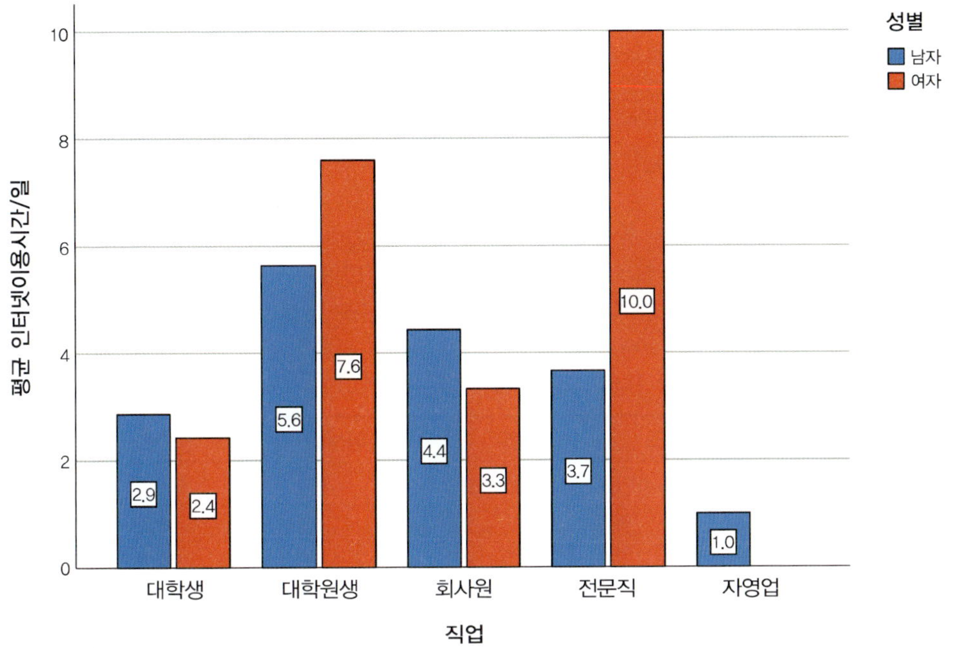

③ 성별 및 직업별 평균 인터넷 이용시간에 대한 다음의 막대도표를 완성하시오.

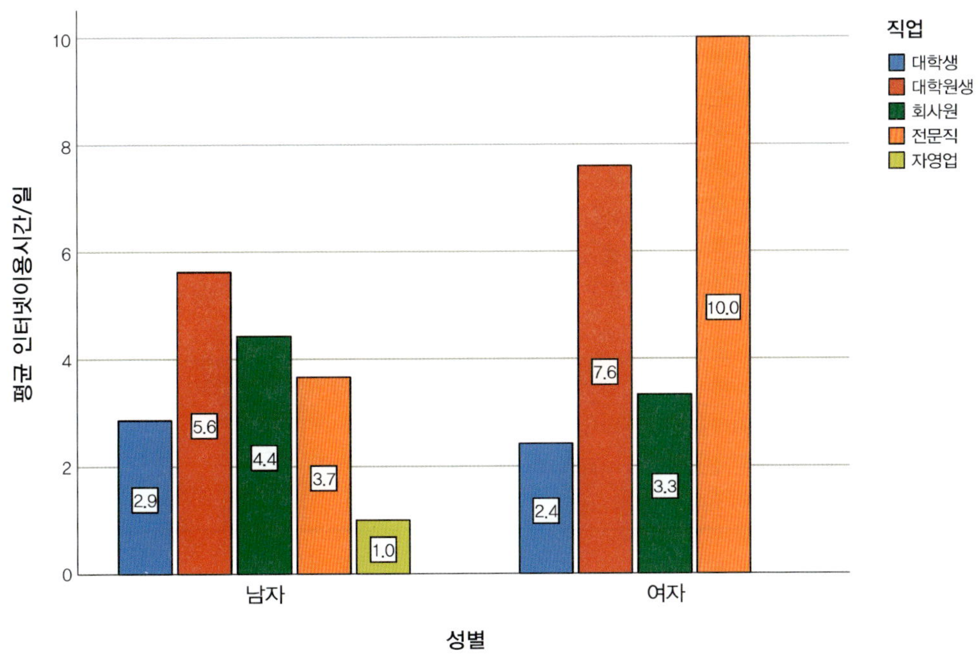

제3장 모집단의 이해와 추론통계

01 한 제약회사가 감기에 탁월한 효과가 있는 신약을 개발하였다고 발표하였다. 총 10번의 임상실험 결과 80%의 치료율을 보였다고 주장하고 있다. 기존의 감기약 치료율은 60%로 알려져 있다.

① 500개의 무작위 표본을 생성하고 이를 토대로 제약회사의 주장에 대한 의견을 제시하시오(유의수준 5%).

500개의 무작위 표본에 대한 빈도표를 구해보면 다음과 같다(다음의 빈도표는 생성하는 무작위 표본에 따라 달라질 수 있다). 기존의 치료약과 차이가 없다는 가정하에서(즉 치료율 60%) 80% 이상의 치료율이 나타날 확률은 15.8%이다. 따라서 유의수준 5%를 기준으로 할 때 제약회사의 주장은 받아들이기 어렵다. 또한 80% 이상 또는 20% 이하의 치료율이 나타날 확률은 17.0%로서 제약회사의 신약 치료율은 기존의 감기약 치료율과 다르다고 할 수 없다.

		빈도	퍼센트	유효 퍼센트	누적 퍼센트
유효	20	6	1.2	1.2	1.2
	30	16	3.2	3.2	4.4
	40	59	11.8	11.8	16.2
	50	114	22.8	22.8	39.0
	60	127	25.4	25.4	64.4
	70	99	19.8	19.8	84.2
	80	53	10.6	10.6	94.8
	90	23	4.6	4.6	99.4
	100	3	.6	.6	100.0
	전체	500	100.0	100.0	

② 이항검정을 이용하여 제약회사의 주장을 검정하고 앞서의 결과와 비교하시오(유의수준 5%).

이항검정 결과 기존 치료약을 사용하더라도(즉 치료율 60%) 80% 이상의 치료율을 보일 확률이 16.7%로 나타났다. 따라서 유의수준 5%를 기준으로 할 때 제약회사의 주장을 받아들이기 어렵다. 이는 앞서의 분석과 동일한 결론이다(앞서의 빈도표를 이용한 분석에서는 80% 이상의 치료율이 나타날 확률이 15.8%로 산출되었다).

		범주	N	관측비율	검정비율	정확 유의확률(단측)
cure10bn	집단 1	1 치료성공	8	.8	.6	.167
	집단 2	0 치료실패	2	.2		
	전체		10	1.0		

③ 만일 제약회사가 30번의 임상실험을 통해 위와 같은 주장을 하였다면 검정결과는 어떻게 달라지는지 결과를 제시하시오(유의수준 5%).

임상실험 횟수를 30회로 늘린 경우에는 이항검정 결과 기존의 치료약과 차이가 없다는 가정하에서(즉 치료율 60%) 80% 이상의 치료율이 나타날 확률은 1.7%에 불과한 것으로 나타났다. 따라서 유의수준 5%를 기준으로 할 때 제약회사의 주장은 설득력이 있다고 판단할 수 있다.

		범주	N	관측비율	검정비율	정확 유의확률(단측)
cure30bn	집단 1	1 치료성공	24	.8	.6	.017
	집단 2	0 치료실패	6	.2		
	전체		30	1.0		

02 반도체 생산회사의 한 연구원은 고집적도를 갖는 차세대 반도체를 생산하는 데 있어서 품질을 획기적으로 개선할 수 있는 새로운 공정을 개발하였다고 주장하고 있다. 50개의 제품에 이 공정을 적용한 실험결과 35개의 제품이 품질검사를 무사히 통과하였다. 기존공정의 품질검사 합격률이 60%라고 가정할 때 연구원의 주장이 타당한지를 검정하시오(유의수준 5%, pass.sav 데이터 파일의 pass50bn 변수 이용).

이항검정 결과 기존의 공정과 차이가 없다는 가정하에서(즉 품질검사 합격률 60%) 70% 이상의 합격률이 나타날 확률은 9.6%이다. 따라서 유의수준 5%를 기준으로 할 때 연구원의 주장은 설득력이 없는 것으로 판단할 수 있다.

		범주	N	관측비율	검정비율	정확 유의확률(단측)
pass50bn	집단 1	1 합격	35	.7	.6	.096
	집단 2	0 불합격	15	.3		
	전체		50	1.0		

03 중심극한정리(central limit theorem)가 무엇인지 설명하시오.

표본의 크기가 충분히 클 때 표본평균으로 구성된 표집분포는 모집단의 분포에 관계없이 정규분포가 된다. 이 정규분포의 평균은 모집단의 평균이고 표준편차는 모집단의 표준편차를 표본크기의 제곱근으로 나눈 것과 같다.

04 한 연구보고서에 평균의 표준오차가 20이라고 적혀 있었다. 그 연구의 대상이 된 모집단의 표준편차는 500으로 알려져 있다. 이 연구에 사용된 표본의 표본크기는 얼마인가?

$$20 = \frac{500}{\sqrt{n}}$$

$$n = \left(\frac{500}{20}\right)^2 = 625$$

05 통계데이터분석 시험성적이 평균 70점, 표준편차 10점의 정규분포를 따른다고 한다.

① 70점보다 더 낮은 점수를 받은 학생의 비율은 얼마인가?

70점에 대응되는 Z값은 0이므로 $Z < 0$인 비율은 50%이다.

② 85점 이상을 받은 학생의 비율은 얼마인가?

85점에 대응되는 Z값은 $1.5\left(=\frac{85-70}{10}\right)$이다. 표준정규분포표(또는 Excel 함수 NORM.S.DIST())를 이용하면 $Z \geq 1.5$인 비율은 6.68%이다.

③ 상위 5%에 속하려면 최소 몇 점을 받아야 하는가?

상위 5%에 해당하는 Z값은 1.645이다. Z = 1.645에 대응되는 관측값 X는 다음 식에 의해 구할 수 있다: $1.645=\frac{X-70}{10}$. 따라서 86.45점 이상의 점수를 받아야 상위 5%에 속할 수 있다.

06 한 형광등 제조업체가 형광등을 홍보하면서 자신들이 만든 형광등은 평균수명이 54개월이고 표준편차 6개월인 수명분포를 갖는다고 주장하고 있다. 하지만 최근 들어 많은 소비자들이 이 형광등의 수명이 기대에 못 미친다는 불만을 제기하고 있다. 이에 따라 소비자단체에서는 시중에 나와 있는 형광등 50개를 수거하여 이 형광등의 평균수명을 조사하기로 하였다.

① 제조업체의 주장이 사실이라고 할 때 50개 형광등 표본의 평균수명에 대한 표집분포의 평균과 표준오차를 구하시오.

중심극한정리에 따라 50개 형광등 표본평균의 표집분포는 정규분포를 따른다. 표집분포의 평균은 모집단의 평균과 동일한 54개월이고 표준오차는 0.85개월$\left(=\frac{6}{\sqrt{50}}\right)$이다.

② 소비자단체가 수거한 50개 형광등 표본의 평균수명이 52개월로 계산되었다. 이를 근거로 우리는 제조업체의 주장에 대해 어떠한 결론을 도출할 수 있는가?

52개월을 표준점수로 변환하면 다음과 같다.

$$Z=\frac{52-54}{0.85}=-2.35$$

$Z \leq -2.35$인 확률은 표준정규분포표(또는 Excel 함수 NORM.S.DIST())를 이용하면 0.0094이다. 즉 제조업체의 주장이 사실이라는 가정하에서 형광등의 수명이 52개월 이하가 나올 확률은 0.94%에 불과하기에 제조업체의 주장을 받아들이기는 어렵다고 판단한다(유의수준 1%).

07 대한민국 성인의 평균 TV시청시간은 일주일에 21시간으로 알려져 있다. 주당 시청시간에 대한 모집단의 표준편차는 5시간이라고 가정한다.

① 성인 40명으로 구성된 표본의 평균 TV시청시간에 대한 표집분포의 평균과 표준오차를 구하시오.

중심극한정리에 따라 성인 40명 표본평균의 표집분포는 정규분포를 따른다. 표집분포의 평균은 모집단의 평균과 동일한 21시간이고 표준오차는 0.79시간$\left(=\frac{5}{\sqrt{40}}\right)$이다.

② 표본크기 40인 일반 성인의 평균 TV시청시간이 19시간보다 작거나 같을 확률은 얼마인가?

19시간을 표준점수로 변환하면 다음과 같다.

$$Z = \frac{19-21}{0.79} = -2.53$$

$Z \le -2.53$인 확률은 표준정규분포표(또는 Excel 함수 NORM.S.DIST())를 이용하면 0.0057이다.

③ 직장인 40명의 평균 TV시청시간이 19시간이라면 일반 성인의 평균 TV시청시간보다 짧다고 할 수 있는가?

성인의 평균 TV시청시간이 21시간(표준편차 5시간)이라는 가정하에서 평균 TV시청시간이 19시간 이하가 나올 확률은 0.57%에 불과하기에 직장인의 평균 TV시청시간은 일반 성인보다 짧다고 할 수 있다(유의수준 1%).

08 가구당 월평균 지출액이 2,864,000원으로 알려져 있다. 가구당 지출에 대한 추가적인 조사를 위해 모집단으로부터 50가구를 무작위로 추출하였다. 모집단의 표준편차는 775,000원이라고 가정한다.

① 표본평균이 3,000,000원보다 크거나 같을 확률은 얼마인가?

중심극한정리에 따라 50가구 표본평균의 표집분포는 정규분포를 따른다. 표집분포의 평균은 모집단의 평균과 동일한 2,864,000원이고 표준오차는 109,601.6원$\left(=\frac{775,000}{\sqrt{50}}\right)$이다. 3,000,000원을 표준점수로 변환하면 다음과 같다.

$$Z = \frac{3,000,000-2,864,000}{109,601.6} = 1.241$$

$Z \ge 1.241$인 확률은 표준정규분포표(또는 Excel 함수 NORM.S.DIST())를 이용하면 0.1073이다.

② 표본평균이 모집단평균을 중심으로 100,000원 이내에 있을 확률은 얼마인가?

모집단평균을 중심으로 100,000원 이내인 값의 경계값을 표준점수로 변환하면 다음과 같다.

$$Z = \frac{\pm 100,000}{109,601.6} = \pm 0.9124$$

$-0.9124 \le Z \le 0.9124$인 확률은 표준정규분포표(또는 Excel 함수 NORM.S.DIST())를 이용하면 0.6384(=NORM.S.DIST(0.9124, TRUE)−NORM.S.DIST(−0.9124, TRUE))이다.

③ 표본크기가 100으로 증가한다면 ②의 경우의 확률은 어떻게 변화하는가?

표준오차는 77,500원$\left(=\frac{775,000}{\sqrt{100}}\right)$으로 바뀌게 되며, 표준점수는 다음과 같이 계산된다.

$$Z = \frac{\pm 100,000}{77,500} = \pm 1.2903$$

$-1.2903 \le Z \le 1.2903$인 확률은 표준정규분포표(또는 Excel 함수 NORM.S.DIST())를 이용하면 0.8031 (=NORM.S.DIST(1.2903, TRUE)−NORM.S.DIST(−1.2903, TRUE))이다.

09 남성 골퍼들의 평균타수는 95타이고, 여성 골퍼의 경우에는 106타로 알려져 있다. 남녀 골퍼에 대한 추가적인 조사를 위해 30명의 남성 골퍼와 45명의 여성 골퍼를 무작위로 선정하였다. 모집단의 표준편차를 남녀 모두 14타로 가정한다.

① 남성 골퍼 30명으로 구성된 표본의 평균타수에 대한 표집분포의 평균과 표준오차를 구하시오.

중심극한정리에 따라 남성 골퍼 30명 표본평균의 표집분포는 정규분포를 따른다. 표집분포의 평균은 모집단의 평균과 동일한 95타이고 표준오차는 2.56타$\left(=\frac{14}{\sqrt{30}}\right)$이다.

② 여성 골퍼 45명으로 구성된 표본의 평균타수에 대한 표집분포의 평균과 표준오차를 구하시오.

중심극한정리에 따라 여성 골퍼 45명 표본평균의 표집분포는 정규분포를 따른다. 표집분포의 평균은 모집단의 평균과 동일한 106타이고 표준오차는 2.09타$\left(=\frac{14}{\sqrt{45}}\right)$이다.

③ 남성 골퍼의 표본평균이 모집단평균을 중심으로 3타 이내에 있을 확률은 얼마인가?

모집단평균을 중심으로 3타 이내인 값의 경계값을 표준점수로 변환하면 다음과 같다.

$$Z=\frac{\pm 3}{2.56}=\pm 1.1719$$

$-1.1719 \le Z \le 1.719$인 확률은 표준정규분포표(또는 Excel 함수 NORM.S.DIST())를 이용하면 0.7588 (=NORM.S.DIST(1.1719, TRUE)−NORM.S.DIST(−1.1719, TRUE))이다.

④ 여성 골퍼의 표본평균이 모집단평균을 중심으로 3타 이내에 있을 확률은 얼마인가?

모집단평균을 중심으로 3타 이내인 값의 경계값을 표준점수로 변환하면 다음과 같다.

$$Z=\frac{\pm 3}{2.09}=\pm 1.4354$$

$-1.4354 \le Z \le 1.4354$인 확률은 표준정규분포표(또는 Excel 함수 NORM.S.DIST())를 이용하면 0.8488 (=NORM.S.DIST(1.4354, TRUE)−NORM.S.DIST(−1.4354, TRUE))이다.

⑤ 표본평균이 모집단평균을 중심으로 3타 이내에 있을 확률은 남성 골퍼와 여성 골퍼 중 어느 쪽이 더 높은가? 그리고 왜 그런가?

여성 골퍼 쪽이 더 높다. 왜냐하면 여성 골퍼의 표본크기가 남성 골퍼의 표본크기보다 더 커서 표집분포의 표준오차를 더 작게 만들어주기 때문이다. 작아진 표준오차는 Z값을 증가시켜 구간의 폭을 넓혀준다.

10 보통사람의 IQ가 평균 100, 표준편차 10으로 알려져 있다. 다음 질문에 답하시오.

① 모집단에서 표본크기 4, 25, 50, 100, 500, 1,000명을 각각 반복 추출하여 만든 각 표집분포의 평균과 표준오차를 구하시오.

$n=4$: 평균 100, 표준오차 5
$n=25$: 평균 100, 표준오차 2
$n=50$: 평균 100, 표준오차 1.414
$n=100$: 평균 100, 표준오차 1
$n=500$: 평균 100, 표준오차 0.447
$n=1,000$: 평균 100, 표준오차 0.316

② 표본의 크기가 증가함에 따라 표준오차는 어떻게 변화하는가?

표본의 크기가 증가함에 따라 표준오차는 작아진다.

③ 25명을 추출하여 모집단의 평균을 추정하는 경우와 500명을 추출하여 모집단의 평균을 추정하는 경우 둘 중 어느 경우가 모집단의 평균을 보다 근접하게 추정하겠는가? 표집분포의 특성을 이용하여 설명하시오.

500명을 추출하여 모집단의 평균을 추정하는 것이 보다 근접한 값을 도출할 수 있다. 왜냐하면 표본의 크기를 크게 할수록 표집에 따른 표준오차를 줄일 수 있기 때문이다.

제4장 평균검정

01 학교 근처에 새로 문을 연 음식점은 배달시간을 정확히 지킨다고 광고하면서 음식 배달시간은 평균 30분에 표준편차 10분인 정규분포를 따른다고 주장하고 있다.

① 주문 후 42분만에 음식이 도착하였다. 음식점의 광고에 대한 의견을 근거와 함께 제시하시오.

표준점수는 $1.2\left(=\dfrac{42-30}{10}\right)$로서 1.2 이상 또는 −1.2 이하의 값이 나올 확률이 23.02%(=11.51%×2)이다(Excel에서 NORM.S.DIST(1.2, TRUE)=0.88493; 1−0.88493=0.11507). 따라서 그리 드문 경우가 아니므로 음식점의 주장을 의심할만한 증거가 부족하다.

② 20명의 친구들이 동일한 방식으로 주문을 하여 배달시간을 기록한 결과 평균 42분의 배달시간이 소요되는 것을 알았다. 음식점의 광고에 대한 의견을 근거와 함께 제시하시오.

20개 표본에 대한 평균의 표준오차는 $2.24\left(=\dfrac{10}{\sqrt{20}}\right)$이므로 표준점수는 $5.4\left(=\dfrac{42-30}{2.24}\right)$가 된다. 표준점수 5.4는 상당히 큰 값이기에(3개의 표준편차값을 초과하는) 음식점의 주장을 의심할만한 충분한 이유가 존재한다고 할 수 있다.

③ 앞의 결과(②번)를 토대로 평균 배달시간에 대한 95% 신뢰구간을 구하고 이를 근거로 음식점의 주장에 대한 의견을 제시하시오.

95%의 신뢰구간은 $42 \pm 1.96 \times 2.24$로서 하한값이 37.61분이고 상한값이 46.39분이다. 음식점이 주장하는 30분이 이 구간에 포함되지 않으므로 음식점이 주장하는 30분이 모집단의 평균값이라고 볼 수 없으며, 평균 배달시간이 30분이라는 음식점의 주장은 신뢰하기 어렵다.

02 항공사에서 항공편당 평균 공석수를 추정하려고 한다. 이를 위해 225개의 항공편을 임의로 선정하여 각 항공편당 공석수를 기록하였다. 그 결과 평균 11.6석, 표준편차 4.1석으로 나타났다. 항공편당 평균 공석수의 90%, 95%, 99% 신뢰구간을 구하시오(표본의 크기가 충분히 크므로 정규분포 이용).

① 90% 신뢰구간

$$11.6 - Z_{0.10}(=1.645) \times \sigma_{\overline{X}}\left(= \frac{4.1}{\sqrt{225}}\right) \le \mu \le 11.6 + Z_{0.10}(=1.645) \times \sigma_{\overline{X}}\left(= \frac{4.1}{\sqrt{225}}\right)$$

$$11.6 - 0.45 \le \mu \le 11.6 + 0.45$$

$$11.15 \le \mu \le 12.05$$

② 95% 신뢰구간

$$11.6 - Z_{0.05}(=1.960) \times \sigma_{\overline{X}}\left(= \frac{4.1}{\sqrt{225}}\right) \le \mu \le 11.6 + Z_{0.05}(=1.960) \times \sigma_{\overline{X}}\left(= \frac{4.1}{\sqrt{225}}\right)$$

$$11.6 - 0.54 \le \mu \le 11.6 + 0.54$$

$$11.06 \le \mu \le 12.14$$

③ 99% 신뢰구간

$$11.6 - Z_{0.01}(=2.575) \times \sigma_{\overline{X}}\left(= \frac{4.1}{\sqrt{225}}\right) \le \mu \le 11.6 + Z_{0.01}(=2.575) \times \sigma_{\overline{X}}\left(= \frac{4.1}{\sqrt{225}}\right)$$

$$11.6 - 0.70 \le \mu \le 11.6 + 0.70$$

$$10.9 \le \mu \le 12.3$$

03 프린터 제조업체에서 프린터 토너당 평균 문자 출력수를 추정하려고 한다. 이를 위해 15개의 프린터를 임의로 선정하여 각 프린터 토너의 수명이 다할 때까지의 문자 출력수를 기록하였다. 그 결과 평균 1.239, 표준편차 0.193으로 나타났다(백만 단위). 프린터 토너당 평균 문자 출력수의 90%, 95%, 99% 신뢰구간을 구하시오(표본의 크기가 상대적으로 작으므로 t분포 이용).

① 90% 신뢰구간

$$1.239 - t_{0.10,14}(=1.761) \times \sigma_{\overline{X}}\left(= \frac{0.193}{\sqrt{15}}\right) \le \mu \le 1.239 + t_{0.10,14}(=1.761) \times \sigma_{\overline{X}}\left(= \frac{0.193}{\sqrt{15}}\right)$$

$$1.239 - 0.088 \le \mu \le 1.239 + 0.088$$

$$1.151 \le \mu \le 1.327$$

② 95% 신뢰구간

$$1.239 - t_{0.05,14}(=2.145) \times \sigma_{\overline{X}}\left(= \frac{0.193}{\sqrt{15}}\right) \le \mu \le 1.239 + t_{0.05,14}(=2.145) \times \sigma_{\overline{X}}\left(= \frac{0.193}{\sqrt{15}}\right)$$

$$1.239 - 0.107 \le \mu \le 1.239 + 0.107$$

$$1.132 \le \mu \le 1.346$$

③ 99% 신뢰구간

$$1.239 - t_{0.01,14}(=2.977) \times \sigma_{\overline{X}}\left(=\frac{0.193}{\sqrt{15}}\right) \leq \mu \leq 1.239 + t_{0.01,14}(=2.977) \times \sigma_{\overline{X}}\left(=\frac{0.193}{\sqrt{15}}\right)$$

$$1.239 - 0.148 \leq \mu \leq 1.239 + 0.148$$

$$1.091 \leq \mu \leq 1.387$$

04 grade.sav 데이터 파일을 이용하여 다음 표를 완성하고 학생들의 평균성적이 65점이라는 가설을 검정하시오(유의수준 0.05).

유의수준 0.05에서 귀무가설을 기각할 수 없으며, 따라서 학생들의 평균성적은 65점이 아니라고 할 수 없다.

	검정값=65					
	t	자유도	유의확률 (양측)	평균차이	차이의 95% 신뢰구간 하한	차이의 95% 신뢰구간 상한
성적	−.519	80	.606	−.852	−4.12	2.42

05 grade.sav 데이터 파일을 이용하여 다음 표를 완성하고 학생들의 평균성적이 70점이라는 가설을 검정하시오(유의수준 0.05).

유의수준 0.05에서 귀무가설을 기각하며, 따라서 학생들의 평균성적은 70점이 아니다.

	검정값=70					
	t	자유도	유의확률 (양측)	평균차이	차이의 95% 신뢰구간 하한	차이의 95% 신뢰구간 상한
성적	−3.562	80	.001	−5.852	−9.12	−2.58

06 귀무가설과 대립가설이 무엇인지 설명하고, 가설검정이란 무엇인지 귀무가설과 대립가설의 관점에서 설명하시오.

귀무가설은 기존의 일반적인 사실로 받아들여지는 내용에 대한 주장(즉 기존과 다를 바 없다는 주장)을 말하며, 대립가설은 귀무가설이 사실이 아니라는 새로운 주장을 말한다. 일반적으로 새로운 주장은 분명하게 입증되지 않으면 받아들여지기가 쉽지 않다. 따라서 대립가설을 새로운 사실로 받아들이기 위해서는 기존의 주장이 명백하게 잘못되었음을 입증해야 한다. 이러한 입증과정을 가설검정이라고 한다. 가설검정은 귀무가설이 현 상황을 제대로 설명하고 있다는 가정하에서 수행된다. 그러나 표본으로부터 얻은 통계량(예를 들면, 평균)이 귀무가설이 옳다는 전제하에서는 좀처럼 나타나기 어려운 극단적이고 예외적인 값이 나올 경우에는 계속해서 귀무가설이 옳다고 주장할 수는 없게 된다. 이럴 경우 귀무가설을 기각하고 대립가설을 채택하게 된다.

07 ishop.sav 데이터 파일을 이용하여 ① 다음 표를 완성하시오. ② 그리고 남녀 간에 인터넷 이용시간에 차이가 있는지를 검정하시오(Levene의 등분산검정 결과를 반영하여 검정).

①

	성별	N	평균	표준편차	평균의 표준오차
인터넷이용시간	1 남자	326	3.14	2.621	.145
	2 여자	146	2.98	2.476	.205

			인터넷이용시간	
			등분산을 가정함	등분산을 가정하지 않음
Levene의 등분산 검정	F		1.256	
	유의확률		.263	
평균의 동일성에 대한 t검정	t		.618	.631
	자유도		470	294.025
	유의확률(양측)		.537	.528
	평균차이		.159	.159
	차이의 표준오차		.257	.251
	차이의 95% 신뢰구간	하한	-.346	-.336
		상한	.663	.653

② Levene의 등분산검정 결과 등분산을 가정할 수 있으며, 따라서 등분산이 가정되는 경우의 검정결과를 살펴보면 t값 0.618, 유의확률 0.537로서 귀무가설을 기각할 수 없다. 남녀 간에 인터넷 이용시간의 차이는 없다.

08 ishop.sav 데이터 파일을 이용하여 ① 다음 표를 완성하시오. ② 그리고 남녀 간에 인터넷 이용경험에 차이가 있는지를 검정하시오(Levene의 등분산검정 결과를 반영하여 검정).

①

	성별	N	평균	표준편차	평균의 표준오차
인터넷이용경험	1 남자	326	7.64	2.007	.111
	2 여자	147	7.57	1.828	.151

			인터넷이용경험	
			등분산을 가정함	등분산을 가정하지 않음
Levene의 등분산 검정	F		1.145	
	유의확률		.285	
평균의 동일성에 대한 t검정	t		.359	.372
	자유도		471	307.044
	유의확률(양측)		.720	.710
	평균차이		.070	.070
	차이의 표준오차		.194	.187
	차이의 95% 신뢰구간	하한	-.312	-.299
		상한	.451	.438

② Levene의 등분산검정 결과 등분산을 가정할 수 있으며, 따라서 등분산이 가정되는 경우의 검정결과를 살펴보면 t값 0.359, 유의확률 0.720으로서 귀무가설을 기각할 수 없다. 남녀 간에 인터넷 이용경험의 차이는 없다.

09 오프라인쇼핑몰을 주로 이용하는 사람과 온라인쇼핑몰을 주로 이용하는 사람의 연령에 있어서 차이가 있는지 분석하고자 한다. 이를 위해 다음과 같은 표본을 수집하였다. 유의수준 5%에서 두 모집단의 평균이 차이가 있는지 검정하시오(두 모집단의 분산은 같다고 가정).

	오프라인 이용자	온라인 이용자
표본크기	150	175
평균	39.3세	35.4세
표준편차	16.8세	15.2세

① 귀무가설과 대립가설을 기술하시오.

귀무가설은 "두 모집단(오프라인쇼핑몰 이용자 및 온라인쇼핑몰 이용자)의 평균연령은 동일하다"이고, 대립가설은 "두 모집단(오프라인쇼핑몰 이용자 및 온라인쇼핑몰 이용자)의 평균연령은 동일하지 않다"이다.

② 검정통계량 t값 및 유의확률을 제시하고 가설검정 결과를 기술하시오.

$$s_p^2 = \frac{(150-1)16.8^2 + (175-1)15.2^2}{(150-1)+(175-1)} = 254.6586$$

$$s_{\overline{X}_1 - \overline{X}_2} = \sqrt{254.6586\left(\frac{1}{150}+\frac{1}{175}\right)} = 1.775645$$

$$t = \frac{(39.3-35.4)-0}{1.775645} = 2.196385$$

자유도 323(=150+175−2)의 t분포에서 $t \le -2.196385$이거나 $t \ge 2.196385$ 범위의 확률은 0.029이므로 유의수준 5%에서 귀무가설을 기각할 수 있다. 즉 오프라인쇼핑몰 이용자와 온라인쇼핑몰 이용자의 평균연령은 동일하지 않다(Excel의 T.DIST.2T() 함수를 이용하면, T.DIST.2T(2.196385, 323) = 0.028775).

10 사례연구에서 살펴본 ㈜아침영양의 데이터를 이용하여 유의수준 5%에서 남녀 간에 식사시간의 차이가 존재하는지 검정하시오(fooddelivery.sav 데이터 파일).

여기에서 귀무가설은 "남녀 간에 식사시간에 있어서 차이가 없다"가 되며, 대립가설은 "남녀 간에 식사시간에 있어서 차이가 존재한다"가 된다. Levene의 등분산검정 결과 등분산을 가정할 수 있으며, 따라서 등분산이 가정되는 경우의 검정결과를 살펴보면 유의확률 0.000으로서 귀무가설을 기각할 수 있다. 즉 남녀 간에 식사시간에 차이가 존재한다.

	성별	N	평균	표준편차	평균의 표준오차
평균식사시간	1 남자	315	27.24	15.100	.851
	2 여자	280	37.73	15.309	.915

			평균식사시간	
			등분산을 가정함	등분산을 가정하지 않음
Levene의 등분산 검정	F		3.327	
	유의확률		.069	
평균의 동일성에 대한 t검정	t		−8.404	−8.397
	자유도		593	582.885
	유의확률 (양쪽)		.000	.000
	평균차이		−10.491	−10.491
	차이의 표준오차		1.248	1.249
	차이의 95% 신뢰구간	하한	−12.943	−12.945
		상한	−8.039	−8.037

제5장 일원분산분석

01 학년별로 통계데이터분석 시험성적에 있어서 차이가 존재하는지를 조사하기 위하여 A대학교 2, 3, 4학년 각 학년별로 다섯 명의 표본을 추출하여 학년별 평균이 각각 64, 74, 84인 다음과 같은 데이터를 확보하였다. 이 데이터를 이용하여 학년별로 시험성적에 있어서 차이가 존재하는지 검정하시오.

	학년			
	2학년	3학년	4학년	전체
1	62	72	82	
2	63	73	83	
3	64	74	84	
4	65	75	85	
5	66	76	86	
합계	320	370	420	1,110
평균	64	74	84	74

① 집단 간 분산, 집단 내 분산, F값을 차례로 계산하고 이를 토대로 검정결과를 제시하시오.

$$\text{집단 간 분산} = \frac{\text{집단 간 제곱합}}{\text{자유도}}$$

$$\text{집단 간 분산(MSTR)} = \frac{\Sigma_g\left[(\overline{X}_g - \overline{X})^2 \times n_g\right]}{g-1}$$

여기에서, g는 집단의 개수, $\overline{X}_g$는 g집단의 표본평균, $\overline{X}$는 전체표본의 평균, n_g는 g집단의 표본크기

$$\text{집단 간 분산} = \frac{(64-74)^2 \times 5 + (74-74)^2 \times 5 + (84-74)^2 \times 5}{2} = \frac{1,000}{2} = 500$$

$$\text{집단 내 분산} = \frac{\text{집단 내 제곱합}}{\text{자유도}}$$

$$\text{집단 내 분산(MSE)} = \frac{\Sigma_g \Sigma_i (X_{ig} - \overline{X}_g)^2}{\Sigma_g (n_g - 1)} = \frac{\Sigma_g\left[s_g^2 \times (n_g - 1)\right]}{\Sigma_g (n_g - 1)}$$

여기에서, g는 집단의 개수, s_g는 g집단의 표준편차, n_g는 g집단의 표본크기, X_{ig}는 g집단의 i번째 관측값, $\overline{X}_g$는 g집단의 표본평균

$$\begin{aligned}\text{집단 내 분산} = \{&(62-64)^2 + (63-64)^2 + (64-64)^2 + (65-64)^2 + (66-64)^2 + (72-74)^2 \\ &+ (73-74)^2 + (74-74)^2 + (75-74)^2 + (76-74)^2 + (82-84)^2 + (83-84)^2 \\ &+ (84-84)^2 + (85-84)^2 + (86-84)^2\}/(4+4+4) = \frac{30}{12} = 2.5\end{aligned}$$

이와 같이 구해진 집단 간 분산과 집단 내 분산을 이용하여 다음과 같이 F값을 계산할 수 있다.

$$F = \frac{\text{집단 간 분산}}{\text{집단 내 분산}}$$

$$F = \frac{500}{2.5} = 200$$

유의수준 0.05에 대응되는 F값은 3.885(=F.INV.RT(0.05, 2, 12))이므로 학년 간 시험성적의 평균이 동일하다는 귀무가설을 유의수준 0.05에서 기각한다.

② SPSS에 앞의 데이터를 입력하고 학년별로 시험성적에 있어서 차이가 존재하는지 검정결과를 제시하시오.

SPSS를 이용한 일원분산분석의 결과는 다음 표와 같다(statisticsexam1.sav 데이터 파일).

ANOVA

성적

	제곱합	자유도	평균제곱	F	유의확률
집단-간	1000.000	2	500.000	200.000	.000
집단-내	30.000	12	2.500		
전체	1030.000	14			

F값은 200이고 대응되는 유의확률은 0.000으로서 유의수준 0.05에서 학년 간 시험성적의 평균이 동일하다는 귀무가설을 기각한다.

02 학년별로 통계데이터분석 시험성적에 있어서 차이가 존재하는지를 조사하기 위하여 B대학교 2, 3, 4학년 각 학년별로 다섯 명의 표본을 추출하여 학년별 평균이 각각 64, 74, 84인 다음과 같은 데이터를 확보하였다. 이 데이터를 이용하여 학년별로 시험성적에 있어서 차이가 존재하는지 검정하시오.

	학년			
	2학년	3학년	4학년	전체
1	48	58	68	
2	56	66	76	
3	64	74	84	
4	72	82	92	
5	80	90	100	
합계	320	370	420	1,110
평균	64	74	84	74

① 집단 간 분산, 집단 내 분산, F값을 차례로 계산하고 이를 토대로 검정결과를 제시하시오.

$$\text{집단 간 분산} = \frac{\text{집단 간 제곱합}}{\text{자유도}}$$

$$\text{집단 간 분산(MSTR)} = \frac{\Sigma_g\left[(\overline{X}_g - \overline{X})^2 \times n_g\right]}{g-1}$$

여기에서, g는 집단의 개수, $\overline{X}_g$는 g집단의 표본평균, $\overline{X}$는 전체표본의 평균, n_g는 g집단의 표본크기

$$\text{집단 간 분산} = \frac{(64-74)^2 \times 5 + (74-74)^2 \times 5 + (84-74)^2 \times 5}{2} = \frac{1{,}000}{2} = 500$$

$$\text{집단 내 분산} = \frac{\text{집단 내 제곱합}}{\text{자유도}}$$

$$\text{집단 내 분산(MSE)} = \frac{\Sigma_g \Sigma_i (X_{ig} - \overline{X}_g)^2}{\Sigma_g (n_g - 1)} = \frac{\Sigma_g\left[s_g^2 \times (n_g - 1)\right]}{\Sigma_g (n_g - 1)}$$

여기에서, g는 집단의 개수, s_g는 g집단의 표준편차, n_g는 g집단의 표본크기,

X_{ig}는 g집단의 i번째 관측값, $\overline{X}_g$는 g집단의 표본평균

$$\begin{aligned}\text{집단 내 분산} = \{&(48-64)^2 + (56-64)^2 + (64-64)^2 + (72-64)^2 + (80-64)^2 + (58-74)^2 \\ &+ (66-74)^2 + (74-74)^2 + (82-74)^2 + (90-74)^2 + (68-84)^2 + (76-84)^2 \\ &+ (84-84)^2 + (92-84)^2 + (100-84)^2\}/(4+4+4) = \frac{1{,}920}{12} = 160\end{aligned}$$

이와 같이 구해진 집단 간 분산과 집단 내 분산을 이용하여 다음과 같이 F값을 계산할 수 있다.

$$F=\frac{\text{집단 간 분산}}{\text{집단 내 분산}}$$

$$F=\frac{500}{160}=3.125$$

유의수준 0.05에 대응되는 F값은 3.885(=F.INV.RT(0.05, 2, 12))이므로 학년 간 시험성적의 평균이 동일하다는 귀무가설을 유의수준 0.05에서 기각할 수 없다.

② SPSS에 앞의 데이터를 입력하고 학년별로 시험성적에 있어서 차이가 존재하는지 검정결과를 제시하시오.

SPSS를 이용한 일원분산분석의 결과는 다음 표와 같다(statisticsexam2.sav 데이터 파일).

ANOVA

성적

	제곱합	자유도	평균제곱	F	유의확률
집단-간	1000.000	2	500.000	3.125	.081
집단-내	1920.000	12	160.000		
전체	2920.000	14			

F값은 3.125이고 대응되는 유의확률은 0.081로서 유의수준 0.05에서 학년 간 시험성적의 평균이 동일하다는 귀무가설을 기각할 수 없다.

03 앞의 두 문제를 비교해보고 학년별 평균이 동일함에도 불구하고 왜 서로 다른 검정결과가 도출되었는지 설명하시오.

앞의 두 문제 모두 학년별 평균이 동일하기 때문에 집단 간의 분산은 동일하다. 하지만 1번 문제의 경우 개별 관측값들이 집단별 평균을 중심으로 좁게 분포하여 집단 간의 구별이 비교적 명확히 이루어질 수 있는 반면, 2번 문제의 경우에는 개별 관측값들이 집단별 평균을 중심으로 넓게 분포하여 집단 간의 구분이 명확하지 않다. 이러한 분포의 모양은 집단 내 분산에 반영되어 1번 문제의 집단 내 분산이 2번 문제의 집단 내 분산에 비해 상당히 작은 것을 알 수 있다. 이는 1번 문제의 F값을 2번 문제에 비해 상당히 크게 만드는 효과를 가져왔고, 결과적으로 1번 문제에서는 귀무가설을 기각하게 하였다. 동일한 집단 간 분산에도 불구하고 집단 내 분산의 차이로 인해 F값의 차이가 발생하였으며, 이로 인해 서로 다른 가설검정 결과가 도출되었다.

04 휘발유 브랜드가 자동차 연비에 미치는 영향을 분석하고자 한다. 이를 위해 다음과 같은 연비(km/리터) 데이터를 수집하였다. 휘발유 브랜드별로 평균연비에 차이가 있는지 검정하시오.

휘발유 브랜드		
X	Y	Z
9.0	10.5	10.0
12.0	13.0	13.5
15.0	14.5	17.0
11.0	12.5	12.0
10.0	11.5	12.0

① 집단 간 분산, 집단 내 분산, F값을 차례로 계산하고 이를 토대로 검정결과를 제시하시오.

휘발유 브랜드별로 집단평균을 구해보면 다음 표와 같다.

	휘발유 브랜드			
	X	Y	Z	전체
1	9.0	10.5	10.0	
2	12.0	13.0	13.5	
3	15.0	14.5	17.0	
4	11.0	12.5	12.0	
5	10.0	11.5	12.0	
합계	57.0	62.0	64.5	183.50
평균	11.4	12.4	12.9	12.23

이 표를 이용하여 집단 간 분산 및 집단 내 분산을 다음과 같이 구한다.

$$\text{집단 간 분산} = \frac{\text{집단 간 제곱합}}{\text{자유도}}$$

$$\text{집단 간 분산(MSTR)} = \frac{\Sigma_g\left[(\overline{X}_g - \overline{X})^2 \times n_g\right]}{g-1}$$

여기에서, g는 집단의 개수, $\overline{X}_g$는 g집단의 표본평균, $\overline{X}$는 전체표본의 평균, n_g는 g집단의 표본크기

$$\text{집단 간 분산} = \frac{(11.4-12.23)^2 \times 5 + (12.4-12.23)^2 \times 5 + (12.9-12.23)^2 \times 5}{2} = \frac{5.83}{2} = 2.92$$

$$\text{집단 내 분산} = \frac{\text{집단 내 제곱합}}{\text{자유도}}$$

$$\text{집단 내 분산(MSE)} = \frac{\Sigma_g \Sigma_i (X_{ig} - \overline{X}_g)^2}{\Sigma_g (n_g - 1)} = \frac{\Sigma_g\left[s_g^2 \times (n_g - 1)\right]}{\Sigma_g (n_g - 1)}$$

여기에서, g는 집단의 개수, s_g는 g집단의 표준편차, n_g는 g집단의 표본크기,

X_{ig}는 g집단의 i번째 관측값, $\overline{X}_g$는 g집단의 표본평균

$$집단\ 내\ 분산 = \{(9-11.4)^2+(12-11.4)^2+(15-11.4)^2+(11-11.4)^2+(10-11.4)^2 \\ +(10.5-12.4)^2+(13-12.4)^2+(14.5-12.4)^2+(12.5-12.4)^2+(11.5-12.4)^2 \\ +(10-12.9)^2+(13.5-12.9)^2+(17-12.9)^2+(12-12.9)^2+(12-12.9)^2\} \\ /(4+4+4) = \frac{57.60}{12} = 4.80$$

이와 같이 구해진 집단 간 분산과 집단 내 분산을 이용하여 다음과 같이 F값을 계산할 수 있다.

$$F = \frac{집단\ 간\ 분산}{집단\ 내\ 분산}$$

$$F = \frac{2.92}{4.80} = 0.61$$

유의수준 0.05에 대응되는 F값은 3.885(=F.INV.RT(0.05, 2, 12))이므로 휘발유 브랜드별 연비의 평균이 동일하다는 귀무가설을 유의수준 0.05에서 기각할 수 없다.

② SPSS에 앞의 데이터를 입력하고 브랜드별로 연비에 있어서 차이가 존재하는지 검정결과를 제시하시오.

SPSS를 이용하여 도출한 기술통계량과 일원분산분석의 결과는 다음 표와 같다(gas.sav 데이터 파일).

기술통계

연비

	N	평균	표준편차	표준오차	평균에 대한 95% 신뢰구간		최소값	최대값
					하한	상한		
1 X	5	11.400	2.3022	1.0296	8.541	14.259	9.0	15.0
2 Y	5	12.400	1.5166	.6782	10.517	14.283	10.5	14.5
3 Z	5	12.900	2.6077	1.1662	9.662	16.138	10.0	17.0
전체	15	12.233	2.1286	.5496	11.055	13.412	9.0	17.0

ANOVA

연비

	제곱합	자유도	평균제곱	F	유의확률
집단-간	5.833	2	2.917	.608	.561
집단-내	57.600	12	4.800		
전체	63.433	14			

F값에 대응되는 유의확률은 0.561이다. 따라서 유의수준 0.05에서 휘발유 브랜드별로 연비의 차이가 없다는 귀무가설을 기각할 수 없다. 즉 휘발유 브랜드별로 연비는 동일하다.

05 암기방법이 단기기억력에 미치는 영향을 조사하기 위하여 다음과 같은 실험을 설계하였다(memory.sav 데이터 파일).

피실험자 60명을 암기방법에 따라 구분된 세 개의 집단으로 나누고 연관 없는 단어 30개를 2분 동안 암기하게 하였다. 첫 번째 집단은 '말하면서 외우기' 방법을, 두 번째 집단은 '쓰면서 외우기' 방법을, 세 번째 집단은 '읽으면서 외우기' 방법을 이용하여 주어진 단어를 암기하도록 요구하였다. 그리고 30초 후 암기력 테스트를 실시하여 그 결과를 기록하였다.

① 이 실험에서 귀무가설과 대립가설은 무엇인지 설명하시오.

이 실험은 암기방법에 따른 단기기억력의 차이가 존재하는지를 알아보고자 설계되었다. 귀무가설은 "암기방법에 따라 단기기억력의 차이는 없다(암기방법에 따른 암기력 테스트의 평균점수는 동일하다)"이고 대립가설은 "암기방법에 따라 단기기억력의 차이는 있다(암기방법에 따른 암기력 테스트의 평균점수는 동일하지 않다)"이다.

② 암기방법에 따른 단기기억력의 효과를 검정하시오.

분산분석 결과 F값 15.127, 유의확률 0.000으로서 유의수준 0.01에서 귀무가설을 기각한다. 즉 암기방법에 따라 암기력 테스트의 평균점수는 동일하지 않다.

ANOVA

정답개수

	제곱합	자유도	평균제곱	F	유의확률
집단-간	29.033	2	14.517	15.127	.000
집단-내	54.700	57	.960		
전체	83.733	59			

③ 암기방법이 단기기억력에 미치는 영향에 대한 다중비교를 수행하시오.

사후분석 결과를 종합해보면 '말하면서 외우기'는 '쓰면서 외우기' 및 '읽으면서 외우기'와 암기력 테스트 점수에 있어서 유의적인 차이가 있다(유의수준 0.05).

분산의 동질성 검정

		Levene 통계량	자유도1	자유도2	유의확률
정답개수	평균을 기준으로 합니다.	1.339	2	57	.270
	중위수를 기준으로 합니다.	.953	2	57	.392
	자유도를 수정한 상태에서 중위수를 기준으로 합니다.	.953	2	49.811	.392
	절삭평균을 기준으로 합니다.	1.457	2	57	.242

다중비교

종속변수: 정답개수

	(I) 암기방법	(J) 암기방법	평균차이 (I–J)	표준 오차	유의 확률	95% 신뢰구간	
						하한	상한
Scheffe	1 말하면서 외우기	2 쓰면서 외우기	−1.700*	.310	.000	−2.48	−.92
		3 읽으면서 외우기	−.950*	.310	.013	−1.73	−.17
	2 쓰면서 외우기	1 말하면서 외우기	1.700*	.310	.000	.92	2.48
		3 읽으면서 외우기	.750	.310	.061	−.03	1.53
	3 읽으면서 외우기	1 말하면서 외우기	.950*	.310	.013	.17	1.73
		2 쓰면서 외우기	−.750	.310	.061	−1.53	.03
Bonferroni	1 말하면서 외우기	2 쓰면서 외우기	−1.700*	.310	.000	−2.46	−.94
		3 읽으면서 외우기	−.950*	.310	.010	−1.71	−.19
	2 쓰면서 외우기	1 말하면서 외우기	1.700*	.310	.000	.94	2.46
		3 읽으면서 외우기	.750	.310	.056	−.01	1.51
	3 읽으면서 외우기	1 말하면서 외우기	.950*	.310	.010	.19	1.71
		2 쓰면서 외우기	−.750	.310	.056	−1.51	.01
Tamhane	1 말하면서 외우기	2 쓰면서 외우기	−1.700*	.284	.000	−2.42	−.98
		3 읽으면서 외우기	−.950*	.294	.009	−1.69	−.21
	2 쓰면서 외우기	1 말하면서 외우기	1.700*	.284	.000	.98	2.42
		3 읽으면서 외우기	.750	.347	.107	−.12	1.62
	3 읽으면서 외우기	1 말하면서 외우기	.950*	.294	.009	.21	1.69
		2 쓰면서 외우기	−.750	.347	.107	−1.62	.12

*. 평균차이는 0.05 수준에서 유의합니다.

정답개수

암기방법		N	유의수준 = 0.05에 대한 부분집합	
			1	2
Scheffe	1 말하면서 외우기	20	9.05	
	3 읽으면서 외우기	20		10.00
	2 쓰면서 외우기	20		10.75
	유의확률		1.000	.061

06 학년이 시험성적에 미치는 영향을 분석하고자 한다. 이를 위해 학년별 시험성적 데이터를 수집하였다(grade.sav 데이터 파일).

① 귀무가설과 대립가설은 무엇인지 설명하시오.

귀무가설은 "학년에 따라 시험성적의 차이는 없다"이고, 대립가설은 "학년에 따라 시험성적의 차이는 존재한다"이다.

② 학년별 성적에 대한 평균, 표준편차, 평균에 대한 95% 신뢰구간을 제시하시오.

기술통계

성적

	N	평균	표준편차	표준오차	평균에 대한 95% 신뢰구간		최소값	최대값
					하한	상한		
2 2학년	48	62.58	15.714	2.268	58.02	67.15	12	87
3 3학년	9	63.78	7.155	2.385	58.28	69.28	55	77
4 4학년	24	67.42	14.891	3.040	61.13	73.70	38	94
전체	81	64.15	14.786	1.643	60.88	67.42	12	94

③ 학년별로 시험성적에 있어서 차이가 있는지 검정하시오.

분산분석 결과 F값 0.855, 유의확률 0.429로서 유의수준 0.05에서 귀무가설을 기각하지 못한다. 즉 학년에 따라서 시험성적에는 차이가 없다.

ANOVA

성적

	제곱합	자유도	평균제곱	F	유의확률
집단-간	375.167	2	187.583	.855	.429
집단-내	17115.056	78	219.424		
전체	17490.222	80			

07 학력수준에 따라 인터넷쇼핑몰 방문횟수에 차이가 존재하는지 분석하고자 한다. 이를 위해 인터넷쇼핑몰 방문 데이터를 수집하였다(ishop.sav 데이터 파일).

① 귀무가설과 대립가설은 무엇인지 설명하시오.

귀무가설은 "학력수준에 따라 인터넷쇼핑몰 방문횟수의 차이는 없다"이고, 대립가설은 "학력수준에 따라 인터넷쇼핑몰 방문횟수의 차이는 존재한다"이다.

② 학력수준별 인터넷쇼핑몰 방문횟수에 대한 평균, 표준편차, 평균에 대한 95% 신뢰구간을 제시하시오.

기술통계

쇼핑몰방문횟수

	N	평균	표준편차	표준오차	평균에 대한 95% 신뢰구간		최소값	최대값
					하한	상한		
1 대학	388	8.77	14.642	.743	7.31	10.23	0	200
2 대학원	64	16.03	28.271	3.534	8.97	23.09	1	200
3 대학원 이상	21	18.29	42.199	9.208	-.92	37.49	1	200
전체	473	10.18	19.160	.881	8.44	11.91	0	200

③ 학력수준에 따라 인터넷쇼핑몰 방문횟수의 차이가 존재하는지 검정하시오.

분산분석 결과 F값 6.039, 유의확률 0.003으로서 유의수준 0.01에서 귀무가설을 기각한다. 즉 학력수준에 따라 인터넷쇼핑몰 방문횟수의 차이는 존재한다.

ANOVA

쇼핑몰방문횟수

	제곱합	자유도	평균제곱	F	유의확률
집단-간	4341.627	2	2170.814	6.039	.003
집단-내	168938.808	470	359.444		
전체	173280.436	472			

08 연령대에 따라 혼전순결에 대한 인식에 있어서 차이가 존재하는지 분석하고자 한다. 다음 질문에 답하시오 (chastity.sav 데이터 파일).

① 귀무가설과 대립가설은 무엇인지 설명하시오.

귀무가설은 "연령대에 따라 혼전순결에 대한 인식에 있어서 차이가 존재하지 않는다"이고, 대립가설은 "연령대에 따라 혼전순결에 대한 인식에 있어서 차이가 존재한다"이다.

② 연령대별 혼전순결 인식에 대한 평균, 표준편차, 평균에 대한 95% 신뢰구간을 제시하시오.

기술통계

혼전순결

	N	평균	표준편차	표준오차	평균에 대한 95% 신뢰구간		최소값	최대값
					하한	상한		
1 10대	27	3.26	1.318	.254	2.74	3.78	1	5
2 20대	25	2.48	.872	.174	2.12	2.84	1	5
3 30대	23	3.13	.920	.192	2.73	3.53	2	5
4 40대 이상	25	3.80	1.118	.224	3.34	4.26	2	5
전체	100	3.17	1.164	.116	2.94	3.40	1	5

③ 연령대에 따라 혼전순결에 대한 인식에 있어서 차이가 존재하는지 검정하시오.

분산분석 결과 F값 6.306, 유의확률 0.001로서 유의수준 0.01에서 귀무가설을 기각한다. 즉 연령대에 따라 혼전순결에 대한 인식에 있어서 차이는 존재한다.

ANOVA

혼전순결

	제곱합	자유도	평균제곱	F	유의확률
집단-간	22.076	3	7.359	6.306	.001
집단-내	112.034	96	1.167		
전체	134.110	99			

④ 연령대가 혼전순결 인식에 미치는 영향에 대한 다중비교를 수행하시오.

사후분석 결과를 종합해보면 20대와 40대 이상 연령대 간에는 혼전순결 인식에 있어서 유의적인 차이가 존재한다(유의수준 0.01).

분산의 동질성 검정

		Levene 통계량	자유도1	자유도2	유의확률
혼전순결	평균을 기준으로 합니다.	2.791	3	96	.045
	중위수를 기준으로 합니다.	2.213	3	96	.092
	자유도를 수정한 상태에서 중위수를 기준으로 합니다.	2.213	3	89.869	.092
	절삭평균을 기준으로 합니다.	2.931	3	96	.037

다중비교

종속변수: 혼전순결

	(I) 연령대	(J) 연령대	평균차이 (I-J)	표준오차	유의확률	95% 신뢰구간 하한	95% 신뢰구간 상한
Scheffe	1 10대	2 20대	.779	.300	.087	-.07	1.63
		3 30대	.129	.307	.981	-.74	1.00
		4 40대 이상	-.541	.300	.360	-1.39	.31
	2 20대	1 10대	-.779	.300	.087	-1.63	.07
		3 30대	-.650	.312	.234	-1.54	.24
		4 40대 이상	-1.320*	.306	.001	-2.19	-.45
	3 30대	1 10대	-.129	.307	.981	-1.00	.74
		2 20대	.650	.312	.234	-.24	1.54
		4 40대 이상	-.670	.312	.211	-1.56	.22
	4 40대 이상	1 10대	.541	.300	.360	-.31	1.39
		2 20대	1.320*	.306	.001	.45	2.19
		3 30대	.670	.312	.211	-.22	1.56
Bonferroni	1 10대	2 20대	.779	.300	.065	-.03	1.59
		3 30대	.129	.307	1.000	-.70	.95
		4 40대 이상	-.541	.300	.447	-1.35	.27
	2 20대	1 10대	-.779	.300	.065	-1.59	.03
		3 30대	-.650	.312	.239	-1.49	.19
		4 40대 이상	-1.320*	.306	.000	-2.14	-.50
	3 30대	1 10대	-.129	.307	1.000	-.95	.70
		2 20대	.650	.312	.239	-.19	1.49
		4 40대 이상	-.670	.312	.207	-1.51	.17
	4 40대 이상	1 10대	.541	.300	.447	-.27	1.35
		2 20대	1.320*	.306	.000	.50	2.14
		3 30대	.670	.312	.207	-.17	1.51
Tamhane	1 10대	2 20대	.779	.308	.086	-.07	1.63
		3 30대	.129	.318	.999	-.75	1.00
		4 40대 이상	-.541	.338	.523	-1.47	.39
	2 20대	1 10대	-.779	.308	.086	-1.63	.07
		3 30대	-.650	.259	.091	-1.36	.06
		4 40대 이상	-1.320*	.284	.000	-2.10	-.54
	3 30대	1 10대	-.129	.318	.999	-1.00	.75
		2 20대	.650	.259	.091	-.06	1.36
		4 40대 이상	-.670	.295	.156	-1.48	.14
	4 40대 이상	1 10대	.541	.338	.523	-.39	1.47
		2 20대	1.320*	.284	.000	.54	2.10
		3 30대	.670	.295	.156	-.14	1.48

*. 평균차이는 0.05 수준에서 유의합니다.

혼전순결

연령대		N	유의수준=0.05에 대한 부분집합 1	2
Scheffe	2 20대	25	2.48	
	3 30대	23	3.13	3.13
	1 10대	27	3.26	3.26
	4 40대 이상	25		3.80
	유의확률		.098	.196

09 소속 단과대학에 따라 공간지각능력의 차이가 존재하는지 조사하기 위하여 대학생을 대상으로 다음과 같은 실험을 설계하였다(space.sav 데이터 파일).

문과대학, 공과대학, 경영대학, 조형대학 소속 대학생을 각 단과대학별로 20명씩 총 80명을 무작위 선정하여 공간지각능력 테스트를 실시하였다. 공간지각능력 테스트는 총 18문제로 구성되었으며 피험자들에게는 10분간 문제를 풀 수 있는 시간이 주어졌다. 각 문항당 1점씩 점수를 계산하여 테스트 결과를 기록하였다.

① 이 실험에서 귀무가설과 대립가설은 무엇인지 설명하시오.

이 실험은 단과대학 소속에 따른 공간지각능력의 차이가 존재하는지를 알아보고자 설계되었다. 귀무가설은 "소속 단과대학에 따라 공간지각능력의 차이는 없다"이고, 대립가설은 "소속 단과대학에 따라 공간지각능력의 차이는 있다"이다.

② 소속 단과대학이 공간지각능력에 미치는 영향을 검정하시오.

분산분석 결과 F값 4.875, 유의확률 0.004로서 유의수준 0.01에서 귀무가설을 기각한다. 즉 소속 단과대학에 따라 공간지각능력의 테스트 점수는 동일하지 않다.

ANOVA

공간지각점수

	제곱합	자유도	평균제곱	F	유의확률
집단-간	84.550	3	28.183	4.875	.004
집단-내	439.400	76	5.782		
전체	523.950	79			

③ 소속 단과대학이 공간지각능력에 미치는 영향에 대한 다중비교를 수행하시오.

사후분석 결과를 종합해보면 문과대학 및 조형대학에 속하는 학생은 공과대학에 속하는 학생과 공간지각능력 점수에 있어서 유의적인 차이를 보이고 있다(유의수준 0.05). 하지만 경영대학 학생은 나머지 세 개 대학 학생과 공간지각능력 점수에 있어서 뚜렷한 차이를 보이지 않는다.

분산의 동질성 검정

		Levene 통계량	자유도1	자유도2	유의확률
공간지각점수	평균을 기준으로 합니다.	.701	3	76	.554
	중위수를 기준으로 합니다.	.432	3	76	.731
	자유도를 수정한 상태에서 중위수를 기준으로 합니다.	.432	3	67.236	.731
	절삭평균을 기준으로 합니다.	.639	3	76	.592

다중비교

종속변수: 공간지각점수

	(I) 단과대학	(J) 단과대학	평균차이 (I-J)	표준오차	유의확률	95% 신뢰구간 하한	95% 신뢰구간 상한
Scheffe	1 문과대학	2 공과대학	-2.600*	.760	.012	-4.77	-.43
		3 경영대학	-.700	.760	.838	-2.87	1.47
		4 조형대학	-.200	.760	.995	-2.37	1.97
	2 공과대학	1 문과대학	2.600*	.760	.012	.43	4.77
		3 경영대학	1.900	.760	.110	-.27	4.07
		4 조형대학	2.400*	.760	.024	.23	4.57
	3 경영대학	1 문과대학	.700	.760	.838	-1.47	2.87
		2 공과대학	-1.900	.760	.110	-4.07	.27
		4 조형대학	.500	.760	.933	-1.67	2.67
	4 조형대학	1 문과대학	.200	.760	.995	-1.97	2.37
		2 공과대학	-2.400*	.760	.024	-4.57	-.23
		3 경영대학	-.500	.760	.933	-2.67	1.67
Bonferroni	1 문과대학	2 공과대학	-2.600*	.760	.006	-4.66	-.54
		3 경영대학	-.700	.760	1.000	-2.76	1.36
		4 조형대학	-.200	.760	1.000	-2.26	1.86
	2 공과대학	1 문과대학	2.600*	.760	.006	.54	4.66
		3 경영대학	1.900	.760	.088	-.16	3.96
		4 조형대학	2.400*	.760	.014	.34	4.46
	3 경영대학	1 문과대학	.700	.760	1.000	-1.36	2.76
		2 공과대학	-1.900	.760	.088	-3.96	.16
		4 조형대학	.500	.760	1.000	-1.56	2.56
	4 조형대학	1 문과대학	.200	.760	1.000	-1.86	2.26
		2 공과대학	-2.400*	.760	.014	-4.46	-.34
		3 경영대학	-.500	.760	1.000	-2.56	1.56

Tamhane	1 문과대학	2 공과대학	-2.600*	.711	.005	-4.59	-.61
		3 경영대학	-.700	.800	.947	-2.92	1.52
		4 조형대학	-.200	.842	1.000	-2.54	2.14
	2 공과대학	1 문과대학	2.600*	.711	.005	.61	4.59
		3 경영대학	1.900*	.669	.044	.03	3.77
		4 조형대학	2.400*	.719	.013	.39	4.41
	3 경영대학	1 문과대학	.700	.800	.947	-1.52	2.92
		2 공과대학	-1.900*	.669	.044	-3.77	-.03
		4 조형대학	.500	.806	.990	-1.74	2.74
	4 조형대학	1 문과대학	.200	.842	1.000	-2.14	2.54
		2 공과대학	-2.400*	.719	.013	-4.41	-.39
		3 경영대학	-.500	.806	.990	-2.74	1.74

*. 평균차이는 0.05 수준에서 유의합니다.

공간지각점수

	단과대학	N	유의수준=0.05에 대한 부분집합 1	2
Scheffe	1 문과대학	20	11.65	
	4 조형대학	20	11.85	
	3 경영대학	20	12.35	12.35
	2 공과대학	20		14.25
	유의확률		.838	.110

10 DSLR 카메라의 제조사별로 사용자 인터페이스의 편의성에 있어서 차이가 존재하는지 조사하기 위하여 잠재소비자를 대상으로 다음과 같은 실험을 설계하였다(camera.sav 데이터 파일).

대표적인 DSLR 카메라 제조사 3개 회사(C사, N사, S사)를 선정하여 각 제조사로부터 대중적으로 인기가 있는 60만원대의 카메라 세 종류를 선정하였다. 평소 DSLR 카메라를 다루어본 적이 없는 20대를 무작위로 선정하여 세 종류의 카메라에 20명씩 할당하였다. 피험자들에게는 타이머 기능을 '10초'로 설정하고, 연속촬영 기능을 '5장'으로 바꾼 뒤 촬영하도록 하는 과제가 주어졌다. 전원을 켠 순간부터 과제조건을 적용하여 셔터를 누른 순간까지의 시간을 스톱워치로 측정하여 그 결과를 기록하였다.

① 이 실험에서 귀무가설과 대립가설은 무엇인지 설명하시오.

이 실험은 카메라의 종류에 따라 사용자 인터페이스의 편의성에 차이가 존재하는지를 알아보고자 설계되었다. 귀무가설은 "카메라의 종류에 따라 사용자 인터페이스의 편의성에 차이가 없다(카메라의 종류에 따라 과제해결시간에 차이가 없다)"이고, 대립가설은 "카메라의 종류에 따라 사용자 인터페이스의 편의성에 차이가 있다(카메라의 종류에 따라 과제해결시간에 차이가 있다)"이다.

② 카메라의 종류에 따라 사용자 인터페이스의 편의성에 차이가 존재하는지 검정하시오.

분산분석 결과 F값 5.046, 유의확률 0.010으로서 유의수준 0.05에서 귀무가설을 기각한다. 즉 카메라의 종류에 따라 과제해결시간에 있어서 차이가 존재하며, 따라서 사용자 인터페이스의 편의성에 차이가 존재한다.

분산분석

과제해결시간

	제곱합	자유도	평균제곱	F	유의확률
집단-간	2886.100	2	1443.050	5.046	.010
집단-내	16299.550	57	285.957		
전체	19185.650	59			

③ 카메라의 종류가 사용자 인터페이스 편의성의 차이에 미치는 영향에 대한 다중비교를 수행하시오.

사후분석 결과를 종합해보면 C사와 N사의 카메라는 S사의 카메라와 과제해결시간에 있어서 유의적인 차이가 있다(유의수준 0.05).

분산의 동질성 검정

		Levene 통계량	자유도1	자유도2	유의확률
과제해결시간	평균을 기준으로 합니다.	9.529	2	57	.000
	중위수를 기준으로 합니다.	8.666	2	57	.001
	자유도를 수정한 상태에서 중위수를 기준으로 합니다.	8.666	2	54.434	.001
	절삭평균을 기준으로 합니다.	9.398	2	57	.000

다중비교

종속변수: 과제해결시간

	(I) 카메라종류	(J) 카메라종류	평균차이 (I-J)	표준오차	유의확률	95% 신뢰구간	
						하한	상한
Scheffe	1 C	2 N	.700	5.347	.991	-12.74	14.14
		3 S	-14.350*	5.347	.034	-27.79	-.91
	2 N	1 C	-.700	5.347	.991	-14.14	12.74
		3 S	-15.050*	5.347	.025	-28.49	-1.61
	3 S	1 C	14.350*	5.347	.034	.91	27.79
		2 N	15.050*	5.347	.025	1.61	28.49

Bonferroni	1 C	2 N	.700	5.347	1.000	−12.49	13.89
		3 S	−14.350*	5.347	.029	−27.54	−1.16
	2 N	1 C	−.700	5.347	1.000	−13.89	12.49
		3 S	−15.050*	5.347	.020	−28.24	−1.86
	3 S	1 C	14.350*	5.347	.029	1.16	27.54
		2 N	15.050*	5.347	.020	1.86	28.24
Tamhane	1 C	2 N	.700	4.014	.997	−9.35	10.75
		3 S	−14.350	6.059	.071	−29.63	.93
	2 N	1 C	−.700	4.014	.997	−10.75	9.35
		3 S	−15.050*	5.742	.042	−29.65	−.45
	3 S	1 C	14.350	6.059	.071	−.93	29.63
		2 N	15.050*	5.742	.042	.45	29.65

*. 평균차이는 0.05 수준에서 유의합니다.

과제해결시간

	카메라종류	N	유의수준=0.05에 대한 부분집합 1	2
Scheffe	2 N	20	37.60	
	1 C	20	38.30	
	3 S	20		52.65
	유의확률		.991	1.000

11 실험 참여자에게 패밀리 카(family car) 자동차 광고를 보여주고 광고의 호감도를 평가하게 하였다. 성별에 따라 광고 호감도에 있어서 차이가 있는지 검정하시오. 그리고 연봉 수준의 영향을 배제한 상태에서 성별과 광고 호감도 간의 관계가 달라지는지 검정하시오(adratings.sav 데이터 파일).

성별과 광고 호감도 간의 관계는 일원분산분석을 통해 검정할 수 있다. 검정결과 유의확률은 0.003으로 유의수준 0.05에서 귀무가설을 기각할 수 있다. 성별에 따라서 광고 호감도는 차이가 있다.

ANOVA

광고1

	제곱합	자유도	평균제곱	F	유의확률
집단-간	1720.889	1	1720.889	11.809	.003
집단-내	2331.556	16	145.722		
전체	4052.444	17			

연봉 수준을 통제한 상태에서 성별과 광고 호감도 간의 관계를 살펴보기 위해 공분산분석을 이용한다. 연봉

은 유의수준 0.05에서 광고 호감도에 영향을 미치지 않았으며(유의확률 0.096), 연봉 수준을 고려하더라도 성별과 광고 호감도 간에는 유의한 관계를 유지했다(유의확률 0.001).

개체-간 효과 검정

종속변수: 광고1

소스	제 Ⅲ 유형 제곱합	자유도	평균제곱	F	유의확률
수정된 모형	2125.530[a]	2	1062.765	8.273	.004
절편	2345.658	1	2345.658	18.260	.001
연봉	404.641	1	404.641	3.150	.096
성별	2085.625	1	2085.625	16.235	.001
오차	1926.914	15	128.461		
전체	129386.000	18			
수정된 합계	4052.444	17			

a. R제곱=.525(수정된 R제곱=.461)

연봉을 평균값으로 일정하게 유지한 상태에서 여성과 남성의 광고 호감도를 살펴보면 여성이 남성에 비해 더 크다. 따라서 연봉 수준은 여성과 남성의 호감도 차이에 영향을 미치지 않는다.

성별

종속변수: 광고1

			95% 신뢰구간	
성별	평균	표준오차	하한	상한
0 여성	94.762[a]	3.876	86.500	103.025
1 남성	72.127[a]	3.876	63.864	80.389

a. 모형에 나타나는 공변량은 다음 값에 대해 계산됩니다: 연봉=$50,555.56.

제6장 이원분산분석

01 핸드폰 디자인과 브랜드가 핸드폰 판매량에 미치는 영향을 분석하고자 한다. 이를 위해 디자인은 세 가지 유형(A, B, C)으로 구분하였고, 브랜드는 두 가지(X, Y)를 선택하였다. 각 유형별로 지난 일주일간 판매된 핸드폰 판매량을 다음 표와 같이 집계하였다. 아래 데이터를 이용하여 디자인, 브랜드, 그리고 디자인 및 브랜드의 상호작용효과를 검정하시오.

		브랜드	
		X	Y
디자인	A	41 43	32 35
	B	52 56	45 47
	C	48 45	51 55

디자인	브랜드	평균	표준편차	N
1 디자인 A	1 브랜드 X	42.00	1.414	2
	2 브랜드 Y	33.50	2.121	2
	전체	37.75	5.123	4
2 디자인 B	1 브랜드 X	54.00	2.828	2
	2 브랜드 Y	46.00	1.414	2
	전체	50.00	4.967	4
3 디자인 C	1 브랜드 X	46.50	2.121	2
	2 브랜드 Y	53.00	2.828	2
	전체	49.75	4.272	4
전체	1 브랜드 X	47.50	5.683	6
	2 브랜드 Y	44.17	8.998	6
	전체	45.83	7.383	12

① MSA(디자인), MSB(브랜드), MSAB, MSE, F값을 차례로 계산하고 이를 토대로 검정결과를 제시하시오.

$$\text{MSA} = \frac{\text{SSA}}{\text{자유도}} = \frac{\Sigma_a\left[(\overline{X}_a - \overline{X})^2 \times n_a\right]}{a-1}$$

여기에서, a는 요인 A 수준의 개수, $\overline{X}_a$는 요인 A의 표본평균, $\overline{X}$는 전체표본의 평균,

n_a는 요인 A의 수준별 표본크기

$$MSA=\frac{(37.75-45.83)^2\times4+(50.00-45.83)^2\times4+(49.75-45.83)^2\times4}{3-1}=\frac{392.17}{2}=196.08$$

$$MSB=\frac{SSB}{자유도}=\frac{\Sigma_b[(\overline{X}_b-\overline{X})^2\times n_b]}{b-1}$$

여기에서, b는 요인 B 수준의 개수, $\overline{X}_b$는 요인 B의 표본평균, $\overline{X}$는 전체표본의 평균,

n_b는 요인 B의 수준별 표본크기

$$MSB=\frac{(47.50-45.83)^2\times6+(44.17-45.83)^2\times6}{2-1}=\frac{33.33}{1}=33.33$$

$$MSAB=\frac{SSAB}{자유도}=\frac{\Sigma_{ab}[(\overline{X}_{ab}-\overline{X}_a-\overline{X}_b+\overline{X})^2\times n_{ab}]}{(a-1)\times(b-1)}$$

여기에서, ab는 요인 A 수준의 개수×요인 B 수준의 개수, $\overline{X}_{ab}$는 요인 A 및 요인 B 교차셀의 표본평균,

$\overline{X}_a$는 요인 A의 표본평균, $\overline{X}_b$는 요인 B의 표본평균, $\overline{X}$는 전체표본의 평균,

n_{ab}는 요인 A 및 요인 B 교차셀의 표본크기

$$\begin{aligned}MSAB=&\{(42.00-37.75-47.50+45.83)^2\times2+(33.50-37.75-44.17+45.83)^2\times2\\&+(54.00-50.00-47.50+45.83)^2\times2+(46.00-50.00-44.17+45.83)^2\times2\\&+(46.50-49.75-47.50+45.83)^2\times2+(53.00-49.75-44.17+45.83)^2\times2\}\\&/\{(3-1)\times(2-1)\}=\frac{145.17}{2}\\=&72.58\end{aligned}$$

$$MSE=\frac{SSE}{자유도}=\frac{\Sigma_{ab}[s_{ab}^2\times(n_{ab}-1)]}{\Sigma_{ab}(n_{ab}-1)}=\frac{\Sigma_{ab}[s_{ab}^2\times(n_{ab}-1)]}{n-ab}$$

여기에서, ab는 요인 A 수준의 개수×요인 B 수준의 개수, n은 전체표본크기,

s_{ab}는 요인 A 및 요인 B 교차셀의 표준편차, n_{ab}는 요인 A 및 요인 B 교차셀의 표본크기

$$MSE=\frac{1.414^2\times1+2.121^2\times1+2.828^2\times1+1.414^2\times1+2.121^2\times1+2.828^2\times1}{1+1+1+1+1+1}=\frac{29.00}{6}=4.83$$

MSA, MSB, MSAB, MSE가 모두 구해졌으므로 각 효과별 F값은 다음과 같이 구할 수 있다.

$$F(디자인)=\frac{MSA}{MSE}=\frac{196.08}{4.83}=40.569$$

$$F(브랜드)=\frac{MSB}{MSE}=\frac{33.33}{4.83}=6.897$$

$$F(\text{디자인}\times\text{브랜드}) = \frac{MSAB}{MSE} = \frac{72.58}{4.83} = 15.017$$

유의수준 0.05에 대응되는 F값은 각각 5.143(=F.INV.RT(0.05, 2, 6)), 5.987(=F.INV.RT(0.05, 1, 6)), 5.143(=F.INV.RT(0.05, 2, 6))이므로 디자인, 브랜드, 디자인 및 브랜드의 상호작용은 핸드폰 판매에 영향을 미친다.

② SPSS에 앞의 데이터를 입력하고 디자인, 브랜드, 디자인 및 브랜드의 상호작용이 핸드폰 판매에 미치는 효과가 존재하는지 검정결과를 제시하시오.

SPSS를 이용한 이원분산분석의 결과는 다음 표와 같다(cellphone.sav 데이터 파일).

개체-간 효과 검정

종속변수: 판매대수

소스	제 Ⅲ 유형 제곱합	자유도	평균제곱	F	유의확률
수정된 모형	570.667[a]	5	114.133	23.614	.001
절편	25208.333	1	25208.333	5215.517	.000
디자인	392.167	2	196.083	40.569	.000
기능	33.333	1	33.333	6.897	.039
디자인 * 기능	145.167	2	72.583	15.017	.005
오차	29.000	6	4.833		
전체	25808.000	12			
수정된 합계	599.667	11			

a. R제곱=.952(수정된 R제곱=.911)

F값에 대응되는 유의확률이 모두 0.05보다 작으므로 유의수준 0.05에서 디자인, 브랜드, 디자인 및 브랜드의 상호작용은 핸드폰 판매에 영향을 미친다.

02 영어, 불어, 스페인어 등 3개 외국어를 우리말로 번역해주는 두 종류의 자동번역 소프트웨어의 성능(번역생산성)을 테스트하고자 한다. 각 유형별로 번역시간(초)을 다음 표와 같이 집계하였다. 아래 데이터를 이용하여 자동번역 소프트웨어, 번역대상 언어, 그리고 자동번역 소프트웨어 및 번역대상 언어의 상호작용효과를 검정하시오.

		자동번역 소프트웨어	
		시스템 A	시스템 B
언어	영어	8 9	12 17
	불어	13 18	22 26
	스페인어	25 29	28 30

언어	번역기	평균	표준편차	N
1 영어	1 시스템 A	8.50	.707	2
	2 시스템 B	14.50	3.536	2
	전체	11.50	4.041	4
2 불어	1 시스템 A	15.50	3.536	2
	2 시스템 B	24.00	2.828	2
	전체	19.75	5.560	4
3 스페인어	1 시스템 A	27.00	2.828	2
	2 시스템 B	29.00	1.414	2
	전체	28.00	2.160	4
전체	1 시스템 A	17.00	8.602	6
	2 시스템 B	22.50	6.921	6
	전체	19.75	7.979	12

① MSA(언어), MSB(번역기), MSAB, MSE, F값을 차례로 계산하고 이를 토대로 검정결과를 제시하시오.

$$\text{MSA}=\frac{\text{SSA}}{\text{자유도}}=\frac{\Sigma_a\left[(\overline{X}_a-\overline{X})^2\times n_a\right]}{a-1}$$

여기에서, a는 요인 A 수준의 개수, $\overline{X}_a$는 요인 A의 표본평균, $\overline{X}$는 전체표본의 평균,
n_a는 요인 A의 수준별 표본크기

$$\text{MSA}=\frac{(11.50-19.75)^2\times4+(19.75-19.75)^2\times4+(28.00-19.75)^2\times4}{3-1}=\frac{544.50}{2}=272.25$$

$$\text{MSB}=\frac{\text{SSB}}{\text{자유도}}=\frac{\Sigma_b\left[(\overline{X}_b-\overline{X})^2\times n_b\right]}{b-1}$$

여기에서, b는 요인 B 수준의 개수, $\overline{X}_b$는 요인 B의 표본평균, $\overline{X}$는 전체표본의 평균,
n_b는 요인 B의 수준별 표본크기

$$\text{MSB}=\frac{(17.00-19.75)^2\times6+(22.50-19.75)^2\times6}{2-1}=\frac{90.75}{1}=90.75$$

$$\text{MSAB}=\frac{\text{SSAB}}{\text{자유도}}=\frac{\Sigma_{ab}\left[(\overline{X}_{ab}-\overline{X}_a-\overline{X}_b+\overline{X})^2\times n_{ab}\right]}{(a-1)\times(b-1)}$$

여기에서, ab는 요인 A 수준의 개수×요인 B 수준의 개수, $\overline{X}_{ab}$는 요인 A 및 요인 B 교차셀의 표본평균,
$\overline{X}_a$는 요인 A의 표본평균, $\overline{X}_b$는 요인 B의 표본평균, $\overline{X}$는 전체표본의 평균,
n_{ab}는 요인 A 및 요인 B 교차셀의 표본크기

$$\begin{aligned}\text{MSAB}=&\{(8.50-11.50-17.00+19.75)^2\times 2+(14.50-11.50-22.50+19.75)^2\times 2\\&+(15.50-19.75-17.00+19.75)^2\times 2+(24.00-19.75-22.50+19.75)^2\times 2\\&+(27.00-28.00-17.00+19.75)^2\times 2+(29.00-28.00-22.50+19.75)^2\times 2\}\\&/\{(3-1)\times(2-1)\}=\frac{21.50}{2}\\=&10.75\end{aligned}$$

$$\text{MSE}=\frac{\text{SSE}}{\text{자유도}}=\frac{\Sigma_{ab}\left[s_{ab}^2\times(n_{ab}-1)\right]}{\Sigma_{ab}(n_{ab}-1)}=\frac{\Sigma_{ab}\left[s_{ab}^2\times(n_{ab}-1)\right]}{n-ab}$$

여기에서, ab는 요인 A 수준의 개수×요인 B 수준의 개수, n은 전체표본크기,
s_{ab}는 요인 A 및 요인 B 교차셀의 표준편차, n_{ab}는 요인 A 및 요인 B 교차셀의 표본크기

$$\text{MSE}=\frac{0.707^2\times 1+3.536^2\times 1+3.536^2\times 1+2.828^2\times 1+2.828^2\times 1+1.414^2\times 1}{1+1+1+1+1+1}=\frac{43.50}{6}=7.25$$

MSA, MSB, MSAB, MSE가 모두 구해졌으므로 각 효과별 F값은 다음과 같이 구할 수 있다.

$$\text{F(언어)}=\frac{\text{MSA}}{\text{MSE}}=\frac{272.25}{7.25}=37.552$$

$$\text{F(번역기)}=\frac{\text{MSB}}{\text{MSE}}=\frac{90.75}{7.25}=12.517$$

$$\text{F(언어}\times\text{번역기)}=\frac{\text{MSAB}}{\text{MSE}}=\frac{10.75}{7.25}=1.483$$

유의수준 0.05에 대응되는 F값은 각각 5.143(=F.INV.RT(0.05, 2, 6)), 5.987(=F.INV.RT(0.05, 1, 6)), 5.143(=F.INV.RT(0.05, 2, 6))으로 계산되었다. 따라서 번역대상 언어와 자동번역 소프트웨어는 각각 번역 생산성에 영향을 미치지만, 번역대상 언어와 자동번역 소프트웨어 간에는 번역 생산성에 미치는 상호작용효과가 존재하지 않는다.

② SPSS에 앞의 데이터를 입력하고 번역대상 언어, 자동번역 소프트웨어, 그리고 번역대상 언어 및 자동번역 소프트웨어의 상호작용이 번역 생산성에 미치는 효과가 존재하는지 검정결과를 제시하시오.

SPSS를 이용한 이원분산분석의 결과는 다음 표와 같다(translator.sav 데이터 파일).

개체-간 효과 검정

종속변수: 번역시간

소스	제 Ⅲ 유형 제곱합	자유도	평균제곱	F	유의확률
수정된 모형	656.750[a]	5	131.350	18.117	.001
절편	4680.750	1	4680.750	645.621	.000
언어	544.500	2	272.250	37.552	.000
번역기	90.750	1	90.750	12.517	.012
언어 * 번역기	21.500	2	10.750	1.483	.300
오차	43.500	6	7.250		
전체	5381.000	12			
수정된 합계	700.250	11			

a. R제곱=.938(수정된 R제곱=.886)

번역대상 언어와 자동번역 소프트웨어의 경우 F값에 대응되는 유의확률이 모두 0.05보다 작으므로 유의수준 0.05에서 두 요인은 번역 생산성에 영향을 미친다. 하지만 유의수준 0.05에서 두 요인 간의 상호작용효과는 존재한다고 볼 수 없다(유의확률 0.300).

03 암기방법과 성별이 단기기억력에 미치는 영향을 조사하기 위하여 다음과 같은 실험을 설계하였다(memory.sav 데이터 파일).

> 남자 30명, 여자 30명으로 구성된 피실험자 60명을 암기방법에 따라 구분된 세 개의 집단으로 나누고 연관 없는 단어 30개를 2분 동안 암기하게 하였다. 첫 번째 집단은 '말하면서 외우기' 방법을, 두 번째 집단은 '쓰면서 외우기' 방법을, 세 번째 집단은 '읽으면서 외우기' 방법을 이용하여 주어진 단어를 암기하도록 요구하였다. 그리고 30초 후 암기력 테스트를 실시하여 그 결과를 기록하였다.

① 이 실험에서 귀무가설은 무엇인지 설명하시오.

이 실험은 암기방법과 성별에 따른 단기기억력의 차이가 존재하는지를 알아보고자 설계되었다. 검정하고자 하는 귀무가설은 다음과 같다.

- ▶ 귀무가설 1: 암기방법에 따른 단기기억력의 차이는 없다(암기방법에 따른 암기력 테스트의 평균점수는 동일하다).
- ▶ 귀무가설 2: 성별에 따른 단기기억력의 차이는 없다(성별에 따른 암기력 테스트의 평균점수는 동일하다).
- ▶ 귀무가설 3: 암기방법 및 성별의 조합에 따른 단기기억력의 차이는 없다(암기방법 및 성별의 조합에 따른 암기력 테스트의 평균점수는 동일하다). 다시 말해 암기방법과 암기력 테스트 평균점수 간의 관계패턴은 남녀 간에 대해서 동일하게 유지된다.

② 암기방법 및 성별이 단기기억력에 미치는 효과를 검정하시오.

분산분석 결과 유의수준 0.05에서 암기방법의 주효과와 암기방법 및 성별 간의 상호작용효과는 유의하였으나, 성별의 주효과는 유의하지 않았다. 따라서 귀무가설 1과 귀무가설 3은 기각되었으며, 귀무가설 2는 기각되지 못하였다. 즉 암기방법에 따라 단기기억력의 차이는 존재하며, 암기방법 및 성별의 조합에 따라서도 단기기억력의 차이가 존재한다.

개체-간 효과 검정

종속변수: 정답개수

소스	제 Ⅲ 유형 제곱합	자유도	평균제곱	F	유의확률
수정된 모형	36.533[a]	5	7.307	8.359	.000
절편	5920.267	1	5920.267	6773.186	.000
암기방법	29.033	2	14.517	16.608	.000
성별	.067	1	.067	.076	.783
암기방법 * 성별	7.433	2	3.717	4.252	.019
오차	47.200	54	.874		
전체	6004.000	60			
수정된 합계	83.733	59			

a. R제곱=.436(수정된 R제곱=.384)

③ 프로파일도표를 그리고 암기방법 및 성별 간의 상호작용효과를 설명하시오.

'말하면서 외우기'와 '쓰면서 외우기' 암기방법에서는 남자가 여자보다 더 나은 단기기억력을 보여주나, '읽으면서 외우기' 암기방법에서는 여자가 남자보다 더 나은 성과를 보여준다. 즉 암기방법과 성별 간에 상호작용효과가 존재한다.

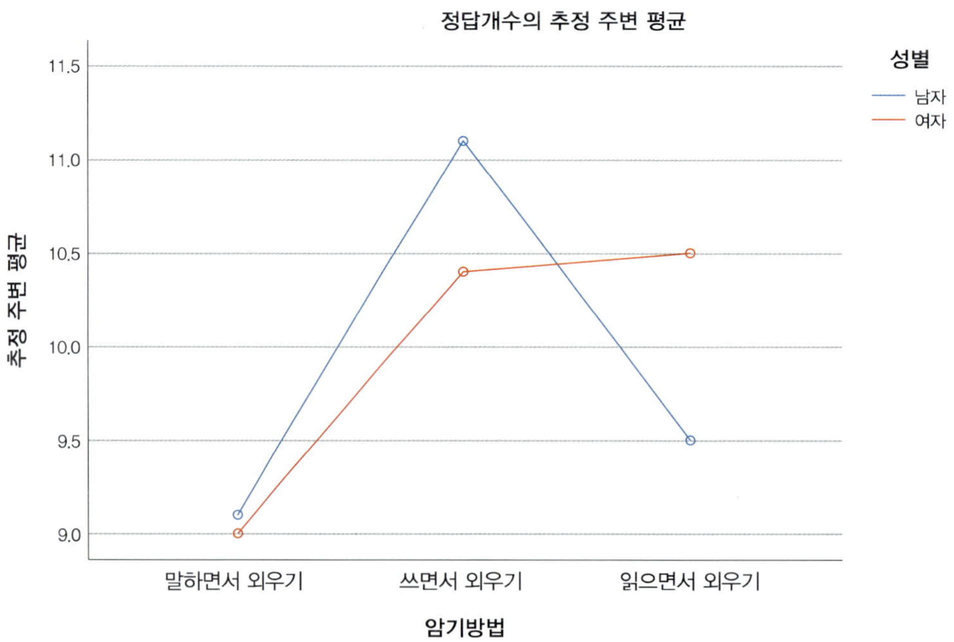

④ 단기기억력에 미치는 영향에 대한 다중비교를 수행하시오.

유의한 영향을 보인 암기방법에 대한 사후분석 결과를 보면 세 가지 암기방법 모두 암기력 테스트 점수에 있어서 유의적인 차이를 보이고 있다(유의수준 0.05).

다중비교

종속변수: 정답개수

	(I) 암기방법	(J) 암기방법	평균차이 (I-J)	표준 오차	유의 확률	95% 신뢰구간 하한	95% 신뢰구간 상한
Scheffe	1 말하면서 외우기	2 쓰면서 외우기	-1.70*	.296	.000	-2.44	-.96
		3 읽으면서 외우기	-.95*	.296	.009	-1.69	-.21
	2 쓰면서 외우기	1 말하면서 외우기	1.70*	.296	.000	.96	2.44
		3 읽으면서 외우기	.75*	.296	.048	.01	1.49
	3 읽으면서 외우기	1 말하면서 외우기	.95*	.296	.009	.21	1.69
		2 쓰면서 외우기	-.75*	.296	.048	-1.49	-.01
Bonferroni	1 말하면서 외우기	2 쓰면서 외우기	-1.70*	.296	.000	-2.43	-.97
		3 읽으면서 외우기	-.95*	.296	.007	-1.68	-.22
	2 쓰면서 외우기	1 말하면서 외우기	1.70*	.296	.000	.97	2.43
		3 읽으면서 외우기	.75*	.296	.042	.02	1.48
	3 읽으면서 외우기	1 말하면서 외우기	.95*	.296	.007	.22	1.68
		2 쓰면서 외우기	-.75*	.296	.042	-1.48	-.02

*. 평균차이는 0.05 수준에서 유의합니다.

정답개수

	암기방법	N	부분집합 1	부분집합 2	부분집합 3
Scheffe	1 말하면서 외우기	20	9.05		
	3 읽으면서 외우기	20		10.00	
	2 쓰면서 외우기	20			10.75
	유의확률		1.000	1.000	1.000

04 학력수준 및 성별에 따라 인터넷쇼핑몰 방문횟수에 차이가 존재하는지 분석하고자 한다. 이를 위해 인터넷 쇼핑몰 방문 데이터를 수집하였다(ishop.sav 데이터 파일).

① 검정하고자 하는 귀무가설은 무엇인지 설명하시오.

- 귀무가설 1: 학력수준에 따른 인터넷쇼핑몰 방문횟수의 차이는 없다.
- 귀무가설 2: 성별에 따른 인터넷쇼핑몰 방문횟수의 차이는 없다.
- 귀무가설 3: 학력수준 및 성별의 조합에 따른 인터넷쇼핑몰 방문횟수의 차이는 없다.

② 학력수준 및 성별에 따라 인터넷쇼핑몰 방문횟수의 차이가 존재하는지 검정하시오.

분산분석 결과 유의수준 0.05에서 학력수준 및 성별의 주효과와 학력수준 및 성별 간의 상호작용효과 모두 유의한 결과를 보여주었다. 따라서 귀무가설 1, 2, 3 모두 기각한다. 즉 학력수준 및 성별에 따라 인터넷쇼핑몰 방문횟수에 차이가 있으며, 학력수준 및 성별의 조합에 따라서도 인터넷쇼핑몰 방문횟수의 차이가 나타난다.

개체-간 효과 검정

종속변수: 쇼핑몰방문횟수

소스	제 Ⅲ 유형 제곱합	자유도	평균제곱	F	유의확률
수정된 모형	10618.305[a]	5	2123.661	6.097	.000
절편	33798.745	1	33798.745	97.036	.000
학력	7712.570	2	3856.285	11.071	.000
성별	6252.462	1	6252.462	17.951	.000
학력 * 성별	4846.418	2	2423.209	6.957	.001
오차	162662.130	467	348.313		
전체	222255.000	473			
수정된 합계	173280.436	472			

a. R제곱=.061(수정된 R제곱=.051)

③ 프로파일도표를 그리고 학력수준 및 성별 간의 상호작용효과를 설명하시오.

여자의 경우 학력수준이 높아질수록 인터넷쇼핑몰 방문횟수가 증가하고 있으나, 남자의 경우에는 대학원 이상의 학력수준에서 오히려 인터넷쇼핑몰 방문횟수가 감소하고 있다. 즉 학력수준과 성별 간에 상호작용효과가 존재한다.

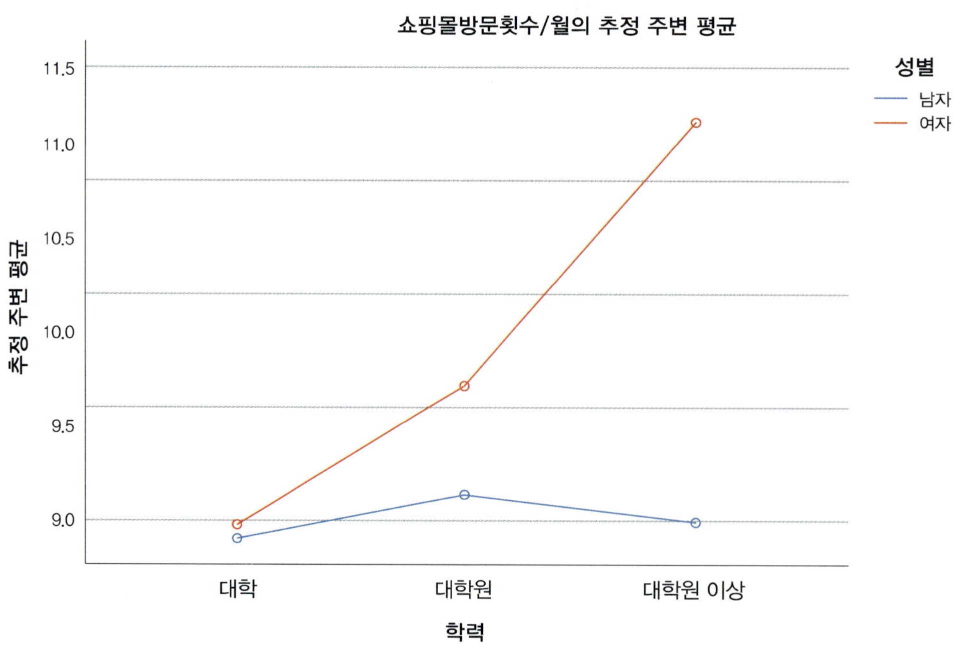

05 다음의 이원분산분석표를 완성하시오.

종속변수: 인터넷이용시간

소스	제 Ⅲ 유형 제곱합	자유도	평균제곱	F	유의확률
수정된 모형	13.742[a]	11	1.249	1.106	.357
절편	1533.602	1	1533.602	1357.813	.000
성별	1.628	1	1.628	1.441	.231
학력	5.652	5	1.130	1.001	.418
성별 * 학력	7.582	5	1.516	1.343	.247
오차	250.741	222	1.129		
전체	3921.000	234			
수정된 합계	264.483	233			

a. R제곱=.052(수정된 R제곱=.005)

$$\text{평균제곱(성별)} = \frac{1.628}{1} = 1.628$$

$$\text{평균제곱(학력)} = \frac{5.652}{5} = 1.130$$

$$\text{평균제곱(성별} \times \text{학력)} = \frac{7.582}{5} = 1.516$$

$$\text{평균제곱(오차)} = \frac{250.741}{222} = 1.129$$

$$F(\text{성별}) = \frac{1.628}{1.129} = 1.441$$

$$F(\text{학력}) = \frac{1.130}{1.129} = 1.001$$

$$F(\text{성별} \times \text{학력}) = \frac{1.516}{1.129} = 1.343$$

06 의류쇼핑몰에서 직원의 인구통계학적 특성(20대 초반의 남자/여자, 20대 후반의 남자/여자)과 구매권유 여부에 따라 판매실적에 있어서 차이가 존재하는지 분석하고자 한다. 이를 위해 다음과 같은 실험설계를 수행하여 판매실적 데이터를 수집하였다(clothessales.sav 데이터 파일).

20대 초반의 남자직원, 20대 초반의 여자직원, 20대 후반의 남자직원, 20대 후반의 여자직원 등 총 네 명의 직원에게 임의로 각각 12명의 고객을 할당하였다. 12명의 고객 중 여섯 명의 고객에 대해서는 구매권유를 하도록 하고 나머지 여섯 명의 고객에 대해서는 구매권유를 하지 않도록 각 직원에게 요구하였다. 그리고 각 고객의 구매 여부를 기록하였다.

① 검정하고자 하는 귀무가설은 무엇인지 설명하시오.

이 실험은 직원의 인구통계학적 특성과 구매권유 여부에 따라 판매실적의 차이가 존재하는지를 알아보고자 설계되었다. 검정하고자 하는 귀무가설은 다음과 같다.

- 귀무가설 1: 직원의 인구통계학적 특성에 따른 판매실적의 차이는 없다(직원의 인구통계학적 특성에 따른 평균판매건수는 동일하다).
- 귀무가설 2: 구매권유 여부에 따른 판매실적의 차이는 없다(구매권유 여부에 따른 평균판매건수는 동일하다).
- 귀무가설 3: 직원의 인구통계학적 특성과 구매권유 여부의 조합에 따른 판매실적의 차이는 없다(직원의 인구통계학적 특성과 구매권유 여부의 조합에 따른 평균판매건수는 동일하다). 다시 말해 직원의 인구통계학적 특성과 평균판매실적과의 관계패턴은 구매권유를 할 때와 그렇지 않을 때에 대해서 동일하다.

② 직원의 인구통계학적 특성과 구매권유 여부가 판매실적에 미치는 효과를 검정하시오.

분산분석 결과 유의수준 0.05에서 직원의 인구통계학적 특성과 구매권유 여부의 주효과는 유의하였으나, 두 변수 간의 상호작용효과는 유의하지 않았다. 따라서 귀무가설 1과 귀무가설 2는 기각되었으며, 귀무가설 3은 기각되지 못하였다. 즉 직원의 인구통계학적 특성과 구매권유 여부에 따라 판매실적의 차이가 존재하나, 직원의 인구통계학적 특성과 판매실적 간의 관계패턴은 구매권유 여부에 영향을 받지 않고 동일하게 유지된다.

개체-간 효과 검정

종속변수: 판매건수

소스	제 Ⅲ 유형 제곱합	자유도	평균제곱	F	유의확률
수정된 모형	202.312[a]	7	28.902	3.243	.008
절편	29850.187	1	29850.187	3349.250	.000
직원특성	110.729	3	36.910	4.141	.012
권유여부	38.521	1	38.521	4.322	.044
직원특성 * 권유여부	53.063	3	17.688	1.985	.132
오차	356.500	40	8.912		
전체	30409.000	48			
수정된 합계	558.812	47			

a. R제곱=.362(수정된 R제곱=.250)

③ 판매실적에 미치는 영향에 대한 다중비교를 수행하시오.

유의한 영향을 보인 직원의 인구통계학적 특성에 대한 사후분석 결과를 보면 20대 초반의 여자직원과 20대 후반의 남자직원 간에 판매실적에 있어서 유의한 차이를 보이고 있다(유의수준 0.05).

다중비교

종속변수: 판매건수

	(I) 직원특성정보	(J) 직원특성정보	평균차이 (I-J)	표준 오차	유의 확률	95% 신뢰구간	
						하한	상한
Scheffe	1 20대초반남자	2 20대후반남자	1.92	1.219	.488	−1.64	5.47
		3 20대초반여자	−2.33	1.219	.314	−5.89	1.22
		4 20대후반여자	.33	1.219	.995	−3.22	3.89
	2 20대후반남자	1 20대초반남자	−1.92	1.219	.488	−5.47	1.64
		3 20대초반여자	−4.25*	1.219	.013	−7.81	−.69
		4 20대후반여자	−1.58	1.219	.643	−5.14	1.97
	3 20대초반여자	1 20대초반남자	2.33	1.219	.314	−1.22	5.89
		2 20대후반남자	4.25*	1.219	.013	.69	7.81
		4 20대후반여자	2.67	1.219	.206	−.89	6.22
	4 20대후반여자	1 20대초반남자	−.33	1.219	.995	−3.89	3.22
		2 20대후반남자	1.58	1.219	.643	−1.97	5.14
		3 20대초반여자	−2.67	1.219	.206	−6.22	.89
Bonferroni	1 20대초반남자	2 20대후반남자	1.92	1.219	.742	−1.47	5.30
		3 20대초반여자	−2.33	1.219	.376	−5.72	1.05
		4 20대후반여자	.33	1.219	1.000	−3.05	3.72
	2 20대후반남자	1 20대초반남자	−1.92	1.219	.742	−5.30	1.47
		3 20대초반여자	−4.25*	1.219	.007	−7.63	−.87
		4 20대후반여자	−1.58	1.219	1.000	−4.97	1.80
	3 20대초반여자	1 20대초반남자	2.33	1.219	.376	−1.05	5.72
		2 20대후반남자	4.25*	1.219	.007	.87	7.63
		4 20대후반여자	2.67	1.219	.207	−.72	6.05
	4 20대후반여자	1 20대초반남자	−.33	1.219	1.000	−3.72	3.05
		2 20대후반남자	1.58	1.219	1.000	−1.80	4.97
		3 20대초반여자	−2.67	1.219	.207	−6.05	.72

*. 평균차이는 0.05 수준에서 유의합니다.

판매건수

	직원특성정보	N	부분집합 1	부분집합 2
Scheffe	2 20대후반남자	12	23.00	
	4 20대후반여자	12	24.58	24.58
	1 20대초반남자	12	24.92	24.92
	3 20대초반여자	12		27.25
	유의확률		.488	.206

07 입시전형종류(정시/수시) 및 학과만족도(불만족/보통/만족)에 따라 성적평점에 차이가 존재하는지 분석하고자 한다(achievement.sav 데이터 파일).

① 검정하고자 하는 귀무가설은 무엇인지 설명하시오.

- ▶ 귀무가설 1: 입시전형종류에 따른 성적평점의 차이는 없다(입시전형종류에 따른 주효과는 없다).
- ▶ 귀무가설 2: 학과만족도에 따른 성적평점의 차이는 없다(학과만족도에 따른 주효과는 없다).
- ▶ 귀무가설 3: 입시전형종류 및 학과만족도의 조합에 따른 성적평점의 차이는 없다(입시전형종류 및 학과만족도의 상호작용효과는 없다).

② 입시전형종류 및 학과만족도에 따라 성적평점의 차이가 존재하는지 검정하시오.

분산분석 결과 유의수준 0.01에서 학과만족도의 주효과는 유의하였으나, 입시전형종류 주효과와 입시전형종류 및 학과만족도의 상호작용효과는 유의하지 않았다. 따라서 귀무가설 2는 기각되나, 귀무가설 1 및 3은 모두 기각되지 못하였다. 즉 학과만족도에 따라서는 성적평점에 차이가 있으나, 입시전형종류에 따라서는 성적평점에 차이가 존재하지 않는다. 또한 학과만족도와 성적평점 간의 관계패턴은 입시전형종류에 영향을 받지 않고 입시전형종류에 대해서 동일하게 유지된다(학과만족도가 높은 학생이 높은 평점을 받는 경향은 입시전형종류와 관계없이 동일한 패턴을 유지한다).

개체-간 효과 검정

종속변수: 성적평점

소스	제 Ⅲ 유형 제곱합	자유도	평균제곱	F	유의확률
수정된 모형	13.015[a]	5	2.603	8.769	.000
절편	1873.460	1	1873.460	6311.483	.000
입시전형종류	.554	1	.554	1.866	.174
학과만족도	12.084	2	6.042	20.356	.000
입시전형종류 * 학과만족도	.899	2	.449	1.514	.223
오차	54.321	183	.297		
전체	2455.176	189			
수정된 합계	67.336	188			

a. R제곱=.193(수정된 R제곱=.171)

③ 성적평점에 미치는 영향에 대한 다중비교를 수행하시오.

유의한 영향을 보인 학과만족도에 대한 사후분석 결과를 보면 불만족과 보통의 학과만족도를 보인 학생과 만족의 학과만족도를 보인 학생 간에 성적평점에 있어서 유의한 차이를 보이고 있다(유의수준 0.01). 만족의 학과만족도를 보인 학생이 그렇지 않은 학생(불만족 또는 보통)보다 성적평점이 더 높다.

다중 비교

종속변수: 성적평점

	(I) 학과만족도	(J) 학과만족도	평균차이 (I-J)	표준오차	유의확률	95% 신뢰구간 하한	95% 신뢰구간 상한
Scheffe	1 불만족	2 보통	-.1214	.10856	.536	-.3893	.1465
		3 만족	-.5500*	.09473	.000	-.7837	-.3162
	2 보통	1 불만족	.1214	.10856	.536	-.1465	.3893
		3 만족	-.4285*	.09776	.000	-.6698	-.1873
	3 만족	1 불만족	.5500*	.09473	.000	.3162	.7837
		2 보통	.4285*	.09776	.000	.1873	.6698
Bonferroni	1 불만족	2 보통	-.1214	.10856	.795	-.3837	.1409
		3 만족	-.5500*	.09473	.000	-.7788	-.3211
	2 보통	1 불만족	.1214	.10856	.795	-.1409	.3837
		3 만족	-.4285*	.09776	.000	-.6647	-.1923
	3 만족	1 불만족	.5500*	.09473	.000	.3211	.7788
		2 보통	.4285*	.09776	.000	.1923	.6647

*. 평균차이는 0.05 수준에서 유의합니다.

성적평점

	학과만족도	N	부분집합 1	부분집합 2
Scheffe	1 불만족	53	3.2675	
	2 보통	48	3.3890	
	3 만족	88		3.8175
	유의확률		.484	1.000

08 여성의 키 및 몸매만족도에 따라 선호하는 하이힐 높이에 차이가 존재하는지 분석하고자 한다(highheels.sav 데이터 파일).

① 검정하고자 하는 귀무가설은 무엇인지 설명하시오.

▶ 귀무가설 1: 키에 따라 하이힐의 높이는 차이가 없다(키에 따른 주효과는 없다).

- 귀무가설 2: 몸매만족도에 따라 하이힐의 높이는 차이가 없다(몸매만족도에 따른 주효과는 없다).
- 귀무가설 3: 키 및 몸매만족도의 조합에 따라 하이힐의 높이는 차이가 없다(키 및 몸매만족도의 상호작용효과는 없다).

② 여성의 키 및 몸매만족도에 따라 선호하는 하이힐 높이에 차이가 존재하는지 검정하시오.

분산분석 결과 유의수준 0.01에서 키의 주효과는 유의하였으나, 몸매만족도의 주효과와 키 및 몸매만족도의 상호작용효과는 유의하지 않았다. 따라서 귀무가설 1은 기각되나, 귀무가설 2 및 3은 모두 기각되지 못하였다. 즉 키에 따라서는 하이힐의 높이에 차이가 있으나, 몸매만족도에 따라서는 하이힐의 높이에 차이가 존재하지 않는다. 또한 키와 하이힐 높이 간의 관계패턴은 몸매만족도에 영향을 받지 않고 몸매만족도에 대해서 동일하게 유지된다(키가 큰 사람이 낮은 하이힐을 신는 경향은 몸매만족도 수준에 관계없이 동일하게 유지된다).

개체-간 효과 검정

종속변수: 하이힐높이

소스	제 Ⅲ 유형 제곱합	자유도	평균제곱	F	유의확률
수정된 모형	208.700[a]	8	26.087	3.276	.002
절편	2421.552	1	2421.552	304.110	.000
몸매만족도	40.757	2	20.378	2.559	.080
키	81.278	2	40.639	5.104	.007
몸매만족도 * 키	15.674	4	3.919	.492	.742
오차	1297.928	163	7.963		
전체	6798.000	172			
수정된 합계	1506.628	171			

a. R제곱=.139(수정된 R제곱=.096)

③ 여성의 하이힐 높이에 미치는 영향에 대한 다중비교를 수행하시오.

유의한 영향을 보인 키에 대한 사후분석 결과를 종합해보면 가장 큰 키를 가진 집단(168~174)과 나머지 두 집단(153~160, 161~167) 간에 하이힐 높이에 있어서 유의한 차이를 보이고 있다(유의수준 0.05). 키가 큰 집단일수록 선호하는 하이힐 높이가 작아진다.

다중비교

종속변수: 하이힐높이

	(I) 키	(J) 키	평균차이(I-J)	표준오차	유의확률	95% 신뢰구간 하한	95% 신뢰구간 상한
Scheffe	1 153-160	2 161-167	.88	.476	.182	-.29	2.06
		3 168-174	2.62*	.668	.001	.97	4.28
	2 161-167	1 153-160	-.88	.476	.182	-2.06	.29
		3 168-174	1.74	.710	.052	-.01	3.49

	3 168–174	1 153–160	−2.62*	.668	.001	−4.28	−.97
		2 161–167	−1.74	.710	.052	−3.49	.01
Bonferroni	1 153–160	2 161–167	.88	.476	.195	−.27	2.04
		3 168–174	2.62*	.668	.000	1.01	4.24
	2 161–167	1 153–160	−.88	.476	.195	−2.04	.27
		3 168–174	1.74*	.710	.046	.02	3.46
	3 168–174	1 153–160	−2.62*	.668	.000	−4.24	−1.01
		2 161–167	−1.74*	.710	.046	−3.46	−.02

*. 평균차이는 0.05 수준에서 유의합니다.

하이힐높이

키		N	부분집합 1	부분집합 2
Scheffe	3 168–174	22	3.55	
	2 161–167	56		5.29
	1 153–160	94		6.17
	유의확률		1.000	.371

09 난이도 사전인지 및 성별에 따라 문제해결 성과에 차이가 존재하는지 분석하고자 한다. 이를 위해 다음과 같은 실험을 설계하였다(difficulty.sav 데이터 파일).

피험자에게 다른 그림 찾기 문제를 출제한다. 피험자를 24명씩 네 개의 그룹으로 나누고, 각 그룹에게는 문제가 주어지기 전에 네 가지 서로 다른 문제 난이도 정보를 제시한다. 첫 번째 그룹에게는 주어진 문제가 초등학생의 90%가 정답을 맞춘 문제라고 알려주고, 두 번째 그룹에게는 일반인의 90%가 맞춘 문제, 세 번째 그룹에게는 일반인의 7%만이 맞춘 문제, 그리고 마지막 그룹에게는 멘사 IQ테스트용 문제로서 난이도가 상당히 높은 문제라고 알려준다. 남녀 각각 48명씩 포함되도록 실험을 설계하였다. 난이도에 대한 정보만 다를 뿐 모든 피험자에게 동일한 문제가 주어진다. 각 문제에는 모두 아홉 개의 다른 그림이 있으며 맞춘 개수만큼 점수가 주어진다.

① 검정하고자 하는 귀무가설은 무엇인지 설명하시오.

이 실험은 난이도의 사전인지 조건과 성별에 따라 다른 그림 찾기의 문제해결 성과의 차이가 존재하는지를 알아보고자 설계되었다. 검정하고자 하는 귀무가설은 다음과 같다.

- 귀무가설 1: 난이도 사전인지 조건에 따른 문제해결 성과의 차이는 없다(난이도 사전인지 조건에 따른 다른 그림을 찾은 개수는 동일하다).
- 귀무가설 2: 성별에 따른 문제해결 성과의 차이는 없다(성별에 따른 다른 그림을 찾은 개수는 동일하다).

▶ 귀무가설 3: 난이도 사전인지 조건과 성별의 조합에 따른 문제해결 성과의 차이는 없다(난이도 사전인지 조건과 성별의 조합에 따른 다른 그림을 찾은 개수는 동일하다). 다시 말해 난이도 사전인지 조건과 다른 그림을 찾은 개수와의 관계패턴은 성별에 대해서 동일하게 유지된다.

② 난이도 사전인지 및 성별이 문제해결 성과에 미치는 효과를 검정하시오.

분산분석 결과 유의수준 0.01에서 사전인지 조건의 주효과는 유의하였으나, 성별의 주효과 및 두 변수 간의 상호작용효과는 유의하지 않았다. 따라서 귀무가설 1은 기각되었으나, 귀무가설 2와 3은 기각되지 못하였다. 즉 사전인지 조건에 따라 문제해결 성과의 차이가 존재하나, 성별에 따라서는 성과의 차이가 존재하지 않는다. 또한 사전인지 조건과 문제해결 성과 간의 관계패턴은 성별의 영향을 받지 않고 성별에 대해서 동일하게 유지된다(어려운 문제라는 사전인지 조건을 제시받은 사람의 성과가 낮은 경향은 성별과 무관하게 동일하게 유지된다).

개체-간 효과 검정

종속변수: 정답개수

소스	제 Ⅲ 유형 제곱합	자유도	평균제곱	F	유의확률
수정된 모형	229.833[a]	7	32.833	15.154	.000
절편	2281.500	1	2281.500	1053.000	.000
성별	4.167	1	4.167	1.923	.169
사전인지조건	221.917	3	73.972	34.141	.000
성별 * 사전인지조건	3.750	3	1.250	.577	.632
오차	190.667	88	2.167		
전체	2702.000	96			
수정된 합계	420.500	95			

a. R제곱=.547(수정된 R제곱=.511)

③ 문제해결 성과에 미치는 영향에 대한 다중비교를 수행하시오.

유의한 영향을 보인 난이도 사전인지 조건에 대한 사후분석 결과를 종합해보면 난이도 사전인지 조건에 따라 서로 다른 문제해결 성과를 갖는 세 개의 그룹이 존재한다(유의수준 0.05). 가장 난이도가 높다고 알려준 그룹(멘사 테스트용 수준)이 가장 낮은 성과를 보였으며, 가장 낮은 난이도라고 알려준 그룹(초등학생 90% 맞추는 수준)이 가장 높은 성과를 보여주었다.

다중비교

종속변수: 정답개수

	(I) 난이도 사전인지조건	(J) 난이도 사전인지조건	평균차이 (I-J)	표준 오차	유의 확률	95% 신뢰구간	
						하한	상한
Scheffe	1 초등학생 90% 맞추는 수준	2 일반인 90% 맞추는 수준	2.12*	.425	.000	.91	3.34
		3 일반인 7% 맞추는 수준	2.83*	.425	.000	1.62	4.04

		4 멘사 테스트용 수준	4.21*	.425	.000	3.00	5.42
	2 일반인 90% 맞추는 수준	1 초등학생 90% 맞추는 수준	−2.12*	.425	.000	−3.34	−.91
		3 일반인 7% 맞추는 수준	.71	.425	.432	−.50	1.92
		4 멘사 테스트용 수준	2.08*	.425	.000	.87	3.29
	3 일반인 7% 맞추는 수준	1 초등학생 90% 맞추는 수준	−2.83*	.425	.000	−4.04	−1.62
		2 일반인 90% 맞추는 수준	−.71	.425	.432	−1.92	.50
		4 멘사 테스트용 수준	1.38*	.425	.019	.16	2.59
	4 멘사 테스트용 수준	1 초등학생 90% 맞추는 수준	−4.21*	.425	.000	−5.42	−3.00
		2 일반인 90% 맞추는 수준	−2.08*	.425	.000	−3.29	−.87
		3 일반인 7% 맞추는 수준	−1.38*	.425	.019	−2.59	−.16
Bonferroni	1 초등학생 90% 맞추는 수준	2 일반인 90% 맞추는 수준	2.12*	.425	.000	.98	3.27
		3 일반인 7% 맞추는 수준	2.83*	.425	.000	1.69	3.98
		4 멘사 테스트용 수준	4.21*	.425	.000	3.06	5.36
	2 일반인 90% 맞추는 수준	1 초등학생 90% 맞추는 수준	−2.12*	.425	.000	−3.27	−.98
		3 일반인 7% 맞추는 수준	.71	.425	.594	−.44	1.86
		4 멘사 테스트용 수준	2.08*	.425	.000	.94	3.23
	3 일반인 7% 맞추는 수준	1 초등학생 90% 맞추는 수준	−2.83*	.425	.000	−3.98	−1.69
		2 일반인 90% 맞추는 수준	−.71	.425	.594	−1.86	.44
		4 멘사 테스트용 수준	1.38*	.425	.010	.23	2.52

4 멘사 테스트용 수준	1 초등학생 90% 맞추는 수준	-4.21*	.425	.000	-5.36	-3.06
	2 일반인 90% 맞추는 수준	-2.08*	.425	.000	-3.23	-.94
	3 일반인 7% 맞추는 수준	-1.38*	.425	.010	-2.52	-.23

*. 평균차이는 0.05 수준에서 유의합니다.

정답개수

	난이도 사전인지조건	N	부분집합 1	2	3
Scheffe	4 멘사 테스트용 수준	24	2.96		
	3 일반인 7% 맞추는 수준	24		4.33	
	2 일반인 90% 맞추는 수준	24		5.04	
	1 초등학생 90% 맞추는 수준	24			7.17
	유의확률		1.000	.432	1.000

10 성별 및 학년에 따라 월간 도서관 이용횟수에 있어서 차이가 존재하는지 분석하고자 한다(libraryvisit.sav 데이터 파일).

① 검정하고자 하는 귀무가설은 무엇인지 설명하시오.

- 귀무가설 1: 성별에 따라 월간 도서관 이용횟수에는 차이가 없다(성별에 따른 주효과는 없다).
- 귀무가설 2: 학년에 따라 월간 도서관 이용횟수에는 차이가 없다(학년에 따른 주효과는 없다).
- 귀무가설 3: 성별 및 학년의 조합에 따라 월간 도서관 이용횟수에는 차이가 없다(성별 및 학년의 상호작용효과는 없다).

② 성별 및 학년에 따라 월간 도서관 이용횟수에 있어서 차이가 존재하는지 검정하시오.

분산분석 결과 유의수준 0.05에서 학년의 주효과는 유의하였으나, 성별의 주효과와 성별 및 학년의 상호작용효과는 유의하지 않았다. 따라서 귀무가설 2는 기각되나, 귀무가설 1 및 3은 모두 기각되지 못하였다. 즉 학년에 따라서는 월간 도서관 이용횟수에 차이가 있으나 성별에 따라서는 월간 도서관 이용횟수에 차이가 존재하지 않는다. 또한 학년과 월간 도서관 이용횟수 간의 관계패턴은 성별과 무관하게 유지된다.

개체-간 효과 검정

종속변수: 월간도서관이용횟수

소스	제 Ⅲ 유형 제곱합	자유도	평균제곱	F	유의확률
수정된 모형	567.968[a]	7	81.138	2.220	.038
절편	6939.919	1	6939.919	189.913	.000
성별	83.932	1	83.932	2.297	.133
학년	379.857	3	126.619	3.465	.019
성별 * 학년	74.360	3	24.787	.678	.567
오차	3946.609	108	36.543		
전체	12051.000	116			
수정된 합계	4514.578	115			

③ 월간 도서관 이용횟수에 미치는 영향에 대한 다중비교를 수행하시오.

유의한 영향을 보인 학년에 대한 사후분석 결과를 종합해보면 1학년과 3학년 간에 월간 도서관 이용횟수에 있어서 유의한 차이를 보이고 있다(유의수준 0.05).

다중 비교

종속변수: 월간도서관이용횟수

	(I) 학년	(J) 학년	평균차이(I-J)	표준오차	유의확률	95% 신뢰구간 하한	95% 신뢰구간 상한
Scheffe	1 1학년	2 2학년	-3.21	1.637	.285	-7.86	1.44
		3 3학년	-5.36*	1.625	.015	-9.97	-.74
		4 4학년	-2.47	1.637	.518	-7.12	2.18
	2 2학년	1 1학년	3.21	1.637	.285	-1.44	7.86
		3 3학년	-2.15	1.548	.589	-6.55	2.25
		4 4학년	.73	1.561	.974	-3.70	5.17
	3 3학년	1 1학년	5.36*	1.625	.015	.74	9.97
		2 2학년	2.15	1.548	.589	-2.25	6.55
		4 4학년	2.88	1.548	.330	-1.51	7.28
	4 4학년	1 1학년	2.47	1.637	.518	-2.18	7.12
		2 2학년	-.73	1.561	.974	-5.17	3.70
		3 3학년	-2.88	1.548	.330	-7.28	1.51
Bonferroni	1 1학년	2 2학년	-3.21	1.637	.316	-7.61	1.19
		3 3학년	-5.36*	1.625	.008	-9.72	-.99
		4 4학년	-2.47	1.637	.802	-6.87	1.93

2 2학년	1 1학년	3.21	1.637	.316	-1.19	7.61
	3 3학년	-2.15	1.548	1.000	-6.31	2.01
	4 4학년	.73	1.561	1.000	-3.46	4.93
3 3학년	1 1학년	5.36*	1.625	.008	.99	9.72
	2 2학년	2.15	1.548	1.000	-2.01	6.31
	4 4학년	2.88	1.548	.392	-1.28	7.04
4 4학년	1 1학년	2.47	1.637	.802	-1.93	6.87
	2 2학년	-.73	1.561	1.000	-4.93	3.46
	3 3학년	-2.88	1.548	.392	-7.04	1.28

*. 평균차이는 0.05 수준에서 유의합니다.

월간도서관이용횟수

	학년	N	부분집합 1	부분집합 2
Scheffe	1 1학년	25	5.16	
	4 4학년	30	7.63	7.63
	2 2학년	30	8.37	8.37
	3 3학년	31		10.52
	유의확률		.262	.356

11 실험 참여자에게 세 종류의 자동차 광고를 차례대로 보여주고 호감도를 평가하게 하였다. 성별과 광고 종류에 따라 호감도에 있어서 차이가 있는지 분석한다(adratings.sav 데이터 파일).

① 검정하고자 하는 귀무가설은 무엇인지 설명하시오.

- ▶ 귀무가설 1: 성별에 따른 광고 호감도의 차이는 없다.
- ▶ 귀무가설 2: 광고 종류에 따른 광고 호감도의 차이는 없다.
- ▶ 귀무가설 3: 성별 및 광고 종류의 조합에 따른 광고 호감도의 차이는 없다.

② 성별과 광고 종류에 따라 호감도에 있어서 차이가 있는지 검정하시오.

동일한 실험 참여자에게 세 종류의 자동차 광고를 평가하게 하였으므로 여기에서는 반복측정 분산분석을 이용하여 가설검정을 수행한다. 먼저 집단 간 효과검정을 통해 성별에 따른 광고 호감도의 차이를 분석한다. 검정결과 유의확률은 0.793으로서 성별은 광고 호감도에 영향을 미치지 않았다. 따라서 귀무가설 1은 기각되지 못하였다.

개체-간 효과 검정

측도: MEASURE_1
변환된 변수: 평균

소스	제 Ⅲ 유형 제곱합	자유도	평균제곱	F	유의확률
절편	249560.019	1	249560.019	1144.965	.000
성별	15.574	1	15.574	.071	.793
오차	3487.407	16	217.963		

귀무가설 2와 귀무가설 3은 집단 내 효과검정을 통해 검정할 수 있다. 먼저 집단 내 효과검정을 위한 가정의 충족 여부를 검토한다. 이를 위해 Mauchly의 구형성검정을 이용하여 반복 측정된 광고 호감도 차이의 분산/공분산이 동일한지 검정하였다. 검정결과 유의확률은 0.264로서 분산/공분산이 동일하다는 귀무가설을 기각하지 못한다. 따라서 분산/공분산에 대한 동일성 가정은 충족되었다.

Mauchly의 구형성 검정[a]

측도: MEASURE_1

					엡실런[b]		
개체-내 효과	Mauchly의 W	근사 카이제곱	자유도	유의확률	Greenhouse-Geisser	Huynh-Feldt	하한
광고	.837	2.664	2	.264	.860	1.000	.500

정규화된 변형 종속변수의 오차 공분산 행렬이 항등 행렬에 비례하는 영가설을 검정합니다.
a. 설계: 절편+성별
개체-내 설계: 광고
b. 유의성 평균검정의 자유도를 조절할 때 사용할 수 있습니다. 수정된 검정은 개체-내 효과검정 표에 나타납니다.

구형성검정 결과 반복측정 분산분석을 위한 가정이 충족되었으므로 집단 내 효과검정표에서 구형성 가정 행을 바탕으로 가설검정을 수행한다. 광고 유형의 차이에 따른 효과는 유의하였으며(유의확률 0.0005 미만), 광고×성별 상호작용효과 또한 유의수준 0.05에서 유의하였다(유의확률 0.017). 따라서 귀무가설 2와 귀무가설 3은 기각되었다. 광고 종류에 따른 광고 호감도의 차이가 존재하며, 광고 종류와 광고 호감도 간의 관계패턴은 성별에 따라 달라진다.

개체-내 효과 검정

측도: MEASURE_1

소스		제 Ⅲ 유형 제곱합	자유도	평균제곱	F	유의확률
광고	구형성 가정	7448.037	2	3724.019	11.267	.000
	Greenhouse-Geisser	7448.037	1.720	4329.901	11.267	.000
	Huynh-Feldt	7448.037	2.000	3724.019	11.267	.000
	하한	7448.037	1.000	7448.037	11.267	.004
광고 * 성별	구형성 가정	3082.926	2	1541.463	4.664	.017
	Greenhouse-Geisser	3082.926	1.720	1792.253	4.664	.022
	Huynh-Feldt	3082.926	2.000	1541.463	4.664	.017
	하한	3082.926	1.000	3082.926	4.664	.046
오차(광고)	구형성 가정	10577.037	32	330.532		
	Greenhouse-Geisser	10577.037	27.522	384.309		
	Huynh-Feldt	10577.037	32.000	330.532		
	하한	10577.037	16.000	661.065		

프로파일도표를 살펴보면 성별에 관계없이 광고 1의 호감도가 가장 높고 광고 2의 호감도가 가장 낮다. 여성과 남성의 광고 종류별 호감도 선이 서로 교차하고 있어서 광고 호감도와 성별 간에 상호작용효과가 존재함을 짐작하게 한다. 남성은 세 종류의 광고 간에 호감도의 차이가 크지 않으나, 여성은 광고 1과 광고 2 간에 매우 큰 호감도 차이를 보인다.

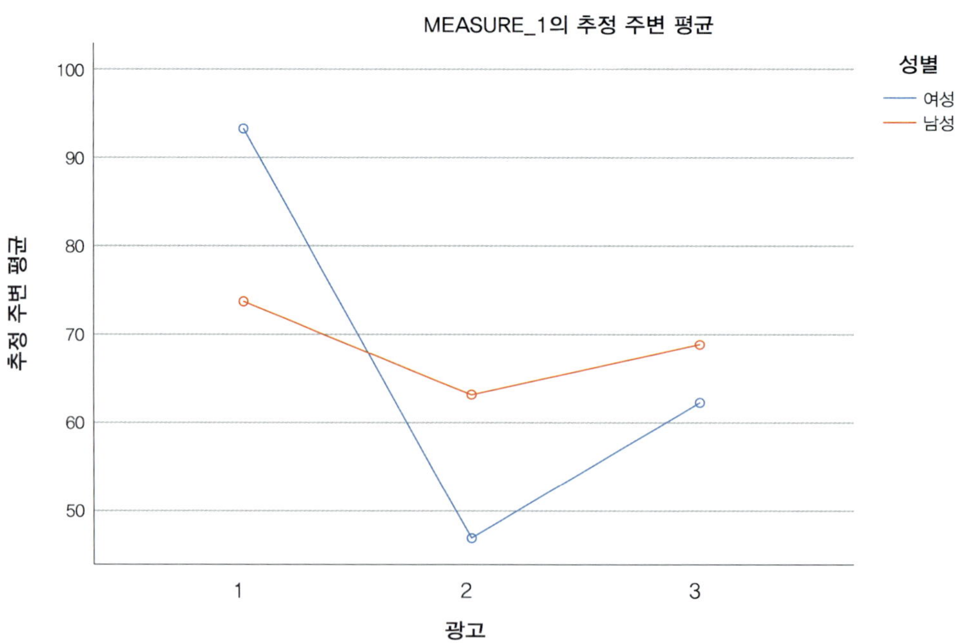

제7장 독립성검정

01 한국미디어연구소에서는 성별과 선호정당 간의 관련성을 조사하였다(media.sav 데이터 파일). 다음 질문에 답하시오.

① 성별과 선호정당 간의 열의 교차표를 완성하시오.

선호정당 * 성별 교차표

			성별		전체
			1 남자	2 여자	
선호정당	1 한나라당	빈도	44	9	53
		성별 중 %	88.0%	18.0%	53.0%
	2 민주당	빈도	6	30	36
		성별 중 %	12.0%	60.0%	36.0%
	3 국민참여당	빈도	0	4	4
		성별 중 %	0.0%	8.0%	4.0%
	4 진보신당	빈도	0	2	2
		성별 중 %	0.0%	4.0%	2.0%
	5 민주노동당	빈도	0	5	5
		성별 중 %	0.0%	10.0%	5.0%
전체		빈도	50	50	100
		성별 중 %	100.0%	100.0%	100.0%

② 성별 선호정당의 수평배열 막대도표를 작성하시오.

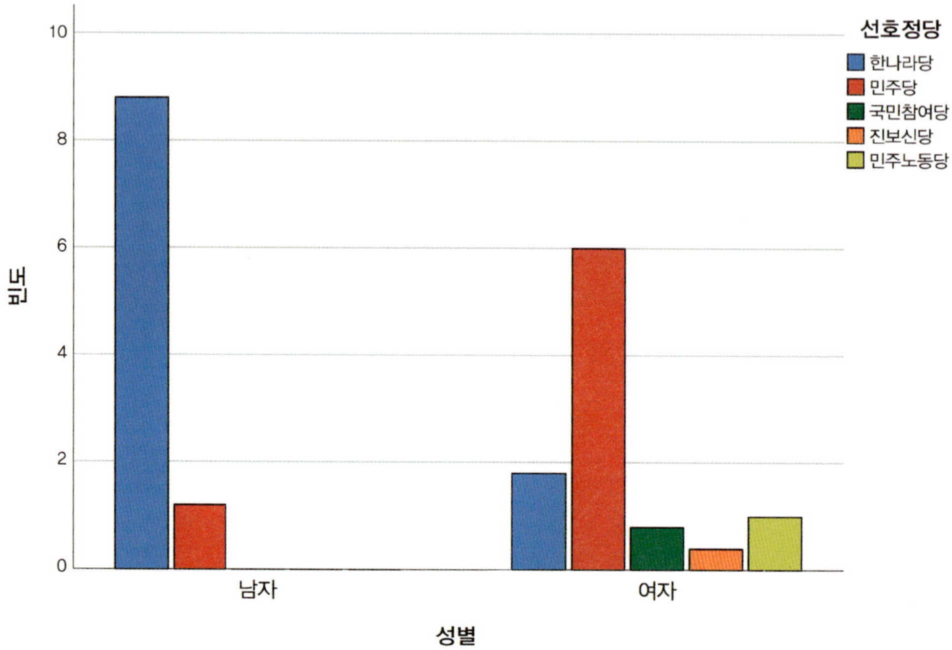

② 성별 선호정당의 수직누적 막대도표를 100%로 척도조정하여 작성하시오.

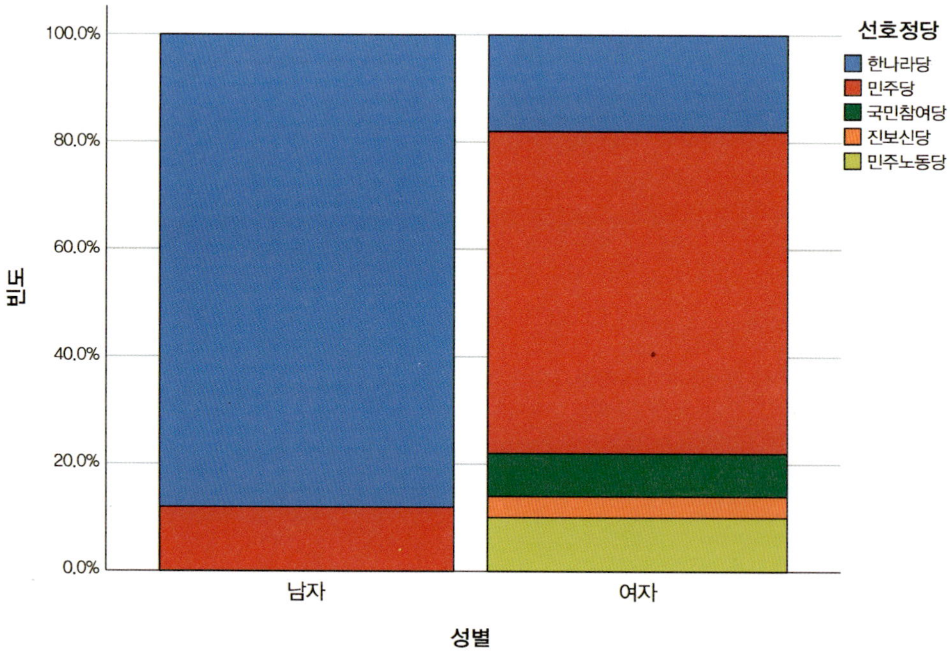

02 다음 중 교차표를 작성하기에 알맞은 변수쌍을 모두 고르시오. (①, ⑤)

① 고객등급과 최종학력

② 몸무게와 일일 칼로리 섭취량

③ 혈압과 몸무게

④ 시험점수와 학년

⑤ 성적등급과 성별

03 다음 표는 20명의 사람을 대상으로 결혼여부(1 = 기혼, 2 = 미혼)와 생활만족도(1 = 불만족, 2 = 만족, 3 = 매우 만족)를 조사한 것이다.

ID	결혼여부	생활만족도
1	1	1
2	1	1
3	1	1
4	1	1
5	1	1
6	1	2
7	1	3
8	1	3
9	2	2
10	2	2
11	2	3
12	2	3
13	2	3
14	2	3
15	2	3
16	2	3
17	2	3
18	2	3
19	2	3
20	2	3

① SPSS에 앞의 데이터를 입력하고 다음 교차표를 완성하시오.

marriage.sav **데이터 파일**

결혼여부 * 생활만족도 교차표

			생활만족도			전체
			1 불만족	2 만족	3 매우만족	
결혼여부	1 기혼	빈도	5	1	2	8
		결혼여부 중 %	62.5%	12.5%	25.0%	100.0%
		생활만족도 중 %	100.0%	33.3%	16.7%	40.0%
	2 미혼	빈도	0	2	10	12
		결혼여부 중 %	.0%	16.7%	83.3%	100.0%
		생활만족도 중 %	.0%	66.7%	83.3%	60.0%
전체		빈도	5	3	12	20
		결혼여부 중 %	25.0%	15.0%	60.0%	100.0%
		생활만족도 중 %	100.0%	100.0%	100.0%	100.0%

② 기혼자의 몇 퍼센트가 '매우 만족'인 생활만족도 수준을 나타내는가?

25.0%

③ 미혼자의 몇 퍼센트가 '만족'인 생활만족도 수준을 나타내는가?

16.7%

04 mbanking.sav 데이터 파일을 이용하여 다음 질문에 답하시오.

① 성별과 이동통신회사의 다음 교차표를 완성하시오.

성별 * 이동통신회사 교차표

			이동통신회사			전체
			1 SKT	2 KT	3 LGU+	
성별	1 남자	빈도	79	65	6	150
		기대빈도	90.4	53.2	6.4	150.0
		이동통신회사 중 %	46.5%	65.0%	50.0%	53.2%
	2 여자	빈도	91	35	6	132
		기대빈도	79.6	46.8	5.6	132.0
		이동통신회사 중 %	53.5%	35.0%	50.0%	46.8%
전체		빈도	170	100	12	282
		기대빈도	170.0	100.0	12.0	282.0
		이동통신회사 중 %	100.0%	100.0%	100.0%	100.0%

② 성별과 이동통신회사에 대한 독립성검정을 수행하여 카이제곱검정 결과표를 제시하고 검정결과를 설명하시오.

χ^2값은 8.734, 유의확률은 0.013이다. 따라서 유의수준 0.05에서 귀무가설을 기각한다. 즉 성별과 이동통신회사는 서로 독립적이지 않다(성별에 따라 이동통신회사에 대한 선호도의 차이가 존재한다).

카이제곱검정

	값	자유도	근사 유의확률 (양측검정)
Pearson 카이제곱	8.734[a]	2	.013
우도비	8.838	2	.012
선형 대 선형결합	5.221	1	.022
유효 케이스 수	282		

a. 0 셀(.0%)은(는) 5보다 작은 기대빈도를 가지는 셀입니다. 최소 기대빈도는 5.62입니다.

05 SKT, KT, LGU+ 이동통신 3사는 각각 50%, 30%, 20%의 시장점유율을 유지하고 있다. 그런데 LGU+는 최근 새로운 개념의 서비스와 혁신적인 요금제를 출시하면서 소비자들로부터 좋은 반응을 얻고 있다. 이에 LGU+는 전문가에게 의뢰하여 시장점유율에 있어서 변화가 있었는지 여부를 조사하기로 하였다. 총 200명의 소비자를 대상으로 하여 사용하고 있는 이동통신회사를 조사한 결과, SKT 98명, KT 48명, LGU+ 54명인 것으로 나타났다.

① 귀무가설과 대립가설을 설명하시오.

- 귀무가설: SKT, KT, LGU+ 이동통신 3사의 시장점유율은 각각 50%, 30%, 20%이다.
- 대립가설: SKT, KT, LGU+ 이동통신 3사의 시장점유율은 각각 50%, 30%, 20%가 아니다.

② 기존의 시장점유율에 있어서 변화가 있었는지를 검정하시오.

귀무가설이 사실일 경우의 기대빈도는 SKT 100명($=200\times0.5$), KT 60명($=200\times0.3$), LGU+ 40명($=200\times0.2$)이다. χ^2값은 다음과 같이 계산된다.

$$\chi^2=\frac{(98-100)^2}{100}+\frac{(48-60)^2}{60}+\frac{(54-40)^2}{40}=7.34$$

자유도 $2(=3-1)$에서 $\chi^2\geq7.34$인 확률이 2.55%이므로 유의수준 0.05에서 귀무가설을 기각하고 시장점유율에 있어서 변화가 생겼다고 말할 수 있다.

06 삼양식품은 새로운 라면을 출시하기에 앞서 라면맛의 매운 정도와 남녀 성별 간의 관련성을 조사하였다. 총 150명을 대상으로 하여 조사한 결과 다음과 같은 데이터를 얻었다.

관측빈도		라면맛 선호도			
		순한 맛	보통 맛	매운 맛	합계
성별	남성	20	40	20	80
	여성	30	30	10	70
	합계	50	70	30	150

① 귀무가설과 대립가설을 설명하시오.

▶ 귀무가설: 라면맛 선호도는 성별에 독립적이다.
▶ 대립가설: 라면맛 선호도는 성별에 독립적이 아니다.

② 라면맛 선호도와 성별 간의 독립성을 검정하시오.

귀무가설이 사실일 경우의 기대빈도는 다음 표와 같다.

기대빈도		라면맛 선호도			
		순한 맛	보통 맛	매운 맛	합계
성별	남성	26.67	37.33	16.00	80
	여성	23.33	32.67	14.00	70
	합계	50.00	70.00	30.00	150

χ^2값은 다음과 같이 계산된다.

$$\chi^2 = \frac{(20-26.67)^2}{26.67} + \frac{(40-37.33)^2}{37.33} + \frac{(20-16.00)^2}{16.00} + \frac{(30-23.33)^2}{23.33} + \frac{(30-32.67)^2}{32.67} + \frac{(10-14.00)^2}{14.00}$$
$$= 6.12$$

자유도 $2(=(2-1)\times(3-1))$에서 $\chi^2 \geq 6.12$인 확률이 4.69%이므로 유의수준 0.05에서 귀무가설을 기각하고 라면맛 선호도는 성별에 독립적이 아니라고 결론 내린다.

07 한국사회문화연구소에서는 혈액형과 선호하는 영화장르 간의 관계를 조사하고 있다(bloodtype.sav 데이터 파일). 다음 질문에 답하시오.

① 귀무가설과 대립가설을 설명하시오.

▶ 귀무가설: 혈액형과 선호하는 영화장르는 독립적이다.
▶ 대립가설: 혈액형과 선호하는 영화장르는 독립적이 아니다

② 혈액형과 선호하는 영화장르 간의 독립성을 검정하시오.

χ^2값은 16.407, 유의확률은 0.059이다. 따라서 유의수준 0.05에서 귀무가설을 기각하지 못한다. 즉 혈액형과 선호하는 영화장르는 서로 독립적이다(혈액형에 따라 영화장르에 대한 선호도의 차이가 존재하지 않는다).

카이제곱검정

	값	자유도	근사 유의확률 (양측검정)
Pearson 카이제곱	16.407[a]	9	.059
우도비	16.393	9	.059
선형 대 선형결합	1.737	1	.187
유효 케이스 수	445		

a. 0 셀(0.0%)은(는) 5보다 작은 기대 빈도를 가지는 셀입니다. 최소 기대빈도는 10.14입니다..

08 한국미디어연구소에서는 연령대와 뉴스를 접하는 선호매체 간의 관련성을 조사하고 있다(media.sav 데이터 파일). 다음 질문에 답하시오.

① 귀무가설과 대립가설을 설명하시오.

- ▶ 귀무가설: 연령대와 선호매체는 독립적이다.
- ▶ 대립가설: 연령대와 선호매체는 독립적이 아니다

② 선호매체와 연령대 간의 열의 교차표를 작성하고 둘 간의 관련성을 설명하시오.

뉴스를 접하는 매체로서 TV를 가장 선호하는 연령대는 50대 중반~60대 중반(57세~ 66세)으로 나타났으며(71.4%), 인터넷을 선호하는 연령대는 10대 중반~20대 중반(17세~26세)으로 나타났다(74.4%). 뉴스를 접하는 매체로서 신문을 가장 선호하는 연령대는 40대 중반~50대 중반(47세~56세)으로 나타났다(70.0%). 교차표를 통해서 볼 때 대체로 연령대와 선호매체 간에는 관련성이 존재하는 것으로 판단된다.

선호매체 * 연령대 교차표

			연령대					전체
			1 17~26	2 27~36	3 37~46	4 47~56	5 57~66	
선호매체	1 TV	빈도	8	9	5	1	5	28
		연령대 중 %	18.6%	34.6%	35.7%	10.0%	71.4%	28.0%
	2 인터넷	빈도	32	13	4	2	1	52
		연령대 중 %	74.4%	50.0%	28.6%	20.0%	14.3%	52.0%
	3 신문	빈도	3	4	5	7	1	20
		연령대 중 %	7.0%	15.4%	35.7%	70.0%	14.3%	20.0%
전체		빈도	43	26	14	10	7	100
		연령대 중 %	100.0%	100.0%	100.0%	100.0%	100.0%	100.0%

③ 연령대별 선호매체의 수평배열 막대도표를 작성하시오.

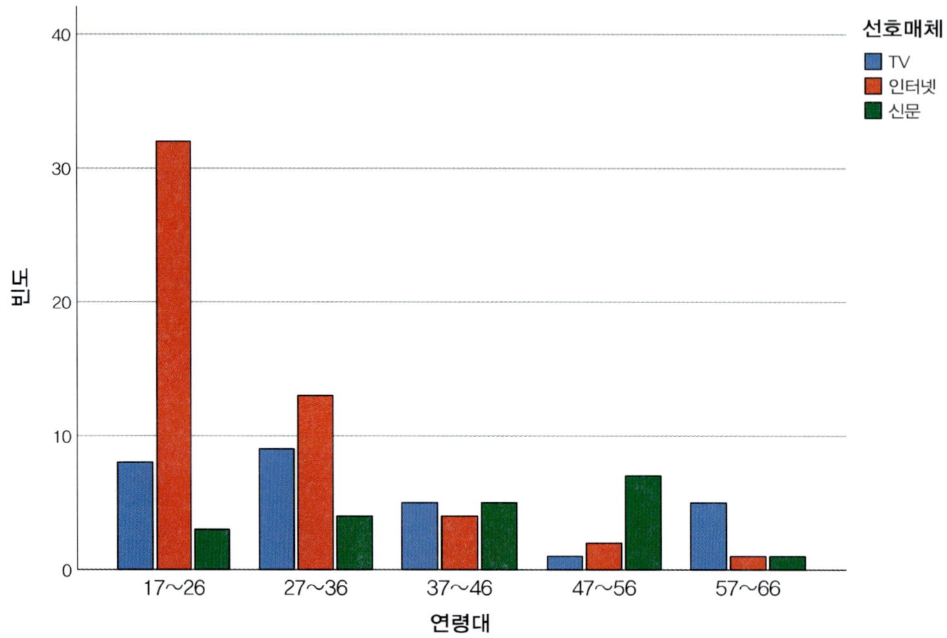

④ 연령대별 선호매체의 수직누적 막대도표를 100%로 척도조정하여 작성하시오.

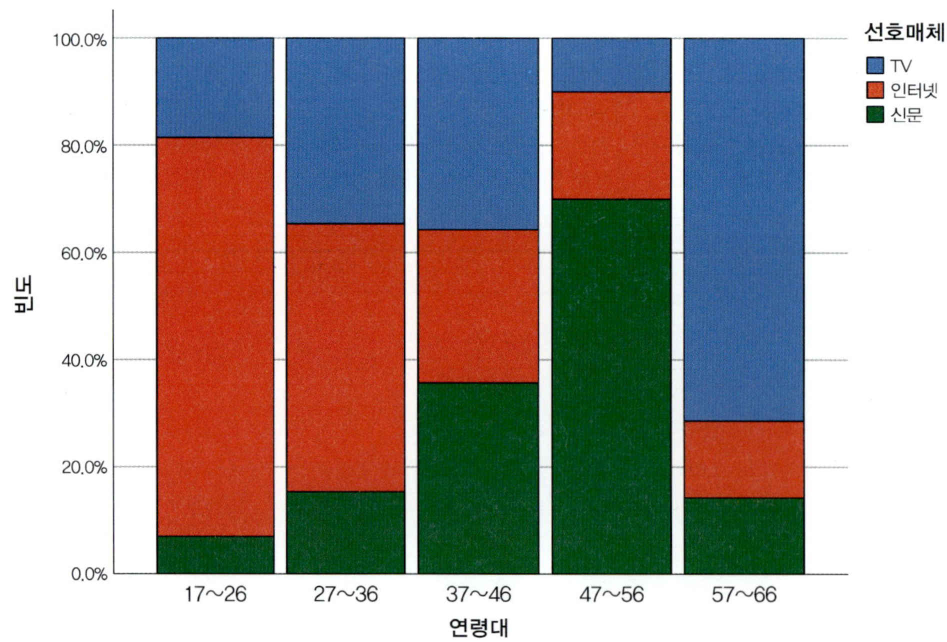

⑤ 연령대와 선호매체 간의 독립성을 검정하시오.

χ^2값은 35.736, 유의확률은 0.000이다. 따라서 유의수준 0.05에서 귀무가설을 기각한다. 즉 연령대와 선호매체는 서로 독립적이지 않다(연령대에 따라 뉴스를 접하는 매체에 대한 선호도의 차이가 존재한다).

카이제곱검정

	값	자유도	근사 유의확률 (양측검정)
Pearson 카이제곱	35.736[a]	8	.000
우도비	31.987	8	.000
선형 대 선형결합	.468	1	.494
유효 케이스 수	100		

a. 7 셀(46.7%)은(는) 5보다 작은 기대빈도를 가지는 셀입니다. 최소 기대빈도는 1.40입니다.

09 대학교육연구소에서는 아버지의 대학 전공과 자녀의 대학 전공 간의 관련성을 조사하고 있다(major.sav 데이터 파일). 다음 질문에 답하시오.

① 귀무가설과 대립가설을 설명하시오.

- 귀무가설: 아버지의 대학 전공과 자녀의 대학 전공은 독립적이다.
- 대립가설: 아버지의 대학 전공과 자녀의 대학 전공은 독립적이 아니다.

② 자녀의 대학 전공과 아버지의 대학 전공 간의 열의 교차표를 작성하고 둘 간의 관계를 설명하시오.

아버지의 대학 전공이 인문계열인 사람들 가운데는 자녀의 대학 전공이 인문계열인 사람이 가장 많았다(35.2%). 마찬가지로 아버지의 대학 전공이 이공계열인 사람들 가운데는 자녀의 대학 전공이 이공계열인 사람이 가장 많았다(39.3%). 반면에 아버지의 대학 전공이 사범계열인 사람들 가운데는 자녀의 대학 전공이 이공계열인 사람이 가장 많았으며(40.0%), 자녀의 대학 전공이 아버지와 동일한 사범계열인 사람은 상대적으로 작은 비중을 차지하였다(25.0%). 아버지의 대학 전공이 예체능계열인 사람들 가운데는 자녀의 대학 전공이 인문계열인 사람이 가장 많았으며(40.0%), 자녀의 대학 전공이 아버지와 동일한 예체능계열인 사람의 비중이 그 뒤를 이었다(25.0%). 따라서 교차표를 통해서 볼 때 아버지의 대학 전공과 자녀의 대학 전공 간의 관련성은 명확하지 않다.

자녀전공 * 부친전공 교차표

			부친전공				전체
			1 인문계열	2 이공계열	3 사범계열	4 예체능계열	
자녀전공	1 인문계열	빈도	32	24	6	8	70
		부친전공 중 %	35.2%	28.6%	30.0%	40.0%	32.6%
	2 이공계열	빈도	30	33	8	5	76
		부친전공 중 %	33.0%	39.3%	40.0%	25.0%	35.3%
	3 사범계열	빈도	9	11	5	2	27
		부친전공 중 %	9.9%	13.1%	25.0%	10.0%	12.6%
	4 예체능계열	빈도	20	16	1	5	42
		부친전공 중 %	22.0%	19.0%	5.0%	25.0%	19.5%
전체		빈도	91	84	20	20	215
		부친전공 중 %	100.0%	100.0%	100.0%	100.0%	100.0%

③ 아버지의 대학 전공별 자녀의 대학 전공의 수평배열 막대도표를 작성하시오.

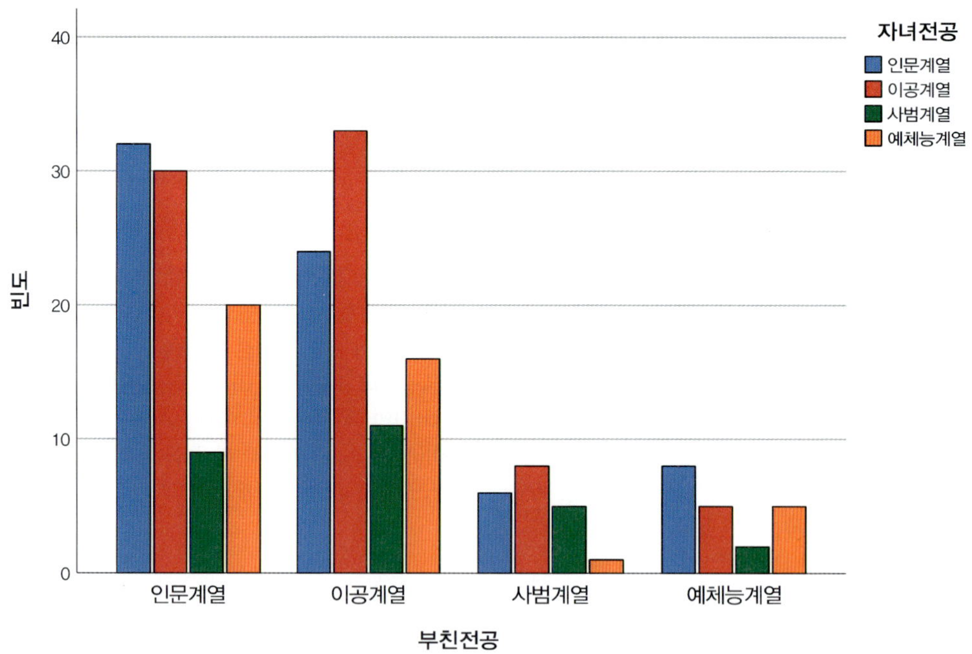

④ 아버지의 대학 전공별 자녀의 대학 전공의 수직누적 막대도표를 100%로 척도조정하여 작성하시오.

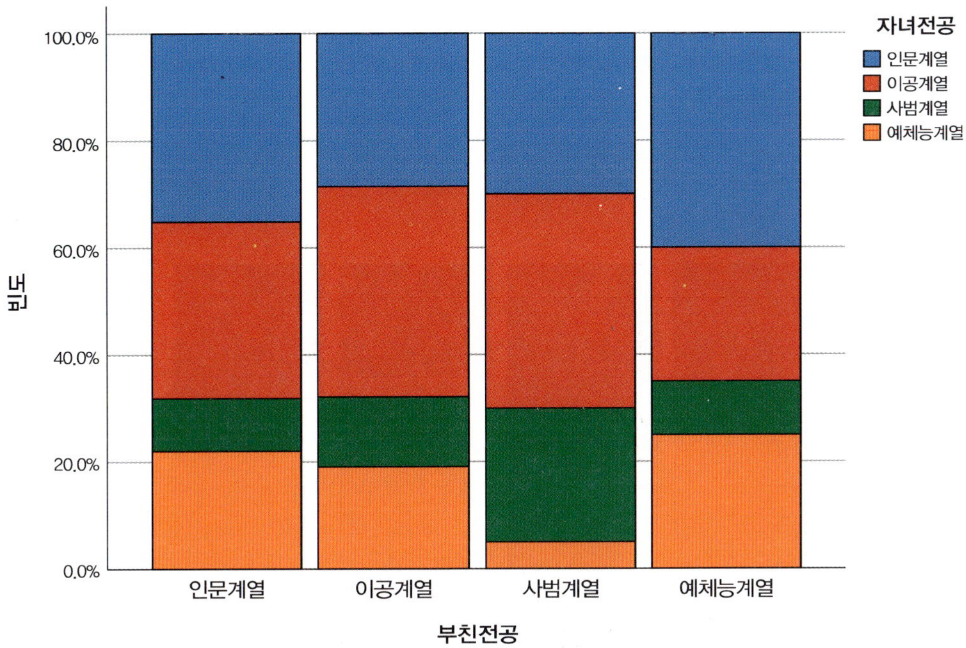

⑤ 아버지의 대학 전공과 자녀의 대학 전공 간의 독립성을 검정하시오.

χ^2값은 8.085, 유의확률은 0.526이다. 따라서 유의수준 0.05에서 귀무가설을 기각하지 못한다. 즉 아버지의 대학 전공과 자녀의 대학 전공은 서로 독립적이다(아버지의 대학 전공과 자녀의 대학 전공 간에는 서로 관련성이 없다).

카이제곱검정

	값	자유도	근사 유의확률 (양측검정)
Pearson 카이제곱	8.085[a]	9	.526
우도비	8.512	9	.484
선형 대 선형결합	.019	1	.889
유효 케이스 수	215		

a. 4 셀(25.0%)은(는) 5보다 작은 기대빈도를 가지는 셀입니다. 최소 기대빈도는 2.51입니다.

10 건전음주문화연구소에서는 연령대 및 성별과 선호하는 주류 간의 관련성을 조사하고 있다(liquor.sav 데이터 파일). 다음 질문에 답하시오.

① 100% 척도조정된 수직누적 막대도표를 이용하여 연령대와 선호주류 간의 관련성을 설명하고 두 변수 간의 독립성을 검정하시오.

100%로 척도조정된 수직누적 막대도표를 보면 높은 연령대일수록 소주를 선호하는 비중이 높고, 낮은 연령대일수록 그 비중이 낮아진다. 따라서 대체로 두 변수 간에 관련성이 존재하는 것처럼 보인다.

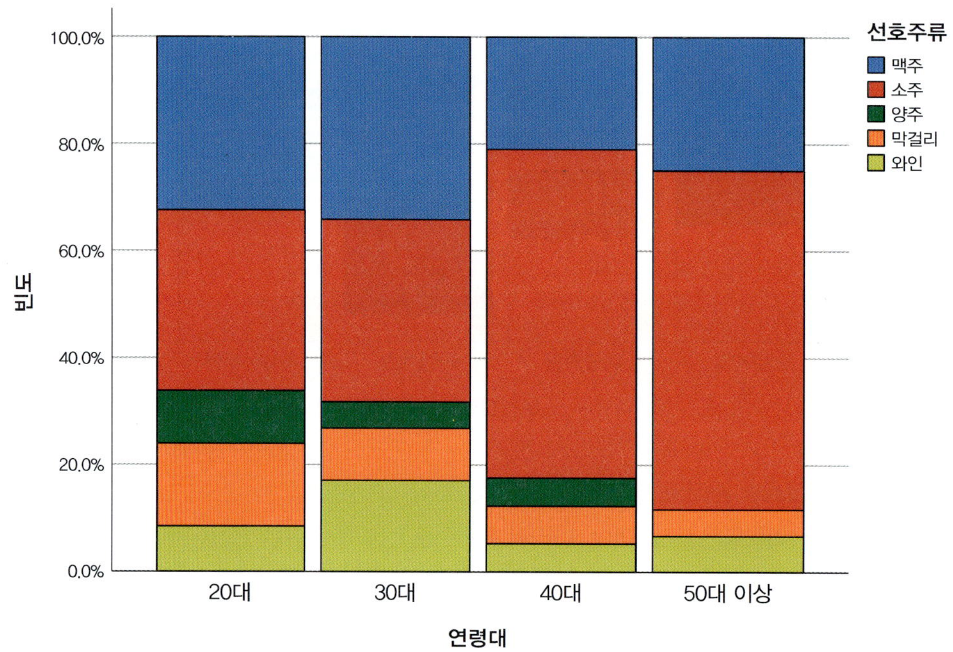

카이제곱검정을 통해 두 변수 간의 독립성검정을 수행해보면 χ^2값은 26.491, 유의확률은 0.009이다. 따라서 유의수준 0.05에서 연령대와 선호주류가 서로 독립적이라는 귀무가설을 기각한다. 즉 연령대와 선호주류는 서로 독립적이지 않다(연령대에 따라 주류에 대한 선호도의 차이가 존재한다).

카이제곱검정

	값	자유도	근사 유의확률 (양측검정)
Pearson 카이제곱	26.491[a]	12	.009
우도비	28.612	12	.004
선형 대 선형결합	2.498	1	.114
유효 케이스 수	229		

a. 7 셀(35.0%)은(는) 5보다 작은 기대빈도를 가지는 셀입니다. 최소 기대빈도는 2.15입니다.

② 100% 척도조정된 수직누적 막대도표를 이용하여 성별과 선호주류 간의 관련성을 설명하고 두 변수 간의 독립성을 검정하시오.

100%로 척도조정된 수직누적 막대도표를 보면 여자는 알코올 도수가 상대적으로 낮은 맥주, 막걸리, 와인 등의 주류를 선호하고, 반면에 남자는 소주, 양주 등 알코올 도수가 상대적으로 높은 주류를 선호한다. 따라서 대체로 두 변수 간에 관련성이 존재하는 것처럼 보인다.

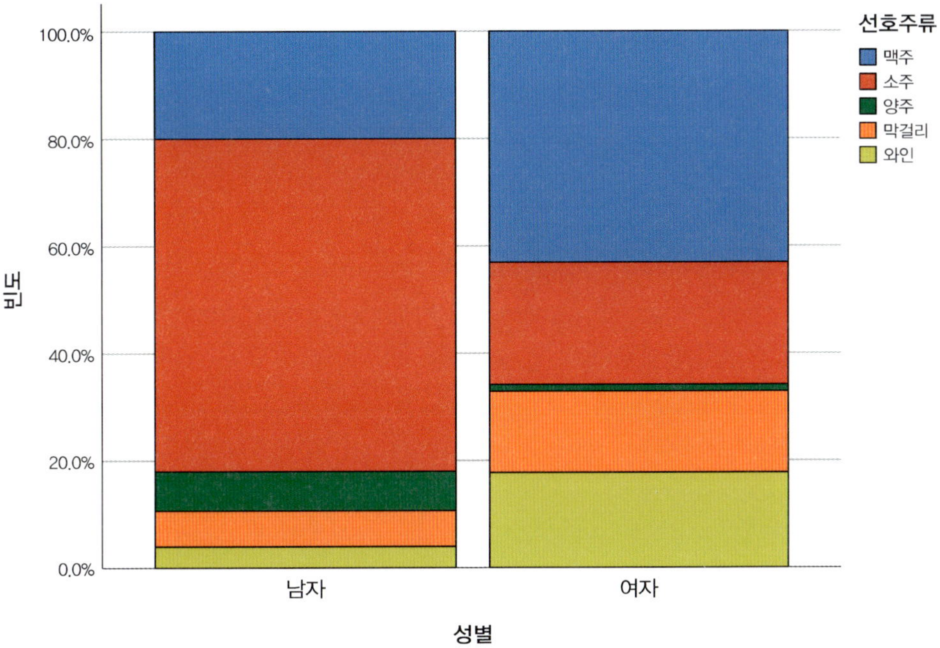

카이제곱검정을 통해 두 변수 간의 독립성검정을 수행해보면 χ^2값은 44.948, 유의확률은 0.000이다. 따라서 유의수준 0.01에서 성별과 선호주류가 서로 독립적이라는 귀무가설을 기각한다. 즉 성별과 선호주류는 서로 독립적이지 않다(성별에 따라 주류에 대한 선호도의 차이가 존재한다).

카이제곱검정

	값	자유도	근사 유의확률 (양측검정)
Pearson 카이제곱	44.948[a]	4	.000
우도비	46.575	4	.000
선형 대 선형결합	3.009	1	.083
유효 케이스 수	229		

a. 1 셀(10.0%)은(는) 5보다 작은 기대빈도를 가지는 셀입니다. 최소 기대빈도는 4.14입니다.

제8장 상관분석

01 생활건강연구소에서는 대학생 본인의 키와 부모의 키를 조사하였다(height.sav 데이터 파일). 다음 질문에 답하시오.

① 본인의 키를 Y축으로 하고 부모의 평균키를 X축으로 하는 산점도를 그리시오. 산점도상의 관측값을 성별에 따라 색상으로 구분하시오.

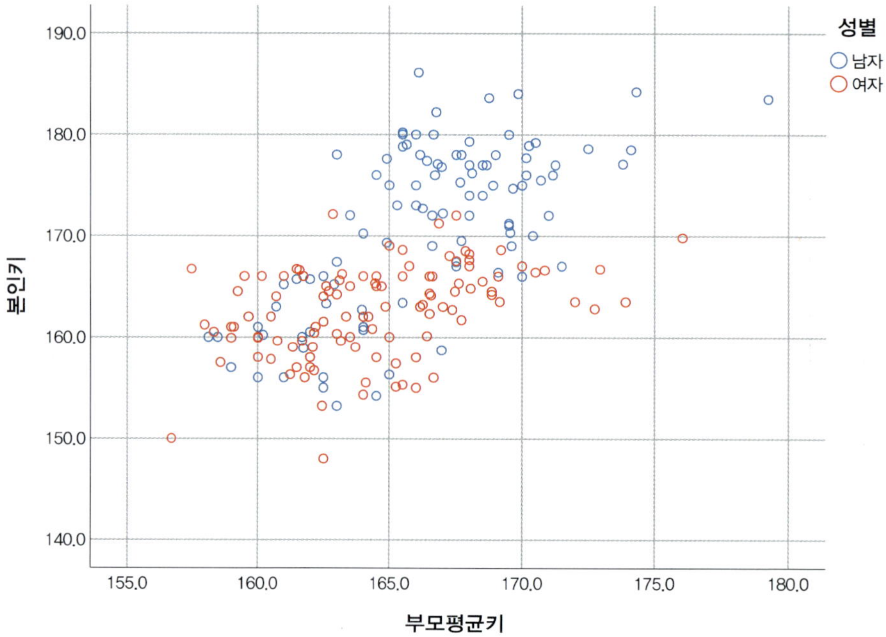

『단순 산점도』 대화상자에서 『Y축』과 『X축』에 각각 본인키 변수와 부모평균키 변수를 지정하고, 『표식 기준』에는 성별 변수를 지정한다.

② 상관분석을 수행하고 결과를 설명하시오.

상관관계

		본인키	부모평균키
본인키	Pearson 상관	1	.563**
	유의확률 (양측)		.000
	N	238	238
부모평균키	Pearson 상관	.563**	1
	유의확률 (양측)	.000	
	N	238	238

**. 상관관계가 0.01 수준에서 유의합니다(양측).

본인의 키와 부모의 평균키 간의 Pearson 상관계수는 0.563이고 유의수준 0.01에서 통계적으로 유의하다(유의확률 0.000).

02 와플전자에서는 직원들의 직무성과 향상 방안을 연구하고 있다. 이를 위해 직원들의 직무성과, IQ, 직무동기, 사회적지지 등을 평가하였다(job.sav 데이터 파일). 다음 질문에 답하시오.

① 산점도 행렬을 그리시오. 산점도상의 점의 기본 색상을 변경하고 점들을 통과하는 직선(적합선)을 그리시오.

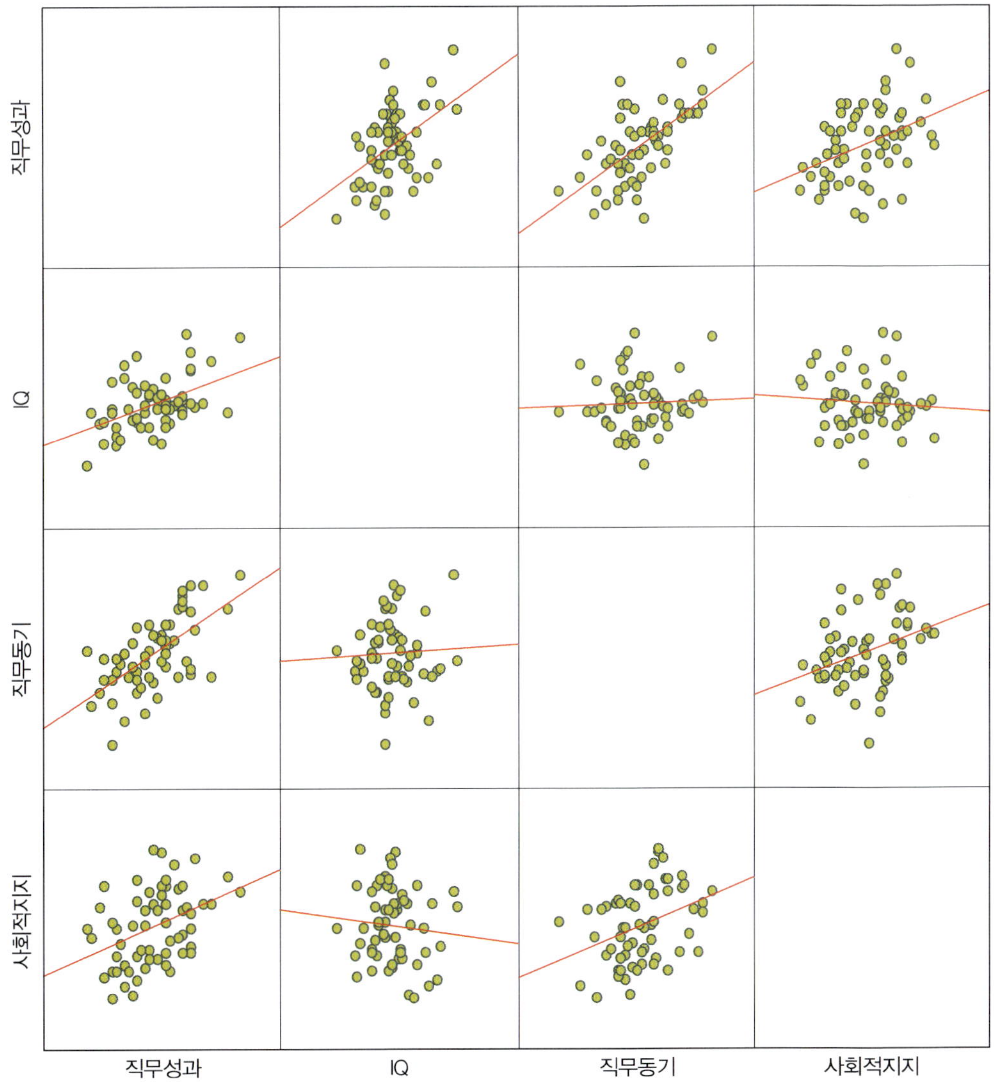

도표편집기에서 산점도상의 점을 선택한 후 『편집 > 특성』의 『표식』 탭을 이용하여 점의 내부 및 경계

의 색상을 지정한다. 『요소 > 전체 회귀선 적합』을 선택하여 점들을 통과하는 적합선을 그린다. 적합선을 선택한 후 『편집 > 특성』의 『선』 탭에서 선의 유형, 굵기, 색상을 지정한다.

② 상관분석을 수행하고 결과를 설명하시오.

상관관계

		직무성과	IQ	직무동기	사회적지지
직무성과	Pearson 상관	1	.474**	.635**	.397**
	유의확률(양측)		.000	.000	.002
	N	60	60	60	60
IQ	Pearson 상관	.474**	1	.047	-.092
	유의확률(양측)	.000		.722	.485
	N	60	60	60	60
직무동기	Pearson 상관	.635**	.047	1	.363**
	유의확률(양측)	.000	.722		.004
	N	60	60	60	60
사회적지지	Pearson 상관	.397**	-.092	.363**	1
	유의확률(양측)	.002	.485	.004	
	N	60	60	60	60

직무성과는 IQ, 직무동기, 사회적지지와 통계적으로 유의한 상관관계를 갖는다(유의확률 각각 0.000, 0.000, 0.002). 이 가운데 직무성과와 가장 큰 선형적 연관성을 갖는 변수는 직무동기이다(상관계수 0.635). 또한 직무동기는 사회적지지와 통계적으로 유의한 상관관계를 갖는다(유의확률 0.004). 그러나 IQ는 직무동기 및 사회적지지와 유의한 연관성이 없다(유의확률 0.722, 0.485).

03 가우스병원에서는 환자만족도 향상 방안을 연구하고 있다. 이를 위해 환자들에게 의사, 간호사, 병실, 음식, 시설 등에 대해 평가하도록 하였다(hospital.sav 데이터 파일). 다음 질문에 답하시오.

① 상관분석을 수행하고 결과를 설명하시오.

상관관계

		의사	간호사	병실	음식	시설
의사	Pearson 상관	1	.606**	.373**	.333*	.420**
	유의확률 (양측)		.000	.008	.018	.002
	N	50	50	50	50	50
간호사	Pearson 상관	.606**	1	.550**	.391**	.440**
	유의확률 (양측)	.000		.000	.005	.001
	N	50	50	50	50	50

병실	Pearson 상관	.373**	.550**	1	.344*	.502**
	유의확률 (양측)	.008	.000		.014	.000
	N	50	50	50	50	50
음식	Pearson 상관	.333*	.391**	.344*	1	.323*
	유의확률 (양측)	.018	.005	.014		.022
	N	50	50	50	50	50
시설	Pearson 상관	.420**	.440**	.502**	.323*	1
	유의확률 (양측)	.002	.001	.000	.022	
	N	50	50	50	50	50

**. 상관관계가 0.01 수준에서 유의합니다(양측).
*. 상관관계가 0.05 수준에서 유의합니다(양측).

의사에 대한 평가는 간호사, 병실, 음식, 시설에 대한 평가와 유의한 상관관계를 갖는다. 간호사에 대한 평가 또한 병실, 음식, 시설에 대한 평가와 관련성을 갖고 있다. 병실에 대한 평가는 음식 및 시설의 평가와 유의한 상관관계를 갖고, 음식에 대한 평가 또한 시설에 대한 평가와 유의한 상관관계를 갖는다. 따라서 의사, 간호사, 병실, 음식, 시설 등 평가대상 항목들은 유의수준 0.05에서 서로 모두 통계적으로 유의한 상관관계를 갖고 있다.

② 병실에 대한 평가를 통제변수로 사용하여 편상관분석을 수행하고 결과를 설명하시오.

상관관계

대조변수			의사	간호사	음식	시설
병실	의사	상관관계	1.000	.517	.235	.290
		유의확률(양측)	.	.000	.104	.043
		자유도	0	47	47	47
	간호사	상관관계	.517	1.000	.258	.227
		유의확률(양측)	.000	.	.074	.116
		자유도	47	0	47	47
	음식	상관관계	.235	.258	1.000	.185
		유의확률(양측)	.104	.074	.	.202
		자유도	47	47	0	47
	시설	상관관계	.290	.227	.185	1.000
		유의확률(양측)	.043	.116	.202	.
		자유도	47	47	47	0

병실에 대한 평가를 통제할 경우 의사에 대한 평가는 각각 유의수준 0.05와 0.01에서 음식 및 시설에 대한 평가와 연관성이 없으며(유의확률 각각 0.104, 0.043), 간호사에 대한 평가도 유의수준 0.05에서

음식 및 시설에 대한 평가와 상관관계가 없다(유의확률 각각 0.074, 0.116). 따라서 병실에 대한 평가가 동일하다고 가정할 때 의사와 간호사에 대한 평가는 음식이나 시설에 대한 평가와는 무관하다.

제9장 단순회귀분석

01 대학졸업생 10명의 표본을 추출하여 평점과 초임연봉(만원)을 조사하였다. 다음 데이터를 이용하여 질문에 답하시오.

평점	초임연봉
2.6	2,900
3.5	3,500
3.6	4,000
3.3	3,200
3.4	3,400
2.9	3,000
2.0	2,500
4.1	4,500
4.2	4,300
3.0	3,600

① 데이터를 SPSS에 입력한 후 평점을 X축으로 하고 초임연봉을 Y축으로 하는 산점도를 그리시오.

gpasalary.sav 데이터 파일.

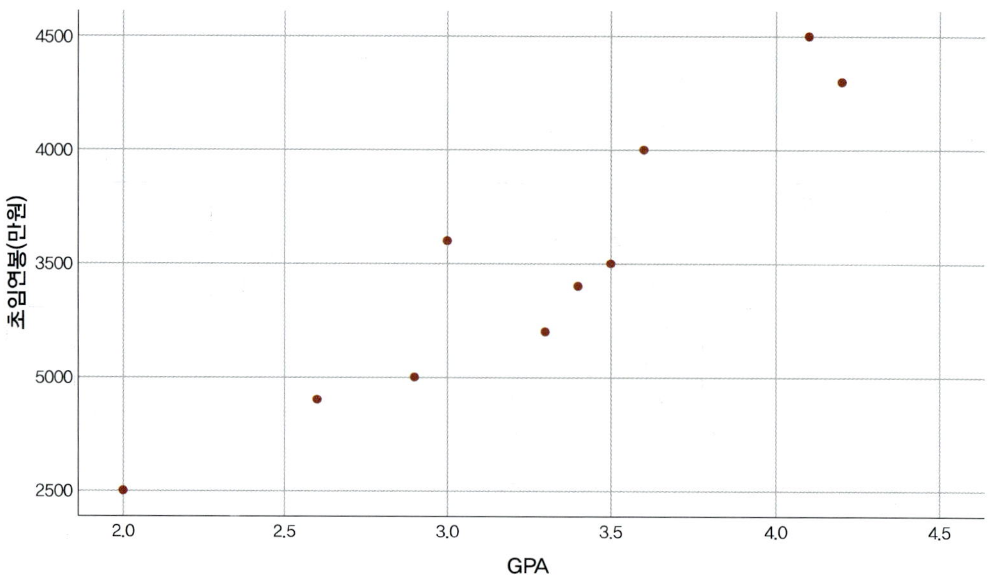

② 회귀분석을 수행하여 회귀식의 설명력을 제시하시오.

회귀식의 설명력을 나타내는 R제곱은 0.870으로서 독립변수인 평점은 종속변수인 초임연봉 분산의 87%를 설명한다.

모형 요약

모형	R	R제곱	수정된 R제곱	추정값의 표준오차
1	.933[a]	.870	.854	242.026

a. 예측자: (상수), 평점

③ 회귀분석을 수행하여 회귀식을 도출하고 독립변수의 회귀계수 및 회귀식에 대한 유의성을 검정하시오.

회귀계수표에 의하면 회귀식은 다음과 같다.

연봉 = 602.897 + 885.614 × 평점

독립변수인 평점의 회귀계수의 유의확률은 0.000으로서 유의수준 0.01에서 유의하다. 분산분석표에서 F값 53.612에 대한 유의확률은 0.000으로서 회귀식 역시 유의한 것으로 판단된다.

계수[a]

모형		비표준화계수		표준화계수	t	유의확률
		B	표준오차	베타		
1	(상수)	602.897	401.664		1.501	.172
	평점	885.614	120.952	.933	7.322	.000

a. 종속변수: 연봉

ANOVA[a]

모형		제곱합	자유도	평균제곱	F	유의확률
1	회귀	3140388.611	1	3140388.611	53.612	.000[b]
	잔차	468611.389	8	58576.424		
	전체	3609000.000	9			

a. 종속변수: 연봉

b. 예측자: (상수), 평점

02 한 제조업체에서 생산량(개)과 그에 대응되는 총원가(만원)를 조사하였다. 다음 데이터를 이용하여 질문에 답하시오.

생산량	총원가
400	4,000
450	5,000
550	5,400
600	5,900
700	6,400
750	7,000
800	7,300
900	7,500
950	8,200
1,000	8,500

① 데이터를 SPSS에 입력한 후 생산량을 X축으로 하고 총원가를 Y축으로 하는 산점도를 그리시오. productcost.sav 데이터 파일.

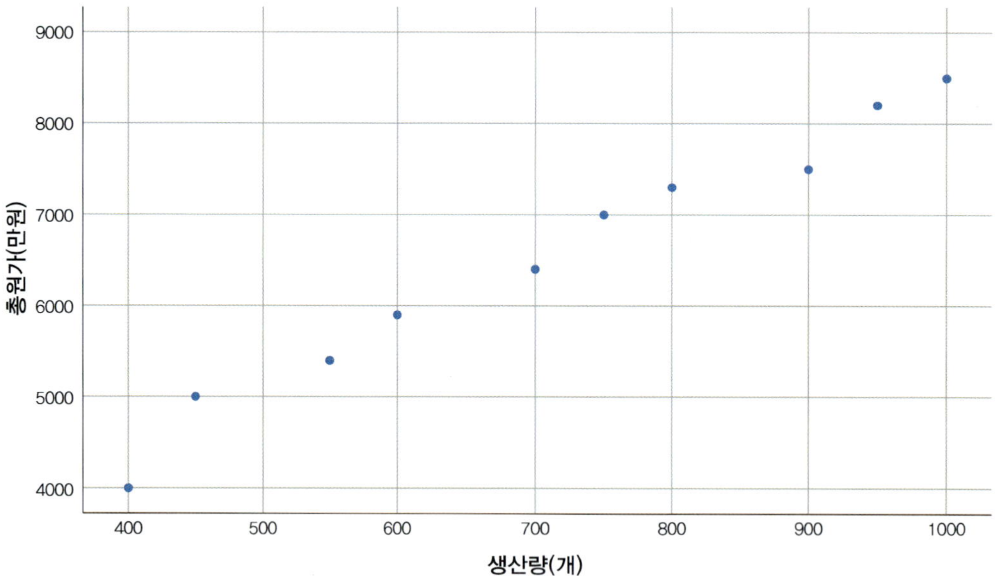

② 회귀분석을 수행하여 회귀식의 설명력을 제시하시오.

회귀식의 설명력을 나타내는 R제곱은 0.978로서 독립변수인 생산량은 종속변수인 총원가 분산의 97.8%를 설명한다.

모형 요약

모형	R	R제곱	수정된 R제곱	추정값의 표준오차
1	.989[a]	.978	.975	229.073

a. 예측값: (상수), 생산량

③ 회귀분석을 수행하여 회귀식을 도출하고 독립변수의 회귀계수 및 회귀식에 대한 유의성을 검정하시오.

회귀계수표에 의하면 회귀식은 다음과 같다.

총원가 = 1,632.134 + 6.884 × 생산량

독립변수인 생산량의 회귀계수의 유의확률은 0.000으로서 유의수준 0.01에서 유의하다. 분산분석표에서 F값 351.338에 대한 유의확률은 0.000으로서 회귀식 역시 유의한 것으로 판단된다.

계수[a]

모형		비표준화계수		표준화계수	t	유의확률
		B	표준오차	베타		
1	(상수)	1632.134	270.644		6.031	.000
	생산량	6.884	.367	.989	18.744	.000

a. 종속변수: 총원가

ANOVA[a]

모형		제곱합	자유도	평균제곱	F	유의확률
1	회귀	18436205.656	1	18436205.656	351.338	.000[b]
	잔차	419794.344	8	52474.293		
	전체	18856000.000	9			

a. 종속변수: 총원가

b. 예측자: (상수), 생산량

03 기대수명과 출생률 간의 관계를 분석하고자 한다. 데이터 파일 country19.sav를 이용하여 다음 질문에 답하시오.

① 출생률을 X축으로 하고 기대수명을 Y축으로 하는 산점도를 그리시오.

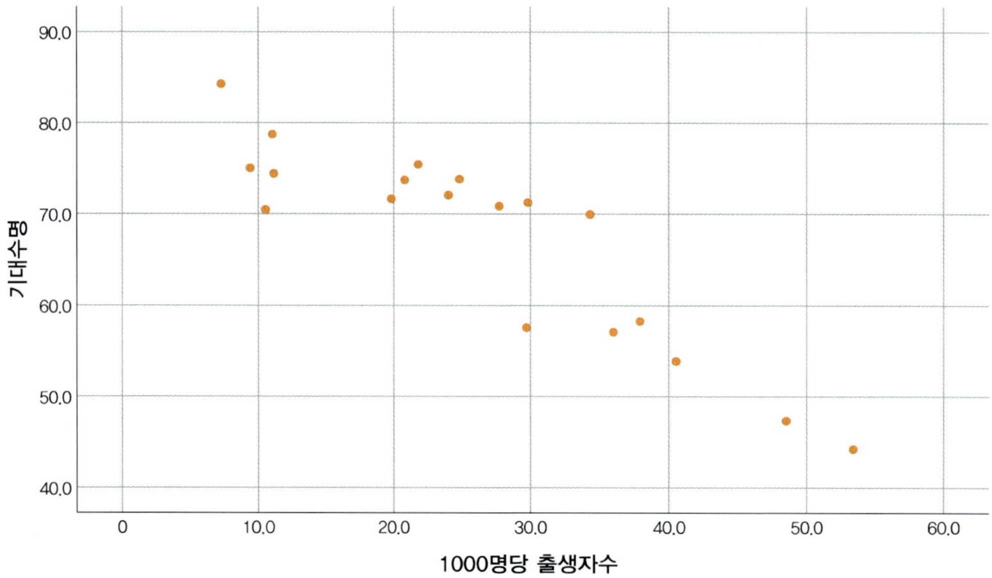

② 회귀분석을 수행하여 회귀식의 설명력을 제시하시오.

회귀식의 설명력을 나타내는 R제곱은 0.806으로서 독립변수인 출생률은 종속변수인 기대수명 분산의 80.6%를 설명한다.

모형 요약

모형	R	R제곱	수정된 R제곱	추정값의 표준오차
1	.898[a]	.806	.795	4.9585

a. 예측값: (상수), 출생률

③ 회귀분석을 수행하여 회귀식을 도출하고 독립변수의 회귀계수 및 회귀식에 대한 유의성을 검정하시오.

회귀계수표에 의하면 회귀식은 다음과 같다.

기대수명 = 86.741 − 0.737 × 출생률

독립변수인 출생률의 회귀계수의 유의확률은 0.000으로서 유의수준 0.01에서 유의하다. 분산분석표에서 F값 70.825에 대한 유의확률은 0.000으로서 회귀식 역시 유의한 것으로 판단된다.

계수[a]

모형		비표준화계수 B	비표준화계수 표준오차	표준화계수 베타	t	유의확률
1	(상수)	86.741	2.562		33.856	.000
	출생률	-.737	.088	-.898	-8.416	.000

a. 종속변수: 기대수명

ANOVA[a]

모형		제곱합	자유도	평균제곱	F	유의확률
1	회귀	1741.324	1	1741.324	70.825	.000[b]
	잔차	417.967	17	24.586		
	전체	2159.292	18			

a. 종속변수: 기대수명
b. 예측자: (상수), 출생률

04 스포츠과학연구소에서는 GDP와 올림픽에서의 메달 획득개수 간의 관계를 조사하고 있다. 이를 위해 2012년 런던 올림픽에서의 국가별 메달 획득개수와 해당 국가의 GDP 데이터를 수집하였다(olympic.sav 데이터 파일). 다음 질문에 답하시오.

① 회귀분석을 수행하여 회귀식의 설명력을 제시하시오.

회귀식의 설명력을 나타내는 R제곱은 0.693으로서 독립변수인 GDP는 종속변수인 메달 획득개수 분산의 69.3%를 설명한다.

모형 요약

모형	R	R제곱	수정된 R제곱	추정값의 표준오차
1	.832[a]	.693	.689	10.987

a. 예측자: (상수), GDP

② 회귀분석을 수행하여 회귀식을 도출하고 독립변수의 회귀계수 및 회귀식에 대한 유의성을 검정하시오.

회귀계수표에 의하면 회귀식은 다음과 같다.

$$메달 = 5.259 + 0.008 \times GDP$$

독립변수인 GDP의 회귀계수의 유의확률은 0.000으로서 유의수준 0.01에서 유의하다. 분산분석표를 보면 F값 171.218에 대한 유의확률은 0.000으로서 회귀식 역시 유의한 것으로 판단된다.

계수[a]

모형		비표준화계수		표준화계수		
		B	표준오차	베타	t	유의확률
1	(상수)	5.259	1.343		3.917	.000
	GDP	.008	.001	.832	13.085	.000

a. 종속변수: 메달

ANOVA[a]

모형		제곱합	자유도	평균제곱	F	유의확률
1	회귀	20669.809	1	20669.809	171.218	.000[b]
	잔차	9174.909	76	120.722		
	전체	29844.718	77			

a. 종속변수: 메달
b. 예측자: (상수), GDP

05 던킨도너츠 상계점에서는 냉음료판매량과 습도 간의 관계를 분석하고자 한다. 이를 위해 매장을 방문한 소비자들을 대상으로 냉음료판매량과 습도에 관한 데이터를 수집하였다(iceddrink.sav 데이터 파일). 다음 질문에 답하시오.

① 회귀분석을 수행하여 회귀식의 설명력을 제시하시오.

회귀식의 설명력을 나타내는 R제곱은 0.439로서 독립변수인 습도는 종속변수인 냉음료판매량 분산의 43.9%를 설명한다.

모형 요약

모형	R	R제곱	수정된 R제곱	추정값의 표준오차
1	.662[a]	.439	.426	27.831

a. 예측자: (상수), 습도

② 회귀분석을 수행하여 회귀식을 도출하고 독립변수의 회귀계수 및 회귀식에 대한 유의성을 검정하시오.

회귀계수표에 의하면 회귀식은 다음과 같다.

냉음료판매량 = −22.872 + 1.597 × 습도

독립변수인 습도의 회귀계수의 유의확률은 0.000으로서 유의수준 0.01에서 유의하다. 분산분석표에서 F값 33.617에 대한 유의확률은 0.000으로서 회귀식 역시 유의한 것으로 판단된다.

계수[a]

모형		비표준화계수		표준화계수		
		B	표준오차	베타	t	유의확률
1	(상수)	−22.872	16.925		−1.351	.184
	습도	1.597	.275	.662	5.798	.000

a. 종속변수: 냉음료판매량

ANOVA[a]

모형		제곱합	자유도	평균제곱	F	유의확률
1	회귀	26038.460	1	26038.460	33.617	.000[b]
	잔차	33306.340	43	774.566		
	전체	59344.800	44			

a. 종속변수: 냉음료판매량

b. 예측자: (상수), 습도

제10장 다중회귀분석

01 매출액(백만원)과 TV광고비(백만원) 및 신문광고비(백만원) 간의 관계를 조사하기 위하여 지난 12개월 동안의 데이터를 수집하였다. 다음 데이터를 이용하여 질문에 답하시오.

매출액	TV광고비	신문광고비
96	5.0	2.1
90	2.0	2.0
95	4.0	3.0
92	2.5	2.5
95	3.0	3.3
94	3.5	2.3
94	2.5	4.2
94	3.0	2.5
98	5.5	3.1
99	3.8	3.3
91	2.5	2.6
93	3.0	2.7

① 데이터를 SPSS에 입력한 후 산점도 행렬을 그리시오.

advertising.sav 데이터 파일.

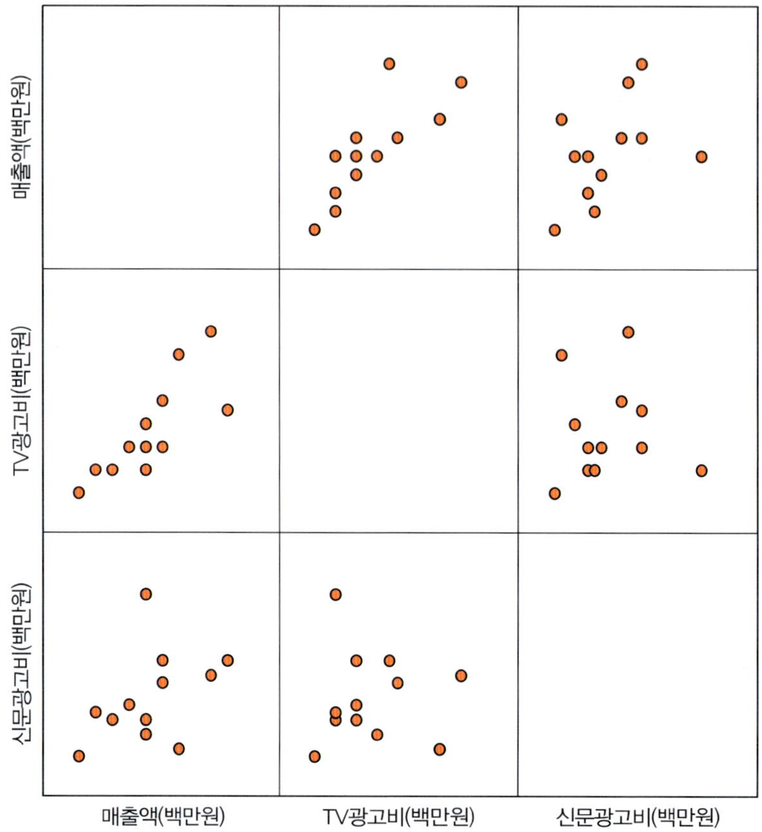

② 회귀분석을 수행하여 회귀식의 설명력을 제시하시오.

회귀식의 설명력을 나타내는 R제곱은 0.805로서 독립변수인 TV광고 및 신문광고는 종속변수인 매출 분산의 80.5%를 설명한다.

모형 요약

모형	R	R제곱	수정된 R제곱	추정값의 표준오차
1	.897[a]	.805	.761	1.287

a. 예측자: (상수), 신문광고비, TV광고비

③ 회귀분석을 수행하여 회귀식을 도출하고 독립변수의 회귀계수 및 회귀식에 대한 유의성을 검정하시오.

회귀계수표에 의하면 회귀식은 다음과 같다.

매출액 = 82.697 + 1.971 × TV광고비 + 1.762 × 신문광고비

독립변수의 회귀계수의 유의확률은 0.000과 0.020으로서 유의수준 0.05에서 유의하다. 분산분석표에서 F값 18.532에 대한 유의확률은 0.001로서 회귀식 역시 유의한 것으로 판단된다.

계수[a]

모형		비표준화계수		표준화계수	t	유의확률
		B	표준오차	베타		
1	(상수)	82.697	2.170		38.105	.000
	TV광고비	1.971	.366	.793	5.383	.000
	신문광고비	1.762	.628	.414	2.807	.020

a. 종속변수: 매출액

ANOVA[a]

모형		제곱합	자유도	평균제곱	F	유의확률
1	회귀	61.352	2	30.676	18.532	.001[b]
	잔차	14.898	9	1.655		
	전체	76.250	11			

a. 종속변수: 매출액
b. 예측자: (상수), 신문광고비, TV광고비

02 나이와 혈압이 향후 5년간의 뇌졸중 발생확률과 어떠한 관련이 있는지를 조사하기 위하여 데이터를 수집하였다. 다음 데이터를 이용하여 질문에 답하시오.

뇌졸중위험(확률)	나이	혈압
13	58	155
23	66	163
14	58	156
56	86	177
28	59	196
51	76	189
18	56	155
31	78	120
37	80	135
16	79	99

① 데이터를 SPSS에 입력한 후 산점도 행렬을 그리시오.

stroke.sav 데이터 파일.

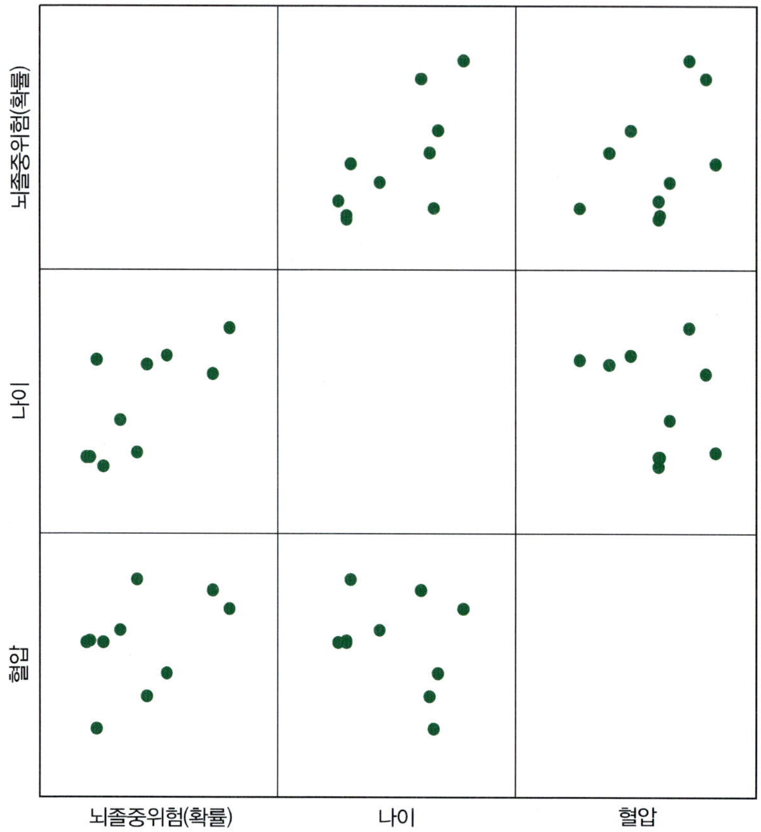

② 회귀분석을 수행하여 회귀식의 설명력을 제시하시오.

회귀식의 설명력을 나타내는 R제곱은 0.946으로서 독립변수인 나이와 혈압은 종속변수인 뇌졸중위험 분산의 94.6%를 설명한다.

모형 요약

모형	R	R제곱	수정된 R제곱	추정값의 표준오차
1	.973[a]	.946	.931	3.996

a. 예측자: (상수), 혈압, 나이

③ 회귀분석을 수행하여 회귀식을 도출하고 독립변수의 회귀계수 및 회귀식에 대한 유의성을 검정하시오.

회귀계수표에 의하면 회귀식은 다음과 같다.

뇌졸중위험 $= -111.945 + 1.236 \times$ 나이 $+ 0.353 \times$ 혈압

독립변수인 나이와 혈압 회귀계수의 유의확률은 모두 0.000으로서 유의수준 0.01에서 통계적으로 유의하다. 분산분석표에서 F통계량 61.895에 대한 유의확률은 0.000으로서 회귀식은 유의한 것으로 판단된다.

계수[a]

모형		비표준화계수		표준화계수	t	유의확률
		B	표준오차	베타		
1	(상수)	-111.945	12.795		-8.749	.000
	나이	1.236	.123	.920	10.033	.000
	혈압	.353	.046	.698	7.610	.000

a. 종속변수: 뇌졸중위험

ANOVA[a]

모형		제곱합	자유도	평균제곱	F	유의확률
1	회귀	1976.344	2	988.172	61.895	.000[b]
	잔차	111.756	7	15.965		
	전체	2088.100	9			

a. 종속변수: 뇌졸중위험
b. 예측자: (상수), 혈압, 나이

03 기대수명(여성)과 출생률 및 도시인구비율 간의 관계를 분석하고자 한다(country.sav 데이터 파일). 다음 질문에 답하시오.

① 기대수명(여성), 출생률, 도시인구비율 간의 산점도 행렬을 그리시오.

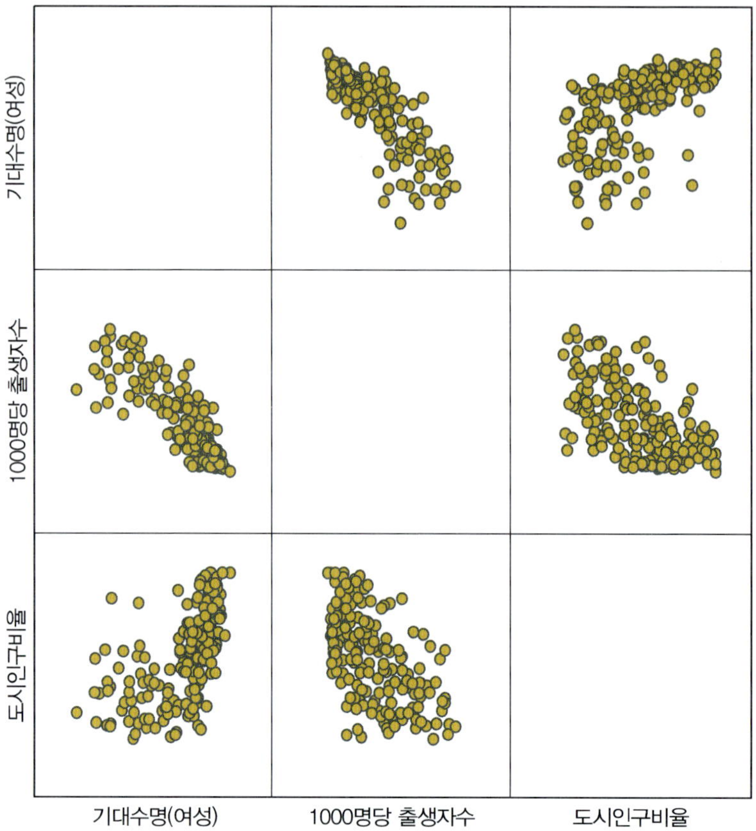

② 회귀분석을 수행하여 회귀식의 설명력을 제시하시오.

회귀식의 설명력을 나타내는 R제곱은 0.716으로서 독립변수인 출생률과 도시인구비율은 종속변수인 기대수명(여성) 분산의 71.6%를 설명한다.

모형 요약

모형	R	R제곱	수정된 R제곱	추정값의 표준오차
1	.846[a]	.716	.713	6.5565

a. 예측자: (상수), 도시인구비율, 출생률

③ 회귀분석을 수행하여 회귀식을 도출하고 독립변수의 회귀계수 및 회귀식에 대한 유의성을 검정하시오.

회귀계수표에 의하면 회귀식은 다음과 같다.

기대수명_여성 = 83.078 − 0.752 × 출생률 + 0.089 × 도시인구비율

독립변수인 출생률과 도시인구비율의 회귀계수의 유의확률은 모두 0.000으로서 유의수준 0.01에서 유의하다. 분산분석표에서 F값 231.064에 대한 유의확률은 0.000으로서 회귀식은 유의한 것으로 판단된다.

계수[a]

모형		비표준화계수		표준화계수	t	유의확률
		B	표준오차	베타		
1	(상수)	83.078	2.277		36.488	.000
	출생률	-.752	.049	-.733	-15.224	.000
	도시인구비율	.089	.025	.175	3.635	.000

a. 종속변수: 기대수명_여성

ANOVA[a]

모형		제곱합	자유도	평균제곱	F	유의확률
1	회귀	19865.789	2	9932.895	231.064	.000[b]
	잔차	7866.737	183	42.988		
	전체	27732.526	185			

a. 종속변수: 기대수명_여성
b. 예측자: (상수), 도시인구비율, 출생률

④ 독립변수의 다중공선성을 평가하시오.

독립변수인 출생률과 도시인구비율의 공차한계는 0.668(>0.1), VIF는 1.497(<10)로서 독립변수 간에는 다중공선성의 가능성이 낮은 것으로 판단된다.

계수[a]

모형		비표준화계수		표준화계수	t	유의확률	공선성 통계량	
		B	표준오차	베타			공차	VIF
1	(상수)	83.078	2.277		36.488	.000		
	출생률	-.752	.049	-.733	-15.224	.000	.668	1.497
	도시인구비율	.089	.025	.175	3.635	.000	.668	1.497

a. 종속변수: 기대수명_여성

04 던킨도너츠 상계점에서는 냉음료판매량과 기온, 습도, 도너츠판매량 간의 관계를 분석하고자 한다. 이를 위해 매장을 방문한 소비자들을 대상으로 냉음료판매량과 기온, 습도, 도너츠판매량에 관한 데이터를 수집하였다(iceddrink.sav 데이터 파일). 다음 질문에 답하시오.

① 냉음료판매량, 기온, 습도, 도너츠판매량 간의 산점도 행렬을 그리시오.

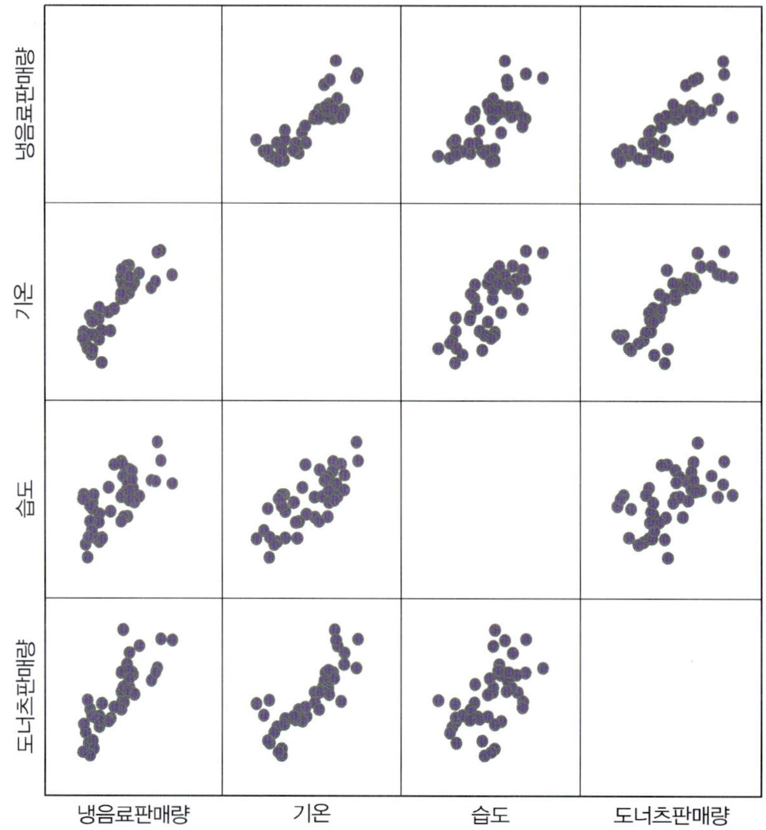

② 회귀분석을 수행하여 회귀식의 설명력을 제시하시오.

회귀식의 설명력을 나타내는 R제곱은 0.789로서 독립변수인 기온, 습도, 도너츠판매량은 종속변수인 냉음료판매량 분산의 78.9%를 설명한다.

모형 요약

모형	R	R제곱	수정된 R제곱	추정값의 표준오차
1	.888[a]	.789	.773	17.481

a. 예측자: (상수), 도너츠판매량, 습도, 기온

③ 회귀분석을 수행하여 회귀식을 도출하고 독립변수의 회귀계수 및 회귀식에 대한 유의성을 검정하시오.

회귀계수표에 의하면 회귀식은 다음과 같다.

냉음료판매량 = −132.194 + 2.728 × 기온 + 0.327 × 습도 + 0.584 × 도너츠판매량

독립변수인 기온과 도너츠판매량 회귀계수의 유의확률은 각각 0.022와 0.002로서 유의수준 0.05에서 유의하다. 그러나 습도의 회귀계수의 유의확률은 0.232로서 유의수준 0.05에서 유의하지 않다. 분산분석표에서 F값 51.069에 대한 유의확률은 0.000으로서 회귀식은 유의한 것으로 판단된다.

계수[a]

모형		비표준화계수 B	비표준화계수 표준오차	표준화계수 베타	t	유의확률
1	(상수)	-132.194	41.307		-3.200	.003
	기온	2.728	1.145	.402	2.383	.022
	습도	.327	.270	.136	1.212	.232
	도너츠판매량	.584	.179	.427	3.259	.002

a. 종속변수: 냉음료판매량

ANOVA[a]

모형		제곱합	자유도	평균제곱	F	유의확률
1	회귀	46816.315	3	15605.438	51.069	.000[b]
	잔차	12528.485	41	305.573		
	전체	59344.800	44			

a. 종속변수: 냉음료판매량
b. 예측자: (상수), 도너츠판매량, 습도, 기온

④ 독립변수의 다중공선성을 평가하시오.

독립변수인 기온, 습도, 도너츠판매량의 공차한계는 0.181~0.411(>0.1), VIF는 2.434~5.516(<10)으로서 독립변수 간에는 다중공선성의 가능성이 낮은 것으로 판단된다.

계수[a]

모형		비표준화계수 B	비표준화계수 표준오차	표준화계수 베타	t	유의확률	공선성 통계량 공차	공선성 통계량 VIF
1	(상수)	-132.194	41.307		-3.200	.003		
	기온	2.728	1.145	.402	2.383	.022	.181	5.516
	습도	.327	.270	.136	1.212	.232	.411	2.434
	도너츠판매량	.584	.179	.427	3.259	.002	.299	3.341

a. 종속변수: 냉음료판매량

05 가구소득과 가구구성원수 간의 관계를 분석하고자 한다(household-dummy.sav 데이터 파일; 가구구성원의 수가 네 명 이하인 가구만 포함). 다음 질문에 답하시오.

① 명목변수인 가구원수를 더미변수로 변환하여 회귀분석을 수행한다. 가구원수가 1인 범주를 기준범주로 하여 더미변수를 정의하시오.

가구원수 변수	변수값	D1	D2	D3
1인	1	0	0	0
2인	2	1	0	0
3인	3	0	1	0
4인	4	0	0	1

② 회귀분석을 수행하여 회귀식의 설명력을 제시하고 더미변수의 유의성을 검정하시오.

회귀식의 설명력을 나타내는 R제곱은 0.140으로서 독립변수인 D1, D2, D3는 종속변수인 가구소득 분산의 14.0%를 설명한다. 모델에 대한 F 변화량 유의확률은 0.000으로서 "세 더미변수의 투입이 R제곱을 변화시키지 않는다(즉 R제곱 변화량=0)"는 귀무가설을 유의수준 0.01에서 기각한다. 이는 아무런 독립변수도 포함되지 않은 모델과 더미변수가 포함된 모델 간에 유의적인 설명력의 변화가 있음을 나타낸다. 다시 말해 모델에 투입된 더미변수는 가구소득의 예측에 유의한 추가적 설명력을 제공한다.

모형 요약

모형	R	R제곱	수정된 R제곱	추정값의 표준오차	통계량 변화량				
					R제곱 변화량	F 변화량	자유도1	자유도2	유의확률 F 변화량
1	.374[a]	.140	.134	1980489.479	.140	22.145	3	408	.000

a. 예측자: (상수), D3, D1, D2

③ 회귀분석을 수행하여 회귀식을 도출하고 회귀계수의 의미를 설명하시오.

회귀계수표에 의하면 회귀식은 다음과 같다.

소득 = 1,115,512.918 + 1,411,526.802 × D1 + 1,987,573.917 × D2 + 2,415,693.136 × D3

더미변수인 D1, D2, D3의 회귀계수는 기준범주와 나머지 범주 간의 평균 가구소득 차이를 의미한다. 따라서 각 범주별 가구소득은 다음과 같이 계산될 수 있다.

소득(가구원수 1) = 1,115,512.918
소득(가구원수 2) = 1,115,512.918 + 1,411,526.802 × D1(= 1) = 2,527,039.720
소득(가구원수 3) = 1,115,512.918 + 1,987,573.917 × D2(= 1) = 3,103,086.835
소득(가구원수 4) = 1,115,512.918 + 2,415,693.136 × D3(= 1) = 3,531,206.054

계수[a]

모형		비표준화계수		표준화계수	t	유의확률
		B	표준오차	베타		
1	(상수)	1115512.918	253575.694		4.399	.000
	D1	1411526.802	317738.890	.291	4.442	.000
	D2	1987573.917	313700.374	.420	6.336	.000
	D3	2415693.136	307743.981	.527	7.850	.000

a. 종속변수: 소득

④ 가구원수가 4인 범주를 기준범주로 하여 회귀분석을 수행하고 가구원수 1인 범주와 비교하시오.

기준범주를 가구원수가 네 명인 경우로 변경하면 가구원수 변수는 다음과 같이 변환된다

가구원수 변수	변수값	D1	D2	D3
1인	1	1	0	0
2인	2	0	1	0
3인	3	0	0	1
4인	4	0	0	0

수정된 더미변수를 독립변수로, 소득을 종속변수로 하여 다중회귀분석을 수행하면 다음과 같은 회귀계수를 얻을 수 있다.

계수[a]

모형		비표준화계수		표준화계수	t	유의확률
		B	표준오차	베타		
1	(상수)	3531206.054	174372.376		20.251	.000
	D1	−2415693.136	307743.981	−.404	−7.850	.000
	D2	−1004166.335	258965.433	−.207	−3.878	.000
	D3	−428119.219	253994.129	−.090	−1.686	.000

a. 종속변수: 소득

회귀분석 결과는 다음과 같은 회귀식으로 표현된다.

소득 = 3,531,206.054 − 2,415,693.136 × D1 − 1,004,166.335 × D2 − 428,119.219 × D3

가구원수 4를 기준범주로 하여 도출한 회귀식을 토대로 각 범주별 평균소득은 다음과 같이 계산된다.

가구(가구원수 4) = 3,531,206.054
가구(가구원수 1) = 3,531,206.054 − 2,415,293.136 × D1(= 1) = 1,115,512.918

가구(가구원수 2) = 3,531,206.054 − 1,004,116.335 × D2(= 1) = 2,527,039.719
가구(가구원수 3) = 3,531,206.054 − 428,119.219 × D3(= 1) = 3,103,086.835

회귀계수값이 달라지기는 하였지만 각 범주별 평균값은 가구원수 1을 기준범주로 하여 수행한 것과 동일하다.

제11장 요인분석

01 erp.sav 데이터 파일에 포함된 15개의 변수에 대하여 요인분석을 수행하였다. 다음 질문에 답하시오.

① KMO 표본적합도와 Bartlett의 구형성검정을 수행한 다음 표를 완성하고 검정결과를 설명하시오.

표본적절성의 Kaiser-Meyer-Olkin 측도		.901
Bartlett의 구형성 검정	근사 카이제곱	4313.671
	자유도	105
	유의확률	.000

KMO값이 0.901로서 KMO값이 1에 가깝다는 것은 편상관계수값들이 상관계수값들에 비해 상대적으로 작다는 의미이다. 이는 분석에 포함된 변수들이 선형적으로 서로 관련되어 있음을 나타낸다. 이처럼 변수들 간에 관련성이 존재할 경우 우리는 요인분석을 통해 변수들 간의 공통요인을 도출할 수 있다. Bartlett의 구형성검정은 변수들 간의 모든 상관계수가 0이라는 귀무가설을 검정한다. 검정결과를 보면 유의확률 0.000으로서 변수들 간의 모든 상관계수가 0이라는 귀무가설을 기각할 수 있으며, 따라서 이후 요인분석을 수행할 수 있다.

② '고유값 1 이상'을 기준으로 요인을 추출한 다음 표를 완성하고 상위 세 개의 요인으로 설명되는 누적분산의 비율을 제시하시오.

성분	초기 고유값			추출 제곱합 적재량			회전 제곱합 적재량		
	전체	% 분산	누적 %	전체	% 분산	누적 %	전체	% 분산	누적 %
1	7.365	49.099	49.099	7.365	49.099	49.099	4.902	32.679	32.679
2	3.479	23.192	72.292	3.479	23.192	72.292	4.564	30.425	63.104
3	1.086	7.239	79.531	1.086	7.239	79.531	2.464	16.427	79.531
4	.494	3.293	82.824						
5	.456	3.040	85.865						
6	.422	2.813	88.677						
7	.355	2.367	91.044						
8	.335	2.231	93.275						

9	.221	1.471	94.746						
10	.195	1.298	96.044						
11	.146	.975	97.018						
12	.136	.908	97.926						
13	.127	.847	98.773						
14	.116	.773	99.546						
15	.068	.454	100.000						

추출방법: 주성분분석

상위 세 개 요인에 의해 설명되는 분산의 비율은 각각 49.099%, 23.192%, 7.239%(회전 전 기준)로 세 요인에 의해 설명되는 누적분산은 79.531%이다.

③ 다음 '회전된 성분행렬'을 완성하고 각 요인별로 어떤 변수들이 밀접한 관련을 갖는지 기술하시오.

	성분		
	1	2	3
PU1	.779	.097	.279
PU2	.852	.121	.310
PU3	.866	.078	.304
PU4	.848	.110	.280
PU5	.869	.161	.197
PU6	.820	.154	.126
PEOU1	.102	.877	.119
PEOU2	.035	.912	.097
PEOU3	.407	.651	.202
PEOU4	.199	.869	-.024
PEOU5	.055	.913	.099
PEOU6	.073	.891	.092
U1	.423	.160	.817
U2	.435	.187	.816
U3	.283	.064	.805

추출방법: 주성분분석
회전방법: Kaiser 정규화가 있는 베리멕스

변수 PU1~PU6는 요인 1, 변수 PEOU1~PEOU6는 요인 2, 변수 U1~U3는 요인 3과 높은 상관관계를 갖는 것으로 나타났다.

02 결혼정보회사에서 배우자 선택 시 중요하게 고려하는 요소를 파악하고자 미혼남녀를 대상으로 설문조사를 실시하였다. spouse.sav 데이터 파일의 설문조사 결과를 이용하여 요인분석을 실시하고 결과를 기술하시오.

먼저 KMO와 Bartlett 검정결과를 살펴보았다. KMO값은 0.565로 높은 수준의 변수 간 선형적 관련성을 보여주고 있지는 않으나, Bartlett의 구형성검정 결과는 변수들 간의 관련성을 지지하고 있다. 따라서 종합적 관점에서 수집된 데이터는 요인분석을 수행하기에 적합하다고 판단한다.

KMO와 Bartlett의 검정

표본적절성의 Kaiser-Meyer-Olkin 측도		.565
Bartlett의 구형성 검정	근사 카이제곱	96.580
	자유도	15
	유의확률	.000

'고유값 1 이상'의 기준을 이용하여 총 세 개의 요인이 추출되었으며 이들 요인에 의하여 전체 분산의 73.225%가 설명되었다.

설명된 총분산

성분	초기 고유값			추출 제곱합 적재량			회전 제곱합 적재량		
	전체	% 분산	누적 %	전체	% 분산	누적 %	전체	% 분산	누적 %
1	2.035	33.910	33.910	2.035	33.910	33.910	1.694	28.239	28.239
2	1.218	20.303	54.213	1.218	20.303	54.213	1.434	23.904	52.143
3	1.141	19.012	73.225	1.141	19.012	73.225	1.265	21.082	73.225
4	.753	12.556	85.781						
5	.517	8.619	94.400						
6	.336	5.600	100.000						

추출방법: 주성분분석

추출된 요인과 변수들 간의 관계를 좀 더 명확히 하기 위하여 요인의 축을 회전시켜 다음과 같은 회전된 성분행렬을 얻을 수 있었다.

회전된 성분행렬[a]

	성분		
	1	2	3
유머감각	.903	.048	−.072
성격	.873	.163	.170
애교	.002	−.063	.797
외모	.069	.117	.770
성실성	−.051	.894	.012
경제력	.331	.767	.049

추출방법: 주성분분석
회전방법: Kaiser 정규화가 있는 베리멕스
a. 4 반복계산에서 요인회전이 수렴되었습니다.

유머감각과 성격 변수가 첫 번째 요인으로 묶였으며, 성실성과 경제력 변수가 두 번째 요인으로, 그리고 애교와 외모 변수가 마지막 요인으로 분류되었다.

03 온라인 브랜드 커뮤니티에 대한 충성도(즉 몰입)를 증가시키는 요인을 파악하고자 온라인 브랜드 웹사이트 회원을 대상으로 설문조사를 실시하였다. 기존의 연구문헌을 토대로 상호작용성, 목적성, 즐거움, 활동보상 등 네 요인이 온라인 브랜드 커뮤니티에 영향을 미칠 것으로 예상하였다. brandwebsite.sav 데이터 파일의 설문조사 결과를 이용하여 요인분석을 실시하고 예상대로 요인들이 추출되었는지 결과를 기술하시오(INT1~INT4, PUR1~PUR3, PLF1~PLF4, REW1~REW3 변수 이용).

먼저 KMO와 Bartlett 검정결과를 살펴보았다. KMO값은 0.837로 높은 수준의 변수 간 선형적 관련성을 보여주고 있으며, Bartlett의 구형성검정 결과 역시 변수들 간의 관련성을 지지하고 있다. 따라서 수집된 데이터는 요인분석을 수행하기에 적합하다고 판단한다.

KMO와 Bartlett의 검정

표본적절성의 Kaiser-Meyer-Olkin 측도		.837
Bartlett의 구형성 검정	근사 카이제곱	1525.671
	자유도	91
	유의확률	.000

'고유값 1 이상'의 기준을 이용하여 총 네 개의 요인이 추출되었으며 이들 요인에 의하여 전체 분산의 69.680%가 설명되었다.

설명된 총분산

성분	초기 고유값			추출 제곱합 적재량			회전 제곱합 적재량		
	합계	% 분산	누적 %	합계	% 분산	누적 %	합계	% 분산	누적 %
1	5.405	38.609	38.609	5.405	38.609	38.609	2.816	20.115	20.115
2	1.640	11.717	50.326	1.640	11.717	50.326	2.513	17.951	38.066
3	1.459	10.421	60.747	1.459	10.421	60.747	2.276	16.255	54.321
4	1.251	8.932	69.680	1.251	8.932	69.680	2.150	15.359	69.680
5	.736	5.258	74.937						
6	.583	4.164	79.101						
7	.515	3.676	82.777						
8	.505	3.607	86.384						
9	.453	3.233	89.617						
10	.406	2.900	92.517						
11	.346	2.472	94.989						
12	.295	2.110	97.099						
13	.275	1.963	99.062						
14	.131	.938	100.000						

추출방법: 주성분분석

추출된 요인과 변수들 간의 관계를 좀 더 명확히 하기 위하여 요인의 축을 회전시켜 다음과 같은 회전된 성분행렬을 얻을 수 있었다.

회전된 성분행렬[a]

	성분			
	1	2	3	4
PLF2	.842	.250	.185	.212
PLF4	.832	.050	.009	.049
PLF1	.801	.248	.185	.241
PLF3	.689	.275	.327	.129
INT2	.013	.791	.060	.215
INT3	.290	.764	.241	-.003
INT4	.226	.741	.079	.144
INT1	.166	.672	.205	-.039
PUR1	.112	.171	.805	.051
PUR2	.173	.152	.797	.132
PUR3	.145	.142	.731	.206
REW1	.202	.054	.123	.861
REW2	.148	.133	.027	.858
REW3	.098	.085	.394	.648

추출방법: 주성분분석
회전방법: Kaiser 정규화가 있는 베리멕스
a. 6 반복계산에서 요인회전이 수렴되었습니다.

PLF1~PLF4 변수가 첫 번째 요인(즐거움)으로 묶였으며, INT1~INT4 변수가 두 번째 요인(상호작용성)으로, PUR1~PUR3 변수가 세 번째 요인(목적성)으로, 그리고 REW1~REW3 변수가 마지막 요인(활동보상)으로 분류되었다.

04 대학생들이 대학구내 학생식당을 이용할 때 중요하게 고려하는 요소를 파악하고자 학생식당을 이용하는 대학생들을 대상으로 설문조사를 실시하였다. cafeteriafactor.sav 데이터 파일의 설문조사 결과를 이용하여 요인분석을 실시하고 결과를 기술하시오.

먼저 KMO와 Bartlett 검정결과를 살펴보았다. KMO값은 0.752로 보통 수준의 변수 간 선형적 관련성을 보여주고 있으며, Bartlett의 구형성검정 결과는 변수들 간의 관련성을 지지하고 있다. 따라서 종합적 관점에서 수집된 데이터는 요인분석을 수행하기에 적합하다고 판단한다.

KMO와 Bartlett의 검정

표본적절성의 Kaiser-Meyer-Olkin 측도.		.752
Bartlett의 구형성 검정	근사 카이제곱	589.276
	자유도	36
	유의확률	.000

'고유값 1 이상'의 기준을 이용하여 총 세 개의 요인이 추출되었으며 이들 요인에 의하여 전체 분산의 68.464%가 설명되었다.

설명된 총분산

성분	초기 고유값			추출 제곱합 적재량			회전 제곱합 적재량		
	합계	% 분산	누적 %	합계	% 분산	누적 %	합계	% 분산	누적 %
1	3.483	38.704	38.704	3.483	38.704	38.704	2.136	23.739	23.739
2	1.474	16.380	55.084	1.474	16.380	55.084	2.043	22.699	46.438
3	1.204	13.381	68.464	1.204	13.381	68.464	1.982	22.026	68.464
4	.747	8.298	76.762						
5	.566	6.291	83.053						
6	.537	5.972	89.025						
7	.379	4.212	93.237						
8	.335	3.725	96.962						
9	.273	3.038	100.000						

추출방법: 주성분분석

추출된 요인과 변수들 간의 관계를 좀 더 명확히 하기 위하여 요인의 축을 회전시켜 다음과 같은 회전된 성분행렬을 얻을 수 있었다.

회전된 성분행렬[a]

	성분		
	1	2	3
가격	.861	.199	.186
거리	.859	−.104	.155
시간	.733	.367	.067
맛	.088	.807	.061
양	.188	.791	.125
식단구성	.051	.656	.391
위생상태	.164	−.042	.848
직원	.027	.323	.772
시설	.213	.211	.657

추출방법: 주성분분석
회전방법: Kaiser 정규화가 있는 베리멕스
a. 5 반복계산에서 요인회전이 수렴되었습니다.

가격, 거리, 시간 변수가 첫 번째 요인으로 묶였으며, 맛, 양, 식단구성 변수가 두 번째 요인으로, 그리고 위생상태, 직원, 시설 변수가 마지막 요인으로 분류되었다. 첫 번째 요인을 경제요인으로, 두 번째 요인을 품질요인으로, 세 번째 요인을 환경요인으로 명명하였다.

05 부동산 구입 시 중요하게 고려하는 요소를 파악하고자 설문조사를 실시하였다. realestate.sav 데이터 파일의 설문조사 결과를 이용하여 요인분석을 실시하고 결과를 기술하시오.

먼저 KMO와 Bartlett 검정결과를 살펴보았다. KMO값은 0.543으로 높은 수준의 변수 간 선형적 관련성을 보여주지는 못하고 있으나, Bartlett의 구형성검정 결과는 변수들 간의 관련성을 지지하고 있다. 따라서 종합적 관점에서 수집된 데이터는 요인분석을 수행하기에 적합하다고 판단한다.

KMO와 Bartlett의 검정

표본적절성의 Kaiser-Meyer-Olkin 측도		.543
Bartlett의 구형성 검정	근사 카이제곱	83.202
	자유도	36
	유의확률	.000

'고유값 1 이상'의 기준을 이용하여 총 세 개의 요인이 추출되었으며 이들 요인에 의하여 전체 분산의 62.979%가 설명되었다.

설명된 총분산

성분	초기 고유값			추출 제곱합 적재량			회전 제곱합 적재량		
	합계	% 분산	누적 %	합계	% 분산	누적 %	합계	% 분산	누적 %
1	2.298	25.535	25.535	2.298	25.535	25.535	2.070	22.999	22.999
2	1.946	21.618	47.152	1.946	21.618	47.152	1.915	21.283	44.282
3	1.424	15.826	62.979	1.424	15.826	62.979	1.683	18.697	62.979
4	.986	10.953	73.932						
5	.758	8.420	82.352						
6	.567	6.304	88.656						
7	.472	5.241	93.897						
8	.316	3.510	97.407						
9	.233	2.593	100.000						

추출방법: 주성분분석

추출된 요인과 변수들 간의 관계를 좀 더 명확히 하기 위하여 요인의 축을 회전시켜 다음과 같은 회전된 성분행렬을 얻을 수 있었다.

회전된 성분행렬[a]

	성분		
	1	2	3
경제상황	-.147	-.268	.711
교육여건	.260	-.324	.565
발전가능성	.147	.190	.691
교통사고율	-.079	.748	.204
범죄율	-.106	.758	-.204
실종률	.186	.723	-.191
편의시설	.684	.173	.353
도시인접성	.838	-.117	-.315
교통편의	.859	-.053	.194

추출방법: 주성분분석
회전 방법: Kaiser 정규화가 있는 베리멕스
a. 5 반복계산에서 요인회전이 수렴되었습니다.

편의시설, 도시인접성, 교통편의 변수가 첫 번째 요인으로 묶였으며, 교통사고율, 범죄율, 실종률 변수가 두 번째 요인으로, 그리고 경제상황, 교육여건, 발전가능성 변수가 마지막 요인으로 분류되었다. 첫 번째 요인을 편의성으로, 두 번째 요인을 안전성으로, 세 번째 요인을 경제성으로 명명하였다.

제12장 판별분석

01 ㈜기업신용평가에서는 기업의 건전성과 관련된 각종 지표를 이용하여 기업의 부도 가능성을 예측하고자 한다. 이를 위해 다음 표와 같은 변수로 이루어진 데이터를 수집하였다(bankruptcy.sav 데이터 파일; 한인구 등 2009). 총 10개의 독립변수를 이용하여 종속변수인 기업의 부도 여부를 예측한다. 종속변수 Y는 기업의 상태가 건전할 경우 0, 부도일 경우 1로 코딩되었다. 판별분석을 수행하고 분석결과를 제시하시오.

변수명	설명
Y	부도 여부(0=건전, 1=부도)
X1	금융비용대부채비율
X2	자기자본비율
X3	금융비용부담률증가분
X4	매입채무회전율
X5	운전자금대매출액
X6	영업활동후현금흐름/총부채
X7	분식계수
X8	순금융비용대매출액
X9	외부자금조달전현금흐름/전기단기부채
X10	기업경상이익률

우선 예측변수(독립변수)들에 대한 집단평균이 동일한지 여부를 분석하였다. 집단평균의 동질성검정 결과 예측변수들은 모두 집단평균에 있어서 통계적으로 유의한 차이를 보여주었다. 이는 이들 각 예측변수가 부도인 기업집단과 그렇지 않은 기업집단을 판별하는 데 적절히 기여하고 있음을 나타낸다.

집단평균의 동질성에 대한 검정

	Wilks의 람다	F	자유도1	자유도2	유의확률
금융비용대부채비율	.982	27.646	1	1498	.000
자기자본비율	.886	193.330	1	1498	.000
금융비용부담률증가분	.900	166.790	1	1498	.000
매입채무회전율	.981	28.522	1	1498	.000
운전자금대매출액	.975	38.459	1	1498	.000
영업활동후현금흐름/총부채	.981	29.606	1	1498	.000
분식계수	.991	13.489	1	1498	.000
순금융비용대매출액	.934	106.161	1	1498	.000
외부자금조달전현금흐름/전기단기부채	.993	10.688	1	1498	.001
기업경상이익률	.850	264.044	1	1498	.000

표준화하지 않은 정준판별함수계수와 이를 토대로 계산한 집단중심값은 다음과 같다. 기업의 상태가 건전한 집단의 판별점수 평균은 -0.749, 기업의 상태가 부도인 집단의 판별점수 평균은 0.749로 나타났다. 즉 판별점수가 낮을수록 건전한 기업집단으로 분류될 가능성이 높아진다. 두 집단의 판별점수 평균의 중앙 위치를 구하면 $0\left(=\dfrac{-0.749+0.749}{2}\right)$이 되며, 이 값이 집단을 구분하는 기준점으로 사용된다. 즉 판별점수가 0보다 작으면 기업상태가 건전한 집단으로 분류되고, 0보다 크면 기업상태가 부도인 집단으로 분류된다.

정준판별함수계수

	함수
	1
금융비용대부채비율	−.071
자기자본비율	.027
금융비용부담률증가분	−13.257
매입채무회전율	.004
운전자금대매출액	.013
영업활동후현금흐름/총부채	1.756
분식계수	−.031
순금융비용대매출액	−.001
외부자금조달전현금흐름/전기단기부채	−1.000
기업경상이익률	.031
(상수)	−.946

표준화하지 않은 계수

함수의 집단중심값

부도여부	함수 1
0 건전	-.749
1 부도	.749

표준화하지 않은 정준 판별함수가 집단 평균에 대해 계산되었습니다.

다음의 그래프는 판별점수의 히스토그램 도표이다. 집단 간의 분포의 차이를 시각적으로 확인할 수 있다. 기업상태가 부도인 집단이 그렇지 않은 집단에 비해 대체적으로 더 큰 판별점수를 갖고 있다.

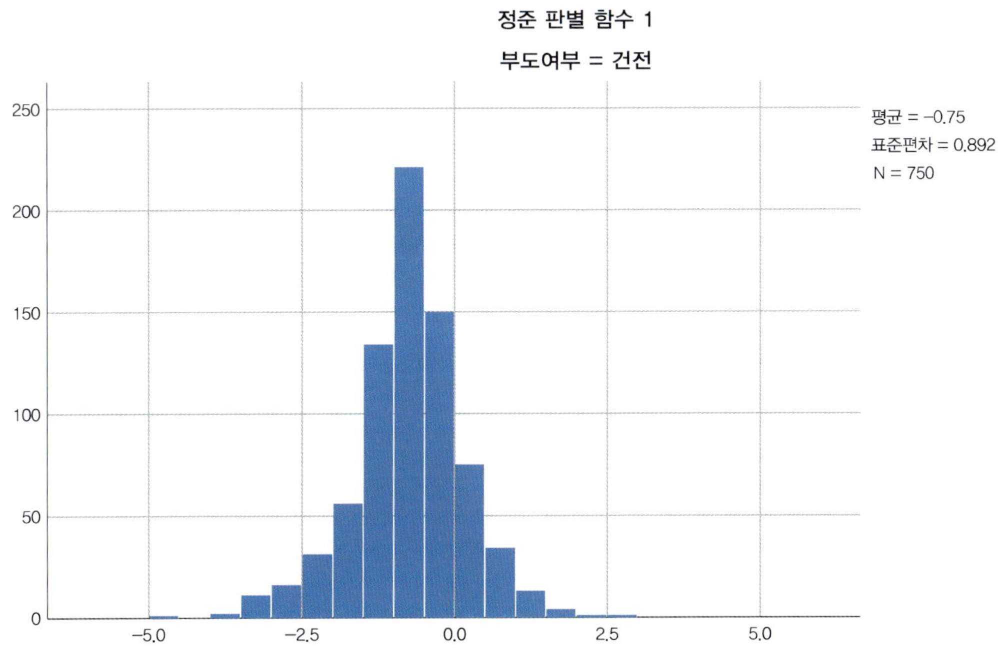

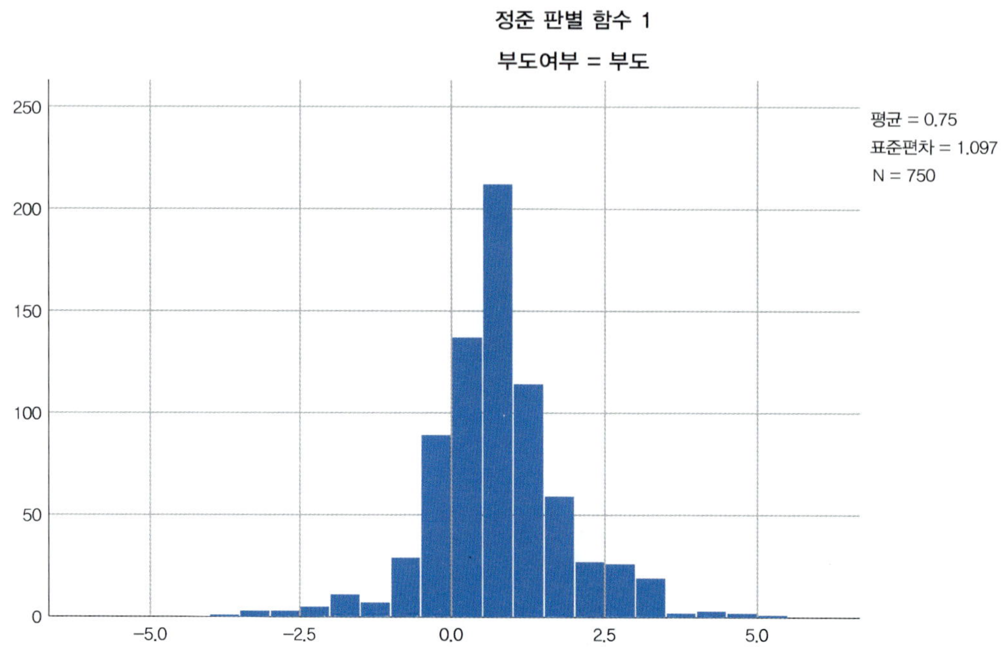

기업의 부도여부를 예측하기 위한 Fisher의 선형판별함수는 다음과 같이 도출되었다.

분류함수계수

	부도여부	
	0 건전	1 부도
금융비용대부채비율	.597	.490
자기자본비율	.117	.158
금융비용부담률증가분	−6.595	−26.461
매입채무회전율	.010	.015
운전자금대매출액	.031	.051
영업활동후현금흐름/총부채	2.380	5.012
분식계수	.247	.200
순금융비용대매출액	.009	.008
외부자금조달전현금흐름/전기단기부채	−2.703	−4.202
기업경상이익률	.012	.059
(상수)	−5.670	−7.089

Fisher의 선형판별함수

표준화 정준판별함수계수를 통해 어느 예측변수가 상대적으로 더 큰 기여를 하는지 확인할 수 있다. - 부호를 갖는 금융비용대부채비율, 금융비용부담률증가분, 분식계수, 순금융비용대매출액, 외부자금조달전현금흐름/전기단기부채 등의 변수들은 판별점수를 낮추는 데 기여한다. 반면 + 부호를 갖는 자기자본비율, 매입채무회전율, 운전자금대매출액, 영업활동후현금흐름/총부채, 기업경상이익률 등의 변수들은 판별점수를 높이는 데 기여한다.

표준화 정준판별함수계수

	함수
	1
금융비용대부채비율	−.251
자기자본비율	.432
금융비용부담률증가분	−.437
매입채무회전율	.077
운전자금대매출액	.207
영업활동후현금흐름/총부채	.357
분식계수	−.116
순금융비용대매출액	−.168
외부자금조달전현금흐름/전기단기부채	−.166
기업경상이익률	.665

다음과 같은 구조행렬을 통해서도 예측변수들의 상대적인 기여도를 평가할 수 있다. 기업경상이익률 변수가 판별함수와 가장 큰 상관관계를 보이고 있으며, 외부자금조달 전현금흐름/전기단기부채 변수가 가장 낮은 상관관계를 나타내고 있다.

구조행렬

	함수
	1
기업경상이익률	.560
자기자본비율	.479
금융비용부담률증가분	−.445
순금융비용대매출액	−.355
운전자금대매출액	.214
영업활동후현금흐름/총부채	.187
매입채무회전율	.184
금융비용대부채비율	−.181
분식계수	−.127
외부자금조달전현금흐름/전기단기부채	.113

예측변수의 선형결합으로 구성된 판별함수의 전체적인 판별력을 평가하기 위해 판별점수에 대한 분산분석을 수행하였다. 분산분석 결과 판별점수는 집단 간에 유의한 차이를 나타내고 있음을 확인할 수 있다(유의확률 0.000).

일원배치 분산분석

1 분석용 함수 1의 판별 점수

	제곱합	자유도	평균제곱	F	유의확률
집단-간	842.157	1	842.157	842.157	.000
집단-내	1498.000	1498	1.000		
전체	2340.157	1499			

판별점수와 집단 간의 관계를 보여주는 평가지표로서 고유값과 정준상관을 계산하였다. 판별함수의 판별력이 좋을수록 고유값은 커지게 되며, 정준상관의 값이 1에 가까울수록 판별함수의 판별능력은 크다고 판단한다.

고유값

함수	고유값	분산의 %	누적 %	정준 상관
1	.562	100.0	100.0	.600

표본으로부터 계산된 판별함수를 모집단으로 일반화시키기 위해서 "판별점수의 평균은 모집단의 모든 집단에 대해 동일하다"는 귀무가설을 검정하였다. 판별함수의 검정을 위해 Wilks의 람다를 이용하였다. 카이제곱검정 결과 판별점수의 평균은 모집단의 부도 기업집단과 건전 기업집단에 대해 동일하다는 귀무가설은 기각되었다(유의확률 0.000). 따라서 모집단에서 부도 기업집단과 건전 기업집단의 판별점수의 평균의 차이는 존재한다고 할 수 있다.

Wilks의 람다

함수의 검정	Wilks의 람다	카이제곱	자유도	유의확률
1	.640	666.008	10	.000

판별함수의 실질적인 예측력을 평가하기 위하여 판별점수를 이용하여 각 케이스가 속할 집단을 예측한 후 이를 실제 소속집단과 비교하였다. 다음은 이러한 방식으로 표본에 포함된 케이스를 분류한 결과이다.

분류 결과[a]

			예측 소속집단		
		부도여부	0 건전	1 부도	전체
원래값	빈도	0 건전	622	128	750
		1 부도	148	602	750
	%	0 건전	82.9	17.1	100.0
		1 부도	19.7	80.3	100.0

a. 원래의 집단 케이스 중 81.6%이(가) 올바로 분류되었습니다.

판별분석으로부터 도출된 판별함수를 통해 총 1,500개의 케이스 가운데 81.6%가 올바르게 분류되었다.

02 ㈜기업신용평가에서는 기업의 각종 재무적 지표를 이용하여 기업이 발행하는 회사채의 등급을 예측하고자 한다. 이를 위해 다음 표와 같은 변수로 이루어진 데이터를 수집하였다(bond.sav 데이터 파일; Kim and Ahn 2012). 총 14개의 독립변수를 이용하여 종속변수인 기업의 채권등급을 예측한다. 종속변수 Rate는 AAA등급의 경우 1, AA등급의 경우 2, A등급의 경우 3, 그리고 B 또는 C등급의 경우 4로 코딩되었다. 판별분석을 수행하여 분류함수계수(Fisher의 선형판별함수)를 도출하고 분류결과를 제시하시오.

변수명	설명
Rate	채권등급(1=AAA, 2=AA, 3=A, 4=B&C)
X1	자기자본
X2	매출액
X3	총부채
X4	영업이익
X5	주당순이익
X6	유보액대비율
X7	금융비용대부채비율
X8	금융비용대총비용비율
X9	이자보상배율
X10	자기자본순이익률
X11	매출액총이익률
X12	매출액경상이익률
X13	자기자본구성비율
X14	총자본투자효율

분류함수계수(Fisher의 선형판별함수계수)는 다음 표와 같다. 각 케이스에 대해 집단별로 도출된 Fisher의 선형판별함수계수를 이용하여 판별점수를 계산하고, 가장 큰 점수를 나타내는 판별함수의 집단에 케이스를 할당한다.

분류함수계수

	채권등급			
	1 AAA	2 AA	3 A	4 B & C
자기자본	-.737	-16.116	-16.556	-12.156
매출액	43.665	26.834	26.718	25.622
총부채	-28.172	-9.264	-10.669	-14.639
영업이익	11.497	6.758	5.634	5.549
주당순이익	52.198	42.190	41.796	40.954
유보액대비율	.169	-2.027	-3.344	-1.939
금융비용대부채비율	70.992	69.008	61.637	51.567
금융비용대총비용비율	360.454	348.742	334.736	342.866
이자보상배율	-143.519	-133.403	-121.373	-122.904

자기자본순이익률	11.938	8.518	6.736	5.200
매출액총이익률	5.068	5.737	6.448	8.135
매출액경상이익률	8.388	10.924	11.727	12.298
자기자본구성비율	−24.633	−26.288	−30.162	−34.406
총자본투자효율	194.711	199.696	205.978	216.364
(상수)	−131.226	−120.506	−114.147	−114.327

Fisher의 선형판별함수

총 1,000개의 케이스 가운데 65.0%가 올바르게 분류되었다. 대각선을 따라서 보면, AAA등급은 63.3%, AA등급은 68.9%, A등급은 55.9%, B와 C등급은 69.1%가 올바르게 분류되었다.

분류 결과[a]

		채권등급	예측 소속집단 1 AAA	2 AA	3 A	4 B & C	전체
원래값	빈도	1 AAA	50	27	2	0	79
		2 AA	30	295	94	9	428
		3 A	4	68	151	47	270
		4 B & C	2	8	59	154	223
	%	1 AAA	63.3	34.2	2.5	.0	100.0
		2 AA	7.0	68.9	22.0	2.1	100.0
		3 A	1.5	25.2	55.9	17.4	100.0
		4 B & C	.9	3.6	26.5	69.1	100.0

a. 원래의 집단 케이스 중 65.0%이(가) 올바로 분류되었습니다.

03 ㈜와인창고에서는 와인의 등급을 예측하는 모델을 개발하고자 한다. 이를 위해 다음 표와 같은 변수로 이루어진 데이터를 수집하였다(winequality-red.sav, winequality-white.sav 데이터 파일; Cortez et al. 2009). 총 11개의 독립변수를 이용하여 종속변수인 와인의 등급(Grade)을 예측한다. 품질점수가 7~10점인 와인은 A등급으로, 5~6점인 와인은 B등급, 그리고 0~4점인 와인은 C등급으로 분류하였다. A등급은 1, B등급은 2, C등급은 3으로 코딩되었다. 다음 질문에 답하시오.

변수명	설명
Grade	등급(1=A, 2=B, 3=C)
Quality	품질(0~10점)
X1	고정산(fixed acidity)
X2	휘발산(volatile acidity)
X3	구연산(citric acid)
X4	잔당(residual sugar)
X5	염화물(chlorides)

X6	유리이산화황(free sulfurdioxide)
X7	전이산화황(total sulfurdioxide)
X8	밀도(density)
X9	수소이온농도(pH)
X10	황산염(sulphates)
X11	알코올(alcohol)

① 레드 와인의 등급(winequality-red.sav 데이터 파일)에 대해 판별분석을 수행하여 분류함수계수(Fisher의 선형판별함수)를 도출하고 분류결과를 제시하시오.

분류함수계수

	Grade		
	1 A	2 B	3 C
Fixed acidity	-1643.799	-1644.194	-1643.566
Volatile acidity	-1358.963	-1357.132	-1349.480
Citric acid	-210.838	-211.866	-209.454
Residual sugar	-739.279	-739.571	-739.137
Chlorides	-2750.249	-2743.003	-2738.006
Free sulfurdioxide	15.099	15.106	15.088
Total sulfurdioxide	-3.629	-3.622	-3.635
Density	1771164.038	1771590.339	1770921.183
pH	-8647.444	-8647.784	-8641.154
Sulphates	-2411.820	-2415.766	-2415.687
Alcohol	1605.237	1604.397	1603.689
(상수)	-867545.791	-867954.998	-867314.178

Fisher의 선형판별함수

분류 결과[a]

			예측 소속집단			전체
		Grade	1 A	2 B	3 C	
원래값	빈도	1 A	174	27	16	217
		2 B	280	785	254	1319
		3 C	4	15	44	63
	%	1 A	80.2	12.4	7.4	100.0
		2 B	21.2	59.5	19.3	100.0
		3 C	6.3	23.8	69.8	100.0

a. 원래의 집단 케이스 중 62.7%이(가) 올바로 분류되었습니다.

② 화이트 와인의 등급(winequality-white.sav 데이터 파일)에 대해 판별분석을 수행하여 분류함수계수(Fisher의 선형판별함수)를 도출하고 분류결과를 제시하시오.

분류함수계수

	Grade		
	1 A	2 B	3 C
Fixed acidity	−2387.190	−2387.525	−2387.359
Volatile acidity	−1571.790	−1569.855	−1558.767
Citric acid	−1064.563	−1064.275	−1065.681
Residual sugar	−1174.606	−1174.821	−1175.173
Chlorides	−14117.839	−14115.873	−14117.863
Free sulfurdioxide	20.787	20.776	20.768
Total sulfurdioxide	−12.209	−12.207	−12.218
Density	3152468.120	3152921.252	3153571.197
pH	−10737.961	−10740.367	−10741.065
Sulphates	−4544.221	−4546.171	−4547.663
Alcohol	3489.835	3489.378	3489.540
(상수)	−1553622.214	−1554055.804	−1554701.288

Fisher의 선형판별함수

분류 결과[a]

		Grade	예측 소속집단			전체
			1 A	2 B	3 C	
원래값	빈도	1 A	767	259	34	1060
		2 B	1015	1959	681	3655
		3 C	18	46	119	183
	%	1 A	72.4	24.4	3.2	100.0
		2 B	27.8	53.6	18.6	100.0
		3 C	9.8	25.1	65.0	100.0

a. 원래의 집단 케이스 중 58.1%이(가) 올바로 분류되었습니다.

③ 와인의 등급을 판별하는 데 있어서 영향력이 큰 예측변수들을 제시하시오.

레드 와인에 대한 판별함수 1의 표준화 정준판별함수계수를 보면 알코올(alcohol)과 황산염(sulphates)이 예측변수로서 가장 큰 영향력을 나타냈다. 반면에 화이트 와인에 대한 대한 판별함수 1의 표준화 정준판별함수계수를 보면 밀도(density)와 잔당(residual sugar)이 가장 큰 영향력을 갖는 예측변수로 나타났다.

표준화 정준판별함수계수(레드 와인)

	함수	
	1	2
Fixed acidity	.310	.948
Volatile acidity	-.293	.869
Citric acid	.076	.378
Residual sugar	.190	.540
Chlorides	-.220	.092
Free sulfurdioxide	-.025	-.147
Total sulfurdioxide	-.111	-.382
Density	-.362	-1.093
pH	-.056	.754
Sulphates	.385	.160
Alcohol	.541	-.315

표준화 정준판별함수계수(화이트 와인)

	함수	
	1	2
Fixed acidity	.205	.251
Volatile acidity	-.322	.715
Citric acid	-.002	-.145
Residual sugar	1.138	-.754
Chlorides	-.027	-.054
Free sulfurdioxide	.159	-.011
Total sulfurdioxide	.002	-.385
Density	-1.331	.707
pH	.307	.111
Sulphates	.205	-.010
Alcohol	.389	.409

제13장 로지스틱회귀분석

01 ㈜기업신용평가에서는 기업의 건전성과 관련된 각종 지표를 이용하여 기업의 부도 가능성을 예측하고자 한다. 이를 위해 다음 표와 같은 변수로 이루어진 데이터를 수집하였다(bankruptcy.sav 데이터 파일; 한인구 등, 2009). 총 10개의 독립변수를 이용하여 종속변수인 기업의 부도 여부를 예측한다. 종속변수 Y는 기업의 상태가 건전할 경우 0, 부도일 경우 1로 코딩되었다. 로지스틱회귀분석을 수행하고 분석결과를 제시하시오.

변수명	설명
Y	부도 여부(0=건전, 1=부도)
X1	금융비용대부채비율
X2	자기자본비율
X3	금융비용부담률증가분
X4	매입채무회전율
X5	운전자금대매출액
X6	영업활동후현금흐름/총부채
X7	분식계수
X8	순금융비용대매출액
X9	외부자금조달전현금흐름/전기단기부채
X10	기업경상이익률

로지스틱회귀모델은 다음과 같이 도출되었다.

방정식의 변수

		B	S.E.	Wald	자유도	유의확률	Exp(B)	Exp(B)에 대한 95% 신뢰구간	
								하한	상한
1 단계[a]	X1	-.131	.021	40.644	1	.000	.877	.842	.913
	X2	.041	.006	56.419	1	.000	1.042	1.031	1.054
	X3	-20.473	2.251	82.738	1	.000	.000	.000	.000
	X4	.007	.004	3.349	1	.067	1.007	.999	1.015
	X5	.021	.005	21.128	1	.000	1.021	1.012	1.031
	X6	3.467	.730	22.539	1	.000	32.033	7.656	134.018
	X7	-.053	.022	5.713	1	.017	.948	.907	.990
	X8	-.001	.001	7.425	1	.006	.999	.997	1.000
	X9	-2.229	.912	5.975	1	.015	.108	.018	.643
	X10	.073	.007	122.499	1	.000	1.076	1.062	1.090
	상수항	-1.614	.250	41.636	1	.000	.199		

a. 변수가 1: X1, X2, X3, X4, X5, X6, X7, X8, X9, X10 단계에 입력되었습니다.

기업이 부도상태일 확률은 로지스틱회귀모델을 토대로 다음과 같이 계산한다.

$$\text{Prob}(\text{기업부도}) = \frac{1}{1+e^{-z}}$$

여기에서, $z = -1.614 - 0.131 \times X1 + 0.041 \times X2 - 20.473 \times X3 + 0.007 \times X4 + 0.021 \times X5 + 3.467 \times X6 - 0.053 \times X7 - 0.001 \times X8 - 2.229 \times X9 + 0.073 \times X10$

우도비검정을 이용하여 "회귀모델에 포함된 로지스틱회귀계수는 모두 0이다"라는 귀무가설을 검정하였다. 모든 변수가 포함된 완전모델과 모든 변수가 제거된(즉 상수항만 포함된) 축소모델 간의 우도비를 검정통계량으로 한 카이제곱검정을 수행한 결과는 다음과 같다. 우도비(카이제곱통계량) 732.344, 유의확률 0.000으로서 회귀모델에 포함된 로지스틱회귀계수는 모두 0이라는 귀무가설을 기각한다. 즉 독립변수 가운데 적어도 하나는 0이 아닌 로지스틱회귀계수를 가지며, 따라서 도출된 로지스틱회귀모델은 유의한 것으로 판단된다.

모형 계수의 총괄 검정

		카이제곱	자유도	유의확률
1 단계	단계	732.344	10	.000
	블록	732.344	10	.000
	모형	732.344	10	.000

로지스틱회귀모델을 통해 도출된 예측확률을 이용하여 케이스들을 두 개 집단 가운데 하나로 분류하고 실제집단과 비교하였다. 그 결과는 다음의 분류표와 같다. 건전한 기업의 경우는 83.7%의 분류정확도를 보였으며, 부도 기업의 경우는 79.3%의 예측정확도를 보여주었다. 로지스틱회귀모델은 전체적으로 81.5%의 분류정확도를 나타냈다.

분류표[a]

관측			예측: 부도여부 0 건전	예측: 부도여부 1 부도	예측: 분류정확 %
1 단계	부도여부	0 건전	628	122	83.7
		1 부도	155	595	79.3
	전체 퍼센트				81.5

a. 절단값은 .500입니다.

다음으로 Hosmer-Lemeshow검정을 이용하여 관측빈도와 로지스틱회귀모델에 의한 예측빈도의 적합도를 평가하였다. 기업부도 예측확률을 이용하여 모든 케이스들을 10개의 유사집단으로 분류하였고, 각 집단별로 건전한 기업과 부도 기업의 관측빈도와 예측빈도를 확인하였다.

Hosmer와 Lemeshow검정에 대한 분할표

		부도여부=0 건전		부도여부=1 부도		합계
		관측	예측	관측	예측	
1 단계[a]	1	127	144.166	23	5.834	150
	2	136	130.879	14	19.121	150
	3	134	118.568	16	31.432	150
	4	122	106.322	28	43.678	150
	5	92	90.467	58	59.533	150
	6	71	67.864	79	82.136	150
	7	34	45.417	116	104.583	150
	8	21	29.387	129	120.613	150
	9	8	14.417	142	135.583	150
	10	5	2.513	145	147.487	150

Hosmer-Lemeshow적합도검정 결과, χ^2값이 84.735이고 대응되는 유의확률이 0.000으로서 관측빈도와 예측빈도 간에 차이가 없다는 귀무가설은 기각되었다. 따라서 Hosmer-Lemeshow 적합도검정에 의하면, 도출된 로지스틱회귀모델이 데이터를 비교적 잘 적합시킨다고 얘기하기는 어렵다.

Hosmer와 Lemeshow검정

단계	카이제곱	자유도	유의확률
1	84.735	8	.000

02 개인의 채무불이행 가능성을 예측하고자 한다. bankloan.sav 데이터 파일을 이용하여 로지스틱회귀분석을 수행하고 회귀모델, 우도비검정 결과, 그리고 분류결과를 제시하시오.

로지스틱회귀모델은 다음과 같다.

방정식의 변수

		B	S.E,	Wald	자유도	유의확률	Exp(B)
1 단계[a]	나이	.034	.017	3.924	1	.048	1.035
	교육수준	.091	.123	.542	1	.462	1.095
	근속년수	−.258	.033	60.645	1	.000	.772
	거주년수	−.105	.023	20.442	1	.000	.900
	소득	−.009	.008	1.159	1	.282	.991
	채무비율	.067	.031	4.863	1	.027	1.070
	신용카드채무	.626	.113	30.742	1	.000	1.869
	기타채무	.063	.077	.655	1	.418	1.065
	상수항	−1.554	.619	6.294	1	.012	.211

a. 변수가 1: 나이, 교육수준, 근속년수, 거주년수, 소득, 채무비율, 신용카드채무, 기타채무 단계에 입력되었습니다.

우도비검정을 이용하여 "회귀모델에 포함된 로지스틱회귀계수는 모두 0이다"라는 귀무가설을 검정하였다. 모든 변수가 포함된 완전모델과 모든 변수가 제거된(즉 상수항만 포함된) 축소모델 간의 우도비를 검정통계량으로 한 카이제곱검정을 수행한 결과는 다음과 같다. 우도비(카이제곱통계량) 252.695, 유의확률 0.000으로서 회귀모델에 포함된 로지스틱회귀계수는 모두 0이라는 귀무가설을 기각한다. 따라서 도출된 로지스틱회귀모델은 유의하다고 판단할 수 있다.

모형 계수의 총괄 검정

		카이제곱	자유도	유의확률
1 단계	단계	252.695	8	.000
	블록	252.695	8	.000
	모형	252.695	8	.000

로지스틱회귀모델을 통해 도출된 예측확률을 이용하여 케이스들을 두 개 집단 가운데 하나로 분류하고 실제집단과 비교하였다. 그 결과는 다음의 분류표와 같다. 채무불이행이 발생하지 않은 경우는 91.3%의 분류정확도를 보였으며, 채무불이행인 경우는 50.8%의 예측정확도를 보여주었다. 로지스틱회귀모델은 전체적으로 80.7%의 분류정확도를 나타냈다.

분류표[a]

관측			예측: 채무불이행 여부 0 아니오	예측: 채무불이행 여부 1 네	예측: 분류정확 %
1 단계	채무불이행 여부	0 아니오	472	45	91.3
		1 네	90	93	50.8
	전체 퍼센트				80.7

a. 절단값은 .500입니다.

03 개인의 신용상태를 예측하고자 한다. credit.sav 데이터 파일을 이용하여 로지스틱회귀분석을 수행하고 회귀모델, 우도비검정 결과, 그리고 분류결과를 제시하시오.

로지스틱 회귀모델은 다음과 같다.

방정식의 변수

		B	S.E.	Wald	자유도	유의확률	Exp(B)
1 단계[a]	나이	.106	.007	206.044	1	.000	1.112
	소득수준	1.780	.090	390.112	1	.000	5.932
	신용카드개수	-2.150	.195	121.800	1	.000	.116
	교육수준	.070	.112	.389	1	.533	1.072
	자동차대출	-.148	.175	.713	1	.398	.863
	상수항	-2.905	.419	48.118	1	.000	.055

a. 변수가 1: 나이, 소득수준, 신용카드개수, 교육수준, 자동차대출 단계에 입력되었습니다.

우도비검정을 이용하여 "회귀모델에 포함된 로지스틱회귀계수는 모두 0이다"라는 귀무가설을 검정하였다. 모든 변수가 포함된 완전모델과 모든 변수가 제거된(즉 상수항만 포함된) 축소모델 간의 우도비를 검정통계량으로 한 카이제곱검정을 수행한 결과는 다음과 같다. 우도비(카이제곱통계량) 1327.701, 유의확률 0.000으로서 회귀모델에 포함된 로지스틱회귀계수는 모두 0이라는 귀무가설을 기각한다. 따라서 도출된 로지스틱회귀모델은 유의하다고 판단할 수 있다.

모형 계수의 총괄 검정

		카이제곱	자유도	유의확률
1 단계	단계	1327.701	5	.000
	블록	1327.701	5	.000
	모형	1327.701	5	.000

로지스틱회귀모델을 통해 도출된 예측확률을 이용하여 케이스들을 두 개 집단 가운데 하나로 분류하고 실제집단과 비교하였다. 그 결과는 다음의 분류표와 같다. 신용상태가 나쁜 경우는 75.9%의 분류정확도를 보였으며, 신용상태가 좋은 경우는 84.7%의 예측정확도를 보여주었다. 로지스틱회귀모델은 전체적으로 81.0%의 분류정확도를 나타냈다.

분류표[a]

관측			예측: 신용상태 0 나쁨	예측: 신용상태 1 좋음	예측: 분류정확 %
1 단계	신용상태	0 나쁨	774	246	75.9
		1 좋음	221	1223	84.7
	전체 퍼센트				81.0

a. 절단값은 .500입니다.

04 고등학교 신입생은 입학 후 세 가지 프로그램을 선택할 수 있다: 일반적인 교양 프로그램, 기능 중심의 직업교육 프로그램, 대학 진학을 위한 학문 프로그램. 프로그램 선택과 사회경제수준(하, 중, 상) 및 학업 성적(수학, 과학, 사회 점수) 간의 관계를 분석하고자 한다. programchoice.sav 데이터 파일을 이용하여 다항 로지스틱회귀분석을 수행하고 회귀모델, 모델적합도 검정결과(우도비검정 결과), 그리고 분류결과를 제시하시오.

다항 로지스틱회귀모델은 다음과 같다. 기준범주는 '학문'을 사용하였다.

모수 추정값

프로그램[a]		B	표준 오차	Wald	자유도	유의확률	Exp(B)	Exp(B)에 대한 95% 신뢰구간	
								하한	상한
1 교양	절편	2.981	1.637	3.315	1	.069			
	수학	-.118	.032	14.033	1	.000	.888	.835	.945
	과학	.080	.028	8.480	1	.004	1.083	1.027	1.143
	사회	-.042	.023	3.324	1	.068	.959	.916	1.003
	[사회경제수준=1]	.944	.570	2.742	1	.098	2.571	.841	7.858
	[사회경제수준=2]	.619	.489	1.603	1	.206	1.857	.712	4.842
	[사회경제수준=3]	0[b]	.	.	0	.	.	.	.
3 직업	절편	8.544	1.779	23.076	1	.000			
	수학	-.139	.035	15.754	1	.000	.870	.813	.932
	과학	.035	.028	1.584	1	.208	1.036	.981	1.094
	사회	-.091	.025	13.535	1	.000	.913	.870	.958
	[사회경제수준=1]	.202	.656	.095	1	.759	1.224	.338	4.429
	[사회경제수준=2]	1.169	.549	4.538	1	.033	3.217	1.098	9.428
	[사회경제수준=3]	0[b]	.	.	0	.	.	.	.

a. 참조 범주는 2 학문입니다.
b. 이 모수는 중복되었으므로 0으로 설정됩니다.

오즈비('Exp(B)' 열)를 보면 과학 과목의 성적이 좋을수록 학문 프로그램보다는 교양 및 직업 프로그램을 선택할 가능성이 더 증대한다(교양 대 학문의 경우 Exp(B) = 1.083, 직업 대 학문의 경우 Exp(B) = 1.036). 반면에 수학 및 사회 과목 성적이 좋을수록 교양 및 직업 프로그램 대비 학문 프로그램의 선택 가능성이 커진다(교양 대 학문의 경우 수학의 Exp(B) = 0.888, 사회의 Exp(B) = 0.959; 직업 대 학문의 경우 수학의 Exp(B) = 0.870, 사회의 Exp(B) = 0.913). 낮은 사회경제수준은 학문 프로그램보다는 교양이나 직업 프로그램의 선택 가능성을 증가시킨다. 예를 들어, 직업 대 학문의 경우 사회경제수준이 3(상)에서 2(중)로 변경되면 직업 프로그램을 선택할 가능성이 학문 프로그램을 선택할 가능성에 비해 3.217배 증가한다(직업 대 학문의 경우 [사회경제수준=2]의 Exp(B) = 3.217).

모든 변수가 포함된 완전모델과 모든 변수가 제거된(즉 상수항만 포함된) 축소모델 간의 우도비를 검정통계량으로 한 카이제곱검정을 수행한다. 검정결과를 보면 카이제곱통계량에 대응되는 관측된 유의확률은 0.000으로서 "회귀모델에 포함된 로지스틱회귀계수는 모두 0이다"라는 귀무가설을 기각한다. 즉 독립변수 가운데 적어도 하나는 0이 아닌 로지스틱회귀계수를 가지며, 따라서 도출된 로지스틱회귀모델은 유의하다. 다항 로지스틱회귀모델에 의한 전반적인 분류정확도는 61.5%이다.

모형 적합 정보

모형	모형 적합 기준	우도비 검정		
	-2 로그 우도	카이제곱	자유도	유의확률
절편 만	408.193			
최종	324.038	84.155	10	.000

분류

관측	예측			
	1 교양	2 학문	3 직업	정확도 퍼센트
1 교양	11	23	11	24.4%
2 학문	8	83	14	79.0%
3 직업	4	17	29	58.0%
전체 퍼센트	11.5%	61.5%	27.0%	61.5%

제14장 생존분석

01 심장이식 수술을 받은 환자들의 생존기간을 기록하였다. hearttransplant.sav 데이터 파일을 이용하여 생명표분석을 수행하고 결과를 제시하시오.

생명표분석을 통해 다음과 같은 생명표를 도출하였다(일부 열 생략). 구간폭은 90일로 하여 분기 단위로 환자의 생존비율을 측정하였다. 수술 직후 첫 번째 구간에서 가장 많은 사망자가 발생하며 첫 번째 분기까지의 생존비율은 68%이다. 수술 후 1년이 경과한 네 번째 구간 끝의 누적 생존비율은 44%로서 절반 이상의 환자가 사망한다. 생존함수곡선에서 수술 이후 1년간 생존비율이 급격히 하락하는 이러한 패턴을 확인할 수 있다. 생존시간의 중위수는 296.71일이다.

생명표[a]

구간 시작 시간	구간화 입력 수	구간 중 취소 수	위험에 노출된 수	종료 이벤트의 수	종료 비율	생존 비율	구간 끝의 누적 생존 비율	구간 끝에서 누적 생존 비율 표준오차
0	69	1	68.500	22	.32	.68	.68	.06
90	46	2	45.000	6	.13	.87	.59	.06
180	38	2	37.000	4	.11	.89	.52	.06
270	32	1	31.500	5	.16	.84	.44	.06
360	26	3	24.500	0	.00	1.00	.44	.06
450	23	2	22.000	0	.00	1.00	.44	.06
540	21	2	20.000	1	.05	.95	.42	.06
630	18	2	17.000	1	.06	.94	.39	.06
720	15	0	15.000	1	.07	.93	.37	.06
810	14	1	13.500	1	.07	.93	.34	.07
900	12	2	11.000	1	.09	.91	.31	.07
990	9	0	9.000	2	.22	.78	.24	.07
1080	7	1	6.500	0	.00	1.00	.24	.07
1170	6	0	6.000	0	.00	1.00	.24	.07

1260	6	1	5.500	0	.00	1.00	.24	.07
1350	5	1	4.500	1	.22	.78	.19	.07
1440	3	0	3.000	0	.00	1.00	.19	.07
1530	3	2	2.000	0	.00	1.00	.19	.07
1620	1	0	1.000	0	.00	1.00	.19	.07
1710	1	1	.500	0	.00	1.00	.19	.07

a. 중위수 생존시간은 296.71입니다.

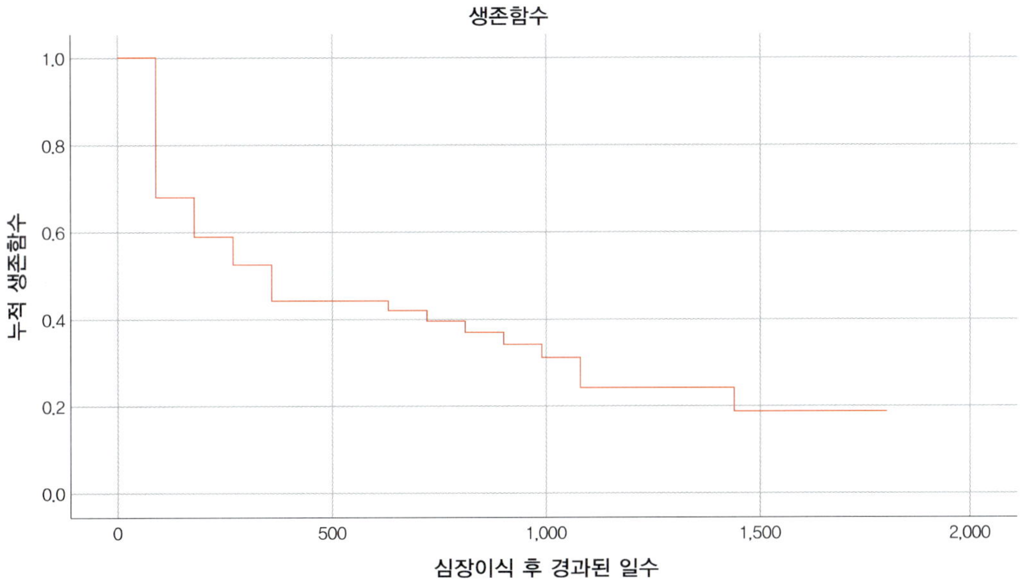

02 뇌종양 진단을 받은 환자들에게 방사선 치료를 시행하였다. 환자들을 두 개의 집단으로 나누고 한 집단에는 새로운 방사선증감제를 처방하였다. braincancer.sav 데이터 파일을 이용하여 카플란-마이어분석을 수행하고 두 집단 간에 치료효과의 차이가 존재하는지 검정하시오.

카플란-마이어분석을 수행하여 새로운 방사선증감제를 처방받은 환자들과 그렇지 않은 환자들 간의 생존시간(즉 재발될 때까지 걸린 시간)을 비교하였다. 새로운 방사선증감제를 처방받은 집단의 생존시간이 평균적으로 더 짧다. 그러나 95% 신뢰구간이 상당 부분 겹치고 있어서 추가로 생존함수 동일성에 대한 통계적 검정결과를 확인하였다. 로그순위검정, Breslow검정, Tarone-Ware검정 결과 모두 유의확률이 0.05보다 크다. 따라서 두 집단 간에 생존시간에 있어서 유의적인 차이는 없는 것으로 결론 내린다. 생존함수곡선을 보면 새로운 방사선증감제를 복용한 환자들의 경우 초기에는 생존확률이 상대적으로 급격히 떨어지나 후기 기간으로 가면 비교 집단에 비해 더 높은 생존확률을 유지한다. 따라서 두 집단 간의 명확한 차이는 확인할 수 없다.

생존시간에 대한 평균 및 중위수

처치	평균[a]				중위수			
	추정값	표준오차	95% 신뢰구간		추정값	표준오차	95% 신뢰구간	
			하한	상한			하한	상한
0 No	479.609	88.464	306.219	652.999	488.000	126.632	239.802	736.198
1 Yes	466.500	101.934	266.709	666.291	244.000	48.000	149.920	338.080
전체	481.100	70.789	342.352	619.847	361.000	72.915	218.086	503.914

a. 중도절단된 경우 추정값은 가장 큰 생존시간으로 제한됩니다.

전체 비교

	카이제곱	자유도	유의확률
Log Rank (Mantel-Cox)	.000	1	.983
Breslow (Generalized Wilcoxon)	.384	1	.535
Tarone-Ware	.141	1	.707

다른 수준 처치에 대한 생존 분포의 동일성에 대한 검정입니다.

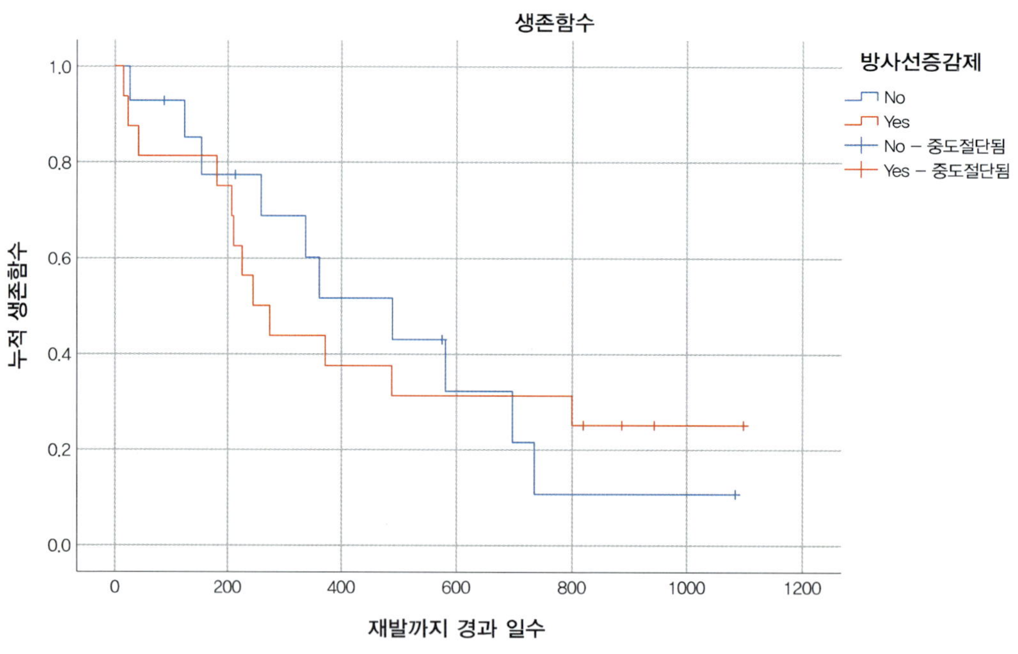

03 종업원들의 인사기록과 근무환경 데이터를 수집하였다(attrition.sav 데이터 파일; Watson Analytics 2018). 콕스회귀분석을 이용하여 나이, 소득, 성별, 직무만족도, 결혼상태가 근속기간에 미치는 영향을 분석하시오.

콕스회귀모델을 보면 성별(Gender)을 제외한 나머지 예측변수(나이, 소득, 직무만족도, 결혼상태)는 근속기간에 유의한 영향을 미쳤다. 나이(Age) 한 살의 증가는 퇴직 가능성을 4.8% 감소시킨다(Exp(B)=0.952). 소득은 통계적으로 유의한 영향을 미치긴 하지만 소득이 증가하더라도 퇴직 가능성에는 변화를 주지 못한다(Exp(B)=1). 직무만족도가 가장 낮은 직원(JobSatisfaction(1))은 가장 높은 직원(직무만족도 변수의 기준범주)에 비해 퇴직 가능성이 2.134배 높다. 결혼한 사람(MaritalStatus(2))은 배우자가 없는 사람(결혼상태 변수의 기준범주)에 비해 퇴직 가능성이 49.5% 낮다(Exp(B)=0505). 직무만족도 수준에 따라 구분한 생존함수곡선을 보면 높은 직무만족도(Very High)는 더 긴 근속기간을 가져온다. 그러나 중간 수준의 직무만족도(Medium, High) 간에는 뚜렷한 차이가 보이지 않는다.

범주형 변수 코딩

		빈도	(1)	(2)	(3)
Gender	Female	588	1		
	Male	882	0		
JobSatisfaction	1=Low	289	1	0	0
	2=Medium	280	0	1	0
	3=High	442	0	0	1
	4=Very High	459	0	0	0
MaritalStatus	Divorced	327	1	0	
	Married	673	0	1	
	Single	470	0	0	

방정식의 변수

	B	표준오차	Wald	자유도	TPL 유의확률	Exp(B)	95.0% Exp(B)의 CI	
							하한	상한
Age	-.049	.010	23.801	1	.000	.952	.933	.971
MonthlyIncome	.000	.000	54.970	1	.000	1.000	1.000	1.000
Gender	-.160	.137	1.370	1	.242	.852	.652	1.114
JobSatisfaction			16.654	3	.001			
JobSatisfaction(1)	.758	.187	16.412	1	.000	2.134	1.479	3.078
JobSatisfaction(2)	.495	.205	5.859	1	.015	1.641	1.099	2.450
JobSatisfaction(3)	.486	.183	7.053	1	.008	1.626	1.136	2.326
MaritalStatus			33.546	2	.000			
MaritalStatus(1)	-.919	.199	21.384	1	.000	.399	.270	.589
MaritalStatus(2)	-.683	.144	22.432	1	.000	.505	.381	.670

모형 계수의 총괄 검정[a]

-2 로그 우도	전체 통계량(점수)			이전 단계와의 상대적 변화			이전 블록과의 상대적 변화		
	카이제곱	자유도	TPL 유의확률	카이제곱	자유도	TPL 유의확률	카이제곱	자유도	TPL 유의확률
2929.681	185.977	8	.000	224.308	8	.000	224.308	8	.000

a. 시작 블록 번호 1. 방법=입력

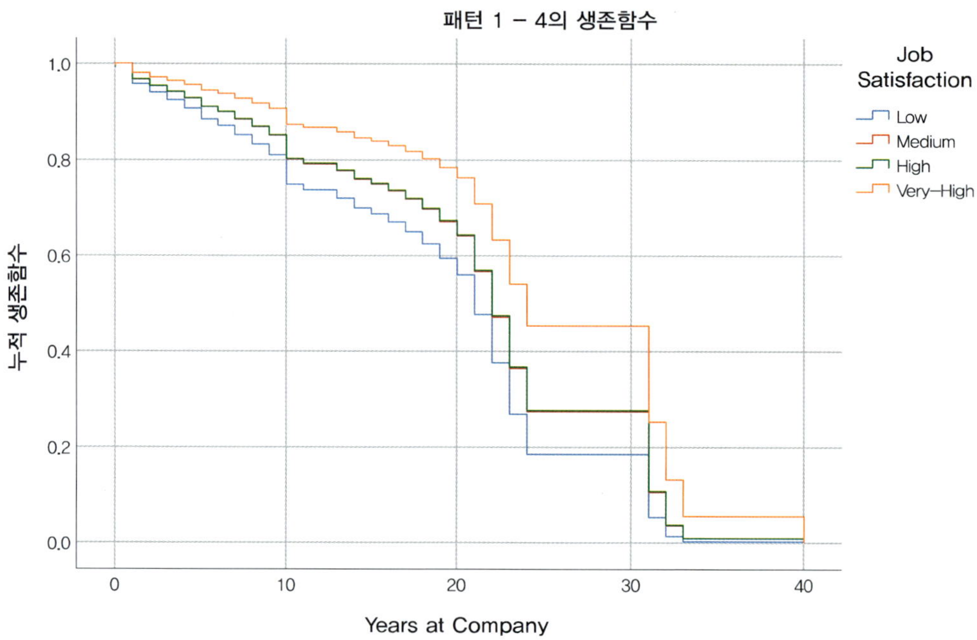

제15장 군집분석

01 kimyunafree.sav 데이터 파일을 이용하여 계층적 군집분석을 수행하시오(2010년 밴쿠버 동계올림픽 여자 피겨스케이팅 프리스케이팅(free skating) 종목의 심판 판정점수; 밴쿠버 동계올림픽 2010b).

계층적 군집분석을 수행하여 근접행렬, 군집화 일정표, 고드름도표, 덴드로그램을 도출하였다.

근접행렬

케이스	제곱 유클리디안 거리								
	1:J1	2:J2	3:J3	4:J4	5:J5	6:J6	7:J7	8:J8	9:J9
1:J1	.000	3.250	4.063	71.563	5.000	5.000	34.000	13.000	10.000
2:J2	3.250	.000	.063	50.563	1.250	1.250	18.250	4.250	4.250
3:J3	4.063	.063	.000	50.000	1.563	1.563	17.563	4.063	4.563
4:J4	71.563	50.563	50.000	.000	39.063	39.063	9.063	25.563	28.063
5:J5	5.000	1.250	1.563	39.063	.000	.000	13.000	2.000	1.000
6:J6	5.000	1.250	1.563	39.063	.000	.000	13.000	2.000	1.000
7:J7	34.000	18.250	17.563	9.063	13.000	13.000	.000	5.000	8.000
8:J8	13.000	4.250	4.063	25.563	2.000	2.000	5.000	.000	1.000
9:J9	10.000	4.250	4.563	28.063	1.000	1.000	8.000	1.000	.000

이것은 비유사성 행렬입니다.

군집화 일정표

단계	결합 군집		계수	처음 나타나는 군집의 단계		다음 단계
	군집 1	군집 2		군집 1	군집 2	
1	5	6	.000	0	0	3
2	2	3	.063	0	0	5
3	5	9	1.000	1	0	4
4	5	8	1.667	3	0	5
5	2	5	2.844	2	4	6
6	1	2	6.719	0	5	8
7	4	7	9.063	0	0	8
8	1	4	29.478	6	7	0

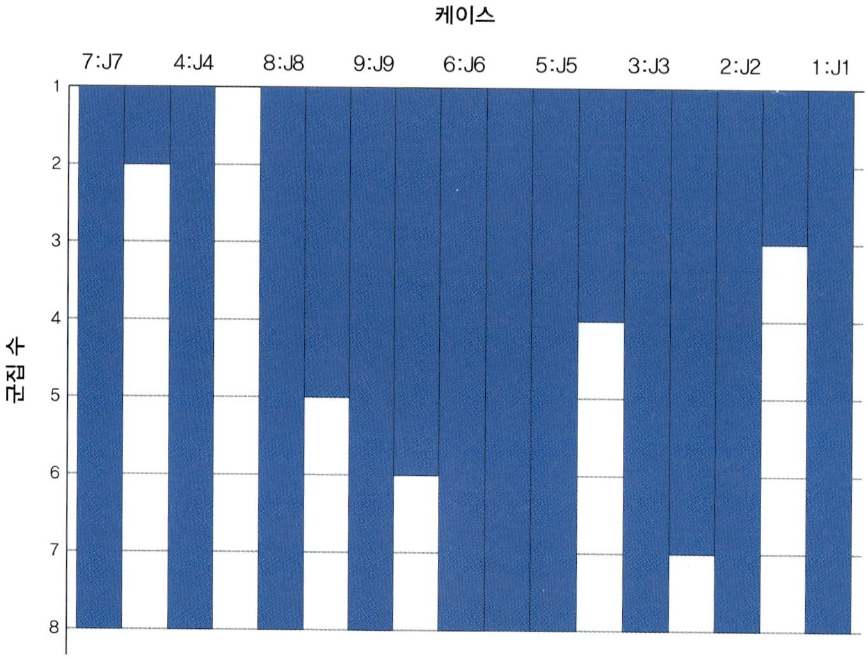
케이스
7:J7
4:J4
8:J8
9:J9
6:J6
5:J5
3:J3
2:J2
1:J1
군집 수
1
2
3
4
5
6
7
8

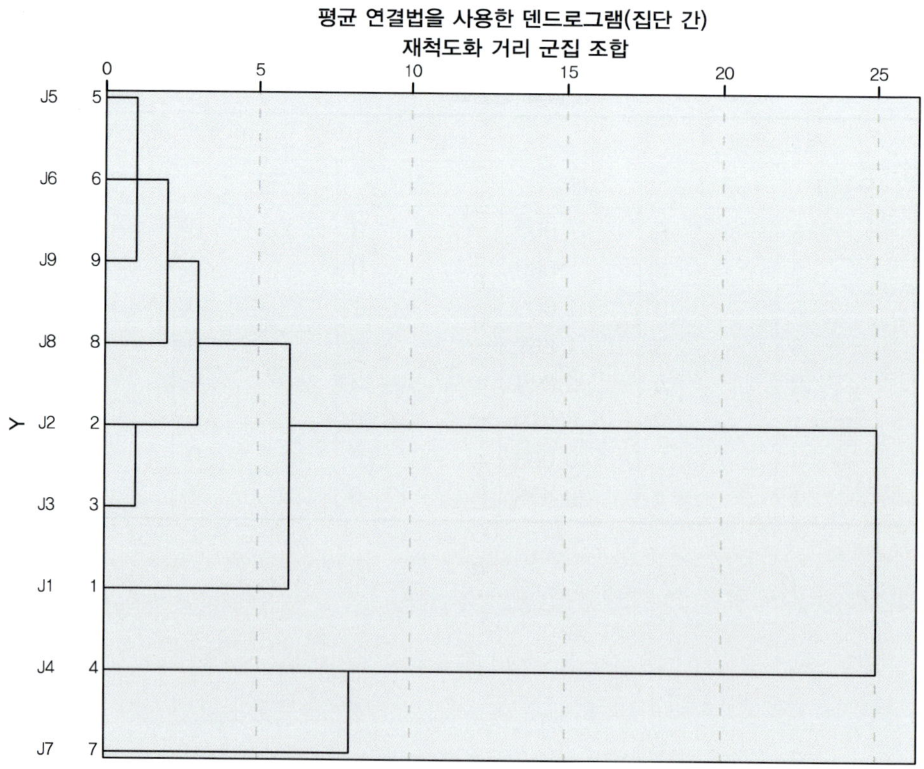
평균 연결법을 사용한 덴드로그램(집단 간)
재척도화 거리 군집 조합
0
5
10
15
20
25
Y
J5 5
J6 6
J9 9
J8 8
J2 2
J3 3
J1 1
J4 4
J7 7

저장된 소속군집 변수를 이용하여 분류된 군집이 세 개, 네 개, 다섯 개인 경우의 케이스별 소속군집을 다음과 같이 요약하였다.

케이스 요약[a]

		심판	CLU5_1	CLU4_1	CLU3_1
1		J1	1	1	1
2		J2	2	2	1
3		J3	2	2	1
4		J4	3	3	2
5		J5	4	2	1
6		J6	4	2	1
7		J7	5	4	3
8		J8	4	2	1
9		J9	4	2	1
전체	N	9	9	9	9

a. 처음 100 케이스로 제한됨.

02 kimyunafree.sav 데이터 파일을 이용하여 k-평균 군집분석($k=3$)을 수행하시오.

k-평균 군집분석($k=3$)을 수행하여 초기 군집중심, 반복계산정보, 소속군집, 최종 군집중심, 각 군집의 케이스 수 등을 도출하였다. 총 아홉 명의 심판이 군집 1에 세 명, 군집 2에 다섯 명, 군집 3에 한 명이 할당되었다.

군집중심 초기값

	군집		
	1	2	3
기술점수	18	21	26
예술점수	43.25	45.25	46.00

반복계산 과정

	군집중심의 변화량		
반복	1	2	3
1	1.272	.400	.000
2	.000	.000	.000

소속군집

케이스 번호	심판	군집	거리
1	J1	1	1.272
2	J2	1	.534
3	J3	1	.745
4	J4	3	.000
5	J5	2	1.166
6	J6	2	1.166
7	J7	2	2.441
8	J8	2	.400
9	J9	2	.600

최종 군집중심

	군집		
	1	2	3
기술점수	19	21	26
예술점수	44.33	44.85	46.00

각 군집의 케이스 수

군집	1	3.000
	2	5.000
	3	1.000
유효		9.000
결측		.000

03 ㈜소리유통에서는 핸드폰을 구매하는 소비자들의 성향을 파악하여 시장세분화 전략을 수립하려고 한다. 이를 위해 핸드폰 마케팅 이벤트에 관심을 보인 잠재소비자들에게 다음과 같은 설문항목을 이용하여 설문조사를 수행하였다. 핸드폰을 구매하려는 잠재소비자를 대상으로 총 300개의 응답 데이터가 수집되었다(cellphoneconsumer.sav 데이터 파일). 집단을 세 개로 한 k-평균 군집분석을 수행하고 결과를 제시하시오.

다음은 핸드폰을 구매할 때 중요하게 고려하는 요소가 무엇인지 조사하기 위한 설문입니다. 아래의 질문항목에 대하여 귀하가 생각하는 수준에 가장 가까운 해당란에 표시(√)하여 주시기 바랍니다.

	질문	아니다				그렇다
		1	2	3	4	5
1	나는 핸드폰을 구매할 때 가격을 중요시한다.					
2	나는 핸드폰을 구매할 때 디자인을 중요시한다.					
3	나는 핸드폰을 구매할 때 브랜드를 중요시한다.					

① 전혀 그렇지 않다.
② 그렇지 않다.
③ 보통이다.
④ 그렇다.
⑤ 매우 그렇다.

세 개의 군집을 도출하기 위한 k-평균 군집분석을 수행한 결과 다음과 같은 초기 군집중심으로부터 시작하여 총 10번의 반복계산 끝에 군집화 과정이 종료되었다.

군집중심 초기값

	군집		
	1	2	3
가격	5	1	5
디자인	5	5	1
브랜드	1	5	4

반복계산 과정

반복	군집중심의 변화량		
	1	2	3
1	1.588	1.790	1.979
2	.215	.264	.000
3	.048	.098	.094
4	.022	.000	.061
5	.021	.000	.061
6	.029	.000	.086
7	.029	.000	.089
8	.026	.089	.217
9	.018	.166	.265
10	.000	.000	.000

분산분석 결과 군집화의 기준으로 사용된 세 개의 변수(가격, 디자인, 브랜드) 모두 군집화의 기준변수로서 적절한 역할을 한 것으로 판단되었다.

분산분석

	군집		오차		F	유의확률
	평균제곱	자유도	평균제곱	자유도		
가격	66.643	2	.865	297	77.026	.000
디자인	36.282	2	.879	297	41.294	.000
브랜드	197.420	2	.524	297	376.511	.000

최종 군집중심 및 각 군집별 케이스의 수는 다음과 같이 도출되었다. 총 300개의 응답은 군집 1에 160개, 군집 2에 81개, 군집 3에 59개가 할당되었다.

최종 군집중심

	군집		
	1	2	3
가격	4	3	4
디자인	4	5	3
브랜드	2	4	4

각 군집의 케이스 수

군집	1	160.000
	2	81.000
	3	59.000
유효		300.000
결측		.000

군집 1은 가격과 디자인을 중시하는 소비자군으로 파악되었으며, 군집 2는 디자인과 브랜드를, 군집 3은 가격과 브랜드에 상대적으로 많은 관심을 기울이는 성향을 가진 것으로 판단되었다.

제16장 다차원척도법

01 다음은 미국 50개 주에서 수집된 범죄발생률을 토대로 계산된 일곱 개 범죄 유형 간의 상관계수 행렬이다(Borg and Groenen 1997). 이 데이터를 이용하여 다차원척도법(PROXSCAL) 분석을 수행하고 공간배치도 및 적합도를 제시하시오(crimes.sav 데이터 파일).

	murder	rape	robbery	assault	burglary	larceny	autotheft
murder	1.00	0.52	0.34	0.81	0.28	0.06	0.11
rape	0.52	1.00	0.55	0.70	0.68	0.60	0.44
robbery	0.34	0.55	1.00	0.56	0.62	0.44	0.62
assault	0.81	0.70	0.56	1.00	0.52	0.32	0.33
burglary	0.28	0.68	0.62	0.52	1.00	0.80	0.70
larceny	0.06	0.60	0.44	0.32	0.80	1.00	0.55
autotheft	0.11	0.44	0.62	0.33	0.70	0.55	1.00

주어진 데이터는 근접행렬이 아니기 때문에 이 데이터로부터 근접행렬을 생성한 후 MDS분석을 수행한다(crimes.sav 데이터 파일: 데이터 형식 지정 시 '데이터로부터 근접행렬 작성' 선택). MDS분석 결과 도출된 범죄 유형 간의 공간배치도에서 점들 간의 거리는 범죄 유형 간의 상관계수에 대응된다. 높은 상관계수는 공간배치도상에서 짧은 거리로 나타나며, 낮은 상관계수는 긴 거리로 나타난다. 차원 1은 범죄의 대상을 나타내는 것으로 해석할 수 있다. 왼쪽의 범죄 유형은 재물을 대상으로 한 범죄를 나타내며, 오른쪽의 범죄 유형은 사람을 대상으로 한 범죄를 나타낸다. 차원 2는 범죄가 발생하는 장소를 나타낸다. 위쪽의 범죄는 주로 드러나지 않는 장소에서 발생하는 유형이며, 아래쪽은 대체로 공개된 장소에서 발생하는 범죄 유형을 나타낸다. 스트레스값은 0.00767(<0.1)으로서 만족스러운 적합도 수준을 보여주고 있다.

개체 포인트

공통 공간

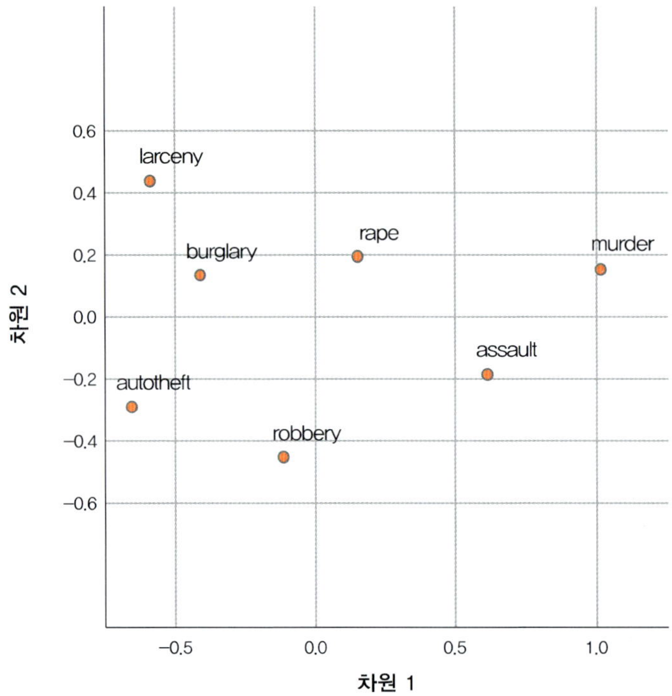

스트레스 및 적합도

정규화된 원 스트레스	.00767
스트레스-I	.08760[a]
스트레스-II	.22707[a]
S-스트레스	.01964[b]
설명된 산포	.99233
Turcker의 적합계수	.99616

PROXSCAL은(는) 정규화된 원 스트레스를 최소화합니다.

a. 최적척도 요인=1.008.

b. 최적척도 요인=.971.

02 가족관계에 대한 사람들의 유사성 인식 정도를 조사하였다(Rosenberg and Kim 1975). 조사 대상인 15개 가족관계는 aunt, brother, cousin, daughter, father, granddaughter, grandfather, grandmother, grandson, mother, nephew, niece, sister, son, uncle이다. 모두 여섯 개의 그룹에게 15개 가족관계 호칭을 제시하고 이들을 유사한 정도에 따라 분류하도록 요청하였다. 여섯 개 그룹 중 두 개 그룹은 85명으로 구성되었으며, 나머지 네 개 그룹은 80명으로 구성되었다. 가족관계 간 유사성의 정도는 그룹 구성원 수에서 유사한 가족관계 유형으로 함께 분류된 횟수를 뺀 값으로 측정하였다. 예를 들어, 85명 그룹의 사람들

가운데 51명이 'father'와 'son'을 유사한 가족관계 유형으로 함께 분류했다면 유사성 행렬의 'father'와 'son'이 만나는 셀은 34가 입력된다. 즉 셀값이 작을수록 유사성이 크고 셀값이 클수록 상이성이 큰 것을 나타낸다. 가족관계 간 유사성의 정도는 각 그룹별로 평가하였으며, 따라서 하나의 입력 데이터 파일에 여섯 개의 근접행렬이 포함되었다(kinship.sav 데이터 파일). 다차원척도법(PROXSCAL) 분석을 수행하고 공간배치도 및 적합도를 제시하시오.

차원 1은 가족관계의 범위를 나타내는 것으로 해석할 수 있다. 왼쪽의 가족관계 유형은 직계를 나타내며, 오른쪽의 가족관계 유형은 방계를 나타낸다. 차원 2는 성별을 나타낸다. 위쪽은 남성을 나타내며, 아래쪽은 여성을 나타낸다. 스트레스값은 0.08585(<0.1)로서 만족스러운 적합도 수준을 보여주고 있다.

개체 포인트

공통 공간

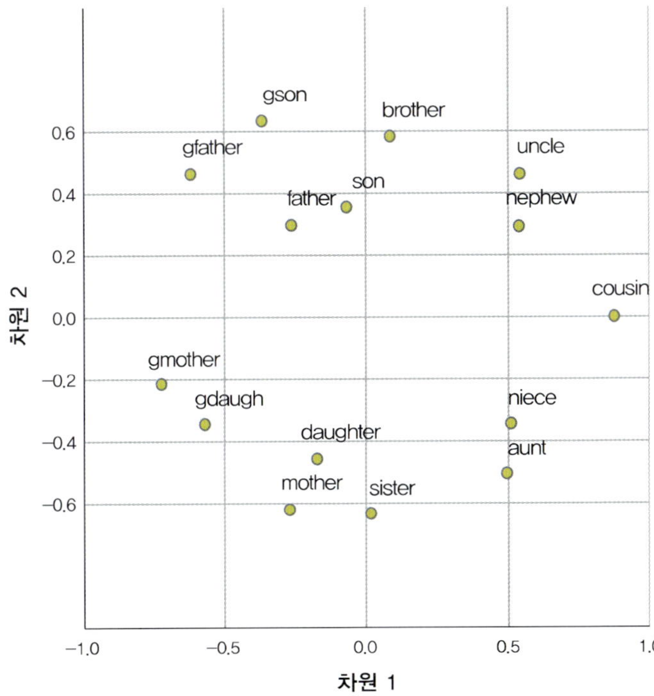

스트레스 및 적합도

정규화된 원 스트레스	.08585
스트레스-I	.29301[a]
스트레스-II	.77711[a]
S-스트레스	.18625[b]
설명된 산포	.91415
Turcker의 적합계수	.95611

PROXSCAL은(는) 정규화된 원 스트레스를 최소화합니다.

a. 최적척도 요인=1.094.

b. 최적척도 요인=.955.

03 세계로 맥주연구소에서는 소비자들이 맥주 브랜드를 평가하는 기준을 파악하고 맥주 브랜드 간의 유사성 정도에 대한 소비자의 인식을 분석하려고 한다. 이를 위해 20명의 소비자를 대상으로 10개 맥주 브랜드에 대한 설문조사를 수행하였다(beer.sav 데이터 파일). 다차원척도법(PROXSCAL) 분석을 수행하고 공간배치도 및 적합도를 제시하시오.

차원 1은 맥주의 특성을 나타내는 것으로 해석할 수 있다. 왼쪽의 맥주는 주로 전통적인 맥주 고유의 맛과 맥주병 디자인을 갖는 경향이 있으며, 오른쪽의 맥주는 대체로 맛과 디자인에 있어서 변화를 추구하는 경향이 있다. 차원 2는 가격을 나타낸다. 위쪽의 맥주는 아래쪽 맥주에 비해 상대적으로 비싼 경향이 있다. 그러나 이러한 차원의 구분은 명확하지 않다. 스트레값 0.10474(>0.1)는 이러한 만족스럽지 못한 적합도 수준을 반영한다.

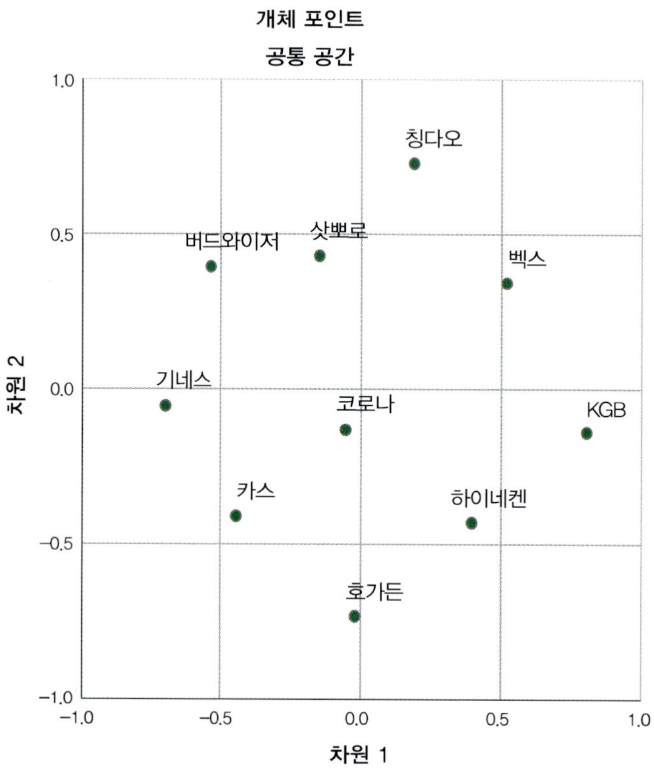

스트레스 및 적합도

정규화된 원 스트레스	.10474
스트레스-I	.32363[a]
스트레스-II	.95720[a]
S-스트레스	.27886[b]
설명된 산포	.89526
Turcker의 적합계수	.94618

PROXSCAL은(는) 정규화된 원 스트레스를 최소화합니다.

a. 최적화 척도 요인=1.117.

b. 최적화 척도 요인=.898.

제17장 비모수검정

01 880명을 대상으로 아침식사 대용으로 시리얼바, 오트밀, 시리얼 등 세 가지 식품에 대한 선호도를 조사하였다(cereal.sav 데이터 파일). 성별과 결혼유무에 따라 선호하는 아침식사 대용식품에 있어서 차이가 있는지 검정하시오(Mann-Whitney U검정, 유의수준 0.05).

성별에 대해 Mann-Whitney U검정을 수행한 검정결과를 보면 남성들에 대한 평균순위는 446.43이고 여성들에 대한 평균순위는 434.99로서 서로 유사한 평균순위를 보이고 있다. 이러한 평균순위에 있어서의 차이에 대한 관측된 유의확률은 0.477로서 유의수준 0.05에서 모집단에서의 성별에 따른 선호하는 아침식사 대용식품에 있어서 차이가 없다는 귀무가설을 기각하지 못한다. 따라서 남성과 여성 간에는 선호하는 아침식사 대용식품에 있어서 차이가 없다.

순위

	성별	N	평균순위	순위합
선호아침식사대용식품	0 남성	424	446.43	189286.50
	1 여성	456	434.99	198353.50
	전체	880		

검정 통계량[a]

	선호아침식사대용식품
Mann-Whitney의 U	94157.500
Wilcoxon의 W	198353.500
Z	-.711
근사 유의확률(양측)	.477

a. 집단변수: 성별

결혼여부에 대해 Mann-Whitney U검정을 수행한 검정결과를 보면 미혼인 사람들에 대한 평균순위는 397.18이고 결혼한 사람들에 대한 평균순위는 463.25이다. 두 집단 간에 평균순위에 있어서 차이가 있어 보인다. 이러한 평균순위에 있어서의 차이에 대한 관측된 유의확률은 0.000으로서 유의수준 0.05에서 모집단에서의 결혼유무에 따른 선호하는 아침식사 대용식품에 있어서 차이가 없다는 귀무가설을 기각한다. 따라서 결혼한 사람과 미혼인 사람 간에는 선호하는 아침식사 대용식품에 있어서 차이가 있다.

순위

	결혼여부	N	평균순위	순위합
선호아침식사대용식품	0 미혼	303	397.18	120345.50
	1 결혼	577	463.25	267294.50
	전체	880		

검정 통계량[a]

	선호아침식사대용식품
Mann-Whitney의 U	74289.500
Wilcoxon의 W	120345.500
Z	−3.903
근사 유의확률(양측)	.000

a. 집단변수: 결혼여부

02 CEO추천위원회에서는 새로운 CEO 후보를 이사회에 추천하고 사업운영에 대한 소견을 청취하였다. 20명의 이사회 구성원들에게 소견을 듣기 전과 들은 후 두 시점에서 CEO 후보를 평가하도록 하였다(ceoeval.sav 데이터 파일). CEO에 대한 이사회 구성원들의 평가가 소견을 듣기 전과 들은 후에 있어서 서로 다르다고 할 수 있는지 검정하시오(Wilcoxon검정, 유의수준 0.05).

Wilcoxon검정 결과를 보면 관측된 유의확률은 0.058로서 유의수준 0.05에서 소견을 듣기 전과 들은 후 CEO에 대한 이사회 구성원들의 평가가 동일하다는 귀무가설을 기각하지 못한다. 즉 가설검정 결과에 따르면 이사회 구성원들은 소견을 듣기 전과 들은 후 CEO 후보에 대한 평가가 달라지지 않았다고 볼 수 있다.

순위

		N	평균순위	순위합
소견후 − 소견전	음의 순위	6[a]	4.08	24.50
	양의 순위	1[b]	3.50	3.50
	등순위	13[c]		
	전체	20		

a. 소견후 < 소견전
b. 소견후 > 소견전
c. 소견후 = 소견전

검정 통계량[a]

	소견후 − 소견전
Z	−1.897[b]
근사 유의확률(양측)	.058

a. Wilcoxon 부호순위 검정
b. 양의 순위를 기준으로

03 16명을 대상으로 다이어트 프로그램을 실시하여 프로그램 시행 기간 중 총 다섯 차례 트리글리세리드(triglyceride, 혈중 지방성분) 수치를 측정하였다(diet.sav 데이터 파일). 트리글리세리드 수치에 있어서 변화가 있었는지 검정하시오(Friedman검정, 유의수준 0.05).

Friedman검정을 수행한 결과에 따르면 다이어트 프로그램을 처음 시작할 때의 최초 트리글리세리드 수치 평균순위가 가장 크며 3차-트리글리세리드 수치 측정 시의 평균순위가 가장 작다. 그러나 관측된 유의확률은 0.383으로서 다섯 개 변수들의 순위가 동일하다는 귀무가설을 기각하지 못한다. 즉 다섯 차례 측정한 트리글리세리드 수치에는 변화가 없다.

순위

	평균순위
트리글리세리드_최초	3.56
트리글리세리드_1차	2.97
트리글리세리드_2차	3.16
트리글리세리드_3차	2.47
트리글리세리드_최종	2.84

검정 통계량[a]

N	16
카이제곱	4.176
자유도	4
근사 유의확률	.383

a. Friedman 검정

| 참고문헌 |

곽기영 · 옥정봉 2011. "온라인 브랜드 커뮤니티 몰입이 브랜드충성도에 미치는 영향," 한국경영과학회지 (36:3), pp.1−26.

곽기영 · 이유진 2005. "디지털 컨버전스 시대의 모바일 뱅킹 사용의도 결정요인에 관한 연구," Information Systems Review (7:2), pp.85−100.

곽기영 · 지소영 2008. "인터넷 구매결정과정에서의 관여도의 조절효과에 관한 연구," 경영정보학연구 (18:2), pp. 15−40.

밴쿠버 동계올림픽 2010a. http://www.vancouver2010.com/ns/pdf/FSW010201C77B.pdf.

밴쿠버 동계올림픽 2010b. http://www.vancouver2010.com/ns/pdf/FSW010101C77B.pdf.

서울특별시 기후대기환경정보 2011. http://clelanair.seoul.go.kr.

안현철 · 김경재 · 한인구 2005. "효과적인 고객관계관리를 위한 사례기반추론 동시 최적화 모형," 한국지능정보시스템학회논문지 (11:2), pp.175−195.

통계청 2010. http://www.kostat.go.kr.

한인구 · 조홍규 · 홍태호 · 안현철 2009. "Combination of Multiple Classification Techniques for Bankruptcy Prediction using Mixed IP," 2009 한국지능정보시스템학회 추계학술대회 논문집, 서울, pp. 194−200.

환경부 2009. 환경통계연감.

Ahn, H., Kim, K.−J., and Han, I. 2006. "Global Optimization of Feature Weights and the Number of Neighbors that Combine in a Case−Based Reasoning System," *Expert Systems* (23:5), pp. 290−301.

Anderson, D. R., Sweeney, D. J., and Williams, T. A. 2009. *Statistics for Business and Economics* (10th ed.), Mason, OH: Thomson South−Western.

Andersen, P. K., Borgan, O., Gill, R. D., and Keiding, N. 1993. *Statistical Models Based on Counting Processes*, New York: Springer−Verlag.

Anscombe, F. J. 1973. "Graphs in Statistical Analysis," *American Statistician* (27:1), pp.17−21.

Bache, K., and Lichman, M. 2013. UCI Machine Learning Repository [http://archive.ics.uci.edu/ml], Irvine, CA: University of California, School of Information and Computer Science.

Baron, R. M., and Kenny, D. A. 1986. "The Moderator−Mediator Variable Distinction in Social Psychological Research: Conceptual, Strategic, and Statistical Considerations," *Journal of Personality and Social Psychology* (51:6), pp.1173−1182.

Borg, I., and Groenen, P. 1997. *Modern Multidimensional Scaling: Theory and Applications*, New York: Springer.

Cortez, P., Cerdeira, A., Almeida, F., Matos, T., and Reis, J. 2009. "Modeling Wine Preferences by Data Mining from Physicochemical Properties," *Decision Support Systems* (47:4), pp.547–553.

Doane, D. P., and Seward, L. E. 2010. *Essental Statistics in Business and Economics* (2nd ed.), New York, NY: McGraw–Hill/Irwin.

Field, A. 2013. *Discovering Statistics with IBM SPSS*, Newbury Park, CA: Sage.

Hair, J. F., Anderson, R. E., Tatham, R. L., and Black, W. C. 2005. *Multivariate Data Analysis* (6th ed.), Upper Saddle River, NJ: Prentice Hall Inc.

Howell, D.C. 2002. *Statistical Methods for Psychology* (5th ed.), Pacific Grove, CA: Duxbury.

Kim, K.–J., and Ahn, H. 2012. "A Corporate Credit Rating Model using Multi–class Support Vector Machines with an Ordinal Pairwise Partitioning Approach," *Computers & Operations Research* (39:8), pp.1800–1811.

Knoke, D., Bohrnstedt, G. W., and Mee, A. P. 2002. *Statistics for Social Data Analysis* (4th ed.), Belmont, CA: Wadsworth/Thompson Learning.

Kwahk, K.–Y., and Lee, J.–N. 2008. "The Role of Readiness for Change in ERP Implementation: Theoretical Bases and Empirical Validation," *Information & Management* (45:7), pp.474–481.

Meulman, J. J., and Heiser, W. J. 2010. *IBM SPSS Categories 19*, SPSS Inc., IBM Company.

McClave, J. T., Benson, P. G., and Sincich, T. 2008. *Statistics for Business and Economics* (10th ed.), Upper Saddle River, NJ: Pearson Education Inc.

NationMaster.com 2010. http://www.natonmaster.com/.

Norusis, M. J. 2008. *SPSS 16.0 Guide to Data Analysis*, Upper Saddle River, NJ: Prentice Hall Inc.

Norusis, M. J. 2008. *SPSS 16.0 Statistical Procedures Companion*, Upper Saddle River, NJ: Prentice Hall Inc.

Rosenberg, S., and Kim, M. P. 1975. "The Method of Sorting as a Data–gathering Procedure in Multivariate Research," *Multivariate Behavioral Research* (10), pp.489–502.

Sweeney, D. J., Williams, T. A., and Anderson, D. R. 2009. *Fundamentals of Business Statistics* (5th ed.), Mason, OH: South–Western Cengage Learning.

SPSS Tutorials 2018. https://www.spss–tutorials.com/.

Watson Analytics 2018. https://www.ibm.com/communities/analytics/watson–analytics–blog/hr–employee–attrition/.

Weiers, R. M. 2006. *Essentials of Business Statistics* (5th ed.), Mason, OH: South–Western College Pub.

| 찾아보기 |

| 저자약력 |

곽기영

곽기영 교수(kykwahk@kookmin.ac.kr)는 국민대학교 경영대학과 비즈니스IT전문대학원에 재직중이다. 서울대학교 경영대학을 졸업하였으며 KAIST에서 석사 및 박사 학위를 취득하였다. 한국경영학회, 한국경영정보학회, 한국경영과학회, 한국지식경영학회, 한국지능정보시스템학회, 한국정보시스템학회, 디지털산업정보학회 등으로부터 논문상을 수상하였다. 『소셜네트워크분석』, 『R 기초와 활용』, 『웹 스크레이핑과 데이터분석』 등의 저서를 출간하며, 통계 및 데이터분석 분야에서 활발한 저술 활동을 하고 있다. 삼성SDS에서 정부기관 및 기업들을 상대로 정보전략계획, 비즈니스 프로세스 리엔지니어링, e-비즈니스 등과 관련된 프로젝트를 수행하며 IT 컨설턴트로 재직한 경험이 있으며 CISA(Certified Information Systems Auditor), PMP(Project Management Professional), CGEIT(Certified in the Governance of Enterprise IT) 등의 국제자격을 보유하고 있다.

SPSS를 이용한 통계데이터분석

2019년 2월 20일 1판 1쇄 인쇄
2019년 2월 25일 1판 1쇄 발행

저 자 | 곽기영
발행인 | 이수영
발행처 | 도서출판 청람
서울시 마포구 독막로 288(대흥동, 세양상가 109호)
전 화 | 02)3272-2601~2
팩 스 | 02)3272-2603
이메일 | crbooks@daum.net
홈페이지 | http://www.crbooks.co.kr
등 록 | 2000년 8월 26일 제6-0509호

ISBN 978-89-5972-671-4 93320 [정가 36,000원]